HYDRAULIQUE GÉNÉRALE

Armando LENCASTRE
Professeur en hydraulique
Université nouvelle - Lisbonne - Portugal

Préface de Bernard SAUNIER

Édition revue et augmentée

SEPTIÈME TIRAGE 2015

EYROLLES

SAFEGE

ÉDITIONS EYROLLES
61, bd Saint-Germain
75240 Paris Cedex 05
www.editions-eyrolles.com

Avant-Propos

Dans la première édition du Manuel d'hydraulique générale (1957), j'ai traduit les objectifs de cet ouvrage de la manière suivante :

> "Être bref sans omission, être concis sans être obscur, voilà la difficulté la plus grande à laquelle s'est heurtée la préparation de ce Manuel. Il a fallu, étant donné l'étendue des questions traitées, sélectionner, condenser et mettre en ordre. Le besoin d'être clair et de faciliter les applications a imposé le détail et parfois la répétition."
>
> "Être clair, tout en restant concis, être riche en renseignements, tout en restant bref, a donc été l'objet principal de l'auteur. C'est dans la mesure où il a réussi que réside la valeur de cet ouvrage, car, en vérité, il n'en a pas d'autre".

Toutefois, je n'ai pas oublié ce que j'écrivais également dans l'avant-propos de la première édition du Manuel :

> "Un bon accueil à la présente édition incitera l'auteur et les éditeurs à entreprendre un ouvrage plus important, en complétant quelques chapitres et en introduisant de nouvelles questions..."

Voici donc, fruit d'un effort supplémentaire, ce nouveau livre, profondément remanié bien que les ventes du livre précédent fussent encore considérées par les éditeurs comme extraordinairement satisfaisantes.

Depuis sa publication, il y a environ 26 ans, on a pu constater que ce manuel, non seulement était utilisé dans les cabinets d'études d'hydrauliques et dans les classes pratiques des écoles (tel était son objectif initial), mais encore servait aux étudiants, d'une manière générale, comme livre de texte théorique et était considéré comme tel dans quelques écoles.

C'est pourquoi j'ai jugé opportun, dans le nouveau livre, sans perdre de vue les objectifs du premier, de donner un plus grand développement à la partie théorique, surtout dans le chapitre II : "Principes généraux de l'hydraulique." Malgré tout, et vu la nécessité d'être bref, nous avons préféré la clarté des concepts et l'approche physique des phénomènes à des développements mathématiques qui s'écarteraient des objectifs de ce livre.

Deux nouveaux chapitres ont été introduits : "Écoulement en milieux poreux" et "Étude du régime transitoire en charge".

Pour la préparation de cet ouvrage, nous avons pu compter sur l'aide de quelques collègues et collaborateurs de la société Hidroprojecto, ainsi que de ses équipes de dessin, de dactylographie et de photocopie.

Août 1983.

ARMANDO LENCASTRE

PRÉFACE

*Lorsque Monsieur le Professeur Lencastre m'a proposé d'assurer le parrainage de la publication en langue française de la nouvelle version de son manuel d'***Hydraulique générale,** *c'est avec plaisir que je lui ai donné mon accord.*

La première édition du manuel d'hydraulique du Professeur Lencastre a accompagné plusieurs générations d'hydrauliciens de langue portugaise, espagnole et française. J'ai pu mesurer lors de mes nombreux contacts en France et de mes fréquents voyages à l'Étranger l'impact de cet ouvrage auprès des techniciens en exercice, et je suis convaincu que la révision de cet ouvrage répond à une réelle attente. Au cours de ces dernières années, j'ai moi-même eu le plaisir de cotoyer Monsieur le Professeur Lencastre dans sa fonction de Président, puis d'Administrateur de la société d'ingénieurs-conseils HIDROPROJECTO, société qu'il a fondée au Portugal il y a plus de vingt-cinq ans. J'ai pu alors mesurer l'étendue de sa culture technique, voire de son érudition, dans ce vaste domaine de l'hydraulique. Plus récemment, l'estime et l'amitié réciproque qui nous lient ont d'ailleurs conduit Monsieur Lencastre à nous confier la destinée de la société HIDROPROJECTO, afin de lui assurer la pérennité qu'elle mérite.

L'évolution de la science de la mécanique des fluides et de l'hydraulique permet aujourd'hui de résoudre de manière plus précise de nombreux problèmes autrefois traités par des méthodes empiriques. Toutefois, l'utilisation des nombreux graphes et tables inclus dans cet ouvrage continuera d'apporter des solutions rapides à des problèmes complexes. Les ingénieurs, les techniciens, les étudiants trouveront ainsi dans ce manuel à la fois l'approche fondamentale et les solutions graphiques qui leur permettront d'aborder les problèmes techniques qu'ils sont susceptibles de rencontrer. À cet égard, cet ouvrage constitue une bible à laquelle ils pourront se référer et sur laquelle ils pourront s'appuyer.

SAFEGE, leader français dans le métier d'ingénieurs-conseils en hydraulique urbaine, s'associe avec enthousiasme à la diffusion de cet ouvrage en langue française. En le faisant, nous avons le sentiment d'apporter notre contribution à la propagation de la connaissance en hydraulique, et d'assumer ainsi notre part de responsabilité dans l'élévation de la connaissance dans ce domaine en France.

Le 27 septembre 1995

Bernard SAUNIER

Président-Directeur Général de SAFEGE

TABLE DES MATIÈRES

TABLES ET ABAQUES

CONVERSION DES UNITÉS DE MESURE

CONSTANTES PHYSIQUES

TABLES GÉNÉRALES

TABLES GÉNÉRALES D'HYDRAULIQUE

ÉCOULEMENTS EN CHARGE – PERTES DE CHARGE LINÉAIRES

ÉCOULEMENTS EN CHARGE, PERTES DE CHARGE SINGULIÈRES

ÉCOULEMENTS À SURFACE LIBRE. RÉGIME UNIFORME

ÉCOULEMENTS À SURFACE LIBRE. RÉGIME PERMANENT

ÉCOULEMENTS EN MILIEUX POREUX

MESURES HYDRAULIQUES

POMPES CENTRIFUGES

RÉGIME TRANSITOIRE EN CHARGE. PROTECTION DES CONDUITES ÉLÉVATOIRES

SYMBOLES

1 – Nous indiquons seulement les symboles les plus fréquents et leur signification la plus courante.

2 – **V** et *V* représentent le vecteur **V** et son module *V* (dans ce cas la vitesse) ; c'est là un exemple de nombreux cas identiques qui surgissent au long du livre.

Symbole	Signification
A	Paramètre géométrique
B	Paramètre géométrique
C	Coefficient de la formule de Chézy
$\mathbf{C}_a$	Nombre de Cauchy
C_d	Coefficient de débit
C_v	Coefficient de vitesse
D	Diamètre hydraulique
E	Énergie totale ; module d'élasticité
$\mathbf{E}_u$	Nombre d'Euler
F, $\mathbf{F}$	Force ; résistance
$\mathbf{F}_r$	Nombre de Froude
G, $\mathbf{G}$	Poids
H	Énergie par rapport au fond d'un canal ; hauteur d'élévation
ΔH	Perte d'énergie
H_a	Hauteur totale d'aspiration
I	Impulsion ; pente du fond
J	Pente de la surface libre
K	Coefficient de perte de charge singulière ; rayon d'inertie ; conductivité hydraulique
K_s	Coefficient de la formule de Strickler
K_v	Conductivité hydraulique verticale
K_H	Conductivité hydraulique horizontale
L	Largeur superficielle d'un canal ; longueur d'une conduite
M	Quantité de mouvement ; binaire d'une machine
N	Niveau du plan d'eau
P	Périmètre mouillé ; puissance ; perte de charge totale
P_u	Puissance utile
P_a	Puissance absorbée
PD^2	Paramètre caractéristique de l'inertie du groupe (moto-pompe)
Q	Débit
R	Rayon hydraulique ; perte de charge dans un rétrécissement
$\mathbf{R}_e$	Nombre de Reynolds
$\mathbf{R}_{e*}$	Nombre de Reynolds de frottement
S	Surface ; section mouillée ; coefficient d'emmagasinage
$\mathbf{S}_t$	Nombre de Strouhal
T	Température ; temps ; transmissivité
U, $\mathbf{U}$	Vitesse moyenne dans une section
V, $\mathbf{V}$	Vitesse en un point
V_t	Vitesse tangentielle
$\forall$	Volume

Symbole	Signification
W	Énergie
$\mathbf{W}_e$	Nombre de Weber
Z	Cote
Z_*	Amplitude maxima d'oscillation
a	Accélération ; paramètre géométrique
b	Paramètre géométrique
c	Célérité des ondes élastiques
d	Diamètre géométrique ; distance
e	Épaisseur ; volume ; indice de vides ; base des logarithmes naturels (e = 2,718)
f	Facteur de résistance (Darcy – Weisbach)
g, $\mathbf{g}$	Accélération de la gravité
h	Hauteur ; hauteur manométrique
h_v	Hauteur d'eau correspondant à la tension de vapeur
h_m	Hauteur moyenne
h_a	Hauteur manométrique d'aspiration
i	Perte de charge unitaire
j	Débit de précipitation
l	Longueur
m	Masse ; coefficient angulaire de la droite
n	Distance ; porosité relative ; nombre de rotations
n_s	Vitesse spécifique
p	Pression ; pression relative
p_o	Pression atmosphérique
p_a	Pression absolue
q	Débit déversé par unité de largeur
r	Rayon géométrique
s	Abaissement du niveau phréatique
s_p	Abaissement dans le puits
t	Variable temps
u	Vitesse ; composante de la vitesse d'après $o\ x$
u_*	Vitesse de frottement près du fond
u_i	Composantes de la vitesse d'après l'axe $(i, j, k \equiv x, y, z)$
v	Composante de la vitesse d'après $o\ y$
w	Composante de la vitesse d'après $o\ z$
x	Variable
y	Variable
z	Variable ; altitude
α	Coefficient de Coriolis ; angle
β	Coefficient de Boussinesq
ϖ	Poids spécifique (volumique)
Γ	Circulation
δ	Densité ; distance
Δ	Variation de
ϵ	Module d'élasticité cubique ; rugosité ; erreur
η	Élasticité cinématique ; rendement
θ	Angle ; fonction potentielle de vitesse ; temps

Symbole	Signification
ν	Coefficient de viscosité cinématique
Π	Paramètre sans dimension
π	3,1416
ρ	Masse spécifique (volumique)
σ	Tension superficielle ; coefficient de saturation ; indice de cavitation
Σ	Somme
τ	Tension unitaire
ϕ	Fonction potentielle de vitesse
φ	Angle
ψ	Fonction des lignes de courant ; angle de frottement interne
ω	Vitesse angulaire
Ω	Vecteur tourbillon ; section de la chambre d'équilibre

CHAPITRE PREMIER

PROPRIÉTÉS PHYSIQUES DES LIQUIDES

A - CONSTANTES PHYSIQUES

1.1 - Définition

Les *fluides* sont des corps sans forme propre, qui peuvent s'écouler, c'est-à-dire subir de grandes variations de forme sous l'action de forces d'autant plus faibles que ces variations sont plus lentes. Les *liquides* et les *gaz* sont des fluides. La mécanique des fluides étudie leur équilibre et leurs mouvements, que l'on appelle écoulements.

Les *liquides* occupent un volume déterminé et ne peuvent subir de traction(1). Ils sont peu compressibles. L'hydraulique, pour étudier leurs mouvements ou leur équilibre, utilise les résultats de la mécanique des fluides, compte tenu de leurs propriétés spécifiques.

Les *gaz* occupent toujours le volume maximum qui leur est offert et sont très compressibles. On peut cependant, lorsque leur vitesse d'écoulement est faible, comparée à la vitesse du son, étudier leurs écoulements en les considérant comme incompressibles.

De nombreux corps (milieux pulvérulents, vases, sols, asphalte, plastiques, etc.) possèdent des propriétés intermédiaires entre celles des solides et celles des fluides. Ils relèvent de techniques différentes : mécanique des sols, rhéologie, etc. [**11**, **12** et **13**].

1.2 - Poids et masse

Le langage ordinaire confond parfois les notions de poids et de masse ; cependant, on sait que, du point de vue physique, ce sont des choses tout à fait différentes. La *masse* d'un corps est une caractéristique de la quantité de matière que ce corps contient, c'est-à-dire de l'inertie que le corps oppose au mouvement ; le poids du corps représente l'action (force) que la pesanteur exerce sur lui.

---

(1) Cette propriété n'est d'ailleurs pas absolue. Au cours d'expériences de laboratoire, on a pu soumettre des liquides à des tensions négatives importantes. Dans l'eau, en pratique, c'est surtout la présence de nombreuses petites particules de gaz non dissous qui l'empêche de supporter les tensions négatives.

Le poids **G** et la masse m d'un corps sont liés par la relation fondamentale vectorielle :

$$\mathbf{G} = m\mathbf{g} \tag{1.1}$$

à laquelle correspond l'équation numérique :

$$G = mg \tag{1.1a}$$

où g est l'accélération de la pesanteur.

L'accélération de la pesanteur, g, est fonction de la latitude et de l'altitude [**2**] et [**3**]. La valeur de g au niveau de la mer est indiquée sur la table 12, pour les différentes latitudes.

Si l'on représente par g_0 la valeur de l'accélération de la gravité au niveau de la mer, la valeur de g à une altitude z sera donnée, suivant la loi de l'attraction de Newton[(1)], par la formule :

$$g = g_0\left(1 + \frac{r}{z}\right)^2 \tag{1.2}$$

où r est le rayon de la terre. Comme règle approximative, pour obtenir la valeur de g à l'altitude z, par fraction de 300 m d'altitude, il faut retrancher 0,001 de la valeur donnée sur la table 12.

En pratique, on a rarement besoin d'une telle précision. On peut souvent adopter pour g la valeur 10 m/s^2, qui est valable à 2 % près, ou la valeur 9,81 m/s^2 qui, pour la France, conduit à une erreur inférieure à 5.10^{-4} (au niveau de la mer).

1.3 - Systèmes d'unités

Traditionnellement, l'hydraulique a utilisé le *système métrique* (type *F.L.T.*), dont les unités fondamentales sont : unité de force f – le *kilogramme-force* (kgf) ; unité de longueur *L* – le *mètre* (m), et unité de temps *T* – la *seconde* (s).

Dans la littérature anglaise, on a utilisé le *système anglais* (type *F.L.T.*), dont les unités fondamentales sont : unité de force, la *livre* (*pound*) – lb ; unité de longueur, le *pied* (*foot*) – ft et le *pouce* (*inch*) – (in) et unité de temps, la *seconde* (*second*) – sec.

Dans le système *C.G.S.*, type *M.L.T.*, utilisé par les physiciens, les unités fondamentales sont : le *centimètre* (cm), le *gramme* (g) et la *seconde* (s). L'unité de force est la *dyne* (dyn).

Depuis quelque temps, on tend à abandonner les systèmes type *F.L.T.*, pour employer le *Système International d'Unités*, désigné par *SI*, type *M.L.T.*, dont les unités fondamentales sont : le *kilogramme-masse* – que l'on désignera seulement par *kilogramme* (kg) – le *mètre* (m) et la *seconde* (s).

Les Anglais utilisent aussi le système *SI*, et tendent à abandonner leur système. C'est pourquoi nous tenterons d'adapter cette nouvelle édition au système *SI*, en évitant cependant une rupture complète avec le système le plus utilisé jusqu'à présent et qui a été à la base des éditions précédentes.

(1) - Newton, I. (1642-1727).

1.4 - Système international d'unités - SI

Les unités fondamentales sont :

Grandeur	Nom	Symbole
Longueur	Mètre	m
Masse	Kilogramme	kg
Temps	Seconde	s
Courant électrique	Ampère	A
Température thermodynamique	Kelvin	K (1)
Intensité lumineuse	Candela	cd

Les unités dérivées peuvent être exprimées en unités de base, telles que surface – *mètre carré* (m^2) ; vitesse – *mètre par seconde* (m/s) ; masse spécifique – *kilogramme par mètre cube* (kg/m^3).

Il y en a encore d'autres qui portent un nom spécial et dont les plus importantes sont :

Grandeur	Nom	Symbole	Expression en autres unités	Expression en unités fondamentales
Force	Newton	N	-	$m.kg.s^{-2}$
Pression	Pascal	Pa	N/m^2	$m^{-1}.kg.\ s^{-2}$
Énergie, travail, quantité de chaleur	Joule	J	N.m	$m^2.kg.s^{-2}$
Puissance	Watt	W	$N.m.s^{-1}$	$m^2.kg.s^{-3}$
Fréquence	Hertz	Hz	cycle/s	s^{-1}

On exprime les multiples et sous-multiples de ces unités à l'aide des préfixes suivants :

Facteur multiplicatif	Préfixe	Symbole	Facteur multiplicatif	Préfixe	Symbole
10^{12}	téra	T	10^{-2}	centi	c
10^9	giga	G	10^{-3}	milli	m
10^6	méga	M	10^{-6}	micro	µ
10^3	kilo	k	10^{-9}	nano	n
10^2	hecto	h	10^{-12}	pico	p
10	déca	da	10^{-15}	fento	f
10^{-1}	déci	d	10^{-18}	atto	a

(1) On exprime couramment la température en degrés Celsius, °C. La relation entre températures Celsius (°C) et Kelvin (K) est : K = °C + 273,15.

Les tables 1 à 9 permettent de convertir dans la plupart des unités usuelles les diverses grandeurs utilisées en hydraulique.

1.5 - Masse spécifique (ou masse volumique)

La masse spécifique, ρ, est la masse contenue dans l'unité de volume. Elle a les dimensions ML^{-3}. Dans le Système International, *SI*, on l'exprime en kg/m^3.

La masse spécifique de l'eau à 4° C (39,2° F) est $\rho = 1\,000$ kg.m^{-3} ; à 20° C, elle sera $\rho = 998{,}2$ kg.m$^{-3} \approx 1\,000$ kg.m^{-3}.

La table 10 donne la masse spécifique de l'eau douce à différentes températures. La table 11 donne la masse spécifique de l'eau salée à différentes températures et pour différents degrés de salinité. La table 17 indique la masse spécifique de l'air à différentes températures, et la table 18, la masse spécifique de quelques gaz ordinaires.

1.6 - Poids spécifique (ou poids volumique) ϖ[1]

Le poids spécifique est la force d'attraction que la terre exerce sur l'unité de volume, c'est-à-dire le poids de l'unité de volume.

Le poids spécifique et la masse spécifique sont liés par la relation fondamentale : $\varpi = \rho\, g$.

Dans le système international, *SI*, le poids spécifique est exprimé en *newton par mètre cube* : N/m^3.

Le poids spécifique de l'eau est, à 4° C, $\varpi = \rho g = 1\,000 \times 9{,}81$ N. m^{-3} $\approx 10\,000$ N. m^{-3}.

Le poids spécifique de l'eau douce à différentes températures est donné sur la table 10. Dans les cours d'eau naturels, le poids spécifique peut être plus élevé, en raison de l'existence de matériaux solides en suspension. Pour des eaux un peu troubles, il peut être de l'ordre de $\varpi = 11\,800$ N $\cdot$ m^{-3}.

La table 11 indique le poids spécifique de l'eau salée à différentes températures, la table 17, le poids spécifique de l'air et la table 18, le poids spécifique des gaz ordinaires.

1.7 - Densité

La densité (δ) est le rapport de la masse (ou du poids) d'un certain volume du corps en question à la masse (ou au poids) d'un égal volume d'eau à la

(1) Le signe ϖ se prononce π (pi). On trouve souvent dans les ouvrages étrangers, mais relativement rarement dans les ouvrages français, le symbole γ, qui a l'inconvénient de coïncider avec le symbole habituellement utilisé pour l'accélération.

température de 4°C[1]. Il résulte de la définition elle-même que δ est sans dimensions. On trouvera sur la table 13, entre autres caractéristiques physiques, la densité de quelques liquides.

Pour la détermination directe de la densité des liquides, on emploie parfois des appareils connus en physique sous le nom générique d'*aréomètres*. Ce sont des flotteurs dont l'enfoncement mesure la densité du liquide dans lequel ils sont immergés. Il en existe de nombreux types [**4** et **9**]. Suivant l'emploi auquel ils sont destinés, leur graduation est différente. Seuls les densimètres sont directement gradués en densité. Voici une liste des aréomètres les plus courants :

– *Alcoomètre*. Il mesure la richesse de mélanges d'alcool et d'eau. À l'eau distillée correspond 0° ; à l'alcool pur 100° ; *n* degrés correspondent à un mélange comportant *n* % d'alcool.

– *Barkomètre*. Sert à mesurer la richesse de quelques solutions – *n* degrés BK sont équivalents à une densité par rapport à l'eau de $1 + n \times 10^{-3}$. Ainsi, 12° BK sont équivalents à une densité δ de 1,012.

– *Aréomètres Baumé* pour liquides plus denses que l'eau – 0° B est équivalent à l'eau distillée, et 10° B correspondent à une solution de chlorure de sodium à 10 % (1 g de NaCl dans 9 grammes d'eau). Ces appareils sont en abandon progressif.

– *Aréomètres Baumé* pour liquides moins denses que l'eau : 0° B correspond à une solution à 10 % et 10° B sont équivalents à l'eau pure.

Les tableaux 9 et 10 donnent la correspondance entre les degrés Baumé et les densités à 15,6° C.

– *Saccharimètres*. Ils servent à mesurer la richesse des solutions de saccharose dans l'eau. Certains sont gradués en degrés Brix, qui donnent directement, à 20° C, le pourcentage en poids du saccharose dissous : *n* degrés Brix indique que la solution à laquelle on se réfère contient *n* g de saccharose pour 100 ml.

– *Salinomètres*. Ils servent à mesurer la richesse des solutions aqueuses de chlorure de sodium. La solution saturée contient 26,4 % ; on a divisé en 100 parties l'intervalle de 0 % à 26,4 %. Chaque degré est donc équivalent à 1 % de la concentration de saturation.

– *Aréomètre Twaddell*. Il est destiné à mesurer la densité de liquides plus lourds que l'eau. On obtient la densité en ajoutant 1 à l'indication de l'aréomètre en degrés Twaddell, multipliée par 5×10^{-3}.

1.8 - Coefficient de viscosité dynamique

Le coefficient de viscosité dynamique, μ, est le paramètre qui traduit l'existence d'efforts tangentiels dans les liquides en mouvement. Si l'on consi-

(1) La température de 4° C est celle du maximum de masse spécifique de l'eau. Il importe peu pour les applications pratiques, que la température de référence ne soit pas précisée, la masse spécifique de l'eau ne variant que de 3 / 1 000 entre 4° C et 25° C.

dère deux plaques de surface S qui, écartées de Δn, se meuvent à la vitesse relative ΔV, la force nécessaire pour produire le mouvement est égale à(1) :

$$\Delta F = \mu \, S \, \frac{\Delta V}{\Delta n} \tag{1.3}$$

ou bien, en termes de tension unitaire :

$$\tau = \frac{\Delta F}{S} = \mu \, \frac{\Delta V}{\Delta n} \tag{1.4}$$

μ est le coefficient de viscosité dynamique. Il a les dimensions $L^{-1} \, M \, T^{-1}$. Dans le système international, on exprime μ en *poiseuille* (Pl). 1 Pl = 1 N.s/m^2. L'unité correspondante dans le système C.G.S. est la *poise* (dyn. s/cm^2). On emploie habituellement la *centipoise*, qui est égale à la centième partie de la poise. La poise est équivalente à 0,1 N.s/m^2. Pour l'eau à 20° C, $\mu = 10^{-3}$ N.s/m^2.

La table 10 donne la valeur de μ pour l'eau douce à différentes températures.

Les deux plaques parallèles peuvent être, dans la pratique, matérialisées par deux cylindres coaxiaux séparés par un intervalle e très petit par rapport aux rayons des cylindres (expérience de Couette).

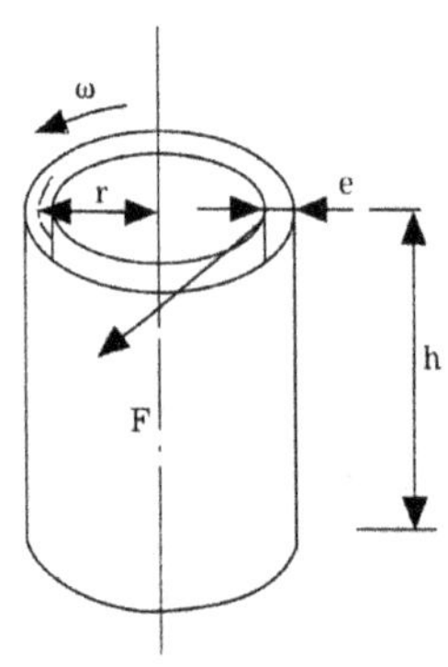

Fig. 1.1

Ainsi, les deux cylindres sont semblables à deux plaques parallèles qui se meuvent l'une par rapport à l'autre.

On fait tourner le cylindre extérieur et on mesure le couple (Γ) nécessaire pour maintenir fixe le cylindre intérieur.

Si la vitesse de rotation est ω, la vitesse tangentielle sera $V = \omega \, r$; et la surface de la plaque, sera $S = 2\pi r h$. Le couple (Γ) nécessaire pour maintenir le cylindre intérieur immobile sera :

$$\Gamma = \frac{\mu \, SV \times 2\,(r+e)^2}{(r+e)^2 - r^2} \approx \mu \, S \frac{VR}{e} \qquad \text{si} \quad e \ll r \tag{1.4a}$$

dont on peut extraire la valeur de μ.

(1) Seulement en régime laminaire. Voir n° 2.2.

Les fluides qui obéissent à la loi $\tau = \mu\ dV / dn$ sont appelés fluides newtoniens (qui suivent la loi de Newton).

Il peut y avoir des lois différentes, telles que :

$$\text{a)}\quad \tau^{n} = \mu \frac{dV}{dn} \tag{1.4b}$$

applicable aux peintures, aux vernis, au lait, au sang, etc.

$$\text{b)}\quad \tau = \tau_o + \mu \frac{dV}{dn} \tag{1.4c}$$

applicable généralement aux pâtes, à certaines vases et aux matériaux plastiques.

Les relations précédentes sont valables quand la viscosité est indépendante de l'état d'agitation.

Il y a des liquides qui ont une viscosité élevée quand ils sont au repos ; la viscosité baisse quand le liquide est soumis à une agitation forte à température constante : on dit alors que le liquide est thixotrope : c'est le cas des bitumes, des composés de la cellulose, des colles, des graisses, des mélasses, des savons, des goudrons, etc.

On dit qu'un liquide est « dilatant » si sa viscosité augmente avec l'agitation, à température constante, comme les masses d'argile, les solutions concentrées de sucre et d'autres fluides similaires.

La viscosité de la plupart des liquides thixotropes et dilatants reprend sa valeur primitive quand l'agitation cesse. La relation de récupération varie avec la nature du liquide.

Dans les systèmes de pompage, il est très important de connaître jusqu'à quel point la viscosité du liquide peut être modifiée par l'agitation, afin de pouvoir calculer correctement les pertes de charge.

On appelle fluide parfait un fluide idéal qui n'existe pas dans la nature – dont la viscosité serait nulle. Un liquide en repos ou en mouvement d'ensemble, c'est-à-dire dans lequel il n'y a pas de mouvements relatifs des éléments qui le composent, se comporte comme un liquide parfait.

1.9 - Coefficient de viscosité cinématique

Le coefficient de viscosité cinématique, ν, est le rapport entre le coefficient de viscosité dynamique μ et la masse spécifique ρ : $\nu = \mu / \rho$.

Les dimensions de ν sont $L^2\, T^{-1}$. Il s'exprime en m^2/s dans le Système International. Dans le système C.G.S., l'unité correspondante est le *stoke* – St (cm^2/s). On emploie ordinairement le *centistoke* qui est égal à la centième partie du stoke. Un stoke est égal à 10^{-4} m^2/s.

Pour l'eau à 20° C, $\nu = 10^{-6}$ m^2/s. La table 10 indique la valeur de ν pour l'eau douce à différentes températures ; la table 11b indique la valeur de ν pour l'eau salée ; la table 13 indique la valeur de ν pour quelques liquides ordinaires, et la table 17 indique la valeur de ν pour l'air.

La viscosité cinématique des liquides varie, sensiblement, avec la température.

L'influence de la pression est négligeable.

La viscosité cinématique est mesurée au moyen de viscosimètres, qui sont des appareils où l'on détermine ordinairement le temps qu'un certain volume du liquide met pour s'écouler à travers un orifice ou un tube capillaire[1], ou au contraire le volume écoulé pendant un intervalle de temps déterminé. Commercialement, la viscosité se rapporte toujours aux indications de ces appareils.

En Europe, on emploie habituellement le viscosimètre *Engler* ; la viscosité est mesurée en *degrés Engler*, ° E, ou *secondes Engler*.

Aux États-Unis, on emploie ordinairement le viscosimètre *Saybolt Universal* pour les viscosités moyennes et le viscosimètre *Saybolt Furol* pour les hautes viscosités ; la viscosité est mesurée en sSU (*second Saybolt Universal*) ou sSF (*second Saybolt Furol*).

En Angleterre, on emploie le viscosimètre *Redwood Admiralty* pour les hautes viscosités et le viscosimètre *Redwood Standard* pour les viscosités moyennes ; la viscosité est mesurée en sRA (*second Redwood Admiralty*) ou en sRS (*second Redwood Standard*).

On constate les relations approchées suivantes :

$$\nu = 0{,}0731\ °\,E - \frac{0{,}0631}{°\,E} = 0{,}00239\ sRS - \frac{1{,}5}{sRS} = 0{,}0022\ sSU - \frac{1{,}8}{sSU} \qquad (1.5)$$

L'abaque 9 établit la relation de toutes ces unités de viscosité entre elles, et permet de les réduire en « centistockes ».

Il y a encore l'unité SAE (*Society of Automotive Engineers*), la plus utilisée dans l'industrie automobile. Les équivalences approchées pour la température de 50° C sont :

SAE 20	(très fluide)	ν = 0,60 stokes
SAE 40	(semi-fluide)	ν = 0,78 "
SAE 50	(semi-épais)	ν = 1,05 "
SAE 80	(épais)	ν = 1,20 "
SAE 140	(très épais)	ν = 1,60 "

La table 13 indique les relations à d'autres températures.

Dans le cas d'un mélange de liquides 1 et 2 en proportions a et b, respectivement, la viscosité cinématique du mélange, ν, est liée aux viscosités, ν_1 et ν_2, des composants par l'expression

$$\log \nu = a \log \nu_1 + b \log \nu_2 \qquad (1.6)$$

1.10 - Tension superficielle. Capillarité

Une molécule liquide au repos est soumise aux forces de contact de surface que les molécules voisines exercent sur elle. Ces forces varient avec l'agitation moléculaire ; cependant, leur valeur moyenne dans un temps non-infinitésimal est nulle.

Une molécule à la surface libre d'un liquide ou à la surface de séparation de deux liquides n'est plus soumise à l'action de forces symétriques, puisqu'elle n'est plus entourée symétriquement par d'autres molécules de même nature. Ainsi, la résultante des forces moléculaires n'est plus nulle. Elle provoque la tension superficielle dont la direction est normale à la surface de séparation.

Une molécule quelconque à la surface ou dans la zone de séparation de deux fluides, possède une énergie correspondant au travail effectué par la molécule pour se placer à la surface. La surface de séparation se comporte

(1) De telle sorte que l'écoulement soit laminaire, voir chap. 2.

comme une membrane tendue. On désigne par *tension superficielle*, σ, la tension par unité de longueur d'une ligne quelconque de la surface de séparation.

Les dimensions de la tension, σ, sont MT^{-2}. Dans le Système International, on l'exprime en N/m.

La tension superficielle est donnée par la table 14 pour différents liquides et par la table 10 pour l'eau.

Les phénomènes de capillarité qui se produisent à la surface libre d'un liquide dans un tube étroit sont dus à la tension superficielle. On constate une surélévation de la surface libre avec formation d'un ménisque concave, si le liquide mouille la paroi ; un abaissement de la surface libre avec formation d'un ménisque convexe, si le liquide ne mouille pas la paroi.

La modification du niveau de la surface libre due à la capillarité, pour le point du ménisque à tangente horizontale, est donnée par la loi de Jurin :

$$h = \frac{2\sigma}{\varpi\ r} . \cos\theta \qquad (1.7)$$

r étant le rayon du tube et θ l'angle de raccordement du liquide avec la paroi du tube (h est compté positivement pour une surélévation, négativement pour un abaissement).

Cet angle est pratiquement nul si le liquide mouille complètement la paroi du tube (tel est le cas de l'eau distillée, si le verre de la paroi est parfaitement nettoyé).

L'expression précédente peut être écrite, pour un liquide déterminé, sous la forme $h = k / d$, où k est indiqué sur la table 15, pour l'eau en fonction de la température, pour des valeurs de h et d exprimées en millimètres. Pour le mercure, on a $k = -14$ mm^2, valeur pratiquement indépendante de la température.

On appelle *capillarité cinématique* le rapport $\omega = \sigma / \rho$. Ses dimensions sont $L^3\ T^{-2}$. Dans le système *SI*, on l'exprime en m^3/s^2.

1.11 - Pression

La résultante des forces exercées sur une particule fluide au repos est nulle. En conséquence, la tension sur un élément de surface du fluide est normale à cet élément, et identique dans toutes les directions, en un point déterminé. C'est la pression. Dans ce cas, la quadrique des tensions est une sphère (voir n° 2.13).

La pression est la force agissant sur l'unité de surface. Elle a les dimensions $ML^{-1}\ T^{-2}$. Dans le système international, on l'exprime en Pascal (symbole Pa), N/m^2.

La pression p, mesurée par rapport à la pression atmosphérique, est appelée *pression relative* ; la *pression absolue* p_a est la somme de la pression relative D et de la pression atmosphérique p_o.

Parfois, en hydraulique, il est commode d'exprimer la pression en hauteur de la colonne de liquide. Considérons un prisme droit de liquide en repos, à génératrices verticales, de hauteur h et surface de base S.

La force que le liquide exerce sur la base du prisme est égale au poids du liquide, autrement dit, $\varpi\, Sh$; la pression (force par unité de surface) sera alors : $p = \varpi\ h$. Nous voyons ainsi, qu'à la pression p est associée une hauteur de liquide $h = p / \varpi$.

La table 16 indique la pression atmosphérique pour différentes altitudes et en différents systèmes d'unités.

Exemple : Une huile de poids spécifique ϖ = 8 000 N/m^3 est soumise à la pression de 40 N/cm^2.

Exprimer cette pression en colonne de liquide.

Résolution

$$p = 40 \text{ N/cm}^2 = 400\,000 \text{ N/m}^2 \;;\; \varpi = 8\,000 \text{ N/m}^3$$

$$h = \frac{p}{\gamma} = \frac{400\,000}{8\,000} = 50 \text{ m de colonne d'huile}$$

Dans la table 16, on trouve la valeur de la pression atmosphérique pour différentes altitudes et en différents systèmes d'unités.

La valeur de la pression atmosphérique, p_o, dans les conditions normales, au niveau de la mer, est, avec diverses unités :

p_0 = 1 atmosphère =1,01340 bar = 101340 Pa = 10,134 N/cm^2 = 760 mm de colonne de mercure = 10,33 m de colonne d'eau.

Dans les applications pratiques, on admet pour p_o la valeur de 10 N/cm^2 ou 10 m de colonne d'eau.

1.12 - Module d'élasticité volumique

C'est le rapport entre l'augmentation de pression et l'augmentation relative de la masse spécifique :

$$\epsilon = \frac{\Delta p}{\Delta \rho / \rho} \tag{1.8}$$

Il a les dimensions d'une pression et s'exprime dans les mêmes unités.

Deux états d'un liquide, définis par (ρ_1, p_1) et (ρ_2, p_2), sont liés par la relation suivante :

$$p_2 - p_1 = \epsilon \log \frac{\rho_2}{\rho_1} \tag{1.8a}$$

Lorsqu'on fait subir à un volume e de liquide une variation de pression Δp, son volume varie de Δe.

On a :

$$\frac{\Delta e}{e} = - \frac{\Delta p}{\epsilon} \tag{1.8b}$$

Le rapport $\eta = \epsilon / \rho$ s'appelle *élasticité cinématique*. Il a les dimensions $L^2\, T^{-2}$ et s'exprime en m^2/s^2 dans le système d'unités international.

La table 10 nous donne une valeur approchée du module d'élasticité de l'eau à différentes températures et à la pression atmosphérique. Pour l'eau à 20° C, on obtient $\epsilon = 2{,}1 \times 10^9$ N/m². La valeur de ϵ croît approximativement de 2 % chaque fois que la pression augmente de 700 N/cm² environ, ou plutôt $7 \cdot 10^6$ Pa . Le module d'élasticité de l'eau de la mer est, en moyenne, supérieur d'environ 9 %.

Pour d'autres liquides, on peut obtenir une valeur approchée du module d'élasticité en multipliant les valeurs indiquées pour l'eau par les coefficients suivants : eau salée : 1,1 ; glycérine : 2,1 ; mercure : 12,6 ; huile : 0,6 à 0,9 (1).

On voit que le module d'élasticité volumique de l'eau et des liquides en général est considérable. Il faut une augmentation de pression de 2 000 N/cm² ($2 \cdot 10^7$ Pa, soit près de 2 000 m d'eau) pour faire varier de 1 % la masse spécifique de l'eau.

Pour les gaz, on doit définir deux modules d'élasticité volumique : l'un correspondant aux transformations isothermes (à température constante), l'autre correspondant aux transformations adiabatiques (sans échanges de chaleur avec l'extérieur).

Dans une transformation isotherme, le module d'élasticité s'exprime, dans un système d'unités donné, par le même nombre que la pression absolue : $\epsilon = P_a$. Dans une transformation adiabatique, on a $\epsilon = KP_a$, K étant la constante adiabatique (rapport de la chaleur spécifique à pression constante à la chaleur spécifique à volume constant(1)).

Il s'ensuit que le module d'élasticité de volume des gaz varie beaucoup avec la pression, au contraire de ce qui se passe pour les liquides.

La valeur de K pour les gaz usuels est donnée sur la table 18.

1.13 - Célérité des ondes élastiques

C'est la vitesse de propagation d'une variation de pression dans un liquide.

$$c = \sqrt{\frac{\epsilon}{\rho}} \tag{1.9}$$

Dans l'eau à 10° C, c est égal à 1 425 m/s.

La vitesse de propagation des perturbations serait infinie dans un liquide absolument incompressible.

1.14 - Solubilité des gaz dans l'eau

À la pression et à la température ordinaires, l'eau peut retenir de l'air en dissolution jusqu'à environ 2 % de son volume.

Pour un gaz déterminé, on appelle coefficient de solubilité le rapport du volume maximum de gaz dissous au volume de liquide qui le contient.

La table 19 donne les valeurs du coefficient de solubilité des gaz dans l'eau.

Selon la *loi de Henry*, le coefficient de solubilité reste constant à la température constante.

---

(1) Voir [**15**].

Pour les mélanges, selon la loi de Dalton, chaque gaz se comporte comme s'il était seul en présence du liquide. Ainsi, l'air dissous dans l'eau contient plus d'oxygène que l'air atmosphérique, puisque le coefficient de solubilité de l'oxygène est le double de celui de l'azote. Quand, pour une raison quelconque, la pression diminue, le mélange de gaz dégagé est beaucoup plus riche en oxygène.

1.15 - Tension de vapeur d'eau h_v

La tension de vapeur est la pression que la vapeur exerce dans un volume déterminé[1]. On dit que le volume est saturé lorsqu'il ne peut pas renfermer plus de vapeur.

La tension de vapeur saturante croît avec la température (voir table 10) et devient égale à la pression atmosphérique au point d'ébullition. La hauteur maximum de la colonne d'eau qui, à une température donnée, peut être équilibrée par la pression atmosphérique, est la hauteur correspondant à la tension de la vapeur à la température en question[2] (fig. 1.2).

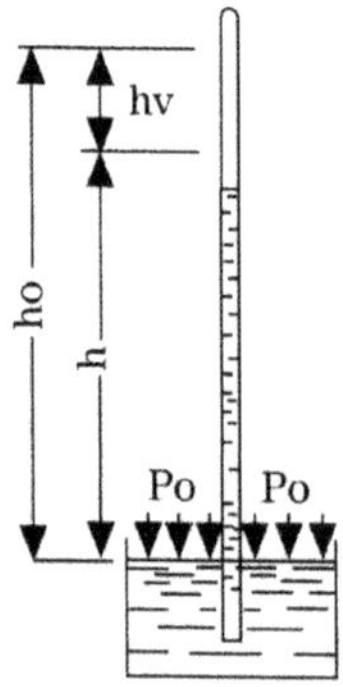

Fig. 1.2

(1) La pression d'un gaz ou d'une vapeur qui, en même temps que d'autres, occupe un volume déterminé, est égale à la pression qu'il exercerait s'il occupait seul le même volume. La pression du mélange est égale à la somme des pressions des composants.

(2) Cette remarque est très importante pour l'étude du pompage et des phénomènes de cavitation.

B - ANALYSE DIMENSIONNELLE

1.16 - Généralités. Paramètres géométriques

Il est important, si l'on veut avoir une idée claire de la façon dont les divers paramètres interviennent dans les écoulements fluides, de connaître les méthodes de l'analyse dimensionnelle.

Partant du principe que les lois physiques, si elles existent, ne doivent pas dépendre des unités employées pour la détermination des valeurs numériques des diverses grandeurs, la théorie de l'analyse dimensionnelle permet de déterminer la forme la plus simple que ces lois peuvent revêtir.

Nous avons vu précédemment les constantes physiques des fluides. Nous indiquons ci-dessous les paramètres géométriques les plus utilisés en hydraulique.

Section mouillée, S : section occupée par l'écoulement.

Périmètre mouillé, P : périmètre de la section mouillée en contact avec le liquide écoulé. Dans les écoulements à surface libre, la partie en contact avec l'air n'entre pas dans le périmètre mouillé.

Rayon hydraulique, $R = S / P$: quotient entre la section mouillée et le périmètre mouillé.

Diamètre hydraulique : $D = 4R$.

Dans les conduites circulaires, le diamètre hydraulique est le diamètre de la conduite. Pour les écoulements à surface libre, on définit encore les éléments géométriques suivants :

Largeur superficielle, L : largeur de la section mouillée, sur la surface libre.

Hauteur de l'écoulement, h : distance entre le fond du canal et la surface libre.

Hauteur moyenne $h_m = S / L$: quotient entre la section mouillée et la largeur superficielle.

Profondeur du centre de gravité $- y$: distance, à la surface libre, du centre de gravité de la section.

1.17 - Principe de l'homogénéité

Le principe d'homogénéité établit que les deux membres de toute relation de caractère physique doivent avoir les mêmes dimensions ; c'est pourquoi le rapport théorique qui décrit le phénomène physique sera toujours indépendant du système d'unités. Un rapport de ce type est dit *dimensionnellement homogène*.

Exemple : Considérons l'écoulement à travers un déversoir rectangulaire. Le débit sera proportionnel à la longueur, ℓ, du déversoir et toujours fonction de la charge hydraulique, H, sur le déversoir et de l'accélération de la gravité, g.

On peut donc écrire, C étant un coefficient sans dimensions :

$$Q = C\ell f(H, g) \tag{1.10}$$

Si l'on admet que

$$f(H, g) = H^{\alpha} g^{\beta} \tag{1.11}$$

on aura

$$Q = C\ell H^{\alpha} g^{\beta} \tag{1.11a}$$

Le principe de l'homogénéité permet de déterminer les exposants α et β , soit :

$$L^3 T^{-1} = L\, L^{\alpha} (L\, T^{-2})^{\beta} = L^{1+\alpha+\beta}\, T^{-2\beta}$$

d'où

$$\alpha + \beta + 1 = 3 \tag{1.11b}$$
$$-2\beta = -1$$

par conséquent

$$\beta = \frac{1}{2} \qquad \alpha = \frac{3}{2} \tag{1.11d}$$

on aura alors

$$Q = C\ell\, H \sqrt{gH} \tag{1.11e}$$

La valeur de C, déterminée expérimentalement pour un déversoir, servira pour tous les déversoirs géométriquement semblables, dans les hypothèses admises. Généralement, il existe différents paramètres qui influencent la valeur de C, notamment la charge H ; celle-ci ne sera pas constante (voir chap. 8) ; il faudra donc procéder non seulement à une détermination expérimentale, mais encore à différentes déterminations, où l'on fera varier ces paramètres.

Quoi qu'il en soit, on peut connaître, suivant ce principe de l'homogénéité, la loi générale qui régit le phénomène, ce qui en facilite extraordinairement l'étude.

1.18 - Théorème des π ou de Vaschy-Buckingham (1)

Considérons une grandeur physique, G_1, fonction d'un certain nombre d'autres grandeurs G_2, G_3, ...G_i ... G_n. Les dimensions de chacune des grandeurs G_i, en relation à un système d'unités *M.L.T.* par exemple, seront $L^{\alpha i} M^{\beta i} T^{\gamma i}$.

On désigne par *matrice des dimensions* des différentes grandeurs, en relation avec le système d'unités considéré, la matrice des exposants α_i β_i γ_i dont le nombre de colonnes est égal au nombre n des grandeurs considérées (voir n° 1.19), et le nombre de lignes est égal à 3. Le théorème des π s'énonce alors de la manière suivante :

Soit n le nombre des grandeurs qui caractérisent un phénomène physique ; si le rang de la matrice (2) des dimensions est r, la forme la plus simple

(1) Voir [**17**].

(2) Le rang d'une matrice est égal à l'ordre du plus grand déterminant non nul, que l'on peut extraire de la matrice.

de la relation qui existe entre ces n grandeurs est une relation entre $n - r$ produits sans dimension, qui constituent la série complète de produits sans dimension que l'on peut former avec les n grandeurs considérées.

Une règle très utilisée, qui correspond à l'énoncé du théorème des π ou de Vaschy-Buckingham, et qui est d'un usage plus simple que la précédente, mais qui conduit parfois à des erreurs, est la suivante :

Si n est le nombre des grandeurs qui caractérisent le phénomène, et r le nombre des grandeurs fondamentales qui interviennent dans la définition des n grandeurs en question, la série complète des produits sans dimension comprend $n - r$ produits.

En conséquence de ce théorème, on peut dire que n grandeurs sont appelées fondamentales si le déterminant de leur matrice des dimensions n'est pas nul (remarque : n est inférieur ou égal au nombre d'unités).

1.19 - Produits sans dimension d'usage courant en hydraulique[1]

Les différentes grandeurs qui interviennent en hydraulique ou dans la mécanique des fluides sont en nombre limité : les produits sans dimension que l'on peut former avec ces grandeurs sont, dans la plupart des cas, des produits simples, dont nous nous occuperons ci-après.

Quelques-uns de ces produits qui interviennent le plus souvent sont désignés par le nom de l'auteur qui les a introduits pour la première fois.

Dans un phénomène hydraulique, les variables qui peuvent intervenir sont : un certain nombre de variables géométriques, a, b, c... ; les caractéristiques cinématiques et dynamiques, comme la vitesse V et les variations de pression Δp ; l'accélération de la gravité g ; et les propriétés physiques du fluide, telles que la masse spécifique ρ, la viscosité μ, la tension superficielle σ et le module d'élasticité ϵ.

La matrice dimensionnelle sera :

	a	b	c	V	ρ	g	Δp	μ	σ	ϵ
L	1	1	1	1	−3	1	−1	−1	0	−1
M	0	0	0	0	1	0	1	1	1	1
T	0	0	0	−1	0	−2	−2	−1	−2	−2

L'ordre de cette matrice est 3, et nous pouvons prendre pour grandeurs fondamentales trois quelconques de ces grandeurs, obéissant seulement à la condition qu'elles soient dimensionnellement indépendantes, c'est-à-dire, de telle façon que le déterminant correspondant soit différent de zéro. Prenons par exemple, pour grandeurs fondamentales, les grandeurs a, V e ρ dont le

(1) On a suivi de près [**16**].

déterminant correspondant est :

$$\begin{vmatrix} 1 & 1 & -3 \\ 0 & 0 & 1 \\ 0 & -1 & 0 \end{vmatrix} = 1 \neq 0$$

Les paramètres sans dimension seront alors :

a) relatifs aux *caractéristiques géométriques* b) et c), on voit facilement que l'on pourra obtenir les paramètres, sans dimension, suivants :

$$\Pi_1 = \frac{a}{b}, \quad \Pi_2 = \frac{a}{c}$$

b) relatifs à la *variation de pression*, on aura : $\Pi_3 = a^x V^y \rho^z \Delta p$, ou dimensionnellement,

$$\Pi_3 = L^x (LT^{-1})^y (ML^{-3})^{-z} (ML^{-1}T^{-2}) \tag{1.12}$$

$$\text{on a alors} = \begin{cases} x + y - 3z - 1 = 0 \\ z + 1 = 0 \\ -y - 2 = 0 \end{cases} \quad \text{d'où} \quad \begin{cases} y = -2 \\ z = -1 \\ x = 0 \end{cases} \tag{1.12a}$$

où :

$$\Pi_3 = \frac{\Delta p}{\rho V^2} = \mathbf{E}_u \tag{1.13}$$

On a coutume de désigner ce paramètre sans dimension par *nombre d'Euler*(1).

c) relatifs aux caractéristiques physiques, on obtiendrait, d'une manière identique :

– pour la gravité, le *nombre de Froude*(2) (relation entre les forces d'inertie et celles de pesanteur)

$$\Pi_4 = \mathbf{F}_r = \frac{V}{\sqrt{ga}} \tag{1.14}$$

– pour la viscosité le *nombre de Reynolds*(3) (relation entre les forces d'inertie et les forces visqueuses)

$$\Pi_5 = \mathbf{R}_e = \frac{\rho a V}{\mu} = \frac{aV}{\nu} \tag{1.15}$$

– pour la tension superficielle, *le nombre de Weber*(4) (relation entre les forces d'inertie et celles de la tension superficielle)

$$\Pi_6 = \mathbf{W}_e = \frac{\rho a V^2}{\sigma} \tag{1.16}$$

(1) Euler, L. (1707-1783).

(2) Froude, W. (1810-1879).

(3) Reynolds, O. (1842-1912).

(4) Weber, W. (1804-1891).

– pour l'élasticité, *le nombre de Cauchy*[1] (relation entre les forces de l'inertie et celles de l'élasticité)

$$\Pi_7 = \mathbf{C}_a = \rho \frac{V^2}{\epsilon} \tag{1.17}$$

On peut, alors, écrire l'équation générale du phénomène

$$F\left(\frac{b}{a}, \frac{c}{a}, \mathbf{E}_u, \mathbf{F}_r, \mathbf{R}_e, \mathbf{W}_e, \mathbf{C}_a\right) = 0 \tag{1.18}$$

Les possibilités d'analyse dimensionnelle se limitent à l'obtention de la relation écrite ci-dessus. Il faudrait maintenant, en face d'un problème concret, et par la connaissance physique du phénomène, déterminer expérimentalement (ou si possible théoriquement) la fonction F.

Outre ces paramètres sans dimension, il est possible d'en définir d'autres, dépendant des phénomènes à étudier, tels que :

– *Nombre de Dean*, pour l'étude des pertes de charge en courbes en régime laminaire

$$\mathbf{D}_e = \frac{Vd}{\nu} \sqrt{\frac{d}{2r}} = \mathbf{R}_e \sqrt{\frac{d}{2r}} \tag{1.19}$$

où d est le diamètre intérieur de la courbe et r le rayon de courbure ;

– *Nombre de Leroux* pour l'étude de la cavitation

$$\mathbf{L}_e = \frac{p_a - p_v}{\rho V^2} \quad \text{identique à Euler} \tag{1.20}$$

où p_a est la pression absolue et p_v la tension de la vapeur à la température considérée ;

– *Nombre de Mach*[2] pour l'étude des fluides compressibles

$$\mathbf{M}_a = \frac{V}{c} \tag{1.21}$$

où c est la vitesse de propagation du son dans le fluide considéré.

– *Nombre de Strouhal* pour l'étude des tourbillons alternés d'un corps immergé :

$$\mathbf{S}_t = \frac{f_t \cdot a}{V}$$

où f_t est la fréquence des tourbillons.

Dans l'étude du transfert de la chaleur, sont importants les *nombres de Prandtl, de Grashof* et *de Eckert*[3].

(1) Cauchy, A. (1789-1857)

(2) Mach, E. (1838-1916)

(3) Voir 10, par exemple.

1.20 - Exemple

Considérons l'écoulement permanent, en charge, d'un fluide, dans une conduite circulaire, longue, rectiligne et de section constante.

On admettra que le régime est établi, et par conséquent que les caractéristiques de l'écoulement sont les mêmes dans toutes les sections.

Nous proposons de déterminer la perte de pression, Δp, dans une longueur, L, de la conduite.

Les grandeurs qui interviennent ici sont :

Δp : perte de pression L : longueur D : diamètre hydraulique = au diamètre géométrique d ϵ : rugosité	Caractéristiques de la conduite
U : vitesse moyenne ρ : masse spécifique ν : viscosité cinématique	Caractéristiques du fluide

On admet que les autres caractéristiques du fluide (tension superficielle, par exemple) n'interviennent pas dans le phénomène.

On ne tient pas compte de g, car l'écoulement est en charge (dans un écoulement à surface libre il faudrait en tenir compte).

La matrice dimensionnelle correspondante sera :

	Δp	L	D	ϵ	U	μ	ν
L	– 1	1	1	1	1	– 3	2
M	1	0	0	0	0	1	0
T	– 2	0	0	0	– 1	0	– 1

La relation physique qui caractérise la perte de pression est alors une relation entre 7 – 3 = 4 produits sans dimensions indépendants qui contiennent les 7 grandeurs :

$$\frac{\Delta p}{\rho U^2} = \phi\left(\frac{\mathrm{L}}{\mathrm{D}}, \frac{\epsilon}{\mathrm{D}}, \frac{UD}{\nu}\right) \tag{1.22}$$

Δp est proportionnel à L, et si l'écoulement est identique dans toutes les sections, l'équation précédente peut s'écrire :

$$\frac{\Delta p}{\rho U^2} = \frac{L}{D}\,\lambda\left(\mathbf{R}_e, \frac{\epsilon}{D}\right) \tag{1.22a}$$

soit :

$$\Delta p = \lambda\,.\,\frac{L}{D}\,\rho U^2 \tag{1.22b}$$

où λ est fonction de $\mathbf{R}_e$, ϵ / D.

Si nous mesurons la perte de pression en hauteur du fluide, c'est-à-dire $\Delta p = \rho g\, \Delta H$, la perte de charge ΔH peut s'écrire sous la forme :

$$\Delta H = \lambda\,\frac{L}{D}\,\frac{U^2}{2g} \tag{1.22c}$$

Observations :

1 – L'introduction du terme $2g$ dans cette dernière formule a lieu par un artifice de calcul, indépendant de la loi physique.

2 – Quand nous avons parlé de la rugosité de la conduite (dimension des aspérités de la conduite), nous avons admis (implicitement) qu'elle était d'un type bien défini. En effet, f est déterminé pour certains types de rugosité et, si nous voulons appliquer les valeurs ainsi calculées à des types de rugosité différents, il sera nécessaire de déterminer expérimentalement la correspondance à adopter entre les uns et les autres.

3 – Toutes les fois qu'une nouvelle grandeur intervient dans le phénomène, le nombre de produits sans dimensions est augmenté d'une unité. Ainsi, si nous avons, par exemple, une conduite enroulée en hélice, de diamètre S et un pas a, la loi qui nous donnera la perte de charge sera :

$$\Delta H = \lambda \left(\mathbf{R}_e \, \frac{\epsilon}{D}, \frac{S}{D}, \frac{a}{D} \right) . \, \frac{L}{D} \, \frac{U^2}{2g} \tag{1.23}$$

La série complète de produits sans dimensions peut être formée de plusieurs manières, mais la compréhension physique des phénomènes doit aider à choisir la meilleure manière possible de l'établir.

BIBLIOGRAPHIE

1 – PERRY'S, JOHN H. - « *Chemical Engineers Handbook* ». 4e édition, Mc Graw-Hill Book Company (New York), 1969.

2 – ACEVEDO, M.L. - *Semejanza Mecanica y Experimentacion con Modelos de Buques* - Canal de Experiencias Hodrodinamicas (Madrid), 1943.

3 – *Annuaire du Bureau des Longitudes* (publié annuellement par Gauthier-Villars). On trouvera des renseignements sur *g* dans l'annuaire de 1957 ; des renseignements sur les systèmes d'unités dans l'annuaire de 1958.

4 – BAS, L. - *Agenda del Químico* (Aquilar-Madrid).

5 – BOLL, M. - *Tables numériques universelles* (Dunod-Paris), 1947.

6 – CHENAIS - *Propriétés physiques de l'eau* (Allier-Grenoble), 1939.

7 – *Constantes* (un volume des Techniques de l'Ingénieur), 1955.

8 – DEGREMONT - *Memento technique de l'eau.*

9 – *Handbook of Chemistry and Physics* (Chemical Rubber Publishing Co. – Cleveland, 37e édition).

10 – PAPIN - *Métrologie générale* (Dunod-Paris), 1946.

11 – REBOUX - *Phénomènes de fluidisation* (Ass. fr. de Fluidisation, 28, rue St-Dominique, Paris).

12 – REINER – *Rhéologie théorique* (Dunod-Paris), 1955.

13 – TERZAGHI – *Mécanique des sols* (Dunod-Paris), 1951.

14 – STREETER – *Handbook of Fluid Dynamics* (Mc Graw–Hill Book Company), 1961.

15 – ROUSE – *Engineering Hydraulics* (John Wiley & Sons Inc.), 1962.

16 – VALEMBOIS – *Mémento d'hydraulique pratique (*Eyrolles-Paris), 1958.

17 – LANGHAAR, H.L. – *Analyse dimensionnelle et théorie des maquettes* (Dunod-Paris), 1965.

18 – BRIDGMAN, P.W. – *Dimensional Analysis*, Yale University Press, 1931.

CHAPITRE DEUX

BASES THÉORIQUES DE L'HYDRAULIQUE

A - CINÉMATIQUE. TYPES D'ÉCOULEMENT

2.1 - Exposé du problème

L'hydraulique est une branche des sciences physiques qui a pour objectif l'étude des liquides en mouvement.

Si un liquide s'écoule en contact avec l'atmosphère, on dit qu'il y a *écoulement à surface libre* : tel est le cas d'un canal, par exemple. Si l'écoulement s'opère dans un tuyau fermé, occupant toute la section du tuyau, et, en général, à des pressions différentes de la pression atmosphérique, on dit qu'il y a *écoulement en charge* : tel est le cas de l'écoulement dans les conduites. Si le liquide s'écoule à travers un milieu poreux, en toute rigueur, l'écoulement n'est ni en charge ni à surface libre ; on dit alors qu'il y a *écoulement en milieux poreux* ou écoulement de filtration : c'est ce qui se passe dans les nappes aquifères. Comme variantes des types d'écoulement indiqués, existent les écoulements par les orifices, les écoulements en déversoirs, etc.

Par rapport à la variable temps, si les caractéristiques de l'écoulement en chaque point sont indépendantes du temps, on a un *régime permanent* ; dans le cas contraire, on a un *régime variable.*

La mécanique des fluides constitue la base théorique de l'hydraulique ; les écoulements réels sont, cependant, très réfractaires à l'analyse théorique. Il en résulte que la science hydraulique conserve encore une certaine dose d'empirisme et que le recours à l'expérience est fondamental. C'est pourquoi, dans toute formulation théorique, il est indispensable d'avoir présentes à l'esprit les hypothèses de départ.

2.2 - Mouvement laminaire et mouvement turbulent

La distinction entre les deux types de mouvement qui se produisent dans les liquides réels donne dès l'abord une idée des difficultés que soulèvent les analyses théoriques dans le domaine des liquides en mouvement.

En effet, il existe deux types de mouvements des fluides : le *mouvement laminaire* ou *visqueux*, où chaque particule décrit une trajectoire bien définie et est animée d'une vitesse uniquement dans le sens de l'écoulement ; le *mouvement turbulent* où chaque particule, outre la vitesse dans le sens de l'écoulement, est animée d'un mouvement d'agitation avec des vitesses transversales à l'écoulement. La turbulence est essentiellement provoquée par la viscosité. Ainsi, le nombre de Reynolds(1), $\mathbf{R}_e$, est le paramètre caractéristique : pour de faibles valeurs de $\mathbf{R}_e$, l'écoulement est laminaire ; pour des valeurs plus élevées, l'écoulement est turbulent.

Pour mieux faire comprendre ces définitions, nous décrirons sommairement l'expérience classique de Reynolds(1).

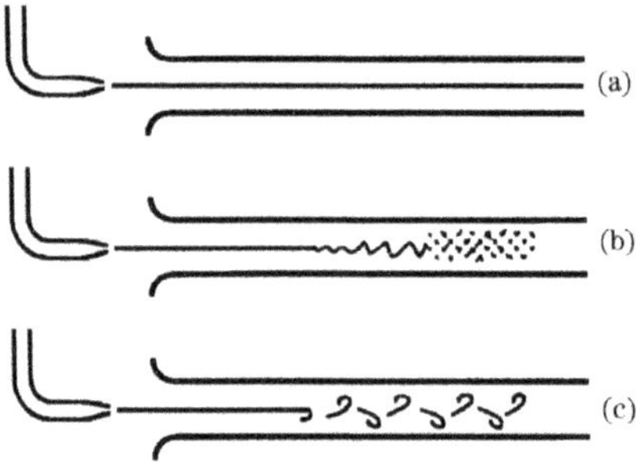

(a) Mouvement laminaire
(b) Mouvement de transition
(c) Mouvement turbulent

Fig. 2.1

On fait passer de l'eau propre dans un tube de verre transparent, où l'on introduit un petit filament, fortement coloré, dans la direction coïncidant avec l'axe du tube (fig. 2.1). Si la vitesse de l'eau dans le tube est relativement petite, le filament coloré se maintient rectiligne et coïncide avec l'axe du tube ; quand on augmente la vitesse de l'eau dans le tube, le filament coloré se mélange avec toute la masse d'eau, à laquelle il confère une légère coloration uniforme.

Le mouvement turbulent s'assimile à un ensemble de mouvements tourbillonnaires, constitués par des tourbillons de diverses dimensions et de diverses fréquences qui se superposent d'une manière aléatoire, au milieu de l'écoulement.

La turbulence dans un fluide se manifeste donc par l'état irrégulier de l'écoulement où les diverses grandeurs sont l'objet de fluctuations aléatoires dans l'espace et dans le temps, mais de telle manière qu'il est possible d'établir statistiquement des valeurs moyennes : autrement dit, en un point déterminé de l'écoulement turbulent, le schéma du mouvement des particules se répète avec une certaine régularité dans le temps ; et, à un moment donné, une forme déterminée de l'écoulement se répète avec une certaine régularité dans l'espace.

On peut dire que la turbulence se présente comme un processus *aléatoire stationnaire* ou, en d'autres termes, comme un processus *quasi stationnaire* que, pour plus de simplicité, nous appelons *permanent*.

---

(1) Reynolds, O. (1842-1912).

2.3 - Trajectoire d'une particule - Variables de Lagrange(1)

Une manière d'analyser le mouvement d'un liquide pourra consister à accompagner le mouvement d'une particule individualisée.

On appelle *trajectoire de la particule* le lieu géométrique des positions successives occupées par la particule, au cours du temps.

Soit **P**, de coordonnées x_1, x_2, x_3(2), ou, en abrégé, x_i, la position d'une particule individualisée, au temps t ; soit $\mathbf{P}_o$, la position occupée au temps t_o ; **dP** étant le déplacement dans l'intervalle de temps dt, l'équation différentielle du mouvement de la particule est, vectoriellement :

$$\mathbf{dP} = \mathbf{V}\,\mathrm{d}t \qquad (2.1)$$

où **V** est le vecteur vitesse de composantes (u_1, u_2, u_3) ou, en abrégé, u_i.

En coordonnées cartésiennes(3) :

$$\mathrm{d}x_i = u_i\,\mathrm{d}t \quad \text{ou} \quad u_i = \frac{\mathrm{d}x_i}{\mathrm{d}t} \qquad (2.1a)$$

Ces expressions sont les équations différentielles de la trajectoire de la particule qui, intégrées, donneront :

$$\mathbf{P} = \mathbf{P}\,(\mathbf{P}_o, t) \qquad (2.1b)$$

ou bien en notation cartésienne :

$$x_i = x_i\,(x_{oi}, t) \qquad (2.1c)$$

qui donnent la position de la particule à partir d'un point initial $\mathbf{P}_o$.

Les variables ainsi définies sont appelées *variables de Lagrange*.

Étant donné la complexité des mouvements, cette méthode d'analyse n'est pas la plus appropriée. Elle n'est utilisée que lorsque la position initiale de la particule est importante, comme c'est le cas dans l'étude des ondes. Dans le cas des mouvements turbulents, l'intégration de l'équation de la trajectoire est impossible.

2.4 - Variables d'Euler(4) – Valeurs moyennes de la vitesse dans le temps

Dans la pratique, au lieu de suivre une particule, il est plus facile de définir, en chaque point **P** d'un écoulement et à un instant donné, un vecteur vitesse :

$$\mathbf{V} = \mathbf{V}\,(\mathbf{P}, t) \qquad (2.2)$$

ou, en notation cartésienne (5) :

$$u_i = u_i\,(x_i, t) \qquad (2.2a)$$

(1) Lagrange, J.-L. (1736-1813).

(2) **P** est le vecteur **P** – **O**, l'origine des axes coordonnés étant **O** (o, o, o). On utilisera également la notation plus conventionnelle x, y, z pour désigner les coordonnées cartésiennes x_i de **P** et u, v, ω pour désigner les composantes u_i de **V**

(3) En coordonnées cylindriques (r, θ, z), où $x_1 = r\cos\theta$.

(4) Euler, L. (1707-1783).

(5) $x_2 = r\sin\theta$; $x_3 = z$; la vitesse aura les composantes suivantes :
suivant le rayon : $v_r = \frac{\mathrm{d}r}{\mathrm{d}t}$; suivant la tangente : $v_t = r\frac{\mathrm{d}\theta}{\mathrm{d}t}$; suivant l'axe : $v_z = \frac{\mathrm{d}z}{\mathrm{d}t}$.

Les variables ainsi définies sont appelées *variables d'Euler* ; ce sont ces variables que l'on utilise normalement en hydraulique.

Dans le mouvement turbulent, la *vitesse instantanée* **V**, en un point, varie d'une manière aléatoire avec le temps ; toutefois, il est possible de déterminer une vitesse moyenne, $\overline{\mathbf{V}}$, telle que, en chaque instant, **V** est la somme de sa valeur moyenne avec une valeur de la *vitesse de fluctuation* **V'** :

$$\mathbf{V} = \overline{\mathbf{V}} + \mathbf{V'} \tag{2.3}$$

à quoi correspondent les équations cartésiennes :

$$u_i = \overline{u}_i + u'_i \tag{2.3a}$$

La vitesse moyenne au point **P** est donc la valeur moyenne, dans le temps, des vitesses instantanées en ce même point.

Conformément à la définition, nous aurons :

$$\overline{\mathbf{V}} = \lim_{T \to \infty} \frac{1}{T} \int_t^{t+T} \mathbf{V} \, \mathrm{d}t. \tag{2.4}$$

On représentera par V le module de **V**.

Pour des raisons physiques, on ne peut prendre T égal à l'infini ; ainsi, la valeur moyenne de **V** n'existe, physiquement et statistiquement, que s'il existe un temps T_1, tel que pour $T > T_1$ la valeur moyenne est indépendante de T.

En d'autres termes, pour déterminer la valeur moyenne de la vitesse en un point d'un écoulement, il faut effectuer la mesure pendant un certain temps, parfois assez long, comme c'est le cas pour les régimes des cours d'eau naturels, très irréguliers, où il faut parfois 10 à 15 minutes d'observation pour mesurer la valeur moyenne.

La valeur moyenne, dans le temps, de la fluctuation **V'** est égale à zéro :

$$\overline{\mathbf{V}'} = \lim_{T \to \infty} \frac{1}{T} \int_t^{t+T} \mathbf{V'} \, \mathrm{d}t = 0 \tag{2.5}$$

Un écoulement turbulent est appelé, pour simplifier, permanent, quand au champ des vitesses moyennes correspond un écoulement permanent ; dans le cas contraire, il est appelé variable.

2.5 - Lignes de courant

On appelle *lignes de courant* les lignes tangentes, en chaque point et à chaque instant, au vecteur vitesse.

L'équation vectorielle sera(1)

$$\mathbf{V} \wedge \mathbf{dP} = \mathbf{0} \tag{2.6}$$

et, en coordonnées cartésiennes

$$\frac{\mathrm{d}x_i}{\mathrm{d}u_i} = \text{constante} \quad \text{ou} \quad \frac{\mathrm{d}x_1}{u_1} = \frac{\mathrm{d}x_2}{u_2} = \frac{\mathrm{d}x_3}{u_3} \tag{2.6a}$$

Dans le mouvement turbulent, seule offre un intérêt l'étude des lignes de courant correspondant au champ de vitesses moyennes. Si les écoule-

(1) Le *produit vectoriel* de deux vecteurs, $V \wedge \mathrm{d}p$, est un vecteur perpendiculaire au plan qu'ils définissent, dont le module est égal à la surface du rectangle formé par ses deux vecteurs. Si les vecteurs sont parallèles, cette surface est nulle. Le parallélisme se traduit donc par l'annulation du produit vectoriel.

ments sont permaments, les trajectoires et les lignes de courant coïncident.

On définit encore les *lignes d'émission* comme l'ensemble des positions occupées, à un instant donné, par les particules qui sont passées antérieurement en un point donné.

Un exemple de ligne d'émission est la fumée émise par une cheminée ; la sortie de la cheminée peut être considérée comme ponctuelle ; par elle passent toutes les particules qui, à un instant donné, constituent la ligne de fumée.

Pour mieux comprendre la différence entre trajectoire et ligne de courant, voyons les figures ci-dessous :

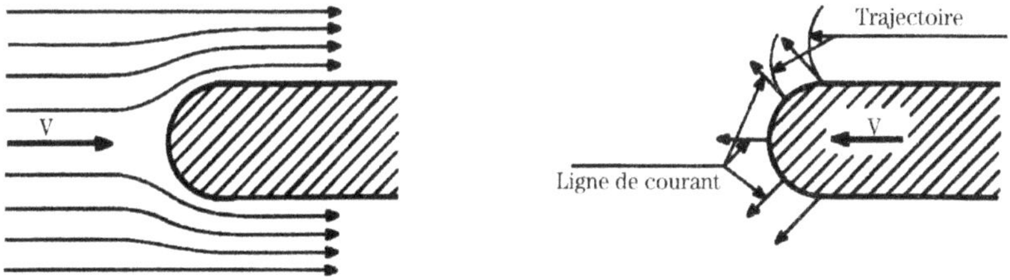

a) Mouvement permanent : $\frac{\partial V}{\partial t} = 0$ b) Mouvement variable : $\frac{\partial V}{\partial t} \neq 0$

Fig. 2.2

Sur la figure 2.2a, un obstacle est placé au milieu d'un courant de vitesse V, en régime permanent : les trajectoires et les lignes de courant coïncident.

Sur la figure 2.2b, une embarcation se déplace à la vitesse V, dans un liquide au repos. Le mouvement engendré dans le liquide n'est pas permanent, étant donné qu'en chaque section, l'état de mouvement des particules dépend du temps de passage de l'embarcation : les lignes de courant ne coïncident pas avec les trajectoires.

2.6 - Flux ou débit – Vitesse moyenne dans une section

Considérons, dans un champ de vitesse **V**, une surface S ; soit n le vecteur unitaire normal à chaque élément dS (fig. 2.3a).

Le flux ou débit à travers la surface S[1], est :

$$Q = \int_S \mathbf{V} . \mathbf{n} \, \mathrm{d}S \tag{2.7}$$

Dans le cas du mouvement turbulent, il n'est pas nécessaire de parler de la valeur du débit correspondant à la vitesse moyenne dans le temps $\overline{\mathbf{V}}$, étant donné que le flux correspondant aux fluctuations de vitesse a une valeur nulle à la fin d'un certain temps T. On aura alors :

$$Q = \int_S \mathbf{V} . \mathbf{n} \, \mathrm{d}S = \int_S \overline{\mathbf{V}} . \mathbf{n} \, \mathrm{d}S \tag{2.8}$$

Le *débit* est donc le volume du liquide écoulé à travers la surface S dans

(1) **V.n** représente le *produit scalaire* de **V** par **n**. Comme **n** est unitaire, **V.n** représente la projection de V sur l'axe portant **n**, et sera représenté par V_n. Si les vecteurs sont perpendiculaires, ce produit sera nul.

l'unité de temps. Le débit est exprimé, généralement, en mètre cube par seconde (m^3/s) ; on utilise aussi le litre par seconde (l/s), le litre par minute (l/min), ou le mètre cube par heure (m^3/heure).

On peut également définir le *débit massique* ρQ comme la masse de fluide écoulé à travers la section, dans l'unité de temps. On l'exprime généralement en kg/s.

Les lignes qui, dans une section, unissent les points de vitesse moyenne temporelle égale $\bar{\mathbf{V}}$, sont appelées isotaches. La valeur moyenne spatiale des vitesses moyennes temporelles $\bar{\mathbf{V}}$ aux différents points d'une section est appelée *vitesse moyenne* **U** dans cette section, dont le module sera U. On aura alors (fig. 2.3a) :

$$U = \frac{1}{S}\int_S \mathbf{V}.\,\mathbf{n}\,\mathrm{d}S \quad \text{ou} \quad Q = U.S \tag{2.9}$$

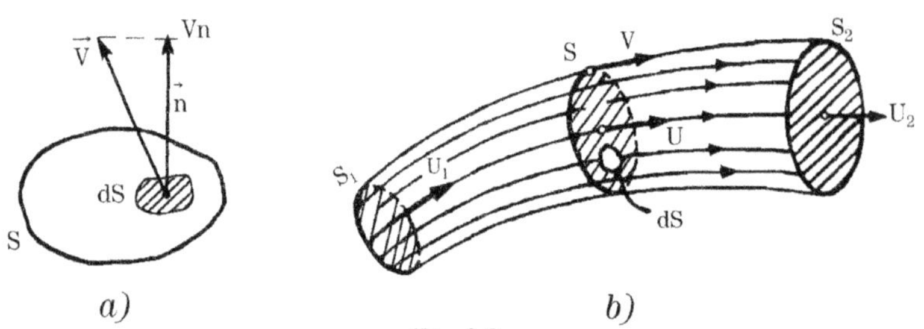

Fig. 2.3

On appelle *tube de courant* l'ensemble des lignes de courant qui s'appuient sur un contour fermé, placé à l'intérieur de l'écoulement (fig. 2.3b). La surface S intersectée dans un tube de courant, perpendiculairement aux lignes de courant, constitue une *section droite* de l'écoulement. Si cette section est infinitésimale, elle donnera origine à un *filet de courant*.

2.7 - Équation de continuité

L'équation de continuité traduit l'évidence physique de la conservation de la masse, à savoir que la variation de masse du fluide, contenue dans un certain volume, e, limité par une surface S, durant un certain temps dt, est égale au flux de la masse de fluide à travers la surface S durant le même temps. Autrement dit, la variation de masse est égale à la masse de fluide qui y pénètre, moins la masse de fluide qui en sort, durant le temps dt :

$$\int_e \frac{\partial \rho}{\partial t}\,\mathrm{d}e = \int_S \rho\mathbf{V}.\,\mathbf{n}\,\mathrm{d}S \tag{2.10}$$

D'après le théorème de la divergence(1), on aura :

$$\int_S \rho\, \mathbf{V.n}\, dS = \int_e \mathrm{div}\,(\rho \mathbf{V})\, de \qquad (2.11)$$

soit :

$$\int_e \frac{\partial \rho}{\partial t}\, de = \int_e \mathrm{div}\,(\rho \mathbf{V})\, de \qquad (2.11a)$$

ou bien, sous forme différentielle,

$$\frac{\partial \rho}{\partial t} = \mathrm{div}\,(\rho \mathbf{V}) \qquad (2.12)$$

Dans le cas d'écoulements incompressibles à température constante, on aura ρ = constante ; d'où(2) :

$$\mathrm{div}\,\mathbf{V} = 0 = \frac{\partial u_1}{\partial x_1} + \frac{\partial u_2}{\partial x_2} + \frac{\partial u_3}{\partial x_3} \qquad (2.13)$$

L'équation de continuité appliquée à un tube de courant, limité par les sections droites S_1 et S_2, normales aux vitesses moyennes de modules U_1 et U_2 dans ces sections, s'écrit (fig. 2.3b) :

$$U_2 S_2 - U_1 S_1 = 0 \qquad (2.14)$$

Autrement dit, le débit $Q = U_1 S_1$ qui entre, est égal au débit $Q = U_2 S_2$ qui sort.

La turbulence n'a aucune signification dans l'équation de continuité, étant donné que la valeur moyenne des fluctuations turbulentes est égale à zéro ; autrement dit, la différence entre la masse qui sort et celle qui entre dans un volume déterminé, par suite de la turbulence, est nulle au bout d'un temps suffisamment grand.

2.8 - Équation d'état

L'équation d'état établit la relation entre la pression p, la température T et la masse spécifique ρ ; elle est du type :

$$F(p, T, \rho) = 0 \qquad (2.15)$$

(1) La divergence du vecteur V est donnée par : $\mathrm{div}\,\mathbf{V} = \frac{\partial u_1}{\partial x_1} + \frac{\partial u_2}{\partial x_2} + \frac{\partial u_3}{\partial x_3}$. Le théorème de la divergence du calcul vectoriel transforme une intégrale de volume en une intégrale de surface, et réciproquement : $\int_s \mathbf{V.n}ds = \int_e \mathrm{div}\,\mathbf{V}\, de$.

Autrement dit, le flux de V à travers la surface S qui limite un volume e, est égale à l'intégrale de la div **V** à l'intérieur de ce volume.

(2) En coordonnées cylindriques (r, θ, z), dans le mouvement permanent d'un fluide incompressible, l'équation de continuité s'écrit : $\frac{\partial}{\partial r}(r, V_\theta) + \frac{\partial V_\theta}{\partial \theta} + r\frac{\partial Vz}{\partial z} = 0$.

Si le mouvement est giratoire, c'est-à-dire, indépendant de θ, on aura $\partial V_\theta / \partial \theta = 0$.

V_θ représente la vitesse tangentielle V_t.

Dans les phénomènes hydrauliques, si l'on considère la température comme constante, l'équation d'état peut s'écrire :

$$\frac{d\rho}{dp} = \frac{\rho}{\epsilon} \tag{2.15a}$$

où ϵ est le module d'élasticité de volume(1) (voir n° 1.12).

Si l'on admet que les liquides sont incompressibles ($\epsilon = \infty$), ce qui n'est pas exact, mais qui est cependant valable pour les problèmes courants, à l'exception des problèmes se rapportant au coup de bélier (chap. 10), l'équation d'état se réduit à :

$$\rho = \text{constante} \tag{2.15b}$$

2.9 - Le vecteur accélération $d\mathbf{V}/dt$ – Régime variable ou permament – régime uniforme et non-uniforme.

Comme on le sait, *l'accélération* est la variation de la vitesse dans le temps. La vitesse est, comme nous l'avons vu, fonction du temps et de l'espace $\mathbf{V} = \mathbf{V}(\mathbf{P}, t)$, où $\mathbf{P}$ est également fonction de t.

L'accélération totale est donnée par la dérivée totale de la vitesse en relation au temps, qui, comme on le sait, d'après les règles de la dérivation de fonction, est donnée par :

$$\mathbf{\Gamma} = \frac{d\mathbf{V}}{d\mathbf{P}} = \frac{\partial \mathbf{V}}{\partial t} + \frac{\partial \mathbf{V}}{\partial \mathbf{P}} \cdot \frac{d\mathbf{P}}{dt} = \frac{\partial \mathbf{V}}{\partial t} + \mathbf{V}\frac{\partial \mathbf{V}}{\partial \mathbf{P}} \tag{2.16}$$

étant donné que $\frac{d\mathbf{P}}{dt} = \mathbf{V}$

À cette équation vectorielle correspondent les équations cartésiennes :

$$\frac{du_i}{dt} = \frac{\partial u_i}{\partial t} + u_1\frac{\partial u_i}{\partial x_1} + u_2\frac{\partial u_i}{\partial x_2} + u_3\frac{\partial u_i}{\partial x_3} \tag{2.16a}$$

(1) Dans le cas général d'un gaz, on aura : $p_a v_m = RT\,[1 + B(T) + C^2(T)]$ où :
p_a = pression du gaz en N/m² (10^{-5} bar)
v_m = volume de la molécule gramme qui, dans les conditions normales de pression (1,01325 bar) et à la température de 0° C, vaut $(22,4136 \pm 0,0030) \times 10^{-3}$ m³
T = température absolue en K
R = constante des gaz parfaits, qui vaut $8,3143 \pm 0,0012$ J / K
$B(T)$ et $C(T)$ sont des fonctions caractéristiques de chaque gaz.
Dans le cas des gaz parfaits, on aura $B(T) = 0$ et $C(T) = 0$.
Un gaz réel se rapproche d'autant plus d'un gaz parfait qu'il est plus éloigné du point de liquéfaction.
À température constante (loi de Mariotte), $p_1 v_1 = p_2 v_2$.
À pression constante (loi de Gay-Lussac), $\frac{v_1}{v_2} = \frac{T_1}{T_2}$.

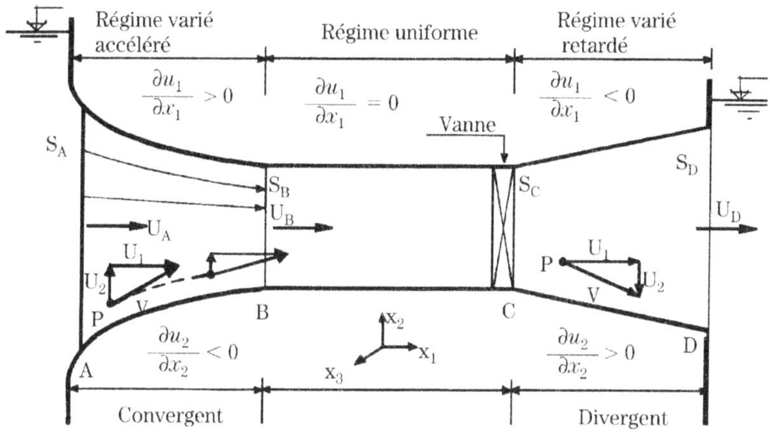

Fig. 2.4

Le premier terme de l'équation (2.16), $\partial \mathbf{V} / \partial t$ ou $\partial u_i / \partial t$ traduit la variation de la vitesse en un point fixe, au cours du temps. C'est le cas de la variation de la vitesse en un point d'une conduite qui relie deux réservoirs de niveau constant, munie d'une vanne qui s'ouvre ou qui se ferme durant l'écoulement. Ce régime est variable : $\partial \mathbf{V} / \partial t \neq 0$.

Si l'écoulement ne varie pas avec le temps, autrement dit, si $\partial \mathbf{V} / \partial t = 0$, le régime est permanent. On peut prendre comme exemple le cas précédent, où la position de la vanne serait maintenue constante.

Dans le mouvement turbulent, la permanence n'a de sens qu'en relation à la vitesse moyenne, autrement dit, le régime peut être considéré comme permanent, si $\partial \mathbf{V} / \partial t = 0$.

Le second terme de l'équation (2.16) représente l'accélération spatiale ou convective. Comme exemple immédiat, supposons un écoulement permanent dans une conduite dont la section se réduit progressivement le long du tronçon (forme tronco-conique) (fig. 2.4).

Pour plus de facilité, nous admettrons que la section de la conduite est rectangulaire, autrement dit, que l'écoulement peut être étudié seulement sur le plan $x_1\, x_2$ se répétant sur des plans parallèles, perpendiculaires à la direction x_3.

Soit **P** un point d'écoulement, sur le tronçon conique *AB*, vitesse **V** de composantes u_1 et u_2 ($u_3 = 0$) ; par suite de la réduction de la section, quand **P** se déplace en aval, soit suivant x_1, la composante u_1 va augmentant, autrement dit, $\partial u_1 / \partial x_1 > 0$; au contraire, par suite de la réduction de l'inclinaison des filets liquides, comme **P** se déplace vers le centre, c'est-à-dire, suivant x_2, la composante u_2 va diminuant, autrement dit, $\partial u_2 / \partial x_2 < 0$.

D'après l'équation de continuité, on aura $\partial u_1 / \partial x_1 + \partial u_2 / \partial x_2 = 0$.

Si $\mathbf{U}_A$ est la vitesse moyenne dans la section A et $\mathbf{U}_B$ la vitesse moyenne dans la section B, on aura également, d'après l'équation de continuité $\mathbf{U}_B\, S_B = \mathbf{U}_A\, S_A$, et, comme $S_B < S_A$, on aura $\mathbf{U}_B > \mathbf{U}_A$. Autrement dit, le régime est *accéléré*.

Entre B et C on a $\mathbf{U}_B = \mathbf{U}_C$, autrement dit, la vitesse moyenne ne varie pas au long du tube de courant : le régime est *uniforme*.

Entre C et D, la vitesse moyenne subit une réduction $\mathbf{U}_D < \mathbf{U}_C$, autrement dit, le régime est *retardé*.

Aux régimes *accéléré* et *retardé* on donne la désignation commune de régime *varié*.

En relation à un système *d'axes curvilignes*, définis en chaque point par la trajectoire (s), par la normale (n) et par l'horizontale (b), les composantes de $\partial \mathbf{V} / \partial \mathbf{P}$ sont, respectivement :

$$\frac{\partial V}{\partial s}, \frac{V^2}{r}, 0 \tag{2.17}$$

où r est le rayon de courbure au point considéré.

2.10 - Mouvement et déformation des liquides(1)

a) Signification physique des dérivées de la vitesse dans l'espace $\dfrac{\partial u_i}{\partial x_i}$

Pour mieux comprendre les équations qui traduisent les mouvements possibles à l'intérieur du liquide en mouvement, nous allons analyser graphiquement la signification physique des dérivées dans l'espace du vecteur vitesse.

La figure 2.5 montre la signification physique des dérivées partielles des composantes de la vitesse u_i, par rapport aux axes coordonnés. Commençons par la variation $\partial u_i / \partial x_i$. Dans le cas étudié précédemment une dérivée $\partial u_1 / \partial x_1$ positive a signifié une réduction de section et impliqué que $\partial u_2 / \partial x_2$ soit négative.

Cependant, si l'on avait $\partial u_1 / \partial x_1 > 0$, sans réduction de section, ceci ne serait possible qu'au prix d'une expansion du fluide, à laquelle correspondrait une diminution de densité (fig. 2.5a). Dans le cas général $\partial u_i / \partial x_i$ représente donc une extension dans le sens x_i : expansion, si la déformation est positive ; compression, si elle est négative.

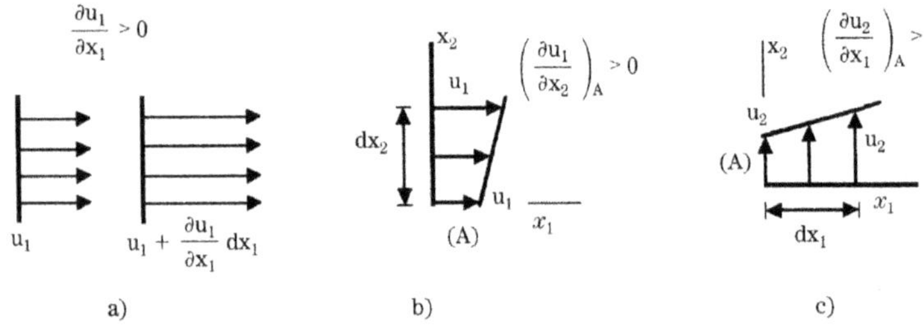

Fig. 2.5

De même, la figure 2.5b montre la variation, au point A, de la vitesse u_1, suivant l'axe perpendiculaire x_2 : $\partial u_1 / \partial x_2$. La figure 2.5c indique la signification de $\partial u_2 / \partial x_1$, également au point A.

D'après la figure 2.6a, on voit que $\partial u_1 / \partial x_1 + \partial u_2 / \partial x_2$ représente une expansion (ou contraction) d'un rectangle élémentaire(1) de même, la somme $\partial u_1 / \partial x_1 + \partial u_2 / \partial x_2 + \partial u_3 / \partial x_3$ représente l'expansion (ou contraction) d'un *cube élémentaire*, autrement dit, la dilation cubique θ.

On a déjà vu (n° 2.7) que cette somme représente également la div $\mathbf{V}$, qui sera nulle dans tout écoulement incompressible, autrement dit : $\theta = \text{div}\, \mathbf{V} = 0$.

Cette relation est facile à comprendre dans l'équation de continuité (2.12), étant donné que la variation de la masse spécifique peut être donnée par la variation de la masse

(1) Préoccupés davantage de l'aspect physique que de l'aspect mathématique formel, nous renvoyons le lecteur à n'importe quel traité de mécanique des fluides.

dans un volume déterminé, ou par la variation de volume qu'occupe une masse déterminée.

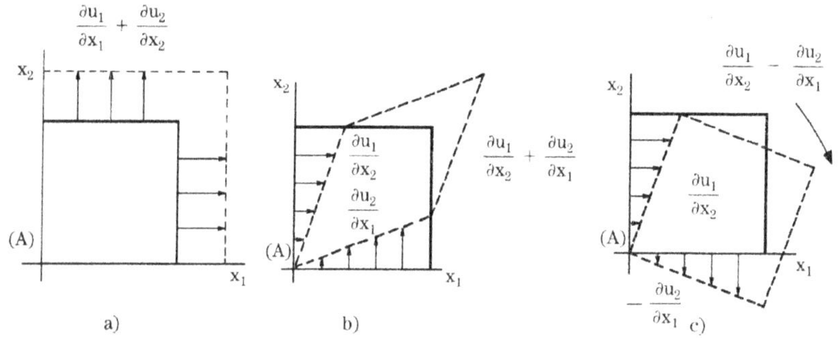

Fig. 2.6

La figure 2.6b montre que la somme $\partial u_1 / \partial x_2 + \partial u_2 / \partial x_1$ représente une déformation angulaire. Il en est de même pour $\partial u_i / \partial x_j + \partial u_j / \partial x_i$.

La figure 2.6 montre que la différence $\partial u_1 / \partial x_2 - \partial u_2 / \partial x_1$ représente une *rotation* en bloc. Il en est de même de $\partial u_i / \partial x_j - \partial u_j / \partial x_i$.

b) Mouvement de déformation. Tenseur de déformations

Le mouvement de déformation est traduit par le tenseur symétrique de déformation $\mathbf{D}_{ij}$, dont les composantes sont les dérivées correspondant à l'expansion (fig. 2.6a) et à la déformation angulaire (fig. 2.6b).

$$\mathbf{D}_{ij} = \begin{bmatrix} \dfrac{\partial u_1}{\partial x_1} & \dfrac{1}{2}\left(\dfrac{\partial u_1}{\partial x_2} + \dfrac{\partial u_2}{\partial x_1}\right) & \dfrac{1}{2}\left(\dfrac{\partial u_1}{\partial x_3} + \dfrac{\partial u_3}{\partial x_1}\right) \\ \dfrac{1}{2}\left(\dfrac{\partial u_2}{\partial x_1} + \dfrac{\partial u_1}{\partial x_2}\right) & \dfrac{\partial u_2}{\partial x_2} & \dfrac{1}{2}\left(\dfrac{\partial u_2}{\partial x_3} + \dfrac{\partial u_3}{\partial x_2}\right) \\ \dfrac{1}{2}\left(\dfrac{\partial u_3}{\partial x_1} + \dfrac{\partial u_1}{\partial x_3}\right) & \dfrac{1}{2}\left(\dfrac{\partial u_3}{\partial x_2} + \dfrac{\partial u_2}{\partial x_3}\right) & \dfrac{\partial u_3}{\partial x_3} \end{bmatrix}$$

L'équation du *mouvement de déformation* est alors :

$$\mathbf{D}/d\mathbf{P} = 0 \qquad (2.18)$$

c) Mouvement de rotation. Vecteur rot **V**. *Circulation*

Le mouvement de rotation est traduit par le vecteur tourbillon $\mathbf{\Omega} = 1/2 \text{ rot } \mathbf{V}$ dont les composantes sont les différences des dérivées correspondant à la rotation angulaire (fig. 2.6c).

$$\mathbf{\Omega} = \frac{1}{2}\,\overrightarrow{\text{rot}}\,\vec{\mathbf{V}} = \frac{1}{2}\left|\begin{array}{l} \dfrac{\partial u_3}{\partial x_2} - \dfrac{\partial u_2}{\partial x_3} \\ \dfrac{\partial u_1}{\partial x_3} - \dfrac{\partial u_3}{\partial x_1} \\ \dfrac{\partial u_2}{\partial x_1} - \dfrac{\partial u_1}{\partial x_2} \end{array}\right.$$

L'équation du *mouvement de rotation* est alors

$$1/2 \text{ rot } \mathbf{V} \wedge d\mathbf{P} = 0 \qquad (2.18a)$$

Pour faire mieux comprendre la signification de rot **V**, rappelons le théorème de Stokes[1] : la circulation, **Γ**, d'un vecteur le long d'une ligne fermée, est égale au flux du rotationnel du vecteur à travers la surface *S* limitée par *s* (fig. 2.7a) :

$$\mathbf{\Gamma} = \oint \mathbf{V}\,\mathrm{d}s = \int_S \mathrm{rot}\,\mathbf{V}\,\mathrm{d}S \tag{2.19}$$

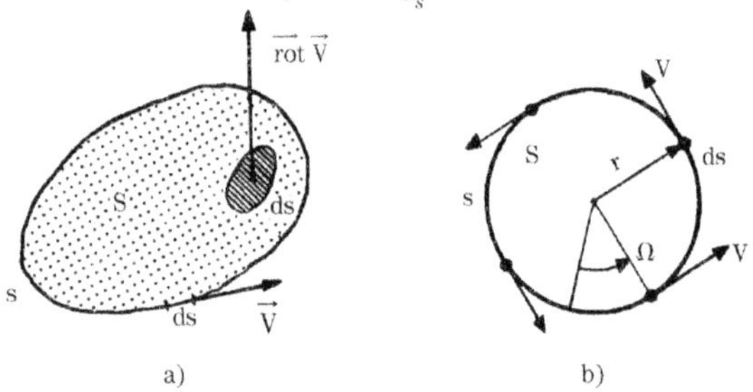

Fig. 2.7

Exemple :

Calculer la circulation le long d'une circonférence *s*, qui limite un cercle *S*, en admettant que la vitesse *V* est tangente en tous les points de la circonférence.

On aura alors :

$$\mathbf{\Gamma} = \oint_s \mathbf{V}\,\mathrm{d}s = 2\pi \mathrm{r}\mathbf{V} \tag{2.19a}$$

D'après le théorème de Stokes :

$$\mathbf{\Gamma} = \int_S \mathrm{rot}\,\mathbf{V}\,\mathrm{d}s = \pi \mathrm{r}^2\,\mathrm{rot}\mathbf{V} \tag{2.19b}$$

D'où

$$\mathrm{rot}\,\mathbf{V} = \frac{2\,\mathbf{V}}{r} = \Omega \tag{2.19c}$$

où $\mathbf{\Omega} = \mathbf{V}/r$ est le vecteur tourbillon, qui définit, en chaque point de l'espace, un champ de lignes de tourbillon qui lui sont tangentes en chaque point.

Les lignes du tourbillon sont au vecteur tourbillon ce que les lignes de courant sont au vecteur vitesse.

d) Mouvement de translation. Vitesse totale

Dans le *mouvement de translation*, toutes les particules se déplacent avec des trajectoires parallèles, à des vitesses égales $\mathbf{V}_0$.

La *vitesse totale* sera alors :

$$\mathbf{V} = \mathbf{V}_0 + \frac{1}{2}\,\mathrm{rot}\,\mathbf{V} \wedge \mathrm{d}\mathbf{P} + \mathbf{D}/\mathrm{d}\mathbf{p} \tag{2.20}$$

e) Mouvement de turbulence

Ce que nous avons dit précédemment s'applique aux mouvements turbulents. Cependant, leur étude n'offre d'intérêt que si la vitesse u_i est décomposée en sa valeur moyenne temporelle $\overline{u}_i$ et en sa fluctuation u'_i. Dans l'étude de ces fluctuations, il est seulement possible d'établir des lois statistiques : la relation entre les vitesses de turbulence u'_i et u'_j est établie par la covariance définie par :

$$\overline{u'_i\,u'_j} = \lim_{T \to \infty} \int_t^{t+T} u'_i\,u'_j\,\mathrm{d}t \tag{2.21}$$

La formule $C = \dfrac{\overline{u'_i\,u'_j}}{\sqrt{(\overline{u'_i})^2} \cdot \sqrt{(\overline{u'_j})^2}}$ est appelée *coefficient de corrélation*.

(1) Pour la démonstration, voir n'importe quel traité de calcul vectoriel, par exemple [**10**].

Les figures suivantes nous donnent un exemple de la signification physique de diverses valeurs du coefficient de corrélation.

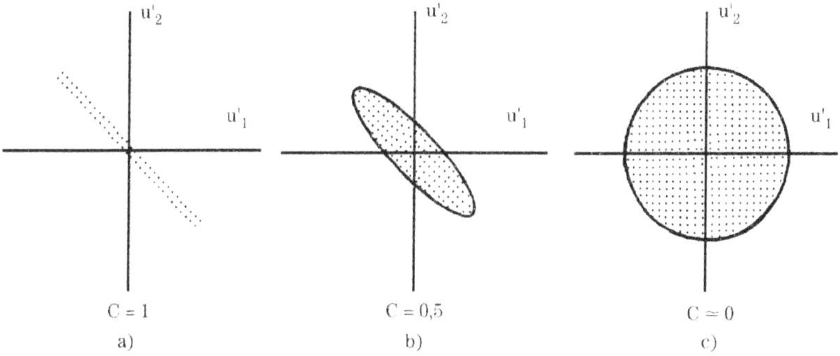

Fig. 2.8

Si, en termes statistiques, il y a, à chaque instant, une certaine relation entre u'_1 et u'_2, le coefficient de corrélation, C, a une valeur voisine de 1 (fig. 2.8a).

Au fur et à mesure que la relation est moins définie, la valeur de C diminue (fig. 2.8b).

Quand il n'existe aucune relation, la valeur de C est zéro (fig. 2.8c).

2.11 - Mouvements rotationnels et irrotationnels

Si rot $\mathbf{V} = 0$, autrement dit si $\mathbf{\Omega} = 0$, le mouvement est dit *irrotationnel* ; dans le cas contraire, il est dit *rotationnel.*

Les mouvements les plus communs de l'hydraulique sont rotationnels, comme nous le verrons plus loin. En effet, la déformation angulaire qui rend le mouvement rotationnel est le résultat de la viscosité, c'est-à-dire des forces tangentielles exercées par les particules les unes sur les autres. Et la viscosité existe dans les liquides réels. Comme nous l'avons vu, les mouvements irrotationnels peuvent être laminaires ou turbulents.

Dans quelques cas, dont nous nous occuperons plus loin, les écoulements réels peuvent être assimilés à des écoulements irrotationnels.

Exemples :

a) Dans un écoulement rectiligne, s'il y a une distribution uniforme des vitesses, une particule de forme rectangulaire reste rectangulaire (fig. 2.9a). Ceci n'est possible que s'il n'y a pas de frottement près de la paroi fixe représentée sur la figure, ou bien au début de l'écoulement, où l'effet de la paroi ne s'est pas encore fait sentir.

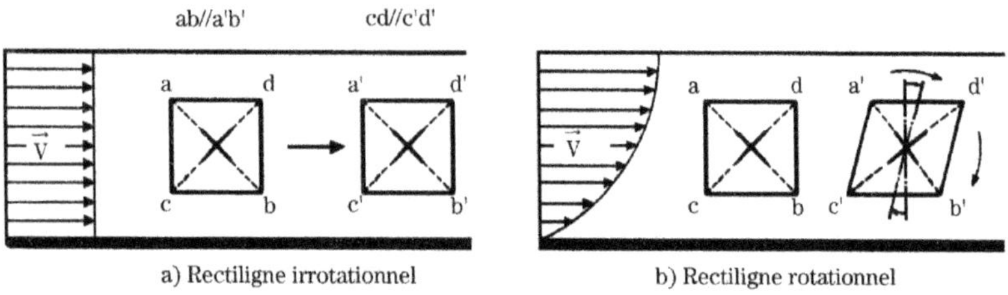

Fig. 2.9

Si la distribution des vitesses n'est pas uniforme, ce qui est généralement le cas, la particule subit une rotation dans son ensemble, le parallélisme entre les diagonales cesse et le mouvement est rotationnel (fig. 2.9b).

b) Dans un écoulement curviligne, la particule peut se déplacer, comme l'indique la figure 2.10b, en tournant autour d'elle-même (non-parallélisme des diagonales), et alors le mouvement est rotationnel.

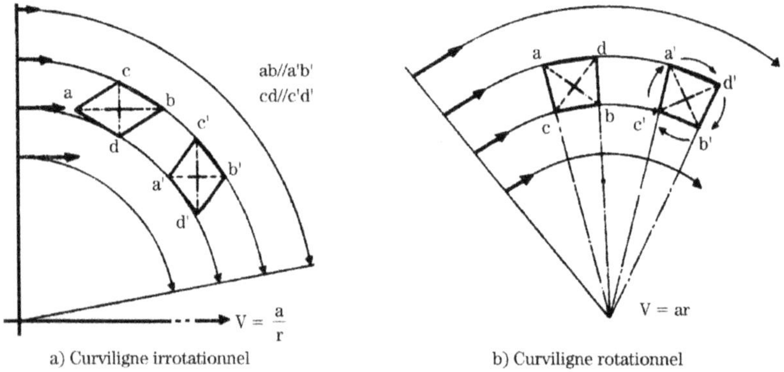

Fig. 2.10

Cependant, le mouvement peut être irrotationnel s'il y a une distribution convenable des vitesses, la vitesse étant d'autant plus grande que l'on est plus près du centre de rotation (tourbillon irrotationnel, que nous étudierons plus loin). Dans ce cas, les diagonales de la particule se maintiennent parallèles et la particule subit une déformation, sans être sujette à une rotation dans son ensemble (fig. 2.10a).

B - DYNAMIQUE. ÉQUATION GÉNÉRALE DU MOUVEMENT

2.12 - Position du problème

Nous avons analysé jusqu'ici les mouvements des fluides indépendamment des forces qui s'exercent sur eux et qui engendrent les mouvements ; autrement dit, nous avons vu les vitesses et les accélérations. Nous introduisons maintenant l'équation fondamentale de la dynamique $f = m\,a$ qui établit la relation entre les forces et les accélérations. C'est à Navier(1) et à Stokes(2) que l'on doit la déduction d'une équation générale pour le mouvement des liquides.

Sur une particule élémentaire agissent : des *forces de volume* $\rho\mathbf{F}$, comme le poids $\rho\boldsymbol{g}$; des *forces d'inertie*, également proportionnelles à la masse, $\rho d\mathbf{V}\, dt$; et des *forces de surface*, ou pressions, **P**.

Les forces de volume $\rho\mathbf{F}$ dépendent de la nature du problème, et se réduisent, dans la plupart des cas, au poids. Quant aux forces d'inertie, elles seront les conditions du mouvement qui les définit : nous avons déjà vu précédemment la décomposition du vecteur accélération. Il importe donc d'analyser les forces de surface, résultant de l'état de tension.

2.13 - État de tension en un point : tenseur des pressions $\mathbf{P}_{ij}$; pression hydrostatique p ; tension visqueuse τ_{ij}

Soit un élément de fluide à l'intérieur d'un écoulement, dont le centre de gravité est G, de coordonnées (x_1, x_2, x_3) (fig. 2.11a).

Soit un plan quelconque qui passe par cet élément, défini par la normale **n** à ce plan.

La tension sur ce plan sera désignée par $\mathbf{P}_n$; elle est considérée comme positive si elle est dirigée du dehors en dedans(3). Ceci signifie que la tension en un point est fonction non seulement des coordonnées de ce point mais encore de la direction du plan où elle s'exerce, définie par sa normale : comme tous les vecteurs, $\mathbf{P}_n$ est défini par trois composantes. L'étude de la tension en un point est donc définie par l'ensemble des vecteurs $\mathbf{P}_n$ associés à toutes les directions **n** : cet ensemble constitue le tenseur des pressions $\mathbf{P}_{ij}$. On admettra, par convention, que le premier indice identifie la normale au point considéré ; le second indice se rapporte à la direction de la composante de la tension qui s'exerce sur le plan (fig. 2.11b).

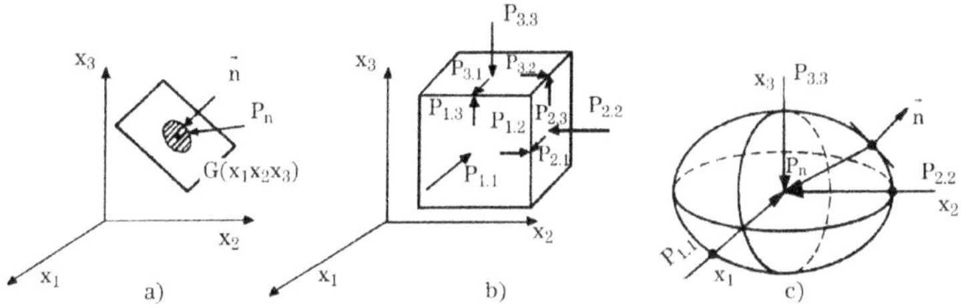

Fig. 2.11

(1) Navier, L.M.H. (1785-1836) ;

(2) Stockes, G. (1819-1903) ;

(3) Dans les solides, les tractions sont considérées comme positives.

Ainsi, sur un plan normal à x_1 la tension sera $\mathbf{P}_{1j}$ qui a trois composantes : $\mathbf{P}_{1.1}$, suivant la normale au plan ; $\mathbf{P}_{1.2}$ et $\mathbf{P}_{1.3}$ suivant le plan. Il en sera de même pour x_2 et x_3. Par l'équilibre d'un tétraèdre élémentaire, on constate que le tenseur $\mathbf{P}_{ij}$ est symétrique, autrement dit : $\mathbf{P}_{ij} = \mathbf{P}_{ji}$.

S'il s'agit d'un tenseur symétrique, la quadrique qui le représente est un ellipsoïde, c'est-à-dire que chaque rayon vecteur représente la valeur de $\mathbf{P}_n$ sur un plan tangent à l'ellipsoïde au point de rencontre avec le rayon vecteur (fig. 2.11c).

Les tensions normales correspondent à $i = j$; les tensions tangentielles correspondent à $i \neq j$.

La pression hydrostatique correspond à la moyenne des modules des tensions normales :

$$\frac{1}{3}\,(P_{1,1} + P_{2,2} + P_{3,3}) \tag{2.23}$$

et l'on démontre que *c'est un invariant*, quel que soit le système d'axes considéré. Dans un liquide en repos, seules s'exercent des tensions normales, égales dans toutes les directions, et l'on a alors :

$$P_{1,1} = P_{2,2} = P_{3,3} = p \tag{2.23a}$$

Dans ce cas, l'ellipsoïde se réduit à une sphère.

Les composantes normales $\mathbf{P}_{ii}$ peuvent être décomposées chacune en deux parties : une qui correspond à la pression hydrostatique p, et l'autre notée τ_{ii} résultant de l'interaction des particules sous l'effet de la viscosité. On définit ainsi le tenseur des tensions visqueuses :

$$\begin{aligned} \tau_{ij} &= P_{ij} - p \qquad && \text{si } i = j \\ \tau_{ij} &= P_{ij} && \text{si } i \neq j \end{aligned} \tag{2.24}$$

Dans l'écoulement turbulent, le tenseur $\underline{\tau_{ij}}$ se décompose en deux parties, l'une $\overline{\tau_{ij}}$ correspondant aux vitesses moyennes ponctuelles u_i, et l'autre $\tau'_{ij} = -\rho\,\overline{u'_i\,u'_j}$, correspondant aux fluctuations de la vitesse u'_i. Le tenseur τ_{ij} est désigné par *tenseur des tensions de turbulence.*

Ce tenseur est également un tenseur symétrique qui, pour cela même, peut être de même représenté géométriquement par un ellipsoïde.

Les termes tels que $i = j$ représenteront des efforts normaux. On définit la pression de turbulence comme étant :

$$\frac{1}{3}\left[\overline{(u'_1)^2} + \overline{(u'_2)^2} + \overline{(u'_3)^2}\right]^{1/2} \tag{2.25}$$

Si les trois termes $\overline{(u')^2}$ sont égaux, c'est-à-dire si $\overline{(u'_1)^2} = \overline{(u'_2)^2} = \overline{(u'_3)^2}$, l'ellipsoïde se réduit à une sphère et tous les efforts tangentiels d'origine turbulente, $\rho\,\overline{u'_i\,u'_j}$ $(i \neq j)$, s'annulent (turbulence isotrope).

2.14 - Variation de l'état de tension

On applique à un volume e limité par la surface S, l'équation d'équilibre entre les forces extérieures $\mathbf{F}$ et les forces d'inertie (voir fig. 2.12).

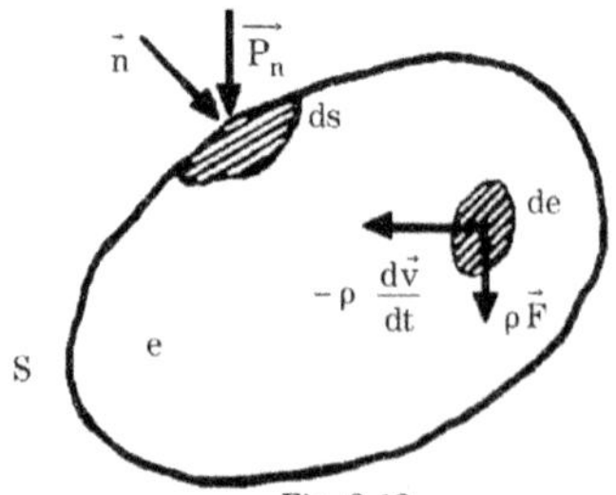

Fig. 2.12

$$\int_e \rho\left(\mathbf{F} - \frac{d\mathbf{V}}{dt}\right) de + \int_s \mathbf{P}_n dS = 0 \tag{2.26}$$

Comme on l'a vu, $\mathbf{P}_n$ représente les forces qui s'exercent sur un plan normal à **n**, qui pourront être des composantes tangentielles et des composantes normales à ce plan.

Par l'application directe du théorème de la divergence, on aura(1) :

$$\int_s \mathbf{P}_n dS = -\int_e \text{div}\, \mathbf{P}_n\, de \tag{2.26a}$$

soit :

$$\int_e (\rho\mathbf{F} - \rho\, \frac{d\mathbf{V}}{dt}) - \text{div}\ \mathbf{P}_n)\, de = 0 \tag{2.26b}$$

et pour un élément infinitésimal, de :

$$\rho\, (\vec{\mathbf{F}} - \frac{d\mathbf{V}}{dt}) - \text{div}\, \mathbf{P}_n = 0 \tag{2.26c}$$

et, en notation cartésienne :

$$\rho\left(F_i + \frac{dV_i}{dt}\right) - \left(\frac{\partial P_{i1}}{\partial x_1} + \frac{\partial P_{i2}}{\partial x_2} + \frac{\partial P_{i3}}{\partial x_3}\right) = 0 \tag{2.26d}$$

2.15 - Équation générale de Navier-Stokes

a) *Cas général* – Stokes et Newton ont formulé les hypothèses suivantes, analogues aux hypothèses de Hooke(2), dans la théorie de l'élasticité :

– les tensions tangentielles τ_{ij} $(i \neq j)$ sont proportionnelles aux vitesses de déformation angulaire, c'est-à-dire :

$$\tau_{ij} = -\,\mu\left(\frac{\partial u_i}{\partial x_j} + \frac{\partial u_j}{\partial x_i}\right) \tag{2.27}$$

– les composantes normales τ_{ii}, sont des fonctions linéaires des vitesses de déformation linéraire, c'est-à-dire :

$$\tau_{ii} = -\,2\mu\, \frac{\partial u_i}{\partial x_i} - \lambda\left(\frac{\partial u_1}{\partial x_1} + \frac{\partial u_2}{\partial x_2} + \frac{\partial u_3}{\partial x_3}\right) \tag{2.28}$$

μ et λ sont des caractéristiques du fluide correspondant aux coefficients respectifs de la théorie de l'élasticité ; μ est le coefficient de viscosité dynamique : λ prend la valeur de $-\frac{2}{3}\,\mu$.

Partant des équations 2.27 et 2.28, on calcule les termes $\partial\mathbf{P}_{ij} / \partial_{xj}$ qui figurent dans l'équation 2.26d, en tenant compte de ce que, pour $i = j$, on a $\mathbf{P}_{ii} = \tau_{ii} + p$; et pour $i \neq j$ on a $\mathbf{P}_{ij} = \tau_{ij}$.

Remplaçant les valeurs ainsi calculées, dans les équations 2.26, on obtient les équations de Navier-Stokes, en notation cartésienne :

$$\rho\left(F_i - \frac{du_i}{dt}\right) = \frac{\partial p}{\partial x_i} - \mu\nabla^2 u_i - \frac{1}{3}\mu\, \frac{\partial\theta}{\partial x_i} \tag{2.29}$$

où :

$$\theta = \text{div}\, \mathbf{V} = \frac{\partial u_1}{\partial x_1} + \frac{\partial u_2}{\partial x_2} + \frac{\partial u_3}{\partial x_3} \tag{2.29a}$$

(1) Le théorème de la divergence du calcul vectoriel, cité dans l'étude de l'équation de la continuité, est également valable dans le calcul tensoriel.

(2) Hooke, R. (1635-1703).

est le coefficient d'élasticité cubique et

$$\nabla^2 u_i = \text{div} \left(\text{grad } u_i \right) = \frac{\partial^2 u_i}{\partial x_1^2} + \frac{\partial^2 u_i}{\partial x_2^2} + \frac{\partial^2 u_i}{\partial x_3^2} \tag{2.29b}$$

est le Laplacien de u_i.

En notation vectorielle, on aura :

$$\rho\left(\mathbf{F} - \frac{\mathrm{d}\mathbf{V}}{\mathrm{dt}}\right) = \text{grad}\, p - \mu\, \nabla^2\, \mathbf{V} - \left(\frac{1}{3}\right) \mu \text{ grad } \theta \tag{2.29c}$$

Telle est l'équation générale du mouvement des fluides désignée par *équation de Navier-Stokes*, dont l'intégration est très difficile. On obtient cette intégration dans des cas particuliers d'écoulements laminaires ; dans la plupart des cas, il faut recourir à l'expérience. Toutefois, la connaissance de la signification de chacun de ses termes peut constituer un précieux auxiliaire pour la compréhension des phénomènes et la conduite des expériences. Ainsi :

– $\rho\mathbf{F}$ représente les forces de masse ; dans le cas d'un liquide qui s'écoule dans le champ de la gravité, **F** est le poids, et l'on a alors $F_1 = F_2 = 0$; $F_3 = g$, g étant l'accélération de la gravité.

– $\rho \dfrac{\mathrm{d}\mathbf{V}}{\mathrm{d}t}$ représente les forces d'inertie. On a déjà analysé la signification de la dérivée totale $\mathrm{d}\mathbf{V} / \mathrm{d}t$ (voir n° 2.9).

– grad p est le vecteur des composantes $\partial p \,/\, \partial x_i$; il correspond à la variation des pressions mesurées dans le sens de l'écoulement[1].

– Le terme $\mu\nabla^2\mathbf{V}$ traduit la diffusion du vecteur **V** dans l'écoulement : en d'autres termes, il traduit l'action d'une particule sur les autres, qui ne peut se produire que sous l'effet de la viscosité. Pour mieux comprendre la signification de $\nabla^2\mathbf{V}$, nous devons nous rappeler que $\nabla^2\mathbf{V} = \text{div (grad } \mathbf{V})$.

– Le terme 1/3 μ grad θ = 1/3 grad (div **V**) traduit l'influence de la compressibilité et s'annule dans le cas d'un liquide incompressible, où $\theta = \text{div}\, \mathbf{V} = 0$.

2.16 - Écoulements dans le champ de la gravité

Dans l'hypothèse où les forces extérieures dérivent d'un potentiel, ξ telles que $\mathbf{F} = \text{grad}\, \xi$, l'équation (2.29c) s'écrit, dans le cas de liquides incompressibles :

$$-\rho \text{ grad } \xi + \text{grad}\, p = -\rho \frac{\mathrm{d}\mathbf{V}}{\mathrm{d}t} + \mu\, \nabla^2\, \mathbf{V} \tag{2.30}$$

---

(1) Comme on le sait, à partir du calcul vectoriel, le gradient d'une fonction *scalaire* est un vecteur tel que la dérivée de cette fonction suivant une direction, est la composante du gradient de la fonction de cette direction. Dans ces conditions, le gradient correspond à la valeur maximale de la variation de la fonction. On peut dire qu'il correspond à une *ligne de la plus grande pente* par rapport à une surface :

$$\text{grad}\, p = \frac{\partial p}{\partial x_1}\mathbf{i} + \frac{\partial p}{\partial x_2}\mathbf{j} + \frac{\partial p}{\partial x_3}\mathbf{k}$$

Si le potentiel est celui de la gravité, autrement dit, si $\xi = -gz + C^{te}$, on aura, en divisant le tout par $\varpi = \rho g$

$$\text{grad}\left(z + \frac{p}{\varpi}\right) = -\frac{1}{g}\frac{\mathrm{d}\mathbf{V}}{\mathrm{d}t} + \frac{\mu}{\varpi}\nabla^2\mathbf{V} \qquad (2.30a)$$

Voyons la signification physique de $(z + p / \varpi)$.

Soit une particule de volume e, de masse spécifique ρ et de poids spécifique $\varpi = \rho g$. La masse de la particule sera $m = \rho\, e$ et son poids ϖe.

Si la particule considérée est à une cote z au-dessus d'un plan horizontal de référence, elle a, en relation à ce plan, une énergie potentielle de position donnée par $w_z = \varpi\, e\, z$.

On aura alors, considérant l'unité de poids :

$$E_z = \frac{W_z}{\varpi e} = z \qquad (2.31)$$

La même particule sujette à une pression p, possède une énergie potentielle de pression $w_p = pe$; de la même manière, on aura alors :

$$E_p = \frac{W_p}{\varpi e} = \frac{p}{\varpi} \qquad (2.31a)$$

Ainsi, la somme $z + p / \varpi$ représente l'énergie potentielle de l'unité de poids (énergie de position et de pression), dont la variation, mesurée par le gradient, permettra de connaître les variations de vitesse et les pertes par frottement.

Dans le cas d'un liquide parfait ou idéal, qui n'existe pas, on aurait $\mu = 0$, soit

$$\text{grad}\left(z + \frac{p}{\varpi}\right) = -\frac{1}{g}\frac{\mathrm{d}\mathbf{V}}{\mathrm{d}t} \qquad (2.32)$$

Dans un liquide en repos, on aura $\mathbf{V} = 0$ et grad $(z + p / \varpi) = 0$, d'où :

$$z + \frac{p}{\varpi} = \text{constante} \qquad (2.32a)$$

qui représente la variation de la pression dans un liquide en repos : distribution hydrostatique de pression (voir n° 3.1).

2.17 - Exemple. Équation de Poiseuille(1) pour l'écoulement en tuyaux en régime laminaire

Les équations de Navier-Stokes peuvent aider à résoudre quelques problèmes, dans le cas de régime laminaire (voir § 4.2).

Considérons, à titre d'exemple, leur application à un tuyau cylindrique de section circulaire constante de rayon r_0 en régime laminaire et permanent.

---

(1) Poiseuille, J.-L. (1799-1869)

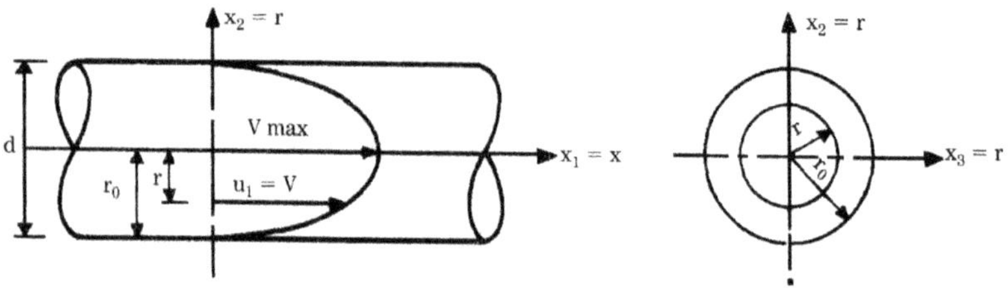

Fig. 2.13

Faisons coïncider l'axe du tuyau avec l'axe $x_1 = x$. On aura $x_2 = r$ et $x_3 = r$, du fait qu'il s'agit d'une section circulaire ; et aussi $u_1 = V$; $u_2 = 0$; $u_3 = 0$.

Dans le cas d'un écoulement permanent, on aura $\partial V / \partial t = 0$; et comme la section est constante, le mouvement uniforme sera également $\frac{\partial V}{\partial x} = 0$, autrement dit $dV / dt = 0$, et l'équation (2.30a) prendra la forme suivante :

$$\text{grad}\,(z + \frac{p}{\varpi}) = \frac{\mu}{\varpi}\,\nabla^2 \mathbf{V} \tag{2.33}$$

ou bien

$$\frac{\partial}{\partial x}\left(z + \frac{p}{\varpi}\right) = \frac{\mu}{\varpi}\left(\frac{\partial^2 V}{\partial r^2} + \frac{\partial^2 V}{\partial r^2}\right) = \frac{2\mu}{\varpi}\,\frac{\partial^2 V}{\partial r^2} \tag{2.33a}$$

L'intégration de cette équation a été faite directement par Poiseuille. Représentant par i la variation de charge $\frac{\partial}{\partial x}\,(z + \frac{p}{\varpi})$, on obtient :

$$\frac{\partial^2 V}{\partial r^2} = \frac{\varpi\,i}{2\mu} \tag{2.34}$$

dont l'intégration donne :

$$\frac{\partial V}{\partial r} = \frac{\varpi i}{2\mu}\,r^2 + c_1 \tag{2.34a}$$

Comme la vitesse sera maximale au centre, pour $r = 0$, on aura $\partial V / \partial r = 0$ et $c_1 = 0$.

Intégrant de nouveau :

$$V = \frac{\varpi\,i}{4\mu}\,r^2 + c_1 \tag{2.34b}$$

et comme pour $r = r_0$ est $V = 0$

$$V = \frac{\varpi\,i}{4\mu}\,(r_0^2 - r^2) \tag{2.34c}$$

L'équation 2.34c montre que la distribution des vitesses est parabolique. La valeur maxima de la vitesse V_M sera :

$$V_M = \frac{\varpi\,i}{4\mu}\,r_0^2 \tag{2.34d}$$

et la valeur moyenne U :

$$U = \frac{\varpi i}{8\mu}\,r_0^2 = \frac{g}{8\nu}\,r_o^2\,i = ki \tag{2.34e}$$

formule connue de Poiseuille, par laquelle on constate qu'en régime laminaire, la vitesse moyenne est proportionnelle au gradient de $(z + p / \varpi)$, c'est-à-dire proportionnelle à la perte de charge.

Réciproquement :

$$i = \frac{8\nu}{g\,r_0^2}\,U = \frac{32\nu}{gd^2}\,U \tag{2.34f}$$

donc la perte de charge est proportionnelle à la vitesse. La distribution des vitesses en termes de vitesse moyenne est, par simples opérations algébriques :

$$V = 2U\left(1 - \left(\frac{r}{r_0}\right)^2\right) \tag{2.34g}$$

Application :

Déterminer i, dans un tuyau de diamètre $d = 0{,}1$ m, où s'écoule une huile épaisse du type SAE – 90 (Table 13), dont la viscosité est $\upsilon = 200$ centistokes $= 2 \times 10^{-4}$ m²/s, et dont la densité est $\delta = 0{,}88$. La vitesse moyenne de l'écoulement est $U = 1$ ms.

Le nombre de Reynolds sera : $\mathbf{R}_e = \dfrac{Ud}{\nu} = 500$; dans ce cas, le régime peut être considéré comme laminaire (voir § 4.2).

Appliquant l'équation 2.34f, on aura :

$$i = \frac{8\,\nu\, U}{g\, r_0^2} = \frac{32.(2 \cdot 10^{-4}).1}{9{,}81.(0{,}1)^2} = 0{,}065 \text{ m/m.}$$

2.18 - Régime turbulent. Longueur de mélange

Dans les régimes turbulents, on considère que les composantes instantanées de vitesse $u_i = u_i + u'_i$ suivent les équations de Navier-Stokes.

Remplaçant dans ces équations chaque terme par sa valeur moyenne et par la valeur de fluctuation, et considérant le liquide comme incompressible, on obtient l'équation correspondante :

$$\rho(F_i - \frac{d\bar{u}_i}{dt}) = \frac{\partial \rho}{\partial x_i} - \mu \nabla^2 \bar{u}_i + \frac{\partial}{\partial x_i}(-\,\rho\, \overline{u'_i\, u'_j}.) \tag{2.35}$$

Comme on le voit, par suite de la turbulence, apparaissent des termes sous la forme $-\,\rho\,\overline{u'_i\, u'_j}$.

Ces tensions vont s'ajouter aux tensions d'origine visqueuse, d'où résulte une grande augmentation des forces de frottement. Tout se passe comme si, dans l'écoulement turbulent, à la viscosité du fluide s'ajoutait une viscosité turbulente, propriété de l'écoulement et non du fluide. Quand la turbulence est complètement développée, ces tensions de turbulence sont beaucoup plus grandes que les tensions de viscosité et l'écoulement est pratiquement indépendant de la viscosité μ.

La complexité des équations ne permet pas leur intégration ; il faut donc toujours recourir à la voie expérimentale.

Dans les écoulements turbulents, les particules sont animées de mouvements transversaux désordonnés qui tendent à uniformiser les vitesses par transfert de la quantité de mouvement.

La distance à laquelle deux couches peuvent s'influencer réciproquement est appelée *longueur de mélange* ou *parcours de mélange* (Prandlt)(1). La notion de coefficient de viscosité définie en (1.8) est remplacée par un facteur assez complexe, appelé *coefficient de turbulence*.

La force de l'équation (1.4) sera $\mathbf{F} = \mu^* S\Delta\mathbf{V} / \Delta\mathbf{n}$ au lieu de $\mathbf{F} = \mu S\Delta\mathbf{V} / \Delta\mathbf{n}$. On constate la relation $\mu^* = \rho\, l^2 \Delta\mathbf{V} / \Delta\mathbf{n}$, où l est la longueur de mélange.

(1) Prandlt, L. (1875-1953).

2.19 - Équations d'Euler au long de la trajectoire

Soit la trajectoire d'un écoulement (fig. 2.14).

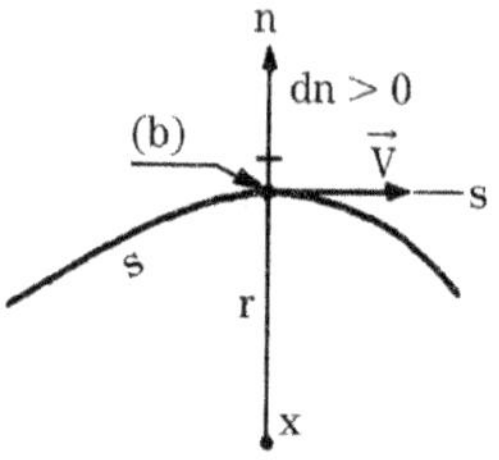

Fig. 2.14

Construisons un système d'axes constitués en chaque point par la tangente à la trajectoire (s), par la normale (n) et par la bi-normale (b) (coordonnées intrinsèques). Soit r le rayon de courbure principal en un point considéré.

Les composantes de **V** seront alors : $V_s = V$; $V_n = 0$; $V_b = 0$.

Compte tenu de ce que $\mu = \rho\nu$ et que $\varpi = \rho g$, les équations (2.30a) en régime permanent s'écrivent[1] :

$$\frac{\partial}{\partial s}(z + \frac{p}{\varpi}) = -\frac{1}{g}\frac{dV}{dt} + \frac{\nu}{g}\nabla^2 V \qquad (2.36)$$

$$\frac{\partial}{\partial n}(z + \frac{p}{\varpi}) = +\frac{1}{g}\frac{V^2}{r} - \frac{2\nu}{gr^2}\frac{\partial r}{\partial s} \qquad (2.36a)$$

$$\frac{\partial}{\partial b}(z + \frac{p}{\varpi}) = 0 \qquad (2.36b)$$

Dans le cas du liquide idéal ou parfait ($\mu = 0$), le terme ∇^2**V** s'annule, et l'on obtient les équations déduites directement par Euler, pour les liquides parfaits.

Analysons en détail la signification physique des équations d'Euler :

a) la première équation a une signification énergétique globale, qui sera mise en évidence aux paragraphes suivants ;

b) la seconde équation montre que, dans une courbe, existe un gradient négatif de l'énergie potentielle ($z + p / \varpi$), autrement dit, cette valeur diminue dans la direction du centre de courbure, et inversement. Si l'écoulement est rectiligne, ou la courbure négligeable ($r \to \infty$), on aura $z + p / \varpi = C^{te}$, autrement dit, il y aura une distribution hydrostatique des pressions ;

c) la troisième équation montre que, d'après la bi-normale, la distribution des pressions est hydrostatique.

(1) Voir le n° 2.9 et l'expression (2.17) qui donne les composantes de d**V** / d**t**, en coordonnées intrinsèques.

C - ÉNERGIE DES ÉCOULEMENTS. THÉORÈME DE BERNOULLI[1]

2.20 - Types d'énergie

L'énergie (ou travail), W, est définie, en mécanique, comme le produit d'une force par un déplacement. Ses dimensions sont donc $L^2 M T^{-2}$. L'unité d'énergie, dans le Système International est le joule, J.

Dans les problèmes d'hydraulique, l'énergie est en général rapportée, comme nous l'avons déjà dit au n° 2.16, à l'unité de poids (force) écoulé, et est désignée d'une manière simplifiée par *charge*, E, qui a, en conséquence, les dimensions d'une longueur. Dans le Système International, elle s'exprime en mètres.

Si la particule est animée d'une vitesse V, son énergie cinétique est $W_c = 1/2\, m\, V^2$. L'énergie cinétique par unité de poids sera alors :

$$E_c = \frac{W_c}{\varpi e} = \frac{1}{2}\frac{mV^2}{\varpi e} = \frac{1}{2}\frac{\rho}{\varpi}V^2 = \frac{V^2}{2g} \tag{2.37}$$

Nous avons déjà vu précédemment que l'énergie potentielle de position de l'unité de poids écoulé était z, et que l'énergie potentielle de pression était p/ϖ.

Autrement dit, une particule de liquide animée d'une vitesse V sujette à une pression p[2] et placée à une cote z au-dessus d'un plan horizontal de référence, a, par unité de poids, les types d'énergie suivants qui, parce qu'ils ont les dimensions d'une longueur, s'appellent également *hauteurs*.

Énergie	**Nom**	
de position	cote au-dessus d'un plan de référence ou hauteur géométrique	$E_z = z$
de pression	pression exprimée en hauteur d'eau ou hauteur piézométrique	$E_p = \frac{p}{\varpi}$
cinétique	hauteur cinétique	$E_c = \frac{V^2}{2g}$

L'énergie totale, par unité de poids écoulé, sera alors

$$E = z + \frac{p}{\varpi} + \frac{V^2}{2g} \tag{2.37a}$$

La hauteur piézométrique représente la hauteur d'une colonne de liquide

(1) Bernoulli, D. (1700-1782).

(2) Sauf indication contraire, on admet qu'il s'agit d'une pression relative (voir n° 1.11), autrement dit, mesurée par rapport à la pression atmosphérique.

capable, par son poids, d'engendrer la pression p.

La hauteur cinétique représente la hauteur, h, dont un élément de fluide doit tomber en chute libre, dans le vide, pour atteindre la vitesse V.

2.21 - Théorème de Bernoulli : énergie d'une particule le long de sa trajectoire.

Reprenant l'équation 2.36 et compte tenu de ce que $\mathrm{d}V / \mathrm{d}t = \partial V / \partial t + V \partial V / \partial s$ et aussi de ce que $V \partial V / \partial s = \partial / \partial s (V^2 / 2)$, on aura :

$$\frac{\partial}{\partial s}\left(z + \frac{p}{\varpi} + \frac{V^2}{2g}\right) = -\frac{1}{g}\frac{\partial V}{\partial t} + \frac{\nu}{g}\nabla^2 V \qquad (2.38)$$

Le premier membre de l'équation a une signification essentiellement énergétique globale, comme nous l'avons signalé plus haut. Il représente la variation de l'énergie totale par unité de poids écoulé, ou charge totale E, d'une particule le long de sa trajectoire.

Bien qu'un liquide parfait, c'est-à-dire sans viscosité ($\mu = 0$), n'existe pas dans la nature, il y a des cas où le liquide se comporte comme s'il était parfait : cas d'un liquide en repos, où la viscosité ne se fait pas sentir. De même, dans un écoulement qui partirait du repos, il y aura un tronçon initial où les effets de la viscosité ne sont pas encore significatifs : tel est le cas de l'écoulement au-dessus d'un déversoir, par exemple, ou du passage d'un réservoir à une conduite ou canal. Dans ce cas, l'écoulement peut être assimilé à celui d'un liquide parfait.

Dans ces conditions, les termes de la viscosité de l'équation 2.38 s'annulent et l'on a :

$$\frac{\partial}{\partial s}\left(z + \frac{p}{\varpi} + \frac{V^2}{2g}\right) = -\frac{1}{g}\frac{\partial V}{\partial t} \qquad (2.39)$$

Dans le cas de régime permanent, $\frac{\partial V}{\partial t} = 0$, on a alors :

$$z + \frac{p}{\varpi} + \frac{V^2}{2g} = \text{constante}, \qquad (2.40)$$

expression qui traduit le *théorème de Bernoulli* : dans le cas d'un fluide incompressible en régime permanent, si l'on admet que l'on peut négliger les forces de frottement et, en conséquence, les pertes d'énergie, la charge totale d'une particule est constante tout au long de sa trajectoire.

Comme le montre l'énoncé même, le théorème de Bernoulli résulte directement du principe de la conservation d'énergie : s'il n'y a pas de frottement, la particule se déplace sans perte d'énergie.

2.22 - Ligne d'énergie et ligne piézométrique

Soit une ligne de courant de régime permanent[1]. En chaque point de cette ligne de courant situé à une cote z au-dessus d'un point de repère, les différentes particules qui occupent successivement ce point sont sujettes à une pression p et sont animées d'une vitesse V, à laquelle correspondent les conditions énergétiques définies plus haut.

Ainsi, il est possible de définir, au moyen des variables d'Euler, les conditions énergétiques en chaque point.

En résumé, en relation à chaque point d'une ligne de courant, on définit les charges ou énergies spécifiques suivantes :

– *Charge statique ou piézométrique* :

$$E_s = z + \frac{p}{\varpi}$$

– *Charge dynamique ou cinétique* :

$$E_c = \frac{V^2}{2g}$$

– *Charge totale* :

$$E = z + \frac{p}{\varpi} + \frac{V^2}{2g}$$

Si, le long d'une ligne de courant, nous marquons sur la verticale, à partir du plan horizontal de repère, les longueurs représentatives de la charge statique, nous obtenons la *ligne piézométrique* correspondant à la ligne de courant considérée.

De même, si nous marquons la charge totale, nous obtenons la *ligne de charge totale*, ou simplement *ligne d'énergie*.

La ligne d'énergie est éloignée de la ligne piézométrique d'une longueur, mesurée sur la verticale, égale à la charge cinétique. S'il n'y a pas de pertes de charge, la ligne d'énergie est horizontale. S'il y a des pertes de charge, la ligne d'énergie, comme il est évident, descend toujours le long de l'écoulement.

2.23 - Énergie ou charge dans une section d'écoulement

On peut définir la charge totale non seulement en un point d'une ligne de courant, mais encore dans une section droite d'un écoulement, à condition que les lignes de courant aient une courbure très petite, de manière qu'elles puissent être considérées comme sensiblement rectilignes ou parallèles.

La charge statique, $z + p / \varpi$, dans ce cas, a la même valeur pour toute

(1) Comme on l'a dit précédemment, nous engloberons sous cette désignation le régime turbulent quasi permanent, et nous considérerons, dans ce cas, la valeur moyenne de la vitesse en chaque point, ce qui revient à ne pas tenir compte de l'énergie propre de la turbulence, à laquelle nous ferons allusion plus loin (n° 2.25).

la section droite[1]. La vitesse V peut cependant varier d'un point à l'autre de la section droite. On définit alors la charge dynamique comme le quotient $W_c / \varpi Q$ de la puissance, W_c, qui traverse la section sous la forme cinétique, par le débit en poids ϖQ.

Si l'on fait intervenir la vitesse moyenne U, au lieu des vitesses ponctuelles, V, des particules, on introduit un facteur de correction de l'énergie cinétique, désigné par *coefficient de Coriolis*[2], qui est défini comme la relation entre l'énergie cinétique réelle de l'écoulement et l'énergie cinétique d'un écoulement fictif où toutes les particules se déplaceraient à la vitesse moyenne, U.

La charge totale dans une section droite sera alors :

$$E = z + \frac{p}{\varpi} + \alpha \frac{U^2}{2g} \tag{2.41}$$

De même que précédemment, on définit la *ligne piézométrique* et la *ligne de charge* (fig. 2.15), relatives ou absolues, suivant que l'on considère la pression relative ou la pression absolue (voir n° 1.11).

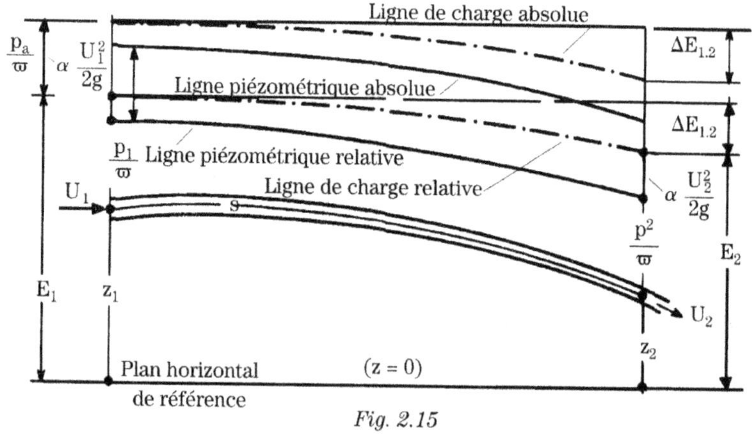

Fig. 2.15

Si la répartition des vitesses est uniforme, $\alpha = 1$, dans le cas contraire, $\alpha > 1$. Dans les cas courants, en régime turbulent, α oscille entre 1,05 et 1,20 ; il peut cependant atteindre des valeurs sensiblement plus élevées (voir table 26). Parfois, dans la pratique, on peut omettre ce coefficient de correction, en admettant qu'il est égal à l'unité.

Comme la puissance cinétique réelle qui traverse la section est :

$$W_c = \int_S \frac{\rho V^2}{2} V dS = \frac{\rho}{2} \int_S V^3 dS \tag{2.42}$$

---

(1) Voir n° 2.19 (équation 2.36a). On dit que, dans ce cas, il y a une distribution hydrostatique de pression. Si cette hypothèse n'est pas valable, il est possible d'établir un terme correctif, pour tenir compte des effets de la courbure des lignes de courant.

(2) Coriolis, G. (1792-1843)

et comme la puissance cinétique résultant du fait que l'on considère la vitesse moyenne U, est :

$$W'_c = \int_S \frac{\rho U^2}{2}\, U\mathrm{d}S = \frac{\rho}{2}\int_S U^3\mathrm{d}S = \frac{\rho\, U^3 S}{2} \qquad (2.42a)$$

nous aurons l'expression mathématique :

$$\alpha = \frac{W_c}{W'_c} = \frac{1}{U^3 S}\int_S V^3\mathrm{d}S \qquad (2.43)$$

Le coefficient α est déterminé à partir de sa définition mathématique, donnée par l'équation 2.43.

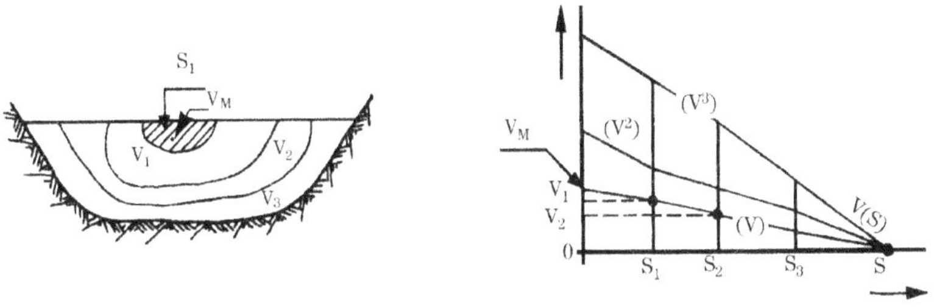

a) b)

Fig. 2.16

Cette détermination peut être faite analytiquement, quand on connaît l'expression analytique qui donne la distribution des vitesses (voir l'exemple ci-dessous). Dans le cas général, il est plus facile d'utiliser une méthode graphique, du moment que l'on connaît la distribution des vitesses (voir fig. 2.16) qui se rapporte à un cours d'eau naturel.

En effet, si l'on marque en abscisses les différentes surfaces S_1, S_2 … où la vitesse est supérieure à V_1, V_2 … et en ordonnées les vitesses V_1, V_2 …, comme il est indiqué sur la figure, on obtient la courbe (V). De même, si l'on marque en ordonnées V_1^2, V_2^2 … on obtient la courbe (V^2) et si l'on marque V_1^3, V_2^3 … on obtient la courbe (V^3).

La vitesse moyenne, U, est obtenue en divisant la surface comprise entre la courbe (V) et l'axe OS par la valeur de S. La valeur de α est obtenue en divisant la surface comprise entre la courbe (V^3) et l'axe OS par la valeur de U^3S.

Exemple :

Déterminer la charge cinétique de l'écoulement du n° 2.17. La distribution des vitesses est (éq. 2.34 g) :

$$V = 2\,U\left[1 - \left(\frac{r}{r_0}\right)^2\right]$$

On aura alors (éq. 2.43) en considérant que $S = \pi\, r^2$ et $dS = 2\pi\, r dr$:

$$\alpha = \frac{1}{U^3 S}\int_S V^3\mathrm{d}S = \frac{1}{U^3 S}\int_0^{r_0}\left[2U\left(1 - \frac{r^2}{r_0^2}\right)\right]^3 (2\pi\, r)\, dr = 2$$

d'où

$$E_c = \frac{\alpha U^2}{2g} = 2\,\frac{1^2}{2.9{,}81} \approx 0{,}1 \text{ m.}$$

La valeur de $\alpha = 2$ est donc valable pour un tuyau circulaire en écoulement laminaire.

Si l'écoulement est un régime turbulent, la valeur de α se rapproche de l'unité, car la turbulence a tendance à uniformiser les vitesses.

2.24 - Application de l'équation de Bernoulli à un tube de courant

L'équation de Bernoulli s'applique à un tube de courant, du moment que l'on considère, en chaque section de l'écoulement, la charge totale :

$$E = z + \frac{p}{\varpi} + \alpha \frac{U^2}{2g} \tag{2.44}$$

Entre deux sections de l'écoulement, dans le cas de liquides parfaits ou dans le cas de liquides réels, quand on peut négliger les pertes de charge, on aura :

$$E_1 = E_2 \tag{2.44a}$$

Dans le cas général, la perte de charge entre les sections 1 et 2 sera :

$$\Delta E_{12} = E_1 - E_2 = \left(z_1 + \frac{p_1}{\varpi} + \alpha \frac{U_1^2}{2g}\right) - \left(z_2 + \frac{p_2}{\varpi} + \alpha \frac{U_2^2}{2g}\right) \tag{2.44b}$$

Représentons par i la *perte de charge par unité de poids écoulé et par unité de longueur parcourue.*

Nous aurons alors :

$$\Delta E_{12} = \int_1^2 i ds \tag{2.44c}$$

Si la perte est constante au long du parcours, on aura $\Delta E_{12} = i\ \Delta s$, Δs étant la distance entre les sections 1 et 2.

Cette perte d'énergie peut être déterminée, dans quelques cas du régime laminaire, par voie analytique (voir n° 2.17). En régime turbulent, le calcul est impossible, et, dans ce cas, i est déterminé expérimentalement par la mesure de E_1 et E_2 dans deux sections de l'écoulement, entre lesquelles i puisse être considéré comme constant.

La détermination des pertes de charge est un des points sur lesquels a porté plus particulièrement l'expérimentation hydraulique. Nous étudierons ce point aux chapitres suivants.

La puissance perdue par l'écoulement entre les sections 1 et 2 est :

$$\Delta P_{12} = \rho\, gQ\, \Delta E_{12} \tag{2.45}$$

Cette puissance peut être perdue par suite des frottements internes du fluide et du frottement du fluide contre les parois : dans ces cas, elle se dégrade en chaleur. La variation d'énergie peut être également due au fait que l'on intercale dans le circuit une machine hydraulique qui reçoit, et par conséquent réduit, l'énergie du fluide (cas de la turbine), ou bien cède de l'énergie, et par conséquent augmente l'énergie du fluide (cas de la pompe).

Exemples :

1 - Une conduite subit un élargissement entre la section 1, dont le diamètre est d_1 = 480 mm, et la section 2, située à 2,0 m au-dessus de 1, dont le diamètre d_2 = 945 mm. Le débit écoulé est Q = 180 l/s. La pression au point 1 est de 30 N/cm² = 300 000 N/m² = 300 000 Pa. La masse spécifique du liquide écoulé est ρ = 1 000 kg/m³.

On demande :

a) Les vitesses en 1 et 2.

b) La pression en 2, en admettant que la perte de charge est négligeable.

Solution :

a) D'après l'équation de continuité, on a $Q_1 = U_1 S_1 = U_2 S_2$, d'où il résulte :

$$U_1 = \frac{Q}{S_1} = 1 \text{ m/s} \qquad U_2 = \frac{Q}{S_2} = 0{,}26 \text{ m/s}$$

b) Appliquant le théorème de Bernoulli entre les sections 1 et 2, et prenant comme point de repère le plan horizontal qui passe par 1, si l'on admet $\alpha = 1$, et compte tenu de ce que $\varpi = \rho g = 9\,800$ N/m^3,

on aura :

$$z_1 = 0 \qquad z_l = 2 \text{ m}$$

$$\frac{p_1}{\varpi} = \frac{3 \times 10^5}{9{,}8 \times 10^3} = 30{,}6 \text{ m}$$

$$\alpha \frac{U_1^2}{2g} = \frac{1.1^2}{2.9{,}81} = 0{,}05 \text{ m} \qquad \alpha \frac{U_2^2}{2g} = \frac{1.(0{,}26)^2}{2.9{,}81} = 0{,}003 \text{ m}$$

d'où :

$$\frac{p_2}{\varpi} = (z_l - z_2) + \frac{p_1}{\varpi} + \alpha \frac{U_1^2 - U_2^2}{2g} = 28.6 \text{ m (c.e.)} = 2{,}81 \times 10^5 \text{ Pa} \approx 2{,}8 \text{ p}_{atm}$$

2 - Une turbine hydraulique reçoit un débit de $Q = 424$ l/s par une conduite forcée horizontale, de diamètre intérieur $d_1 = 0{,}30$ m. Dans une section 1 de cette conduite, immédiatement en amont de la turbine, la pression manométrique est $p_1 = 6{,}89$ N/cm^2 = 7,03 m (c.e.) = 68,9 k Pa.

À la sortie de la turbine, il y a une conduite en forme de tronc conique. Dans une section 2 de cette conduite, de diamètre $d_2 = 0{,}45$ m, située 1,5 m au-dessous de la section 1, on a mesuré une pression négative $p_2 = -4{,}16$ N/cm^2 = − 4,22 m (c.e.) = − 41,6 kP$_a$.

Calculer la puissance que peut fournir la turbine, en admettant que son rendement est de 0,85.

Solution :

$$U_1 = \frac{Q}{S_1} = 6 \text{ m/s} \qquad U_2 = \frac{Q}{S_2} = 2{,}7 \text{ m/s}$$

La perte de charge de l'unité de poids écoulé (énergie transformée en énergie mécanique au moyen de la turbine et énergie dégradée en chaleur par le frottement), en prenant comme repère le plan horizontal qui passe par 2, sera :

$$\Delta E_{12} = (z_1 - z_2) + \frac{p_1 - p_2}{\varpi} + \alpha \frac{U_1^2 - U_2^2}{2g}$$

$$= (0 + 1{,}5) + \frac{(68{,}9 + 41{,}6)10^3}{10^3.9{,}81} + 1.\ \frac{6^2 - (2{,}7)^2}{2.\ 9{,}81} = 14{,}22 \text{ m}$$

La puissance absorbée par la turbine est :

$P_{12} = \rho g Q \Delta E_{12} = 10^3.9{,}81.\ 0{,}424.\ 14{,}22 = 59{,}2$ kW

Et la puissance fournie par la turbine :

$P_f = 0{,}85\ P_{12} = 50{,}3$ kW.

2.25 - Énergie propre de la turbulence

Nous avons étudié l'énergie le long d'une trajectoire et le long d'un tube de courant. Les pertes d'énergie, soit d'origine visqueuse, soit d'origine turbulente, ont été considérées globalement et sont, d'une manière générale, déterminées expérimentalement.

Il peut arriver, surtout dans l'étude de la turbulence en elle-même, qu'il y ait intérêt à connaître spécialement l'énergie associée aux fluctuations turbulentes de vitesse : u'_i.

Comme nous l'avons dit, le mouvement turbulent peut être assimilé à une superposition de tourbillons de dimensions et de fréquences diverses, se déplaçant les uns à l'intérieur des autres, chacun avec une énergie cinétique déterminée. On appelle *spectre d'énergie* la loi de la distribution moyenne de l'énergie entre les diverses fréquences.

Soit un point de l'écoulement ; à l'instant t_1, la vitesse turbulente sera $u'_i\,(t_1)$; à l'instant $(t_1 - t)$ elle sera $u'_i\,(t_1 - t)$.

On définit le coefficient de *corrélation d'Euler*, ou d'autocorrélation, par la formule :

$$C_i\,(t) = \frac{\overline{u'_i(t)\,u'_i(t_1 - t)}}{\overline{(u'_i)^2}} \tag{2.46}$$

La fonction d'autocorrélation donne une mesure de relation entre un événement déterminé et son évolution future. D'autre part, $\overline{(u'_1)^2}$ représente l'énergie moyenne de turbulence, associée à la vitesse u'_i.

Si nous représentons par $E_i\,(f)\,\mathrm{d}f$ la partie de cette énergie correspondant aux fréquences comprises entre f et $f + \mathrm{d}f$, on aura :

$$\overline{(u'_1)^2} = \int_0^\infty E_i\,(f)\,\mathrm{d}f \tag{2.47}$$

$E_i\,(f)$ est appelé *spectre d'énergie* de u'_i.

On constate que le spectre d'énergie est la transformée de Fourier, en cosinus, du coefficient d'autocorrélation et réciproquement.

$$E_i\,(f) = 4\,\overline{(u'_1)^2}\int_0^\infty C_i(t)\cos 2\,\pi f t\,\mathrm{d}t \tag{2.48}$$

Ainsi, le phénomène peut être décrit, statistiquement, dans le domaine du temps, par l'autocorrélation $C_i\,(t)$ ou, dans le domaine de la fréquence, par le spectre d'énergie $E_i(f)$.

La figure 2.17a montre une fluctuation chronologique d'un écoulement turbulent. La figure 2.17 b montre le même phénomène décrit dans le domaine de la fréquence (valeurs obtenues par l'auteur)[1] et relatives aux fluctuations de pression turbulentes d'un jet vertical incident sur une plaque horizontale. Dans le domaine du temps, on constate des fluctuations significatives, d'une durée de 0,006 s ; dans le domaine de la fréquence, on constate que l'énergie se concentre dans la zone des basses fréquences, bien que l'on ait détecté des fréquences de 500 Hz (qui ne sont pas représentées sur la figure), avec toutefois des énergies associées négligeables, surtout à partir de 100 Hz.

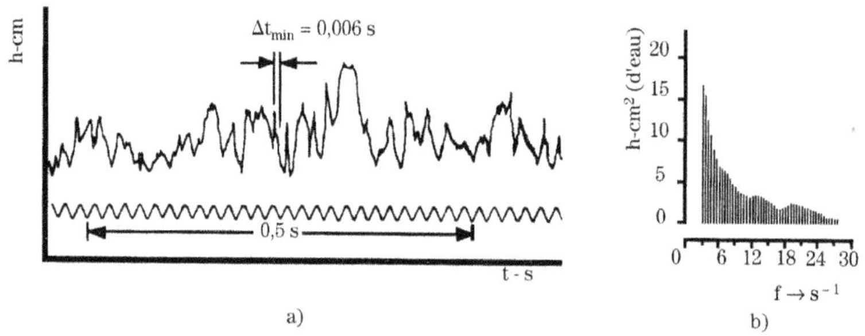

Fig. 2.17

(1) Lencastre, A. – Descarregadores de Lâmina Livre – Bases para o seu estudo e dimensionamento, LNEC, Lisboa, 1961. Dissertation en vue de l'obtention du titre de Maître de Recherche du Laboratoire National du Génie Civil.

D - QUANTITÉ DE MOUVEMENT. THÉORÈME D'EULER

2.26 - Quantité de mouvement

La *quantité de mouvement* d'une particule de masse m, qui se déplace à la vitesse **V**, est le produit $m\mathbf{V}$. Ce produit a les dimensions FT.

La quantité de mouvement d'une masse liquide sera la somme des quantités de mouvement de ses particules. Dans une section, s'écoule, dans l'unité de temps, une masse déterminée, qui permet d'établir le concept de quantité de mouvement, par unité de temps, à travers une section déterminée, et dont les dimensions sont celles d'une force **F**.

Le *flux de quantité de mouvement* à travers la surface S sera alors :

$$\mathbf{M} = \int_S \rho\, \mathbf{V}\, V_n \,\mathrm{d}S \qquad (2.49)$$

Afin de pouvoir tenir compte de la vitesse moyenne **U**, en remplacement des vitesses ponctuelles **V** des particules, on introduit un facteur de correction de quantité de mouvement, β, désigné par *coefficient de Boussinesq*(1), qui est défini comme la relation entre la quantité de mouvement réelle de l'écoulement et la quantité de mouvement d'un écoulement fictif où toutes les particules se déplaceraient à la vitesse moyenne **U**.

Ainsi, la quantité de mouvement, par unité de temps, dans une section où s'écoule un débit Q, à une vitesse moyenne **U**, sera :

$$\mathbf{M} = \beta\rho Q\mathbf{U} \qquad (2.50)$$

en admettant que **U** a la même direction et le même sens que la résultante, des vitesses ponctuelles **V**.

S'il y a une répartition uniforme des vitesses, β est égal à 1 ; dans le cas contraire, β est légèrement supérieur à 1. En général, la valeur de β est plus proche de 1 que la valeur du coefficient d'énergie cinétique α. Dans les cas de distribution des vitesses qui se trouvent habituellement dans des conduites, on constate la relation approchée :

$$\beta - 1 \simeq \frac{1}{3}(\alpha - 1) \qquad (2.51)$$

L'expression mathématique qui donne la valeur de β est, à partir de sa définition :

$$\beta = \frac{1}{SU^2}\int_s U^2\,\mathrm{d}S \qquad (2.52)$$

La détermination de β est effectuée d'une manière identique à la détermination du coefficient de Coriolis, α (voir n° 2.23).

En se basant sur la figure 2.16b, on obtient la valeur de β en divisant la surface comprise entre la courbe (V^2) et l'axe OS par la valeur de U^2S.

Appliquant ce principe à l'exemple du n° 2.17, on obtient :

$$\beta = \frac{1}{SU^2}\int_s V^2\mathrm{d}S = \frac{1}{SU^2}\int_0^{r_0}\left[2U\left(1 - \frac{r^2}{r_0^2}\right)\right]^2 \pi\, r\mathrm{d}r = 1{,}33$$

Telle est la valeur de β dans le cas de l'écoulement laminaire dans un tuyau circulaire.

---

(1) Boussinesq, J. (1842-1929).

2.27 - Théorème d'Euler

Considérons l'équation 2.26, qui traduit l'équilibre global de toutes les forces qui agissent sur un volume e de liquide, limité par la surface S. Rappelons les composantes de l'accélération (équation 2.16).

L'équation 2.26 s'écrit alors :

$$\int_S \rho \, (\mathbf{F} - \frac{\partial \mathbf{V}}{\partial t} - \mathbf{V} \frac{\partial \mathbf{V}}{\partial \mathbf{P}}) \, de + \int_S \mathbf{P}n \, dS = 0 \tag{2.53}$$

Appliquant les formules de conversion du calcul vectoriel, d'intégrales de volume en intégrales de surface (voir n° 2.7), on aura [(1)] :

$$\int_e \mathbf{V} \frac{\partial \mathbf{V}}{\partial \mathbf{P}} de = \int_S - \mathbf{V} \, V_n \, dS \tag{2.53a}$$

L'équation n° 2.53 s'écrit alors :

$$\int_e \rho \mathbf{F} \, de + \int_e - \rho \frac{\partial \mathbf{V}}{\partial t} \, de + \int_S \rho \, \mathbf{V} \, V_n \, dS + \int_S P_n \, dS = 0 \tag{2.53b}$$

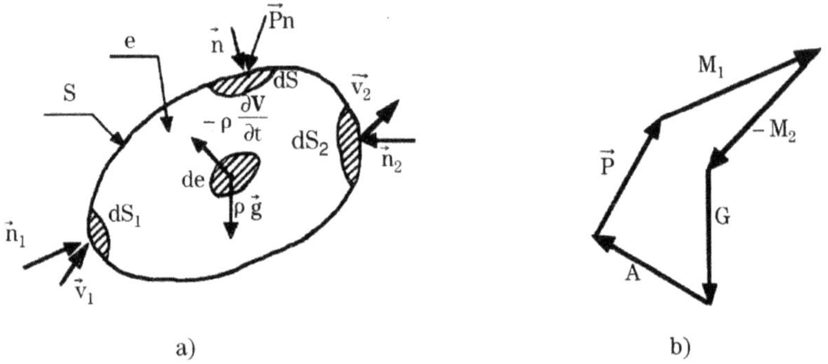

Fig. 2.18

Voyons plus précisément la signification de chacun de ces termes (fig. 2.18).

– Le premier terme représente la résultante des forces de masse ; si le liquide est soumis seulement à l'action de la gravité, $\rho\mathbf{F} = \rho \boldsymbol{g}$, et le premier terme se réduit au poids **G** du volume e.

– Le second terme représente la résultante des forces d'inertie dues aux accélérations locales $\partial \mathbf{V} / \partial t$ et qui sera représentée par **A**. Dans le cas de régime permanent, elle sera $\mathbf{A} = 0$.

– Le troisième terme représente la quantité de mouvement qui passe à travers S. Elle sera représentée par **M**. En termes de vitesses moyenne, comme on l'a vu, $\mathbf{M} = \beta \rho Q \mathbf{U}$, qui peut se décomposer en deux parties : $\mathbf{M}_1$ correspondant aux vitesses, $\mathbf{U}_1$, du liquide qui entre, et $- \mathbf{M}_2$, correspondant aux vitesses, $\mathbf{U}_2$, du liquide qui sort.

(1) Compte tenu de ce que $\frac{\partial \mathbf{V}}{\partial \boldsymbol{P}}$ = div **V** en fluide incompressible. Le signe négatif résulte du fait que l'on considère n comme dirigé vers l'intérieur de l'élément de fluide considéré.

– Le quatrième terme représente la résultante de toutes les forces extérieures qui, à travers S, s'exercent sur l'espace e ; elle sera représentée par **P** et sera considérée comme positive quand elle est dirigée vers l'intérieur ; la résultante des forces exercées par le liquide sur les parois sera, comme il est évident, – **P**.

Les forces extérieures peuvent être normales ou tangentielles à la surface S.

L'équation (2.53b) s'écrit alors :

$$\mathbf{G} + \mathbf{A} + \mathbf{P} + \mathbf{M}_1 - \mathbf{M}_2 = 0 \tag{2.54}$$

C'est sous cette forme qu'elle est appliquée, en général, en hydraulique. Il ne faut pas oublier qu'il s'agit d'une équation vectorielle (fig. 2.18b).

Elle peut être utilisée sous forme vectorielle ou en projections, sur un ou plusieurs axes, judicieusement choisis. Il faut tenir compte des sens des forces et n'en oublier aucune.

L'intérêt de ce théorème est qu'il ne nécessite pas de connaître les forces de frottement internes dans le fluide. En conséquence, il peut même s'appliquer quand il y a des pertes d'énergie à l'intérieur du volume du fluide considéré. Au contraire, il ne faut pas oublier, outre les tensions normales, les tensions tangentielles de frottement exercées par les parois sur le fluide ; mais, dans de nombreux cas, elles peuvent être négligées (étude du ressaut par exemple – voir chap. 6) ou bien peuvent être déterminées à partir de ce théorème.

Dans les écoulements turbulents, les équations précédentes sont valables en relation à la vitesse instantanée.

Si dans l'expression de $\rho\mathbf{V}.V_n$ on prend $\mathbf{V} = \bar{\mathbf{V}} + \mathbf{V}'$ et $V_n = \overline{V_n} + V'_n$,
on aura :

$$\rho(V + V')(\bar{V}_n + V'_n)\,dS = \rho(\bar{V}\bar{V}_n + VV'_n + V'\bar{V}_n + V'V'_n) \tag{2.54a}$$

La valeur moyenne de $\rho\mathbf{V}\,V_n$ sera :

$$\rho(\overline{\bar{\mathbf{V}}\bar{V}'_n} + \overline{\bar{\mathbf{V}}V'_n} + \overline{\mathbf{V}'\bar{V}_n} + \overline{\mathbf{V}'V'_n}) = \rho(\bar{\bar{\mathbf{V}}}\bar{V}_n + \bar{\bar{\mathbf{V}}}\bar{V}'_n + \bar{\mathbf{V}}'\bar{V}_n + \bar{\mathbf{V}}'\bar{V}'_n) = \rho(\bar{\mathbf{V}}\bar{V}_n + \bar{\mathbf{V}}'\bar{V}'_n) \tag{2.54b}$$

étant donné que $\mathbf{V}' = 0$ et $V'_n = 0$.

Ainsi, dans l'équation globale apparaît un terme additionnel :

$$\mathbf{M}' = \int_s \rho\,\overline{\mathbf{V}'V'_n}\,ds \tag{2.54c}$$

Ce n'est que dans le cas où $\mathbf{M}' = 0$ que l'on peut, dans les mouvements turbulents, remplacer la vitesse instantanée par sa valeur moyenne dans le temps ; c'est en particulier vrai dans le cas d'une paroi solide. Dans un écoulement en conduite où la paroi solide limite le contour du volume et où, dans les sections droites qui ferment un tronçon, les valeurs de M' sont compensées, on peut également considérer que $\mathbf{M}' = 0$.

À l'intérieur d'une masse fluide, on aura $\mathbf{M}' \neq 0$, ce qui permet une égalisation des vitesses par échange de transfert de quantité de mouvement entre couches voisines.

Dans les applications pratiques, qui sont l'objectif de cet ouvrage, on peut toujours considérer $\mathbf{M}' = 0$.

2.28 - Application du théorème d'Euler à un tube de courant (écoulement permanent)

Soit un volume fermé par un tube de courant et par deux sections normales S_1 et S_2 (fig. 2.19) où les vitesses sont égales à $\mathbf{U}_1$ et $\mathbf{U}_2$, respectivement, en régime permanent et soumises aux pressions $\mathbf{p}_1$ et $\mathbf{p}_2$. Soit $\mathbf{R}$ la résultante des pressions exercées par les parois du tube sur le liquide. La résultante des pressions exercées par la surface qui limite le volume sera : $\mathbf{P} = \mathbf{R} + S_1\mathbf{p}_1 + S_2\mathbf{p}_2$.

Appliquant l'équation vectorielle (2.54), on obtient :

$$\mathbf{G} + \mathbf{R} + S_1\mathbf{p}_1 + S_2\mathbf{p}_2 + \mathbf{M}_1 - \mathbf{M}_2 = 0 \qquad (2.55)$$

La force exercée par le liquide, sur les parois du tube, est :

$$\mathbf{F} = -\mathbf{R} = \mathbf{G} + S_1\mathbf{p}_1 + S_2\mathbf{p}_2 + \mathbf{M}_1 - \mathbf{M}_2 \qquad (2.55a)$$

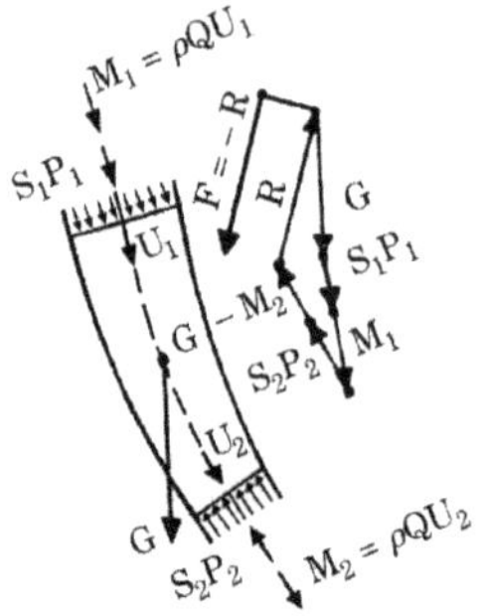

Fig. 2.19

2.29 - Application du théorème d'Euler à une conduite coudée

Soit une conduite d'axe horizontal soumise à la pression p, que l'on considère comme constante. Décomposons $\mathbf{F}$ en deux composantes, dont l'une $\mathbf{F}_V$ verticale, et l'autre $\mathbf{F}_H$ située sur le plan horizontal du coude. On a $p_1 = p_2 = p$. Par conséquent :

$$\begin{aligned} \mathbf{F}_V &= \mathbf{G} \\ \mathbf{F}_H &= S_1\mathbf{p}_1 + S_2\mathbf{p}_2 + \mathbf{M}_1 - \mathbf{M}_2 \end{aligned} \qquad (2.55b)$$

Si la section de la conduite et le rayon du coude sont constants, la direction de $\mathbf{F}_H$ coïncide avec la bissectrice de l'angle du centre, θ, du coude.

La charge en mètres de la colonne de liquide sur le coude étant $h = \dfrac{p}{\varpi}$, on aura :

$$\mathbf{F}_H = 2S(\rho U^2 + \varpi h)\sin\frac{\theta}{2} = 2S\,\varpi\left(h + 2\,\frac{U^2}{2g}\right)\sin\frac{\theta}{2} \qquad (2.56)$$

S'il s'agit d'une conduite circulaire de diamètre d, l'expression précédente sera :

$$\mathbf{F}_H = 2\,\frac{\pi d^2}{4}\,\varpi\,K\sin\frac{\theta}{2} \qquad (2.56a)$$

où :

$$K = 2\frac{U^2}{2g} + h \qquad (2.57)$$

2.30 - Exemple

Un tuyau métallique de 0,76 m de diamètre intérieur soumis à la charge h = 190 m, présente à son extrémité une bifurcation, comme il est indiqué sur la figure 2.20. Chaque branche est munie d'une vanne. La conduite dérivée a un diamètre intérieur de 0,50 m. Le tuyau horizontal est ancré dans un massif de maçonnerie, dont on se propose de vérifier la stabilité.

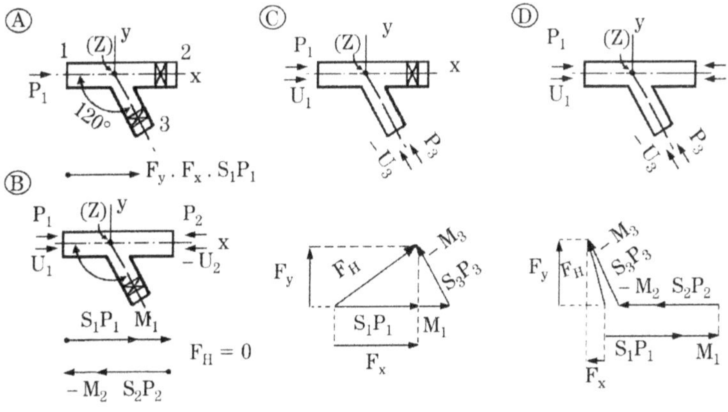

Fig. 2.20

Calculer en grandeur et en position les efforts agissant sur le massif d'ancrage dans les hypothèses suivantes : *A*) vannes 2 et 3 fermées ; *B*) vanne 2 débitant 4,8 m³/s et vanne 3 fermée ; *C*) vanne 3 débitant 0,62 m³/s et vanne 2 fermée ; *D*) les deux vannes ouvertes, avec les débits indiqués ci-dessus.

Solution :

$S_1 = S_2 = 0{,}454$ m² ; $S_3 = 0{,}196$ m² ; $p_1 = p_2 = p_3 = p = \gamma h =$
$= 9{,}8 \times 1000 \times 190$N/m² $= 1862$ k Pa

Considérons le système d'axes $x\ y\ z$ indiqués sur la figure, où z est l'axe vertical. Par application directe du théorème d'Euler, on aura, pour les différents cas, en représentant par $\mathbf{F}_x$, $\mathbf{F}_y$, $\mathbf{F}_z$ les composantes de $\mathbf{F}$ suivant les axes coordonnées ; par $\mathbf{F}_H$, la composante de $\mathbf{F}$ sur le plan horizontal $x\ o\ y$; et par F_x, F_y, F_z, et F_H, les modules de ces composantes :

A) $\mathbf{F}_x = S_1\mathbf{p}_1 = 845$ kN : $\mathbf{F}_y = 0$; $\mathbf{F}_H = \mathbf{F}_x$; $\mathbf{F}_z = \mathbf{G}$, (poids du liquide contenu dans le tuyau).

B) $S_1\,\mathbf{p}_1 = -\,S_2\,\mathbf{p}_2$; $\mathbf{U}_1 = \mathbf{U}_2$ donc $\mathbf{M}_1 = \mathbf{M}_2$.

On obtient alors : $\mathbf{F}_x = (S_1\,\mathbf{p}_1 + \mathbf{M}_1) + (S_2\,\mathbf{p}_2 - \mathbf{M}_2) = 0$

$\mathbf{F}_y = 0$

$\mathbf{F}_z = \mathbf{G}$

C) $S_1 p_1 = 845$ kN ; $S_3 p_3 = 365$ kN

$$M_1 = \rho S_1 U_1^2 = \rho \frac{Q^2}{S_1} = 0{,}85 \text{ kN} \qquad M_3 = \rho S_3 U_3^2 = \rho \frac{Q^2}{S_3} = 2 \text{ kN}$$

On obtient alors :

$$F_x = (S_1 p_1 + M_1) + (S_3 p_3 - M_3) \cos 120° = 663 \text{ kN}$$
$$F_y = (S_3 p_3 - M_3) \sin 120° = 318 \text{ kN}$$
$$F_H = \sqrt{F_x^2 + F_y^2} = 735 \text{ kN dirigée vers l'extérieur du coude.}$$
$$F_z = G$$

D) $S_1 p_1 = S_2 p_2 = 845$ kN ; $S_3 p_3 = 365$ kN

$$M_1 = \rho \frac{Q_1^2}{S_1} = 65 \text{ kN}$$

$$M_2 = \rho \frac{Q_2^2}{S_1} = 51 \text{ kN}$$

$$M_3 = \rho \frac{Q_3^2}{S_1} = 2 \text{ kN}$$

et par conséquent :

$$\mathbf{F}_x = (S_1 \mathbf{p}_1 + \mathbf{M}_1) + (S_2 \mathbf{p}_2 - \mathbf{M}_2) + (S_3 \mathbf{p}_3 - \mathbf{M}_3) \cos 120°$$
$$= (846 + 65) - (846 + 51) - (365 + 2) \cos 120°$$
$$= -\ 170 \text{ kN}$$
$$\mathbf{F}_y = (S_3 \mathbf{p}_3 - \mathbf{M}_3) \sin 120° = 318 \text{ kN}$$
$$\mathbf{F}_H = 360 \text{ kN}$$
$$\mathbf{F}_z = \mathbf{G}$$

E - ÉTABLISSEMENT DU MOUVEMENT

2.31 - Début de l'écoulement. Couche limite

Dans l'écoulement d'un liquide idéal (viscosité nulle), il n'y a pas d'interaction entre le liquide en mouvement et une paroi solide. Au contraire, dans le cas des fluides réels, l'effet de la viscosité est tel que la vitesse du fluide près de la paroi est proche de la vitesse de la paroi ; autrement dit, si la paroi est immobile (cas d'une conduite, par exemple), il y aura une petite couche du fluide qui se maintient pratiquement au repos, tandis que la vitesse s'accroît rapidement vers le centre.

La figure 2.21a) montre comment s'établit l'écoulement en régime laminaire à l'entrée d'un tuyau cylindrique, à partir d'un réservoir ; qualitativement, le phénomène est identique au passage d'un réservoir dans un canal ou à l'écoulement au-dessus d'un déversoir.

Dans la section initiale, section 1, le liquide part du repos ; l'écoulement peut être encore considéré comme *irrotationnel* et les vitesses sont très sensiblement égales dans toute la section.

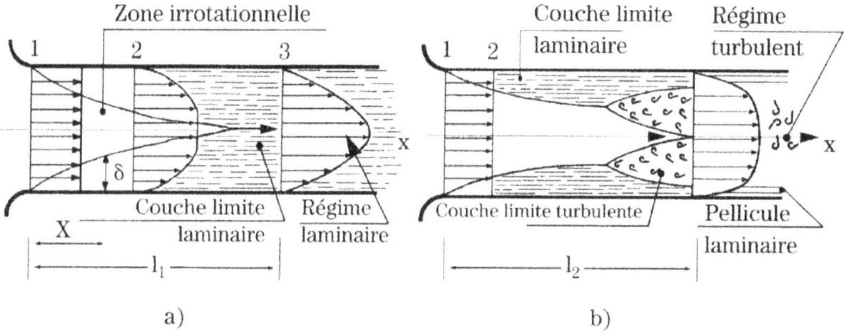

Fig. 2.21

En aval, le liquide en contact avec la paroi est progressivement retardé. C'est alors le début de la *couche limite laminaire* ; les particules liquides de la zone centrale du tuyau, qui n'ont pas été sujettes à l'effet du frottement, subissent une accélération telle que le débit se maintient constant.

Si $\mathbf{R}_e$ < 2000, la couche limite continue à être laminaire jusqu'à ce qu'elle occupe toute la section du tuyau.

L'épaisseur de la couche limite s'accroît suivant la formule :

$$\delta = \frac{Kx}{\sqrt{\mathbf{R}_x}} \tag{2.58}$$

où $K \simeq 5$ dans le cas d'une plaque plane, x est la distance au bord d'attaque de la plaque et où $\mathbf{R}_x = Ux / \nu$ est le nombre de Reynolds qui caractérise l'écoulement moyen dans le tuyau.

La distance ℓ_1, mesurée depuis l'origine amont du tube, est donnée approximativement par la formule :

$$\ell_1 = 0{,}02 \, \frac{D^2U}{\nu} \tag{2.59}$$

Dans le cas d'un canal, h étant la hauteur de l'eau, elle est :

$$\ell_2 = 0{,}04 \, \frac{h^2U}{\nu} \tag{2.60}$$

Si $\mathbf{R}_e$ > 2000, les perturbations qui ont commencé dans la couche laminaire s'amplifieront progressivement et donneront origine à une couche limite turbulente. Cependant, au voisinage de la paroi, surtout dans les parois peu rugueuses, la composante u' de fluctuation transversale ne peut être très grande, étant donné que les mouvements transversaux sont contrariés par la présence de la paroi. Autrement dit, quand la couche limite devient turbulente, une pellicule *laminaire*, ou sous-couche laminaire, subsiste le long de la paroi.

La zone de séparation entre la couche limite laminaire et la couche limite turbulente constitue la *zone de transition*. Le point qui marque l'origine de la ligne de transition, c'est-à-dire le point à partir duquel le régime devient turbulent, est appelé *point de transition*.

La distance ℓ_2, à laquelle la couche limite occupe toute la section du tuyau, est donnée par :

$$\ell_2 = 1{,}5\, D\sqrt[4]{\mathbf{R}_e} \tag{2.61}$$

Dans le cas d'un canal, elle est :

$$\ell_2 = 3h\, \mathbf{R}_e^{1/4} \tag{2.62}$$

h étant la hauteur de l'eau et $\mathbf{R}_e = U\,R\,/\,\upsilon$,
$R = S/L$ est le rayon hydraulique moyen (S, section de l'écoulement, et L, largeur superficielle).

2.32 - Décollement de l'écoulement

Considérons une surface courbe plongée au milieu d'un écoulement parallèle. Sa présence provoque une déviation et une concentration des lignes de courant et, en conséquence, l'augmentation de la vitesse (fig. 2.22).

D'après le théorème de Bernoulli, si l'énergie totale et la cote z se maintiennent constantes, à une augmentation de vitesse correspond une diminution de pression. Cette diminution de pression favorise l'écoulement. Ceci se produit entre A et B, zone où, par suite de la *contraction* provoquée par le corps solide, la vitesse augmente :

$$\frac{\partial \mathbf{V}}{\partial s} > 0 \quad \text{donc} \quad \frac{\partial p}{\partial s} < 0$$

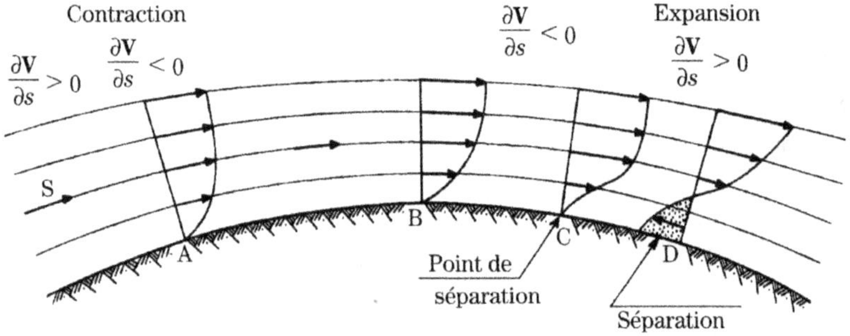

Fig. 2.22

En aval de B, l'écoulement subit une *expansion*, la vitesse diminue et la pression augmente, contrariant l'écoulement :

$$\frac{\partial \mathbf{V}}{\partial s} < 0 \quad \text{et} \quad \frac{\partial p}{\partial s} > 0$$

À une certaine hauteur, le fluide près de la paroi est amené au repos (point C) ; en aval de ce point, les vitesses près de la paroi sont négatives et l'écoulement se sépare de la paroi, créant des courants secondaires de signe contraire à l'écoulement principal. Ce phénomène est appelé *décollement* ; le point C est le *point de décollement.*

On constate ainsi que le décollement survient quand il existe un champ de pressions contraires à l'écoulement, c'est-à-dire des pressions croissantes dans le sens de l'écoulement ; ceci se produit toutes les fois que l'écoulement est brusquement retardé.

Le nombre d'Euler, $\mathbf{E}_u = \Delta p \, / \, \rho V^2$, est le paramètre sans dimension qui caractérise la variation de pression (voir n° 1.19) et, par conséquent, les phénomènes de décollement (voir n° 6.32e, relatif aux déversoirs.).

Sur la figure 2.23 sont présentés quelques exemples d'écoulements avec et sans décollement.

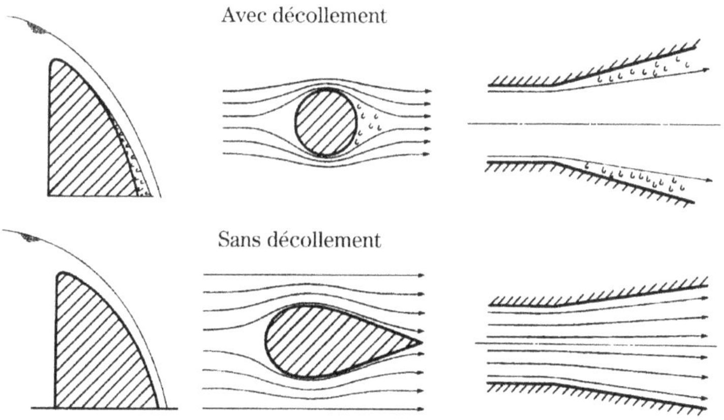

Fig. 2.23

Le décollement correspond toujours à des pertes de charge additionnelles qu'il convient d'éviter. À cet effet, on peut recourir aux moyens ci-dessous, que nous développerons aux chapitres suivants : pour les corps submergés, leur donner des formes aérodynamiques ; aux élargissements, ne pas dépasser les angles appropriés ; dans les déversoirs, adopter des profils qui ne soient pas excessivement inclinés. On peut également aspirer la couche limite, dans la zone de décollement, en ouvrant des fentes à l'intérieur du solide (technique due à Escande).

2.33 - Résistance des corps immergés. Sustentation

a) Formule générale

Un corps immergé dans un fluide provoque deux types de résistance : la résistance de surface, due au frottement du fluide contre la paroi du corps ; et la résistance de forme, due au décollement de la couche limite et à la formation d'un sillage. D'une manière générale, ces deux résistances sont groupées en une seule, la traînée, donnée par :

$$F = C \varpi A \frac{V^2}{2g} \qquad (2.63)$$

où :

F – traînée.

C – coefficient de résistance, dépendant de la forme et des dimensions de la rugosité de la surface et du nombre de Reynolds de l'écoulement.

A – section maxima du corps, suivant un plan perpendiculaire à V.

V – vitesse de l'écoulement.

La table 27 donne les valeurs de C dans quelques cas.

b) Chute de la sphère. Formule de Stokes

Dans le cas d'une sphère qui tombe dans un liquide en repos, le nombre de Reynolds caractéristique du mouvement est $\mathbf{R_e} = U\,d\,/\,\upsilon$, où d est le diamètre de la sphère.

Pour les valeurs $\mathbf{R_e} < 1$, l'écoulement est laminaire.

Le coefficient C de la formule 2.63 est $C = 24\,/\,\mathbf{R_e}$. Dans ce cas, on a :

$$F = 24\,\frac{\nu}{Vd}\,.\,\pi\frac{d^2}{4}\,.\,\varpi\,\frac{V^2}{2g} = 3\rho\nu\pi dV \qquad (2.63a)$$

Quand $\mathbf{R_e}$ augmente, C diminue et, pour $\mathbf{R_e}$ de l'ordre de 10^4 à 10^5, atteint une valeur constante ($C \approx 0{,}5$).

Au poids **G** de la sphère s'opposent la poussée d'Archimède **I** = **P** et la résistance **F** au mouvement. La différence entre le poids et la poussée est appelée poids apparent. Quand ces forces s'équilibrent, la sphère atteint une vitesse limite.

Si cette vitesse limite est encore atteinte en régime laminaire, il est facile d'en déduire la valeur. Soit ϖ et ϖ_1 les poids spécifiques du liquide et de la sphère. On aura alors :

$$\frac{\pi d^3}{6}\,(\varpi_1 - \varpi) = 3\rho\nu\pi dV \qquad (2.64)$$

d'où, pour $\mathbf{R_e} < 1$

$$V = \frac{d^2 g}{18\nu}\left(\frac{\varpi_1 - \varpi}{\varpi}\right) \qquad (2.64a)$$

Cette formule, qui sert également à déterminer la viscosité du fluide, est appelée *formule de Stokes*.

c) Corps flottants

Dans le cas où le liquide présente une surface libre et où le corps n'est pas totalement immergé, outre la résistance de frottement et de forme F, il est soumis à la résistance due aux ondes Fo.

La résistance totale F_t sera alors :

$$F_t = F + F_o \qquad (2.65)$$

Pour les navires, ces valeurs sont déterminées expérimentalement dans des canaux hydrodynamiques où, l'eau étant immobile, se déplace un modèle réduit de l'embarcation.

Il est ainsi possible d'obtenir des carènes d'embarcations avec des coefficients minima de résistance, sans préjudice de la stabilité. Comme valeurs très approximatives, Scimeni[1] indique les expressions suivantes :

$$F = 0{,}296\,f\,\varpi\,SV^{1,825} \qquad (2.65a)$$

où f est un coefficient compris entre 0,14 et 0,15 ;

$$F_o = 0{,}527\,\beta\,(P\,/\,L^2)V^4 \qquad (2.65b)$$

où P est le déplacement volumétrique en tonnes, L la longueur de l'embarcation et β le coefficient de sveltesse du navire donné par :

$$\beta = \frac{W}{L\ell i} \qquad (2.65c)$$

(1) Scimeni (1895-1952).

W étant le volume immergé, ℓ la largeur de l'embarcation et *i* l'immersion.

d) Sustentation

Soit un cylindre animé d'une vitesse de rotation ω, plongé dans un fluide animé d'un mouvement de translation de vitesse *V* (fig. 2.24a). Par suite de la viscosité, le cylindre peut entraîner avec lui le liquide qui l'entoure. Dans ces conditions, seront engendrées de plus grandes vitesses dans la zone où la vitesse de rotation du cylindre a le même sens que la vitesse de translation du fluide ; et des vitesses moindres dans le cas contraire. La différence de vitesse entraîne des différences de pressions et fait naître une force perpendiculaire à la vitesse. Si la rotation du cylindre est telle que cette force est dirigée vers le haut, cette force s'appelle force de sustentation.

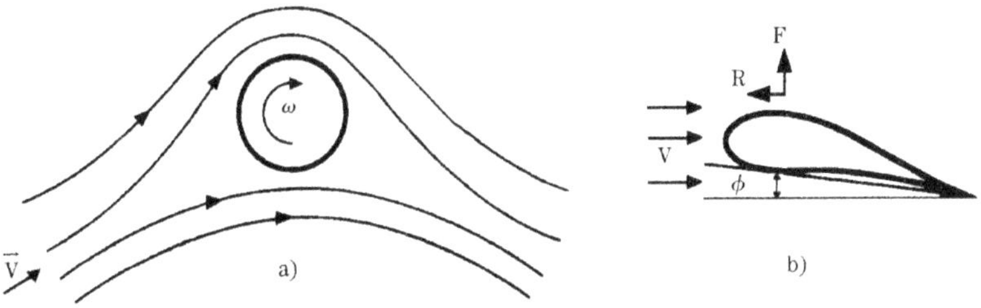

Fig. 2.24

Nous procéderons à une étude plus minutieuse des lignes de courant au n° 2.39 (fig. 2.41).

Cette force est utilisée en aérodynamique pour les machines hydrauliques. Elle a été étudiée par Kutta[1] et Joukowsky[2] qui ont démontré qu'un obstacle plongé dans un fluide avec une forme telle qu'il puisse créer autour de lui une circulation différente de zéro, est assujetti, de la part du fluide qui l'entoure, à une force de sustentation.

Ce phénomène s'applique à l'étude de l'aile de l'avion (fig. 2.24b).

Un déplacement à une vitesse *V* engendre une force sur l'aile, avec une composante suivant *V*, la résistance *R*, au déplacement, et une autre composante *F* normale à celle-ci, la *sustentation* ou portance. Le quotient de la *sustentation* par la *traînée* est la *finesse* de l'aile.

L'étude de ces quantités est effectuée expérimentalement en fonction de l'angle d'incidence et de la forme de l'aile.

La construction de profils aérodynamiques est traitée au n° 2.40.

(1) Kutta, W. (1867-1944).
(2) Joukowsky, N. (1847-1921).

F - ÉCOULEMENTS IRROTATIONNELS

2.34 - Cas général

Nous avons vu au n° 2.11 que l'écoulement est irrotationnel quand rot **V** = 0. Compte tenu des composantes de rot **V**[(1)], nous aurons alors :

$$\frac{\partial V_z}{\partial y} = \frac{\partial V_y}{\partial z}\ ; \qquad \frac{\partial V_x}{\partial z} = \frac{\partial V_z}{\partial x}\ ; \qquad \frac{\partial V_y}{\partial x} = \frac{\partial V_x}{\partial y} \tag{2.66}$$

Ces relations montrent que[(2)] :

$$V_x = \frac{\partial \phi}{\partial x}\ ; \qquad V_y = \frac{\partial \phi}{\partial y}\ ; \qquad V_z = \frac{\partial \phi}{\partial z} \tag{2.67}$$

autrement dit, qu'il existe une fonction ϕ désignée par fonction *potentielle de vitesses*, telle que :

$$\mathbf{V} = \text{grad}\ \phi \tag{2.68}$$

Compte tenu de l'équation de continuité, div **V** = 0, nous aurons div grad $\phi = 0$, ou $\nabla^2\phi = 0$; autrement dit, la fonction ϕ est une fonction de laplacien nul, soit une fonction harmonique. Comme on l'a vu (n° 2.11), un liquide réel (visqueux) ne pourra jamais s'écouler en mouvement irrotationnel ; viscosité et irrotationnalité sont incompatibles.

Cependant, l'expérience a permis de constater que, dans quelques cas particuliers, les mouvements des liquides réels s'assimilent assez bien à des mouvements irrotationnels. Tel est le cas des mouvements qui partent du repos (écoulement à travers un orifice ouvert dans la paroi d'un réservoir, écoulement au voisinage de la crête d'un déversoir) ; des mouvements rapidement accélérés (écoulements convergents) et, d'une manière générale, de tous les mouvements où l'on peut négliger les effets de la viscosité et où, en conséquence, la perte d'énergie est très petite, notamment les écoulements en milieux poreux.

On désigne par *surfaces équipotentielles* les surfaces qui correspondent à des valeurs constantes de la fonction potentielle de vitesses, soit ϕ = constante.

La vitesse en un point est dirigée suivant la normale aux surfaces équipotentielles. Les *lignes de courant*, tangentes au vecteur vitesse, sont, en conséquence, orthogonales aux surfaces équipotentielles.

Si une ligne de courant est remplacée par une paroi solide, la forme de l'écoulement ne se modifie pas. Cette propriété, également désignée par « *principe de solidification* », permet, comme on le verra, d'étudier les formes d'écoulement à contours fixes.

C'est là, d'ailleurs, le domaine le plus intéressant des mouvements irrotationnels, surtout s'il s'agit d'ouvrages courts, où l'effet de forme est beaucoup plus important que l'effet de viscosité, que l'on peut par conséquent négliger.

---

(1) Pour faciliter la notation, en vue des problèmes à résoudre, les composantes, u_1, u_2 et u_3 seront représentées par V_x, V_y et V_z.

(2) De 2.67 on obtient : $\frac{\partial V_x}{\partial y} = \frac{\partial^2 \phi}{\partial x \partial y}$ et $\frac{\partial V_y}{\partial x} = \frac{\partial^2 \phi}{\partial x \partial y}$ d'où $\frac{\partial V_x}{\partial y} = \frac{\partial V_y}{\partial x}$ qui satisfait à (2.66).

2.35 - Écoulements dans l'espace

a) Mouvement uniforme – Considérons un mouvement uniforme dans l'espace, dirigé suivant Ox, à une vitesse constante et égale à a (fig. 2.25a).

La fonction potentielle de vitesse est $\phi = ax + c$. En effet :

$$V_x = \frac{\partial \phi}{\partial x} = a \qquad V_y = \frac{\partial \phi}{\partial y} = 0 \qquad V_z = \frac{\partial \phi}{\partial z} = 0$$

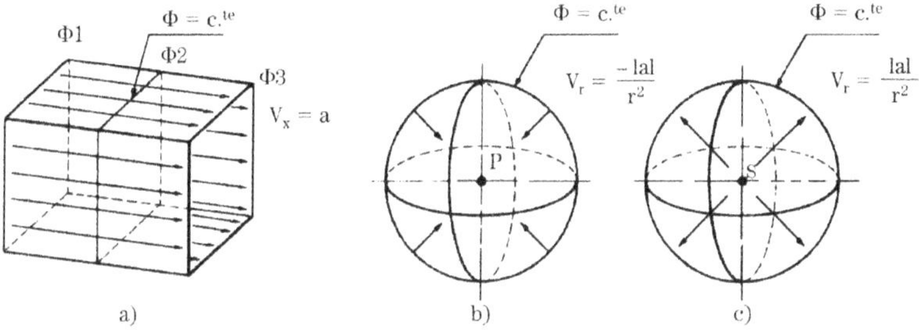

Fig. 2.25

Les équipotentielles de la vitesse ont pour équation $\phi = C^{te}$, c'est-à-dire $ax + c = C^{te}$, qui représentent des plans normaux à la direction de l'écoulement.

b) Source et puits – Considérons maintenant une fonction potentielle, en coordonnées sphériques (θ, β, r) – (longitude, latitude, distance au centre[1]) définie par $\phi = -a / r + b$.

On aura
$$V_r = \frac{\partial \phi}{\partial r} = + \frac{a}{r^2}$$

$$\frac{\partial \phi}{\partial \theta} = 0 \tag{2.70}$$

$$\frac{\partial \phi}{\partial \beta} = 0$$

Le mouvement n'aura alors que des vitesses radiales (mouvements sphériques) d'autant plus grandes qu'il sera plus proche du centre ; autrement dit, il existe un point de l'espace d'où l'écoulement diverge, ou vers lequel l'écoulement converge ; si $a < 0$, il s'agit d'un puits (fig. 2.25b) ; si $a > 0$, il s'agit d'une source (fig. 2.25c). Pour $r = 0$, la vitesse serait théoriquement infinie, ce qui n'arrive pas, du fait qu'il n'est pas possible de matérialiser $r = 0$. Le puits, ou la source, représentent donc des points singuliers où l'équation de continuité n'est pas valable. Les équipotentielles seront des sphères concentriques de rayon a / r.

Le débit Q qui passe par chaque surface est :

$$Q = 4\pi\, r^2 \,.\, \frac{|a|}{r^2} = 4\pi\, |a| \tag{2.71}$$

d'où :

$$|a| = \frac{Q}{4\pi} \quad \text{et} \quad \phi = -\frac{Q}{4\pi r} + b \tag{2.72}$$

L'écoulement d'un puits, dans l'espace, représente bien ce qui arrive quand on ouvre un orifice de petite dimension dans la paroi d'un réservoir de grandes dimensions. On aura

---

(1) Le passage des coordonnées sphériques aux coordonnées cartésiennes donne :
$x = r \cos\theta \sin\beta$; $y = r \sin\theta \sin\beta$; $z = r\cos\beta$.

alors des semi-sphères, centrées sur l'orifice, comme surfaces équipotentielles ; les lignes de courant sont radiales et se dirigent vers l'orifice.

c) Bipôle – Considérons une source N et un puits P, séparés par une distance b. On adopte des coordonnées cylindriques(1), ayant comme axe OZ, la ligne qui unit le centre du puits au centre de la source (fig. 2.26a), et, comme origine des coordonnées le milieu du segment NP.

Dans l'hypothèse où le débit du puits est égal à celui de la source, les surfaces équipotentielles, ϕ, sont données par la somme des équipotentielles ϕ_1 de la source, et ϕ_2 du puits :

$$\phi = \phi_1 + \phi_2 = \frac{Q}{4\pi\sqrt{r^2+\left(z-\dfrac{b}{2}\right)^2}} - \frac{Q}{4\pi\sqrt{r^2+\left(z+\dfrac{b}{2}\right)^2}} \qquad (2.73)$$

Les surfaces de courant sont illustrées par la figure 2.26a), qui représente une coupe par un plan qui passe par l'axe OZ ; elles constituent des surfaces de révolution autour de OZ.

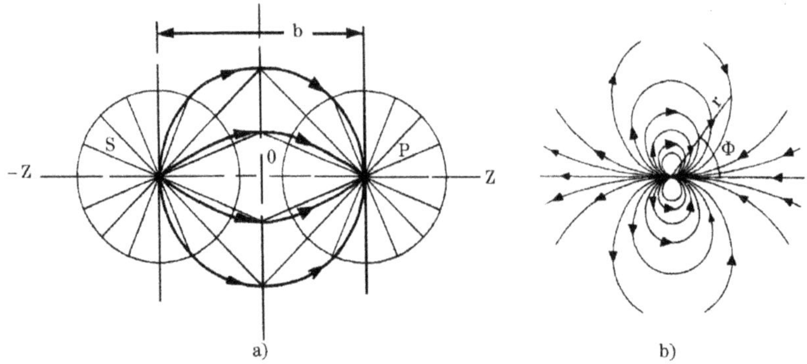

Fig. 2.26

Si b tend vers 0 (zéro), et Q augmente de manière que le produit Qb soit constant, on obtient un doublet, dont le moment est $m = Qb$ (fig. 2.26b).

La fonction potentielle du doublet est :

$$\phi = \frac{mz}{4\pi(r^2 + z^2)^{3/2}} \qquad (2.74)$$

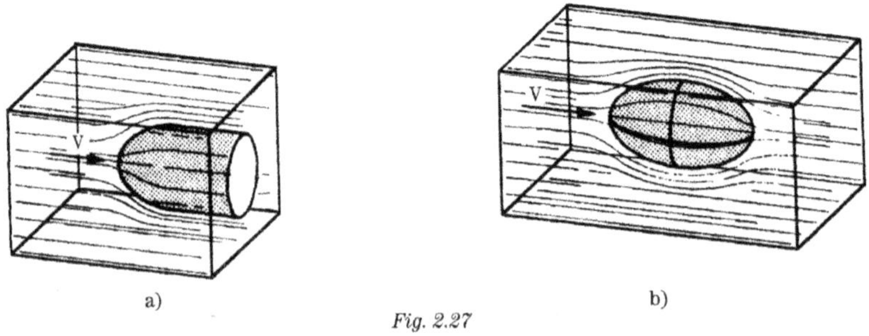

Fig. 2.27

(1) $x = r\cos\theta \qquad y = r\sin\theta \qquad z = z.$

d) Écoulement autour d'un corps semi-infini – On obtient la forme de cet écoulement en superposant l'écoulement linéaire avec l'écoulement d'une source et en solidifiant la surface de courant indiquée sur la figure 2.27a). Analytiquement, on procéderait en ajoutant Φ_1 de l'écoulement linéaire à Φ_2 de l'écoulement de la source.

e) Écoulement autour d'un ellipsoïde – La superposition d'un écoulement uniforme avec un ensemble source/puits permet d'obtenir, également par solidification d'une surface de courant, l'écoulement autour d'un ellipsoïde (fig. 2.27b).

f) Écoulement autour d'une sphère – La superposition d'un écoulement uniforme avec un doublet donne l'écoulement autour d'une sphère, autrement dit l'ellipsoïde de l'exemple précédent se tranforme en une sphère.

2.36 - Le tourbillon

Le tourbillon est un type d'écoulement dans l'espace qui mérite une attention spéciale. Soit, en coordonnées cylindriques, le potentiel ϕ, tel que :

$$\phi = \phi_1(r, z) + a\theta \qquad (2.75)$$

où a est une constante et ϕ_1 une fonction potentielle indépendante de θ.

On aura alors $\mathbf{V}$ = grad ϕ, c'est-à-dire représentant par V_t la vitesse tangente à un parallèle, par $\mathbf{V}_r$ la vitesse suivant un rayon vecteur et par V_z la vitesse suivant l'axe OZ :

$$V_t = \frac{1}{r}\frac{\partial\phi}{\partial\theta} \quad \frac{a}{r} \qquad \text{(indépendant de } \theta\text{)} \qquad (2.76)$$

$$V_r = \frac{\partial\phi_1}{\partial r} \qquad \text{(indépendant de } \theta\text{)} \qquad (2.76a)$$

$$V_z = \frac{\partial\phi_1}{\partial z} \qquad \text{(indépendant de } \theta\text{)} \qquad (2.76b)$$

Autrement dit, les composantes de la vitesse, dans cet écoulement, sont indépendantes de θ, c'est-à-dire que le mouvement est giratoire : l'axe de rotation coïncide avec Oz et r représente la distance à l'axe. La valeur de $a = rV_t$ s'appelle constante giratoire. La composante $\mathbf{V}_m$ de la vitesse, suivant un méridien (θ = constante), est vectoriellement :

$$\mathbf{V}_m = \mathbf{V}_t + \mathbf{V}_z \qquad \text{(indépendant de } \theta\text{)} \qquad (2.77)$$

Les particules qui, un instant déterminé, se trouvent sur un même parallèle (avec les mêmes coordonnées r et z et avec θ quelconque) se maintiennent, durant tout le mouvement, sur une même surface de révolution indépendante de a et de V_t. La section méridienne de cette surface s'appelle *fonction de courant* : ce n'est pas une ligne de courant, étant donné que les lignes de courant de cet écoulement ont la forme du type hélicoïdal autour de l'axe Oz.

La fonction de courant est l'intersection sur le plan méridien de la surface de révolution sur laquelle sont situées toutes les lignes de courant qui coupent un parallèle donné.

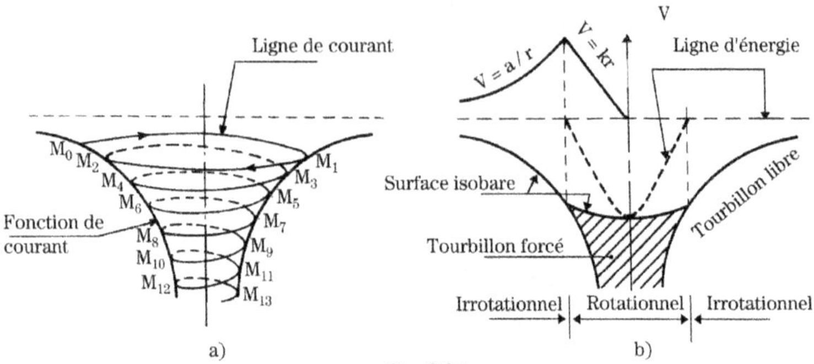

Fig. 2.28

Sur la figure 2.28a), le point M, qui occupe une position déterminée M_0, occupera, successivement, les positions M_1, M_2 ... sur une fonction de courant. Il en sera de même pour un autre point situé sur le même parallèle.

Bien que le tourbillon soit un mouvement irrotationnel, étant donné que le champ des vitesses dérive d'un potentiel, il existe une ligne singulière, l'axe, où la vitesse est théoriquement infinie et où le mouvement est rotationnel.

En effet, le vecteur circulation est constant, le long d'une circonférence ayant son centre sur l'axe :

$$\Gamma = \oint V_t \, ds = V_t(2\pi r) = \frac{a}{r} . 2\pi r = 2\pi a \qquad (2.78)$$

Comme on le sait, ce résultat est indépendant du parcours considéré et est, par conséquent, valable pour toute ligne qui entoure l'axe.

D'après le théorème de Stokes, on aura (équ. 2.18) :

$2\pi a = \text{rot } V (\pi r^2)$
d'où $\text{rot } V = 2a / r^2$

La circulation Γ le long de tout autre circuit fermé qui ne contient pas l'axe sera nulle.

Comme dans tous les écoulements irrotationnels, le mouvement est conservatif, autrement dit, l'énergie est constante en tous les points de l'écoulement. Le plan de charge correspond à la surface libre non perturbée. Dans une machine hydraulique (turbine ou pompe), l'échange d'énergie entre la roue de la machine et la veine liquide correspond précisément à la variation de la *constante giratoire*, rV_t. Dans les turbines, on cherche à diminuer la constante giratoire entre l'entrée et la sortie ; dans les pompes, on cherche à l'augmenter.

La vitesse infinie près de l'axe est physiquement impossible : en réalité, la partie centrale de l'écoulement est occupée par une masse d'eau, qui tourne dans son ensemble (mouvement rotationnel), avec une distribution de vitesses $V_t = K r$. Dans cet écoulement, la vitesse est nulle auprès de l'axe ($r = 0$) (fig. 2.28b).

Cet écoulement est désigné par *tourbillon forcé*, en opposition au tourbillon irrotationnel, que l'on désigne par *tourbillon libre*. Dans les turbines et dans les pompes, afin d'éviter la formation de ce tourbillon rotationnel, on place sur l'axe un solide de révolution, dont les génératrices coïncident avec une fonction de courant de l'écoulement irrotationnel ; il faut que les vitesses ainsi obtenues soient compatibles avec le maintien de l'écoulement irrotationnel.

Le tourbillon apparaît fréquemment aux orifices de vidange des réservoirs (voir ce qui ce passe dans un lavabo ou dans une baignoire), dans les prises d'eau, dans les puits de pompage, etc. Pourquoi le tourbillon se produit-il dans ces conditions ? La première constatation expérimentale est que le tourbillon libre se forme dans l'hémisphère Nord, avec un sens de rotation directe (contraire à celui des aiguilles d'une montre) ; le contraire se passe dans l'hémisphère Sud. En effet, le tourbillon libre est le résultat de la dissymétrie des forces de frottement résultant de l'accélération de Coriolis[1], due à la rotation de la terre.

Comme exemples de mouvements dans l'atmosphère qui peuvent s'assimiler à des tourbillons, nous mentionnerons les tornades, les typhons, etc.

2.37 - Écoulements plans – Utilisation des fonctions à variable complexe

On appelle *écoulement plan*, ou à deux dimensions, un mouvement où les phénomènes se répètent sur des plans parallèles, de telle manière que, sachant ce qui se passe sur un plan, on sait ce qui se passe dans la totalité de l'écoulement.

Les simplifications qui résultent du fait que l'on considère les mouvements comme irrotationnels sont particulièrement fécondes dans les écoulements plans :

– les surfaces équipotentielles se transforment en lignes équipotentielles d'équation $\phi = K_1$ (constante) ;

– il est possible de définir une fonction de courant, ψ, telle que les équations des lignes de courant s'écrivent $\psi = K_2$ (constante).

On aura alors[2] :

$$V_x = \frac{\partial \phi}{\partial x} = \frac{\partial \psi}{\partial y}$$
$$V_y = \frac{\partial \phi}{\partial y} = -\frac{\partial \psi}{\partial x} \qquad (2.79)$$

Comme on le sait, ces expressions montrent que ϕ et ψ peuvent être assimilés à la partie réelle et à la partie imaginaire d'une fonction $w\,(z)$ à variable complexe $z = x + iy$ telle que :

$$w\,(z) = \phi\,(x, y) + i\,\psi\,(x, y) \qquad (2.80)$$

Les équations 2.79 sont les conditions de l'analyticité[3] de la fonction ω, que l'on désigne par fonction potentielle complexe.

---

(1) Soit $\mathbf{V}_p$ et $\mathbf{a}_p$ la vitesse et l'accélération d'une particule P par rapport à un système d'axes $0'$; $\mathbf{V}'$ et $\boldsymbol{a}'$ la vitesse et l'accélération du système d'axes 0' par rapport à un système d'axes 0 ; soit ω la vitesse de rotation de 0' par rapport à 0. La vitesse $\mathbf{V}$ et l'accélération $\mathbf{a}$ de P par rapport aux systèmes d'axes 0, sont :

$\mathbf{V} = \mathbf{V}_p + \mathbf{V}'$

$\mathbf{a} = \mathbf{a}_p + \mathbf{a}' + 2\,\omega \times \mathbf{V}'$

Le dernier terme ($2\,\omega \times \mathbf{V}'$) est l'accélération de Coriolis, qui ne s'annule que dans les cas suivants : $\omega = 0$; $\mathbf{V}' = 0$; $\mathbf{V}'$ parallèle à ω.

(2) Comme le mouvement est irrotationnel, on aura $= \dfrac{\partial V_x}{\partial y} = \dfrac{\partial V_y}{\partial x}$. Par l'équation de la continuité, on aura $= \dfrac{\partial V_x}{\partial x} = -\dfrac{\partial V_y}{\partial y}$. Les deux conditions sont satisfaites pour 2.79.

(3) Rappelons qu'une fonction est dite analytique en un point quand elle a une seule dérivée en ce point, c'est-à-dire quand on a $\lim\limits_{\Delta z \to 0} \dfrac{\Delta \omega}{\Delta z}$ avec une seule valeur finie et déterminée, quelle que soit la manière dont z tend vers zéro.

Dans ces conditions, l'étude des fonctions analytiques est très utile pour la détermination des lignes de courant et des lignes équipotentielles.

En effet, examinant des fonctions analytiques de différents types, on peut écrire différentes formes d'écoulements plans.

La dérivée de w est en relation avec la vitesse V, de la manière suivante :

$$\frac{dw}{dz} = \frac{\partial \phi}{\partial x} + i\,\frac{\partial \psi}{\partial x} = V_x - i\,V_y = V\,e^{-i\theta} \qquad (2.81)$$

où V est la vitesse et θ l'angle qu'elle fait avec l'axe Ox[1].

Exemples

a) Interpréter l'écoulement défini par W = a z

On aura :

$$w = \phi + i\psi = a\,(x + iy) \qquad (2.82)$$

$$\phi = ax\,; \quad \psi = ay \qquad (2.82a)$$

$$Vx = a \qquad Vy = 0 \qquad (2.82b)$$

Il s'agit d'un écoulement uniforme, parallèle à Ox et de vitesse $V = a$ (fig. 2.29).

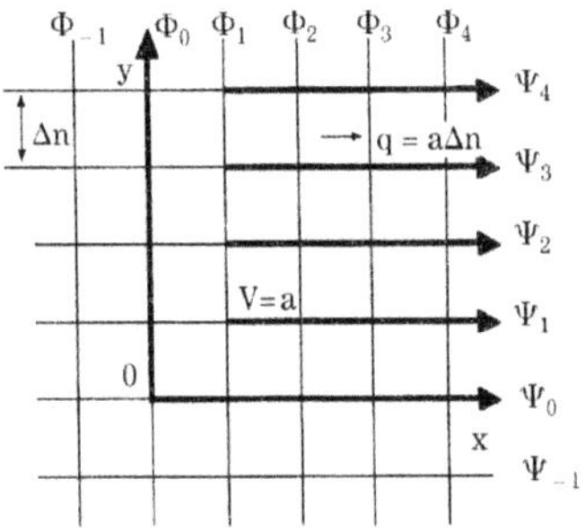

Fig. 2.29

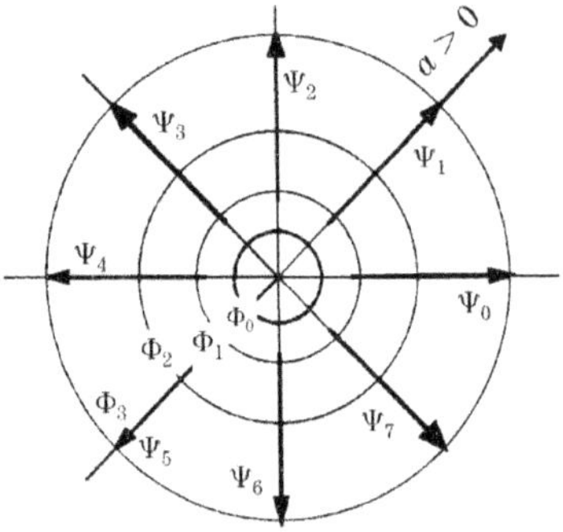

Fig. 2.30

Les équipotentielles sont des droites représentées par l'équation $\phi = ax$; les lignes de courant sont des droites représentées par l'équation $\psi = ay$. Ces droites sont obtenues en donnant à ϕ et ψ des valeurs discrètes. Le débit qui passe entre deux lignes de courant est $a\,\Delta n$, Δn étant l'écartement entre deux lignes de courant successives ψ_n et ψ_{n-1}. Ce mouvement coïncide avec l'écoulement parallèle à trois dimensions.

b) Interpréter l'écoulement défini par $w = a \ln z$

On aura :

$$\mathrm{w} = \phi + i\psi = a \ln r + ai\theta \qquad (2.83)$$

$$\phi = a \ln r \qquad \psi = a\theta \qquad (2.83a)$$

---

(1) Rappelons que $e^{i\theta} = \cos\theta + i \sin\theta$
d'où $e^{-i\theta} = \cos\theta - i \sin\theta$.
Entre les coordonnées cartésiennes x, y et les coordonnées polaires r et θ, existent les relations suivantes : $r^2 = x^2 + y^2$; $\theta = \text{arc tg}\, y/x$; $x = r\cos\theta$; $y = r\sin\theta$.
On aura encore : $z = x + iy = re^{i\theta}$.

d'où

$$V_r = \frac{a}{r} \qquad V_t = 0 \tag{2.83b}$$

L'écoulement est radial ; il est représenté graphiquement comme il est indiqué sur la figure 2.30, pour a positif (source) ; si a est négatif, le sens des lignes de courant est opposé (puits). Il ne faut pas confondre cet écoulement, qui est cylindrique, avec les puits ou sources dans l'espace, qui sont sphériques. Les équipotentielles sont telles que $a \ln r$ = constante, autrement dit, ce sont des cercles ; les lignes de courant sont des demi-droites, passant par l'origine.

Le débit par unité d'épaisseur de la couche sera :

$$q = 2\pi\, r\, V_r = 2\pi\, a \Rightarrow a = \frac{q}{2\pi} \tag{2.83c}$$

Entre deux lignes de courant consécutives ψ_n et ψ_{n+1}, le débit sera $q\,/\,n$, n étant le nombre de divisions égales de la circonférence.

c) Superposition d'une source avec un puits de débit identique

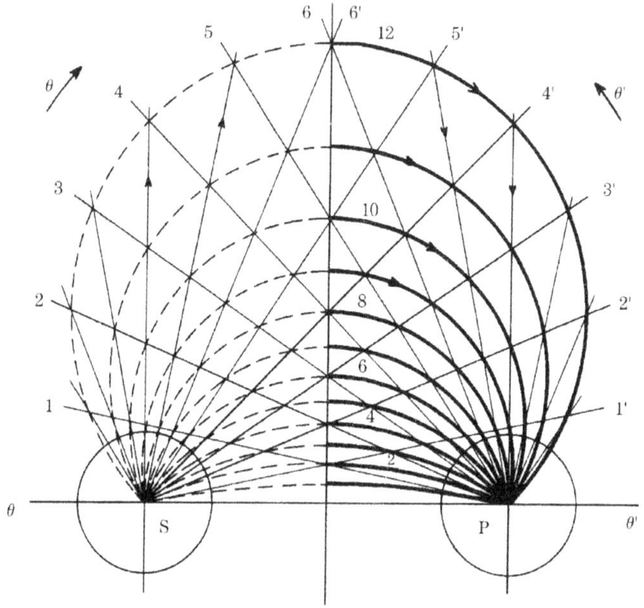

Fig. 2.31

Le problème pourra être résolu par voie analytique. Cependant, à titre d'exemple, nous donnons la solution par voie graphique. Représentons, par ce moyen, le graphique des lignes de courant (fig. 2.31).

Dans ce cas, autour de la source et du puits, la circonférence 2π se divise en n valeurs égales.

Soit θ_1, θ_2, θ_3, ...θ_i, ... les n valeurs correspondant aux lignes de courant de la source, et θ'_1, θ'_2, θ'_3, ...θ'_i, ... les n valeurs correspondant à celles du puits, marquées dans le sens contraire à celles de la source.

On obtient une ligne de courant de l'écoulement conjoint de la manière suivante : on trouve l'intersection de θ_i avec θ'_j ; ce point appartient à une ligne de courant, dont l'indice sera $K = i + j$. L'ensemble des points avec le même indice K définit, par conséquent, une ligne de courant.

La partie droite de la figure peut être assimilée à une source linéaire (un fleuve) approvisionnant un puits.

d) Superposition de deux puits

On procède à la construction graphique (fig. 2.32) comme il est indiqué à l'exemple précédent (cependant, la numération des lignes de courant est faite dans le même sens). Solidifiant la ligne de courant correspondant à l'axe de symétrie, l'écoulement représente un puits à proximité d'une paroi imperméable.

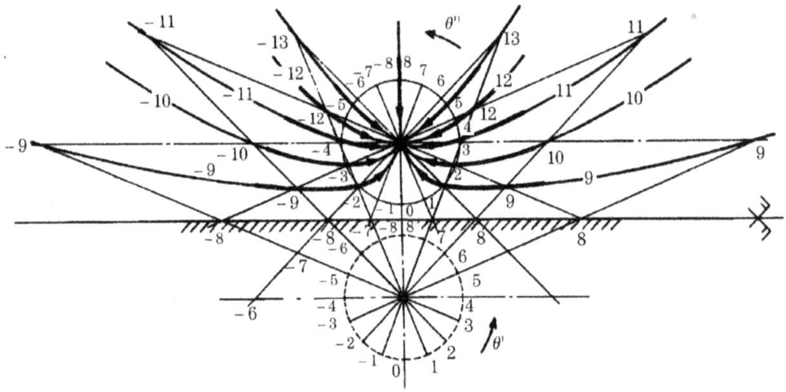

Fig. 2.32

e) Interpréter l'écoulement défini par $\omega = az + b \ln z$.

Il s'agit de la superposition d'un écoulement uniforme avec un écoulement radial, étudiés aux exemples *a* et *b*. Étant donné qu'il s'agit de la superposition de deux écoulements potentiels, les équipotentielles et les lignes de courant sont obtenues en additionnant, respectivement, les équipotentielles et les lignes de courant de ces deux écoulements, ce qui peut être effectué graphiquement ou analytiquement, et l'on obtient la composition de la figure 2.33.

On désigne par *point de stagnation*, *E*, le point où la vitesse de la source est égale et de signe contraire à la vitesse de l'écoulement uniforme. Solidifiant la ligne de courant qui passe par ce point, on obtient l'écoulement autour d'un corps cylindrique semi-indéfini. (Ne pas confondre avec l'exemple 2.35a où le corps était à trois dimensions, tandis qu'il s'agit ici d'un cylindre : deux dimensions.)

f) Interpréter l'écoulement défini par $w = ki \ln z$.

On aura :

$$w = \phi + i\psi = ki \ln re^{i\theta} = -k\theta + ik \ln r \tag{2.84}$$

d'où :

$$\phi = -k\theta \qquad \psi = k \ln r \tag{2.84a}$$

Autrement dit, les équipotentielles sont radiales et les lignes de courant sont des circonférences.

$$V_r = \frac{\partial \phi}{\partial r} = 0 \qquad V_t = \frac{1}{r}\frac{\partial \phi}{\partial \theta} = \frac{k}{r} \tag{2.84b}$$

Il s'agit d'un tourbillon à circulation constante $\Gamma = 2\pi r V_t = -2\pi k$ (fig. 2.34). Si k est négatif, le sens de la circulation est contraire à celui qui est indiqué sur la figure.

On constate facilement que l'expression $w = i\,k \ln (z - z_0)$ représente un tourbillon d'intensité k, avec centre au point z_0. Ne pas confondre ces tourbillons plans avec le tourbillon à trois dimensions décrit au n° 2.36. D'ailleurs, seul le tourbillon à trois dimensions existe dans la nature, le tourbillon plan représentant une approximation de celui-ci.

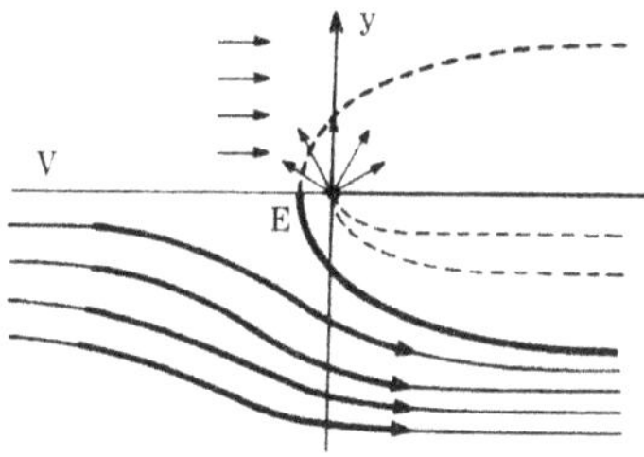

Fig. 2.33

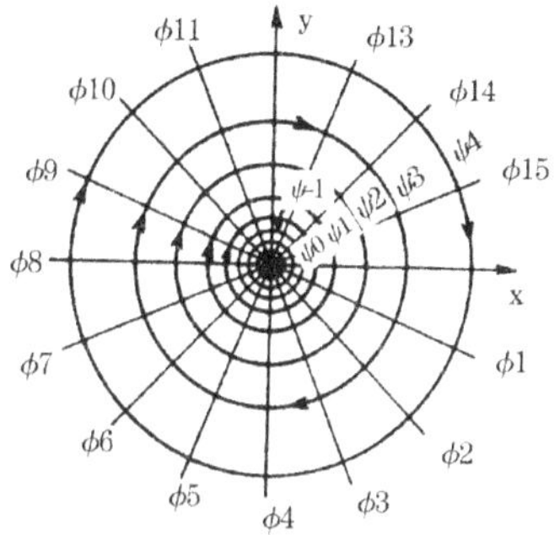

Fig. 2.34

g) Interpréter l'écoulement défini par $w = az^{\pi/\alpha}$

On aura :

$$w = \phi + i\psi = a(re^{i\theta})^{\pi/\alpha} = -ar^{\pi/\alpha}\, e^{i\frac{\pi}{\alpha}\theta} \qquad (2.85)$$

$$\phi = ar^{\pi/\alpha} \cos \frac{\pi}{\alpha}\theta\,; \qquad \psi = ar^{\pi/\alpha} \sin \frac{\pi}{\alpha}\theta \qquad (2.85a)$$

La forme des équipotentielles, θ, et des lignes de courant, Ψ, dépend de l'angle α. La figure 2.35 donne le schéma de l'écoulement pour différentes valeurs de α.

Si $\alpha = \pi / 2$, on aura :

$\phi = ar^2 \cos 2\theta \qquad \psi = ar^2 \sin 2\theta$

$\quad = a\,(x^2 - y^2) \qquad = 2a\,xy.$

ϕ et ψ, constants, correspondent, respectivement, à des hyperboles et à des paraboles qui sont représentées graphiquement comme il est indiqué sur la figure 2.35 et, plus en détail, sur la figure 2.36.

Il s'agit, par conséquent, d'un écoulement potentiel en un coin droit.

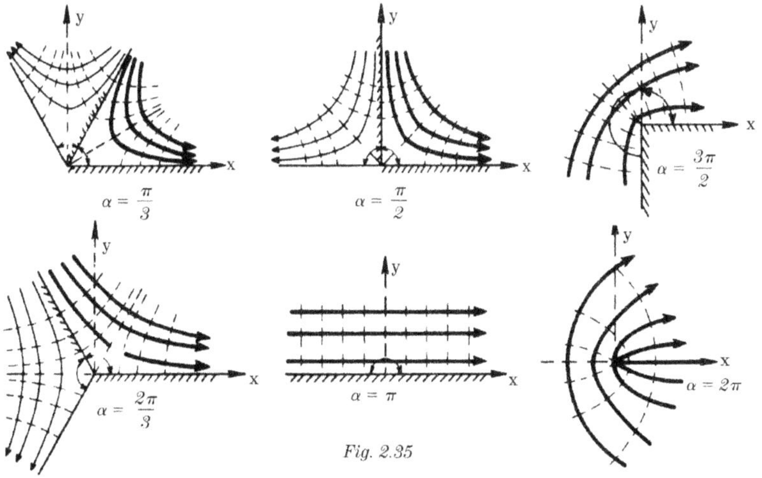

Fig. 2.35

Les composantes de la vitesse sont :

$$V_x = \frac{\partial \phi}{\partial x} = 2\,ax \qquad V_y = -\frac{\partial \psi}{\partial x} = -2\,ay \tag{2.85b}$$

et leur module :

$$V = \sqrt{V_x^2 + V_y^2} = 2\,ar \tag{2.85c}$$

Une des lignes de courant pourra être remplacée par un contour solide (paroi), ce qui permet de déterminer une forme hydraulique correcte pour le coin.

h) Interpréter l'écoulement défini par $z = w + e^w$

On aura :

$$\begin{aligned} z &= (\phi + i\psi) + e^{\phi + i\Psi} \\ &= \phi + i\psi + e^{\phi}(\cos\psi + i\sin\psi) \\ &= (\phi + e^{\phi}\cos\psi) + i\,(\psi + e^{\phi}\sin\psi) \end{aligned} \tag{2.86}$$

d'où :

$$\begin{cases} x = \phi + e^{\phi}\cos\psi \\ y = \psi + e^{\phi}\sin\psi \end{cases} \tag{2.86a}$$

Si l'on donne à ϕ et à ψ des valeurs constantes, on obtient les valeurs de x et y qui représentent les coordonnées des points et l'intersection de ϕ avec ψ (fig. 2.37). Il s'agit, par conséquent, de l'écoulement potentiel à l'entrée d'un canal à parois parallèles.

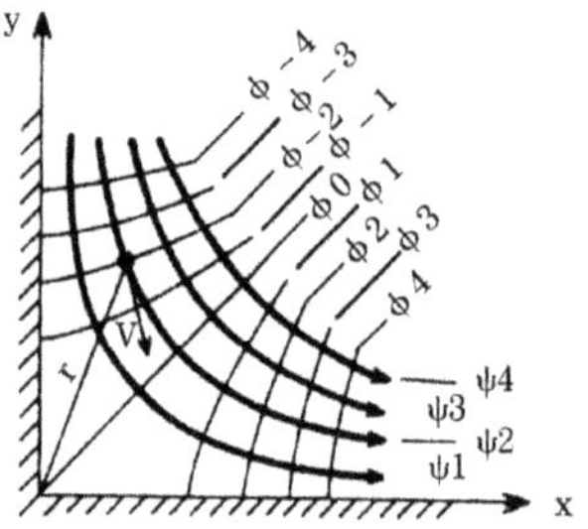

Fig. 2.36

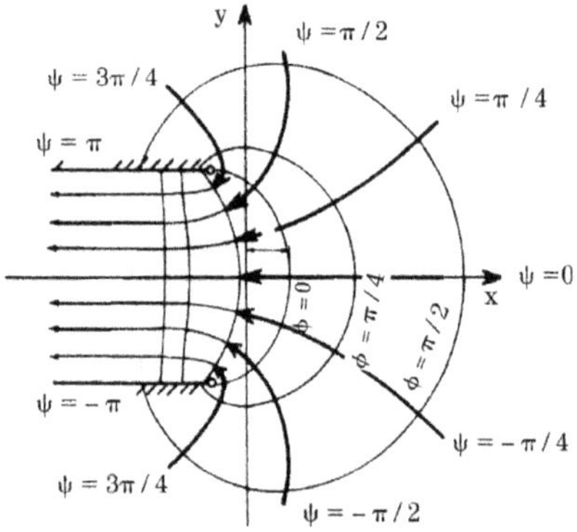

Fig. 2.37

La table ci-dessous montre la manière d'obtenir, par points, les courbes ϕ et ψ.

ψ_k / Φ_i	$\psi_0 = 0$		$\psi_1 = \pi / 4$		$\psi_2 = \pi / 2$		$\psi_3 = 3\pi / 4$		$\psi_4 = \pi$	
	x	y	x	y	x	y	x	y	x	y
$\Phi_0 = 0$	1	0	0,71	1,49	0	2,57	− 0,71	3,06	− 1	3,14
$\Phi_2 = \frac{\pi}{4}$	2,98	0	2,34	2,34	0,79	3,76	− 0,77	3,91	− 1,41	3,14
$\Phi_2 = \frac{\pi}{2}$	6,38	0	4,97	4,19	1,57	6,38	− 1,83	5,76	− 3,24	3,14
$\Phi_4 = 3\pi / 4$	12,91	0	9,82	8,25	2,36	12,12	− 5,10	9,82	− 8,19	3,14

Ainsi, par exemple, par le point $x = 1$ et $y = 0$ passent ϕ_1 et ψ_0 ; par le point $x = 0{,}71$ et $y = 1{,}49$ passent ϕ_1 et ψ_1.

2.38 - Écoulements plans. Utilisation de la représentation conforme

Nous avons vu comment une fonction analytique, à variable complexe, représente les lignes équipotentielles et les lignes de courant d'un écoulement plan :

$$w(z) = f(x + iy) = \phi(x, y) + i\,\psi(x, y) \tag{2.87}$$

où les équipotentielles, $\phi = C^{te}$, et les lignes de courant, $\psi = C^{te}$, sont orthogonales entre elles.

Supposons maintenant qu'à chaque point $z = x + iy$, du plan x, y l'on fasse correspondre un autre point $Z = X + iY$ sur un autre plan X, Y, au moyen de fonctions $Z = Z\,(z) = A + iB$; autrement dit $X = A(x, y)$ et $Y = B(x, y)$.

À une famille de courbes (x, y) correspondra une famille de courbes (X, Y). La transformation sera conforme, si les angles des courbes se maintiennent entre eux. Donc, si sur un plan (x, y), deux courbes se coupent orthogonalement, leurs transformées sur le plan (X, Y) se couperont également orthogonalement. Dans ces conditions, à un schéma de lignes d'équipotentielles et de lignes de courant correspondra un autre schéma de lignes équipotentielles et de lignes de courant.

La condition pour que la transformation soit conforme est que la fonction $Z\,(z) = A + iB$ soit une fonction analytique, autrement dit que :

$$\frac{\partial A}{\partial x} = \frac{\partial B}{\partial y} \qquad \frac{\partial A}{\partial y} = -\frac{\partial B}{\partial x} \tag{2.88}$$

2.39 - Transformation de Joukowsky

La transformation de Joukowsky est une des transformations analytiques les plus utiles dans le domaine des écoulements.

Son expression analytique est :

$$Z = b(z + \frac{a^2}{z}) = b(re^{i\theta} + \frac{a^2}{r}\,e^{-i\theta}) \tag{2.89}$$

Soit un point z sur le plan xy (fig. 2.38a), de module r et argument θ ; en maintenant l'argument θ et en marquant un module égal à br, on obtient le point bz.

L'opération $1 / z = 1 / re^{i\theta}$ donne un point dont le module est $1 / r$ et dont l'argument est $z - \theta$. En multipliant le module de $\frac{1}{z}$ par ba^2, on obtient le point $b\,a^2/z$.

À partir de la somme vectorielle de bz et ba^2 / z, on obtient : $Z = b(z + a^2 / z)$ (fig. 2.38b).

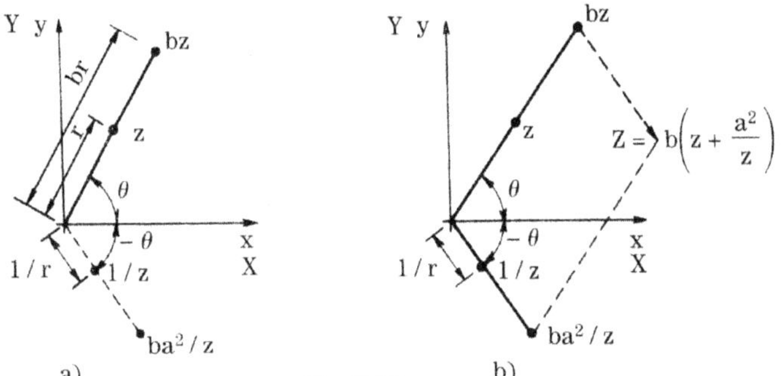

Fig. 2.38

Exemples :

a) Soit un cylindre de rayon a centré sur le centre de coordonnées du plan z (x, y) (fig. 2.39a) ; la transformation de Joukowsky $Z = \frac{1}{2}\ (z + \frac{a^2}{z})$ donne sur le plan Z (X, Y) un segment de droite de longueur $2a$, suivant l'axe OX (fig. 2.39b).

Cette transformation permet d'étudier graphiquement l'écoulement plan autour d'un cylindre de révolution de rayon a, ce qui se ramène à l'étude d'un écoulement parallèle autour d'une plaque plane.

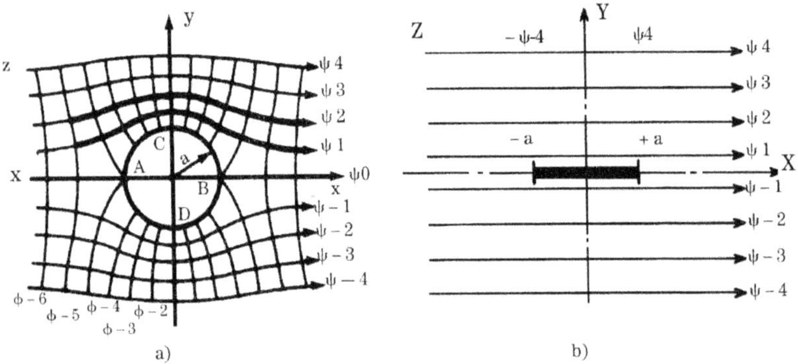

Fig. 2.39

La vitesse sera nulle aux points A et B ; aux points C et D, elle prend la valeur de $2V$.

On peut également procéder à l'étude analytique de cet écoulement, à partir de la fonction $w = V\,(z + a^2 / z)$.

On aura :

$$w = \phi + i\psi = V(x + iy) + \frac{Va^2(x - iy)}{x^2 + y^2} \tag{2.90}$$

d'où :

$$\begin{aligned} \phi &= Vx\left(1 + \frac{a^2}{x^2 + y^2}\right) \\ \phi &= Vy\left(1 - \frac{a^2}{x^2 + y^2}\right) \end{aligned} \tag{2.91}$$

b) Considérons un écoulement radial dans un fossé circulaire de rayon a (partie de l'écoulement du puits). La transformation $Z = 1\ /\ 2\ (z + a^2\ /\ z)$, autrement dit,

$z = Z + \sqrt{Z^2 - a^2}$, transforme cet écoulement en l'écoulement dans un fossé de longueur $2a$.

En effet :

$$W(Z) = \phi + i\psi = \frac{Q}{2\pi} \ln Z = \frac{Q}{2\pi} \ln\left(z + \sqrt{z^2 - a^2}\right) = \frac{Q}{2\pi} \left(\operatorname{arc\,ch} \frac{z}{a} + \ln a\right) \qquad (2.92)$$

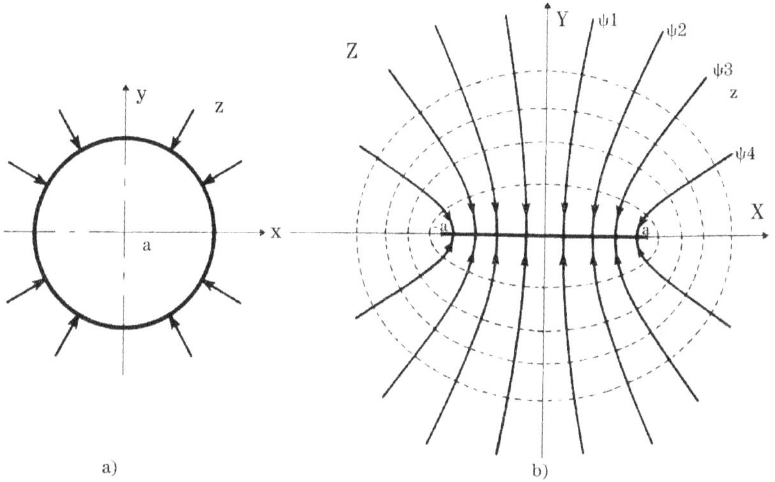

Fig 2.40

Si nous séparons les parties réelles et les parties imaginaires, nous constatons que les équipotentielles sont des ellipses homofocales de foyers $x = a$, et les lignes de courant sont des hyperboles de foyers $x = a$.

c) *Interpréter l'écoulement défini par :*

$$w = V(z + \frac{a^2}{z}) + i\left(\frac{\Gamma}{2} \ln \frac{z}{a}\right) \qquad (2.93)$$

Il s'agit de la superposition de l'écoulement de vitesses V autour d'un cylindre de rayon a avec un tourbillon de circulation $\Gamma = 2\pi a^2 \omega$, ω étant la vitesse de rotation angulaire du cylindre (rad/s) (fig. 2.41.) En d'autres termes, c'est l'écoulement potentiel autour du cylindre, en rotation à la vitesse $\omega = \dfrac{\Gamma}{2\pi a^2}$.

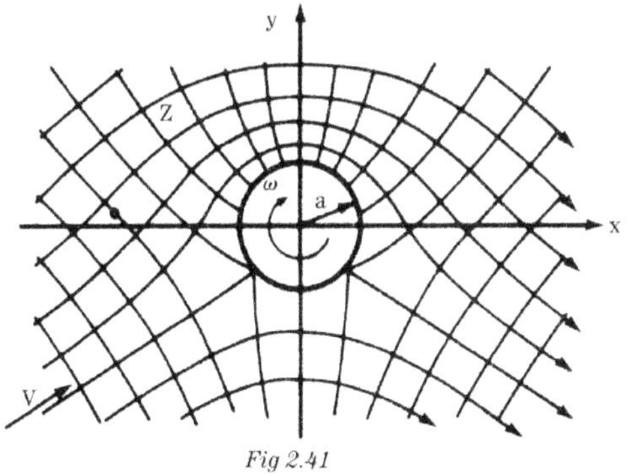

Fig 2.41

2.40 - Profil aérodynamique de Joukowsky

Appliquant à l'écoulement autour d'un cylindre la transformation de Joukowsky, dans le cas du cylindre concentrique aux axes, on obtient un écoulement plan autour d'une plaque (exemple *b* du numéro précédent). Si le cylindre a une excentricité m, suivant OX, au lieu d'une plaque, on obtient un profil aérodynamique de Joukowsky, symétrique.

Cette conclusion est importante dans la pratique pour obtenir des formes aérodynamiques pour les piles de ponts, les déversoirs, etc.

Si le cylindre est animé d'un mouvement de rotation, on obtient le profil aérodynamique asymétrique, important pour l'étude des ailes d'avions, par exemple.

Pour le tracé de ces profils de Joukowsky, on recommande la construction graphique de Trefftz, facilitée par l'abaque 28, que l'on doit à Escande.

a) Profil symétrique (fig. 2.42)

1 - On trace un système d'axes x, y.

2 - On fixe l'épaisseur e, et la longueur l du profil ; on calcule la relation e / l, à partir de laquelle sur l'abaque 28, l'on obtient la valeur d'un paramètre $s = m / a$.

3 - Du même abaque 28 et de la connaissance de s, on extrait la valeur de e / a ou l / a.

Comme on connaît e ou l, on détermine la valeur de a qui est le rayon d'un cercle que nous appellerons cercle de base du tracé. L'abscisse de ce cercle sera $m = as$.

4 - À partir de s on détermine (A. 28) la valeur de m_1 / a où m_1 est le module de l'abscisse du cercle auxiliaire, tangent intérieurement au cercle de base.

5 - On dessine un cercle de base de centre C sur l'axe OX, abscisse m, de rayon égal à a.

6 - On dessine le cercle auxiliaire : centre C' sur l'axe des OX, abscisse $-m_1$, tangent intérieurement au cercle de base.

7 - Avec centre en O (origine des coordonnées), on trace le rayon vecteur correspondant à l'angle θ (arbitraire) ; ce rayon vecteur rencontre le cercle de base au point 2. On trace le rayon vecteur correspondant à l'angle $-\theta$, qui rencontre le cercle auxiliaire au point -2. On additionne les deux vecteurs définis par 0 et 2 et par 0 et -2. L'extrémité du vecteur-somme est le point que l'on cherche.

8 - D'une manière identique, on obtiendrait d'autres points, en marquant un autre angle θ. Notamment pour $\theta = 0$, on obtient le point 1, sur l'axe OX, avec une abscisse égale à la somme des distances entre 0 et 1 et entre 0 et -1 ; pour $\theta = \pi / 2$, on obtient le point 3, sur l'axe OY, dont l'ordonnée est la différence des distances entre les points 0 et 3 et 0 et -3.

D'une manière générale, on n'utilise que la partie en amont du profil (x positif).

En faisant varier les différents paramètres, il est facile d'obtenir une forme qui s'adapte bien au problème à résoudre.

Exemple : Déterminer les dimensions de la tête d'un pilier d'une épaisseur de $e = 2{,}5$ m.

On fixe, par exemple, pour la longueur du profil, la valeur $l = 7{,}5$ m.

On aura $e / l = 2{,}5 / 7{,}5 = 0{,}33$. De A. 28, on obtient $s = m / a = 0{,}26 = 1{,}05$; et $m_1 / a = 0{,}151$.

On aura alors, pour le cercle de base : $a = 0{,}97\ e = 0{,}97 \times 2{,}5 = 2{,}43$ m ; $m = as = 2{,}43 \times 0{,}26 = 0{,}63$ m. Pour le cercle auxiliaire on aura $m_1 = 0{,}151\ a = 0{,}151 \times 2{,}43 = 0{,}37$ m.

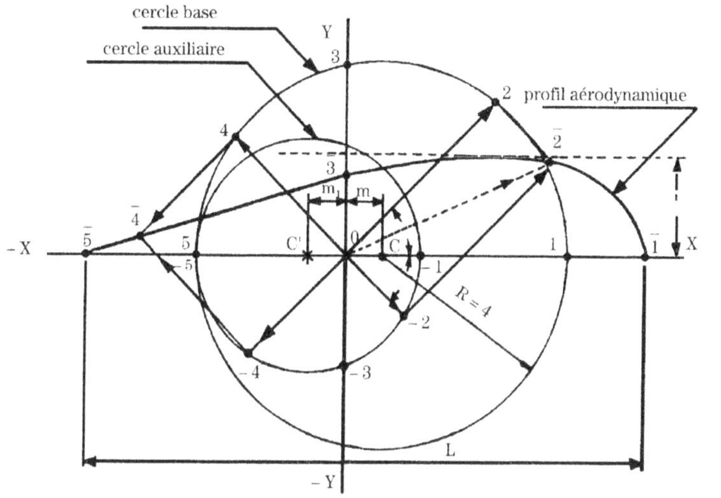

Fig. 2.42

b) Profil asymétrique (fig. 2.43)

La détermination des caractéristiques générales est effectuée comme si le profil était symétrique et l'asymétrie est donnée par la distance *f*, qui définit la position du système d'axes de repère, en relation duquel on fait une construction analogue à celle qui est indiquée pour le profil symétrique.

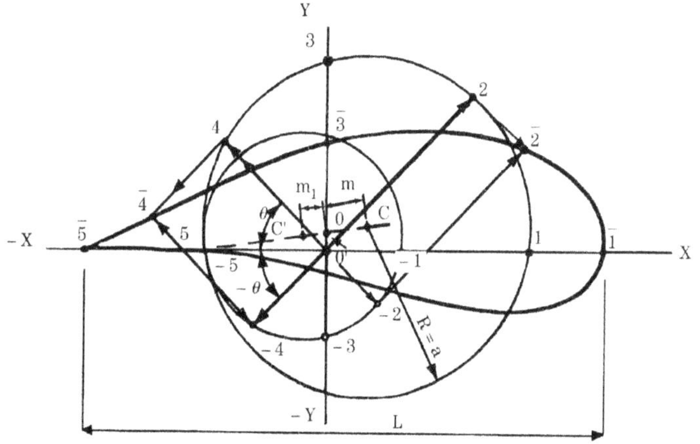

Fig. 2.43

2.41 - Écoulements plans. Méthode graphique

Considérons les fonctions Φ et Ψ, en prenant des valeurs en progression arithmétique de raison $\delta\Phi = \delta\Psi$.

Comme les lignes se coupent orthogonalement, du moment que $\delta\Phi = \delta\Psi$ sont petits, leurs intersections produiront de petits carrés ou des formes voisines de petits carrés.

Pour la facilité du tracé, nous dirons qu'un cercle inscrit dans ces petits carrés doit être tangent au milieu de chaque côté (fig. 2.44a).

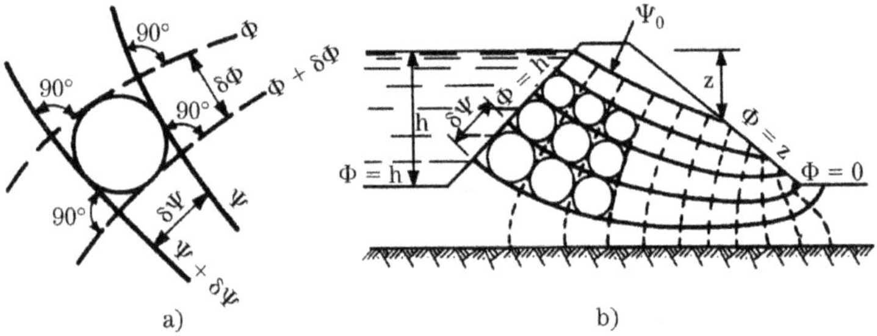

Fig. 2.44

Si $\delta\Psi$ est l'écartement entre deux lignes de courant, le débit entre elles sera $dq = Vd\Psi$

La figure 2.44b) illustre l'application de la méthode à l'écoulement au-dessous d'un barrage. Dans le parement d'amont, $\Phi = h$, et, en aval, $\Phi = 0$. On prend la ligne de saturation, correspondant à une ligne de courant, Ψ_0, sur laquelle Φ prend les valeurs $\Phi = z$, z étant la distance au plan de charge. On commence le tracé du réseau isométrique en traçant les lignes de courant et les équipotentielles, de manière qu'elles satisfassent à la condition de la figure 2.44. Seule la pratique permettra d'acquérir la sensibilité nécessaire pour un tracé correct du réseau isométrique.

BIBLIOGRAPHIE

1 – BAKHMETEFF, B.A. - *Mécanique de l'Écoulement Turbulent des Fluides*. Dunod, Paris, 1941.

2 – DE MARCHI, G. - *Idraulica*. Ulrico Hospli, Milano, 1947.

3 – PRANDTL, L. - *Guide à travers la Mécanique des Fluides*. Dunod, Paris, 1952.

4 – ROUSE, H. - *Elementary Mechanics of Fluids*. John Wiley & Sons, New York, 1946.

5 – SCIMEMI, E. - *Compendio di Idraulica*. Libreria Universitaria de G. Randi Padova, 1852.

6 – STREETER, V.L. - *Fluid Dynamics*. Mc Graw-Hill Book Company, New York, 1948.

7 – SCHLIGHTING, H. - *Boundary Layer Theory*, Mc Graw-Hill Book Company, New York, 1960.

8 – COMOLET, R - *Mécanique expérimentale des Fluides*, Masson et Cie Paris, 1963.

9 – CARLIER - *Hydraulique générale et appliquée*, Eyrolles, Paris, 1972.

10 – BRAND, L. - *Vector and Tensor Analysis*, John Wiley and Sons, New York, 1947.

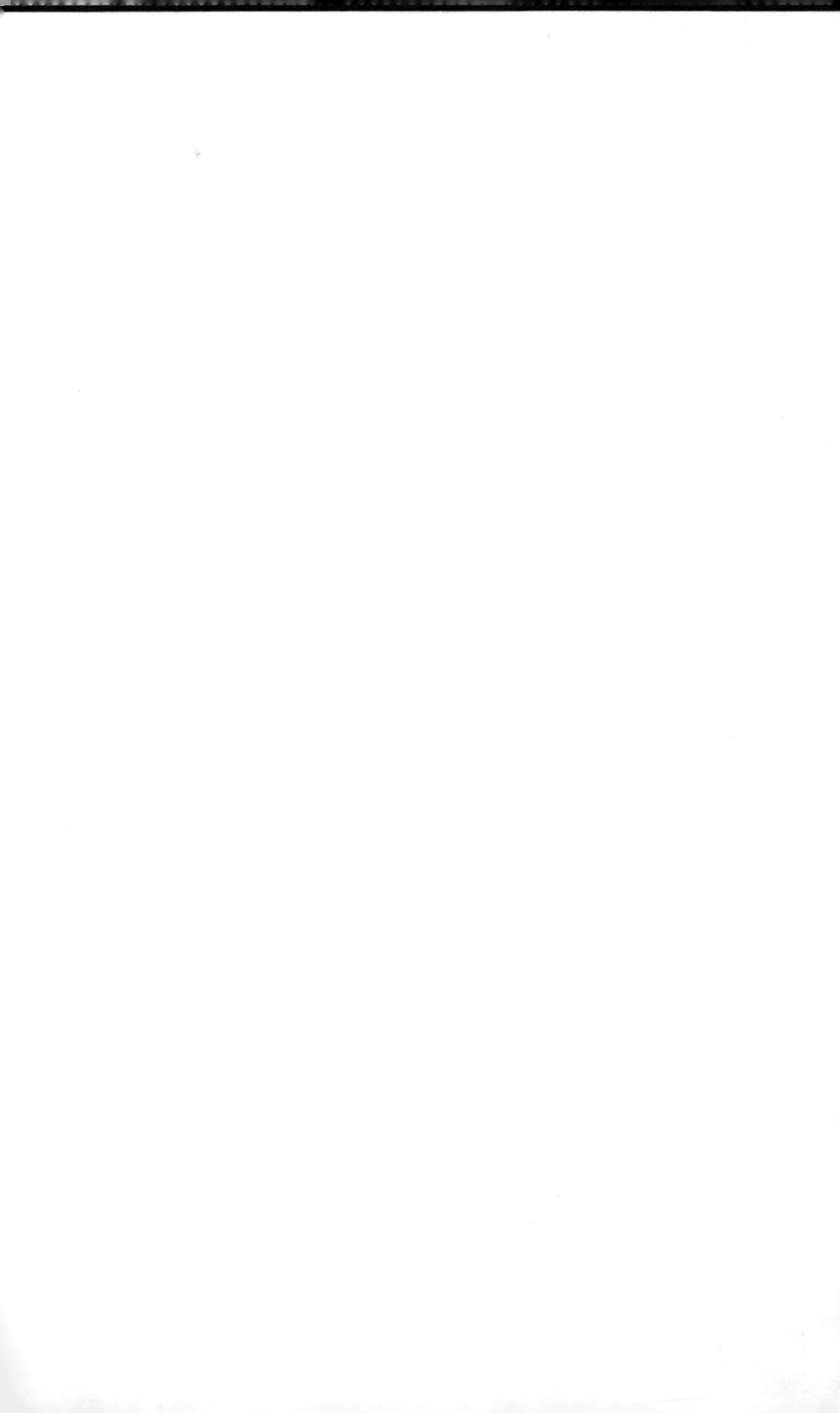

CHAPITRE TROIS

HYDROSTATIQUE

3.1 - Équations fondamentales. Fluide en repos soumis uniquement à l'action de la gravité

Un liquide en repos ou en mouvement d'ensemble, c'est-à-dire où il n'y a pas de déplacements relatifs des éléments qui le constituent, et où il n'y a, par conséquent, pas d'efforts tangentiels, se comporte comme un liquide parfait.

Dans ces conditions, l'équation 2.29c s'écrit :

$$\rho(\mathbf{F} - \frac{\mathrm{d}\mathbf{V}}{\mathrm{d}t}) = \mathrm{grad}\, p \qquad (3.1)$$

Dans le tenseur des pressions P_{ij}, (voir 2.13), ont été éliminés tous les efforts tangentiels ; seules sont maintenues les pressions normales. La quadrique des pressions se réduit à une sphère.

Dans le cas d'un fluide en repos soumis uniquement à l'action de la gravité, les forces extérieures par unité de masse **F** se réduisent au poids du liquide par unité de masse, g, et dérivent, par conséquent, d'un potentiel. On a vu (n° 2.16) que, dans ce cas, l'équation 3.1 s'écrivait :

$$\mathrm{grad}\,(z + \frac{p}{\varpi}) = 0 \qquad (3.1a)$$

d'où :

$$z + \frac{p}{\varpi} = \text{constante} \qquad (3.2)$$

Cette expression est désignée par *équation fondamentale de l'hydrostatique.*

3.2 - Distribution des pressions

Dans le cas de fluides incompressibles, l'équation caractéristique est : ρ = constante.

On aura également $\varpi = \rho g$ = constante, si l'on néglige les toutes petites variations de g (voir n° 1.2).

Dans ce cas, il est facile de démontrer que :

1 – Les surfaces isobares, c'est-à-dire d'égale pression, sont des plans horizontaux. En effet, pour $p\,/\,\varpi$ = constante, on a :

$$z = \text{constante} \qquad (3.3)$$

2 – La différence de pression $p_A - p_B$, entre deux points quelconques d'un liquide en repos, ne dépend que de la différence de cotes entre les points et du poids spécifique du liquide (fig. 3.1). On a alors :

$$p_A - p_B = \varpi \, (z_B - z_A) \tag{3.4}$$

3 – Les surfaces de séparation de liquides non miscibles sont des plans horizontaux, car les surfaces isobares sont des surfaces d'égale densité.

4 – Dans un liquide en équilibre, les variations de pression se transmettent intégralement à tous les points de la masse liquide. Cet énoncé constitue le *principe de Pascal*(1). En effet, si, en un point quelconque A, la pression subit une variation Δp_A, la variation correspondante en un point B sera telle que :

$$(p_A + \Delta p_A) - (p_B + \Delta p_B) = \varpi \, (z_B - z_A) \tag{3.5}$$

Comparant avec 3.4, on aura :

$$\Delta p_A = \Delta p_B$$

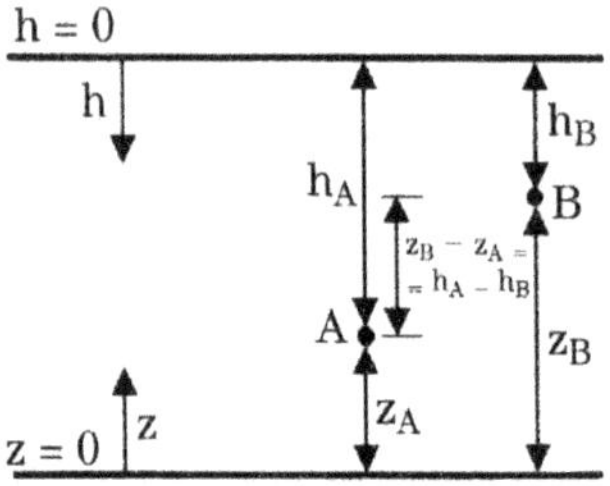

Fig. 3.1

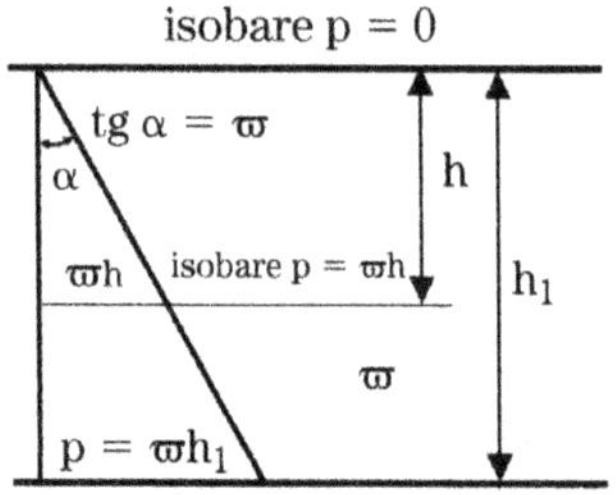

Fig. 3.2

Prenant la surface libre (p = 0) comme plan horizontal de référence(2), on obtient :

$$p = \varpi \, h \tag{3.6}$$

où h est la distance de la surface libre au point considéré.

La distribution des pressions est linéaire (fig. 3.2). On peut également dire que la pression, mesurée en hauteur de liquide, est égale à h.

Dans le cas de liquides non miscibles, superposés, de poids spécifiques différents, la distribution des pressions le long d'une verticale est indiquée graphiquement sur la figure 3.3. La pression p en un point, à la profondeur h comprise entre h_2 et h_3, par exemple, est :

$$p = \varpi_1 \, h_1 + \varpi_2 \, (h_2 - h_1) + \varpi_3 \, (h_3 - h_2) \tag{3.6a}$$

(1) Pascal, B. (1623-1662).

(2) Il s'agit de pressions relatives c'est-à-dire mesurées par rapport à la pression atmosphérique (voir n° 1.11).

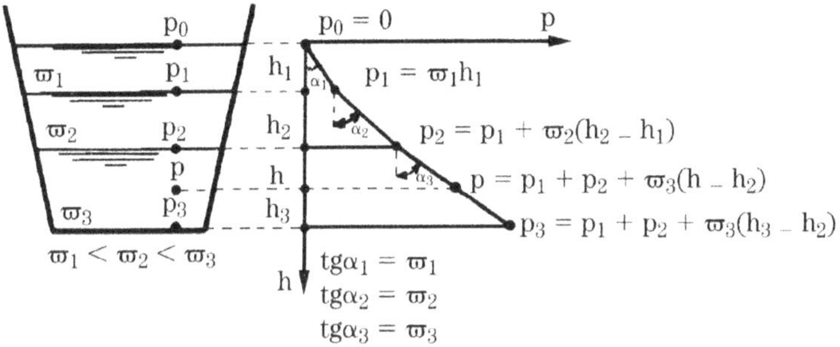

Fig. 3.3

3.3 - Résultante des pressions sur des surfaces planes

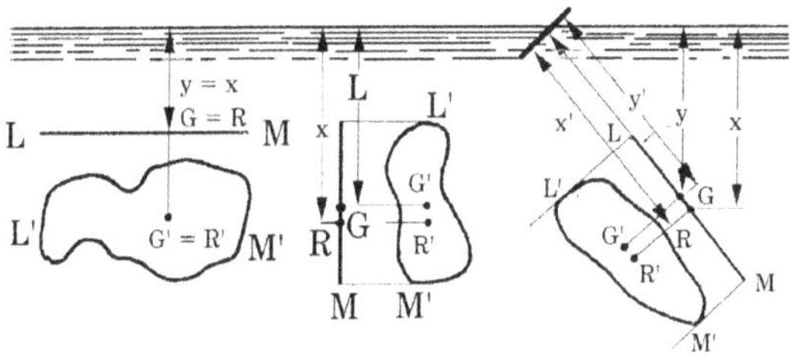

Fig. 3.4

Une surface plane quelconque, horizontale, verticale ou inclinée (fig. 3.4), est soumise sur chaque face à une résultante des pressions élémentaires que l'on désigne par *poussée totale*, normale à la surface et dont la valeur est :

$$I = \varpi y S \tag{3.7}$$

où S est l'aire de la surface ; y est la distance de son centre de gravité à la surface libre, mesurée à la verticale.

En effet, on aura :

$$I = \int_S p\mathrm{d}S = \int_S \varpi\, h\mathrm{d}S = \varpi\int_S h\mathrm{d}S \tag{3.7a}$$

La profondeur y du centre de gravité est telle que :

$$yS = \int_S h\mathrm{d}S \tag{3.8}$$

Si la surface est immergée, comme la poussée totale qui s'exerce sur une des faces est égale et de signe contraire à celle qui s'exerce sur l'autre face, la résultante est nulle. Si la surface a une face en contact avec le liquide et une autre en contact avec l'atmosphère, la résultante est donnée par (3.7).

Dans le cas d'une surface plane inclinée, on peut également écrire :

$$I = \varpi\, y'\, S \cos\theta \tag{3.9}$$

où y' est la distance du centre de gravité à l'intersection du plan incliné avec la surface libre ; θ est l'angle du plan avec la verticale.

La distance x à la surface libre, du point d'application R de la résultante p, mesurée verticalement, est[(1)] :

a) *Plan horizontal* : le point d'application R coïncide avec le centre de gravité G, d'où $x = y$.

b) *Plan vertical* : $x = y + \dfrac{K^2}{y}$ (3.10)

c) *Plan incliné* : $x = y + \dfrac{K^2 \cos^2\theta}{y}$ ou $x' = y' + \dfrac{K^2}{y'}$

K est le rayon de giration de la surface considérée par rapport à un axe horizontal passant par le centre de gravité.

On constate, par les expressions précédentes, que le centre de poussée, ou bien coïncide avec le centre de gravité, ou bien est situé au-dessous.

Le tableau 29 indique les valeurs de l'aire S, de la distance V, qui définit la position du centre de gravité G, et du carré du rayon de giration, K^2, de quelques figures géométriques simples.

3.4 - Exemples

1 – Déterminer la pression p et la résultante P sur le fond d'un récipient, dont l'aire est $S = 0{,}5$ m², de 2 m de hauteur, dans les cas suivants : a) le récipient est plein d'eau ; b) le récipient contient de l'eau jusqu'aux 2/3 de sa hauteur et de l'huile d'olive ($\rho = 800$ kg/m³) dans le tiers restant.

Solution :

a) $p = \varpi h = \rho g h = 1\,000 \times 9{,}8 \times 2 = 19\,600$ N/m² $= 19{,}6$ kPa $= 2$ m (c.c)

$I = \rho g h S = 1\,000 \times 9{,}8 \times 2 \times 0{,}5 = 0{,}5 = 9\,800$ N $= 9{,}8$ kN.

b) $p = \varpi_1 h + \varpi_2 (h_2 - h_1) = 800 \times 9{,}8 \times 2 \times 1/3 + 1\,000 \times 9{,}8 \times 2 \times 2/3 =$
$= 18\,293$ N/m² $= 18{,}293$ kPa $= 1{,}83$ m (c.c).

$I = 18\,293 \times 0{,}5 = 9\,147$ N $= 9{,}147$ kN.

2 – Un carré de 0,20 m de côté est placé sur le côté d'un réservoir, incliné à 45°. La profondeur du centre de gravité est $y = 1{,}5$ m. Déterminer I et la profondeur de son point d'application.

Solution :

$I = 1\,000 \times 9{,}8 \times 1{,}5 \times 0{,}04 \approx 600$ N

$$x = 1{,}5 + \frac{0{,}2^2}{12} \times \left(\frac{\sqrt{2}}{2}\right)^2 \times \frac{1}{1{,}5} = 1{,}501 \text{ m.}$$

(1) La détermination du point d'application de forces parallèles est un problème qui est traité dans la statique, c'est pourquoi nous ne pensons pas qu'il soit nécessaire d'en faire ici la démonstration.

3.5 - Résultante des pressions sur les surfaces rectangulaires ayant deux côtés horizontaux

Dans le cas des surfaces rectangulaires verticales avec deux côtés horizontaux, la distribution des pressions peut être représentée, graphiquement, comme indiqué sur la figure 3.5. La pression totale sur une tranche de largeur unitaire est :

$$I = \varpi \frac{h_2^2 - h_1^2}{2} \tag{3.11}$$

$$= \varpi a \frac{h_2 + h_1}{2}$$

équivalente à la superficie du trapèze *ABCD*. Dans le cas où $h_1 = 0$, on a :

$$I = \varpi \frac{h_2^2}{2} \tag{3.11a}$$

La résultante des pressions passe par le centre de gravité *G* du trapèze, qui a été déterminé, graphiquement, sur la même figure(1). Le point d'application est situé en *R*.

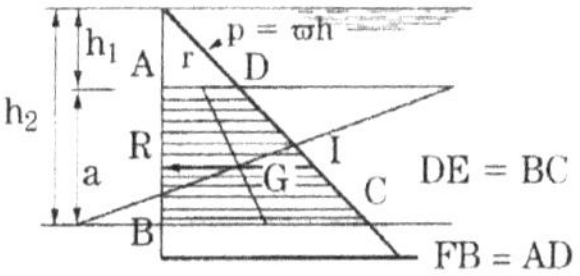

Fig. 3.5

Si l'on veut diviser la surface en un certain nombre de zones telles que la résultante des pressions sur chacune d'elles soit égale, il suffit de diviser en parties égales la superficie du diagramme qui représente les pressions. La figure 3.6 indique la manière graphique d'effectuer la division, dans l'hypothèse d'une vanne de hauteur *h*, soumise à la poussée de l'eau [**3**].

À cet effet, on divise la hauteur *h* en parties égales (dans le cas présent 6) au moyen des points 1, 2… 6 ; on trace la demi-circonférence de diamètre *OB* ; par 1, 2… 6, on fait passer des horizontales qui coupent la demi-circonférence en 1', 2',… 6' ; en prenant *0* pour centre, on obtient des points I, II … VI, qui réalisent la division de la vanne en six zones d'égale poussée.

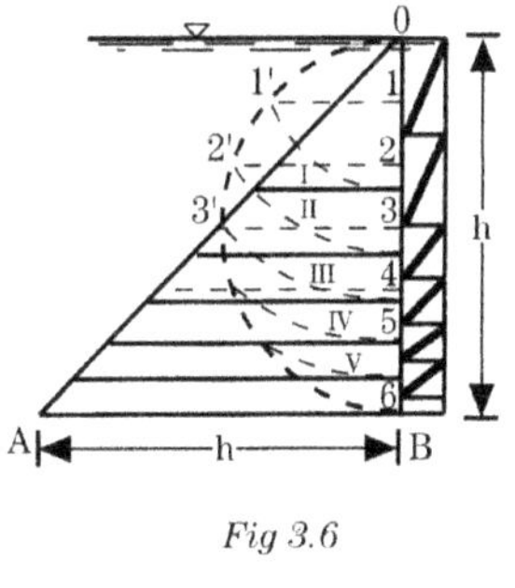

Fig 3.6

(1) Soit *E'* le milieu de *AD* et *F'* le milieu de *BC* ; traçons le segment *E' F'*. Prolongeons le côté *AD* d'une longueur *DE* = *BC* et le côté *CB* d'une longueur *BF* = *AD* ; traçons *EF*. Le point où *EF* coupe *E'F'* est le centre de gravité *G*.

Si la surface rectangulaire est inclinée de θ, par rapport à la verticale, la résultante I est toujours représentée par l'aire du trapèze $ABCD$ et passe par son centre de gravité (fig. 3.7b). La composante horizontale $\vec{P}_H$ est représentée par le trapèze $A'B'C'D'$ et la composante verticale $\vec{P}_V$, par le trapèze $AB\,C''D''$ (fig. 3.7a). On aura alors :

$$I = \varpi\,\frac{h_2^2 - h_1^2}{2} = \varpi a\,\frac{h_1 + h_2}{2} \tag{3.11b}$$

$$I_V = I \sin\theta \qquad I_H = I\cos\theta \tag{3.12}$$

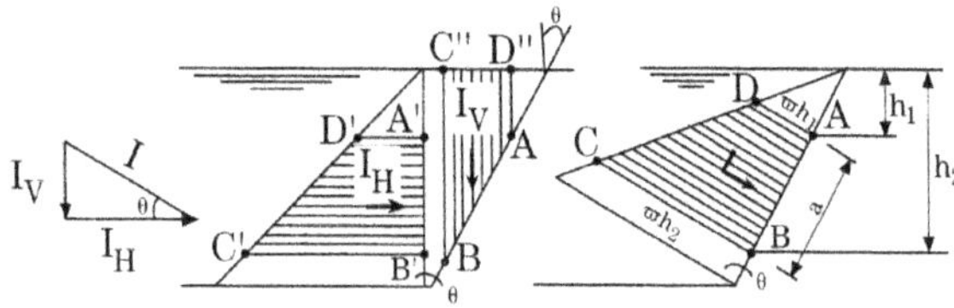

Fig. 3.7

3.6 - Poussée sur des corps immergés : principe d'Archimède

Appliquons le théorème d'Euler (voir éq. 2.54) à un volume, e, limité par une surface S, à l'intérieur d'un liquide en repos. La résultante **Π** des pressions sur cette surface, soit la poussée **P** sera donnée par :

$$\mathbf{P} = -\,\mathbf{G} \tag{3.13}$$

Cette expression traduit le *principe d'Archimède*[1], suivant lequel tout corps de volume e plongé dans un fluide en repos, subit une poussée de bas en haut égale au poids du même volume de fluide.

3.7 - Résultantes des pressions sur des surfaces courbes

Dans le cas d'une surface courbe quelconque qui limite un volume e, la résultante des pressions est déterminée, comme on l'a vu, par l'application directe du principe d'Archimède.

Si la surface n'est pas fermée, c'est-à-dire si elle ne limite pas un volume, il n'y aura pas, en général, de résultante, mais bien une *force résultante* et un *couple résultant*. Du point de vue pratique, on détermine les résultantes des composantes verticales et horizontales des pressions qui, en général, ne sont pas sur le même plan, et donnent par conséquent origine, comme nous l'avons dit, à une force résultante et à un couple résultant.

Toujours d'après le théorème d'Euler, on conclut facilement que la somme des composantes de direction *verticale* des pressions exercées sur

(1) Archimède (287-212 av. J.C.)

une surface S (voir fig. 3.8) est égale au poids du liquide contenu dans le volume limité par la surface libre, par la surface S et par la surface cylindrique à génératrices verticales qui s'applique sur le contour c qui limite la surface S. Ce volume étant e, on aura :

$$P_V = \varpi e \tag{3.14}$$

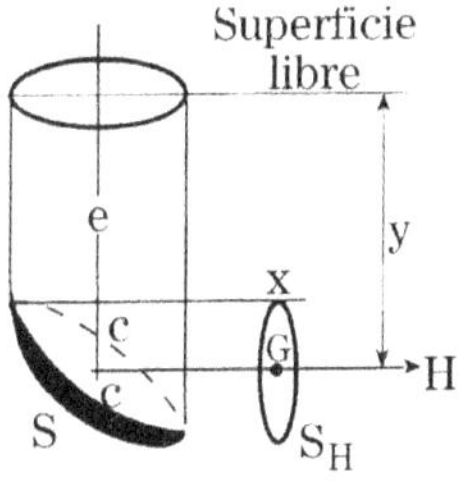

Fig. 3.8

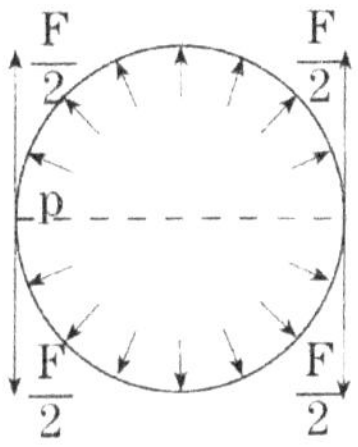

Fig. 3.9

La somme des composantes de direction *horizontale* H, des pressions exercées sur la surface S, est obtenue de la manière suivante : soit un cylindre à génératrices horizontales de direction H qui s'appuie sur le contour c de S ; considérons une section droite S_H de ce cylindre. Si y est la profondeur du centre de gravité G de S_H par rapport à la surface libre, on aura :

$$I_H = \varpi y S_H \tag{3.15}$$

Considérons sur le plan horizontal deux axes ox et oy et désignons par oz l'axe vertical, de manière que les trois axes définissent un trièdre trirectangle. Les composants P_x, P_y et P_z de la force **P**, résultant des pressions, sont déterminées comme il est indiqué ci-dessus. Soit (y_1, z_1), (x_2, z_2) et (x_3, y_3) les coordonnées qui définissent les lignes d'action, respectivement, de I_x, I_y, I_z. Le couple résultant **B** peut être décomposé en trois couples, B_x, B_y, B_z, dont les axes sont parallèles aux axes des coordonnées, et tels que :

$$B_x = I_y z_2 - I_z y_3 ; \qquad B_y = I_z x_3 - I_x z_1 ; \qquad B_z = I_x y_1 - I_y x_2.$$

On aura également : $I = \sqrt{I_x^2 + I_y^2 + I_z^2} \qquad B = \sqrt{B_x^2 + B_y^2 + B_z^2}$

La force résultante **P** et le coupe résultant **B** forment entre eux un angle $\varnothing$, tel que :

$$\cos \varnothing = \frac{I_x B_x + I_y B_y + I_z B_z}{IB} \tag{3.16}$$

Dans le cas de surfaces sphériques ou cylindriques de révolution, il y a une résultante des pressions qui passe par le centre de la sphère ou par l'axe de révolution du cylindre. Dans l'hypothèse d'un cylindre de révolution de diamètre d et de longueur unitaire, soumis à des pressions uniformes, p, intérieures ou extérieures (fig. 3.9), la résultante des pressions est nulle, par suite de leur symétrie. La force F de traction ou de compression qui s'exerce par unité de longueur sur une section longitudinale est $F = pd$.

3.8 - Exemples

1 – Une vanne cylindrique creuse et imperméable, de 10 mètres de longueur et de 2 mètres de rayon, appuyée sur une base AB, sépare deux biefs. Les niveaux amont et aval sont indiqués sur la figure 3.10. La vanne est appuyée par les extrémités de son axe sur deux piliers et leur transmet un effort horizontal, dont on désire connaître la valeur. On se propose de déterminer également le poids minimum que devra avoir la vanne de façon qu'elle ne soit pas soulevée par la poussée hydrostatique, dans les conditions indiquées. On admet que ce déplacement est possible et que le frottement correspondant est négligeable.

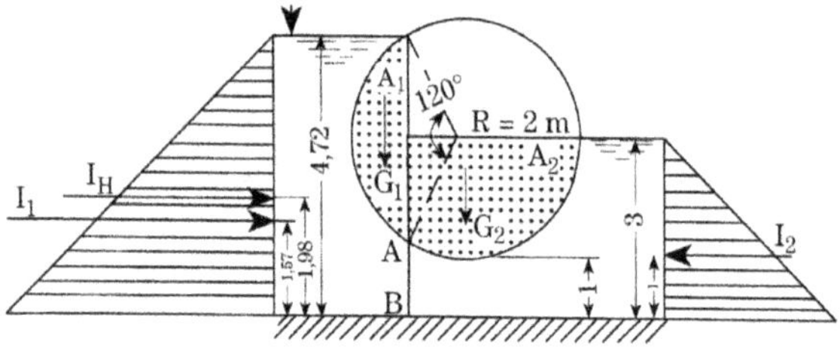

Fig. 3.10

Solution :

La poussée sur les piliers est la composante horizontale de la poussée totale sur la vanne, qui, de son côté, est la différence entre les deux poussées, I_1 et I_2. On aura donc, en prenant $\varpi = 10\ 000\ \mathrm{N/m^3}$;

$$I_1 = \varpi \frac{h_1^2}{2} L = 10^5 . \frac{4{,}72^2}{2} . 10 = 1114 \text{ kN}$$

$$I_2 = \varpi \frac{h_2^2}{2} L = 10^5 . \frac{3^2}{2} . 10 = 450 \text{ kN}$$

$$I_H = I_1 - I_2 = 664 \text{ kN}$$

La position de I_H est obtenue en prenant les moments par rapport au point B :

$I_1 . d_1 + I_2 . d_2 = I_H . d$ avec $d_1 = 1{,}57$ et $d_2 = 1$ d'où $d = 1{,}96$ m

Pour que la vanne ne flotte pas, son poids minimum doit être égal à la composante verticale de la poussée. Cette composante est égale au poids du liquide $G = G_1 + G_2$, contenu dans les aires hachurées, A_1 et A_2, respectivement :

$$G_1 = \varpi \frac{R^2}{2} L \left(2 \cdot \frac{\pi}{3} - \sin \frac{\pi}{3}\right) \approx 241 \text{ kN}$$

$$G_2 = \varpi \frac{\pi}{2} \mathrm{R^2 L} - \frac{G_1}{2} . 10 \approx 496 \text{ kN} \qquad \text{d'où} \qquad G = 737 \text{ kN}$$

2 – Déterminer la poussée verticale qui s'exerce sur la demi-sphère de rayon r de la figure 3.11.

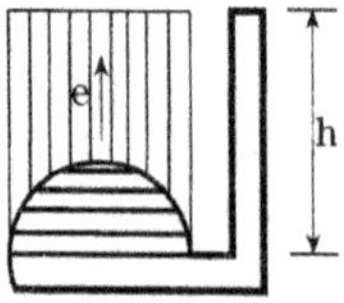

Fig. 3.11

Solution : La poussée verticale, dirigée de bas en haut, est égale au poids de l'eau contenue dans le volume e :

$$I_V = \pi R^2 h - \frac{1}{2}\frac{4}{3}\pi R^3$$

3 – Déterminer la poussée sur la surface S indiquée sur la figure 3.12.

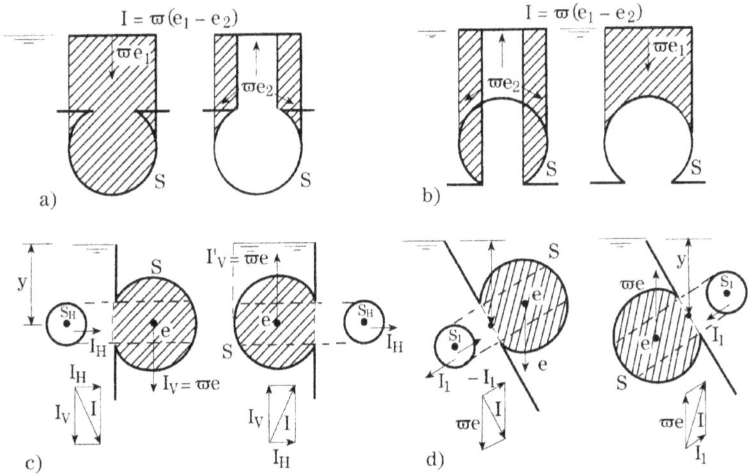

Fig. 3.12

Solution :

Dans les cas a) et b)

$$I_V = \varpi(e_1 - e_2)$$
$$I_H = 0 \qquad (3.17)$$
$$I = I_V$$

La ligne d'action de I passe par le centre de gravité du volume $e = e_1 - e_2$.

Dans le cas c)

$$I_V = \varpi e$$
$$I_H = \varpi y S_H \qquad (3.17a)$$

La ligne d'action de I_H est à une distance x de la surface libre, donnée par les formules du n° 3.3.

La ligne d'action I_V passe par le centre de gravité du volume e. Dans le cas général, il y aura également un moment résultant, facile à calculer, étant donné que l'on connaît les points d'applications de I_V et I_H.

Dans le cas d) on peut faire des raisonnements identiques aux précédents et déterminer I_V et I_H. On peut également raisonner de la manière suivante :

La poussée totale sur toute la surface $S + S_1$, qui limite le volume e, si celui-ci était totalement immergé, serait, conformément au principe d'Archimède, égale à ϖe, dirigée vers le haut, dans le cas où le fluide est extérieur au volume (cas courant) ; dirigée vers le bas, dans le cas contraire.

On aura également, vectoriellement :

$$\overline{\varpi e} = I + I_1 \tag{3.17b}$$

où I et I_1 sont les poussées sur les surfaces S et S_1, respectivement.

D'autre part, on peut calculer I_1, d'après les indications du n° 2.3.

$$I_1 = \varpi y S_1 \tag{3.17c}$$

On a alors, vectoriellement :

$$I = \overline{\varpi e} + I_1 \tag{3.17d}$$

On pourrait également appliquer un raisonnement identique, dans les cas a), b) et c).

3.9 - Équilibre d'un liquide soumis à d'autres champs de forces outre celui de la gravité

Dans ces cas, il faut appliquer l'équation fondamentale 3.1 :

$$\rho\,(\mathbf{F} - \frac{d\mathbf{V}}{dt}) = \text{grad}\, p$$

de la manière indiquée ci-dessous.

Exemples

1 – Considérons un récipient en mouvement, avec une accélération $\frac{d\mathbf{V}}{dt} = \mathbf{a}$, le long d'un plan incliné qui fait avec l'horizontale un angle α, comme le montre la figure 3.13.

On aura :

$$\rho\,(\mathbf{g} - \mathbf{a}) = \text{grad}\, p \tag{3.18}$$

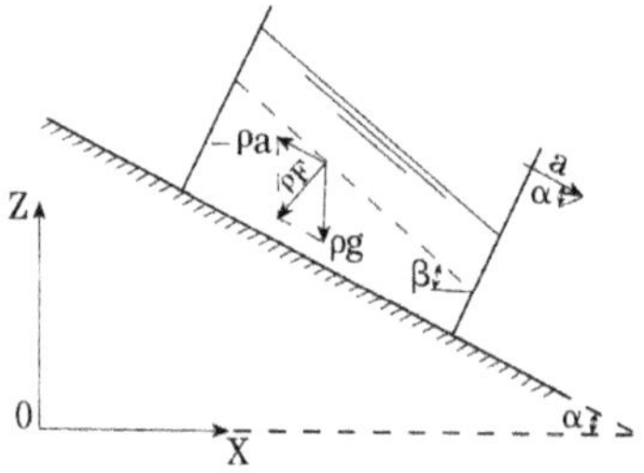

Fig. 3.13

Les équations d'équilibre seront, en coordonnées cartésiennes :

$$\begin{cases} -\rho\, a \cos\alpha = \dfrac{\partial p}{\partial x} \\ -\rho\, g + \rho\, a \sin\alpha = \dfrac{\partial p}{\partial z} \end{cases} \tag{3.18a}$$

Étant donné que :

$$dp = \frac{\partial p}{\partial x}\, dx + \frac{\partial p}{\partial z}\, dz \tag{3.19}$$

les surfaces isobares d'équation $dp = 0$ s'écriront, sous la forme différentielle :

$$-\rho\, a \cos\alpha\, dx - \rho\,(g - a \sin\alpha)\, dz = 0 \tag{3.19a}$$

formule qui, intégrée, donnera :

$$-a.\cos\alpha.\, x - (g - a\sin\alpha).\, z = \text{constante} \tag{3.19b}$$

d'où :

$$z = -\frac{a \cos \alpha}{g - a \sin \alpha} x + \text{constante} \tag{3.19c}$$

Ces surfaces forment avec l'horizontale un angle β, défini par :

$$\text{tg } \beta = \frac{a \cos \alpha}{g - a \sin \alpha} \tag{3.20}$$

Si le mouvement est uniforme, on a $a = 0$, tg $\beta = 0$ et $\beta = 0$, ce qui signifie que la surface libre est horizontale.

2 – Considérons un récipient cylindrique animé d'un mouvement de rotation uniforme, ω, autour d'un axe vertical z, comme le montre la figure 3.14.

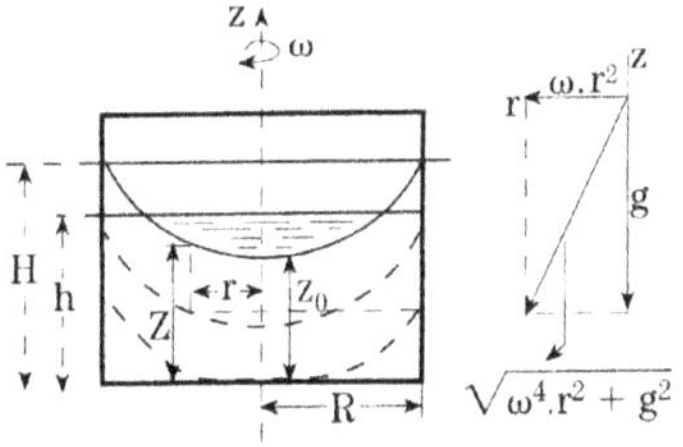

Fig. 3.14

Chaque particule est soumise à son propre poids et à la force centrifuge. On aura alors, par unité de volume :

$$\rho\,(\mathbf{g} + \omega^2\,\mathbf{r}) = \text{grad } p \tag{3.21}$$

Considérant un système d'axes, or et oz, liés au récipient, et projetant cette force suivant ces axes, nous aurons :

$$F_r = +\,\rho\,\omega^2 r \qquad F_z = -\,\rho\,g \tag{3.21a}$$

Les équations d'équilibre seront :

$$\frac{\partial p}{\partial x} = \rho\,\omega^2 r \qquad \frac{\partial p}{\partial z} = -\,\rho\,g \tag{3.22}$$

Comme :

$$\text{d}p = \frac{\partial p}{\partial r}\,\text{d}r + \frac{\partial p}{\partial z}\,\text{d}z$$

$$\text{d}p = \rho\,\omega^2 r\,\text{d}r - \rho\,g\,\text{d}z \tag{3.23}$$

La pression en un point s'écrit :

$$p = \rho\,\omega^2\,\frac{r^2}{2} - \rho\,gz + \text{constante} \tag{3.23a}$$

et les surfaces isobares :

$$\rho\,\omega^2\,\frac{r^2}{2} - \rho\,gz = \text{constante} \tag{3.24}$$

$$z = \frac{\omega^2}{2g}\,r^2 + \text{constante} \tag{3.24a}$$

qui sont des paraboloïdes de révolution, ayant pour axe l'axe de rotation.

3.10 - Équilibre des corps flottants

a) *Définitions*

Comme on l'a vu, d'après le principe d'Archimède, tout corps plongé dans un fluide subit une poussée dirigée de bas en haut, égale au poids du volume de fluide déplacé. Quand cette poussée est supérieure au poids du corps, celui-ci flotte.

On appelle *plan de flottaison* tout plan capable de délimiter dans le flotteur un volume tel que le poids d'un volume égal de liquide soit égal au poids total du flotteur. La *section de flottaison* est la section produite dans le flotteur par un plan de flottaison quelconque. La *carène* est le volume détaché du flotteur par le plan de flottaison. Le centre de carène est le centre de gravité de la carène. Les *sections isocarènes* sont les sections qui déterminent des volumes égaux de carènes. La *surface des centres de carène, Sc*, est le lieu géométrique des centres de carène. Tout plan tangent, en un point, à la surface des centres de carène est parallèle au plan de flottaison correspondant.

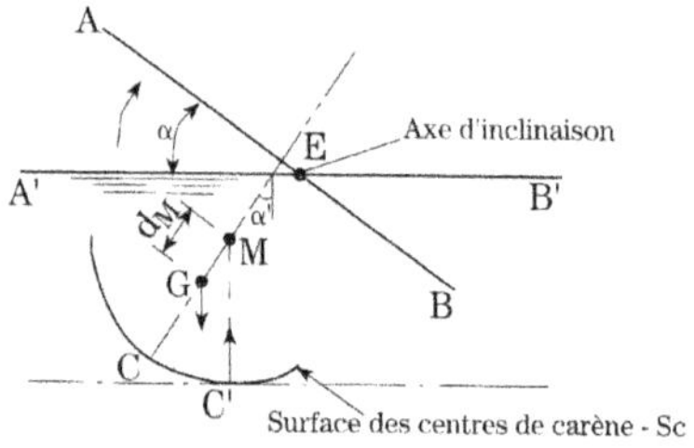

Fig. 3.15

Considérons une position d'équilibre déterminée (fig. 3.15) (stable ou instable), où le plan de flottaison est AB, et supposons que le corps flottant a subi un léger déplacement par rapport à cette position, de manière que le nouveau plan de flottaison soit $A'B'$. L'intersection des deux plans de flottaison, AB et $A'B'$, s'appelle axe *d'inclinaison.* Le centre de gravité, G, du corps flottant, se déplace avec lui ; le centre de carène qui se trouvait en C se déplace vers C', toujours sur la surface des centres de carène Sc. Soit M le point de rencontre des deux perpendiculaires à la surface des centres de carène en C et C'. La position limite de M, quand le déplacement est infinitésimal, s'appelle le *métacentre* relatif à la position d'équilibre de référence ; en géométrie différentielle, ce métacentre est le centre de courbure de la surface Sc, au point C.

La distance $d_M = \overline{MG}$, entre le centre de gravité G du corps flottant et le métacentre M, s'appelle *distance métacentrique.*

La distance $\overline{MC}$, entre le métacentre et le centre de carène relatif à un plan de flottaison donné, AB, s'appelle *hauteur métacentrique ;* elle est donnée par $\overline{MC} = I_F / e_c$ où I_F est le moment d'inertie de la section de flottaison par rapport à un axe d'inclinaison qui passe par le centre de gravité de la section de flottaison ; e_c est le volume de carène(1).

(1) La hauteur métacentrique, $\overline{MC}$, ainsi définie, se rapporte à un déplacement infinitésimal. Pour un écart, non infinitésimal, on aura :

$$\overline{MC} = \frac{I_F}{e_c} \cdot \frac{1}{\cos \alpha} \approx \frac{I_F}{e_c} \left(1 + \frac{\alpha^2}{2}\right) \qquad (3.25a)$$

La distance $\overline{MC}$, pour un angle non infinitésimal, est toujours supérieure à I_F / e_c.

Pour $\alpha = 5°$, la différence est d'environ 0,4 % ; pour $\alpha = 10°$, la différence est de 1,5 %, et pour $\alpha = 15°$, la différence est d'environ 3,5%.

b) *Conditions de stabilité pour de petites oscillations*

La distance métacentrique sera donc :

$$d_M = \overline{MG} = \overline{MC} - \overline{GC} = \frac{I_F}{e_c} \pm \delta \quad (3.25)$$

où δ est la distance, $\overline{GC}$, entre le centre de gravité et le centre de carène.

Quand $d_M > 0$, c'est-à-dire, $\overline{MC} > \overline{GC}$, l'équilibre est *stable*.
Quand $d_M < 0$, c'est-à-dire, $\overline{MC} < \overline{GC}$, l'équilibre est *instable*.
Quand $d_M = 0$, c'est-à-dire, $\overline{MC} = \overline{GC}$, l'équilibre est *indifférent*.

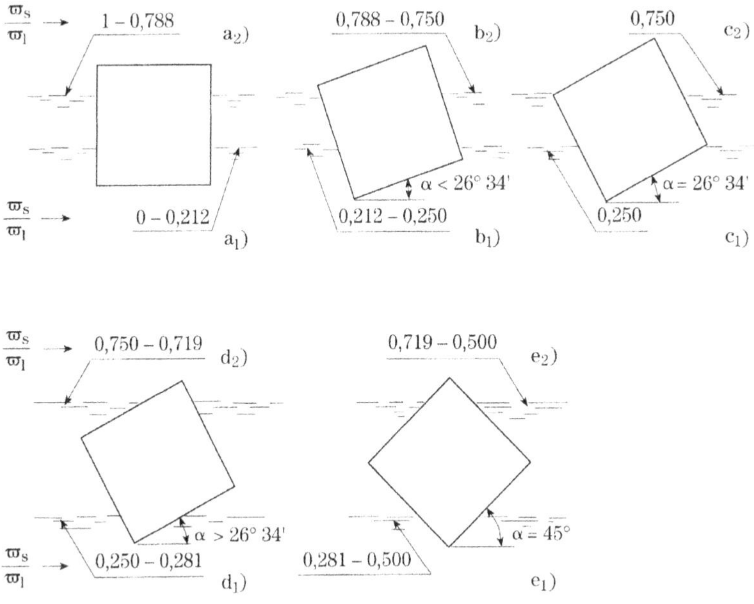

Fig. 3.16

La figure 3.16 montre la position d'équilibre stable pour des prismes de solides de diverses densités [**2**]. Par exemple, sur la figure 3.16b, la relation des poids spécifiques, $\overline{\omega}_s$ du solide, et ϖ_l du liquide, varie entre 0,212 et 0,250, le plan de flottaison correspond à la situation b_1 ; si la variation est entre 0,788 et 0,75, le plan de flottaison correspond à la position b_2.

La période des petites oscillations sera :

$$T = 2\pi \sqrt{\frac{k^2}{g d_n}} \quad (3.26)$$

où k est le rayon de giration du corps flottant, par rapport à l'axe d'inclinaison.

c) *Stabilité statique pour de grandes oscillations* – Dans le cas de grandes oscillations, il est intéressant de connaître l'angle α d'inclinaison maximum, sans danger que le corps flottant ne chavire. Pour une valeur α, le couple stabilisateur est donné par :

$$C = G d_M \sin \alpha \quad (3.27)$$

où G est le poids du corps flottant et d_M la distance métacentrique.

La variation de C, en fonction de α, est représentée qualitativement par la figure 3.17 a, qui est une caractéristique des corps flottants. La valeur maximale de l'angle d'inclinaison α_m qui peut être appliquée au corps flottant, lentement, de manière qu'on puisse négliger les effets de l'inertie, correspond à la valeur maximale du moment stabilisateur C_m.

Pour des valeurs supérieures, le corps “chavirera”.

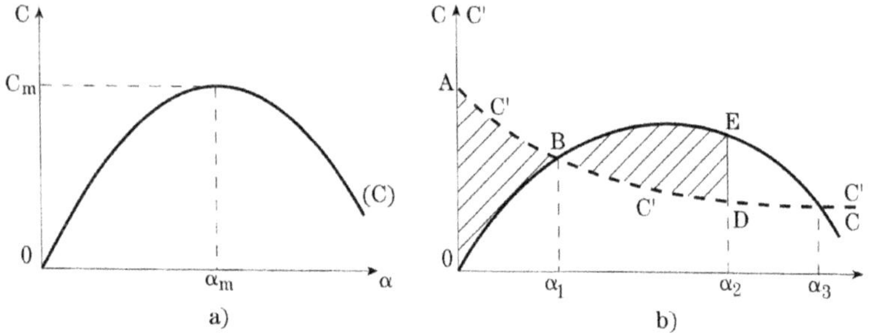

Fig. 3.17

d) *Stabilité dynamique* – Admettons que l'on applique au corps flottant un moment déstabilisateur C', qui varie légèrement avec α, comme cela peut arriver par un coup de vent, par exemple (courbe C' de la figure 3.17b).

Le corps flottant s'incline jusqu'à atteindre un angle α_1, tel que le moment déstabilisateur C' est égal au moment stabilisateur C. Jusqu'à ce qu'il atteigne l'angle α_1, le corps sera soumis à un moment $C' - C$ qui produira, pour chaque variation angulaire, $d\alpha$, le travail :

$$(C' - C)\, dx \tag{3.28}$$

Ainsi, l'aire de la figure 3.17b comprise entre OAB, représente l'énergie cinétique du flotteur, du moment que l'on néglige les pertes par frottement.

À partir de α_1, le corps, par suite de l'énergie cinétique acquise, continue à s'incliner et est soumis à un mouvement stabilisateur $C - C'$. Si nous continuons à négliger les pertes par frottement, ce moment stabilisateur devra réaliser un travail de freinage, égal à l'énergie cinétique acquise en α_1. C'est ce qui se produit à l'angle α_2, tel que l'aire BDE est égale à l'aire OAB.

Pour que le corps puisse revenir à l'équilibre, il est indispensable que $\alpha_2 < \alpha_3$; en effet, à partir de cet angle, le moment déstabilisateur C' est de nouveau supérieur au moment stabilisateur C.

Sur l'équilibre des corps flottants contenant des liquides, voir [**2**].

BIBLIOGRAPHIE

1 – BOUASSE, H. - *Hydrostatique*, Delagrave 1923.

2 – PUPPINI, V. - *Idraulica*, - N. Zanichelli (Bologna), 1947.

3 – SCIMENI, E. - *Compendio di Idraulica*, G. Randi (Padova), 1952.

4 – COMOLET, R. - *Mécanique Expérimentale des Fluides*, Tome I. Masson et Cie, Éditeurs, 1961.

5 – CARLIER, M. - *Hydraulique générale et appliquée*, Eyrolles, Paris, 1972.

CHAPITRE QUATRE

ÉCOULEMENTS EN CHARGE. RÉGIME PERMANENT

A - PERTES DE CHARGE LINÉAIRES

4.1 - Expression générale

Comme nous l'avons vu dans l'analyse dimensionnelle (exemple n° 1.20), les écoulements en charge, dans les conduites circulaires rectilignes, sont régis par une équation (1.22c) :

$$\Delta H = \lambda \frac{L}{D} \frac{U^2}{2g} \tag{4.1}$$

où :

– ΔH est la *perte de charge*, ou la perte d'énergie, mesurée en hauteur de liquide par unité de poids écoulé ;

– λ, que l'on appelle *coefficient de perte de charge* ou *facteur de résistance*, est sans dimension et fonction du nombre de Reynolds, $\mathbf{R}_e$, et de la *rugosité relative*, $\frac{\epsilon}{D}$, où ϵ est la mesure de la *rugosité* absolue de la conduite (voir n° 4.4) ;

– D est le *diamètre hydraulique* de la section qui, dans le cas de conduites circulaires, coïncide avec le diamètre géométrique d[1] ;

– L est la longueur de la conduite.

La perte de charge dans une conduite de longueur unitaire, ou *perte de charge linéaire*, sera représentée par i, soit :

$$i = \frac{\Delta H}{L} = \lambda \frac{U^2}{2gD}. \tag{4.2}$$

Ainsi, i représente la *perte de charge par unité de poids écoulé et par unité de longueur de la conduite*, et est sans dimension.

L'expression précédente peut encore s'écrire sous la forme :

$$i = a\,Q^2 \tag{4.3}$$

où :

$$a = \lambda \frac{1}{D} \cdot \frac{1}{2gS^2} \tag{4.3a}$$

---

(1) On aura $D = 4R$, ou R est le rayon hydraulique égal à S / P (voir n° 1.16).

Les dimensions de a sont $L^{-6}\ T^2$. Dans le cas de conduites circulaires, on a, pour D en mètres et Q en m³/s :

$$a = \lambda \frac{8}{\pi^2 g} \frac{1}{D^5} = 0{,}0826\ \lambda\ D^{-5} \tag{4.4}$$

4.2 - Nombre de Reynolds. Mouvement laminaire et mouvement turbulent

Pour déterminer le nombre de Reynolds, il est nécessaire de connaître la viscosité du fluide. Voir à cet effet les tables n° 10, 11, 13 et 17.

L'abaque 31 nous donne les valeurs de $\mathbf{R}_e$ pour divers liquides et pour diverses valeurs de *UD*.

Pour des valeurs de $\mathbf{R}_e$ inférieures à 2 500 environ, l'écoulement est laminaire. Pour des valeurs supérieures, l'écoulement cesse, en général, d'être laminaire (voir n° 2.2)[1].

L'écoulement de l'eau est rarement laminaire. En effet, à 15°C, la viscosité cinématique est $\upsilon = 1{,}15 \times 10^{-6}$ m²/s ; dans ces conditions, $\mathbf{R}_e$ sera plus grand que 2 500, toutes les fois que :

$$U > \frac{0{,}0028}{D} \tag{4.5}$$

Pour $D = 0{,}1$ m, on a $U > 0{,}028$ m/s ; pour $D = 1{,}0$ m, on aura $U > 0{,}003$ m/s.

Entre le régime laminaire et le régime turbulent existe une zone de transition, dont les caractéristiques varient avec la rugosité de la paroi.

4.3 - Distribution des vitesses. Film laminaire

Pour le cas de *l'écoulement laminaire* en tuyaux, la distribution des vitesses obéit à une loi parabolique. La vitesse est nulle près des parois et maximale au centre. Si le tuyau est circulaire, de rayon r_o, la vitesse V_r, à la distance r du centre sera (n° 2.17) :

$$V_r = 2U\left[1 - \left(\frac{r}{r_o}\right)^2\right] \tag{4.6}$$

où U est la vitesse moyenne. La vitesse maximale sera : $V_M = 2U$ et près de la paroi, on aura, théoriquement :

$$V_{r_0} = 0$$

La distribution des vitesses dans un *écoulement turbulent* varie à chaque instant, par suite de la turbulence ; par conséquent, on ne peut parler que d'une vitesse moyenne dans le temps, en chaque point. Les mouvements transversaux des particules tendent à uniformiser les vitesses ; la différence entre la vitesse moyenne et la vitesse maximale est plus faible qu'en écoulement laminaire.

Comme ordre de grandeur, nous dirons que la vitesse maximale V_M varie entre 1,25 U et 1,10 U.

---

(1) Dans les expériences en laboratoire où l'on a pris toutes les précautions pour éviter toute perturbation, on a déjà obtenu des régimes laminaires pour $\mathbf{R}_e = 70\ 000$, mais ces conditions ne sont pas stables.

Dans les cas courants, pour $\mathbf{R}_e$ entre 2 500 et 4 000, le régime d'écoulement est très instable.

Dans les zones très éloignées du centre, et donc près de la paroi, la vitesse atteint des valeurs de l'ordre de 0,55 V_M à 0,85 V_M.

Cependant, comme on l'a vu au n° 2.31, même en régime turbulent il existe encore, près des parois, une couche, appelée film laminaire, où l'écoulement est laminaire, avec la distribution parabolique des vitesses correspondant au régime laminaire. L'épaisseur du film laminaire varie en sens inverse du nombre de Reynolds ; dans les écoulements hydrauliques, d'une manière générale, cette épaisseur est très faible, de l'ordre de quelques dixièmes de millimètre.

4.4 - Rugosité absolue et rugosité relative

La *rugosité absolue*, ϵ, est donnée par la mesure des rugosités du tuyau. La *rugosité relative* ϵ/D, est le rapport de la rugosité absolue ϵ au diamètre de la conduite D.

Dans la pratique, la rugosité absolue n'est pas uniforme[1], mais on peut la caractériser par une valeur moyenne qui, au point de vue des pertes de charge, correspond à une rugosité uniforme. On a cherché à définir une méthode pour déterminer directement ces valeurs. Cependant, dans l'état actuel de nos connaissances, c'est par des mesures sur les tuyaux et conduites réels que l'on établit la valeur de la rugosité uniforme correspondant à un matériau et à une finition déterminés. La connaissance de ϵ est très importante, surtout pour les grandes conduites en béton, en acier ou en bois (voir la table 32).

– Dans les *conduites en béton*, la valeur de la rugosité absolue dépend essentiellement de la finition, ainsi que de la fréquence et de l'alignement des joints.

– Dans les *conduites métalliques soudées*, la valeur de ϵ dépend, principalement, du type et du mode d'application du revêtement.

– Dans les *conduites métalliques rivées*, le revêtement n'a qu'une importance secondaire ; le facteur principal est le procédé de rivetage : nombre et écartement des files longitudinales et transversales de rivets.

– Dans les *conduites en bois*, c'est surtout l'alignement des joints qui importe.

4.5 - Tuyaux lisses et tuyaux rugueux

Le concept de film laminaire étant établi, lorsque les rugosités des parois sont plus faibles que l'épaisseur de ce film, la nature de ces rugosités n'a pas d'influence sur la turbulence, et l'on dit que l'écoulement a lieu en *tuyau lisse*.

Dans le cas contraire, les irrégularités de la paroi pénètrent dans la région turbulente de l'écoulement, accentuent la turbulence et influent par conséquent sur la perte d'énergie ; on dit alors que l'écoulement a lieu en *tuyaux rugueux*.

---

(1) Dans certaines expériences de laboratoire (Nikuradse, par exemple), la rugosité absolue était uniforme, car on l'obtenait au moyen de grains de diamètre connu, distribués uniformément sur la paroi des tuyaux.

Par conséquent, l'écoulement turbulent pourra s'effectuer en tuyaux lisses – *écoulement turbulent lisse* – ou en tuyaux rugueux – *écoulement turbulent rugueux.*

4.6 - Coefficient de perte de charge λ. Diagramme de Moody

a) *Régime laminaire*

Dans le cas du *régime laminaire*, λ est indépendant de la rugosité relative ; il est uniquement fonction du nombre de Reynolds et est donné par l'expression :

$$\lambda = \frac{64}{\mathbf{R}_e} \tag{4.7}$$

Dans un diagramme logarithmique, cette expression est représentée par une droite, appelée *droite de Poiseuille* (abaque 33).

Si l'on remplace la valeur de λ dans l'équation (4.2), on obtient la formule de Poiseuille, valable pour un fluide quelconque qui, en régime laminaire, s'écoule dans des *tuyaux circulaires* (voir n° 2.17, équation 2.34 f).

$$i = \frac{32}{g}\,\frac{\nu U}{D^2} = 3{,}26\,\frac{\nu U}{D^2} = 4{,}15\,\frac{\nu Q}{D^4} \tag{4.8}$$

Dans le cas de conduites à *sections non circulaires*, on a :

$$i = \frac{\nu U}{\alpha\, gS} \quad \text{ou} \quad U = \frac{\alpha\, gSi}{\nu} \tag{4.9}$$

où α est un coefficient donné, en fonction de la forme de la section, par la table 35.

b) *Régime turbulent en tuyaux lisses* :

Dans le cas du régime turbulent en tuyaux lisses, il existe diverses expressions qui traduisent la valeur de λ.

– *Équation de Karman-Prandtl*[1] *pour tuyaux lisses* :

$$\frac{1}{\sqrt{\lambda}} = 2\log_{10} \mathbf{R}\mathrm{e}\,\sqrt{\lambda} - 0{,}8 \tag{4.10}$$

dont les valeurs se rapprochent beaucoup de celles qui sont données par la formule de *Nikuradse*, que l'on considère comme valable pour $\mathbf{R}\mathrm{e} > 10^5$.

– *Équation de Nikuradse* pour tuyaux lisses et $\mathbf{R}\mathrm{e} > 10^5$:

$$\lambda = \frac{0{,}221}{\mathbf{R}_e^{\,0{,}237}} + 0{,}0032 \tag{4.11}$$

– *Équation de Blasius*, d'une structure sensiblement plus simple :

$$\lambda = \frac{0{,}3164}{\mathbf{R}_e^{\,0{,}25}} \tag{4.12}$$

Durant longtemps, cette équation n'a été considérée comme valable que pour $\mathbf{R}\mathrm{e} < 10^5$.

Cependant, des expériences plus récentes (1972) de Levin[2] sur de nouveaux matériaux extrêmement lisses, tels que polyuréthane, vinyle, araldite, etc, et avec des valeurs élevées de $\mathbf{R}_e$ ($\simeq 10^8$), montrent que les valeurs expérimentales se situent au-dessous des valeurs des formules de Karman-Prandtl et Nikuradse et se situent entre les valeurs données par ces formules et celles données par la formule de Blasius.

(1) Karman, T. (1881-1963).

(2) Levin, L. – Étude hydraulique de huit revêtements intérieurs de conduites forcées – La Houille Blanche, n° 4/1972.

c) *Régime turbulent en tuyaux rugueux*

Pour les *tuyaux rugueux*, nous indiquons, entre autres, la formule de *Karman-Prandtl* (1935), fondée surtout sur des rugosités artificielles, réalisées en laboratoire :

$$\frac{1}{\sqrt{\lambda}} = 2\log_{10}\frac{D}{2\epsilon} + 1{,}74 \qquad (4.13)$$

C'est à *Colebrook* et *White* que l'on doit l'étude systématique de conduites industrielles, à partir de laquelle ils présentent la formule :

$$\frac{1}{\sqrt{\lambda}} = -\log_{10}\left(\frac{\epsilon}{3{,}7D} + \frac{2{,}51}{\mathbf{R}_e\sqrt{\lambda}}\right) \qquad (4.14)$$

d) *Diagramme universel de Moody*

En se fondant sur les expériences de Nikuradse, sur l'analyse mathématique de Prandtl et Karman, sur les observations de Colebrook et White (1939) et sur un grand nombre d'expériences sur les conduites industrielles, Moody a établi un diagramme logarithmique, où λ est donné en fonction du nombre de Reynolds et de la rugosité relative ϵ / D.

Ce diagramme, désigné par *diagramme universel de Moody*, est donné par l'abaque 33, où l'on a fait figurer les résultats des expériences de Levin sur les tuyaux ultra-lisses.

Pour les conduites circulaires, on peut écrire :

$$i = \lambda\, 0{,}0826\,\frac{Q^2}{D^5} = \lambda b \qquad (4.15)$$

où :

$$b = 0{,}0826\,\frac{Q^2}{D^5} \qquad (4.15a)$$

La valeur de b est donnée par l'abaque 34, en fonction de Q et de D. Le diagramme de Moody s'applique à n'importe quel fluide et à n'importe quel type de mouvement. Sa difficulté d'utilisation réside parfois dans la détermination de la valeur de la rugosité absolue, ϵ.

Dans le cas des *conduites non circulaires*, le diamètre hydraulique, D, est affecté d'un facteur de correction, qui peut prendre les valeurs suivantes(1) : section carrée = 1,00 à 1,17 ; section triangulaire équilatérale = 1,30 ; section rectangulaire large ou annulaire étroite = 0,84.

Exemples :

1 – Déterminer la perte de charge linéaire dans une conduite en acier, soudée, peinte avec du bitume. Diamètre de la conduite D = 1 m ; longueur L = 1 000 m. Dans la conduite s'écoule un débit d'eau Q = 0,785 m³/s à 20° C ($\upsilon = 1{,}01 \times 10^{-6}$ m²/s – T.10).

Solution :

On a $S = \pi\frac{D^2}{4} = 0{,}785$ m²

$U = \frac{Q}{S} = 1$ m/s On aura : $U^2/2g = 0{,}051$ m.

$\mathbf{R}_e = \frac{UD}{\nu} = 0{,}99.10^6 \approx 10^7$

(1) Valeur obtenue par Marchi, E. (1967) cité par [**11**].

Sur la table 32, on voit que les valeurs extrêmes de la rugosité absolue sont 0,0003 m et 0,0009 m.

À partir du diagramme de Moody, pour $\mathbf{R}_e = 10^7$ et $\epsilon/D = 0{,}0009$ on aura $\lambda = 0{,}0192$. Et pour $\mathbf{R}_e = 10^7$ et $\epsilon/D = 0{,}0003$, on a $\lambda = 0{,}0157$.

On obtient donc :

$$\Delta H = \lambda \frac{L}{D} \frac{U^2}{2g} = \lambda .\ 1\,000 \cdot 0{,}051 = 51\ \lambda$$

La valeur de ΔH sera comprise entre $0{,}0157 \times 51 = 0{,}80$ m et $0{,}0192 \times 51 = 0{,}98$ m.

Une connaissance plus parfaite de l'état de conservation de la conduite et de la nature du problème à étudier orienterait l'auteur du calcul dans le choix de la valeur la plus adéquate.

2 – Déterminer la perte de charge linéaire dans une conduite de 100 mm de diamètre en acier galvanisé à l'état neuf, pour un débit de 20 l/s de pétrole lampant à 40° C, de densité $\delta = 0{,}813$.

On aura $U = \dfrac{Q}{S} = 2{,}54$ m/s et $UD = 0{,}254 = 2{,}54 \times 10^{-1}$ m²/s. L'abaque 31, pour $T = 40°$ C et $UD = 2{,}54 \times 10^{-1}$, donne $\mathbf{R}_e = 1{,}9 \times 10^{-5}$. (Si l'on veut une plus grande précision, on peut déterminer directement la valeur de $\mathbf{R}_e$ à partir de l'expression $\mathbf{R}_e = \dfrac{UD}{\upsilon}$.)

L'abaque 33, pour $\dfrac{\epsilon}{D} = 0{,}0015 = 1{,}5 \times 10^{-3}$, et $\mathbf{R}_e = 1{,}9 \times 10^{-5}$, donne $\lambda = 0{,}023$.

Pour $U = 2{,}54$ m/s, donne $U^2/2g = 0{,}329$ m.

Alors $i = 0{,}023 \times \dfrac{1}{0{,}1} \times 0{,}329 = 0{,}076$.

4.7 - Formules empiriques

Pour la détermination des pertes de charge linéaires, il existe diverses formules empiriques auxquelles un nombre considérable d'expériences confère une certaine valeur, quand elles sont appliquées dans le domaine dans lequel elles ont été établies. Elles ont en outre l'avantage d'être aisément traduites en tables ou en abaques.

Nous citerons donc les principales.

a) *Formule de Manning-Strickler*

Cette formule, désignée en Amérique par formule de *Manning*(1), et en Europe par formule de *Strickler*, a l'avantage d'être une formule monôme, et par conséquent susceptible de calcul logarithmique.

Elle s'écrit :

$$U = K_s R^{2/3} i^{1/2} \tag{4.16}$$

ou :

$$i = \frac{U^2}{K_s^2 R^{4/3}} \tag{4.16a}$$

(1) Manning, R. (1816-1897).

Cette formule est valable en unités métriques, c'est-à-dire où U est exprimé en mètres par seconde et R, le rayon hydraulique, en mètres(1), car les valeurs de K_s sont d'ordinaire données en unités métriques.

K_s, le coefficient de rugosité, est d'autant plus grand que le tuyau est plus lisse ; ses dimensions sont $[L]^{1/3} [T]^{-1}$.

On peut également écrire :

$$i = bU^2 = aQ^2 \tag{4.16b}$$

En conduites circulaires :

$$b = \frac{6{,}35}{K_s^2 D^{4/3}} \; ; \; a = \frac{10{,}3}{K_s^2 D^{16/3}} \tag{4.17}$$

La table 38 permet la résolution directe de la formule de Strickler. À partir des expressions (4.4) et (4.17), il est facile d'établir la relation entre le coefficient de résistance de Strickler, K_s, et le coefficient de résistance, λ, du diagramme de Moody.

$$\lambda = \frac{124{,}6}{K_s^2} D^{-1/3} \tag{4.18}$$

b) Autres *formules monômes*

Il existe d'autres formules monômes, applicables seulement à un type déterminé de matériau, qui peuvent donner d'excellents résultats. On admet, sauf indication contraire, que le liquide qui s'écoule est de l'eau, à la température ambiante.

Voici quelques-unes de ces formules :

Tuyauteries en fibrociment (*expériences de Scimemi*)

$$U = 64{,}28\, D^{0{,}68}\, i^{0{,}56} \tag{4.19}$$

$$Q = 50{,}50\, D^{2{,}68}\, i^{0{,}56} \tag{4.19a}$$

Tuyauteries en fonte, neuves

$$U = 44{,}16\, D^{0{,}625}\, i^{0{,}535} \tag{4.20}$$

$$Q = 35\, D^{2{,}625}\, i^{0{,}535} \tag{4.20a}$$

Tuyauteries neuves en acier sans soudure (*expériences de Scimemi et Véronèse*)

$$U = 46{,}3\, D^{0{,}59}\, i^{0{,}55} \tag{4.21}$$

$$Q = 36{,}4\, D^{2{,}59}\, i^{0{,}55} \tag{4.21a}$$

Tuyauteries en acier galvanisé

$$U = 66{,}99\, D^{0{,}752}\, i^{0{,}54} \tag{4.22}$$

$$Q = 52{,}6\, D^{2{,}752}\, i^{0{,}54} \tag{4.22a}$$

Tuyauteries en acier soudé ou avec un rivetage simple

$$U = 37{,}92\, D^{0{,}755}\, i^{0{,}53} \tag{4.23}$$

$$Q = 29{,}8\, D^{2{,}755}\, i^{0{,}53} \tag{4.23a}$$

Conduites circulaires en ciment bien lisse

$$U = 42{,}4\, D^{0{,}75}\, i^{0{,}53} \tag{4.24}$$

$$Q = 33{,}3\, D^{2{,}75}\, i^{0{,}53} \tag{4.24a}$$

---

(1) Notons qu'en unités anglo-saxonnes, c'est-à-dire avec U ft/s et R ft, la formule de Manning-Strickler s'écrit ordinairement : $U = 1{,}468\, K_s R^{2/3} i^{1/2}$

Le cœfficient 1,468 permet d'employer pour K_s les mêmes valeurs numériques que celles utilisées avec les unités métriques.

Conduites en plastique

$$U = 75{,}0\, D^{0{,}69}\, i^{0{,}56} \tag{4.25}$$

$$Q = 58{,}9\, D^{2{,}69}\, i^{0{,}56} \tag{4.25a}$$

Les abaques 41 à 47 permettent la résolution facile des formules précédentes.

c) *Formules du type Chézy*

Cette formule, établie d'abord pour l'écoulement en canaux, a été généralisée aux conduites en charge.

Elle s'écrit :

$$U = C\sqrt{Ri} \qquad \text{ou} \qquad i = \frac{U^2}{C^2R} = \frac{Q^2}{C^2RS^2} \tag{4.26}$$

où R est le rayon hydraulique (voir n° 1.16) et C un coefficient expérimental qui a les dimensions $L^{1/2}\,T^{-1}$. On peut écrire aussi $i = aQ^2$, où :

$$a = \frac{1}{C^2RS^2} \tag{4.26a}$$

Le coefficient de résistance, λ, le coefficient de Strickler, K_s, et le coefficient de Chézy, C, sont liés par les expressions :

$$\lambda = \frac{8g}{C^2} \qquad\qquad C = K_S\, R^{1/6} \tag{4.27}$$

Divers expérimentateurs ont donné des expressions de C en fonction du rayon hydraulique R et du coefficient qui caractérise la rugosité des parois de la conduite. Il faut noter que ces expressions s'appliquent seulement à des écoulements d'eau, en régime turbulent rugueux, et que les formules correspondantes doivent être utilisées avec les unités pour lesquelles ces coefficients ont été établis.

À titre d'exemple, nous donnons ci-dessous les expressions proposées par *Bazin* et *Kutter* :

$$\text{Bazin} \qquad C = \frac{87\sqrt{R}}{K_B + \sqrt{R}}$$

$$\text{Kutter} \qquad C = \frac{100\sqrt{R}}{K_K + \sqrt{R}} \tag{4.28}$$

Les constantes K_B et K_K caractérisent la rugosité des parois[(1)] ; elles ont les dimensions $L^{1/2}$. Leurs valeurs sont données, respectivement, par les tables 36 et 37, en unités métriques (R exprimé en mètres et U en mètres par seconde).

d) *Formule de Darcy*

La formule de Darcy, établie pour les conduites en fonte, s'écrit :

$$i = \frac{4}{D}\, bU^2 \tag{4.29}$$

où b, pour les tuyaux en fonte, en service, a la valeur :

$$b = a' + \frac{b'}{D} = 0{,}507\ 10^{-3} + 0{,}01294\ \frac{10^{-3}}{D} \tag{4.29a}$$

Les dimensions de b sont $L^{-1}\,T^2$.

---

(1) Le coefficient de perte de charge, λ, est lié au coefficient de Bazin, K_B, et au coefficient de Kutter, K_K, par la formule :

$$\lambda = 0{,}01037\left(1 + \frac{2K_B}{\sqrt{D}}\right)^2 = 0{,}00785\left(1 + \frac{2K_K}{\sqrt{D}}\right)^2 \tag{4.27a}$$

On a de même :

$$i = a\,Q^2 \tag{4.29b}$$

$$\text{où} \quad a = \frac{64b}{\pi^2 D^5}, \quad \textit{en conduites circulaires} \tag{4.29c}$$

La table 39 donne les valeurs de a, en unités métriques, obtenues à partir de la formule de Darcy.

Pour les conduites neuves, en fonte, on prendra la moitié des valeurs indiquées. Pour les conduites en tôle asphaltée, on prendra le tiers des valeurs indiquées.

La formule de Darcy donne des valeurs de débit, par excès, pour des diamètres inférieurs à 0,10 m, et, par défaut, pour les diamètres supérieurs à 0,80 m. Les valeurs les plus exactes sont celles qui correspondent à la zone de 0,1 à 0,2 m.

4.8 - Comptabilité entre les formules empiriques et le coefficient de perte de charge λ (diagramme de Moody)

La formule 4.18 établit la relation entre λ et le coefficient de Strickler, K_S ; la formule (4.27) entre λ et le coefficient de Chézy, C, donné par l'expression (4.28), en utilisant le coefficient de Bazin, K_B.

Pour la résolution de quelques problèmes pratiques, on peut avoir intérêt à comparer les valeurs de K_B, de K_S et de la rugosité absolue ϵ, auxquelles correspond, pour un diamètre donné, la même valeur du coefficient de perte de charge λ. L'abaque 48a montre les relations qui existent entre les trois coefficients de rugosité. Ainsi, pour une rugosité absolue $\epsilon = 10^{-3}$ m, les valeurs de K_B varient entre 0,1 et 0,2 quand le diamètre varie de 10,0 à 0,5 m. Pour la même variation de diamètre, les valeurs de K_s varient entre 70 et 82.

On voit par là que, en ce qui concerne K_B ou K_S, il faut tenir compte du diamètre de la conduite. En effet, à la même rugosité absolue ϵ, correspondent des rugosités relatives $\epsilon \setminus D$, différentes, et ce sont les rugosités relatives qui déterminent la valeur de λ.

Dans l'abaque 48b, au diagramme de Moody se superposent les formules monômes ; or, on constate que ces formules se rapportent, en règle générale, à des écoulements turbulents[1] de transition, et ce n'est que d'une manière très approximative qu'elles peuvent être ajustées au diagramme de Moody.

4.9 - Écoulements en tuyaux souples

Dans un tuyau souple, la résistance à l'écoulement est fonction non seulement de la rugosité mais encore de la pression absolue, puisque, pour de grandes pressions, étant donné l'élasticité du matériau, le diamètre augmentera de façon appréciable.

On peut admettre la relation suivante entre les variations des pertes de charge et les variations des diamètres, pour quelques types de tuyaux souples et pour de faibles variations de pressions [**3**].

---

(1) Quintela, A. « *Perdas de carga continuas no escoamento de liquidos incompressiveis* ». (Pertes de charge continues dans l'écoulement de liquides incompressibles), en portugais. Revista de Fomento, Lisbonne, 1973.

$$\frac{\Delta i}{i} = -5\,\frac{\Delta D}{D} \tag{4.30}$$

La table 40 donne les valeurs du coefficient C de la formule de Chézy, la valeur du terme $D_i\,/\,U^2$ et la valeur de $\Delta D/D$ et $\Delta i/i$ pour une augmentation de pression de 10 N/cm^2.

Le diamètre D est le diamètre du tuyau, en l'absence de pression. La valeur de C est la valeur du coefficient de Chezy pour ce cas particulier. On peut alors calculer la valeur de i pour un débit Q déterminé ; si la pression augmente de 10 N/cm^2, le diamètre subira une augmentation relative de $\Delta D\,/\,D$ et la valeur de i sera réduite de $\Delta i\,/\,i$.

4.10 - Écoulement des fluides compressibles

Quand on étudie l'écoulement d'un fluide compressible dans une conduite, il faut, en principe, considérer, du point de vue théorique, deux cas extrêmes : la conduite est complètement isolée, thermiquement, et par conséquent il n'y a pas d'échanges de chaleur avec l'extérieur, c'est l'écoulement *adiabatique* ; ou bien la conduite est entièrement perméable à la chaleur, et l'écoulement est *isotherme*, en supposant la température ambiante uniforme.

Au point de vue pratique, on constate que, d'une manière générale, les écoulements d'air et de gaz à usage domestique peuvent être considérés comme isothermes(1) **[9]**.

Cependant, il ne faut pas oublier que la variation de pression influe sur la masse spécifique(2). Ainsi, par suite de la perte de charge au long de la conduite, la pression ira diminuant, et avec elle diminuera également la masse spécifique, ρ (3). D'après l'équation de continuité, le débit, de masse $G = \rho\, US$, se maintient constant ; si S est constant et si ρ diminue, c'est U qui augmente.

Toutefois, le nombre de Reynolds reste pratiquement constant, étant donné que (en conduites circulaires) :

$$\mathbf{R}_e = \frac{D}{v}\,U = \frac{\rho D}{\mu}\,.\,\frac{4G}{\rho\pi D^2} = \frac{4G}{\pi\mu D} \approx \text{constante} \tag{4.31}$$

si l'on néglige les variantes de viscosité $\mu = \rho\,\nu$.

Dans ces conditions, λ reste également constant.

Appliquons l'équation de Bernoulli le long de tronçons élémentaires de conduites, en négligeant les termes z et $V^2\,/\,2g$; on peut ainsi, par tronçons successifs, calculer la perte de charge $\Delta\,(p\,/\,\varpi)$ sur une longueur L. À cet abaissement de pression correspond une diminution du poids spécifique ϖ, et il convient de calculer $\Delta\,(p\,/\,\varpi)$ en appliquant la

---

(1) Supposant l'écoulement adiabatique, on a la relation suivante, pour l'air :

$$T_1 - T_2 \approx \frac{U_2^2 - U_1^2}{2g}\,10^{-2} \tag{4.32}$$

Par conséquent, si la vitesse initiale a la valeur 1 m/s, elle doit augmenter de 44,3 m/s pour qu'il en résulte un abaissement de température de 1 degré. Si, en outre, on tient compte de la chaleur produite par frottement qui, la conduite étant isolée, servira seulement à échauffer le gaz, la différence de température sera encore plus faible, et par conséquent on pourra considérer l'écoulement comme isotherme.

(2) Loi de Boyle-Mariotte, $p_1/\rho_1 = p_2/\rho_2$.

(3) Même dans les conduites très inclinées, le facteur $h = \dfrac{p}{\varpi}$, qui pourrait compenser la diminution de pression, est peu significatif. Ainsi, pour l'air, pour h = 100 m, on a $p\,/\,\varpi$ = 0,13 m (hauteur d'eau).

moyenne de la valeur initiale et de la valeur finale de ϖ. Dans ce cas, il est recommandé d'effectuer le calcul à l'ordinateur.

Si l'écoulement du gaz s'opère à de faibles vitesses et avec une petite baisse de pression , on peut considérer l'énergie thermique de l'écoulement et le poids spécifique comme constants, et les calculs sont alors identiques à ceux des fluides incompressibles.

Le diagramme de Moody est valable pour un fluide quelconque, compressible ou incompressible. Il existe aussi plusieurs formules pratiques pour déterminer les pertes de charge pour différents gaz, notamment l'air et le gaz à usage domestique.

Pour les conduites circulaires en fonte, on pourra utiliser la *formule d'Aubéry* :

Pour l'air :
$$\Delta h = \frac{3347\, Q^{1,85}}{D^{4,92}} \qquad (4.33)$$

Pour le gaz domestique :
$$\Delta h = \frac{1625\, Q^{1,85}}{D^{4,92}} \qquad (4.33a)$$

où Δh est la perte de charge en millimètres d'eau par kilomètre de conduite ; Q est le débit en m^3/heure ; et D le diamètre de la conduite en centimètres.

L'abaque 49 permet de résoudre ces formules. La table 50 est particulièrement indiquée pour le calcul des installations domestiques de distribution de gaz.

4.11 - Vieillissement des conduites

Il est très difficile d'évaluer le vieillissement des conduites, c'est-à-dire l'augmentation de la rugosité, et, en conséquence, la réduction de la capacité de transport de la conduite au bout de T années.

Divers facteurs peuvent intervenir dans l'augmentation de la rugosité d'une conduite, entre autres : les caractéristiques de l'eau, le matériau de la conduite, le type et le mode d'application du revêtement intérieur, le cas échéant, l'action des bactéries ferrugineuses, etc.

D'un point de vue pratique, on peut envisager le phénomène du vieillissement de deux manières : ou bien tenter de l'atténuer ou de l'annuler, en corrigeant les caractéristiques de l'eau à transporter, ou en appliquant un revêtement intérieur approprié ; ou bien surdimensionner la conduite, de manière à pouvoir compenser la réduction de sa capacité de transport. Dans la plupart des cas, sauf, peut-être, quand il s'agit de conduites à usage provisoire, la première solution sera probablement la plus économique. Il importe, par conséquent, pour pouvoir prendre une bonne décision, d'avoir une idée du vieillissement.

La table 51a résume les indications de Colebrook et White[(1)]. Nous signalons les études de Price, dont les résultats sont donnés par l'abaque 51b, valable pour les conduites métalliques, où est indiquée la réduction du

---

(1) Colebrook, C.F. et White, C.M. : The reduction of Carring Capacity of Pipes With Age – *Journal of the Institution of Civil Engineers*, n° 1, 1937-38.

débit en fonction de l'âge des conduites, pour différents types d'eau.

Plus récemment, P. Lamont, se fondant sur de nombreuses expériences, nous donne les indications suivantes pour le calcul du vieillissement :

1 – On détermine l'indice de Langelier, I, qui caractérise le pouvoir incrustant de l'eau :

$$I = pH + \text{Log Ca} + \text{Log Alc} - K - 9{,}3 \qquad (4.34)$$

où Ca est la teneur en calcium exprimée en p.p.m. de Ca^{++} ; Alc est l'alcalinité totale exprimée en p.p.m. de CO_3 Ca ; K est un coefficient fonction de la température et du résidu sec, conformément à la table 52a.

Si l'on ne connaît que pH et Alc, la valeur de I, pourra être calculée, avec une approximation satisfaisante, par la formule :

$$I = pH - pH_s \qquad (4.34a)$$

pH_s étant le pH de saturation obtenu par la table 52b.

2 – L'augmentation de rugosité, α, en mm/an, est donnée par l'équation suivante :

$$\log \frac{\alpha}{K_1} = -\frac{1}{2{,}6} \qquad (4.35)$$

où K_1 est un coefficient qui devra être fondé, autant que possible, sur l'observation de données expérimentales relatives aux conduites du même type existantes et transportant de l'eau dotée des mêmes caractéristiques que l'eau à transporter par la nouvelle conduite.

À défaut de données de ce type, et si l'on présume que la corrosion se maintiendra dans des limites normales, la valeur de K_1 variera entre 0,01 et 0,05 ; on adoptera une valeur comprise entre ces limites, suivant que l'on présume une plus ou moins grande tendance à la corrosion.

S'il y a présomption de forte corrosion, il faudra appliquer des valeurs supérieures, qui pourront atteindre 0,2.

L'abaque 53 permet de résoudre directement la formule (4.35).

De ce qui précède, on conclut qu'il est très difficile, dans l'état actuel de nos connaissances, d'indiquer une méthode sûre pour la prévision de la corrosion.

Les observations de P. Lamont laissent entrevoir que, sauf peut-être pour des eaux particulièrement agressives, *dans les conduites en fonte ou en acier revêtues intérieurement de produits bitumineux appliqués par centrifugation* et dans les *conduites en fibrociment*, les effets de vieillissement ne sont pas apparents. Dans les *conduites en béton*, ainsi que dans les *conduites en fonte ou en acier revêtues intérieurement de mortier de ciment appliqué par centrifugation*, il pourra y avoir une réduction de la capacité de transport ; cependant, cette réduction sera négligeable si l'on a appliqué sur les parois intérieures des conduites de béton, ou sur le mortier de ciment, quelques couches d'un produit bitumineux.

Toutefois, dans la pratique, il faudra admettre, au moment d'élaborer le projet de ces conduites, une réduction de 5 % de la capacité de transport, réduction qu'il sera prudent de porter à 10 %, quand il s'agit d'eaux agressives pour le ciment, et que l'on n'aura pas prévu de protéger par un produit bitumineux.

4.12 - Choix de la formule à employer

Le nombre considérable des formules existantes (il en existe bien d'autres, que nous n'avons pas mentionnées) rend difficile le choix de la formule à utiliser pour résoudre un problème déterminé. Ceci nous a conduit à éliminer tout d'abord un certain nombre de formules anciennes (Prony, Dupuit, Levy, Tutton, etc.), que nous avons remplacées avantageusement par d'autres formules, applicables à des cas plus concrets.

Le choix définitif de la formule appartient essentiellement au projeteur ; suivant la nature du problème, il conviendra, par exemple, d'utiliser des valeurs par défaut ou par excès, de prévoir ou non le vieillissement de la conduite, de fixer le degré de vieillissement à adopter, etc.

Toutefois, nous donnerons quelques orientations de caractère général.

a) Quand il s'agit d'écoulements laminaires, rares dans les calculs hydrauliques ordinaires, mais fréquents dans les problèmes de graissage ou de transport d'huiles très visqueuses, on doit toujours employer les formules de Poiseuille ou, ce qui revient au même, le diagramme de Moody.

b) Dans le cas des conduites de grand diamètre (supérieur à 0,5 m ou à 1 m) et très lisses, il est très probable que le régime ne sera pas complètement turbulent. Dans la pratique, c'est le cas des grandes galeries de dérivation des barrages, des grandes conduites en charge des usines, etc. Dans ces conditions, c'est encore le diagramme de Moody qui donnera les meilleures indications, et qui doit être exclusivement utilisé.

c) S'il s'agit de diamètres de petite dimension et en écoulement turbulent rugueux, le diagramme de Moody peut encore donner de bons résultats. Cependant, il est recommandé de rechercher, parmi les indications données par les différentes formules, celle qui s'adapte le mieux à chaque cas concret. Pour la facilité des calculs, toutes les fois qu'une des formules binômes, dont nous présentons les diagrammes, s'adapte au cas à l'étude, il est recommandé de l'utiliser.

d) Dans l'hypothèse où le même cas peut être étudié par deux formules conduisant à des résultats légèrement différents, l'auteur du projet choisira, suivant son propre critère, et en accord avec tous les facteurs à considérer, la valeur à adopter.

4.13 - Considérations économiques

Considérons, par exemple, un débit à transporter, par pompage, à une distance déterminée. Le choix du diamètre de conduite et, en conséquence, la valeur de la perte de charge, sera orienté, en fin de compte, par des raisons d'ordre économique : on s'efforcera d'obtenir des coûts totaux minimums d'investissement et d'exploitation. Nous nous occupons ci-dessous des conduites élévatoires, étant donné que c'est le cas le plus général qui se présente à l'utilisateur de ce manuel.

Toutefois, les mêmes raisonnements s'appliquent aux conduites forcées des turbines. Dans la plupart des cas, l'influence de la différence des coûts des stations élévatoires est faible, par rapport aux coûts des conduites. Ainsi, tout au moins en une première approximation, nous pouvons nous limiter à considérer seulement les investissements dans les conduites.

Le coût C_c par mètre de conduite dans une unité monétaire choisie peut être exprimé, en fonction du diamètre D, par une équation du type :

$$C_c = C_1 + C_2 D^\alpha \tag{4.36}$$

où C_1, C_2 et α sont des coefficients obtenus à partir de l'analyse du coût total des canalisations terminées, et où est compris le coût des conduites, des accessoires, du montage, de l'ouverture et du remblayage de fossés et de tous les travaux accessoires qui varient avec le diamètre et qui conditionnent les coefficient C_2 et α.

En ce qui concerne la consommation d'énergie, on admet que le pompage, au long de l'année, est effectué en un temps t, en secondes, à un débit constant Q en m³/s. L'énergie dépensée par mètre de conduite et par unité de poids écoulé est i. Au long d'une année, et par mètre de conduite, le coût de l'énergie C_e sera alors, en admettant que le rendement du pompage est η et que le poids spécifique est ϖ :

$$C_e = \frac{\varpi Q t}{\eta} \cdot i \cdot \frac{C_k}{3{,}6 \times 10^6} \tag{4.37}$$

où C_k est le coût du kWh et C_e est exprimé dans les mêmes unités que C_k.

Pour l'eau, on a $\varpi = 9\,800$ N/m³ ; en général, pour de grandes pompes, on peut prendre $\eta = 0{,}75$; si nous représentons par T le temps de pompage journalier, en heures, la dépense annuelle pour l'énergie sera, par simple substitution des unités :

$$C_e = 4{,}77 \times 10^3 \times Q_i\, C_k\, T \tag{4.37a}$$

Il peut arriver que les volumes à transporter augmentent progressivement au long des n années pour lesquelles est projetée l'installation et s'accroissent à un taux constant b. Si T_F est la valeur de T à la fin de la période de n années, le temps de pompage, en l'année j, sera :

$$T_j = \frac{T_F}{(1+b)^{n-j}} \tag{4.37b}$$

Dans ces conditions, la dépense totale d'énergie D_e, par mètre de conduite, au long des n années sera exprimée par :

$$D_e = 4{,}77 \times 10^3 \times Q_i\, C_k\, T_F \sum_{j=1}^{n} \frac{1}{(1+b)^{n-j}} \tag{4.37c}$$

Si l'on procède à l'actualisation des dépenses annuelles d'énergie, en admettant un taux d'actualisation a, la dépense totale d'énergie actualisée au bout de n années sera :

$$D_e = 4{,}77 \times 10^3 \times Q_i\, C_k\, T_F\, K_o \tag{4.37d}$$

$$\text{avec} \quad K_o = \sum_{j=1}^{n} \frac{1}{(1+b)^{n-j}(1+a)^j} \tag{4.37e}$$

$$\text{soit} \quad K_o = \frac{1}{(1+b)^n} \sum_{j=1}^{n} \frac{1}{(1+\delta)^j} \tag{4.37f}$$

$$\text{en posant} \quad \delta = \frac{a-b}{1+b} \tag{4.37g}$$

Le calcul du paramètre K_o ainsi défini sera simple, moyennant l'utilisation des tables financières classiques, ou à partir de l'expression suivante :

$$K_o = \frac{1}{(1+b)^n} \cdot \frac{1}{\delta}\left(1 - \frac{1}{(1+\delta)^n}\right) \tag{4.37h}$$

Le diamètre le plus économique sera celui qui permettra d'obtenir la valeur minimale pour la somme du coût de la conduite et de la dépense totale d'énergie, et peut être exprimé par[1] :

$$\frac{\partial(C_c + D_e)}{\partial D} = 0 \qquad (4.38)$$

soit :

$$C_2\,\alpha\,D^{\alpha-1} + 4{,}77 \cdot 10^3\,Q\,C_k\,T_F\,K_o\,\frac{\partial i}{\partial D} = 0 \qquad (4.38a)$$

En utilisant la formule de Manning-Strickler, l'expression de la perte de la charge unitaire est :

$$i = \left[\frac{3{,}2\,Q}{K_s\,D^{8/3}}\right]^2$$

d'où :

$$\frac{\partial i}{\partial D} = -\,54{,}6\,\frac{Q^2}{K_s^2\,D^{19/3}} \qquad (4.38b)$$

En substituant et résolvant, on obtient :

$$D = K_1\,K_2\,K_3\,Q^{\beta} \qquad (4.39)$$

$$\text{avec } \beta = \frac{3}{5{,}33 + \alpha} \qquad (4.39a)$$

$$K_2 = \left[\frac{2{,}6 \cdot 10^5}{\alpha\,C_2\,K_s}\right]^{\beta/3} \qquad (4.39b)$$

$$K_3 = (C_k\,T_F \cdot 10^{-3})^{\beta/3} \qquad (4.39c)$$

$$K_1 = K_o^{\beta/3} \qquad (4.39d)$$

où :

α, β et K_o sont sans dimensions ; k_s est exprimé en $m^{1/3}/s$; T_F en heures ; C_k en unité monétaire /kWh et C_2 en (10^3 unités monétaires) x $m^{-(\alpha+1)}$.

Les dimensions de K_2 et K_3 sont, respectivement :

$[K_2] = kW^{\beta/3} \cdot s^{\beta}\,m^{1-3\beta} \times (10^3 \text{ unités monétaires})^{-\beta/3}$

$[K_3] = (10^3 \text{ unités monétaires/kW})^{\beta/3}$

Notons que, pour déterminer K_o, il faut choisir la valeur n du nombre d'années de l'horizon du projet. Théoriquement, n dépend lui-même des diverses variables en jeu ; cependant, dans la pratique, on a pu constater que seuls α et a ont une incidence significative sur sa valeur[1].

Le paramètre K_1 dépend explicitement du taux d'actualisation a, du taux de croissance des débits, b, de l'exposant α et du nombre d'années de l'horizon du projet n.

Le paramètre K_2 traduit les caractéristiques des tuyaux : coût, rugosité.

Le paramètre K_3 traduit l'influence du coût de l'énergie et du temps de pompage.

Considérant l'amplitude de variation des paramètres intervenant dans les calculs, les valeurs les plus probables de K se situent entre 0,7 et 1,2, et celles de β entre 0,40 et 0,45.

Dans ces conditions, en une *première approximation*, le diamètre économique pourra être calculé à partir de la formule simplifiée :

$$D \approx 0{,}95\,Q^{0{,}43} \qquad (4.39e)$$

où :

D est exprimé en m et Q en m³/s ; Q est le débit, constant, à transporter,

(1) Dans cette équation on ne tient pas compte de l'influence qu'une seconde conduite, à installer à la fin de l'horizon du projet, (n), peut exercer sur la valeur du diamètre économique de la première conduite. Cependant, on a constaté que cette influence n'a un intérêt pratique que pour la fixation de la valeur de l'horizon du projet.

et est fixé d'après les besoins d'adduction à la fin de l'horizon du projet, n.

En effet, les incertitudes quant aux coûts des conduites et de l'énergie, et même quant aux variations de débit, ne justifient pas, tout au moins dans les cas les plus simples, et au niveau du prédimensionnement, des calculs très rigoureux.

B - PERTES DE CHARGE SINGULIÈRES

4.14 - Expression générale. Longueur équivalente de conduite

Les pertes de charge singulières en régime turbulent peuvent s'écrire sous la forme :

$$\Delta H = K \frac{U^2}{2g} = b\, K\, Q^2 \qquad (4.40)$$

où :

$$b = \frac{1}{2gS} \qquad (4.40a)$$

K est fonction des caractéristiques géométriques, de la rugosité et du nombre de Reynolds.

Dans la plupart des cas, l'influence de la rugosité et du nombre de Reynolds est négligeable.

Pour les *conduites circulaires*, en unités du Système International :

$$b = \frac{16}{2g\pi^2} \cdot \frac{1}{D^4} = 0{,}0826\, D^4 \qquad (4.40b)$$

La valeur de b, pour différents diamètres, est donnée par la table 54.

Il y a parfois avantage à assimiler la perte singulière à une longueur fictive de conduite qui provoque la même perte d'énergie et que l'on désigne par *longueur équivalente de conduite*.

Nous avons vu que la perte en régime turbulent peut toujours s'écrire sous la forme $\Delta H = a\, L\, Q^2$. La longueur fictive sera telle que $aL = bK$, d'où :

$$L = \frac{b}{a} K \qquad (4.41)$$

La table 55 donne la valeur b/a pour différents diamètres, en admettant que a corresponde à un coefficient de rugosité de Strickler $K_s = 75\ m^{1/3}/s$.

Pour des valeurs différentes de K_s, il faut multiplier les valeurs de la table par le facteur $(K_s / 75)^2$, dont la valeur est donnée par la table 55d.

---

(1) Si l'on ne prévoit aucune variation dans les volumes à transporter, autrement dit si b = 0, ce qui pourra être le cas pour des projets d'irrigation, pour des projets industriels, ou même pour l'approvisionnement de petites localités rurales, le choix d'un horizon économique n'a évidemment aucun sens. Dans ces cas, on prendra pour n le nombre d'années de vie utile prévisible pour la conduite projetée. À titre indicatif, nous citons les valeurs usuelles de 40 années pour la vie utile de petites et moyennes conduites, et de 60 années pour les grands adducteurs.

La table 80 donne les valeurs des longueurs équivalentes de conduite pour des accessoires normalisés.

4.15 - Pertes dans les élargissements brusques

Dans le cas d'un élargissement brusque, les pertes de charge sont dues, essentiellement, à la séparation provoquée par un gradient positif de pression résultant de la réduction de vitesse (2.32).

Le calcul des pertes de charge par élargissement brusque, en régime turbulent, est dû à Borda(1), qui a appliqué le théorème de la quantité de mouvement au volume compris entre les sections 1 et 2 (figure 4.1), dans les hypothèses simplifiées suivantes : répartition uniforme de vitesse dans la section 1, autrement dit, coefficient de Coriolis, α, et coefficient de Boussinesq, β, égaux à l'unité (voir 2.23 et 2.26) ; stagnation du liquide dans la zone de séparation ; pertes par frottement, sur les parois, négligeables. Considérant ces hypothèses, on a déduit la formule connue sous le nom de *formule de Borda*.

$$\Delta H = \frac{(U_1 - U_2)^2}{2g} = K\,\frac{U_1^2}{2g} \qquad (4.42)$$

$$\text{avec } K = (1 - \eta)^2 \quad \text{où} \quad \eta = \frac{S_1}{S_2} \qquad (4.43)$$

Postérieurement, Idel'cik, pour tenir compte de la distribution non uniforme de vitesse (α et β différents de 1), a proposé la formule :

$$K = \eta^2 + \alpha - 2\eta\beta \qquad (4.43a)$$

α et β étant, respectivement, les coefficients de Coriolis et de Boussinesq.

Dans le passage brusque d'une conduite dans un réservoir de grande dimension $\eta \approx 0$; on a alors $\Delta H = \alpha\, U^2/2g$, qui équivaut à la perte totale de l'énergie cinétique.

En régime laminaire, avec $\mathbf{R}_e < 10$, et pour $\alpha = \beta = 1$, Karev(2) indique $K = 26 / \mathbf{R}_e$; pour des valeurs de $10 < \mathbf{R}_e < 3\,500$, sont indiquées, pour K, les valeurs de la table 56.

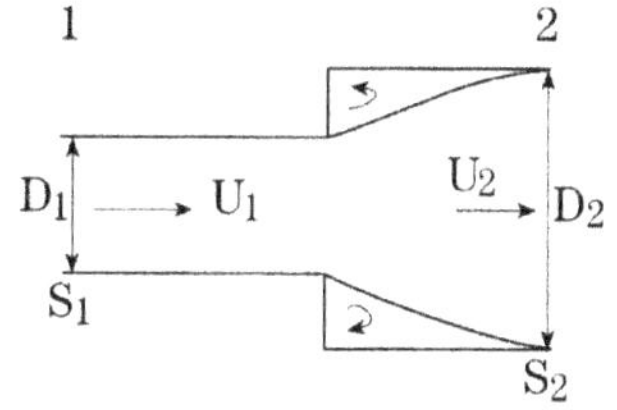

Fig. 4.1

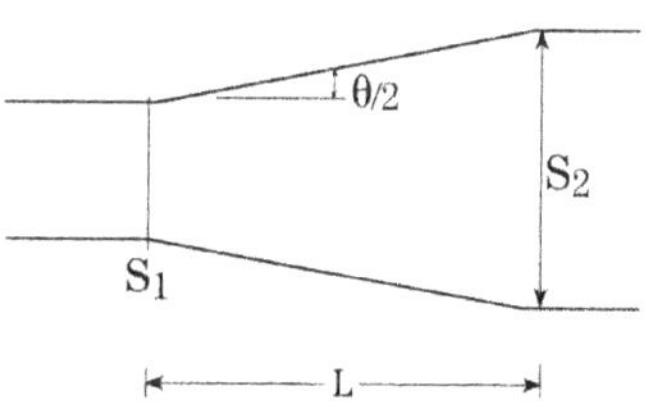

Fig. 4.2

(1) Borda Ch. (1733-1799).
(2) Karev, B. H., cité par [**13**]. Réf. 4.15 (1952).

4.16 - Élargissements progressifs. Diffuseurs

Comme l'on a vu, la perte par élargissement brusque est due surtout à la séparation de la veine. La meilleure manière de réduire ces pertes est d'établir un élargissement progressif, au moyen d'un diffuseur. La perte de charge dans un diffuseur se compose de deux parties : la perte de charge, par frottement, sur les parois du diffuseur ; et la perte de charge inhérente à la forme du diffuseur.

On aura :

$$\Delta H = K_d \, U_1^2 / 2g \tag{4.44}$$

où :

$$K_d = K_f + K_a \tag{4.44a}$$

K_d étant le coefficient de perte de charge totale du diffuseur ; K_f, le coefficient de perte de charge par frottement (voir n°s 4.1 et 4.34), et K_a, le coefficient de perte de charge par élargissement.

Les pertes de charge par élargissement peuvent être déterminées par la formule suivante, due à Idel'cik [**11**] :

$$K_a = \psi \,.\, \varphi \,(1 - \eta)^2 \tag{4.45}$$

Comme on le voit, par rapport à la perte du type Borda représentée par $(1 - \eta)^2$, on introduit un coefficient φ, qui est fonction du plus ou moins grand élargissement du diffuseur, et un coefficient ψ, pour tenir compte de la distribution non uniforme des vitesses.

La table 57 permet de calculer les différents coefficients relatifs aux pertes de charge dans les diffuseurs en tronc de cône (section circulaire), dans les diffuseurs en tronc de pyramide (section rectangulaire) et dans les diffuseurs plans (deux faces parallèles).

Pour passer de la section initiale S_1 à la section finale S_2, les pertes dues à l'élargissement, seront d'autant plus faibles que l'angle d'ouverture du diffuseur sera plus petit, mais, au contraire, les pertes par frottement, le long du diffuseur, seront d'autant plus grandes.

L'angle d'ouverture qui conduit au minimum de perte de charge par élargissement et par frottement est donné par la formule :

$$\theta_{opt} = 0{,}43 \left(-\frac{\lambda}{\psi} \cdot \frac{1+\eta}{1-\eta} \right)^{4/9} \tag{4.46}$$

où λ est le coefficient de résistance (voir n° 4.1).

À titre d'exemple, pour $\lambda = 0{,}015$, $\eta = 0{,}45$ et $\psi = 1{,}0$, nous aurons $\theta_{opt} = 6°$. Cette formule est valable pour les sections rectangulaires. Pour les sections aplaties, l'angle optimal est de 10 à 12°.

Il est évident que l'on ne doit pas seulement tenir compte de la perte de charge minimale, mais encore du coût minimal du diffuseur (coût d'investissement et coût d'exploitation) ; le problème est ici identique à celui du calcul des conduites les plus économiques (voir n° 4.13).

La perte de charge à la sortie d'un diffuseur en milieu indéfini est donnée par la table 58.

Dans le cas d'un angle de très grande ouverture, imposé par les conditions locales, il convient de recourir à des moyens auxiliaires pour réduire les pertes de charge. Un des moyens utilisés est l'aspiration de la couche limite dans la zone de décollement (figure 4.3a), ce qui permet de réduire les pertes de 30 à 50 % ; au lieu de l'aspiration, on peut procéder à une injection de fluide dans la zone de la couche limite, ce qui augmente la vitesse dans cette zone et retarde le décollement (figure 4.3b).

On peut également utiliser des déflecteurs, surtout pour des angles d'une ouverture, θ, supérieure à 90°, rares en hydraulique, mais fréquents dans les systèmes d'aération (figure 4.3c). Pour la pose de ces déflecteurs, consulter [**11**].

Dans le cas des angles de grande ouverture, on peut aussi disposer des parois de séparation, le long du diffuseur (figure 4.3d), ce qui équivaut à remplacer un diffuseur unique, d'un grand angle d'ouverture, par plusieurs diffuseurs, d'angles plus petits.

Ce procédé peut être contre-indiqué pour des angles dont l'ouverture n'est pas très grande ; en effet, en augmentant les parois du diffuseur, on risque d'augmenter les pertes par frottement plus qu'on ne réduit les pertes par élargissement, et en outre les ouvrages sont plus dispendieux.

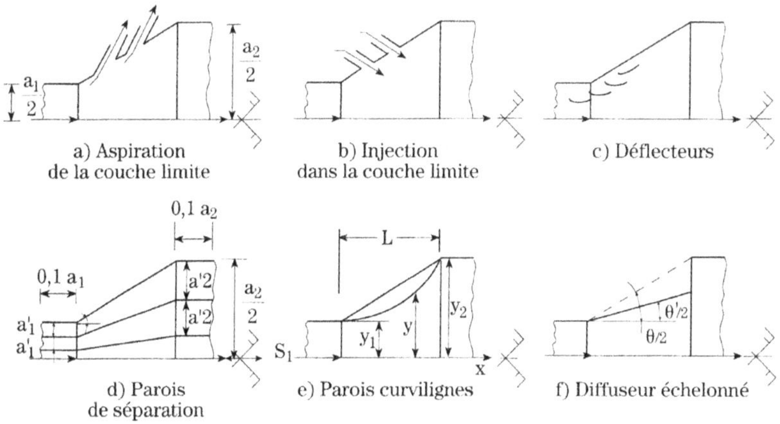

Fig. 4.3

Idel'cik recommande les règles suivantes pour le dimensionnement d'un diffuseur d'angle de grande ouverture (figure 4.3d).

– Le nombre des parois de séparation dépend de l'angle d'ouverture du diffuseur : pour un angle de 30°, deux parois, pour des angles de 45° et 60°, quatre parois ; pour 90°, six parois ; pour 120°, huit parois.

– Les intervalles a'_1 entre les parois de séparation, dans la section d'entrée, doivent être rigoureusement égaux ; il en est de même des intervalles a'_2 dans la section de sortie.

– Les parois doivent se prolonger en amont du diffuseur d'environ 0,1 a_1, et, en aval, d'environ 0,1 a_2, a_1 et a_2 étant, respectivement, la dimension linéaire des sections d'entrée et de sortie.

Une autre manière de réduire la perte de charge dans un diffuseur, quand l'angle d'ouverture est supérieur à 20°, consiste à faire varier l'angle d'ouverture. La figure 4.3a nous montre l'exemple d'une paroi curviligne, de telle sorte que le gradient de pression, dp / dx, est constant au long du diffuseur, et les pertes de charge peuvent être réduites (de 40 % pour des angles entre 25 à 90°) ; pour des angles inférieurs à 15 ou 20°, il y aura une augmentation de perte de charge ; c'est pourquoi il ne convient pas d'utiliser des diffuseurs à surfaces courbes.

L'équation des génératrices d'un diffuseur d'un gradient de pressions dp / dx =

constante, est :

$$y = \frac{y_2}{\sqrt[n]{1 + \left(\left(\frac{y_2}{y_1}\right)^n - 1\right)}} \tag{4.47}$$

Les lettres correspondent à la figure 4.3e, avec $n = 4$ pour des diffuseurs de section circulaire ou carrée et $n = 2$ pour des diffuseurs de sections planes (2 faces parallèles).

Idel'cik propose, dans ce cas, comme coefficient de perte de charge, dans l'intervalle $0{,}1 \leq S_1 / S_2 \leq 0{,}9$, l'expression suivante :

$$K = \varphi_o(1{,}43 - 1{,}3\,\eta)\,(1 - \eta)^2 \tag{4.48}$$

où φ_o est donné par la table 57 – 2 et $\eta = S_1 / S_2$.

Dans un *diffuseur à échelon* (figure 4.3f), la variation continue de section se termine par une variation brusque ; on s'efforce ainsi d'obtenir un compromis entre les deux types de perte de charge. Ce procédé ne se justifie que pour de grands angles d'ouverture et est recommandé davantage pour les systèmes d'aération que pour les structures hydrauliques. Pour le dimensionnement, consulter [**11**].

4.17 - Pertes dans les rétrécissements et les entrées

Les pertes de charges dans un rétrécissement résultent surtout des pertes par élargissement, dues au passage de la section contractée, S_c, à la section S_2 (figure 4.4). Au point de vue pratique, on écrit également :

$$\Delta H = K \frac{U^2}{2g}.$$

Pour les *rétrécissements brusques*, la valeur de K est donnée par la table 59.

Les pertes par *rétrécissement avec transition* sont fonction de la forme de celle-ci. Par suite de la stabilité des systèmes accélérés, ces pertes sont toujours très faibles et K peut prendre pour valeur 0,01, ou même 0,005 ; c'est pourquoi on le néglige habituellement.

Dans un rétrécissement avec transition, plus que la perte de charge, il importe d'éviter la *cavitation* ou le décollement de la veine. Des études fondées sur l'analogie électrique [**7**] ont permis d'établir les graphiques de l'abaque 60 pour le dessin des entrées en conduites et des rétrécissements avec transition.

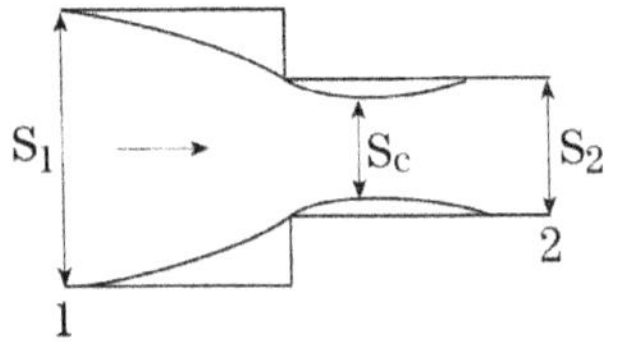

Fig. 4.4

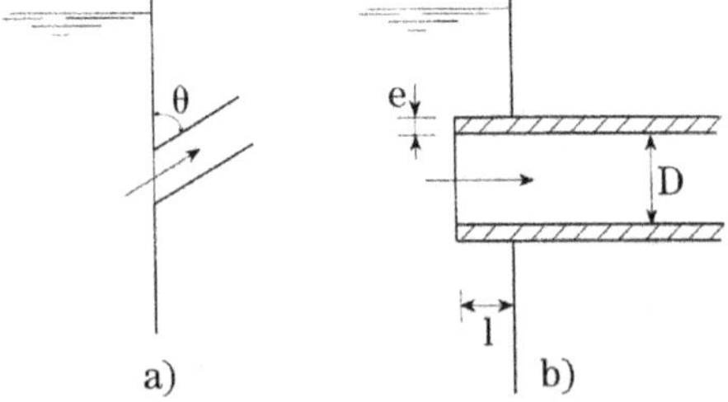

Fig. 4.5

Pour le passage *d'un réservoir à une conduite*, s'il est à arête vive, et si la conduite n'est pas rentrante (figure 4.5a), le coefficient de perte de charge est donné par la formule de Weisbach.

$$K = 0{,}5 + 0{,}3 \cos \theta + 0{,}2 \cos^2\theta \qquad (4.49)$$

où θ est l'angle formé par l'axe du tuyau avec la paroi du réservoir.

Quand l'axe de la conduite est perpendiculaire à la paroi du réservoir, on a $\theta = 90°$ et $K = 0{,}5$; si la conduite est rentrante, d'une longueur l (figure 4.5b), la valeur de K est fonction des rapports l / D et $\frac{e}{D}$, e étant l'épaisseur de la conduite (voir tables 61 et 183).

Dans le cas de conduites non circulaires, on prendra le diamètre hydraulique $D = 4R$.

Les tables 61, 62 et 63 indiquent les valeurs de K pour le passage d'un réservoir à une conduite avec collecteur conique. Si l'entrée est ronde et bien dessinée, K varie entre 0,01 et 0,05, et peut être négligé. Dans ce cas, également, il importe d'éviter la cavitation ; la table 62 donne des indications pour le dimensionnement d'entrées sans cavitation.

La table 63 donne les valeurs de K dans le cas d'entrées avec paroi frontale.

4.18 - Pertes dans les vannes et les robinets

Dans ce cas également, les pertes de charge sont données par $\Delta H = K\, U^2 \backslash 2g$, U étant la vitesse moyenne dans la section normale du tuyau.

Au point de vue des pertes de charge, on peut diviser les vannes en deux groupes principaux, le critère de classification étant, d'une manière générale, la forme de l'écoulement. Le premier groupe comprend les vannes où l'écoulement ne subit pas de grands changements de direction ; se rangent dans ce groupe : les *robinets-vannes*, les *vannes-papillons*, les *soupapes de retenue*, les *vannes-clapets* et les *clapets de non-retour*. Dans le second groupe on place les vannes où l'écoulement est très sinueux et celles dont la section de sortie a une direction différente de la section d'entrée ; ce groupe comprend les *robinets à soupape*, les *vannes d'angle* et les *vannes en "y"*.

La perte de charge la plus importante, pour tous ces types de vannes, quand elles ne sont pas complètement ouvertes, est du type *Borda* (voir n° 4.15) ; elle est due à l'élargissement brusque qui se produit en aval de la vanne. Pour la première catégorie, cette perte de type Borda constitue la presque totalité de la perte de charge [**4**]. Pour les vannes partiellement ouvertes (premier groupe), les valeurs de K sont données par le tableau 64. Le tableau 80 indique les valeurs de K pour les vannes totalement ouvertes (deuxième groupe).

Pour les grandes vannes des aménagements hydrauliques, nous donnons ces valeurs dans la table 65. Le tableau 66 donne les valeurs de K pour les vannes coniques de dispersion (voir le n° 8.23 et les abaques et tables 180, 181 et 182).

Toutes ces valeurs doivent être considérées comme de simples indications, les expérimentateurs indiquant parfois des résultats très différents.

4.19 - Pertes dans les coudes

Un coude provoque une perturbation dans l'écoulement, par suite de l'augmentation de pression (et de la diminution corrélative de la vitesse) qui se produit dans la partie extérieure de la courbe, et de la diminution de pression (et de l'augmentation corrélative de la vitesse) dans la partie intérieure (figure 4.6). Cette différence de pression provoque une modification de la forme de l'écoulement, et un tourbillon double se produit dans la section transversale de la conduite. L'influence de ce tourbillon persiste sur une longueur considérable de la conduite, en aval du coude (à peu près 50 fois le diamètre de la conduite).

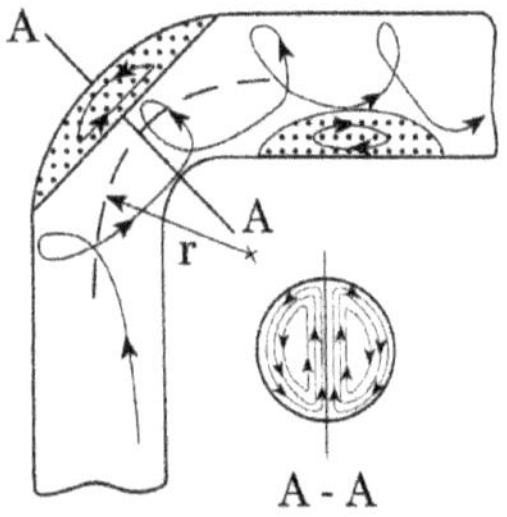

Fig. 4.6

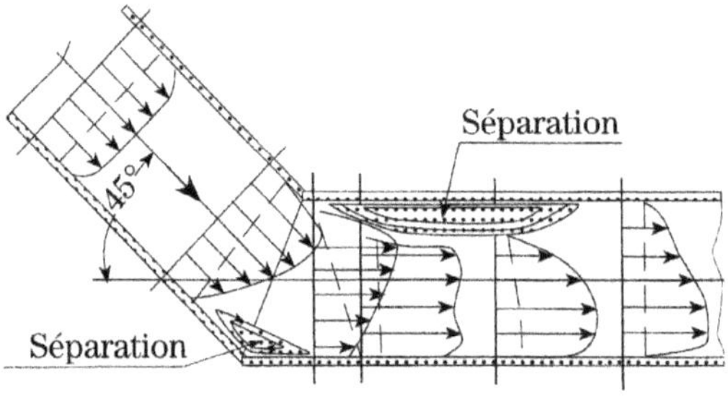

Fig. 4.7

C'est cette différence de pression et le mouvement en spirale du double tourbillon qui déterminent principalement les pertes de charge dans les coudes. Si l'on augmente la longueur et si l'on diminue la hauteur de la section de la conduite, on peut réduire l'intensité du double tourbillon, et, en conséquence, la perte de charge.

La figure 4.7 nous montre le schéma de l'écoulement dans un coude à 45°, avec les diagrammes de vitesses et les zones de séparation de l'écoulement.

Sur le tableau 67 sont indiqués les coefficients de perte de charge dans des coudes à 90° pour des conduites à section rectangulaire et pour diverses valeurs du rapport l / h, où l est la largeur de la section et h la hauteur.

Pour les sections circulaires de faibles diamètres (inférieurs à 0,50 m environ) et pour des coudes à 90°, les pertes de charge sont indiquées sur le tableau 68.

Si l'angle du coude est différent de 90°, on peut calculer le coefficient de perte de charge en multipliant les valeurs du tableau 68 par les valeurs du tableau 69. Consulter également l'abaque 71.

Pour les grandes conduites industrielles, les valeurs indiquées par ces tableaux sont excessives ; c'est pourquoi il est préférable, dans ce cas, d'adopter les valeurs données par l'abaque 70.

Le tableau 72 donne les coefficients de K pour trois coudes spéciaux, ce qui permet de déterminer la variation de perte de charge en fonction de la modification de la section dans la région du coude, son aire demeurant constante.

Le minimum de perte de charge, dans des coudes à 90° est obtenu quand le rapport S_1 / S_2, entre la section d'entrée et la section de sortie, est compris entre 1,2 et 2.

Pour le cas des changements de direction à angle vif, les valeurs de K sont indiquées par le tableau 73.

Bien qu'une modification de section du type indiqué sur le tableau 72 conduise à des pertes d'énergie plus faibles, il semble que le procédé le plus efficace pour réduire les pertes de charge dans les coudes consiste à y placer des *ailettes*, convenablement dimensionnées, transversales à l'écoulement, et qui guident cet écoulement. Outre une diminution du coefficient de perte de charge jusqu'à 0,15, ou moins, on obtient ainsi une meilleure distribution des vitesses.

La disposition la plus favorable des ailettes consiste à les aligner concentriquement suivant la bissectrice du coude (figure 4.8b et 4.9). Si l'on place une seule ailette, elle sera plus efficace près de la paroi intérieure (figure 4.8c) qu'au milieu de section (figure 4.8d) ou près de la paroi extérieure(1).

La forme des ailettes la plus recommandée est, semble-t-il, celle de la figure 4.9(2). Dans certains cas spéciaux (soufflerie, stations d'essai de cavitation), la section longitudinale des ailettes doit être aérodynamique, ce qui n'est pas nécessaire dans les cas ordinaires.

D'autres essais ont montré que les parties initiales rectilignes des ailettes n'ont qu'une faible influence, et les ailettes qui n'en comportent pas donnent aussi de bons résultats.

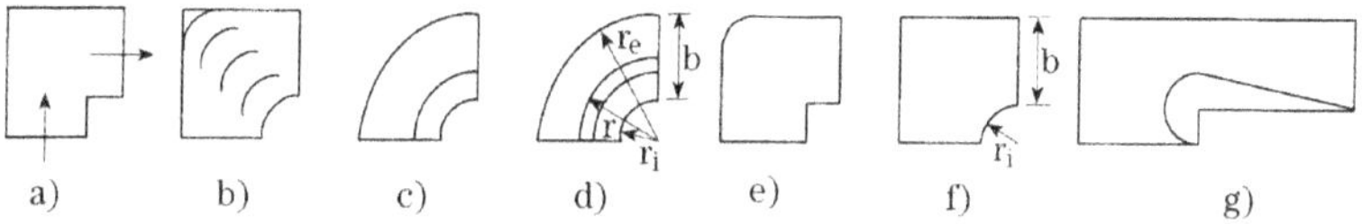

Fig. 4.8

Il semble qu'il n'y ait non plus aucun avantage à augmenter le rayon extérieur (comparer les figures 4.8a et 4.8e). Si la paroi intérieure est à angle vif (figure 4.8e), une augmentation importante de la courbure de la paroi extérieure accroît la perte de charge, étant donné qu'elle provoque une réduction de section.

En revanche, il y a avantage à augmenter le rayon intérieur (comparer les figures 4.8a et 4.8f). Si la paroi extérieure est à angle droit, autrement dit sans courbure, et si la paroi intérieure a un rayon de courbure r_i (figure 4.8f), la perte de charge minimale sera donnée par r_i / b 1,2 à 1,5. Pour des valeurs supérieures de r_i / b, la perte de charge augmente, étant donné que la section d'écoulement augmente considérablement avec la réduction correspondante de vitesse, ce qui provoque un fort accroissement à la séparation de la veine, en amont du coude.

Pour les coudes à parois concentriques (figure 4.8d), on obtient la perte de charge minimale quand $r_e/b = r_i/b + 1$. On considère que c'est là le rapport optimal, ne serait-ce que parce qu'il n'est pas difficile de l'obtenir techniquement.

Il y a également intérêt à supprimer l'espace mort là où des tourbillons ont tendance à se former, surtout si le coude est suivi d'un diffuseur suffisamment progressif (figure 4.8g).

(1) Essais réalisés à l'École Polytechnique Fédérale de Zurich, cités dans [**9**].

(2) Essais de Klein, Tupper et Green, cités dans [**9**].

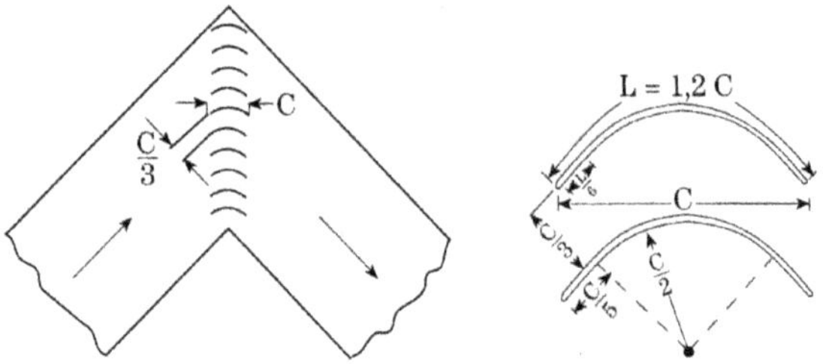

Fig. 4.9

Une modification du rapport S_1/S_2, entre la zone d'entrée et la zone de sortie peut réduire la perte de charge. Pour des coudes à 90°, le minimum de perte de charge est obtenu quand S_1/S_2 est compris entre 1,2 et 2,0. Si l'on ignore la valeur exacte de la perte de charge, on peut adopter la perte qui correspondrait à $S_1/S_2 = 1$.

Pour les coudes à 180°, composés de deux courbes à 90° (coudes en forme de Π), la perte de charge dépend beaucoup de la distance relative L/b (figure 4.10a). Pour $L/b \approx 0$, la perte de charge est maximale, avec $K \approx 6$ à 8, pour des coudes à angle droit.

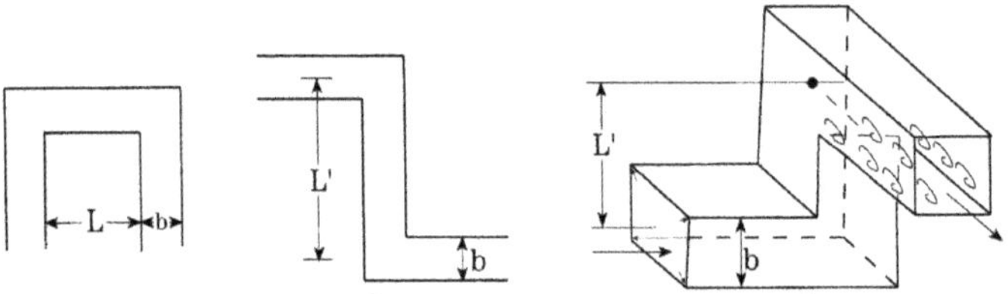

Fig. 4.10

Pour $L/b \geq 4{,}5$, la perte de charge se rapproche du double de la perte correspondant à un seul coude à 90°. La perte de charge minimale est obtenue quand L/b est situé entre 0,6 et 1,0, avec K variant de 2 à 4.

Ces valeurs se rapportent à des coudes à angle droit vif. L'influence de L/b sera moindre si l'on arrondit les angles des coudes.

Pour les coudes en *z* (figure 4.10b), avec angles à 90°, la perte de charge est minimale pour de faibles valeurs de L'/b, où L' est la distance entre les axes des deux tronçons droits ; pour $L'/b = 0{,}4$, la valeur de K est d'environ 0,7 de la valeur correspondant à un coude à 90°. Cette valeur s'accroît rapidement, au fur et à mesure que L'/b augmente, atteignant, pour $L'/b \approx 2, 0$, des valeurs maximales de 3 fois la valeur correspondant à un coude à 90° ; elle décroît ensuite, jusqu'à une valeur à peu près égale à la valeur correspondant au double d'un coude à 90°.

Dans le cas d'un coude double formé par deux coudes à 90° sur deux plans perpendiculaires (figure 4.10c), pour un rapport de $L'/b = 0{,}4$, la perte de charge est du même ordre de grandeur que celle qui correspond à un coude à 90° ; quand L'/b augmente, K augmente également, atteignant un maximum pour $L'/b = 1$, avec une valeur égale à peu près de 1,5 fois la valeur correspondant à un coude à 90°, valeur qui se maintient, pratiquement, jusqu'à $L'/b = 3$, pour baisser ensuite et prendre une valeur égale à celle d'un coude à 90°, quand $L'/b \approx 10$.

4.20 - Pertes dans les branchements et les bifurcations

a) Dans un branchement, l'écoulement prend la forme indiquée sur la figure 4.11.

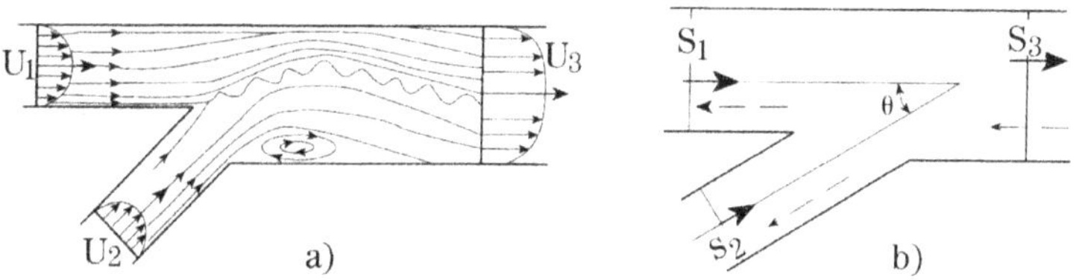

Fig. 4.11

Si les vitesses des deux courants sont différentes, il y aura une zone de choc et de mélange, avec transfert de quantité de mouvement entre les particules de vitesse différente. Dans le sens de la veine la plus rapide, il y aura toujours une perte de charge ($K > 0$) ; quant à la veine moins rapide, sa vitesse augmentera au moment du mélange avec la veine la plus rapide, qui lui communiquera de l'énergie ($K < 0$).

Les *pertes de branchement* résultent, essentiellement, du choc entre des courants de vitesse différente, du changement de direction de l'un des courants, et de l'élargissement dans la partie divergente.

On aura : $\Delta H_{1.3} = K_{1.3} \dfrac{U_3^2}{2g} \qquad \Delta H_{2.3} = K_{2.3} \dfrac{U_3^2}{2g}$

Pour les valeurs de $K_{1.3}$ et $K_{2.3}$, Levi et Kaliev(1) proposent l'expression générale suivante, dans le cas de *branchements sans raccordements* (figure 4.11b) :

$$K_{1.3} = 1 + \left(\frac{S_3}{S_1}\right)^2 . \left(1 - \frac{Q_2}{Q_3}\right)^2 - 2\,\frac{S_3}{S_1}\left(1 - \frac{Q_2}{Q_3}\right)^2 - 2\,\frac{S_3}{S_2}\left(\frac{Q_2}{Q_3}\right)^2 \cos\theta + a \qquad (4.50)$$

$$K_{2.3} = A\left[1 + \left(\frac{Q_2}{Q_3} . \frac{S_3}{S_2}\right)^2 - 2\,\frac{S_3}{S_1}\left(1 - \frac{Q_2}{Q_3}\right)^2 - 2\,\frac{S_3}{S_1}\left(\frac{Q_2}{Q_3}\right)^2 \cos\theta\right] + b \qquad (4.50a)$$

Les tableaux 74 et 75 donnent les valeurs de a, b et A, ainsi que les coefficients de perte de charge dans différents types de branchements.

(1) Cités par [**11**].

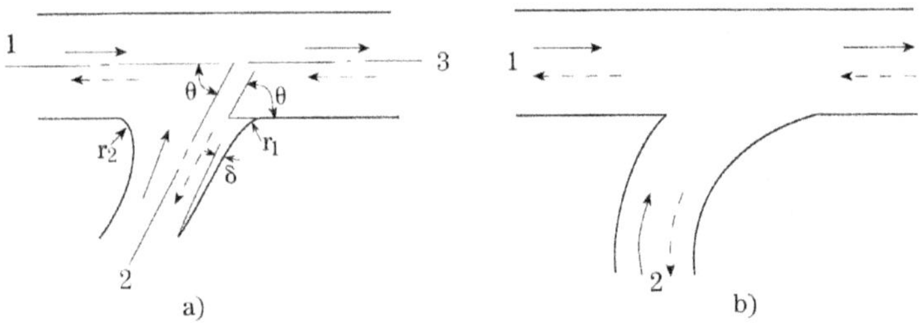

Fig. 4.12

Une des manières de réduire les pertes de charge dans les branchements consiste à arrondir l'angle de jonction, avec un rayon r_1, ou bien à assurer un élargissement progressif, au moyen d'un angle, ou encore à adopter conjointement les deux solutions.

Dans le cas de dérivation, il faudra arrondir l'angle plus petit moyennant un rayon r_2 (figure 4.12a). On obtiendra encore de meilleurs résultats si l'on opère le branchement ou la dérivation au moyen d'un coude courbe (figure 4.12b).

La table 75 donne les valeurs de $K_{1.3}$ et $K_{2.3}$ pour quelques types de branchements avec raccordement.

b) Dans le cas de *bifurcations* sans raccordement, Levin et Kaliev (*op. cit.*) proposent les formules suivantes, valables pour $S_1 = S_3$; $S_3 = S_1 + S_2$ et $0 < \theta < 90$:

$$K_{3.2} = \mathrm{B}\left[1 + \left(\frac{U_2}{U_3}\right)^2 - 2\,\frac{U_2}{U_3}\cos\theta - C\left(\frac{U_2}{U_3}\right)^2\right] \tag{4.50b}$$

Les valeurs de B, C et $K_{3.2}$ sont données par le tableau 76.

Quant à la valeur de $K_{3.1}$, la formule suivante est valable pour $S_3 = S_1$ et $U_1 / U_3 < 1$:

$$K_{3.1} = 0{,}4\left(1 - \frac{U_1}{U_3}\right)^2 \tag{4.50c}$$

Pour $S_3 = S_1 + S_2$, la valeur de $K_{3.1}$ est donnée par le tableau 76. Pour réduire les pertes de charge, on utilise les mêmes schémas que ceux qui sont indiqués pour les branchements (figure 4.12). Les coefficients $K_{3.1}$ et $K_{3.2}$ sont donnés par le tableau 77.

c) *Pour les bifurcations symétriques à 3 voies* (figure 4.13a), et dans le cas de la réunion de courants, on indique la formule :

$$K_{2.3} = A\,\frac{Q_2}{Q_3} + B\left[\left(\frac{Q_2}{Q_3}\right)^4 + \left(1 - \frac{Q_2}{Q_3}\right)^4\right] + C\left(\frac{Q_3}{Q_2}\right)^2 - D \tag{4.50d}$$

Les valeurs de A, B, C et D sont données par le tableau 78.

Dans le cas de séparation de courants, on prend $K_{2.3}$ par comparaison avec les valeurs de $K_{2.3}$ correspondant au cas de la figure 4.11b pour les mêmes angles de séparation.

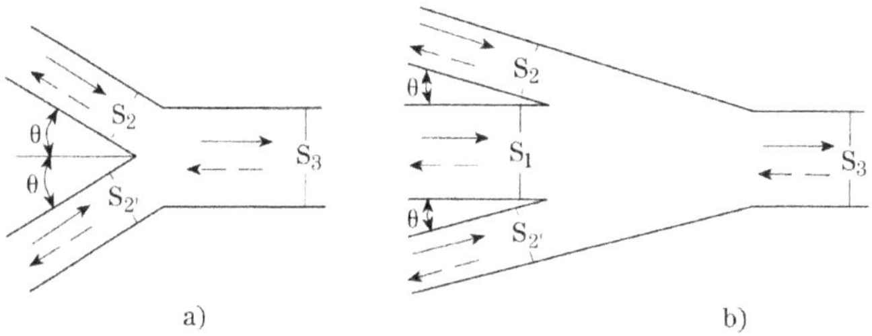

Fig. 4.13

d) Pour les *bifurcations symétriques à 4 voies* (figure 4.13b), nous indiquons les valeurs de Levin (1955), cité par [**11**], dans le cas de la réunion de courants :

$$K_{2.3} = 1 + \left(\frac{U_2}{U_3}\right)^2 - 8\left(\frac{Q_2}{Q_3}\right)^2 \left[\frac{Q_3}{Q_2} - \left(1 + \frac{Q'_2}{Q_2}\right)\right]^2 \left[4 - \left(1 + \frac{Q'_2}{Q_2}\right)\frac{Q_2}{Q_3}\right]^{-1}$$

$$- 1{,}93\left(\frac{Q_2}{Q_3}\right)^2 \frac{S_3}{S_2}\left[1 + \left(\frac{Q'_2}{Q_2}\right)^2\right]\cos\theta \qquad (4.50e)$$

$$K_{1.3} = 1 + \left(\frac{Q_1}{Q_3}\right)^2 - \left(\frac{Q_1}{Q_3}\right)^2\left(1 + \frac{Q_1}{Q_3}\right)\left(0{,}75 + 0{,}25\,\frac{Q_1}{Q_3}\right)^{-2} - 1{,}93\left(\frac{Q_1}{Q_3}\right)^2 \frac{S_3}{S_2}$$

$$\left[1 + \left(\frac{Q'_2}{Q_2}\right)^2\right]\left(1 + \frac{Q'_2}{Q_2}\right)^{-2}\left(\frac{Q_3}{Q_1} - 1\right)^2 \cos\theta \qquad (4.50f)$$

Dans le cas de séparation de courants, on applique les valeurs de $K_{3.2}$ et $K_{3.1}$ correspondant au cas de la figure 4.11b, pour les mêmes angles de séparation et pour le même rapport de surfaces.

4.21 - Grilles à barreaux

a) *Pertes de charge*

La grille est un élément essentiel pour protéger les prises d'eau contre les corps solides : entrées de pompes, de turbines, de canaux, etc.

La grille, dans son ensemble (figure 4.14a), est constituée par des panneaux rectangulaires, contenus dans une structure définie par des traverses et des longrines et appuyée sur le béton ou la maçonnerie de la prise. Les barreaux de la grille reposent sur les traverses de la grille et sur des appuis intermédiaires (figure 4.14b), afin d'éviter des phénomènes de vibration, comme nous l'expliquons plus loin.

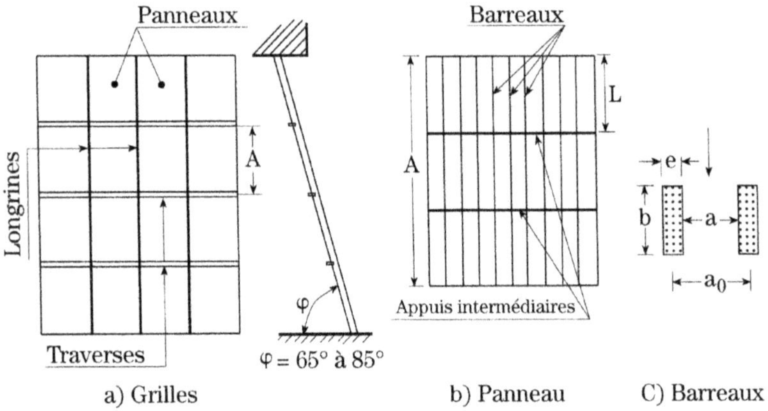

Fig. 4.14

Du point de vue de la perte de charge, la grille est définie par l'écartement a entre les barreaux, par leur dimension b, dans le sens de l'écoulement, par leur épaisseur maximale e (figure 4.15b) et par la forme de leur section transversale. La perte de charge dans les grilles est donnée par l'équation $\Delta H = K\ U^2 \setminus 2g$ où U est la vitesse dans la section de la grille sans la grille. Les valeurs de K sont données par les tableaux 81 et 82.

b) *Stabilité des barreaux*

Au moment de son passage à travers les barreaux, l'écoulement provoque des tourbillons successifs alternés, dont il importe de connaître la fréquence, afin que la fréquence propre des barreaux, f_b soit éloignée des fréquences des tourbillons f_t. On évite ainsi les phénomènes de résonance dans les barreaux entraînant des vibrations qui, dans certains cas, ont provoqué leur destruction.

La fréquence des tourbillons est donnée par :

$$f_t = \mathbf{S}_t \frac{U}{e} \qquad (4.51)$$

où U est la vitesse d'amenée ; e est l'épaisseur du barreau, et $\mathbf{S}_t$ est le nombre de Strouhal, qui est fonction de la section des barreaux et de leur densité de répartition $(a + e) / e$ (figure 4.14c). L'abaque 83a donne la valeur du nombre de Strouhal, $\mathbf{S}_t$, propre de chaque barreau, dont les valeurs doivent être majorées par les coefficients du tableau 83b.

La fréquence propre des barreaux plongés dans l'eau est donnée par :

$$f_b = M \frac{K}{L^2} \sqrt{\frac{gE_b}{\varpi_b + \frac{a}{e}\varpi}} \qquad (4.52)$$

où :

M = facteur de fixation, avec les valeurs suivantes :

– extrémités encastrées : $M = k / 2\pi$ ($k = 22{,}4$ pour l'harmonique fondamentale) ;

– extrémités articulées : $M = k'\pi / 2$ ($k' = 1$ pour l'harmonique fondamentale).

K = rayon de giration de la section transversale du barreau par rapport à un axe parallèle à la vitesse du courant.

L = distance entre les appuis des barreaux.

E_b et ϖ_b = module d'élasticité et poids spécifique du matériau du barreau.

ϖ = poids spécifique du fluide.

Cette formule n'est valable que pour $a \leq 0{,}7\,b$. Dans le cas de $a > 0{,}7\,b$, il faut prendre, dans les calculs, $a = 0{,}7b$.

Pour garantir des conditions de stabilité, il faut que f_b soit très différent de f_t :

$$f_b >> f_t$$

Dans la pratique, on a constaté que, pour des fréquences du barreau d'environ 1,5 fois la fréquence des tourbillons, il ne se produit pas de résonances dangereuses.

Exemple :

Vérifier la stabilité d'une grille constituée par des barreaux à section rectangulaire (e = 10 mm ; b = 100 mm), écartés de a = 30 mm et soudés sur les appuis séparés par un intervalle L = 700 mm. La vitesse d'amenée est U = 1,0 m/s. Les barreaux sont en acier ($E_b = 2{,}1 \times 10^{11}$ N/m^2 ; ϖ_b = 78 000 N/m^3).

Solution :

– *Fréquence des tourbillons alternés.*

Pour une section rectangulaire, avec $b = 10e$, l'abaque 83a donne la valeur du nombre de Strouhal, $\mathbf{S}_t = 0{,}240$.

Pour $(a + e) / e = 4$, le facteur de majoration sera, d'après l'abaque 83b, $c = 1{,}05$, et on aura $\mathbf{S}_t = 1{,}05 \times 0{,}240 = 0{,}252$.

La fréquence des tourbillons sera alors :

$f_t = \mathbf{S}_t\, U / e = 0{,}252 \times 1/0{,}01 = 25{,}2$ Hz

– *Fréquence propre des barreaux :*

$a / b = 30/100 = 0{,}3 < 0{,}7$; on peut donc prendre, dans les calculs, a = 30 mm.

– les barreaux étant soudés sur les appuis, ils seront considérés comme encastrés :

$M = k / 2\pi = 22{,}4 / 2\pi = 3{,}57$

– le rayon de giration d'une section rectangulaire, par rapport à un axe parallèle au courant, est (tableau 29) :

$$K^2 = \frac{e^2}{12} = 8{,}3 \times 10^{-6}\ \text{m}^2$$

d'où $K = 2{,}9 \times 10^{-3}$ m.

$$\varpi_b + \frac{a}{e}\,\varpi = 78\,000 + \frac{0{,}03}{0{,}01}\,10\,000 = 1{,}08 \cdot 10^5\ \text{N/m}^2$$

$$\text{donc } f_b = M \frac{K}{L^2} \sqrt{\frac{gE_b}{\varpi_b + \frac{a}{e}\varpi}}$$

$$= \frac{3.57 \times 2{,}9 \times 10^{-3}}{(0{,}7)^2} \sqrt{\frac{9{,}81 \times 2{,}1 \times 10^{11}}{1{,}08 \times 10^5}}$$

$= 92{,}3$ Hz

Dans ces conditions, on a $f_b \approx 4 f_t$, ce qui garantit la stabilité du barreau.

Notons toutefois que si la vitesse d'amenée passait de 1 m/s à 4 m/s, la fréquence du tourbillon passerait à 100 H_z, et le danger de vibration serait très probable.

c) *Paramètres de dimensionnement*

On recommande les vitesses d'approche, U, suivantes[1] :

- Grille de surface protégeant directement la machine hydraulique .... $U = 0{,}8 - 0{,}9$ m/s
- Idem, protégeant une conduite forcée .... 0,9 – 1,0
- Idem, protégeant un canal d'adduction .... 1,0 – 1,1
- Grille de demi-fond (à une profondeur égale à 2 à 3 fois sa hauteur, avec nettoyage automatique) .... 0,8 – 1,0
- Grille de profondeur, avec nettoyage mécanique .... 0,6 – 0,8
- Grille très profonde, (profondeur de 50 à 100 m) .... 0,4 – 0,6

Intervalles, a, recommandés entre les barreaux :

- Turbine Kaplan, $n = 750$ à 1 000 ; $Q \approx 150$ m³/s .... $a = 120 - 150$ mm
  Idem, pour $Q \approx 100$ m³/s .... 100 – 120 mm
- Turbines Francis très rapides .... 80 – 100 mm
  Idem, lentes .... 60 – 90 mm
- Turbines Pelton .... 25 – 50 mm
- Petites installations de pompage (0,5 à 1 m³/s) .... 20 mm

4.22 - Pertes dans les tôles perforées

La perte de charge dans une tôle perforée peut être calculée à partir de la formule [**11**] :

$$K = \left[\frac{0{,}71 \sqrt{1-\eta} + 1 - \eta}{\eta} \right]^2 \tag{4.52}$$

où $\eta = S_0 / S$ est le rapport entre la superficie totale des trous et la superficie totale de la grille. Cette formule est valable pour une paroi mince, c'est-à-dire

(1) D'après [**12**].

$e / d_o < 0{,}015$, e étant l'épaisseur de la tôle et d_o le diamètre de l'orifice, et pour des valeurs du nombre de Reynolds de l'orifice, $\mathbf{R}_{e_o} = \dfrac{V_o d_o}{\upsilon} > 10^5$, V_o étant la vitesse à travers chaque orifice.

4.23 - Pertes dans les rainures et joints de dilatation

En réalité, une rainure correspond à un élargissement suivi d'un rétrécissement brusque ; cependant, étant donné sa faible dimension, on ne peut appliquer dans ce cas les coefficients de perte de charge correspondants.

La rainure est caractérisée par les éléments suivants (figure 4.15) :

l – largeur dans le sens de l'écoulement ; b – longueur, dans le sens perpendiculaire à l'écoulement ; p – profondeur ; θ – angle de la paroi aval avec l'horizontale.

Si nous représentons par β le rapport l / p, les rainures sont considérées courtes pour $\beta < 4$; moyennes pour $4 < \beta < 6$; longues pour $\beta > 6$.

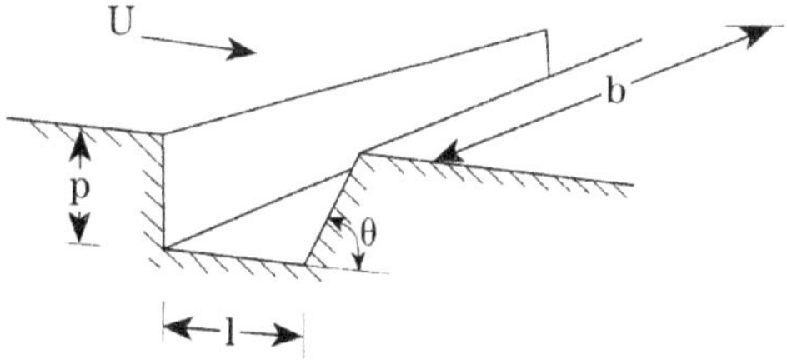

Fig. 4.15

On aura $\Delta H = K\, V^2 / 2g$ où $V = Q / S$ est la vitesse moyenne dans les sections en amont et en aval de la rainure.

Les valeurs de K sont données par[1] :

a) Pour $\beta < 4$

$$K = \left(\frac{\eta^{1,8} - 1}{1{,}43\, \eta^{-1,8} + 1} \right)^2 \sin \theta \tag{4.53}$$

où :

$$\eta = \frac{S + 0{,}25\, lb}{S} \tag{4.53a}$$

b) Pour $4 \leq \beta \leq 6$

La formule précédente est valable, avec :

$$\eta = \frac{S + pb}{S} \tag{4.53b}$$

c) Pour $\beta > 6$

La perte de charge totale sera donnée par un coefficient :

(1) - [**12**].

$$K = K_1 + K_2$$

où K_1 est la valeur correspondant à l'hypothèse précédente, et :

$$K_2 = \left(1 - \frac{20}{e^{0,5\beta}}\right)\left(1 - \frac{1}{\eta}\right)^2 \qquad (4.53c)$$

η étant donné par l'expression 4.53b.

Le tableau 79 indique les valeurs de K, de K_1 et de K_2.

Exemple :

Considérons une canalisation circulaire de diamètre $d = 1,0$ m, où existe un joint de dilatation avec les caractéristiques suivantes : $l = 0,5$ m ; $p = 0,08$ m ; $\theta = 90°$. Le débit est $Q = 4,2$ m³/s.

Solution :

On a $\beta = l / p = 6,25 > 6$; $b = \pi d = 3,14$ m ;

$S = \pi d^2 / 4 = 0,78$ m² ; d'où $\eta = \dfrac{0,78 + 0,08 \times 3,14}{0,78} = 1,32$

D'après le tableau 79a, pour $\eta = 1,32$, on a $K_1 = 0,0382$. D'après la table 79b, pour $\eta = 1,32$ et $\beta = 6,3$, on a $K_2 = 0,0082$; d'où $K = K_1 + K_2 = 0,035 + 0,007 \simeq 0,046$.

Comme $U = \dfrac{4,2}{0,78} = 5,38$ m/s ; $\dfrac{U^2}{2g} = 1,48$ m, on obtient finalement :

$$\Delta H = \frac{KU^2}{2g} = 0,04 \times 1,48 = 0,07 \text{ m}$$

4.24 - Singularités en série

En aval d'une singularité, la turbulence de l'écoulement augmente ; les caractéristiques de l'écoulement reprennent l'aspect qu'elles avaient avant la singularité à une distance limite L_o donnée, approximativement, d'après Levin [**12**], par la formule :

$$L_o = 0,075\, D \sqrt[4]{\frac{K}{\lambda}\,\mathbf{R}_e} \qquad (4.54)$$

où :

K = coefficient de perte de charge de singularité ;
λ = coefficient de perte de charge par frottement ;
$\mathbf{R}_e$ = nombre de Reynolds de la conduite ;
D = diamètre (hydraulique) de la conduite.

La perte de charge de la singularité se produit, par conséquent, à la distance L_o.

Au cas où il existerait une nouvelle singularité à une distance $L < L_o$, la perte de charge totale ne devrait pas correspondre à la somme des pertes de charge de chacune des singularités considérées isolément. Levin propose un coefficient de réduction de perte de charge pour la première singularité :

$$\Delta H_L = b\Delta H \qquad (4.55)$$

avec :

$$b = 1 - \frac{1}{e^{5,2\beta}} \qquad (4.55a)$$

où :

$$\beta = \frac{L}{L_o}$$

Cette question n'est pas encore totalement éclaircie.

C - LIGNE DE CHARGE ET LIGNE PIÉZOMÉTRIQUE

4.25 - Tracé de la ligne de charge et de la ligne piézométrique

Soit une conduite de section, S, où s'écoule un débit déterminé, Q ; la charge totale, par unité de poids, qui s'écoule dans chaque section, par rapport à un plan horizontal, est (n° 2.22 et 2.23) :

$$E = z + \frac{p}{\varpi} + \alpha \frac{U^2}{2g} = z + \frac{p}{\varpi} + \alpha \frac{Q^2}{2gS^2} \tag{4.56}$$

Considérant deux sections 1 et 2, où les charges totales sont, respectivement (figure 4.16), E_1 et E_2, la différence $\Delta E_{12} = E_1 - E_2$ représente, d'après le théorème de Bernoulli, la perte de charge entre les sections 1 et 2. Cette perte de charge correspond à l'énergie dégradée en chaleur, par frottement des particules les unes contre les autres et contre les parois de la conduite, ou à l'énergie convertie en énergie mécanique ou inversement, au moyen d'une machine hydraulique.

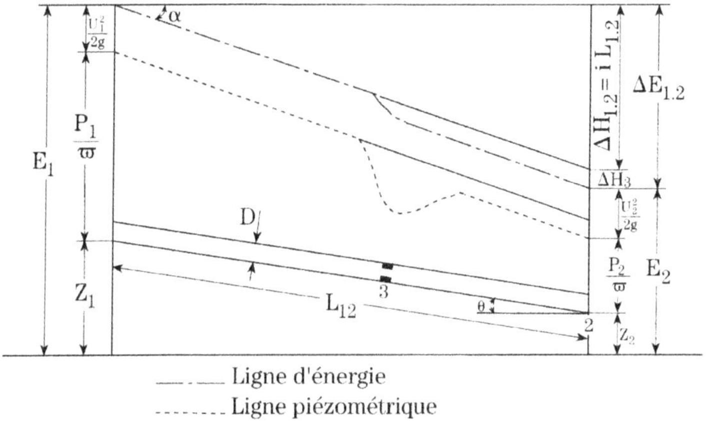

Fig. 4.16

La puissance dissipée ou transformée entre les sections 1 et 2 est égale au produit :

$$\Delta W = \varpi Q \, \Delta E_{1.2} \tag{4.57}$$

Les pertes d'énergie par frottement peuvent être de deux types : les pertes linéaires, qui se produisent tout au long de la conduite, et les pertes singulières ou locales, dues à des singularités (rétrécissements, élargissements, changements de direction, etc.).

Les pertes de charge linéaires entre deux sections a et b seront toujours représentées par $\Delta H_{a.b}$. La perte de charge linéaire par mètre de conduite sera représentée par i. Désignant par $L_{a.b}$ la longueur du tronçon a b, on obtient :

$$\Delta H_{a.b} = iL_{a.b} \tag{4.58}$$

Les pertes de charge singulières dans la section c seront représentées par ΔH_c.

La somme des pertes de charge linéaires et singulières, entre a et b, sera représentée par $\Delta E_{a.b}$.

Dans le cas de conduites horizontales ou presque horizontales (voir figure 4.16), la ligne de charge a une pente i correspondant à la perte de charge linéaire. On a $i \simeq \text{tg}\,\alpha$ (1) ; s'il y a des pertes singulières, la ligne de charge chute brusquement (comme dans la section 3 de la figure 4.16).

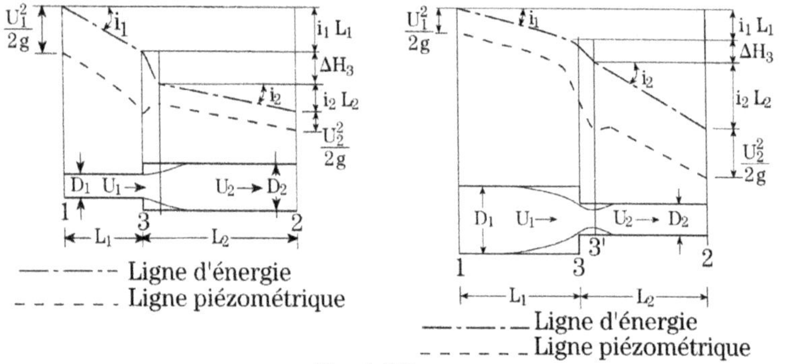

Fig. 4.17

Si la section demeure constante, la ligne piézométrique est parallèle à la ligne de charge et se situe en dessous d'elle, à une distance égale à $U^2/2g$. À une augmentation locale de vitesse (diminution de section) correspond un abaissement de la ligne piézométrique ; à une diminution de vitesse (augmentation de section) correspond une élévation de la ligne piézométrique.

Notons que la ligne de charge descend toujours dans le sens de l'écoulement. Il n'en est pas de même de la ligne piézométrique. À titre d'exemple, l'évolution détaillée de la ligne de charge et de la ligne piézométrique, dans les cas d'élargissement ou de rétrécissement, est représentée sur la figure 4.17.

4.26 - Position de la ligne piézométrique par rapport à la conduite

Considérons une conduite reliant 2 réservoirs (figure 4.18). La ligne piézométrique correspondant aux pressions relatives est représentée approximativement par la droite AA' qui joint les surfaces libres des deux réservoirs (on a fait

(1) Compte tenu des angles α et θ de la fig. 4.16, on obtient $i = \cos\theta .\ \text{tg}\,\alpha$.
Si la conduite est horizontale : $\theta = 0$; $\cos\theta = 1$; $i = \text{tg}\,\alpha$. Pour des valeurs faibles de l'angle θ (conduite peu inclinée), on a à peu près $i \simeq \text{tg}\,\alpha$. Comme ordre de grandeur, notons que pour $\theta = 2°$, ce qui correspond à une pente d'environ 3,5 %, $\cos\theta = 0{,}999$; pour $\theta = 8°$, qui correspond à une pente d'environ 14 %, $\cos\theta = 0{,}996$.

abstraction de la forme de la ligne piézométrique à l'entrée et à la sortie, qui sont indiquées qualitativement en détail à une échelle plus grande (voir figure 4.17).

La ligne piézométrique *BB'* correspond aux pressions absolues ; elle en est déduite par une translation vers le haut d'une longueur équivalente à la pression atmosphérique dans les conditions normales, c'est-à-dire $p_0 / \varpi = 10{,}33$ m d'eau.

Si la conduite tout entière est située au-dessous de *AA'* (cas 1 : tracé *ONN'N''O'*), la pression dépasse la pression atmosphérique d'une quantité $h = p / \varpi$ dans toutes les sections. Cette hypothèse correspond à la situation normale. Il faut prévoir des ventouses aux points élevés (*N'*), pour la sortie de l'air accumulé, et des décharges de fond aux points bas (*N*, *N''*), pour la vidange et le nettoyage, outre des vannes de sectionnement judicieusement localisées.

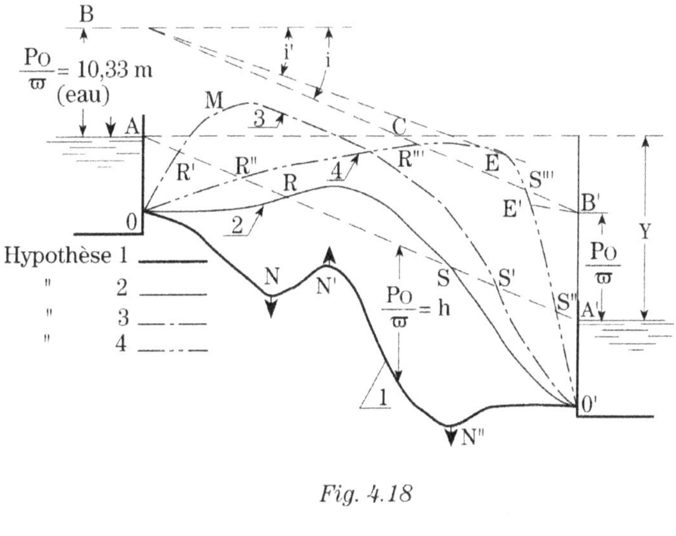

Fig. 4.18

Si la conduite est représentée par *ORLSO'* (cas 2), il y a des dépressions par rapport à la pression atmosphérique dans le tronçon *RLS* situé au-dessus de la ligne piézométrique relative *AA'*. En général, on doit éviter les zones de dépression. En effet, une fente éventuelle facilitera l'entrée de corps étrangers et peut provoquer la contamination de l'eau. Dans le tronçon *RLS*, il y aura libération de l'air dissous dans l'eau et aussi production de vapeur d'eau. La pose d'une ventouse normale au point haut est contre-indiquée, étant donné qu'elle permettrait l'entrée de l'air et provoquerait, en conséquence, une réduction de débit. Si la dépression atteint la limite de cavitation (10 m de hauteur d'eau environ), l'écoulement tend à devenir instable.

Si la conduite a la forme *OR'MS'O'* (cas 3), s'élevant au-dessus de la ligne horizontale qui passe par *A* (ligne de charge relative du réservoir amont), il n'y aura d'écoulement que si toute la conduite a été remplie d'eau au préalable (effet de siphonnage). Il y a encore des dépressions dans le tronçon *R'MS'*.

Si la forme de la conduite est celle représentée par *OR"R'''ES'''S"O'* (hypothèse 4), située toujours au-dessous de la ligne de charge relative du réservoir amont, mais dépassant la ligne *BB'* (ligne piézométrique absolue), l'écoulement s'établit sans qu'il faille avoir recours au siphonnage. Cependant, la ligne piézométrique absolue *BB'* est remplacée par *BEE'B'*. Par conséquent, la pression absolue est nulle entre *E* et *E'*, l'écoulement se faisant avec la section partiellement pleine. Le débit écoulé correspond à la pente i', tandis que, dans les cas précédents, il correspondait à la pente i. Les dégagements d'air et de vapeur d'eau dans les régions de forte dépression rendent l'écoulement irrégulier.

Si la conduite avait un tronçon au-dessus de la ligne *BC*, ne dépassant pas la cote de *B*, il faudrait amorcer le siphon, l'écoulement se faisant dans une grande partie de la conduite en section partiellement pleine et de façon très irrégulière.

Si, en un point quelconque, la conduite dépasse la cote *B*, qui représente la charge absolue disponible, il est impossible d'amorcer l'écoulement.

D - PROBLÈMES SPÉCIAUX

4.27 - Expressions générales

Dans la résolution des problèmes d'écoulements en charge, en régime permanent, il convient de tenir compte des équations générales de l'hydraulique et des expressions des pertes de charge linéaires et singulières.

Les pertes de charge linéaires sont toujours de la forme $\Delta H = aLQ^2$. Ordinairement, a est fonction de la vitesse et par conséquent de Q.

Les pertes singulières sont toujours du type $\Delta H = bKQ^2$. Ordinairement, K est aussi fonction de la vitesse et, par conséquent de Q. L'expression générale de la perte de charge totale est donc :

$$\Delta E = (\sum a\,L + \sum b\,K)\,Q^2 \qquad (4.59)$$

$$Q = \frac{\Delta E}{\sum a\,L + \sum b\,K} \qquad (4.60)$$

4.28 - Exemples

1) Un réservoir *A* dont le niveau demeure constant à la cote 600 m alimente un réservoir *B* dont le niveau demeure aussi constant à la cote 520 m. La conduite d'alimentation en fonte, usagée, est constituée par : passage du réservoir *A* à la conduite par une entrée à arête vive ; tronçon de 200 m de longueur et 100 mm de diamètre ; tronçon de 300 m de longueur et 200 mm de diamètre ; robinet-vanne de 200 mm de diamètre ; tronçon de 100 m de longueur et 200 mm de diamètre ; entrée à arête vive dans le réservoir *B*. Déterminer le débit.

Solution : On choisit un coefficient de rugosité de Strickler $K_s = 75$. Le tableau 38 pour $D_1 = 100$ mm et $K_s = 75$, donne $a_1 = 394{,}17$; et pour $D_2 = 200$ mm, $a_2 = 9{,}778$. Le tableau a) pour $D_1 = 100$ mm, donne $b = 826{,}38$ et pour $D_2 = 200$ mm, $b = 51{,}65$.

Les tableaux correspondants donnent :

Entrée à arête vive .... $K = 0{,}5$ Robinet-vanne............ $K = 0{,}1$
Élargissement................. $K = 0{,}6$ Sortie à arête vive...... $K = 1{,}0$

On obtient donc :

$$\Sigma\, aL = 394{,}17 \times 200 + 9{,}779 \times 400 = 82\,746$$

$$\Sigma\, bK = 826{,}38\,(0{,}5 + 0{,}6) + 51{,}65\,(0{,}1 + 1{,}0) = 909 + 57 = 966$$

$$Q = \sqrt{\frac{\Delta E}{\Sigma\, aL + \Sigma\, bK}} = \sqrt{\frac{80}{83\,712}} = 0{,}031 \text{ m}^3\text{/s}$$

2) Une pompe fait circuler du pétrole lapant à 20° C, dans une tuyauterie en fer galvanisé de 50 mm de diamètre intérieur (figure 4.19). La tuyauterie est munie d'accessoires vissés et débouche dans un réservoir, dont la pression demeure constante et égale à 35 N/cm^2 = 350 kN/m^2 à la cote de l'entrée de la tuyauterie.

On demande, en tenant compte du croquis de la figure 4.9, de déterminer la hauteur d'aspiration de la pompe, la hauteur de compression et la pression mesurée dans la section de la sortie de la pompe. Débit : 6,31 l/s. La longueur de la tuyauterie d'aspiration est égale à 6,5 m ; la longueur de la tuyauterie de compression est égale à 116 m.

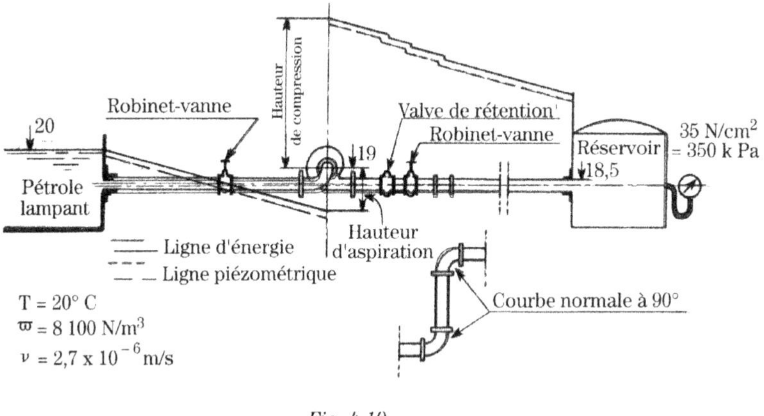

Fig. 4.19

Solution : Pour $D = 5$ cm, la section $S = 19{,}63$ cm^2 = 0,196 dm^2. Vitesse moyenne $U = \dfrac{Q}{S} = 6{,}31\backslash 0{,}196 = 32$ dm/s. La charge cinétique est alors $\dfrac{U^2}{2g} = 0{,}522$ m de colonne de pétrole.

La viscosité cinématique du pétrole lampant, à 20° *C* est (T. 13), $\upsilon = 2{,}7$ centistockes $= 2{,}7 \times 10^{-6}$ m^2/s. Le nombre de Reynolds sera alors :

$$\mathbf{R}_e = \frac{UD}{\upsilon} = 3{,}2 \times \frac{0{,}05}{2{,}7} \times 10^{-6} = 59\,000 = 5{,}90 \times 10^4.$$ La table 32 donne $\epsilon = 0{,}05$ mm et alors $\epsilon / D = 0{,}001$.

L'Abaque 33 donne $\lambda = 0{,}0234$. On constate que l'écoulement est turbulent bien que non complètement.

La perte de charge continue sera : $i = \lambda \frac{1}{D} \frac{U^2}{2g} = 0{,}0234 \times \frac{1}{0{,}05} \times 0{,}522 = 0{,}244$ m de colonne de pétrole par mètre de conduite.

Les coefficients des pertes de charge singulières sont (table 80) :

Entrée à arête vive........ $K = 0{,}5$ Coude de rayon moyen........... $K = 0{,}8$
Robinet-vanne................ $K = 0{,}17$ Sortie à arête vive.................... $K = 1{,}0$
Clapet de non-retour .... $K = 2{,}00$

Les accessoires étant vissés et le diamètre de la conduite faible, on a pris les valeurs supérieures de K.

On obtient alors :

a) *Tuyauterie d'aspiration* :

$\Delta H = i\,L + \sum K \frac{U^2}{2g} = 0{,}244 \times 6{,}5 + (0{,}5 + 0{,}17) \times 0{,}522 = 1{,}59 + 0{,}35 = 1{,}94$ m de colonne de pétrole.

La hauteur d'aspiration sera alors :

$H_a = (20 - 19) - 1{,}94 = -0{,}94$ m de colonne de pétrole.

b) *Tuyauterie de refoulement* :

$\Delta H = i\,L + \sum K \frac{U^2}{2g} = 0{,}244 \times 116 + (2{,}0 + 0{,}17 + 2 \times 0{,}8 + 1{,}0) \times 0{,}522 = 28{,}2 + 2{,}5 = 30{,}7$ m de colonne de pétrole.

La pression dans le réservoir, exprimée en mètres de colonne de pétrole, de masse spécifique $\rho = 810$ kg/m^3, sera :

$$h = \frac{p}{\rho g} = \frac{350\,000}{9{,}8 \times 810} = 44{,}09 \text{ m de colonne de pétrole}$$

La hauteur de compression devra donc être :

$H_c = (18{,}5 - 19{,}0) + 30{,}7 + 44{,}09 = 74{,}29$ m de colonne de pétrole.

3) Afin d'éviter des dépressions dangereuses dans un écoulement hydraulique, on l'aère au moyen d'une conduite horizontale en béton lissé de section rectangulaire 0,90 m × 1,20 m et de 150 m de longueur. L'entrée de la conduite est arrondie ($K = 0{,}10$).

La différence de pression entre l'entrée de la conduite en communication avec l'atmosphère et la sortie en relation avec l'écoulement hydraulique à ventiler est égale à 0,20 m de colonne d'eau, la température de l'air étant 15,6°C (au niveau de la mer). On demande la vitesse moyenne de l'air dans la conduite.

Solution : Section de la conduite $S = 0{,}90 \times 1{,}20 = 1{,}08$ m^2 ; périmètre mouillé $P = 2\,(0{,}90 + 1{,}20) = 4{,}20$ m ; rayon hydraulique $R = \frac{S}{P} = \frac{1{,}08}{4{,}20} = 0{,}257$ m.

Le tableau 32 donne $\epsilon = 0{,}09$ mm ; $\frac{\epsilon}{D} = \frac{\epsilon}{4R} = \frac{0{,}09}{4} \times 257 = 0{,}00009$.

Essayons $\mathbf{R}_e = 2{,}5 \times 10^6$. L'abaque 33 donne $\lambda = 0{,}0126$.

On a alors : $\frac{p_1 - p_2}{\varpi} = \left(K + \lambda \frac{L}{4R}\right) \frac{U^2}{2g} = \left(0{,}10 + 0{,}0126 \times \frac{150}{1{,}028}\right) \frac{U^2}{2g} = 1{,}93 \frac{U^2}{2g}$

Poids spécifique de l'air à 15,6°C (donné par le tableau 17) $\varpi = 11{,}988$ N/m^3.

On obtient alors : $\frac{p_1 - p_2}{\varpi} = \frac{0{,}20 \times 9810}{11{,}988} = 164$ m de colonne d'air

Il en résulte : $\frac{U^2}{2g} = \frac{164}{1{,}93} = 84{,}97$ m ; $U = 40{,}8$ m/s.

$\mathbf{R}_e$ ayant été choisi arbitrairement, il faut vérifier sa valeur.

Le tableau 17 donne $\upsilon = 1{,}47 \times 10^{-5}$ m²/s et $\mathbf{R}_e = \frac{UD}{\upsilon} = U \times \frac{4R}{\upsilon}$
$= \frac{40{,}8 \times 1{,}028}{1{,}47 \times 10^{-5}} = 3{,}5 \times 10^6$.

On constate dans l'abaque 33 que la valeur de λ choisie n'est pas modifiée de façon appréciable.

4.29 - Conduites en série

Dans le cas de plusieurs conduites de différents diamètres ou rugosités, disposées en série, avec leurs accessoires, l'application des expressions générales de la façon indiquée au n° 4.27 suffit pour résoudre les problèmes.

Les sections et le débit étant connus, la perte de charge correspondante est déterminée directement par application de l'équation 4.59.

Si l'inconnue est Q, on choisit une valeur approchée pour la vitesse, ce qui permet de déterminer des valeurs approchées pour a et K, et au moyen de l'équation 4.60, une valeur approchée pour Q. En partant de cette valeur, on détermine de nouvelles valeurs de a et K et une nouvelle valeur de Q, jusqu'à la précision désirée.

4.30 - Réseaux ramifiés

Un réseau est dit ramifié quand les conduites qui le composent se divisent successivement à partir d'un point commun d'alimentation sans se rejoindre jamais (figure 4.20).

La charge E dans la section initiale O étant connue, on peut écrire, par rapport à chacun des points terminaux IV, V, VI, VII, une équation du type :

$$E_o - E_{IV} = \Delta E_{o.IV} = Q_1^2 (a_1 L_1 + b_1 \sum K_1) + Q_2^2 (a_2 L_2 + b_2 \sum K_2) + Q_3^2 (a_3 L_3 + b_3 \sum K_3) \quad (4.61)$$

En chacun des nœuds I, II, et III, on doit vérifier l'équation de continuité :

$$\sum = 0$$

Si l'on impose la différence de charge $\Delta E_{o.IV}$ et les diamètres, et qu'on désire calculer les débits à chaque branchement, on a un système de 7 équations à 7 inconnues.

Si l'on impose les diamètres et les débits, la charge en chaque point terminal est déterminée directement au moyen d'une équation du type (4.61), puisqu'il s'agit alors d'un cas de conduites en série, dont les débits sont variables de tronçon en tronçon.

4.31 - Systèmes en parallèle

Étant donné un système en parallèle (figure 4.21), on peut considérer deux cas : la perte de charge entre I et II est connue et on veut déterminer le débit ; le débit total Q est connu et on désire déterminer la perte de charge.

Le premier cas se résout directement, puisque la perte de charge est donnée, on connaît le débit de chaque tronçon ; le débit total est la somme des débits dans les différents tronçons.

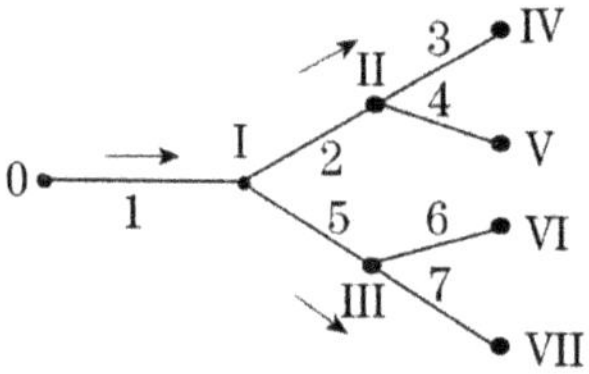

Fig 4.20

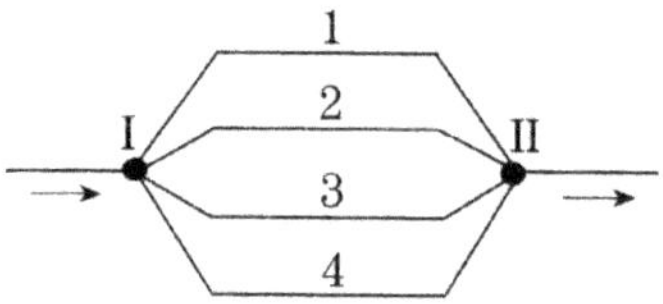

Fig 4.21

Le second cas exige un calcul par approximations successives, qui peut être fait comme suit :

a) on fixe le débit d'une conduite Q'_1 par exemple, et on calcule la perte de charge correspondante, ΔH.

b) Partant de la valeur de ΔH, on calcule les valeurs de Q'_2 et Q'_3 dans les autres conduites. Additionnant ces débits, on obtient Q'.

c) On répartit le débit total Q dans les différentes conduites, dans le même rapport que les débits calculés. On aura alors : $Q''_i = Q'_i \times Q / Q'$.

d) Partant de ces valeurs, on calcule la perte de charge dans chaque conduite. Si les résultats sont suffisamment approchés, on considère le problème comme résolu ; sinon, on reprend le même calcul en partant de la valeur de Q''_i ainsi calculée.

Exemple : Dans le circuit représenté sur la figure 4.21 circule un débit d'eau égal à 400 l/s à travers 3 conduites parallèles, en fibrociment, dont les dimensions sont les suivantes : $L_1 = 1500$ m ; $D_1 = 400$ mm ; $L_2 = 900$ m ; $D_2 = 300$ mm ; $L_3 = 1\,800$ m ; $D_3 = 300$ mm.

Déterminer la répartition du débit entre les trois conduites et la perte de charge entre I et II.

Solution : On utilise l'abaque 41 (conduites en fibrociment). On pose $Q'_1 = 170$ l/s ;

l'abaque 41 donne $i'_1 = 3{,}25$ m/km. On a donc $\Delta H'_1 = i'_1\, L_1 = 4{,}88$ m d'eau. On obtient $i'_2 = \dfrac{4{,}88}{900} = 5{,}42$ m/km ; $i'_3 = \dfrac{4{,}88}{1800} = 2{,}71$ m/km.

L'abaque 41 donne $Q'_2 = 110$ l/s et $Q'_3 = 70$ l/s.

On obtient alors : $Q' = \sum Q'i = Q'_1 + Q'_2 + Q'_3 = 170 + 110 + 70 = 350$ l/s.

Il en résulte $\frac{Q'}{Q} = \frac{400}{350} = 1{,}143$ et on prend : $Q_1 = Q'_1 \times \frac{Q'}{Q} = 1{,}143 \times 170 =$ 194 l/s ; $Q_2 = 1{,}143\ Q'_2 = 126$ l/s ; $Q_3 = 1{,}143\ Q'_3 = 80$ l/s.

Les pertes de charge données par l'abaque 41, pour le cas présent, sont $i_1 = 4{,}1$ m/km ; $i_2 = 6{,}8$ m/km ; $i_3 = 3{,}4$ m/km. De ces valeurs on déduit : $(\Delta H)_1 = i_1 L_1 =$ 6,15 m ; $(\Delta H)_2 = i_2 L_2 = 6{,}20$ m ; $(\Delta H)_3 = i_3 L_3 = 6{,}12$ m.

Les valeurs obtenues se tiennent dans les limites de précision des formules de l'abaque. On prendra donc : $Q_1 = 194$ l/s ; $Q_2 = 126$ l/s ; $Q_3 = 80$ l/s ; $\Delta H = 6{,}15$ m.

4.32 - Cas de plusieurs réservoirs reliés entre eux

Dans ce cas (figure 4.22), l'équation de continuité à satisfaire s'écrit $Q_1 = Q_2 + Q_3$ ou $Q_1 + Q_2 = Q_3$ selon la position relative des niveaux des réservoirs. La méthode à appliquer est la suivante :

a) on fixe la hauteur piézométrique au point I ;

b) partant de cette valeur, on calcule Q_1, Q_2, et Q_3 ;

c) si l'équation de continuité est satisfaite, le problème est résolu. Sinon, on choisit une nouvelle valeur pour la hauteur piézométrique en I, en corrigeant l'équation précédente de façon que l'équation de continuité soit vérifiée.

Exemple : supposons que, pour le système représenté par la figure 4.22 : $L_1 = 600$ m, $L_2 = 500$ m, $L_3 = 1\,800$ m ; $D_1 = 0{,}30$ m, $D_2 = 0{,}20$ m, $D_3 = 0{,}40$ m ; les tuyaux sont en fibrociment ; les cotes dans les réservoirs sont : $h_A = 60$ m, $h_B = 20$ m, $h_C = 8$ m. Déterminer Q_1, Q_2, et Q_3.

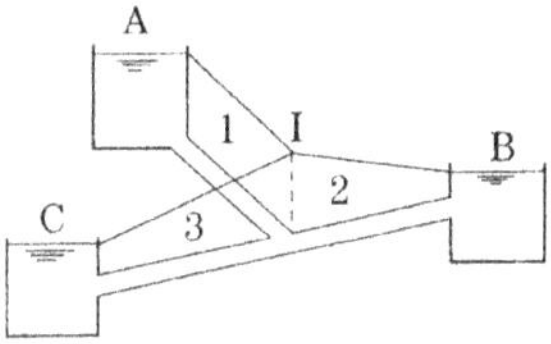

Fig. 4.22

Solution : Choisissons arbitrairement la valeur $h_I = 25$ m de la cote piézométrique en I. h_I étant supérieur à h_B et h_C, on doit avoir, pour satisfaire à l'équation de continuité, $Q_1 = Q_2 + Q_3$. On a alors : $h_1 = h_A - h_I = 60 - 25 = 35$ m ; $h_2 = h_I - h_B = 25 - 20 = 5$ m ; $h_3 = h_I - h_C = 25 - 8 = 17$ m. On aura aussi : $i_1 = \frac{h_1}{L_1} = \frac{35}{600} = 0{,}0583$; $i_2 = \frac{h_2}{L_2} = \frac{5}{500} = 0{,}010$;

$i_3 = \frac{h_3}{L_3} = \frac{17}{1\,800} = 0{,}0094$. L'abaque 41 donne : $Q_1 = 400$ l/s ; $Q_2 = 50$ l/s ; $Q_3 = 310$ l/s. Comme $Q_1 > Q_2 + Q_3$, on doit augmenter la hauteur piézométrique en I.

Prenons la nouvelle valeur $h_I = 30$ m. On obtient comme précédemment : $h_1 = 30$ m ; $h_2 = 10$ m ; $h_3 = 22$ m ; $i_1 = 0{,}05$; $i_2 = 0{,}02$; $i_3 = 0{,}012$; $Q_1 = 370$ l/s ; $Q_2 = 73$ l/s ; $Q_3 = 350$ l/s. Comme $Q_1 < Q_2 + Q_3$, on doit choisir pour h_I une valeur intermédiaire. Prenons $h_I = 27$ m. On obtient : $h_1 = 33$ m ; $h_2 = 7$ m ; $h_3 = 19$ m ; $i_1 = 0{,}055$; $i_2 = 0{,}014$; $i_3 = 0{,}0106$; $Q_1 = 395$ l/s ; $Q_2 = 61$ l/s ; $Q_3 = 330$ l/s ; $Q_2 + Q_3 = 391$ l/s.

Ces valeurs vérifient avec une précision suffisante la relation $Q_1 = Q_2 + Q_3$. On pourrait prendre $Q_1 = 393$ l/s ; $Q_2 = 61$ l/s ; $Q_3 = 332$ l/s. Avec les petits ordinateurs et un programme très simple, la solution est plus facile et plus précise.

4.33 - Systèmes complexes. Réseaux de conduites

Un cas de problème complexe consiste dans le calcul de réseaux de distribution maillés, où l'on veut déterminer le rapport des débits aux pertes de charge. La solution de ce problème doit satisfaire aux conditions suivantes :

a) La somme algébrique des pertes de charge successives dans chaque maille doit être nulle.

b) La somme des débits arrivant à un nœud doit être égale à la somme des débits qui en sortent.

c) Pour chaque côté, la loi de perte de charge entre les extrémités doit être satisfaite.

L'une des méthodes qui permet d'effectuer le calcul est celle de Cross, qui pourra être utilisée de la façon suivante :

a) on choisit arbitrairement une distribution de débits, satisfaisant à l'équation de continuité ;

b) De chaque côté de la maille, on calcule la perte de charge $\Delta H = aLQ^2 = sQ^2$, avec $s = aL$.

Pour chaque contour, on fait la somme :

$$\sum \Delta H = \sum sQ^2 \tag{4.63}$$

en tenant compte du signe de ΔH(1).

c) Pour chaque contour, on fait la somme :

$$\sum 2sQ \tag{4.64}$$

sans tenir compte des signes.

d) Si $\sum \Delta H \neq 0$, on ajoute à chaque contour un débit ΔQ, tel que :

$$\Delta Q = \frac{\sum sQ^2}{\sum 2sQ} \tag{4.65}$$

e) On recommence le calcul, jusqu'à obtenir l'approximation désirée.

Exemple(2) : On désire effectuer le calcul du réseau de la figure 4.23 ; pour chaque conduite, on connaît la longueur L et le diamètre D.

On admet que les valeurs de s pour chaque tronçon, calculées par les formules précédentes, sont celles indiquées dans la figure 4.23a.

Tenant compte des sens des flèches, on peut écrire les équations :

Dans le premier essai, la valeur $\sum sQ^2$ est positive dans la maille n° 1 et $\Delta Q = 13$. Il

(1) Plus généralement, on peut écrire $\Delta H = sQ^n$. Les sommes (4.63) et (4.64) deviennent alors respectivement : $\sum sQ^n$ et $\sum nsQ^n$.

(2) [**8**].

faut donc soustraire aux débits considérés comme positifs la valeur 13 et additionner aux débits négatifs la même valeur 13, afin d'obtenir $\sum sQ^2 = 0$. Dans la maille n° 2, c'est le contraire qui se produit : on doit additionner 5 aux débits considérés comme positifs et soustraire 5 aux débits négatifs. Dans le tronçon commun, on applique les deux corrections, simultanément.

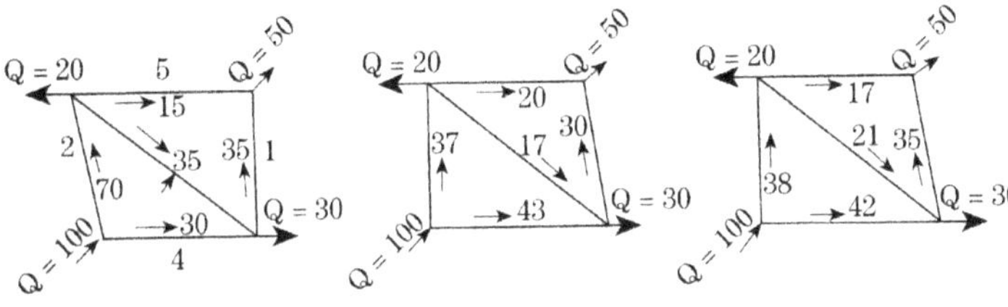

a) b) c)

Fig. 4.23

Les chiffres indiqués en a), parallèlement aux débits, près de chaque côté des mailles, représentent les valeurs de s.

	Maille n° 1 (à gauche sur la figure)		**Maille n° 2** (à droite sur la figure)	
1re tentative	$+70^2 \times 2 =$ 98 000	$2 \times 70 \times 2 =$ 280	$+15^2 \times 5 =$ 1 125	$2 \times 15 \times 5 =$ 150
	$+35^2 \times 1 =$ 1 225	$2 \times 35 \times 1 =$ 70	$+35^2 \times 1 =$ 1 225	$2 \times 35 \times 1 =$ 70
	$-30^2 \times 4 =$ − 36 000	$2 \times 30 \times 4 =$ 240	$-35^2 \times 1 =$ 1 225	$2 \times 35 \times 1 =$ 70
	$\Sigma sQ^2 =$ + 7 425	$\Sigma 2sQ =$ 590	$\Sigma sQ^2 =$ − 1 325	$\Sigma 2sQ =$ 290
	$\Delta Q = \dfrac{+7\,425}{590} = +13$		$\Delta Q = \dfrac{-1325}{290} = -5$	
2^e tentative	$+57^2 \times 2 =$ 6 500	$2 \times 57 \times 2 =$ 228	$+20^2 \times 5 =$ 2 000	$2 \times 20 \times 5 =$ 200
	$+17^2 \times 1 =$ 289	$2 \times 19 \times 1 =$ 38	$-17^2 \times 1 =$ − 289	$2 \times 17 \times 1 =$ 34
	$-43^2 \times 4 =$ − 7 400	$2 \times 43 \times 4 =$ 344	$-30^2 \times 1 =$ − 900	$2 \times 30 \times 1 =$ 60
	− 611	= 610	= + 811	= 294
	$\Delta Q = \dfrac{-611}{610} = -1$		$\Delta Q = \dfrac{+811}{294} = 3$	
3^e tentative	$+58^2 \times 2 =$ 6 470	$2 \times 58 \times 2 =$ 232	$+17^2 \times 5 =$ 1 225	$2 \times 17 \times 5 =$ 170
	$+21^2 \times 1 =$ 441	$2 \times 21 \times 1 =$ 42	$-21^2 \times 1 =$ − 441	$2 \times 21 \times 1 =$ 42
	$-42^2 \times 4 =$ − 7 050	$2 \times 42 \times 4 =$ 336	$-33^2 \times 1 =$ − 1 089	$2 \times 33 \times 1 =$ 66
	= − 131	= 610	= − 86	= 278
	$\Delta Q = \dfrac{-131}{610} \approx 0$		$\Delta Q = \dfrac{-86}{278} = \approx 0$	

En une deuxième tentative, on a une nouvelle distribution indiquée sur la figure 4.23b, de la même façon on peut arriver à la distribution indiquée sur la figure 4.23c où les valeurs obtenues pour ΔQ sont négligeables.

4.34 - Conduites avec débit constant et diamètre variable

Dans le cas représenté schématiquement sur la figure 4.24, la perte de charge linéaire entre les sections 0 et 1 s'écrit :

$$\Delta H_{0.1} = \int_o^L a_x\, Q^2\, \mathrm{d}x \tag{4.66}$$

remplaçant et effectuant on aura :

$$\Delta H_{0.1} = \frac{1}{4}\, a_1\, Q^2\, K^5 \left(\frac{1}{K^4} - \frac{1}{(K+L)^4} \right) \tag{4.67}$$

a_1 étant le coefficient de perte de charge pour le débit Q et le diamètre D_1, et

$$K = LD_1 / (D_o - D_1) \tag{4.67a}$$

4.35 - Conduites de diamètre constant dans lesquelles le débit varie uniformément le long du parcours

Dans le cas représenté schématiquement sur la figure 4.25, si l'on désigne par Q_o le débit qui entre dans la section amont et q le débit soutiré à la conduite par unité de longueur de celle-ci, le débit à une distance x de la section initiale est :

$$Q_x = Q_o - P_x \tag{4.68}$$

avec :

$$P_x = q.\, x \tag{4.69}$$

La perte de charge dans un tronçon de longueur x s'écrit :

$$\Delta H_x = \int_o^x a\, Q_x{}^2\, \mathrm{d}x \tag{4.70}$$

et a la valeur approchée :

$$\Delta H_x = ax\,(Q_x + 0{,}55\, P_x)^2 \tag{4.70a}$$

Fig. 4.24

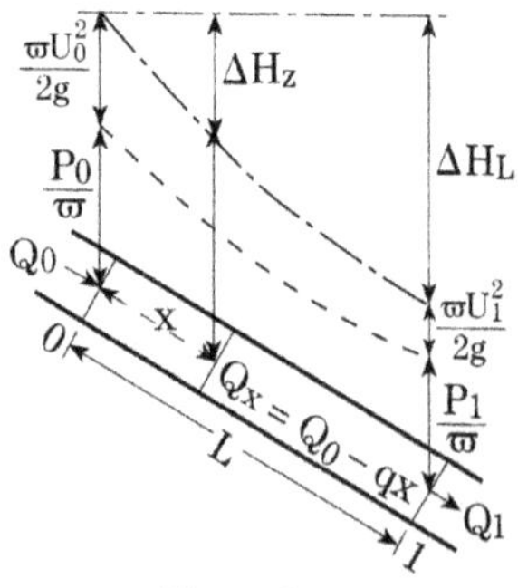

Fig. 4.25

À la distance L :

$$\Delta H_L = aL\,(Q_1 + 0{,}55\,P)^2 \tag{4.71}$$

ou

$$P = q\,L \tag{4.72}$$

Q_1 est appelé *débit d'extrémité*, et le terme $Q_1 + 0{,}55\,P$ le *débit équivalent d'extrémité.*

On voit que :

a) La ligne piézométrique est une parabole cubique en x.

b) Quand il n'y a pas de débit dérivé, la perte de charge est donnée par $\Delta H = aLQ^2$, expression déjà connue.

c) Si $Q_1 = 0$, la perte de charge est de l'ordre du tiers de celle qui se produirait si tout le débit sortait par l'extrémité aval.

D'un point de vue pratique, il suffit de calculer, au moyen des abaques précédents, la perte de charge correspondant au débit initial Q_0, et l'on prend le tiers de la valeur de charge correspondant à un débit fictif égal au débit équivalent d'extrémité.

BIBLIOGRAPHIE

1 – BAKHMETEFF, B. A. - *Mécanique de l'écoulement turbulent des fluides.* Dunod, 1941.

2 – DUBIN, CH. - *Recueil de Tables et Abaques pour le calcul des adductions d'eau* (Compagnie Générale des Eaux).

3 – FORCHEIMER, PH. - *Tratado de Hidraúlica* - Editorial Labor. Buenos Aires, 1939.

4 – NECE, R.E. et DUBOIS, E.R. - Hydraulic Performance of Check and Control Valves. *Journal of the Boston Society of Civil Engineers*, Vol. 42, n° 3. July, 1955.

5 – ONIGA, T. - *Calcul des tuyaux* (édité par Matémine, France), 1949.

6 – PUPPINI, U. - *Idraulica.* Nicola Zanichelli, Editore, Bologna, 1947.

7 – ROUSE, H. et HASSAM, M.-M. - *Cavitation Free Inlets and Contractions Mechanical Engineering*, March, 1941.

8 – SCIMEMI, E. - *Compendio di Idraulica.* - Libreria Universitaria de G. Randi, Padova, 1952.

9 – SCHLAG, A. - *Hydraulique Générale et Mécanique des Fluides*, Dunod, 1950.

10 – *La Houille Blanche.* Mai-juin 1947 et novembre 1950.

11 – IDEL'CIK, I.E. - *Mémento des pertes de charge, Eyrolles*, 1969.

12 – LEVIN, L - *Formulaire des conduites forcées, oléoducs et conduits d'aération.* Dunod, 1968.

13 – HYDRAULICS RESEARCH. *Charts for the Hydraulic Design of Channel and Pipes.* 6e édition, 1990.

CHAPITRE CINQ

ÉCOULEMENTS À SURFACE LIBRE - RÉGIME UNIFORME

A - GÉNÉRALITÉS

5.1 - Nombre de Reynolds et nombre de Froude

Les écoulements à surface libre, de même que les écoulements en charge, sont caractérisés par le nombre de Reynolds, qui exprime l'action des forces de viscosité. Cependant, ils sont également fonction du paramètre sans dimensions qui traduit l'influence de la pesanteur et que l'on appelle, comme nous l'avons vu (1.19), nombre de Froude.

Le nombre de Reynolds, pour les écoulements à surface libre, est :

$$\mathbf{R}_e = \frac{UD}{\upsilon} \qquad (5.1)$$

où :

U est la vitesse moyenne ; D, le diamètre hydraulique égal à $4R$, R étant le rayon hydraulique (v. n° 2.12) ; et υ le coefficient de viscosité cinématique.

Pour des canaux de largeur infinie, on aura $R = h$, h étant le tirant d'eau.

Le nombre de Froude, pour les écoulements à surface libre, s'écrit :

$$\mathbf{F}_r = \frac{U}{\sqrt{gh}} \qquad (5.2)$$

Cette expression est également appelée *coefficient cinétique* et représente la relation entre la vitesse de l'écoulement et la vitesse de propagation des petites perturbations. Certains auteurs adoptent le carré de cette valeur.

5.2 - Types de mouvements

a) Influence du nombre de Reynolds, $\mathbf{R}_e$

Dans les écoulements à surface libre, le régime visqueux existe pour des valeurs du nombre de Reynolds, défini par l'équation (5.1), inférieures à 2 000. Ce régime ne se produit que dans des canaux extrêmement petits, ou avec des vitesses très faibles, et ses applications techniques se limitent presque exclusivement à la théorie du graissage. Il peut également survenir dans les écoulements à tirant d'eau réduit, comme c'est le cas parfois dans les inondations de terrains très plats. Pour des valeurs du nombre de Reynolds supérieures à 2 000, le régime devient turbulent[1].

b) Influence du nombre de Froude, $\mathbf{F}_r$

La *célérité des petites ondes*, dans un canal rectangulaire de largeur infinie, s'écrit :

$$V_c = \sqrt{gh} \tag{5.3}$$

Cette vitesse s'appelle *vitesse critique.* Ainsi, dans un canal de largeur infinie, si la vitesse moyenne du courant dépasse cette valeur, c'est-à-dire si le nombre de Froude, $\mathbf{F}_r$, est supérieur à l'unité, les petites ondes ne peuvent pas se propager vers l'amont, et l'écoulement est dit *rapide* ou *torrentiel* ; si $U < \sqrt{gh}$, c'est-à-dire si $\mathbf{F}_r < 1$, les petites ondes se propagent vers l'amont et le régime est dit *lent* ou *fluvial.* Si $U = \sqrt{gh}$, soit $\mathbf{F}_r = 1$, le régime est dit *critique.* Au chapitre 6, en nous fondant sur les notions d'énergie et de quantité de mouvement, nous donnerons de nouvelles définitions des régimes rapide, lent et critique.

5.3 - Distribution des pressions et des vitesses

La pression à la profondeur y, mesurée d'après la normale au fond dans un écoulement en régime uniforme, s'écrit :

$$p = \varpi\, y \cos \theta \tag{5.4}$$

θ représentant l'angle du fond du canal avec l'horizontale (figure 5.1).

Pour $y = 0$, on a $p = 0$, c'est-à-dire que la ligne piézométrique relative coïncide toujours avec la surface libre.

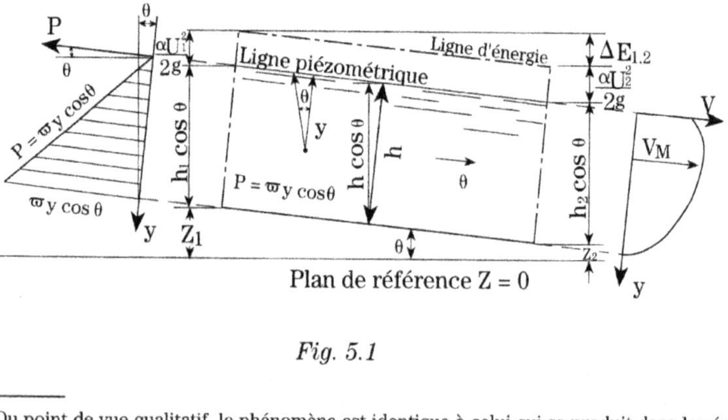

Fig. 5.1

(1) Du point de vue qualitatif, le phénomène est identique à celui qui se produit dans les écoulements en charge. Du point de vue quantitatif, il a été moins étudié, étant donné que la détermination des pertes d'énergie dans les écoulements à surface libre est plus difficile.

Comme, en général, $\theta \simeq 0$ et $\cos\theta \simeq 1$, on obtient :

$$p = \varpi y \qquad (5.4a)$$

qui est l'expression habituellement utilisée[1] et qui correspond à une distribution hydrostatique de pressions.

Si le fond du canal est concave (figure 5.2a), ou convexe (fig. 5.2b), dans le sens longitudinal, le régime n'est pas uniforme et on observe une augmentation ou une diminution des pressions, par suite de la force centrifuge provenant de la courbure des lignes de courant.

La distribution cesse d'être hydrostatique et la pression mesurée en hauteur d'eau, à la profondeur y ne sera pas égale à y mais prendra une valeur $p / \varpi = y \pm a$. Au fond du canal, on aura :

$$a = \pm \frac{h}{g} \frac{U^2}{r} \qquad (5.4b)$$

h étant la hauteur d'eau dans la section ; r le rayon de courbure du fond, et U, en termes pratiques, la vitesse moyenne dans la section (figure 5.2). On utilise le signe (+) au cas de fond concave et le signe (−) au cas de fond convexe.

Dans le cas de courbures faibles, c'est-à-dire si r est très grand, ce facteur de correction n'est pas significatif, et l'on peut admettre une distribution hydrostatique des pressions.

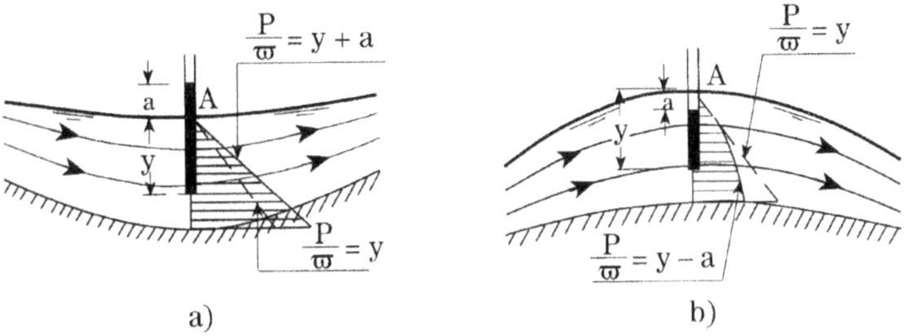

Fig. 5.2

La distribution des vitesses moyennes dans la section varie beaucoup avec la forme de la section. D'une manière générale, dans les canaux artificiels de forme régulière, la distribution des vitesses obéit à une loi approximativement parabolique, avec des valeurs qui vont décroissant en fonction de la profondeur (figure 5.1).

La figure 5.3a est un exemple caractéristique de la forme des isotaches dans les canaux trapézoïdaux. La vitesse est maximale un peu au-dessous de la surface libre, dans une région de l'écoulement appelée *filon*.

(1) Pour donner une idée de la validité de cette simplification, nous indiquons les valeurs suivantes de θ :

θ	10'	1°	5°	10°	20°	30°	45°
tg θ	0,003	0,017	0,087	0,176	0,364	0,577	1
cos θ	1,00	0,999	0,996	0,985	0,940	0,867	0,707

La figure 5.3b montre, à titre d'exemple, une distribution de vitesses dans un canal irrégulier.

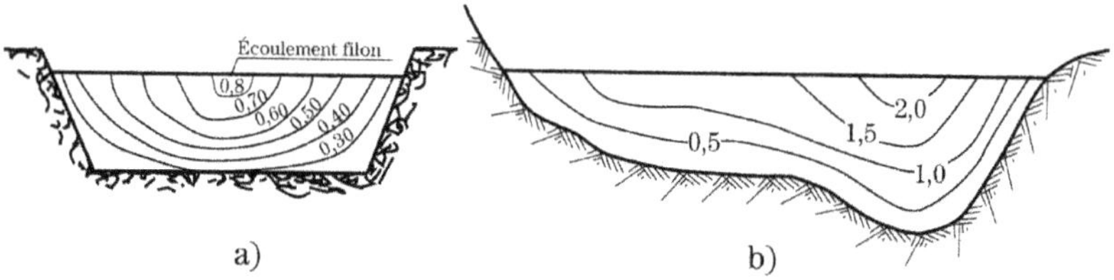

Fig. 5.3

Si, dans une certaine section, on appelle U la vitesse moyenne de l'écoulement ; V_M la vitesse maximale à la surface libre ; V_f la vitesse près du fond ; V_y la vitesse à la profondeur y ; et h la hauteur d'eau dans le canal, on peut utiliser les approximations suivantes :

Auteur	U	V_f	V_y
Prony	$0{,}8\ V_M$	$0{,}6\ V_M$	–
Fargue	$0{,}842\ V_M$	–	
Bazin	$V_M - 14\ Ri$	–	$V_M - 20\left(\dfrac{y}{h}\right)^2\sqrt{hi}$

B - PERTES DE CHARGE

5.4 - Formules du régime uniforme

Dans les écoulements à surface libre, il est commode de considérer la charge par rapport au fond du canal, que l'on désigne par *charge spécifique, H* :

$$H = \frac{P}{\varpi} + \alpha\,\frac{U^2}{2g} = h + \alpha\,\frac{U^2}{2g} \qquad (5.5)$$

En régime uniforme, les pertes de charges, $\Delta E_{1.2}$, par rapport à un plan horizontal (v. figure 5.1) sont entièrement compensées par la pente du fond du canal.

La charge spécifique, H, et la hauteur d'eau h, restent constantes ; le fond du canal, la surface libre et la ligne d'énergie (ou ligne de charge) restent parallèles.

---

(1) Sont isolignes qui caractérisent les vitesses, c'est-à-dire, des valeurs dimensionnelles et pas non dimensionnelles.

On a alors (figure 5.1) :

$$I = J = i \qquad (5.6)$$

où :

$I = \sin\theta \simeq \mathrm{tg}\,\theta$ = pente du fond du canal, θ étant l'angle avec l'horizontale.

J = pente de la surface libre.

i = perte de charge par unité de poids et par unité de longueur du canal.

D'une manière générale, la précision obtenue dans le calcul pour des écoulements à surface libre est inférieure à celle qui est obtenue pour les conduites. En effet, dans ces dernières, la section est constante et l'on obtient plus facilement le régime uniforme.

C'est pourquoi, des calculs très précis ne se justifient pas dans le cas des canaux. D'une manière générale, tout au moins au point de vue qualitatif, les pertes de charge continues sont données par des expressions similaires à celles qui sont utilisées pour les écoulements en charge (v. n°s 4.6 et 4.7).

Si l'écoulement est laminaire, ce qui est rare en hydraulique, les *lois de Poiseuille* sont valables, à condition de considérer l'écoulement à surface libre comme la moitié inférieure d'un tuyau admettant la surface libre comme plan horizontal de symétrie.

À titre d'exemple, dans un canal semi-circulaire de diamètre D, la vitesse, V_r, en un point, à la distance r du centre sera :

$$V_r = \frac{ig}{4\upsilon}\left(\left(\frac{D}{2}\right)^2 - r^2\right) \qquad (5.6a)$$

Si l'on prend $S = \frac{1}{2}\,\frac{\pi D^2}{4}$, on aura également :

$$V_{Max} = \frac{ig}{2\pi\upsilon}S \qquad U = \frac{ig}{4\pi\upsilon}S \qquad Q = \frac{ig}{4\pi\upsilon}S^2 \qquad (5.6b)$$

Quand l'écoulement est turbulent, ce qui est le cas le plus courant en hydraulique, les formules les plus usuelles sont essentiellement la formule de Chézy et la formule de Strickler.

a) Formules du type Chézy (v. n° 4.7c)

Cette formule s'écrit :

$$U = C\sqrt{Ri} \qquad Q = CS\sqrt{Ri} \qquad (5.7)$$

On peut écrire également :

$$i = \frac{U^2}{C^2R} = b\,\frac{U^2}{R} \qquad (5.8)$$

où U est la vitesse moyenne, R, le rayon hydraulique, i, la perte de charge par unité de longueur, égale à la pente du fond du canal et à la pente de la surface libre, étant donné qu'il s'agit du régime uniforme. C est un coefficient de dimension $L^{1/2}\,T^{-1}$, donné par diverses formules, dont les plus utilisées sont :

Bazin	Kutter
$C = \dfrac{87\sqrt{R}}{K_B + \sqrt{R}}$	$C = \dfrac{100\sqrt{R}}{K_K + \sqrt{R}}$

K_B et K_K dépendent de la rugosité des parois et sont donnés, respectivement, par les tables 85 et 86.

b) Formule de Manning-Strickler (*v. n°* 4.7a)

$$U = K_s R^{2/3} \sqrt{i}$$
$$Q = K_s S R^{2/3} \sqrt{i} \qquad (5.9)$$

Les dimensions de K_s, coefficient de Strickler, sont $L^{1/3} T^{-1}$.

L'inverse, $n = \dfrac{1}{K_s}$ s'appelle le coefficient de Manning.

Les valeurs de K_s sont données par la table 87 pour des canaux réguliers, et par les tables 88 et 89 pour les cours d'eau naturels.

Le coefficient K_s et le coefficient C, de la formule de Chézy, sont liés par la relation $C = K_s R^{1/6}$.

La rugosité des canaux en matériau non cohérent est fonction du diamètre moyen des particules et du rayon hydraulique. Elle sera approximativement : (1)

$$K_s = \frac{1}{n} \simeq 26 \left(\frac{1}{d_{65}} \right)^{1/6} \text{m}^{1/3}/\text{s} \qquad (5.10)$$

où d_{65} est le diamètre (en mètres) auquel correspondent 65 % en poids de matériau de diamètre inférieur.

Cette expression déduite expérimentalement par Strickler est valable pour $4 < R/k < 4\,000$, R étant le rayon hydraulique et k la rugosité de Nikuradse qu'on peut faire égale à d_{65}.

Quand on projette un canal, il ne faut pas oublier que les éléments les plus fins seront entraînés (voir n° 5.9) ; la rugosité doit alors être établie pour des éléments dont on suppose, compte tenu des forces tractrices ou des vitesses admises, qu'ils ne seront pas entraînés.

La formule de Strickler a sur les formules de Bazin ou de Kutter l'avantage d'être logarithmique. Elle s'adapte donc plus facilement aux calculs.

L'abaque 90 permet la résolution de la formule de Strickler.

(1) Plusieurs expressions de ce type, toutes approchées, ont été proposées : Strickler (1923) ; Meyer-Peter (1948), Keulegan (1949), etc.

5.5 - Détermination de la profondeur normale : courbes des profondeurs normales

Les formules de Chézy et de Strickler peuvent s'écrire, respectivement :

$$\frac{Q}{\sqrt{i}} = CS\sqrt{R} \quad \text{ou} \quad \frac{Q}{\sqrt{i}} = K_s SR^{2/3} \qquad (5.11)$$

Les seconds membres de ces égalités ne sont fonction que de la nature des parois (par l'intermédiaire de C ou de K_s) et de la forme géométrique de la section ; une fois fixée la nature de la paroi, ils définissent une fonction φ de la section mouillée et, donc de la profondeur h (voir figure 5.4).

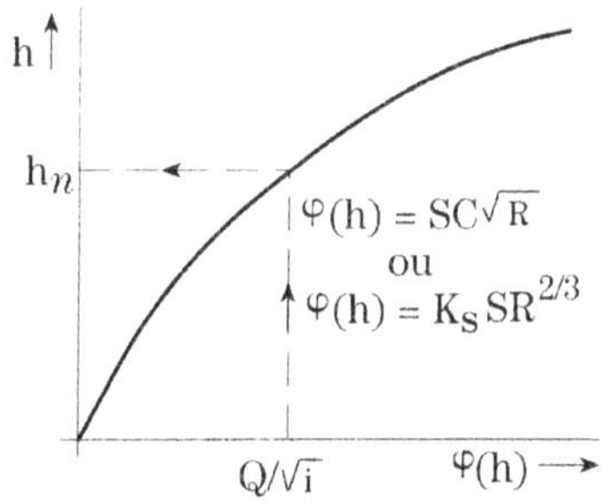

Fig. 5.4

La valeur de h telle que $\varphi(h) = \dfrac{Q}{\sqrt{i}}$ s'appelle la profondeur normale de l'écoulement (on la note parfois h_n ou h_0) et la courbe $\varphi(h)$ s'appelle courbe des profondeurs normales de la section. On pourrait de la même façon utiliser la fonction $\psi(h) = Q / K_s \sqrt{i}$ appelée débittance.

Tandis que dans les sections évasées, le débit croît toujours lorsque la profondeur de l'eau augmente, il n'en est pas de même pour les sections voûtées, puisque, dans la partie supérieure de ces dernières, le périmètre mouillé croît plus rapidement que la superficie, ce qui entraîne une diminution du rayon hydraulique, et, en conséquence, du débit (voir les abaques 93, 97, 99, 103 et 106 à 110). Généralement, le régime correspondant au débit maximum en section voûtée est nettement instable ; aussi ne doit-on pas, dans ce cas, tenir compte des débits supérieurs à celui qui correspond à la section pleine.

Les abaques et les tables 91 à 117 donnent des éléments géométriques et hydrauliques et permettent de résoudre différents problèmes que pose le régime uniforme pour diverses formes de section (la table 84 en donne le résumé).

Exemples :

1 – Soit un canal de section trapézoïdale, dont les caractéristiques sont les suivantes : largeur du fond, l = 4 m ; pente des côtés, m = 1/1 ; rugosité des parois, K_B = 0,16 ; pente du fond, I = 0,30 m/km ; tirant d'eau, h = 1,6 m. Calculer U et Q.

Solution :

$S = h\,(l + mh) = 8{,}96\ \mathrm{m}^2.$ $\quad P = l + 2\sqrt{2h} = 8{,}52\ \mathrm{m}$

$R = S\,/\,P = 1{,}05\ \mathrm{m}$ $\quad I = 0{,}0003\ \mathrm{m/m}$

$$C = \frac{87\sqrt{R}}{K_B + \sqrt{R}} = 75{,}25\ \mathrm{m^{1/2}/s}$$

On aura alors :

$$U = C\sqrt{RI} = 1{,}33\ \mathrm{m/s}$$

$$Q = U\,.\,S = 11{,}9\ \mathrm{m^3/s}$$

2 – Soit un canal rectangulaire de 4 m de large ; la rugosité des parois est, d'après Kutter, $K_K = 0{,}25$ et la pente du fond 40 %. Déterminer le tirant d'eau qui, en régime uniforme, permet d'écouler un débit de 170 m³/s.

Solution : On a $\dfrac{Q}{\sqrt{i}} = \dfrac{170}{\sqrt{0{,}040}} = 850\ \mathrm{m^3/s}$

Le tableau ci-dessous donne la fonction $\varphi\,(h) = CS\sqrt{R}$ pour diverses valeurs de h.

h m	S m²	P m	R m	$\sqrt{R}$ m$^{1/2}$	$C = \dfrac{100\sqrt{R}}{0{,}25 + \sqrt{R}}$ m$^{1/2}$/s	$\varphi\,(h) = CS\sqrt{R}$ m³/s
2,40	9,6	8,8	1,09	1,044	80,7	809
2,45	9,8	8,9	1,10	1,049	80,8	831
2,50	10,0	9,0	1,11	1,054	80,8	852
2,55	10,2	9,1	1,12	1,058	80,9	873
2,60	10,4	9,2	1,13	1,063	81,0	895

Par interpolation, ou en traçant la courbe $\varphi\,(h)$, on obtient $h_u \approx 2{,}50$ m.
Les méthodes de résolution numérique de type itératives seraient plus simples.

3 – Dans l'exemple précédent, déterminer la pente qui, en régime uniforme, correspond à un tirant d'eau égal à 2,52 m.

Solution : Par interpolation, ou en traçant la courbe $\varphi\,(h)$, on obtient pour : $h = 2{,}52$ m, $\varphi\,(h) = 860$ m³/s. On aura alors $\sqrt{i} = \dfrac{Q}{Q\,(h)} = 0{,}1977$ d'où $I = 39{,}1‰$ puisque $i = I$.

4 – Voir également tous les exemples traités à la suite des tables de régime uniforme.

5.6 - Sections de débit maximum

Il y a parfois intérêt à déterminer, pour une forme géométrique donnée, la section qui, à égalité de surface, offre la capacité d'écoulement maximale. Il est évident que, pour une même surface, S, le débit est maximum quand le rayon hydraulique, R, est également maximum, et, par conséquent, S étant constante, quand le périmètre mouillé, P est minimum.

Pour la section semi-circulaire, la surface libre doit coïncider avec le diamètre du cercle. Le tirant d'eau est alors égal au rayon du cercle et le rayon hydraulique sera $R = h/2$.

Le profil trapézoïdal isocèle qui correspond au débit maximum est, pour une valeur donnée de la pente des côtés, m, celui dans lequel on peut inscrire une demi-circonférence dont le diamètre coïncide avec la surface libre. Dans ces conditions, il est facile de calculer les différents éléments géométriques de la section à partir des données de la table 118.

– On peut considérer la section rectangulaire comme le cas limite de la section précédente lorsque m tend vers zéro, ce qui conduit à une largeur égale au double de la hauteur.

– On peut constater aisément que, des trois profils indiqués, c'est le profil semi-circulaire qui, pour écouler le même débit, exige les plus petites dimensions. Toutefois, sa construction est difficile, et c'est pourquoi on adopte plus couramment le profil trapézoïdal.

Même pour le profil trapézoïdal, on évite parfois le profil de débit maximum, surtout lorsqu'il exige une trop grande profondeur.

Signalons encore que, si le canal est revêtu, le minimum de coût peut ne pas correspondre au minimum d'excavation. Dans la pratique, parmi les différentes dimensions qui peuvent donner satisfaction, il faut chercher la section qui entraîne le minimum de coût.

5.7 - Sections complexes

Pour le cas de la figure 5.5, constituée par un lit mineur et par un lit majeur, on doit calculer le débit en ajoutant au débit correspondant à toute la section centrale, S_c, définie par les points $C'CDEFF'$, à laquelle correspond le périmètre mouillé $\overline{CD} + \overline{DE} + \overline{EF}$, et le débit correspondant aux deux parties latérales $ABCC'$ et $HGFF'$, auxquelles correspondent, respectivement, les périmètres mouillés $\overline{AB} + \overline{BC} + \overline{HG} + \overline{GF}$.

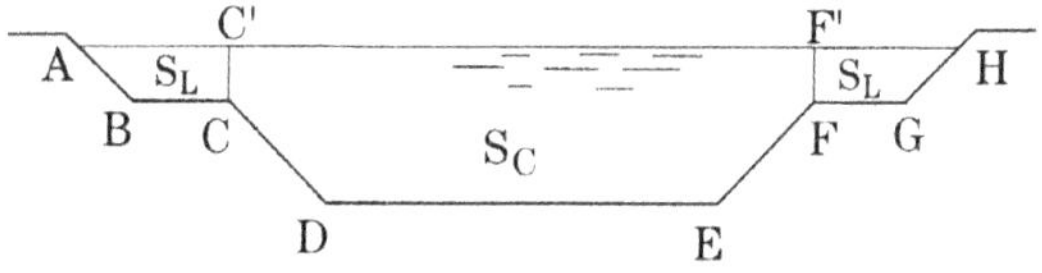

Fig. 5.5

Si, dans la section transversale d'un écoulement, existent plusieurs types de rugosités, on pourra tenir compte, d'après la formule d'Einstein, d'un coefficient de rugosité de Strickler, $\overline{K_s}$ pour l'ensemble, donné par l'expression :

$$\overline{K_s} = \left(\frac{P}{\Sigma \frac{\Delta P_i}{K_{si}^{3/2}}} \right)^{2/3} \tag{5.12}$$

P étant le périmètre mouillé total ; ΔP_i, la longueur de périmètre mouillé à laquelle correspond un coefficient K_{si}(1).

(1) On ne peut accepter la méthode, parfois utilisée, qui consiste à considérer comme coefficient de Strickler moyen, la moyenne pondérée proportionnellement aux longueurs ΔP_i, des différentes valeurs de K_s. En d'autres termes, l'expression :

$$P \overline{K_s} = \Sigma \Delta P_i \, . \, K_{si} \tag{5.13}$$

n'est pas valable.

(V. : Remenieras, G. et Bourguignon, P. : "Prédétermination des pertes de charge d'une canalisation d'eau par circulation d'air". – *Le Génie Civil*, n°s. 6, 7, 8 et 9. 1953).

5.8 - Marge de sécurité dans les canaux

Comme nous l'avons dit, le calcul des pertes de charge dans les canaux à surface libre n'a pas toujours la même précision que pour les conduites en charge. Une perte de charge non prévue provoque une élévation de la surface libre et un risque de débordement.

C'est pourquoi il faut toujours prévoir une *marge de sécurité*, au-dessus de la ligne d'eau calculée, afin de tenir compte : des difficultés de calcul des pertes par frottement et des pertes singulières ; de la surélévation dans les coudes ; des vagues provoquées par le vent ; de la variation de la pression atmosphérique ; de l'accumulation de dépôts solides ; de la croissance de la végétation, etc.

La marge de sécurité oscille, généralement, entre 0,30 m, pour les petits canaux, et 0,60 à 1,20 m pour les grands canaux. On peut adopter comme règle générale, 1/4 de la profondeur. Toutefois, il est indispensable de tenir compte de toutes les circonstances qui peuvent conduire à modifier ces indications.

C - STABILITÉ DES CANAUX NON REVÊTUS

5.9 - Critère de dimensionnement pour des matériaux non cohérents

Pour le dimensionnement d'un canal non revêtu, où les berges et le fond sont constitués par des matériaux non cohérents, il est nécessaire d'en garantir la stabilité, afin d'éviter les érosions provoquées par les forces hydrodynamiques engendrées par l'écoulement. En fait, si les forces hydrodynamiques qui s'exercent sur les particules du matériau non cohérent qui constitue les berges et le fond du canal sont suffisamment réduites, les particules restent stables. Mais si l'intensité des forces hydrodynamiques augmente, on risque d'aboutir à une situation où les particules sont déplacées de leur position initiale et se meuvent avec l'écoulement. Toutefois, dans le cas d'une augmentation graduelle des forces hydrodynamiques, le mouvement des particules ne s'étend pas instantanément à toutes les particules. Effectivement, le caractère aléatoire de l'intensité des forces hydrodynamiques, caractéristiques des écoulements turbulents, fait que le début du processus de déplacement des particules est également aléatoire. Cependant, les particules plus légères sont, en moyenne, déplacées plus rapidement de leurs positions initiales. Si la gamme des poids des particules qui constituent le matériau incohérent est assez variée, on pourra éventuellement atteindre une situation où seules les plus petites particules sont déplacées.

Les conditions dans lesquelles les particules du matériau non cohérent qui constituent le fond et les berges d'un canal commencent à se déplacer, appelées conditions critiques, peuvent s'exprimer en fonction des vitesses de l'écoulement (*vitesses critiques*), ou des tensions tangentielles exercées sur les particules (*forces tractrices critiques*).

Ces deux critères, que nous exposons ci-dessous, ont été utilisés pour l'étude de la stabilité des canaux.

5.10 - Vitesses critiques

Considérons un canal rectangulaire infiniment large, en régime uniforme, dont le fond est constitué par un matériau non cohérent. Les forces qui s'exercent sur les particules de ce matériau (voir figure 5.6) sont : leur poids apparent, G[1] ; la force tractrice, F_a[2], dont la direction est parallèle au fond ; et la force de sustentation, F_s[3], de direction perpendiculaire au fond. ψ étant l'angle de frottement interne[4] du matériau non cohérent du fond, et θ l'angle du fond avec l'horizontale, la condition critique est exprimée par :

$$\operatorname{tg}\psi = \frac{F_t}{F_n} = \frac{G\sin\theta + F_a}{-G\cos\theta + F_s} \tag{5.14}$$

où F_t et F_n sont les composantes, tangentielle et perpendiculaire au fond du lit, de la force résultante qui agit sur la particule.

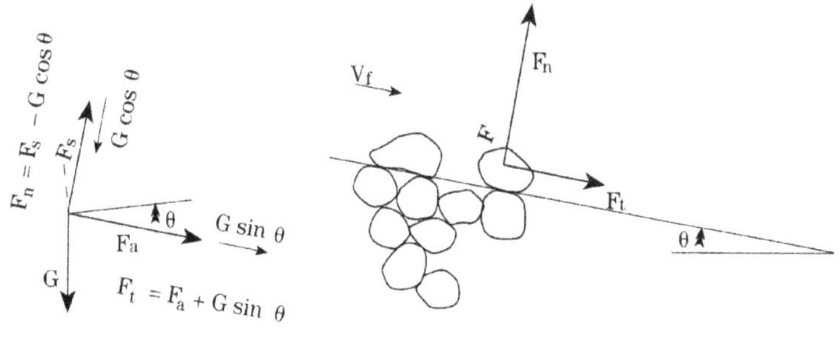

Fig. 5. 6

L'angle de frottement interne du matériau non cohérent est fonction de la dimension et de la forme des particules ; il est donné par l'abaque 125b. Les forces tractrices et de sustentation sont exprimées par :

$$F_a = C_a K_1 d^2 \rho \frac{V_f^2}{2} \tag{5.15}$$

$$F_s = C_s K_2 d^2 \rho \frac{V_f^2}{2} \tag{5.16}$$

où C_a et C_s = coefficients de traction et de sustentation, résultant du champ de vitesses.
K_1, K_2 = facteurs fonction de forme de la particule ;
V_f = vitesse d'écoulement près du fond ;
d = diamètre moyen de la particule ;
ρ = masse spécifique de l'eau.

(1) Le poids apparent est égal au poids en dehors de l'eau moins la poussée hydrostatique (n° 3.6).

(2) Voir n° 2.33 a.

(3) Voir n° 2.33 d.

(4) L'angle de frottement interne d'un matériau non cohérent correspond à l'angle de talus naturel.

D'autre part, le poids apparent de la particule peut s'exprimer par :

$$G = K_3 (\varpi_s - \varpi)\, d^3 \tag{5.17}$$

où :

K_3 = facteur fonction de forme de la particule ;
ϖ_s et ϖ = poids spécifique de la particule et de l'eau.

Si l'on introduit les équations (5.15), (5.16) et (5.17) dans l'équation (5.14), on a :

$$\frac{V_{f\ crit}^2}{(\frac{\varpi_s}{\varpi} - 1)\, gd} = A \tag{5.18}$$

où :

$$A = \frac{2\, K_3 (\mathrm{tg}\, \psi \cos \theta + \sin \theta)}{-\, C_a K_1 + C_s K_2\, \mathrm{tg}\, \psi} \tag{5.19}$$

Le coefficient A, improprement désigné par *coefficient de matériau du fond*, est fonction des facteurs suivants :

a) distribution des diamètres des particules qui constituent le matériau non cohérent, de leur forme, texture, etc., traduite par des facteurs de forme K_1, K_2 et K_3, et de l'angle de frottement interne, ψ ;

b) de l'écoulement, traduit par les coefficients C_a et C_s ;

c) de la pente du fond du canal, traduite par l'angle θ.

Diverses études expérimentales ont été réalisées en vue de déterminer le coefficient A [**8**] et [**9**].

Dans la plupart des applications pratiques, il n'est pas possible de déterminer avec une précision suffisante la vitesse critique près du fond $(V_f)_{crit.}$. C'est pourquoi on a coutume de fonder l'analyse de la stabilité du fond des canaux sur la vitesse moyenne de l'écoulement. À titre indicatif, nous donnons sur la table 119 les *vitesses moyennes critiques* pour divers matériaux, ainsi que les facteurs de correction à utiliser dans le cas des canaux non rectilignes. L'abaque 120 condense les résultats des expériences de Hjulström(1) pour les particules de diamètre uniforme.

Neill [**10**] présente l'équation conservative suivante, pour le dimensionnement de canaux dont le fond est en matériau non cohérent et uniforme :

$$\frac{U^2_{crit}}{(\frac{\varpi_s}{\varpi} - 1)\, d} = 2{,}5 \left(\frac{d}{h}\right)^{-1/5} \times 10^{-4} \tag{5.20}$$

où :

U = vitesse moyenne de l'écoulement (m/s) ;
d = diamètre moyen du matériau de fond (mm) ;
h = profondeur moyenne de l'écoulement (m).

L'utilisation de critères de dimensionnement de canaux fondés sur la vitesse critique a été critiquée, à juste titre, par plusieurs chercheurs, par exemple Lane [**5**]. En effet, l'analyse de la stabilité est fondée sur la vitesse de l'écoulement près du fond, et non pas sur la vitesse moyenne de l'écoulement. Pour deux écoulements à la même vitesse moyenne, avec le même matériau de

(1) Hjulström (1935), cité par [**12**].

fond, mais avec des profondeurs différentes, la vitesse près du fond est la plus grande pour l'écoulement de plus faible profondeur. Aussi, dans l'étude de la stabilité des canaux, quand on applique un critère fondé sur les vitesses moyennes critiques, il faut toujours tenir compte des conditions dans lesquelles a été défini le critère à appliquer, en particulier en ce qui concerne les profondeurs de l'écoulement (voir table 119b). Toutefois, il existe des situations, dans la pratique, où l'on ne dispose que de la vitesse moyenne de l'écoulement et où, par conséquent, les critères fondés sur les vitesses moyennes sont les seuls qui permettent une analyse du problème, tout au moins en un premier temps.

5.11 - Tensions critiques

a) *Stabilité du matériau de fond*

Les inconvénients mentionnés plus haut, quant à l'application du critère des vitesses critiques pour le dimensionnement de canaux stables, ont conduit à définir le critère des *tensions critiques*.

Pour un écoulement bidimensionnel (dans un canal rectangulaire infiniment large), la tension tangentielle exercée par l'écoulement sur le fond, τ_o, est donnée par l'expression :

$$\tau_o = \varpi\, h\, i \tag{5.21}$$

où :

i = perte de charge de l'écoulement par unité de parcours. Les dimensions de τ sont FL^{-2} ; dans le système international, elles sont exprimées en N/m^2.

Dans le cas général, la tension tangentielle maximale sur le fond d'un canal est donnée par :

$$\tau_o = \varpi\, R\, i \tag{5.21a}$$

La table 121 indique la distribution de la tension, τ, sur le fond et sur les côtés de canaux trapézoïdaux et triangulaires, pour diverses valeurs de la pente des talus des berges. Pour faciliter les calculs, on peut considérer comme valeurs maximales de la tension tangentielle sur le fond d'un canal $\tau_o = \varpi\, h\, i$ et sur les talus $\tau_o^t = 0{,}76\, \varpi\, h\, i$ (voir Chow [7]).

La relation entre la vitesse d'écoulement près du fond et la tension tangentielle de l'écoulement est établie par une équation du type :

$$\tau_o = K V_f^2 \tag{5.22}$$

Ainsi, la condition critique exprimée par l'équation (5.18), en termes de vitesse critique, peut s'écrire en termes de tension critique, et l'on a alors :

$$\frac{(\tau_o)_{crit}}{(\varpi_s - \varpi)\, d} = \tau^* \tag{5.23}$$

où τ^* est un coefficient sans dimension. C'est à Shields [**11**] que l'on doit l'étude systématique du rapport exprimé par l'équation (5.23) ; c'est pourquoi le coefficient τ^* est couramment désigné par *paramètre de Shields*. Ce chercheur a constaté que le coefficient τ^* n'était pas constant et a analysé le rapport ($\tau^* = f(\mathbf{R_e}^*)$), où $\mathbf{R_e}^*$ est un paramètre sans dimension défini par :

$$\mathbf{R}_e^* = \frac{u^* d}{\upsilon} \tag{5.24}$$

où υ est la viscosité de l'eau ; u^*, la vitesse de frottement près du fond, définie par $u^* = \sqrt{\tau_0 / \rho}$.

Étant donné l'analogie entre l'équation (5.24) et l'équation de définition du nombre de Reynolds, le paramètre $\mathbf{R}_e^*$ est désigné par *nombre de Reynolds de frottement*. Le rapport fonctionnel, dérivé expérimentalement par Shields, et donné par l'abaque 122 a été habituellement désigné par *courbe de Shields*. Pour l'interprétation de la courbe de Shields, on peut recourir au rapport entre le nombre de Reynolds de frottement et l'épaisseur du film laminaire de l'écoulement près du fond, δ, exprimée par l'équation suivante :

$$\mathbf{R}_e^* = 11{,}6 \, \frac{d}{\delta} \tag{5.24a}$$

En fait, quand $d < \delta$ (pour $\mathbf{R}_e^* < 2$), les particules du matériau du fond sont enveloppées par le film laminaire, et le mouvement des particules est indépendant de la turbulence de l'écoulement (cette situation correspond à la définition de l'écoulement turbulent lisse). Pour $d >> \delta$, les particules du matériau du fond pénètrent dans la zone turbulente de l'écoulement, et le coefficient, τ^*, est indépendant du nombre de Reynolds de frottement.

Le courbe de Shields montre effectivement que, pour $\mathbf{R}_e^* > 400$, on a :

$$\frac{(\tau_o)_{\text{crit}}}{(\varpi_s - \varpi)\, d} = 0{,}06 \tag{5.24b}$$

Les résultats d'expériences plus récentes indiquent une valeur inférieure de τ^*, de l'ordre de 0,046 (Zeller, 1963). Finalement, dans la zone de transition, pour $d \approx \delta$ et $2 < \mathbf{R}_e^* < 400$, les particules sont partiellement couvertes par le film laminaire. La courbe de Shields montre que le coefficient τ^* atteint sa valeur minimale, égale à 0,03, dans la zone de transition, pour $\mathbf{R}_e^* \approx 10$.

La courbe de Shields a été établie pour des écoulements sur lits de sable, avec des grains de dimensions uniformes. Pour un matériau non cohérent avec des grains de dimensions variées, d représente la médiane de la courbe granulométrique du matériau non cohérent. On constate que, dans le cas de sables avec grains de dimensions variées, le critère de Shields est conservatif.

Le principal inconvénient de l'application de la courbe de Shields pour le calcul des canaux stables résulte du fait que, la tension tangentielle de l'écoulement, τ_0, apparaît, simultanément, en abscisses (dans le paramètre $\mathbf{R}_e^*$) et en ordonnées (dans le paramètre τ^*). Ainsi, il est nécessaire, dans le calcul, d'utiliser une méthode itérative. Pour remédier à cet inconvénient, nous indiquons, dans l'abaque 122b, le rapport entre la tension tangentielle critique et le diamètre moyen du matériau, extrait de la courbe de Shields.

Pour des matériaux grossiers, on obtient une valeur approchée de la tension tangentielle critique par le critère de Lane [**5**], qui peut s'exprimer par :

$$(\tau_o)_{\text{crit}} \cong 8\, d_{75} \tag{5.25}$$

où $(\tau_o)_{\text{crit}}$ est exprimé en N/m², et d_{75} en cm. Cette équation est valable pour des matériaux d'un poids spécifique, $\varpi = 26 \times 10^3 \text{N/m}^3$. Pour des matériaux d'un poids spécifique ϖ différent, la valeur de $(\tau_o)_{\text{crit}}$ doit être multipliée par le facteur $c = \varpi' / \varpi$.

Pour l'application du critère de Lane, consulter la table 123, qui donne aussi des indications concernant des matériaux non cohérents fins et des matériaux cohérents.

b) *Stabilité du matériau sur les talus des berges*

L'analyse de la stabilité des talus des berges de l'écoulement est, conceptuellement, analogue à l'analyse faite pour le matériau du fond.

La condition critique, exprimée en termes des forces qui agissent sur une particule du matériau incohérent du talus est donnée par :

$$\mathrm{tg}\,\psi = \frac{(G \sin\phi)^2 + 2F_a\, G \sin\theta \,.\, \sin\beta + F_a^2}{G\cos\theta - F_s} \qquad (5.25a)$$

où :

- ψ = angle de frottement interne du matériau non cohérent ;
- G = poids de la particule ;
- F_a = force tractrice ;
- F_s = force de sustentation ;
- ϕ = angle du talus avec l'horizontale ;
- β = angle entre la direction de la tension tangentielle et le fond du canal, dû à l'action de courants secondaires.

Appliquant à l'équation (5.25) les équations (5.15), (5.16), (5.17) et (5.22), et considérant que $\beta = 0$ pour des écoulements rectilignes, la tension tangentielle critique, pour une particule localisée dans le talus de la berge peut être exprimée, en fonction de la tension tangentielle critique pour une particule du fond par l'équation suivante :

$$(\tau_o{}^t)_{crit} = K\,(\tau_{o\ crit}) \qquad (5.26)$$

avec :

$$K = \cos\phi\sqrt{1 - \frac{\mathrm{tg}^2\phi}{\mathrm{tg}^2\psi}} \approx \sqrt{1 - \frac{\sin^2\phi}{\sin^2\psi}} \qquad (5.27)$$

On peut obtenir la valeur de K directement de l'abaque 124c.

Il est évident qu'une des premières conditions d'équilibre du matériau du talus est exprimée par $\phi < \psi$, autrement dit, l'angle du talus avec l'horizontale doit être plus petit que l'angle de frottement interne du matériau (abaque 124b). Toutefois, il faut noter encore que la tension tangentielle maximale exercée par l'écoulement sur les talus des berges est inférieure à la tension tangentielle maximale exercée sur le fond (voir table 121).

Sur la table 124a, sont indiqués les angles conseillés, en principe, pour différents matériaux cohérents et non cohérents.

5.12 - Exemple

Déterminer les dimensions d'un canal de section trapézoïdale, non revêtu, destiné à transporter un débit de 20 m^3/s d'eau propre.

La pente du canal est de 0,0003. Le fond et les talus des berges sont constitués par un matériau de diamètre moyen 8 mm et de diamètre caractéristique, d_{65}, de 12 mm.

Solution :

1 – *Critère des tensions critiques*

1.a) *Coefficient de rugosité de Manning-Strickler* (éq. 5.10) :

$$K_s = \frac{26}{(12 \times 10^{-3})^{1/6}} \text{ m}^{1/3}/\text{s} = 54 \text{ m}^{1/3}/\text{s}.$$

1.b) *Angle de frottement interne du matériau* (abaque 124b) :

pour d = 8 m, on aura ψ = 31° (en supposant que le matériau est peu anguleux).

1.c) *Angle des talus* : pour des raisons de stabilité, il faut avoir $\theta < \psi$; admettant une pente des talus égale à 2/1 (hor./vert.) on aura θ = 26,6°.

1.d) *Force tractrice critique du fond* (éq. 5.24b), en admettant $\mathbf{R}_e^* > 400$:

$$(\tau_o)_{crit} = 0{,}06\,(\varpi_s - \varpi)\,d = 0{,}06 \times (1\,650 \times 9{,}8) \times 8 \times 10^{-3} = 7{,}76 \text{ N/m}^2$$

alors : $$\mathbf{R}_e^* = \frac{u^* d}{\upsilon} = \sqrt{\frac{\tau_o}{\rho}} \cdot \frac{d}{\upsilon} = \sqrt{\frac{7{,}76}{1\,000}} \cdot \frac{\text{w}8 \times 10^{-3}}{1.01 \times 10^{-6}} = 698$$

Par conséquent, l'application de l'équation (5.24b) est valable. La valeur de $(\tau_o)_{crit}$ est donnée directement par l'abaque 122b.

1.e) *Force tractrice critique sur les berges* (éq. 5.26)

$$(\tau_o^t)_{crit} = (\tau_o)_{crit} \sqrt{1 - \frac{\sin^2 \phi}{\sin^2 \psi}} = 7.76 \sqrt{1 - \frac{\sin^2 26{,}6°}{\sin^2 31°}} = 3.83 \text{ N/m}^2$$

On pourrait obtenir cette valeur à l'aide de l'abaque 124 c.

1.f) *Vérification du rayon hydraulique*

En admettant, en première approximation, un rapport l / h = 5, la table 121 indique que la tension maximale provoquée par l'écoulement est égale à 0,98 ϖhi, dans le fond, et à 0,77 ϖhi, sur les côtés.

Pour garantir la stabilité du fond, nous devrons avoir :

$$h < \frac{(\tau_o)_{crit}}{0{,}98\,\varpi\, i} \qquad h < 2{,}69 \text{ m}$$

Pour garantir la stabilité des côtés, nous devrons avoir :

$$h < \frac{(\tau_o)_{crit}}{0{,}77\,\varpi\, i} \qquad h < 1{,}69 \text{ m}$$

En prenant h = 1,5 m, les conditions critiques sont satisfaites.

1.g) *Calcul de la géométrie de la section*

En prenant b = 10 m, on aura S = 19,5 m² et R = 1,17 m. Le débit calculé par application de l'équation de Manning-Strickler est :

$$Q = K_s R^{2/3} S \sqrt{i} = 54 \,.\, (1{,}17)^{2/3} \,.\, 19{,}5 \,.\, (0{,}0003)^{1/2} = 20 \text{ m}^3/\text{s}$$

La vitesse moyenne de l'écoulement est égale à 1,03 m/s.

2 – *Critères des vitesses critiques*

2.a) *Utilisant la courbe de Hjulström* : pour d = 8 mm, l'abaque 120 donne $U_{crit} \approx 1$ m/s, ce qui est conforme au critère des tensions tangentielles critiques. On peut également obtenir cette valeur de U_{crit} en recourant à l'abaque 119.

2.b) *Utilisant le critère de Neil* : d'après l'équation (5.20)

on a : $$U^2_{crit} = (\varpi_s - \varpi)\, d \,.\, 2{,}5 \times 10^{-4} \left(\frac{d}{h}\right)^{-1/5} = 2{,}3 \text{ (m/s)}^2 \Rightarrow U_{crit} = 1{,}5 \text{ m/s}$$

5.13 - Exemple

Déterminer la pente maximale que l'on peut donner à un canal de section trapézoïdale dont la largeur de fond est $l = 8$ m et la profondeur $h = 2$ m. Le diamètre caractéristique d_{65} du matériau du fond non cohérent est égal à 15 mm, et le diamètre moyen est 10 mm. La pente des berges du canal est $m = 2$ (hor./vert.)

Solution :

On a $l / h = 4$. La force tractrice maximale (table 121) est :

Sur le fond $\tau_m = 0{,}97\ \varpi\ h\ i = 19 \times 10^3\ i$ N/m²

Sur les côtés $\tau'_m = 0{,}77\ \varpi\ h\ i = 15{,}1 \times 10^3\ i$ N/m²

La force tractrice critique sur le fond, donnée par le critère de Lane, est :

$$\tau_o = 0{,}8\ d_{75} = 12 \text{ N/m}^2$$

L'angle de frottement interne (abaque 124b) vaut $\psi = 32°$. Pour la pente des talus on adopte l'angle de 30°. De l'abaque 124c, pour $\psi = 32°$ et $\phi = 30°$ on a $K = 0{,}3$.

La force tractrice critique sur les berges est alors :

$$\tau'_o = K\ \tau_o = 3{,}6 \text{ N/m}^2$$

Le fond restera stable si $\tau_M \leqslant \tau_o$, c'est-à-dire, $19 \times 10^3\ i < 12$, d'où $i < 0{,}00063$.

Les berges resteront stables si $\tau'_M \leqslant \tau'_o$, c'est-à-dire, si $14{,}9 \times 10^3 \times i < 3{,}6$, d'où $i < 0{,}00024$. On doit donc avoir $i < 0{,}00024$.

La vitesse moyenne de l'écoulement est donnée par la formule : $U = K_s\ R^{2/3}\ i^{1/2}$.

Pour $K_s = 52$ m$^{1/3}$/s et $R = 1{,}4$ m, nous avons : $U = 1{,}0$ m/s.

La vitesse critique donnée par le critère de Hjulström est 1,6 m/s.

5.14 - Section stable optimisée

Comme on l'a vu, dans un canal de section trapézoïdale, la valeur de la force tractrice, τ_o, n'est pas égale sur tout le périmètre. Dans ces conditions, la capacité de transport du canal est limitée par une petite zone où τ_o atteint des valeurs maximales.

Pour un matériau donné, il y a une forme de section à laquelle correspond une distribution uniforme de la force tractrice. Cette section est désignée par *section stable optimisée.*

Il est aisé de déduire l'équation $y(x)$ de cette section(1). On obtient alors une courbe cosinusoïdale :

$$y = h_n \cos\left(\frac{\text{tg}\ \psi}{h_n}\ x\right) \tag{5.28}$$

où h_n est la profondeur d'eau au milieu du canal, considérant que s'établit le régime uniforme ; ψ est l'angle de repos du matériau.

(1) Voir [**7**].

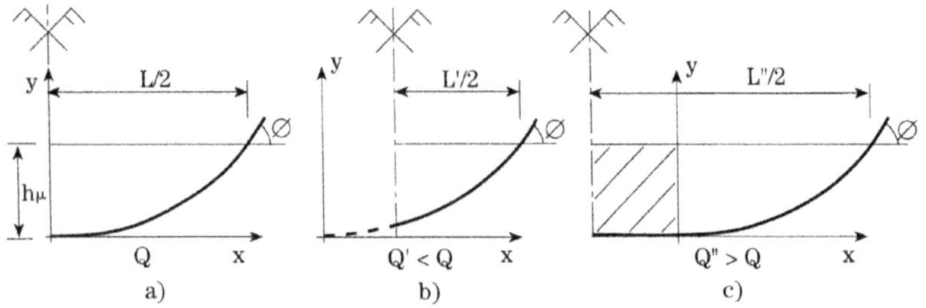

Fig. 5.7

D'après les données du "*US Bureau of Reclamation*", il faut prendre :

$$h_n = \frac{(\tau_o)_{crit}}{0{,}97\,\varpi\, i} \tag{5.29}$$

où $(\tau_o)_{crit}$ est la tension tractrice du matériau.

La vitesse moyenne, U en S.I., sera, pour la section ainsi définie.

$$U = K_s\,(0{,}91 - 0{,}8\,\text{tg}\,\psi\,)h_n^{2/3}\, i^{1/2} \tag{5.30}$$

Et la section liquide, S, sera :

$$S = \frac{2{,}04\, h_n^2}{\text{tg}\,\psi} \tag{5.31}$$

Le débit résultant sera $Q = US$.

Si le débit effectif est $Q' < Q$, il faut retirer une partie centrale du canal, jusqu'à ce que la largeur superficielle soit :

$$L' = 0{,}96\left(1 - \sqrt{\frac{Q'}{Q}}\right) L \tag{5.32}$$

Si le débit est $Q'' > Q$, il faut ajouter au centre du canal une portion telle que la largeur superficielle soit :

$$L'' = \frac{Q'' - Q}{h_n^{5/3}\, i^{1/2} K_s} \tag{5.33}$$

Exemple : Déterminer la section stable optimisée à donner à un canal où $i = 0{,}0016$; $Q = 10$ m³/s, creusé dans un matériau avec $d_{65} = 15$ mm ; $d_{75} = 20$ mm ; $\psi = 35°$.

Solution : D'après le critère de Lane, on aura $\tau_{o\,(crit)} = 8 \times 2 = 16$ N/m².

Suivant la formule (5.29), on a :

$$h_n = \frac{(\tau_o)_{crit}}{0{,}97\,\varpi\, i} = 1{,}56 \text{ m}$$

Et d'après l'expression (5.28), l'équation de la forme de la section est :

$$y = 1{,}06 \cos\left(\frac{\text{tg}\,35°}{1{,}06}.\, x\right) = 1{,}06 \cos\,(0{,}30\, x)$$

Notons que $0{,}30\, x$ est exprimé en radians.

Prenant $K_s = 26/d_{65}^{1/6} = 52$ m$^{1/3}$/s

La vitesse moyenne sera :

$$U = K_s\,(0{,}91 - 0{,}8\,\text{tg}\,\psi\,)h_n \sqrt{i} = 0{,}76 \text{ m/s}$$

La section (équation 5.31) sera :

$$S = \frac{2{,}04\, h^2}{\text{tg}\,\psi} = 3{,}3 \text{ m}^2$$

D'où $Q = US = 3{,}3 \times 0{,}76 = 2{,}5$ m³/s

Pour transporter un débit de 10 m³/s, est nécessaire un tronçon horizontal dans le fond, d'une longueur L'', donnée par :

$$L'' = \frac{Q'' - Q}{h_u^{5/3}\sqrt{i}\,K_s} = 3{,}27 \text{ m}$$

5.15 - Canaux avec végétation

La végétation est un moyen efficace de protéger les canaux contre l'érosion. Cependant, elle provoque une augmentation de rugosité et un certain retardement dans l'écoulement.

Dans le calcul des dimensions d'un canal revêtu de végétation, il faudra tenir compte de l'état de développement de la végétation.

Ainsi, le calcul devra être effectué en deux phases : dans la première phase, on effectue le calcul correspondant à un développement de la végétation qui assure la stabilité du canal ; dans la deuxième phase, on admet que la végétation se développe plus qu'il n'est nécessaire pour garantir la stabilité contre les érosions, avec une augmentation correspondante de rugosité : dans ce cas, il faut assurer l'écoulement du débit maximum.

La table 125 condense les critères établis par l'*U.S. Soil Conservation Service* pour le calcul des dimensions de canaux revêtus de végétation.

Ainsi, connaissant le débit Q, une fois définies la pente i du canal et sa forme géométrique, et après avoir choisi le type de revêtement végétal, on procède de la manière suivante :

a) *Calcul pour garantir la stabilité contre l'érosion*

a.1) – Connaissant les espèces qui constituent le revêtement végétal, on détermine, compte tenu des conditions locales, les valeurs extrêmes de la hauteur et de la densité de végétation prévisibles. À partir de la table 125a, on classe la végétation en l'un des cinq types identifiés de A à E.

a.2) – On fixe une valeur de K_s et, à partir de la courbe de l'abaque 125b, correspondant au plus faible revêtement végétal prévisible en fonction du débit, Q (courbes D ou E, par exemple), on extrait la valeur de UR.

a.3) – À partir de la table 125c, on fixe la vitesse admissible, U ; une fois connue la forme géométrique de la section, on détermine la valeur de R à laquelle correspond une surface mouillée $S = Q/U$; à partir de la formule de Strickler, on calcule la valeur de UR.

$$UR = K_s\, R^{5/3}\, i^{1/2}$$

On compare cette valeur avec celle qui a été obtenue en a.2.

a.4) – On répète le calcul avec d'autres valeurs de K_s, jusqu'à ce que la valeur de UR calculée en a.3 coïncide avec la valeur de UR déterminée en a.2.

b) *Vérification de la section pour un plus grand développement de la végétation*

b.1) – On fixe une profondeur d'eau, h et on calcule les valeurs correspondantes de S, R, $U = Q\,/\,S$ et UR.

b.2) – Pour le développement maximum possible de la végétation déterminé en a.1, et avec la valeur de UR calculée en b.1, on obtient, à partir de l'abaque 125b, la valeur de K_s.

b.3) – On calcule $U = K_s\ R^{2/3}\ i^{1/2}$ et on compare avec la valeur de U obtenue en b.1.

b.4) – On fixe de nouvelles valeurs de h jusqu'à ce que la valeur de la vitesse calculée en b.3 soit égale à celle qui a été obtenue en b.1.

BIBLIOGRAPHIE

1 – ARGHYROPOULOS, P. - *Calcul de l'écoulement en conduites sous pression ou à surface libre.* Dunod, 1957 (tables pour le calcul d'après la formule de Manning-Strickler).

2 – BAKHMETEFF, B.A. - *Hydraulics of open channels.* Mc Graw-Hill, 1932.

3 – CRAUSSE, E. - *Hydraulique des canaux découverts en régime permanent.* Eyrolles, 1951.

4 – LENCASTRE, A. - *Alguns Aspectos do Transporte Sólido em Problemas Hidraúlicos.* Publicação n° 64 do LNEC - Técnica n° 247, Dezembro, 1954.

5 – LANE, - *Progress Report on Studies on the design of Stables Channels by the Bureau of Reclamation.* - Proceeding ASCE, 1953.

6 – INSPECTION FÉDÉRALE DES TRAVAUX PUBLICS - *Abaque pour l'écoulement uniforme dans les canaux à profil rectangulaire ou trapézoïdal.* Berne, 1956.

7 – VEN TE CHOW - *Open-Channel Hydraulics.*

8 – MAVIS, F.T., LIU, T., SOUCEK, E. - *"The Transportation of Detritus by Flowing Water - II"*, Univ. of Iowa Studies in Engineering, n° 341, 1937.

9 – MAVIS, F.T., LAU SHEY, L.M. - *A Reappraisal of the Beginning of Bed Movement - Competent Velocity"*, Intern. Assoc. Hydr. Res., 2nd Meeting, Stockholm, 1948.

10 – NEILL, C.R. - *"Mean Velocity Criterion for Scour of Coarse Uniform Bed Material"* International Assoc. Hydr. Res., 12th Congress, Fort Collins, 1967.

11 – SHIELDS, A. - *Anwendung der Ahnlichkeitsmechanik und Turbulenzforschung auf die Gescliebebewegung".* Mitteil. Preuss. Versuchsanst. Wasser, Erd, Schiffsbau, Berlin, n° 26, 1936.

12 – GRAF, W.H. - *Hydraulics of Sediment Transport.* Mc Graw-Hill Book Company, New-York, 1971.

CHAPITRE SIX

ÉCOULEMENTS À SURFACE LIBRE RÉGIME PERMANENT

A - ÉQUATIONS GÉNÉRALES

6.1 - Différents types de mouvements

Dans un canal suffisamment long, dont la pente, la section, la rugosité et le débit sont constants, c'est toujours le régime uniforme qui finit par s'établir. Dans ce régime, les pertes par frottement sont entièrement compensées par la pente du fond. La présence d'une singularité (rétrécissement, élargissement, discontinuité du seuil, etc.), provoque non seulement une perte localisée d'énergie, comme dans les écoulements en charge, mais encore une modification de la surface libre. Le régime est alors différent du régime uniforme. On l'appelle *régime varié* (1).

Quand les vitesses croissent dans la direction de l'écoulement, celui-ci est dit *accéléré* ; quand elles diminuent, l'écoulement est dit *retardé*.

On peut diviser les mouvements variés en deux grands groupes : les mouvements *graduellement variés*, dont les caractéristiques hydrauliques ne changent que très lentement d'une section à l'autre ; les écoulements *rapidement variés*, où l'on constate une évolution rapide, parfois discontinue, des caractéristiques de l'écoulement, et qui, pour cela même, occupent en général une zone relativement courte ; les plus importants sont le *ressaut hydraulique*, la *chute brusque* (c'est en particulier le cas des déversoirs) et les *contractions*.

Les équations fondamentales pour l'étude du régime permanent sont les équations générales du chapitre deux : équation de continuité, théorème de Bernoulli associé aux équations des pertes d'énergie, et théorème d'Euler.

6.2 - Pertes de charge

En régime uniforme, la perte de charge i, par unité de poids écoulé et

---

(1) Il ne faut pas confondre varié et non permanent. Le mouvement varié est un régime permanent, qui n'est plus uniforme, c'est-à-dire que les caractéristiques de l'écoulement varient d'une section à l'autre. Le régime non permanent, ou variable, est l'opposé du régime permanent, c'est-à-dire que les caractéristiques du mouvement, dans une section déterminée, sont fonction du temps (voir n° 2.9).

par unité de longueur du canal, peut être exprimée, comme on l'a vu au chapitre cinq, par des formules du type Chézy ou de Manning-Strickler, entre autres. Tout au long du canal, la valeur de i est constante et la ligne de charge est parallèle au fond du canal.

En régime varié, comme le rayon hydraulique varie d'une section à l'autre, la perte de charge varie également. En *régime graduellement varié*, on admet que dans un tronçon assez court du canal, la valeur de i est égale à celle que l'on obtiendrait, si ce canal s'écoulait en régime uniforme avec un tirant d'eau égal à celui de la section moyenne de ce tronçon. *Dans le cas du régime rapidement varié*, l'inclinaison des trajectoires des diverses particules fait que l'écoulement est si éloigné du régime uniforme qu'il n'est plus possible d'appliquer ces formules. Il faut alors calculer la perte de charge totale entre les deux sections extrêmes.

6.3 - Énergie par rapport à un plan horizontal de référence

La charge E, ou énergie totale dans une section (voir n° 2.14), par rapport à un plan horizontal de référence (énergie par unité de poids écoulé), est la somme de trois termes : la hauteur géométrique, la hauteur piézométrique et la hauteur cinétique.

L'expression 2.44 appliquée aux écoulements à surface libre s'écrit alors(1) :

$$E = z + h\cos\theta + \alpha\frac{U^2}{2g} \approx z + h + \alpha\frac{U^2}{2g} \tag{6.1}$$

La ligne de charge descend toujours dans le sens de l'écoulement.

Entre deux sections, 1 et 2, la charge E subit une variation $\Delta E_{1.2} = E_1 - E_2$, correspondant aux pertes par frottement.

Dans le mouvement uniforme, la ligne de charge est rectiligne et parallèle à la surface libre et au fond (voir fig. 5.1). Si on représente par i l'inclinaison de la ligne de charge, par J l'inclinaison de la surface libre, et par I l'inclinaison du fond, on aura alors, en régime uniforme : $i = J = I$.

Dans le mouvement graduellement varié, la ligne d'énergie est curviligne (voir fig. 6.1).

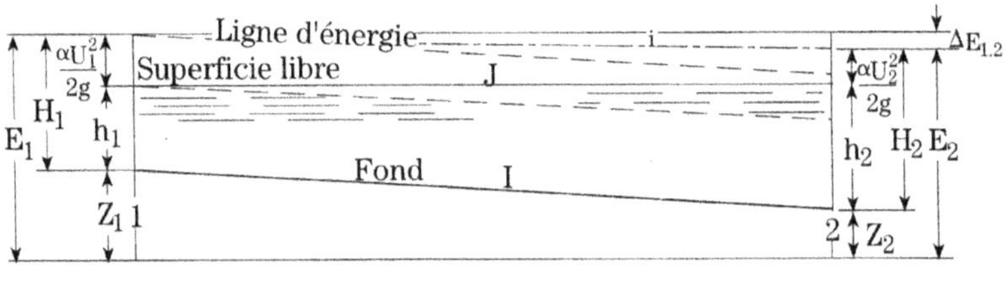

Fig. 6.1

(1) Dans un écoulement graduellement varié, on admet généralement que la ligne de charge, tracée pour les points de la surface libre, est valable pour tout le liquide.

Si les variations d'énergie cinétique sont négligeables par rapport aux variations de la profondeur d'eau, la ligne de charge et la surface libre sont sensiblement parallèles, et on peut considérer que la pente de la ligne de charge est approximativement égale à la pente de la surface libre : $i \approx J$.

6.4 - La charge par rapport au fond. Charge spécifique

Comme nous l'avons vu au § 5.4, la charge spécifique, par rapport au fond du canal, s'écrit :

$$H = h \cos \theta + \alpha \frac{U^2}{2g} \approx h + \alpha \frac{U^2}{2g} = h + \alpha \frac{Q^2}{2gS^2} \tag{6.2}$$

Tandis que la charge totale, E, rapportée à un plan horizontal de référence, décroît toujours dans la direction de l'écoulement, l'énergie spécifique, H, par rapport au fond, peut rester constante, comme il arrive dans le cas du régime uniforme, ou bien peut être croissante ou décroissante, suivant les caractéristiques de l'écoulement, dans les régimes variés.

L'équation (6.2) définit, pour une *section déterminée*, un rapport entre entre H, h et Q, valable pour n'importe quel type d'écoulement.

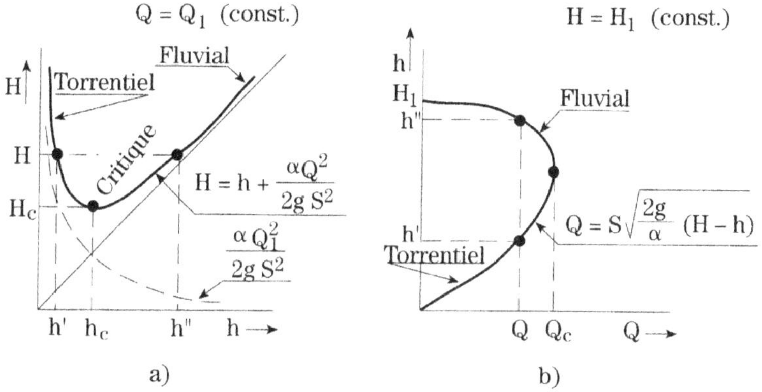

Fig. 6.2

Posant $Q = Q_1$ (constante), dans cette expression, on obtient une courbe $H = f(h)$ ayant l'allure indiquée sur la figure 6.2a qui donne les profondeurs d'eau h, en fonction de l'énergie spécifique H.

Pour $h = 0$, on a $S = 0$ et $H = \infty$; autrement dit, l'axe OH est une asymptote de la courbe ; pour $h = \infty$, on a $S = \infty$ et $H = h$, autrement dit, la courbe a une seconde asymptote à 45°.

On voit que le même débit, avec la même charge spécifique, H, peut s'écouler sous deux profondeurs différentes : l'une, h' correspondant au régime rapide, ou torrentiel (voir n° 5.2) ; l'autre, h'', correspondant au régime lent, ou fluvial. Ces hauteurs, h' et h'' sont appelées *profondeurs conjuguées avec la charge spécifique*, H. Le point de la courbe défini par (H_c, h_c) représente le *régime critique* ; la charge correspondante H_c, appelée *charge critique*, est la charge spécifique minimale, qui permet l'écoulement d'un débit déterminé dans une section. La profondeur d'eau, h_c, correspondant au régime critique, est appelée *profondeur critique.*

Le point minimum de la courbe est obtenu, en dérivant et en égalant à zéro :

$$\frac{dH}{dh} = 1 - \frac{Q^2}{gS^3}\frac{dS}{dh} = 0 \tag{6.2a}$$

Représentant par L la largeur superficielle, on aura $dS = L\, dh$. Par substitution, on obtient, comme condition de minimum :

$$\frac{Q}{\sqrt{g}} = S\sqrt{\frac{S}{L}} \tag{6.3}$$

La table 127 indique les formules du régime critique, pour différentes sections. Les abaques 128 et 129 permettent de déterminer la profondeur critique, respectivement dans les canaux trapézoïdaux et circulaires.

Les tables 130, 131 et 132 donnent les profondeurs conjuguées pour des sections rectangulaires, triangulaires et trapézoïdales.

Analysant la courbe H (h) (figure 6.2a), on constate qu'en régime fluvial, H et h varient dans le même sens, c'est-à-dire, sont simultanément croissants ou décroissants ; en régime torrentiel, c'est le contraire qui se produit. L'analyse de cette même courbe montre que, au voisinage du régime critique, une légère variation de charge, H, conduit à des variations appréciables des profondeurs d'eau, h. C'est pourquoi, dans tout écoulement au voisinage du régime critique, de petites irrégularités sont suffisantes pour maintenir une ondulation appréciable de la surface libre.

Si, dans l'expression (6.2), on prend $H = H_1$ = constante, on obtient l'équation :

$$Q = S\sqrt{\frac{2g}{\alpha}(H_1 - h)} \tag{6.4}$$

Conformément à cette expression, pour $h = 0$ $(S = 0)$ et pour $h = H$, le débit Q est nul. On obtient la valeur maximale de Q en annulant la dérivée de Q par rapport à h. Par simple transformation mathématique, on obtient la même condition que précédemment (équation n° 6.3).

Pour une énergie constante $H = H_1$, le même débit, Q peut s'écouler à deux profondeurs : h', correspondant au régime rapide, et h'', correspondant au régime lent (fig. 6.2b).

Le point (Q_c, h_c) correspond au débit maximum que la section peut écouler avec la charge spécifique H_1. Ce point représente le régime critique qui coïncide avec le régime critique défini précédemment.

Si la charge spécifique, H, reste constante, une augmentation de débit se traduira par une élévation de la hauteur d'eau en régime torrentiel, et par un abaissement en régime fluvial.

6.5 - Impulsion totale

Appliquons le théorème d'Euler (voir n° 2.27) à deux sections, 1 et 2, d'un écoulement à surface libre. Supposons un canal à pente relativement faible, en sorte que cos θ = 1. Les résultantes des pressions dans les sections 1 et 2 sont, respectivement (v. équation 3.7) : $I_1 = \varpi\, y_1\, S_1$ et $I_2 = \varpi\, y_2\, S_2$, avec des sens opposés et parallèles à l'axe du canal. Les quantités de mouvement qui entrent et qui sortent par les deux sections (voir équation 2.50) sont $M_1 = \beta\rho\, QU_1$ et $M_2 = \beta\rho\, QU_2$.

Représentant par F_H la résultante, projetée sur un axe parallèle au canal, des forces qui s'opposent au mouvement, également parallèles à l'axe du canal et négligeant les pertes de charge par frottement, on obtiendra, en appliquant l'équation 2.54 :

$$F_H = (\varpi\, y_1\, S_1 + \beta\rho\, QU_1) - (\varpi\, y_2 S_2 + \beta\rho\, QU_2) = \mathfrak{M}_1 - \mathfrak{M}_2 \qquad (6.5)$$

Autrement dit, la résultante F_H, des forces qui agissent dans la direction de l'écoulement, entre deux sections, est égale à la variation de la fonction :

$$\mathfrak{M} = \varpi\, y\, S + \beta\rho QU = \varpi\, y\, S + \beta\rho\, \frac{Q^2}{S} \qquad (6.6)$$

appelée *impulsion totale*.

Pour une section déterminée, cette expression définit un rapport entre $\mathfrak{M}$, h et Q.

Prenant $Q = Q_1$ (constante), on obtient une courbe qui a la forme indiquée sur la figure 6.3. À la même impulsion totale, $\mathfrak{M}$ correspondent deux profondeurs, h' et h'', appelées *profondeurs conjugées à l'impulsion totale constante*. L'une de ces profondeurs correspond au régime torrentiel, l'autre au régime fluvial. Le point (h_c, M_c) correspond au régime critique. La profondeur critique, h_c, ainsi déterminée, coïncide pratiquement avec la profondeur critique déterminée à partir de la courbe des charges spécifiques. Les tables 92d et 112b donnent la profondeur du centre de gravité, y, pour des sections circulaires et trapézoïdales.

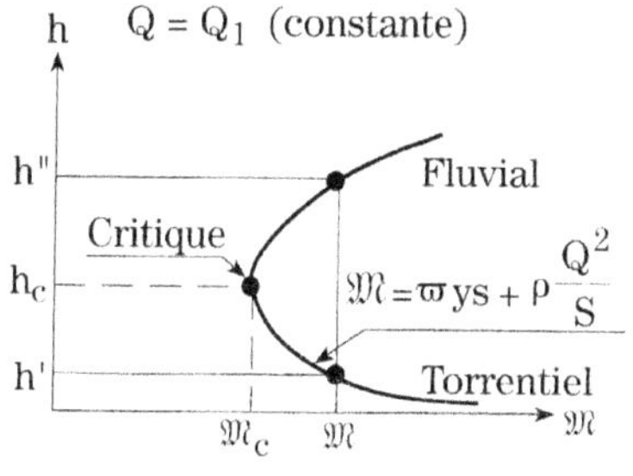

Fig. 6.3

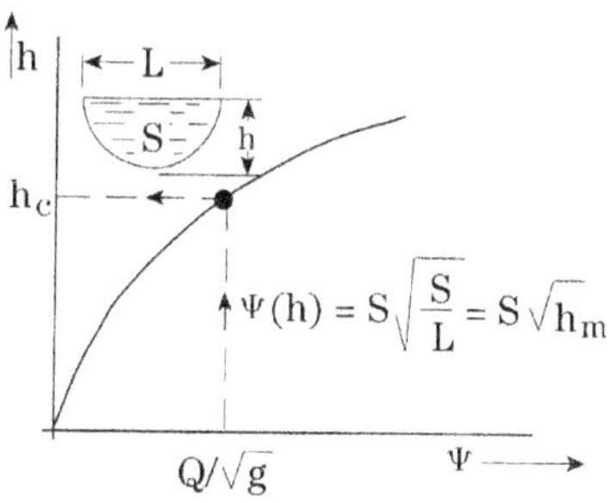

Fig. 6.4

6.6 - Éléments critiques

a) *Profondeur critique*

Le régime critique, tel qu'on l'a défini au n° 6.4, correspond au minimum de charge qui permet l'écoulement d'un débit déterminé, dans une section, ou bien au débit maximum qui, sous une charge donnée, s'écoule dans la même section.

L'équation générale, qui correspond au régime critique est, comme on l'a vu :

$$\frac{Q}{\sqrt{g}} = S\sqrt{\frac{S}{L}} \tag{6.7}$$

Dans le cas général, le second membre n'est fonction que de h ; on peut donc écrire : $Q/\sqrt{g} = \psi(h)$.

Une fois tracée la courbe $\psi(h)$ caractéristique de la section, la profondeur critique, pour le débit Q, peut être déterminée graphiquement, en prenant $\psi = Q/\sqrt{g}$ et en lisant h_c (fig. 6.4). Cette méthode est valable pour toute section.

Les tables 92c et 112a donnent la valeur de $h_m = S / L$ pour les sections circulaires et trapézoïdales (voir également les tables 127 à 129).

Exemples : 1) On donne un canal à section trapézoïdale dont les caractéristiques sont les suivantes : largeur du fond $l = 4$ m ; pentes des berges $m = 1/1$. Déterminer la profondeur critique pour $Q = 6$ m³/s.

On pourrait utiliser l'abaque 128 de la même façon que dans l'exemple qui y est traité. Ce serait le procédé le plus rapide. Toutefois, à titre d'exercice, on tracera la courbe $\psi(h) = S\sqrt{\frac{S}{L}} = S\sqrt{h_m}$ au moyen du tableau ci-après :

h m	$S = h(4 + h)$ m²	$L = 4 + 2h$ m	$h_m = \frac{S}{l}$ m	$\Psi(h)$ $m^{5/2}$
0,45	2,00	4,90	0,41	1,28
0,5	2,25	5,00	0,45	1,51
0,55	2,50	5,10	0,49	1,75
0,6	2,76	5,20	0,53	2,00
0,65	3,02	5,30	0,57	2,29

On obtient $\frac{Q}{\sqrt{g}} = \frac{6}{3{,}13} = 1{,}92\ m^{5/2}$. Par interpolation, on détermine la profondeur à laquelle correspond $S\sqrt{h_m} = 1{,}92\ m^{5/2}$, c'est-à-dire $h_c = 0{,}58$ m.

2) Déterminer la profondeur critique pour le cas de l'exemple 2 du n° 5.5.

Par application directe de la formule $h_c = \sqrt[3]{\frac{1}{g}\left(\frac{Q}{L}\right)^2}$ (tableau 127) on obtient :

$$h_c = 0{,}47\left(\frac{Q}{L}\right)^{2/3} = 0{,}47 \times \left(\frac{6}{4}\right)^{2/3} = 0{,}47 \times 1{,}31 = 0{,}62 \text{ m.}$$

Avec les petits ordinateurs un programme très simple permet une résolution plus facile et plus précise.

b) *Pente critique. Canal à forte pente et à faible pente*

La pente critique, pour un débit donné, est celle pour laquelle ce débit s'écoule en régime uniforme critique, autrement dit la pente où le débit s'écoule sous un minimum de charge.

La formule générale de la pente critique est, pour un débit donné :

$$I_c = \frac{gS_c / L_c}{C^2 R_c} \qquad \text{ou} \qquad I_c = g\frac{S_c / L_c}{K_s^2 R_c^{4/3}} \tag{6.8}$$

où S_c/L_c est la profondeur moyenne correspondant au régime critique ; C, le coefficient de Chézy, et K_s, le coefficient de Strickler.

Ainsi, dans un canal, à chaque débit, Q, correspond une profondeur critique h_c, déterminée à partir de l'équation (6.7), et une pente critique, I_c, déterminée à partir de l'équation (6.8), une fois connu h_c.

La courbe de l'équation (6.8) définit, par conséquent, un rapport entre Q et I_c ; elle est désignée par *courbe des pentes critiques*, $I_c = f(Q)$, et a la forme indiquée sur la figure 6.5.

Cette courbe tend asymptotiquement vers l'axe des abscisses. Cependant, dans la pratique, elle se rapproche si rapidement de cet axe qu'elle se confond, pratiquement, avec lui à partir d'un point N.

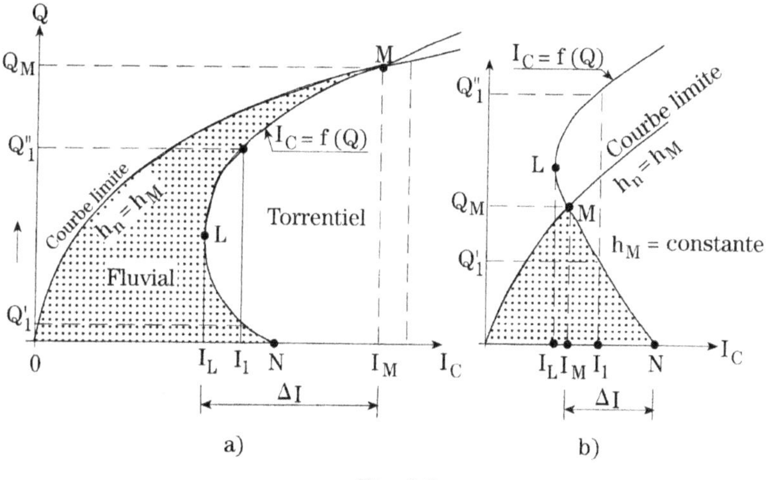

Fig. 6.5

Pour un débit donné, si la pente est supérieure à la pente critique correspondante, on dit que le canal est à *forte pente* pour ce débit. Dans le cas contraire, on dit que le canal est à *faible pente* pour ce débit.

Un canal de pente I_1 (voir fig. 6.5a) sera à *pente faible* pour les débits compris entre 0 et Q'_1 et, pour des débits supérieurs à Q''_1 ; il sera à pente forte pour les débits compris entre Q'_1 et Q''_1.

Les débits Q'_1 et Q''_1 sont appelés *débits caractéristiques* de ce canal, correspondant à la pente I_1.

c) *Pente limite, I_L. Courbe limite de débits*

On définit la *pente limite*, I_L, comme la pente au-dessous de laquelle le régime d'un canal est toujours lent, quel que soit le débit. La pente limite, I_L, correspond au minimum de la courbe des pentes critiques, $I_c = f(Q)$. Pour chaque canal, il n'existe qu'une seule valeur de I_L.

Si l'on fixe la profondeur maximale, h_M, de l'écoulement dans le canal, à cette profondeur correspondra une *courbe limite de débits*, c'est-à-dire une courbe, qui est fonction de la pente, est déterminée par les formules du régime uniforme, pour $h_n = h_M$.

Le point M, intersection de la courbe limite avec la courbe $I_c = f(Q)$, correspond au débit maximum qui, pour la profondeur limite h_M, peut être écoulé en régime critique.

À des points (I, Q) situés à l'intérieur de la zone comprise entre la courbe limite et la courbe $I_c = f(Q)$ (zone hachurée de la figure 6.5), correspond le régime lent ; à des points situés à droite de la courbe $I_c = f(Q)$ correspondent les régimes rapides. Le point L peut être situé au-dessous ou au-dessus de la courbe limite de débits (fig. 6.5a et b) ; il sera à l'infini pour une section rectangulaire infiniment large. Représentons par ΔI l'intervalle compris entre la valeur de I_M correspondant au point M et la valeur de I_L correspondant au point L (cas de la fig. 6.5a) ou la valeur de I_N correspondant au point N (cas de la fig. 6.5b). Pour des valeurs de pente I se situant à l'intérieur de l'intervalle ΔI, le canal se comporte, suivant les débits, comme un canal à pente forte ou comme un canal à pente faible. Pour des valeurs de I situées en dehors de l'intervalle ΔI, le canal, quel que soit le débit compatible avec la profondeur maximale h_M, se comporte toujours, soit comme un canal à pente faible (pour $I < I_L$), soit comme un canal à pente forte (pour $I > I_M$), dans le cas de la figure 6.5a, ou pour $I > I_N$, dans le cas de la figure 6.5b.

Si la courbe limite passe au-dessous de L, cela signifie qu'il n'y a pas de pente limite pour la profondeur d'écoulement imposée (fig. 6.5b).

6.7 - Le facteur cinétique : nombre de Froude

Le nombre de Froude, défini au n° 5.1, est le rapport entre la vitesse U, de l'écoulement et la vitesse de propagation de légères perturbations, $\sqrt{gh}$; $\mathbf{F}_r = U/\sqrt{gh}$. Le nombre de Froude est, par conséquent, une mesure de la “cinéticité” du courant, c'est-à-dire de sa rapidité (ou de sa lenteur), c'est pourquoi on l'appelle parfois *facteur cinétique*.

La charge spécifique (par rapport au fond) peut s'écrire :

$$H = h\left(1 + \frac{1}{2}\mathbf{F}_r^2\right) \tag{6.9}$$

Dans un canal rectangulaire, le régime critique est défini par $\mathbf{F}_r = 1$, et par conséquent, $H_c = 1{,}5\ h_c$: le régime fluvial se caractérise par $\mathbf{F}_r < 1$ et

$H < 1{,}5\, h$; en régime torrentiel $\mathbf{F}_r > 1$ et $H > 1{,}5\, h$.

Si, dans l'expression du nombre de Froude, on remplace la profondeur h par la profondeur moyenne h_m, on obtient :

$$\mathbf{F}_r = \frac{U}{\sqrt{g h_m}} \tag{6.10}$$

Alors, quelle que soit la forme du canal, on peut généraliser les considérations précédentes : si $\mathbf{F}_r > 1$, le régime est rapide ; si $\mathbf{F}_r = 1$, le régime est critique, si $\mathbf{F}_r < 1$, le régime est lent.

B - MOUVEMENT GRADUELLEMENT VARIÉ – COURBES DE REMOUS

6.8 - Équation générale du mouvement graduellement varié

Comme on l'a vu au n° 6.3, en régime uniforme, autrement dit si $h = h_u$, on a $i = I = J$. Si $h > h_u$, les pertes de charge sont inférieures à la pente du fond, et $i < I$. Si $h < h_u$, les pertes de charge sont supérieures à la pente du fond, et on aura $i > I$.

Sur un tronçon court, l'équation de Bernoulli s'écrit $\mathrm{d}E = i\mathrm{d}s$, ou $d\,(H + z) = i\mathrm{d}s$, et on a alors :

$$\frac{\mathrm{d}H}{\mathrm{d}s} = i - \frac{\mathrm{d}z}{\mathrm{d}s} = i - I \tag{6.11}$$

Considérant que :

$$\frac{\mathrm{d}H}{\mathrm{d}s} = \frac{\partial H}{\partial h} \cdot \frac{\mathrm{d}h}{\mathrm{d}s} \qquad \text{et que} \qquad H = h + \alpha \frac{U^2}{2g} = h + \alpha \frac{Q^2}{2gS^2} \tag{6.11a}$$

on a alors :

$$\frac{\mathrm{d}H}{\mathrm{d}s} = \frac{\partial}{\partial s}\left(h + \alpha \frac{Q^2}{2gS^2}\right) \cdot \frac{\mathrm{d}h}{\mathrm{d}s} = \left(1 - \alpha \frac{Q^2}{gS^3} \frac{\mathrm{d}S}{\mathrm{d}h}\right) \frac{\mathrm{d}h}{\mathrm{d}s} = \left(1 - \alpha \frac{Q^2 L}{gS^3}\right) \frac{\mathrm{d}h}{\mathrm{d}s} \tag{6.12}$$

où l'on a pris $\mathrm{d}S / \mathrm{d}h = L$ (largeur superficielle).

Comparant avec (6.11), on obtient :

$$\frac{\mathrm{d}h}{\mathrm{d}s} = \frac{I - i}{1 - \alpha \dfrac{Q^2 L}{gS^3}} \tag{6.13}$$

où comme nous l'avons dit, s est le développement du canal à partir d'une section initiale ; h est le tirant d'eau ; Q, le débit ; L, la largeur superficielle ; S, la section mouillée ; I, la pente du fond de canal ; et i, la perte de charge unitaire.

On aura $i = \dfrac{bQ^2}{RS^2}$, où le coefficient b est donné par $b = \dfrac{1}{C^2}$ (Chézy),

ou $b = \dfrac{1}{K_s\, R^{1/3}}$ (Strickler). (6.14)

Le calcul de la ligne d'eau, $h\,(s)$, que l'on désigne par *courbe de remous*, consiste en l'intégration de l'équation (6.13), dont nous exposons plus loin quelques méthodes.

Cependant, avant d'examiner les méthodes d'intégration, il convient d'analyser, qualitativement, les formes des *courbes de remous*.

6.9 - Formes des courbes de remous

Dans le mouvement graduellement varié, les pentes et la courbure de la surface libre sont très faibles et on peut donc affirmer, que, comme dans le régime uniforme, la distribution des pressions obéit à une loi hydrostatique.

Sur la figure 6.6, sont représentées les diverses formes possibles de la courbe de remous, pour les différentes valeurs de la pente du fond(1). Nous indiquons également, sur le diagramme H (h), le chemin du point représentatif de l'écoulement.

a) *Canal à pente faible* : ($I < I_c$; $h_n > h_c$) – Courbe M(2)

– *Branche* M_1 : ($h > h_n$).

Le numérateur et le dénominateur de (6.13) sont positifs ; on aura alors : $dh/ds > 0$.

Quand h tend vers h_n, i tend vers I et dh / ds tend vers 0. Autrement dit, la courbe tend asymptotiquement vers la profondeur uniforme. Quand h tend vers l'infini, i tend vers zéro ; Q^2L / gS^3 tend également vers zéro, même dans les sections fermées où L / S tend vers zéro, ce qui montre que, dans cette situation, la courbe a une asymptote horizontale.

En résumé : La courbe est concave et ascendante. En amont, elle tend asymptotiquement vers la profondeur du régime uniforme. En aval, elle tend asymptotiquement vers l'horizontale. Cette branche se trouve notamment en amont d'un barrage, des piles d'un pont, ou bien dans certains cas de variation brusque de la pente. Au point de vue pratique, c'est la branche M_1 qui offre le plus d'intérêt.

– *Branche* M_2 : ($h_c < h < h_n$) – Par un raisonnement simple et identique aux précédents, on constate facilement que la courbe est convexe descendante. En amont, elle tend asymptotiquement vers la profondeur uniforme ; en aval, elle atteint perpendiculairement le niveau critique (chute brusque). On trouve cette branche dans quelques cas de variation de pente, en amont d'un élargissement, d'une chute brusque, etc.

– *Branche* M_3 : ($h < h_c$) – Ici aussi, on constate facilement que la courbe est concave ascendante. Elle conduit au ressaut proche de la profondeur critique. On la trouve à la sortie des vannes de fond d'une hauteur inférieure à la profondeur critique ; en aval des barrages déversoirs, et dans certaines variations de pente, etc.

b) *Canal à pente forte* : ($I > I_c$; $h_n < h_c$) – Courbe S(3)

– *Branche* S_1 ($h > h_c$) – La courbe est convexe, ascendante. Vers l'amont, elle naît perpendiculairement au niveau critique, ordinairement après un ressaut ; en aval, elle tend asymptotiquement vers l'horizontale. On la trouve en amont de barrage et de rétrécissements et aux environs de certains changements de pente.

– *Branche* S_2 : ($h_n < h < h_c$) – La courbe est concave descendante. En amont, elle naît perpendiculairement au niveau critique ; en aval, elle tend asymptotiquement vers le régime uniforme. Ordinairement, cette courbe est très courte du point de vue pratique, c'est-à-dire qu'elle tend très vite vers le régime uniforme. On la trouve dans les transitions

---

(1) Pour la démonstration, voir bibliographie [**1**], [**3**], [**9**], par exemple.

(2) De l'anglais "*mild slope*" (pente faible).

(3) De l'anglais "*steep slope*" (pente forte).

entre les chutes brusques et le régime uniforme et dans les augmentations de pente des canaux rapides.

– *Branche* S_3 : ($h < h_n$) – La courbe est ascendante et tend, asymptotiquement, au régime uniforme. On la trouve en aval des vannes, à la base des déversoirs, etc.

c) *Canal à pente critique* : ($I = I_c$; $h_n = h_c$) – Courbe C

Les branches C_1 et C_3 doivent être comprises, respectivement, entre les branches M_1 et S_1 et les branches M_3 et S_3. De ces branches, les unes sont concaves, les autres convexes, les branches C_1 et C_3 sont donc horizontales, ou pratiquement horizontales, suivant que l'on utilise la formule de Chézy ou la formule de Strickler. Il n'y a pas de branche C_2 qui correspondrait aux profondeurs d'eau comprises entre le régime uniforme et le régime critique, étant donné que $h_u = h_c$.

On trouve la branche C_1 dans les mêmes cas que les courbes M_1 et S_1, la branche C_3 dans ces cas similaires à ceux des courbes M_3 et S_3.

d) *Canal horizontal* : ($I = 0$; $h_n = \infty$) – Courbe H

Dans un canal horizontal, on ne peut pas établir le régime uniforme. Cependant, on y définit la profondeur critique, qui ne dépend que de la géométrie de la section et du débit (voir le n° 6.6).

Les courbes de remous sont le cas-limite des courbes M, lorsque la pente tend vers 0. La branche correspondante à M_1 se déplace vers l'infini, on n'obtient les branches H_2 et H_3 que pour des situations analogues à celles des branches M_2 et M_3. La courbe H a une allure générale parabolique.

e) *Canal en contre-pente* : ($I < 0$) – Courbe A

Comme dans le cas du canal horizontal, on ne définit pas le régime uniforme, bien que la profondeur critique reste définie. La courbe A a une allure parabolique ; les deux branches A_2 et A_3 correspondent aux branches H_2 et H_3 et se présentent de façon analogue.

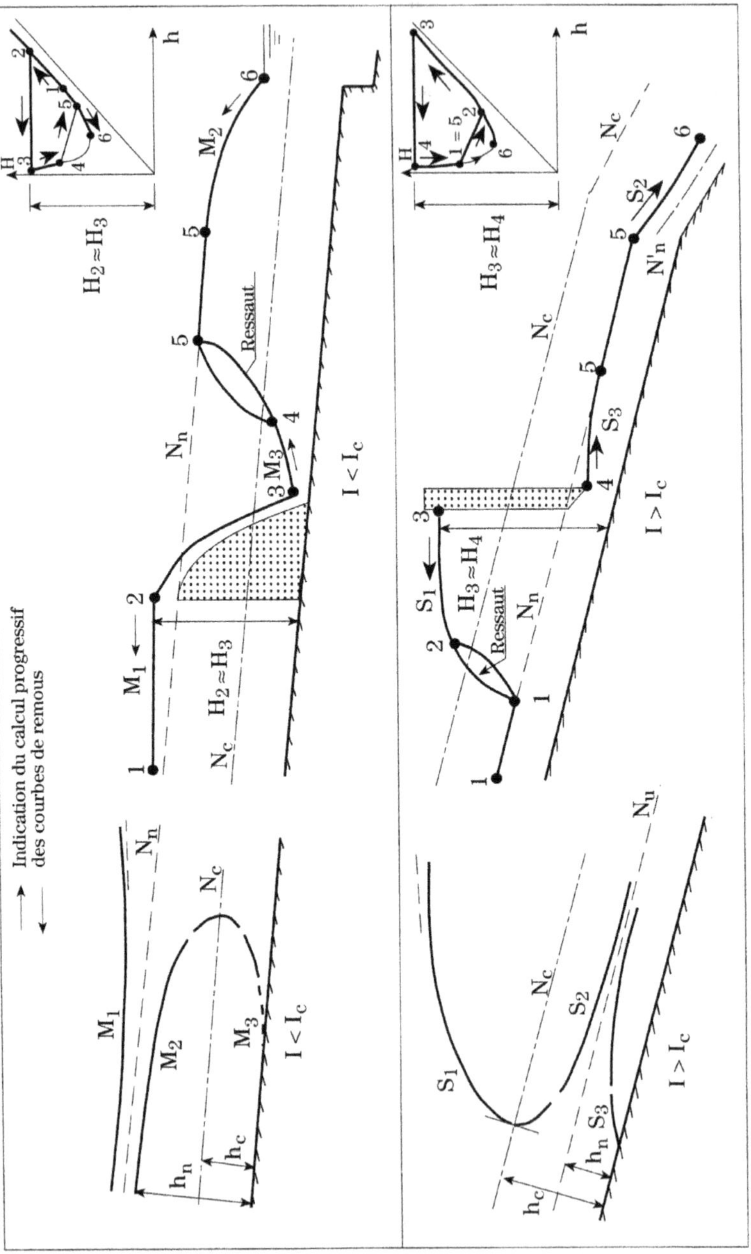

Indication du calcul progressif des courbes de remous
M1
M2
M3
Nn
Nc
hn
hc
I < Ic
H2 ≈ H3
Ressaut
S1
S2
S3
N'n
H3 ≈ H4
I > Ic

Fig. 6.6

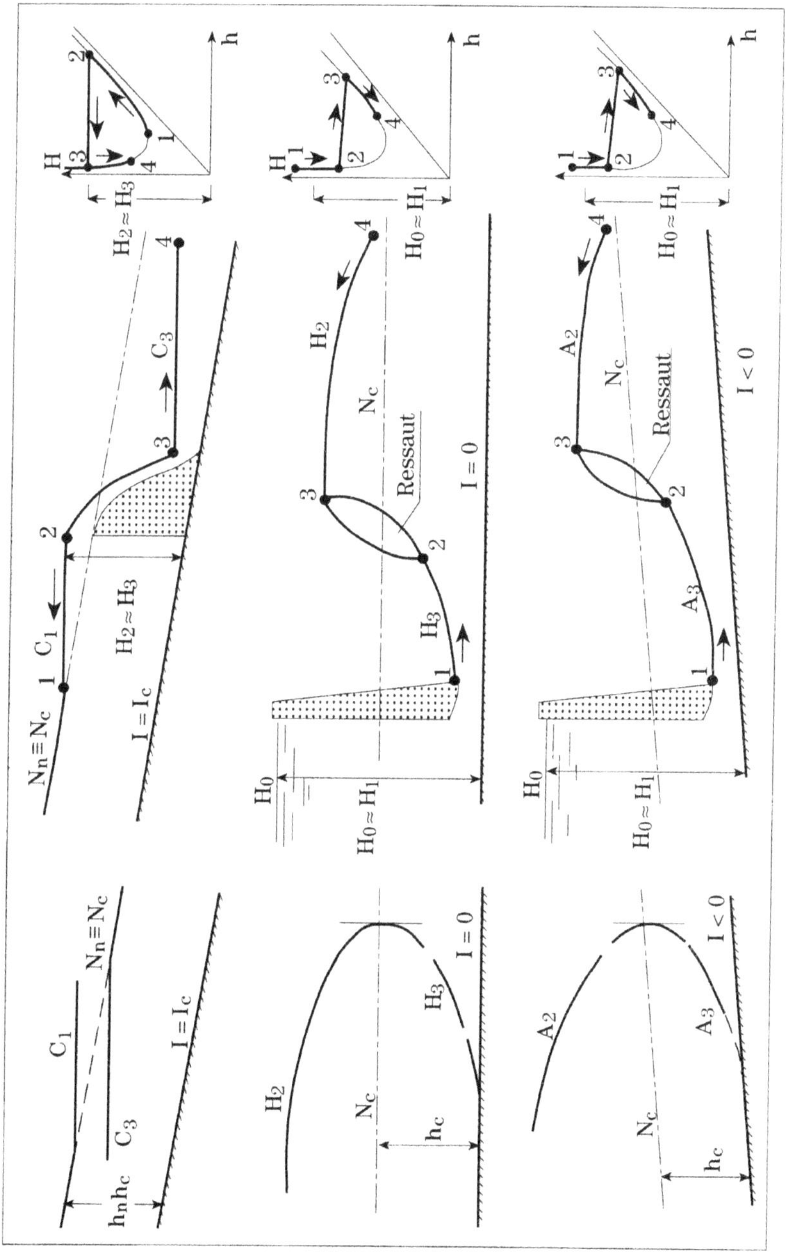

C1
C3
Nn≡Nc
I = Ic
hn hc
H2 ≈ H3
1
2
3
4
H
h
H2
H3
Nc
hc
I = 0
H0
H0 ≈ H1
Ressaut
A2
A3
I < 0

Fig. 6.6 (suite)

f) *Sections graduellement fermées*

Comme on l'a vu, dans une conduite graduellement fermée – cas d'une conduite circulaire, par exemple (v. abaque 93) – le débit en régime uniforme augmente, jusqu'à une valeur maximale, qui ne correspond pas à la section entièrement pleine, puis diminue au fur et à mesure que l'augmentation du périmètre mouillé n'est pas compensée par l'augmentation de la section dans la relation $R = S/P$ (voir Tables et Abaques 92, 93, 97, 98 et 99, par exemple). Ainsi, il existe une zone où, pour un même débit, il est possible d'établir deux profondeurs uniformes (fig. 6.7a).

Aux effets du tracé des courbes de remous, il faut donc tenir compte de deux profondeurs uniformes : h'_u et h''_u, situées au-dessous et au-dessus de la valeur de h_M, à laquelle correspond le maximum de débit.

Les figures 6.7b et 6.7c, que nous présentons à titre d'exemple, sont suffisamment claires. Les courbes de remous, qui tendent asymptotiquement vers le régime uniforme, peuvent le faire de deux manières, puisqu'il y a deux profondeurs uniformes possibles. Les autres restent qualitativement identiques.

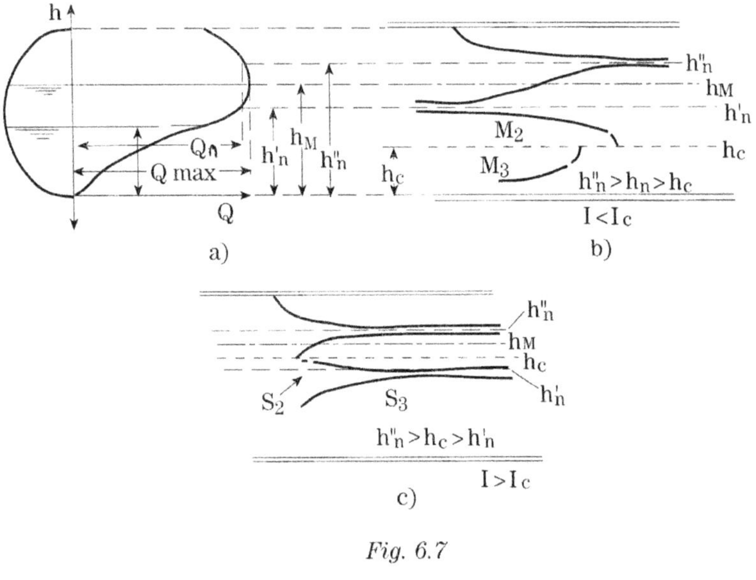

Fig. 6.7

6.10 - Section de contrôle

L'intégration de l'équation (6.13) conduit à une intégrale indéfinie ; il faudra donc connaître les caractéristiques de l'écoulement dans une *section de référence*, ou *de contrôle*, que nous appellerons 0.

Cette section de contrôle est localisée à l'aval pour les écoulements correspondant aux branches M_1, S_1, C_1, M_2, H_2, A_2, c'est-à-dire, quand le régime est fluvial ($h > h_c$) ; dans ce cas, la courbe de remous doit être calculée de l'aval vers l'amont.

La section de contrôle est localisée à l'amont pour les écoulements correspondant aux branches S_2, M_3, S_3, C_3, H_3, et A_3, c'est-à-dire, quand le régime est torrentiel ($h < h_c$). Dans ce cas, la courbe de remous sera calculée de l'amont vers l'aval.

Si le remous est provoqué par un barrage déversoir, la section de contrôle est localisée à l'amont, dans une zone où l'abaissement local de la surface libre provoqué par l'augmentation de vitesse ne se manifeste pas. L'écoulement dans la section de contrôle est en général caractérisé par la charge nécessaire pour faire écouler un débit déterminé par le déversoir.

Des considérations analogues s'appliquent au cas d'une vanne, d'un rétrécissement ou d'un élargissement, d'une chute brusque ou de toute autre singularité.

6.11 - Méthode graphique

Le second membre de l'équation générale du remous définit une fonction de la profondeur h, si la section droite ne se modifie pas le long du canal. En effet, une fois connues les caractéristiques géométriques et la rugosité de la section, les variables de l'expression (6.13) ne sont fonction que de h. On calcule alors la valeur de la fonction $f(h)$ pour différentes valeurs de h, dans l'intervalle qui nous intéresse pour la résolution du problème.

Comme $\dfrac{ds}{dh} = f(h)$, on obtient, par intégration entre une section à la distance s_0 de l'origine et une autre section qui se trouve à la distance s,

$$s - s_0 = \int_{h_0}^{h} f(h)\, dh \tag{6.15}$$

C'est-à-dire que l'aire limitée par la courbe $f(h)$, l'axe Oh et les droites verticales d'abscisses h_0 et h, donnera la valeur de $s - s_0$. Ainsi, partant d'une section d'abscisse s_0 où le tirant d'eau est h_0, on peut déterminer l'abscisse s_1 d'une section où la hauteur d'eau a une valeur h_1 quelconque. Il n'est pas nécessaire de déterminer des points intermédiaires. Cette méthode ne comporte aucune hypothèse simplificatrice complémentaire qui puisse nuire à la rigueur des résultats ; elle est valable dans un canal prismatique quelconque, quelle que soit la forme géométrique de sa section.

Exemple(1) : Dans un canal trapézoïdal avec une pente des côtés de 1/1 et une largeur du fond de 10 m, s'écoule un débit de 15 m^3/s. La rugosité des parois correspond à un coefficient de Strickler k_s = 100 m$^{1/3}$/s. La pente du radier est égale à 0,3 ‰. Un barrage déversoir règle la profondeur dans la section à l'amont immédiat du barrage à la valeur h_0 = 2,5 m. Déterminer la courbe de remous.

(1) Voir [**3**].

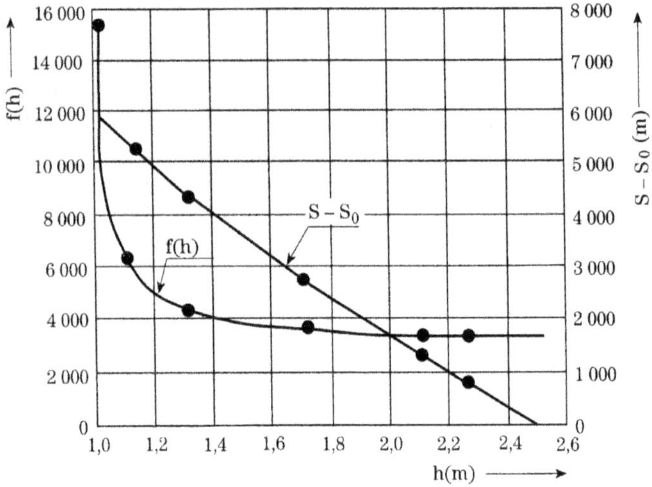

Fig. 6.8

Solution : La profondeur normale, obtenue comme indiqué au n° 5.5 est $h_u = 0{,}92$ m. La profondeur critique, obtenue comme indiqué au n° 6.6, est $h_c = 0{,}60$ m. Puisque $h_u > h_c$, le canal est à pente faible et la courbe de remous est du type M. Comme h_0 est supérieur à h_u la courbe de remous est du type M_1. La fonction $f(h)$ est donnée dans le tableau suivant et représentée sur la figure 6.8.

h m	S m²	P m	R m	$R^{4/3}$ m$^{4/3}$	L m	$\frac{Q^2 L}{g S^3}$ x 10^2	$N = 1 - \frac{Q^2 L}{g S^3}$	$\frac{Q^2}{K_s^2 R^{4/3} S^2}$ x 10^5	$D = I - \frac{Q^2}{K_s^2 R^{4/3} S^2}$ x 10^4	$f(h) = \frac{N}{D}$	$s_0 - s$ m
2,50	31,2	17,1	1,83	2,24	15,0	1,10	0,989	1,06	2,89	3420	0
2,25	27,5	16,3	1,68	1,99	14,5	1,57	0,984	1,49	2,85	3460	860
2,10	25,4	15,9	1,57	1,96	14,2	1,98	0,978	1,90	2,81	3500	1370
1,70	19,9	14,8	1,34	1,49	13,4	3,82	0,961	3,93	2,61	3680	2790
1,30	14,7	13,7	1,07	1,10	12,6	9,11	0,909	9,46	2,05	4450	4390
1,10	12,2	13,1	0,93	0,91	12,2	15,4	0,846	16,7	1,33	6360	5455
1,00	11,0	12,8	0,81	0,75	12,0	20,7	0,793	24,8	0,52	15260	6355

L'aire comprise entre la courbe $f(h)$ et l'axe des abscisses donne les distances $s_0 - s$ pour diverses profondeurs, ce qui définit la courbe de remous cherchée. Ainsi, à la distance de 860 m, la hauteur d'eau sera 2,25 m ; à la distance de 6 355 m, elle sera 1 m.

6.12 - Méthode des différences finies

Cette méthode est une application directe du théorème de Bernoulli, compte tenu des pertes de charge.

Entre deux sections 0 et 1, écartées de Δs, on peut écrire, en supposant que la section de référence 0 est en aval de 1.

$$\frac{U_1^2}{2g} + h_1 + z_1 = \frac{U_0^2}{2g} + h_0 + z_0 + i\Delta s \tag{6.16}$$

i étant la perte de charge unitaire moyenne le long du tronçon en question. Si I est la pente du fond :

$$z_1 - z_2 = I\Delta s \tag{6.17}$$

L'expression devient alors de la forme :

$$\left(\frac{U_1^2}{2g} + h_1\right) - \left(\frac{U_0^2}{2g} + h_0\right) = (i - I)\,\Delta s \tag{6.18}$$

où :

$$H_1 - H_0 = (i - I)\,\Delta s \tag{6.19}$$

Si la section de référence 0 est à l'amont de 1, c'est-à-dire si le remous est calculé de l'amont vers l'aval (voir le n° 6.9), on doit affecter Δs du signe moins (−). Si le canal est à contre-pente, c'est I qui doit être considéré comme négatif.

L'application de la méthode fixe la longueur des tronçons généralement courts. En général, on adopte le procédé suivant :

1 – On divise le profil en long en tronçons dont la longueur soit en relation avec la précision désirée.

2 – On dresse la courbe des charges spécifiques H en fonction de la profondeur h (éq. 6.2).

$$H = h + \frac{\alpha Q^2}{2gS^2} = f(h) \tag{6.20}$$

Si la section est variable, il faudra tracer plusieurs courbes de ce type.

3 – On trace la courbe des pertes de charge unitaires i en fonction de la profondeur h, pour un débit donné Q :

$$i = \frac{Q^2}{C^2S^2R} \qquad \text{ou} \qquad i = \frac{Q^2}{K^2S^2R^{4/3}} \tag{6.21}$$

selon que l'on emploie la formule de Chézy ou la formule de Strickler.

4 – En partant de h_0, connu dans la section de référence, et des valeurs H_0 et i_0 correspondantes, obtenues à partir des courbes (équation 6.20 et équation 6.21), on détermine la valeur approchée H'_1 de la charge spécifique dans la section 1, à la distance Δs de *0*.

$$H'_1 = H_0 + (i_0 - I)\,\Delta s \tag{6.22}$$

5 – À partir de H'_1, on détermine h'_1(courbe de l'équation 6.20), ce qui permet d'obtenir i'_1 (courbe de l'équation 6.21). On refait le calcul précédent, pour la valeur :

$$i = \frac{i'_1 + i_0}{2} \tag{6.23}$$

et on détermine une nouvelle valeur H''_1 et h''_1, et ainsi de suite jusqu'à obtenir, pour les diverses valeurs de h_1, des écarts qui soient en accord avec la précision désirée.

6 – La valeur définitive H_1 et h_1 une fois obtenue, on calcule un nouveau point dans la section 2 de la même façon.

Notons que cette méthode est valable même si la section géométrique et la pente du fond sont variables, comme cela arrive ordinairement dans les cours d'eau naturels, à condition de choisir convenablement les tronçons (voir § 6.15).

Dans le cas de variations accentuées de la section, et en conséquence de la vitesse, il faudra tenir compte des pertes singulières, à ajouter aux pertes par frottement (v. § 6.22).

L'équation (6.22) s'écrit alors :

$$(H'_1 - H_0) = (i_0 - I)\,\Delta s + \Delta E \tag{6.24}$$

Le terme additionnel ΔE représente la perte de charge singulière.

6.13 - Méthode de Bakhmeteff

Cette méthode est fondée sur la règle établie empiriquement, d'après laquelle la fonction $\varphi(h) = CS\sqrt{R}$ ou $\varphi(h) = K_s\, SR^{2/3}$ des profondeurs normales dans la section peut être représentée, dans les cas usuels par l'équation :

$$[\varphi(h)]^2 = S^2C^2R = \text{constante} \times h^n \tag{6.25}$$

ou :

$$[\varphi(h)]^2 = K_s^2 S^2 R^{4/3} = \text{constante} \times h^n \tag{6.25a}$$

L'exposant n est l'*exposant hydraulique.*

Le procédé est le suivant :

1 – On détermine la valeur de n en traçant la courbe $\varphi(h) = CS\sqrt{R}$ ou $\varphi(h) = H_s\, SR^{2/3}$ en coordonnées logarithmiques. Pour cela, on calcule la valeur de $\varphi(h)$ pour différentes valeurs de h, et on porte les valeurs $\log \varphi$ sur un graphique en fonction de $\log h$. On joint ces points par une droite. Si l'on désigne par α l'angle de la droite avec l'axe des $\log h$, on obtient $n = 2 \operatorname{tg} \alpha$.

Dans certains cas spéciaux, lorsqu'on désire une précision très poussée, on pourra adopter des valeurs différentes de n pour les divers tronçons du cours d'eau. Entre les deux points limites du tronçon :

$$n = 2\,\frac{\log[\varphi(h)/\varphi(h_0)]}{\log(h/h_0)} \tag{6.26}$$

Pour une section rectangulaire infiniment large (cas de Bresse), $n = 3$; pour une section parabolique, si le tirant d'eau est suffisamment faible pour que le périmètre mouillé soit pratiquement égal à la largeur superficielle (cas de Tolkmitt), $n = 4$.

Les valeurs limites de n dans les cas usuels correspondent aux sections triangulaires (n = 5,3 à 5,5) et aux sections rectangulaires très étroites ($n = 2$).

La table 135 donne les valeurs de n pour les sections rectangulaires, trapézoïdales et circulaires.

2 – On détermine la profondeur normale h_n et la pente critique I_c (voir les n°s 5.5 et 6.6).

On définit les paramètres :

$$\beta = \frac{I}{I_c} \qquad \text{et} \qquad \eta = \frac{h}{h_n} \tag{6.27) et (6.28}$$

3 – On calcule les valeurs $\eta_0 = \dfrac{h_0}{h_n}$ et $\eta_1 = \dfrac{h_1}{h_n}$ correspondant aux sections de profondeurs d'eau h_0 et h_1.

4 – Au moyen du tableau 133, suivant que $\eta > 1$ ou $\eta < 1$, on obtient la valeur de la fonction :

$$\beta(\eta) = \int_0^{\eta} \frac{d\eta}{\eta^n - 1} \tag{6.29}$$

pour les valeurs η_0 et η_1.

5 – La distance entre les sections 0 et 1 est donnée par l'expression :

$$\Delta s = (s_1 - s_0) = \frac{h_n}{I} \left[(\eta_1 - \eta_0) - (1 - \beta) \left[\beta (\eta_1) - \beta (\eta_0) \right] \right] \qquad (6.30)$$

Avec cette méthode, il n'est pas nécessaire de calculer des points intermédiaires, à condition que l'exposant hydraulique n et le paramètre β demeurent constants entre les valeurs limites choisies pour h.

6.14 - Solution approchée de Bakhmeteff

Quand la valeur de β est voisine de 0, c'est-à-dire toutes les fois que la pente du fond est très faible par rapport à la pente critique et que l'énergie cinétique du courant est aussi très faible, comme cela arrive en amont des grands barrages, l'équation (6.30) peut s'écrire :

$$s_1 - s_0 = \frac{h_n}{I} \left[(\eta_1 - \eta_0) - \left[\beta (\eta_1) - \beta (\eta_0) \right] \right] = \frac{h_n}{I} \varnothing (\eta_1) - \varnothing (\eta_0) \qquad (6.31)$$

avec :

$$\varnothing (\eta) = \eta - \beta (\eta) \qquad (6.32)$$

Les valeurs de $\varnothing$ sont données par la table 134.

Cette méthode simplifiée ne doit être employée que dans la détermination des courbes du type M_1, pour de faibles valeurs du nombre de Froude.

6.15 - Courbes de remous en cours d'eau naturels

Les méthodes indiquées précédemment pour déterminer les courbes de remous supposent des sections régulières et uniformes et par conséquent ne sont pas applicables aux cours d'eau naturels.

Dans ceux-ci, le calcul de remous doit toujours être effectué en divisant le canal en tronçons élémentaires. La division n'est pas arbitraire. Au contraire, il faut choisir les tronçons de façon à pouvoir considérer pour chacun d'eux une valeur moyenne de la pente, de la section et du coefficient de rugosité.

– On considère que la pente moyenne d'un tronçon est égale à la pente moyenne du fond de ce tronçon.

– On peut admettre que la section moyenne dans un tronçon est la section placée au milieu de ce tronçon. Il vaut mieux cependant dessiner sur un graphique plusieurs sections de ce tronçon et y tracer au jugé la ligne moyenne (ligne $m\ n$ de la figure 6.9).

– Le choix du coefficient de rugosité moyen présente certaines difficultés. On peut le déterminer à partir de la profondeur d'eau avec laquelle un débit connu s'écoule dans le tronçon, par application des formules du régime uniforme. Si ces données ne sont pas connues, on fixe, le coefficient de rugosité à partir de la connaissance de la nature du lit en sachant que tout ce qui augmente la turbulence augmente les pertes d'énergie.

En tenant compte de la définition des valeurs moyennes, on peut appliquer à un cours d'eau naturel la méthode des différences finies telle qu'elle a été décrite au n° 6.12, sans oublier les pertes singulières – le calcul automatique est ici particulièrement indiqué.

Pour les cours d'eau naturels, on a parfois recours à des méthodes expéditives que nous exposons ci-dessous.

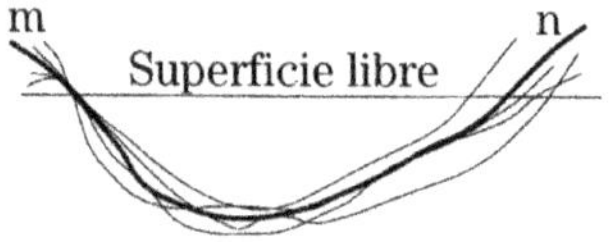

Fig. 6.9

a) *Méthode de Grimm* – La méthode de Grimm est valable pour les régimes graduellement retardés et pour les régimes où la turbulence n'est pas excessive (lit relativement régulier). Elle exige la connaissance des profondeurs uniformes, pour un certain nombre de débits, supérieurs au débit dont on veut calculer le remous. La base de la méthode est la suivante : à une profondeur d'eau, h, en un point P de la courbe de remous, correspond un débit $Q = K_s SR^{2/3}I^{1/2}$; à la même profondeur, h, correspondrait, en régime uniforme, un débit, Q_n, donné par les formules du régime uniforme (où $i = I$), $Q_n = K_s SR^{2/3}I^{1/2}$.

$$i = I\left(\frac{Q}{Q_n}\right)^2 \tag{6.33}$$

Soit Q le débit qui s'écoule dans le canal, en régime varié, donnant origine à une courbe de remous ; soit P' un point connu de la courbe de remous (fig. 6.10) ; soit P'' un point de la même courbe de remous à déterminer, à une distance s de P' ; soit Q'_u et Q''_u les débits en régime uniforme qui correspondent aux profondeurs d'eau h' et h'' en P' et P''.

La hausse de P'' par rapport à l'horizontale qui passe par P' sera :

$$i\Delta s = I\Delta s\left(\frac{Q}{Q'_n}\right)^2 \tag{6.34}$$

Pour obtenir une plus grande précision, il convient de répéter le calcul en sens contraire, c'est-à-dire de P'' vers P', en calculant $i\Delta s = I\Delta s\left(\frac{Q}{Q''_n}\right)^2$, et l'on prendra comme élévation de la cote de P'' la moyenne des deux valeurs ainsi calculées.

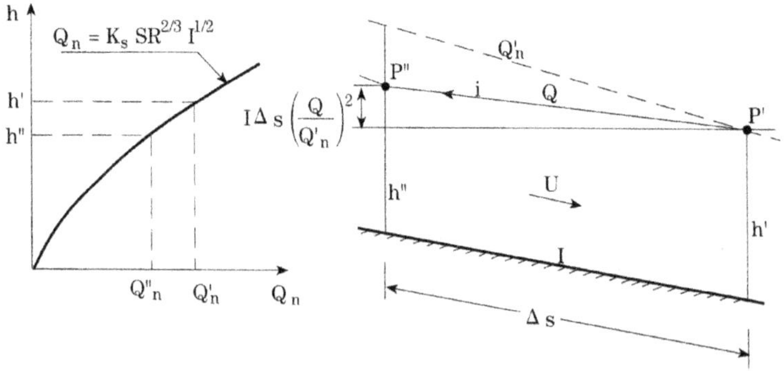

Fig. 6.10

À partir de P'', on calcule P''' et ainsi de suite.

Cette méthode peut être facilement exploitée par l'ordinateur.

b) *Diagramme de Leach* – Cette méthode permet de calculer les courbes de remous, pour un même débit, à partir de diverses profondeurs d'eau dans la section de contrôle : cas des courbes de remous provoquées par un barrage à différentes hauteurs.

Pour tracer le diagramme de Leach, il faut connaître au moins trois courbes de remous (a, b, c, fig. 6.11a) correspondant au même débit, pour différentes profondeurs dans la section de contrôle ; ces courbes peuvent être tracées suivant n'importe quelle méthode.

On divisera alors le cours d'eau en plusieurs tronçons.

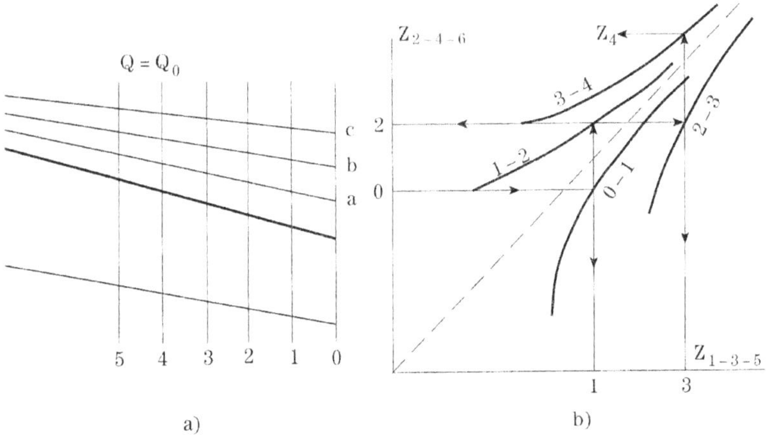

Fig. 6.11

Dans chaque tronçon, par exemple 0-1, on trace la courbe qui relie les cotes Z_0 en 0 avec les cotes Z_1 en 1 pour les diverses profondeurs correspondant aux courbes de remous (a), (b) (c)... (courbe 0-1 de la figure 6.11b). On procède de même pour le tronçon 1-2, 2-3, etc. Ces courbes sont disposées symétriquement, comme l'indique la figure 6.11b). Pour obtenir les cotes Z correspondant à une valeur quelconque Z_0, on cherche la valeur Z_1 sur la courbe 0-1 ; à partir de Z_1, on cherche Z_2 sur la courbe 1-2 ; à partir de Z_2, on cherche Z_3 sur la courbe 2-3, et ainsi de suite.

c) *Méthode du profil de la ligne d'eau pour différents débits*

Quand, dans un cours d'eau, on connaît le profil de la ligne d'eau pour différents débits, il est possible de calculer, d'une manière simple, les courbes de remous provoquées par un obstacle.

Si l'on néglige les pertes de charge singulières, Δe, on aura :

$$i\Delta s = [(z_1 + h_1) - (z_0 + h_0)] + \frac{\alpha\, U_1^2}{2g} - \frac{\alpha\, U_0^2}{2g} \tag{6.35}$$

Représentant par $Z = z + h$, la cote de la surface libre, et par $E_c = \dfrac{\alpha\, U^2}{2g}$ l'énergie cinétique, on aura :

$$i\Delta s = (Z_1 - Z_0) + E_{c1} - E_{c0} = \Delta Z + \Delta E_c \tag{6.35a}$$

En régime uniforme, étant donné que h est constant, on aura $\Delta E_c = 0$, donc $i = \Delta Z / \Delta s = \Delta z / \Delta s = I$.

D'après la formule de Strickler, on aura alors, en régime uniforme :

$$Q = K_s R^{2/3} S I^{1/2} = K S R^{2/3} \left(\frac{\Delta Z}{\Delta s} \right)^{1/2} \tag{6.36}$$

Dans le cas d'un mouvement graduellement varié, on admet que, pour un débit donné, Q_x, on aura, dans le même tronçon :

$$Q_x = K_s S R^{2/3} = \left(\frac{\Delta Z_x}{\Delta s} \right)^{1/2} \tag{6.36a}$$

D'où, ΔZ étant la variation du niveau de l'eau pour le débit Q, dans un tronçon donné, la variation qui se produira dans ce même tronçon, pour le débit Q_x, sera :

$$\Delta Z_x = \left(\frac{Q_x}{Q} \right)^2 . \Delta z = \left(\frac{Q_x}{Q / \sqrt{\Delta Z}} \right)^2 \tag{6.37}$$

Pour un tronçon déterminé, de longueur Δs (fig. 6.12), connaissant les cotes de la ligne d'eau, Z_j, à l'extrémité d'aval de ce tronçon, et Z_m, à l'extrémité d'amont, pour différents débits, Q_0, Q_1, Q_2..., il sera possible d'établir une courbe dont les ordonnées seront les cotes Z_j, et les abscisses le rapport $Q\sqrt{\Delta Z}$.

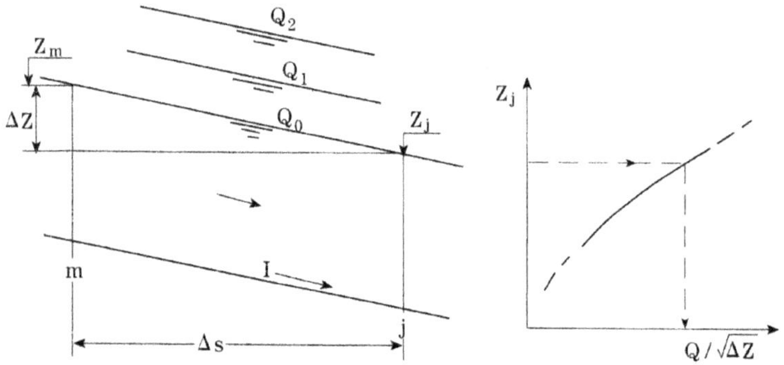

Fig. 6.12

Quand la cote Z_j est donnée, on lit sur la courbe correspondante la valeur de $Q\sqrt{\Delta Z}$. Pour un débit Q_x, l'augmentation de la surface libre, ΔZ_x, dans le tronçon considéré, sera donnée par l'équation (6.37) ; additionnant ces valeurs à la cote Z_j, on obtient la cote Z_m, au début du nouveau tronçon, pour le débit Q_x, c'est-à-dire : $Z_m = Z_j + \Delta Z_x$.

D'une manière identique, on tracerait la courbe de remous dans le nouveau tronçon, en prenant la valeur de Z_m, précédemment calculée, comme valeur de Z_j pour ce tronçon, et ainsi de suite.

d) *Méthode d'Ezra* – L'équation de Bernoulli, entre les sections m, en amont et j, en aval d'un tronçon de longueur, Δs, peut s'écrire, en prenant $Z = z + h$:

$$Z_m + \alpha_m \frac{U_m^2}{2g} = Z_j + \alpha_j \frac{U_j^2}{2g} + \frac{i_m + i_j}{2} \Delta s + \Delta E \tag{6.38}$$

où $(i_m + i_j) / 2$ représente la valeur moyenne des pertes de charge par frottement et ΔE les pertes de charge singulières.

En posant :

$$F(Z_m) = \alpha_m \frac{U_m^2}{2g} - \frac{1}{2} i_m \Delta s \tag{6.38a}$$

et :

$$F(Z_j) = \alpha_j \frac{U_j^2}{2g} - \frac{1}{2} i_j \Delta s \qquad (6.38b)$$

L'équation (6.38) peut s'écrire :

$$Z_m + F(Z_m) = Z_j + F(Z_j) + \Delta E \qquad (6.39)$$

Étant donné que, aussi bien les pertes de charge linéaires que les pertes singulières sont proportionnelles au carré de la vitesse, et connaissant la fonction $F(Z)$ pour un débit Q, on peut calculer $F_1(Z)$ pour un autre débit Q_1 en multipliant les valeurs de $F(Z)$ obtenues pour Q par le rapport $(Q_1 / Q)^2$.

Quand on applique cette méthode, il faut calculer les courbes $Z + F(Z)$, pour les sections $0, 1, 2, \dots i, \dots n$ choisies, dont on connaît les cotes de fond, z_i, et les caractéristiques géométriques.

Soit une section générique dont la cote de fond est z. On calcule pour cette section la courbe des aires $S(h)$ et du rayon hydraulique $R(h)$, d'où l'on obtient les valeurs de $U^2 / 2g = Q^2 / 2g\, S^2$ et de $i = Q^2\, K_s^2\, S^2 R^{4/3}$.

Pour chaque section, il faudra calculer la valeur de $F(Z_m)$ (équation 6.38a), à utiliser quand cette section est en amont du tronçon ; et de $F(Z_j)$ (équation 6.38b), quand, à l'étape suivante, la même section passe à l'aval du nouveau tronçon.

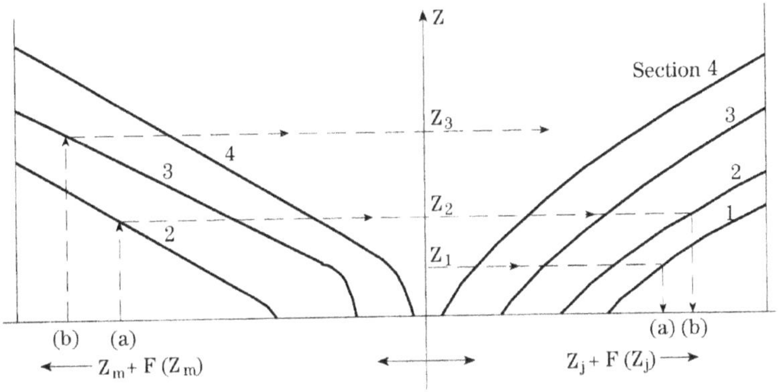

Fig. 6.13

Les deux familles de courbes $Z + F(Z)$ se présentent comme il est indiqué sur la figure. 6.13.

Partant de la cote Z_1 donnée, marquée sur l'axe OZ, on lit, en abscisses, la valeur (a) dans la famille de courbes j (dans l'hypothèse où le remous est calculé d'aval en amont, ce qui est d'ailleurs le cas général) ; on marque la même valeur (a) sur l'abscisse de la famille de courbes m, et on obtient la cote Z_2, dans la section 2. Cette cote dans la section 2 servira à calculer la cote Z_3, dans la section 3 : à cet effet, on lit la valeur (b) sur la courbe 2, correspondant à la famille de courbes j ; on marque (b) sur les courbes 3 en amont, et on obtient la valeur Z_3. De même, on pourrait calculer Z_4 à partir de Z_3, et ainsi de suite.

Les pertes de charge singulières peuvent être prises en compte, au lieu de transposer la valeur de (a) sur les courbes d'amont, on transpose la valeur de $(a) + \Delta E$, sur ce tronçon considéré.

C - MOUVEMENT BRUSQUEMENT VARIÉ - RESSAUT HYDRAULIQUE

6.16 - Définitions

Le ressaut hydraulique est une surélévation brusque de la surface libre d'un écoulement permanent qui se produit lors du passage du régime torrentiel au régime fluvial. Il est accompagné d'une agitation marquée et de grandes pertes d'énergie.

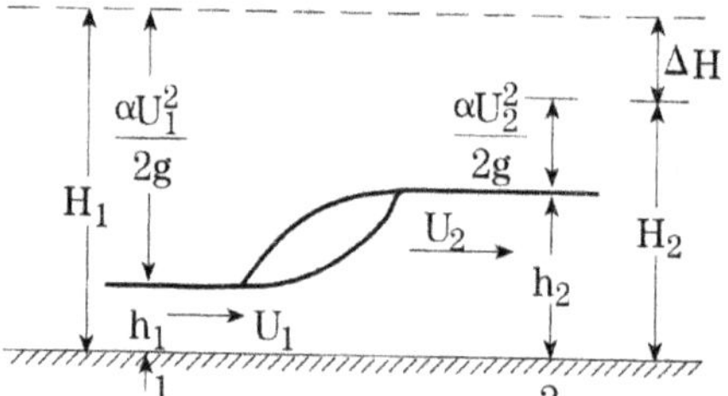

a) Profondeur conjuguée

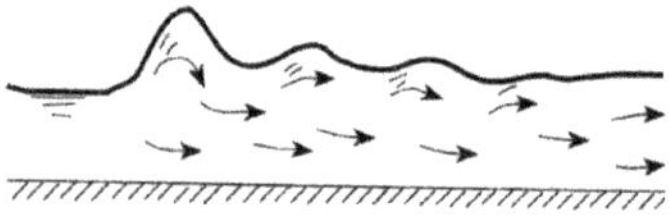

b) $1 < \mathbf{F}_r \leq 1{,}7$
Ressaut ondulé

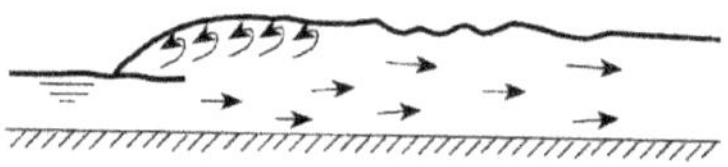

c) $1{,}7 \leq \mathbf{F}_{r1} < 2{,}5$
Ressaut faible

d) $2{,}5 \leq \mathbf{F}_{r1} < 4{,}5$
Ressaut oscillant

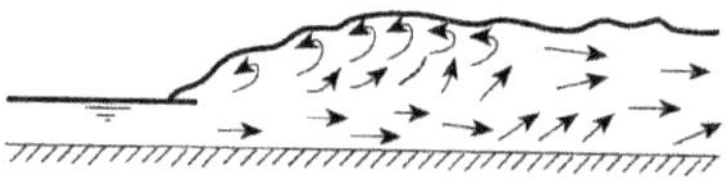

e) $4{,}5 \leq \mathbf{F}_{r1} < 9$
Ressaut établi

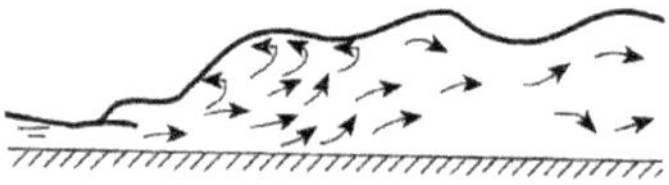

f) $\mathbf{F}_{r1} \geq 9$
Ressaut fort

Désignons par section 1, la section d'amont, ou d'entrée, du ressaut, et par section 2 la section d'aval, ou de sortie (fig. 6.14a) parfois, ces sections ne sont pas très bien définies. Les profondeurs h_1 et h_2 sont appelées *profondeurs conjuguées du ressaut*(1). La distance entre les sections 1 et 2 est appelée longueur du ressaut. La perte de charge est représentée par ΔH.

Le ressaut est généralement caractérisé par le nombre de Froude en amont(2) : $\mathbf{F}_{r1} = U_1 \sqrt{gh_1}$.

---

(1) Ne pas confondre avec les profondeurs conjuguées d'égale énergie, H, définies en 6.4. Il s'agit, en fait, de profondeurs conjuguées d'égale impulsion totale, définies en 6.5.

(2) On prend parfois comme nombre de Froude le carré de cette valeur.

Pour les valeurs de $\mathbf{F}_{r1}$ inférieures ou égales à 1, le régime est lent, ou critique, et il n'y a pas de ressaut[(1)]. Pour des valeurs du nombre de Froude comprises entre 1 et 1,7, la différence des profondeurs conjuguées en amont et en aval est très faible, et le ressaut est caractérisé par de légères rides à la surface libre, aspect qui diffère peu de celui que l'on observe dans le régime critique : *ressaut ondulé* (fig. 6.14b).

Pour des valeurs de $\mathbf{F}_{r1}$ comprises entre environ 1,7 et 2,5 on constate le même phénomène, mais plus accentué ; dans ce cas se produisent déjà de petits tourbillons superficiels. Jusqu'à ces valeurs de $\mathbf{F}_{r1}$, la surface libre est raisonnablement plane et la distribution des vitesses est régulière : *ressaut faible* (fig. 6.14c).

Pour des valeurs comprises entre environ 2,5 et 4,5 l'écoulement est pulsatoire ; la plus grande turbulence se vérifie soit près du fond, soit à la surface : c'est le *ressaut oscillant* (fig. 6.14d). Chaque pulsation produit une onde de période irrégulière, qui dans la nature peut se propager sur plusieurs kilomètres, ce qui peut causer des dommages aux berges.

Pour des nombres de Froude compris entre environ 4, 5 et 9, le ressaut est bien caractérisé et bien localisé : *ressaut établi* (fig. 6.14e).

Enfin, pour des valeurs de $\mathbf{F}_{r1}$ supérieures à 9, on constate des masses d'eau qui roulent par dessous, au début du ressaut, et tombent sur le circuit rapide d'amont, d'une manière intermittente, provoquant de nouvelles ondulations en aval : *ressaut fort* (fig. 6.14f).

6.17 - Détermination des profondeurs conjuguées du ressaut

On ne peut pas appliquer le théorème de Bernoulli entre les sections 1 et 2 pour déterminer les profondeurs conjuguées du ressaut, étant donné que le terme ΔE, qui représente la perte de charge, n'est pas connu et que les formules du régime uniforme ne sont pas applicables.

C'est le théorème d'Euler qui permet de résoudre le problème.

Considérons une masse de liquide qui s'écoule dans un canal horizontal cylindrique ; on néglige les pertes par frottement sur le fond. L'application de l'équation (2.54), suivant un axe parallèle au fond du canal, conduit à :

$$\pi + M_1 - M_2 = 0, \qquad \text{où} \qquad \pi = \varpi\, y_1 S_1 - \varpi\, y_2 S_2.$$

On a alors :

$$\rho\, Q U_1 + \varpi\, y_1 S_1 = \rho\, Q U_2 + \varpi\, y_2 S_2 \tag{6.40}$$

ou :

$$\rho\, \frac{Q_2}{S_1} + \varpi\, y_1 S_1 = \rho\, \frac{Q_2}{S_2} + \varpi\, y_2 S_2 \tag{6.40a}$$

(1) La nomenclature indiquée ci-après correspond à celle qui est utilisée par le *U.S. Bureau of Reclamation.*

c'est-à-dire (voir l'équation 6.5)

$$\mathfrak{M}_1 = \mathfrak{M}_2 \tag{6.41}$$

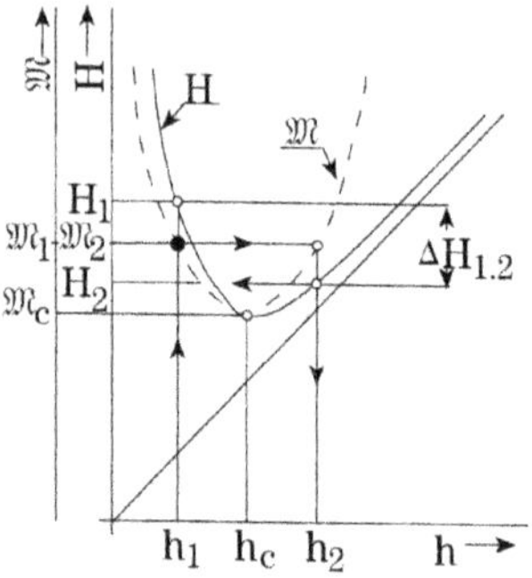

Fig. 6.15

Si, pour une certaine forme de la section et pour un débit déterminé, on trace la courbe $\mathfrak{M}(h) = \rho \dfrac{Q_2}{S} + \varpi\, y\, S$, on obtient, au moyen de droites horizontales, des paires de profondeurs conjuguées (fig. 6.15). On peut, par conséquent, comme l'indique la figure, déterminer h_2 à partir de h_1, et inversement.

On peut encore écrire l'équation précédente en divisant par ϖ et en ordonnant les termes de la manière suivante :

$$y_1 S_1 - y_2 S_2 = \frac{Q_2}{g}\left(\frac{1}{S_2} - \frac{1}{S_1}\right) \tag{6.41a}$$

Si l'on exprime la profondeur, y, du centre de gravité comme une fraction de la profondeur d'eau, h, autrement dit si l'on pose $y = \theta\, h$, et introduisant le nombre de Froude, $\mathbf{F}_{r1}$, de la section d'amont, l'équation prend la forme suivante :

$$\theta_2 \frac{S_2}{S_1} \cdot \frac{h_2}{h_1} - \theta_1 = \mathbf{F}_{r1}^2\left(1 - \frac{S_1}{S_2}\right) \tag{6.41b}$$

Analysons la forme de cette équation dans quelques cas particuliers[1].

a) Canal rectangulaire – Dans un canal rectangulaire, on constate que :

$$\theta_1 = \theta_2 = \frac{1}{2} \qquad S_2 / S_1 = \frac{h_2}{h_1}$$

(1) On a suivi de près SILVESTER, R : *Hydraulic Jump in all Shapes of Horizontal Channels. Proceedings ASCE, Journal of the Hydraulics Division, Jan. 1964.*

On a alors :

$$\frac{h_2}{h_1} = \frac{1}{2}\left[-1 + \sqrt{1 + 8\,\mathbf{F}_{r1}^2}\right] \tag{6.41c}$$

b) Canal triangulaire – Dans un canal triangulaire, on a :

$$\theta_1 = \theta_2 = \frac{1}{3} \qquad \frac{S_2}{S_1} = \left(\frac{h_2}{h_1}\right)^2$$

$$\left(\frac{h_2}{h_1}\right)^3 = 1 - 3\,\mathbf{F}_{r1}^2\left[1 - \left(\frac{h_1}{h_2}\right)^2\right] \tag{6.41d}$$

c) Canal trapézoïdal – Dans ce cas, il est possible d'obtenir des courbes pour diverses valeurs du paramètre :

$$\eta = l \,/\, mh_I$$

où l est la largeur du fond ; m, la pente du talus (hor. / verticale), et h la profondeur d'eau en amont. Pour $\eta = 0$, le canal est triangulaire ; pour $\eta = \infty$, le canal est rectangulaire.

d) Canal parabolique – Dans un canal parabolique, on a $\theta_1 = \theta_2 = 2/5$ et $S_2 / S_1 = (h_2 / h_1)^{3/2}$, d'où :

$$\left(\frac{h_2}{h_1}\right)^{5/2} = 1 + \frac{5}{2}\,\mathbf{F}_{r1}^2\left[1 - \left(\frac{h_1}{h_2}\right)^{3/2}\right] \tag{6.41e}$$

e) Canal circulaire – Il faut distinguer le cas d'un canal partiellement plein et le cas d'un canal entièrement plein(1). Dans le premier cas ($h_2 < D$), les points qui représentent h_2 / h_1, en fonction de $\mathbf{F}_{r1}$, forment une tache ; dans le second cas ($h_2 > D$), on obtient différentes lignes, en fonction du rapport h_1 / D.

L'abaque 136 permet de résoudre ces diverses équations.

Dans un canal rectangulaire à parois verticales et fond incliné, les profondeurs conjuguées sont reliées par l'expression :

$$\frac{h_2}{h_1} = \frac{1}{2\cos\theta}\left[\sqrt{\frac{8\,\mathbf{F}_{r1}\cos^3\theta}{1 - 2\,K\,\mathrm{tg}\theta} + 1} - 1\right] \tag{6.41f}$$

où $\mathbf{F}_{r1} = U_1 \,/\, \sqrt{gh_1}$ et K est un coefficient expérimental dont la valeur, dépendant de la pente du canal, est indiquée sur la table 138b.

6.18 - Détermination de la perte d'énergie

Si, en même temps que la fonction M, on trace la fonction H, on détermine directement la perte de charge $\Delta H = H_1 - H_2$ produite par le ressaut, qu'on pourrait d'ailleurs déterminer analytiquement en utilisant le théorème de Bernoulli. En admettant que $z_1 = z_2$ (canal horizontal), on obtient :

$$\Delta E_{12} = \Delta H_{12} = \left(\frac{U_1^2}{2g} + h_1\right) - \left(\frac{U_2^2}{2g} + h_2\right) \tag{6.42}$$

Le rapport $H_2 \,/\, H_1$ est appelé *efficacité du ressaut*. La perte d'énergie

(1) On démontre, dans ce cas, que les lignes de pressions représentent le profil du ressaut : Lane, E.W. – *Hydraulic Jump in Enclosed Conduits – Engineering News-Record*, vol. 121, 1938.

relative est donnée par la formule :

$$\frac{H_1 - H_2}{H_1} = 1 - \frac{H_2}{H_1} \tag{6.42a}$$

L'abaque 137 donne la valeur de cette perte d'énergie pour diverses sections et différentes valeurs de $\mathbf{F}_{r1}$[1].

6.19 - Localisation et longueur du ressaut

Il résulte de ce qu'on a dit précédemment que le ressaut se produit toujours au cours du passage d'un régime torrentiel à un régime fluvial et dans une section où les quantités de mouvement totales ont la même valeur.

En supposant que l'on connaît les formes de la surface libre du régime torrentiel d'amont et du régime fluvial d'aval, on détermine le long du profil longitudinal, la valeur de $\mathcal{M} = \rho \frac{Q_2}{S} + \varpi\, y\, S$ correspondant à plusieurs profondeurs d'eau, soit du régime torrentiel, soit du régime fluvial. Le point de rencontre de ces deux courbes définit la position du ressaut.

On peut aussi utiliser la notion de profondeur conjuguée, surtout dans les canaux rectangulaires. On porte le long du profil longitudinal les profondeurs conjuguées correspondant aux diverses profondeurs d'eau, connues à partir du tracé de la courbe de remous. Le point où la ligne des profondeurs conjuguées du régime torrentiel rencontre la surface libre du régime fluvial, ou vice versa, donne l'emplacement de la section où se produira le ressaut.

La longueur, C, est la caractéristique du ressaut la plus difficile à déterminer. En effet, il est généralement difficile de définir la fin du ressaut.

Dans la pratique, pour calculer les dimensions de bassins d'amortissement, on considère comme fin du ressaut le point à partir duquel le revêtement de béton n'est plus nécessaire.

Pour la détermination de la longueur du ressaut dans les canaux rectangulaires, consultez l'abaque 138a.

Pour les canaux trapézoïdaux, la formule suivante, très approchée[2] donne pour valeur de la longueur C :

$$\frac{C}{h_2} = 5\left(1 + 4\sqrt{\frac{L_2 - L_1}{L_1}}\right) \tag{6.43}$$

h_2 étant la hauteur du ressaut en aval, L_1 et L_2 les largeurs en surface, respectivement, en amont et en aval du ressaut.

---

(1) Pozey, C.J. et Hsing, P.S. - *Hydraulic Jump in Trapezoidal Channels* - State University of Iowa. Iowa City.

(2) Posey, C.J. et Hsing, P.S., *op. cit.*

6.20 - Ressaut submergé

Toutes les fois que la profondeur d'eau en aval est supérieure à la profondeur conjuguée du ressaut, h_2, il se produit un ressaut submergé (fig. 6.16).

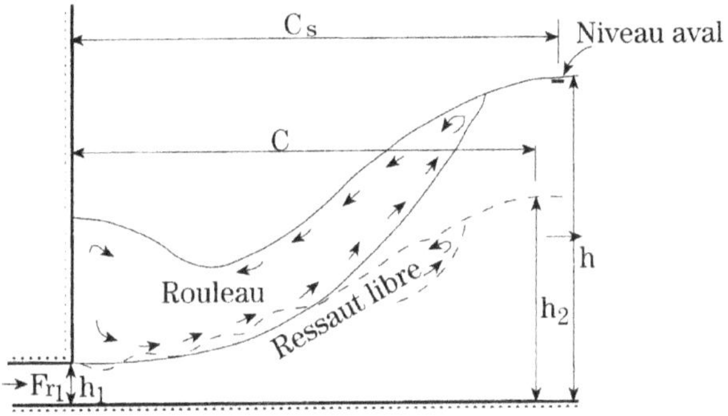

Fig. 6.16

Le degré de submersion est défini par le rapport :

$$S = \frac{h - h_2}{h_2} \tag{6.44}$$

La longueur du ressaut submergé est donnée par l'expression approchée :

$$C_s = (4{,}9\,S + 6{,}1)\,h_2 \tag{6.45}$$

6.21 - Ressaut dans les canaux rectangulaires

Considérons un canal rectangulaire et prenons comme unité de longueur la valeur de la charge spécifique à l'amont du ressaut H_1. L'écoulement est alors défini par des grandeurs dites réduites, qui s'expriment en fonction de la profondeur réduite en amont $h'_1 = h_1 / H_1$, au moyen des expressions suivantes :

$$U'_1 = \frac{U_1}{\sqrt{H_1}} = \sqrt{2g\,(1 - h'_1)} \tag{6.46}$$

$$q' = \frac{q}{H_1\,\sqrt{H_1}} = h'_1\,\sqrt{2g\,(1 - h'_1)} \tag{6.46a}$$

$$\mathbf{F}^2_{r1} = 2\,\frac{1 - h'_1}{h'_1} \tag{6.47}$$

$$h'_c = \frac{h_c}{H_1} = h'_1\,\sqrt[3]{2\,.\,\frac{1 - h'_1}{h_1}} \tag{6.48}$$

$$h'_2 = \frac{h_2}{H_1} = \frac{h'_1}{2}\left[-1 + \sqrt{\frac{16}{h'_1} - 15}\right] \tag{6.48a}$$

$$U'_2 = U'_1\left(\frac{h'_1}{h'_2}\right) \tag{6.49}$$

$$\Delta H' = \frac{\Delta H}{H_1} = \frac{H_1 - H_2}{H_1} = 1 - H'_2 \tag{6.50}$$

L'abaque 138c indique, en fonction de h'_1, les différentes fonctions définies plus haut.

À partir de la courbe h'_2, on voit que la valeur maximale, et par conséquent, la profondeur maximale réduite atteinte en aval, correspond à $h'_1 = 0{,}4$, soit $h'_2 = 0{,}8$.

La valeur maximale de la différence $(h'_2 - h'_1)$ est 0,507 ; elle est atteinte quand $h'_1 = 0{,}206$.

Lorsqu'on utilise des dispositifs de fixation du ressaut et d'amortissement d'énergie du type seuils dentelés ou similaires, les caractéristiques du ressaut varient considérablement (voir 6.38).

D - SINGULARITÉS DANS LES CANAUX

6.22 - Pertes du type Borda - Formule d'Escande

Une singularité provoque dans les écoulements à surface libre une modification du régime uniforme, associée à une perte de charge localisée (ou singulière).

Dans les écoulements en charge, une perte de charge singulière provoque un abaissement brusque de la ligne de charge ; au contraire, dans un écoulement à surface libre dans un canal suffisamment long, une perte de charge singulière provoque une perturbation qui se propage au long d'un tronçon plus ou moins long ; mais, en dehors de ce tronçon, le régime se maintient uniforme avec des caractéristiques énergétiques similaires à celles qui se produiraient s'il n'y avait pas de singularité.

Ainsi, dans un canal suffisamment long, pour que puisse se rétablir le régime uniforme en amont et en aval de la singularité, la perte de charge entre les sections extrêmes doit être la même que celle qui se produirait si le régime restait uniforme, autrement dit, s'il n'y avait pas de singularité.

L'expression de la perte de charge localisée a donc une signification légèrement différente de celle qui correspondait à une conduite en charge et sa détermination est plus difficile. Parfois, des cas apparemment similaires provoquent des conditions d'écoulement et des pertes de charge bien différentes. C'est pourquoi, toutes les fois que la nature du problème se justifie, il est recommandé de faire des essais sur modèle réduit.

Dans le cas d'un *élargissement brusque* se produisent des pertes du *type Borda*, que nous avons étudiées à propos des écoulements en charge (voir n° 4.15).

Se fondant sur l'équation de Bernoulli et sur le théorème d'Euler, Escande[(1)] propose l'expression suivante pour les pertes de charge dans un élargissement brusque :

$$\Delta H = K \frac{(U_1 - U_2)^2}{2g} - (h_2 - h_1) \tag{6.51}$$

Si h_2 se rapproche de h_1, le second terme est négligeable, et l'on revient pratiquement à l'équation de Borda.

6.23 - Passage d'un réservoir à un canal

Considérons les cas suivants :

1. $I > I_c$ (fig. 6.17) : dans ce cas, l'écoulement est similaire à l'écoulement par un déversoir (v. n° 6.31) et le débit est donné par :

$$Q = \mu L \sqrt{2g}\, H^{3/2} \tag{6.52}$$

L étant la largeur, H la charge totale sur le seuil et μ le coefficient de débit. Sur la valeur à attribuer à μ, voir le n° 6.31 et suivants.

L'écoulement est critique dans une section au voisinage de l'entrée du canal et devient vite uniforme, par l'intermédiaire d'une courbe de remous du type S_2. Pour la détermination du débit, on peut utiliser aussi la première équation du système 6.4 en prenant $h = h_c$.

2. $I = I_c$: les considérations précédentes sont valables en ce qui concerne le débit, l'écoulement est uniforme depuis l'entrée du canal.

3. $I < I_c$: dans ce cas, le débit qui s'écoule a la valeur compatible avec les conditions de charge et le régime uniforme dans le canal (fig. 6.8). On l'obtient par la résolution, habituellement graphique, du système d'équations (6.4) et (5.7) ou (5.8), c'est-à-dire :

$$\begin{cases} Q = KS \sqrt{\dfrac{2g}{\alpha}(H - h)} \\ Q = K_s S R^{2/3} i^{1/2} \end{cases} \tag{6.4}$$

Ces deux équations donnent Q en fonction de h. Traçant les deux fonctions dans le même système d'axes (Q, h), leur intersection définit le débit Q et la profondeur d'eau h de l'écoulement.

(1) Escande, I., *Hydraulique Générale.*

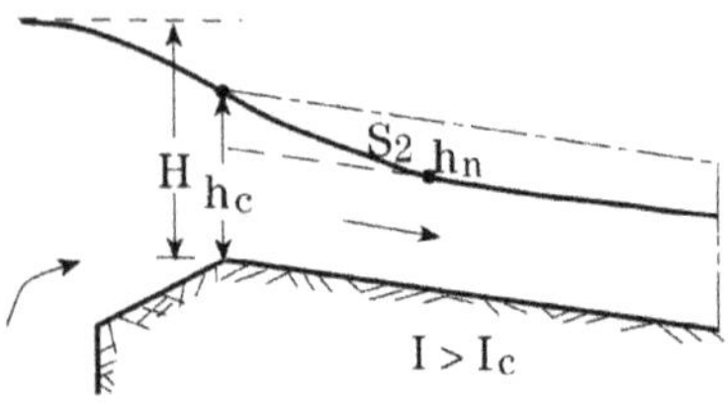

Fig. 6.17

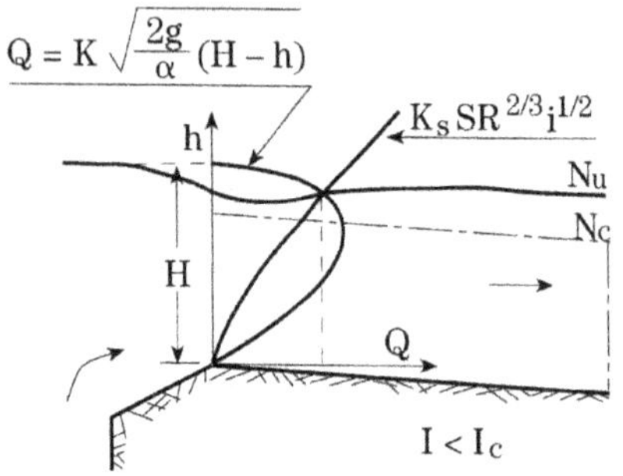

Fig. 6.18

Le coefficient K introduit dans l'équation (6.4) tient compte des pertes d'énergie à l'entrée ; pour une entrée bien dessinée, on peut prendre $K = 0{,}90$.

6.24 - Passage d'un canal à un réservoir

Considérons les cas suivants :

1. $I > I_c$: si le niveau N dans le réservoir est inférieur au niveau normal N_n à la sortie du canal (fig. 6.19), il y aura une chute brusque de la surface libre à la sortie. Si N est compris entre N_n (correspondant à la profondeur normale) et N_c (correspondant à la profondeur critique), il n'y aura pas de remous à l'intérieur du canal. L'entrée dans le réservoir se fait suivant une courbe que l'on peut appeler faux ressaut.

Si N est supérieur à N_c, il y aura dans le canal un ressaut, suivi d'un remous d'élévation, en régime fluvial dans un canal à pente rapide (courbe S_1).

Quoi qu'il en soit, le débit ne sera pas modifié puisque, en régime torrentiel, les conditions en aval n'ont pas d'influence sur l'amont, sauf si la courbe S_1 atteint l'entrée du canal.

2. $I = I_c$: si N est inférieur ou égal à N_c, il y aura dans le canal tout entier une profondeur d'eau égale à la profondeur critique.

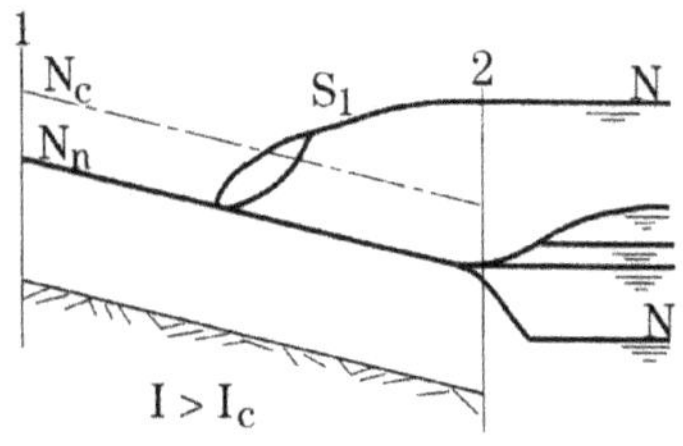

Fig. 6.19

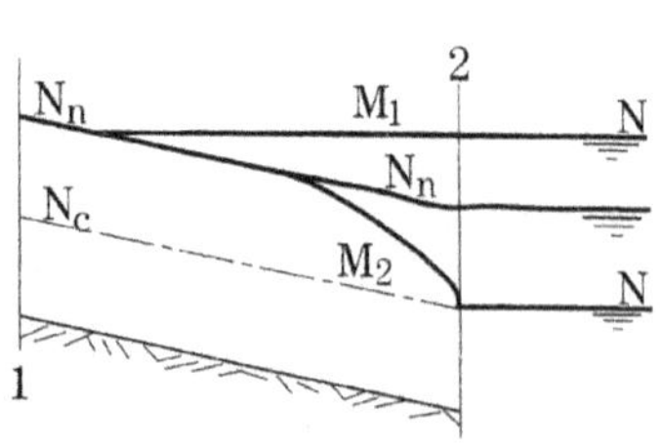

Fig. 6.20

Si N est supérieur à N_c, la surface libre dans le canal sera une courbe de remous en canal à pente critique, c'est-à-dire, une horizontale (courbe C_1).

Comme précédemment, le débit ne sera influencé que si le remous provoqué atteint l'entrée du canal.

3. $I < I_c$: si N est inférieur à N_c, c'est une courbe de remous du type M_2 qui se produit, avec l'augmentation correspondante de la vitesse moyenne (fig. 6.20). Le débit sera quelque peu supérieur au débit du régime uniforme ; cependant, cette différence ne sera sensible que dans les canaux très courts ou à pente exceptionnellement faible. Si N est égal à N_n, le débit sera égal au débit du régime uniforme. Si N est supérieur à N_n, il y aura dans le canal une courbe de remous du type M_1, et le débit subira en conséquence une diminution, qui sera d'autant plus accentuée que la courbe remontera plus près de l'entrée du canal.

6.25 - Surélévation du fond

La perturbation provoquée par un obstacle dans le fond d'un canal ou d'un cours d'eau (barrage déversoir par exemple) peut être étudiée aisément au moyen des courbes donnant la charge spécifique en fonction de la profondeur d'eau. Des cas-types sont présentés sur la figure 6.21, où l'on a tracé les courbes H et H' correspondant au canal et à la surélévation. La courbe H' est obtenue à partir de la courbe H par une translation verticale de l'axe h égale à la valeur a de la surélévation.

Sur cette figure, h_n et H_n sont la profondeur et la charge spécifique en régime uniforme ; h_c et H'_c la profondeur critique et la charge spécifique critique dans le canal ; h'_c et H_c la profondeur critique et la charge spécifique critique au sommet de la surélévation. La forme de la surface libre et l'évolution du point figuratif de l'écoulement dans le plan (h, H) apparaissent clairement sur la figure 6.21, pour les différentes valeurs de la pente et de la charge disponible.

6.26 - Rétrécissements localisés : piles de ponts

La perturbation provoquée par un rétrécissement peut être analysée facilement au moyen des courbes donnant h en fonction de H dans la section du canal et de H' dans la section contractée.

L'analyse du phénomène dans un tronçon long est suffisamment explicitée, pour les cas les plus typiques, sur la figure 6.22, où l'on voit la forme de la surface libre et l'évolution du point figuratif de l'écoulement, sur le diagramme (h, H).

Analysons maintenant plus en détail ce qui se passe au voisinage du rétrécissement, surtout dans le cas d'un canal de pente $I < I_c$, qui correspond au cas le plus habituel des cours d'eau.

Le régime est dit *noyé* quand $H_n > H_c$, c'est-à-dire quand l'énergie d'amont est suffisante pour franchir l'obstacle, comme c'est le cas du premier exemple de la figure 6.22a.

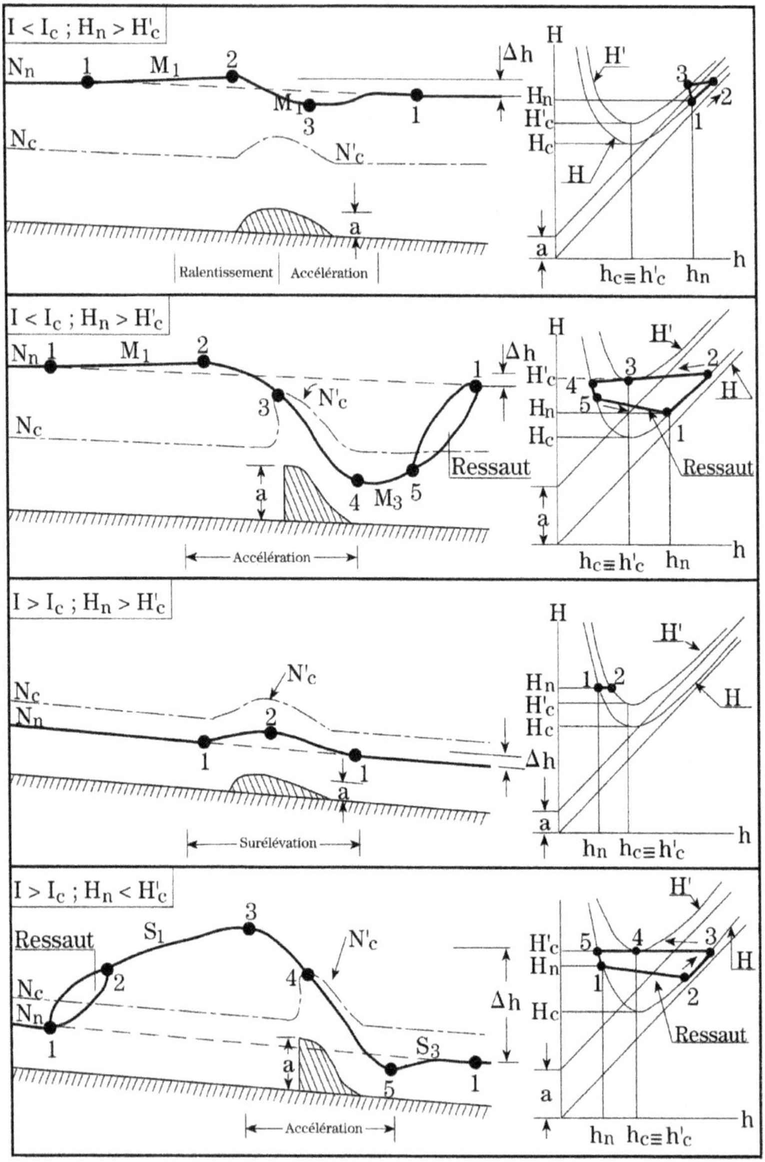

Surélévation du fond

Fig. 6.21

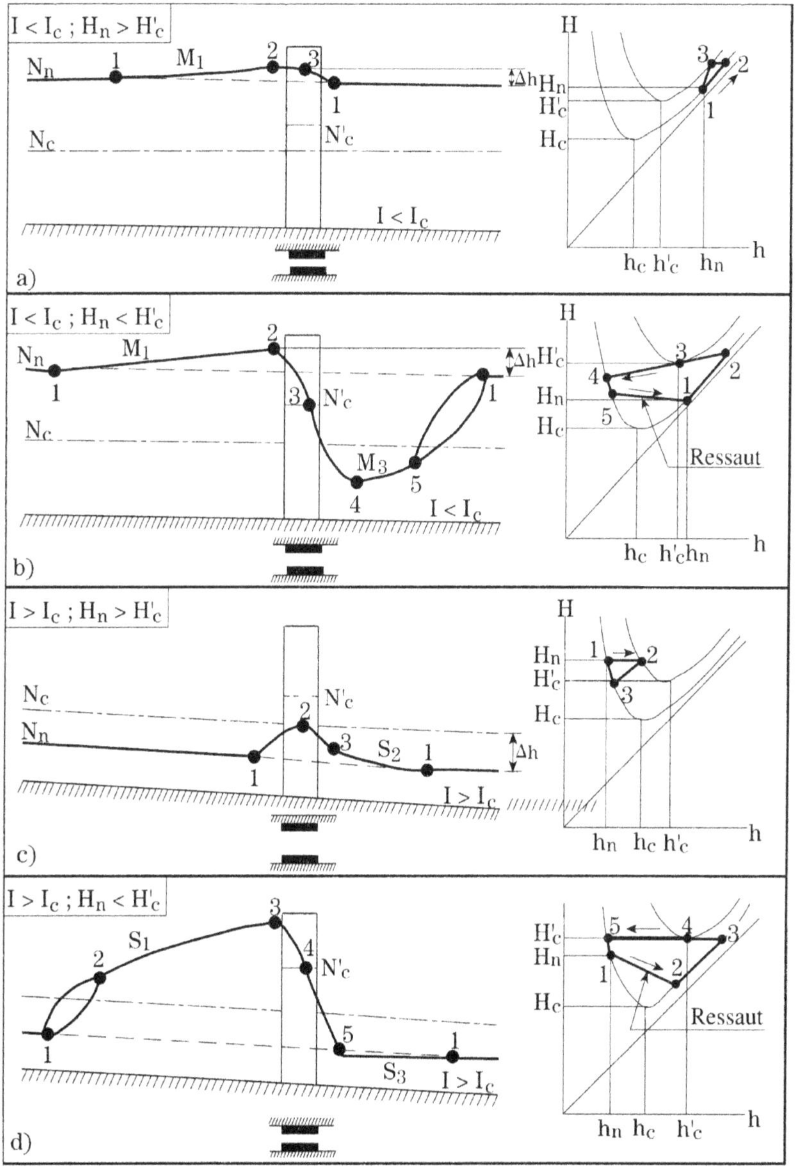

Rétrécissements localisés

Fig. 6.22

On dit que le régime est *dénoyé* quand $H_n < H'_c$, c'est-à-dire, quand l'énergie n'est pas suffisante ; dans ce cas, l'écoulement s'opère en régime critique, suivi de ressaut (fig. 6.22b).

Dans le cas du régime presque noyé, la forme de l'écoulement est représentée plus en détail sur la figure 6.23.

Le rétrécissement a pour origine une surélévation de la surface libre dans la section 1, qui peut être localisée à peu près à une distance l en amont du centre de rétrécissement, l étant la largeur dans le rétrécissement. Le raccordement entre le régime dans la section 1 et la section 0 en amont du rétrécissement, correspondant au régime non perturbé, où $h_o = h_n$ est effectué par une courbe du type M_1.

Entre la section 1 et la section 3, qui est la section finale du rétrécissement, on observe un brusque abaissement de la surface libre et une contraction de la veine ; le raccordement, en aval de la section 3, jusqu'à ce que soit atteint le régime uniforme dans la section 4, est effectué par une courbe du type M_2.

La section contractée 2, située entre 1 et 3, commande l'écoulement. D'ailleurs, c'est en aval de la section contractée, dans l'élargissement qui conduit à la section totale du canal, que se produisent les pertes de charge, dues aux tourbillons provoqués par l'expansion de l'écoulement.

Théoriquement, le calcul du débit écoulé devrait être rapporté à la section 2.

Dans la pratique, le calcul du débit est rapporté à la section 3, ramenant à l'expression :

$$Q = C\,S_3\sqrt{2g\left(\Delta h - h_f + \alpha\,\frac{U_1^2}{2g}\right)} \tag{6.53}$$

où :

- $S_3 = l\,h_3$, l étant la largeur du rétrécissement
- h_f est la perte de charge continue entre les sections 1 et 3
- U_1 est la vitesse moyenne de la section 1
- $\Delta h = Z_1 - Z_3$ est la chute de la surface libre entre 1 et 3.

C est un coefficient qui tient compte du fait que le calcul est rapporté à la section 3, au lieu de la section contractée 2 (voir au chapitre 8, le coefficient de contraction) ; les pertes par rétrécissement entre 1 et 2 sont négligeables, dans la pratique ; les pertes par élargissement, en aval de 2 sont les plus importantes.

La valeur du coefficient C dépend de divers paramètres ; considérant seulement les principaux paramètres, et pour diverses formes de contraction, indiquées ci-dessous, on peut l'écrire de la manière suivante[(1)] (voir abaque 139) :

$$C = C'\,K_F\,K_W\,K_r\,K_\varnothing\,K_y\,K_x\,K_e \tag{6.53a}$$

où :

C' est un coefficient de base, fonction du rapport $\delta = (L - l)\,/\,L)$ (l est la largeur du rétrécissement et L la largeur du canal) et du rapport a/l, a étant la longueur du rétrécissement, c'est-à-dire la dimension dans le sens de l'écoulement.

K_F est fonction du nombre de Froude $\sqrt{\mathbf{F}_{r3}} = Q\,/\,(S_3\,\sqrt{g\,h_3})$. Pour calculer $\mathbf{F}_{r3}$, il faut fixer un débit Q et contrôler la valeur supposée postérieurement. Pour garantir le régime fluvial, on doit avoir $\mathbf{F}_{r3} < 1$. Dans la pratique, et pour plus de sécurité, il convient d'avoir $\mathbf{F}_{r3} < 0{,}8$.

K_W caractérise la forme de la tête de la culée et est fonction du rapport entre la largeur, W, du raccordement de forme polygonale et la largeur, l, de la contraction (v. abaque 139). Dans ce cas on aura $K_r = 1$.

---

(1) Kindvaster - *Computation of peak discharge at contractions* "U.S. Geological Survey" - circulaire n° 289, p. 1953. Cité par [**9**].

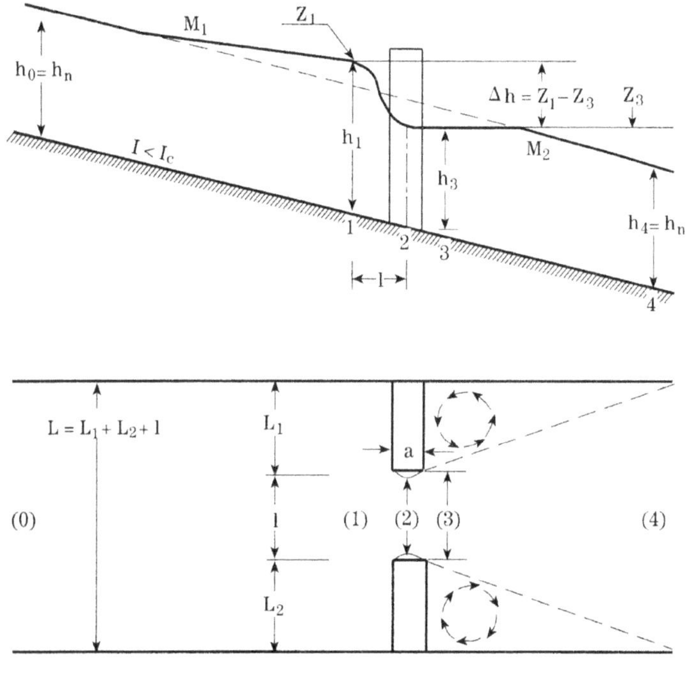

Fig. 6.23

K_r remplace K_W quand le raccordement est effectué par un cercle de rayon r. Dans ce cas, on aura $K_W = 1$.

$K_\varnothing$ est fonction de l'angle du rétrécissement et de la direction perpendiculaire à l'écoulement.

K_y est fonction de $(h_a + h_b) / 2l$, où h_a et h_b sont les profondeurs d'eau au pied de chaque culée.

K_x est fonction de la pente des talus des culées, donnée par x/l (x est indiqué sur l'abaque).

K_e est fonction de l'excentricité e du rétrécissement par rapport au canal (rapport entre la capacité d'écoulement du tronçon en amont, à gauche et à droite du rétrécissement). Dans les canaux rectangulaires, on a $e = L_1 / L_2$ ($L_2 > L_1$).

Les abaques 139 donnent les valeurs des différents coefficients pour diverses valeurs de la pente E des talus du remblai et de la tête des culées, pour des rétrécissements centrés sur le canal principal ($K_e = 1$). Si $e < 0, 1$, les valeurs de K_e sont inférieures à 1. À la limite ($e = 0$) on a $K_e = 0{,}95$.

Dans le cas des piles de pont, analysons plus en détail ce qui se produit au voisinage d'une contraction provoquée par des piles dans un canal à pente faible, $I < I_c$, ce qui est le plus souvent le cas des cours d'eau où l'on doit construire des piles de pont. Le phénomène ressemble à celui que nous venons de décrire. L'écoulement dans ces deux cas, $H_n > H'_c$ et $H_n < H_c$, est représenté pour le voisinage du pont sur la figure (6.24) (a), régime noyé, et (c) régime dénoyé ; un cas intermédiaire est représenté par (b).

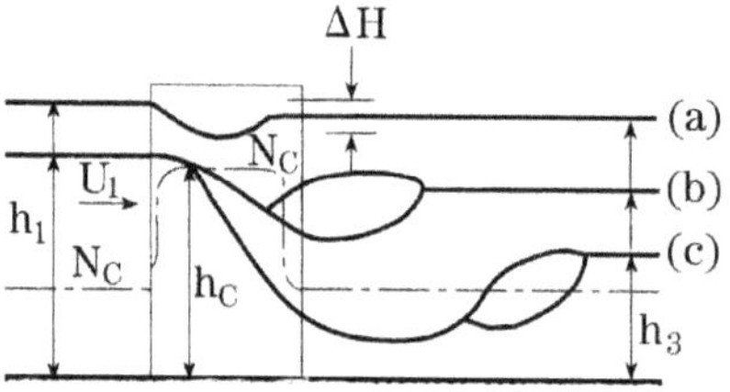

Fig. 6.24

Outre une diminution de la largeur du canal (qui passe de la largeur l à la largeur $l_2 < l_1$), la tête des piles provoque une contraction de la veine liquide, d'autant plus marquée que sa forme s'écarte davantage d'un profil aérodynamique.

En outre, la contraction suivie d'un élargissement provoque des pertes de charge du type Borda. En pratique, ce qui importe le plus n'est pas tant la détermination directe de ces pertes de charge que la détermination de la surélévation correspondante Δh de la surface libre dans la section immédiatement en amont du pont[1].

Dans la section contractée (voir la figure 6.25), la zone intéressée par l'écoulement a une largeur $l'_2 < l_2$; on constate, par conséquent, une augmentation de vitesse qui se traduit par un creux dans la surface libre.

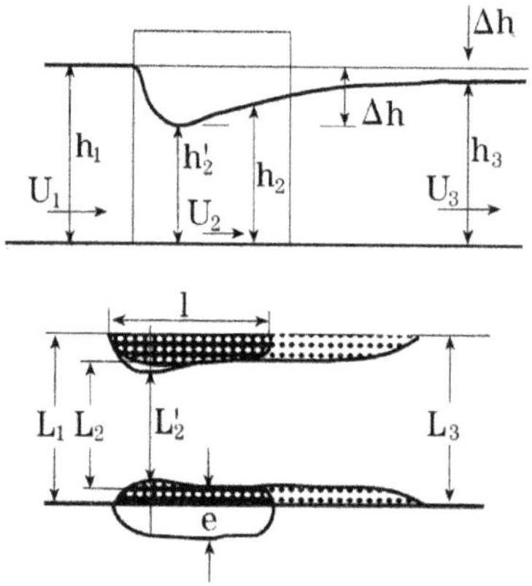

Fig. 6.25

(1) Notons, cependant, puisqu'il s'agit d'un régime fluvial dont la branche représentative dans la courbe $H = f(h)$ tend asymptotiquement vers la droite à 45°, que la surélévation est du même ordre de grandeur que la perte de charge, ce qui fait que l'on parle parfois de cette dernière grandeur en voulant parler de la première.

On utilise les paramètres suivants :

– Allongement de la pile – Rapport de la longueur à son épaisseur :

$$\epsilon = l / e$$

– Taux de réduction de section – Rapport de la section réduite par les piles à la section totale :

$$\sigma = l_1 - \frac{l_2}{l_1}$$

– Coefficient de concentration – Rapport de la section contractée l'_2 et la section entre les piles l_2 :

$$m = \frac{l'_2}{l_1}$$

– Nombre de Froude en aval (écoulement non perturbé) :

$$\mathbf{F}_{r3} = \frac{U_3}{\sqrt{gh_3}}$$

La surélévation Δh en régime dénoyé ne peut pas encore être facilement déterminée, par suite de l'insuffisance de formules[2].

Parmi les différentes formules pour le régime noyé, qui est le plus courant, signalons la formule de Rehbock, qui est la plus simple a appliquer :

$$\Delta h = [\delta - \sigma(\delta - 1)]\,(0{,}4\sigma + \sigma^2 + \sigma^4)(1 + \mathbf{F}_{r3}^2)\frac{U_3^2}{2g} \qquad (6.54)$$

Les valeurs de δ déterminées à partir des essais d'Yarnell, sont données par l'abaque 140, où l'on indique aussi le domaine de validité de la formule de Rehbock 6.54.

6.27 - Rétrécissement long

On désigne par rétrécissement long, la diminution de section d'un canal dans un tronçon suffisamment long pour pouvoir y provoquer des mouvements graduellement variés.

Quelques cas typiques de rétrécissement sont représentés sur les figures 6.26 et 6.27 où l'on indique la forme de la surface libre et l'évolution du point figuratif de l'écoulement dans le plan (h, H).

6.28 - Changements brusques de pente

La figure 6.28 montre la forme de la surface libre dans quelques cas caractéristiques de changements brusques de pente.

(1) Voir [**7**], où l'on trouvera une synthèse des formules utilisables dans les différents cas.

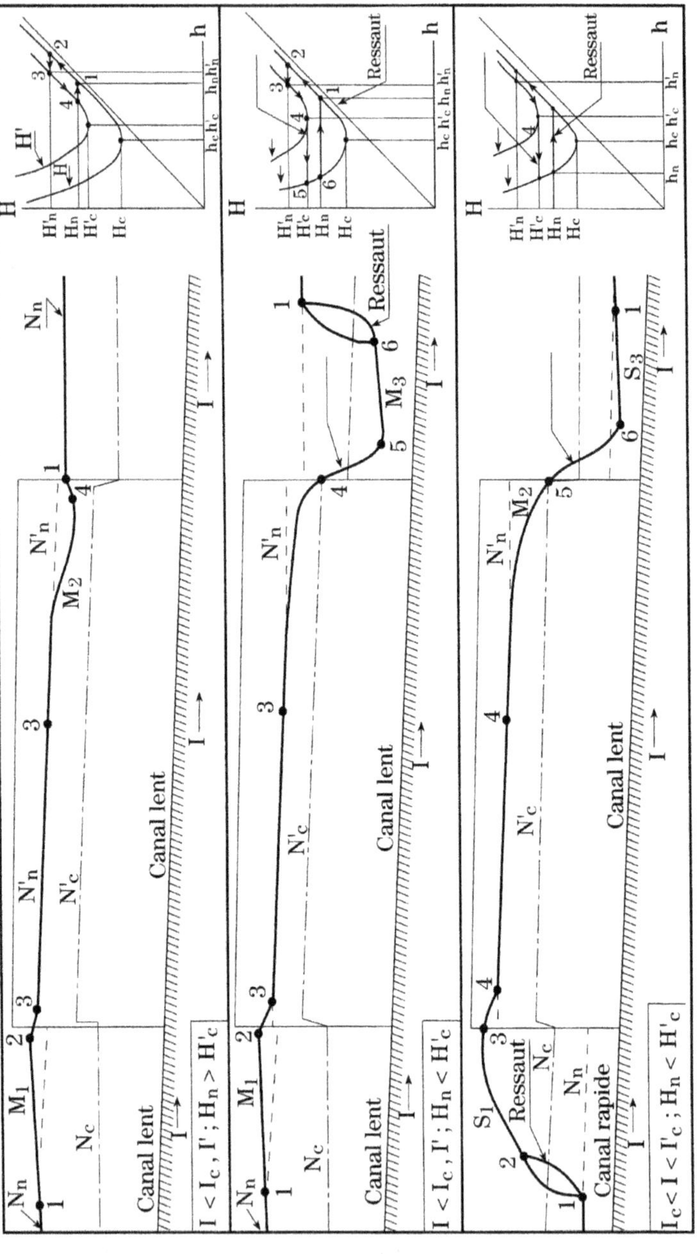

Rétrécissements longs

Fig. 6.26

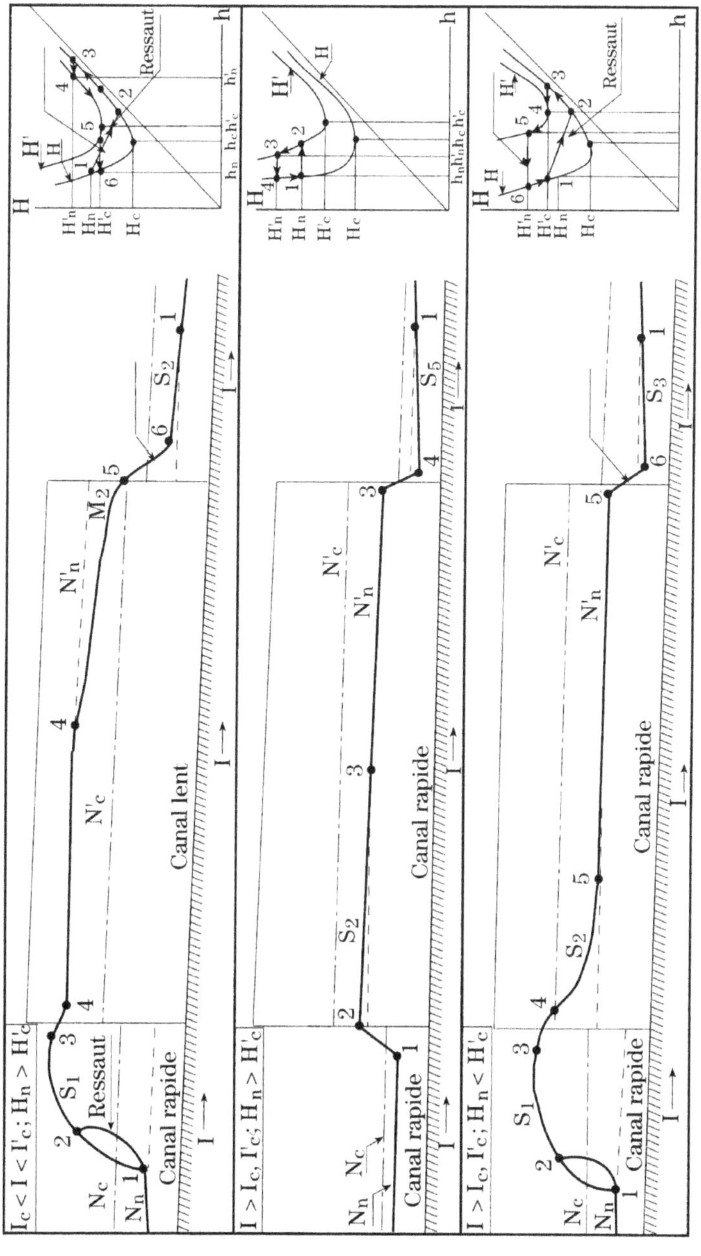

Rétrécissements longs

Fig. 6.27 (suite)

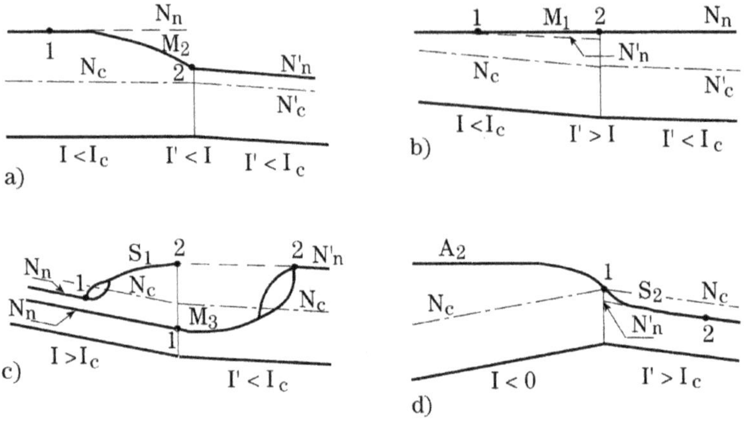

Fig. 6.28

a) *Augmentation de la pente, qui demeure toujours inférieure à la pente critique* :

Dans le deuxième tronçon, l'écoulement est uniforme ; dans le premier tronçon, il y aura une courbe de remous du type M_2, qui tend asymptotiquement vers la profondeur normale correspondant à h_1 ; le point de départ pour déterminer cette courbe est le point 2.

b) *Diminution de la pente, qui demeure toujours inférieure à la pente critique* :

C'est un cas similaire au précédent, la courbe M_2 étant remplacée par une courbe M_1.

c) *Canal à forte pente relié à un canal à pente faible* :

Il y aura un ressaut dans le passage du régime torrentiel au régime fluvial. L'un des problèmes qui se présente consiste à savoir si le ressaut est situé dans le tronçon à forte pente ou dans le tronçon à pente faible. Soit h_1 et h_2 les profondeurs normales correspondant, respectivement, au tronçon torrentiel et au tronçon fluvial. Soit h'_1 et h'_2 les profondeurs conjuguées de h_1 et h_2.

On distingue deux cas : si $h'_1 > h_2$, le régime torrentiel arrivera dans la section à pente faible au moyen d'une courbe de remous de la classe M_3, le point de départ étant en 1, et le ressaut est situé dans la section où la profondeur de l'eau a une valeur telle que sa conjuguée est h_2 ; si $h'_1 < h_2$, le ressaut se produit dans la zone à forte pente ; il est suivi d'une courbe du type S_1 dont le point de départ est en 2. Le ressaut sera localisé dans la section où la profondeur d'eau dans la courbe de remous sera la conjuguée de la profondeur h_1.

d) *Canal à contre-pente ou à pente nulle, suivi d'un autre à forte pente* :

Dans ce cas, la courbe d'amont est nécessairement de la classe A_2, la courbe d'aval de la classe S_2, tendant asymptotiquement vers la profondeur normale. Le point de départ initial, pour le calcul des deux courbes, est le point 1, défini par la profondeur critique.

e) *Passage d'un canal à pente faible à un canal à forte pente :*

Le régime critique se produit au changement de pente ; en amont, on obtient le régime uniforme au moyen d'une courbe du type M_2 ; en aval, le régime uniforme est obtenu au moyen d'une courbe du type S_2.

6.29 - Chutes brusques à la fin d'un canal

Dans une chute brusque, si le canal est à pente faible ($I < I_c$), dans la section de la chute survient le régime critique (fig. 6.29a), raccordé au régime uniforme au moyen d'une courbe de type M_2. Si $I = 0$, ou $I < 0$, le passage se fait également en régime critique, avec courbe en amont, respectivement, du type H_2 ou A_2.

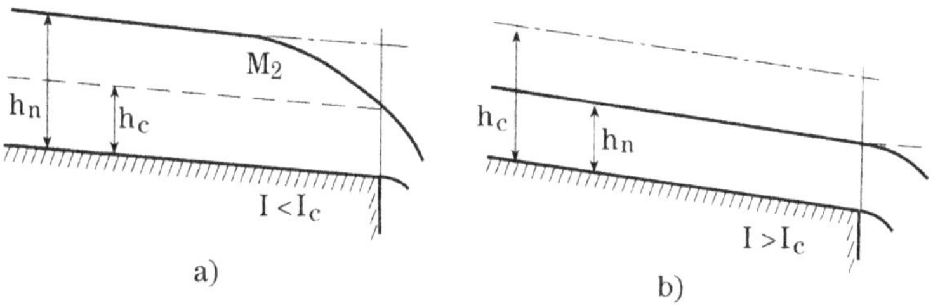

Fig. 6.29

Si le canal est à forte pente ($I > I_c$), le régime reste uniforme, jusqu'à la section de la chute (fig. 6.29).

6.30 - Écoulements dans les courbes

Les courbes dans les rivières et les canaux introduisent diverses perturbations dans l'écoulement, qui se traduisent par des pertes de charge singulières, par la formation de courants secondaires et par la modification de la forme de la surface libre. Les courants secondaires qui se forment dans les courbes provoquent une circulation des particules liquides suivant des trajectoires hélicoïdales, le long de la direction longitudinale de l'écoulement et sont responsables de l'accroissement des forces de frottement interne de l'écoulement et de frottement près des parois du canal, ainsi que de la modification de la forme de la surface libre. Dans les écoulements à fond mobile, caractéristiques des lits alluvionnaires, les courants secondaires sont responsables également de la modification de la forme du fond alluvionnaire, et entraînent une excavation du matériau près des talus extérieurs des courbes, et un dépôt près des talus intérieurs. Dans le cas d'écoulements en régime rapide, les courbes, à côté d'autres modifications de la section transversale de l'écoulement, provoquent des ondes croisées, d'une ampleur parfois non négligeable lors du dimensionnement des canaux, et qui, en général, persistent dans l'écoulement en aval, sur des distances considérables.

Dans l'écoulement en courbe, il faut tenir compte de la perte de charge ΔH, à laquelle correspond une surélévation de la surface libre Δh, reliées entre elles par l'équation 6.2, et, outre cette perte de charge, d'une surélévation transversale de la surface libre ΔZ, due aux effets de la force centrifuge, qui provoque une augmentation de la hauteur d'eau dans l'extrados, et une diminution à la partie intérieure de la courbe.

a) *Détermination de la perte de charge* ΔH

La perte de charge introduite dans l'écoulement par une courbe correspond à l'un des trois cas reproduits schématiquement sur la figure 6.30.

– *Cas 1* (régime lent) la perte de charge ΔH introduite par la courbe provoque une surélévation Δh de la surface libre dans la section en amont de la courbe (section A) et, en conséquence, un remous du type M_1 en amont. Le régime uniforme est atteint en aval dans une section B', le tronçon BB' correspondant à une zone d'influence de la perturbation provoquée par la courbe.

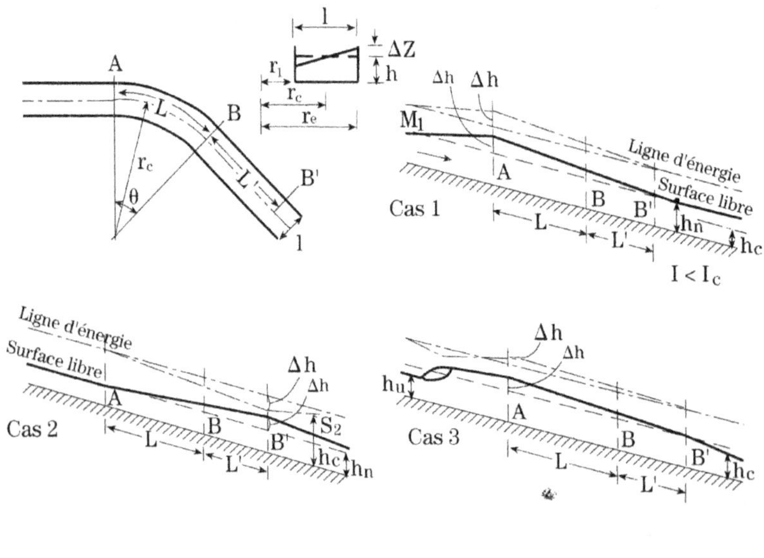

Fig. 6.30

– *Cas 2* (régime rapide). La perte de charge introduite par la courbe ΔH provoque une surélévation Δh graduelle de la surface libre en aval de la section A, qui atteint son maximum dans la section B', et il se forme un remous du type S_2 en aval de la section B'.

– *Cas 3* (régime rapide avec passage au régime lent) – Dans le cas où l'énergie de l'écoulement rapide est proche de l'énergie critique, l'écoulement devient critique dans la section B' et atteint la perte de charge maximale dans la section A, avec surélévation correspondante de la surface libre. En amont de la section A se forme un remous du type S_1 et un ressaut hydraulique.

La perte de charge ΔH introduite dans l'écoulement est du type :

$$\Delta H = K \frac{U^2}{2g}$$

où U est la vitesse moyenne correspondant à l'écoulement non perturbé, et K un coefficient que l'on peut déterminer de la manière suivante (voir fig. 6.30)[(1)] :

– On calcule le rapport r_c / l et h / l et, à partir de l'abaque 141, on obtient la valeur du coefficient de base K_0 valable pour $\mathbf{R}_{e_0} = UR / \upsilon = 31\,500$ (R est le rayon hydraulique) et $\theta_0 = 90°$; pour des valeurs de θ différentes de θ_0, on lit sur la courbe correspondante la valeur a correspondant à la valeur de θ, et la valeur de a_0 correspondant à θ_0.

Pour des valeurs de $\mathbf{R}_e$ différentes de $\mathbf{R}_{e_0}$, on lit sur les courbes correspondantes du même abaque la valeur de b correspondant à la valeur de $\mathbf{R}_e$ et la valeur de b_0 correspondant à $\mathbf{R}_{e_0}$.

On prend pour coefficient d'application :

$$K = K_0 \frac{a}{a_0} \frac{b}{b_0} \qquad (6.55)$$

Exemple :

Déterminer la perte de charge introduite dans l'écoulement par une courbe d'angle $\theta = 45°$ et de rayon $r_c = 15$ m, dans un canal rectangulaire de largeur $l = 10$ m, de profondeur $h = 2{,}5$ m, la vitesse moyenne étant $U = 3$ m/s.

Solution :

Le rayon hydraulique est $R = S / P = l.\ h / (1 + 2h) = 25/15 = 1{,}67$ m. Le nombre de Reynolds sera $\mathbf{R}_e = UR / \upsilon = 3 \times 1{,}67/(1{,}01 \times 10^{-6}) = 4{,}96 \times 10^6$.

On aura en outre $r_c / l = 15/10 = 1{,}5$, et $h / l = 2{,}5/10 = 0{,}25$.

Du graphique 141a, on obtient $K_0 \approx 0{,}15$; du graphique 141b, pour $\theta_0 = 90°$, on a $a_0 = 0{,}30$, et pour $\theta = 45°$, on a $a = 0{,}03$; du graphique 141c, on a $b_0 = 0{,}15$ et $b \approx 0{,}20$. Par conséquent :

$$K = K_0 \frac{a}{a_0} \frac{b}{b_0} = 0{,}15 . \frac{0{,}03}{0{,}3} . \frac{0{,}2}{0{,}15} = 0{,}02$$

$$\Delta H = K \frac{U^2}{2g} = 9 \cdot 10^{-3}\ \text{m} \approx 0{,}01\ \text{m}$$

---

(1) Shukly, A. *Flow around fends in an open flume*, Transactions, *American Society of Civil Engineers*. Vol. 115, pp. 751-779, 1950.

Exemple :

Dans le cas précédent, on prend $r_c = 10$ m et $\theta = 135°$.

Solution :

On aura $\frac{r_c}{l} = 1$ donc $K_0 = 0{,}35$ $a_0 = 0{,}3$ $a = 0{,}38$ $b_0 = 0{,}22$ $b = 0{,}35$

d'où :

$$K = K_o \frac{a}{a_0} \frac{b}{b_0} = 0{,}7$$

$$\Delta = K \frac{U^2}{2g} = 0{,}31 \text{ m}$$

Cet exemple et l'analyse des graphiques montrent que les pertes de charges dans les courbes sont négligeables pour $\theta < 45°$ et pour $r_c / l > 2{,}0$.

b) *Surélévation* ΔZ

La force centrifuge, qui s'exerce sur l'écoulement en courbe, provoque une inclinaison transversale de la surface libre, à laquelle correspond une surélévation de l'écoulement, du côté extérieur de la courbe.

En admettant que la vitesse n'a qu'une composante tangentielle et, en appliquant l'équation d'Euler suivant la normale à la trajectoire, on aura :

$$\frac{\partial}{\partial n}\left(z + \frac{p}{\varpi}\right) = -\frac{1}{g}\frac{V^2}{r} \tag{6.56}$$

Prenant $Z = z + p / \varpi$, la surélévation, sur le côté extérieur de la courbe, sera :

$$\Delta Z = \frac{1}{g}\int_0^l \frac{V^2}{r}\,\mathrm{d}n \tag{6.57}$$

où l est la largeur de la courbe mesurée sur la normale à la ligne de courant.

Pour résoudre cette équation, il faut connaître la distribution de la vitesse dans la section transversale de l'écoulement en courbe.

À cet effet, on a formulé diverses hypothèses :

– Dans des cours d'eaux naturels, Woodward (1941), admettant que la vitesse était nulle près des berges et maximale au centre, avec une variation parabolique entre les berges et le centre, a déduit l'équation suivante :

$$\Delta Z = \frac{V^2_{\max}}{g}\left[\frac{20}{3}\frac{r_c}{l} - 16\left(\frac{r_c}{l}\right)^3 + \left(4\left(\frac{r_c}{l}\right)^2 - l\right)^2 ln\left(\frac{2r_c + l}{2r_c - l}\right)\right] \tag{6.58}$$

– Admettant que la distribution des vitesses dans la courbe est très proche de la distribution des vitesses dans un tourbillon libre, autrement dit que $V = a / r$, Shukry (1950) a présenté l'équation suivante :

$$\Delta Z = \frac{a^2}{2g}\left(\frac{1}{r_i^2} - \frac{1}{r_e^2}\right) \tag{6.59}$$

où a est la constante du tourbillon libre (v. n° 2.36).

– Comme hypothèse approchée, pour les applications pratiques, on peut admettre que la vitesse des lignes de courant dans la courbe est égale à la vitesse moyenne du courant ; que toutes les lignes de courant ont le même rayon de courbure r_c, et que la forme de la surface libre est une droite ; on a alors :

$$\Delta Z \approx \frac{U^2 l}{2\, g r_c} \tag{6.60}$$

Dans le régime rapide, aux effets centrifuges s'ajoutent les effets des houles transversales obliques dont la valeur maximum est de l'ordre de grandeur des effets centrifuges.

Exemple

Calculer la surélévation dans le canal de l'exemple précédent.

Solution

Par l'application de la formule 6.60, on obtient :

$$\Delta Z = \frac{9 \times 10}{2 \times 9{,}8 \times 15} = 0{,}3 \text{ m}$$

E - DÉVERSOIRS DE CRUES

6.31 - Généralités

Considérons un seuil en mince paroi par lequel s'écoule un débit q par unité de largeur (v. n° 8.29 et suivants).

Quand la nappe est suffisamment aérée, elle prend une forme identique à celle d'un projectile lancé à une vitesse V_0 et un angle θ ; ainsi, on peut admettre que la composante horizontale de la vitesse est constante et que la seule force agissante est la force de gravité. Dans ces conditions, une particule, G (fig. 6.31a), sur la face inférieure de la nappe, parcourt, à l'horizontale, une distance x, et à la verticale, une distance y, données par :

$$\begin{cases} x = V_0 t \cos\theta \\ y = V_0 t \sin\theta + \dfrac{1}{2} g t^2 + c' \end{cases} \tag{6.61}$$

Éliminant t et divisant par la charge H sur le seuil, on a :

$$\frac{y}{H} = A\left(\frac{x}{H}\right)^2 + B\,\frac{x}{H} + C \tag{6.62}$$

Comme la composante horizontale de la vitesse est constante, de même l'épaisseur, E, de la nappe sera constante (fig. 6.31b). Ajoutant à l'équation précédente un terme $D = E / H$, on obtient l'équation de la partie inférieure de la veine.

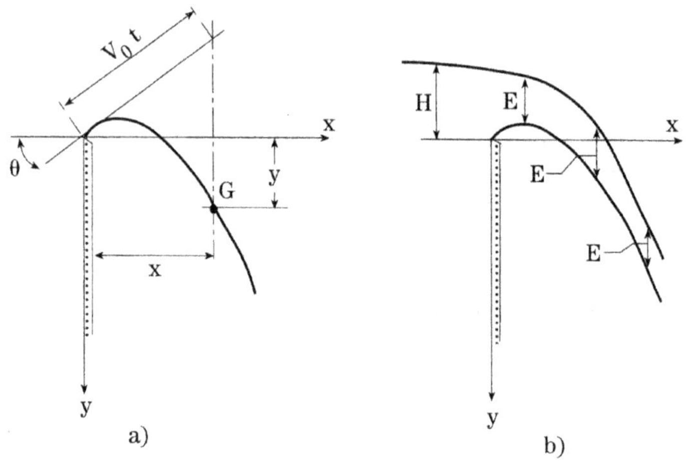

Fig. 6.31

Divers essais ont conduit aux valeurs suivantes[1] :

$$A = -0{,}425 + 0{,}25\,\frac{h_a}{H} \tag{6.63}$$

$$B = 0{,}411 - 1{,}603\,\frac{h_a}{H} - \sqrt{1{,}568\left(\frac{h_a}{H}\right)^2 - 0{,}892\,\frac{h_a}{H} + 0{,}127} \tag{6.64}$$

$$C = 0{,}150 - 0{,}45\,\frac{h_a}{H} \tag{6.65}$$

$$D = 0{,}57 - 0{,}02\,(10\varphi)^2 \exp(10\varphi) \tag{6.66}$$

où $\varphi = h_a / H - 0{,}208$. Dans ces expressions h_a est la profondeur cinétique correspondant à la vitesse d'amenée.

Pour des déversoirs très élevés, la vitesse d'amenée est faible, et l'on a $h_a \approx 0$; de là, résultent les valeurs suivantes :

$A = -0{,}425$; $B = 0{,}055$; $C = 0{,}150$; $D = 0{,}559$.

Les expressions sont valables pour $x / H > 0{,}5$ et pour $h_a / H < 0{,}2$.

En un point générique de la section de la veine où l'on peut considérer qu'il y a parallélisme des lignes de courant, la vitesse sera :

$$V = \sqrt{2gH} \tag{6.67}$$

où H représente la charge totale en ce point.

Dans la pratique, on adopte la section correspondant à la crête du déversoir et l'on prend H ≈ h, ce qui revient à négliger l'énergie cinétique. Pour compenser les erreurs qui en résultent, on affecte la formule d'un coefficient de débit μ', qui doit en outre tenir compte d'autres effets secondaires. On aura donc :

$$V' = \mu' \sqrt{2gh} \tag{6.67a}$$

(1) *U.S. Bureau of Reclamation*, Ippen and al., cités par Chow.

Le débit correspondant à une largeur l du seuil déversant sera :

$$Q = \mu' l \sqrt{2g} \int_0^h \sqrt{h}\, dy = \mu' l \sqrt{2g} . \left[\frac{2}{3} h^{3/2} \right]_0^h = \mu\, l \sqrt{2g}\, h^{3/2} \qquad (6.68)$$

prenant $\mu = 2/3\, \mu'$

La valeur de μ est donnée expérimentalement.

6.32 - Déversoirs à seuil épais et parement d'aval adapté à la face inférieure de la nappe, type WES (Waterways Experiment Station)

a) *Définition géométrique* – On a vu la forme de la nappe, en chute libre, au-dessus d'une mince paroi.

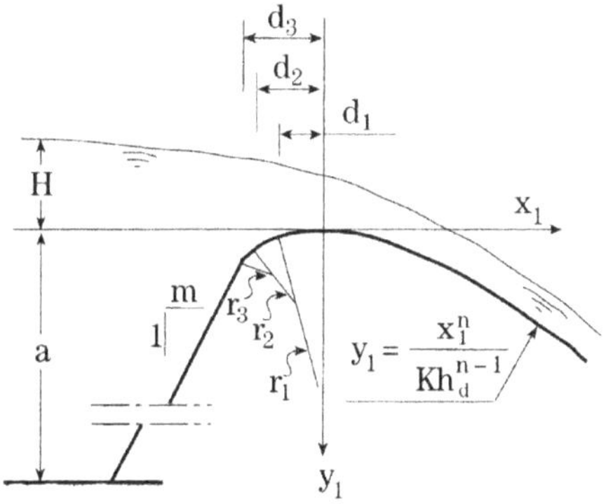

Fig. 6.32

Pour la décharge de grands débits (déversoirs de crue), on utilise des structures épaisses, de façon que le parement d'aval ait un profil approprié pour guider la nappe déversante, très proche de la forme de la nappe libre. Les axes de coordonnées des équations précédentes sont rapportés à la crête du seuil en mince paroi, ce qui soulève quelques difficultés dans la pratique.

Les seuils proposés par la *Waterways Experiment Station* (WES), fondés également sur la forme de la nappe libre, sont sensiblement plus pratiques, étant donné que les axes de coordonnées sont rapportés à la partie la plus élevée du seuil, et que leur géométrie tient compte de la pente du parement d'amont, imposée parfois pour des raisons de stabilité structurale du barrage. C'est pourquoi les définitions analytiques que nous présentons ci-dessous se rapportent à ce type de seuil, le plus usuellement adopté.

Prenant, comme nous l'avons dit, pour origine des coordonnées, le point le plus haut du seuil (fig. 6.32), c'est-à-dire la crête, l'expression générale pour le *profil en aval* de la crête, d'après la WES, est :

$$y_1 = \frac{x_1^{\,n}}{K H_d^{n-1}} \qquad (6.69)$$

où H_d représente la charge de dimensionnement.

Le raccordement entre le parement d'amont et la crête est défini au moyen d'arcs de cercle, pour les seuils à parement d'amont vertical, incliné à 1/3 et 2/3 (hor./vert.) ; pour un parement incliné à 3/3, le raccordement se fait au moyen d'une courbe de rayon variable.

Les valeurs des constantes, n et K, des rayons des arcs de cercle r_1, r_2, r_3, et des distances des points de tangence à la crête d_1, d_2, d_3 (fig. 6.32) sont fonction de la pente du parement d'amont m, et sont données par la table 142a.

Parmi les seuils de ce type, il faut mentionner encore ceux dont le parement d'amont est formé par plus d'un alignement droit : *seuil avec "offset" et "riser"* (fig. 6.33a) ; *le seuil avec parement d'amont en partie vertical et en partie incliné* (fig. 6.33b) – pour lesquels sont valables les paramètres indiqués sur la table 142a pour les parements verticaux, à condition que les valeurs de M, N et M' données par les figures sont telles que $M \geq 0{,}6H_d$; $M / N > 0{,}5$ et $M' \geq H_d$.

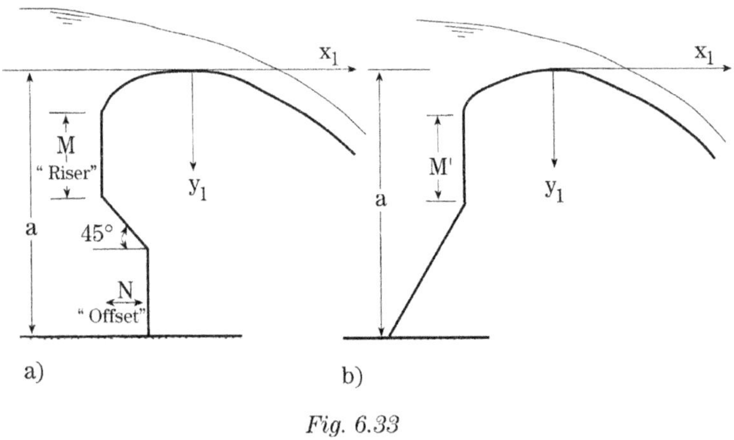

Fig. 6.33

Les seuils du type de la figure 6.33a sont généralement utilisés pour des barrages arc-gravité, où le profil de la stabilité est relativement peu épais. Les seuils du type de la figure 6.33b sont généralement utilisés, pour des raisons de stabilité, dans les barrages avec un seuil déversant peu élevé.

b) *Capacité d'écoulement* – Le débit déversé est donné par l'expression :

$$Q = \mu \, l \sqrt{2g} \, H^{3/2} \tag{6.70}$$

où :

L = longueur effective de la crête (m)

H = charge de fonctionnement, définie par la différence entre les niveaux de l'eau en amont et de la crête (m).

g = accélération de la gravité (m/s^2).

μ = coefficient de débit

Q = débit (m^3/s)

Le coefficient de débit varie avec la pente du parement amont et en fonction du rapport entre la charge totale et la charge de dimensionnement. Sur la table 142b sont indiquées les valeurs de μ correspondant à différentes valeurs du rapport H / H_d et à différentes pentes des parements amont.

Très souvent, le parement du seuil déversant, donné par l'équation 6.69, se prolonge par une surface plane tangente. La localisation du plan de tangence peut influer sur la capacité d'écoulement du seuil déversant. La table 142c traduit cette influence pour un seuil avec parement amont vertical(1).

On constate que, en considérant d comme la distance verticale de la crête du seuil déversant au point de tangence en aval, pour $d > 0{,}28\,H_d$, table 142, il n'y a pas réduction du coefficient de débit, quand le déversoir fonctionne avec le débit correspondant à la charge de dimensionnement, H_d.

c) *Profil de la surface libre*

Il convient de connaître le profil de la surface libre pour la pose des vannes, quand il s'agit de vannes-segments, pour le dimensionnement de la hauteur des murs qui limitent latéralement le seuil déversant, ou bien pour prévoir les marges de sécurité nécessaires pour l'écoulement, quand le couronnement du barrage est également destiné au passage d'une voie de communication. Pour ce qui est des vannes-segments, il faut éviter que les appareils d'appui de l'axe ne soient atteints.

Sur la table 142d sont indiqués les profils de la surface libre, pour H / H_d = 0,5 ; 1,00 et 1,33.

d) *Cavitation*

La cavitation est un phénomène dynamique qui peut se produire dans les écoulements à hautes vitesses, et qui est la formation, puis le collapsus de cavités, ou poches, pleines de vapeur. En général, ces poches se forment dans des zones où, pour une raison quelconque, la pression locale baisse jusqu'à la tension de la vapeur, et le collapsus commence, en aval, quand les poches sont transportées par l'écoulement dans une région où la pression locale est supérieure à la tension de la vapeur. La résorption de ces poches provoque la destruction locale des surfaces.

Le béton offrant une faible résistance aux effets de la cavitation, il importe, pour l'éviter, de réduire les pressions négatives et de donner aux parements où elles s'installent une finition soignée. Comme ordre de grandeur, nous dirons que les dépressions locales moyennes ne devront pas dépasser – 6 m de hauteur d'eau.

La charge de dimensionnement, ainsi que la localisation de la vanne devront être établies de manière à ce qu'il n'y ait pas de dépressions supérieures à la valeur indiquée.

---

(1) Des expériences réalisées au Laboratoire National du Génie Civil (Portugal) ont montré que ces résultats sont approximativement valables pour des seuils avec parements d'amont inclinés à 1/3, 2/3, et 3/3. [**28**].

La table 142e donne, pour des seuils déversants avec différentes pentes en amont, les valeurs de $(p\varpi^{-1}H_d^{-1})$ en fonction de H / H_d et de m, pente du parement amont.

e) *Séparation de l'écoulement* - Nous avons vu au § 2.32 que si dans un écoulement de vitesse V, existe un gradient de pressions positif, $dp / ds > 0$, sont créées des conditions pour que se produise la séparation de la couche limite.

Dans les déversoirs de ce type, la séparation se produira toutes les fois que le nombre d'Euler sera tel que(1) :

$$\mathbf{E}_u = \frac{s}{\rho V^2} \frac{dp}{ds} < -0{,}25 \qquad (6.71)$$

où s est une longueur le long de laquelle le gradient de pression est constant. Il faudra donc toujours avoir :

$$\frac{dp}{ds} < -0{,}25\, \rho \frac{V^2}{s} \qquad (6.71a)$$

La table 142f indique les conditions de fonctionnement capables de provoquer la séparation de l'écoulement dans les seuils normaux sans vannes, qui se traduisent par la valeur maximale de H / H_d.

f) *Position des vannes*

Les possibilités de décollement sont plus grandes quand le déversoir doit fonctionner avec les vannes partiellement ouvertes. Effectivement, on comprend que, pour certaines positions des vannes par rapport à la crête du seuil déversant, la veine liquide, jaillissant à de grandes vitesses, puisse créer, le long du parement, des régimes de pressions dont les valeurs seraient cavitantes, ou dont les gradients seraient incompatibles avec les conditions d'adhérence et produiraient la séparation de l'écoulement (décollement de la nappe liquide).

Il faut éviter des positions qui peuvent provoquer ces phénomènes (cavitation et décollement).

En [**27**], sont formulées des directives qui permettent de satisfaire à ces conditions.

6.33 - Seuils rectilignes bas

a) *Caractéristiques géométriques - Définition analytique*

Dans les seuils rectilignes bas, la vitesse d'amenée est en général appréciable. En conséquence, le profil de ce type de seuils est fonction, pour une pente du parement d'amont et une charge de dimensionnement données, de l'énergie cinétique de l'écoulement, immédiatement en amont du seuil.

Les profils proposés par le *Bureau of Reclamation* (USA) tiennent

---

(1) Schlichting, H. - *Three Dimensional Bourday Layer Flow* - IX the Convention IARH, Dubrovnik, 1961. Cité par [**28**].

compte de cette influence de la vitesse d'amenée, et sont définis d'une manière identique à celle des seuils élevés. Ainsi, prenant la crête pour origine des coordonnées, l'expression générale du profil en aval sera (éq. 6.69) :

$$y_1 = \frac{x_1^n}{KH_d^{n-1}}$$

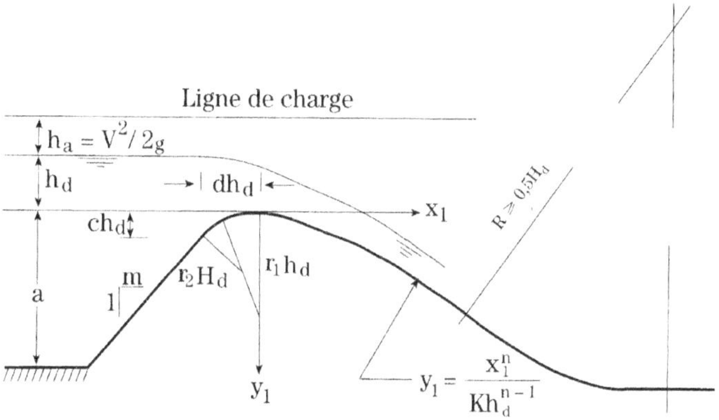

Fig. 6.34

où K et n sont constants, les valeurs correspondantes étant fonction de la pente du parement amont et de la vitesse d'amenée. L'influence de la vitesse d'amenée est calculée à partir de la valeur de l'énergie cinétique de l'écoulement immédiatement en amont du seuil, définie par l'expression :

$$h_a = \frac{Q^2}{2g\,(a + H_d)^2\,L^2} \tag{6.72}$$

où a représente la différence entre les cotes de la crête et de la plate-forme d'approche. Le raccordement entre le parement d'amont et la crête est effectué au moyen d'arcs de cercle.

Les valeurs des constantes n et K, des rayons des arcs de cercle et des distances des points de tangence à la crête (fig. 6.32) sont indiquées sur la table 143a, en fonction du parement d'amont.

b) *Capacité d'écoulement*

Le débit déversé est donné par l'expression :

$$Q = \mu\, L \sqrt{2g}\, H^{3/2} \tag{6.73}$$

Le coefficient de débit μ varie en fonction de la vitesse d'amenée, traduite par le rapport a / H_d ; du rapport H / H_d entre la charge totale et la charge de dimensionnement ; et de la pente du parement amont, m (V. table 143b).

De l'analyse de cette table, il ressort que l'on ne doit pas utiliser des rapports de $a / H_d < 0,4$, étant donné que ces seuils ont un faible coefficient de débit. Il faut noter également qu'il y a avantage à utiliser des parements amont inclinés à 2/3 et 3/3 quand $a / H_d < 0,6$. Quand $0,6 < a / H_d < 1,0$, il y a avantage à utiliser un seuil avec parement amont incliné à 2/3.

c) *Influence de la position du seuil et des niveaux d'eau en aval sur la capacité d'écoulement*

Sur ce point, les expériences de l'*U.S. Bureau of Reclamation* [**23**] pour un parement vertical, dont les résultats sont traduits par l'abaque 144, se signalent par un souci remarquable de précision et de commodités d'application.

Les variables principales de l'abaque sont : sur l'axe horizontal, le rapport $\alpha = (y + h) / H$ qui caractérise la cote du fond en aval, sur l'axe vertical, le rapport $\beta = y / H$ est la différence de niveau entre la surface libre en amont et en aval ; h est la profondeur d'eau en aval, et H la charge sur le seuil.

La diminution du coefficient de débit en %, est indiquée par les courbes en traits pleins. Ces courbes ont un tronçon vertical initial et un tronçon horizontal final. Au tronçon vertical correspondent les variations provoquées essentiellement par la cote du fond en aval ; dans le tronçon horizontal, la diminution du coefficient de débit est essentiellement fonction de β.

L'abaque est divisé, par des lignes en traits pointillés, en 4 zones correspondant aux types d'écoulements décrits ci-dessous :

Type I – La diminution du coefficient de débit, si elle existe, n'est pas fonction de β, mais seulement de la cote du fond en aval.

Type II – Lorsque le fond en aval s'élève davantage, et que, en conséquence, la valeur de β diminue, le ressaut hydraulique se produit, l'écoulement étant torrentiel en amont et fluvial en aval.

Type III – Si la valeur de β diminue, bien que la veine liquide suive encore le parement du barrage, la profondeur de l'eau en aval est telle que le ressaut devient ondulé, sauf pour des valeurs très faibles de α.

Type IV – Pour des valeurs encore plus faibles de β, l'écoulement devient nettement noyé (zone inférieure de l'abaque). Ce phénomène est très instable, sauf pour des valeurs très petites de α. C'est dans cette zone que la diminution du coefficient de débit est la plus marquée.

d) *Position des vannes*

Les critères généraux exposés pour les déversoirs avec des seuils hauts sont aussi valables.

6.34 - Distribution des pressions sur le parement d'amont

Sur le parement amont, la distribution des pressions n'est pas hydrostatique. La forme de la distribution est indiquée sur la figure 6.35.

L'effort dû à une répartition hydrostatique des pressions serait représenté par l'aire du trapèze *OBCE*. La réduction de l'effort *R* par rapport au précédent est représentée par l'aire hachurée définie par *OBD*.

La distance du point d'application de Δp (centre de gravité de l'aire *OBD*) au point 0 sera représentée par *d*.

La table 145 donne les valeurs de $\Delta p \,/\, H_s^2$ et de $d \,/\, H_s$ en fonction de h_a / H_s.

Δp est exprimé en unités de surface. En multipliant Δp par le poids spécifique du liquide, on obtient une force par mètre linéaire de seuil.

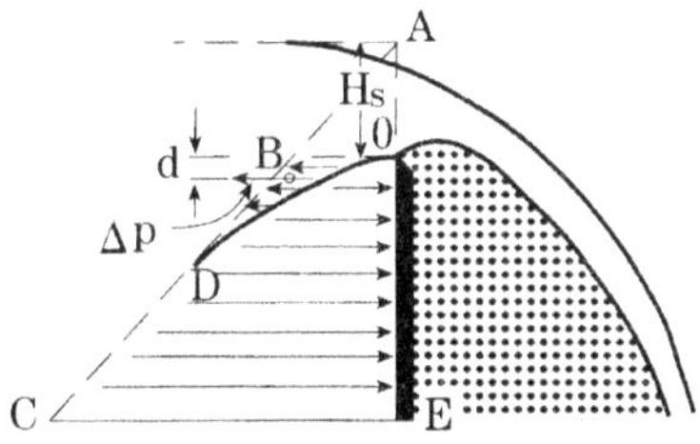

Fig. 6.35

6.35 - Seuils circulaires en plan - Déversoirs en puits(1)

a) *Caractéristiques géométriques – Définition analytique*

Les seuils circulaires en plan sont principalement utilisés dans les déversoirs en puits. Dans ce type de seuils, l'alimentation est radiale, pourvu qu'il n'y ait pas d'interférence de frontières proches.

En général, les déversoirs en puits sont implantés sur une plateforme, avec une forme adéquate pour que les conditions d'approximation soient le plus proche possible de l'alimentation radiale.

La forme générale du profit du seuil est considérée comme coïncidant avec la face inférieure de la nappe liquide, déchargée par un déversoir à mince paroi, cylindrique, de directrice circulaire. Dans la table 147 sont présentées les valeurs des coordonnées du profil du seuil pour différentes relations de a / r et H_s / r, est la charge sur le seuil virtuel en mince paroi qui donnerait origine à la nappe (fig. 6.36).

---

(1) Un déversoir en puits est constitué essentiellement par un seuil déversant et un puits à diamètre ordinairement variable, suivi d'une galerie. Il y a une zone de transition entre le seuil et le puits et entre le puits et la galerie. Comme documentation sur les déversoirs en puits on pourra consulter Abecasis F. - *Déversoirs en puits - Comportement du Prototype* et Lencastre, A. - *Déversoirs en puits - Dimensionnement théorique et expérimental*. Communications présentées au 5e Congrès de l'Association Internationale de Recherches Hydrauliques, Delft, 1955. Publications n° 88 et 90 de L.N.E.C.

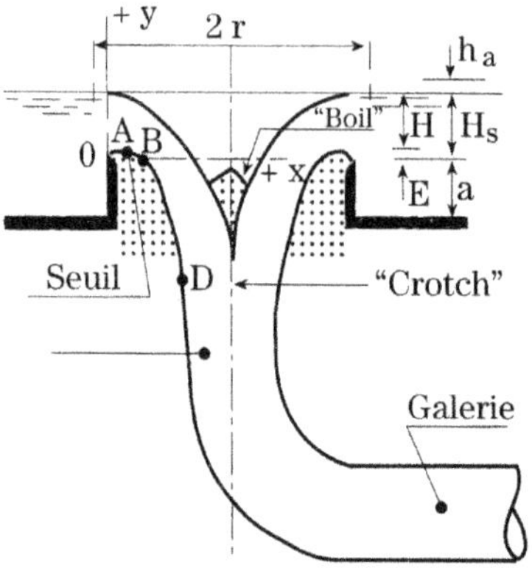

Fig. 6.36

On continue à représenter par H_a la charge sur le seuil épais, et par H_d cette même charge correspondant au débit de dimensionnement.

Ainsi, les coordonnées (x, y) se rapportent au seuil en mince paroi, au contraire des coordonnées (x_1, y_1) utilisées précédemment, qui se rapportent à la crête du seuil épais.

La table 146 donne les valeurs de H_s / H_d et permet ainsi d'établir le rapport entre la charge sur le seuil en mince paroi, virtuel, et la charge sur le seuil épais, réel.

Ces données sont fondées sur des essais expérimentaux réalisés par Wagner.

La table 149 permet de tracer la surface libre (face supérieure de la veine), de déterminer la position du *Crotch* (fig. 6.36) qui définit la zone où l'écoulement commence à occuper toute la section transversale, le point le plus haut du *Boil* (masse d'eau non intéressée dans l'écoulement, qui se situe au-dessus de la zone du *Crotch*) et le point de rencontre de celui-ci avec la face supérieure de la veine.

b) *Capacité d'écoulement*

Dans le fonctionnement de ce type de déversoirs, deux cas peuvent se présenter :

– le déversoir fonctionne avec l'entrée en charge pour le débit maximum ;

– le déversoir ne fonctionne pas avec l'entrée en charge.

Dans le premier cas, les débits sont contrôlés par le seuil jusqu'à une charge totale déterminée, et les charges supérieures sont contrôlées par la géométrie du puits. Dans le second cas, les débits sont toujours contrôlés par le seuil.

Dans tous les cas, le seuil déversant est, en général, dimensionné pour une charge de dimensionnement H_d, pour laquelle le débit est encore contrôlé par le seuil et donné par l'expression :

$$Q = \mu_d (2\pi r) \sqrt{2g} H_d^{3/2} = 27{,}83\ \mu_d r H_d^{3/2} \tag{6.74}$$

r étant le rayon de la circonférence qui définit la projection du parement extérieur du seuil (fig. 6.36).

Il est évident que le coefficient de débit du déversoir en puits diffère de celui d'un seuil rectiligne, en raison des effets de submersion, par entrée en charge, et de convergence des filets. Dans ces conditions, la valeur de μ_d est fonction, pour chaque valeur de a, des valeurs de H_d et de r. La valeur de μ_d est donnée par la table 147a.

Les coefficients de débit indiqués ne sont valables que si le profil de la crête est en accord avec les profils de la face inférieure de la veine, et si l'aération est suffisante pour garantir l'absence de pressions inférieures à la pression atmosphérique, entre la veine et le seuil.

L'étude de la table 147a permet de conclure que, au contraire de ce qui se passe pour les déversoirs à seuil rectiligne en plan les coefficients de débit augmentent au fur et à mesure que a diminue.

Les valeurs de μ_d, pour des charges totales différentes de la charge de dimensionnement sont données par la table 147b, pour un seuil de $H_d / r = 0{,}3$, où μ_d représente le coefficient de débit pour une charge totale égale à la charge de dimensionnement.

Afin d'éviter les dépressions dans le puits, la vitesse dans chaque section de celui-ci doit avoir une limite supérieure telle que la charge cinétique soit inférieure à la charge disponible dans la section (distance de la section à la surface libre, moins les pertes de charge continues et singulières jusqu'à la section).

Exemple :

Dimensionner un déversoir en puits, de telle façon que le débit de 200 m³/s s'écoule sous une charge $H_d = 2$ m. Négliger la vitesse d'amenée.

Solution :

Posons, en première approximation $H_d = H_s$ et $\mu = 0{,}45$. La formule (6.74) donne :

$$r = \frac{Q}{27{,}83\ \mu_d H_d^{3/2}} = \frac{200}{27{,}83 \times 0{,}45 \times 2^{3/2}} = 5{,}64 \text{ m}$$

D'où : $\dfrac{H_d}{r} = \dfrac{2}{5{,}64} = 0{,}354$ à quoi correspond (table 148a) $\mu = 0{,}455$

Pour $\mu = 0{,}455$ on obtient en deuxième approximation $r = 5{,}59$.
On aura alors $H_d / r = 0{,}358$, valeur à laquelle correspond (table 148a) $\mu = 0{,}453$.

Pour $\mu = 0{,}453$, on aura, en troisième approximation $r = 5{,}61$. On obtient $\dfrac{H_d}{r} = 0{,}357$ valeur qui coïncide avec la précédente. Donc $r = 5{,}61$ m, valeur à laquelle correspond (table 146) $\dfrac{H_s}{H_d} = 1{,}078$ d'où : $H_s = 2{,}16$ m.

La table 147 donne les coordonnées du seuil déversant (face inférieure de la nappe) en fonction de H_s et de r. La table 149 donne les coordonnées de la face supérieure.

6.36 - Coefficient de contraction, dans les déversoirs avec piles

L'existence de piles dans les déversoirs provoque une contraction qui, du point de vue pratique, correspond à une réduction de la longueur effective de chaque portée. Ainsi, la longueur du seuil déversant à considérer dans les calculs, sera :

$$L = L' - K \, . \, n \, . \, H_0 \tag{6.75}$$

L' étant la portée réelle totale entre piles, K le coefficient de contraction des piles, n le nombre de contractions (2 par portée) et H_0 la charge totale sur la crête, y compris l'énergie cinétique.

La table 150 donne les valeurs de K pour quelques formes des piles.

La forme de la face supérieure de la veine liquide subit une déformation en raison de l'existence des piles, et le niveau de l'eau varie du milieu de la portée au voisinage des piles (voir la table 151). Cette déformation est d'autant plus marquée que la contraction est plus grande.

L'expérience du Laboratoire National du Génie Civil (Lisbonne), sur l'utilisation de piles à tête en semi-ellipse, avec des rapports des semi-axes 1/2 et 1/3 a donné de bons résultats. Les coefficients de contraction sont du même ordre de grandeur que pour les piles semi-circulaires, mais les déformations de la surface libre sont plus faibles [**26**].

F - DISSIPATION D'ÉNERGIE

6.37 - Généralités

Afin de minimiser les effets des perturbations introduites dans le régime naturel par l'exécution d'un aménagement hydraulique, il faut que la restitution des débits s'effectue dans des conditions qui se rapprochent, le plus possible, des conditions naturelles. Ainsi, il est nécessaire que l'excédent d'énergie créé par l'exécution de l'aménagement se dissipe[(1)], sans que se produisent, dans le lit du fleuve, en aval des ouvrages, des érosions significatives qui pourraient en affecter la stabilité.

Les types de structures le plus fréquemment adoptés pour atteindre cet objectif sont les suivants :

a) bassins de dissipation par *ressaut hydraulique* ;

b) bassins de dissipation par *roller* ;

---

(1) Cette dissipation d'énergie est la transformation d'une partie de l'énergie mécanique de l'eau en énergie de turbulence et, à la fin, en chaleur, sous l'effet du frottement intense de l'écoulement et du frottement de celui-ci sur les parois.

c) bassins de dissipation d'impact ;

d) macrorugosités.

Outre ces types, on adopte également des structures du type "saut de ski", chute libre, et jets croisés.

Pour choisir le type de structure de dissipation d'énergie, il faut tenir compte de tout un ensemble de facteurs, parmi lesquels les plus importants sont : la topographie, la géologie, l'hydrologie, le type de barrage, et naturellement les considérations d'ordre économique.

Étant donné la nature de ce manuel, nous décrirons seulement les types de structures mentionnés aux alinéas a), b), c) et d), en indiquant les caractéristiques géométriques de quelques bassins de dissipation-type, essayés, normalisés et le plus fréquemment adoptés.

Les éléments présentés s'appliquent, essentiellement, à des ouvrages de petites dimensions ou à des calculs de prédimensionnement. L'étude des structures les plus courantes pour la dissipation d'énergie doit être complétée par des essais sur modèle réduit.

6.38 - Bassins de dissipation par ressaut hydraulique

a) *Bassins à plan rectangulaire et fond horizontal*

Ces bassins auront les dimensions nécessaires pour confiner le ressaut formé dans les limites du débit de dimensionnement. Il convient d'en vérifier le comportement pour les débits inférieurs. Le mode de détermination des profondeurs conjuguées a été exposé en 6.17 ; de la perte d'énergie, en 6.18 ; de la longueur et de la localisation, en 6.19.

La hauteur des murs latéraux est fonction des caractéristiques du ressaut, en particulier des oscillations de la surface libre. Comme ordre de grandeur de la marge de sécurité à adopter, on pourra prendre la valeur 0,25 h_2.

Ce type de bassins est utilisé pour des chutes supérieures à 60 mètres et pour des débits par unité de largeur $q > 45$ m^2/s. Le degré de submersion du ressaut, dans ce type de bassin, donné par l'équation 6.44, devra avoir la valeur 0,1. Le ressaut est très sensible à l'abaissement des niveaux d'aval, qui ne pourront, en aucun cas, être inférieurs au niveau conjugué du ressaut.

Pour aider à la localisation du ressaut, on a recours à divers dispositifs ; nous en décrirons quelques-uns ci-dessous :

a.1) *Bassins avec blocs de chute et seuil dentelé (Bassin type II US BR)*(1)

À utiliser pour des chutes inférieures à 65 m et des débits, par unité de largeur inférieurs à 45 m²/s (fig. 6.37).

Grâce à ce procédé, on peut réduire jusqu'à 70 % la longueur du bassin, par rapport à celle d'un bassin simple. Toutefois, il ne faut jamais les adopter pour une valeur de $\mathbf{F}_{r1} < 4{,}5$.

Le dimensionnement est effectué conformément à la figure 6.37, où h_1 représente la profondeur d'eau ; $\mathbf{F}_{r1}$, le nombre de Froude correspondant au régime torrentiel immédiatement en amont du bassin ; et h_2 la profondeur conjuguée du ressaut en aval, donnée par les formules ou par l'abaque.

On recommande un degré de submergence du ressaut égal à 0,15, au minimum, autrement dit, la profondeur d'eau en aval devra être supérieur à 1,05 *h*.

La longueur *L* du bassin peut être égale à 0,7 fois la longueur *C*, du ressaut, s'il n'y a ni blocs, ni seuil, c'est-à-dire à 0,7 fois la valeur donnée par l'abaque 138a, pour la pente du canal I = 0.

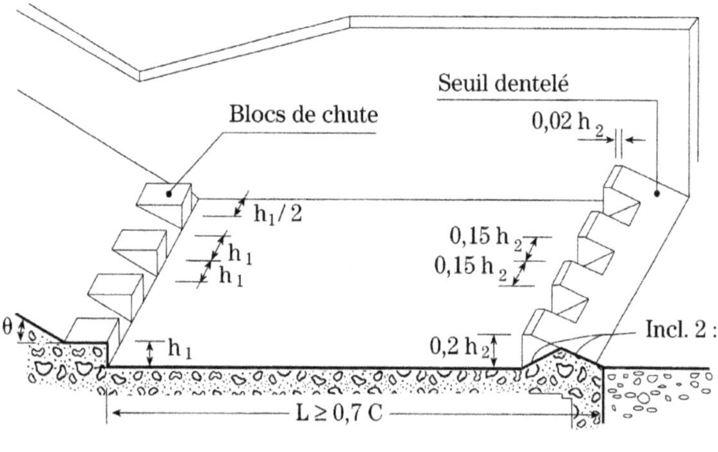

Fig. 6.37

a.2) *Bassins avec blocs de chute, blocs d'amortissement et seuil terminal continu (Bassin type III USBR)*

On utilise ce type de bassins, quand, en amont du ressaut, on a $U_1 <$ 18 m/s et $q <$ 18 m²/s. Pour des vitesses supérieures, la cavitation pourra se produire sur les blocs d'amortissement, placés comme il est indiqué sur la figure 6.38.

(1) Le bassin type I USBR (*United States Bureau of Reclamation*) correspond au bassin de dissipation, par ressaut, sans aucun dispositif.

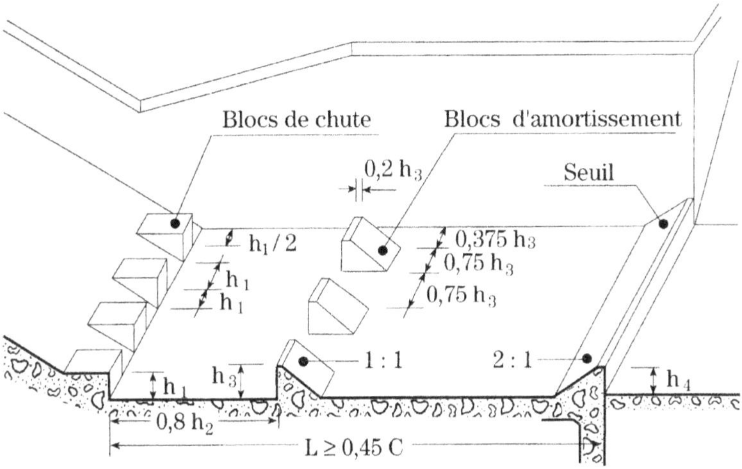

Fig. 6.38

Les blocs de chute (première ligne, à partir de l'amont) sont identiques à ceux du bassin type II. Les blocs d'amortissement et le seuil de sortie sont dimensionnés en accord avec l'abaque 152.

Les blocs d'amortissement peuvent être utilisés pour de plus grandes chutes, si l'on modifie leur configuration et leur écartement [**27**].

Cette solution permet de réduire jusqu'à 45 % la longueur du bassin, par rapport à un bassin simple. On ne peut l'utiliser pour $\mathbf{F}_{r1} < 4{,}5$.

Le niveau minimum, en aval, compatible avec la fixation du ressaut, est celui qui correspond à 0,83 h_2.

a.3) *Bassin avec déflecteurs et seuil terminal continu (Bassin type IV USBR)*

Ces bassins sont spécialement indiqués dans le cas où le ressaut est oscillant, ce qui arrive quand le nombre de Froude, dans la section de la première profondeur conjugée est compris entre 2,5 et 4,5. Leur efficacité, dans les limites de ces valeurs du nombre de Froude, réside dans l'action des déflecteurs, qui atténuent d'une manière significative les ondulations.

Leur dimensionnement est effectué conformément à la figure 6.39.

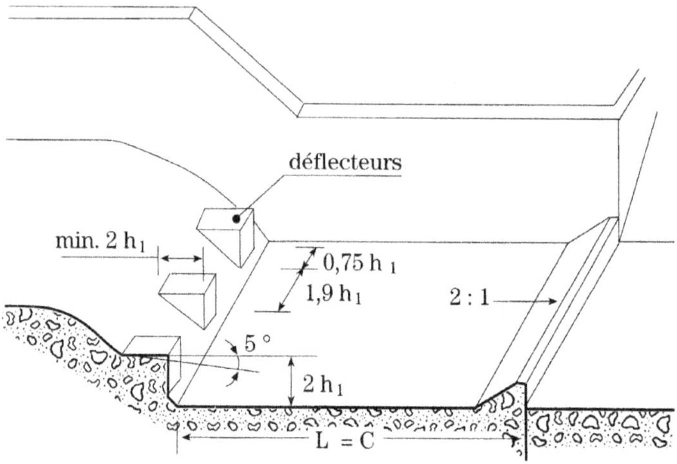

Fig. 6.39

La longueur, L, de la structure sera égale à celle qui a été définie pour le bassin rectangulaire simple : $L = C$.

Le degré de submergence du ressaut sera de 0,1.

b) *Bassin à plan rectangulaire, murs verticaux et fond incliné*

Les caractéristiques du ressaut sont données par l'abaque 138b ; la longueur du bassin, par l'abaque 138a.

Pour le calcul des dimensions de bassins de dissipation de ce type, il faut tenir compte des considérations formulées précédemment. On a toujours intérêt, à installer, à l'extrémité du bassin, un seuil triangulaire continu, d'une hauteur de l'ordre de 0,05 à 0,10 h_2, et avec parement d'amont incliné de 3/1 à 2/1.

6.39 - Bassins de dissipation par rouleau (roller bucket)

a) *Caractéristiques générales*

Lorsque le niveau d'eau, en aval, est substantiellement plus élevé que le niveau conjugué de ressaut qui se formerait dans un bassin de dissipation avec fond sensiblement à la cote du lit, ressaut submergé (voir n° 6.20), il est recommandé d'utiliser des structures de dissipation du type “bucket” submergé.

Deux types de “buckets” submergés ont été fréquemment adoptés : *solides* (fig. 6.40a) et *avec déflecteurs* (fig. 6.40b).

Dans les “buckets” solides, l'écoulement à la sortie de la lèvre est entièrement dirigé vers le haut, et forme à la surface de l'eau un matelas et deux rouleaux, l'un situé sur le “bucket” et l'autre immédiatement en aval, près du lit.

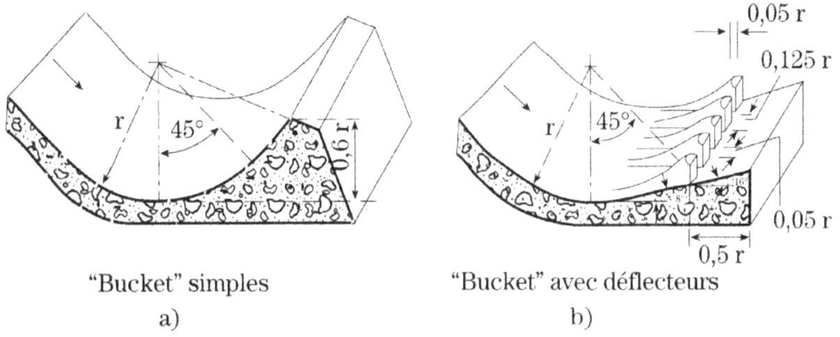

Fig. 6.40

Dans les "buckets" avec déflecteurs, l'écoulement, à la sortie, est, en partie, dirigé vers le haut, par les déflecteurs ; il passe, en partie, entre les déflecteurs et est dirigé davantage horizontalement que vers le haut. On obtient ainsi une grande dispersion de l'écoulement.

Pour des niveaux en aval assez bas, peut se produire l'éjection du rouleau. Nous appellerons niveau d'éjection, N_E, le niveau à partir duquel le rouleau commence à être éjecté. Pour des niveaux d'aval exagérés, les "buckets" fonctionnent mal et produisent des érosions près de la fondation de la structure.

b) *Dimensionnement*

Pour le calcul des dimensions de ce type de structures, on procède de la manière suivante (abaque 154).

Connaissant la valeur du nombre de Froude, en amont $\mathbf{F}_{r1} = U_1 / \sqrt{gh}$ on détermine le rayon minimum r. À partir de r, on détermine les niveaux maximum et minimum admissibles, N_{max} et N_{min} et le niveau d'éjection, N_e. Soulignons que ces niveaux sont mesurés par rapport au fond du "bucket", et non par rapport au lit du fleuve.

Si le niveau naturel est supérieur au N_{max} ou inférieur au N_{min}, il faudra modifier la valeur du rayon r.

La différence entre N_{min} et N_e donne une idée de la sécurité obtenue, en ce qui concerne l'éjection.

Tous les résultats indiqués sont valables pour des "buckets" ayant les caractéristiques géométriques indiquées sur la figure 6.40.

Exemple : Dimensionner un bassin de dissipation par rouleau, en admettant que le débit maximum à déverser est de 130 m³/s et que la largeur du bassin est de 10 m. Les caractéristiques de l'écoulement dans la section à l'entrée du bassin ont conduit à une hauteur d'eau, h_1 de 0,60 m et à une vitesse, V_1 de 21,0 m/s.

Solution : on a :

$$\mathbf{F}_{r1} = \frac{V_1}{\sqrt{gh_1}} = 8{,}7$$

À cette valeur du nombre de Froude dans la section à l'entrée du bassin correspond (abaque 154) :

$$\frac{r_{min}}{h_1 + \frac{V_1^2}{2g}} = 0{,}15$$

et comme : $$h_1 + \frac{V_1^2}{2g} = 0{,}6 + \frac{21^2}{2.9{,}81} = 23{,}1 \text{ m}$$

on a : $$r_{min} = 3{,}46 \text{ m.}$$

Si l'on adopte comme rayon du "bucket", r, la valeur correspondant à r_{min}, et comme (abaque 154) :

$$\frac{N_{min}}{h_1} = 12{,}7 \qquad \text{et} \qquad \frac{N_{max}}{h_1} = 18{,}0 \text{ (cas II)}$$

il en résulte que : $N_{min} = 7{,}6\text{m}$ et $N_{max} = 10{,}8\text{m}$

Si la hauteur d'eau en aval, mesurée par rapport au fond du bassin, est inférieure au N_{min} ou supérieure au N_{max} obtenu, il faudra augmenter la valeur du rayon et refaire le calcul, jusqu'à ce que cette condition soit satisfaite.

Une fois fixée la valeur de r à adopter, il faut vérifier le comportement du "bucket" pour des débits inférieurs au maximum.

La géométrie finale du "bucket" est fixée en fonction de la figure 6.40.

6.40 - Bassins de dissipation d'impact

a) *Caractéristiques générales*

Ce sont des structures de petites dimensions mises au point par le "Bureau of Reclamation". Elles sont recommandées pour les décharges de fond et les structures de drainage.

b) *Dimensionnement*

Les dimensions sont fixées conformément au schéma indiqué sur la figure 6.41.

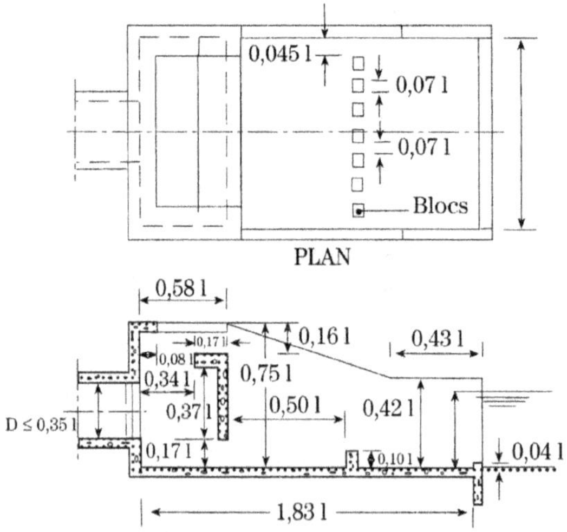

Fig. 6.41

La vitesse d'entrée ne doit pas dépasser 9 m/s, et le diamètre de la conduite peut aller jusqu'à 1,80 m. Cette structure n'exige pas d'enrochement de protection en aval.

On a également utilisé la même structure sans les blocs (fig. 6.42). Dans ce cas, la structure exige un tapis d'enrochement de protection en aval. La dimension des enrochements, d_{50} est, dans ce cas, fonction du diamètre de la conduite, donné par la table 153b.

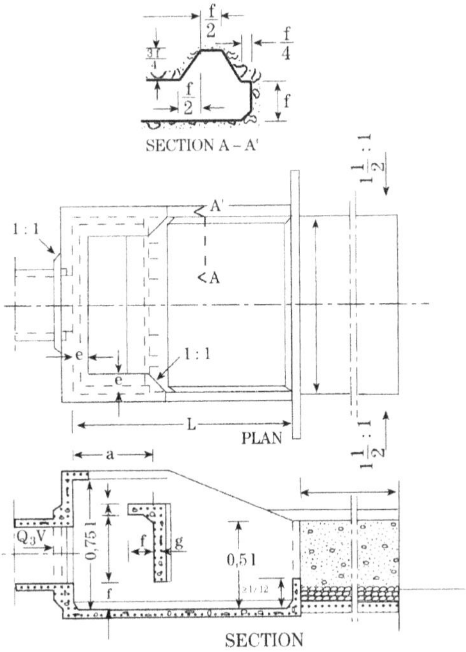

Fig. 6.42

L'épaisseur du tapis doit être, au moins, égale à $1{,}5d_{50}$; la longueur aura la même valeur que la largeur du bassin, l.

Ce type de bassin est représenté sur la figure 6.42, avec les dimensions correspondantes. La largeur, l, dépend de la valeur du nombre de Froude et du diamètre de la conduite, D, par la relation :

$$\frac{l}{D} = 3\,\mathbf{F}_{r1}^{0,55}$$

Les autres dimensions sont les suivantes :

$$L = 1{,}33\,l\,;f = 0{,}17\,l\,;e = 0{,}08\,l\,;a = 0{,}5\,l\,;b = 0{,}37\,l\,;g \geqslant 0{,}08\,l.$$

6.41 - Macrorugosités

Elles ont été principalement utilisées dans les canaux.

Le type de structure le plus fréquemment adopté est celui qui correspond à la macrorugosité à blocs. Leur emploi est limité à de faibles débits par unité de largeur et aux régions où il ne se forme pas de glace et où on ne prévoit pas la présence de corps flottants.

La possibilité de cavitation sur les blocs impose une limitation du débit maximum admissible.

Le calcul des dimensions des structures d'amortissement par macrorugosité à blocs est effectué conformément au schéma de la figure 6.43. Le débit déversé par unité de largeur, q, ne doit pas dépasser 5,6 m²/s, et la vitesse d'amenée U_a, doit être inférieure à la vitesse du régime critique :

$$q < 5{,}6 \text{ m}^2/\text{s} \tag{6.78}$$

$$U_a \leqslant \sqrt[3]{gq} \tag{6.79}$$

Les conditions optimales de fonctionnement correspondent à :

$$U_a = 0{,}5 \sqrt[3]{gq} \tag{6.79}$$

La hauteur minimale des blocs, a, doit être sensiblement égale à $0{,}8\ h_c = 0{,}8 \sqrt[3]{q^2/g}$. Sur la figure 6.43 sont indiqués les éléments relatifs aux autres dimensions des blocs et à leur écartement. La référence [**18**] signale de bonnes conditions de fonctionnement de prototypes, où la valeur du débit déversé, bien que sur de courtes périodes, a été deux fois supérieure à la limite établie.

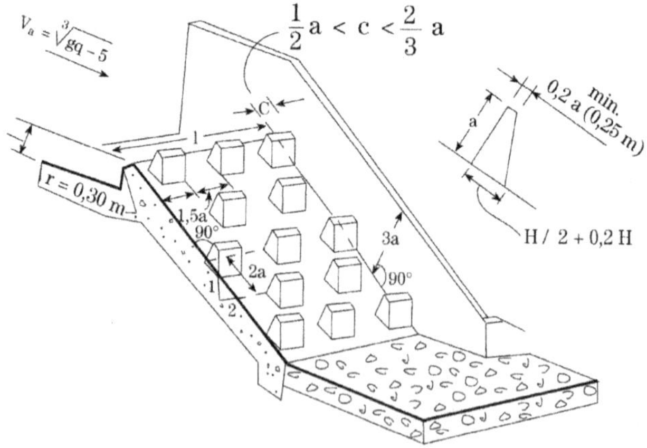

Fig. 6.43

BIBLIOGRAPHIE

1 – BAKMETEFF, B.A. - *Hydraulics of open channels.* Mac Graw-Hill, New York, 1932.

2 – CHABERT, J. - *Calcul des courbes de remous.* - Collection du Laboratoire National d'Hydraulique. Eyrolles, 1955.

3 – CRAUSSE, E. - *Hydraulique des canaux découverts.* Eyrolles, 1951.

4 – IPPEN, A.T. - *Channel transitions and controls.* Em Rouse : Engineering Hydraulics, pp. 496-588.

5 – LENCASTRE, A. - *Perdas de Carga Provocadas nos Pilares de Pontes e Pontões.* Publicação n° 53 do L.N.E.C. Técnica, 1954.

6 – MANZANARES, A. - *Escoamento em Superfície Livre. Regime Permanente*, I.S. Técnico, Lisboa, 1947.

7 – SILBER, R. - *Étude et tracé des écoulements permanents en canaux et rivières.* Dunod, 1954.

8 – ALLEN, J. CHEE. S.P - *The Resistance to the Flow of Water Round a Smath Circular Bend in an Open Channel*, Proc. Inst. Civil Engrs., Vol. 23, November 1962, p. 423.

9 – CHOW, V.T. - *Open Channel Hydraulics*, McGraw-Hill, 1959, pp. 444-448.

10 – HENDERSON, F.M. - *Open Channel Flow*, McMillon Pub. Co. 1966, pp. 250-258.

11 – MOCKMORE, C.E. - *Flow Around Bends in Stable Channels.* Trans. ASCE, Vol. 109, pp. 593-618, 1944.

12 – POGGI, B. - *Correnti veloci nei Canali in Curve.* L'énergie Ellectrica, Vol. 33 n° 5, p. 465, Mayo 1956.

13 – SHUKRY, A. - *Flow Around Bends in an Open Flume.* Trans. ASCE, Vol. 115, p. 751, 1950.

14 – SIMONS, D.B. - *River and Canal Morphology*, Ch 20, River Mechanics, Vol. II, éd. H.W. Shen, Water Resources Publications, 1971.

15 – WOODWARD, S.M., POSEY C.S. - *Hydraulics of steady Flow in Open Channels*, J. Wiley & Sons, 1941, p. 112.

16 – PETERKA, A.J. - *Hydraulic Design of stilling Basins and Energy dissipators.* U.S. Department of the Interior, Bureau of Reclamation Eng. Mon. n° 25, Washington, 1964.

17 – LEMOS, F.O., et al. - *Dissipação de energie em obras hidraúlicas.* Seminário n° 223, LNEC, nov. 1978.

18 – RHONE, T.J. - *Baffled apron as spillway energy dissipator.* Proc. ASCE, vol. 103, n° HY 12, déc. 1977, pp. 1391-1401.

19 – BELCHEY, G.L. - *Hydraulic design of stilling basin for pipe or channel outlets.* U.S. Department of the Interior, Bureau of Reclamation. Res. Rep. n° 24. Washington, 1971.

20 – ESCANDE - *Barrages.* Hermann et Cie, Éditeurs. Paris, 1937.

21 – ESCANDE - *Barrages Déversoirs à Seuil Creager Déprimé.* Le Génie Civil, mars 1941.

22 – U.S CORPS OF ENGINEERS - *Hydraulic Design Criteria.*

23 – U.S. DEPARTEMENT OF THE INTERIOR BUREAU OF RECLAMATION - *Studies of Crests for Overfall Dams.* Bulletin 3, Denver, Colorado, 1948.

24 – WAGNER, W.E. - *Morning-Glory Shaft Spillways.* Proceedings A.S.C.E. Separate n° 432, April 1954.

25 – LEMOS, F.O. ; ABECASIS, F. - *Descarregadores e obras de desvio.* Curso 130, LNEC, Lisboa, 1972.

26 – QUINTELA A.C., RAMOS C.M. - *Protecção contra a erosão de cavitação em obras públicas.* Memória n° 539, LNEC, Lisboa, 1980.

27 – LEMOS, F.O. - *Critérios para o dimensionamento hidraúlico de barragens descarregadoras.* Relatório, LNEC, Lisboa, Set. 1978.

28 – USDI - BUREAU OF RECLAMATION - *Design of small dams.* U.S, Government Printing Office, Washington, 1973.

CHAPITRE SEPT

ÉCOULEMENTS EN MILIEUX POREUX

A - DÉFINITIONS ET LOIS GÉNÉRALES

7.1 - Caractéristiques des milieux poreux

Les *milieux poreux naturels* sont essentiellement les alluvions constituées par du matériel granuleux, ou bien par des roches compactes fissurées. Les *milieux poreux artificiels* sont des remblais, dont les plus importants sont les barrages en terre. Dans ce chapitre d'hydraulique, nous étudierons les écoulements de l'eau à travers les milieux poreux. En effet, l'interaction des deux phases (liquide et solide) est une question qui relève davantage de la mécanique des sols.

On dit qu'un milieu poreux est *homogène* quand, en n'importe quel point, la résistance à l'écoulement est la même, par rapport à une direction donnée. Le concept d'homogénéité est fondamental pour l'étude théorique. Étant donné l'irrégularité des milieux poreux naturels, il importe cependant de définir l'*échelle d'homogénéité* : ainsi, une alluvion constituée par des grains d'environ 1 mm de diamètre sera homogène à l'échelle du dm^3 ; un massif rocheux ne pourra être considéré comme homogène que pour des dimensions d'environ 100 fois supérieures à la dimension des blocs.

Le milieu poreux est appelé *isotrope*, si, quelle que soit la direction considérée, la résistance à l'écoulement, ou toute autre propriété, est la même dans toutes les directions. La plupart des milieux poreux naturels sont *anisotropes*, autrement dit, ne sont pas isotropes. En effet, dans le cas de roches fissurées, les fissures d'origine tectonique sont, en général, orientées suivant des directions parallèles et des directions perpendiculaires aux compressions qui leur ont donné origine ; la roche a l'aspect de parallélipipèdes coupés par des fissures parallèles, qui constituent une direction privilégiée pour l'écoulement ; le régime de l'écoulement dépendra de la géométrie des fissures et du matériau de remplissage de ces fissures. De même, dans les formations sédimentaires, la présence de couches intercalées, aux caractéristiques différentes, et le poids même des couches permettent, dans l'ensemble, une plus grande facilité d'écoulement dans le sens horizontal ; par conséquent, elles sont anisotropes (voir n° 7.5b). Toutefois, ces milieux poreux pourront être considérés comme homogènes, si l'on établit une échelle d'homogénéité suffisamment grande.

Un milieu poreux constitué par du *matériel granuleux* est caractérisé, du point de vue géométrique, par divers paramètres, que nous indiquons ci-après.

– *Granulométrie* – Elle est définie par la courbe granulométrique, correspondant au pourcentage, en poids, des grains d'un diamètre inférieur à un diamètre donné : par exemple, d_{10} représentera le diamètre tel que 10 % du poids du matériau sont constitués par des particules d'un diamètre inférieur. Le *diamètre minimum* sera représenté par d_m ; le *diamètre maximum* par d_M ; comme *diamètre équivalent*, d_e, on prend généralement $d_e = d_{10}$. Les sols peuvent être classés, au point de vue granulométrique, comme il est indiqué sur la table 156.

– *Indices des vides, e* — C'est le rapport entre le volume des pores (ou vides), v_p et le volume v_g, occupé par les grains :

$$e = \frac{v_p}{v_g}$$

– *Porosité relative* ou porosité totale, n — C'est le rapport entre le volume des pores v_p et le volume total : $v_t = v_p + v_s$, où v_s et le volume du squelette solide, autrement dit, $n = v_p / v_t$.

– *Coefficient de saturation* σ — Rapport entre le volume occupé par l'eau, v_e et le volume, v_p des pores : $\sigma = v_e / v_p$.

– *Porosité effective* ou *porosité cinématique*, n_e — Rapport entre le volume qui peut être occupé par l'eau en circulation, v_{ec}, et le volume total : $n_e = v_{ec} / v_t$.

On constate les relations suivantes :

$$e = \frac{n}{1-n} \qquad n = \frac{e}{1+e} \tag{7.1}$$

La table 157 indique la valeur de la porosité relative n pour quelques sols ; la table 158 donne la valeur de n pour quelques roches.

7.2 - L'eau dans les sols. Classification des nappes aquifères

Dans le sol, l'eau peut se trouver essentiellement dans deux zones : zone saturée et zone non saturée, ou aérée. Le croquis de la figure 7.1 permet de classer les différents types de nappes aquifères.

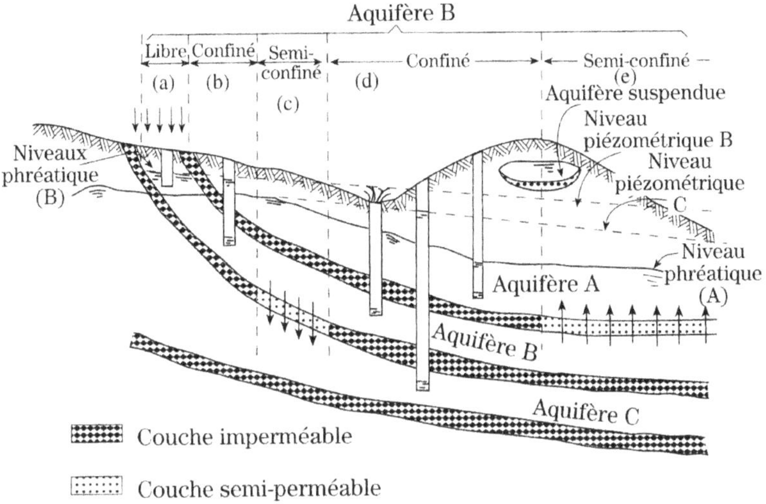

Fig. 7. 1

Ainsi, la nappe aquifère *B* est initialement une nappe *phréatique*, ou libre (zone a) : en effet, le niveau de l'eau y coïncide avec le niveau atteint dans un trou d'observation, autrement dit, à la surface libre correspond la pression atmosphérique. La nappe aquifère A est également un exemple de nappe phréatique.

Poursuivant en aval le long de cette nappe aquifère B, dans la zone suivante (*b*), l'écoulement dans cette nappe se trouve entre deux couches imperméables ; c'est pourquoi, la nappe s'appelle ici *confinée*, captive, ou artésienne ; il en est de même dans la zone (*d*)[(1)]. Quand une des couches qui limitent la nappe aquifère est semi-perméable, à travers cette couche, la nappe peut perdre ou recevoir de l'eau – phénomènes de *drainance* (en anglais *leakage*) – et la nappe est dite *semi-confinée*. La nappe aquifère B de la figure 7.1 comprend également deux zones (c) et (e), où elle se comporte de cette manière.

Il existe encore un cas particulier de nappes phréatiques : la *nappe aquifère suspendue*, qui se présente quand une formation imperméable apparaît entre la zone saturée et la surface du sol, donnant origine à la rétention des eaux d'infiltration au-dessus de cette formation.

Dans les nappes phréatiques, sous l'effet de la capillarité, l'eau monte au-dessus du niveau phréatique, d'une hauteur λ (voir fig. 7.2). Cette eau est désignée par *eau capillaire* et la limite supérieure constitue la limite de la zone de *saturation*. La valeur de λ peut être calculée par la formule (1.7) indiquée au chapitre 1 ; cependant, il est difficile de fixer le diamètre des interstices ; pour les milieux poreux, il est donc plus pratique d'utiliser la formule :

(1) Du fait qu'ils sont fréquents dans la région de l'Artois (France).

$$\lambda = \frac{C}{e d_e} \tag{7.2}$$

où :

C = constante, variant entre 0,1 et 0,5 cm² ;

e = indice des vides ;

d_e = diamètre équivalent.

λ peut prendre des valeurs allant de 0,6 m à 3,0 m dans les sols argileux, ou d'un millimètre seulement dans les sables gros.

Au-dessus de la saturation on trouve encore de l'*eau capillaire isolée*, correspondant aux interstices les plus fins du sol, où la capillarité est plus accentuée.

À un niveau plus élevé, on pourra trouver de *l'eau hygroscopique*, fixée par absorption à la surface des particules du sol.

Plus près de la surface encore, après de grosses averses, se trouve *l'eau d'infiltration*, qui descend vers la nappe aquifère, sous l'action de la gravité.

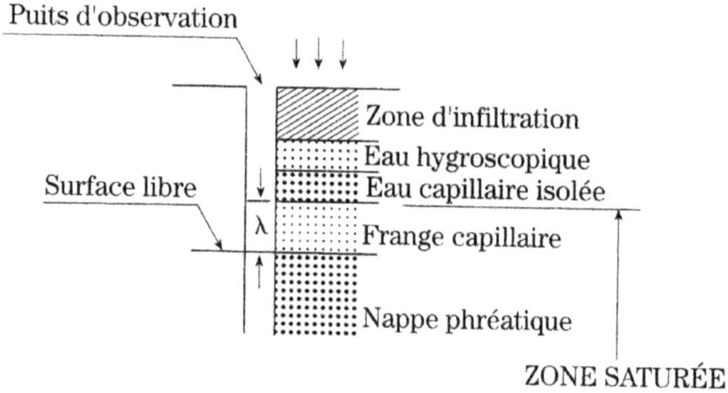

Fig. 7.2

7.3 - Emmagasinement spécifique. Coefficient d'emmagasinement. Cession spécifique.

Il existe divers paramètres qui caractérisent la quantité d'eau qui peut être extraite d'une nappe aquifère.

Dans le cas de nappes aquifères confinées, on définit *l'emmagasinement spécifique de la nappe*, S_s, de dimension L^{-1}, comme étant le volume d'eau qui peut être libéré par unité de volume de la nappe aquifère, par suite de l'expansion de l'eau et de la compression du milieu poreux, correspondant à l'abaissement unitaire de la hauteur piézométrique. Jacob propose l'expression suivante :

$$S_s = n \rho g \left(\beta + \frac{\alpha}{n} \right) \tag{7.3}$$

où n est la porosité totale ; ρ, la masse spécifique de l'eau ; g, l'accélération de la pesanteur ; α, la compressibilité verticale du squelette solide du milieu poreux ($[M^{-1} L T^2]$) ; et β, la compressibilité isotherme de l'eau ($[M^{-1} L T^2]$).

Le *coefficient d'emmagasinement de la nappe*, S, sans dimensions, est défini comme le volume d'eau libéré par une colonne verticale de la nappe aquifère de section unitaire, quand la hauteur piézométrique moyenne de la colonne diminue d'une unité.

Dans le cas de nappes aquifères confinées, le coefficient d'emmagasinement est donné par $S = b \,.\, S_S$ (b étant l'épaisseur de la nappe) ; normalement, S varie entre 10^{-3} et 10^{-5}. Dans le cas de nappes phréatiques, le coefficient d'emmagasinement est donné par $S = b \,.\, S_s + n_e$, où n_e est la porosité effective (*specific yield*) et correspond au volume d'eau libéré par unité de volume de milieu poreux saturé, par suite de l'action de la gravité. La valeur de n_e varie normalement entre 0,01 et 0,3.

Etant donné que $n_e >> b \,.\, S_S$, on admet dans la pratique courante que $S = n_e$, dans les nappes phréatiques.

7.4 - Loi de Darcy

Considérons un tube de longueur L, plein d'un matériau poreux, reliant deux récipients d'un niveau constant, Z_1 en amont et Z_2 en aval (fig. 7.3). La charge, ou potentiel piézométrique, $\varphi = z + p / \varpi$, que l'on représente habituellement par h, dans la section initiale 1, et dans la section finale, 2 du tube sera, respectivement φ_1 et φ_2. Étant donné que les vitesses sont très faibles, la ligne d'énergie coïncide pratiquement avec la ligne piézométrique.

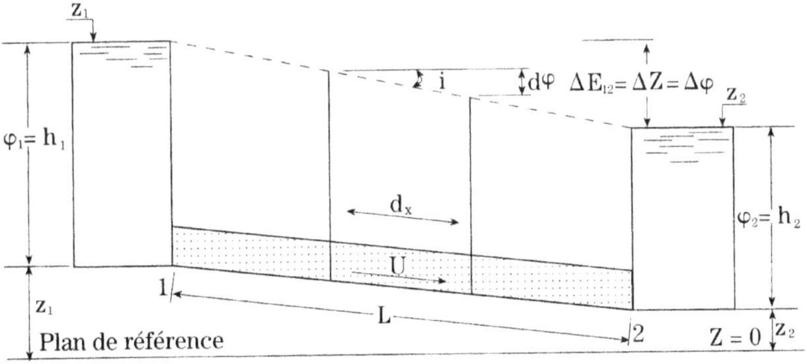

Fig. 7.3

La perte totale d'énergie entre 1 et 2 sera $\Delta E_{12} = Z_1 - Z_2 = \Delta Z$.

De même que dans les écoulements en charge, la perte de charge unitaire (par unité de longueur et par unité de poids écoulé) est définie par la relation :

$$i = \frac{\Delta E}{L} = \frac{\Delta Z}{L} = -\frac{\partial \varphi}{\partial x} = -\text{grad}\ \varphi \tag{7.4}$$

La *vitesse apparente* de filtration, U, est définie comme le quotient du débit écoulé, Q, par la section totale du tube.

Le nombre de Reynolds de l'écoulement est $\boldsymbol{R}_e = Ud / \upsilon$ où : d est un diamètre caractéristique, résultant de la forme des grains et de leur disposition, d'une définition imprécise, ce qui donne lieu à une certaine dispersion des résultats ; et υ, comme on le sait, est le coefficient de viscosité cinématique du fluide écoulé, dans ce cas, l'eau. D'une manière générale, on prend pour d la valeur d_{50} de la courbe granulométrique. Dans les terrains fissurés, on prend $d = 2e$, où e est la largeur de la fissure.

D'une manière générale, on peut écrire, de façon similaire aux écoulements en charge, $i = f\,U^2 / 2g$.

Pour de faibles vitesses, en régime laminaire, on a $f = a / \boldsymbol{R}_e = a\upsilon / Ud$ d'où :

$$i = \frac{a\upsilon}{Ud} \cdot \frac{1}{d} \cdot \frac{U^2}{2g} = \frac{a\upsilon}{2gd^2} \times U = \frac{1}{K}\,U \tag{7.5}$$

On a ainsi :

$$K = \frac{2gd^2}{a\upsilon} \tag{7.6}$$

désigné par *conductivité hydraulique* où a est une constante (voir n° 7.5). K est une caractéristique de la perméabilité du milieu et a les dimensions $[LT^{-1}]$, d'une vitesse.

On peut, donc, écrire :

$$U = K \cdot i = -K\,\text{grad}\ \varphi \tag{7.7}$$

expression désignée par *loi de Darcy*, valable pour $\mathbf{R}_e < 1$(1) ; c'est d'ailleurs, en hydraulique souterraine, le cas général des écoulements.

Quand le nombre de Reynolds augmente, il y a passage du régime laminaire au régime turbulent. La zone de passage n'est pas identique à celle des conduites en charge et sa théorie est extrêmement complexe(2), on aura :

$$i = \frac{U^m}{K'} \tag{7.8}$$

où :

$1 < m < 2$. En régime turbulent ($\mathbf{R}_e > 200$), on aura $m = 2$.

Escande propose, comme valeur de K', en régime turbulent :

$$\log_{10} K' = 0{,}85 + 0{,}5 \log_{10} d_{10} \tag{7.9}$$

(1) Exceptionnellement, la loi sera encore valable pour des valeurs de $\mathbf{R}_e = 5$ ou même $\mathbf{R}_e = 10$.

(2) Voir, par exemple [**1**].

Pour des valeurs plus élevées du diamètre (blocs de 5 cm à 40 cm), Schneebeli propose :

$$\log_{10} K = c \left(d_{10} \frac{n^3}{1-n} \right)^{1/2} \tag{7.9a}$$

7.5 - Conductivité hydraulique (perméabilité). Perméabilité intrinsèque

a) *Sols homogènes* – D'après la structure de l'équation (7.6), on voit que la *conductivité hydraulique*(1), K, dépend, d'un côté, du liquide, par l'intermédiaire de la viscosité, υ ; d'un autre côté, du milieu poreux, par l'intermédiaire du paramètre

$$K_o = \frac{d^2}{a} \tag{7.10}$$

que l'on appelle *perméabilité intrinsèque* ou *géométrique* ; dont les dimensions sont $[L^2]$.

On a alors :

$$K = \frac{2g}{\upsilon} K_o \tag{7.11}$$

Diverses formules ont été proposées pour K_o.

La formule de Kozeny est peut-être la plus satisfaisante au point de vue théorique :

$$K_o = c \left(\frac{e_g}{S_g} \right)^2 \frac{n^3}{(1-n)^2} \tag{7.12}$$

où (e_g / S_g) est le rapport moyen entre le volume e_g et la superficie S_g des grains.

Du point de vue pratique la formule de Hazen, valide pour $C_u < 5$ et $d_{10} < 3$ mm donne aussi de bons résultats. C_u est défini par le quotient d_{60} / d_{10}. En accord avec cette formule

$$K = A d_{10}^2 \tag{7.12a}$$

où d_{10} est exprimé en cm et K en cm/s. Les valeurs de A varient entre 46 pour des sables très argileux et 142 pour des sables. Généralement on adopte pour A la valeur 100.

La valeur de K peut être affectée par la composition chimique de l'eau, quand il existe des argiles, dont l'état de floculation peut varier. Cela peut également se produire par précipitation chimique ou par expulsion ou introduction de matériaux fins entraînés dans l'écoulement.

K est exprimé en m/s ou m/jour ; cette dernière unité est la plus usuelle. On aura 1 m/s = 86 400 m/jour ou, approximativement, 1 m/s ≈ 10^5 m/jour(2).

---

(1) Également appelée très souvent, moins correctement, perméabilité.

(2) En unités anglaises, on utilise le gallon par jour et par pied carré "gpd / ft²", dont la valeur est égale à 0,04 m/jour ; ou le "pied par jour" : ft / day ≈ 0,3 m/jour.

K_0 est généralement exprimé en m² ; on peut aussi utiliser le Darcy[1] = 10^{-12} m².

La table 159 indique quelques valeurs de K pour quelques milieux poreux. La valeur de K peut être déterminée en laboratoire, conformément à ce que nous avons exposé en 7.4 pour des échantillons de sols. Toutefois, d'une manière générale, la perméabilité est déterminée par des essais de pompage, sur le terrain, en accord avec l'étude des puits (n° 7.10).

Il existe aussi des essais normalisés, parmi lesquels nous citerons les essais de *Lugeon*, qui consistent à injecter de l'eau dans un trou et à mesurer le débit absorbé pour différentes pressions. Une unité Lugeon (UL) correspond à l'absorption d'un litre par minute et par mètre de trou, sous la pression de 10 bars. Dans le cas d'un terrain homogène perméable en petit, on a 1 UL ≈ 10^{-7} m/s.

On utilise également les essais Lefranc, où l'on mesure le débit nécessaire pour maintenir, à un niveau déterminé, un tuyau crépiné dans le sol et, à partir de là, calculer K.

b) *Milieux poreux stratifiés*

Considérons un système stratifié composé par n couches de matériaux différents. Soit b_i l'épaisseur de chaque couche i (fig. 7.4) et K_i sa conductivité hydraulique, dans le sens précédemment défini.

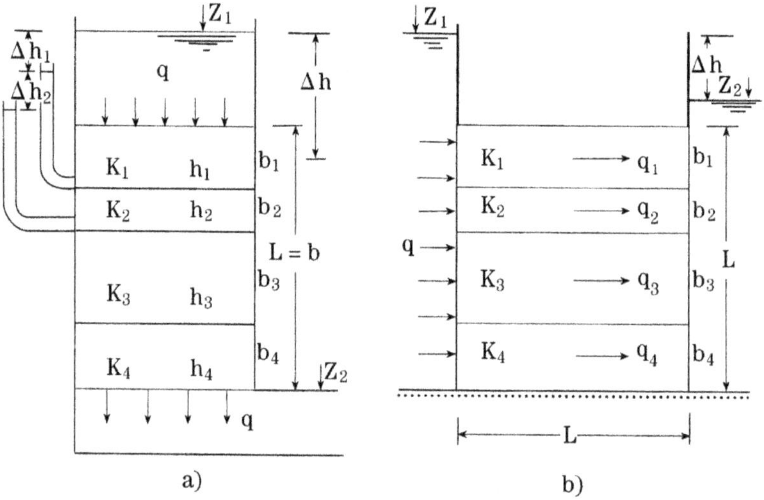

Fig. 7.4

Quand l'écoulement s'opère *suivant la verticale*, (fig. 7.4a), le débit q (par unité de surface) traverse “en série” les différentes couches. Soit Δh_i la perte de charge dans la couche i ; d'après la loi de Darcy, on aura :

(1) $1 \text{ Darcy} = \dfrac{1 \text{ cm/s} \times 1 \text{ centipoise}}{1 \text{ atm/cm}} = 10^{-12} \text{ m}^2.$

$q = K_i \Delta h_i / b_i$ ou $\Delta h_i = q\, b_i / K_i$, d'où $\Delta h = q\, \Sigma b_i / K_i$. Il est possible de définir pour tout le système un *coefficient équivalent de conductivité hydraulique verticale*, K_V, tel que $q = K_V \Delta h / L$; on a alors :

$$\Delta h = q \frac{L}{K_V} \tag{7.13}$$

Égalant les deux valeurs de Δh, et compte tenu de ce que $L = \Sigma\, b_i = b$ (épaisseur du système), on aura :

$$\frac{1}{K_V} = \frac{1}{b} \Sigma \frac{b_i}{K_i} \quad \text{ou} \quad K_V = \frac{b}{\Sigma \frac{b_i}{K_i}} \tag{7.13a}$$

Dans le *sens horizontal* (fig. 7.4b), l'écoulement s'opère *en parallèle* ; dans chaque couche, passe un débit $q_i = b_i\, K_i \Delta h / L$.

Le débit total sera :

$$q = \Sigma\, q_i = \Sigma\, b_i\, K_i \frac{\Delta h}{L} \tag{7.14}$$

Définissant pour l'ensemble un *coefficient équivalent de conductivité hydraulique*, tel que $q = K_H .\ b\ \Delta h / L$, on aura :

$$K_H = \frac{1}{b} \Sigma\, b_i\, K_i \tag{7.14a}$$

On aura toujours $K_H > K_V$, sauf dans les roches fracturées.

Exemple :

Déterminer K_H et K_V d'une nappe aquifère constituée par trois couches ainsi définies : la première couche est constituée par du sable fin, d'une épaisseur $b_1 = 10$ m et de conductivité hydraulique $K_1 = 10^{-3}$ m/s ; la seconde couche est constituée par de la pierraille, avec $b_2 = 2$ m et $K_2 = 10^{-2}$ m/s ; pour la troisième couche, limoneuse, on a $b_3 = 10$ m et $K_3 = 5 \times 10^{-5}$ m/s.

Solution :

L'épaisseur totale sera donc $b = \Sigma b_i = 22$ m. On aura :

$$K_V = \frac{b}{\Sigma \frac{b_i}{K_i}} = \frac{22}{\frac{10}{10^{-3}} + \frac{2}{10^{-2}} + \frac{10}{5 \times 10^{-5}}} = 1{,}05 \times 10^{-4}\ \text{m/s}$$

$$K_H = \frac{1}{b} \Sigma\, b_i K_i = \frac{1}{22} (10 \times 10^{-3} + 2 \times 10^{-2} + 10 \times 5 \times 10^{-5} = 1{,}4 \times 10^{-3}\ \text{m/s}$$

L'existence d'une petite couche de pierraille, très perméable, est suffisante pour augmenter considérablement K_H, sans pratiquement influencer la valeur de K_V, qui se rapproche de celle de la couche la plus imperméable, c'est-à-dire, des sables silteux.

7.6 - Transmissivité

Dans une nappe aquifère d'épaisseur b et de largeur L, le débit écoulé, suivant la loi de Darcy, sera : $Q = K.b.L.i$. On appelle *transmissivité*, T, le produit $K.b$, dont les dimensions sont $[L^2 T^{-1}]$:

$$T = Kb \tag{7.15}$$

La transmissivité, T, s'exprime en m²/s ou en m²/jour.

Si la conductivité hydraulique, K, varie le long de l'épaisseur, b, de la nappe aquifère, la transmissivité, T sera :

$$T = \int_0^b K\mathrm{d}z \tag{7.15a}$$

7.7 - Équation de Darcy généralisée

La loi de Darcy, déduite en 7.4 pour un écoulement en milieux poreux, en charge, s'écrit, sous la forme vectorielle, et dans le cas le plus général de terrains anisotropes et non homogènes :

$$\mathbf{V} = -\mathbf{K}\,\mathrm{grad}\,(z + \frac{P}{\varpi}) = -\mathbf{K}\,\mathrm{grad}\,\varphi \tag{7.16}$$

$\mathbf{K}$ = tenseur de conductivité hydraulique, symétrique, c'est-à-dire, tel que $K_{ij} = K_{ji}$, dont les dimensions sont celles d'une vitesse.

Il existe un système d'axes orthogonaux, appelés axes principaux, pour lesquels $K_{ij} = 0$ pour $i \neq j$: seuls subsisteront les termes K_{11}, K_{22} et K_{33}. Dans une formation stratifiée, deux des axes principaux sont parallèles à la stratification et le troisième est perpendiculaire à la stratification.

Dans le cas d'un terrain isotrope, c'est-à-dire, tel que $K_{11} = K_{22} = K_{33} = K$, l'équation 7.16 s'écrit :

$$\mathbf{V} = -K\,\mathrm{grad}\,\varphi = -\,\mathrm{grad}\,K\varphi = \mathrm{grad}\,\varnothing \tag{7.16a}$$

où l'on a pris $\varnothing = +K\varphi$. En coordonnées cartésiennes, on aura :

$$\varnothing = +K\varphi$$

$$V_x = -K\frac{\partial\varphi}{\partial x} \quad ; \quad V_y = -K\frac{\partial\varphi}{\partial y} \quad ; \quad V_z = -K\frac{\partial\varphi}{\partial z} \tag{7.17}$$

D'après le n° 2.34, la fonction $\varnothing = +\mathrm{K}\varphi$ est harmonique, ce qui implique que φ soit également une fonction hamonique ; c'est pourquoi, on constate l'équation de Laplace :

$$\nabla^2\varphi = 0$$

La fonction φ est déterminée et univoque dans un domaine déterminé, du moment que l'on connaît, à la frontière de ce domaine, soit les valeurs de φ (condition de Dirichelet), soit les valeurs de $\partial\varphi / \partial x$ (condition de Neuman).

On constate que la conductivité hydraulique, K, ne figure pas dans l'équation de Laplace ; ceci signifie que, dans un terrain isotrope, la répartition de la hauteur piézométrique, $\varphi = h$ est indépendante de la perméabilité et est seulement fonction de la forme géométrique et des conditions des limites.

Si b est l'épaisseur de l'aquifère, le débit par unité de largeur suivant ox et oy sera :

$$q_x = -Kb\frac{\partial\varphi}{\partial x} \quad ; \quad q_y = -Kb\frac{\partial\varphi}{\partial y} \tag{7.17a}$$

7.8 - Écoulements à surface libre

a) *Fonction I* – La loi de Darcy a été déduite pour les écoulements en charge. Dans le cas des écoulements à surface libre (fig. 7.5), de profondeur H, le débit dirigé suivant dx, qui traverse un élément d'épaisseur dy, est :

$$\int_o^h V_x \, \mathrm{d}y \, \mathrm{d}z = -K \, \mathrm{d}y \int_o^h \frac{\partial \varphi}{\partial x} \, \mathrm{d}z \tag{7.18}$$

où l'on a pris :

$$V_x = -K \frac{\partial \varphi}{\partial x}$$

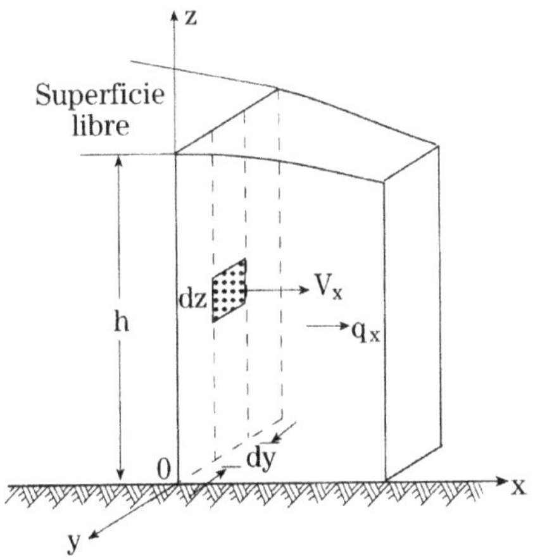

Fig. 7.5

À travers l'unité de largeur de la couche, passera un débit[1]

$$q_x = -K \int_o^h \frac{\partial \varphi}{\partial x} \, \mathrm{d}z \tag{7.19}$$

ou, en appliquant les règles de dérivation sous le signe d'intégrale[2]

$$q_x = -K \left[\frac{\partial}{\partial x} \int_o^h \varphi \, \mathrm{d}z - \varphi(h) \frac{\partial h}{\partial x} \right] \tag{7.19a}$$

Étant donné que $z = h$ et $p / \varpi = o$, à la surface libre, on aura $\varphi = h$, donc :

$$q_x = -K \frac{\partial}{\partial x} \left[\int_o^h \varphi \, \mathrm{d}z - \frac{h^2}{2} \right] \tag{7.19b}$$

Prenant :

$$I(x, y) = \int_o^h \varphi \, \mathrm{d}z - \frac{h^2}{2} \tag{7.20}$$

---

(1) La méthode d'intégration adoptée est due à Tcharnyi. Voir par exemple (**1**).

(2) Règle de Leibnitz :

$$\frac{\partial}{\partial x} \int_{B(x)}^{A(x)} f(x, y) \, \mathrm{d}y = \int_{B(x)}^{A(x)} \frac{\partial}{\partial x} f(x, y) \, \mathrm{d}y + f(x, A) \frac{\partial A}{\partial x} - f(x, B) \frac{\partial B}{\partial x}$$

on aura :

$$q_x = -K \frac{\partial I}{\partial x} \tag{7.21}$$

De la même manière on obtiendra :

$$q_y = -K \frac{\partial I}{\partial y} \tag{7.21a}$$

et par l'équation de la continuité(1)

$$\frac{\partial q_x}{\partial x} + \frac{\partial q_y}{\partial x} = -K\left(\frac{\partial^2 I}{\partial x^2} + \frac{\partial^2 I}{\partial y^2}\right) = -K\,\nabla^2 I = 0 \tag{7.22}$$

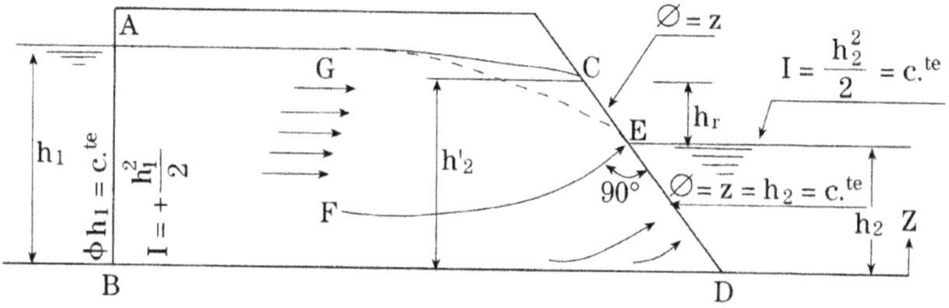

Fig. 7.6

Autrement dit, dans l'équation 7.16a, la fonction φ sera remplacée par la fonction I, qui est donnée par l'équation 7.20 et dont le laplacien est également nul.

Dans ces conditions, l'écoulement dans l'espace, c'est-à-dire, à trois dimensions, est transformé en un écoulement plan, du moment que l'on remplace $b\varphi$ par I, donné par l'équation 7.21. I a pour dimension $[L^2]$, tandis que la dimension de h est L.

b) *Hauteur de résurgence* – Prenons comme exemple l'écoulement phréatique représenté sur la figure 7.6.

Désignons par AB la surface qui limite le milieu poreux, en amont, et par CD la ligne qui le limite en aval. La ligne de courant qui termine en E, c'est-à-dire, la ligne FE, doit être perpendiculaire à CD, étant donné que CD est une équipotentielle de l'écoulement défini par $\varphi = h_2$ = constante. Si la surface libre coïncidait avec GE, toute l'eau écoulée entre les deux lignes de courant, GE et FE, apparaîtrait en un point E ce qui signifierait une vitesse théoriquement infinie. En vérité, la surface d'écoulement, EC, qui donne issue à l'eau qui circule entre GC et FE. Cette surface est appelée *surface de résurgence* et apparaît toutes les fois qu'une nappe phréatique s'écoule en dehors du milieu poreux : barrages en terre, fossés, puits, etc.

La différence entre la perméabilité verticale, K_V et la perméabilité horizontale, K_H ($K_V < K_H$) accentue l'existence de cette surface de résurgence.

On appelle *hauteur de résurgence*, h_r, la distance mesurée à la verticale entre les points C et E, qui définissent la surface de résurgence.

c) *Valeurs de la fonction I* – Considérons, toujours à titre d'exemple, le massif poreux de la figure 7.6. Calculons les valeurs de I le long des surfaces de séparation, AB, en amont, et CD, en aval. Au long de AB, qui limite le milieu poreux en amont, on aura $\phi = z + p/\varpi = h_1$ = constante. On a donc (équation 7.20) :

(1) q_z est suffisamment petit et peut être considéré comme nul.

$$I_1 = \int_0^{h_1} \varphi \, dz - \frac{h_1^2}{2} = \frac{h_1^2}{2} = \text{constante} \tag{7.23}$$

Au long de la surface *CD*, qui limite le milieu poreux en aval, la surface libre qui représente le niveau phréatique est normalement au-dessus du niveau de l'eau dans le fossé, et l'on a, comme nous l'avons dit, une zone de résurgence, *CE*. Dans ces conditions φ prend les valeurs suivantes : entre *D* et *E*, c'est-à-dire, entre $z = 0$ et $z = h_2$, on aura $\varphi = h_2$ = constante ; entre *C* et *E*, c'est-à-dire, entre $z = h_2$ et $z = h'_2$, on a $\varphi = z$.

Nous aurons donc :

$$I_2 = \int_0^{h_2} h_2 \, dz + \int_{h_2}^{h'_2} z \, dz - \frac{h'^2_2}{2} = \frac{h_2^2}{2} \tag{7.23a}$$

Nous constatons, par conséquent, que la valeur de *I*, sur les surfaces de séparation du milieu poreux, est $h_1^2 / 2$ ou $h_2^2 / 2$.

h_1 ou h_2 étant les niveaux près de la surface de séparation, indépendamment du fait qu'il y ait ou non résurgence.

B – RÉGIME PERMANENT

7.9 - Écoulements dans des fossés

a) *Nappe aquifère confinée*

Considérons une nappe aquifère confinée, horizontale, d'épaisseur *b*, homogène et isotrope, coupée par un fossé également horizontal. On admet que le régime est permanent, c'est-à-dire que la couche est alimentée par un débit égal à celui que l'on en extrait : alimentation par une rivière, un lac, etc. (fig. 7.7). À cet écoulement correspond le potentiel complexe $w = az = a\,(x + iy)$ (voir n° 2.37, exemple a). Il en résulte que le potentiel de vitesse est :

$$\varnothing = -\,k\,\varphi = ax \quad ; \quad V_x = \frac{\partial \varnothing}{\partial x} = -\,K \cdot \frac{\partial \varphi}{\partial x} = Ki = a$$

Le débit dans un fossé de largeur *l* sera alors :

$$Q = US = K\,i\,l\,b = K\,l\,b\,\frac{\varphi_1 - \varphi_2}{x_1 - x_2} \tag{7.24}$$

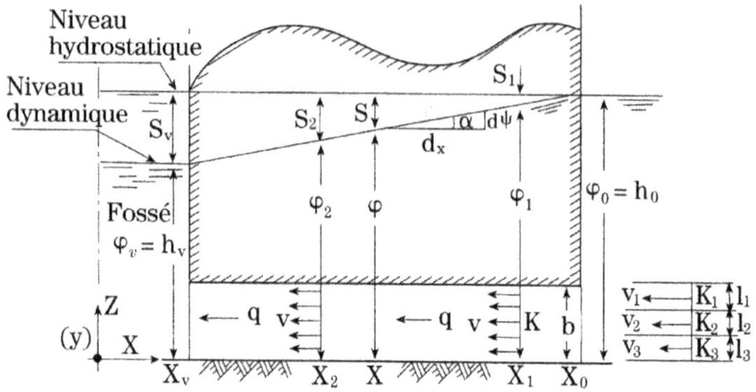

Fig. 7.7

Soit x_o la distance à la zone d'alimentation (ou à la zone non perturbée de l'écoulement) et $\varphi_0 = h_0$ la charge correspondant à cette distance. Soit x_v et $\varphi_v = h_v$ les valeurs de x et φ, au début du fossé. Nous aurons alors :

$$Q = Klb\,\frac{\varphi_o - \varphi_v}{x_o - x_v} \tag{7.24a}$$

Le rabattement, *s*, de la charge au point x est donné par l'équation :

$$s = \varphi_o - \varphi = Q\,\frac{x_o - x}{Klb} \tag{7.25}$$

autrement dit, le rabattement en un point quelconque est proportionnel au débit. Dans le fossé, on aura :

$$s_v = Q\,\frac{x_o - x_v}{Klb} \tag{7.25a}$$

b) *Nappe phréatique*

Considérons la nappe phréatique de la figure 7.8, homogène et isotrope, reposant sur une couche imperméable horizontale. Cette nappe aquifère est traversée par un fossé horizontal qui occupe toute son épaisseur et est alimentée par un débit égal à celui qui est extrait du fossé : régime permanent.

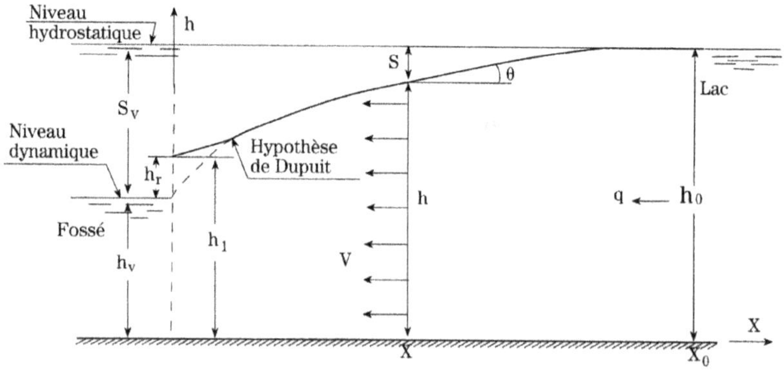

Fig. 7.8

L'analyse de ce type d'écoulement a été développée par Dupuit[1], dont l'hypothèse fondamentale, appelée *hypothèse de Dupuit*, consiste à considérer que, dans une section quelconque, à une distance x de la paroi du fossé, la distribution des vitesses est uniforme et leur valeur, en chaque point de cette section, est donnée par l'équation :

$$V = -K \frac{dh}{dx} = K \operatorname{tg} \theta \tag{7.26}$$

tandis que, suivant la loi de Darcy, pour une ligne de courant correspondant à la surface, on aurait :

$$V = Ki = K \sin \theta$$

L'hypothèse de Dupuit est donc valable quand θ est faible, ce qui n'est pas le cas au voisinage du fossé, où existe la surface de résurgence, à forte pente, de la surface libre. En d'autres termes, l'hypothèse de Dupuit équivaut à considérer les superficies équipotentielles comme verticales.

Toutefois, avec $Q = Vbl = Vhl$, l'intégration (7.26) permet de déterminer la forme de la surface libre, donnée par :

$$h_2 - h_o^2 = \frac{2Q}{lK} (x - x_o) \tag{7.26a}$$

Cette équation n'est valable que pour des sections éloignées du fossé.

Au voisinage du fossé, il faut tenir compte de la *courbe de rabattement* et de la *hauteur de résurgence*, h_r, donnée par des expressions empiriques, parmi lesquelles nous citons celle de Vibert[2].

$$h_r = -\frac{1}{2} x_o^2 + \frac{1}{2} \sqrt{x_o^2 + 4 (h_o - h_v)^2} \tag{7.27}$$

Dans la pratique, pour déterminer la *courbe de rabattement* on unira le point du début de la résurgence par la courbe donnée par l'équation 7.26a.

Compte tenu de la fonction I, on obtient facilement, et d'une manière rigoureuse, le *débit capté* par le fossé en remplaçant, dans l'équation 7.24, qui donne la valeur de Q correspondant à une nappe aquifère confinée, la valeur de $b\,\varphi$ par $I = \frac{h^2}{2}$. On a alors :

$$Q = Kl \frac{h_o^2 - h_v^2}{2x_o} \tag{7.28}$$

Cette expression peut également être obtenue directement par la formule de Dupuit. Ceci signifie que l'hypothèse de Dupuit donne des valeurs correctes pour le débit, mais non pour la surface libre, où il faudra introduire la hauteur de résurgence au voisinage du fossé.

Si les fossés ne traversaient pas totalement les couches, il faudrait tenir compte du flux à travers le fond et étudier les lignes de flux, au moyen de lignes isométriques (voir 2.41). Nous reprendrons cette question au point 7.26, au moment d'étudier le drainage des terrains.

---

(1) Dupuit (1804-1866).

(2) Vibert (1949).

7.10 - Puits complets en nappes aquifères confinées

On entend ici par *puits* ce que, dans le langage courant, l'on désigne par ce mot, ou par trou. Un *puits est dit complet*, quand il traverse toute la nappe aquifère et que son fond est déjà constitué par une couche imperméable.

Considérons un puits complet ouvert dans une nappe aquifère confinée horizontale. Admettons que le régime est permanent, c'est-à-dire, que la nappe aquifère est alimentée au long d'une surface cylindrique concentrique, à une distance r_o : puits situé au centre d'une île circulaire dans un lac par exemple (fig. 7.9).

L'écoulement correspond à l'écoulement cylindrique défini par $\varpi = a \ln z$ (voir n° 2.37, exemple b). La fonction potentielle, Ø, et la fonction de courants, ψ, sont, en coordonnées cylindriques (équation 2.83a) : $Ø = -K\varphi = a \ln r$; $\psi = a\,\theta$, où (éq. 2.83c) $a = q / 2\,\pi$, le terme q étant le débit par unité d'épaisseur de la couche.

Dans ce cas simplifié, il est facile de connaître la valeur de $\varphi\,(r_p) = h_p$ dans le puits, et la valeur de $\varphi\,(r_0) = h_0$ (dans le lac d'alimentation).

On aura alors :

$$\varphi_0 - \varphi_p = \frac{q}{2\,\pi K}\,(\ln ro - \ln r_p) = \frac{q}{2\,\pi K} \ln\left(\frac{r_o}{r_p}\right) \tag{7.28a}$$

b étant l'épaisseur de la couche, traversée par l'élément de captation du puits, le débit est donné par :

$$Q = 2\,\pi\,Kb\,(\varphi_o - \varphi_n) / \ln\left(\frac{r_o}{r_p}\right) \tag{7.29}$$

Autrement dit, le débit est directement proportionnel à la perméabilité, à l'épaisseur de la couche et au *rabattement dans le puits* :

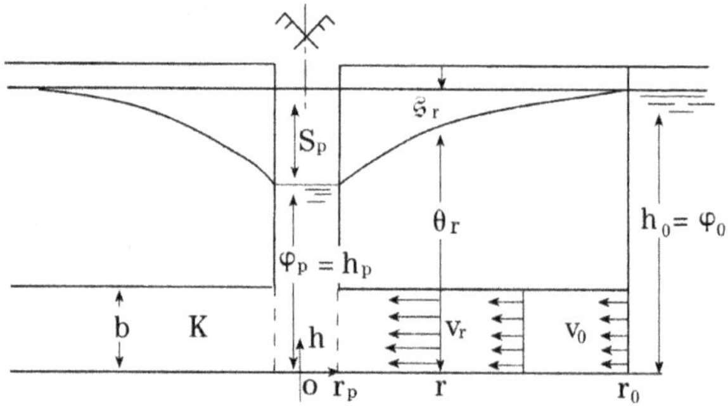

Fig. 7.9

Dans la pratique, on n'est pas au centre d'une île circulaire, et l'on prend pour r_o, la distance à laquelle l'action du puits se fait déjà très peu sentir, question que nous étudierons plus loin en détail (voir n° 7.25).

Il ne faut pas oublier non plus les pertes d'entrée dans le puits, qui peuvent être très importantes, si les vitesses d'entrée sont élevées.

La courbe de rabattement s_p dans le puits en fonction de Q, en régime permanent, est la *courbe caractéristique du puits*. Si nous utilisons le concept de transmissivité de la nappe aquifère (n° 7.6), $T = Kb$, nous aurons :

$$s_p = h_0 - h_p = \frac{Q}{2\,\pi\,T} \ln\left(\frac{r_o}{r_p}\right) \tag{7.30}$$

Dans un système d'axes cartésiens, (Q, s_p), cette équation représente une droite.

Dans la pratique, pour étudier le puits, on extrait divers débits Q qui, une fois atteinte la permanence de l'écoulement, produisent divers rabattements, s_p. L'expression de la ligne de charge, le long de la nappe aquifère, sera donnée, pour le rabattement, s, au point situé à la distance r du puits, par l'expression :

$$s = h_o - h = \frac{Q}{2\,\pi\,T} \ln\left(\frac{r_o}{r_p}\right) = 0{,}366\,\frac{Q}{T}\log_{10}\frac{r_o}{r} \qquad (7.31)$$

connue sous le nom *d'équation de Thiem*.

Pour $r = r_o$, on a $s = 0$; pour $r = r_p$, on a $s = s_p$.

En coordonnées semi-logarithmiques (s, $\log r$), cette équation représente une droite ; c'est une *caractéristique de la nappe aquifère* (fig. 7.10).

Dans la pratique, pour étudier la nappe aquifère, on installe des forages d'observation des niveaux (piézométriques) à différentes distances du puits et, pour un débit constant déterminé, on mesure les rabattements s_i aux différentes distances r_i, une fois établi le régime permanent.

Dans un système d'axes semi-logarithmiques, on marque les points (s, $\log r$) et on trace la droite la plus approchée qui passe par ces points. Pour $s = 0$, on obtient $\log(r_o / r) = 0$, ce qui signifie que ce point correspond à la distance r_o, et l'on détermine ainsi le rayon d'influence. Pour $r = r_p$, on obtient l'abaissement s_p dans le puits(1).

Le coefficient angulaire de la droite est :

$$m = 0{,}366\,\frac{Q}{T} \qquad (7.32)$$

donc, la valeur de la transmissivité, T de la nappe aquifère est donnée par :

$$T = 0{,}366\,\frac{Q}{m} \qquad (7.32a)$$

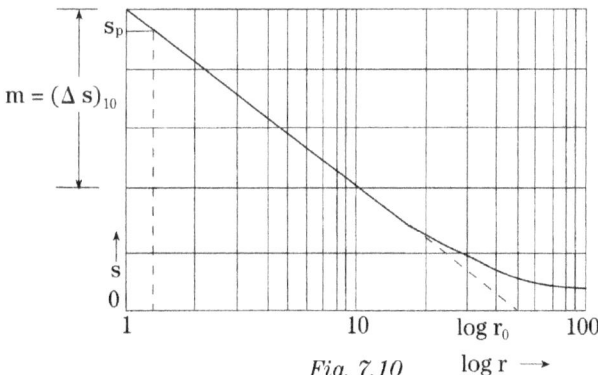

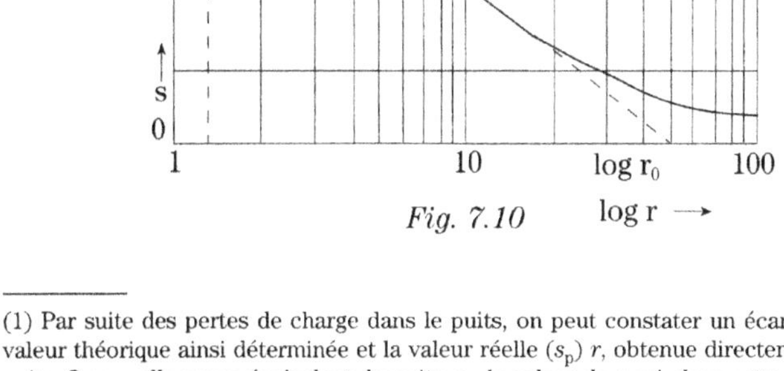

Fig. 7.10

(1) Par suite des pertes de charge dans le puits, on peut constater un écart significatif entre la valeur théorique ainsi déterminée et la valeur réelle $(s_p)\,r$, obtenue directement de l'équation du puits. On appelle rayon équivalent du puits, r_e, la valeur de r qui, dans cette équation correspond à l'abaissement $(s_p)\,r$.

Pour obtenir facilement la valeur de m, on choisit en abscisses un module logarithmique, c'est-à-dire, deux points à la distance pour module (1-10), auquel correspond une valeur $(\Delta s)_{10} = m$. Une fois obtenu m, et connaissant Q, on peut déterminer la transmissivité T (voir figure 7.10).

Exemple 1 :

Dans une nappe aquifère confinée, de transmissivité $T = 500$ m^2/jour et où le rayon d'influence peut être considéré comme $r_o = 1\,000$ m, on extrait le débit $Q = 100$ m^3/heure $= 2\,400$ m^3/jour, d'un puits de 500 mm de diamètre ($r_p = 250$ mm). Calculer le rabattement théorique dans le puits de pompage et dans des puits d'observation de 10, 100 et 500 m. Si le rayon d'influence double, quelles seront les erreurs commises ?

Solution :

a) *Rabattement dans le puits*

$$s_p = 0{,}366\,\frac{Q}{T}\,\log\left(\frac{r_o}{r_p}\right) = \frac{0{,}366\,.\,2400}{500} \times \log\left(\frac{1000}{0{,}25}\right) = 6{,}34 \text{ m}$$

b) Le rabattement à la distance $r = 10$, 100 et 500 mètres est obtenu d'une manière identique, en remplaçant r_p par r. On obtient respectivement : 3,52 m, 1,76 m et 0,52 m.

c) Répétant les calculs pour $r_o = 2\,000$ m, on obtient les rabattements suivants : 6,84 m, 4,04 m, 2,28 m et 1,04 m. Les différences entre les rabattements calculés pour $r_o = 1\,000$ m et pour $r_o = 2\,000$ m, sont, respectivement, 8 %, 15 %, 30 %, 100 %. Ceci montre que le rayon d'influence n'exerce pas un effet très sensible au voisinage du puits.

Exemple 2 :

Dans une nappe aquifère confinée, de transmissivité $T = 100$ m^2/jour, et rayon d'influence $r_o = 1\,500$ m, où l'on a installé un puits de 400 mm de diamètre :

a) Quel est le débit que l'on peut extraire avec un rabattement maximum de 5 m ?

Solution :

$$Q = 2\,\pi\,s\,T \,/\, \ln\left(\frac{r_o}{r_p}\right) = 382 \text{ m}^3\text{/j}$$

b) Quel devrait être le diamètre du puits, pour obtenir, avec le même rabattement, un débit double ?

Solution :

$$\log\frac{r_o}{r_p} = 2\log\frac{r_o}{r'_p} \quad \Rightarrow \quad r'_p = 24{,}5 \text{ m}$$

D'où l'on conclut à la faible influence du diamètre du puits, par rapport à l'augmentation du débit extrait.

7.11 - Puits complets en nappes aquifères confinées avec écoulement parallèle superposé

S'il y a un écoulement dans la nappe aquifère, antérieur au pompage du puits, l'écoulement total est la somme des deux écoulements équipotentiels : l'écoulement initial d'équation complexe $w_1 = i_o\,z$, où i_o est le gradient d'écoulement parallèle non perturbé ; et l'écoulement pour le puits, d'équation complexe :

$$w = \frac{q}{2\,\pi}\ln z$$

La superposition des deux écoulements donne, pour les équipotentielles et pour les lignes de courant, les équations[(1)]

$$\varnothing = -K\varphi = K\,i_o x + \frac{q}{2\pi}\ln r = K\,i_o x + \frac{q}{2\pi}\ln\sqrt{x^2+y^2} \qquad (7.33)$$

$$\psi = K\,i_o y + \frac{q}{2\pi}\,\theta = K\,i_o y + \frac{q}{2\pi}\,\mathrm{arctg}\left(\frac{x}{y}\right) \qquad (7.33a)$$

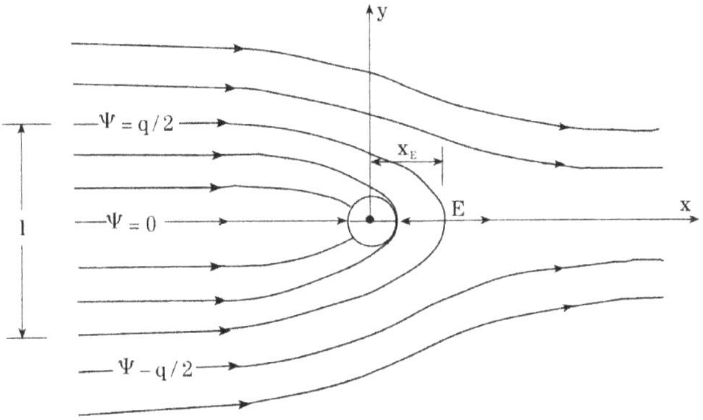

Fig. 7.11

Les lignes de courant prennent l'aspect de la figure 7.11. Le point de stagnation, E, correspond au point où la vitesse de l'écoulement uniforme est égale et de signe contraire à la vitesse d'appel dans le puits. Les coordonnées de E sont :

$$x_E = \frac{q}{2\pi K\,i_o} \quad ; \quad y_E = 0 \qquad (7.33b)$$

Les lignes de courant, qui limitent l'écoulement dans le puits, se rejoignent en ce point, et correspondent à $\psi = \pm\, q\,/\,2$.

La largeur de la bande, limitée par ces lignes de courant tend à la valeur $l = \dfrac{q}{K\,i_o}$, résultat d'ailleurs évident, étant donné que le débit du puits sera $q = l\,K\,i_o$, où i_o est le gradient de l'écoulement uniforme antérieur au puits.

7.12 - Puits complets en nappes phréatiques

Dans ce cas, la couche aquifère est limitée par la surface libre et par la surface imperméable sous-jacente que l'on considère comme horizontale. Au début du pompage se produit un abaissement de la surface libre au voisinage du puits, donnant origine à un *cône de rabattement*.

L'écoulement ne peut être considéré comme plan, comme c'était le cas pour les nappes aquifères confinées. Cependant, il est possible de le traiter d'une manière identique, en remplaçant, dans l'équation 7.29, le produit $b\varphi$ par

(1) Voir également la composition effectuée au n° 2.37 exemple *e*, pour le cas d'une source.

$I = h^2/2$, comme on l'a démontré en 7.8, et l'on obtient l'équation suivante :

$$Q = \pi K \frac{h_o^2 - h_p^2}{\ln\left(\frac{r_o}{r_p}\right)} = 1{,}36\, K \frac{h_o^2 - h_p^2}{\log\left(\frac{r_o}{r_p}\right)} \qquad (7.34)$$

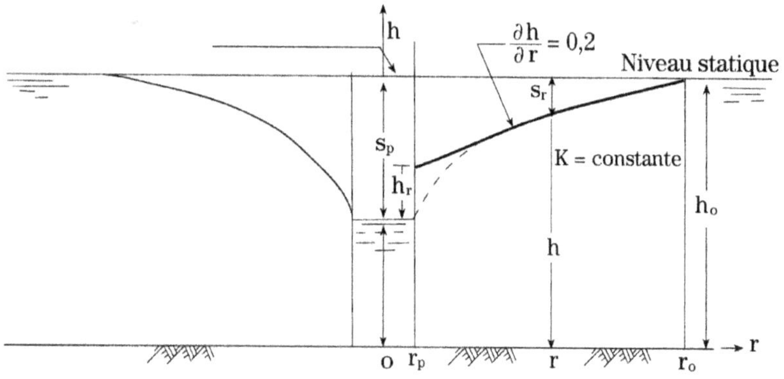

Fig. 7.12

Cette expression est égale à celle qui a été déduite par Dupuit, fondée sur l'application directe de la loi de Darcy.

Compte tenu de ce que :

$$h_o^2 - h_p^2 = s_p\,(h_o + h_p)$$

on aura :

$$s_p = 0{,}73 \frac{Q}{K} \frac{\log\left(\frac{r_o}{r_p}\right)}{h_o + h_p} \qquad (7.35)$$

C'est la *courbe caractéristique du puits* qui n'est pas linéaire, étant donné que dans le 2e membre apparaît le terme h_p, qui est fonction de s_p.

Dans ce cas, pour les applications pratiques, il est plus facile d'utiliser un débit spécifique défini par $q_e = Q / s_p$.

Alors, comme $s_p = h_o - h_p$, d'où $h_p = h_o - s_p$, on aura :

$$q_e = 1{,}36\ \mathrm{K} \frac{2h_o - s_p}{\log\left(\frac{r_o}{r_p}\right)} \qquad (7.36)$$

qui est une autre manière de présenter la courbe caractéristique du puits, suivant laquelle q_e est une fonction de s_p.

Pour $s_p = 0$, on aura $Q = 0$; pour $s_p = h_o$, on obtiendrait la valeur maxima du débit, Q_M, qui correspondrait à une vitesse infinie.

Le rapport entre Q et Q_M est facile à déduire, on a ainsi :

$$Q = Q_M\left[1 - \left(\frac{h_p}{h_o}\right)^2\right]$$

d'où :

$$h_p = h_o \sqrt{1 - \frac{Q}{Q_M}} \qquad (7.37)$$

Calculant dh / dQ, on constate que cette dérivée tend vers $+\infty$ quand Q tend vers Q_M, autrement dit, quand h_p tend vers 0. Par conséquent, le régime est instable pour des valeurs très petites de h_p.

Dans la pratique, on doit exploiter le puits pour des valeurs du rabattement comprises entre 0,5 h_o et 0,75 h_o, ne serait-ce que pour des raisons d'économie, étant donné que le débit n'est pas proportionnel à l'abaissement.

L'équation 10.55 donne comme limites acceptables du débit 0,75 Q_M à 0,95 Q_M.

Exemple :

Considérons une nappe aquifère ayant les caractéristiques suivantes : h_o = 10 m ; r_o = 100 m ; K = 100 m/jour. Déterminer les courbes caractéristiques d'un puits avec r_p = 0,2 m.

On aura :

$$q_e = 1{,}36 \times 100 \cdot \frac{2 \times 10 - s_p}{\log(100/0{,}2)} = 1008 - 50{,}4\, s_p$$

La droite ainsi obtenue est représentée sur la figure 7.13

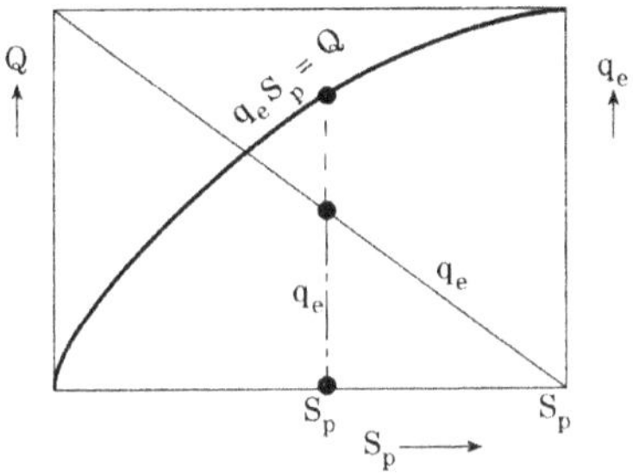

Fig. 7.13

Pour obtenir Q, on multiplie l'ordonnée q_e par l'abscisse s_p et l'on obtient la courbe indiquée sur la même figure.

En ce qui concerne la *surface libre*, la formule de Dupuit n'est valable que pour des pentes de faible valeur. $\partial h / \partial r < 0{,}2$ et l'on obtient alors, pour ces valeurs :

$$h_o^2 - h^2 = \frac{Q}{\pi K} \ln\left(\frac{r_o}{r}\right) = 0{,}73 \frac{Q}{K} \times \log\left(\frac{r_o}{r}\right) \qquad (7.38)$$

ou :

$$s = \frac{0{,}73}{h_o + h} \frac{Q}{K} \times \log\left(\frac{r_o}{r}\right) \qquad (7.39)$$

Au voisinage du puits, il y a un abaissement brusque de la surface libre, donnant lieu à une surface de résurgence. Il existe diverses formules pour calculer cette hauteur de résurgence. Nous indiquons la formule de Vibert citée par [**11**].

$$h_r = -\,r_p \ln\left(\frac{x_o}{r_p}\right) + \sqrt{\left(r_p \ln\left(\frac{x_o}{r_p}\right)\right)^2 + (h_o - h_p)^2} \qquad (7.40)$$

où : $c = 3{,}75$ pour $r_p / h_o < 0{,}1$; $c = 3{,}5$ pour $r_p / h_o \simeq 0{,}25$.

La surface libre, entre le point $\partial h / \partial r < 0{,}2$ et le puits, peut être tracée en reliant le dernier point donné par l'équation de Darcy et le début de la surface de résurgence.

Dans une zone éloignée du puits, et si l'abaissement, s, est très petit par rapport à h_o, autrement dit, si $s = h_o - h << h_o$, on peut prendre :

$$h_o^2 - h^2 = (h_o + h)(h_o - h) \simeq 2\, h_o\, s \qquad (7.41)$$

d'où :

$$s = 0{,}366\, \frac{Q}{Kh_o} \log\left(\frac{r_o}{r}\right) \qquad (7.42)$$

Dans ce cas, une nappe phréatique peut être traitée comme confinée et, à partir d'essais de pompage, on peut marquer, en coordonnées semi-logarithmiques (s, $\log r$), les différentes valeurs obtenues pour s, les différentes distances r, avec Q constant. Pour $s = 0$, on obtient la valeur de r_o ; pour $r = r_p$, on obtient la valeur de s_p théorique. Le coefficient angulaire de la droite est :

$$m = 0{,}366\, \frac{Q}{Kh_o} \qquad (7.43)$$

pouvant être obtenu comme dans les cas de la nappe aquifère confinée, et l'on a alors (fig. 7.14) $m = (\Delta s)_{10}$, d'où :

$$K = 0{,}366\, \frac{Q}{h_o\,(\Delta s)_{10}} \qquad (7.44)$$

Quand les abaissements sont grands par rapport à h_o, on peut corriger les abaissement moyens (correction de Jacob) :

$$s' = s - \frac{s^2}{2h_o} \qquad (7.45)$$

où s' est l'abaissement corrigé.

Exemple : Dans une nappe aquifère libre dont l'épaisseur initiale était de 20 m, on a procédé à un essai de pompage avec $Q = 60$ m³/heure, et l'on a obtenu les abaissements suivants :

r (m)	$r_p = 0{,}25$	10	25	60	100
s (m)	$s_p = 6{,}0$	4,6	3,4	2,0	1,3

Calculer la perméabilité de la nappe aquifère.

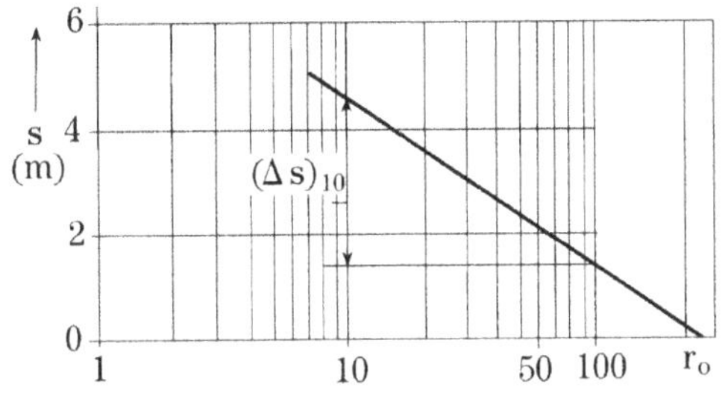

Fig. 7.14

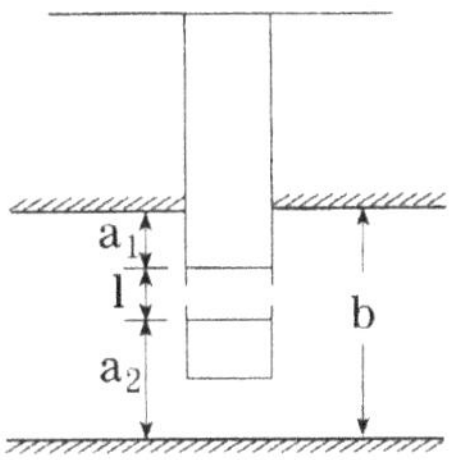

Fig. 7.15

Solution :

À partir de la figure 7.14, on obtient $(\Delta s)_{10}$ = 3,3 m et la perméabilité de la nappe est :

$$K = 0{,}366 \frac{Q}{h_o(\Delta s)_{10}} = 8 \text{ m/j}$$

7.13 - Puits à pénétration partielle

L'étude des puits à pénétration partielle, ou plus simplement puits partiels, sera facilitée si l'on essaie d'établir un réseau de flux en accord avec les caractéristiques du milieu (voir n° 2.41) compte tenu de ce que l'alimentation sera faite par les parois du puits et aussi par le fond. Cependant, à titre indicatif, nous donnons les expressions suivantes, parmi beaucoup d'autres que l'on trouve dans les livres spécialisés.

a) *Nappe aquifère confinée* – TNO établit la formule suivante, qui donne la différence entre l'abaissement dans un puits partiel (s_p) et l'abaissement qui, dans la même nappe aquifère et pour le même débit, serait obtenu si le puits était complet :

$$(s_p)_{\text{part}} - s_p = \frac{Q}{2\pi T} \cdot \frac{1-\delta}{\delta} \left[\ln \frac{4b}{r_p} - F(\delta, \epsilon) \right] \quad (7.46)$$

où $\delta = l / b$ est le rapport entre la longueur de la zone filtrante, l, et l'épaisseur de la couche b, et ϵ l'excentricité relative de la zone filtrante : $\epsilon = (a_1 - a_2) / 2b$ (fig. 7.14). $F(\delta, \epsilon)$ est donnée sur la table 160.

Pour une même longueur, l, du filtre, et pour un même débit, l'abaissement est minimum quand il est centré ($a_1 = a_2$) ; il est maximum quand il est à l'une des extrémités ($a_1 = 0$ ou $a_2 = 0$).

Il existe d'autres formules (Kozeny, De Glee, Ly et Bock, Scheneebeli).

Le rapport entre les débits pompés par un puits incomplet et par un puits complet est :

$$\frac{Q_{\text{part}}}{Q} = \frac{s_p}{(s_p)_{\text{part}}} \quad (7.46a)$$

Exemple : Calculer l'abaissement théorique d'un puits partiel (a_1 = 1 m ; l = 4 m) de

500 mm de diamètre, qui pompe 35 m³/h d'une nappe aquifère d'une épaisseur b égale à 8 m ; $T = 200$ m²/jour et $r_o = 250$ m.

Solution :

L'abaissement dans le puits complet serait (équation 7.31) :

$$s_p = h_o - h_p = 0{,}366 \frac{Q}{T} \log\left(\frac{r_o}{r_p}\right) = 0{,}366 \frac{35 . 24}{200} \log\left(\frac{250}{0{,}250}\right) = 4{,}6 \text{ m}$$

Pour $\delta = 0{,}5$ et $\epsilon = 0{,}125$, on aura, d'après, la table 160, $F(\delta, \epsilon) = 3{,}35$

Par conséquent :

$$(s_p)_{part} = s_p + \frac{Q}{2 \pi T} \frac{1 - \delta}{\delta} \left[\ln \frac{4b}{r_p} - F(\delta, \epsilon)\right]$$

$$= 4{,}6 + \frac{35 . 24}{2 . 3{,}14 . 200} \cdot \frac{1 - 0{,}5}{0{,}5} \left[\ln\left(\frac{4 . 8}{0{,}25}\right) - 3{,}35\right] = 5{,}6 \text{ m}$$

D'après Scheneebeli, si l'on désigne par c la pénétration du puits dans une couche d'épaisseur b, très grande par rapport à c, autrement dit, si $b >> c$, l'écoulement peut être assimilé à l'écoulement dans un demi-puits dans l'espace (voir n° 2.35b), autrement dit, les équipotentielles seront des demi-sphères, et l'on aura alors :

$$Q = 2 \pi K c \frac{\varphi_o - \varphi_p}{\ln \frac{2c}{r_p}} \tag{7.47}$$

Si l'épaisseur de la couche est finie, c'est-à-dire si elle n'est pas très grande en comparaison avec c, on aura :

$$Q = 2 \pi K c \frac{\varphi_0 - \varphi_p}{\frac{c}{b} \ln\left(\frac{r_0}{2b}\right) + \ln \frac{2c}{r_p}} \tag{7.47a}$$

Dans le cas de milieux anisotropiques de perméabilité $K_H \neq K_v$, on a :

$$Q = 2 \pi K_H \frac{\varphi_0 - \varphi_p}{\frac{c}{b} \ln\left(\frac{r_o}{2b}\right) + \ln\left(\frac{2c}{r_p}\right) + \frac{b - c}{2b} \ln\left(\frac{K_H}{K_v}\right)} \tag{7.47b}$$

Le débit est toujours sensiblement supérieur à celui que l'on obtiendrait si l'on considérait l'écoulement comme simplement radial. L'anisotropie réduit toujours le débit, et cela d'autant plus que le puits pénètre moins profondément dans la couche.

b) *Puits en couches phréatiques* – On ne connaît pas de solution satisfaisante, au point de vue théorique. D'après Scheneebeli, on peut adopter les formules précédentes en remplaçant $b\,(\varphi_o - \varphi_p)$ par $\frac{1}{2}\,(h_0^2 - h_p^2)$.

Dans le cas du terrain anisotropique, le débit est seulement fonction de la conductivité hydraulique horizontale, K_H. Au contraire, la surface libre dépend aussi de la conductivité hydraulique verticale, K_V. Pour déterminer la surface, il suffit de réduire la distance r dans la proposition de K_v / K_H.

Si $K_H / K_V > 1$, ce qui est le cas quand l'anisotropie est due à une stratification, la surface libre sera moins abaissée.

7.14 - Influence de la surface d'alimentation du puits

Si le puits n'occupe pas le centre de la couche cylindrique circulaire d'alimentation, hypothèse que nous avons admise jusqu'ici, il faudra modifier les formules précédentes.

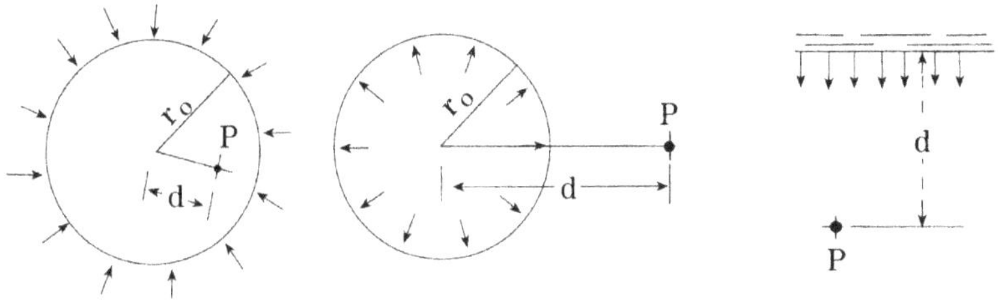

Fig. 7.16

a) *Puits intérieur à la surface d'alimentation* – Soit d la distance entre le puits et le centre de la couche cylindrique circulaire de rayon, r_o (fig. 7.16a). On définit un rayon d'action fictif, r_a, qui remplace r_0 dans les formules précédentes.

$$r_a = \frac{r_o^2 - d^2}{r_o} \tag{7.48}$$

Pour $d / r_o = 0{,}5$, le rapport est $Q_a / Q_o = 1{,}05$, où Q_o est le débit d'un puits centré et Q_a le débit d'un puits excentrique.

Si le puits se rapproche beaucoup de l'extrémité de la couche, le rapport est plus grand. Pour $d / r = 0{,}9$, on a $Q_a / Q_o = 1{,}3$.

b) *Puits extérieur à la surface d'alimentation* – Ce cas peut se présenter au voisinage du bassin de recharge circulaire (fig. 7.16b)

Le rayon fictif sera :
$$r_a = \frac{d^2 - r_o^2}{r_o} \tag{7.49}$$

c) *Puits alimenté par une source linéaire* – Ce cas peut se présenter au voisinage d'un fleuve (fig. 7.16c). Si l'on désigne par d la distance à la source, le rayon d'action fictif sera : $r_a = 2d$.

7.15 - Groupe de puits complets. Influences réciproques

a) *Nappes aquifères confinées* – Considérons n puits, P_1, P_2... P_i... P_j... P_n, qui traversent une nappe aquifère en charge, d'épaisseur b (fig. 7.17)

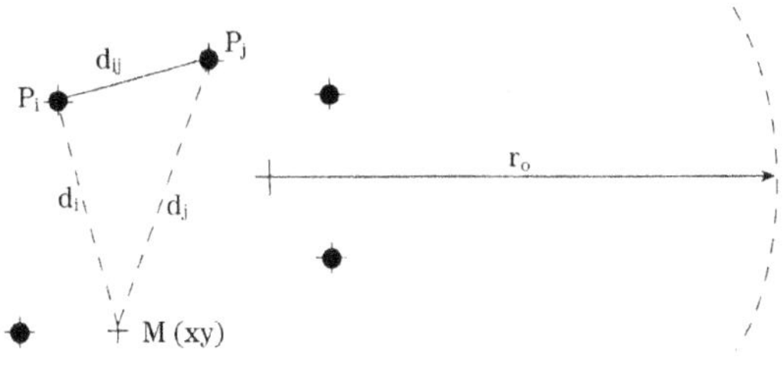

Fig. 7.17

Soit :

d_i = distance au puits P_i, d'un point $M\,(x,y)$ appartenant à la nappe aquifère ;
d_{ij} = distance du puits P_i au puits P_j ;
r_{pi} = rayon du puits P_i ;
r_o = rayon d'action commun des n puits ;
b = épaisseur de la nappe aquifère.
(i, j varient de 1 à n) ;

Les rabattements sont linéaires. Donc, les effets se superposent et, en un point quelconque, le rabattement sera la somme des rabattements que chaque puits provoquerait en ce point. En un point M, on aura alors :

$$s(M) = \frac{1}{2\,\pi\,K\,b} \sum_{i=1}^{n} Q_i \times \ln\left(\frac{r_o}{d_i}\right) \tag{7.50}$$

Le rabattement dans le puits, P_i, sera :

$$s(P_i) = \frac{1}{2\,\pi\,K\,b}\left[Q_i \ln\left(\frac{r_o}{r_{pi}}\right) + \sum_{\substack{j=1 \\ i \neq j}}^{n} Q_j \times \ln\left(\frac{r_o}{d_{ij}}\right)\right] \tag{7.51}$$

Les débits peuvent être obtenus par les expressions de la figure 7.18, dans des cas particuliers de configurations géométriques.

Disposition des puits	**Débit**
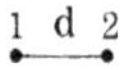	$Q = 2\,\pi T s p \left(\ln\left[\frac{r_o^2}{r_{pd}}\right]\right)^{-1}$
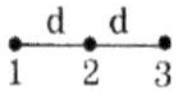	$Q_1 = Q_3 = 2\,\pi T s p \times \ln\left(\frac{d}{r_p}\right)\left[2\ln\left(\frac{r_o}{d}\right)\cdot\ln\left(\frac{d}{r_p}\right) + \ln\left(\frac{d}{2r_p}\right)\cdot\ln\left(\frac{r_o}{r_p}\right)\right]^{-1}$ $Q_2 = 2\,\pi T s p \times \ln\frac{d}{2r_p}\left[2\ln\left(\frac{r_o}{d}\right).\ln\left(\frac{d}{r_p}\right) + \ln\left(\frac{d}{2r_p}\right)\cdot\ln\left(\frac{r_o}{r_p}\right)\right]^{-1}$
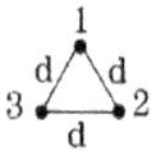	$Q_1 = Q_2 = Q_3 = 2\,\pi T s_p\left[\ln\frac{r_o^3}{r_p d^2}\right]^{-1}$
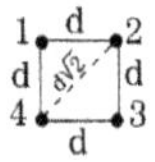	$Q_1 = Q_2 = Q_3 = Q_4 = 2\,\pi T s_p\left[\ln\left(\frac{r_o^4}{r_p d^3\sqrt{2}}\right)\right]^{-1}$
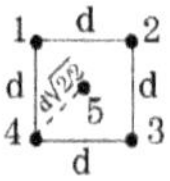	$Q_1 = Q_2 = Q_3 = Q_4 = 2\,\pi T s_p \times \ln\left(\frac{d}{r_p\sqrt{2}}\right)\left[4\times\ln\left(\frac{d}{r_o\sqrt{2}}\right) + \ln\left(\frac{r_o}{r_p}\right)\ln\left(\frac{r_o^4}{r_p d^3\sqrt{2}}\right)\right]$ $Q_s = 2\,\pi T s_p \ln\left(\frac{d}{4\,r_p\sqrt{2}}\right)\left[4\ln\left(\frac{r_o\sqrt{2}}{d}\right).\ln\left(\frac{d}{r_p\sqrt{2}}\right) + \ln\left(\frac{r_o}{r_p}\right).\ln\left(\frac{d}{4r_p\sqrt{2}}\right)\right]^{-1}$
 n puits	$Qi = Qj = 2\,\pi T s p\left[\ln\left(\frac{r_o^n}{r^{n-1}\,r_p}\right) - \sum_{i=1}^{n-1}\ln\left(2\sin\frac{\pi i}{n}\right)\right]^{-1}$

Fig. 7.18

Dans les expressions de la figure 7.18, s_p signifie que le rabattement est égal dans tous les puits.

Dans le cas général connaissant les rabattements dans n puits, l'application de l'expression (7.51) donne n équations linéaires à n inconnues, qui sont les débits, Q_i. Il suffit donc de résoudre le système d'équations linéaires ainsi obtenu.

b) *Nappes phréatiques* – Dans les nappes phréatiques, les équations de rabattement ne sont pas linéaires. Cependant, si les rabattements sont faibles, on peut appliquer les équations précédentes.

Dans le cas contraire, on peut utiliser l'expression :

$$h_o^2 - h^2 = \sum_{i=1}^{n} Q_i \ln\left(\frac{r_o}{d_i}\right) \tag{7.52}$$

7.16 - Puits en nappes aquifères finies. Méthode des images

Dans le présent chapitre, nous avons admis jusqu'à présent que les puits se trouvent dans des nappes aquifères infinies ou dans des formations circulaires, d'une hauteur piézométrique constante à la périphérie. Cependant, des accidents géologiques et morphologiques, de nature diverse, limitent les nappes aquifères réelles et provoquent des distorsions dans les cônes de dépression, autour des puits de pompage. On utilise alors la méthode dite *méthode des images*, pour calculer l'influence des limites de la nappe aquifère, sur l'écoulement dans le puits. Cette théorie permet le traitement des nappes aquifères, avec une ou plusieurs frontières. Cependant, nous ne considèrerons ici que le cas d'une seule frontière, de forme linéaire.

Pour d'autres cas plus compliqués, le lecteur pourra consulter [**4**]. Dans le cas d'une frontière linéaire imperméable, le rabattement dans le puits de pompage, calculé par la méthode des images, est égal à la superposition de deux rabattements. L'un est le rabattement dans un puits situé dans une nappe aquifère infinie, et extrayant le même débit, et l'autre est le rabattement d'un puits, assujetti au même régime d'exploitation et situé de l'autre côté de la frontière et à la même distance de celle-ci, sur une ligne perpendiculaire à la frontière, passant par le puits réel (voir n° 2.3f, figure 2.32d).

Quand il s'agit d'une source d'alimentation, la superposition est effectuée non pas avec un puits d'extraction, mais avec un puits d'alimentation, équidistant de la source d'alimentation et avec un débit d'alimentation égal au débit pompé dan un puits réel (voir n° 2.37, figure 2.31c).

7.17 - Tranchée drainante de longueur finie (1)

Considérons une nappe aquifère captive, d'une épaisseur b et d'une perméabilité K, traversée dans toute son épaisseur par une tranchée drainante de longueur $2a$.

Comme nous l'avons vu, au moment d'étudier les écoulements irrotationnels, l'écoulement dans un puits est transformé en écoulement dans une tranchée, moyennant une transformation conforme – transformation de Joukowsky (voir n° 2.39, figure 2.40b).

On conclut que les courbes équipotentielles sont des ellipses homofocales, dont les foyers sont $F\,(x \pm a\,;\, y = 0)$; par simple transformation mathématique, on conclura également que les demi-axes sont donnés par l'expression :

$$a' = a \operatorname{ch}\left(\frac{\varphi}{Q/2\pi Kb} - \ln a\right)$$

$$b' = a \operatorname{sh}\left(\frac{\varphi}{Q/2\pi Kb} - \ln a\right) \tag{7.53}$$

(1) Pour la démonstration voir [**1**].

Les lignes de courant sont des hyperboles, de foyers $F(x = \pm a\,;\, y = 0)$ et les demi-axes sont donnés par la formule :

$$\begin{aligned} a'' &= a \cos\left(\frac{\psi}{Q/2\pi Kb}\right) \\ b'' &= a \sin\left(\frac{\psi}{Q/2\pi Kb}\right) \end{aligned} \tag{7.54}$$

Si la couche est alimentée à la périphérie, le long d'une ellipse de demi-axes A et B (zone d'influence de la tranchée), le débit dans la tranchée est donné par :

$$Q = 2\pi Kb \frac{\varphi_0 - \varphi_T}{\ln \dfrac{A+B}{a}} \tag{7.55}$$

où φ_T est la profondeur d'eau dans la tranchée et φ_0 le potentiel de la zone non perturbée.

Si nous représentons par $q_m = Q / 2a$ le débit moyen par unité de longueur de la tranchée, le débit, à la distance x, du centre sera :

$$q(x) = \frac{2q_m}{\pi\sqrt{1-(x/a)^2}} \tag{7.56}$$

Pour $x = a$ on aurait $q(o) = \infty$, ce qui est impossible et résulte du fait que l'on a considéré la tranchée comme de largeur 0.

Ce résultat mathématique signifie cependant, qu'aux extrémités de la tranchée le débit est très fort.

Au centre, c'est-à-dire, pour $x = 0$ on a :

$$q(0) = \frac{2}{\pi} q_m \tag{7.57}$$

Dans le cas d'une tranchée alimentée par une ligne de sources (cas d'une ligne d'eau), en désignant par d la distance du point central du fossé à la source linéaire et en admettant que cette distance est grande par rapport à la longueur $2a$ de la tranchée, le débit est donné par :

$$Q = 2\pi Kb \frac{\varphi_o - \varphi_T}{\ln\left(\dfrac{4d}{a}\right)} = 2\pi Kb \frac{h_o - h_T}{\ln\left(\dfrac{4d}{a}\right)} \tag{7.58}$$

Dans le cas d'une tranchée dans une nappe phréatique sur fond horizontal, les formules précédentes sont toujours valables si l'on remplace φ_b par $I = b^2/2$.

7.18 - Tranchées drainantes radiales(1)

Considérons n tranchées radiales de longueur a, convergeant dans un puits collecteur.

On démontre que le débit est équivalent à celui d'un puits circulaire de rayon

$$r_p = \frac{a}{\sqrt[n]{4}} \tag{7.59}$$

On constate, théoriquement, que la majeure partie du débit entre par l'extrémité des drains ; c'est pourquoi il est recommandé que seule cette extrémité soit rendue drainante

(1) Pour la démonstration voir [**1**].

et de revêtir le reste, ce qui se traduira par une économie de l'ouvrage. Ce fait est d'autant plus accentué que le nombre de drains est plus élevé. Citons, à titre d'exemple, que pour 15 drains, la quasi-totalité de la captation (95 % du débit capté) est obtenue au moyen de 30 % de la longueur de chaque drain, à son extrémité.

7.19 - Drain horizontal indéfini(1)

On appelle *drain* un élément de captation (tuyau perforé, ou poreux, par exemple) placé au milieu d'une nappe aquifère mais sans la couper totalement (fig. 7.19).

Le potentiel φ_x, au voisinage du drain, à la distance x, dans l'hypothèse où la cote, a, du drain au-dessus de la couche imperméable est grande par rapport à x, est donné approximativement par :

$$\varphi_x = \frac{q}{2\,\pi\,K} \ln\left[\frac{\pi\,x}{2b} \sin\left(\frac{\pi\,a}{b}\right)\right] \qquad (7.60)$$

Cette expression donne le potentiel dans le drain φ_d, en prenant $x = r_d$, q étant le débit par mètre de drain.

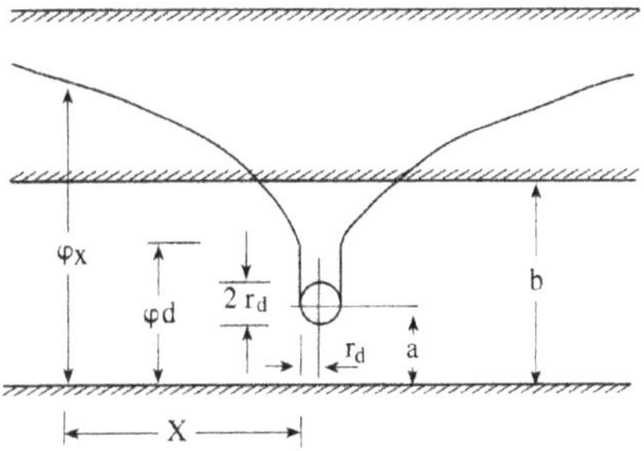

Fig. 7.19

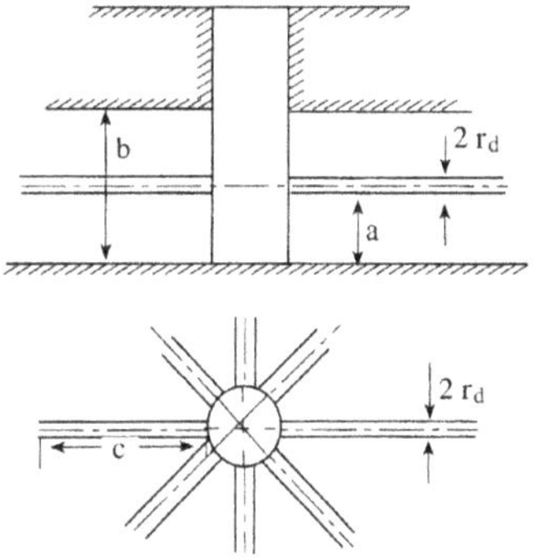

Fig. 7.20

Nous reviendrons plus loin sur ce sujet des drains horizontaux indéfinis, quand nous nous occuperons du drainage des terrains, question importante dans le domaine de l'hydraulique agricole.

7.20 - Captage à drains radiaux

Ces ouvrages (fig. 7.20) sont constitués par une caisse étanche, descendue par havage vertical, à partir de laquelle les drains sont poussés par havage horizontal. On obtient, approximativement, l'expression suivante pour le débit :

$$Q = 2\pi K b\,(\varphi_0 - \varphi_p)\left[\ln\left(r_o / c\sqrt[n]{4}\right) + \mathrm{f}\,(n)\,\frac{b}{c}\ln\left(\frac{b}{2\pi r d}\cdot\frac{1}{\sin\dfrac{\pi a}{b}}\right)\right]^{-1} \qquad (7.61)$$

(1) Pour les démonstrations voir [**1**].

avec $f(n) = \dfrac{1}{2K(1 - 1/\sqrt[n]{2})}$ où φ_o est le potentiel de la couche non perturbée ; r_o le rayon d'influence du captage, φ_p le potentiel dans le puits ; n le nombre de drains radiaux ; c et r_d la longueur et le rayon de chaque drain.

Dans le cas d'une couche phréatique, le débit est obtenu à partir d'une expression identique, en remplaçant $b\ (\varphi_o - \varphi_p)$ par $(h_o^2 - h_p^2)\ /\ 2$; et b par h_p. Dans ce cas, h_o et h_p représentent la hauteur de la surface libre au-dessus du fond imperméable à la limite de la zone d'influence, $(r = r_o)$, et dans le puits $(r = r_p)$. Dans la zone du drain, la surface libre doit être presque horizontale.

C - RÉGIME VARIABLE

7.21 - Remarque préliminaire

Dans les cas mentionnés jusqu'à présent, on a toujours considéré le régime comme permanent, c'est-à-dire, que la nappe aquifère est alimentée par un débit égal à celui que l'on en extrait. Cependant, dans la majeure partie des cas réels, ce n'est pas ce qui se passe : au fur et à mesure que l'on extrait un volume d'eau, est créé un cône de dépression qui augmente à mesure que le pompage se poursuit. Le régime est donc variable, bien qu'il puisse éventuellement atteindre un stade où les variations de niveau sont si faibles que le régime peut être considéré comme permanent. Nous indiquons ici les équations fondamentales du régime variable.

7.22 - Équations de Theïs

Considérons un puits ouvert dans une nappe aquifère, soit confinée d'épaisseur constante, soit phréatique peu profonde, appuyé sur une couche horizontale. Soit b_o la charge hydraulique initiale, sur l'horizontale. En un point à la distance r, le niveau piézométrique baisse de s, au fur et à mesure que l'on extrait un volume v.

Le rabattement s est fonction de l'instant, t et de la distance r.

$$s = f(r,t)$$

Dans le cas d'une nappe phréatique, on admet que l'épaisseur de la couche, h_o, est faible, comparée avec son étendue, et l'on admet également que les mouvements de la surface libre sont lents et que la pente de la surface libre est faible (zone éloignée du puits).

Soit S le coefficient d'emmagasinement, défini en 7.3, et T la transmissivité de la nappe aquifère, définie en 7.6.

On peut déduire l'équation différentielle suivante :

$$\frac{S}{T}\frac{\partial s}{\partial t} = \frac{\partial^2 s}{\partial r^2} + \frac{1}{r}\frac{\partial s}{\partial r} \qquad (7.62)$$

Cette équation a été résolue par Theïs(1), qui a obtenu pour l'inconnue s l'expression suivante :

$$s = \frac{Q}{4\,\pi\,T}\,W(u) \tag{7.63}$$

où :

$$u = \frac{Sr^2}{4\,Tt} \tag{7.64}$$

La fonction $W(u) = \int_u^{+\infty} \frac{e^{-u}}{u}\,du$, est désignée par *fonction du puits* et est donnée par la table 161. Pour d'autres valeurs, consulter les tables de mathématique habituelles(2).

Dans la pratique, pour déterminer T et S d'une nappe aquifère, en utilisant des valeurs d'essais de pompage, on procède de la manière suivante (fig. 7.21) :

1 – On marque un système d'axes orthogonaux logarithmiques, u et W ; u est fixé arbitrairement et W est donné par les tables ; la courbe ainsi obtenue est désignée par *courbe standard*.

2 – Dans un autre système d'axes, sur un papier logarithmique transparent, avec les mêmes échelles que le précédent, on marque les valeurs suivantes, spécifiques de la nappe aquifère étudiée : log s et log (r^2 / t), où s désigne les abaissements obtenus dans différents piézométriques installés à la distance r du puits, en l'instant t.

On obtient ainsi la *courbe du puits*.

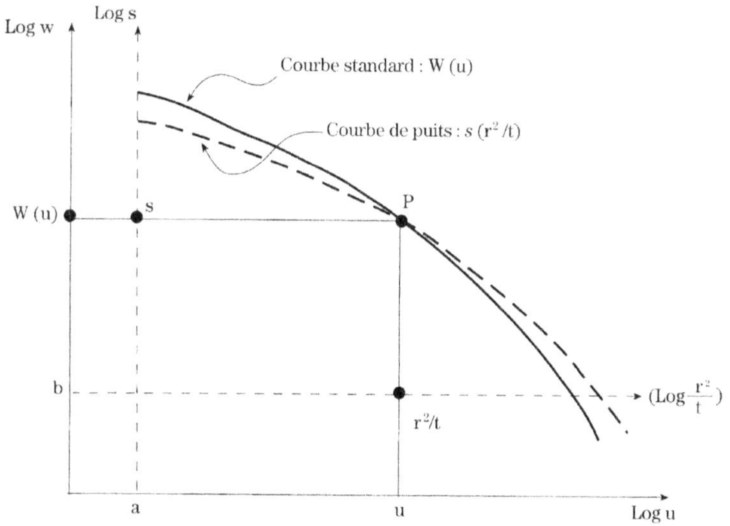

Fig. 7.21

(1) 1935.

(2) Voir, par exemple : Marcel Roll – *Tables*.

3 – On superpose les deux graphiques de manière que la courbe du *puits* coïncide le plus possible avec la *courbe standard*, en maintenant le parallélisme des axes.

4 – On choisit alors un point quelconque, autant que possible commun aux deux courbes : *point de coïncidence*. Ce point est défini par quatre coordonnées : ($W(u)$, s) sur le graphique de base et (s, r^2 / t) sur le graphique transparent.

Le point de coïncidence doit correspondre à un temps élevé de pompage (de l'ordre de 12 h, par exemple).

Le rapport entre ces coordonnées est donné par les équations (7.63) et (7.64), sous la forme logarithmique.

$$\log s = \log \frac{Q}{4\,\pi\,T} + \log W(u) = \log b + \log W(u) \qquad (7.65)$$

$$\log u = \log \frac{S}{4\,T} + \log \frac{r^2}{t} = \log a + \log \frac{r^2}{t} \qquad (7.66)$$

Il en résulte que l'équation (7.63) peut être résolue en fonction de T, en utilisant les coordonnées du point de coïncidence s et $W(u)$. De même, l'équation (7.64) peut être résolue en fonction de S, en utilisant u et r^2 / t du point de coïncidence et la valeur de T calculée plus haut, soit :

$$T = \frac{Q}{4\,\pi\,s}\,W(u) \qquad\qquad S = 4\,u\,T\,\frac{t}{r^2} \qquad (7.67)$$

7.23 - Formule simplifiée de Jacob

La fonction $W(u)$ peut être développée en série, comme suit :

$$W(u) = \int_{\mathrm{u}}^{\infty} \frac{e^{-\mathrm{u}}}{u}\,du = -\,0{,}5772 - \ln u - \sum_{1}^{\infty} (-u)^{\mathrm{n}} \cdot \frac{1}{nn!} \qquad (7.68)$$

expression qui permet de la calculer.

Pour de très petites valeurs de u ($u < 0{,}03$), on peut tronquer la série, et la formule simplifiée de Jacob est alors exprimée en logarithmes décimaux :

$$s = 0{,}183\,\frac{Q}{T}\,\log\left(2{,}25\,\frac{T}{S}\cdot\frac{t}{r^2}\right) \qquad (7.69)$$

La formule peut encore s'écrire :

$$\frac{s}{Q} = \frac{0{,}183}{T}\,\log\left(2{,}25\,\frac{T}{S}\right) + \frac{0{,}183}{T}\cdot\log\frac{t}{r^2} \qquad (7.70)$$

On marque en ordonnées s / Q et en abscisses log (t / r^2) (on peut utiliser à cet effet du papier semi-logarithmique), valeurs obtenues à partir d'essais de pompage ; on obtient une droite, dont le coefficient angulaire est (fig. 7.22) :

$$\mathrm{tg}\,\alpha = \frac{0{,}183}{T} \qquad (7.71)$$

ce qui permet de calculer la transmissivité du terrain.

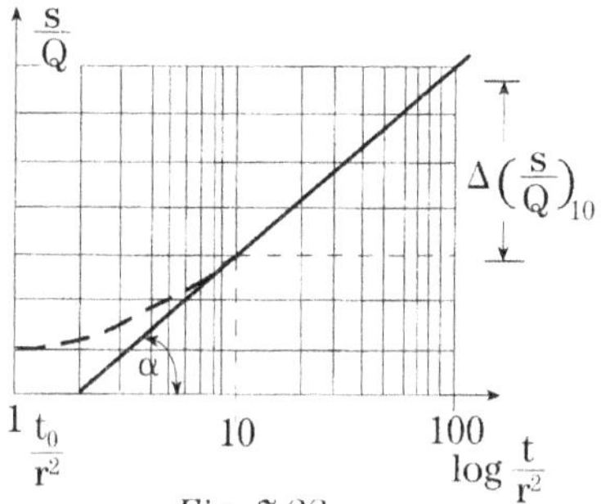

Fig. 7.22

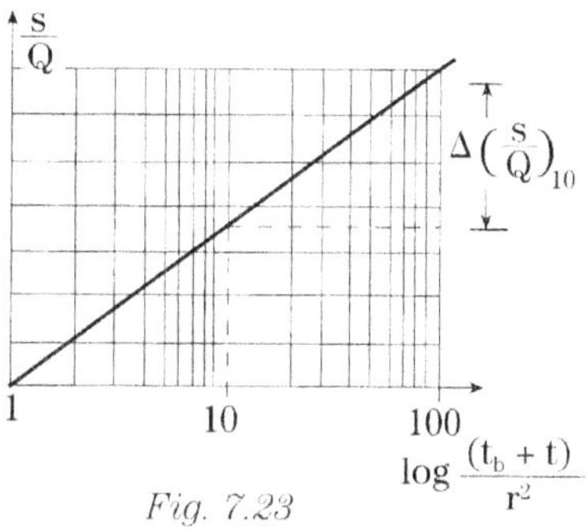

Fig. 7.23

Pour obtenir tg α, on cherche, pour plus de facilité, la valeur de $\Delta\,(S\,/\,Q)_{10}$, correspondant à deux valeurs de t/r^2 éloignées d'une échelle logarithmique complète. On aura alors :

$$T = \frac{0{,}183}{\Delta\left(\dfrac{S}{Q}\right)_{10}} \tag{7.72}$$

La droite coupe l'axe des abscisses en un point t_o/r^2, défini par $S\,/\,Q = 0$, c'est-à-dire :

$$\frac{2{,}25\;T\,t_o}{S\,r^2} = 1 \tag{7.73}$$

d'où l'on obtient le coefficient d'emmagasinement de la formation, S :

$$S = 2{,}25\;T \cdot \frac{t_o}{r^2} \tag{7.74}$$

7.24 - Courbe de récupération

On admet qu'au bout d'un certain temps de pompage t_b, du débit Q constant, on arrête le pompage. L'analyse de la courbe de récupération peut être utile pour l'étude de la nappe aquifère.

Durant la période de remontée de la nappe, on pourra considérer que, en vertu du principe de la superposition, les rabattements qui se produisent, avec un débit nul, équivalent à la somme du rabattement, s_1, correspondant au débit précédemment pompé, Q, et de la remontée de niveau, s_2, qui résulterait du pompage fictif d'un débit, $-\,Q$ (injection).

$$s = s_1 - s_2 \tag{7.75}$$

Appliquant la formule de Jacob à s_1 et s_2, on déduit immédiatement

$$s = 0{,}183\,\frac{Q}{T} \cdot \log \frac{t_b + t}{t} \tag{7.76}$$

où s représente le rabattement moyen au bout du temps t, compté à partir de l'arrêt de la pompe.

Marquant, comme dans le cas précédent, en coordonnées semi-logarithmiques $S\,/\,Q$ et $\log t_b\,/\,t$, la transmissivité sera donnée par (fig. 7.24) :

$$T = \frac{0{,}183}{\Delta\left(\dfrac{S}{Q}\right)_{10}} \qquad (7.77)$$

où $\Delta\,(S\,/\,Q)_{10}$ a la même signification que précédemment.

7.25 - Rayon d'action d'un puits

Dans le cas de régime permanent, on a admis que le débit extrait était fourni à la nappe aquifère à la surface latérale d'un cylindre concentrique, dont on ferait coïncider le rayon avec la distance à laquelle la couche se maintiendrait pratiquement inchangée ; ou bien, l'on a considéré la distance à laquelle l'effet du puits était négligeable. Cette valeur, autrement dit le rayon d'action du puits, r_o, peut être établie quantitativement à partir de l'étude du régime variable.

Si dans l'équation de Jacob on prend :

$$r_o^2 = 2{,}25\,\frac{Tt}{S} \qquad \text{ou} \qquad r_o = 1{,}5\sqrt{\frac{Tt}{S}} \qquad (7.78)$$

on aura :

$$s = 0{,}183\,\frac{Q}{T}\log\frac{r_o^2}{r^2} = 0{,}366\,\frac{Q}{T}\cdot\log\frac{r_o}{r} \qquad (7.79)$$

Pour $r = r_o$, on a $s = 0$, autrement dit, r_o est le rayon d'action du puits.

On voit que, dans un cas réel, r_o est fonction du terrain, par l'intermédiaire de T et S, et est également fonction du temps de pompage t.

La variation de r_o en fonction de t est obtenue en dérivant :

$$\frac{\mathrm{d}r_o}{\mathrm{d}t} = 0{,}75\sqrt{\frac{T}{St}} \qquad (7.80)$$

Autrement dit, au fur et à mesure que le temps de pompage, t, augmente, la vitesse de variation de r_o diminue. Cependant, il faut souligner que l'on ne peut admettre l'existence d'un régime permanent ; en effet, théoriquement, le cône d'abaissement ne cesse de s'accroître. Toutefois, d'un point de vue pratique, dans une nappe aquifère suffisamment étendue, au bout d'un temps prolongé de pompage, on peut tendre à un régime quasi permanent.

D - DRAINAGE DES TERRAINS

7.26 - Drainage des terrains en régime permanent

Comme on le sait, le drainage des terrains est indispensable à la vie des plantes. Ce drainage peut être effectué au moyen de fossés ou de drains, dont il est nécessaire de déterminer l'écartement.

a) *Hypothèse de Dupuit : Équation de l'ellipse ou de Donnan*

Au n° 7.9, nous avons étudié l'écoulement dans des fossés. Dans le cas d'une couche phréatique, et conformément à l'hypothèse de Dupuit, d'après l'équation (7.26), on avait : $V = K\,(\mathrm{d}h\,/\,\mathrm{d}x)$.

Admettons que, sur un terrain où tombe une précipitation d'intensité j, existent des fossés espacés de L (fig. 7.24a).

Pour maintenir le niveau phréatique constant, il est nécessaire que, sur une bande de largeur égale à l'unité, le débit tombé jx soit égal au débit écoulé dans le fossé.

On constatera donc l'équation :

$$jx = -K\,\frac{\mathrm{d}h}{\mathrm{d}x}\,h \tag{7.81}$$

$$jx \cdot \mathrm{d}x = -Kh \cdot \mathrm{d}h \tag{7.81a}$$

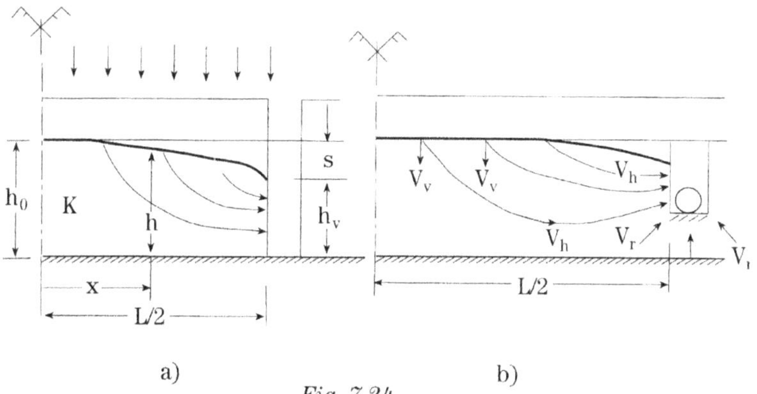

Fig. 7.24

Intégrant cette équation, entre $x = 0$ (point le plus élevé de la couche phréatique, située au milieu des fossés), auquel correspond une profondeur d'eau h_o, et $x = L\,/\,2$ (dans le fossé), auquel correspond une profondeur d'eau h_v, on aura :

$$\int_{o}^{L\backslash 2} jx \cdot \mathrm{d}x = \int_{ho}^{hv} -Kh \cdot \mathrm{d}h \tag{7.81b}$$

et :

$$j\left[\frac{x^2}{2}\right]_0^{L\backslash 2} = +K\left[\frac{h^2}{2}\right]_{hv}^{ho} \tag{7.81c}$$

qui conduit à la valeur suivante pour l'écartement des drains :

$$L^2 = \frac{4K}{j}\,(h_o^2 - h_v^2) = \frac{4K}{j}\,(h_o + h_v)\,(h_o - h_v) \tag{7.81d}$$

Prenant $s = h_o - h_v$, on obtient :

$$L^2 = \frac{K}{j}\,(8\,h_v s + 4s^2) \tag{7.82}$$

En général, on exprime K et j en mètres par jour, et h et s en mètres, et l'on obtient donc L en mètres. Cette équation est appelée *équation de l'ellipse* ou *équation de Donnan*.

b) *Formule de Houghoudt* – D'une manière générale, le drainage est effectué par des fossés ou par des drains qui n'atteignent pas la couche imperméable ; les lignes de courant cesseront d'être quasi parallèles comme nous l'avons admis sur la figure 7.7, où le fossé occupait toute la couche. Leur allure est représentée sur la figure 7.24b. La vitesse a des composantes verticales, V_v, horizontales, V_h, et radiales, V_r.

Si la profondeur d'eau dans le fossé est du même ordre de grandeur que sa largeur, on constate que les deux écoulements, dans des tuyaux ou dans des fossés, sont semblables.

Pour ces cas-là, ont été déduites de nombreuses formules ; la plus connue est la formule de Houghoudt, dont l'expression est formellement identique à la précédente :

$$L^2 = \frac{1}{j}\,(8\,Kes + 4\,Ks^2) \qquad (7.83)$$

où l'épaisseur de la couche h_v est remplacée par une épaisseur équivalente, e, plus petite. La valeur de l'épaisseur équivalente est fonction du diamètre du drain, d, de l'épaisseur b_o de la couche perméable au-dessous du drain et de l'écartement, L entre les drains. La valeur de e est tabulée.

c) *Équation de Kirkham* – Se fondant sur des principes identiques aux précédents, Kirkham (1958) a proposé l'expression suivante, valable pour des terrains homogènes, ou pour des terrains composés de deux couches, une couche supérieure d'une épaisseur b_1 et de conductivité hydraulique K_1 et une couche inférieure d'épaisseur b_2 et de conductivité hydraulique K_2, du moment que les drains sont situés à la séparation des deux couches (fig. 7.25) :

$$s = \frac{jL}{K_2} \cdot \frac{1}{1 - j/K_1} \cdot F_K \qquad (7.84)$$

avec :

$$F_K = \frac{1}{\pi}\left[\ln\frac{2L}{\pi d} + \sum_{1}^{\infty}\frac{1}{n}\left(\cos\frac{n\pi d}{L} - \cos n\pi\right)\left(\coth\frac{2n\pi h_v}{L} - 1\right)\right] \qquad (7.85)$$

Les valeurs de F_K sont données en fonction de L / h_v et de h_v / d par la table 162a, beaucoup plus condensée que les tables de Houghoudt. D'après Wesseling (1964), les résultats ainsi obtenus sont presque identiques à ceux de Houghoudt.

L'abaque 162b permet de résoudre directement l'équation 7.84, écrite sous la forme équivalente suivante :

$$\frac{L}{h_v} = \frac{s}{F_K h_v}\left(\frac{K_2}{j} - \frac{K_2}{K_1}\right) \qquad (7.85a)$$

ou bien

$$\frac{L}{h_v} = \frac{\psi}{F_K} \qquad (7.85b)$$

avec

$$\psi = \frac{s}{h_v}\left(\frac{K_2}{j} - \frac{K_2}{K_1}\right) \qquad (7.85c)$$

Exemple :

On se propose de drainer un terrain quasi horizontal constitué par du sable fin ($K \simeq 1{,}5$ m/jour). La couche repose sur une strate imperméable également horizontale, et a une épaisseur de 6,00 m. Le débit à écouler correspond à une précipitation de 0,010 m/jour.

On désire que le niveau phréatique se situe à 0,5 m au-dessous de la surface. Calculer l'écartement des drains de diamètre d = 6 cm et placé à une profondeur de 0,8 m.

Solution :

$K = 1{,}5$ m/jour ; $j = 0{,}010$ m/jour ; $h_v = 6{,}0 - 0{,}8 = 5{,}2$ m ; $s = 0{,}8 - 0{,}5 = 0{,}3$ m ; $d = 0{,}06$ m ; $\dfrac{h_v}{d} = \dfrac{5{,}2}{0{,}06} = 86{,}7$; $\dfrac{s}{h_v}\left(\dfrac{K_2}{j} - \dfrac{K_2}{K_1}\right) = \dfrac{0{,}3}{5{,}2}\left(\dfrac{1{,}5}{0{,}01} - 1\right) = 0{,}05769 \times 149$ $= 8{,}59$

L'abaque donne $L / h_v = 4{,}7$; par conséquent, l'écartement des drains devra être : $L = 4{,}7 \times 5{,}0 = 24{,}4 \text{ m} \approx 25$ m.

d) *Equation d'Ernst* - Considérons (fig. 7.25) un sol constitué par deux couches d'épaisseur b_1 et b_2, de conductivité hydraulique K_1 et K_2 reposant sur une strate imperméable où sont établies des drains par fossés (côté gauche de la figure 7.25), ou bien par des tuyaux (côté droit de la figure 7.25). Ces drains peuvent être placés, soit dans la couche supérieure (partie centrale de la figure), soit dans la couche inférieure (parties extérieures de la figure).

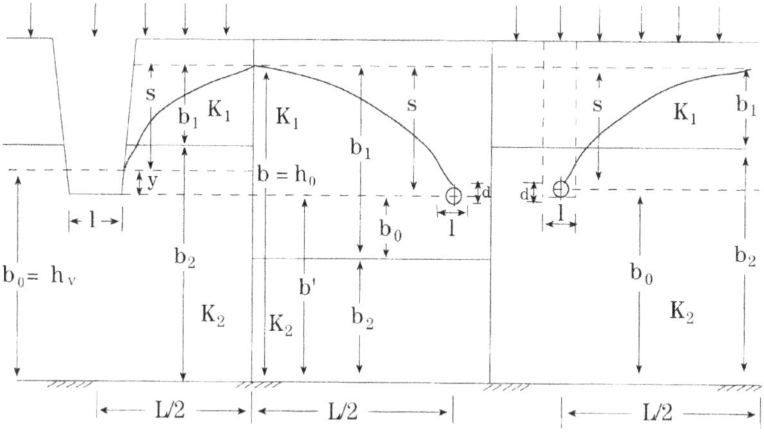

Fig. 7.25

Considérant les notations de la figure 7.25, pour drainer un débit par unité de surface, j, égal à l'intensité de pluie ou d'irrigation en régime permanent, la perte de charge totale s correspond à la somme des pertes de charge correspondant à l'écoulement vertical, horizontal et radial.

$$s = s_v + s_h + s_r \tag{7.86}$$

– L'écoulement vertical de vitesse V_v s'opère essentiellement dans la partie supérieure de la couche phréatique, et on considère que l'épaisseur intéressée de cette couche est égale à s, dans le cas des tuyaux, et à $s + y$, dans le cas des fossés(1).

(1) Plus rigoureusement, il faudrait prendre la moitié de ces valeurs, c'est-à-dire approximativement la moitié de l'épaisseur de la couche au-dessus du drain.

On aura alors (cf. éq. 7.13) :

$$s_v = j\,\frac{s + y}{K_v} \tag{7.87}$$

– L'écoulement horizontal de vitesse V_h s'opère dans toute l'épaisseur de la nappe aquifère, $b = b_1 + b_2$, sauf si elle est très grande, dans quel cas l'épaisseur totale de la couche au-dessous des drains, b', sera considérée comme égale à $L / 4$.

On aura alors : (cf. éq. 7.82) :

$$s_H = j\,\frac{L^2}{8 \sum K_i b_i} = j\,\frac{L^2}{8\,(K_1 b_1 + K_2 b_2)} \tag{7.88}$$

– L'écoulement radial de vitesse V_r s'opère essentiellement dans la couche b_o au-dessous du drain, et est donné par une équation du type de le 7.60 :

$$s_r = j\,\frac{L}{\pi k_r} \cdot \ln\left(\frac{a b_o}{u}\right) \tag{7.89}$$

où u prend les valeurs suivantes :

– dans le cas de fossés, u est égal au périmètre mouillé ;

– dans le cas de tuyaux, l'expression de u est plus difficile à établir ; on prend généralement

$$u = l + 2d \tag{7.90}$$

où l est la largeur de la tranchée ouverte pour poser le tuyau et d le diamètre du tuyau. Si la tranchée est remplie d'un matériau filtrant, on peut remplacer d par la hauteur de ce matériau.

Pour appliquer la méthode, on procède de la manière suivante :

a) Dans le cas d'un sol homogène ($b_2 = 0$), ou dans le cas où la couche où le drain est placé à une épaisseur b supérieure à $L / 4$, on prend $a = 1$ et $k_r = K_1$; on a alors :

$$s = j\left[\frac{s + y}{K_1} + \frac{L^2}{8\,K_1 b_1} + \frac{L}{\pi\,K_1} \cdot \ln\left(\frac{b_o}{u}\right)\right] \tag{7.91}$$

Comme le premier terme est indépendant de L, on peut se passer du premier membre de l'équation, dont la valeur, dans la plupart des cas, est si petite qu'elle peut être négligée.

b) Dans le cas de sols constitués par deux couches b_1 et b_2 de perméabilité K_1 et K_2, telles que l'épaisseur de la couche où est placé le drain n'est pas supérieure à $L / 4$ (cas précédent), peuvent surgir les hypothèses suivantes :

b.1) Le drain est placé dans la couche inférieure, couche 2, (extrémités gauche et droite de la figure 7.25) : si $K_1 < K_2$, on peut négliger la résistance verticale de la seconde couche, en admettant que l'écoulement vertical se concentre dans une couche d'épaisseur b_1 ; quant à l'écoulement horizontal, comme $K_1 < K_2$ et que, en général, dans ce cas, $b_1 < b_2$, il suffira d'utiliser le terme $K_2\,b_2$; pour l'écoulement radial, on considère qu'il s'opère dans l'épaisseur b_o, limitée cependant à $L / 4$; on prend $a = 1$.

On aura alors :

$$s = j\left(\frac{b_1}{K_1} + \frac{L^2}{8\,K_2\,b_2} + \frac{L}{\pi\,K_2}\cdot \ln\frac{b_o}{u}\right) \qquad (7.92)$$

b.2) Si le drain est situé entièrement dans la couche supérieure (partie centrale de la figure 7.25) d'épaisseur b_1, on applique l'équation complète :

$$s = j\left(\frac{s+y}{K_1} + \frac{L^2}{8\,(K_1\,b_1 + K_2\,b_2)} + \frac{L}{\pi\,K_1}\cdot \ln\frac{a b_o}{u}\right) \qquad (7.93)$$

où a peut prendre les valeurs suivantes :

$K_2 > 20\,K_1$	• $a = 4$
$0{,}1\,K_1 < K_2 < 20\,K_1$	• a est donné par l'abaque 163
$K_2 < 0{,}1\,K_1$	• – $a = 1$. Dans ce cas, on peut considérer la couche inférieure comme imperméable et résoudre le problème comme s'il s'agissait d'un terrain homogène.

Exemple :

Soit un terrain composé par deux couches, une couche supérieure de 2 m d'épaisseur et de perméabilité $K_1 = 0{,}5$ m/jour, et une couche inférieure de 3 m d'épaisseur et une perméabilité $K_2 = 5$ m/jour. Cette seconde repose sur une strate imperméable.

On se propose d'évacuer un débit de $j = 0{,}02$ m/jour et de maintenir la nappe phréatique à une cote minimale de 0,5 m.

Calculer l'écartement entre les drains, sachant que ceux-ci sont placés à la profondeur de 1 m et ont un diamètre de 0,1 m.

$b_1 = 2 - 0{,}5 = 1{,}5$ m ; $b_2 = 3$ m ; $b_o = 2 - 1 = 1$ m ; $K_1 = 0{,}5$ m/d ; $K_2 = 5$ m/d ; $j = 0{,}02$ m/d ; $s = 0{,}5$ m ; $u = l + 2d = 0{,}5 + 2 \times 0{,}1 = 0{,}7$; $K_2 / K_1 = 10$; $b_2 / b_o = 3$; $a = 3{,}8$ (abaque 163).

On aura :

$$s = j\,\frac{s}{K_1} + j\,\frac{L^2}{8\,(K_1\,b_1 + K_2\,b_2)} + j\,\frac{L}{\pi\,K_1}\cdot \ln\frac{a b_o}{u}$$

$$0{,}5 = 0{,}02\,\frac{0{,}5}{0{,}5} + 0{,}02\,\frac{L^2}{8\,(0{,}5 \times 1{,}5 + 5 \times 3)} + 0{,}02\,\frac{L}{\pi \times 0{,}5}\cdot \ln\frac{3{,}8 \times 1}{0{,}7}$$

$$0{,}5 = 0{,}02 + 0{,}0001587\,L^2 + 0{,}021539\,L$$

$$1{,}587\,L^2 + 215{,}39\,L - 4\,800 = 0$$

$$L = \frac{-215{,}39 \pm \sqrt{215{,}39^2 - 4 \times 1{,}587 \times 4\,800}}{2 \times 1{,}587}$$

$$L = \frac{-215{,}39 \pm 277{,}24}{3{,}174} = 19{,}48 \text{ m} \simeq 20 \text{ m}$$

7.27 - Drainage des terrains en régime variable

En régime variable, le niveau de l'eau baisse progressivement, après avoir atteint une hauteur maximale, généralement quelques heures après la fin de la précipitation. On se propose de calculer le rabattement que l'on désire obtenir au bout d'un certain temps.

Nombreuses sont les formules proposées : Van de Leur, Sine et autres. Nous présentons ici la formule de Guyon, pour les cas simples :

Cependant, pour des problèmes de grande dimension et plus complexes, il est recommandé, semble-t-il, d'appliquer la méthode de Van de Leur (consulter [**6**]).

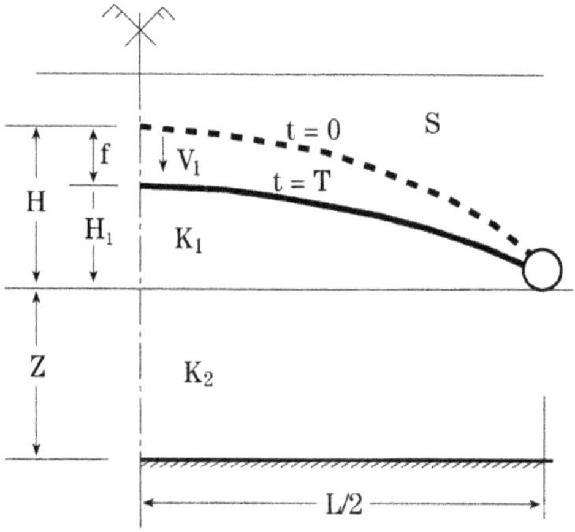

Fig. 7.26

Pour l'application de la formule de Guyon, considérant la figure 7.26, soit :

H (m)	profondeur maximale de l'eau sur le drain, au début ; (on prend très souvent H égal à la profondeur des drains)
T (s)	temps d'abaissement
H_1 (m)	profondeur d'eau sur les drains, au bout du temps T
L (m)	écartement des drains
S	coefficient d'emmagasinement
K_1 (m/s)	conductivité hydraulique (perméabilité), dans le sens horizontal, de la couche au-dessus des drains
K_2 (m/s)	idem, pour la couche au-dessous des drains
e (m)	épaisseur équivalente de Houghoudt. La valeur de e est donnée par les tables. Si l'on ne dispose pas de ces tables, on peut calculer la valeur de L par la formule de Kirkham, et, à partir de 7.83, calculer e.

On aura alors :

a) La couche imperméable est située à une grande profondeur z, au-dessous des drains.

$$T = \frac{0{,}26\,S\,L^2}{K_2 e} \log\left[\frac{(1{,}8e + H_1\,K_1 / K_2)H}{(1{,}8e + H\,K_1 / K_2)H_1}\right] \qquad (7.94)$$

b) La couche imperméable est située au voisinage des drains

$$T = \frac{S\,(H - H_1)\,L^2}{4{,}8\,K\,H\,H_1} \qquad (7.95)$$

7.28 - Mesures de conductivité hydraulique (perméabilité) aux effets du drainage

Comme méthode expéditive, surtout utilisée dans l'étude de terrains agricoles nous indiquons la suivante appelée *méthode du piézomètre*.

On ouvre un trou de diamètre d dans la couche dont on désire déterminer la perméabilité jusqu'à une profondeur H, au-dessous du niveau phréatique, égale à 5 à 10 fois le diamètre du tuyau. Soit b la distance du fond du trou à la couche imperméable ; on introduit dans ce trou un tuyau du même diamètre, de la surface à une distance a, au-dessous du niveau phréatique (fig. 7.27a). On doit avoir $a > H / 2$ et $b > \frac{1}{2}(H - a)$.

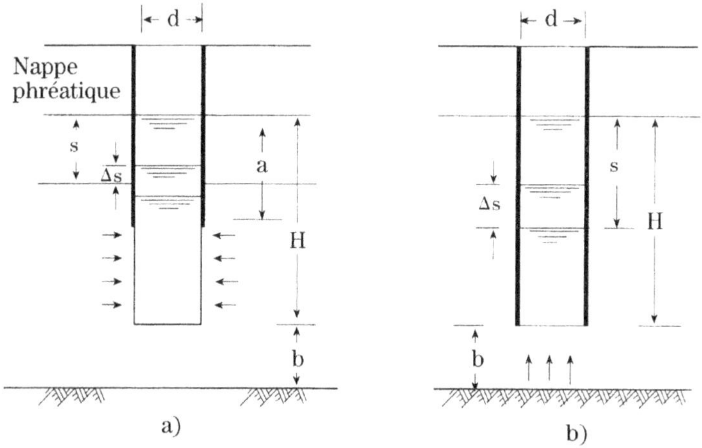

Fig. 7.27

Pour mesurer la conductivité hydraulique horizontale, K_h, on s'efforce d'empêcher l'entrée de l'eau par le fond du trou. Cependant, si $H - a > d$, ce qui est normalement le cas, les lignes de courant sont presque horizontales et on peut négliger l'entrée de l'eau par le fond.

Pour mesurer la perméabilité verticale, K_V, on masque les parois du trou à l'aide d'un tuyau de même diamètre, de manière que l'eau ne pénètre que par la partie inférieure (fig. 7.27b). Une fois le tuyau construit, on rabaisse l'eau à l'intérieur d'une valeur s, au moyen d'une petite pompe ou d'un récipient et l'on mesure la montée de l'eau, Δs, dans le temps, Δt, de manière que $\Delta s > 0{,}25\,s$.

La valeur de la perméabilité (horizontale ou verticale, suivant l'essai) est donnée par :

$$K = \frac{d^2}{4As} \frac{\Delta s}{\Delta t} \tag{7.96}$$

La valeur de A est donnée par la table 164, en fonction de $(H-a)$ et de d.

Dans le cas de terrains sableux, pour l'essai de perméabilité horizontale, il est parfois nécessaire de protéger la zone correspondante à $(H-a)$, par un tuyau perforé, de diamètre d_1 inférieur au diamètre d, de la partie supérieure. La formule précédente est affectée d'un coefficient $\frac{B\,d_1}{2A}$, d'où :

$$K = \frac{Bd^2}{2d_1 s} \frac{\Delta s}{\Delta t} \tag{7.97}$$

En général, on mesure s, A, Δs et d en cm ; Δt en secondes et l'on obtient K en cm/s.

BIBLIOGRAPHIE

1 – SCHENEEBELI, G. - *Hydraulique Souterraine*. Collection du Centre de Recherches et d'Essais de Chatou. Eyrolles, Paris, 1966.

2 – CUSTODIO, E. - *Hidrologia Subterrãnea*. - Ediciones Omega. Barcelona, 1976.

3 – FERRIS, J.G. - *Groundwater*, Chap 7, in C.O. Wisler CEF. Brater, "Hydrology". John Wiley & Sons, Inc. New York, pp. 198-272, 1959.

4 – BEAR, J. - *Hydraulics of Groundwater*. McGraw-Hill Inc., Israël, 1979.

5 – TODD, D.L. - *"Hidrologia de águas subterrãneas"*. Editor Edgar Blücher, Lda, S.Paulo 1959.

6 – IILRI *(International Institute for Land Reclamation and Improvement)*. Publication 16 – *Drainage Principles and Applications*. P.O. Box 45, Wageningen, Pays-Bas, 1973.

7 – GUYON, G. - *Calcul de la distance entre les drains dans un système de drainage*. Terres et Eaux, n° 50, 1957.

8 – CARLIER, M. - *L'hydraulique des Nappes de Drainage pour canalisations souterraines* – Annales de l'Institut Technique du Batiment et des Travaux Publics. Mai 1963.

9 – HORN, J.W. - *Principes Fondamentaux du Drainage des Terres*, Annual Bulletin of the International Commission on Irrigation and Drainage, 1964.

10 – SINE, L. - *Le Dimensionnement rationnel d'un réseau de drainage agricole*, Annales de Gembloux. 1965.

11 – CARLIER, M. - *Hydraulique Générale et Appliquée* - Collection du Centre de Recherches et d'Essais de Chatou. Eyrolles, 1972.

12 – MARSILY, (G. de) - *Hydrogéologie quantitative* - Ed. Masson, 1981.

CHAPITRE HUIT

MESURES HYDRAULIQUES[1] ORIFICES ET DÉVERSOIRS

A - MESURES DES NIVEAUX ET DES PRESSIONS

8.1 - Appareils donnant directement la position de la surface liquide

Ce sont les appareils les plus simples qu'on utilise en hydraulique. Ils sont aussi les plus connus et les plus aisément interprétables. Citons parmi d'autres :

a) **Échelles limnimétriques** – Elles sont constituées par une échelle graduée, dont la lecture permet la détermination directe de la position de la surface libre, à partir d'un zéro dûment repéré.

La précision des mesures dépend de la façon de placer l'échelle. Il est recommandé, toutes les fois que cela est possible, de la placer dans une chambre reliée au cours d'eau (puits de mesure), afin d'éliminer les effets de l'agitation de la surface libre provoqués par le vent ou par la turbulence de l'écoulement. Quoi qu'il en soit, il est difficile d'obtenir des erreurs absolues de lecture inférieures à 1 cm.

b) **Perches de sondage** – La perche de sondage est une échelle portative qui permet de déterminer la hauteur d'eau par rapport au fond. L'erreur commise dans la lecture dépend de l'état d'agitation de la surface libre. Il est difficile de faire des lectures avec une erreur absolue inférieure à 1 cm.

c) **Filins de sondage** – Ils remplacent les perches de sondage pour des profondeurs supérieures ou des courants plus rapides. Les erreurs absolues de lecture sont ordinairement plus grandes, des erreurs supérieures à 15 cm pouvant facilement se produire.

d) **Limnimètres à pointe droite** – Ils consistent en une pointe effilée reliée à une échelle graduée, ordinairement en millimètres, et munie d'un vernier (fig. 8.1a).

La construction de l'échelle, son mécanisme et la façon de faire la lecture conditionnent beaucoup l'erreur commise. Cependant, dans de bonnes conditions, celle-ci peut être inférieure à 0,2 mm ou même 0,1 mm.

La lecture doit être effectuée en faisant descendre l'échelle jusqu'à ce que la pointe touche le liquide ; la détermination du contact peut être facilitée par l'emploi d'un circuit électrique (lampe au néon par exemple) dont le contact est fermé à travers l'eau quand la pointe, en descendant, entre en contact avec l'eau. On ne doit pas essayer de faire la mesure en remontant la pointe, qui entraîne alors, par capillarité, une goutte d'eau qui fausse la

(1) Le but principal de ce chapitre est d'indiquer les méthodes de mesure fondées sur l'hydraulique.

mesure.

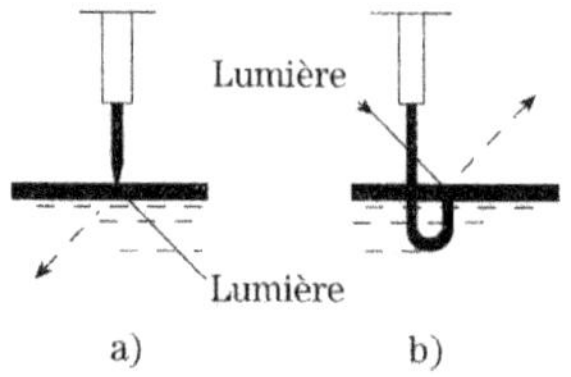

Fig. 8.1

Il n'est pas nécessaire que la pointe soit très effilée ; il vaut mieux qu'elle soit arrondie, avec un rayon de 0,2 à 0,3 mm environ.

e) **Limnimètres à pointe recourbée** – Le principe de fonctionnement est analogue au précédent. Dans ce cas, la pointe est recourbée vers le haut (fig. 8.1b). Ainsi, tandis qu'avec la pointe droite, on doit effectuer la mesure à la descente, avec la pointe recourbée, on doit faire la lecture au moment où la pointe touche la surface lors de la remontée.

La pointe recourbée remplace avantageusement la pointe droite, toutes les fois que l'observateur doit regarder de haut en bas.

f) **Limnigraphes** – Ils permettent non seulement la mesure, mais aussi l'enregistrement des niveaux d'eau. Le système le plus simple comporte un flotteur relié par un câble souple à un système d'enregistrement. Il existe de nombreux autres types de limnigraphes basés sur une détection électrique du niveau, mais leur description n'entre pas dans le cadre de cet ouvrage(1).

8.2 - Tubes piézométriques

Un tube piézométrique est un tube relié par sa partie inférieure au récipient qui contient le liquide et en communication libre avec l'atmosphère par sa partie supérieure. Le niveau dans le tube donne directement la position de la ligne piézométrique, c'est-à-dire, la cote correspondant au terme $z + p / \varpi$. D'après la figure 8.2, on a $p = \varpi . h$.

Il est indispensable, dans la lecture du tube piézométrique, de tenir compte de l'effet de la capillarité (voir n° 1.10). La façon la plus simple et la plus sûre d'éviter ce phénomène consiste à utiliser des diamètres pas trop faibles : on peut adopter comme limite inférieure 15 mm pour l'eau et 10 mm pour le mercure.

Exemple : Une conduite transporte de l'huile de densité relative δ = 0,80.

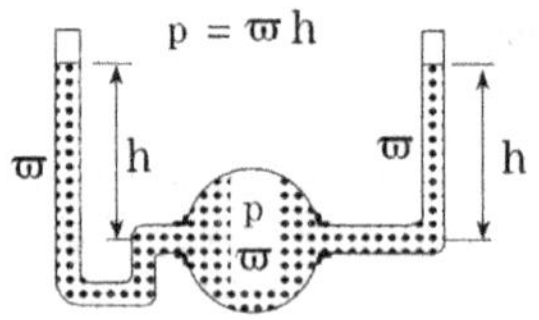

Fig. 8.2

(1) Voir par exemple [**1**] et [**6**].

Quelle est la pression dans la conduite, si l'huile s'élève dans un tube piézométrique, à 5 m au-dessus de la conduite.

Comme $\delta = 0{,}80$, on a $\varpi = \rho g = 800 \times 9{,}8 = 7\ 840$ N/m³. Comme $p / \varpi = 5$ m, on obtient :

$$p = 5\,\varpi = 5 \times 7\ 840 = 3{,}9 \text{ N/cm}^2\ (0{,}4 \text{ kg/cm}^2).$$

8.3 - Manomètres à tube en U

Pour le cas de *pressions très élevées*, le tube piézométrique est remplacé avec profit par un tube en U (fig. 8.3a), contenant un liquide de poids spécifique ϖ' supérieur au poids spécifique ϖ du fluide du récipient. La surface AA' étant une équipotentielle, les pressions doivent être égales en A et A'.

On peut écrire $p + \varpi\, b = \varpi'\, h$, et par conséquent :

$$p = \varpi'\, h - \varpi\, b \qquad (8.1).$$

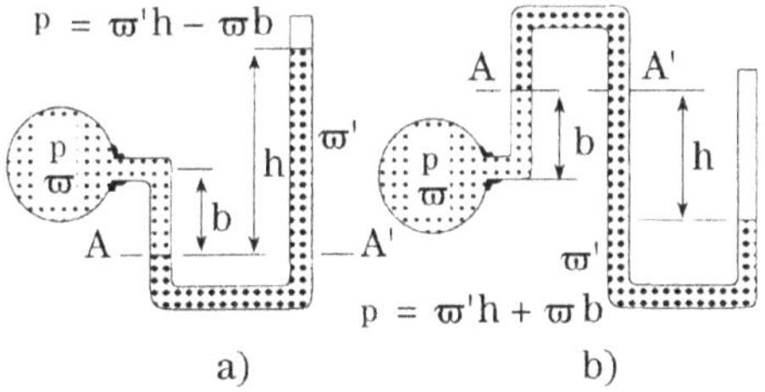

Fig. 8.3

Pour la mesure de *pressions très faibles*, on emploie le dispositif indiqué dans la figure 8.3b, avec un liquide manométrique de poids spécifique inférieur à celui du fluide contenu dans le récipient.

Les pressions en A et A' étant, égales, on peut écrire :

$$p - \varpi\, b = -\ \varpi'\, h$$

donc :

$$p = -\ \varpi'\, h + \varpi\, b \qquad (8.2)$$

expression de forme identique à (8.1).

8.4 - Manomètres différentiels

Les manomètres différentiels sont employés dans la mesure des différences de pression entre deux points d'un circuit où s'écoule un fluide. Deux tubes piézométriques placés côte à côte peuvent constituer un manomètre différentiel. Ordinairement, les tubes sont reliés de façon à former un U et sont remplis d'un liquide autre que le fluide en mouvement. Si le poids spécifique du liquide manométrique ϖ' est supérieur au poids spécifique ϖ du fluide, on adopte le dispositif de la figure 8.4a. La différence de pression entre les points 1 et 2 s'écrit alors :

$$\frac{p_1 - p_2}{\varpi} = \Delta h = \left(\frac{\varpi'}{\varpi} - 1\right)\Delta h' = K\Delta h' \qquad (8.3)$$

Si le poids spécifique du liquide manométrique est inférieur au poids spécifique du fluide en mouvement, on doit adopter le dispositif contraire, c'est-à-dire que l'U du manomètre doit être renversé.

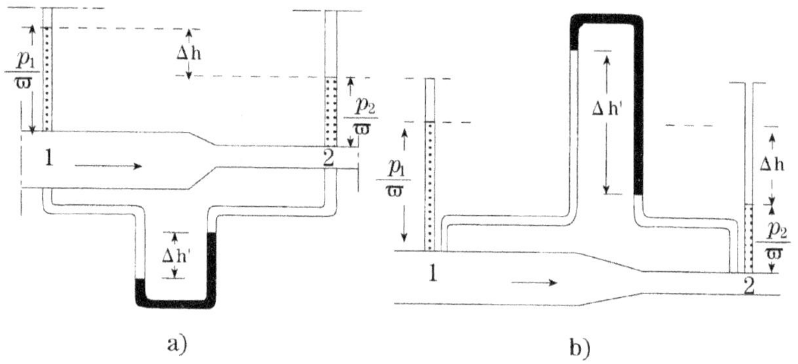

Fig. 8.4

De la même façon, on peut écrire :

$$\frac{p_1 - p_2}{\varpi} = \Delta h = \left(1 - \frac{\varpi'}{\varpi}\right)\Delta h' = K\Delta h' \qquad (8.3a)$$

La constante $K = \left|1 - \frac{\varpi'}{\varpi}\right|$ s'appelle la constante manométrique.

Si $K > 1$, le manomètre est réducteur, c'est-à-dire que $\Delta h'$ est inférieur à Δh. Si $K < 1$, le manomètre est amplificateur, c'est-à-dire que $\Delta h'$ est supérieur à Δh.

Sur les liquides manométriques ordinairement employés, voir le tableau 166.

Exemple : afin de mesurer la différence de pression entre deux points d'une conduite dans laquelle s'écoule de l'eau ($\varpi \simeq 10\,000$ N/m^3), on emploie un manomètre différentiel dont le liquide manométrique est du benzène ($\varpi = 8\,740$ N/m^3).

La différence de niveau entre les deux branches du manomètre est $\Delta h' = 1{,}0$ m.

On obtient :

$$\Delta h = \Delta h'\left(1 - \frac{\varpi'}{\varpi}\right) = 1{,}0\left(1 - \frac{8\,740}{10\,000}\right) = 1{,}0 \times 0{,}126 = 0{,}126 \text{ mètre de colonne d'eau.}$$

8.5 - Règles pour l'installation des tubes piézométriques et des manomètres

Dans l'installation d'un tube piézométrique ou d'un manomètre, on doit tenir compte des règles suivantes de caractère général.

1 – Le point de la prise de pression doit être situé, toutes les fois que cela est possible, sur un tronçon rectiligne de la conduite assez long vers l'amont et vers l'aval.

2 – On doit pratiquer, dans la même section transversale, plusieurs prises de pression, disposées symétriquement et enveloppées par une couronne circulaire à laquelle est reliée la prise de pression pour l'appareil de mesure. On pourra employer aussi une prise de pression continue en fente.

3 – L'axe de la prise de pression doit être exactement perpendiculaire à la paroi de la conduite.

4 – Il faut éviter que la conduite ne présente des rugosités importantes à l'endroit de la prise de pression, afin d'éliminer les variations locales de pression.

5 – L'orifice de la prise de pression doit être de faible diamètre, 2 à 3 mm environ pour des conduites de diamètre inférieur à 30 cm, et 3 à 4 mm pour des conduites de diamètre supérieur.

6 – La transmission de la pression à l'appareil de mesure peut se faire au moyen de liquide, d'air ou électriquement. D'une façon générale, on peut dire que, pour une distance donnée, la transmission électrique est moins onéreuse que la transmission pneumatique. La transmission hydraulique est la plus difficile ; surtout pour des distances importantes (de l'ordre de 30 m), il est très difficile de la réaliser en raison de l'inertie, des bulles d'air, etc., le diamètre de la transmission varie ordinairement entre 5 et 25 mm, selon la distance, mais il est indispensable que tous les joints soient parfaitement étanches.

7 – Si l'appareil lui-même indique la pression (cas des manomètres type Bourdon, par exemple), il faut tenir compte de la différence de cotes h_0 entre le point où l'on désire mesurer la pression et l'appareil de mesure ; si la cote de l'appareil dépasse la cote du point de mesure de la valeur h_0, il faut ajouter à la lecture le terme $\varpi\, h_0$; si l'appareil est au-dessous, on doit soustraire la même valeur à la lecture.

Dans le cas des manomètres différentiels, on doit placer les deux conduites l'une à côté de l'autre et parallèlement, pour éliminer les erreurs dues à des variations éventuelles du poids spécifique provoquées par les variations de température.

8 – Dans le cas de transmission hydraulique, il faut éliminer complètement les bulles d'air. Cette élimination est plus difficile pour les mesures de dépressions, aussi faut-il utiliser dans ce cas une transmission aussi courte que possible.

9 – Si l'on désire enregistrer des variations très rapides de pression, on doit éviter les conduites de transmission déformables ou très longues. Il faut, aussi, que l'inertie de l'appareil de mesure lui-même soit assez faible pour le rendre sensible aux variations de pression à mesurer[(1)].

10 – Le liquide manométrique doit être choisi compte tenu des besoins de mesure. On emploie ordinairement les liquides manométriques indiqués sur le tableau 166.

---

(1) Les tubes piézométriques et les manomètres ordinaires ne peuvent détecter des variations de pression très rapides. Il faut, pour cela, utiliser des manomètres électriques, dont il existe différents types, suivant l'objectif que l'on se propose.

B - MESURE DES VITESSES

8.6 - Flotteurs

Le procédé qui vient le premier à l'esprit pour mesurer les vitesses consiste à employer des flotteurs. Il est surtout valable pour les vitesses superficielles.

Le principe hydraulique de la mesure n'offre aucune difficulté : il s'agit simplement de mesurer la longueur parcourue pendant un certain temps.

La mise en œuvre de ce principe est parfois difficile car, en général, les flotteurs ne suivent pas les trajectoires prévues ; ils tendent à se diriger vers la région de vitesse maximale.

Comme ordre de grandeur, on peut supposer que, pour des courants un peu réguliers, la vitesse moyenne U est égale à environ 0,7 – 0,8 fois la vitesse maximale.

Il faut remarquer cependant que ce rapport peut être supérieur à 1, surtout dans des canaux profonds, à parois presque verticales, où les vitesses maximales se produisent loin de la surface.

8.7 - Tubes de Pitot

Un tube de Pitot est constitué essentiellement par deux prises de pression, l'une A d'axe perpendiculaire à l'écoulement et l'autre B d'axe parallèle à l'écoulement (fig. 8.5). La seconde mesure la pression statique plus la pression dynamique : $p / \varpi + V^2 / 2g$. La différence des deux pressions Δh donne la valeur de la pression dynamique. Théoriquement, on aura donc $V = \sqrt{2g\ \Delta h}$; en pratique, toute l'énergie cinétique se transforme en énergie potentielle, et il faut introduire un coefficient de correction, fonction de la forme des orifices et de leur emplacement. On peut écrire alors :

$$V = c\sqrt{2g\ \Delta h} \tag{8.4}$$

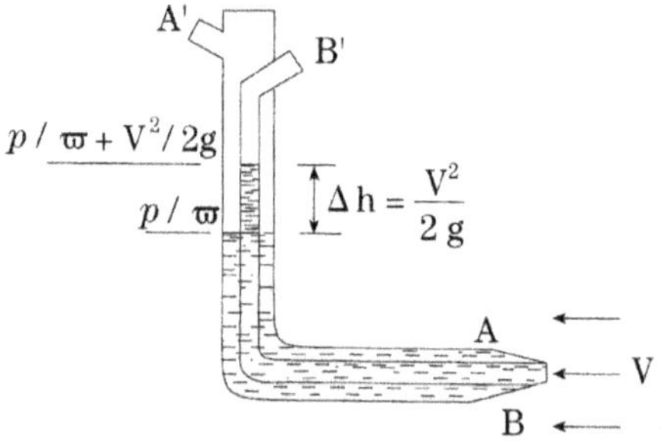

Fig. 8.5

Dans le cas des liquides qui s'écoulent avec une turbulence faible, et si le nombre de Reynolds, dont la longueur de référence est le diamètre de l'orifice, n'est pas inférieur à 100, on peut prendre $c \simeq 1$. Les valeurs des nombres de Reynolds inférieures à 100 se rencontrent généralement dans le cas des liquides très visqueux.

Dans le cas d'écoulements très turbulents, la valeur de c diminue et on peut prendre comme moyenne 0,98. Cependant, seul un étalonnage de l'appareil dans les conditions réelles permet de fixer correctement la valeur c.

Afin d'augmenter la précision des mesures, la différence de pression Δh est mesurée au moyen d'un manomètre différentiel, dont les branches sont placées en A' et B' (fig. 8.5).

On doit placer l'axe de l'orifice B, de prise dynamique, autant que possible parallèle à l'écoulement. On a constaté expérimentalement que des écarts atteignant 10° avaient peu d'influence sur la lecture. Il n'est, par conséquent, pas besoin d'assurer ce parallélisme avec une grande rigueur.

Quand l'axe du tube est très incliné par rapport à la direction de la vitesse, on doit multiplier par cos θ la valeur de la vitesse, θ étant l'angle d'inclinaison.

8.8 - Cylindre de Pitot

Le cylindre de Pitot est une variante du tube de Pitot qui permet d'éliminer les erreurs d'orientation, à condition de connaître le plan π qui contient le vecteur vitesse, dont on désire déterminer la grandeur. L'appareil est constitué par un cylindre dont une section droite contient deux prises de pression, qui font entre elles un angle $\alpha = 78° 30'$ (1) (fig. 8.6).

On peut résumer ainsi le mode d'emploi de cet appareil :

1 – On fait coïncider la section du cylindre où sont situées les prises de pression, avec le plan π (connu par hypothèse) qui contient le vecteur vitesse et on relie les deux extrémités du cylindre à un manomètre différentiel.

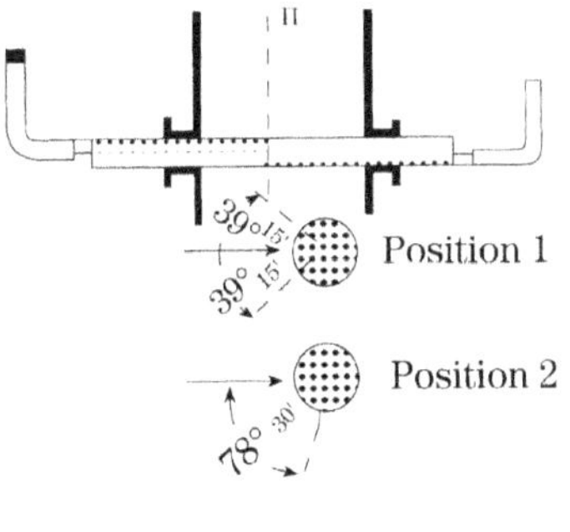

Fig. 8.6

(1) On a choisi cet angle parce que l'on a constaté que c'était la valeur qui correspondait le mieux au principe de l'appareil.

2 – On fait tourner le cylindre jusqu'à ce que la manomètre indique une pression nulle. Dans cette position, la vitesse est dirigée selon la bissectrice de l'angle α des prises, et par conséquent on connaît la direction de la vitesse dans le plan π (fig. 8.6, position 1).

3 – On fait tourner le cylindre de l'angle $\frac{\alpha}{2}$, c'est-à-dire de 39°15' (fig. 8.6, position 2). La lecture du manomètre dans cette position donne la grandeur de la vitesse, par un procédé analogue à celui du tube de Pitot.

8.9 - Sphère de Pitot

La sphère de Pitot est une autre variante qui permet de déterminer la direction et la grandeur de la vitesse en un point, sans qu'il faille connaître *a priori* le plan du vecteur vitesse. C'est un appareil constitué par une sphère comportant 5 prises de pression (fig. 8.7).

La sphère est placée au bout d'une tige, qui peut tourner autour de son axe, l'angle de rotation ψ étant indiqué sur une échelle horizontale.

Pendant l'opération d'étalonnage, on peut faire varier l'angle d'inclinaison δ de la tige, la pression statique h et la vitesse V étant connues. Ayant réglé δ à une certaine valeur, on fait tourner la tige jusqu'à faire coïncider les niveaux dans les tubes 4 et 5 : $h_4 = h_5$.

On fait aussi les lectures h_1, h_2 et h_3 et on calcule les coefficients suivants qui, jusqu'à un certain point, ne sont caractéristiques que de l'appareil, c'est-à-dire sont indépendants de la vitesse :

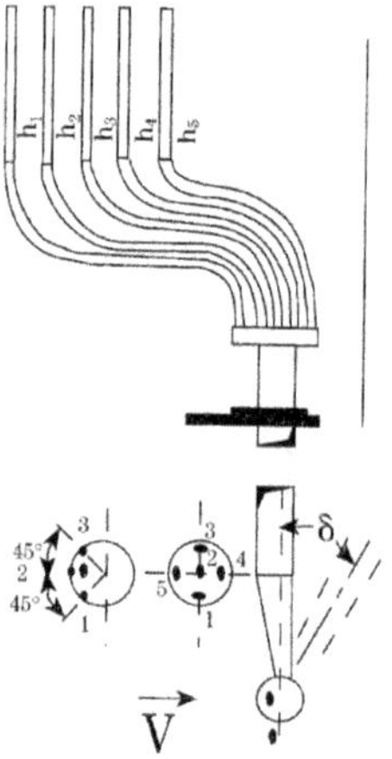

Fig. 8.7

Coefficient de direction : $$K_d = \frac{h_3 - h_1}{h_2 - h_4} \tag{8.5}$$

Coefficient de vitesse : $$K_v = \frac{h_2 - h_4}{V^2 / 2g} \tag{8.6}$$

Coefficient de pression : $$K_p = \frac{h_2 - h}{V^2 / 2g} \tag{8.7}$$

On refait l'opération pour d'autres valeurs de δ et on obtient ainsi les courbes donnant K_d, K_v et K_p en fonction de δ. Ces courbes sont les courbes caractéristiques propres à chaque appareil.

Pour mesurer la vitesse et sa direction en un point, la sphère est placée en ce point avec la tige perpendiculaire à l'axe du canal. On ajuste le zéro du limbe horizontal avec l'axe horizontal, on tourne la tige jusqu'à obtenir des lectures égales dans les tubes 4 et 5, $h_4 = h_5$ et on lit l'angle horizontal ψ ; on enregistre aussi les valeurs de h_1, h_2 et h_3 et on détermine la valeur de K_d. Par rapport à cette valeur, on détermine, au moyen de la courbe d'étalonnage, la valeur de δ qui, avec la valeur de ψ, définit complètement la direction de la vitesse. Une fois δ connu, on obtient, au moyen des courbes d'étalonnage, les valeurs de K_v et K_h qui donnent la grandeur de la vitesse et de la pression au point considéré.

8.10 - Moulinets

On appelle moulinet un système de palettes ou d'hélices, monté sur un axe vertical ou horizontal, qui est mis en mouvement par la vitesse de l'eau. Le nombre de tours de l'appareil est fonction de la vitesse de l'eau. La façon de compter le nombre de tours est spécifique à chaque type d'appareil.

La relation entre la vitesse et le nombre de tours est obtenue au moyen d'essais préalables d'étalonnage, faits au laboratoire en déplaçant le moulinet à une vitesse déterminée, l'eau étant au repos.

L'équation d'étalonnage, appelée courbe caractéristique du moulinet, est du type :

$$V = a + bn \tag{8.8}$$

V étant la vitesse, n le nombre de tours, a et b deux constantes propres à chaque appareil.

On doit répéter périodiquement les essais d'étalonnage, car le fonctionnement lui-même modifie l'état du moulinet.

L'effet de l'obliquité du courant est plus difficile à déterminer dans les moulinets que dans le tube de Pitot, et l'on peut difficilement énoncer des principes simples.

Il faut tenir compte aussi de la turbulence de l'écoulement, ce qui conduit à prolonger l'opération de mesure en chaque point pendant un certaine temps (5 à 10 minutes ou même davantage).

La durée de la mesure doit être contrôlée, en faisant des lectures pendant 5, 10, 15 minutes, en des points caractéristiques de l'écoulement, jusqu'à ce que la valeur de la vitesse indiquée par l'appareil soit constante.

8.11 - Courantographes

Le courantographe est un type de moulinet spécialement adapté à l'enregistrement des courants marins. On trouve sur le marché plusieurs types de courantographes qui, placés en un point, pendant quelques jours, enregistrent la direction et l'intensité instantanée de la vitesse en ce point.

La technique de mise en place (mouillage) et d'utilisation dépend du type d'appareil.

8.12 - Mesure de la vitesse moyenne dans une section

Soit une section S normale à la direction de l'écoulement. Si l'on connaît la distribution des vitesses ponctuelles dans la section, la vitesse moyenne dans cette section est donnée par :

$$U = \frac{1}{S} \int_s V \, dS \tag{8.9}$$

On peut calculer pratiquement cette intégrale en traçant les isotaches et en multipliant l'aire comprise entre deux isotaches par la valeur moyenne de la vitesse entre ces deux isotaches.

On applique parfois des règles empiriques qui permettent de mesurer la vitesse en un certain nombre de points seulement. Ces méthodes ont été établies par comparaison avec les résultats obtenus par d'autres méthodes de mesure.

Ainsi, pour les canaux rectangulaires, on recommande le procédé indiqué sur la figure 8.8, adopté par la S.I.A.S.[1]

La vitesse moyenne sur une verticale n est donnée par :

$$V_n = \frac{1}{12} (V_{n.1} + 2V_{n.2} + 3V_{n.3} + 3V_{n.4} + 2V_{n.5} + V_{n.6}) \tag{8.10}$$

La vitesse dans la section a la valeur :

$$U = \frac{1}{12} (V_1 + 2V_2 + 3V_3 + 3V_4 + 2V_5 + V_6) \tag{8.11}$$

On peut déterminer les vitesses locales au moyen de moulinets ou de tubes de Pitot.

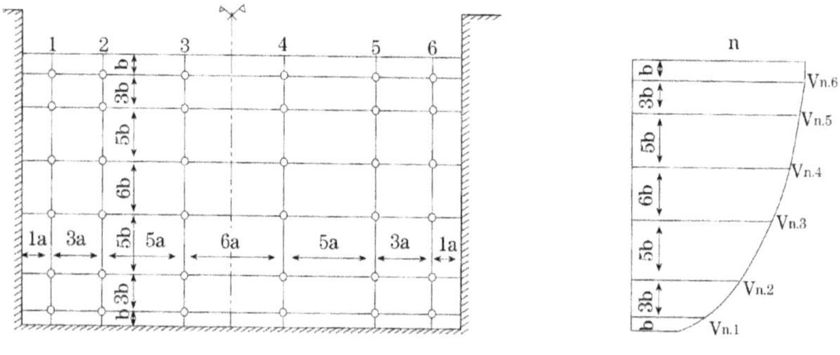

Fig. 8.8

(1) Société des Ingénieurs et Architectes Suisses.

C – MESURE DES DÉBITS DANS LES CONDUITES EN CHARGE

8.13 - Méthodes volumétriques

La méthode la plus précise pour mesurer les débits, soit en charge, soit à la surface libre, résulte de la définition même de *débit* : le débit est le volume qui s'est écoulé pendant l'unité de temps. Ainsi, en mesurant le volume écoulé pendant un temps déterminé, on obtient le débit moyen pendant ce temps. Cette méthode n'est utilisable que pour les débits faibles.

Pour mesurer les volumes, on emploie des réservoirs dûment étalonnés ; pour mesurer le temps, on utilise des chronomètres. Les techniques utilisées varient beaucoup avec la nature du problème et avec la précision demandée. La méthode la plus simple consiste à utiliser un chronographe à déclenchement manuel. Si la capacité maximum du réservoir étalonné est, au moins, de l'ordre du volume écoulé en une minute, on peut atteindre facilement une précision de l'ordre de 1 %.

8.14 - Appareils déprimogènes

Les appareils déprimogènes permettent de déterminer le débit dans les conduites par la mesure d'une dépression provoquée par un rétrécissement (fig. 8.9).

Le dispositif interposé dans la conduite est appelé *élément primaire*, les prises de pression et le tronçon de la conduite où l'appareil est installé étant compris dans ce terme. Les instruments nécessaires pour mesurer la chute de pression sont les *éléments secondaires*. Les éléments primaires principaux sont les *diaphragmes*, les *tuyères* et les *tubes de Venturi*. Il existe plusieurs types normalisés de chacun de ces éléments.

Le fluide à mesurer peut être compressible (gaz) ou incompressible (liquide). Il est indispensable de connaître le poids spécifique du fluide, ϖ, sa viscosité, ν, et la constante adiabatique, K(1) (pour le cas d'un gaz).

Le diamètre de la conduite sera représenté par D et sa section par S ; le diamètre de l'orifice sera représenté par d et sa section par s. Le rapport entre ces deux sections est :

$$\sigma = \frac{s}{S} = \frac{d^2}{D^2} \tag{8.12}$$

(1) La *constante adiabatique*, K d'un gaz est le quotient de sa chaleur spécifique à pression constante par sa chaleur spécifique à volume constant. Elle varie avec la température et la pression (voir le tableau 18). On peut prendre en première approximation : $K = 1{,}31$ pour la vapeur d'eau surchauffée ; $K = 1{,}40$ pour les gaz parfaits diatomiques (O_2, H_2, N_2, CO).

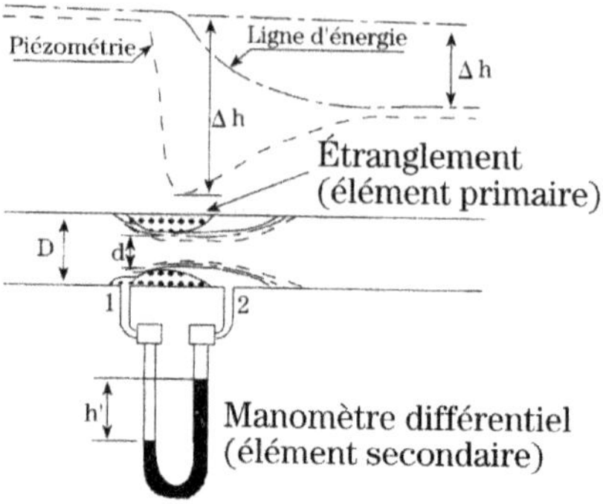

Fig. 8.9

Le nombre de Reynolds est défini ordinairement, par rapport au tuyau ou par rapport à l'orifice. Il sera ici, par rapport au tuyau, $\mathbf{R}_e = \dfrac{UD}{\nu}$, U étant la vitesse moyenne dans le tuyau.

Si le fluide est un gaz, la variation de pression dans le passage de l'élément primaire doit être inférieure à 0,8 fois la *détente critique*(1). Cette valeur est donnée par le tableau 167, en fonction de σ^2 et de K.

Le débit écoulé, en masse, (kg/s) est donné par :

$$Q_m = \alpha \epsilon \frac{\Pi d^2}{4} \sqrt{2\rho_1 \Delta p} \tag{8.13}$$

d étant le diamètre de l'orifice en m ; $\Delta p = p_1 - p_2$ la pression différentielle en N/m^2 ; ρ_1 la masse spécifique dans la section 1, en kg/m^3 (constante pour les liquides) ; α le coefficient de débit ; ϵ le coefficient de compressibilité (α et ϵ sont des coefficients sans dimensions, déterminés expérimentalement). Dans le cas de fluides incompressibles (liquides) $\epsilon = 1$.

---

(1) Lorsqu'un fluide s'écoule à travers un orifice, il existe une valeur de la pression différentielle, au-delà de laquelle le débit n'augmente plus par diminution de la pression en aval, mais seulement par élévation de la pression en amont. Cette valeur de la pression différentielle relative s'appelle "détente critique".

$$x_c = \frac{p_1 - p_2}{p_1}$$

L'écoulement est dit sous-critique, critique ou supercritique selon que la pression différentielle relative est inférieure, égale ou supérieure à la *détente critique*.

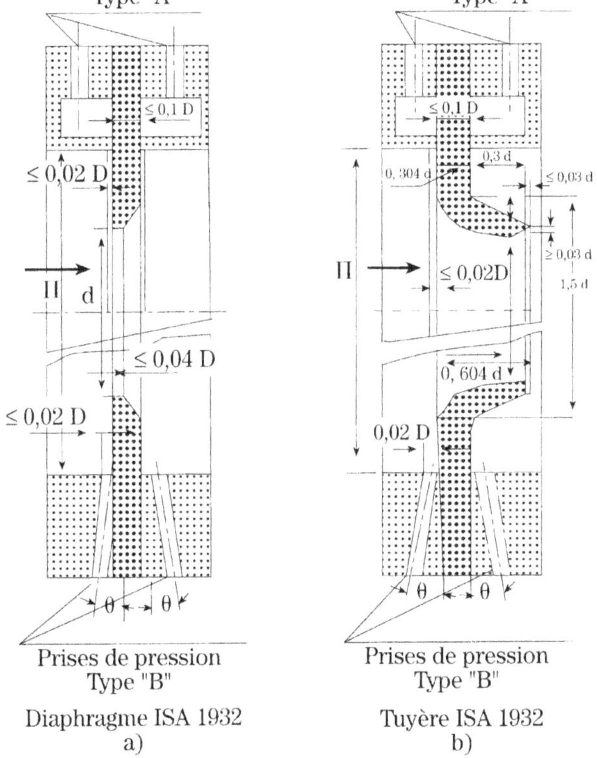

Fig. 8.10

En amont de l'élément primaire, le tuyau doit être rectiligne sur une longueur de 20 à 30 fois son diamètre D ; en aval de l'élément primaire, le tuyau doit être rectiligne sur une longueur de 10 à 15 fois son diamètre D.

Sur une longueur d'au moins $2D$ en amont, le diamètre du tuyau ne doit pas différer de plus de 0,5 % autour de la valeur moyenne.

1) *Diaphragme ISA 1932* – Ce diaphragme est constitué par un orifice circulaire à arête vive percé dans une plaque mince (fig. 8.10a). La face amont de la plaque doit être plane et usinée sans qu'il faille à proprement parler la rectifier. La face aval doit être aussi usinée, mais la qualité requise est inférieure à celle de la face amont. Le diamètre de l'orifice doit être exact à $\pm$ 0,001 D près.

Les prises de pression sont placées dans les angles.

Ces prises de pression sont ordinairement des fentes annulaires débouchant dans des chambres piézométriques annulaires (partie supérieure de la figure 8.10) : prises de pression type "A".

La largeur de la fente de communication des chambres annulaires avec le tube doit être égale ou inférieure à 0,02 D et doit être comprise entre 5 mm et 1 mm.

Si $D > 400$ mm, il est permis, mais non recommandé, d'utiliser des prises de pression individuelles (partie inférieure de la figure 8.10b) : prises de pression type "B".

Les valeurs de α sont données par la table 168. Les valeurs de ϵ sont données par l'abaque 172.

Ces diaphragmes sont construits normalement en acier, avec des diamètres à partir de 100 mm.

2) *Tuyères ISA 1932* – La tuyère ISA 1932 est représentée sur la figure 8.10b ; ses dimensions absolues peuvent être quelconques, à condition que le diamètre au col ne soit pas inférieur à 20 mm et que $\sigma < 0{,}45$. Pour $\sigma = 0{,}45$, on doit adopter le dessin indiqué sur la figure 8.11 : la face amont de la tuyère doit être tournée, jusqu'à ce que le diamètre de l'entrée soit égal au diamètre du tube.

La tuyère doit être soigneusement usinée. Ainsi le diamètre d de la partie cylindrique doit être calibré avec une erreur inférieure à 0,001 D. En outre, il faut vérifier le diamètre sur une longueur égale à $2D$, avec une approximation de 1 %.

Pour des valeurs assez grandes de $\mathbf{R}_e$, le coefficient n'est fonction que de σ.

Les considérations concernant les prises de pression des diaphragmes sont aussi valables pour les tuyères.

Les valeurs de α et de ϵ sont données, respectivement, par le tableau 169 et par l'abaque 172.

Ces tuyères sont généralement construites à partir de $D = 200$ mm.

3) *Tubes de Venturi* – Il existe plusieurs sortes de tubes de Venturi. La figure 8.12 en représente une, dont les coefficients de débit, α donnés par la table 170, sont valables pour des nombres de Reynolds, dans la conduite, supérieure à 10^5.

Ces tubes sont construits généralement à partir de $D = 150$ mm.

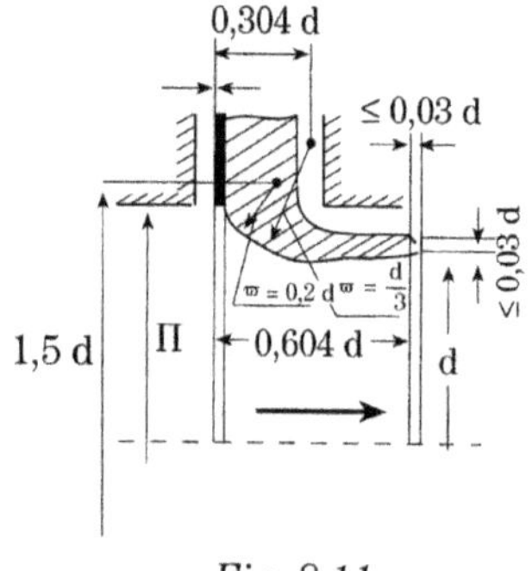

Fig. 8.11

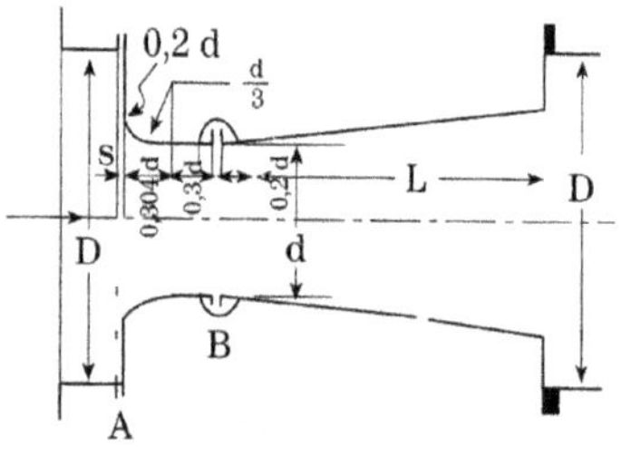

Fig. 8.12

8.15 - Compteurs mécaniques

Les *compteurs mécaniques* se divisent en deux grands groupes :

a) *Compteurs de vitesse* – fondés sur la mesure de la vitesse de rotation d'un moulinet ou d'un dispositif identique, mais en mouvement par l'action du liquide. Ils sont constitués essentiellement par les organes suivants : *organe moteur* ; *transmission*, normalement du type réducteur, qui assure la transmission de l'organe moteur au mécanisme de mesure et d'enregistrement ; *organe-enregistreur*, ordinairement du type totalisateur ; *enveloppe*, structure où sont logés les organes en question, dotée d'un tube d'entrée et d'un tube de sortie, par où passe le liquide à mesurer.

b) *Compteurs volumétriques* – fondés sur la mesure des volumes, et dont l'organe moteur est constitué par un disque, un piston ou une roue qui, mû par l'action de l'eau, se déplace à l'intérieur de la chambre de mesure, propulsant, à chaque oscillation, translation ou rotation, un certain volume de liquide.

Comme variantes de montage de ces deux types, nous indiquons les *compteurs proportionnels* et les *compteurs composés*.

Dans les *compteurs proportionnels*, l'organe moteur est installé dans une dérivation de la conduite, de sorte qu'il n'y passe qu'une fraction du débit à mesurer ; le débit total est proportionnel à cette fraction.

Les *compteurs composés* sont constitués par deux compteurs : un compteur principal (généralement de vitesse), installé dans la conduite principale ; un compteur secondaire (généralement de volume) installé dans une dérivation.

Une vanne de sectionnement automatique assure l'acheminement du liquide à mesurer, en fonction de la valeur du débit correspondant, vers l'un ou l'autre des compteurs : les gros débits sont mesurés dans la conduite principale, les débits faibles sont mesurés dans la dérivation.

Il existe sur le marché une grande variété de marques et de modèles différent entre eux par le calibre, le débit nominal, la pression de service, la perte de charge qu'ils introduisent, la position de montage, la capacité de mesure, la sensibilité et la précision, le type de totalisateur et de transmission, etc. Citons, entre autres, les compteurs à hélice, dotés d'une *assise de montage*, destinés à être installés dans des conduites déjà existantes, d'un diamètre égal ou supérieur à 100 mm.

La capacité de mesure peut varier de 1 ℓ/s, pour les compteurs d'un calibre de 15 mm, à 1m^3/s pour des calibres de 800 mm.

Bien que les compteurs mécaniques mentionnés ne soient, normalement, que des totalisateurs, ils peuvent être transformés en mesureurs ou enregistreurs de débits, moyennant le recours à des accessoires appropriés.

8.16 - Compteurs électromagnétiques et ultrasoniques

Les *compteurs électromagnétiques* sont fondés sur la mesure de la tension induite au sein d'un liquide qui traverse un champ magnétique.

Les principaux organes de ces appareils sont : une unité sensible, capteur, et le dispositif de mesure et d'enregistrement, où s'opère la conversion de la tension induite en valeurs de débit et (ou) de volume.

Le *capteur* comprend les parties principales suivantes : *tube de mesure*, tronçon de conduite non magnétique, isolée, où s'écoule le fluide ; *inducteur*, constitué par 2 bobines magnétiques placées dans des positions diamétralement opposées par rapport à la conduite, de manière à créer un champ magnétique, normal à cette dernière ; 2 *électrodes*, placées dans la paroi intérieure de la conduite, de sorte que le diamètre qui les unit soit normal aux lignes de force du champ magnétique ; *détecteur*, circuit électrique, qui assure normalement l'amplification de la tension induite et sa transmission à l'appareil de mesure et d'enregistrement.

Il est nécessaire de garantir une source d'alimentation électrique suffisante pour activer les inducteurs et alimenter le circuit de mesure et d'enregistrement.

Les modèles disponibles sur le marché diffèrent entre eux par des particularités de fabrication, notamment quant aux caractéristiques de mesure, aux dimensions, au mode de liaison à la conduite, au matériau du tube, des électrodes, ou du revêtement intérieur des conduites.

Les *compteurs ultrasoniques* sont basés dans l'émission d'un signal sonore qui incide sur un capteur placé en aval et qui est réfléchi dans la direction du point d'émission. Le temps écoulé entre l'émission et la réception du signal, permet de mesurer la vitesse de l'écoulement.

8.17 - Mesure des débits au moyen de coudes

Dans un coude, il se produit des différences de pression entre la partie intérieure et la partie extérieure. On peut s'en servir pour mesurer le débit, qui est donné par la formule :

$$Q = \mu KS \sqrt{2g\Delta h} \tag{8.14}$$

μ étant un coefficient de débit et K un coefficient de forme donnés par la table 171, en fonction du rayon du coude R et du diamètre de la conduite D ; $S = \pi \dfrac{D^2}{4}$ est la section de la conduite ; $\Delta h = h_2 - h_1$ est la différence de pression entre la face intérieure et la face extérieure du coude, les deux pressions étant mesurées sur la bissectrice de l'angle.

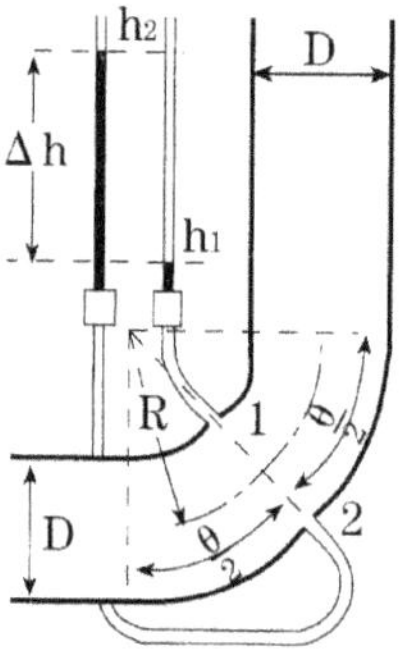

Fig. 8.13

8.18 - Facteurs à considérer dans le choix d'un mesureur de débits pour les écoulements en charge

En raison de leur constitution propre, et étant donné la fragilité de fonctionnement de l'organe moteur, le champ d'application des compteurs mécaniques est pratiquement limité aux systèmes d'eau propre. Ce n'est que dans le cas des mesureurs à hélice et dans les conduites de dimension raisonnable qu'il serait possible de les appliquer à la mesure des débits d'égout.

Quand l'eau à mesurer peut charrier de la vase ou donner origine à des dépôts calcaires, il faut éviter l'usage des compteurs volumétriques en particulier à disque.

Les appareils déprimogènes peuvent être utilisés pour mesurer des eaux propres ou des eaux d'égout, pourvu que la charge solide, dans ce dernier cas, soit suffisamment faible et telle que l'on puisse considérer le liquide comme homogène, comme c'est le cas, en général, des eaux résiduaires pompées au moyen de conduites élévatoires.

Dans ce cas, on pourra utiliser l'un quelconque des appareils déprimogènes mentionnés ci-avant, du tube de Venturi classique – qui, grâce à son profil, évite la formation de zones d'eaux mortes capables de provoquer le dépôt des particules transportées aux diaphragmes(1).

Quoiqu'il en soit, pour mesurer des débits d'égout au moyen d'appareils déprimogènes, on utilisera toujours des modèles avec prises de pression, sans chambre piézométrique, étant donné que celle-ci s'engorge facilement.

Les débits à mesurer au moyen d'appareils déprimogènes devront être, autant que possible, constants ou sujets à des variations lentes et peu importantes ; pour des débits encore relativement constants, on peut recourir à des compteurs à hélice horizontale, très utilisés dans les conduites élévatoires ; dans les cas de fluctuations sensibles de débit, et dans la gamme des faibles débits, il y aura avantage à utiliser les compteurs de volume : pour des fluctuations importantes de débit et des débits appréciables, il est recommandé d'utiliser des compteurs à hélice à axe vertical (si les pertes de charge n'ont pas une importance significative), ou bien des compteurs composés ou proportionnels, quand on se propose de limiter les pertes de charge introduites.

Les compteurs électromagnétiques et ultrasoniques sont d'application générale et ont tendance à substituer tous les autres, vu qu'ils ne perturbent pas l'écoulement.

D – ORIFICES

8.19 - Définitions

Un *orifice*, en hydraulique, est une ouverture de forme régulière, pratiquée dans une paroi ou dans le fond d'un récipient, à travers laquelle s'écoule le liquide contenu dans le récipient, le contour de l'orifice restant complètement submergé c'est-à-dire au-dessous de la surface libre.

L'orifice est dit en *mince paroi* ou *à arête vive* quand la veine liquide n'est en contact qu'avec le bord intérieur de l'orifice.

– le *jet* est le courant liquide qui sort de l'orifice,

– la *charge* est la hauteur d'eau qui provoque la sortie du liquide,

– un *ajutage* est un orifice dont les parois sont prolongées sur une lon-

(1) Les diaphragmes les plus indiqués pour mesurer les débits d'égout sont les diaphragmes excentrés, qui ont cependant l'inconvénient de ne pas être normalisés.

gueur de 2 ou 3 diamètres, ou bien une ouverture ménagée dans un récipient à parois relativement épaisses.

– la *vitesse d'amenée* est la vitesse du liquide à son arrivée au récipient.

Les orifices sont des dispositifs très précis pour la mesure des débits.

8.20 - Orifices de dimensions faibles ; formule de Torricelli ; coefficients de contraction, de vitesse et de débit

Dans un orifice en mince paroi pratiqué dans le fond d'un récipient et dont les dimensions sont faibles par rapport à la charge, le jet a la forme indiquée dans la figure 8.14.

La vitesse de sortie, dans une section où des filets sont parallèles (*section contractée*), est donnée théoriquement par la *formule de Torricelli.*

$$V = \sqrt{2g\,(h + \delta)} \tag{8.15}$$

où $h + \delta$ représente la charge totale sur la section contractée, h étant la différence de cotes entre la surface libre et le plan de l'orifice et δ la distance verticale entre le plan de l'orifice et la section contractée.

Dans les orifices circulaires, δ est à peu près égal au rayon de l'orifice. Pour des charges élevées, on peut pratiquement négliger δ. Si l'orifice est dans une paroi latérale, on a toujours $\delta = 0$.

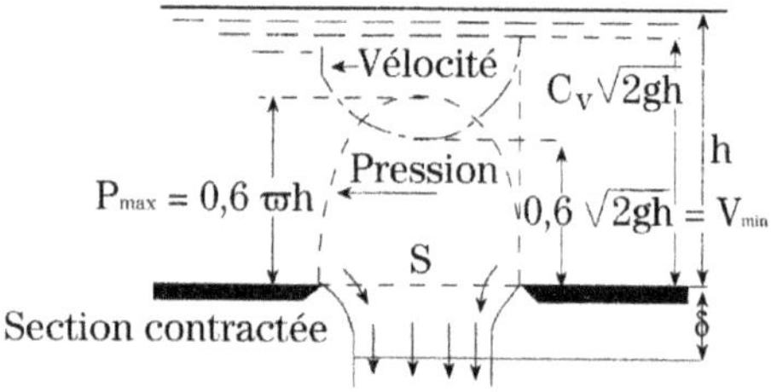

Fig. 8.14

Dans la section contractée, les filets liquides sont parallèles et la pression est pratiquement égale à la pression atmosphérique. Dans la section de l'orifice, la pression varie entre la pression atmosphérique[(1)] aux bords et un maximum égal à $0{,}6\ \varpi h$ au centre ; la vitesse varie entre un minimum au centre égal à $0{,}6\sqrt{2gh}$ et un maximum aux bords égal à $C_v\sqrt{2gh}$ (fig. 8.14).

C_v est un coefficient qui traduit l'influence du frottement et la viscosité, qui s'appelle coefficient de vitesse ; il varie entre 0,96 et 0,99.

Dans la section contractée, la vitesse moyenne est donc :

$$U = C_v\sqrt{2g\,(h + \delta)} \tag{8.15a}$$

(1) C'est-à-dire que la pression relative est nulle.

La perte de charge due à la viscosité et au frottement, jusqu'à la section contractée, est par conséquent :

$$\Delta E = (1 - C_v^2)(h + \delta) \tag{8.15b}$$

On appelle *coefficient de contraction*, C_c, le rapport de la section contractée, S_c à la section de l'orifice S :

$$C_c = \frac{S_c}{S} \tag{8.16}$$

La valeur du coefficient de contraction est en général supérieure à 0,5.

Du point de vue pratique, l'influence du coefficient de vitesse, du coefficient de contraction et de la distance δ est traduite par un seul coefficient dit *coefficient de débit*, μ, dont l'expression est par conséquent :

$$\mu = C_v\, C_c \sqrt{\frac{h + \delta}{h}} \tag{8.16a}$$

Comme on l'a dit, δ est pratiquement négligeable pour des charges élevées.

Le débit écoulé à travers les orifices pratiqués dans le fond ou dans les parois de réservoirs se calcule toujours, en pratique, au moyen de la formule :

$$Q = \mu\, S \sqrt{2gh} \tag{8.17}$$

μ étant le coefficient de débit, S l'aire de l'orifice et h la charge sur le centre de l'orifice.

Comme valeur approchée, on peut admettre que $\mu = 0{,}6$ pour tous les liquides, quelle que soit la forme de l'orifice. On peut considérer comme limites usuelles les valeurs 0,63 et 0,59. Pour des charges très faibles, on peut atteindre 0,7.

Si l'on désire déterminer le débit écoulé avec plus de précision, on doit adopter pour μ les valeurs données par les tables 173 et 174, valeurs obtenues par divers expérimentateurs pour des cas déterminés.

S'il y a une vitesse d'amenée U_0 dans la direction de l'axe de l'orifice, la formule qui donne le débit peut s'écrire :

$$Q = \mu\, S \sqrt{2g\left(h + \frac{U_0^2}{2g}\right)} = \mu\, S \sqrt{2gH} \tag{8.17a}$$

8.21 - Orifices de grandes dimensions

Si un orifice de grandes dimensions est situé au fond d'un réservoir, les formules précédentes sont encore valables. Mais s'il est situé dans la paroi du réservoir, on ne peut plus considérer la charge h comme constante en tout point de la section de l'orifice. Du point de vue formel, il faudrait intégrer pour obtenir le débit.

Dans le cas d'orifices rectangulaires de largeur l et de hauteur $h_2 - h_1$ (fig. 8.15), le débit écoulé est donné par :

$$Q = \frac{2}{3} \mu' l \sqrt{2g} \left(h_2^{3/2} - h_1^{3/2}\right) \tag{8.18}$$

S'il y a une vitesse d'amenée, U_o, on obtient :

$$Q = \frac{2}{3} \mu' l \sqrt{2g} \left[\left(h_2 + \frac{U_o^2}{2g}\right)^{3/2} - \left(h_1 + \frac{U_o^2}{2g}\right)^{3/2}\right] \tag{8.18a}$$

Il est difficile de fixer la valeur à attribuer au coefficient μ', mais on peut prendre $\mu' = 0{,}60$.

Cependant, dans les cas pratiques, on emploie en général la formule (8.17), en tenant compte de ce que h représente la charge au centre de gravité de l'orifice, les corrections étant introduites dans la valeur même du coefficient de débit, déterminée par voie expérimentale (voir les tables 173 à 176).

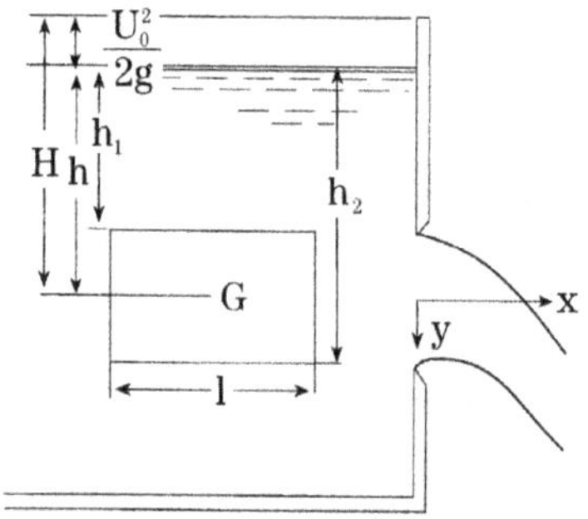

Fig. 8.15

8.22 - Orifices à contraction incomplète

La contraction totale ne se produit pas toujours ; si tout le contour de l'orifice n'est pas à arête vive, la contraction est dite partielle ; si les parois de l'orifice sont très proches du récipient la contraction est dite *partiellement supprimée* : si l'orifice est appuyé sur une paroi, on dit que la contraction est *supprimée* de ce côté.

Les tables 177 à 179 donnent des indications sur les coefficients de débit pour différents cas de contraction incomplète.

8.23 - Vannes

En général, l'écoulement à travers les vannes est comparable à l'écoulement à travers les orifices.

La valeur de μ pour les vannes verticales est donnée par l'abaque 180, pour les vannes inclinées par l'abaque 182 et pour les vannes à segment par l'abaque 181.

La valeur de h employée est la charge au fond du canal et non au centre de gravité de l'orifice.

La table 182b donne quelques indications sur la distribution des pressions.

Les coefficients de débits indiqués présupposent que la nappe d'eau, en aval, est convenablement aérée.

Dans le cas d'une décharge de fond, le débit d'air pour l'aération est donnée par la formule[1] :

$$Q_{air} = K\,(\mathbf{F}_r - 1)^n \tag{8.18b}$$

avec $\mathbf{F}_r = V / \sqrt{gh_c} = \sqrt{2H/h_c}$, où H est la charge, et h_c la hauteur d'eau dans la section contractée.

L'exposant n prend des valeurs de 0,85 à 1,4 : on peut admettre $n = 1$. Le coefficient K dépend de la géométrie ; on peut admettre les valeurs suivantes : vanne plane en tunnel circulaire, avec rainures bien étudiées : $K = 0{,}025 - 0{,}04$; idem, avec passage progressif de la section *circulaire* à la section *rectangulaire* et, de nouveau à la section *circulaire*, avec raccordement et rainures bien étudiées : $K = 0{,}04 - 0{,}06$; mauvais raccordements avec décollement de la veine en aval : $K = 0{,}08$ à $0{,}12$.

8.24 - Orifices partiellement ou complètement noyés

Un orifice est dit *complètement noyé* quand le niveau de l'eau en aval est supérieur au point le plus haut de l'orifice (fig. 8.16a).

L'orifice est dit *partiellement noyé* quand le niveau de l'eau en aval est compris entre le bord supérieur et le bord inférieur de l'orifice (fig. 8.16b).

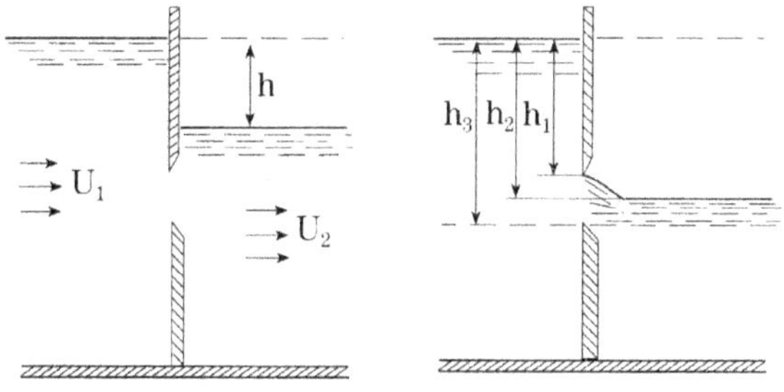

Fig. 8.16

(1) Kalinfke and Robertson – *Entrainment of air in Flowing Water-Closed Conduit Flow.* Transactions ASCE, Vol. 108 (cité par [**13**]).

Dans le cas des orifices complètement noyés, le débit est donné par la formule[(1)] :

$$Q = \mu' S \left[U_2 + \sqrt{2gh + U_1^2 - U_2^2} \right] \tag{8.19}$$

μ' étant le coefficient de débit ; h la différence entre les niveaux amont et aval : U_1 la vitesse moyenne à l'amont ; U_2 la vitesse moyenne à l'aval.

Si les vitesses U_1 et U_2 sont négligeables, on obtient :

$$Q = \mu' S \sqrt{2gh} \tag{8.20}$$

h étant la différence entre les niveaux amont et aval.

Certaines expériences montrent que les valeurs de μ indiquées précédemment pour les orifices non noyés ne sont pas très modifiés quand les écoulements deviennent noyés. D'après Weisbach, la relation entre les deux coefficients est $\mu' = 0{,}986\ \mu$. Les abaques 180 et 181 permettent d'étudier l'écoulement noyé dans le cas des vannes plates ou des vannes à segment.

Pour étudier les orifices partiellement noyés (fig. 8.16b), on les considère comme divisés en 2 parties, dont une est libre et l'autre noyée. Le débit est alors donné par :

$$Q = \mu_1 l (h_3 - h_2) \sqrt{2gh_2} + \frac{2}{3} \mu_2 l \sqrt{2g} (h_2^{3/2} - h_1^{3/2}) \tag{8.21}$$

Les valeurs de μ_1 et μ_2 sont mal connues, mais on peut les prendre égales à 0,60.

8.25 - Ajutages

Comme nous l'avons dit, on appelle *ajutage* un tuyau d'une longueur approximativement égale à la distance entre le plan de l'orifice et le plan de la section contractée (déterminé dans le cas d'un orifice à arêtes vives) qui prolonge l'orifice vers l'extérieur ou l'intérieur.

Si la forme de l'ajutage est telle qu'elle n'affecte pas la forme de la veine correspondant à l'orifice à arête vive, son effet sur l'écoulement est nul.

Si la forme de l'ajutage s'adapte exactement à la forme du jet entre le plan de l'orifice et le plan de la section contractée, et si, dans la formule 8.17, on considère la section de sortie, qui équivaut à la section contractée, le coefficient de débit, u, sera égal au coefficient de vitesse, C_v.

Généralement, la forme de l'ajutage modifie la forme de la veine et des sections contractées, et, en conséquence, les coefficients de débit. Les coefficients de débit pour les ajutages non noyés sont indiqués sur la table 183, et pour les ajutages noyés, sur la table 184.

Dans le cas d'ajutages cylindriques intérieurs, le coefficient de débit est d'environ 0,5.

Dans le cas d'ajutages cylindriques extérieurs, si l'écoulement s'établit

(1) Cette formule résulte de l'application du Théorème de Bernoulli et de l'expression des pertes de charge du type Borda.

très rapidement (ouverture rapide de la soupape qui relie le tuyau au réservoir) il peut arriver que la veine sorte sans toucher la paroi du tuyau et, en conséquence, l'influence du tuyau sur l'écoulement est nulle. Mais si l'ouverture se fait lentement, de manière que l'eau touche les parois du tuyau ou si, par un autre moyen, on oblige la veine à adhérer au tuyau, alors la section du tuyau se remplit complètement ; la veine présente une turbulence très accentuée et perd son aspect limpide. Par l'application du théorème de Bernoulli, on constate que, dans la section contractée, sont engendrées des dépressions dont la valeur est d'environ 0,74 h, et le coefficient de débit prend une valeur d'environ 0,8. La dépression ne peut prendre des valeurs supérieures à la valeur de la pression atmosphérique, autrement dit :

$$0{,}74\,h < 10 \text{ m.c.e.}$$

d'où

$$h < 14 \text{ m.c.e.}$$

Pour des valeurs de h supérieures à cette valeur, ou proches de cette valeur, la veine se sépare des parois du tuyau, et celui-ci n'a plus aucun effet.

Dans le cas de tuyaux divergents extérieurs, les dépressions qui sont engendrées dans la section contractée provoquent également une augmentation du débit. Toutefois, cette augmentation est limitée, d'une part par la dépression maximale admissible, et, d'autre part par l'angle maximum de divergence, qui ne pourra être supérieur à 16°, afin d'éviter que la veine ne cesse de toucher la paroi et ne s'écoule librement.

Dans le cas des lances d'incendie, la valeur à attribuer au coefficient de débit varie entre 0,95 et 0,98, suivant le type de lance. D'une manière générale, on peut adopter $\mu = 0{,}97$[(1)].

8.26 - Aqueducs

Du point de vue hydraulique, le mot aqueduc signifie, dans ce paragraphe, un tuyau court destiné à donner passage à l'eau, ordinairement avec une valeur faible de charge.

Le débit écoulé peut être déterminé en tenant compte des pertes de charge à l'entrée, des pertes par frottement et des pertes à la sortie. Cependant, du point de vue pratique, il est plus facile d'utiliser la formule 8.17, où l'effet de toutes ces pertes est exprimé par le coefficient de débit μ, dont les valeurs pour quelques cas sont données par la table 186.

La valeur de h à considérer dans la formule (8.11) est la différence des cotes de la surface libre, en amont et en aval.

Ces coefficients sont valables à condition que la charge sur l'arête supérieure de l'entrée soit égale au moins à la somme de la hauteur cinétique et de la perte à l'entrée. En général, on peut adopter $1{,}5U^2/2g$ pour valeur de cette somme.

---

(1) Consulter [**5**].

8.27 - Forme de la veine liquide

Dans le cas des orifices verticaux de grandes dimensions, la veine liquide se déforme à mesure qu'elle s'éloigne de l'orifice.

Si la section initiale est circulaire, la veine tend vers des sections elliptiques, de grand axe horizontal.

Dans le cas des sections initiales carrées, la veine ne demeure carrée que jusqu'à la section contractée. Elle prend ensuite une allure octogonale dont les côtés à 45° vont en s'agrandissant jusqu'à reformer à une certaine distance de l'orifice une section carrée, mais avec des côtés décalés de 45° par rapport aux côtés de l'orifice.

Dans le cas de sections rectangulaires beaucoup plus longues que larges, la veine affecte la forme d'un double *T*. La tige du double *T* est parallèle à la longueur de l'orifice dans le tronçon initial ; cette position s'inverse dans la suite et la plus grande dimension devient perpendiculaire à la longueur de l'orifice.

Un orifice triangulaire donne un jet qui se renverse, affectant la forme d'une étoile à trois branches perpendiculaires aux côtés de l'orifice.

Si le grand axe de l'orifice est vertical, la hauteur que l'eau atteint ne sera égale à la hauteur cinétique que pour des vitesses faibles dans la section contractée. Quand la vitesse augmente, la hauteur z du jet est inférieure à la charge h sur le centre de l'orifice à cause de la résistance due à l'air et aux particules liquides qui retombent. D'après Cappa[(1)], la hauteur z est donnée par l'expression :

$$z = \frac{h}{\alpha + \beta h + \gamma h^2} \tag{8.22}$$

On a déterminé les coefficients α, β, et γ pour les orifices circulaires, pour les tuyaux coniques convergents et pour les tuyaux conoïdaux, c'est-à-dire des tuyaux dont la section axiale est donnée par des courbes avec la convexité vers le dedans (lances).

Les valeurs de α, β, et γ sont données par la table 185.

Dans le cas de jets inclinés, si l'angle initial avec le plan horizontal est θ, l'équation théorique de la trajectoire, en considérant la résistance de l'air comme nulle, s'écrit :

$$z = x \operatorname{tg} \theta - \frac{gx^2}{2V^2} (1 + \operatorname{tg}^2 \theta) \tag{8.23}$$

V est la vitesse dans la section contractée ; x et z sont les axes horizontaux et verticaux contenus dans le plan du jet, l'origine étant située au centre de la section contractée.

La portée maximale, à l'horizontale, déterminée expérimentalement par Freeman[(2)], est obtenue pour un angle $\theta = 45°$, quand la charge varie de 3,5 à 7 m ; pour des charges de l'ordre de 10 m, l'angle qui donne la portée maximum varie entre 34° et 40° ; pour des charges de l'ordre de 30 m environ, il varie entre 30° et 34°.

(1) Cité par [**6**].

(2) Cité par [**6**].

8.28 - Mesure approchée des débits à partir de la forme du jet

a) *Conduite verticale* – Dans le cas d'une conduite placée verticalement (fig. 8.17), où le jet atteint une hauteur h, le débit déchargé peut être déterminé par la formule de Lawrence et Braunworth (1906), qui s'écrit, en unités SI :

$$Q = 5{,}47\, d^{1{,}25}\, h^{1{,}35} \qquad \text{pour} \qquad h \leqslant 0{,}37\, d \tag{8.24}$$

$$Q = 3{,}15\, d^{1{,}99}\, h^{0{,}53} \qquad \text{pour} \qquad h \geqslant 1{,}4\, d \tag{8.25}$$

Pour $0{,}37\, d < h < 1{,}4\, d$, le débit est légèrement inférieur à celui qui est donné par l'une ou l'autre de ces formules.

L'erreur commise est d'environ 15 % et 20 %.

b) *Conduite horizontale* – Pour une conduite horizontale totalement pleine (fig. 8.18a), Greeve (1928) a établi la formule suivante :

$$Q = C\, \frac{\pi\, d^2}{4} \sqrt{g\, \frac{x^2}{2y}} \tag{8.26}$$

Étant donné la difficulté qu'il y a à mesurer x et y, l'erreur est de l'ordre de 10 % à 15 %.

L'abaque 187 donne le débit déchargé, quand on mesure y à la distance $x = 0{,}305$ m.

Pour des conduites partiellement pleines (fig. 8.18 b), avec une hauteur $Y_e = d - y$, inférieure à 0,56 d, il faut mesurer y à la sortie de la conduite ($x = 0$) ; le débit est donné par l'abaque 187.

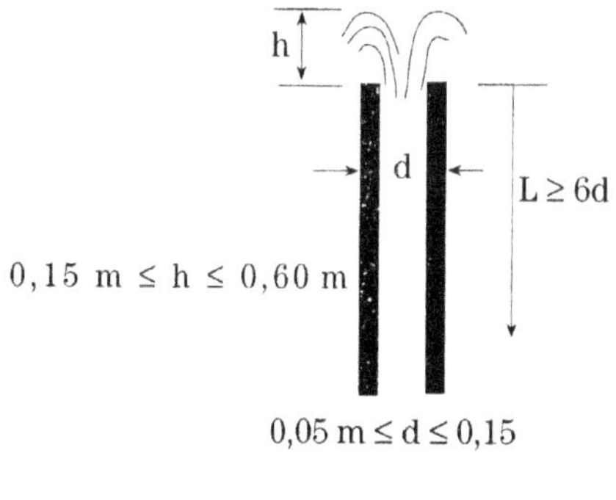

Fig. 8.17

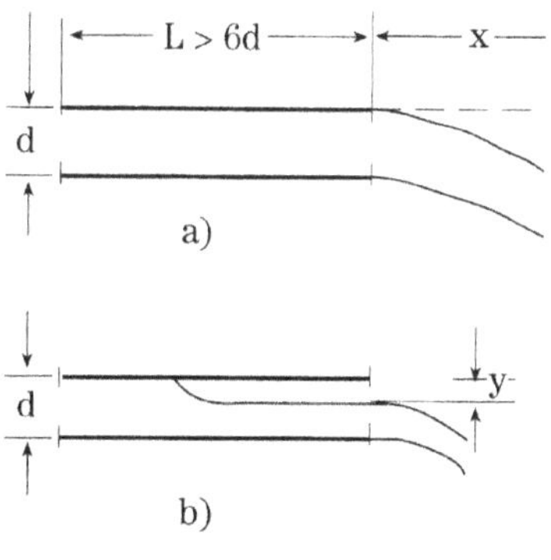

Fig. 8.18

E – DÉVERSOIRS EN MINCE PAROI

8.29 - Définitions

Un déversoir peut être considéré comme un orifice incomplet. Les déversoirs peuvent être *en mince paroi*, quand les dimensions de la partie du seuil qui est en contact avec l'eau, c'est-à-dire l'épaisseur de la *crête*, sont très réduites (1 à 2 mm) (v. fig. 8.19). Nous avons analysé en 6.31 la forme théorique de la veine et l'expression du débit déversé.

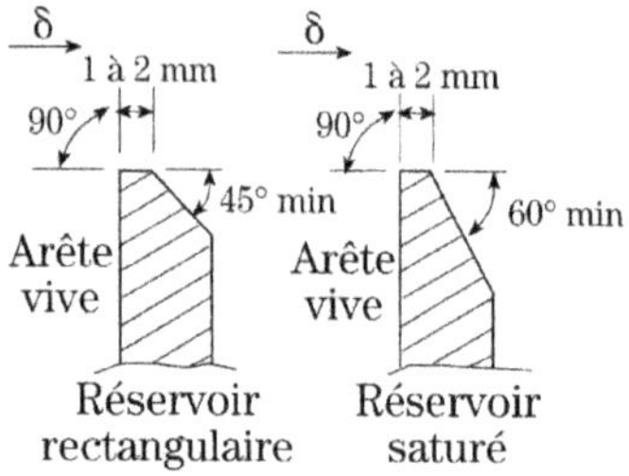

Fig. 8.19

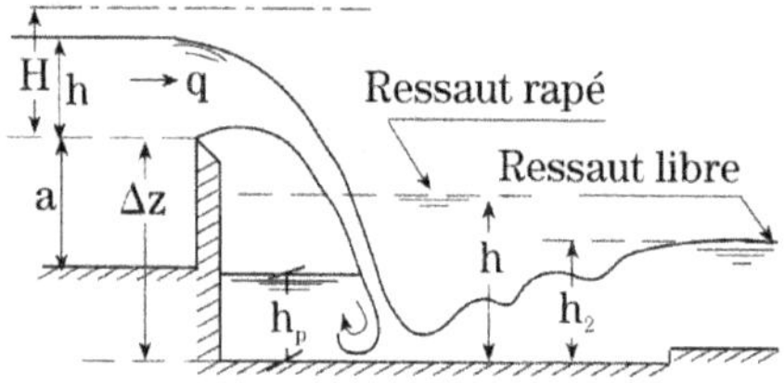

Fig. 8.20

La *charge* est la différence de niveau entre la ligne d'énergie en amont et la crête du seuil déversant. En général, loin de la zone d'appel, la ligne d'énergie coïncide pratiquement avec la surface libre. Considérant la figure 8.20, on aura alors $h \simeq H$.

Les erreurs qui résultent de cette approximation sont corrigées par le coefficient de débit.

Les déversoirs en mince paroi sont des dispositifs très précis pour mesurer les débits.

8.30 - Déversoirs rectangulaires sans contraction latérale : déversoir de Bazin

Sur le déversoir rectangulaire sans contraction latérale, habituellement désigné par *déversoir de Bazin*, il existe un grand nombre d'observations, ce qui permet d'obtenir une bonne précision dans la mesure des débits.

La formule qui donne le débit déversé est, en unités métriques (voir équation 6.68b) :

$$Q = \frac{2}{3}\mu' l \sqrt{2g}\, h^{3/2} = \mu\, l \sqrt{2g}\, h^{3/2} \tag{8.27}$$

où l est la largeur du déversoir, et h la charge.

Dans les équations suivantes, qui donnent la valeur de μ, on représente par a la différence de niveau entre le seuil du déversoir et le fond du canal d'alimentation (voir fig. 8.20).

a) *Bazin* (1898) :

$$\mu = \left(0{,}405 + \frac{0{,}003}{h}\right)\left[1 + 0{,}55\left(\frac{h}{h+a}\right)^2\right] \qquad (8.28)$$

Les limites d'applications sont :

0,08 m $< h <$ 0,70 m ; $l > 4\,h$; 0,2 m $< a <$ 2 m. La précision obtenue de 1 % à 2 %.

b) *Rehbock* :

$$\mu = \frac{2}{3}\left(0{,}605 + \frac{1}{1050\,h - 3} + 0{,}08\,\frac{h}{a}\right) \qquad (8.28a)$$

pour $h > 0{,}05\ m$ (Voir Table 188b)

c) En 1929, Rehbock a présenté une formule simplifiée, donnant, en unités métriques :

$$Q = (1{,}782 + 0{,}24\,\frac{h}{a})\,l h_e^{3/2} \qquad (8.28b)$$

où $h_e = h + 0{,}0011$. Les valeurs obtenues coïncident avec celles de la formule (8.28a).

d) *S.I.A.S.* (*Société des Ingénieurs et Architectes Suisses* - 1947)

$$\mu = \frac{2}{3}\,0{,}615\left(1 + \frac{1}{1000\,h + 1{,}6}\right)\left[1 + 0{,}5\left(\frac{h}{h+a}\right)^2\right] \qquad (8.28c)$$

Les limites d'application sont : 0,025 m $< h <$ 0,8 m ; $a >$ 0,3 m ; $h \leq a$.

Les formules de Rehbock et de S.I.A.S. donnent des valeurs pratiquement confondues.

L'abaque 188a donne la loi de débit d'un déversoir type Bazin, de longueur l = 1 m et hauteur de seuil a = 1 m, d'après les formules de Bazin et Rehbock.

Si l'on veut obtenir une bonne précision, dans un déversoir de Bazin, la construction de ce déversoir doit satisfaire à certaines conditions, à savoir :

a) Il faut éliminer complètement la contraction latérale ; à cet effet, les parois du canal où sera placé le déversoir doivent être parfaitement verticales, et bien lissées, et la longueur du seuil déversant doit être exactement égale à la largeur du canal.

b) La crête ne doit pas être trop basse et le seuil doit être en mince paroi, conformément aux indications de la figure.

c) La longueur du canal en amont doit être au moins égale à 20 h ; il faut prendre toutes les précautions nécessaires pour assurer une répartition uniforme des vitesses d'amenée au déversoir.

d) La lecture de la charge doit être effectuée à une distance au moins égale à 5 h, ou même à 10 h.

e) L'aération doit être complète, de manière à maintenir la nappe toujours libre. À cet effet, on installera, si nécessaire, des tuyaux de ventilation, et il faut contrôler la pression sous la nappe au moyen d'un manomètre. En effet, pour des charges très faibles, la nappe déversante empêche le passage de l'air par-dessous et prend l'aspect de la figure 8.21a ; dans ce cas, on dit que la nappe est *adhérente*.

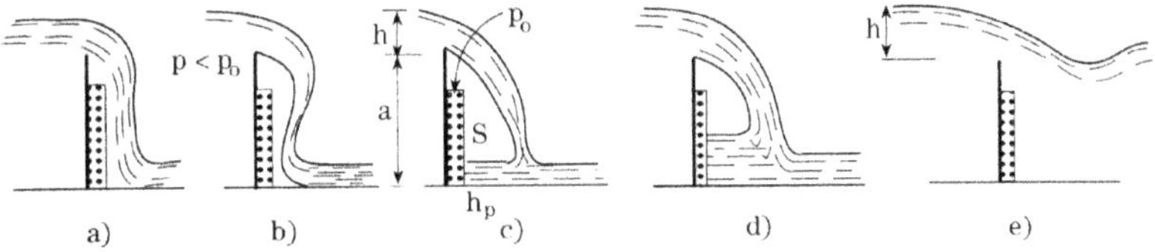

Fig. 8.21

Quand la charge augmente, la nappe tend à se séparer de la paroi ; mais si l'entrée de l'air n'est pas suffisante, il se forme une zone à pression raréfiée et instable en-dessous de la nappe qui, pour cette raison, est dite *déprimée* (fig. 8.21b).

On dit que la veine est *libre* quand l'air peut circuler facilement sous la nappe et que l'air entraîné par l'écoulement est remplacé en permanence (fig. 8.21c).

Dans le cas d'une veine libre où il n'est pas possible, pour une raison quelconque, de remplacer complètement l'air entraîné, il se produit une élévation du niveau de l'eau sous la nappe déversante, qui, dans ce cas, est appelée nappe *noyée en-dessous* (8.21d).

Si le niveau d'aval augmente, la nappe est dite *noyée.* (fig. 8.21e).

8.31 - Conditions d'aération

Pour le calcul du débit d'aération, Howe (1955)(1) propose la formule suivante, valable par unité de largeur :

$$q_{\text{air}} = 0{,}1q\left(\frac{h}{h_p}\right)^{3/2} \tag{8.29}$$

où h est la charge sur le seuil et h_p est fonction du niveau, en aval, du débit déversé et de la hauteur de la charge. S'il se produit un ressaut libre en aval du déversoir, autrement dit dans le cas d'un écoulement dénoyé, h_p peut être calculé (fig. 8.20) par la formule :

$$h_p = \Delta z\left(\frac{q^2}{g\Delta z^3}\right)^{0{,}22} \tag{8.30}$$

Dans le cas d'un ressaut noyé, on aura $h_p \approx h_2$ (fig. 8.20).

Si l'on désigne par p/ϖ la dépression admissible en-dessous de la nappe, exprimée en hauteur d'eau, le diamètre, D, du tuyau d'aération devra satisfaire à la formule :

$$\left(\frac{p}{\varpi}\right) = \frac{\rho_{\text{air}}}{\rho}\left(\frac{fL}{D} + K_e + K_c + K_a\right)\frac{V^2_{\text{air}}}{2g} \tag{8.31}$$

où :

- p/ϖ = sous pression admissible, conformément à l'erreur de mesure (voir table 188c).
- f = coefficient de résistance donné par le diagramme de Moody (4.6), (en une première approximation, on peut prendre $f = 0{,}02$) ;
- L = longueur du tuyau d'aération ;
- D = diamètre du tuyau d'aération ;
- K_e = coefficient de perte, par entrée ($K_e \simeq 0{,}5$) ;
- K_c = coefficient de perte de charge, dans le coude (on peut prendre approximativement $K_c = 1{,}1$) ;
- K_a = coefficient de perte dans l'élargissement de sortie (on peut prendre approximativement $K_a = 1{,}0$) ;
- V_{air} = vitesse de l'air.

L'erreur, ϵ, dans le débit provenant d'une dépression, peut être calculée approximativement par la formule(2) :

$$\epsilon = 20\left(\frac{p}{\varpi h}\right)^{0{,}92} \tag{8.31a}$$

Consulter la table 188c.

---

(1) Howe, J.W. et alii : *Aeration demand of a weir calculated.* Civil Engineering. Vol. 25, n° 5, 1955. Cité par [**12**].

(2) Johnson (1935), Hickox (1942), cités par [**12**].

Exemple :

Calculer la quantité d'air nécessaire pour garantir l'aération complète d'un déversoir, dans les conditions suivantes : longueur, $L = 6{,}00$ m ; hauteur d'eau sur le seuil, $h = 0{,}70$ m ; débit, $Q = 6$ m^3/s ; $h_p = 0{,}90$ m. L'alimentation est effectuée au moyen d'un tuyau d'acier de 2,5 m de long.

L'équation (8.29) nous donne le débit d'air nécessaire pour garantir une aération complète dans ces conditions :

$$q_{air} = 0{,}1 \times 6 \times (0{,}7 / 0{,}9)^{3/2} = 0{,}412 \text{ m}^3\text{/s par mètre}$$

Si l'on attribue au tuyau un diamètre de 0,30 m, on obtient, à partir du débit d'air de 0,412 m^3/s, la vitesse de l'air :

$$V_{air} = \frac{0{,}412}{3{,}14 \times 0{,}15^2} = 5{,}83 \text{ m/s}$$

De la table 17, on extrait $\rho_{air} = 1{,}22$ kg/m^3, et on a alors (formule 8.31).

$$\frac{p}{\varpi} = 1{,}22 \times 10^{-3} \left[2{,}6 + \frac{0{,}02 \times 2{,}5}{0{,}3} \right] \cdot \frac{5 \times 83^2}{2 \times 9{,}81}$$

on obtient $p / \varpi = 0{,}08$ ce qui d'après la table (188c) donne origine à une erreur légèrement supérieure à 2 %.

8.32 - Déversoir rectangulaire avec contraction latérale

Il y a contraction latérale quand la largeur L du canal est supérieure à la largeur l du déversoir.

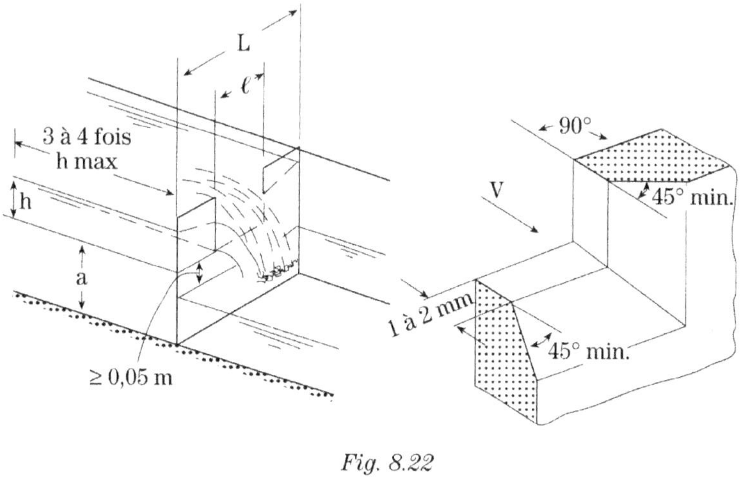

Fig. 8.22

Parmi les nombreuses formules proposées pour ce déversoir, nous avons choisi celle de *Kindsvater et Carter* (1957)(1), adoptée par l'ISO(2). Pour l'application de cette formule, voir l'abaque 189.

Comme formule pratique pour des calculs approchés, nous indiquons la formule de *Francis* :

$$Q = 1{,}83\,(l - 0{,}2h)\,h^{3/2} \qquad (8.32)$$

La charge doit être mesurée à une distance du déversoir de 2,0 m, au moins, en amont. La surlargeur, $L - l$ du canal doit être au moins, égale à 6 h.

8.33 - Déversoir triangulaire

Dans un déversoir triangulaire, le profil de la crête est un triangle, et la bissectrice du sommet est en général verticale.

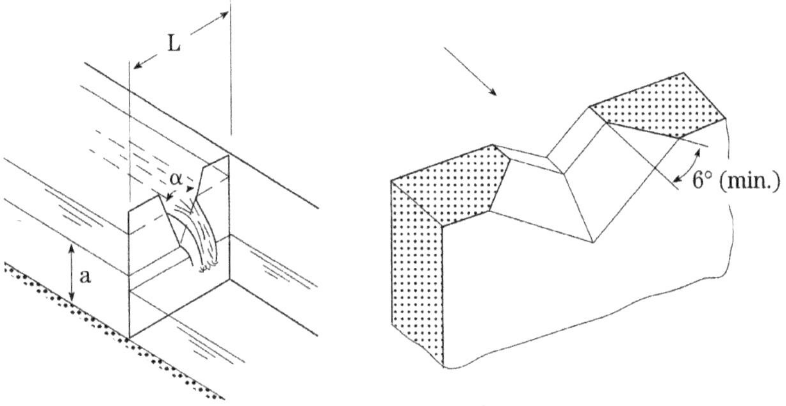

Fig. 8.23

Entre autres formules, nous indiquons celle de *Kindsvater* (1957)(3), recommandée par l'Association Internationale de Normalisation (I.S.O.) (Voir l'abaque 190).

Comme formule pratique pour des calculs approchés, nous proposons celle de *Gourley* et *Grimp* :

$$Q = 1{,}32 \text{ tg } \frac{\alpha}{2}\, h^{2{,}47} \qquad (8.33)$$

(1) Kindsvater, C.E., et Carter, R.W. : *Discharge Caracteristics of rectangular thin – plate weirs.* Journal of the Hydraulics Division of the ASCE, Vol. 83 n° Hy6. Dec. 1957. Cité par [**12**].

(2) Association Française de Normalisation : *Mesure de débit de l'eau dans les canaux au moyen de déversoir en mince paroi.*

(3) id. op. cit.

où Q est le débit en m³/s ; h, la charge sur le sommet, en m ; α, l'angle du sommet.

La surlargeur, $L - l$, doit être, au moins, égale à $3\,l/2$.

Pour $\alpha = \pi/2$, indiquons également la formule de *Thompson* :

$$Q = 1{,}42\, h^{3/2} \tag{8.33a}$$

8.34 - Déversoir trapézoïdal. Déversoir de Cipoletti

D'une manière générale, la section de contrôle d'un déversoir trapézoïdal a la forme d'un trapèze isocèle. Le déversoir trapézoïdal le plus fréquemment utilisé est désigné par *déversoir Cipoletti*[1] (fig. 8.24), dont la crête est constituée par la plus petite base, de largeur l ; la pente des côtés est de 1/4 (horizontale/verticale).

L'équation fondamentale du débit écoulé par un déversoir Cipoletti est :

$$Q = \frac{2}{3}\mu\, l\, \sqrt{2g}\, h^{3/2} \tag{8.34}$$

où $\mu = C_d\, C_v$. Dans les limites d'application, C_d est égal à 0,63 et C_v égal à 1,0, quand la vitesse d'amenée est négligeable.

Il en résulte que :

$$Q = 0{,}42\, l\, \sqrt{2g}\, h^{3/2} = 1{,}86\, l h^{3/2} \tag{8.34a}$$

avec Q exprimé en m³/s, et l et h en m ;

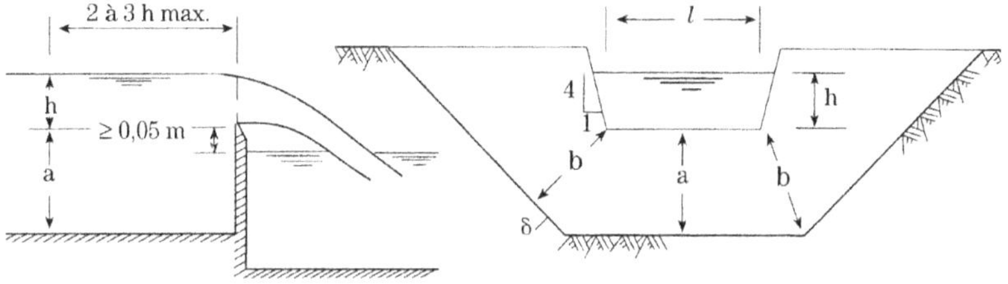

Fig. 8.24

Les limites d'application, outre celles qui sont indiquées sur la figure 8.24, sont :

$0{,}06$ m $< h < 0{,}60$ m ; $h/l < 0{,}5$; $a > 2h$, avec le minimum de 0,30 m ; $b > 2h$, avec un minimum de 0,30 m.

8.35 - Déversoir circulaire

Le débit déversé est donné par la formule :

$$Q = \mu\, \varphi\, D^{5/2} \tag{8.35}$$

(1) Cipoletti, C. (1886).

où d est exprimé en dm et Q en dm^3 ; φ est une fonction du degré de remplissage h / d, donnée par la table 191, et μ est donné par :

$$\mu = 0{,}555 + \frac{d}{110\, h} + 0{,}041 \frac{h}{d} \tag{8.35a}$$

Les expériences de *Hégly* sur un déversoir de 1 m de diamètre, en faisant varier la distance du point le plus bas du déversoir au fond du canal entre 0,40 m à 0,80 m, approximativement, ont permis d'établir la formule :

$$Q = \mu\, S \sqrt{2gh} \tag{8.35b}$$

S étant l'aire du déversoir comprise entre le seuil et le niveau correspondant à la charge h ; le coefficient de débit μ est donné par la formule :

$$\mu = \left(0{,}350 + \frac{0{,}002}{h}\right)\left[1 + \left(\frac{S}{S'}\right)^2\right] \tag{8.35c}$$

S' étant la section mouillée dans le canal d'amenée (h est exprimé en mètres).

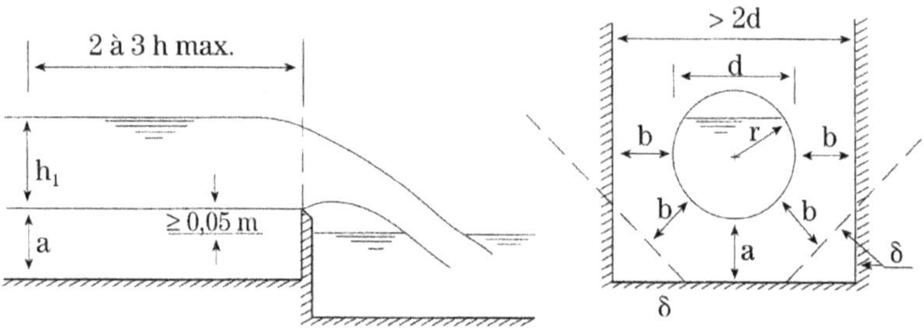

Fig. 8.25

Ramponi a proposé la généralisation de la formule précédente, qui correspond à un diamètre de 1 m, en introduisant le diamètre d de la façon suivante :

$$\mu = \left(0{,}350 + 0{,}002 \frac{d}{h}\right)\left[1 + \left(\frac{S}{S'}\right)^2\right] \tag{8.35d}$$

8.36 - Déversoir avec courbe de débit à équation linéaire. Déversoir de Sutro

Dans ce déversoir, désigné par déversoir Sutro (1908), le débit déchargé varie linéairement avec la charge. Le profil du déversoir est défini par une zone rectangulaire associée à une zone courbe (fig. 8.26). Le profil de la zone courbe est défini par l'équation :

$$\frac{x}{l} = 1 - \frac{2}{\pi} \operatorname{cotg} \sqrt{\frac{y}{b}} \tag{8.36}$$

La table 192 indique les valeurs x / l et y / b, qui correspondent à l'équation (8.36).

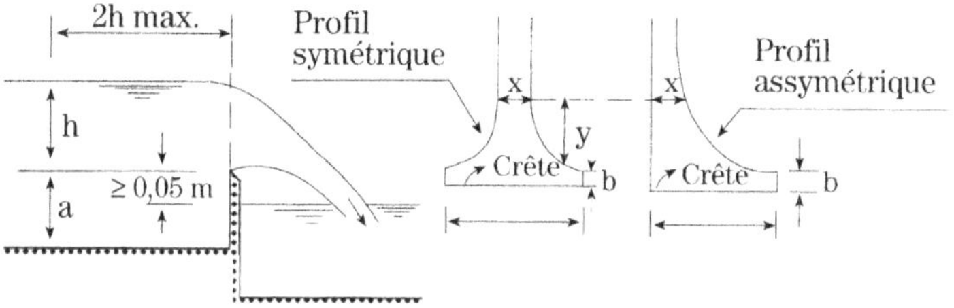

Fig. 8.26

Les formes les plus courantes de ce type de déversoir sont celles qui correspondent aux profils symétrique et asymétrique (fig. 8.26). La formule qui permet de calculer le débit déversé est :

$$Q = \mu\, l\, \sqrt{2gb}\left(h - \frac{b}{3}\right) \qquad (8.36a)$$

où μ est le coefficient de débit, et b la hauteur de la zone rectangulaire (voir table 192).

Les limites d'application sont : $h \geq 2b$, avec un minimum de 0,03 m ; $x \geq 0{,}005$ m ; $b \geq 0{,}005$ m ; $l \geq 0{,}15$ m ; $l / a > 1$; $L / l > 3$.

8.37 - Choix d'un déversoir de mesure en mince paroi

Dans la description des différents types de déversoirs, nous en avons défini les limites d'application. Les déversoirs en mince paroi permettent d'obtenir une bonne précision.

Le déversoir rectangulaire est plus précis ($\epsilon \simeq 1$ %), mais moins sensible que le déversoir triangulaire ($\epsilon \simeq 1$ à 2 %). Cependant, pour des faibles débits, l'augmentation de précision s'atténue et la diminution de sensibilité s'accentue ; c'est pourquoi, au-dessous de 30 *l/s*, il faut utiliser le déversoir triangulaire.

Sur la table 193 sont indiquées, à titre d'exemple, les erreurs absolues dans quelques cas de déversoirs rectangulaires et triangulaires, dues à l'erreur de mesure de la charge.

La précision des valeurs mesurées avec un déversoir Cipoletti ($\epsilon \simeq 5$ %) est assez inférieure à celle qui est obtenue, dans les mêmes conditions, avec des déversoirs rectangulaires et triangulaires.

Pour un déversoir circulaire et un déversoir à équation linéaire, les erreurs de formules sont identiques ($\epsilon \simeq 2$ %).

Aux erreurs de formule, il faut ajouter les erreurs qui résultent de la mesure de la charge, et d'autres sources, en accord avec la théorie des erreurs(1).

8.38 - Déversoir incliné

Le déversoir incliné a une crête perpendiculaire à l'axe du canal, mais le plan qui le contient est incliné par rapport à la verticale.

Considérons l'angle d'inclinaison, α, figure 8.27 ; on constate, d'après la théorie de Boussinesq, que le coefficient de débit de ce type de déversoirs est égal au produit du coefficient de débit d'un déversoir vertical par un coefficient $K = 1 - 0{,}3902 \dfrac{\alpha}{180}$, α exprimé en degrés.

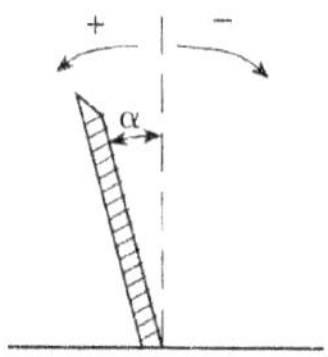

Fig. 8.27

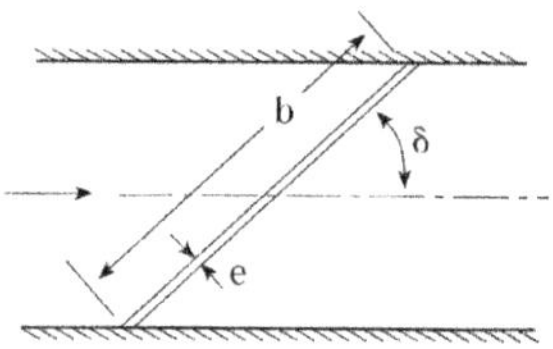

Fig. 8.28

8.39 - Déversoir oblique

C'est un déversoir sur un plan vertical dont la crête est oblique par rapport à l'axe longitudinal du canal où il est installé (fig. 8.28).

Le débit déversé est donné par la formule d'*Aichel* (1953)(2),

$$q = \left(1 - \frac{h}{a}\,\beta\right) q_n$$

où

q_n = débit déversé par un déversoir du même type placé perpendiculairement à l'axe ;

h = charge ;

a = distance de la crête au fond du canal ;

β = fonction sans dimensions de l'angle δ (table 194).

---

(1) Rappelons que, si l'on désigne par y une grandeur fonction de différentes variables x_i, l'erreur absolue, ϵ, qui résulte pour y des erreurs absolues, ϵ_i, les différentes variables, x_i, est donnée par l'expression :

$$\epsilon = \sum \frac{\partial y}{\partial x_i}\,\epsilon_i$$

L'erreur relative sera $\epsilon_r = \dfrac{\epsilon}{y}$.

(2) Cité par [**12**].

8.40 - Déversoir latéral

Le déversoir latéral est un déversoir installé dans la paroi d'un canal, parallèlement à son axe.

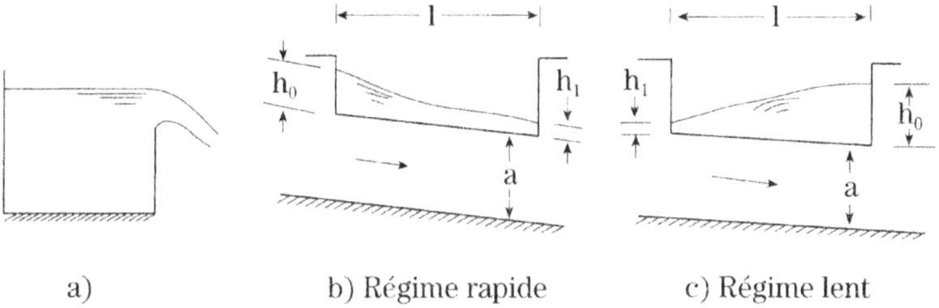

Fig. 8.29

On détermine la forme de la surface libre au long du déversoir latéral, et, conjointement, la charge sur le déversoir, en considérant que l'énergie spécifique, sur le fond, le long du canal, se maintient constante et que le débit se réduit progressivement au fur et à mesure qu'il est déversé.

Dans ces conditions, compte tenu de l'équation 6.2 et de la fig. 6.2, qui traduisent le rapport entre la hauteur d'eau, h, et le débit Q, en supposant l'énergie, H, constante, la hauteur d'eau en fonction du débit diminue en régime torrentiel et augmente en régime fluvial (fig. 8.29).

En *régime torrentiel* (fig. 8.29b), l'écoulement est commandé par l'amont. Ainsi, à partir de la hauteur h_0, en amont, (qui peut être la profondeur normale, si $I > I_c$, ou une autre imposée à l'écoulement), on calcule par différences finies, le débit déversé et, à partir de la courbe h (Q), avec H constante, on détermine les hauteurs d'eau dans le canal et les débits déversés correspondants.

En *régime fluvial* (fig. 8.29c), l'écoulement est commandé par l'aval, et l'on procède d'une manière identique à partir de la hauteur h_0 en aval (qui peut être la profondeur normale, si $I < I_c$, ou bien une autre imposée à l'écoulement).

Le débit déversé peut être déterminé par la formule de Dominguez[1].

$$Q = \varphi \, \mu \, l \sqrt{2g} \, h_0^{3/2} \tag{8.38}$$

Les valeurs de φ et μ sont données par la table 195, pour les seuils en mince paroi et pour les déversoirs à seuil épais à bord arrondi et à bord à arête vive.

(1) Dominguez, J. : *Déversoirs latéraux*. Hidraulica, 1945.

F - DÉVERSOIRS À LARGE SEUIL

8.41 - Généralités

On désigne par *déversoir à large seuil* une structure sur laquelle les lignes de courant peuvent atteindre, tout au moins sur une courte distance, un parallélisme tel que, dans la section de contrôle, l'on puisse admettre qu'il existe une distribution hydrostatique des pressions.

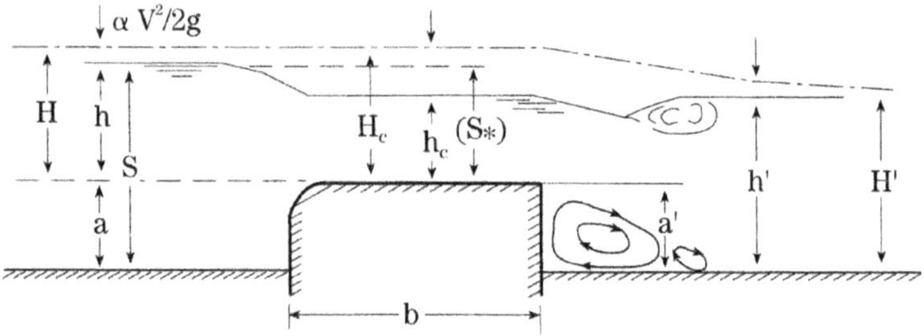

Fig. 8.30

Considérant la figure 8.30, pour obtenir cette situation, il est nécessaire que 0,08 ≤ H/b ≤ 0,50. Pour des valeurs H/b inférieures, les pertes d'énergie sur le déversoir ne sont plus négligeables ; pour des valeurs supérieures, la courbure des lignes de courant s'accentue et il n'y a plus de distribution hydrostatique des pressions.

Le niveau d'eau en aval sera tel que l'écoulement soit dénoyé, c'est-à-dire, qu'il y ait un régime critique sur le seuil du déversoir.

Si nous représentons par $H = H_c$ la charge sur le seuil ; par h_c la hauteur d'eau et par U la vitesse moyenne dans la section de contrôle, nous aurons :

$$H_o = h_c + \alpha \frac{U_c^2}{2g} = h_c + \alpha \frac{Q^2}{2gS_c^2} \tag{8.39}$$

Prenant α = 1, nous aurons :

$$Q = S_c \sqrt{2g\,(H - h_c)} \tag{8.39a}$$

Afin de tenir compte des effets secondaires, tels qu'un parallélisme non total des lignes de courant, la non-distribution uniforme des vitesses, etc., on introduit un *coefficient de débit*, C_d, qui est fonction de la forme du seuil, des conditions d'amenée, etc. La valeur de C_d est donnée, pour diverses formes de seuil, par les tables et les abaques 197, 198, 203, 204.

D'autre part, dans la pratique, il est plus facile de mesurer, en amont du seuil, la hauteur d'eau h que l'énergie H, ce qui revient à négliger l'énergie cinétique de l'écoulement en amont et, en conséquence, les vitesses. On introduit alors un *coefficient de vitesse*, C_v, dont la valeur est donnée par l'abaque 196, pour diverses sections, en fonction du rapport $C_d\, S* / S$, où S est l'aire mouillée dans la section de mesure correspondant à une hauteur égale à $(h + a)$; $S*$ serait l'aire mouillée dans la section de contrôle, si l'on y constatait une hauteur d'eau égale à h_c.

Toujours afin de rendre la formule 8.39a plus utilisable, on peut traduire la hauteur critique h_c dans la section de contrôle, en fonction de l'énergie H et, en conséquence, de la hauteur h en amont par une équation du type $h_c = Kh$. La formule finale sera alors :

$$Q = C_d\, C_v\, S_c \sqrt{2g\, h\, (1 - K)} \tag{8.40}$$

Comme coefficient de débit, on a pris $\mu = C_d \times C_v$.

Nous indiquons ci-dessous l'expression de cette formule générale dans des cas particuliers.

8.42 - Déversoir rectangulaire sans contraction latérale

Dans le cas d'une section rectangulaire de largeur l, on aura :

$$S_c = l\, h_c \qquad avec \qquad h_c = \frac{2}{3} H_c = \frac{2}{3} H \simeq \frac{2}{3} h \tag{8.40}$$

Dans ces conditions, la formule 8.40 devient :

$$Q = C_d\, C_v \frac{2}{3}\, l\, h \sqrt{2g\, (1 - \frac{2}{3})\, h} = 1{,}7\, C_d \,.\, C_v \,.\, l \,.\, h^{3/2} \tag{8.41}$$

La valeur de C_v est donnée par l'abaque 196 ; la valeur de C_d dépend des formes de construction, comme il est indiqué ci-dessous :

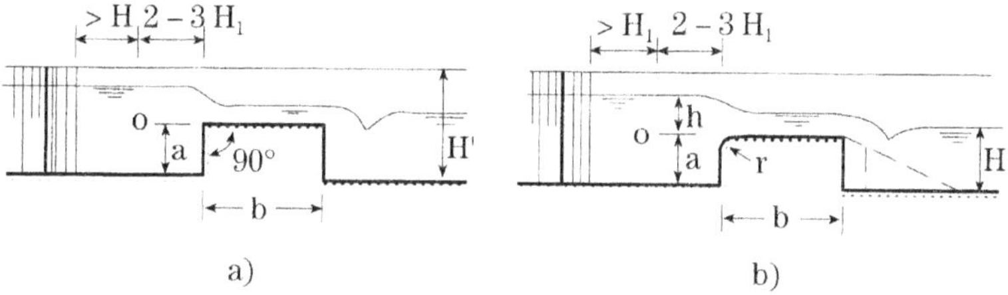

Fig. 8.31

a) *Arêtes vives en amont et en aval* (fig. 8.32a) – Ce seuil est normalisé (BSI – *British Standard Institution* 3680, 1969). Le bloc déversant doit être placé dans un canal rectangulaire et les surfaces doivent être lissées. On veillera spécialement à ce que l'arête d'amont soit bien définie et que l'angle soit à 90°.

b) *Arêtes arrondies en amont* (fig. 8.32b) – Il existe également un seuil normalisé avec arête arrondie en amont (BSI, 3680, 1969). L'arête qui définit l'intersection du parement amont avec la crête est remplacée par une surface arrondie, de rayon r, de manière à éviter la séparation de l'écoulement. La face d'aval peut être verticale, inclinée en aval ou avec le sommet d'aval arrondi. Les valeurs de C_d sont indiquées sur l'abaque 197.

8.43 - Déversoir triangulaire

Il y a parfois avantage à utiliser une section de contrôle triangulaire quand on se propose de mesurer une vaste gamme de débits. Les débits seront donnés avec une précision raisonnable, même quand ils sont relativement faibles.

Les éléments géométriques de ce type de déversoir sont définis sur la figure 8.32.

Reprenant l'équation 8.40, et compte tenu de la géométrie de la section, il existe deux cas :

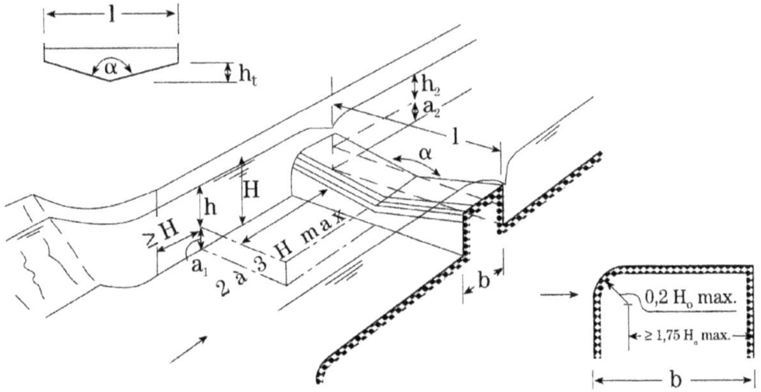

Fig. 8.32

a) Le niveau d'eau dans la section de contrôle ne dépasse pas la hauteur h_t, où se termine la section triangulaire et les murs sont alors verticaux. Par de simples opérations algébriques, l'équation 8.40 prend la forme suivante :

$$Q = C_d\, C_v \cdot \frac{16}{25} \sqrt{\frac{2}{5} g}\ \operatorname{tg} \frac{\alpha}{2}\, h^{5/2} = 1{,}26\, C_d C_v \operatorname{tg} \frac{\alpha}{2}\, h^{2,5} \qquad (8.42)$$

valable pour $h < 1{,}25\, h_t$, où $h_t = 1/2\, l \operatorname{cotg} \dfrac{\alpha}{2}$

Les valeurs de C_d et C_v sont données par la table 198.

b) Si le niveau de l'eau dans la section de contrôle dépasse la section triangulaire, l'équation 8.40, également pour des considérations d'ordre géométrique, prend la forme :

$$Q = C_d\, C_v\, l\, \frac{2}{3} \sqrt{\frac{2g}{3}} \left(h - \frac{h_t}{2}\right)^{1,5} = 1{,}7\, C_d C_v l \left(h - \frac{h_t}{2}\right)^{1,5} \qquad (8.43)$$

Valable pour $h > 1{,}25\, h_t$.

8.44 - Chute libre dans un canal

Toutes les fois que l'on dispose d'une chute libre dans un canal, celle-ci peut servir pour la mesure des débits (fig. 8.33).

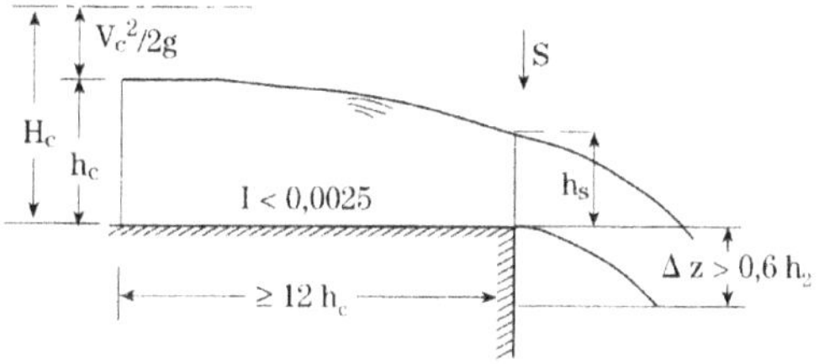

Fig. 8.33

a) *Canal rectangulaire sans contraction latérale* – En amont de la section de chute, dans une zone où il y a encore parallélisme des lignes de courant, l'écoulement s'opère en régime critique, et l'on a alors $h_c = 2\backslash 3\ H_c$. Si l'on prend comme coefficient de Coriolis $\alpha = 1$, on aura $Q = l\sqrt{g}\, h_c^{3/2}$.(Voir formule du régime critique n° 6.6.).

Dans la pratique, il est difficile de déterminer exactement la section où l'écoulement atteint le régime critique ; il est plus facile au moyen d'une pointe ou d'une règle, de mesurer la hauteur d'eau, exactement dans la section *s* correspondant à l'arête de chute.

Les expériences de Rouse (1936), confirmées par d'autres expérimentateurs, ont montré que $h_s = 0{,}175\ h_c$.

Ainsi, le débit sera donné par :

$$Q = l\sqrt{g}\left(\frac{h_S}{0{,}715}\right)^{3/2} \qquad (8.44)$$

Si la valeur de h_s est mesurée au milieu du canal, l'erreur est de l'ordre de 2% à 3% ; les côtés du canal doivent être parallèles et l'arête de chute doit être bien définie et perpendiculaire à l'écoulement. La longueur du canal d'approche doit être supérieure à 12 h_c et sa pente, dans ce tronçon, doit être, de préférence, nulle, et ne doit pas dépasser, en tout cas, 0,0025. La hauteur d'eau doit être telle que $h_s > 0{,}03$ cm ; la chute ΔZ doit être plus grande que 0,6 h_c. La largeur du canal doit être $l > 3\ h_c$ et non inférieure à 0,30 m.

b) *Chute libre dans un canal trapézoïdal avec section de contrôle rectangulaire*

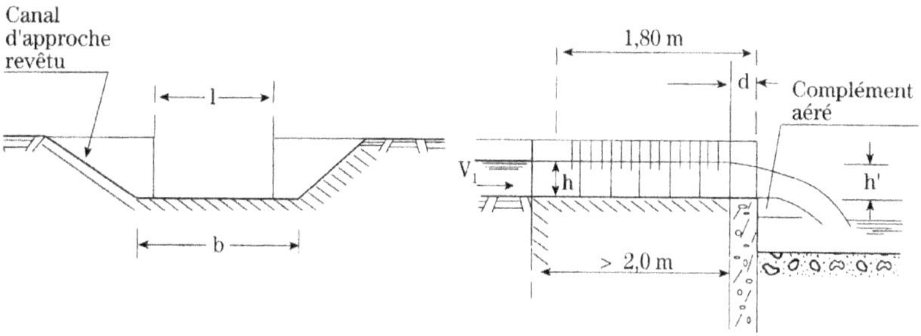

Fig. 8.34

Le débit est donné par la formule :

$$Q = C_d\, C_v\, \frac{2}{3}\left[\frac{2}{3}\, g\right]^{0,5} l\, h^{3/2} = k\, l\, h^{3/2}$$

La valeur de $K = C_d \, C_v \, \dfrac{2}{3} \left(\dfrac{2}{3} \, g \right)^{0,5}$ est donnée par l'abaque 199 en $m^{1/2}/s$.

On recommande $0,09 \text{ m} < h < 0,90 \text{ m}$; $b = 1,25 \, l$: $h' / h < 0,20$.

G – DÉVERSOIRS À SEUIL COURT

8.45 - Généralités

Nous désignerons par *seuils courts* les seuils qui, n'étant pas à arête vive, ne sont pas suffisamment épais pour que puisse s'y établir le parallélisme des lignes de courant et, en conséquent, une distribution hydrostatique des pressions.

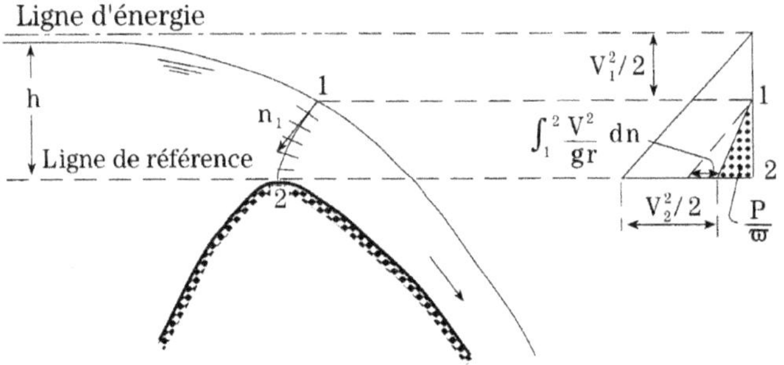

Fig. 8.35

La figure 8.35 représente la distribution des vitesses dans un seuil de grande courbure. En effet, suivant la normale à l'écoulement, la 2ᵉ équation d'Euler (voir n° 2.29) s'écrit :

$$\frac{\partial}{\partial n} \left(\frac{P}{\varpi} + z \right) = - \frac{V^2}{gr} \tag{8.45}$$

Intégrant cette équation entre le point 1 et le point 2 (fig. 8.35), on constate que la baisse de pression piézométrique entre les deux points est :

$$\Delta \left(\frac{P}{\varpi} + z \right) = \frac{1}{g} \int_1^2 \frac{V^2}{r} \, dn \tag{8.46}$$

Autrement dit, la distribution des pressions n'est pas hydrostatique.

Par un raisonnement identique à celui que nous avons fait à propos du seuil épais, toutes les fois que le régime critique survient sur le seuil, d'un point de vue pratique, le débit déversé peut être donné par une expression équivalente à 8.40.

Cependant, étant donné la distribution des pressions, le coefficient C_d est supérieur à celui des seuils épais, et peut donner origine, sur le seuil, à des pressions inférieures à la pression atmosphérique.

(Voir n° 6.31 à 6.36 - Déversoirs de crues)

8.46 - Déversoirs à seuil court dans des canaux rectangulaires sans contraction latérale

a) *Profil trapézoïdal et triangulaire* – La formule ci-dessous est valable pour les profils trapézoïdaux et triangulaires.

$$Q = \mu\, l \sqrt{2g}\, h^{3/2} \tag{8.47}$$

Les valeurs des coefficients de débit pour cette formule sont indiquées sur les tables 200 et 201.

b) *Profil Crump* – Le profil "Crump" est un cas particulier du profil triangulaire, sans contraction latérale, avec parement d'amont incliné à 2/1 (hor./vert.) et le profil d'aval incliné à 5/1 ou à 2/1, sur lequel Crump[(1)] a procédé à des essais systématiques.

Le débit est donné par l'expression :

$$Q = C_d\, C_v\, \frac{2}{3} \sqrt{2g}\, l\, h_e^{5/2} = 2{,}95\, C_d C_v\, l\, h_e^{5/2} \tag{8.48}$$

Les valeurs de C_d et C_v sont données par l'abaque 203 ; h_e est une hauteur équivalente qui tient compte des effets secondaires résultant de la viscosité et de la tension superficielle. Cette rigueur ne se justifie que pour des mesures en laboratoire de grande précision et n'a aucun sens pour des mesures sur le terrain.

c) *Profil circulaire* – Le coefficient de débit des seuils à profil circulaire (fig. 8.36) est donné par l'expression suivante, que l'on doit à *Fawer* :

$$\mu = 0{,}385 + 0{,}085\, \frac{H_1}{r} - 0{,}01 \left(\frac{H_1}{r}\right)^2 \tag{8.49}$$

où H_1 = charge totale sur le seuil ; r = rayon de courbure du seuil.

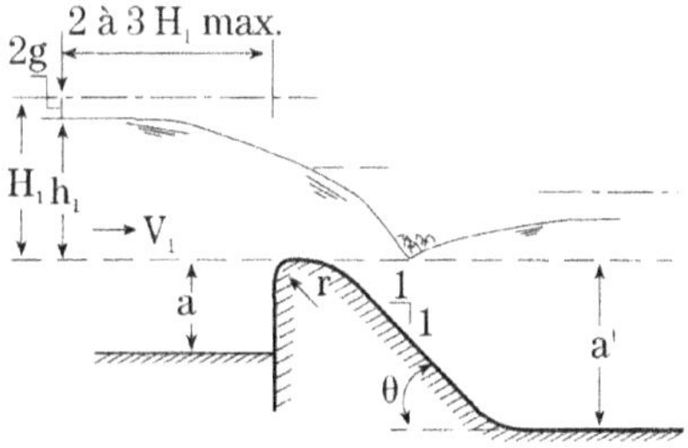

Fig. 8.36

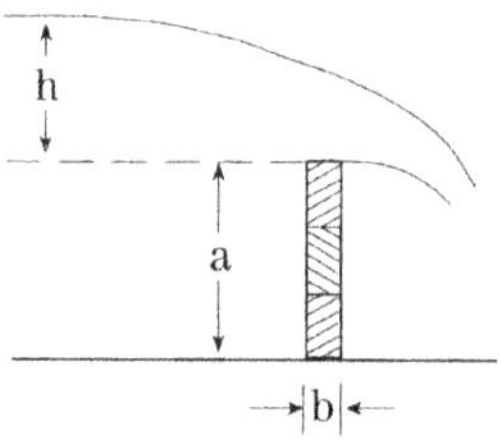

Fig 8.37

d) *Profils courbes divers* – En général, seule une étude sur modèle réduit permettra de fixer le coefficient de débit. Cependant, à titre indicatif,

(1) Crump, E.S. – *A new method of gauging stream flow with little afflux by means of a submerged weir of triangular profile.* Proc. Inst. Civil Engineers. March 1952.

nous présentons la table 202.

e) *Seuils WES* – Les seuils WES étudiés en 6.32 peuvent également servir pour la mesure des débits.

f) *Profil défini par des poutres* – Un profil défini par des poutres (fig. 8.37) est classé de la manière suivante :

Si $h > 2b$: déversoir en mince paroi ;

Si $h < 1,5\ b$: déversoir à seuil épais ;

Si $1,5\ b < h < 2b$: déversoir où l'on peut observer les deux types d'écoulement.

La formule de la Société Belge des Mécaniciens permet de calculer le débit dans ce type de déversoirs :

$$Q = \mu\, l \sqrt{2g}\, h^{3/2} \qquad (8.50)$$

$$\mu = 0{,}41067 \left(1 + \frac{1{,}8 \times 10^{-3}}{h}\right) \left[1 + 0{,}55 \left(\frac{h}{h + a}\right)^2\right] \left(0{,}7 + 0{,}185\ \frac{h}{b}\right) \qquad (8.50a)$$

Limites d'application :

$0{,}1 \leqslant h \leqslant 0{,}8$ m

$0{,}3 \leqslant a \leqslant 1{,}5$ m et $h \leqslant a$

$0{,}03 \leqslant b \leqslant 0{,}23$ m.

H – CANAUX VENTURI. MESUREUR PARSHALL

8.47 - Canaux Venturi Longs

Par analogie avec les tubes Venturi (voir n° 8.14), on désigne par *canal Venturi* un dispositif pour mesurer les débits dans les canaux, en réalisant une réduction de section, par rétrécissement, par surélévation du fond ou par les deux moyens.

Nous nous limiterons à donner des indications sur les *canaux Venturi longs*, où la section contractée, qui est la section de contrôle, est suffisamment longue pour que s'y établisse le parallélisme des lignes de courant (fig. 8.38).

Le tronçon, de longueur L, de la section de contrôle doit être horizontal. Les transitions d'entrée, en amont doivent être suffisamment longues pour qu'il n'y ait pas de séparation, ni latéralement ni sur le fond. Cette transition pourra être faite au moyen de surfaces planes de pente 1/3 ou au moyen de surfaces cylindriques, de rayon r d'environ $2\ h_{max}$.

Même dans le cas où la transition en amont est faite par des cylindres, il convient d'utiliser en aval des plans de raccordement.

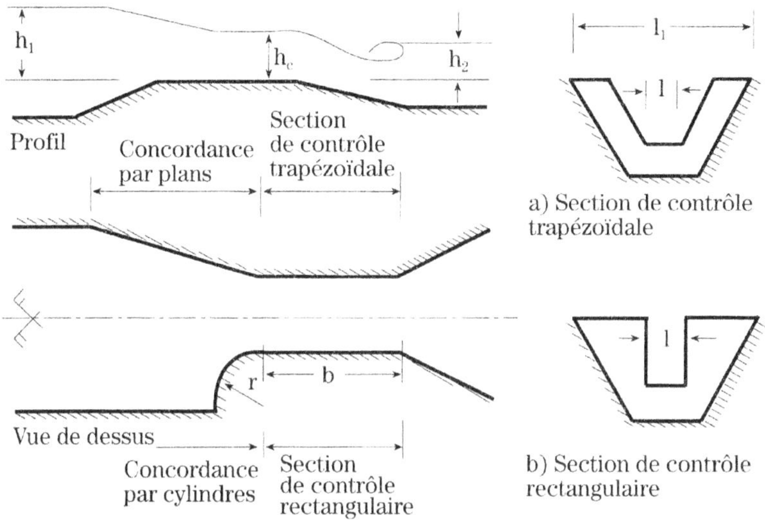

Fig. 8.38

Les débits sont donnés par les formules suivantes :

a) *Section de contrôle rectangulaire*

$$Q = C_\mathrm{d}\, C_\mathrm{v}\, \frac{2}{3} \sqrt{\frac{2}{3} g}\; l\, h_1^{3/2} = 1{,}7\, C_\mathrm{d} C_\mathrm{v}\, l\, h_1^{3/2} \tag{8.51}$$

La valeur de C_v est donnée par l'abaque 196 ; la valeur de C_d par la table 204a.

b) *Section de contrôle trapézoïdale*

$$Q = C_d\, (l\, h_c + m\, h_c^2) \sqrt{2g\,(H_1 - h_c)} \tag{8.52}$$

La valeur de C_d est donnée par la table 204a, la valeur de h_c par la table 204b.

L'erreur de mesure résultant des formules est, approximativement :

$$\epsilon \simeq \pm\, 2\,(2l - 20\, C_d) \tag{8.52a}$$

Les limites d'application sont les suivantes : $h \geq 0{,}06$ m ; $h \geq 0{,}1\, l$: $\mathbf{F}_\mathrm{r} = U \sqrt{g h_\mathrm{m}} \leq 0{,}5$, où $h_\mathrm{m} = S \,/\, l$; $0{,}1 \leq H \,/\, l \leq 1{,}0$; $l \geq 0{,}30$ m ; $l \geq H_M$; $l > 1/5$; dans le cas d'un déversoir triangulaire, la largeur minimale de la surface d'eau dans la section de contrôle doit être supérieure à 0,20 m.

8.48 - Mesureurs Parshall

Les *mesureurs Parshall* sont du type canaux Venturi, normalisés et étalonnés par Parshall (1922), d'où leur nom.

La table 205 donne les caractéristiques géométriques des mesureurs Parshall de 24,4 mm (1") à 15,240 m (50').

Le débit est donné par l'expression

$$Q = K h^u \tag{8.53}$$

La table 206 indique les limites d'application, les valeurs de K et de u de la formule précédente.

Quand le rapport h'/h dépasse la valeur donnée par la table 206, le débit déversé est réduit en raison de la submergence. Les valeurs données par la formule précédente seront réduites d'une valeur ΔQ donnée par l'abaque 207.

L'erreur probable est d'environ 3 % pour l'écoulement dénoyé. Pour l'écoulement noyé, la précision diminue et, au-dessus d'une submergence de 95 %, les valeurs ne sont pas fiables.

La perte de charge provoquée par le “Parshall” est supérieure à la différence $h-h'$. L'abaque 209 indique les pertes de charge pour des “Parshall” supérieurs ou égaux à 6", pour des valeurs inférieures, il n'y a pas de données disponibles.

BIBLIOGRAPHIE

1 – ADDISON, H. - *Hydraulic Measurements*. Chapman and Hall Ltd. London, 1949.

2 – A.S.M.E. - *Fluid Meters*. - American Society of Mechanical Engineers, New-York, 1937.

3 – I.S.A. - *Rules for Measuring the Flow of Fluids by Means of Nozzles and Orifice Plates*. Bulletin 9.

4 – I.S.O. - *Proposition de rédaction d'une norme internationale de mesure de débit des fluides au moyen de diaphragmes, tuyères ou tubes de Venturi*, 1954.

5 – LANSFORD, W. - *The Use of an Elbow in a Pipe for Determining the Rate of Flow in the Pipe*. University of Illinois. Bulletin n° 289, December 1936.

6 – LINFORD, A. - *Flow Measurements and Meters*. E. and F.N. Spon Ltd. London, 1949.

7 – MARANGONI, C. - *Prove su Venturimetri Unificati I.S.A.* La ricerca Scientifica, Leglio, Agosto, 1940.

8 – MARCHETTI, M. - *Considerazioni sulle perdite di Carico Dovute à Bochelli e Diaframmi di Misura*. Instituto di Idraulica e Construzioni Idrauliche. Milano 1953.

9 – GENTILINI, B. - *Efflusso dalle Luci Soggiacenti alle paratoie Piane Inclinate e a Settore*. Memorie e Studi dell'Instituto di Idrauliche e Construzioni Idrauliche, Milano, 1941.

10 – MARCHETTI, M. - *Efflusso da Lancie e Bocchelli Anticendi*. Memorie e Studi dell'Instituto di Idraulica e Construzioni Idrauliche. Milano, 1947.

11 – ROUSE, H. - *Engineering Hydraulics*. Chapman and Hall, Limited. London, 1950.

12 – ILRI, (International Institute for Land Reclamation and improvement) - *Discharge Measurement Structures*. Wageningen, Netherlands, 1976.

13 – LEVIN, L. - *Formulaire des conduites forcées, oléoducs et conduits d'aération*. Dunod, Paris, 1968.

14 – UNITED STATES DEPARTMENT OF THE INTERIOR - *Water Measurement Manual* – Bureau of Reclamation. 2e édition – 1967.

15 – TROSKOLANSKY, A. - *Théorie et pratique des mesures hydrauliques*. (Éd. Dunod-Paris).

16 – ACKERS, P., WHITE, W., PERKINS, J., E HARRISON, A. - *Weirs and flumes for flow measurement*. Éd. John Wiley and Sons. 1978.

17 – SCHLAG, A. - *La normalisation internationale des méthodes de mesure de débit*. La tribune du Cebedeau. n° 327, vol. 24, 1971. Édition Cebedoc, Liège.

18 – AWWA - *Selection, Installation, Testing and Maintenance*, 1973.

CHAPITRE NEUF

POMPES CENTRIFUGES

9.1 - Définition et classification

On appelle *pompe* une machine hydraulique capable d'élever la pression d'un fluide, autrement dit, de lui communiquer de l'énergie.

Dans les *pompes centrifuges*(1) l'augmentation de pression résulte du recours à la force centrifuge imprimée au fluide par une *roue* ou *propulseur* qui se meut à l'intérieur d'un *corps de pompe*, qui oriente le fluide, de l'entrée à la sortie.

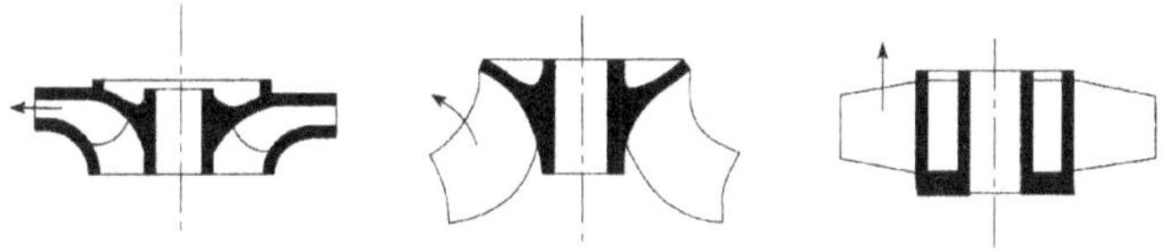

a) b) c)

Fig. 9.1

Quant à la forme de la roue, il existe essentiellement trois types de pompes :

1 – *Les pompes centrifuges proprement dites, ou à écoulement radial* – Dans ces pompes, la pression est développée principalement par l'action de la force centrifuge. Le liquide entre axialement par le centre et sort radialement par la périphérie. Si l'entrée se fait par un seul côté, on dit que ces pompes sont à *simple aspiration* (fig. 9.1a). Si l'entrée se fait par les deux côtés, on dit qu'elles sont à *double aspiration*. Ce type de pompe s'adapte principalement aux grandes hauteurs d'élévation.

(1) Outre les *pompes centrifuges*, il existe les *pompes rotatives* et les *pompes alternatives*.

2 – *Pompes à écoulement semi-axial* – La pression est développée en partie par la force centrifuge et en partie par l'action d'aspiration des aubes sur le liquide. Le liquide arrive axialement et sort dans une direction intermédiaire entre la direction axiale et la direction radiale (fig. 9.1b). Ce type de pompe est spécialement indiqué pour des hauteurs d'élévation moyennes.

3 – *Pompes à écoulement axial* – La pression est développée surtout par l'action d'aspiration. Le débit arrive axialement et sort presque axialement. Ce type de pompe s'adapte bien aux faibles hauteurs d'élévation.

Dans les pompes à écoulement radial ou mixte la roue peut être *ouverte* (fig. 9.1b) ou *fermée* (fig. 9.1a).

Quant à la forme du corps de pompe, existent essentiellement les types de pompes suivants :

Fig. 9.2

1 – *Pompes à volute ou colimaçon* : corps de pompe dessiné de façon à maintenir les vitesses égales autour de la roue et à réduire la vitesse de l'eau dans le passage à la section de sortie (fig. 9.2a).

2 – *À diffuseur circulaire ou du type turbine* : corps de pompe à section constante et concentrique à la roue, qui dans ce cas est entourée d'aubes fixes qui dirigent l'écoulement et réduisent la vitesse de l'eau, transformant l'énergie cinétique en énergie potentielle de pression (fig. 9.2b).

En ce qui concerne le nombre de roues, on peut diviser les pompes en deux catégories :

1 – Pompes à un seul étage, lorsqu'il n'y a qu'une roue ;
2 – Pompes multicellulaires, lorsqu'il y a plus d'une roue ;

Les pompes multicellulaires peuvent être reliées *en série* ou *en parallèle* (voir n° 9.11 et 9.12). Il peut y avoir aussi des séries d'étages reliés en parallèle : dans ce cas, la liaison est mixte.

Quant à la position de l'axe, les pompes sont classées en pompes à *axe horizontal*, à *axe vertical* et à *axe incliné.*

Les pompes à axe vertical peuvent être à *corps suspendu*, ce qui permet un montage en submersion, la pompe étant suspendue à un tuyau vertical qui sort de la conduite de refoulement, à l'intérieur de laquelle passe l'arbre de la pompe ; ou bien à *corps appuyé*, dans ce cas la pompe est montée en chambre sèche.

Dans les pompes à corps suspendu, ou bien l'impulseur est seulement immergé, et le moteur est relié à l'arbre en dehors de l'eau ; ou bien le moteur est également immergé.

En ce qui concerne le sens de rotation, les pompes peuvent être classées en pompes à sens direct et pompes à sens inverse.

Pour déterminer le sens de rotation d'une pompe à axe horizontal, il faut regarder la pompe du côté du moteur qui l'actionne : si l'axe tourne dans le sens des aiguilles d'une montre, la pompe est à sens inverse. Dans le cas contraire, elle est à sens direct. Pour déterminer le sens de rotation d'une pompe à axe vertical, il faut la regarder de haut en bas.

Les pompes centrifuges sont caractérisées par le *débit*, par la *hauteur d'élévation*, par la *charge absolue à l'aspiration au-dessus de la tension de la vapeur*, par la *puissance* et le *rendement*, par la *vitesse de rotation* et par la *vitesse spécifique*.

9.2 - Débit

Le *débit* est le volume de liquide pompé par unité de temps. Il est généralement mesuré en mètres cubes par seconde, ou en litres par seconde. Nous le représentons par Q.

9.3 - Hauteur d'élévation

La *hauteur d'élévation* est l'augmentation de pression que la pompe peut communiquer au fluide. On l'exprime habituellement en mètres de hauteur du liquide ou en *Newtons* par centimètre carré. Nous la représentons par H.

Conformément à la figure 9.3, nous adopterons les symboles suivants :

Z_1 – Cote de la surface libre dans le réservoir d'aspiration ;

Z_2 – Cote de la surface libre dans le réservoir de refoulement (si les surfaces libres des réservoirs de refoulement ou d'aspiration ne sont pas à la pression atmosphérique, Z_1 et Z_2 seront les cotes atteintes par le liquide dans des tubes piézométriques branchés sur les réservoirs).

Z_b – Cote de l'axe de la pompe, si les pompes sont à axe horizontal ; cote de la section d'entrée, si les pompes sont à axe vertical.

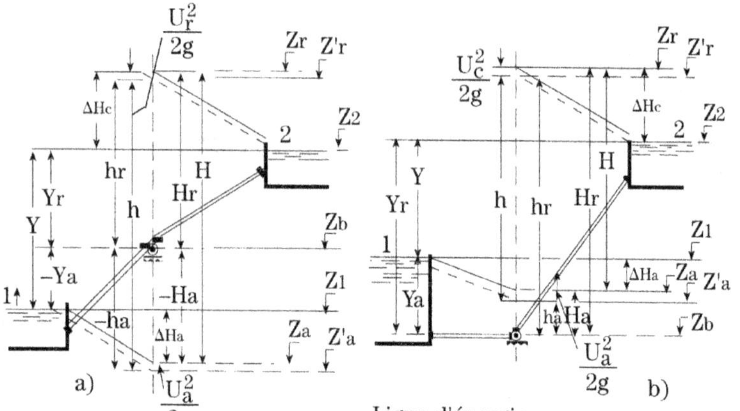

Fig. 9.3

Z_a – Cote de la ligne de charge relative à la bride d'aspiration de la pompe.

Z_r – Cote de la ligne de charge relative à la bride de refoulement de la pompe.

Z'_a – Cote de la ligne piézométrique relative à la bride d'aspiration.

Z'_r – Cote de la ligne piézométrique relative à la bride de refoulement.

$Y_a = Z_1 - Z_b$ – *Hauteur géométrique* ou charge statique, d'aspiration. Négative dans le schéma *a* ; positive dans le schéma *b*.

$Y_r = Z_2 - Z_b$ – *Hauteur géométrique* ou charge statique de refoulements.

$h_a = Z'_a - Z_b$ – *Hauteur manométrique d'aspiration* : indication d'un manomètre placé sur la bride d'entrée de la pompe, par rapport au plan horizontal de cote Z_b, exprimée en colonne de liquide. Négative dans le schéma *a* et positive dans le schéma *b*.

$h_r = Z'_r - Z_b$ – *Hauteur manométrique de refoulement* : indication d'un manomètre placé sur la bride de refoulement, par rapport au plan Z_b, exprimée en colonne de liquide.

$h = Z'_r - Z'_a$ – *Hauteur manométrique totale* : indication d'un manomètre différentiel placé entre les brides d'entrée et de sortie, exprimée en colonne de liquide.

U_a – Vitesse dans la section d'entrée de la pompe.

U_r – Vitesse dans la section de sortie de la pompe.

$\dfrac{U_a^2}{2g}$ – Charge cinétique dans la section d'entrée.

$\dfrac{U_r^2}{2g}$ – Charge cinétique dans la section de sortie.

$H_a = Z_a - Z_b = h_a + \dfrac{U_a^2}{2g}$ – *Hauteur totale d'aspiration*[1]. Négative dans le schéma *a*. Positive dans le schéma *b*.

$H_r = Z_r - Z_b = h_r + \dfrac{U_r^2}{2g}$ – *Hauteur totale* ou *charge totale au refoulement.*

$H = Z_r - Z_a$ – *Hauteur totale ou charge totale.*

$\Delta H_a = Z_1 - Z_a$ – Pertes de charge singulières et continues, dans la conduite d'aspiration.

$\Delta H_r = Z_r - Z_2$ – Pertes de charge singulières et continues, dans la conduite de refoulement.

Ces diverses grandeurs sont liées par les relations suivantes :

$$Y = Y_r - Y_a \tag{9.1}$$

$$h = h_r - h_a \tag{9.2}$$

$$H = H_r - H_a \tag{9.3}$$

$$\text{Si } U_a = U_r, \quad \text{on a aussi} \quad h = H \tag{9.3a}$$

9.4 - Pression absolue minimale admissible à l'aspiration

La charge absolue à l'aspiration est la différence entre la hauteur totale d'aspiration, *rapportée à la pression absolue*, et la tension de la vapeur du liquide. On la représente par H_o[2]. Elle sera alors définie, en mètres, par la relation :

$$H_o = p_o + H_a - h_v \tag{9.4}$$

où :

p_o = pression atmosphérique en m,

H_a = hauteur totale d'aspiration en m : négative dans le schéma *a* ; positive dans le schéma *b* (fig. 9.3),

h_v = tension de vapeur en m,

Si p_o et h_v sont exprimés en Pa, on aura alors, en représentant par ϖ, le poids spécifique du liquide en N/m³.

$$H_o = \frac{p_o - h_v}{\varpi} + H_a \tag{9.4a}$$

Pour éviter les phénomènes de cavitation dans les pompes, et pour éviter le désamorçage, la charge H_o ne peut être inférieure à une valeur limite, dite "pression absolue maximale admissible à l'aspiration" (ou N.P.S.H.[3]

(1) Désignée dans la littérature anglaise par "*total suction lift*", dans le cas du schéma *a* ; et par "*total suction head*", dans le cas du schéma *b*.

(2) Dans la littérature anglaise, cette valeur H_o est désignée par "*net positive suction head* – N P S H".

(3) Par rapport à la pression atmosphérique normale.

requis). Cette valeur qui dépend de la vitesse spécifique de la pompe (voir § 9.9) est une caractéristique de chaque pompe en général fournie par le constructeur.

Exemples : 1) Une pompe élève de l'eau à la température de 4°C et à la pression atmosphérique de 760 mm de mercure (p_o = 1,013 × 10^5 Pa ; ϖ = 9 810 N/m^3). La lecture d'un manomètre[(1)] branché sur la conduite d'aspiration, ramenée à l'axe de la pompe, est $h_a = -0{,}2 \times 10^5$ Pa ; la vitesse dans la section d'aspiration est U_a = 1,5 m/s.

Déterminer la charge nette absolue à l'aspiration, H_o.

On a :

$$h_a = -2{,}00 \times 10^5 \text{ Pa} = -2{,}04 \text{ m de colonne d'eau}$$

$$\frac{U^2_a}{2g} = \frac{1{,}5^2}{2g} = 0{,}11 \text{ m}$$

$$H_a = h_a + \frac{U_a^2}{2g} = -2{,}04 + 0{,}11 \simeq -1{,}93 \text{ m}$$

$$p_o = 10{,}13 \times 10^5 \text{ Pa} = \frac{101\,300}{9\,810} \text{ m} \simeq 10{,}33 \text{ de colonne d'eau}$$

h_v = 0,08 m (table 10).

D'où :

$$H_o = 10{,}13 - 1{,}93 - 0{,}08 = 8{,}12 \text{ m.}$$

2) Une pompe élève de l'eau chaude à 80°C (ϖ = 9 533 N/m^3 et h_v = 4,83 m – tableau 10) à l'altitude de 1 000 m (p_o = 0,893 × 10^5 Pa – tableau 16). La lecture d'un manomètre branché sur la conduite d'aspiration, ramenée à l'axe de la pompe, est $h_a = 0{,}1 \times 10^5$ Pa[(2)]. La vitesse dans la section d'aspiration est U_a = 1,5 m/s. Déterminer la charge nette absolue H_o.

On a :

$$h_a = 1{,}00 \text{ N/cm}^2 = \frac{10\,000}{9\,533} = 1{,}05 \text{ m de colonne d'eau à } 80° \text{ C.}$$

$$\frac{U^2_a}{2g} = 0{,}11 \text{ m}$$

$$H_a = h_a + \frac{U^2_a}{2g} = 1{,}05 + 0{,}11 = 1{,}16 \text{ m de colonne d'eau à } 80° \text{ C.}$$

$$p_o = 8{,}93 \text{ N/cm}^2 = \frac{89\,300}{9\,533} = 9{,}37 \text{ de colonne d'eau à } 80° \text{ C.}$$

h_v = 4,83 m

D'où :

$$H_o = 9{,}37 + 1{,}16 - 4{,}83 = 5{,}7 \text{ m.}$$

Notons que, bien que, dans la conduite d'aspiration, les pressions relatives soient plus grandes dans l'exemple 2 que dans l'exemple 1, la charge nette absolue est plus faible dans l'exemple 2 que dans l'exemple 1. C'est pourquoi, dans les installations d'eau chaude (T > 70° C) ou de liquides très volatils, il faut toujours adopter des dispositions du type *b* (fig. 9.3), afin

(1) Par rapport à la pression atmosphérique normale.

(2) Rapportée à la pression atmosphérique normale.

d'éviter la cavitation, ou même le désamorçage de la pompe.

9.5 - Puissances et rendements

On utilise habituellement les diverses grandeurs définies ci-dessous.

Puissance utile de la pompe – P_u : puissance correspondant au travail réalisé par la pompe. Q étant le débit pompé en m³/s et H la hauteur totale en mètres, on peut écrire, avec ϖ exprimé en N/m³.

$$P_u = \varpi QH \text{ (en W)} = \frac{\varpi QH}{736} \text{ (en CV)} = \frac{\varpi QH}{1\,000} \text{ (en kW)} \qquad (9.5)$$

Puissance absorbée par la pompe – P_a : Puissance fournie sur l'axe de la pompe.

Rendement de la pompe – $\eta = \frac{P_u}{P_a}$: rapport de la puissance utile à la puissance absorbée. Donc :

$$P_a = \frac{\varpi QH}{1\,000\,\eta} \text{ (en kW)} \qquad (9.5a)$$

De même, on peut définir la puissance utile du moteur P'_u, le puissance absorbée par le moteur P'_a et le rendement du moteur η'. Dans le cas d'une transmission rigide : $P_a = P'_u$. Dans le cas d'une transmission par courroie, en représentant par η'' le rendement de la transmission $P_a = \eta'' P'_u$.

À titre d'exemple, indiquons les valeurs suivantes de rendements considérés comme bons pour les pompes centrifuges :

	Basse pression		Haute pression			Fort débit		
Q (l/s)	3	25	2	25	100	150	1 000	2 000
η %	56	78	53	81	84	86	90	91

Cependant, le rendement est sensiblement inférieur pour des liquides à viscosité élevée ou même modérée. On observe alors une augmentation de la puissance absorbée, une réduction de la charge et une diminution sensible du débit. Toutes les fois qu'on veut connaître plus en détail ces quantités, il faut procéder à des essais préalables avec le liquide visqueux à pomper.

9.6 - Vitesse de rotation

La vitesse de rotation n est le nombre de tours effectués par la pompe dans l'unité de temps. Sa valeur a une influence appréciable sur le fonctionnement de la pompe.

Les règles générales suivantes sont valables :

1 – Les débits Q sont proportionnels à la vitesse de rotation n :

$$\frac{Q}{Q'} \simeq \frac{n}{n'} \qquad (9.6)$$

2 – Les hauteurs H varient proportionnellement au carré de la vitesse :

$$\frac{H}{H'} \simeq \left(\frac{n}{n'}\right)^2 \tag{9.7}$$

3 – La puissance absorbée varie proportionnellement au cube de la vitesse :

$$\frac{P_a}{P'_a} \simeq \left(\frac{n}{n'}\right)^3 \tag{9.8}$$

4 – Le rendement est pratiquement indépendant de la vitesse de rotation. On peut donc écrire :

$$\frac{P_a}{P'_a} \simeq \left(\frac{H}{H'}\right)^{3/2} \simeq \left(\frac{Q}{Q'}\right)^3 \simeq \left(\frac{n}{n'}\right)^3 \tag{9.9}$$

9.7 - Diagramme en colline. Champ d'application

La surface qui établit la relation entre le rendement η, le débit Q et la hauteur d'élévation H a la forme d'une *colline*. Le point de rendement maximal correspond aux valeurs nominales de la pompe Q_o, H_o, P_o, n_o. La représentation de la variation de η en fonction de Q et H prend l'aspect de la figure 9.4, qui est présentée sous la forme adimensionnelle. Sur le même graphique est présentée une famille des courbes H (Q), où le paramètre défini est la vitesse de rotation n.

On peut écrire : $$H = an^2 + bnQ + cQ^2 \tag{9.10}$$

où a, b et c peuvent être déterminés à partir de 3 points connus de cette courbe H (Q).

On désigne habituellement cet ensemble par "*collines de rendement ou collines d'essai*".

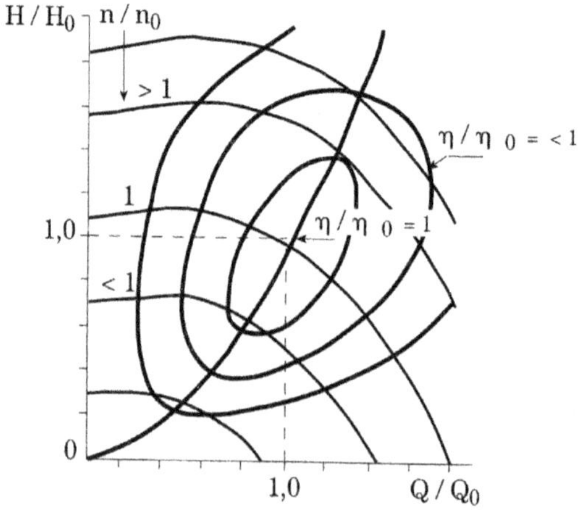

Fig. 9.4

Pour résoudre un cas concret, il peut arriver que l'on ne trouve pas sur le marché de pompes de fabrication normalisée dont les valeurs nominales coïncident avec celles que l'on désire. Les conditions de fonctionnement elles-mêmes peuvent varier, soit par suite de la variation de la hauteur manométrique – ce qui est le cas le plus courant –, soit par suite de la variation du débit.

On définit donc, pour chaque pompe, une zone d'utilisation, indiquée également par les constructeurs, de manière à limiter la baisse de rendement, à éviter la cavitation et à garantir la stabilité, au cas où la courbe (Q, H) serait instable.

9.8 - Vitesse spécifique

La vitesse spécifique n_s est la vitesse de rotation d'une pompe géométriquement semblable qui, avec une charge totale égale à l'unité, élèverait l'unité de débit[1].

L'expression de n_s sera donc :

$$n_s = n \frac{\sqrt{Q}}{H^{3/4}} \tag{9.10}$$

La vitesse spécifique est la même pour toutes les pompes semblables, et, pour une même pompe, elle ne varie pas avec la vitesse de rotation.

Quand on utilise la vitesse spécifique pour caractériser un type de pompe, il faut calculer cette vitesse pour le point de rendement optimal.

Pour une pompe multicellulaire, on prend la hauteur d'élévation de chaque étage pour calculer la vitesse spécifique. De même, si l'on veut comparer les vitesses spécifiques d'une pompe à aspiration double et d'une pompe à aspiration simple, il faut diviser par 2 le débit de la première, ou bien diviser sa vitesse spécifique par $\sqrt{2}$.

L'analyse de la formule (9.10) montre que, dans des conditions égales de hauteur et de débit, les pompes de plus grande vitesse spécifique sont plus rapides et, en conséquence, plus petites ; de même, pour des valeurs égales de vitesse de rotation et de débit, les pompes de plus grande vitesse spécifique fonctionneront avec une hauteur d'élévation plus petite, ou bien, pour la même vitesse et la même hauteur, elles fonctionneront avec des débits plus élevés.

La valeur numérique de n_s varie suivant les unités adoptés pour n, Q et H.

Dans le Système International, on exprime Q en m^3/s et H en mètres ; n devrait être exprimé en tours par seconde. Cependant, dans la pratique, il est coutume de l'exprimer en tours par minute. Ainsi, nous indiquons les valeurs suivantes :

---

(1) On peut également définir comme vitesse caractéristique le nombre de tours donné par une pompe géométriquement semblable qui absorbe l'unité de puissance quand la charge totale est égale à l'unité.

$$n_s = \frac{n\,(\text{tr/mn})\,\sqrt{Q\,(\text{m}^3/\text{s})}}{H^{3/4}\,(\text{m}^{3/4})} \qquad (9.11)$$

Pour n_s inférieur à 70 ou 80, les pompes sont à *écoulement radial à aspiration simple* (fig. 9.1a). Pour n_s entre 70 à 80 jusqu'à près de 120, les pompes sont à écoulement radial à double aspiration. Pour des valeurs de n_s entre 120 et 150-170, les pompes sont à *écoulement semi-radial*. Pour des valeurs de n_s supérieures, les pompes sont à *écoulement axial* (fig. 9.1e). Il s'agit, en général, de pompes de fort débit et faible hauteur d'élévation. Toutefois cette classification n'est pas rigoureuse.

9.9 - Limites d'aspiration

Le paramètre qui traduit le mieux la possibilité de fonctionnement d'une pompe, au point de vue aspiration, est la vitesse spécifique, conjointement avec la charge nette absolue à l'aspiration.

Une pompe à vitesse spécifique faible, fonctionne mieux pour les grandes hauteurs d'aspiration qu'une autre à vitesse plus grande.

Pour les très grandes hauteurs d'aspiration, il faut parfois employer des pompes plus lentes et plus grandes ; au contraire, avec de faibles hauteurs d'aspiration ou des charges positives à l'aspiration, on doit augmenter la vitesse et employer une pompe plus petite, donc moins chère.

Une augmentation de vitesse, dans certaines conditions d'aspiration, provoque des perturbations dans le fonctionnement de la pompe.

Le tableau 211 indique la limite supérieure admissible de la vitesse spécifique, en fonction de la hauteur totale H et de la hauteur d'aspiration H_a.

Les valeurs indiquées correspondent à l'eau claire, à la pression normale et à 30°C. On peut cependant les utiliser pour d'autres températures ou pressions, ou même pour d'autres liquides, en tenant compte de ce que chaque H_a représente une certaine charge nette absolue (voir le § 9.4).

En effet, la tension de vapeur d'eau à 30°C est égale à $4{,}2 \times 10^3$ Pa, c'est-à-dire 0,43 m de colonne de liquide. La dépression maximale que l'eau peut subir à cette température et cette pression est égale à $101{,}3 - 4{,}2 = 97{,}1 \times 10^3$ Pa, qui est équivalente à une colonne de liquide de 9,9 m. Ainsi, à une hauteur d'aspiration H'_a donnée (avec le signe algébrique conforme à la figure 9.3), équivaut une charge nette absolue égale à :

$$H_o = h_o - h_v - H'_a = 9{,}9 + H'_a \qquad (9.12)$$

Ainsi, pour un liquide déterminé à une température et pression données, on détermine la valeur de H_o (n° 9.4). La hauteur d'aspiration à employer sur le tableau 211 n'est pas la valeur de H_a correspondant à l'installation de pompage, mais la valeur de H'_a, qui, le liquide étant de l'eau à 30°C, amènerait à la même valeur H_o, c'est-à-dire :

$$H'_a = H_o - 9{,}9 \qquad (9.12a)$$

Exemple : Dans les conditions de l'exemple 2 du n° 9.4, déterminer la vitesse spécifique optimale, pour une charge totale $H = 100$ m. D'après l'exemple, $H_a = 1{,}14$ m, $H_o = 5{,}7$ m. La valeur de H'_a équivalente à l'eau à 30°C à la pression normale est donc :

$$H'_a = 5{,}7 - 9{,}9 = -4{,}2 \text{ m}$$

Le tableau 211, pour $H_a = -4{,}2$ m et $H = 100$ m, donne $n_s \simeq 22$ si on adopte une pompe à écoulement radial à aspiration simple.

9.10 - Courbes caractéristiques. Point de fonctionnement

Les relations entre le débit Q, la hauteur totale H, la puissance absorbée P_a et le rendement η sont données par les *courbes caractéristiques* des pompes à n constant.

On établit ordinairement les courbes caractéristiques suivantes (fig. 9.5) :

Courbe (I) – Courbe des hauteurs totales H en fonction des débits ;

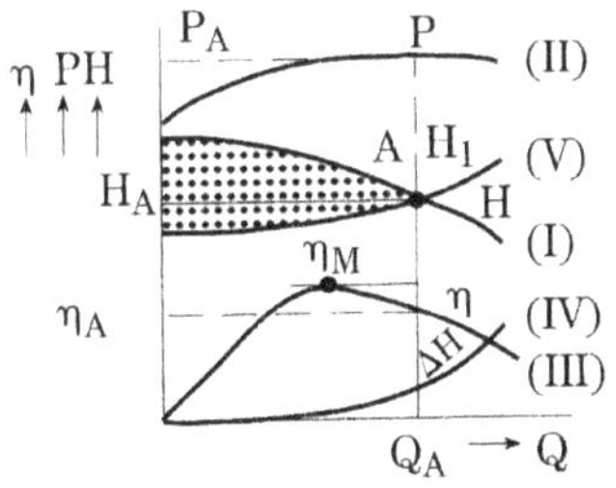

Fig. 9.5

Courbe (II) – Courbe des puissances absorbées P en fonction des débits,

Courbe (III) – Courbe des rendements η en fonction des débits.

Les courbes caractéristiques de la pompe sont utilisées conjointement avec les *courbes caractéristiques de l'installation* (fig. 9.5) :

Courbe (IV) – Courbes des pertes de charges totales ΔH (pertes linéaires et pertes singulières, dans l'installation) en fonction des débits. Ces pertes de charge sont calculées suivant les indications données au chapitre sur les écoulements en charge.

Courbe (V) – Courbes $H_1 = Y + \Delta H$ en fonction des débits. Cette courbe est obtenue à partir de la précédente, en ajoutant à ΔH le terme Y correspondant à la hauteur géométrique totale.

Les courbes caractéristiques une fois dessinées, on obtient le point de fonctionnement de la pompe par intersection de la courbe (*V*) avec la courbe (*I*) ; ce point *A*, défini par (H_A, Q_A), équivaut à une certaine puissance absorbée P_A et à un rendement η_A déterminé.

Si toute la courbe (*I*) est située au-dessous de la courbe (*V*), la pompe ne peut pas convenir à l'installation définie par (*V*), et par conséquent elle n'élève aucun débit.

Il faut tenir compte, en outre, des remarques suivantes, d'un caractère général (voir [**2**]) :

1 – Le point correspondant à $Q = 0$, de la courbe (*I*) (caractéristique de la pompe), doit être au-dessus du point correspondant à $Q = 0$, de la courbe (*V*), caractéristique de l'installation.

2 – La région comprise entre l'axe vertical et les courbes (*I*) et (*V*) (aire hachurée de la figure 9.5) doit avoir la plus grande surface possible, compatible avec un bon fonctionnement.

3 – Le régime de la pompe est d'autant plus stable que le rayon de courbure des courbes (*I*) et (*V*) est plus grand.

4 – Le point de fonctionnement doit se situer un peu au-delà du point de rendement maximum D_M, pour tenir compte d'une diminution éventuelle de débit due au vieillissement de l'installation.

La figure 9.6 montre, à titre d'exemple, les formes-types des courbes *Q* (*H*), en prenant comme paramètres les vitesses spécifiques.

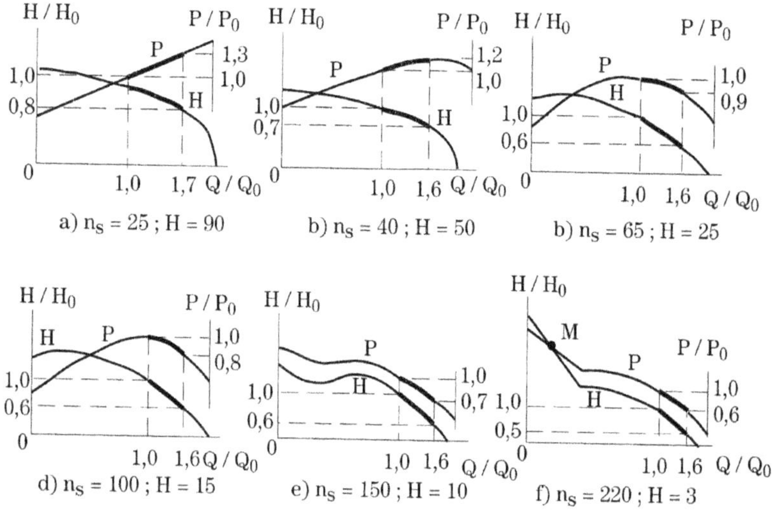

Fig. 9.6

On représente par Q_o, H_o et P_o, les valeurs correspondant au point de fonctionnement nominal auquel correspond le rendement maximal. Sur chacune des courbes est signalée, en trait plein, une zone de fonctionnement où le rendement ne descend pas de plus de 5 % au-dessous de la valeur maximale.

À propos des diverses formes possibles des courbes caractéristiques des pompes, nous ferons les remarques suivantes (fig. 9.7) :

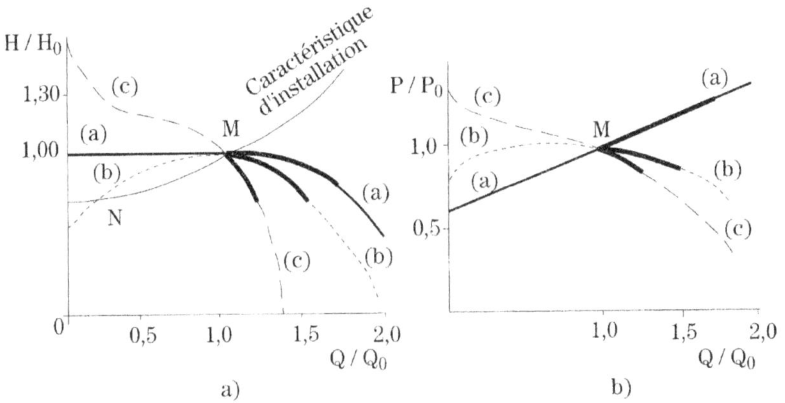

Fig. 9.7

– En ce qui concerne *la stabilité dans le fonctionnement*, si la courbe caractéristique de l'installation ne coupe la courbe H (Q) qu'en *un seul point* M, le fonctionnement sera *stable*, courbes a et c. Si la courbe caractéristique de l'installation coupe la courbe H (Q) en *deux points*, N et M – courbe b – seul sera stable le fonctionnement correspondant au point M ; en effet, en N, si le débit augmente, H augmente également, ce qui provoque une nouvelle augmentation de débit dans le système, et ainsi de suite, jusqu'à ce que le point de fonctionnement se déplace jusqu'en M. Au contraire, si le débit baisse au-dessous du débit correspondant au point N, la hauteur d'élévation de la pompe sera inférieure à celle qui est exigée par le système, ce qui réduira encore plus le débit et la pompe tombera au point $Q = 0$, situation à laquelle on ne pourra remédier qu'au moyen d'un dispositif spécial, que nous décrirons plus loin. De même, le fonctionnement sera instable si les deux points M et N sont très rapprochés ou si la courbe caractéristique de l'installation est tangente ou presque tangente à la courbe H (Q).

– En ce qui concerne le *démarrage*, il s'opèrera sans difficulté dans le cas a, avec la vanne de refoulement fermée ($Q = 0$), ce à quoi correspond la valeur minimale de puissance. Au contraire, dans le cas c, le démarrage devra être effectué avec la vanne ouverte, étant donné que les puissances augmentent quand le débit diminue.

Dans le cas b, le démarrage est impossible, étant donné que, pour $Q = 0$, la hauteur d'élévation est supérieure à celle que la pompe peut atteindre pour le même débit. Dans ce cas, le démarrage ne sera possible que si l'on crée un *by-pass* entre le refoulement (avant la vanne) et l'aspiration de la pompe ; celle-ci démarre avec le *by-pass* ouvert, en conséquence avec une hauteur plus faible ; on ouvre ensuite la vanne de refoulement et on ferme la vanne de *by-pass*.

En ce qui concerne le *rendement*, la courbe η (Q) est relativement plate pour les pompes radiales ; pour les pompes axiales, la zone de rendement acceptable est très petite, ce qui exige une attention spéciale dans le choix du point de fonctionnement de la pompe. D'une manière générale, la valeur maximale possible du rendement diminue avec n_s.

9.11 - Couplage de pompes en parallèle

Considérons plusieurs pompes couplées en parallèle, trois par exemple (fig. 9.8), dont les courbes $H = f(Q)$ sont respectivement (1), (2) et (3) ; on obtient la courbe correspondant à l'ensemble (courbe (1) + (2) + (3)) en additionnant les abscisses des courbes H individuelles. Le point de fonctionnement A est l'intersection de la courbe, ainsi, obtenue, avec la courbe H_1 caractéristique de l'installation. On obtient le débit élevé par chaque pompe en menant une horizontale par le point A et en déterminant son intersection avec chacune des courbes (1), (2), (3).

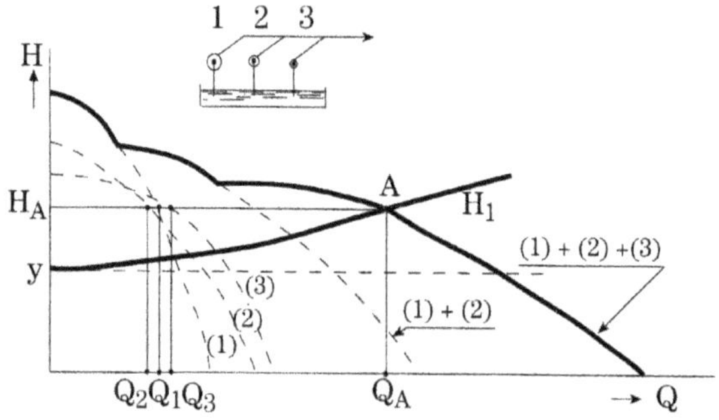

Fig. 9.8

Le débit total sera la somme des débits des différentes pompes :

$$Q = Q_1 + Q_2 + Q_3 \tag{9.13}$$

La charge totale est égale à H_A pour chacune des pompes et pour l'ensemble.

Dans le couplage en parallèle, le débit total est toujours inférieur à la somme des débits de chacune des pompes fonctionnant séparément.

Si la courbe $Q(H)$ des pompes est du type b indiqué sur la figure 9.7a, le couplage en parallèle peut soulever des problèmes. En effet, il peut arriver (fig. 9.9a) que la caractéristique $Q(H)$ du parallèle soit plus défavorable encore que la caractéristique de cette pompe isolée. En effet, les points de fonctionnement MN d'une seule pompe peuvent donner origine, dans un couplage en parallèle, aux points $M'N'$ plus rapprochés, ce qui augmente encore l'instabilité.

À la limite, il peut arriver que la courbe caractéristique résultant du couplage ne coupe plus la courbe caractéristique de l'installation, autrement dit, que le couplage de la seconde pompe entraîne l'arrêt de fonctionnement de l'ensemble.

C'est pourquoi on ne doit utiliser que des pompes avec des courbes caractéristiques de ce type que si l'on connaît parfaitement les conditions dans lesquelles elles vont fonctionner.

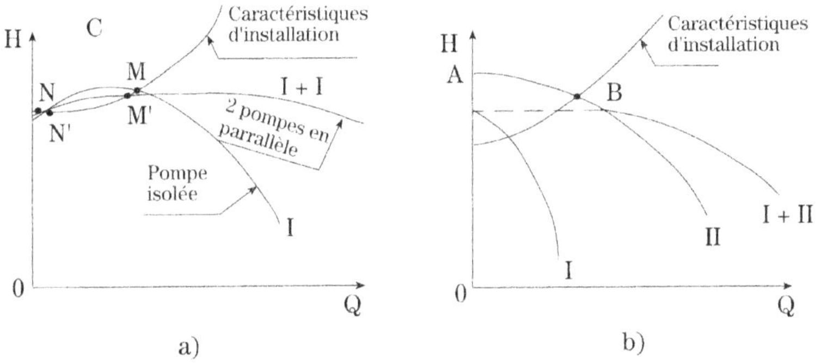

Fig. 9.9

La figure 9.9b montre un autre couplage en parallèle effectué dans de mauvaises conditions. Entre A et B, seule une pompe débite ; l'autre tourne à vide (sans débit), ce qui risque d'endommager la pompe.

9.12 - Couplage de pompes en série

Dans ce cas, la courbe H de l'ensemble est obtenue en additionnant les ordonnées des courbes H correspondant à chacune des pompes (fig. 9.10).

On obtient le point de fonctionnement A, par intersection de la courbe H de l'ensemble avec la courbe H_1, caractéristique de l'installation.

Le débit de toutes les pompes est évidemment le même et égal à Q_A.

Les hauteurs d'élévation sont respectivement H_1, H_2 et H_3. On doit remarquer, cependant, que le couplage de pompes en série peut offrir des difficultés considérables ; en effet, la pompe (3) est construite pour subir une pression inférieure à la pression à laquelle elle sera réellement soumise.

C'est pourquoi, en général, il vaut mieux employer des pompes multicellulaires au lieu de pompes en série.

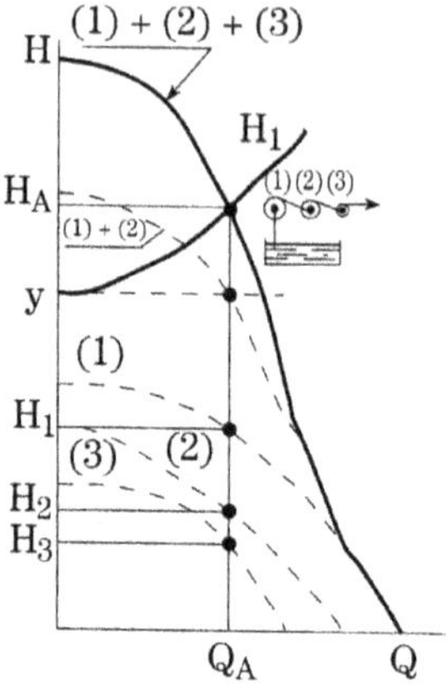

Fig. 9.10

En effet, une *pompe multicellulaire* est un couplage en série de plusieurs *roues* montées sur le même *arbre* ; les courbes caractéristiques sont obtenues d'une manière identique à celle que nous avons décrite précédemment, à partir de la courbe caractéristique de chaque impulseur. Le rendement de la pompe augmente, en général, avec le nombre d'étages (cellules) jusqu'à une certaine limite, ce qui s'explique par la réduction proportionnelle du frottement sur les coussinets, qui est approximativement le même pour un ou plusieurs étages (cellules). À partir d'un certain nombre d'étages (cellules), cette réduction n'est plus significative.

Cependant, il peut arriver que les pompes doivent être placées en série, *espacées les unes des autres*.

La figure 9.11, représente un couplage en série de deux pompes éloignées. On peut recourir à cette solution, pour réduire la pression dans la canalisation, pression qui serait plus forte si l'on n'utilisait qu'une seule pompe (fig. 9.11a), soit pour augmenter la capacité de transport d'une conduite déjà existante (fig. 9.11b).

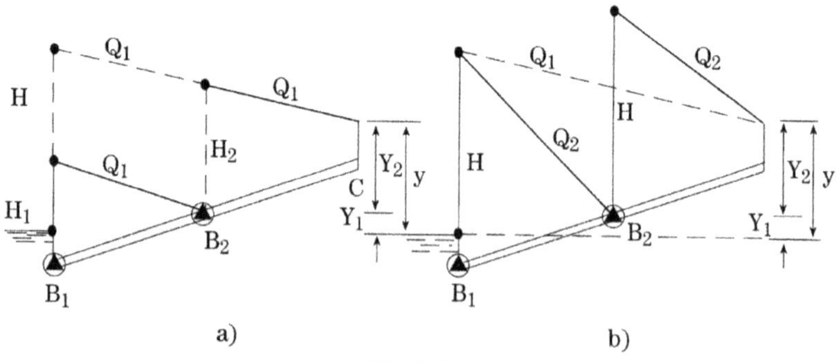

Fig. 9.11

Dans le premier cas, on obtient des pressions maximales, H_1 et H_2 dans la conduite, inférieures à la pression H correspondant à l'utilisation d'une seule pompe pour transporter le même débit.

Dans le second cas, en intercalant la pompe 2, il a été possible d'élever le débit, de sa valeur initiale Q_1 à une valeur $Q_2 > Q_1$.

Le couplage en série de pompes éloignées exige cependant une attention spéciale en ce qui concerne les hauteurs géométriques, y, de chaque pompe. Considérons, par exemple, le cas de deux pompes avec des courbes caractéristiques B_1 et B_2, différentes et deux tronçons de canalisation en amont et en aval de B_2 avec des courbes caractéristiques, I_1 et I_2, aussi différentes. On connaît la hauteur totale d'élévation Y.

Comme on l'a vu, la valeur totale du débit résulte alors de l'intersection de la courbe caractéristique de la série $(B_1 + B_2)$ avec la courbe caractéristique de l'installation $(Y + I_1 + I_2)$. Connaissant le débit, on connaît la hauteur manometrique H_1, à laquelle correspond une hauteur d'élévation $Y_1 = H_1 - I_1$. Dans la pratique, on déplace la courbe I_1 suivant l'axe H, jusqu'à ce qu'elle coupe la courbe B_1, au point auquel correspond le débit Q, et on lit, sur l'axe h, la valeur de Y_1.

On procède de même pour Y_2, ou bien on calcule Y_2 par simple différence : $Y_2 = Y - Y_1$.

9.13 - Couplage en série-parallèle

Le couplage en parallèle de plusieurs séries est obtenu en traçant la courbe $H = f(Q)$ de chaque série, comme il est indiqué au n° 9.10, et en additionnant les abscisses de ces courbes, comme indiqué au n° 9.11. Un cas habituel est le couplage en parallèle de plusieurs pompes multicellulaires.

Le couplage en série de pompes travaillant en parallèle est effectué en traçant tout d'abord les courbes correspondant aux différents couplages en parallèle, comme il est indiqué au n° 9.11, et en établissant ensuite les séries, comme il est indiqué en 9.12.

9.14 - Conditions de démarrage

Comme on le sait, la puissance P d'une machine rotative est donnée par la formule $P = nC$, où n est le nombre de rotations et C le couple mécanique. Dans le système international, les unités sont : n, tours par seconde – tr/s ; et C, Newton mètre – Nm. On aura donc P en Nm/s.

Voyons comment varient n et C durant le démarrage, jusqu'à ce que soit atteinte la vitesse de régime, en principe la vitesse nominale n_o.

Durant la période de démarrage, le couple de démarrage doit être suffisant : pour vaincre les frottements sur les coussinets, les garnitures, etc ; pour vaincre l'inertie de la pompe ; pour accroître la puissance de la pompe durant l'accélération jusqu'à ce que soit atteinte la valeur P_o du régime nominal.

Comme nous l'avons vu précédemment, dans les pompes radiales, la puissance est minimale pour un débit nul ; dans les pompes axiales, la puissance est maximale pour un débit nul. Dans ces conditions, il convient que les premières démarrent la vanne de refoulement fermée ($Q = 0$) et les secondes la vanne de refoulement ouverte.

Sur la figure 9.12 sont représentées deux courbes-types du rapport entre (C / C_o) et (n / n_o) durant le démarrage des pompes à écoulement radial.

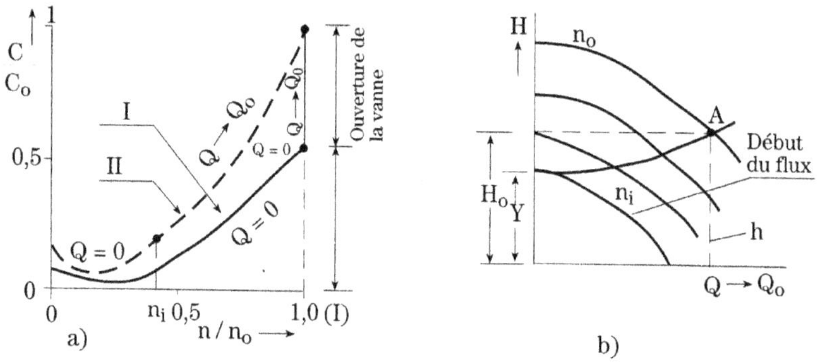

Fig. 9.12

– La courbe *I* correspond au démarrage *avec vanne fermée* ; le couple de démarrage C s'élève à près de 0,55 de sa valeur nominale C_o, jusqu'à ce que la pompe atteigne la vitesse $n = n_o$; la puissance maximale au démarrage correspond à la valeur minimale de puissance de la courbe caractéristique $P(H)$, qui est atteinte pour $Q = 0$; puis la vanne s'ouvre, l'écoulement commence, le débit augmente jusqu'au débit de régime Q_o, et il en est de même de la puissance, qui atteint sa valeur P_o.

– La courbe *II* correspond au démarrage de la même pompe avec la vanne ouverte. La vitesse augmente jusqu'à une valeur n_o, pour laquelle H atteint la valeur Y de la hauteur géométrique, où est créée une pression qui permet le début de l'écoulement (fig. 9.12b) ; puis, la vitesse s'élève jusqu'à n_o, jusqu'au point de régime (H_o Q_o). Le couple de démarrage est supérieur à celui qui se produirait si la vanne était fermée.

Au contraire, dans une pompe axiale, le couple de démarrage avec vanne fermée serait très supérieur à celui qui correspond à la vanne ouverte et pourrait même dépasser, de 30 % à 40 %, le couple correspondant au fonctionnement nominal. Il faut donc démarrer avec la vanne ouverte : le phénomène est qualitativement identique à celui que nous avons décrit précédemment pour le cas de la pompe radiale avec vanne ouverte.

9.15 - Conditions du moteur

Le moteur d'entraînement d'une pompe centrifuge doit satisfaire non seulement aux conditions de fonctionnement nominal, mais encore aux conditions de démarrage. Ainsi, le couple de démarrage du moteur doit toujours être supérieur au couple de démarrage de la pompe.

Un moteur triphasé, comme on le sait, peut démarrer avec branchement en étoile (Y) ou en triangle (Δ). La figure 9.13a montre les caractéristiques du couple de démarrage (C) d'un moteur avec rotor en court-circuit, branché en étoile et en triangle. On y représente également le couple de démarrage d'une pompe avec vanne ouverte. Le démarrage étoile-triangle débute avec le moteur relié en étoile, jusqu'à un point (point 1 du diagramme) où le couple du moteur se rapproche du couple de la pompe, bien qu'il lui soit toujours supérieur.

À ce point, il est branché en triangle (point 2), et la pompe atteint sa vitesse nominale (point 3).

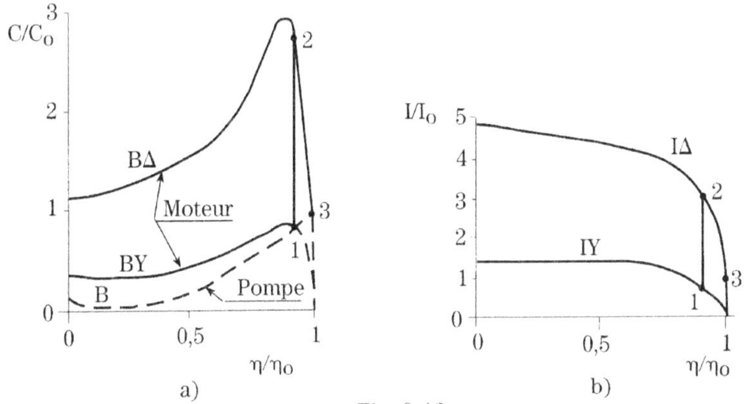

Fig. 9.13

Sur la figure 9.13b est représenté le diagramme de l'intensité de courant nécessaire pour assurer le démarrage. On peut voir que le démarrage en triangle (démarrage direct sur le réseau) absorbe une intensité très supérieure à la valeur nominale, bien que de faible durée. Les points 1, 2 et 3 correspondent à ceux du diagramme des couples.

Pour des pompes de grande puissance, on aura toujours recours à des spécialistes.

9.16 - Installation, exploitation et entretien

Si une pompe centrifuge est installée dans des conditions satisfaisantes et si son exploitation et son entretien sont correctement effectués, elle pourra fonctionner assez longtemps sans avaries. Il faut, en particulier, prendre les précautions suivantes :

1 – La pompe doit être placée aussi près que possible du liquide à pomper, afin d'éviter d'augmenter la hauteur d'aspiration.

Dans la conduite d'aspiration, on doit éviter les coudes et autres singularités qui augmentent les pertes de charge.

2 – La pompe doit être protégée contre les inondations. Le moteur électrique doit être installé dans un endroit sec (sauf quand il s'agit de pompes submersibles).

3 – La fondation doit être suffisamment solide pour assurer un bon alignement du groupe électro-pompe.

4 – Le groupe électro-pompe doit être fixé et mis de niveau, avant d'être relié aux tuyauteries d'aspiration et de refoulement. On doit fixer celles-ci à leurs brides respectives sans forcer sur la pompe, de façon que les boulons ne servent qu'à assurer le serrage des dispositifs d'étanchéité. Ainsi les supports des tuyauteries d'aspiration et de refoulement doivent être très proches de la pompe.

5 – On doit monter, sur la conduite de refoulement, une vanne de manœuvre pour le démarrage et l'arrêt. Il est recommandé, surtout pour les pompes à écoulement radial, de fermer la vanne avant d'arrêter le moteur, notamment quand la pompe est soumise à une forte charge statique.

6 – Entre la vanne de manœuvre et la pompe, on doit installer un clapet anti-retour ou un dispositif quelconque, pour protéger la pompe en cas d'arrêt brusque du moteur (voir chapitre 10).

7 – La tuyauterie d'aspiration doit être exempte de rentrées d'air, surtout lorsque la hauteur d'aspiration est importante. Elle ne doit être jamais complètement horizontale ; elle doit toujours présenter une pente faiblement ascendante vers la pompe. Il faut absolument éviter les points hauts.

8 – Si l'on doit interposer un convergent, celui-ci doit être à brides non concentriques (fig. 9.14) afin d'éviter la formation de poches d'air dans la partie supérieure.

9 – Si un coude est nécessaire à l'amont de l'aspiration, il faut utiliser un coude de grand rayon. On doit aussi éliminer tous les rétrécissements sur la tuyauterie d'aspiration.

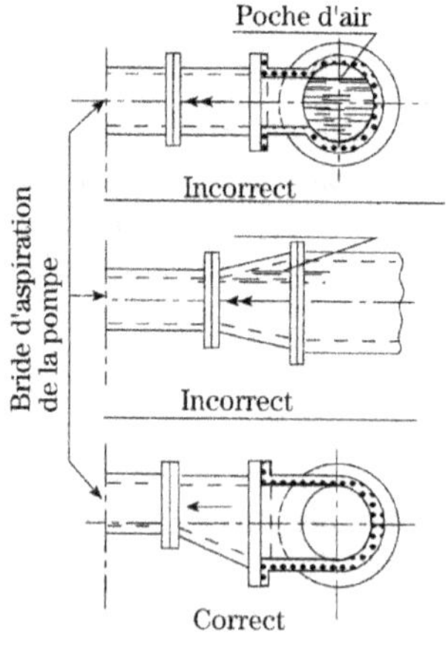

Fig. 9.14

10 – Si la hauteur d'aspiration n'est pas très importante, on recommande l'emploi d'un clapet de pied, qui doit présenter une section de passage au moins égale à la section de la conduite d'aspiration.

11 – On doit éviter l'entrée de corps étrangers dans la tuyauterie d'aspiration (sauf dans le cas de pompes spécialement adaptées). Dans ce but, on doit prévoir l'emploi d'un système de crépine ou de grille. On doit donner à ces éléments une section utile au moins égale à la section de la tuyauterie d'aspiration et telle que la vitesse à travers cette section ne dépasse pas 0,60 m/s environ.

12 – Avant le démarrage de la pompe, il faut effectuer le graissage suivant les instructions du constructeur.

13 – On doit s'assurer aussi que la pompe est amorcée (conduite d'aspiration et pompe pleines d'eau) avant de la mettre en marche. Dans le cas contraire, on pourrait endommager certains organes dont le bon fonctionnement nécessite une lubrification par l'eau. Il ne faut en aucun cas mettre en marche une pompe désamorcée.

14 – Comme nous l'avons vu, la puissance nécessaire au démarrage d'une pompe à écoulement radial, sous une charge élevée ou moyenne, diminue lorsque la vanne de refoulement est fermée. Il faut donc fermer cette vanne avant le démarrage.

Cependant, cet effet est moins marqué dans les pompes à vitesse spécifiquement élevée. Dans les pompes hélico-centrifuges, la puissance nécessaire lorsque la vanne est fermée, peut être égale ou même supérieure à la puissance nécessaire lorsque la vanne est ouverte.

Dans les pompes à écoulement axial, on doit mettre la pompe en marche avec la vanne de refoulement ouverte.

15 – On ne doit pas serrer trop fortement les presse-étoupes de la pompe. Dans les conditions de serrage optimum, les presse-étoupes laissent couler l'eau goutte à goutte.

9.17 - Avaries

Nous résumons ci-dessous les principales avaries des pompes et leurs causes les plus fréquentes :

1 – *Pas de débit* : pompe désamorcée ; vitesse trop faible ; hauteurs d'aspiration ou de refoulement exagérées ; roue complètement engorgée ; sens de rotation inversé.

2 – *Débit insuffisant* : poches d'air dans l'aspiration ou le corps de pompe ; vitesse faible ; hauteur de refoulement excessive ; hauteur d'aspiration exagérée ou charge nette absolue insuffisante ; roue partiellement engorgée ; défauts mécaniques ou roue endommagée ; clapet de pied trop petit ou insuffisamment immergé ; sens de rotation inversé.

3 – *Pression insuffisante* : vitesse insuffisante ; de l'air ou des gaz dans le liquide ; défauts mécaniques ou roue endommagée ; diamètre de la roue trop petit ; sens de rotation inversé.

4 – *Perte dans l'aspiration après une période de fonctionnement satisfaisant* : rentrées d'air dans la conduite d'aspiration ; engorgement de l'aspiration ; hauteur d'aspiration excessive ou charge nette absolue insuffisante ; de l'air ou des gaz dans le liquide ; usure des presse-étoupe.

5 – *Consommation excessive d'énergie* : charge inférieure à la charge prévue, provoquant le pompage d'un débit exagéré ; poids spécifique ou viscosité du liquide trop élevés ; défauts mécaniques tels que gauchissement de l'axe : pièces en rotation trop serrées.

9.18 - Éléments à fournir au constructeur ou au vendeur pour le choix d'une pompe centrifuge

Dans les cas usuels, il convient de fournir les indications suivantes :

1 – Schéma de l'installation, coté, dans la mesure du possible, conformément à la figure 9.3.

2 – Liquide à pomper (nom usuel). Débit désiré.

3 – Principaux agents corrosifs : acide sulfurique, acide chlorhydrique, etc. (pour le cas de mélanges, en définir les pourcentages).

4 – pH, dans le cas des solutions aqueuses.

5 – Impuretés et autres éléments non indiqués en 3 (sels métalliques ou substances organiques, même en pourcentage très faible).

6 – Poids spécifique de la solution à une température déterminée.

7 – Températures maximum, minimum et normale.

8 – Tension de vapeur aux températures précédentes.

9 – Viscosité.

10 – Air dissous dans le liquide (sans air, avec un peu d'air ou saturé).

11 – Autres gaz dissous (en p.p.m. ou en cm^3 par litre).

12 – Solides en suspension (poids spécifique, quantité, diamètre des particules, caractéristiques de dureté).

13 – Type d'utilisation (continue, intermittente ou autre).

14 – Préciser si l'attaque du métal est ou non indésirable.

15 – Décrire des essais préalables éventuellement réalisés.

16 – Indiquer ce que l'on considère comme durée économique (parfois un remplacement fréquent des pompes peut être plus économique que le montage d'une pompe très chère).

BIBLIOGRAPHIE

1 – ADDISON, H. - *A treatise on applied hydraulics.* Chapman and Hall Ltd., London, 1948.

2 – FOULQUIER, A. - *Exploitations des pompes centrifuges.* Revue générale de l'hydraulique n° 58, Juillet-Août 1950.

3 – HYDRAULIC INSTITUTE U.S.A. - *Standards of Hydraulic Institute.* New-York, 1955.

4 – MATTHIESSEN - *Bombas.* Editorial Labor S.A. Madrid 1954.

CHAPITRE DIX

RÉGIME TRANSITOIRE EN CHARGE[1] PROTECTION DES CONDUITES ÉLÉVATOIRES

A - ONDES ÉLASTIQUES. COUP DE BÉLIER

10.1 - Aspect qualitatif

Considérons une pompe qui, par l'intermédiaire d'une conduite *AB*, alimente un réservoir. Si le débit à travers la pompe est brusquement interrompu, la vanne-clapet placée immédiatement en aval (fig. 10.1a) se ferme et, de même, l'écoulement de la couche de liquide, immédiatement en aval de la vanne, cesse rapidement ; cependant, les couches voisines ont tendance à poursuivre leur mouvement et à s'écarter de la pompe, provoquant une réduction locale de la pression, ce qui entraîne la décompression du fluide et, en conséquence, la contraction de la conduite.

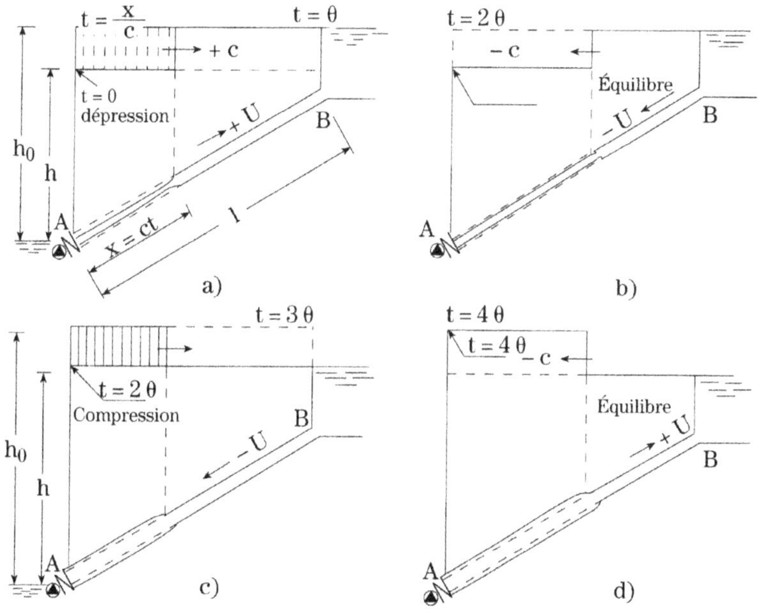

Fig. 10.1

(1) On entend par *régime transitoire*, le régime variable qui se produit au passage d'un régime permanent à un autre régime permanent. Le terme ne s'applique donc pas aux écoulements variables provoqués par l'action permanente d'une source perturbatrice, tels que ceux qui correspondent à la résonance hydraulique.

Ce phénomène crée une disponibilité temporaire de masse de liquide qui permet de maintenir en mouvement, durant quelques instants encore, la couche de fluide immédiatement en amont ; puis le mouvement cesse, la couche se décomprime et fournit un volume qui permet le mouvement de la couche suivante, et ainsi de suite.

Ainsi est engendrée une onde de dépression qui se propage dans la conduite à la vitesse des ondes élastiques, jusqu'à ce que toute la conduite soit soumise à la dépression ainsi engendrée. Soit c la célérité de propagation de cette onde ; celle-ci atteindra le réservoir au bout d'un temps, $\theta = l / c$, où l est la longueur de la conduite entre la pompe et le réservoir.

Il en résulte que, au bout du temps θ, la pression dans la section B, au passage de la conduite dans le réservoir, est inférieure à la pression dans le réservoir, ce qui provoque un écoulement en sens inverse, c'est-à-dire, du réservoir à la pompe. Cet écoulement rétablit la pression dans les couches successives de fluide antérieurement décomprimées, rétablissant l'état initial dans les sections successives de la conduite (fig. 10.1b). Cette onde d'équilibre se propage du réservoir à la vanne à la vitesse $- c$, et atteint la vanne dans le temps de 2 θ, à compter du début du phénomène. Étant donné que le mouvement du fluide s'opérait du réservoir à la pompe, la couche de fluide près de la pompe est obligée de s'arrêter. Cette réduction d'énergie cinétique a pour effet une augmentation locale de la pression, ce qui provoque une compression du fluide et une distension de la conduite. Ce processus conjugué de compression du fluide et de distension de la conduite est transmis au long de cette dernière jusqu'au réservoir, où il arrive au bout du temps 3 θ (fig. 10.1c).

Quand cette onde de surpression atteint le réservoir, comme la pression dans ce dernier est maintenant inférieure à la pression de la conduite, l'écoulement est inversé ce qui permet de revenir aux conditions initiales de pression et de vitesse, jusqu'à ce que, dans le temps 4 θ, cette onde atteigne la section de la pompe, et que soient créées les conditions pour que recommence tout le processus, avec une nouvelle onde de dépression (fig. 10.1d).

S'il n'y avait pas de pertes de charge, ce phénomène pulsatoire se poursuivrait indéfiniment. Cependant, sous l'effet des pertes de charge, les ondes de dépression et de compression sont progressivement amorties.

Cette situation d'arrêt brusque de la pompe est équivalente à celle de l'arrêt brusque d'une turbine, ou de la fermeture brusque d'une vanne, placées en amont d'une conduite de grande longueur.

Dans le cas de l'arrêt brusque d'une vanne placée en aval d'une conduite (cas généralement présenté dans les livres de la spécialité), ou bien de l'arrêt brusque d'une turbine placée en aval d'une conduite, la première onde serait une onde de surpression ; au bout du temps θ serait engendrée dans le réservoir une onde d'équilibre qui se propagerait jusqu'à la vanne, où elle arriverait dans le temps 2 θ, à ce moment-là prendrait naissance une onde de dépression, qui atteindrait le réservoir dans le temps 3 θ, suivie d'une onde d'équilibre, qui atteindrait la vanne dans le temps 4 θ, et le phénomène recommencerait.

Dans les considérations qui suivent, nous laisserons de côté la pompe ou la turbine, et nous exposerons les différents cas où peut s'établir le régime transitoire à la fermeture et à l'ouverture en amont ou en aval d'une conduite : l'arrêt d'une pompe (ou turbine) en amont correspondant qualitativement à une fermeture en amont, de même que le démarrage d'une pompe correspond à une ouverture en amont ; l'arrêt d'une turbine (ou pompe) en aval correspond qualitativement à une fermeture en aval ; son démarrage correspond à une ouverture en aval.

Les phénomènes transitoires étant extrêmement complexes, l'objectif du présent chapitre est de faciliter la compréhension physique du phénomène et de permettre la résolution de cas simples, ainsi que le prédimensionnement aux effets de la comparaison des solutions.

Pour le calcul du coup de bélier, on consultera, par exemple : [**1**], [**2**], [**3**], [**4**], [**5**].

10.2 - Célérité de l'onde élastique. Influence de la conduite

a) On considère, en première approximation, la vitesse de propagation de l'onde de pression comme une caractéristique du fluide écoulé et de la conduite.

Si l'on représente par ϵ le module d'élasticité cubique ou volumétrique du liquide, défini en 1.12 et par E le module d'élasticité[(1)] du matériau de la conduite, on aura, pour les conduites circulaires, libres d'obstacles :

$$c = \left[\rho\left(\frac{1}{\epsilon} + \frac{1}{E}\,\frac{d}{e}\right)\right]^{-1/2} \tag{10.1}$$

où d et e représentent le diamètre et l'épaisseur de la conduite. Dans le cas de l'eau, ces valeurs de ρ et de ϵ sont données par la table 10.

Dans le cas théorique d'une conduite indéformable, c'est-à-dire, où $E = +\infty$, on aurait $c = \sqrt{\epsilon/\rho}$, qui correspond à la vitesse de propagation du son dans l'eau ($\simeq$1 400 m/s).

La table 212 indique la valeur E pour différents matériaux.

Exemple :

Calculer la célérité de propagation de l'onde de pression, dans une conduite en acier normal $\left(E = 2{,}1 \times 10^{11}\ \text{N/m}^2\right)$, où s'écoule de l'eau à 20° C (ρ = 998 Kg/m^3 ; $\epsilon = 21{,}39 \times 10^8$ N/m^2) ; le diamètre de la conduite est de 0,5 m et l'épaisseur de 6 mm. On aura :

$$c = \left[998\left(\frac{1}{21{,}39 \times 10^8} + \frac{1}{2{,}1 \times 10^{11}} \times \frac{500}{6}\right)\right]^{-1/2} = 1\ 077\ \text{m/s}.$$

(1) Le module d'élasticité E est le rapport entre les tensions et les extensions, dans la phase élastique. Ses dimensions sont FL^{-2}.

b) Nous indiquons ci-dessous les formules qui donnent la valeur de c pour d'autres types de conduites(1).

1 – *Béton armé* – On adopte le module d'élasticité de l'acier et l'on utilise l'épaisseur fictive $e = e_m \left(1 + \frac{E_b}{E_m}\frac{e_b}{e_m}\right)$ où : e_b = épaisseur du béton ; e_m = épaisseur équivalente à la section totale du métal dans une section normale à l'axe de la conduite.

2 – *Conduite en acier insérée dans un tunnel en roche, avec injection de béton entre la conduite et le tunnel*

$$c = \left(\rho\left[\frac{1}{\epsilon} + \frac{d_a}{E_a e}(1 - \lambda)\right]\right)^{-1/2} \qquad (10.2)$$

On aura :

$$\lambda = \frac{d^2}{4eE_a} \times \left[\frac{d_a^2}{4eE_a} + \frac{d_b^2 - d_a^2}{4d_b E_b} + \frac{m+1}{2mE_r}d_a\right]^{-1} \qquad (10.2a)$$

où l / m est le coefficient de Poisson(2) de la roche. Les indices a, b et r se rapportent, respectivement, à l'acier, au béton et à la roche ; d_b est la valeur du diamètre extérieur du béton.

3 – *Tunnel creusé dans la roche*

$$c = \left[\rho\left(\frac{1}{\epsilon} + \frac{2}{E_r}\right)\right]^{-1/2} \qquad (10.3)$$

4 – *Conduite à parois épaisses* – On adopte l'expression (10.1) avec $\frac{d}{e}$ multiplié par le facteur ψ, défini par :

$$\psi = 2\frac{e}{d}\left(1 + \frac{1}{m}\right) + \left(1 + \frac{e}{d}\right)^{-1} \qquad (10.4)$$

5 – Si la conduite est constituée par des tronçons de caractéristiques différentes, on peut adopter, dans des calculs simplifiés, la valeur pondérée, de la manière suivante :

$$c = \frac{l}{\Sigma_i \, lc_i} \qquad (10.5)$$

où : c = célérité équivalente

l = longueur totale de la conduite

l_i, c_i = longueur et vitesse correspondant à chaque tronçon.

Pour une analyse plus rigoureuse, on aura recours aux livres de la spécialité, ou bien à des méthodes d'analyse tenant compte des différentes caractéristiques des tronçons.

---

(1) D'après [**1**].

(2) Le coefficient de Poisson est le rapport entre la contraction (ou extension) latérale unitaire et l'extension (ou contraction) axiale unitaire. Les déformations latérales sont mesurées sur un plan normal à la force.

c) Les valeurs précédentes se rapportent à des conduites circulaires. L'abaque 213 fournit des indications sur l'influence de la forme de la section transversale sur la valeur de c. On trouvera dans [**5**] et [**6**] des indications sur l'influence des matières solides, en suspension, et de l'air dissous.

10.3 - Analyse théorique du coup de bélier. Équations d'Allievi

L'application du théorème de la quantité de mouvement (voir n° 2.6) à un tronçon de conduite horizontal, et en admettant que les pertes de charge sont nulles, permet d'aboutir facilement à la première équation du mouvement[1], *équation de la dynamique* :

$$\frac{\partial U}{\partial t} + g\,\frac{\partial h}{\partial x} = 0 \tag{10.6}$$

où U est la vitesse ; h la cote piézométrique dans la conduite ($h = \frac{p}{\varpi} + z$) ; et x la variable, mesurée le long de l'axe de la conduite.

L'équation de continuité s'écrit :

$$\frac{\partial U}{\partial x} + \frac{g}{c^2}\,\frac{\partial h}{\partial t} = 0 \tag{10.7}$$

Dérivant les équations (10.6) et (10.7) par rapport à x et par rapport à t, on obtient le système d'équations différentielles suivant :

$$\begin{aligned} \frac{\partial^2 h}{\partial t^2} &= c^2\,\frac{\partial^2 h}{\partial x^2} \\ \frac{\partial^2 U}{\partial t^2} &= c^2\,\frac{\partial^2 U}{\partial x^2} \end{aligned} \tag{10.8}$$

connu sous le nom de système de l'équation des *cordes vibrantes*. L'intégration du système précédent conduit aux équations suivantes :

$$h - h_0 = F\left(t - \frac{x}{c}\right) + f\left(t + \frac{x}{c}\right) \tag{10.9}$$

$$U - U_0 = -\,\frac{g}{c}\left[F\left(t - \frac{x}{c}\right) + f\left(t + \frac{x}{c}\right)\right] \tag{10.9a}$$

F et f sont deux fonctions, dont l'expression dépend de la loi de variation des débits et des conditions aux limites.

L'interprétation de ces équations est facile, si l'on admet qu'un observateur se déplace le long de la conduite, dans le sens de l'écoulement, à la

(1) Consulter, par exemple, [**7**].

vitesse c ; l'espace parcouru par cet observateur sera $x = ct + b$, d'où $t - x / c = - b / c$ = constante. Dans ces conditions, pour cet observateur, si $(t - x / c)$ est constant, on aura également $F'(t - x / c)$ constant. Considérons un autre observateur qui se déplace dans le sens contraire à celui de l'écoulement, à une vitesse $- c$; pour cet observateur, on aura, suivant un raisonnement identique, f = constante. F et f représentent donc deux ondes, la première s'acheminant dans le sens de l'écoulement et la seconde s'acheminant dans le sens contraire.

Dans la plupart des cas pratiques, la fin de la conduite est un réservoir, R, dont les dimensions sont suffisamment grandes par rapport aux conduites, de telle sorte que la cote de l'eau dans ce réservoir ne se modifie pas, durant le phénomène du coup de bélier. *La courbe caractéristique* du réservoir, c'est-à-dire la courbe qui relie la charge, h, dans le réservoir au débit écoulé dans la conduite, est alors $h = h_0$ (constante). Autrement dit, au point B $(x = l)$, on aura toujours $h = h_0$, d'où, pour la première équation, $F(t - l / c) = - f(t + l / c)$.

Cette équation prouve que l'onde F est totalement réfléchie dans le réservoir donnant origine à une onde f égale et de signe contraire, comme l'avait d'ailleurs montré l'analyse qualitative du phénomène.

10.4 - Manœuvres rapides. Formule de Joukowsky

Nous avons considéré, jusqu'à présent, une manœuvre *instantanée*, c'est-à-dire, d'une durée $T = 0$, ce qui est physiquement impossible. Dans la réalité, la variation de débit (provoquée par l'arrêt d'une pompe, par exemple), se fait en un temps $T \neq 0$ et des ondes élémentaires sont engendrées, au fur et à mesure que s'opère l'arrêt.

On aura une *manœuvre rapide*, toutes les fois que le temps d'annulation du débit T sera inférieur ou égal à $2\, l / c = 2\,\theta$, autrement dit, inférieur ou égal au temps correspondant à l'allée et venue d'une onde élastique. Dans ces conditions, dans la section où est exécutée la manœuvre, on ne constate aucun effet de réduction de la dépression, résultant de l'apparition des ondes réfléchies.

Dans le cas de $T > 2\,\theta$, sont encore engendrées des ondes de dépression, lorsque arrivent les premières ondes réfléchies, qui atténuent l'effet des premières. Dans ce cas, on dit qu'il y a *manœuvre lente*.

Dans la section de *la vanne*, en tout instant $t < 2\,\theta$, on aura $f = 0$ étant donné que f n'existe pas encore dans la section de *la vanne*, où elle n'arrive que dans le temps $t = 2\,\theta$, ; en outre, la vanne étant fermée, on aura $U = 0$. Remplaçant ces valeurs, $f = 0$ et $U = 0$, dans les équations (10.9 et 10.9a), on obtient la formule de Joukowsky[1].

(1) Connue également sous le nom de formule d'Allievi ; on utilise parfois le symbole $\Delta h_A = cU_0 / g$.

$$\Delta h_J = h - h_o = \pm \left(\frac{cU_o}{g} \right) \tag{10.10}$$

Cette équation est valable près de la vanne, quand le temps de manœuvre est $T < 2\,\theta$ (manœuvre rapide). En termes plus généraux, on peut écrire :

$$\Delta h = \pm \frac{c}{g}(\Delta U) \tag{10.10a}$$

Le signe − (moins) correspond à un arrêt brusque en amont (cas de la figure 10.1) ; le signe + (plus) correspond à un arrêt brusque en aval.

Si nous prenons $c = 1\,000$ m/s et $g = 10$ m/s^2, on aura $h - h_o \simeq 100\ U_o$, ce qui montre que, dans ces conditions, la dépression et la surpression subséquentes peuvent être très élevées.

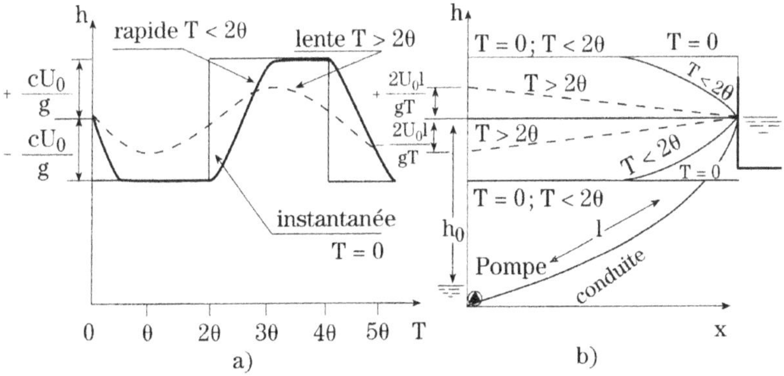

Fig. 10.2

La figure 10.2a montre qualitativement ce qui se passe dans la section de la pompe, conformément à la description faite au n° 10.1 (fermeture en amont de la conduite) pour la manœuvre instantanée, rapide, ou lente.

La figure 10.2b montre la variation de la pression le long de la conduite, pour les trois cas considérés : dans le cas de la manœuvre instantanée, $T = 0$, la dépression et la surpression maximale existent dans toute la conduite ; dans le cas de manœuvre rapide, $T < 2\,\theta$, elles n'existent que dans le tronçon initial de la conduite, tronçon d'autant plus grand que T sera plus petit ; dans le cas de manœuvre lente, $T > 2\,\theta$, on admet, en première approximation, que les dépressions et les pressions varient linéairement le long de la conduite, ce qui, comme nous le verrons plus loin, ne correspond pas à la réalité.

Pour la détermination des variations maximales de pression, en manœuvres lentes (voir 10.5).

Une observation attentive des graphiques nous dispense de plus longues explications.

L'amplitude de l'onde élastique est modifiée lorsque change la valeur de la vitesse et dans les bifurcations.

Si Δh est l'amplitude de l'onde qui rencontre une jonction, et $\Delta h'$ l'amplitude qui se prolonge dans un des embranchements, i, de la jonction, de section S_i, on aura la relation(1) :

$$\frac{\Delta h'}{\Delta h} = \frac{2\,S_i / c_i}{S_1 / c_1 + S_2 / c_2 + \ldots + S_i / c_i} \tag{10.11}$$

10.5 - Manœuvres lentes. Paramètres de la conduite

La formule de Joukowsky ne s'applique que dans le cas de manœuvres rapides.

Diverses formules ont été déduites pour les cas de manœuvres lentes, où la variation de la section serait linéaire avec le temps.

Pour caractériser les manœuvres lentes, il est courant d'utiliser un *paramètre de la conduite*, ainsi défini :

$$A = \frac{cU_o}{gh_o} = \frac{\Delta h_J}{h_o} \tag{10.12}$$

qui traduit la plus ou moins grande influence des effets élastiques, dans le régime transitoire en question. Dans le cas particulier où la variation du débit obéit à une loi linéaire, on peut prouver (voir [**5**]) que la variation maximale de pression, Δh, obéit à l'expression suivante (*formule de Michaud*) :

$$\frac{\Delta h}{h_o} = \frac{2A\theta}{T} = \frac{2\,lU_o}{gh_oT} \tag{10.13}$$

Cependant, dans la pratique, la manœuvre de la vanne ne provoque pas une variation linéaire de la section de passage et il faudra prendre en compte chaque cas particulier de manœuvre. Il est fréquent, toutefois, d'utiliser des vannes dont les arbres sont manœuvrés par des moteurs à vitesse constante. Dans ce cas, l'arbre de la vanne se déplace de façon uniforme. On peut alors connaître la loi de variation de la section de passage, laissée libre par la vanne, et donc la variation du débit.

Si Z est la position de l'arbre de la *vanne* par rapport à une position de référence (position fermée : $Z = 0$), et Z_o cette même position correspondant à l'ouverture totale, on aura :

$$\frac{Z}{Z_o} = 1 - \frac{t}{T} \tag{10.14}$$

À cette loi de variation de la position de la vanne, correspondent différentes lois de variation de la section ouverte, σ. L'abaque 214 [**9**] indique ces lois et les valeurs des surpressions, pour les types de vannes suivants :

---

(1) Stephenson [**8**].

– *robinet à soupape*, où à la variation linéaire de l'arbre correspond une variation linéaire de l'aire et, en conséquence, du débit, et l'on en revient ainsi aux cas précédents ; l'abaque présenté est équivalent à celui qui est connu sous le nom de *abaque d'Allievi* ;

– *robinet-vanne circulaire* ;

– *robinet-vanne rectangulaire* ;

– *pointeau-obturateur* ;

– *vanne-papillon* ;

– *robinet à boisseau.*

L'abaque 215 [**9**] considère également le cas d'un robinet-vanne circulaire, où l'arbre se déplace, non pas en un mouvement uniforme, mais en un mouvement uniformément accéléré.

Ces cas peuvent être utilisés, par comparaison, pour l'étude d'autres cas. Afin de limiter les valeurs des surpressions découlant de la manœuvre des vannes, on peut adopter des lois de manœuvre spéciales (voir [**2**] et [**10**]).

10.6 - Temps d'annulation du débit d'une pompe

Dans le cadre d'une analyse préliminaire, il peut être intéressant de connaître le temps d'annulation du débit dans une pompe, après l'arrêt d'alimentation du moteur. D'après Almeida [**5**], [**11**], la valeur de cette grandeur peut être obtenue en fonction des paramètres suivants :

$$T_w = \frac{lU_o}{gh_o} \tag{10.15}$$

$$A = \frac{cU_o}{gh_o} \tag{10.15a}$$

$$\lambda = \frac{E_g}{E_c} \tag{10.15b}$$

On aura :

$$E_g = \frac{P\,D^2 n^2}{730} \tag{10.15c}$$

et

$$E_c = 0{,}5\,\rho\,l\,s\,U_o^2 \tag{10.15d}$$

où $P\,D^2$ est l'inertie du groupe Kg/m^2 et n la vitesse de rotation du groupe, en régime permanent (tr/min)(1).

Le temps d'annulation du débit, T est exprimé par :

$$T = \beta T_w \tag{10.16}$$

(1) Afin d'éviter des confusions d'unités, il semble qu'il serait préférable d'utiliser la notation $M\,D^2$ au lieu de $P\,D^2$.

où la valeur du paramètre β peut être obtenue de la manière suivante (abaque 216a) :

$$P_a \leqslant \beta < P_a + 1 \qquad (10.16a)$$

avec
$$P_a = \frac{2}{3}(\eta\,\lambda + 1) \qquad (10.16b)$$

dans le cas où $\eta\,\lambda \geq 2$ et

$$\beta = 2\,K_a\,/\,A \qquad (10.16c)$$

dans le cas où $\eta\,\lambda < 2$. La valeur de K_a peut être obtenue à partir de l'abaque 216b. η est le rendement.

10.7 - Prise en considération des pertes de charge dans la conduite

Dans le cas où l'on tient compte des pertes de charge dans la conduite, qui entraînent la modification des valeurs extrêmes et l'amortissement des oscillations, l'analyse du phénomène est plus difficile. Nous donnons ci-dessous quelques résultats.

a) Dans le cas d'une fermeture instantanée, la valeur de la variation de pression, correspondant à l'onde qui se propage le long de la conduite dans la phase du coup direct ($t < \theta$), cesse d'être constante. En effet, la valeur Δhj que l'on observe dans l'instant initial, près de l'organe obturateur, s'atténue progressivement, au fur et à mesure que le front d'onde s'écarte de cet organe. D'après Ludwig[1], la valeur de la variation de pression, Δh, dans chaque section, à la distance x de la section de l'obturateur, peut être déterminée par l'expression suivante :

$$\Delta h = \Delta h_j \left[1 - \text{th}\left(\frac{ix}{\Delta h_j}\right)\right] \qquad (10.17)$$

où i est la perte de charge unitaire en régime permanent.

b) L'abaque 217 permet de déterminer les enveloppantes des pressions maximale et minimale le long d'une conduite élévatoire, en cas d'arrêt brutal d'une pompe, compte tenu des pertes de charge et en admettant l'annulation instantanée du débit. À partir de cet abaque, on peut conclure que la valeur de la dépression maximale près de la pompe est supérieure à Δhj (d'autant plus que la valeur de la perte de charge initiale sera plus grande) ; la surpression maximale est inférieure à celle qui correspond au cas où les pertes de charge sont nulles. Pour des pertes de charge supérieures à 0,7 Δhj, la pression maximale dans la section de la pompe ne dépasse pas la valeur initiale de la pression.

(1) Stephenson [**8**].

c) Si l'annulation du débit n'est pas brutale (notamment dans le cas où l'inertie de la pompe n'est pas négligeable), les effets des pertes de charge sont qualitativement identiques.

10.8 - Rupture de la veine liquide

Comme l'eau ne supporte pratiquement pas d'efforts de traction, toutes les fois où la dépression dans la conduite atteint des valeurs très faibles (pression minimale absolue inférieure à 8 m.c.a), il y aura libération du gaz dissous, et il peut se produire une *rupture de la veine liquide*, par suite de l'intercalation de grandes bulles gazeuses au milieu de l'écoulement. Ceci est très important aux points élevés, qui tendent à être occupés par la phase gazeuse qui pourra occuper toute la section, et l'écoulement se fera alors en surface libre : *séparation de la veine liquide.*

Pour une analyse simplifiée de la rupture de la veine liquide localisée en amont d'une conduite, on pourra consulter [**11**] et [**12**]. Des analyses rigoureuses du phénomène ne peuvent être effectuées que moyennant le recours à l'ordinateur.

La rupture de la veine liquide peut survenir quand on constate la relation(1) :

$$\frac{\Delta Q}{\Delta T} > Sg \sin(\theta + i) \qquad (10.18)$$

où :

ΔQ = variation du débit durant le temps ΔT
S = section de la conduite
θ = pente de la conduite avec l'horizontale (fig. 10.3)
i = perte de charge unitaire

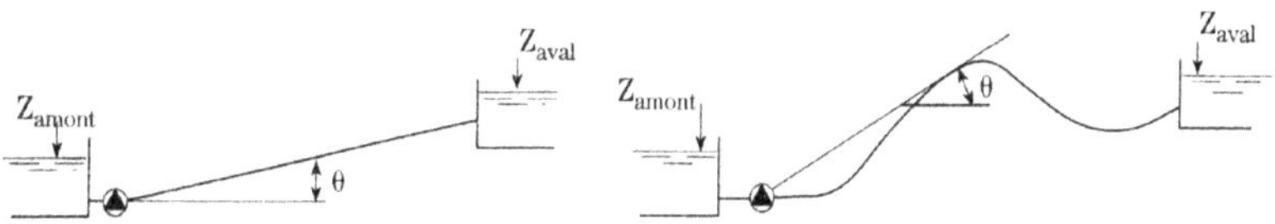

Fig. 10.3

Cette situation devra être évitée. Au cas où elle se produirait, le problème devra être résolu conformément aux livres de la spécialité(2).

Cependant, nous donnons au paragraphe suivant quelques indications sur l'effet de l'air en général, à l'intérieur des conduites.

10.9 - Influence des poches d'air dans le coup de bélier

L'existence de poches d'air dans les conduites peut être due : à des entrées d'air provenant d'éventuels tourbillons dans les prises ; à des entrées d'air soit par des ventouses soit par des cheminées d'équilibre ; à la libération graduelle de l'air dissous ; ou bien à un remplissage défectueux de la conduite, si l'on ne prend pas les précautions voulues pour assurer l'élimination totale de l'air.

Ce n'est que dans le cas où l'écoulement s'opère à des vitesses modérées que l'air se

(1) D'après, LI, cité par [**11**].
(2) Voir les références [**2**], [**3**] et [**5**].

sépare en petites bulles, constituant une masse homogène. Dans ce cas, il faudra tenir compte de la variation de la valeur de la célérité dans l'analyse du coup de bélier.

Considérons le cas simple d'un réservoir *R* qui alimente une conduite à l'extrémité de laquelle se trouve un volume d'air initial *e* (cas des réseaux de distribution, par exemple) (fig. 10.4). À l'ouverture de la vanne ou au démarrage des pompes, l'air va être expulsé et sa sortie sera conditionnée par le diamètre d_0 de l'orifice de sortie. L'abaque 218 indique la valeur de la surpression qui se produit dans ce cas, et qui est d'autant plus grande que l'orifice de sortie est plus petit.

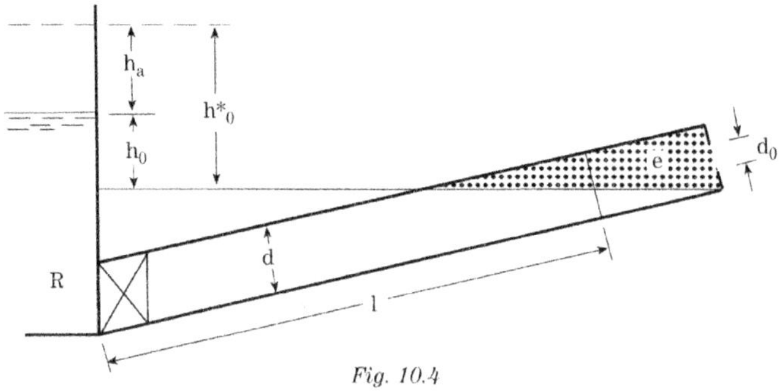

Fig. 10.4

Dans l'abaque mentionné, h^* représente la pression absolue en mètres de la hauteur d'eau :

$$h^* = h + h_a \qquad (10.19)$$

où h_a est la pression atmosphérique ($\simeq$10,33 m de hauteur d'eau).

L'abaque 218 correspond à des valeurs de h_0 / h_b = 2, 3, 4 et fe / d^3 = 1, 2, 4 ; par comparaison, on peut déduire les valeurs correspondantes à d'autres paramètres.

10.10 - Méthodes générales d'analyse. Méthode de Bergeron

Actuellement, les méthodes générales d'analyse les plus utilisées sont la méthode de Bergeron (également désignée par méthode de Schnyder-Bergeron) et la méthode des caractéristiques.

La première est une méthode graphique qui permet la modélisation approximative des pertes de charge et la compréhension rapide des phénomènes élastiques qui se produisent dans les régimes transitoires dans des systèmes hydrauliques simples (consulter par exemple [**13**]).

La seconde est une méthode orientée dans le sens de l'utilisation du calcul automatique ; c'est actuellement la méthode d'analyse la plus puissante et la plus flexible, permettant la simulation de régimes transitoires dans des systèmes hydrauliques complexes (notamment les systèmes ramifiés et maillés) et de phénomènes spéciaux, comme la cavitation et la rupture de la veine liquide (consulter par exemple [**1**], [**2**] et [**3**]).

La méthode graphique de Schnyder-Bergeron peut être considérée comme un cas particulier de la méthode des caractéristiques et, étant donné sa simplicité, peut être utilisée dans les cas simples, comme ceux que nous nous proposons de résoudre dans cet ouvrage.

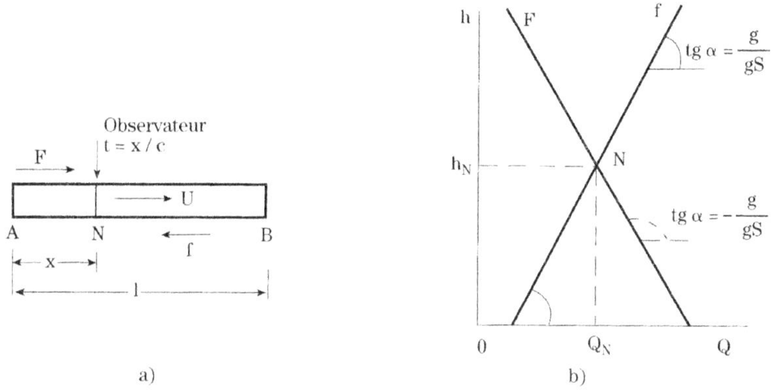

Fig. 10.5

Les équations (10.9) peuvent s'écrire, en introduisant le débit $Q = U\,S$:

$$h_o - h = F + f \tag{10.20}$$

$$\frac{c}{gS}\,(Q - q_o) = F - f \tag{10.20a}$$

où, comme on l'a vu, F et f sont des ondes dont la vitesse de propagation relativement à l'écoulement est $\pm\, c$, et où l'on a pris comme origine des espaces le point A. Dans le cas d'arrêt brusque de la pompe, F se dirige dans le sens de l'écoulement et f dans le sens contraire (fig. 10.5a).

Considérons un observateur placé au point N d'une conduite AB, en l'instant $t = x / c$, où l'onde F passe en N, à une célérité c du même sens de vitesse de U de l'écoulement, c'est-à-dire de N à B. En l'instant t et au point N, on constate, d'après les équations précédentes, que :

$$\frac{c}{gS}\,(Q_N - Q_o) = (F_N - f_N) \tag{10.21}$$

$$h_N - h_o = F_N + f_N \tag{10.21a}$$

On admet que l'observateur en question, au moment où F passe par N, se déplace à la vitesse c accompagnant l'onde F dans son mouvement. Il verra alors l'onde F conserver sa valeur F_N et, pour lui, en n'importe quel point au long de la conduite, il y aura :

$$h - h_o = F_N + f \tag{10.22}$$

$$\frac{c}{gS}\,(Q - Q_o) = F_N - f \tag{10.22a}$$

Éliminant H_o et Q_o dans les quatre équations précédentes (10.21, 10.21a, 10.22 et 10.22a), on obtient :

$$h - h_N = f - f_N \tag{10.22b}$$

$$\frac{c}{gS}\,(Q - Q_N) = -f + f_N \tag{10.22c}$$

d'où :

$$h - h_N = -\,\frac{c}{gS}\,(Q - Q_N) \tag{10.23}$$

Sur le diagramme (Q, h), cette équation représente une droite qui passe par le point de coordonnée (Q_N, h_N) et qui a le coefficient angulaire $- c / gS$ (fig. 10.5b).

Si l'observateur se déplace en sens inverse, accompagnant l'onde f c'est cette onde qui, pour cet observateur, se maintiendra constante et égale à f_N. Une manière de procéder identique à la précédente montrerait que, pour cet observateur, l'on aurait :

$$h - h_N = + \frac{c}{gS}\,(Q - Q_N) \tag{10.23a}$$

qui est l'équation d'une droite symétrique à la précédente, passant par N et ayant pour coefficient angulaire $c\,/\,gS$.

Les équations 10.23 et 10.23a constituent la base de la méthode de Bergeron ; dans le cas de conduites horizontales sans pertes de charge elles coïncident avec les équations de base de la méthode des caractéristiques.

Admettons maintenant qu'aux extrémités A de la conduite se produit une perturbation de l'écoulement à partir de l'instant $t = 0$ (arrêt d'une pompe, par exemple).

Supposons qu'à une extrémité B se produise une autre perturbation à partir du temps $t = \tau < \theta$ (fermeture d'une vanne par exemple) (fig. 10.6).

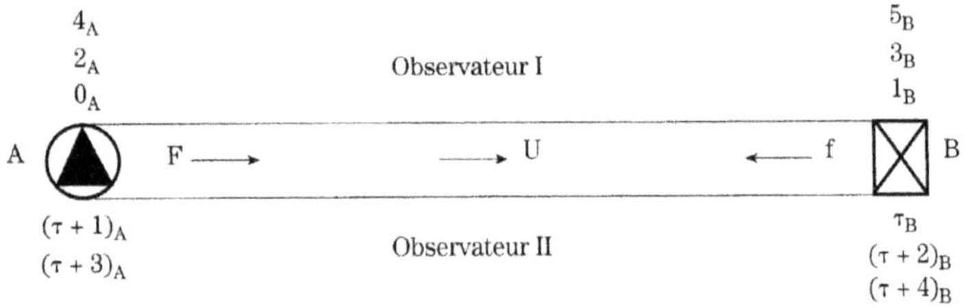

Fig. 10.6

L'observateur I part de A à l'instant 0 (point 0_A), suivant une onde F et arrive à B à l'instant 1 (point 1_B) ; il revient à A suivant une onde f, et arrive à A à l'instant 2 (point 2_A), et ainsi de suite.

L'observateur II part de B à l'instant τ où l'écoulement en B commence à varier et, suivant une onde f arrive à A à l'instant $(\tau + 1)$ (point $\tau + 1)_A$; il revient à B suivant une onde F, (point $\tau + 2)_B$, revient à A, (point $\tau + 3)_A$, et ainsi de suite. Connaissant le chemin des deux observateurs, il importe de savoir ce qu'ils ont observé en A et en B.

À cet effet, on trace les courbes Ø (Q, h) de la condition de la frontière en A, c'est-à-dire les courbes qui, à chaque instant, relient le débit Q à la charge h. Par hypothèse, en A est localisée une pompe en phase d'arrêt. Ses courbes caractéristiques, correspondantes aux instants où l'un quelconque des deux observateurs passent par A, sont $Ø_o$, Ø $(\tau + 1)$, $Ø_2$, Ø $(\tau + 3)$, etc, et sont représentées sur la figure 10.7a ; elles sont fonction de la vitesse de rotation n correspondante.

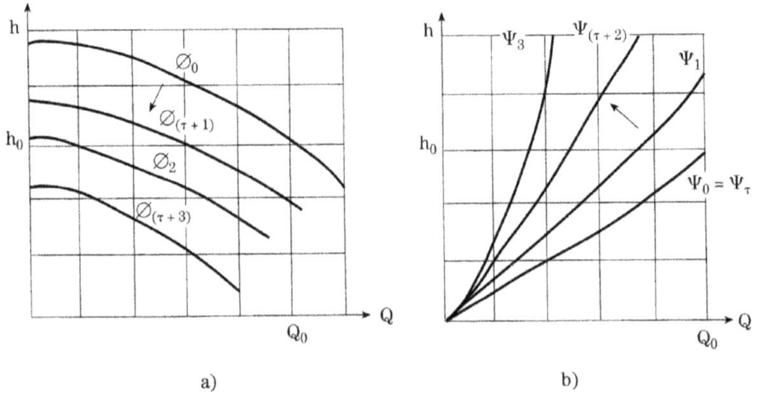

Fig. 10.7

De même, les courbes ψ de la condition aux limites en B doivent être déterminées pour les instants où l'un quelconque des deux observateurs passe en B (fig. 10.7b). Admettons, par exemple, qu'en B est localisée une vanne qui se ferme ; ses courbes caractéristiques sont des paraboles du type $Q = K\sigma \sqrt{2gh}$ et sont définies par la section ouverte σ, de la vanne, fonction de la loi de fermeture qui lui a été imposée.

Une fois obtenues les courbes caractéristiques des appareils localisés en A et en B qui, dans ce cas, comme on l'a dit, sont supposés être une pompe en A et une vanne en B, voyons comment on construit le graphique de Bergeron en vue d'étudier les effets du *coup de bélier* en A et en B (voir fig. 10.8).

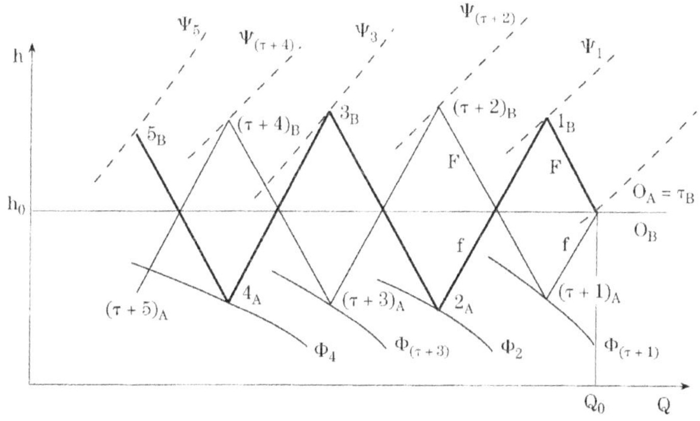

Fig. 10.8

Si nous négligeons les pertes de charge entre A et B, le point représentatif du début du phénomène dans le temps $t = 0$ est le point (Q_0, h_0), h_o étant égal en A et en B : point O_A sur $\varnothing_0$ et point O_B sur ψ_0 correspondant à O_A. Comme l'appareil B ne commence à varier qu'au temps τ, le point τ_B coïncide avec O_B.

Le premier observateur se déplace de A à B suivant une onde F et arrive à B au temps 1 : point 1_B intersection de F avec ψ_1 ; il revient en A suivant une onde f : point 2_A, intersection de f avec $\varnothing_2$. Puis, suivant F, il rencontre ψ_3, point 3_B, et successivement 4_A, 5_B, etc. (trait plein de la figure 10.8).

Le second observateur part de B au temps τ, se déplace vers A suivant une onde f et arrive en A au temps $\tau + 1$: point $(\tau + 1)_A$, intersection de f avec $\varnothing$ $(\tau + 1)$. Il revient en B suivant une onde F, où il arrive en l'instant $\tau + 2$: point $(\tau + 2)_B$, intersection de F avec ψ $(\tau + 2)$, et ainsi de suite (trait délié de la figure 10.8).

S'il existe un réservoir à l'extrémité B de la conduite, cas d'ailleurs très courant dans les applications, la condition aux limites en B est définie par l'existence d'une charge constante dans le réservoir ; on a alors $h = h_o$. Le graphique de Schnyder-Bergeron prendra alors l'aspect de la figure 10.9a. L'observateur 1, qui part de A au temps 0 (point O_A), observe les points 1_B 2_A, 3_B 4_A... (trait plein du graphique). L'observateur II qui part de B au temps 0, observe 1_A, 2_B, 3_A 4_B... (ligne pointillée du graphique).

Jusqu'à présent, nous avons considéré un tronçon de conduite où l'on néglige les pertes de charge par frottement.

Continuant à ne pas considérer les pertes de charge par frottement, admettons que, dans une section entre A et B, se produit une perte de charge singulière (un diaphragme, par exemple). Cette perte de charge entraîne, au passage de l'onde qui se dirige de B vers A, une variation de pression Δh, étant donné qu'il y a variation de vitesse U ; cette variation de pression se réfléchit en direction de B sous la forme d'une onde inverse.

La perte de charge par frottement peut être assimilée à une succession de pertes de charge singulières. Dans les cas simples dont nous nous sommes occupés ici, on peut considérer la perte de charge par frottement comme concentrée en A ou en B. Il serait encore possible de la distribuer de la manière suivante : 1/4 en A, 1/4 en B et 1/2 au centre du tronçon ; ou bien une distribution du type 1/6, 1/3, 1/6.

Dans le cas de l'exemple relatif à l'arrêt de la pompe, la perte concentrée en A signifie que la pression immédiatement en aval de A doit être augmentée de il, quand le sens de l'écoulement est de A vers B, et doit être réduite de la même quantité, quand le sens de l'écoulement est inversé de B vers A.

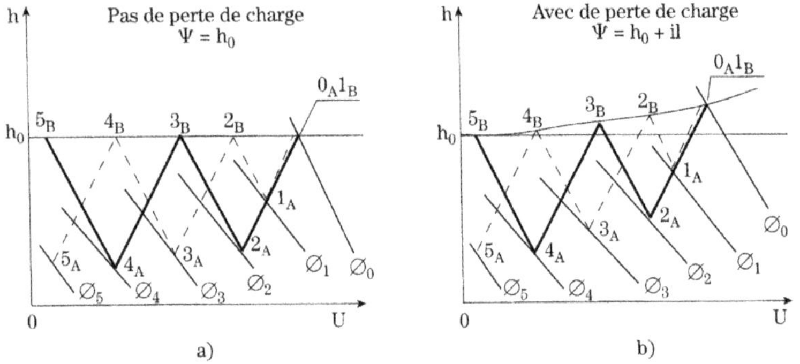

Fig. 10.9

Si la perte de charge était localisée en B, il faudrait additionner il aux ordonnées des courbes caractéristiques en B, quand la vitesse est dans le sens AB, ou bien retrancher la même quantité, quand la vitesse U est inversée.

Les résultats ainsi obtenus seront exacts en A et en B mais ils ne le seront pas en un autre point de la conduite, où les valeurs obtenues sont approchées.

Nous reportant à l'exemple de la figure 10.9a, la courbe caractéristique du réservoir sera $\psi = h_o + il$, tant que U (ou Q) prend des valeurs positives, c'est-à-dire tant que le mouvement s'opère de A vers B (fig. 10.9b). Quand le mouvement est inversé, c'est-à-dire quand U (ou Q) prend des valeurs négatives, la courbe caractéristique du réservoir sera $\psi = h_o - il$, symétrique par rapport à la courbe précédente par rapport à la droite $h = h_o$.

Une étude plus complète de ce sujet n'entre pas dans le cadre de notre ouvrage ; les cas complexes devront être étudiés par des spécialistes, moyennant le recours au calcul automatique et en utilisant éventuellement des méthodes plus récentes, telles que la méthode des caractéristiques, déjà citée.

B - OSCILLATION EN MASSE. CHEMINÉES D'ÉQUILIBRE

10.11 - Le coup de bélier quand existe une cheminée d'équilibre

Comme nous l'avons vu dans l'étude du coup de bélier, la longueur l de la conduite est un facteur important de l'intensité du coup de bélier pour un temps donné de manœuvre. Toutes les fois que les conditions topographiques le permettent, il conviendra d'intercaler dans la conduite une *chemi-*

née d'équilibre, constituée par un réservoir en contact avec la surface libre. Ce dispositif est normalement utilisé pour la protection des conduites d'alimentation des turbines.

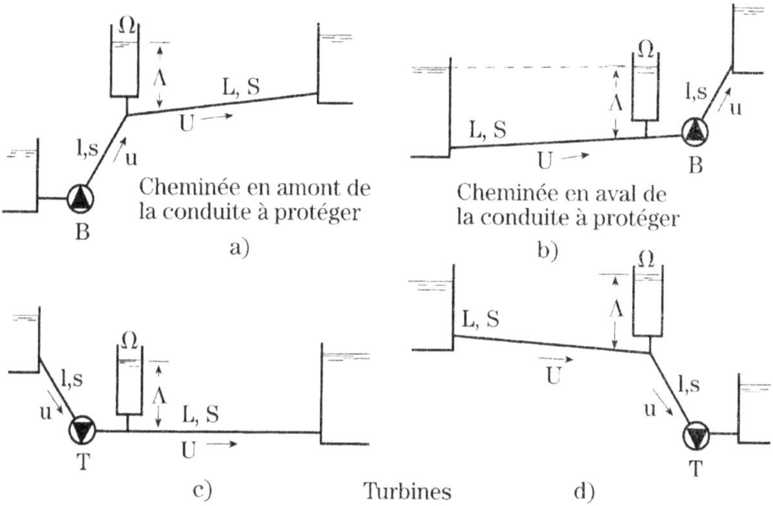

Fig. 10.10

On peut également l'utiliser pour la protection de conduites élévatoires, bien que les conditions topographiques soient ici généralement plus défavorables. Dans les deux cas, la cheminée peut être en amont de la conduite à protéger ; elle sera alors désignée par *cheminée d'amont* (fig. 10.10a et c), ou bien en aval de la conduite, et elle sera alors désignée par *cheminée d'aval* (fig. 10.10b et d)(1).

À titre d'exemple, considérons la figure 10.11, correspondant à une cheminée d'amont dans un système élévatoire.

Au moment d'atteindre la cheminée (point C), les ondes élastiques, soit de dépression soit de surpression, Δh, qui sont engendrées dans la pompe (point B) se divisent en deux : l'une Δh_r qui se dirige vers la cheminée et se réfléchit ; l'autre Δh_t qui est transmise à travers la conduite que l'on se propose de protéger, en direction du réservoir.

(1) Pour une analyse détaillée du comportement des cheminées d'équilibre, consulter [**14**], [**15**] et [**16**].

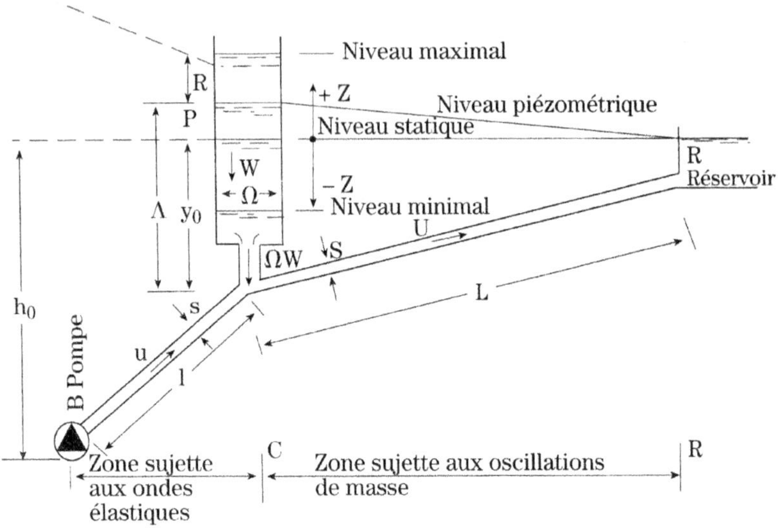

Fig. 10.11

La partie de l'onde transmise, Δh_r dépend du rapport entre les sections des conduites et de la cheminée, du type de cheminée, de la longueur de la cheminée et de la loi de variation du débit.

D'après les figures 10.10 et 10.11, on note par :

l = la longueur de la conduite directement liée aux pompes (ou aux turbines) ;
s = la section de cette conduite ;
u = la vitesse dans cette conduite ; u_o, vitesse initiale ;
L = la longueur de la conduite à protéger ;
S = la section de la conduite à protéger ;
U = la vitesse dans la conduite à protéger ; U_o, vitesse initiale. U est positif dans le sens cheminée-réservoir, négatif dans le sens opposé.
Λ = la distance du plan d'eau à la section de liaison ;
Ω = la section de la cheminée d'équilibre.

Le cas où les sections des conduites et de la cheminée sont égales $s = S = \Omega$, est plus facile à aborder et, en outre, c'est le cas le plus fréquent dans les systèmes d'élévation où la cheminée est constituée par une longue conduite, localisée sur une pente.

Bernhart [**17**] a étudié le phénomène de la non-réflexion totale de l'onde, dans le cas de la fermeture d'une vanne en aval (cas 10.10b et d). À partir des résultats, il a élaboré l'abaque 219, qui traduit l'effet de la réflexion, dans le cas de la fermeture d'une vanne en amont de la conduite (cas 10.10a et c – arrêt de la pompe). On a admis que la partie d'onde réfléchie est égale dans les deux cas, bien que le premier corresponde à une onde de surpression et le second à une onde de dépression.

Si l'on a $s = \Omega$ (cas habituel dans les systèmes élévatoires avec cheminées constituées par des conduites le long d'une pente), on constate que le pourcentage d'onde transmis peut être significatif, jusqu'à près de 0,65 dans le cas de fermeture brusque (voir abaque 219).

Dans le cas de cheminées avec orifice, on constate qu'il n'y a un effet significatif sur la valeur de transmission de l'onde élastique que si le rapport entre la surface de l'orifice σ et la surface de la conduite est tel que $\sigma < 0{,}25\, s$ (abaque 220).

L'influence de la distance Λ entre le plan d'eau et la liaison à la cheminée, sur l'onde transmise, Δh_t est donnée par :

$$\Delta h_t \,/\, (cu_0 / g) = \Delta h_t \,/\, \Delta h_J$$

$$= \frac{4}{\dfrac{T}{2\theta} + 3} \left[\frac{2s}{s + S + \Omega} \right] + \left[1 - \left(1 - \frac{A / l}{T / 20} \right)^{11} \right] \tag{10.24}$$

équation représentée sur l'abaque 221.

Dans les cas simples, la conduite – L, S – en aval peut être étudiée, en première approche, en relation à la fraction Δh_t de l'onde transmise, de même que la conduite – l, s – a été étudiée en relation à l'onde Δh.

Dans les cas complexes, on aura recours à la littérature de la spécialité, ou bien on utilisera une méthode de calcul tenant compte de la réflexion et de la transmission des ondes élastiques à la base de la cheminée.

10.12 - Oscillation en masse dans le tronçon cheminée-réservoir. Équations fondamentales

Bien que les effets du coup de bélier (ondes élastiques) soient éliminés, ou tout au moins réduits, par la cheminée, un autre phénomène d'oscillation en masse, d'une nature complètement différente, apparaît entre la cheminée et le réservoir.

Dans le cas d'un arrêt des pompes, par exemple, dans le tronçon *CR*, cheminée-réservoir, sous l'effet de l'inertie, l'écoulement alimenté par l'eau emmagasinée dans la cheminée se poursuit. Quand le mouvement s'arrête, et étant donné que, toujours sous l'effet de l'inertie, le niveau dans la cheminée baisse au-dessous du niveau du réservoir, le mouvement est de *R* vers *C*. Toujours sous l'effet de l'inertie, l'eau monte dans la cheminée au-dessus du niveau du réservoir, et ainsi est créé un mouvement d'oscillation, de type pendulaire, qui sera amorti par les pertes de charge dans la conduite.

Ce phénomène d'*oscillation en masse* est un phénomène distinct de la propagation des *ondes élastiques* : tandis que celles-ci résultent de la compressibilité de l'eau, l'oscillation en masse, type pendule, résulte de l'action de la gravité. Ces deux phénomènes sont parfois désignés, respectivement, dans la littérature, sous le nom de *colonne rigide* et *colonne élastique*.

La figure 10.12a représente le cas d'une *cheminée d'aval*, plus habituel dans les turbines ; la figure 10.12b représente le cas d'une *cheminée d'amont*, plus habituel dans les pompes.

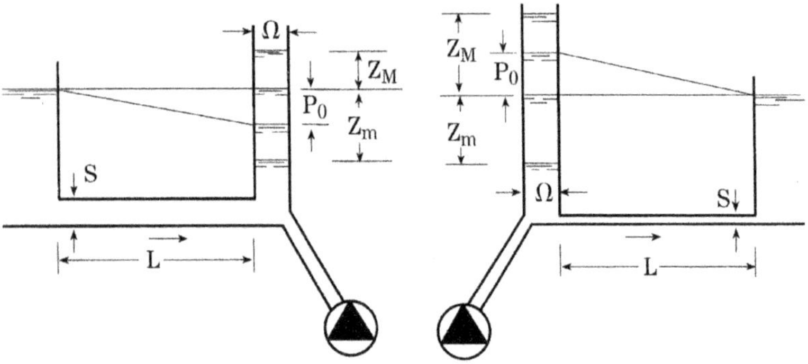

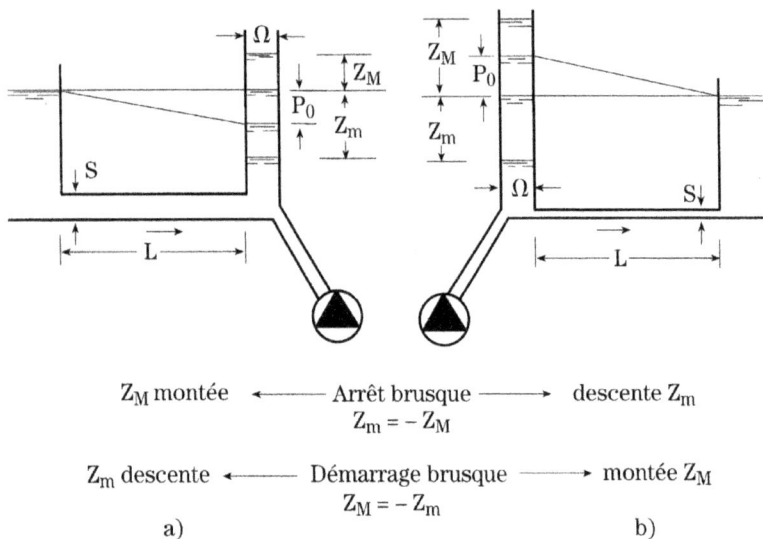

Z_M montée ⟵ Arrêt brusque ⟶ descente Z_m

$Z_m = - Z_M$

Z_m descente ⟵ Démarrage brusque ⟶ montée Z_M

$Z_M = - Z_m$

a) b)

Fig. 10.12

Dans *l'arrêt brusque*, à la montée dans le cas *a* correspond une descente dans le cas *b* ; dans le *démarrage brusque*, à la descente dans le cas *a*, correspond une montée dans le cas *b*.

D'après les figures 10.11 et 10.12, outre les symboles déjà définis, nous avons :

Z = niveau dans la cheminée – mesuré à partir du niveau statique (positif au-dessus du niveau statique ; négatif, au-dessous du niveau statique) ;

Z_M = valeur maximale de Z ;

Z_m = valeur minimale de Z ;

$W = \dfrac{dz}{dt}$ = vitesse du plan d'eau dans la cheminée (positif au-dessus). On aura $W_o = Q_o / \Omega$

Q = débit élevé par les pompes, fonction du temps ; Q_o débit initial ;

P = perte de charge totale (pertes par frottement et pertes singulières) dans la conduite protégée par la cheminée. Si P_o est la perte de charge pour le débit initial Q_o, on aura : $P = \pm P_o (SU / Q_o)^2$. P prendra le même signe que Q ;

R = perte de charge au passage de la conduite à la cheminée, au cas où existe un étranglement. Si R_o est la valeur qui correspond au passage du débit Q_o dans la cheminée, on aura $R = R_o (\Omega W / Q_o)^2$.

Appliquant l'équation fondamentale de la dynamique, $f = ma$ à la masse d'eau contenue dans la galerie, ce qui équivaut à négliger la masse d'eau contenue dans la cheminée, on obtient :

$$\varpi (Z + P + R) S = - \rho L S \frac{dU}{dt} \qquad (10.25)$$

Divisant par S, et compte tenu de ce que $\varpi = \rho g$, on obtient l'équation différentielle :

$$\frac{L}{g}\left(\frac{dU}{dt}\right) + Z + P + R = 0 \qquad (10.25a)$$

D'après l'équation de continuité, Q étant le débit qui provient des pompes, on aura :

$$SU = \Omega W + Q \qquad (10.25b)$$

10.13 - Cheminées à section constante ($P = 0$; $R = 0$) – Paramètres sans dimension

Considérons le cas le plus simple d'une cheminée de section Ω, constante, et sans étranglement à la base dans le cas d'un arrêt brusque instantané ($Q = 0$), et en négligeant les pertes de charge dans la conduite en aval ($P = 0$).

Considérant que $W = \mathrm{d}Z / \mathrm{d}t$ et que, pour $Q = 0$ (pompes en arrêt) le seul mouvement, soit dans la cheminée, soit dans la conduite, résulte de l'oscillation en masse, on aura, d'après l'équation de continuité (10.25b) : $U = \frac{\Omega}{S} \times W = \frac{\Omega}{S} \frac{\mathrm{d}Z}{\mathrm{d}t}$. Introduisant cette valeur dans l'équation 10.25a, on obtient :

$$\frac{L}{g} \frac{\Omega}{S} \cdot \frac{\mathrm{d}^2 Z}{\mathrm{d}t^2} + Z = 0 \tag{10.26}$$

équation dont l'intégrale est une sinusoïde,

$$Z = Z_* \sin \frac{2\pi t}{T_*} \tag{10.26a}$$

dont la période est :

$$T_* = 2\pi \sqrt{\frac{L\Omega}{gS}} \tag{10.26b}$$

Ces équations caractérisent un mouvement de type pendulaire.

Voyons maintenant comment est déterminée l'amplitude maximale Z. Après l'arrêt des pompes ($Q = 0$), le mouvement se poursuit dans la conduite en aval de la cheminée et passe de la vitesse U_0 à la vitesse finale $U_1 = 0$.

Durant ce temps, l'eau baisse, de la cote $Z = 0$ jusqu'au niveau minimum $- Z_*$, auquel correspond le volume $V = \Omega Z_*$, dont le centre de gravité est à la cote $Z_G = - Z_* / 2$ (fig. 10.13).

Si l'on néglige les pertes de charge, l'énergie totale du système se maintiendra constante, et il y aura une simple transformation de l'énergie potentielle E_p en énergie cinétique E_c. Nous aurons alors :

$$(E_p + E_c)_1 = (E_p + E_c)_0 \tag{10.27}$$

Prenant pour plan de référence le plan $Z = 0$, on aura $E_{po} = 0$, et :

$$E_{p1} = \varpi \Omega Z_* \cdot \frac{Z_*}{2} = \varpi \Omega \frac{Z_*^2}{2} \tag{10.27a}$$

on aura également $E_{c1} = 0$ et :

$$(E_c)_0 = \frac{1}{2} m V^2 = \frac{1}{2} \rho L S U_0^2 = \frac{1}{2} \rho L \frac{Q_0^2}{S} \tag{10.27b}$$

On aura donc :

$$\varpi \frac{\Omega}{2} Z_*^2 = \rho \frac{L}{2S} Q_0^2 \tag{10.27c}$$

D'où, sachant que $\varpi = \rho g$, on obtient les expressions des deux paramètres :

$$Z_* = \pm Q_0 \sqrt{\frac{L}{Sg\Omega}} \tag{10.28}$$

$$T_* = 2\pi \sqrt{\frac{L\Omega}{gS}} \tag{10.28a}$$

Ces paramètres Z_* et T_* sont fondamentaux pour l'étude des cas plus complexes.

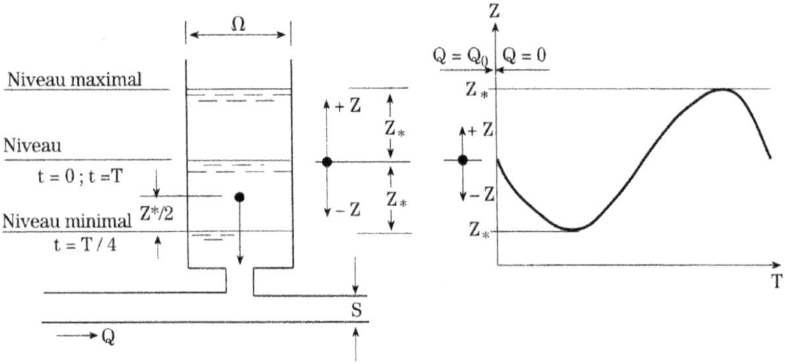

Fig. 10.13

Par un raisonnement identique, on démontre que dans le cas de la manœuvre instantanée de passage du débit Q_o au débit Q_1, l'abaissement initial sera :

$$Z = (Q_o - Q_1)\sqrt{\frac{L}{gS\Omega}} \tag{10.29}$$

Dans l'étude des cheminées d'équilibre de section constante, il y a intérêt à utiliser les *paramètres sans dimension suivants* [**15**] :

$$z = \frac{Z}{Z_*} \; ; p = \frac{P}{Z_*} \; ; q = \frac{Q}{Q_o} \; ; u = \frac{U}{U_o} \tag{10.30}$$

$$\omega = \frac{W}{W_o} \; (en \; posant \; W_o = \frac{Q_o}{\Omega}) \; ; t' = \frac{t}{T_*} \tag{10.31}$$

10.14 - Cheminées d'équilibre à section constante – Effet de la perte de charge (P ≠ 0 ; R = 0)

a) *Arrêt total instantané* – Dans le cas d'arrêt brusque, compte tenu des pertes de charge, on déduit que pour le premier abaissement après l'arrêt brutal, l'équation suivante est valable en valeurs relatives :

$$1 - e^{2p_o(p_o + z_m)} - 2p_o z_m = 0 \tag{10.32}$$

L'abaque 222a permet de calculer la valeur du premier abaissement, de la première montée et du second abaissement.

b) *Démarrage total instantané* – Dans le cas du démarrage instantané total des pompes, il y aura une surélévation dans la cheminée d'équilibre. Si le démarrage est total, c'est-à-dire, si l'on passe instantanément du débit nul au débit Q_o, la surélévation est donnée approximativement par :

$$z_M = 1 + 0{,}125\, p_o \qquad (10.33)$$

valable pour $p_o < 0{,}8$.

L'abaque 222b indique la valeur du premier abaissement et de la première montée suivant le démarrage instantané total, cas qui ne devra se produire que dans une station élévatoire munie d'une seule pompe démarrant avec la vanne ouverte.

c) *Démarrage partiel instantané* – Si le débit passe brusquement de 0 à n % de Q_o (démarrage d'un groupe, par exemple), la première montée est donnée par l'abaque 222c. La région à la droite de ab correspond au mouvement apériodique.

d) *Démarrage linéaire* – Si le débit passe linéairement de 0 à n % de Q_o, la valeur de la montée de l'eau dans la cheminée est donnée par l'abaque 222d.

Exemple

Une conduite élévatoire de longueur $L = 5\,000$ m et de section $S = 1$ m^2, où s'écoule le débit $Q_o = 1$ m^3/s, est protégée dans sa partie initiale par une cheminée de section constante $\Omega = 5$ m^2. Calculer l'oscillation dans la cheminée, dans le cas d'un arrêt brusque des pompes, et compte tenu de la perte de charge dans la conduite $P_o = 4{,}5$ m.

On a :

$$Z_* = Q_o \sqrt{L / gS\Omega} = 1 \times \sqrt{5\,000 / (10 \times 1 \times 5)} = 10 \text{ m}$$

$$T_* = 2\pi \sqrt{L\Omega / gS} = 2\pi \sqrt{5\,000 \times 5 / (10 \times 1)} = 314 \text{ s}$$

$$P_o = \frac{P_o}{Z_*} = 4{,}5 / 10 = 0{,}45$$

À partir de l'abaque 222a on a $z_m = -0{,}73$, donc :

$$Z_m = z_m \times Z_* = -0{,}73 \times 10 = -7{,}3 \text{ m}$$

À partir de l'abaque 222a on calcule également la première montée, qui atteint la valeur de $0{,}5 \times 10 = 5{,}0$ m ; le second abaissement, qui atteint la valeur $-0{,}38 \times 10 = -3{,}8$ soit près de la moitié du premier.

L'effet de la perte de charge sur l'amortissement des oscillations est très net.

b) Calculer la surélévation dans la cheminée de l'exemple précédent, si le débit passe brusquement de 0 à 1 m^3/s (démarrage brusque des pompes).

On aura $z_M = 1 + 0{,}125\, p_o = 1{,}06$; d'où $Z_M = Z_*\, z_M = 10{,}6$ m.

De l'abaque 222b, on a obtenu la première baisse égale à $0{,}35\, Z_* = 3{,}5$ m (au-dessus du niveau hydrostatique, étant donné qu'elle a un signe positif).

c) Calculer l'élévation dans la cheminée, si le débit passe instantanément de 0,35 m^3/s au débit total de 1 m^3/s.

Le débit initial est de 35 % du total. L'augmentation est de $100 - n = 65$ %. À partir de l'abaque 222c, on a obtenu $z_M = 0{,}78$ d'où $Z_M = 7{,}8$ m.

d) Calculer l'élévation dans la cheminée, quand le débit passe de 0 à 1 m^3/s dans le temps $T = 40$ s.

On aura $T' = T / T* = 40/314 = 0{,}13$; à partir de l'abaque, pour $p_o = 45$ et $T' = 0{,}13$, on a obtenu $Z_m = 1{,}02$ et $Z_M = 10{,}2$ m.

10.15 - Cheminées d'équilibre à section constante avec étranglement ($R \neq 0$)

Pour réduire l'amplitude des oscillations et, en conséquence, les dimensions de la cheminée, on peut introduire une perte de charge R dans la liaison de la cheminée à la conduite, qui peut être obtenue au moyen d'un étranglement (fig. 10.14). On désignera par R_o la perte de charge correspondant au passage, dans l'étranglement[(1)], du débit Q_o.

Dans la phase d'abaissement, l'écoulement s'opère de la cheminée vers la conduite. L'existence de la perte de charge, d'une part, réduit le débit fourni par la cheminée, et en conséquence, limite les abaissements ; d'autre part, elle peut donner origine, au début de la conduite, à une cote piézométrique, Y, inférieure à celle qui correspond au niveau d'eau Z dans la cheminée et l'on a alors :

$$Y = -Z - R \qquad (0 \leqslant |Z| < |Z_m|) \tag{10.34}$$

En négligeant les pertes de charge, à l'origine de la manœuvre, on a $Z = 0$ et $R = R_o$ donc $Y = R_o$; quand $Z = Z_m$ on a $R = 0$ donc $Y = Z_m$.

Dans la phase de montée, l'écoulement s'opère de la conduite vers la cheminée ; la pression au début de la conduite peut être supérieure à celle qui correspond au niveau d'eau maximum Z_M dans la cheminée, et l'on aura :

$$Y = Z + R \qquad (0 \leqslant |Z| \leqslant |Z_M|) \tag{10.35}$$

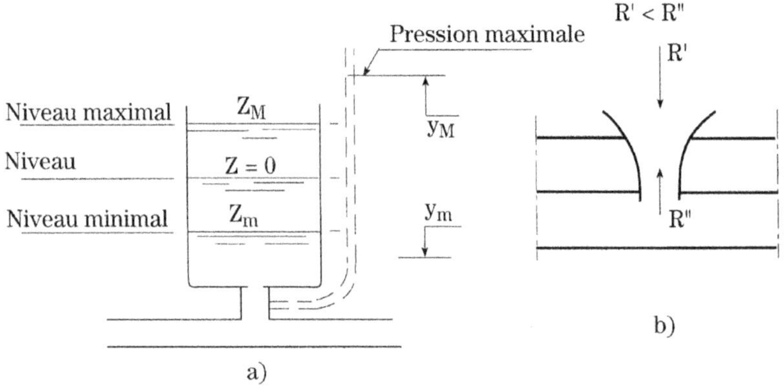

Fig. 10.14

Dans la pratique, la réduction de pression résultant de l'étranglement peut entraîner plus d'inconvénients que l'augmentation de pression. C'est pourquoi, afin d'éviter une pression excessivement basse, on peut utiliser un étranglement asymétrique, provoquant une perte de sortie, R', inférieure à la

(1) Il est évident que l'étranglement a également tendance à favoriser la transmission d'ondes élastiques, résultant du coup de bélier, à la conduite que l'on désire protéger, en aval de la cheminée (voir n° 10.1).

perte d'entrée, R'' (fig. 10.14b). Il est ainsi possible de réduire la hauteur de la cheminée sans créer des dépressions indésirables. Pour le calcul des dispositifs qui permettront d'obtenir R' et R'', consulter le n° 10.20.

On définit également le paramètre sans dimension $r = R / Z_*$, auquel correspond le paramètre $r_o = R_o / Z_*$. De même, on définit r' et r'_o, correspondant aux pertes de sortie et r'' et r''_o, correspondant aux pertes d'entrée.

L'abaque 223a donne les valeurs de l'abaissement maximum z_m, correspondant à l'arrêt brusque des pompes. La ligne SS' divise l'abaque en deux zones : la zone supérieure, où la valeur de y_m, correspondant à l'abaissement maximum de pression dans la conduite, a une valeur absolue supérieure à Z_m, fait dont il faut tenir compte ; dans la partie inférieure de l'abaque on a $y_m < z_m$.

Pendant un arrêt partiel l'effet de l'orifice se réduit, l'abaissement pouvant être supérieur aux valeurs correspondant à un arrêt total : zone à droite de la ligne AB de l'abaque :

L'abaque 223b donne les valeurs de la montée maxima Z_M et de la contre-pression maxima y_M (dans le cas $y_M > z_M$).

La zone E, à la droite de la ligne CD de l'abaque, correspond au mouvement apériodique : le niveau d'eau monte jusqu'au niveau dynamique sans le dépasser : donc il n'y a pas d'oscillations.

Exemple

a) Calculer la cheminée de l'exemple précédent ($p_o = 0{,}45$; $Z_* = 10$) quand on munit l'entrée de la cheminée d'un orifice qui provoque une perte de charge.

Solution

Pour réduire la transmission du coup de bélier, on adoptera pour la surface de l'orifice 0,25 de la section de la conduite (voir abaque 220) ; on aura alors :

$$\sigma = 0{,}25\ \mathrm{s} = 0{,}25\ \mathrm{m}^3$$

$$d = 0{,}56\ \mathrm{m}$$

La vitesse à travers l'orifice sera :

$$V_o = \frac{Q_o}{\sigma} = \frac{1}{0{,}25} = 4\ \mathrm{m/s}$$

La perte de charge à travers cet orifice sera, en prenant $\mu = 0{,}76$

$$R_o = \frac{1}{\mu^2}\,\frac{V_o^2}{2g} = 1{,}4\ \mathrm{m}$$

à quoi correspond $r_o = R_o / 10 = 1{,}4 / 10 = 0{,}14$, l'abaque 223a indiquant $z_m = 0{,}68$ ou $Z_m = 6{,}8$ m.

La surélévation à la suite d'un démarrage brusque total serait (abaque 223b) :

$$z_M = 0{,}97 \text{ et } Z_M = 9{,}7\ \mathrm{m}$$

b) Calculer la cheminée de l'exemple précédent en cherchant à réduire l'abaissement à 5 m.

On aura : $p_o = 4{,}5 \qquad Z_* = 10$

Il faut avoir : $z_m = \dfrac{5}{10} = 0{,}5$

L'abaque donne $r'_o = 0{,}6$ d'où $R'_o = 6$ m

Prenant $V_0 = \mu \sqrt{gh} = 0{,}6 \sqrt{2g \times 6} = 6{,}6$ m/s la surface de l'orifice devra être

$$\sigma = \frac{Q_0}{V_0} = \frac{1}{6{,}6} = 0{,}15 \text{ m}^2$$

à quoi correspond un diamètre de 0,44 m.

C - DISPOSITIFS DE PROTECTION

10.16 - Généralités

La protection d'une conduite où l'écoulement se fait par gravité est obtenue généralement d'une manière satisfaisante, du moment que la manœuvre de fermeture ou d'ouverture de la vanne de sectionnement est effectuée avec une lenteur suffisante, afin que les surpressions éventuelles engendrées soient limitées à des valeurs raisonnables.

Toutefois, dans les conduites élévatoires, il n'est pas possible de contrôler avec la même facilité l'ampleur du phénomène, étant donné que l'arrêt des pompes peut se produire subitement, par suite d'une interruption du courant qui alimente le moteur électrique.

Si le profil de la conduite se rapproche de la ligne piézométrique initiale, l'arrêt brusque peut provoquer des pressions inférieures à la pression atmosphérique, qui ne peut baisser au-dessous de la tension de vaporisation (8 m de hauteur d'eau), afin d'éviter la vaporisation ou même la rupture de la veine. D'autre part, comme nous l'avons vu précédemment, la phase de surpression suivante sera d'autant plus grande que la pression dans la première phase sera plus basse. Ainsi, la méthode la plus fréquente pour limiter la dépression consiste à continuer à assurer l'alimentation de l'eau, même après les interruptions de courant. Un profil de la conduite du type de la figure 10.15a sera plus favorable du point de vue de la dépression que celui indiqué sur la figure 10.15b.

En général, on admet que les caractéristiques de la pompe, pour une rotation donnée, correspondent aux courbes du régime permanent.

Cependant, il peut ne pas en être ainsi. En effet, il peut arriver que, à une vitesse de rotation plus faible, la pression de refoulement engendrée par la pompe ne parvienne pas à assurer la charge nécessaire pour engendrer l'écoulement, tout en étant cependant supérieure à la charge de l'aspiration. Dans ces conditions, il y aura inversion de l'écoulement, ce qui entraînera un arrêt plus brutal de la pompe qui pourra tourner encore en sens direct. Cet arrêt brutal augmente les effets du coup de bélier.

Après l'arrêt du groupe, au cas où l'écoulement se poursuit en sens inverse, la pompe invertira également sa situation et fonctionnera comme turbine.

S'il y a une vanne de retenue, elle tend à se fermer quand l'écoulement est inversé, de manière à empêcher cette inversion et l'arrêt de la pompe se fait uniquement en fonction de son inertie.

Nous présentons ci-dessous les principaux moyens dont on dispose pour réduire les effets du coup de bélier.

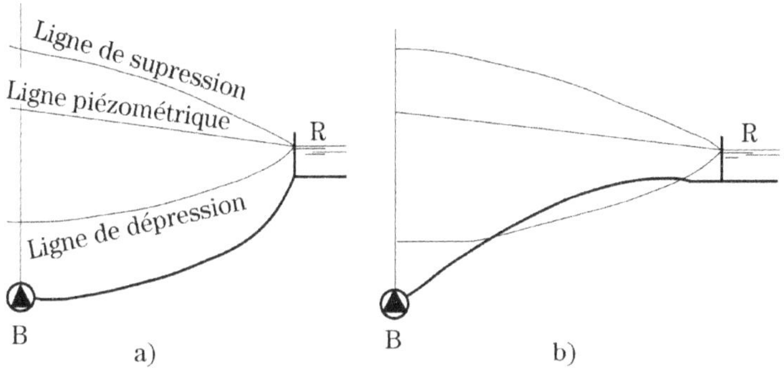

Fig. 10.15

Dans le dimensionnement structurel de la conduite, il faut tenir compte des surpressions et des dépressions.

Dans une *conduite enterrée* et avec remblai bien compacté, le remblai peut augmenter la résistance aux surpressions, mais aggraver les effets des dépression.

Du point de vue pratique, il convient que la conduite soit dimensionnée de manière à résister aux éventuelles surpressions et dépressions maximales qui peuvent se produire, bien que, étant donné la courte durée des variations de pression, l'on puisse admettre une réduction des coefficients de sécurité.

10.17 - Inertie des groupes et volant d'inertie

a) L'utilisation d'un volant d'inertie, monté sur l'arbre du groupe électropompe, pourra renforcer l'effet de l'inertie du groupe et augmenter le temps d'arrêt et, en conséquence, diminuer les effets du coup de bélier.

Toutefois, les possibilités d'utilisation des volants sont assez limitées, en effet, si la longueur de la conduite dépasse quelques centaines de mètres, on arrive rapidement à des poids exagérés pour le volant et le système cesse d'être économique. D'autre part, plus le volant sera lourd, plus grande devra être la puissance du moteur pour vaincre, au démarrage, l'inertie de ce volant. Cette situation peut conduire à des appels d'intensité de courant impraticables, qui risquent de compromettre le démarrage des moteurs dans des conditions satisfaisantes.

b) L'inertie du groupe lui-même, renforcée éventuellement par l'inertie du volant, peut cependant être un moyen simple pour résoudre le problème, dans quelques cas.

En ce qui concerne l'inertie propre du groupe (pompe + arbre + eau + moteur), les valeurs sont fournies par les fabricants, ce que l'on désigne traditionnellement[(1)] par $PD^2 = 4I$ où P est la masse tournante (Kg), et I le moment d'inertie (Kg. m^2).

On définit par *temps de retardement du groupe*, T_r, le temps théorique que mettrait le groupe pour s'arrêter quand il est soumis à un couple résistant constant est donné par :

$$T_r = \frac{PD^2\, n^2}{357\, P_b}\, 10^{-3} \qquad (10.36)$$

où Pb est la puissance de la pompe en kW.

Ce paramètre, comparé avec d'autres, permet une évaluation globale de l'effet de l'inertie.

En ce qui concerne le calcul de PD^2, pour les moteurs, la relation approchée suivante, d'après Almeida [**5**], est valable :

$$PD^2 = a + b\, P_b + c\, P^2_b$$

où, pour PD^2 en Kg.m^2 et P_b en kW, les constantes prennent les valeurs suivantes :

Vitesse de synchronisation	a	b	d
450	3,008	1,199	0,00890
1 000	5,118	0,007	0,00638
1 500	– 2,249	0,527	0,0022
3 000	– 9,909	0,617	0,0002

À défaut d'une meilleure information, on peut négliger les valeurs du PD^2 des pompes + arbre + eau, qui sont très faibles comparées avec celles des moteurs.

Dans le cas de groupes en parallèle ou en série, le PD^2 de l'ensemble est la somme du PD^2 de chaque groupe.

c) L'énergie cinétique E_c (J–Joules) dont le groupe est animé au moment du déclenchement est :

$$E_c = \frac{1}{2}\, I\omega^2 \qquad (10.37)$$

où I est le moment d'inertie du groupe (Kg.m^2) et ω la vitesse angulaire rad/s.

$$I = \frac{PD^2}{4} \qquad (10.37a)$$

La puissance P (W-Watt) absorbée par le groupe est donnée par :

$$P = \frac{\varpi Q H}{\eta} \qquad (10.37b)$$

où ϖ est le poids spécifique (N/m^3) ;
H la hauteur manométrique totale (m) ; Q le débit (m^3/s) et η le rendement

(1) Afin d'éviter des confusions d'unités, il semble qu'il serait préférable d'utiliser la notation MD^2 au lieu de PD^2.

correspondant au point de fonctionnement du groupe.

À partir de la puissance, on peut connaître le couple C (N m) :

$$C = \frac{P}{\omega} = \frac{\varpi QH}{\omega\eta} \tag{10.38}$$

Le travail réalisé durant le temps dt sera donc $c\ \omega\ dt$, qui sera égal à la variation de l'énergie cynétique dE_c c'est-à-dire : $c\ \omega\ dt = d\ (I\ \omega^2 / 2)$.

On aura :

$$C\ \omega\ dt = I\ \omega\ d\omega \tag{10.39}$$

d'où les différences finies :

$$\Delta\omega = \frac{C}{I}\ \Delta t \tag{10.39a}$$

Ces équations permettent de calculer le coup de bélier à partir de la méthode des caractéristiques, ou de Bergeron.

d) Pour des calculs expéditifs ou de prédimensionnement, l'abaque 224 permet d'apprécier l'effet de l'inertie des groupes, éventuellement renforcés par un volant. Pour l'entrée dans cet abaque, on utilise les paramètres suivants [**18**] :

Paramètre d'inertie :

$$J = \frac{\eta I n^2 c}{180 \varpi S l U_0 h_0} \tag{10.40}$$

où η est le rendement du groupe ; I le moment d'inertie de l'ensemble groupe-volant ; n est la vitesse de rotation du moteur en tr/mn ; c la célérité des ondes ; S et l la section et la longueur de la conduite ; U_0 et h_0 la vitesse et la charge dans les conditions normales de fonctionnement.

Paramètre de la conduite : $A = \dfrac{cU_0}{gh_0}$ (10.41)

L'abaque 224 donne les valeurs de pression maxima h_M / h_0 et de pression minima h_m / h_0, dans le cas où l'on permet l'écoulement en sens inverse à travers la pompe. S'il existe une vanne de retenue et si les pertes de charge sont peu importantes, la valeur de la surpression maximale au-dessus du niveau statique peut être considérée comme égale à la valeur de la dépression maximale au-dessous de ce même niveau. Dans le cas de pressions sous-atmosphériques ou de rupture de la veine liquide, les valeurs des surpressions peuvent être aggravées.

Stephenson [**8**] énonce la règle pratique suivante : si le paramètre $In^2 / \varpi S l h_0$ dépasse 0,01, la dépression résultant de l'arrêt est, par suite de l'effet d'inertie, réduite au minimum de 10 %.

L'effet de la perte de charge peut être évalué à partir des abaques 224.

Exemple

Un groupe électropompe élève, en régime normal, un débit $Q_0 = 21{,}1$ l/s à une hauteur d'élévation $h_0 = 125{,}5$ m, le moteur tournant à une vitesse de 1 450 tr/mn. La longueur de la conduite est $l = 890$ m et son diamètre $d = 225$ mm ($S = 0{,}04$ m^2). La célérité de l'onde élastique est $c = 1\ 200$ m/s.

Le moment d'inertie du groupe est $I_g = 17$ Kg.m². Pour augmenter l'inertie, on a accouplé au groupe un volant avec un moment d'inertie $I_v = 21$ Kg.m².

On aura, en considérant le rendement, η, du groupe de 0,75 :

$$J = \frac{\eta I n^2 c}{180 \varpi S l U_o h_o} = 18{,}3$$

$$A = \frac{c U_o}{g h_o} = 0{,}5$$

De l'abaque on a $h_M / h_o \simeq 1{,}0$ et $h_m / h_o = 0{,}87$.

D'où $h_m = 0{,}87 \times 125{,}5 = 109{,}2$ m et $h_M = 125{,}5$ m dans le cas où est permis l'écoulement en sens inverse. S'il existe une vanne de retenue, la pression maxima sera égale à $h_M = 1{,}13 \times 125{,}5 = 141{,}8$ m.

S'il n'y a pas de volant, on a $J = 8$; $h_M / h_o = 1{,}02$ et $h_m / h_o = 0{,}77$, d'où $h_m = 96{,}6$ m et $h_M = 128$ m, sans vanne de retenue, et $h_M = 154{,}4$ m s'il existe une vanne de retenue.

10.18 - Cheminées d'équilibre

La cheminée d'équilibre protège le tronçon en aval et réduit l'intensité du coup de bélier dans le tronçon en amont de la cheminée. Son utilisation est très limitée par les conditions topographiques. Sur l'effet de la cheminée d'équilibre, voir le n° 10.11 ; quant à son dimensionnement, voir les n°s 10.11 à 10.16.

10.19 - Réservoir d'air comprimé

a) Généralités – Quand les conditions topographiques ne sont pas favorables à l'utilisation d'une cheminée d'équilibre, on peut recourir à un réservoir fermé dont la partie supérieure contient de l'air sous pression et la partie inférieure un certain volume d'eau.

Ses effets sont identiques à ceux d'une cheminée d'équilibre, à section non constante. Immédiatement après l'arrêt des pompes, le réservoir se décomprime et fournit de l'eau à la conduite, réduisant ainsi l'abaissement de pression dû au coup de bélier. Durant la seconde période, le sens de l'écoulement est inversé, l'eau est de nouveau emmagasinée dans le réservoir et comprime l'air. La figure 10.16 montre un schéma de montage.

Pour améliorer l'effet du réservoir d'air comprimé, on peut, de même que pour les cheminées d'équilibre, placer à la liaison conduite-réservoir d'air, un dispositif capable de produire une perte de charge asymétrique, c'est-à-dire, plus grande dans le sens conduite-réservoir et plus faible dans le sens inverse.

D'une manière générale, on utilise un tuyau court type Borda (fig. 10.17a).

On peut également utiliser un clapet avec orifice (fig. 10.17b), de manière que, dans le sens réservoir-conduite, la section de passage corresponde à tout le clapet et que dans le sens conduite-réservoir, le clapet se ferme et la section de passage soit réduite à la section de l'orifice, entraînant ainsi une perte de charge asymétrique.

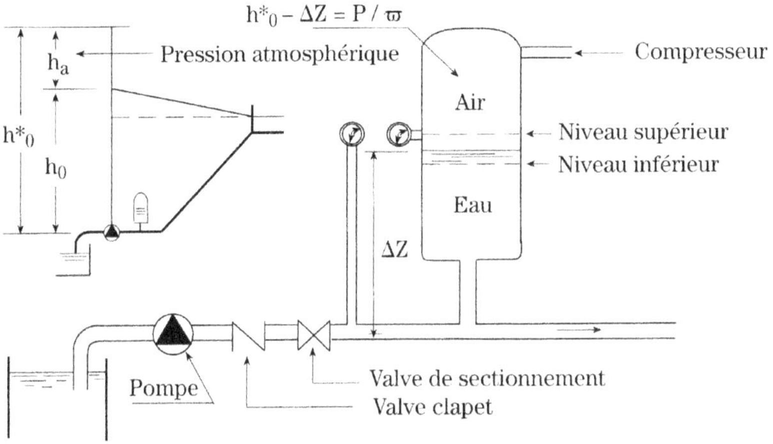

Fig. 10.16

Cependant, quand le clapet avec orifice se ferme, il donne origine à un nouveau coup de bélier, d'autant plus fort que la section de l'orifice sera plus petite.

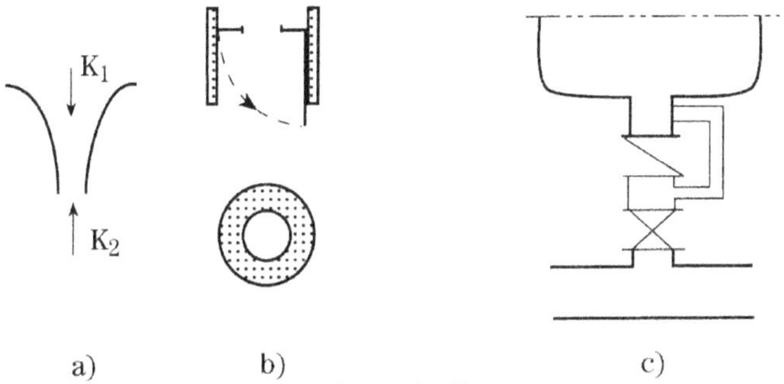

Fig. 10.17

On peut également utiliser un dispositif avec clapet de retenue et passage latéral (fig. 10.17c), qui est hydrauliquement équivalent au clapet.

Dans le calcul des réservoirs d'air, il faut tenir compte des lois d'expansion et de compression de l'air :

$$h\forall^{n} = \text{constante} \qquad (10.42)$$

où $n = 1{,}4$, pour l'expansion adiabatique ; $n = 1$ pour l'expansion isothermique. Dans la pratique, on peut prendre $n = 1{,}3$; $\forall$ est le volume d'air.

En général, on admet également que le réservoir est placé immédiatement en aval des pompes ; que le débit s'annule instantanément ; qu'il n'y a pas inversion de l'écoulement à travers les pompes, et que, par conséquent, il est indispensable qu'il existe un clapet de retenue en aval des pompes.

b) *Règles de dimensionnement*

On adoptera les symboles suivants :

h^*_o = Hauteur statique absolue
h^*_c = Hauteur absolue dans la conduite
h^*_R = Hauteur absolue dans le réservoir, fonction de t
U_o = Vitesse initiale en régime permanent
U = Vitesse en l'instant t
l = Longueur de la conduite
S = Section de la conduite
$\forall_c = LS$ = Volume de la conduite dans le cas d'une conduite à section constante ou $\forall_c = \Sigma L_i S_i$, dans le cas d'une conduite télescopique
$\forall_o$ = Volume d'air contenu dans le réservoir sous la pression h^*_o
$\forall$ = Volume d'air contenu dans le réservoir sous la pression h^*_R
αW^2 = Perte de charge provoquée par le clapet dans le sens conduite-réservoir

On considère les paramètres suivants [*19*] :

– caractéristique de la conduite :

$$A = \frac{cU_o}{gh^*_o} \tag{10.43}$$

– caractéristique du réservoir :

$$B = \frac{U_o^2}{gh^*_o} \cdot \frac{\forall_c}{\forall_o} \tag{10.44}$$

– caractéristique de l'étranglement :

$$C = \alpha W^2 / h^*_o \tag{10.45}$$

Comme méthode simple pour la détermination rapide du volume du réservoir avec clapet, on procède de la manière suivante :

a) On calcule le paramètre A. À partir de l'abaque 225a et, compte tenu du profil longitudinal de la conduite, on choisit la valeur du paramètre B qui donne origine à une courbe de dépression le long de la conduite sans inconvénients pour cette conduite ; à partir de B est déterminé le volume d'air $\forall_o$, dans le réservoir (on a négligé les pertes de charge dans la conduite). Si aucune courbe n'est satisfaisante, cela signifie qu'un grand volume serait nécessaire dans le réservoir et il faut adopter une autre solution, comme par exemple des réservoirs ou des bassins d'alimentation aux points élevés (voir n° 10.20).

b) À partir de l'abaque 225b, et connaissant A et B, on détermine la perte de charge optimale, pour l'orifice du clapet, c'est-à-dire la perte de charge qui conduit à une pression maximale dans la conduite avec une valeur identique à la pression maximale dans le réservoir d'air.

(Notons qu'à partir de h^*_M / h^*_o, du moment que l'on connaît A, on peut déterminer également B et Δh).

c) À l'aide de l'abaque 225, on peut refaire le calcul des pressions maximale et minimale dans la conduite, près du réservoir. On peut également choisir un autre orifice ou d'autres dimensions pour le réservoir.

Pour le calcul de l'orifice et sa perte de charge, ce que nous avons dit pour les cheminées d'équilibre avec étranglement (n° 10.15) est valable.

Pour obtenir une surpression optimale, il convient d'avoir, en règle générale, $C \simeq 10$, à quoi correspondent des valeurs du diamètre de l'orifice de 0,10 à 0,15 du diamètre de la conduite principale.

Le volume d'air est calculé à partir de B. Le volume du réservoir doit être tel que, pour la pression minima, il n'y ait pas passage d'air dans la conduite. Ce volume sera donné par :

$$\forall = \forall_o \, (h^*_o / h^*_M)^{1/1,3} \qquad (10.46)$$

Il convient en outre de prévoir une marge de sécurité.

Meunier et Puec [**20**] recommandent pour le réservoir un volume de 1,2 fois le volume maximum d'air calculé.

Le diamètre de liaison du réservoir à la conduite est d'environ la moitié du diamètre de cette dernière. Les raccordements doivent être arrondis, afin d'éviter la formation de tourbillons.

Il faut prévoir un compresseur pour restituer l'air qui se dissout dans l'eau. On peut également utiliser, au lieu d'air, un gaz peu soluble, l'azote, ou placer une pellicule dans l'interface eau-air, afin d'empêcher ou de contrarier le passage de l'air.

Exemple

Une conduite élévatoire de diamètre d = 800 mm (S = 0,503 m^2) et d'une longueur l = 4 550 m, transporte un débit Q_o = 80 000 m^3/jour (0,926 m^3/s). On se propose de déterminer le volume des réservoirs d'air comprimé, de manière que la surpression ne dépasse pas h_M = 220 m de colonne d'eau et que la dépression ne baisse pas au-dessous de h_m = 120 m de colonne d'eau.

La célérité est c = 1 000 m/s ; la dénivelée géométrique Δz = 196 m et la perte de charge dans la conduite P_o = 7,4 m. Le tuyau de liaison de la conduite au réservoir a 500 mm de diamètre et l'étranglement 200 mm.

Solution

La vitesse de l'écoulement est U_o = Q / S = 0,926/0,503 = 1,84 m/s. On aura également $c\, U_o / g$ = 1 000 × 1,84/9,8 = 188. La hauteur manométrique absolue d'élévation sera $h^*_o = (\Delta z + P_o +$ pression atm.) = 196 + 7,4 + 10,3 = 213,7 m.

$A = c\, U_o / g\, h^*_o = 188/213,7 = 0,88 \simeq 1$

Si l'on veut obtenir $h^*_m = h_m$ + pression atm. = 120 + 10,3 = 130,3 m, on devra avoir h^*_m / h^*_o = 130,3/213,7 = 0,61. À partir de l'abaque 225a pour A = 1 et h^*_m / h^*_o = 0,61, on obtient B = 0,3(1). Comme le volume de la conduite est $\forall_c = LS$ = 4 550 × 0,503 × 2 289 m^3, on aura :

$$\forall_o = \frac{U_o^2 \forall_c}{Bg\, h^*_o} = 12,3 \text{ m}^3$$

En ce qui concerne la pression maximale, on aura h^*_M / h^*_o = (220 + 10,3) / 213,7 = 1,08.

De l'abaque 225b, on obtient $C = \alpha W^2 / h^*_o = 2,5$; comme $\alpha = K / 2g$, on a $KW^2 / 2g$ = 2,5 × 213,7 = 534,25 m. Prenant $K = \dfrac{1}{\mu^2} = \dfrac{1}{0,6^2} \simeq 3$, on a $W^2 / 2g$ = 534,25/3 = 178 et W = 59 m/s, ce qui donne une section de 0,926/59 = 0,016 m^2.

À la pression minimale h^*_m, l'air occupe le volume maximum $\forall_u = \forall_o \, (h^*_o / h^*_m)^{1/1,3}$ = 13 (203,7/130,3)$^{1/1,3}$ = 20,3. Pour plus de sécurité, on prendra $\forall$ = 24 m^3.

---

(1) On admet un profil raisonnable pour la conduite. En cas de profil plus défavorable, on pourrait prendre B = 0,1 ; en cas de profil très favorable on pourrait prendre B = 0,8.

10.20 - Facteurs qui conditionnent les orifices des pertes de charge dans les cheminées d'équilibre et les réservoirs d'air comprimé

Dans le cas de l'orifice symétrique, si d est le diamètre de l'orifice et D le diamètre de la canalisation de liaison entre le réservoir et la conduite élévatoire, la perte de charge à travers l'orifice sera du type $K\, V_o^2 / 2g$ et, lors du prédimensionnement, on peut utiliser l'expression suivante :

$$K = \left[\frac{D^2}{0{,}6\, d^2} - 1 \right]^2 \tag{10.47a}$$

ou bien l'expression proposée par Idel'cik pour diaphragmes à arête vive en amont.

$$K = \left[1 + 0{,}707 \sqrt{1 - \frac{d^2}{D^2}} - \frac{d^2}{D^2} \right]^2 \cdot \left(\frac{D^2}{d^2} \right)^2 \tag{10.48}$$

L'augmentation de vitesse dans l'orifice provoque l'abaissement de la pression en aval de cet orifice : si la vitesse est élevée, et, en conséquence, la pression très faible, des bulles gazeuses peuvent se libérer, qui peuvent entraîner des phénomènes de *cavitation.*

Dès que la pression moyenne du jet est égale à la pression de la vapeur, la vitesse tend à se maintenir stationnaire à cette valeur, et il se produit un *blocage de débit.*

On définit l'indice de cavitation σ, auquel correspondent les valeurs σ_{ci} de début de cavitation et σ_{ch} de cavitation de blocage de l'écoulement. On aura :

$$\sigma = \frac{h_j - h_v}{h_m - h_j} \tag{10.49}$$

où, pour chacune des situations mentionnées :

h_j = pression en aval de l'orifice (m.c.a. ou N/m^2)
h_m = pression en amont de l'orifice
h_v = tension de la vapeur saturante à la température du système (voir table 10).

On peut aussi utiliser des critères de *vitesses de cavitation* :

L'abaque 226 [**21**] permet de déterminer les conditions de cavitation dans un rétrécissement localisé à l'entrée du réservoir (comme par exemple un orifice dans une vanne à clapet).

Dubin et Guerreau [**19**] proposent l'expression suivante, pour le diamètre de l'orifice avec vanne à clapet :

$$d = \frac{D}{1{,}2 \sqrt[4]{\dfrac{cS}{Q}}} \tag{10.50}$$

d = diamètre de l'orifice dans le clapet
D = diamètre de la conduite élévatoire
S = section de la conduite élévatoire

c = célérité dans la conduite élévatoire

Q_o = débit initial

Ruus [**22**] recommande que la perte de charge localisée ne dépasse pas 0,6 fois la charge statique absolue initiale.

Dupont [**23**] recommande que le rapport entre la section de la conduite élévatoire et la section de l'étranglement soit compris entre 13 et 17.

10.21 - Bassins d'alimentation

Un bassin d'alimentation diffère de la cheminée d'équilibre par le fait que, durant le fonctionnement normal, il est isolé de la conduite par une vanne-clapet (fig. 10.18). Quand survient une dépression dans la conduite, au-dessous du niveau de l'eau du bassin, la vanne s'ouvre, l'écoulement est alimenté, et l'on évite que la dépression augmente. Le bassin est alimenté par un "by-pass" servi par un flotteur.

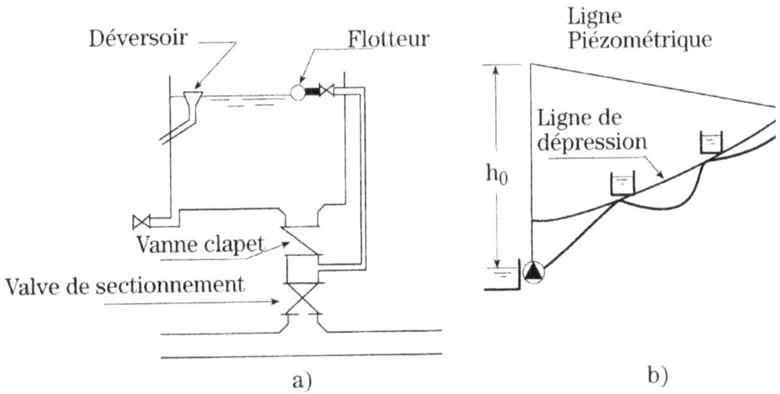

Fig. 10.18

Les bassins d'alimentation sont particulièrement indiqués pour protéger les points élevés de la conduite. En général, on place le bassin au premier point élevé et, si nécessaire, aux points suivants. Il est évident que le bassin ne peut opérer que quand la ligne de dépression après l'arrêt des groupes baisse au-dessous du niveau de l'eau dans le bassin.

L'abaque 227 permet de dimensionner un bassin d'alimentation, unique, quand le bassin est proche de la pompe, ou bien s'il existe une vanne-clapet dans la conduite, immédiatement en amont du bassin, pour éviter que des ondes de surpression ne se réfléchissent dans la direction de la pompe et ne provoquent une surpression supérieure à celle qui se produirait s'il n'y avait pas de réservoir. L'abaque nous donne la valeur de la pression maxima Δ_{hM}, mesurée au-dessus du niveau statique ; il donne également le volume déchargé et le temps de décharge. S'il n'y a pas de vanne-clapet, on doit utiliser l'abaque 228.

Dans le cas où plusieurs bassins sont installés en des points élevés d'une conduite, la pression minimale qui peut survenir dans un tronçon est celle qui correspond au niveau d'eau du bassin précédent. L'abaque 229 fournit des éléments pour le calcul de deux bassins : le premier proche de la pompe ou avec vanne-clapet dans la conduite en amont ; le second avec vanne-clapet dans la conduite en amont. La distance entre les bassins est égale à la distance entre le second bassin et le réservoir.

L'un ou l'autre des abaques mentionnés peut servir de guide dans les cas plus complexes, qui doivent être analysés à l'ordinateur ou graphiquement.

10.22 - Liaison en "by-pass" entre l'aspiration et la compression

Quand la dépression résultant du coup de bélier conduit à des pressions inférieures au niveau du bassin d'aspiration, c'est-à-dire, quand la hauteur d'élévation est très inférieure à $c\,U_o / g$, on peut réduire la dépression en établissant un "by-pass" entre l'aspiration et le refoulement (fig. 10.19).

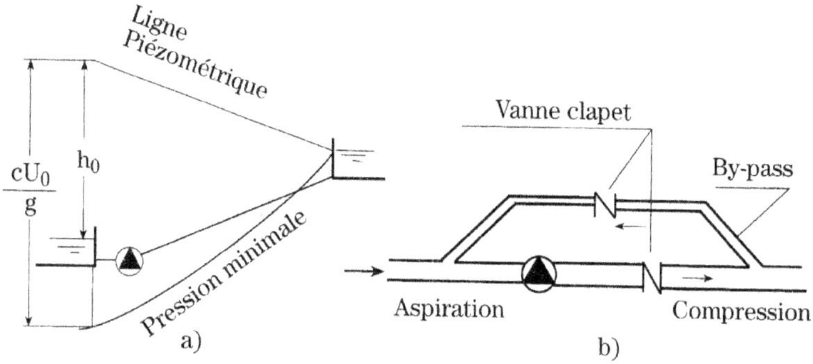

Fig. 10.19

Le by-pass, fonctionnant après l'arrêt de la pompe, entraîne une perte de charge localisée Δh, qui pour le débit initial Q_o, sera désignée par ΔH_o.

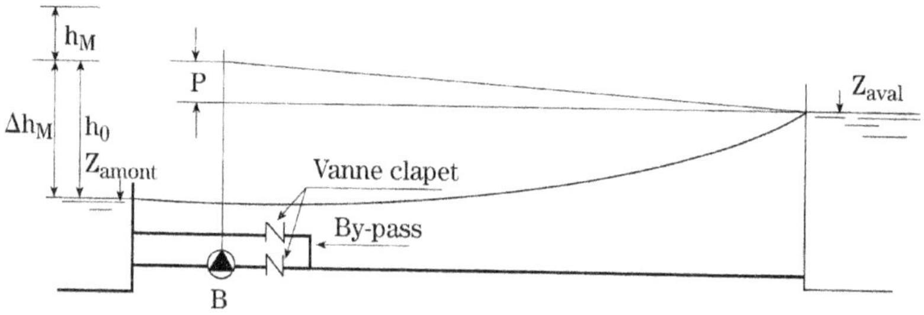

Fig. 10.20

Cette perte de charge conditionne l'abaissement maximum de pression, Δh_m, donné, d'après Almeida [**11**], par :

$$\Delta h_m = A \, \psi \, h_o \tag{10.51}$$

où :

$$\psi = 1 - 0{,}5 \left[\sqrt{(A / \Delta h_o)^2 - 4\,(1 - A) / \Delta h_o} - A / \Delta h_o \right] \tag{10.51a}$$

A étant le périmètre caractéristique de la conduite et $\Delta h_o = \Delta H_o / h_o$.

La surpression maxima dans la section de la pompe est donnée par :

$$\Delta h_M = \Delta h_m - P \tag{10.52}$$

où P est la perte de charge dans la conduite.

– Le temps moyen d'annulation du débit est donné par [**11**] :

$$\overline{T}_A = \theta\,(A + 1) \tag{10.53}$$

où θ est le temps de fermé relative (Allievi).

– Le volume minimum, ∀, d'eau dans le réservoir en amont de la pompe est donné empiriquement par [**11**] :

$$\frac{\forall c}{L Q_o} = K\,(0{,}52\,A + 1{,}8) \tag{10.54}$$

où K est un coefficient de sécurité ($5 < K < 10$).

– Comme la pompe ne s'arrête pas instantanément, à travers elle passera un débit qui s'ajoutera à celui qui passe par le “by-pass”.

Les clapets de retenue du “by-pass” peuvent être spéciaux : à ouverture rapide, agissant ainsi rapidement sur la dépression ; à fermeture lente, réduisant ainsi l'effet de contrecoup.

Compte tenu des caractéristiques des vannes, le phénomène doit être analysé avec les moyens appropriés pour le calcul du coup de bélier.

10.23 - Vannes spéciales

Il existe sur le marché une grande variété de vannes spéciales, dont les caractéristiques sont indiquées par les fabricants. Ces vannes sont généralement installées dans la conduite de refoulement.

Toutes les fois que les conditions de sécurité l'exigent, il convient d'installer deux ou trois vannes en parallèle, de manière à garantir qu'une, au moins, de ces vannes soit opérationnelle.

Les vannes spéciales ne protègent que contre les surpressions ; c'est pourquoi, il conviendra d'analyser si la valeur de la dépression est acceptable. Même pour ce qui est de la surpression, comme le temps d'ouverture de ces vannes est d'environ cinq secondes ou plus, elles ne seront efficaces que dans des conduites d'une longueur telle que la vanne agisse avant l'arrivée de l'onde de surpression ($t > 2\,\theta$).

En résumé les vannes spéciales sont particulièrement recommandées pour des grandes hauteurs d'élévation et des conduites qui ne soient pas très courtes.

Leur conception, leur fabrication et leur entretien doivent faire l'objet de soins particuliers.

10.24 - Dispositifs conjoints de protection

L'utilisation de plus d'un des dispositifs précédemment décrits exige leur vérification au moyen de modélisation mathématique. Pour la formulation de ces modélisations, on aura recours aux ouvrages de la spécialité.

10.25 - Dispositifs non conventionnels

Parfois, sont mentionnés des dispositifs non conventionnels, tels que :

– utilisation de ventouses à double effet (entrée et sortie d'air) ;

– utilisation de vannes-clapet intervallaires, constituées en général par des clapets avec orifice ;

– utilisation de systèmes de contrôle électronique qui, à partir de la mesure des pressions, agissent sur diverses vannes, de manière à garantir la pression désirée ;

– mise en place de tronçons de conduite très flexibles, de manière à réduire la célérité ;

– utilisation le long de la conduite de réservoirs d'air comprimé, avec membrane élastique, du type de ceux qui sont utilisés dans les petits systèmes de surpression dans les bâtiments ;

– utilisation de joints fusibles, qui fondent en cas de surpressions élevées ;

– utilisation de réservoirs d'air comprimé avec admission d'air automatique, de manière que la pression à l'intérieur ne soit pas inférieure à la pression atmosphérique, et fonctionnant partiellement avec une cheminée d'équilibre.

L'utilisation de ces dispositifs doit obéir au maximum de précaution, moyennant le recours à la modélisation mathématique du phénomène, qui n'est pas toujours facile, et toujours sur la base de l'expérience.

BIBLIOGRAPHIE

1 – FOX, J.A. - *Hydraulic Analysis of Unsteady Flow in Networks*. MacMillan, 1977.

2 – WYLIE, E.B. ; STREETER, V.L. - *Fluid Transients*. MacGrawHill, 1978.

3 – CHAUDHRY, M.H. - *Applied Hydraulic Transients*. Van Nostrand, 1979.

4 – WATTERS, G.Z. - *Modern Analysis and Control of Unsteady Flow in Pipelines*. Ann Arbor Science, 1979.

5 – ALMEIDA, A.B. - *Regime Hidraúlico Transitório em Condutas Elevatórias*. Dissertação de Doutoramento no Instituto Superior Técnico, Lisboa, 1981.

6 – CHOAN, R.K. - *Wave Propagation in Two-phase Mixtures*. The City University. Res. Mem. n° ML78, 1976.

7 – PARMAKIAN, J. - *Waterhammer Analysis* (Prentie-Hall. Inc., New-York) 1955.

8 – STEPHENSON, D. - *Pipeline Design for Water Engineer*. Elsevier, 1976.

9 – WOOD, D.S. - *Water Hammer Charts for Various Types of Valves*. ASCE, Vol. 99 HY 1, 1973.

10 – DRIELS, M. - *Predicting Optimum Two-stage Valve Closure*. ASME – Paper 75-WA/FE-2, 1975.

11 – ALMEIDA, A.B. - *Manual de Protecção Contra o Golpe de Ariete em Condutas Elevatórias*. LNEC, Lisboa, 1981.

12 – THORLEY, A.R.D. ; ENEVER, K.J. - *Control and Suppression of Pressure Surges in Pipelines and Tunnels*. CIRIA, 1979.

13 – BERGERON, M. - *Du Coup de Bélier en Hydraulique au Coup de Foudre en Électricité*. Dunod, Paris, 1949.

14 – STUCKY - *Chambres d'Équilibre*. Lausanne.

15 – CALAME, J. ; GADEN, D. - *Théorie des Chambres d'Équilibre*. Éd. de la Concorde, Lausanne, 1926.

16 – JAEGER, C. - *Fluids Transients in Hydro-electric Engineering Practice*. Blackie, London, 1977.

17 – BERNHART, H.M. - *The Dependence of Pressure Wave Transmission Through Surge Tanks on the Valve Closure Time*. Proc. 2nd International Conference on Pressure Surges. London, BHRA, 1976.

TABLES ET ABAQUES

Tables générales. Résumé

1 - Facteurs de conversion pour les mesures de longueur

Nom \ Symbole	cm	in	ft	yd	m	mi	na mi
Mètre	0.01	0,0254	0,3048	0,9144	1	1609,35	1853,25
Centimètre	1	2,54	30,48	91,44	100	160 935	185 325
Pouce (1)	0,3937	1	12	36	39,37	63 360	72 963
Pied (2)	0,0328	0,08333	1	3	3,2808	5280	6080,2
Yard	0,01093	0,0278	0,3333	1	1,0936	1760	2026,8
Mille (3)	$6,21 \times 10^{-6}$	$1,58 \times 10^{-5}$	$1,89 \times 10^{-4}$	$5,68 \times 10^{-4}$	$6,21 \times 10^{-4}$	1	1,151
Mille marin (4)	$5,39 \times 10^{-6}$	$1,37 \times 10^{-5}$	$1,64 \times 10^{-4}$	$4,92 \times 10^{-4}$	$5,39 \times 10^{-4}$	0,8684	1

Rod (rd) = 5,0292 m
Furlong (fu) = 201,17 m

Chain (ch) = 20,117 m
Brasse(5) = 1,829 m

1 Angström = 10^{-8} cm
1 Micron = 10^{-4} cm

1 Röntgen = 10^{-11} cm

2 - Facteurs de conversion pour les mesures de surface

Nom \ Symbole	sq in	sq ft	sq yd	m²	ac	ha	sq mi
Mètre carré	1	144	1296	1550	6 272 640	155×10^{5}	4014 489 600
Pouce carré(6)	0,00694	1	9	10,76	43 560	107 639	27 878 400
Pied carré (7)	$7,716 \times 10^{-4}$	0,1111	1	1,196	4840	11 960	3 097 600
Square Yard	$6,452 \times 10^{-4}$	0,0929	0,8361	1	4047	10^{4}	2 589 998
Acre (8)	$1,594 \times 10^{-7}$	$2,296 \times 10^{-5}$	$2,066 \times 10^{-4}$	$2,471 \times 10^{-4}$	1	2,471	640
Hectare	$6,452 \times 10^{-8}$	$9,29 \times 10^{-6}$	$8,361 \times 10^{-5}$	10^{-4}	0,4047	1	259
Mille carré (9)	$2,491 \times 10^{-10}$	$3,587 \times 10^{-8}$	$3,228 \times 10^{-7}$	$3,861 \times 10^{-7}$	$1,563 \times 10^{-3}$	$3,861 \times 10^{-3}$	1

Square rod (sq rd) = 25,29 m^2
Square chain (sq ch) = 404,7 m^2
Kilomètre carré (km^2) = 10^6 m^2

Are (a) = 100 m^2
Hectare (ha) = 100 a
1 km^2 = 100 ha

(1) *inch*. (2) *foot* (3) *mile*. (4) *nautical mile*. (5) *fathom*. (6) *square inch*. (7) *square foot*. (8) *acre*. (9) *square mile*.

3 - Facteurs de conversion pour les mesures de volume

Nom \ Symbole	cu in	U.S. gal	imp gal	cu ft	m^3
Mètre cube	1,639 10^{-5}	3,785 10^{-3}	4,452.10^{-3}	28,317 10^{-3}	1
Pouce cube (1)	1	23	277,274	1728	61023,4
Gallon américain (2)	0,004329	1	1,200	7,4805	264,17
Gallon impérial (3)	0,003607	0,83311	1	6,2321	220,08
Pied cube (4)	$5{,}787 \times 10^{-4}$	0,13368	0,16046	1	35,31

- Mètre cube (m^3) = 1 000 litre
- *Cubic yard* = 0,76456 m^3
- *Fluid ounce* (fl. o.) = 29,574 cm^3
- *U. S. bushel* = 35,24
- *Acre-foot* (5) (ac ft) = 1 233,49 m^3
- *Acre inch* (6) (ac in) = 102,79 m^3
- *Foot depth on square mile* (7) = 789 432,6 m^3
- *Inch depth on square mile* (8) = 65 786,0 m^3
- mm de hauteur sur un ha = 10 m^3
- *Second-foot day* (9) (sfd) = 2 446,6 m^3

(1) *cubic inch.* (2) *U. S. gallon.* (3) *impérial gallon.* (4) *cubic feet.* (5) un pied de hauteur sur un acre. (6) un pouce de hauteur sur un acre. (7) un pied de hauteur sur un mille carré. (8) un pouce de hauteur sur un mille carré. (9) un pied cube par seconde pendant un jour.

4 - Facteurs de conversion pour les mesures de débit

Nom \ Symbole	m^3/s	U.S. gps	imp gps	ac ft pd	sec ft ou cusec
Mètre cube/seconde	1	3,785 10^{-3}	4,542.10^{-3}	14,276 10^{-3}	28,317 10^{-3}
Gallons américains/seconde (1)	264,3	1	1,2	3,771	7,480
Gallons impériaux/seconde (2)	220,1	0,8333	1	3,142	6,232
Acre feet per day (3)	70,0	0,2652	0,3183	1	1,9835
Pied cube par seconde (4)	35,3	0,1337	0,1605	0,5042	1

- 1 l / s = 3,6 m^3 par heure ;1m^3 / s = 86 400 m^3 par jour.
- 1 gallon américain par minute (5) (U . S gpm) = 0,0631 litre / s.
- 1 gallon impérial par minute (6) (Imp. gpm) = 0,0757 litre / s.
- 1 gallon américain par jour (7) (U. S. gpd) = 0,003785 m^3 par jour.
- 1 gallon impérial par jour (8) (Imp. gpd) = 0,004544 m^3 par jour.
- 1 millimètre à l'heure (précipitation pluviométrique) = 10 m^3 à l'heure par ha = 2, 78 litres par seconde et par ha.
- 1 pouce à l'heure (9) (in dph) = 70,55 litre par seconde et par ha.
- 1 pouce par jour (10) (in dpd) = 254 m^3 par jour et par ha.
- 1 pied par seconde par mille carré (11) (sec ft p sq mi) = 0,109 litre par seconde et par ha.
- 1 pouce en hauteur, sur un acre, à l'heure (12) (ac in p h) = 28,552 1/s ≃ 1 sec ft.

(1). *U . S. gallon per second.* (2) *imperial gallon per second.* (3) un pied de hauteur, sur un acre, par jour. (4) *cubic foot per second ; second foot ; cusec.* (5) *U. S. gallon per minute.* (6) *imperial gallon perminute.* (7) *U. S. gallon per day.* (8) *imperial gallon per day.* (9) *inches depth per hour.* (10) *inches depth per day.* (11) *second foot per square mile.* (12) *acre inch per hour.*

5 - Facteurs de conversion d'unités diverses

$A = K_1 B$ $B = K_2 A$

Unité A	Facteur K_1	Facteur K_2	Unité B
Vitesse			
pied par seconde [1] (ft/s)	0,3048	3,2808	mètre par seconde (m/s)
Mètre par minute (m/min)	1,667	0,6	centimètre par seconde (cm/s)
kilomètre à l'heure (km/heure)	0,278	3,6	m/s
mille par heure	1,609	0,621	km/heure
nœud [2] (mille marins par heure)	1,853	0,539	km/heure
pieds/seconde	0,6818	1,4667	mille/heure
Poids - Force			
livre [3] (1b)	0,45359	2,2046	kilogramme (force) (kg)
livre	32,174	$3{,}11 \times 10^{-2}$	*poundal* (pdl)
livre	444 820	$2{,}248 \times 10^{-2}$	dynes
dyne	$1{,}02 \times 10^{-3}$	981	gramme (poids) (g)
poundal	14,098	$7{,}09 \times 10^{-2}$	g
newton (10^5 dynes)	0,102	9,81	kg
tonne métrique (t)	1000	10^{-3}	kg
short ton	0,907	1,102	tonne métrique
long ton	1,016	0,984	tonne métrique
Masse			
slug	14 590,0	$6{,}854 \times 10^{-5}$	gramme (masse) (g)
slug	32,174	$3{,}11 \times 10^{-2}$	livre (masse) (1b)
kilogramme masse	0,102	9,81	unité métrique de masse (U.m.m - kg $m^{-1} s^2$)
Poids spécifique			
livre par pied cube [4] (1b ft^{-3})	15,710	$6{,}37 \times 10^{-2}$	dyne par centimètre cube (dyne /cm^3)
livre par pied cube	16,02	$6{,}24 \times 10^{-2}$	kilogramme par m^3 (kg/m^3)
newton par m^3	0,102	9,81	kg/m^3
Masse spécifique			
slug par pied cube	0,5154	1,9402	gramme par cm^3 (g/cm^3)
slug par pied cube	52,54	$1{,}90 \times 10^{-2}$	u.m.m.m^{-3} (kg $m^{-4} s^2$)
kilogramme (masse) par m^3	0,102	9,81	u.m.m.m^{-3}
gramme par cm^3	1000	10^{-3}	kg/m^3
Pression			
bar, mégabarye ou hectopièze	10^6	10^{-6}	dyne/cm^2 (barye, microbar)
millibar	10^{-3}	10^3	bar
bar	1,0197	0,9807	kilogramme par centimètre carré (kg/cm^2)
atmosphère			
atmosphère	1,033	0,968	kg/cm^2
atmosphère	10,33	$9{,}68 \times 10^{-2}$	mètre d'eau
millimètre de mercure	760	$1{,}316 \times 10^{-3}$	millimètre de mercure
mètre d'eau	$13{,}6 \times 10^{-3}$	73,6	mètre d'eau
millimètre de mercure	0,1	10	kg/cm^2
livre par pied carré [5] (1b ft^{-2})	$13{,}6 \times 10^{-4}$	735,6	kg/cm^2
livre par pouce carré [6] (psi)	$0{,}488 \times 10^{-3}$	2 049	kg/cm^2
	0,0703	14,225	kg/cm^2
Énergie			
kilogrammètre (kgm)	9,81	0,102	joule
kilogrammètre	$0{,}272 \times 10^{-5}$	$3{,}67 \times 10^5$	kilowatt-heure (kWh)
erg	10^{-7}	107	joule
calorie	0,427	2,342	kilogrammètre

5 – (Suite)

$A = K_1 B$ $B = K_2 A$

Unité *A*	Facteur K_1	Facteur K_2	Unité *B*
Puissance			
horsepower (Hp)	0,7456	1,341	kilowatt (kW)
horsepower	1,014	0,986	cheval-vapeur (CV)
cheval-vapeur	0,736	1,36	kW
mégawatt (MW)	1000	0,001	kilowatt
kilogrammètre par seconde (kgm/s)	0,0133	75	cheval-vapeur
erg par seconde (erg/s)	10^{-7}	10^{7}	watt (w) (joule par seconde)
watt	0,102	9,81	kgm/s
Viscosité dynamique			
livre seconde par pied carré (7)	478,78	$2{,}09 \times 10^{-3}$	dyne sec cm^{-2} (poise)
1b ft^{-2}	4,876	0,205	kg s m^{-2}
dyne s cm^{-2} (poise)	$1{,}02 \times 10^{-2}$	98	kg s m^{-2}
Viscosité cinématique			
pied carré par seconde (8)	929,03	$1{,}08 \times 10^{-3}$	cm^2/s (stoke)
$ft^2 s^{-1}$	0,0929	10,8	m^2/s
Tension superficielle			
livre par pied (9) (1b ft^{-1})	14 594	$0{,}68 \times 10^{-4}$	dyne/cm
1b ft^{-1}	1,488	0,672	kg/m
Concentration			
livre par pied cube (5) (1b ft^{-3})	16,02	$6{,}24 \times 10^{-2}$	gramme par litre (g/l)
once par gallon impérial	6,24	0,16	gramme par litre
once par gallon américain	119,82	$8{,}35 \times 10^{-3}$	gramme par litre
Mesures angulaires			
degré sexagésimal (°)	1,1111	0,9	degré centésimal ou grade (gr)
minutes sexagésimal (')	0,01852	54	gr
seconde sexagésimal	0,00031	3 240	gr
degré sexagésimal	0,01745	57,296	radian (rad)
minute sexagésimal	291×10^{-6}	3437,75	rad
seconde sexagésimal	4848×10^{-9}	206264,8	rad
Vitesse angulaire			
tour par jour	$7{,}2722 \times 10^{-5}$	$1{,}375 \times 10^{4}$	radian/s
tour/min	$1{,}0472 \times 10^{-1}$	9,5493	radian/s
tour/sec	6,2832	0,1592	radian/s
degré/sec	$1{,}7453 \times 10^{-2}$	57,2967	radian/s
Accélération angulaire			
tour/sec^2	6,2832	0,1592	radian/s^2
tour/min^2	$1{,}7453 \times 10^{-3}$	572,967	radian/s^2
tour/min sec	0,10472	9,5493	radian/s^2
Temps			
jour	86 400	$1{,}157 \times 10^{-5}$	seconde
jour	1 440	$0{,}694 \times 10^{-3}$	minute
année (365 jours)	8 760	$1{,}142 \times 10^{-4}$	heure

(1) *feet per second.* (2) *knot.* (3) *pound* (4) *pound per cubic foot.* (5) *pound per square foot.* (6) *pound per square inch.* (7) *pounds-seconds per square foot.* (8) *square feet per second.* (9) *pounds per foot.*

6 - Équivalence entre degré Baumé et densité à 15,6°C pour les liquides plus denses que l'eau

Extrait de [**9**]

°B	0	1	2	3	4	5	6	7	8	9
0	1,0000	1,0069	1,0140	1,0211	1,0284	1,0357	1,0432	1,0507	1,0584	1,0662
10	1,0741	1,0821	1,0902	1,0985	1,1069	1,1154	1,1240	1,1328	1,1417	1,1508
20	1,1600	1,1694	1,1789	1,1885	1,1983	1,2083	1,2185	1,2288	1,2393	1,2500
30	1,2609	1,2719	1,2832	1,2946	1,3063	1,3182	1,3303	1,3426	1,3551	1,3679
40	1,3810	1,3942	1,4078	1,4216	1,4356	1,4500	1,4646	1,4796	1,4948	1,5104
50	1,5263	1,5426	1,5591	1,5761	1,5934	1,6111	1,6292	1,6477	1,6667	1,6860
60	1,7059	1,7262	1,7470	1,7683	1,7901	1,8125	1,8354	1,8590	1,8831	1,9079

7 - Équivalence entre degré Baumé et densité à 15,6°C pour les liquides moins denses que l'eau

Extrait de [**9**]

°B	0	1	2	3	4	5	6	7	8	9
10	1,0000	0,9929	0,9859	0,9790	0,9722	0,9655	0,9589	0,9524	0,9459	0,9396
20	0,9333	0,9272	0,9211	0,9150	0,9091	0,9032	0,8974	0,8917	0,8861	0,8805
30	0,8750	0,8696	0,8642	0,8589	0,8537	0,8485	0,8434	0,8383	0,8333	0,8284
40	0,8235	0,8187	0,8140	0,8092	0,8046	0,8000	0,7955	0,7910	0,7865	0,7821
50	0,7778	0,7735	0,7692	0,7650	0,7609	0,7568	0,7527	0,7487	0,7447	0,7407
60	0,7368	0,7330	0,7292	0,7254	0,7216	0,7179	0,7143	0,7107	0,7071	0,7035
70	0,7000	0,6965	0,6931	0,6897	0,6863	0,6829	0,6796	0,6763	0,6731	0,6669

8 - Conversion des échelles thermométriques

a) *Symboles* : °C degré centigrade ou Celsius
°F degré Fahrenheit
°R degré Réaumur
°K degré absolu (Kelvin)
°Ra degré Rankine (degré absolu dans l'échelle Fahrenheit)

b) *Formules de conversion*

°C en °F	$\frac{°C \times 9}{5} + 32 = °F$	**°F en °Ra**	$°F + 459,58 = °Ra$
°C en °R	$\frac{°C \times 4}{5} = °R$	**°R en °C**	$°R \times \frac{5}{4} = °C$
°C en °K	$°C + 273,16 = °K$	**°F en °C**	$(°F - 32) \times \frac{5}{9} = °C$
°C en °R	$(°F - 32) \times \frac{4}{9} = °R$	**°R en °F**	$\frac{°R \times 9}{4} + 32 = °F$

9 - Équivalence entre différentes unités de viscosité cinématique

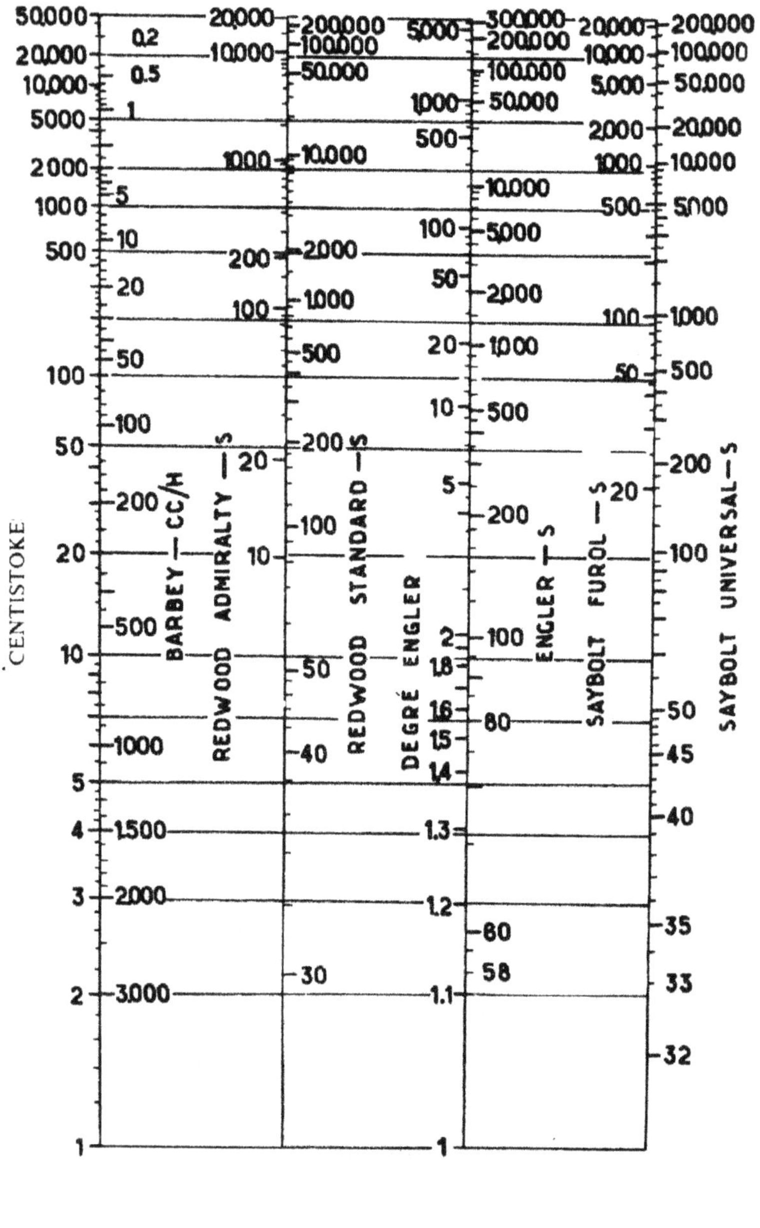

10 - Propriétés physiques de l'eau douce à la pression atmosphérique

(g = 9,81 m/s^2)
Extrait de [**1**], [**5**], [**18**], et [**29**]

Température T (°C)	Masse spécifique ρ (kg/m^3)	Poids spécifique ω (N/m^3)	Viscosité dynamique μ (Ns/m^2)	Viscosité cinématique ν		Tension superficielle (eau avec l'air) σ (kg m^{-1})	Tension de vapeur h_ν m d'eau à 4° C	Module d'élasticité ϵ (N/m^2) (valeurs approchées)
				m^2 / s	Centistokes			
0	999,9	9 809,02	1 776 × 10^{-6}	1,78 × 10^{-6}	1,78	0,07564	0,062	19,52 × 10^8
4	1 000,0	9 810,00	1 570 × 10^{-6}	1,57 × 10^{-6}	1,57	0,07514	0,083	
10	999,7	9 807,06	1 315 × 10^{-6}	1,31 × 10^{-6}	1,31	0,07426	0,125	20,50 × 10^8
20	998,2	9 792,34	1 010 × 10^{-6}	1,01 × 10^{-6}	1,01	0,07289	0,239	21,39 × 10^8
30	995,7	9 767,82	824 × 10^{-6}	0,83 × 10^{-6}	0,82	0,07122	0,433	21,58 × 10^8
40	992,2	9 733,48	657 × 10^{-6}	0,66 × 10^{-6}	0,66	0,06965	0,753	21,68 × 10^8
50	988,1	9 693,26	549 × 10^{-6}	0,56 × 10^{-6}	0,56	0,06769	1,258	21,78 × 10^8
60	983,2	9 645,19	461 × 10^{-6}	0,47 × 10^{-6}	0,47	0,06632	2,033	21,88 × 10^8
80	971,8	9 533,39	363 × 10^{-6}	0,37 × 10^{-6}	0,37	0,06259	4,831	
100	958,4	9 401,90	275 × 10^{-6}	0,29 × 10^{-6}	0,29	0,05896	10,333	

Dans les calculs hydrauliques ordinaires, on prend ρ = 1 000 kg/m^3 ; ϖ = 10 000 N/m^3 ; ν = 10^{-6} m^2/s.
Remarque : Indiquons quelques valeurs du poids spécifique de la glace : 0° C – ρ = 916,7 kg/m^3 ; – 10° C – ρ = 918,6 kg/m^3 ; – 20° C – ρ = 920,3 kg/m^3.

11 - Propriétés physiques de l'eau salée

Extrait de [**1**]

a) Poids spécifique ϖ et masse spécifique ρ (g = 9,81 m/s^2)

Température °C	Salinité = 30 ‰		Salinité = 35 ‰		Salinité = 40 ‰	
	ρ Kg/m^3	ϖ N/m^3	ρ Kg/m^3	ϖ N/m^3	ρ Kg/m^3	ϖ N/m^3
0	1 024,11	10 046,52	1 028,13	10 085,96	1 032,17	10 125,59
5	1 023,75	10 042,99	1 027,70	10 081,74	1 031,67	10 120,68
10	1 023,08	10 036,42	1 026,97	10 074,58	1 030,88	10 112,93
15	1 022,15	10 027,29	1 025,99	10 064,96	1 029,85	10 102,83
20	1 020,99	10 015,91	1 024,78	10 053,09	1 028,60	10 090,57
25	1 019,60	10 002,28	1 023,37	10 039,26	1 027,15	10 076,34
30	1 018,01	9 986,68	1 021,75	10 023,37	1 025,51	10 060,25

b) Viscosité cinématique υ *(Salinité = 35 ‰)*

Température °C	5	10	15	20	25
υ (m²/s)	$1{,}61 \times 10^{-6}$	$1{,}40 \times 10^{-6}$	$1{,}22 \times 10^{-6}$	$1{,}08 \times 10^{-6}$	$0{,}97 \times 10^{-6}$

Remarque : On donne les valeurs moyennes suivantes de la salinité de l'eau de la mer : Océan Atlantique 35,4 ‰ ; Océan Indien 34,8 ‰ ; Océan Pacifique 34,9 ‰ ; Mer Baltique 37,8 ‰ ; Mer Méditerranée 34,9 ‰ ; Mer Rouge 38,8 ‰.

12 - Accélération de la pesanteur g au niveau de la mer à différentes latitudes

Extrait de [**1**]

Latitude degré	0	10	20	30	40	50	60	70	80	90
g (m/s²)	9,780	9,782	9,786	9,793	9,802	9,811	9,819	9,826	9,831	9,832

13 - Densité δ (par rapport à l'eau) et viscosité cinématique υ de liquides usuels(1)

Extrait de [**5**], [**9**], [**17**], [**18**] et [**29**]

Liquide	δ à 15,6 °C	υ à la temp. t	
		υ (Centistoke)	t(°C)
Bitumineux			
Bitumes(2)	1,1 - 1,5	550 - 2 640	120
		130 - 790	300
Émulsions bitumineuses(3)			
RS-1 ; MS-1 ; SS-1	~ 1	33 - 216	25
		18 - 76	38
Cutbacks(4)			
RC-0 ; MC-0 ; SC-0	~ 1	160 - 325	25
		61 - 108	38
RC-1 ; MC-1 ; SC-1	~ 1	530 - 1 100	38
		160 - 325	50
RC-2 ; MC-2 ; SC-2	~ 1	530 - 1 100	50
		217 - 440	60
RC-3 ; MC-3 ; SC-3	~ 1	1 320 - 2 860	50
		550 - 1 100	60
RC-4 ; MC-4 ; SC-4	~ 1	1 760 - 4 400	60
		271 - 550	82
RC-5 ; MC-5 ; SC-5	~ 1	6 170 - 18 700	60
		660 - 1 320	82

13 – (Suite)

Liquide	δ à 15,6 °C	ν à la temp. t	
		ν (Centistoke)	t(°C)
Chimiques (Produits)			
Acétate d'éthyle	0,90 à 20°C	0,49	20
Acétone (100 %)	0,792	0,41	20
Acide acétique (100 %)	1,049 - 1,055	1,13	20
Acide chlorhydrique (31,5 %)	1,05 à 20°C	1,9	20
Acide formique	1,221 à 20°C	1,48	20
Acide sulfurique (100 %)	1,83	14,6	20
Alcool éthylique (100 %)	0,79	1,54	20
Benzol	0,879 à 20°C	0,744	20
Fréon	1,37-1,49 à 21	0,27 - 0,32	21
Glycérine (100 %)	1,26 à 20°C	648	20
		176	38
Glycol :			
Diéthylène	1,12	32	21
Éthylène	1,125	17,8	21
Propylène	1,038 à 20°C	52	21
Triéthylène	1,125 à 20°C	40	21
Mercure	13,6	0,118	21
		0,11	38
Phénol	0,95 - 1,08	11,7	18
Silicate de sodium	40°B	79	38
	42°B	138	38
Solutions de soude caustique			
20 % de OHNa	1,22	4,1	18
30 % " "	1,33	9,8	18
40 % " "	1,43	23	18
Tétrachlorure de carbone	1,594 à 20	0,612	20
Goudrons [5]			
Pour routes			
RT-2	1,07	43-65	50
		9-10	100
RT-4	1,08	87-154	50
		12-14-	100
RT-6	1,09	216-440	50
		17-26	100
RT-8	1,13	660-1 760	50
		32-48	100
RT-10	1,14	4 400-13 200	50
		54-87	100
RT-12	1,15	25 000-75 000	50
		108-173	100
De gaz d'éclairage	1,16 - 1,30	3 300-66 000	20
		440-4 400	38
De pin	1,06	559	38
		108	55

13 – (Suite)

Liquide	δ à 15,6 °C	υ à la temp. *t*	
		υ (Centistoke)	*t*(°C)
Huiles animales			
Huile de baleine	0,925	35-40	38
		20-23	54
" " cachalot	0,883	23	38
		15	54
" " foie de morue	0,928	32	38
		19	54
" " lard	0,96	62	38
		34	54
Huiles minérales			
Lubrifiants pour moteurs d'automobiles :			
SAE-10	0,880-0,935	35-52	38
		18-25	54
SAE-20	0,880-0,935	52-87	38
		25-40	54
SAE-30	0,880-0,935	87-126	38
		40-55	54
SAE-40	0,880-0,935	126-206	38
		55-16	54-99
SAE-50	0,880-0,935	206-352	38
		16-22	99
SAE-60	0,880-0,935	352-507	38
		22-26	99
SAE-70	0,880-0,935	507-682	38
		26-32	99
SAE-10 W	0,880-0,935	1 100-2 200	–18
SAE-20 W	0,880-0,935	2 200-2 800	–18
Lubrifiants pour transmissions d'automobiles :			
SAE-80	0,880-0,935	22 000 (Max)	–18
SAE-90	0,880-0,935	173-325	38
		65-108	54
SAE-140	0,880-0,935	206-507	54
		25-43	99
SAE-250	0,880-0,935	Supérieur à 507	54
		" " 43	99
Fuel-oils - Diesel			
N° 2 D	0,82-0,95	2-6	38
		1-4	54
N° 3 D	0,82-0,96	6-12	38
		4-7	54
N° 4 D	0,82-0,95	30 (Max.)	38
		13 (Max.)	54
N° 5 D	0,82-0,95	87 (Max.)	50
		35 (Max.)	71

13 – (Suite)

Liquide	δ à 15,6 °C	ν à la temp. *t*	
		ν (Centistoke)	*t*(°C)
Fuel-oils			
N° 1	0,82-0,95	2-4	21
		3	38
N° 2	0,82-0,95	3-7	21
		2-4	38
N° 3	0,82-0,95	3-0,6	38
		2-4	54
N° 5 A	0,82-0,95	7-26	38
		5-14	54
N° 5 B	0,82-0,95	26-87	30-50
		14-67	54
N° 6	0,82-0,95	98-660	50
		38-172	71
Fuel-oil - Navy SP	0,989 (Max.)	23-49	50
		11-24	71
Fuel-oil - Navy II	1,0 (Max.)	325 (Max.)	50
		104 (Max.)	71
Essence	0,68 à 0,74	0,46 à 0,88	15
		0,40 à 0,71	38
Gas-oil	28° API[(6)]	14	21
		7,4	38
Pétrole lampant	0,78-0,82	2,7	20
		2	38
Huile de graissage des turbines	0,91 (moy.)	87-95	38
		40-44	54
Huiles végétales			
Huile de bois de Chine	0,943	309	20
		126	38
" céréales	0,924	30	54
		9	100
" colza	0,919	54	38
		31	54
" coprah	0,925	30-32	38
		15-16	54
" coton	0,88-0,93	38	38
		21	54
" lin	0,93-0,94	30	38
		19	54
" olive	0,912-0,918	43	38
		24	54
" palme	0,924	48	38
		26	54
" pin	0,98	325	38
		130	54
" sésame	0,923	40	38
		23	54

13 - (Suite)

Liquide	δ à 15,6 °C	ν à la temp. *t*	
		ν (Centistoke)	*t*(°C)
Huile de soja	0,93-0,98	35	38
		20	54
Résine végétale	1,09 (moy.)	108-4 400	93
		216-11 000	88
Térébenthine	0,86-0,87	2,1	15,6
		2,0	38
Sirops et Mélasses			
Mélasses	1,4-1,5	280-13 200	38
Miel brut		74	38
Glucose	1,35-1,44	7 700-22 000	38
		880-2 420	66
Sirops de sucre :			
60 Brix	1,29	50	21
		19	38
62 "	1,30	67	21
		23	38
64 "	1,31	95	21
		32	38
66 "	1,326	141	21
		42	38
68 "	1,338	216	21
		60	38
70 "	1,35	364	21
		87	38
72 "	1,36	595	21
		139	38
74 "	1,376	1 210	21
		238	38
76 "	1,39	2 200	21
		440	38
Divers			
Encre d'impression	1,00-1,38	0,55	54
		550-2 200	38
Lait	1,02-1,05	238-660	54
		1,13	20
Solutions d'amidon :			
22° B	1,18	32	21
		28	38
24° B	1,20	130	21
		95	38
25° B	1,21	303	21
		173	38
Suif de bougie	0,918 (moy.)	9	100
Encre d'imprimerie	1,00-1,38	550-2 200	38
		238-660	54

(1) *Autant δ que ν varient considérablement avec la nature du liquide. La présente table en donne des valeurs limites à différentes températures.*
(2) *Le Bitume est un produit dérivé de la distillation du pétrole. Le bitume est appelé aussi asphalte ; cependant, la tendance actuelle est de désigner par asphalte les bitumes naturels, c'est-à-dire les produits dérivés de la distillation naturelle du pétrole.*
(3) *Une émulsion bitumineuse est une émulsion de bitume dans l'eau, contenant une quantité faible d'émulsifiant. Les émulsions sont des systèmes hétérogènes avec deux phases liquides non miscibles dont une est dispersée en petits globules dans l'autre. Le bitume ne remplit sa fonction qu'après la rupture de l'émulsion. La rupture peut être rapide.* **R. S.** *"Rapid Setting" ; peut être moyenne.* **M. S.** *"Medium Setting" ou lente.* **S. S.** *"Slow Setting".*
(4) *Les "Cutbacks" sont des mélanges de bitumes avec des solvants (*Bitume fluide *en français). Selon la nature des solvants, on les désigne par* **R.C.** *"RapidCuring" si le solvant est très volatil comme par exemple l'essence ;* **M. C.** *"Medium Curing" si le solvant est par exemple le pétrole lampant ;* **S. C.** *"Slow Curing" si le solvant s'évapore lentement, comme est le cas par exemple du gas-oil.*
(5) *Un goudron est un produit dérivé de la distillation de la houille ou du bois.*
R. T. *est une abréviation de l'anglais "Road Tar" goudron routier.*
(6) *American Petroleum Institute. La formule de conversion de °API en densité est la suivante [18 p. 1.32]*

$$\delta = \frac{141,5}{131,5 + °API}$$

14 - Tension superficielle de quelques liquides avec l'air à 20° C

Extrait de [**18**] et [**29**]

Liquide	**Tension superficielle σ N/m**	**Liquide**	**Tension superficielle σ N/m**
Eau	0,07289	Mercure (1)	0,5140
Alcool éthylique	0,02237		
Benzine	0,02894		
Tétrachlorure de carbone	0,02668	Huile de graissage	0,0353-0,0383
		Pétrole lampant	0,0235-0,0383

(1) Mercure avec l'eau : σ = 0,3924 N/m
Mercure dans le vide : σ = 0,4866 N/m

15 - Constante *k* de la formule *hd* = *k* (formule de Jurin)

h et *d* en millimètres

a) eau

Température °C	**0**	**10**	**20**	**30**	**40**
k (mm²)	30,8	30,2	29,7	29,2	28,6

b) Mercure : k = – 14 mm² *(pratiquement indépendant de la température)*

16 - Valeurs de la pression atmosphérique

Extrait de [4]

Altitude m	Point d'ébullition de l'eau °C	Pression atmosphérique			
		Atmosphère	N/cm²	Mètre d'eau	mm de mercure
- 325	101,1	1,04	10,536	10,74	790
0	100,0	1,00	10,134	10,33	760
340	98,9	0,96	9,732	9,92	730
690	97,8	0,92	9,339	9,52	700
1045	96,6	0,88	8,937	9,11	670
1420	95,4	0,84	8,535	8,70	640
1820	94,1	0,80	8,132	8,29	610
2240	92,8	0,76	7,730	7,88	580
2680	91,5	0,72	7,338	7,48	550
3140	90,1	0,68	6,936	7,07	520

17 - Propriétés physiques de l'air à la pression atmosphérique normale

Extrait de [18] et [29]

Température		Masse spécifique ρ kg/m³	Poids spécifique ϖ N/m3	Viscosité dynamique μ		Viscosité cinématique ν	
°F	°C			Poise dyne/cm²	Ns/m²	Stokes cm²/s	m²/s
0	- 17,8	1,381	13,548	$1,62 \times 10^{-4}$	$1,62 \times 10^{-5}$	0,117	$1,17 \times 10^{-5}$
20	- 6,67	1,325	12,998	$1,68 \times 10^{-4}$	$1,68 \times 10^{-5}$	0,127	$1,27 \times 10^{-5}$
40	4,44	1,272	12,478	$1,73 \times 10^{-4}$	$1,73 \times 10^{-5}$	0,136	$1,36 \times 10^{-5}$
60	15,6	1,222	11,988	$1,79 \times 10^{-4}$	$1,79 \times 10^{-5}$	0,147	$1,47 \times 10^{-5}$
80	26,7	1,177	11,546	$1,84 \times 10^{-4}$	$1,84 \times 10^{-5}$	0,157	$1,57 \times 10^{-5}$
100	38	1,136	11,144	$1,90 \times 10^{-4}$	$1,90 \times 10^{-5}$	0,166	$1,66 \times 10^{-5}$
120	49	1,096	10,752	$1,95 \times 10^{-4}$	$1,95 \times 10^{-5}$	0,175	$1,75 \times 10^{-5}$
150	66	1,043	10,232	$2,03 \times 10^{-4}$	$2,03 \times 10^{-5}$	0,193	$1,93 \times 10^{-5}$
200	93	0,963	9,447	$2,15 \times 10^{-4}$	$2,15 \times 10^{-5}$	0,223	$2,23 \times 10^{-5}$

18 - Caractéristiques physiques de quelques gaz à la pression atmosphérique et à 15,6°C (60°F)

Extrait de [18] et [29]

Gaz	Masse spécifique P Kg/m³	Poids spécifique ϖ N/m³	Constante adiabatique K adim.
Acétylène	1,11	10,89	1,26
Ammoniac	0,73	7,16	1,31
Anhydride carbonique	1,87	18,34	1,28
Anhydride sulfureux	2,77	27,17	1,26
Air	1,22	11,97	1,40
Azote	1,18	11,58	1,40
Hélium	0,17	1,67	1,66
Hydrogène	0,085	0,83	1,40
Méthane	0,68	6,67	1,32
Oxygène	1,35	13,24	1,40

19 - Coefficient de solubilité des gaz dans l'eau

Extrait de [6], [18] et [31]

a) Volume de gaz (en m³) qui peut être dissous dans 1 m³ d'eau à 0° C et à la pression atmosphérique normale.

Hydrogène	0,023	Oxygène	0,053	Acide sulfurique	5,00
Azote	0,026	Anydride carbonique	1,87	Acide chlorhydrique	5,60
Air	0,019	Acétylène	1,89	Ammoniac	1250
Oxyde de carbone	0,039	Chlore	5,00		

b) Volume de gaz (en m³) qui peut être dissous dans 1 m³ d'eau à 20° C et à la pression atmosphérique normale.

Oxygène............................0,033 Azote.................................0,017
Anhydride carbonique .....0,924 Hydrogène........................ 0,020

c) Valeurs de saturation de l'oxygène en mg/l à différentes températures dans l'eau douce et dans l'eau de la mer.

Temp. °C	0	5	10	15	20	25	30
Eau douce	14,6	12,8	11,3	10,2	9,2	8,4	7,6
Eau de mer	11,3	10,0	9,0	8,1	7,4	6,7	6,1

20 - Valeurs de $V = \sqrt{2gh}$ (1)

g = 9,81 m/s²

h m	$\sqrt{2gh}$ m/s	h m	$\sqrt{2gh}$ m/s	h m	$\sqrt{2gh}$ m/s	h m	$\sqrt{2gh}$ m/s	h m	$\sqrt{2gh}$ m/s
0	0,00	5	9,90	10	14,01	60	34,31	110	46,46
1	4,43	6	10,85	20	19,81	70	37,06	120	48,52
2	6,26	7	11,72	30	24,26	80	39,62	130	50,50
3	7,67	8	12,53	40	28,01	90	42,02	140	52,41
4	8,86	9	13,29	50	31,32	100	44,29	150	54,25

21 - Valeurs de $h = \frac{V^2}{2g}$ (1)

g = 9,81 m/s

V m/s	$\frac{V^2}{2g}$ m	V m/s	$\frac{V^2}{2g}$ m	V m/s	$\frac{V^2}{2g}$ m
0	0,000	5	1,274	10	5,097
1	0,051	6	1,835	20	20,387
2	0,204	7	2,497	30	45,872
3	0,459	8	3,262	40	81,549
4	0,815	9	4,128	50	127,421

22 - Puissance 3/2 des nombres : $N^{3/2}$ (1)

N	$N^{3/2}$	N	$N^{3/2}$	N	$N^{3/2}$	N	$N^{3/2}$	N	$N^{3/2}$
0,1	0,0316	0,6	0,4648	1	1,0000	6	14,6969	11	36,4829
0,2	0,0894	0,7	0,5857	2	2,8284	7	18,5203	12	41,5692
0,3	0,1643	0,8	0,7155	3	5,1962	8	22,6274	13	46,8722
0,4	0,2530	0,9	0,8538	4	8,0000	9	27,0000	14	52,3832
0,5	0,3536			5	11,1803	10	31,6228	15	58,0948

23 - Puissance 5/2 des nombres : $N^{5/2}$ (1)

N	$N^{5/2}$	N	$N^{5/2}$	N	$N^{5/2}$	N	$N^{5/2}$	N	$N^{5/2}$
0,1	0,0032	0,6	0,2789	1	1,0000	6	88,1816	11	401,3116
0,2	0,0179	0,7	0,4100	2	5,6569	7	129,6418	12	498,8306
0,3	0,0493	0,8	0,5724	3	15,5885	8	181,0193	13	609,3382
0,4	0,1012	0,9	0,7684	4	32,0000	9	243,0000	14	733,3648
0,5	0,1768			5	55,9017	10	316,2278	15	871,4213

24 - Puissance 2/3 des nombres : $N^{2/3}$ (1)

N	$N^{2/3}$	N	$N^{2/3}$	N	$N^{2/3}$	N	$N^{2/3}$	N	$N^{2/3}$
0,0	0,0000	0,5	0,6300	1	1,0000	6	3,3019	10	4,6416
0,1	0,2154	0,6	0,7114	2	1,5874	7	3,6593	20	7,3681
0,2	0,3420	0,7	0,7884	3	2,0801	8	4,0000	30	9,6549
0,3	0,4481	0,8	0,8618	4	2,5198	9	4,3267	40	11,6961
0,4	0,5429	0,9	0,9322	5	2,9240			50	13,5721

25 - Valeur de $\sqrt{i}$ (1)

i	$\sqrt{i}$	i	$\sqrt{i}$	i	$\sqrt{i}$	i	$\sqrt{i}$
1×10^{-5}	0,003162	6×10^{-5}	0,007746	1×10^{-4}	0,01000	6×10^{-4}	0,02449
2×10^{-5}	0,004472	7×10^{-5}	0,008367	2×10^{-4}	0,01414	7×10^{-4}	0,02646
3×10^{-5}	0,005477	8×10^{-5}	0,008944	3×10^{-4}	0,01732	8×10^{-4}	0,02828
4×10^{-5}	0,006325	9×10^{-5}	0,009487	4×10^{-4}	0,02000	9×10^{-4}	0,03000
5×10^{-5}	0,007071	10×10^{-5}	0,010000	5×10^{-4}	0,02236	10×10^{-4}	0,03162

(1) *Note pour les tableaux 20 à 25 :*
Résidu "historique" de l'édition de 1957.

26 - Valeurs du coefficient cinétique α et du coefficient de quantité de mouvement β

a) Canaux rectilignes $\alpha = 1{,}01$ à $1{,}10$
Cours d'eau naturels $\alpha = 1{,}20$ à $1{,}50$
(Favre a mesuré $\alpha = 1,74$ dans le canal de fuite d'une turbine Kaplan).

b) Selon Bazin, on obtient les valeurs suivantes
(C est le coefficient de la formule de Chézy).

Sections infiniment larges $\alpha = 1 + \dfrac{150}{C^2}$

Sections rectangulaires très larges $\alpha = 1 + \dfrac{210}{C^2}$

Sections semi-circulaires $\alpha = 1 + \dfrac{240}{C^2}$

26 - (Suite)

c) Pour des distributions de vitesse du type parabolique, telles que celle représentée sur la figure, on obtient les valeurs suivantes de α en fonction du rapport $\frac{V_1}{V_0}$ [**31**].

d) D'après les expériences de Darcy et Bazin, on peut donc donner les indications suivantes sur les valeurs de α [**31**].

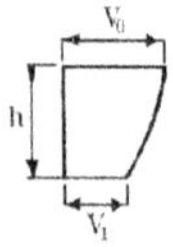	V_1 / V_0	1 / 1	1 / 1,5	1 / 2	1 / 5	$V_1 = 0$ $V_0 = 2\,U$
	α	1,00	1,04	1,09	1,31	2,00

Canaux rectangulaires avec des parois en bois	α = 1,052
Canaux trapézoïdaux avec des parois en bois	α = 1,048
Canaux trapézoïdaux avec des parois en maçonnerie	α = 1,071
Canaux semi-circulaires revêtus de ciment	α = 1,025
Canaux semi-circulaires revêtus de sable graveleux	α = 1,089
Canaux trapézoïdaux revêtus de terre	α = 1,100

e) À titre de renseignement, indiquons encore les valeurs suivantes :

Canaux en forme de fer à cheval	α = 1,07
Canal rectangulaire avec des obstacles	α = 1,41
Rivière plate après une courbe	α = 1,35

f) En régime laminaire section circulaire α = 2

g) La valeur de β est comprise entre 1 et 1, 20.

Il existe une relation approchée $\alpha - 1 = 3\,(\beta - 1)$ ou $\beta = 1 + \frac{\alpha - 1}{3}$

h) D'après les indications de Chow, α et β, ont les valeurs suivantes :

Canaux	Valeur de α			Valeur de β		
	Min.	Moy.	Max.	Min.	Moy.	Max.
Canaux réguliers	1,10	1,15	1,20	1,03	1,05	1,07
Cours d'eau naturels	1,15	1,30	1,50	1,05	1,10	1,17
Rivières gelées à la surface	1,20	1,50	2,00	1,07	1,17	1,33
Rivières avec inondation des champs	1,50	1,75	2,00	1,17	1,25	1,33

27 - Coefficients de résistance sur des corps immergés (formule 2.63)

Schéma	Description	*C*	Domaine de validité	Surface caractéristique	Dimension caractéristique
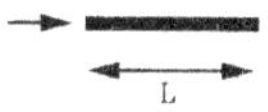	Plaque plane parallèle à l'écoulement	1,33 $(\mathbf{R_e})^{-1/2}$ 0,074 $(\mathbf{R_e})^{-1/2}$	Laminaire $\mathbf{R_e} < 10^7$	Surface de la plaque	*L*
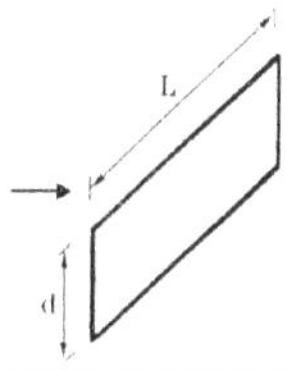	Plaque plane, mince, normale à l'écoulement	*L/d* – C 1 – 1,18 5 – 1,2 10 – 1,3 20 – 1,5 30 – 1,6 ∞ – 1,95	$\mathbf{R_e} > 10^3$	Surface de la plaque	*d*
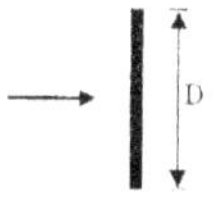	Disque circulaire normal à l'écoulement	1,12	$\mathbf{R_e} > 10^3$	Surface du disque	*D*
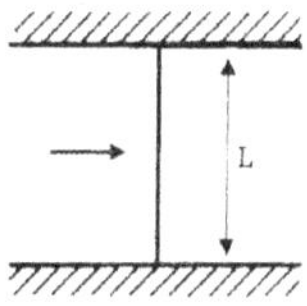	Plaque plane normale à l'écoulement sans décollement latéral	*L/c* – C 5 – 1,95	$\mathbf{R_e} > 10^3$	Surface de la plaque	*L*
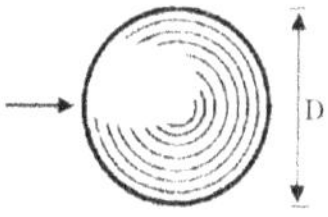	Sphère	24 $(\mathbf{R_e})^{-1/2}$ 0,47 0,20	$\mathbf{R_e} < 1$ $10^3 < \mathbf{R_e} < 3 \times 10^5$ $\mathbf{R_e} > 3 \times 10^5$	Surface projetée	*D*
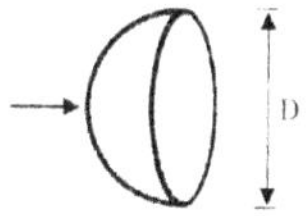	Hémisphère vide	0,34	$10^4 < \mathbf{R_e} < 10^6$	Surface projetée	*D*
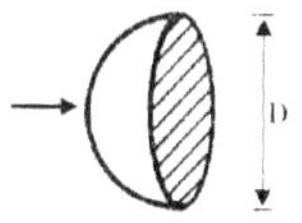	Hémisphère solide	0,42	$10^4 < \mathbf{R_e} < 10^6$	Surface projetée	*D*

27 - (Suite)

Schéma	Description	C	Domaine de validité	Surface caractéristique	Dimension caractéristique
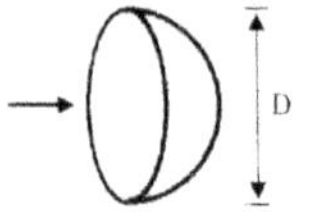	Hémisphère vide	1,42	$10^4 < \mathbf{R_e} < 10^6$	Surface projetée	D
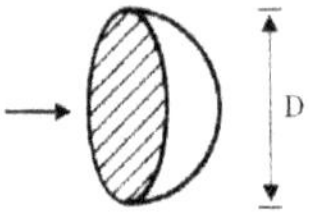	Hémisphère solide	1,17	$10^4 < \mathbf{R_e} < 10^6$	Surface projetée	D
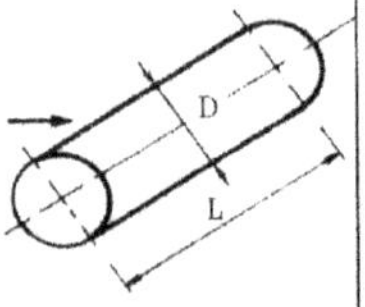	Cylindre droit dont l'axe est normal à l'écoulement	*L/d* — *C* 1 — 0,63 5 — 0,8 10 — 0,83 20 — 0,93 30 — 1,0 ∞ — 1,2	$10^3 < \mathbf{R_e} < 10^5$	Surface projetée	D
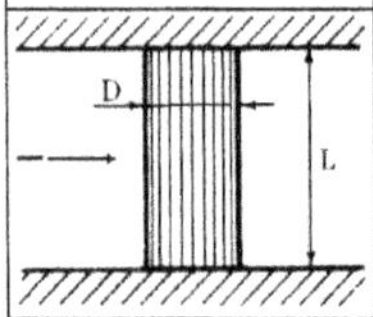	Décollement supprimé sur les deux bases	*L/d* — *C* 5 — 1 à 1,2	$10^3 < \mathbf{R_e} < 10^5$	Surface projetée	D
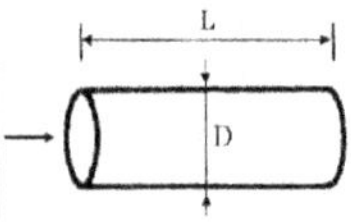	Cylindre droit à base circulaire dont l'axe est parallèle à l'écoulement	*L/d* — *C* 5 — 0,9	$\mathbf{R_e} < 10^3$	Surface projetée	D
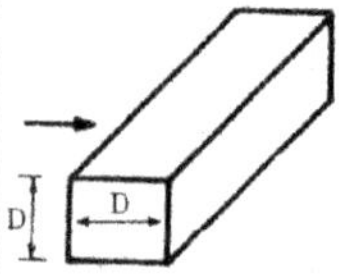	Cylindre droit à base quadrangulaire dont l'axe le plus grand est normal à l'écoulement	2,0	$\mathbf{R_e} = 3{,}5 \times 10^4$	Surface projetée	D
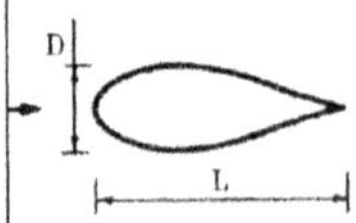	Solide profilé de forme hydrodynamique	*L/d* — *C* 5 — 0,06 à 0,1	$\mathbf{R_e} > 2 \times 10^5$	Surface projetée	D

28 - Construction d'un profil aérodynamique (1)

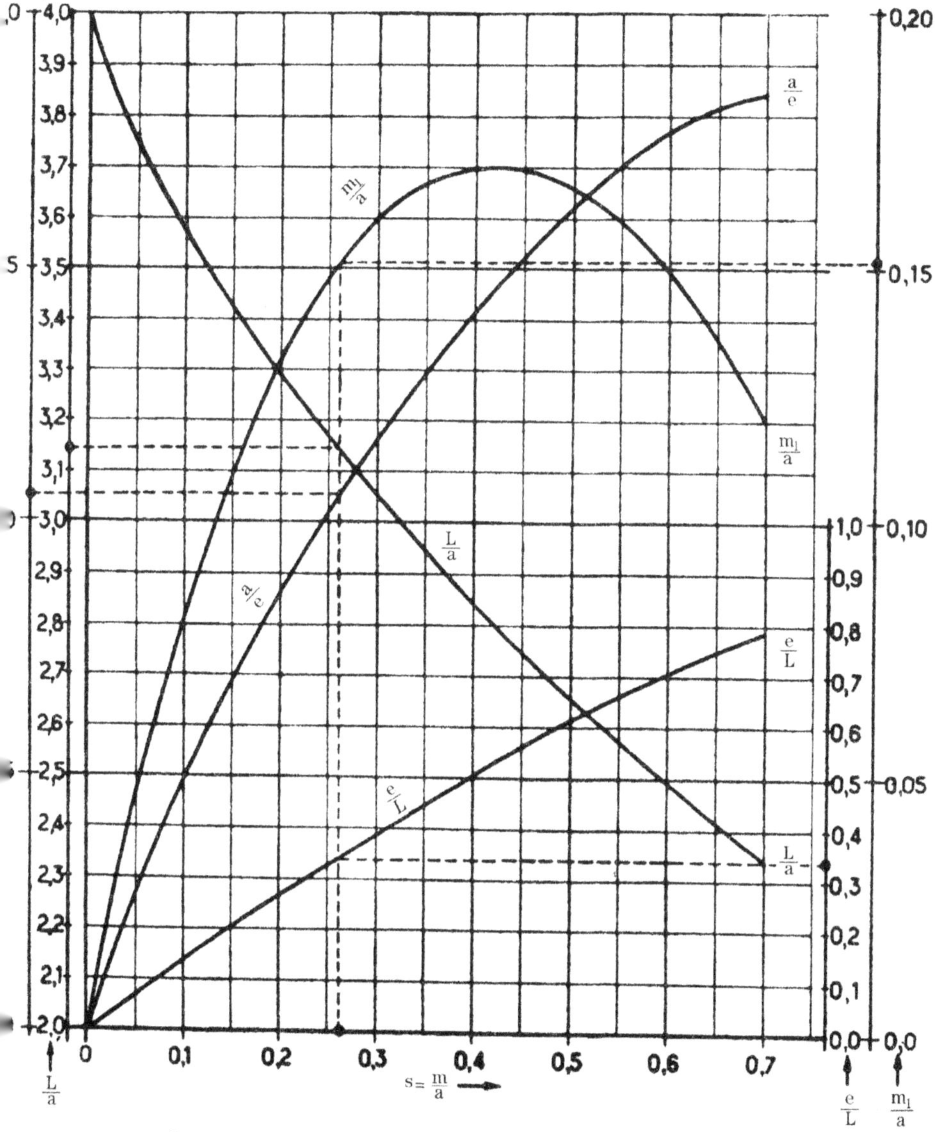

Exemple : $\dfrac{e}{l} = 0{,}33.$

De l'abaque : $s = 0{,}26$; $\dfrac{e}{a} = 1{,}05$; $\dfrac{l}{a} = 3{,}14$; $\dfrac{m_1}{a} = 0{,}151$

(1) Extrait de [**13**]

29 - Position du centre de gravité *G*, aire *S* et carré du rayon de giration K^2, pour diverses surfaces planes

Extrait de [32] et [36]

Figure	Position du centre de gravité *G*	Aire *S*	Carré du rayon de giration K^2 (1)
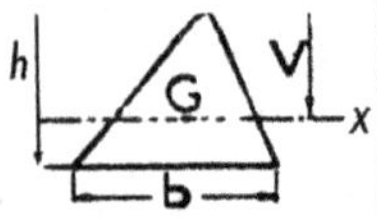	$V = \frac{2}{3} h =$ $= 0{,}6667\ h$	$S = \frac{1}{2} bh = 0{,}5\ bh$	$K_x^2 = \frac{h^2}{18} = 0{,}0556\ h^2$
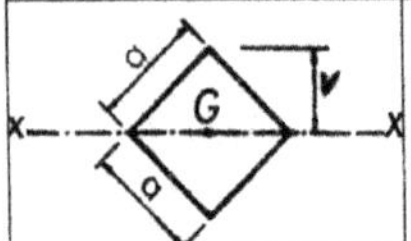	$V = \frac{a}{\sqrt{2}} =$ $= 0{,}707\ a$	$S = a^2$	$K_x^2 = \frac{a^2}{12} = 0{,}0833\ h^2$
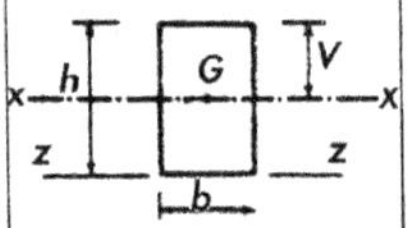	$V = \frac{h}{2} = 0{,}5\ h$	$S = bh$	$K_x^2 = \frac{h^2}{12} = 0{,}0833\ a^2$
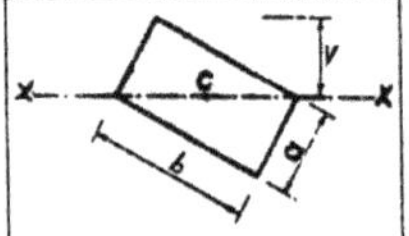	$V = \frac{ab}{\sqrt{a^2 + b^2}}$	$S = a\,b$	$K_x^2 = \frac{a^2 b^2}{6\,(a^2 + b^2)}$
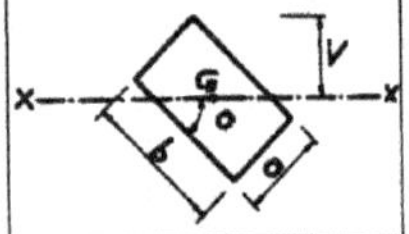	$V = \frac{a \cos\theta + b \sin\theta}{2}$	$S = a\,b$	$K_x^2 = \frac{a^2 \cos^2\theta + b \sin^2\theta}{12}$
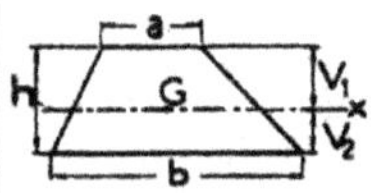	$V_1 = \frac{h}{3} \cdot \frac{2b + a}{b + a}$ $V_2 = \frac{h}{3} \cdot \frac{b + 2a}{b + a}$	$S = h \cdot \frac{b + a}{2}$	$K_x^2 =$ $= \frac{h^2}{18} \cdot \frac{a^2 + 4ab + b^2}{(a + b)^2}$
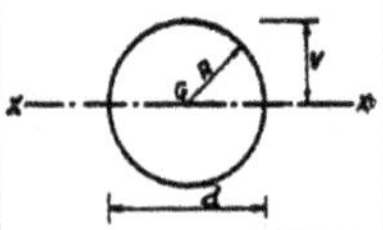	$V = R$	$S = \pi R^2 = 3{,}1416\ R^2$	$K_x^2 = \frac{R^2}{4} = 0{,}25\ R^2$
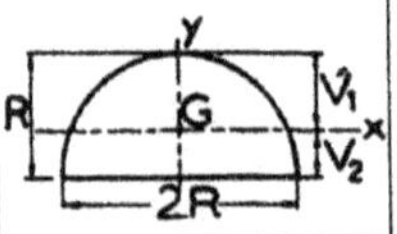	$V_1 = 0{,}5756\ R$ $V_2 = 0{,}4244\ R$	$S = \frac{\pi R^2}{2} = 1{,}5708\ R^2$	$K_x^2 = 0{,}0699\ R^2$ $K_y^2 = \frac{R^2}{4} = 0{,}25\ R^2$
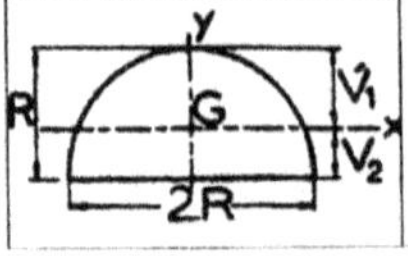	$V = 0{,}5756\ R$	$S = \frac{\pi R^2}{4} = 0{,}7854\ R^2$	$K_x^2 = 0{,}0700\ R^2$

(1) Il faut noter qu'une rotation de 180° par rapport à l'axe xx ne modifie pas K_x^2.

29 - (Suite)

Figure	Position du centre de gravité G	Aire S	Carré du rayon de giration K^2 (1)
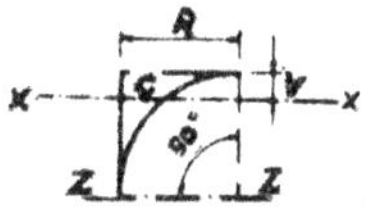	$V = 0{,}2234\ R$	$S = R^2\left(1 - \frac{\pi}{4}\right) =$ $= 0{,}2146\ R^2$	$K_x^2 = 0{,}0349\ R^2$
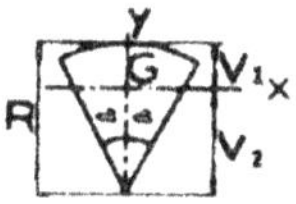	$V_1 = R\left(1 - \frac{2\sin\alpha}{3\alpha}\right)$ $V_2 = 2\ R\frac{\sin\alpha}{3\alpha}$	$S = \alpha R^2$ (α en radians)	$K_x^2 = \frac{R^2}{4}\left(1 + \frac{\sin 2\alpha}{2\alpha} - \frac{16\sin^2\alpha}{9\alpha^2}\right)$ $K_y^2 = \frac{R^2}{4}\left(1 - \frac{\sin 2\alpha}{2\alpha}\right)$
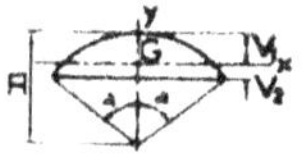	$V_1 = R\left(1 - \frac{4\sin^3\alpha}{6\alpha - 3\sin 2\alpha}\right)$ $V_2 = R\left(\frac{4\sin^3\alpha}{6\alpha - 3\sin 2\alpha} - \cos\alpha\right)$	$S = \frac{R^2}{2}(2\alpha - \sin 2\alpha)$ (α en radians)	$K_x^2 = \frac{R}{4} \times$ $\times\left(1 + \frac{2\sin 2\alpha . \sin^2\alpha}{2\alpha - \sin 2\alpha} - \frac{64}{9}\frac{\sin^6\alpha}{(2\alpha - \sin 2\alpha)^2}\right)$ $K_y^2 = \frac{R^2}{4}\left(1 - \frac{2}{3}\cdot\frac{\sin 2\alpha \sin^2\alpha}{2\alpha - \sin 2\alpha}\right)$
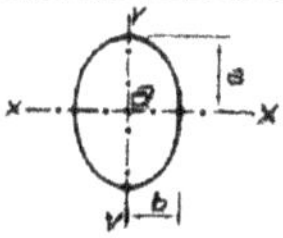	$V = a$	$S = \pi ab = 3{,}1416\,ab$	$K_x^2 = \frac{a^2}{4}$ $K_y^2 = \frac{b^2}{4}$
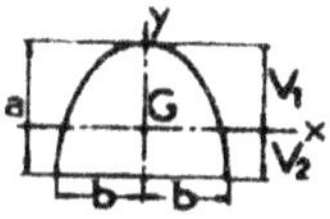	$V_1 = \frac{3}{5}a = 0{,}6\,a$ $V_2 = \frac{2}{5}a = 0{,}4\,a$	$S = \frac{\pi}{2}ab =$ $= 1{,}5708\,ab$	$K_x^2 = 0{,}0582\ a^2$ $K_y^2 = 0{,}1698\ b^2$
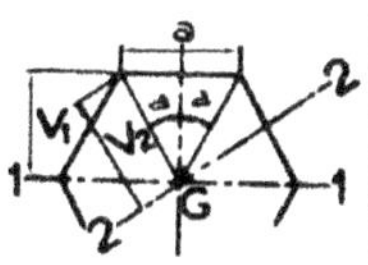 Polygône régulier à n côtés	$V_1 = \frac{a}{2\ \mathrm{tg}\ \alpha}$ $V_2 = \frac{a}{2\ \sin\ \alpha}$	$S = \frac{1}{4}na^2 \mathrm{cotg}\,\alpha$ $= 0{,}25\ n\ \mathrm{cotg}\,\alpha \cdot a^2$	$K_1^2 = \frac{12\ V_1^2 + a^2}{48}$ $K_2^2 = \frac{6\ V_2^2 - a^2}{24}$

n	α	$^1/_2 \sin\alpha$	$^1/_2\ \mathrm{tg}\ \alpha$	$0{,}25\ n\ \mathrm{cotg}\ \alpha$
5	36°	0,8506	0,6882	1,7205
6	30°	1,0000	0,8660	2,5981
7	25° 42′ 51″,4	1,1537	1,0397	3,6339
8	22° 30′	1,3066	1,2071	4,8284
9	20°	1,4619	1,3737	6,1818
10	18°	1,6180	1,5388	7,6942
12	15°	1,9318	1,8660	11,1962

30 - Écoulements en charge : Pertes de charge linéaires - Résumé

$$\Delta H = L\,i = \lambda \frac{L}{D} \frac{U^2}{2g} = LmQ^2$$

Nom	Domaine d'application	λ	*m* (conduites circulaires)	Remarques
Moody	Ce diagramme est *valable* pour un type quelconque d'écoulement (laminaire, turbulent lisse ou turbulent rugueux) et pour un fluide quelconque. *On doit l'employer* lorsqu'on craint qu'il y ait encore influence de la viscosité et donc de $\boldsymbol{R}_e$ notamment dans les grandes conduites industrielles ou pour des fluides autres que de l'eau à la température normale.	Donné par le diagramme en fonction du nombre de Reynolds R_e et de la rugosité relative ϵ /D	$0{,}0826\,\boldsymbol{\lambda}\,D^{-5}$	Le diagramme de Moody est donné dans l'abaque 33. *Tables et abaques auxiliaires* : 9, 10, 11, 31, 32, 33, 34
Chézy	Cette formule, établie d'abord pour les canaux, peut donner des résultats satisfaisants dans les conduites où l'écoulement est turbulent rugueux, à condition de fixer avec soin le coefficient de rugosité.	$\frac{8\,g}{C^2}$	$\frac{6{,}48}{C^2}\,D^{-5}$	La valeur de *C* est donnée par les formules de Bazin et Kutter *Tables et abaques auxiliaires* : 36, 37
Darcy	Valable pour les tuyaux en fonte, en régime turbulent rugueux.	$8\,g\,b$	$6{,}48\,b\,D^{-5}$	*Table auxiliaire* : 39
Strickler	Valable pour les conduites et canaux en régime turbulent rugueux.	$\frac{124{,}665}{K_s^2}\,D^{-0{,}333}$	$\frac{10{,}3}{K_s^2}\,D^{-5{,}333}$	*Table et abaque auxiliaire* : 38
Autres formules Monômes	Valables pour les tuyauteries et pour les conditions d'écoulement pour lesquels on les a établies.	Variable selon le type de la formule	Variable selon le type de la formule	*Tables et abaques auxiliaires :* Tuyauteries en amiante ciment 41 Tuyauteries neuves en fonte 42 Tuyauteries en acier sans soudure 43 Tuyauteries en fer galvanisé 44 Tuyauteries en acier soudé 45 Tuyauteries en béton lissé 46 Tuyauteries en plastique 47 Gaz d'éclairage et air 49

Remarques : 1) Pour le dimensionnement économique des conduites, voir la table 54.
2) Pour l'étude du vieillissement des conduites, voir les abaques 51, 52, 53.

31 - Détermination du nombre de Reynolds R_e pour différents fluides

(Pour déterminer v, voir aussi les tables 10 ,11 ,13 et 7)

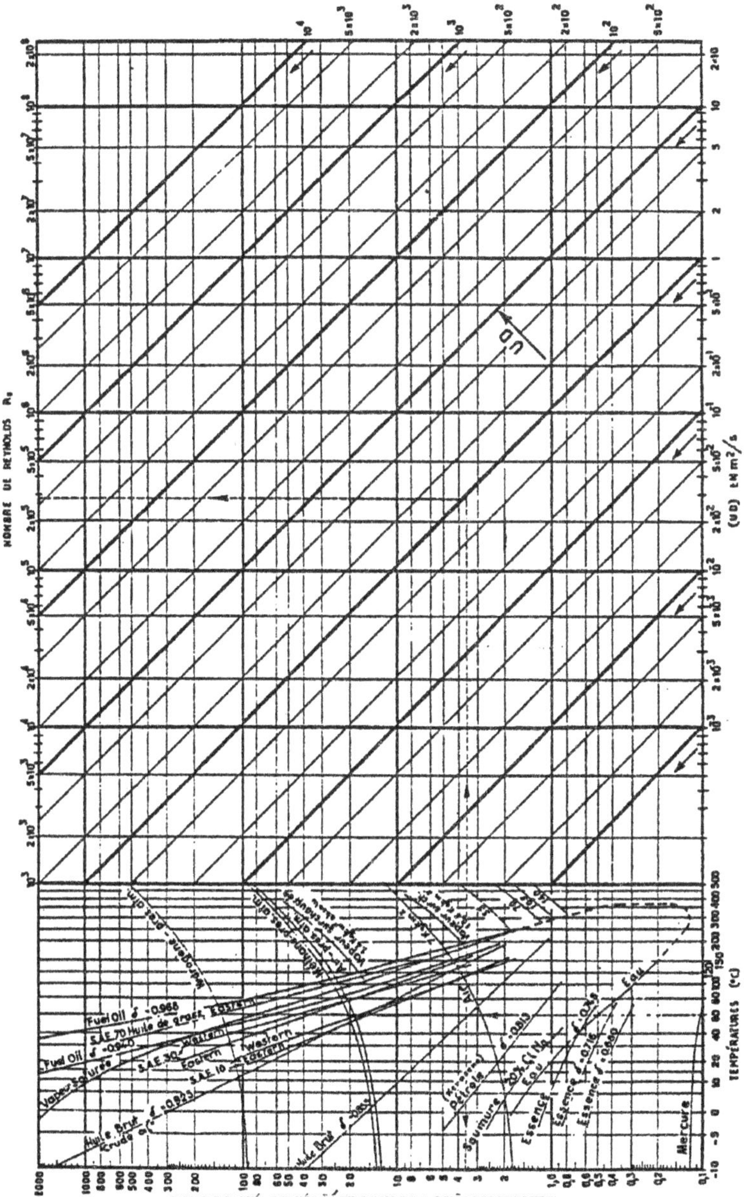

VISCOSITÉ CINÉMATIQUE EN CENTISTOKES

(1 CENTISTOKE mm10-6m2/s

Exemple : Huile brute, densité ∂ = 0,855 ; température T = 60°C ; U = 2 m/s ; D = 0,5 m. Il en résulte UD = 1 m²/s. De l'abaque, on déduit : v = 3,6 centistokes = $3{,}6 \cdot 10^{-6}$ m²/s ; et $R = 3{,}1 \times 10^5$.

32 - Valeurs de la rugosité absolue

Table élaborée d'après les indications de [**10**], [**39**], [**40**] et [**64**]

Caractéristiques	Rugosité ϵ en mm		
	Inférieur	**Supérieur**	**Normale**
1 - Galeries.			
Roche non revêtue sur tout le périmètre.	100	1000	—
Roche revêtue seulement sur le seuil.	10	100	—
2 - Conduites en béton.			
Très rugueuse : bois de coffrage : béton maigre avec des dégâts d'érosion ; joints imparfaitement alignés.	0,6	3,0	1,5
Rugueux : attaquée par les matériaux anguleux entraînés ; empreintes de coffrage visibles.	0,4	0,6	0,5
Granuleuse : surface lissée à la taloche en bon état, joints bien exécutés.	0,18	0,4	0,3
Centrifugée : (en tuyaux).	0,15	0,5	0,3
Lisse : coffrages métalliques neufs ou presque neufs ; finissage moyen avec des joints bien soignés.	0,06	0,18	0,1
Très lisse : neuve, parfaitement lisse, coffrages métalliques ; finissage parfait, par des ouvriers qualifiés et joints bien soignés.	0,015	0,06	0,03
3 - Conduites en acier : bout soudés, intérieur continu.			
Incrustations ou tuberculisations considérables.	2,4	12,2	7,0
Tuberculisation générale, 1 à 3 mm.	0,9	2,4	1,5
Peinture à la brosse avec de l'asphalte, émail ou bitume, en couche épaisse.	0,3	0,9	0,6
Rouille légère.	0,15	0,30	0,2
Conduite plongée dans l'asphalte chaud.	0,06	0,15	0,1
Revêtement en béton centrifugé.	0,05	0,15	0,1
Revêtement en émail centrifugé.	0,01	0,3	0,06
Bitume naturel (gelsonite) appliqué au pistolet, à froid de 0,4 mm d'épaisseur.	—	—	0,042
Email bitumineux (goudron de houille), appliqué à la brosse de 2 à 2,5 mm d'épaisseur.	—	—	0,040
Idem, appliqué à la truelle.	—	—	0,030
Idem, à chaud lissé à la flamme.	—	—	0,012
4 - Conduites en acier : (éléments rivés l'un à l'autre). *(Joints écartés de 5 à 10 mètres, soudure longitudinale)*			
Incrustations ou tuberculisations considérables	3,7	12,2	8,0
Tuberculisation générale, 1 à 3 mm	1,4	3,7	2,5
Rouillée	0,6	1,4	1,0
Peinture à la brosse avec de l'asphalte ou bitume, en couche épaisse	0,9	1,8	1,5
Conduite plongée dans l'asphalte chaud ou peinte à la brosse avec du graphite	0,3	0,9	0,6
Conduite neuve, avec de l'émail centrifugé	0,15	0,6	0,4
5 - Conduites en acier : **éléments rivés transversalement et longitudinalement.** *(Joints transversaux écartés de 1,8 à 2,4 m)*			
Incrustations ou tuberculisations considérables	6,0	12,2	9,0
Tuberculisation générale, 1 à 3 mm :	4,6	6,0	5,0
– 3 rangs de rivets dans les joints transversaux	3,0	4,6	3,5
– 2 rangs de rivets dans les joints transversaux	2,1	3,0	2,5
– 1 rang de rivets dans les joints transversaux			

32 - (Suite)

Caractéristiques	Rugosité ε en mm		
	Inférieur	Supérieur	Normale
Surface de la conduite assez lisse :			
— 3 rangs longitudinaux de rivets			
– 3 rangs transversaux	1,8	2,1	2,0
– 2 rangs transversaux	1,5	1,8	1,6
– 1 rang transversal	1,1	1,5	1,3
— 2 rangs longitudinaux de rivets			
– 3 rangs transversaux	1,2	1,5	1,3
– 2 rangs transversaux	0,9	1,2	1,1
– 1 rang transversal	0,6	0,9	1,2
— 1 rang longitudinal de rivets			
– 3 rangs transversaux	0,8	1,1	1,0
– 2 rangs transversaux	0,5	0,8	0,6
– 1 rang transversal	0,3	0,5	0,4
6 - Conduites en bois.			
Végétation excessive sur les parois. Douves rugueuses avec joints saillants	0,3	3,5	3,2
En service, en bon état	0,12	0,3	0,2
Neuve, excellente construction	0,03	0,12	0,07
7 - Tuyaux en amiante ciment.		0,025	0,015
8 - Tuyaux en fer.			
Fer forgé rouillé.	0,15	3,00	0,6
Fer galvanisé, fonte revêtue.	0,06	0,3	0,15
Fonte, non revêtue, neuve.	0,25	1,0	0,5
Fonte avec corrosion.	1,0	3,0	1,5
Fonte avec dépôt.	1	4,0	2,0
9 - Tuyaux en grès.			
Avec des joints très bien alignés.	0,06		
Tuyaux de 1, 0 m : D < 600 mm	—	0,3	0,15
D > 600 mm	—	0,6	0,3
de 0, 6 m : D < 300 mm	—	0,3	0,15
D > 300 mm	—	0,6	0,3
10 - Tuyaux d'égout en service, quand les matériaux neufs ont des rugosités inférieures à celles qui sont indiquées pour les tuyaux en service :			
Avec couche de boue inférieure à 5 mm.	0,6	3,0	1,5
Avec incrustations boueuses ou graisseuses inférieures à 25 mm.	6,0	30	15
Avec matériau solide sableux sur le seuil, déposé d'une manière irrégulière.	60,0	300	150
11 - Matériaux lisses.			
Laiton, cuivre, plomb	0,04	0,010	0,007
Aluminium.	0,0015	0,005	0,004
12 - Matériaux ultralisses.			
Verre	0,001	0,002	—
Polyuréthane + époxy, appliqué au pistolet sans air et à la température ambiante, de 0,1 à 0,2 mm d'épaisseur ; (sans joints).	0,002	0,004	—
Vinyle (acétochlorure de polyvinyle ou polychlorure de vinyle (idem)).	0,003	0,004	
Araldite (époxy). Idem.	0,0025	0,003	—

33 - Diagramme de Moody

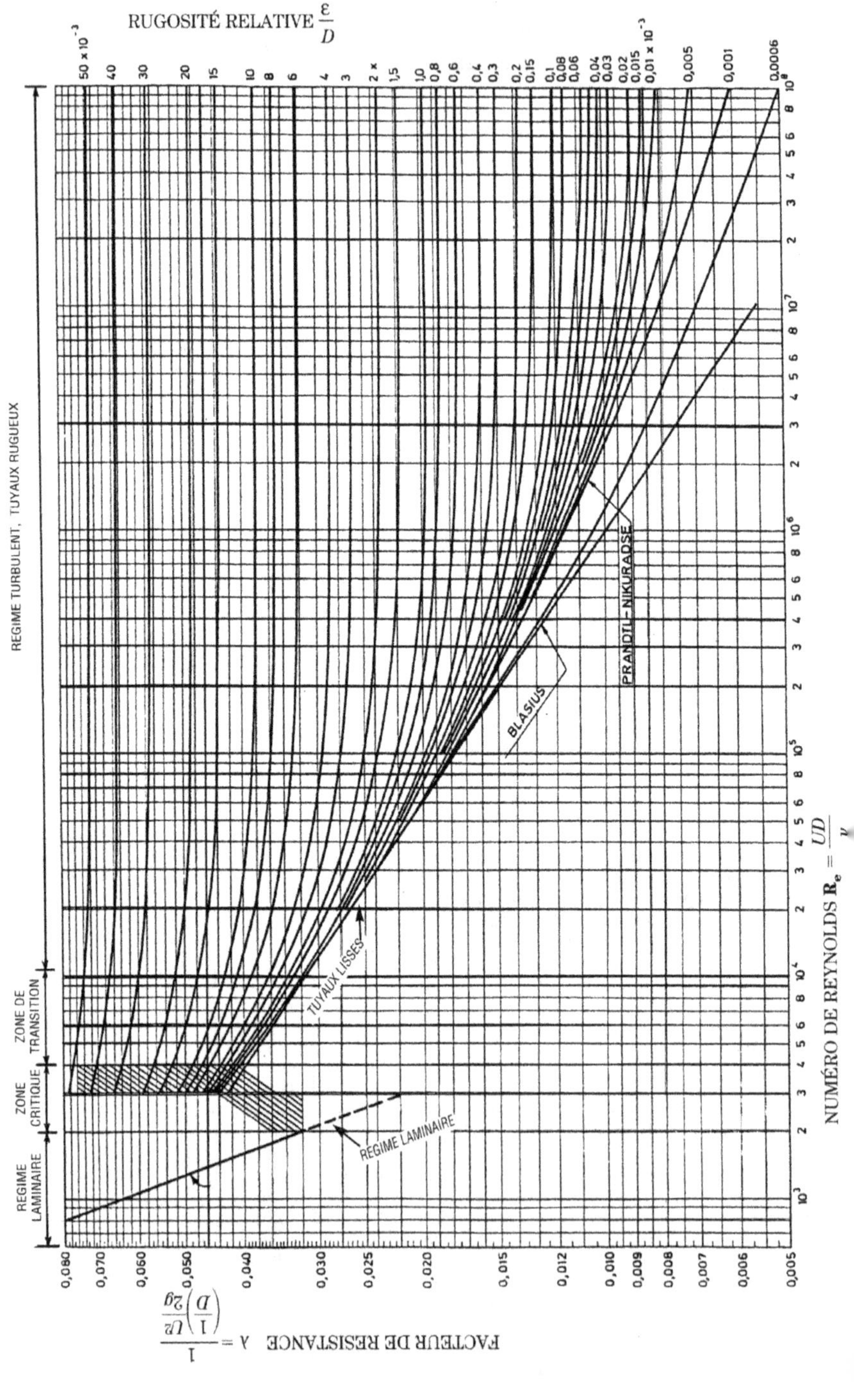

34 - Résolution de b = 0,0826 $\frac{Q^2}{D^5}$

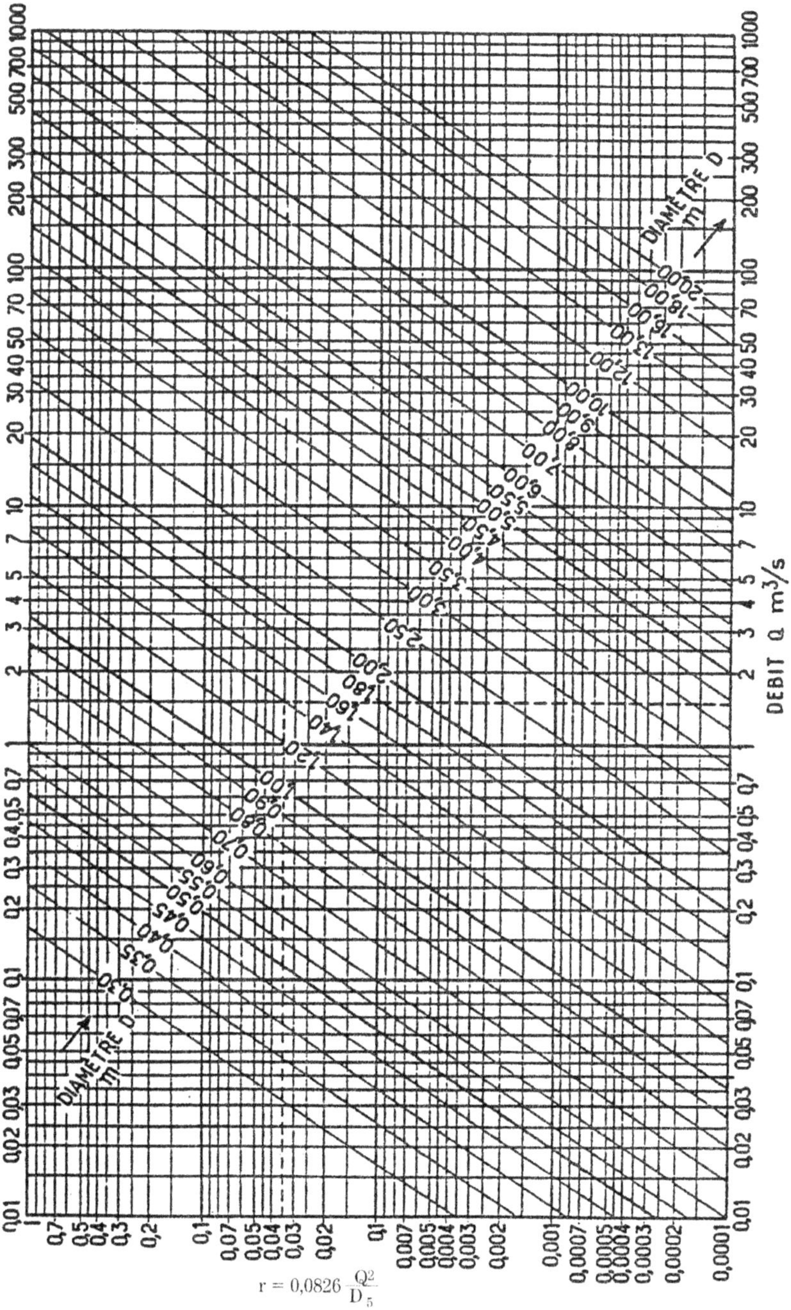

r = 0,0826 $\frac{Q^2}{D^5}$

35 - Valeurs de a de la formule

$$U = a\frac{gSi}{v}$$

(pour écoulements laminaires en tuyaux non circulaires)

Extrait de [**28**]

Caractéristiques de la section	*a*
Carrée	0,035
Rectangulaire, avec un rapport des côtés 1/2	0,029
" " " 1/3	0,022
" " " 1/4	0,017
" " " 1/5	0,015
" " " 1/10	0,008
Triangulaire équilatérale	0,029
Elliptique de demi-axes *a* et *b*	$\frac{1}{4\pi} \frac{ab}{a^2 + b^2}$
Circulaire (formule de Poiseuille)	$\frac{1}{8\pi} = 0{,}040$

36 - Valeurs de K_B de la formule de Bazin

$$C = \frac{87\sqrt{R}}{K_B + \sqrt{R}}$$

(R en mètres)

Caractéristiques de la tuyauterie	Valeurs de K_B $m^{1/2}$
Tuyaux neufs en fibrociment	0,06
Tuyaux neufs en acier laminé	0,10
Tuyaux neufs en fonte	0,16
Tuyaux en béton en bon état	0,18
Tuyaux en fonte usagés	0,23
Tuyaux en fonte avec des incrustations	0,36

37- Valeurs de K_K de la formule de Kutter

$$C = \frac{100\sqrt{R}}{K_K\sqrt{R}}$$

(R en mètres)

Caractéristiques de la tuyauterie	Valeurs de K_K $m^{1/2}$
Tuyaux neufs en fonte ou en béton	0,15 à 0,175
Tuyaux en fonte, en service avec de l'eau non incrustante	0,275
Tuyaux en fonte, après plusieurs années de service	0,35
Tuyaux en fonte, avec nombreuses incrustations et eaux usées	0,45

38 - Résolution de la formule de Strickler pour les conduites circulaires

Valeurs de a ($i = aQ^2$) en fonction de D et K_s (i en mètre par kilomètre ; Q en m^3/s)
Pour i exprimé en mètre, diviser par 1 000 la valeur de a donnée par la table

D mètre	$K_s = 20$	$K_s = 40$	$K_s = 50$	$K_s = 60$	$K_s = 70$	$K_s = 75$
0,10	5543354,4	1385946,2	88636,7	615904,3	452509,9	394170,2
20	137524,0	34383,7	22003,8	15279,9	11226,2	9778,89
30	15822,8	3956,0	2531,65	1758,02	1291,63	1125,11
40	3411,86	853,031	545,898	379,081	278,514	242,606
0,50	1037,930	259,503	166,069	115,321	84,7273	73,8039
60	392,554	98,1462	62,8087	43,6155	32,0446	27,9133
70	172,529	43,1357	27,6047	19,1692	14,0838	12,2680
80	84,6455	21,1630	13,5433	9,4047	6,9097	6,0189
90	45,1651	11,2922	7,2264	5,0182	3,6869	3,2115
1,00	25,7500	6,4380	4,1200	2,8610	2,1020	1,8310
10	15,4897	3,8727	2,4783	1,7210	1,2644	1,1014
20	9,7387	2,4349	1,5582	1,0820	0,7950	0,6925
30	6,3550	1,5889	1,0168	0,7061	0,5188	0,4519
40	4,2803	1,0702	0,6849	0,4756	0,3494	0,3044
1,50	2,9627	0,7407	0,4740	0,3292	0,2418	0,2107
60	2,1000	0,5250	0,3360	0,2333	0,1714	0,1493
70	1,5198	0,3800	0,2432	0,1689	0,1241	0,1081
80	1,1205	0,2801	0,1793	0,1245	0,09147	0,07967
90	0,8398	0,2100	0,1344	0,09331	0,06856	0,05972
2,00	0,6388	0,1597	0,1022	0,07098	0,05215	0,04543
10	0,4925	0,1231	0,07880	0,05472	0,04020	0,03502
20	0,3843	0,09608	0,06148	0,04270	0,03137	0,02732
30	0,3032	0,07580	0,04851	0,03368	0,02475	0,02156
40	0,2416	0,06041	0,03866	0,02684	0,01972	0,01718
2,50	0,1943	0,04859	0,03109	0,02519	0,01586	0,01382
60	0,1577	0,03942	0,02523	0,01752	0,01287	0,01121
70	0,1289	0,03223	0,02063	0,01432	0,01052	0,009167
80	0,1062	0,02655	0,01699	0,01180	0,008668	0,007551
90	0,08807	0,02202	0,01409	0,009785	0,007189	0,006262
3,00	0,07350	0,01838	0,01176	0,008166	0,006000	0,005226
10	0,06171	0,01543	0,009873	0,006856	0,005037	0,004388
20	0,05210	0,01303	0,008336	0,005788	0,004253	0,003704
30	0,04421	0,01105	0,007074	0,004912	0,003609	0,003144
40	0,03771	0,009427	0,006033	0,004189	0,003078	0,002681
3,50	0,03230	0,008077	0,005169	0,003589	0,002637	0,002297
60	0,02780	0,006950	0,004448	0,003089	0,002269	0,001977
70	0,02402	0,006005	0,003843	0,002669	0,001961	0,001708
80	0,02084	0,005209	0,003334	0,002315	0,001701	0,001482
90	0,01814	0,004535	0,002902	0,002015	0,001481	0,001290
4,00	0,01585	0,003963	0,002536	0,001761	0,001294	0,001127

Tunnels non revêtus, très irréguliers et en très mauvais état .... $K_s = 20\ m^{1/3}/s$
Tunnels non revêtus, avec des grands blocs saillants .... $K_s = 30$ à 40
Tunnels non revêtus, réguliers .... $K_s = 50$
Conduites métalliques rivées en travers ou en long ou avec de nombreuses soudures.
Tunnels en béton grossier ou vieilli, ou en maçonnerie en mauvais état .... $K_s = 60$
Conduites en fonte ou en béton, très vieilles et avec de nombreuses incrustations.
Tunnels en maçonnerie ordinaire .... $K_s = 70$
Conduites en béton avec des joints peu écartés ; conduites en fonte en service .... $K_s = 75$

Note - Il faut tenir compte du diamètre de la conduite (Voir abaque 48a). Consulter également la table 87.

38 - (Suite)

D mètre	$K_s = 80$	$K_s = 85$	$K_s = 90$	$K_s = 100$	$K_s = 110$	$K_s = 120$
0,10	346378,9	306983,4	273830,9	221734,2	183199,8	153922,3
20	8593,25	7615,89	6793,42	5500,96	4544,97	3818,63
30	988,693	876,244	781,615	632,911	522,920	439,351
40	213,192	188,944	168,539	136,474	112,625	94,7370
0,50	64,8555	57,4791	51,2717	41,5172	34,3021	28,8201
60	24,5289	21,7391	19,3914	15,7022	12,9734	10,9001
70	10,7806	9,5544	8,5226	6,9012	5,7018	4,7906
80	5,2891	4,6877	4,1813	3,3858	2,7974	2,3503
90	2,8222	2,5012	2,2311	1,8066	1,4926	1,2541
1,00	1,6090	1,4260	1,2720	1,0300	0,8510	0,7150
10	0,9679	0,8578	0,7652	0,6196	0,5119	0,4301
20	0,6085	0,5393	0,4811	0,3895	0,3218	0,2741
30	0,3971	0,3519	0,3139	0,2542	0,2100	0,1765
40	0,2675	0,2370	0,2114	0,1712	0,1415	0,1189
1,50	0,1851	0,1641	0,1463	0,1185	0,09791	0,08226
60	0,1312	0,1163	0,1037	0,08400	0,06940	0,05831
70	0,09497	0,08416	0,07508	0,06079	0,05023	0,04220
80	0,07001	0,06205	0,05535	0,04482	0,03703	0,03111
90	0,05248	0,04651	0,04149	0,03359	0,02776	0,02332
2,00	0,03992	0,03538	0,03156	0,02555	0,02111	0,01774
10	0,03077	0,02727	0,02433	0,01970	0,01628	0,01367
20	0,02401	0,02128	0,01898	0,01537	0,01270	0,01067
30	0,01894	0,01679	0,01498	0,01213	0,01002	0,008418
40	0,01510	0,01338	0,01193	0,009664	0,007985	0,006709
2,50	0,01214	0,01076	0,009600	0,007774	0,006423	0,005396
60	0,009852	0,008731	0,007788	0,006307	0,005211	0,004378
70	0,008055	0,007139	0,006368	0,005157	0,004261	0,003580
80	0,006635	0,005881	0,005246	0,004248	0,003509	0,002949
90	0,005503	0,004877	0,004350	0,003523	0,002910	0,002445
3,00	0,004593	0,004070	0,003631	0,002940	0,002429	0,002041
10	0,003856	0,003417	0,003048	0,002468	0,002039	0,001713
20	0,003255	0,002855	0,002573	0,002084	0,001722	0,001447
30	0,002763	0,002448	0,002184	0,001768	0,001461	0,001228
40	0,002356	0,002088	0,001863	0,001508	0,001246	0,001047
3,50	0,002019	0,001789	0,001596	0,001292	0,001068	0,0008970
60	0,001737	0,001539	0,001373	0,001112	0,0009187	0,0007719
70	0,001501	0,001330	0,001186	0,0009607	0,0007938	0,0006669
80	0,001302	0,001154	0,001029	0,0008334	0,0006886	0,000578
90	0,001133	0,001005	0,0008961	0,0007256	0,0005995	0,0005037
4,00	0,0009903	0,008777	0,0007829	0,0006340	0,0005238	0,0004401

Conduits avec de l'enduit ordinaire ; conduites en grès : en tôle mince
et avec des soudures saillantes : en maçonnerie très lisse ; en fonte, neuves .... $K_s = 80\ m^{1/3}/s$
Conduites en béton bien lissé ou en acier revêtu de bitume.. $K_s = 85$
Conduites en béton très lisse : en bois raboté : en tôle métallique sans soudures
saillantes : en fibrociment.. K_s = 90 à 100
Tuyaux en acier galvanisé.. K_s = 100 à 117
Tuyaux en cuivre et laiton, tuyaux en polyéthylène ou en polyvinyle.................................. $K_s = 125$

Note - Il faut tenir compte du diamètre de la conduite (voir abaque 48a). Consulter également la table 87.

39 - Valeurs de *a* de la formule de Darcy

$$\Delta H = L\,a\,Q^2$$

Extrait de [**33**]

a) Conduites en fonte en service $b = 0{,}000507 + 0{,}00001294 \times 1/D$

D (m)	$a = \dfrac{64b}{\pi^2 D^5}$	D (m)	$a = \dfrac{64b}{\pi^2 D^5}$	D (m)	$a = \dfrac{64b}{\pi^2 D^5}$	D (m)	$a = \dfrac{64b}{\pi^2 D^5}$
0,01	116 785 000	0,09	713,78	0,17	26,624	0,45	0,188 00
02	2 338 500	10	412,42	18	19,835	50	0,110 39
03	250 310	11	251,24	19	15,058	60	0,044 031
04	52 560	12	160,01	20	11,571	70	0,020 255
0,05	15 874	0,13	105,84	0,25	3,705 2	0,80	0,010 350
06	6 021	14	72,220	30	1,467 7	90	0,005 721 4
07	2 666	15	50,639	35	0,670 40	1,00	0,003 365 5
08	1 321,9	16	36,301	40	0,341 33		

b) Conduites en fonte, neuves

Prendre la moitié des valeurs données en a.

c) Conduites en tôle asphaltée

Prendre 1/3 des valeurs données en a.

40 - Écoulements en tuyaux souples - Valeurs de *C*, de $\frac{Di}{U^2}$ de $\frac{\Delta D}{D}$ et de $\frac{\Delta i}{i}$ (1)

Extrait de [**14**]

Caractéristiques	C m$^{1/2}$/s	$K = \dfrac{Di^{(1)}}{U^2}$	Pour une élévation de 1 kg/cm^2 de la pression	
			$\dfrac{\Delta D}{D}$	$-\dfrac{\Delta i}{i}$
Tuyau en caoutchouc très lisse	68,2	0,000860	0,0041	0,020
Tuyau en caoutchouc ordinaire	66,7	0,000899	0,0034	0,017
Tuyau en coton et caoutchouc très lisse	66,5	0,000884	0	0
Tuyau en coton et caoutchouc, ordinaire	49,5	0,00163	0,0018	0,009
Tuyau en lin et chanvre	43,3	0,00213	0,0006	0,003
Tuyau en cuir de 1ère qualité	53,9	0,00137	0,0061	0,031

(1) On a : $i = K\dfrac{U^2}{D}$.

41 - Écoulements en tuyaux de fibrociment

$$U = 64{,}28 \cdot D^{0{,}68}\, i^{0{,}56} \qquad Q = 50{,}5 \cdot D^{2{,}68}\, i^{0{,}56}$$

(D'après les expériences de *Scimemi*)

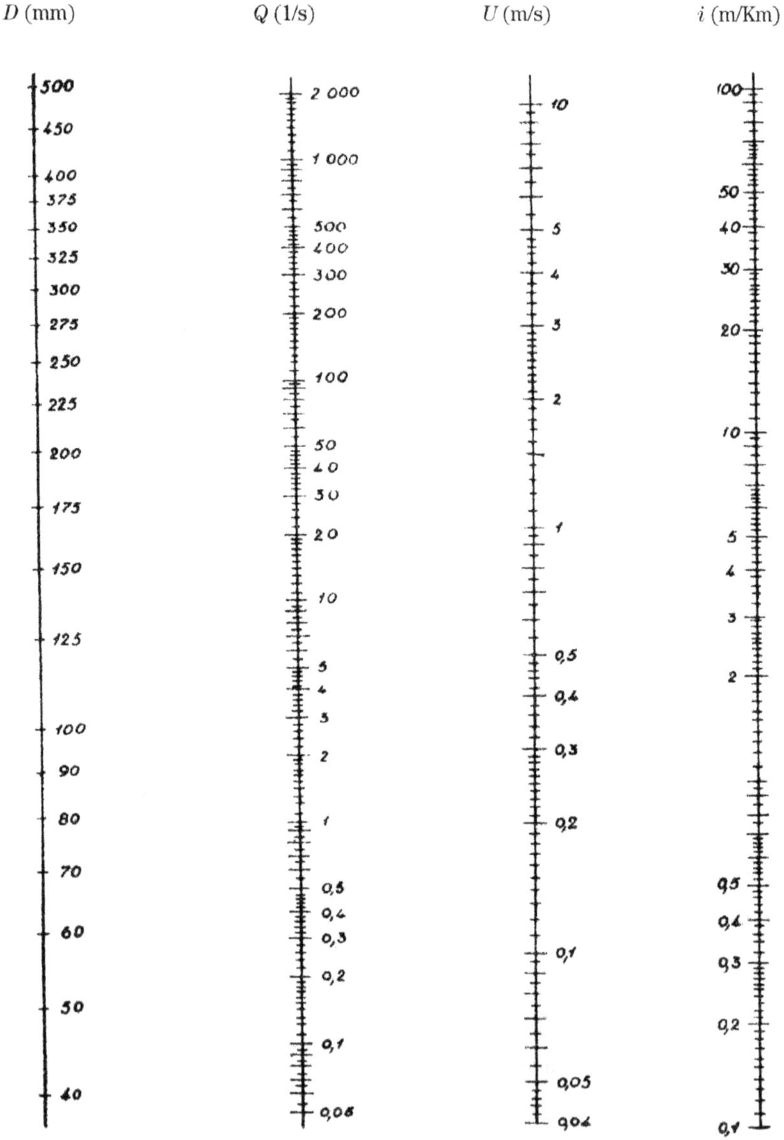

Exemple : D = 150 mm ; Q = 10 l/s. De l'abaque, on déduit : U = 0,57 m/s ; i = 2,3 m/km.

42 - Écoulements en tuyaux en fonte neufs non revêtus

$$U = 44{,}15 \cdot D^{0{,}625}\, i^{0{,}535} \qquad Q = 35 \cdot D^{2{,}625}\, i^{0{,}535}$$

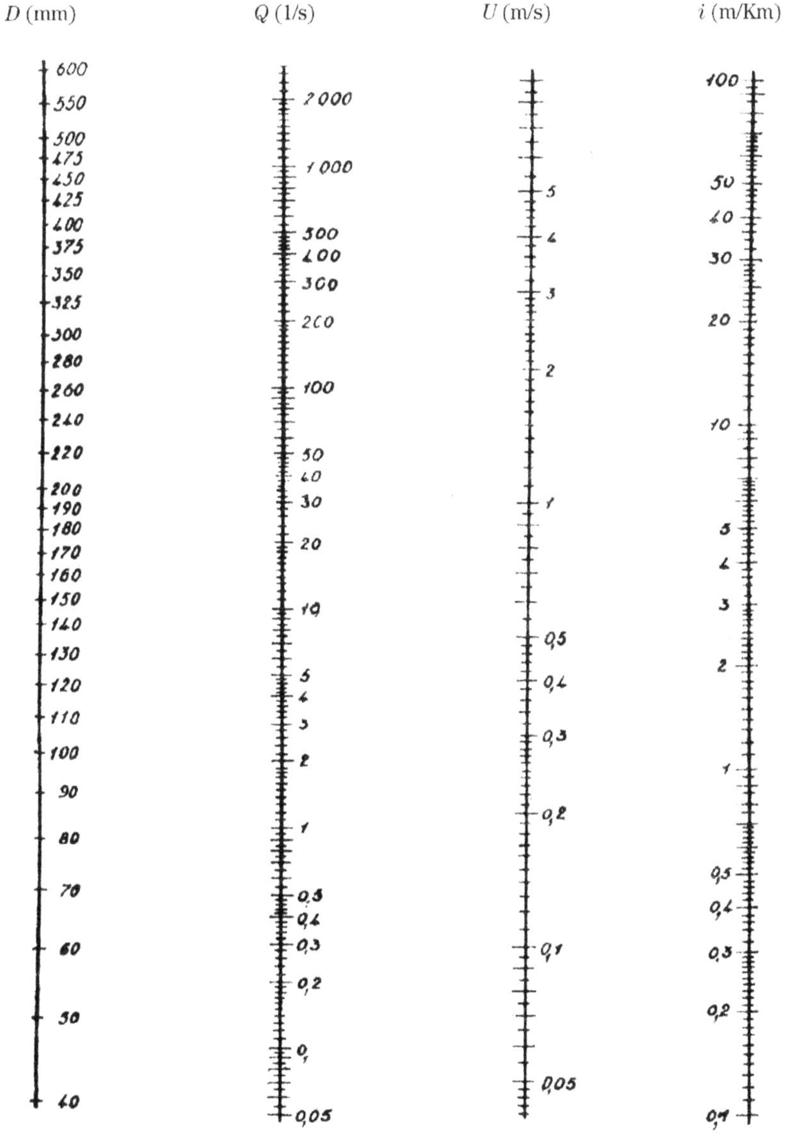

Exemple : D = 200 mm ; i = 10 m/km. De l'abaque : Q = 44 l/s ; U = 1,35 m/s

43 - Écoulements en tuyaux neufs en acier sans soudures

$U = 46{,}3 \cdot D^{0{,}59}\, i^{0{,}55} \quad Q = 36{,}4 \cdot D^{2{,}59}\, i^{0{,}55}$

(D'après des expériences de Scimemi et Veronese)

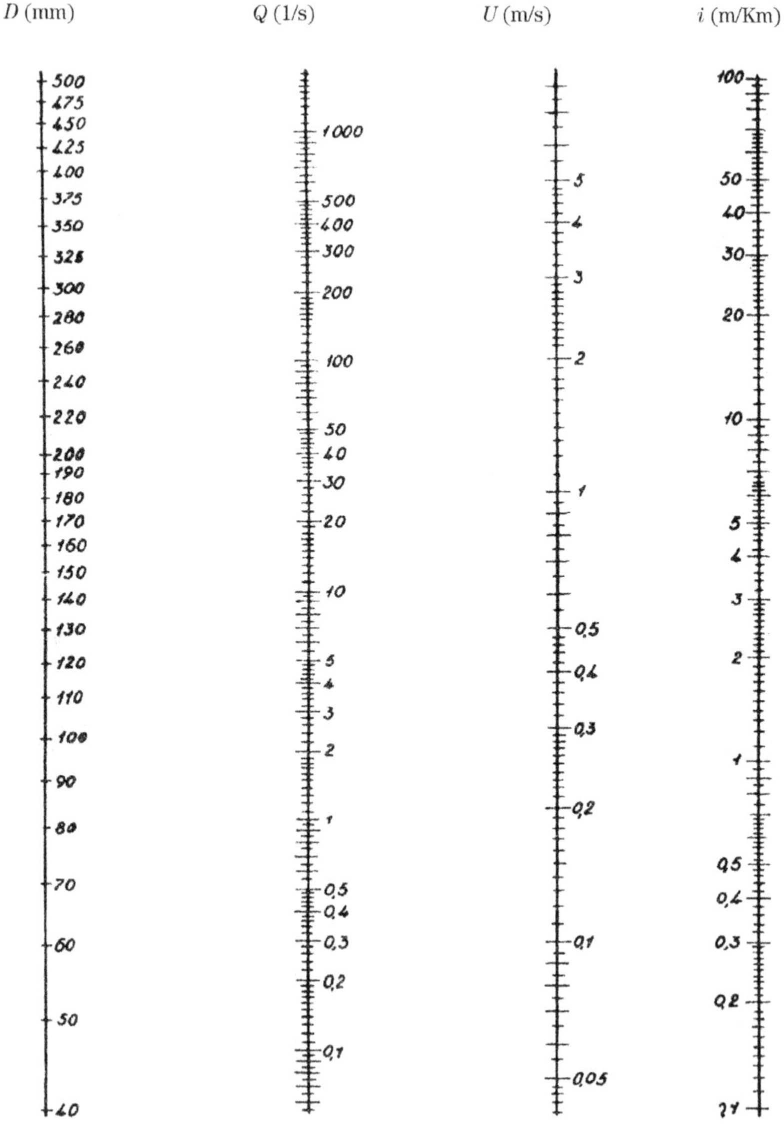

Exemple : Q = 50 l/s ; i = 20 m/km ; De l'abaque : D = 181 mm ; U = 1,9 m/s

44 - Écoulements en tuyaux en acier galvanisé

$$U = 66{,}99 \cdot D^{0{,}752}\, i^{0{,}54} \qquad Q = 52{,}6 \cdot D^{2{,}752}\, i^{0{,}54}$$

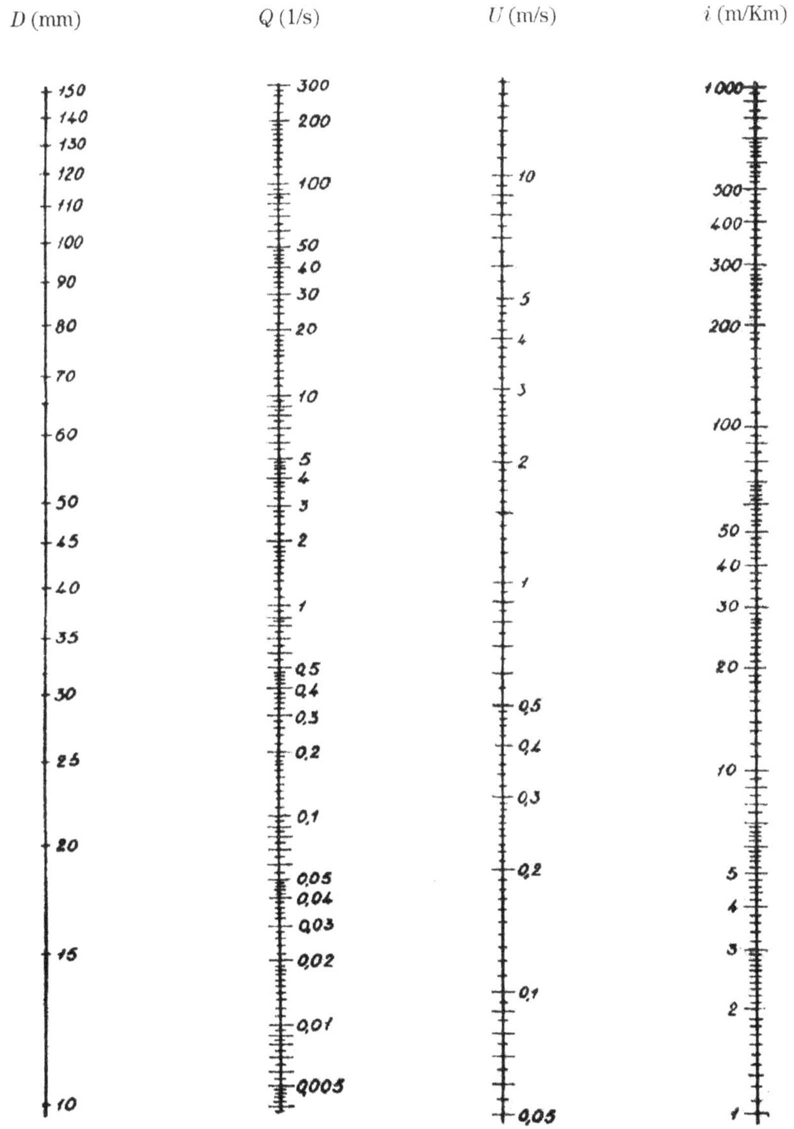

Exemple : Q = 5 l/s ; i = 50 m/km. De l'abaque : D = 62 mm ; U = 1,7 m/s

45 - Écoulements en tuyaux en acier soudé ou avec des rivures simples

$$U = 37{,}92 \cdot D^{0{,}755}\, i^{0{,}53} \qquad Q = 29{,}7 \cdot D^{2{,}755}\, i^{0{,}53}$$

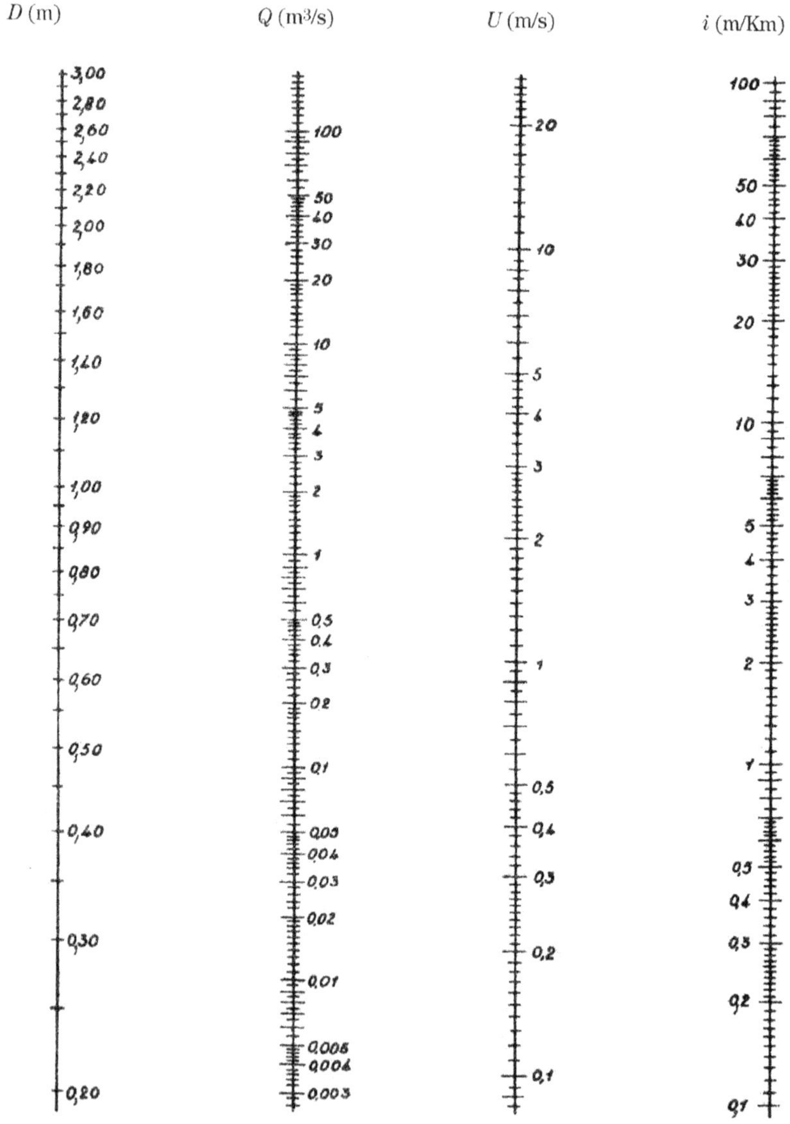

Exemple : $Q = 2\ m^3/s$; $i = 10$ m/km. De l'abaque : $D = 0{,}90$ m ; $U = 3{,}10$ m/s

46 - Écoulements en tuyaux en béton très lisse

$$U = 42{,}4 \cdot D^{0{,}75}\, i^{0{,}53} \quad Q = 33{,}3 \cdot D^{2{,}75}\, i^{0{,}53}$$

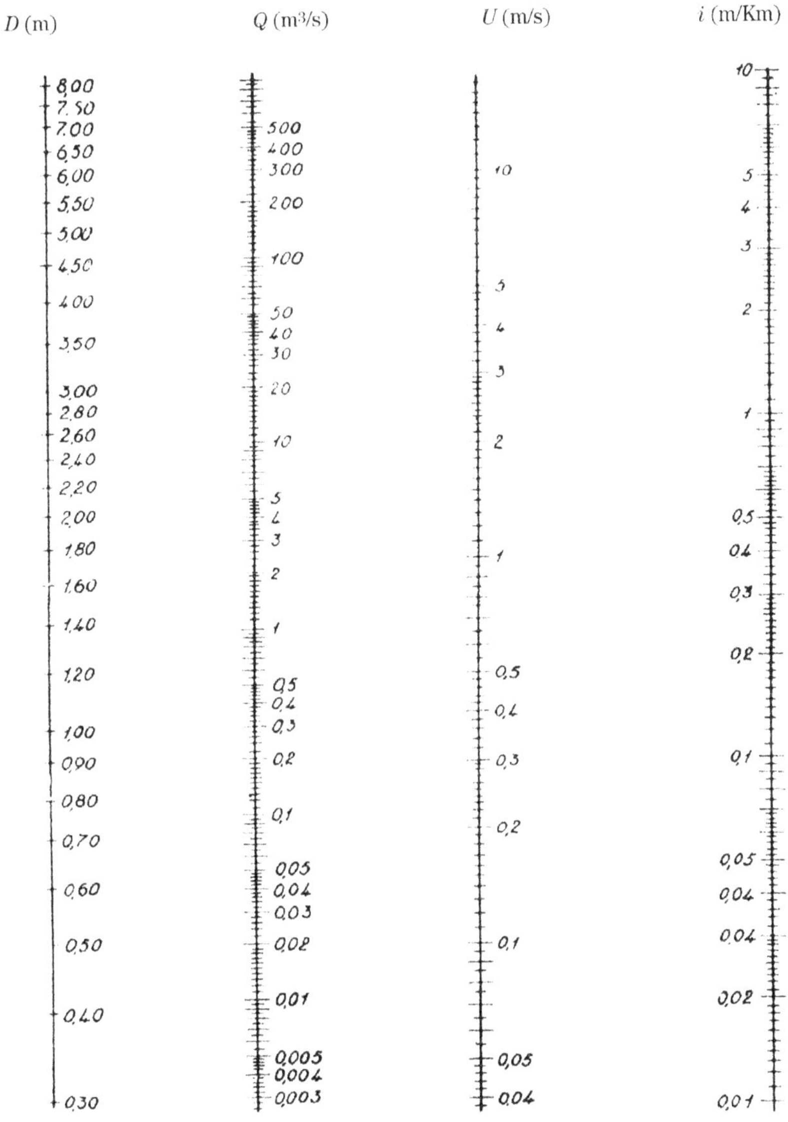

Exemple : D = 2,00 m ; i = 1 m/km. De l'abaque : Q = 5,7 m³/s ; U = 1,85 m/s

47 - Écoulements dans les tuyaux en plastique

$$U = 75{,}0 \cdot D^{0{,}69}\, i^{0{,}156} \qquad Q = 58{,}9 \cdot D^{2{,}69}\, i^{0{,}561}$$

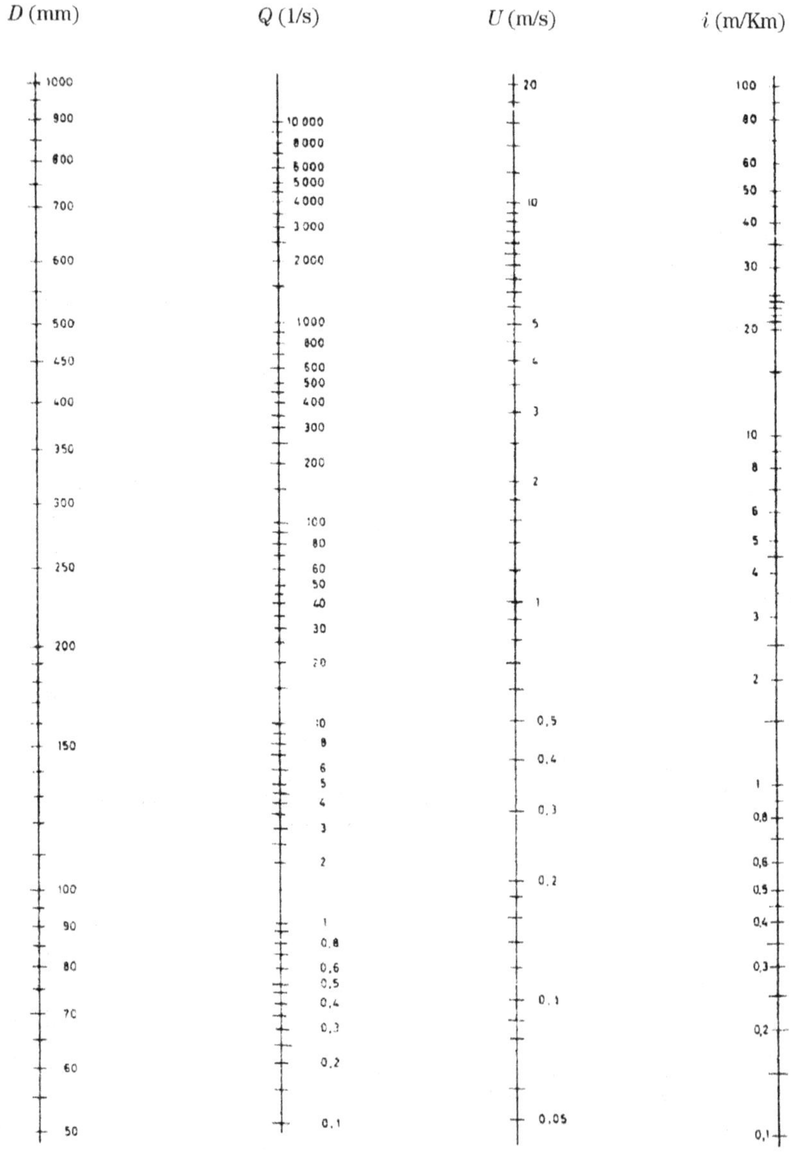

Exemple : D = 150 mm ; Q = 20 l/s. De l'abaque U = 1,05 m/s ; I = 6,7 m/km.

48 - Comparaison entre les coefficients des formules empiriques et la rugosité absolue

Extrait de [**42**]

a) Variation K_s et K_B avec ε pour différents diamètres

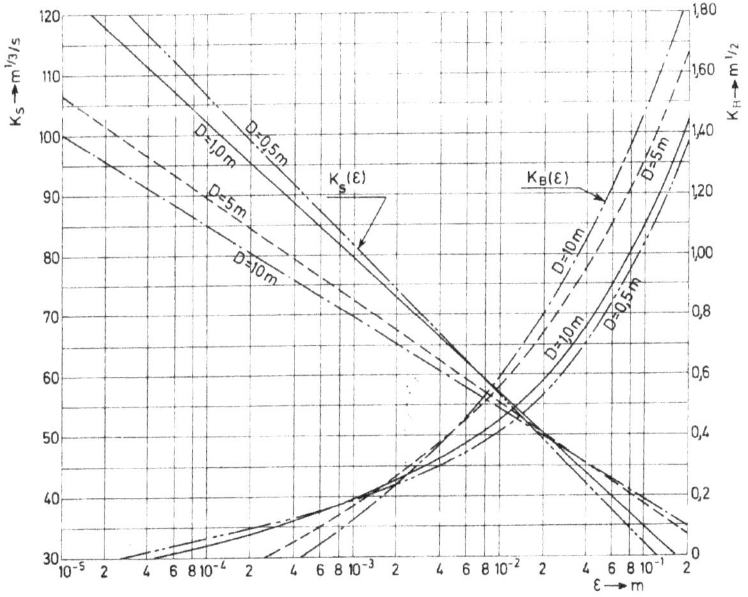

b) Comparaison des formules monômes avec le diagramme de Moody

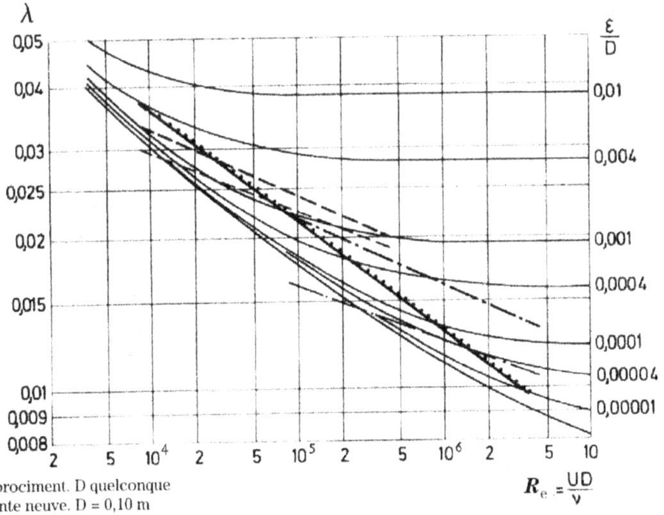

—— Fibrociment. D quelconque
– —– Fonte neuve. D = 0,10 m
– . – . – Fonte neuve D = 100 m
– – – – Mortier de ciment lisse. D = 0,10 m
—.—.— Mortier de ciment lisse. D = 100 m

49 - Écoulement d'air et de gaz domestique

(Formules 4.33 et 4.33a)

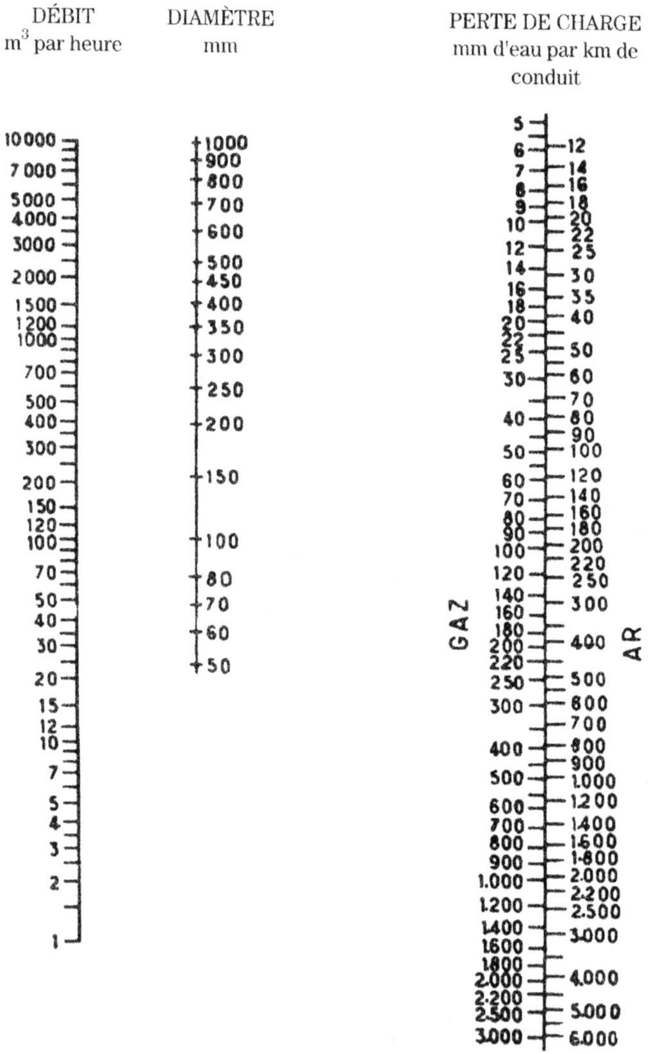

Exemple : Air ; D = 200 mm ; Q = 300 m^3 par heure. De l'abaque : Δh = 55 mm de colonne d'eau par km de conduite

50 - Écoulement de gaz domestique(1)

Spécialement adaptée au calcul d'installations particulières

Longueur m	PERTE DE CHARGE TOTALE : - Δ *H* millimètre d'eau																
3,00	-	-	-	-	-	-	-	-	-	2,5	3,8	5,0	7,6	11,7	15,2	20,3	25,4
4,50	-	-	-	-	-	-	-	-	3,0	3,8	5,7	7,6	11,4	17,5	22,8	30,5	-
6,00	-	-	-	-	-	-	-	3,0	4,0	5,0	7,6	10,1	15,2	23,3	30,5	-	-
9,00	-	-	-	-	-	-	3,0	4,5	5,9	7,6	11,3	15,1	22,8	35,0	-	-	-
12,00	-	-	-	-	-	3,0	4,0	6,0	7,9	10,1	15,1	20,2	30,5	-	-	-	-
18,00	-	-	-	-	3,1	4,5	6,0	9,0	11,9	15,1	22,7	30,2	-	-	-	-	-
24,00	-	-	-	3,0	4,1	6,0	8,0	12,0	15,8	20,2	30,2	-	-	-	-	-	-
30,00	-	-	2,5	3,8	5,1	7,5	10,1	15,0	19,8	25,2	-	-	-	-	-	-	-
46,00		2,5	3,8	5,8	7,8	11,5	15,4	23,0	30,4	-	-	-	-	-	-	-	-
61,00	2,5	3,3	5,1	7,6	10,4	15,2	20,4	30,5	-	-	-	-	-	-	-	-	-
	PERTE DE CHARGE UNITAIRE : – *h* millimètre d'eau par mètre de conduite																
	0,041	**0,054**	**0,083**	**0,126**	**0,170**	**0,250**	**0,335**	**0,500**	**0,608**	**0,840**	**1,26**	**1,68**	**2,54**	**3,89**	**5,08**	**6,77**	**8,46**
Diamètre mm	**DÉBIT : - *Q* mètre cube / heure**																
11	0,175	0,201	0,246	0,300	0,354	0,420	0,481	0,580	0,680	0,780	0,934	1,07	1,36	1,55	1,92	2,20,	2,49
16	0,308	0,356	0,436	0,54	0,620	0,755	0,874	1,07	1,22	1,36	1,70	1,92	2,38	2,72	3,34	3,87	4,30
20	0,855	1,00	1,20	1,48	1,71	2,09	2,40	2,97	3,42	3,82	4,75	5,40	6,65	7,64	9,48	10,89	12,17
26	1,57	1,81	2,21	2,74	3,14	3,88	4,47	5,40	6,25	7,05	8,60	9,85	12,17	13,86	16,98	19,52	22,07
35	3,25	3,73	4,55	5,66	6,51	7,98	9,19	11,23	13,02	14,43	17,83	20,37	25,18	28,58	35,37	40,75	45,28
41	5,04	5,83	7,10	8,77	10,05	12,45	14,15	17,40	20,09	22,50	27,73	31,41	38,77	44,71	54,05	62,82	70,75
52	10,33	11,88	14,43	17,82	20,37	25,18	28,30	35,37	40,47	45,28	56,60	64,52	79,24	90,56	111,78	128,76	144,33
68	16,41	18,96	23,20	28,30	32,82	40,18	50,09	56,60	65,09	73,58	90,56	103,29	127,35	145,74	178.29	206,39	232,06
80	29,15	33,96	41,32	50,94	58,86	72,16	82,07	101,88	118,86	131,59	161,31	183,95	226,40	263,19	319,79	370,73	418,84
93	43,86	50,94	62,26	76,41	87,73	107,54	124,52	152,82	175,46	198,10	243,38	277,34	339,60	393,37	481,10	554,68	622,60
105	60,00	69,62	84,62	104,71	121,70	148,57	169,80	209,42	240,55	268,85	331,11	376,39	469,78	537,70	659,39	761,27	849,00

Exemple : *D* = 20 mm : *Q* = 1,20 m^3/h ; *L* = 46 m. De la table : *h* = 0,08 mm/m ; Δ *H* = 3,8 mm.

(1) AVIAL (M.R.) - *Instalaciones en los Edificios* - (Dossat - Madrid) - 1953

51 - Vieillissement des conduites

a) Augmentation de rugosité, dans les conduites en fonte et en acier non revêtues intérieurement, avec couches de produits bitumineux ou équivalents[1]

Tendances	Valeurs moyennes (mm/an)	Degré d'attaque
1	0,025	Léger
2	0,075	Modéré
3	0,25	Appréciable
4	0,75	Accentué
5	2,50	Très accentué
6	7,50	Extrême

b) Réduction du débit, par suite du vieillissement des conduites, pour différents types d'eau[2]

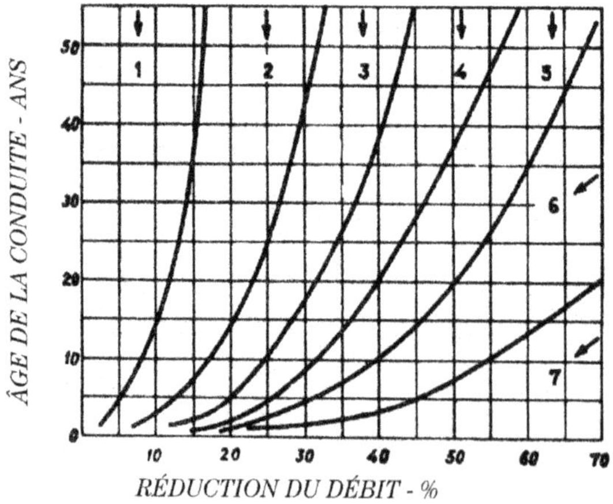

1 – Cas limite d'eaux peu aggressives, petits nodules.

2 – Eau filtrée non aérée et pratiquement non corrosive. Incrustation générale légère.

3 – Eau de puits ou eau dure avec action corrosive peu accentuée. Incrustations plus considérables, avec des nodules jusqu'à 12 mm de hauteur, environ.

4 – Eau de régions marécageuses, avec des traces de fer et avec de la matière organique, faiblement acide. Incrustations considérables jusqu'à 25 mm de hauteur, environ.

5 – Eau acide de roches granitiques. Incrustations excessives et tuberculisations.

6 – Eau extrêmement corrosive ; petites conduites pour eau douce, faiblement acide.

7 – Cas limite d'eaux très aggressives.

(1) COLEBROOK, C.F. et WHITE, C.M. – *The Reduction of Carrying Capacity of Pipes with Age* - Journal of the Institution of Civil Engineers, n° 1 - 1937-8.

(2) A. PRICE - *Kemp's Engineers Year-Book*, Morgan Brother, London, 1947. Cité par [31, p. 137].

52 - Indice de Langelier

a) Valeurs de K de l'expression 4.34 (1)

Résidu sec en p.p.m.	K				
	0° C	10°C	15°C	20°C	30°C
–	2,45	2,23	2,12	2,02	1,86
20	2,54	2,32	2,21	2,11	1,95
40	2,58	2,36	2,25	2,15	1,99
80	2,62	2,40	2,29	2,19	2,03
120	2,66	2,44	2,34	2,23	2,07
160	2,68	2,46	2,36	2,25	2,09
200	2,71	2,49	2,38	2,28	2,12
240	2,74	2,52	2,42	2,31	2,15
280	2,76	2,54	2,44	2,33	2,17
320	2,78	2,56	2,46	2,35	2,19
360	2,79	2,57	2,47	2,36	2,20
400	2,81	2,59	2,48	2,38	2,22
440	2,83	2,61	2,51	2,40	2,24
480	2,84	2,62	2,52	2,41	2,25
520	2,86	2,64	2,54	2,43	2,27
560	2,87	2,65	2,55	2,44	2,28
600	2,88	2,66	2,56	2,45	2,29
640	2,90	2,68	2,58	2,47	2,31
680	2,91	2,69	2,59	2,48	2,32
720	2,92	2,70	2,60	2,49	2,33
760	2,92	2,70	2,60	2,49	2,33
800	2,93	2,71	2,61	2,50	2,34

b) Valeurs approchées de pH en fonction de l'alcalinité totale (Formule 4.34 a)

Alcalinité (p.p.m.)	5	10	15	20	25	30	40	50	70	100	120	140	190
pHs	10,0	9,7	9,3	8,9	8,7	8,5	8,1	8,0	7,8	7,6	7,5	7,1	7,2

(1) LAMONT, P. : Formulae for Pipe-line Calculations - International Water Supply Association - Third Congress. London, 1955

53 - Rapport entre l'augmentation annuelle de la rugosité et l'indice de Langelier

(Formule 4.35)

(Applicable aux conduites en fonte et en acier non revêtues ou revêtues intérieurement de produits bitumineux ou similaires)

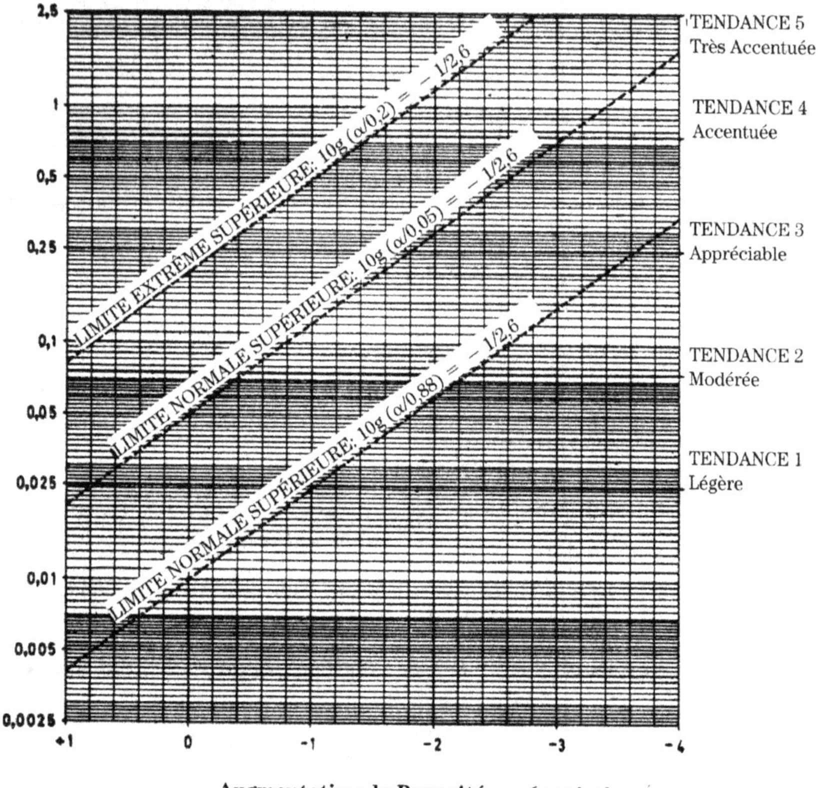

54 - Pertes de charge singulières. Résumé

$$\Delta H = K \frac{U^2}{2g} = b\, QK^2$$

Valeurs de $b = \dfrac{s}{g\pi^2 D^4} = \dfrac{0{,}0826}{D^4}$ (pour des conduites circulaires, U étant exprimé en m/s, Q en m2/s, et ΔH en m du fluide qui s'écoule)

D mètre	m	*D* mètre	m	*D* mètre	m	*D* mètre	m
0,01	8 263 800	0,09	1 259,5	0,17	98,942	0,45	2,015 3
0,02	516 490	0,10	826,38	0,18	78,718	0,50	1,322 2
0,03	102 022	0,11	564,41	0,19	63,410	0,60	0,637 64
0,04	32 281	0,12	398,53	0,20	51,649	0,70	0,344 18
0,05	13 222	0,13	289,33	0,25	21,155	0,80	0,201 75
0,06	6 376,4	0,14	215,11	0,30	10,202	0,90	0,125 95
0,07	3 441,8	0,15	163,24	0,35	5,506 7	1,00	0,082 638
0,08	2 017,5	0,16	126,09	0,40	3,228 1		

Tables à consulter pour obtenir les valeurs de K : 56 à 80. La valeur de K est ordinairement plus faible dans les accessoires à bride que dans les accessoires vissés. K décroît quand le diamètre augmente.

55 - Longueur équivalente de conduite :

$$L = \frac{b}{a} K \text{ pour } K_s = 75 \text{ m}^{1/3}\text{s}^{-1}$$

D mètre	*b*	*a* (K$_s$ = 75)	*b / a*
0,0125	**3,38 x 10⁶**	**2,58 x 10⁷**	**0,13**
0,025	**2,11 x 10⁵**	**6,41 x 10⁵**	**0,33**
0,050	**13,22 x 10³**	**15,88 x 10³**	**0,83**
0,075	**2,61 x 10³**	**18,27 x 10²**	**1,41**
0,100	**8,26 x 10²**	**3,94 x 10²**	**2,10**
0,125	**3,38 x 10²**	**1,20 x 10²**	**2,82**
0,150	**1,63 x 10²**	**45,34**	**3,60**
0,175	**88,08**	**19,94**	**4,41**
0,200	**51,65**	**9,78**	**5,28**
0,250	**21,16**	**2,98**	**7,11**
0,300	**10,20**	**1,13**	**9,11**
0,350	**5,51**	**0,494**	**11,14**
0,400	**3,23**	**0,242**	**13,32**
0,450	**2,02**	**0,130**	**15,66**
0,500	**1,32**	**0,074**	**17,84**

b) Pour $K_s \neq 75$, multiplier par X les valeurs de L obtenues en *c*.

$K_s - m^{1/3}s^{-1}$	50	60	70	75	80	85	90	100	125	150
$X = \left(\frac{K_s}{75}\right)^2$	0,44	0,64	0,87	1,00	1,14	1,28	1,44	1,78	2,78	4,00

56 - Pertes de charge dans les élargissements brusques

D'après [**41**]

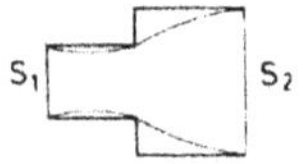

$$\Delta H = K\frac{U_1^2}{2g} \qquad \eta = \frac{S_1}{S_2}$$

1. Répartition uniforme des vitesses ($\alpha = 1$; /$\beta = 1$)

1.1 - $\boldsymbol{R}_e < 10$ K = 26 $\boldsymbol{R}_e$ (Karev, 1953)

1.2 - $10 < \boldsymbol{R}_e < 3500$

Valeurs de K

S_1/S_2	$\boldsymbol{R}_e$												
	10	**15**	**20**	**30**	**40**	**50**	**10^2**	**2.10^2**	**5.10^2**	**10^3**	**2.10^3**	**3.10^3**	**3,5 .10^3**
01,	3,10	3,20	3,00	2,40	2,15	1,95	1,70	1,65	1,70	2,00	1,60	1,00	0,81
0,2	3,10	3,20	2,80	2,20	1,85	1,65	1,40	1,30	1,30	1,60	1,25	0,70	0,64
0,3	3,10	3,10	2,60	2,00	1,60	1,40	1,20	1,10	1,10	1,30	0,95	0,60	0,50
0,4	3,10	3,00	2,40	1,80	1,50	1,30	1,10	1,00	0,85	1,05	0,80	0,40	0,36
0,5	3,10	2,50	2,30	1,65	1,35	1,15	0,90	0,75	0,65	0,90	0,65	0,30	0,25
0,6	3,10	2,70	2,15	1,55	1,25	1,05	0,80	0,60	0,40	0,60	0,50	0,20	0,16

1.3 - $\boldsymbol{R}_e > 3500$ $K = (1-\eta)^2$ (Borda)

2. Répartition non uniforme des vitesses (Idel'cik, 1948)

$K = \eta^2 + \alpha - 2\eta\beta$

α – *Coefficient de Coriolis* ; β – *Coefficient de Boussinesq (T. 26)*

3. Pertes par frottement

Les valeurs de K_f indiquées ci-dessous correspondent à une facteur de résistance, $f = 0{,}02$ dans le tronçon du diffuseur.

56 - (Suite)

Valeurs de K_f

$\frac{S_1}{S_2}$	θ(°)					
	2	**3**	**6**	**10**	**14**	**20**
0,05	0,14	0,10	0,05	0,03	0,02	0,01
0,075	0,14	0,10	0,05	0,03	0,02	0,01
0,10	0,14	0,10	0,05	0,03	0,02	0,01
0,15	0,14	0,10	0,05	0,03	0,02	0,01
0,20	0,14	0,10	0,05	0,03	0,02	0,01
0,25	0,14	0,10	0,05	0,03	0,02	0,01
0,30	0,13	0,09	0,04	0,03	0,02	0,01
0,40	0,12	0,08	0,04	0,02	0,02	0,01
0,50	0,11	0,07	0,04	0,02	0,02	0,01
0,60	0,09	0,06	0,03	0,02	0,02	0,01

3.1 Diffuseurs en tronc de cône (section circulaire)

3.2 - Diffuseurs en tronc de pyramide (section rectangulaire)

$K_f = \Delta_1 + \Delta_2$

Δ_1 – correspond à l'angle θ_1,
de deux faces symétriques

Δ_2 – correspond à l'angle θ_2,
des deux autres faces,
également symétriques

Valeurs de Δ_1 et Δ_2

$\frac{S_1}{S_2}$	θ_1, θ_2 (°)					
	2	**4**	**6**	**10**	**14**	**20**
0,05	0,07	0,04	0,02	0,02	0,02	0,01
0,10	0,07	0,03	0,02	0,02	0,02	0,01
0,15	0,07	0,03	0,02	0,02	0,02	0,01
0,20	0,07	0,03	0,02	0,02	0,02	0,01
0,25	0,07	0,03	0,02	0,02	0,02	0,01
0,30	0,07	0,03	0,02	0,02	0,02	0,01
0,40	0,06	0,03	0,02	0,02	0,01	0,01
0,50	0,06	0,03	0,02	0,01	0,01	0,01
0,60	0,05	0,02	0,02	0,01	0,01	0,01

Exemple : $\Theta_1 = 10°$; $\Theta_2 = 4°$; $S_1/S_2 = 0{,}20$.
De la table : $\Delta_1 = 0{,}02$; $\Delta_2 = 0{,}03$.
$K_f = \Delta_1 + \Delta_2 = 0{,}05$

57 - Pertes de charge dans les diffuseurs

D'après [**41**]

$$\Delta H = (K_a + K_f)\,\frac{U_1^2}{2g}\ ;\ \eta = \frac{S_1}{S_2}$$

K_a – perte par élargissement
K_f – perte par frottement

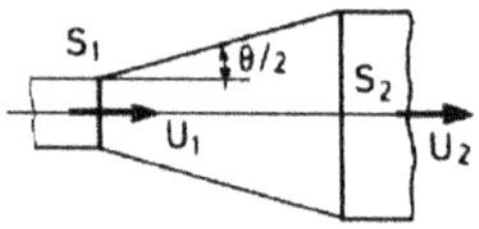

1. Perte par élargissement : $K_a = \Psi\ \varphi\ (1 - \eta)^2$

1.1 – *Valeurs de* Ψ*, correspondant à la distribution des vitesses*

Valeurs de ψ

V_M/U_1	Θ (°)						
	5	**8**	**10**	**14**	**20**	**24**	**24**
1,00	1,00	1,00	1,00	1,00	1,00	1,00	1,00
1,02	1,10	1,12	1,14	1,15	1,00	1,07	1,02
1,04	1,14	1,20	1,23	1,26	1,19	1,10	1,03
1,06	1,17	1,27	1,31	1,36	1,24	1,14	1,04
1,08	1,19	1,42	1,49	1,49	1,31	1,18	1,05
1,10	1,19	1,54	1,62	1,54	1,34	1,20	1,06
1,12	1,22	1,62	1,68	1,57	1,36	1,21	1,06
1,14	1,22	1,68	1,81	1,60	1,36	1,21	1,06
1,16	1,22	1,78	1,89	1,61	1,36	1,21	1,06

V_M – Vitesse maxima dans la section S_1
U_1 – Vitesse moyenne dans la section S_1
Θ – Angle d'ouverture du cône

1.2 - *Valeurs de* $\varphi\ (1 - \eta)^2$

1.2.1. - Diffuseurs en tronc de cône (section circulaire)

S_1/S_2	Θ (°)													
	3	**6**	**8**	**10**	**12**	**14**	**16**	**20**	**24**	**30**	**40**	**60**	**90**	**180**
0	0,03	0,08	0,11	0,15	0,19	0,23	0,27	0,36	0,47	0,65	0,92	1,15	1,10	1,02
0,05	0,03	0,07	0,10	0,14	0,16	0,20	0,24	0,32	0,42	0,58	0,83	1,04	0,99	0,92
0,075	0,03	0,07	0,09	0,13	0,16	0,19	0,23	0,30	0,40	0,55	0,79	0,99	0,95	0,88
0,10	0,03	0,07	0,09	0,12	0,15	0,18	0,22	0,29	0,38	0,52	0,75	0,93	0,89	0,83
0,15	0,02	0,06	0,08	0,11	0,14	0,17	0,20	0,26	0,34	0,46	0,67	0,84	0,79	0,74
0,20	0,02	0,05	0,07	0,10	0,12	0,15	0,17	0,23	0,30	0,41	0,59	0,74	0,70	0,65
0,25	0,02	0,05	0,06	0,08	0,10	0,13	0,15	0,20	0,26	0,35	0,47	0,65	0,62	0,58
0,30	0,02	0,04	0,05	0,07	0,09	0,11	0,13	0,18	0,23	0,31	0,40	0,57	0,54	0,50
0,40	0,01	0,03	0,04	0,06	0,07	0,08	0,10	0,13	0,17	0,23	0,33	0,41	0,39	0,37
0,50	0,01	0,02	0,03	0,04	0,05	0,06	0,07	0,09	0,12	0,16	0,23	0,29	0,28	0,26
0,60	0,01	0,01	0,02	0,03	0,03	0,04	0,05	0,06	0,08	0,10	0,15	0,18	0,17	0,16

Pour l'intervalle $0 < \Theta < 40$, la formule valable est

$$\varphi = 3{,}2\ \mathrm{tg}\,\frac{\Theta}{2}\ \sqrt[4]{\mathrm{tg}\,\frac{\Theta}{2}}$$

57 - (Suite)

1.2.2 – *Diffuseur en tronc de pyramide (section rectangulaire)*

Soit θ_1 et θ_2 les angles d'ouverture ; on définit un angle moyen $\theta_m = \frac{\theta_1 + \theta_2}{2}$. Si la section est carrée, on a $\theta_1 = \theta_2 = \theta_m$.

S_1/S_2	θ moyen (°)											
	2	**4**	**6**	**8**	**10**	**12**	**16**	**20**	**28**	**40**	**60**	**180**
0	0,03	0,06	0,10	0,14	0,19	0,23	0,34	0,45	0,73	1,05	1,10	1,10
0,05	0,03	0,05	0,09	0,13	0,17	0,21	0,31	0,40	0,66	0,94	0,99	0,99
0,075	0,03	0,05	0,08	0,12	0,16	0,20	0,29	0,38	0,62	0,90	0,94	0,94
0,10	0,02	0,05	0,08	0,11	0,15	0,19	0,28	0,36	0,59	0,85	0,89	0,89
0,15	0,02	0,04	0,07	0,10	0,14	0,17	0,24	0,32	0,52	0,76	0,79	0,79
0,20	0,02	0,04	0,06	0,09	0,12	0,15	0,22	0,29	0,47	0,67	0,70	0,70
0,25	0,02	0,03	0,06	0,08	0,11	0,13	0,19	0,25	0,41	0,59	0,62	0,62
0,30	0,01	0,03	0,05	0,07	0,09	0,11	0,17	0,22	0,36	0,51	0,54	0,54
0,40	0,01	0,02	0,04	0,05	0,07	0,08	0,12	0,16	0,26	0,38	0,40	0,40
0,50	0,01	0,01	0,02	0,03	0,05	0,06	0,08	0,11	0,18	0,26	0,27	0,27
0,60	0,01	0,01	0,02	0,00	0,03	0,04	0,05	0,07	0,12	0,17	0,18	0,18

Pour l'intervalle $0 < \theta < 25°$, l'expression valable est $\varphi = 4{,}0 \operatorname{tg} \frac{\theta}{2} \sqrt[4]{\operatorname{tg} \frac{\theta}{2}}$

1.2.3 – *Diffuseur plan soit deux faces parallèles ; ouverture suivant les deux autres faces symétriques, d'angle* θ.

S_1/S_2	θ (°)													
	3	**6**	**8**	**10**	**12**	**14**	**16**	**20**	**24**	**30**	**40**	**60**	**90**	**180**
0	0,03	0,08	0,11	0,15	0,19	0,23	0,27	0,36	0,47	0,65	0,92	1,15	1,10	1,02
0,05	0,03	0,07	0,10	0,14	0,16	0,20	0,24	0,32	0,42	0,58	0,83	2,04	0,99	0,92
0,075	0,03	0,07	0,09	0,13	0,16	0,19	0,23	0,30	0,40	0,55	0,79	0,99	0,95	0,88
0,10	0,02	0,07	0,09	0,12	0,15	0,18	0,22	0,29	0,38	0,52	0,75	0,93	0,89	0,83
0,15	0,02	0,06	0,08	0,11	0,14	0,17	0,20	0,26	0,34	0,46	0,67	0,84	0,79	0,74
0,20	0,02	0,05	0,07	0,10	0,12	0,15	0,17	0,23	0,30	0,41	0,59	0,74	0,70	0,65
0,25	0,02	0,04	0,06	0,08	0,10	0,13	0,15	0,20	0,26	0,35	0,47	0,65	0,62	0,58
0,30	0,02	0,04	0,05	0,07	0,09	0,11	0,13	0,18	0,23	0,31	0,40	0,57	0,54	0,50
0,40	0,01	0,03	0,04	0,05	0,07	0,08	0,10	0,13	0,17	0,23	0,33	0,41	0,39	0,37
0,50	0,01	0,02	0,03	0,04	0,05	0,06	0,07	0,09	0,12	0,16	0,23	0,29	0,28	0,26
0,60	0,01	0,01	0,02	0,03	0,03	0,04	0,05	0,06	0,08	0,10	0,15	0,18	0,17	0,16

Pour l'intervalle $0 < \theta < 40$, la formule valable est $\varphi = 3{,}2 \operatorname{tg} \frac{\theta}{2} \sqrt[4]{\operatorname{tg} \frac{\theta}{2}}$

57 - (Suite)

2.3 – *Diffuseurs plans, deux faces parallèles* : ($a_1 \neq a_2$; $b_1 = b_2$)
$a_1 b_1$ (sections d'entrée) ; $a_a b_2$ (sections de sortie)

Valeurs de K_f

2.3.1 – $a_1/b_1 = 0{,}5$

S_1/S_2	θ (°)					
	2	4	6	10	20	40
0,10	0,27	0,14	0,09	0,05	0,03	0,01
0,20	0,25	0,13	0,08	0,05	0,03	0,01
0,30	0,22	0,11	0,08	0,05	0,02	0,01
0,50	0,18	0,09	0,06	0,04	0,02	0,01

2.3.2 – $a_1/b_1 = 1{,}0$

S_1/S_2	θ (°)					
	2	4	6	10	20	40
0,10	0,40	0,20	0,13	0,08	0,04	0,02
0,20	0,37	0,18	0,13	0,07	0,04	0,02
0,30	0,33	0,17	0,11	0,07	0,03	0,02
0,50	0,25	0,13	0,08	0,05	0,03	0,01

2.3.3 – $a_1/b_1 = 1{,}5$

S_1/S_2	θ (°)					
	2	4	6	10	20	40
0,10	0,53	0,26	0,18	0,11	0,05	0,03
0,20	0,48	0,24	0,16	0,10	0,05	0,02
0,30	0,43	0,21	0,14	0,09	0,04	0,02
0,50	0,32	0,16	0,10	0,06	0,03	0,02

2.3.4 – $a_1/b_1 = 2{,}0$

S_1/S_2	θ (°)									
	2	4	6	8	10	20	30	40	50	60
0,10	0,55	0,33	0,22	0,16	0,13	0,06	0,04	0,03	0,03	0,02
0,20	0,60	0,30	0,28	0,13	0,10	0,06	0,04	0,03	0,03	0,02
0,30	0,53	0,26	0,18	0,13	0,11	0,05	0,04	0,03	0,02	0,02
0,50	0,39	0,19	0,13	0,10	0,09	0,04	0,03	0,02	0,02	0,01

3 – Coefficient de perte de charge K dans un diffuseur curviligne avec $\frac{dp}{dx}$ = constante (formule n° 4.47) :

$$\Delta H = K \frac{\sqrt{U_1^2}}{2g} \; ;$$

$$K = \varphi_\circ (1{,}43 - 1{,}3\eta)(1 - \eta)^2$$

$$0{,}1 \leq \eta \leq 0{,}9$$

57 - (Suite)

Valeurs de φ_o

L/d_1 ou L/a_1	0	0,5	1,0	1,5	2,0	2,5	3,0	3,5	4,0	4,5	5,0	6,0
φ_o en section circulaire ou rectangulaire	1,02	0,75	0,62	0,53	0,47	0,43	0,40	0,38	0,37	—	—	—
φ_o en section plane	1,02	0,83	0,72	0,64	0,57	0,52	0,48	0,45	0,43	0,41	0,39	0,37

L est la longueur du diffuseur ; d_1 et a_1 sont respectivement soit le diamètre soit la longueur du côté à la section d'entrée.

58 - Pertes de charge à la sortie des diffuseurs en milieu indéfini

D'après [**41**]

$K = (1 + \sigma)\, K_1$; $H = K\, U_1^2/2g$

1 – Valeurs de σ

L/D_1 ou L/a_1	1,0	2,0	4,0	6,0	10,0
σ	0,45	0,40	0,30	0,20	0,0

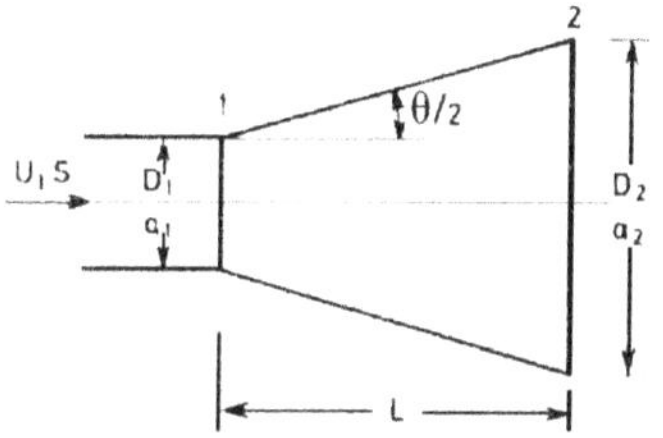

2 – Valeurs de K_1

2.1 – *Section circulaire*

L/D_1	Θ (°) 2	4	6	8	10	12	16	20	24	28	30
1,0	0,90	0,79	0,71	0,62	0,55	0,50	0,41	0,38	0,38	0,39	0,40
1,5	0,84	0,70	0,60	0,51	0,45	0,40	0,34	0,33	0,36	0,40	0,42
2,0	0,81	0,65	0,52	0,43	0,37	0,33	0,29	0,30	0,35	0,40	0,44
2,5	0,78	0,60	0,45	0,36	0,30	0,27	0,26	0,28	0,33	0,41	0,44
3,0	0,74	0,53	0,40	0,31	0,27	0,24	0,23	0,27	0,35	0,44	0,48
4,0	0,66	0,44	0,32	0,26	0,22	0,21	0,22	0,27	0,36	0,45	0,51

58 - (Suite)

2.2 – *Section carrée*

L/a_1	Θ(°)								
	0	2	4	8	10	12	16	20	24
1,0	1,0	0,89	0,79	0,64	0,59	0,56	0,52	0,52	0,55
1,5	1,0	0,84	0,74	0,53	0,47	0,45	0,43	0,45	0,50
2,0	1,0	0,80	0,63	0,45	0,40	0,39	0,38	0,43	0,50
2,5	1,0	0,76	0,57	0,39	0,35	0,34	0,35	0,42	0,52
3,0	1,0	0,71	0,52	0,34	0,31	0,31	0,34	0,42	0,53
4,0	1,0	0,65	0,43	0,28	0,26	0,27	0,33	0,42	0,53
5,0	1,0	0,59	0,37	0,23	0,23	0,26	0,33	0,43	0,55
6,0	1,0	0,54	0,32	0,22	0,22	0,25	0,32	0,43	0,56
10	1,0	0,41	0,17	0,18	0,20	0,25	0,34	0,45	0,57

2.3 – *Section plane : $a_1/b = 0,5\ a_2$ (b – largeur constante)*

L/a_1	Θ (°)													
	0	2	4	6	8	10	12	16	20	24	28	32	36	40
1,0	1,00	0,95	0,89	0,84	0,79	0,75	0,70	0,64	0,58	0,55	0,52	0,51	0,50	0,51
1,5	1,00	0,93	0,86	0,78	0,71	0,66	0,61	0,53	0,49	0,46	0,45	0,45	0,46	0,48
2,0	1,00	0,90	0,80	0,72	0,65	0,59	0,54	0,47	0,42	0,41	0,41	0,42	0,45	0,50
2,5	1,00	0,88	0,76	0,66	0,59	0,53	0,48	0,42	0,38	0,38	0,39	0,42	0,46	0,51
3,0	1,00	0,86	0,72	0,62	0,54	0,48	0,43	0,37	0,36	0,36	0,38	0,42	0,47	0,54
4,0	1,00	0,83	0,66	0,55	0,46	0,41	0,37	0,33	0,32	0,34	0,38	0,42	0,49	0,58
6,0	1,00	0,76	0,56	0,45	0,37	0,32	0,30	0,28	0,30	0,34	0,40	0,47	0,56	0,65
10,0	1,00	0,67	0,43	0,33	0,27	0,25	0,24	0,25	0,30	0,37	0,45	0,53	0,63	0,73

a_1 et b sont les côtés de la section étroite rectangulaire ;
a_2 et b sont les côtés des sections élargies.

59 - Pertes de charge dans les rétrécissements brusques

D'après KAREV (1953), cité par [**41**]

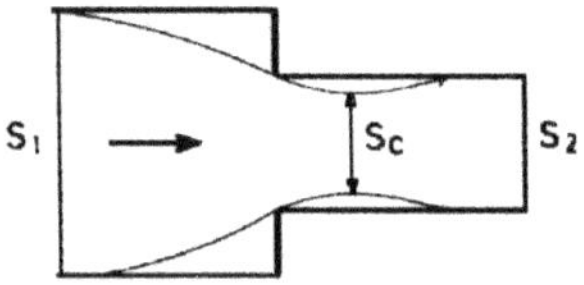

$$\Delta H = K\,\frac{U_2^2}{2g} \qquad \eta = \frac{S_2}{S_1}$$

1. – $1 < \mathbf{R}_e < 8$ $\qquad K = 27/\mathbf{R}_e$

2. – $10 \le \mathbf{R}_e < 10^4$ – Valeurs de K

S_2/S_1 \ R_e	Θ (°)													
	10	20	30	40	50	10^2	2.10^2	5.10^2	10^3	2.10^3	4.10^3	5.10^3	10^4	$>10^4$
0,1	5,00	3,20	2,40	2,00	1,80	1,30	1,04	0,82	0,64	0,50	0,80	0,75	0,50	0,45
0,2	5,00	3,10	2,30	1,84	1,62	1,20	0,95	0,70	0,50	0,40	0,60	0,60	0,40	0,40
0,3	5,00	2,95	2,15	1,70	1,50	1,10	0,85	0,60	0,44	0,30	0,55	0,55	0,35	0,35
0,4	5,00	2,80	2,00	1,60	1,40	1,00	0,78	0,50	0,35	0,25	0,45	0,50	0,30	0,30
0,5	5,00	2,70	1,80	1,46	1,30	0,90	0,65	0,42	0,30	0,20	0,40	0,42	0,25	0,25
0,6	5,00	2,60	1,70	1,35	1,20	0,80	0,56	0,35	0,24	0,15	0,35	0,35	0,20	0,25

3. – $\mathbf{R}_e \ge 10^4$ $\qquad K = 0,5\,(1 - \eta)$

60 - Dimensionnement des rétrécissements sans cavitation

Extrait de [**29**]

Le rétrécissement peut être dessiné au moyen de deux arcs de parabole cubique. On calcule D_1/D_2 ; on choisit C/L et on cherche sur le graphique ci-joint une valeur de L/D_1 à droite de la courbe représentative de C/L.

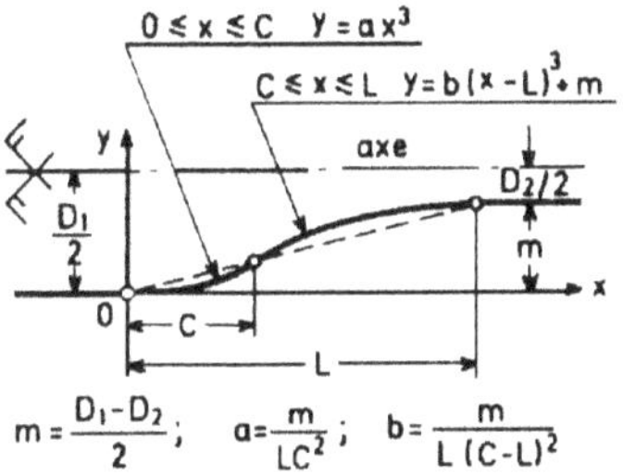

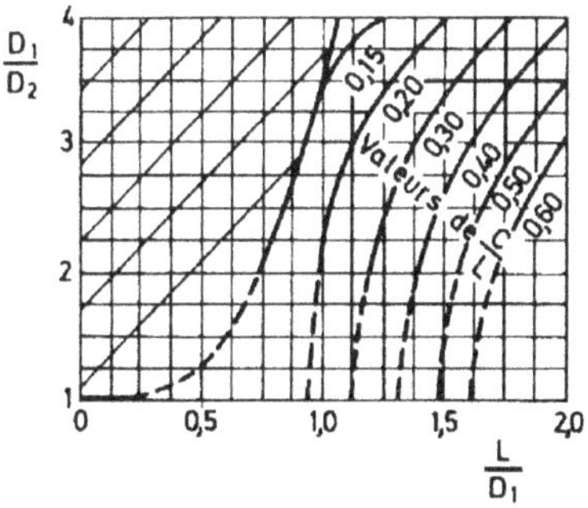

On peut considérer comme nulle la perte de charge pour un rétrécissement ainsi dimensionné.

Exemple : $D_1 = 1{,}80$ m ; $D_2 = 0{,}60$ m ; $\frac{D_1}{D_2} = \frac{1{,}80}{0{,}60} = 3$; $m = \frac{D_1 - D_2}{2} = 0{,}60$ m. On fixe $\frac{C}{L} = 0{,}3$. De l'abaque, pour $\frac{D_1}{D_2} = 3$ et $\frac{C}{L} = 0{,}3$, on déduit $\frac{L}{D_1} > 1{,}4$. On prend $L = 1{,}5 \times D_1 = 2{,}70$ m. D'où $C = 0{,}3 \times L = 0{,}81$ m ; $a = \frac{m}{C_2L} = \frac{0{,}60}{0{,}81^2 \times 2{,}70} = 0{,}3387\ \text{m}^{-2}$; $b = \frac{m}{L\,(C-L)^2} = \frac{0{,}60}{2{,}7 \times (-1{,}89)^2} = 0{,}0622\ \text{m}^{-2}$

Les coordonnées de la courbe de raccordement par rapport aux axes x et y indiqués sur la figure sont alors calculés à partir des expressions :

Pour $0 \leq x \leq C \quad y = a\,x^3 = 0{,}3387\,x^3$
Pour $C \leq x \leq L \quad y = b\,(x-L)^3 + \eta = 0{,}0622\,(x - 2{,}7)^3 + 0{,}6$

61 - Pertes de charge au passage d'un réservoir dans une conduite

D'après IDEL'CIK (1944) [**41**] ($\mathbf{R}_e > 10^4$)

$$\Delta H = K \frac{U^2}{2g}$$

(Pour les conduites non circulaires, prendre D = 4 R, R étant le rayon hydraulique).

1 – Entrée à arête vive – Valeurs de K

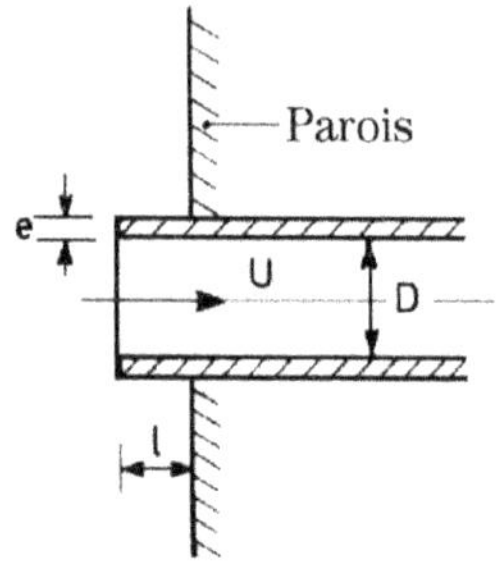

e/D	b/D_o						
	0	**0,005**	**0,010**	**0,050**	**0,200**	**0,300**	∞
0	0,50	0,63	0,68	0,80	0,92	0,97	1,00
0,004	0,50	0,58	0,63	0,74	0,86	0,90	0,94
0,008	0,50	0,55	0,58	0,68	0,81	0,85	0,88
0,012	0,50	0,53	0,55	0,63	0,75	0,79	0,83
0,016	0,50	0,51	0,53	0,58	0,70	0,74	0,77
0,020	0,50	0,51	0,52	0,55	0,66	0,69	0,72
0,024	0,50	0,50	0,51	0,53	0,62	0,65	0,68
0,030	0,50	0,50	0,51	0,52	0,57	0,59	0,61
0,040	0,50	0,50	0,51	0,51	0,52	0,52	0,54
0,050	0,50	0,50	0,50	0,50	0,50	0,50	0,50
∞	0,50	0,50	0,50	0,50	0,50	0,50	0,50

2 – Collecteur conique sans paroi frontale - Valeurs de K

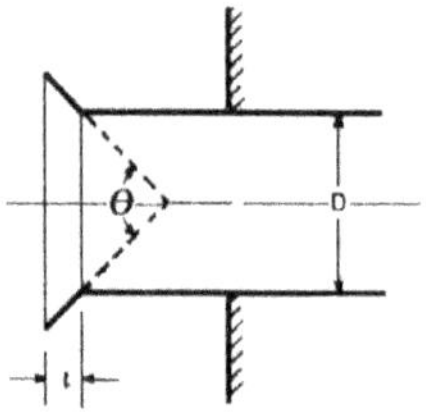

l/D	Θ (°)								
	0	**10**	**20**	**30**	**40**	**60**	**100**	**140**	**180**
0,025	1,0	0,96	0,93	0,90	0,86	0,80	0,69	0,59	0,50
0,050	1,0	0,93	0,86	0,80	0,75	0,67	0,58	0,53	0,50
0,075	1,0	0,87	0,75	0,65	0,58	0,50	0,48	0,49	0,50
0,10	1,0	0,80	0,67	0,55	0,48	0,41	0,41	0,44	0,50
0,15	1,0	0,76	0,58	0,43	0,33	0,25	0,27	0,38	0,50
0,25	1,0	0,68	0,45	0,30	0,22	0,17	0,22	0,34	0,50
0,60	1,0	0,46	0,27	0,18	0,14	0,13	0,21	0,33	0,50
1,0	1,0	0,32	0,20	0,14	0,11	0,10	0,18	0,30	0,50

3 – Collecteur conique avec paroi frontale – Valeurs de K

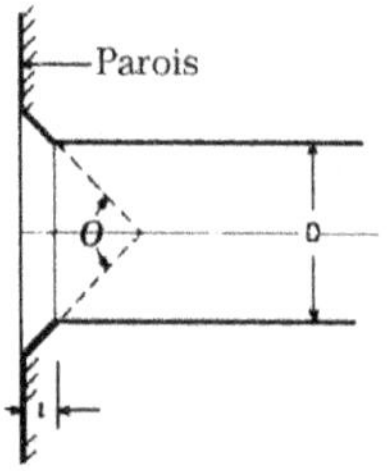

L/D	Θ (°)								
	0	**10**	**20**	**30**	**40**	**60**	**100**	**140**	**180**
0,025	0,50	0,47	0,45	0,43	0,41	0,40	0,42	0,45	0,50
0,050	0,50	0,45	0,41	0,36	0,33	0,30	0,35	0,42	0,50
0,075	0,50	0,42	0,35	0,30	0,26	0,23	0,30	0,40	0,50
0,10	0,50	0,39	0,32	0,25	0,22	0,18	0,27	0,38	0,50
0,15	0,50	0,37	0,27	0,20	0,16	0,15	0,25	0,37	0,50
0,60	0,50	0,27	0,18	0,13	0,11	0,12	0,23	0,36	0,50

62 - Dimensionnement d'entrées et de rétrécissements sans cavitation

Extrait de [**29**]

L'entrée peut être dessinée au moyen d'un arc d'éllipse. Le demi-axe b une fois fixé, on calcule le rapport b/r. On choisit une valeur a/r à droite de la ligne du graphique ci-joint (région non hachurée du graphique).

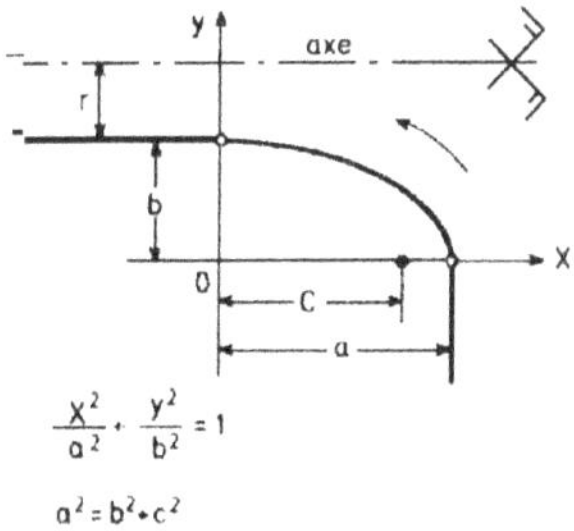

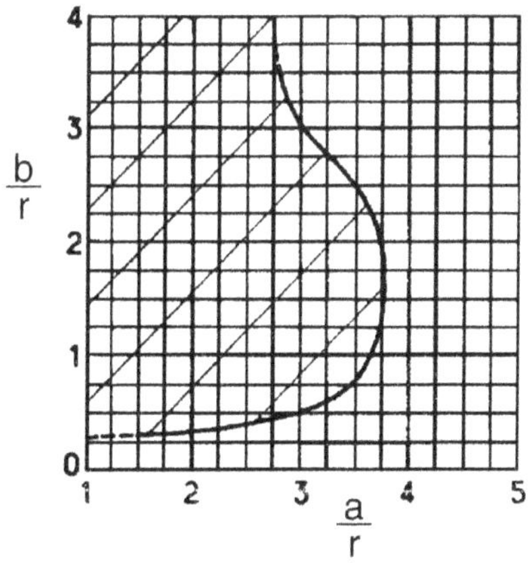

Exemple : $r = 0{,}20$ m. Fixons $b = 0{,}40$ m ; on obtient $b/r = 2$. Afin d'éliminer le danger de cavitation, il faut avoir $a/r > 3{,}75$. Posons $a = 4r = 0{,}80$ m. L'équation de l'ellipse s'écrit : $\frac{x^2}{0{,}80^2} + \frac{y^2}{0{,}40^2} = 1$;

Si l'on veut dessiner l'ellipse en partant du foyer, la demi-distance focale vaut :

$$c = \sqrt{a^2 - b^2} = \sqrt{0{,}64 - 0{,}16} = 0{,}69 \text{ m.}$$

63 - Pertes de charge dans les entrées avec paroi frontale

$$\Delta H = K\frac{U^2}{2g}$$

NOSOVA (1956), cité par [**41**]

Dans le cas de conduites non circulaires, prendre $D = 4R$, R étant le rayon hydraulique.

Valeurs de K pour $\mathbf{R_e} > 10^4$

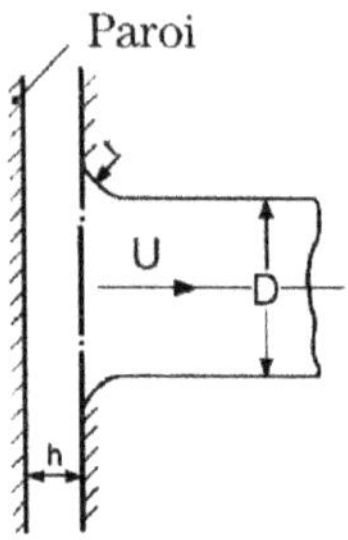

h/D	0,10	0,125	0,15	0,20	0,25	0,30	0,40	0,50	0,60	0,80
***r / D* = 0,2**										
K	–	0,80	0,45	0,19	0,12	0,09	0,07	0,06	0,05	0,05
***r / D* = 0,3**										
K	–	0,50	0,34	0,17	0,10	0,07	0,06	0,05	0,04	0,04
***r / D* = 0,5**										
K	0,65	0,36	0,25	0,10	0,07	0,05	0,04	0,04	0,03	0,03

64 - Pertes de charge dans les vannes partiellement ouvertes

Valeurs de K de la formule $\Delta H = K\frac{U^2}{2g}$

(U représente la vitesse moyenne dans la section normale du tuyau).

a) Robinet-vanne en conduite circulaire(1)

$\frac{x}{D}$	K	$\frac{x}{D}$	K	$\frac{x}{D}$	K	$\frac{x}{D}$	K
0,181	41,21	0,250	22,68	0,417	6,33	0,583	1,55
0,194	35,36	0,333	11,89	0,458	4,57	0,667	0,77
0,208	31,35	0,375	8,63	0,500	3,27	1,000	0

b) Robinet-vanne en conduite rectangulaire

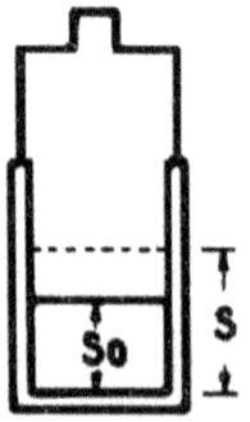

$\frac{S_o}{S}$	K	$\frac{S_o}{S}$	K	$\frac{S_o}{S}$	K	$\frac{S_o}{S}$	K
0,1	193,–	0,4	8,12	0,7	0,95	0,9	0,09
0,2	44,5	0,5	4,02	0,8	0,39	1,0	0,00
0,3	17,8	0,6	2,08				

(1) Expériences de *Kuichling* citées par [**28**, p. 277]

64 - (Suite)

c) Robinets à boisseau(1)

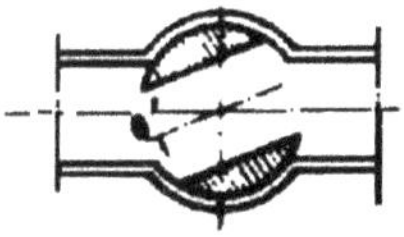

θ(°)	K	θ(°)	K	θ(°)	K	θ(°)	K
0	0	20	1,56	40	17,3	60	206
5	0,05	25	3,10	45	31,2	65	486
10	0,29	30	5,47	50	52,6	82	∞
15	0,75	35	9,68	55	106		

d) Vannes papillon(1)(2)

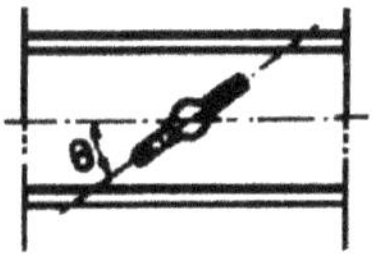

θ(°)	K	θ(°)	K	θ(°)	K	θ(°)	K
0	≈ 0	20	1,54	40	10,8	60	118
5	0,24	25	2,51	45	18,7	65	256
10	0,52	30	3,91	50	32,6	70	750
15	0,90	35	6,22	55	58,8	90	∞

- Pour Θ = 0, *K* dépend essentiellement du rapport entre l'épaisseur maxima, *e*, du corps de la vanne et le diamètre de la conduite.

e/d	0,50	0,15	0,20	0,25
K (θ = 0)	0,05 – 0,10	0,10 – 0,16	0,17 – 0,24	0,25 – 0,35

e) Vannes clapets(1) $\left(\dfrac{S_o}{S} = 0{,}535\right)$

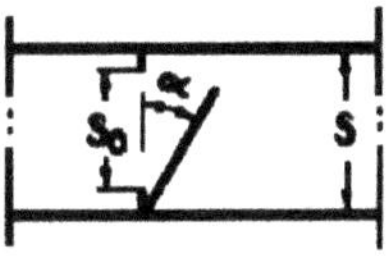

θ(°)	K	θ(°)	K	θ(°)	K	θ(°)	K
0	≈ 0	20	1,54	40	10,8	60	118
5	0,24	25	2,51	45	18,7	65	256
10	0,52	30	3,91	50	32,6	70	750
15	0,90	35	6,22	55	58,8	90	∞

(1) Expériences de *Weisbach* citées par [**28**, p. 277, 278 et 279]
(2) Les pertes de charge obtenues par *Scimemi* sont plus élevées ; *K* = 0,53 pour une vanne papillon complètement ouverte, et *K* = 0,26 pour une vanne de fond, aussi ouverte.

65 - Pertes de charge dans les vannes de grande dimension (1)

$$\Delta H = \frac{KU^2}{2g}$$

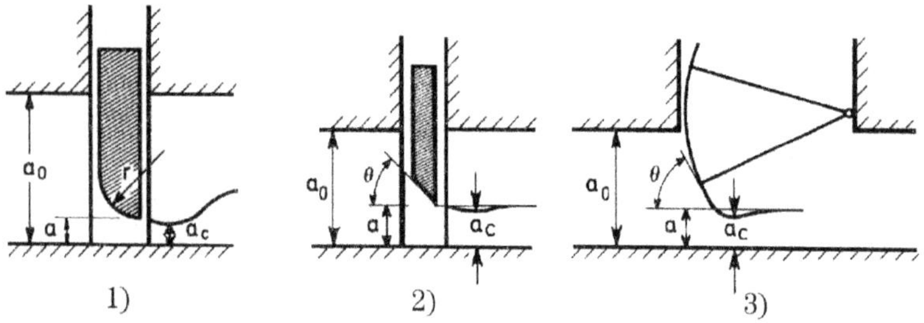

Ouverture relative : $a_r = \frac{a}{a_o}$

Coefficient de contraction $\eta = \frac{a_c}{a} = \frac{1}{1 + \sqrt{c\,(1 - a_r^2)}}$

Dans le cas 1 : $c = 0{,}4/e^{16r/a}$;

r/a	0	0,02	0,06	0,08	0,10	0,15	0,20	0,25	0,27	0,29	0,31
c	0,400	0,290	0,153	0,111	0,081	0,036	0,016	0,007	0,005	0,004	0,003

Dans le cas 2 et 3 : $c = 0{,}4 \sin^3 \theta$

θ	0	10	20	30	40	50	60	70	80
c	0	0,002	0,016	0,050	0,106	0,180	0,260	0,332	0,382

Coefficient de perte de charge $K = K_1 + K_2 = K_1 + \left[\frac{1}{\eta a_r} - 1\right]^2$

K_1 est le coefficient de perte de charge, dans le cas d'une vanne complètement ouverte : 0,10 à 0,20 dans le cas 1 et 2 ; 0,20 à 0,35, dans le cas 3.

(1) D'après CKIMITSKI – Coefficient de contraction de vannes-segment - Construction hydrotechnique (russe) – n° 11 – 1964 – cité par [**39**].

66 - Pertes de charge dans les vannes coniques de type Howel-Bunger(1)

(Vanne complètement ouverte)

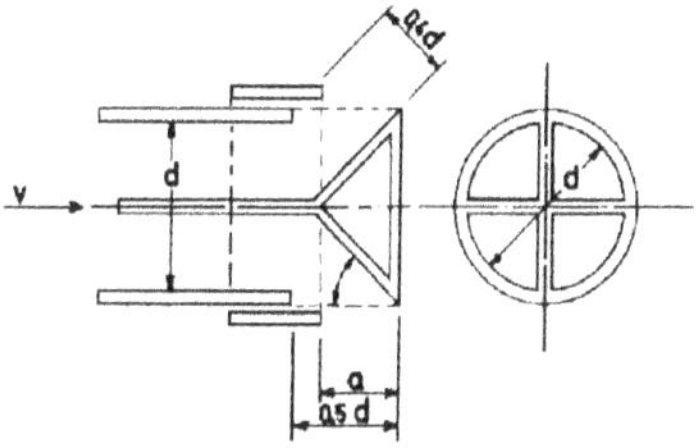

$$\Delta H = K \frac{U^2}{2g}$$

2a/d	**0,10**	**0,20**	**0,30**	**0,40**	**0,50**	**0,60**	**0,70**	**0,80**	**0,90**
K	30	9	4	2,2	1,3	0,92	0,69	0,67	0,67

67 - Pertes de charge dans les coudes à 90°, de section rectangulaire(2)

Valeurs de K de la formule $\Delta H = K \frac{U^2}{2g}$

r = Rayon du coude (mesuré sur l'axe de la conduite)
l = largeur de la section
h = hauteur de la section

l/h \ **r/h**	**5/3**	**1**	**2/3**
6	0,09	0,16	0,38
3	0,05	0,22	0,55

(1) D'après N. FRENKEL, Hydraulique. Éd. Gessenerjoizdat, 1956, cité par [**39**].
(2) WIRT. L. Cité par [**29**].

68 - Pertes de charges dans les coudes à 90° de section circulaire

Valeurs de K de la formule $\Delta H = \dfrac{KU^2}{2g}$

À utiliser uniquement pour les petits diamètres ($D \leq 0{,}50$ m)
r = Rayon du coude (mesuré sur l'axe de la conduite)
U = Vitesse moyenne

U m/s / r mètre	0,60	0,90	1,20	1,50	1,80	2,10	2,40	3,00	3,65	4,60	6,10	9,15	12,20
0,00	1,03	1,14	1,23	1,30	1,36	1,42	1,46	1,54	1,62	1,71	1,84	2,03	2,18
0,08	0,46	0,51	0,55	0,58	0,60	0,63	0,65	0,69	0,72	0,76	0,82	0,90	0,97
0,15	0,31	0,34	0,36	0,38	0,40	0,42	0,43	0,46	0,49	0,51	0,54	0,60	0,65
0,30	0,21	0,23	0,25	0,26	0,28	0,29	0,30	0,31	0,33	0,35	0,37	0,41	0,44
0,60	0,19	0,21	0,22	0,23	0,24	0,25	0,26	0,28	0,29	0,31	0,33	0,36	0,39
0,90	0,18	0,20	0,22	0,23	0,24	0,25	0,26	0,27	0,29	0,30	0,33	0,36	0,39
1,20	0,18	0,20	0,21	0,23	0,23	0,25	0,26	0,27	0,28	0,30	0,32	0,35	0,38
1,50	0,18	0,20	0,21	0,22	0,23	0,24	0,25	0,27	0,28	0,29	0,32	0,35	0,38
1,80	0,18	0,19	0,21	0,22	0,23	0,24	0,25	0,26	0,28	0,29	0,31	0,35	0,37
2,10	0,19	0,21	0,22	0,23	0,24	0,25	0,26	0,28	0,29	0,31	0,33	0,36	0,39
2,40	0,21	0,23	0,25	0,26	0,27	0,28	0,29	0,31	0,32	0,34	0,37	0,41	0,44
3,00	0,26	0,29	0,31	0,32	0,34	0,35	0,36	0,38	0,40	0,42	0,46	0,50	0,54
4,60	0,37	0,41	0,43	0,46	0,48	0,50	0,52	0,55	0,57	0,61	0,65	0,72	0,77
6,10	0,45	0,51	0,54	0,57	0,60	0,62	0,64	0,68	0,72	0,75	0,81	0,90	0,97
7,60	0,50	0,56	0,59	0,63	0,65	0,69	0,71	0,75	0,79	0,83	0,89	0,99	1,06

69 - Facteurs de correction, à appliquer par multiplication aux facteurs de la table précédente, lorsque les angles sont différents de 90°

Angle (°)	0	10	20	30	40	50	60	70	80	90	100	110	120
Facteur de correction	0	0,20	0,38	0,50	0,62	0,73	0,81	0,89	0,95	1,00	1,04	1,09	1,12

(1) FULLER, W.E. : « Loss of Head in Bends » - *Jour. New Eng. Water Works Assoc.*, décembre 1913.

70 - Pertes de charge dans les coudes à 90° de section circulaire (1)

$$\Delta H = K\frac{U^2}{2g} \quad \text{-} \quad \text{Valeurs de K}$$

a) Pour $\mathbf{R_e} > 2{,}2 \times 10^5$

(*Pour D < 0,5m, voir aussi la table 68*)

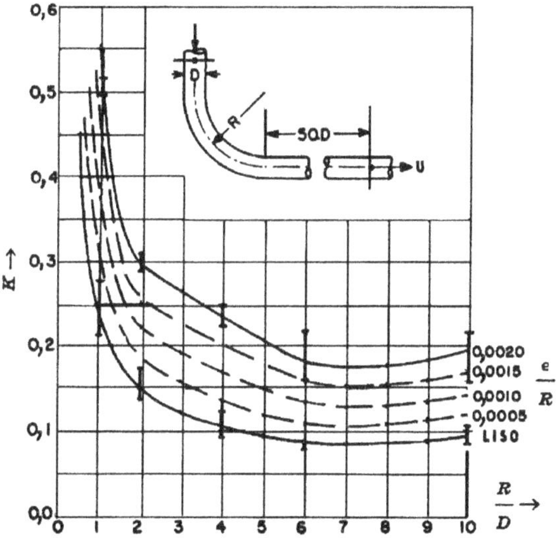

b) Pour $10^5 < \mathbf{R_e} < 2{,}2 \times 10^5$

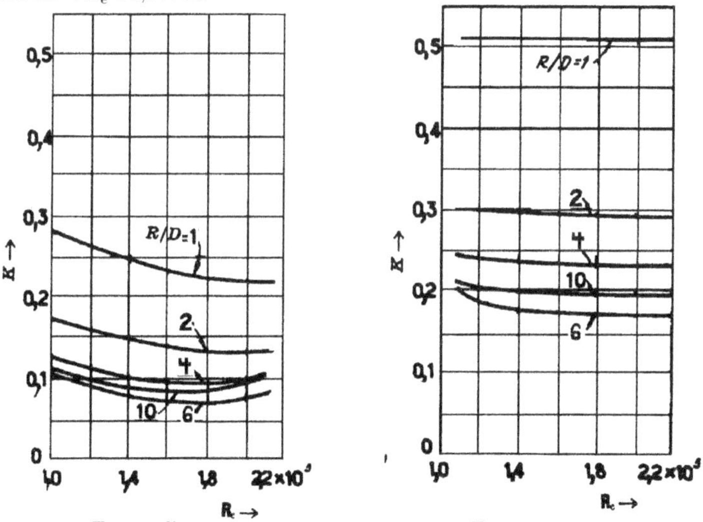

Tuyaux lisses

Tuyaux rugueux

Remarque : Les valeurs *K* de la figure du haut ne sont pas dignes de confiance pour des valeurs de *R/D* < 1. Les lignes en trait plein représentent les valeurs mesurées ; les lignes en trait interrompu résultent d'interpolations. Les traits verticaux pleins représentent la dispersion moyenne des résultats expérimentaux.

(1) Expérience de *Hoffman*, citées par [**10**] et [**17**].

71 - Coudes à angle différent de 90°

Valeurs de K de la formule $\Delta H = \frac{KU^2}{2g}$

a) Pour tuyaux lisses et $\mathbf{R}_e \approx 2{,}25 \times 10^5$ (1)

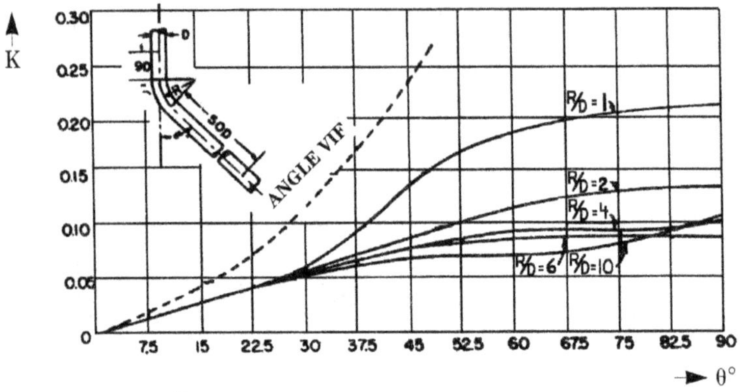

(les valeurs de K pour $\frac{R}{D} < 1$ ne sont pas dignes de confiance)

b) Pour tuyaux lisses et $R_e \approx 2{,}25 \times 10^5$, voir l'Abaque 70 et le Tableau 69

c) Pour coudes à angle vif, voir la table 73.

72 - Perte de charges dans les coudes spéciaux (2)

Valeurs de K de la formule $\Delta H = \frac{KU^2}{2g}$

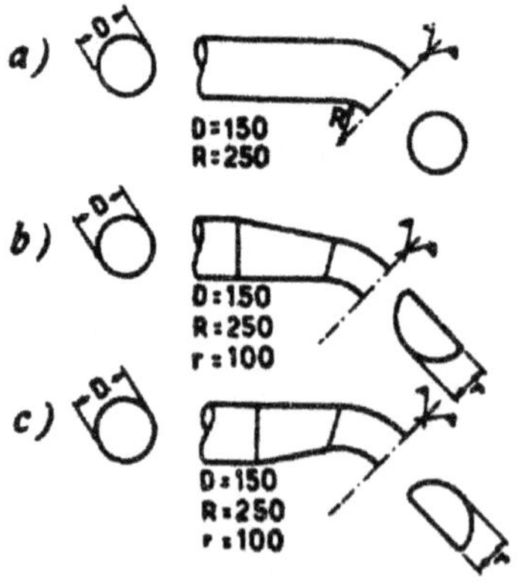

Courbe / R_e	a	b	c
$0{,}5 \times 10^5$	0,195	0,140	0,080
$0{,}75 \times 10^5$	0,205	0,145	0,115
$1{,}0 \times 10^5$	0,215	0,165	0,130
$1{,}5 \times 10^5$	0,225	0,185	0,135
$2{,}0 \times 10^5$	0,230	0,190	0,140
$2{,}5 \times 10^5$	0,230	0,195	0,140

(1) D'après les expériences de *Wasiliewsky*. Citées par [**31**], p. 51.
(2) [**15**].

73 - Pertes de charge dans les coudes à angle vif

Valeurs de K de la formule $\Delta H = K \dfrac{U^2}{2g}$ [1]

K_1 – Coefficient pour les tuyaux lisses.
$\mathbf{R}_e = 2{,}25 \times 10^5$
K_r – Coefficient pour les tuyaux rugueux (rugosité relative égale à 0,0022).

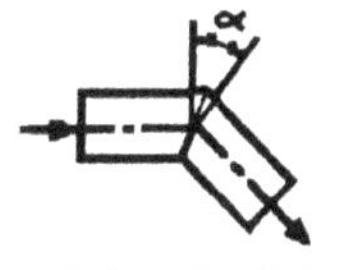

x	5°	10°	15°	22,5°	30°	45°	60°	90°
K_1	0,016	0,034	0,042	0,066	0,130	0,236	0,471	1,129
K_r	0,024	0,044	0,062	0,154	0,165	0,320	0,648	1,265

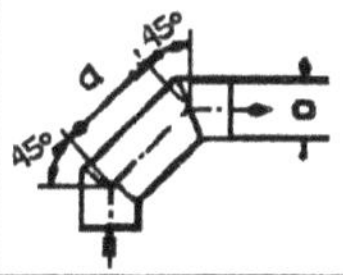

a/D [1]	0,71	0,943	1,174	1,42	1,86	2,56	3,14	4,89	[2] 5,59
K_1	0,507	0,350	0,333	0,261	0,289	0,356	0,346	0,389	0,392
K_r	0,510	0,415	0,384	0,377	0,390	0,429	0,426	0,455	0,444

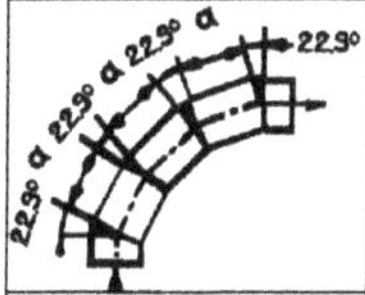

a/D	1,186	1,40	1,63	1,86	2,33	2,91	3,49	4,65	6,05
K_1	0,120	0,125	0,124	0,117	0,096	0,108	0,130	0,148	0,142
K_r	0,294	0,252	0,266	0,272	0,317	0,317	0,318	0,310	0,313

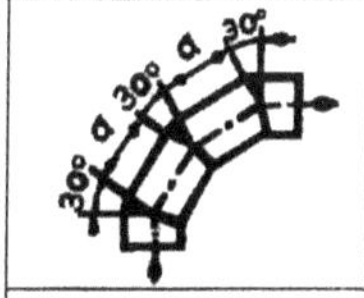

a/D	1,23	1,44	1,67	1,91	2,37	2,96	4,11	4,70	6,10
K_1	0,195	0,196	0,150	0,154	0,167	0,172	0,190	0,192	0,201
K_r	0,347	0,320	0,300	0,312	0,337	0,342	0,354	0,360	0,360

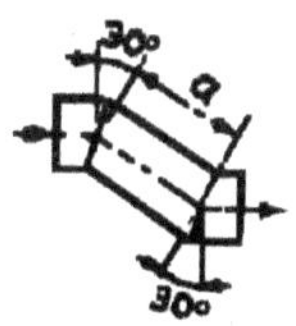

a/D	K_1	K_r
1,23	0,157	0,300
1,67	0,156	0,378
2,37	0,143	0,264
3,77	0,160	0,242

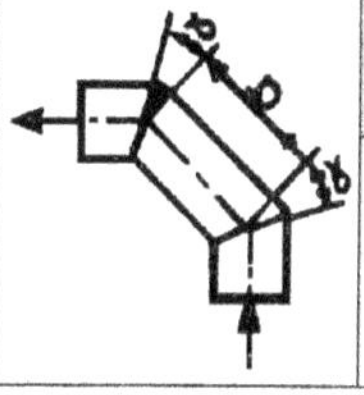

x	a/D	K_1	K_r
22,5°	1,17	0,112	0,284
30°	1,23	0,150	0,268
30°	2,37	1,143	0,227

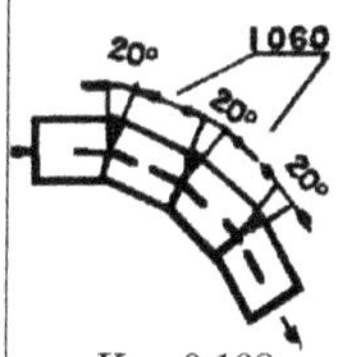

$K_1 = 0{,}108$
$K_r = 0{,}236$

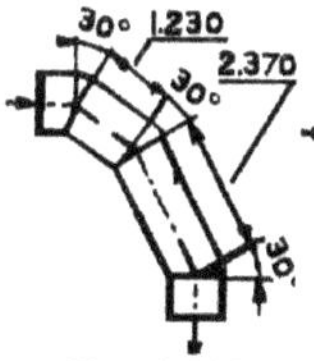

$K_1 = 0{,}188$
$K_r = 0{,}320$

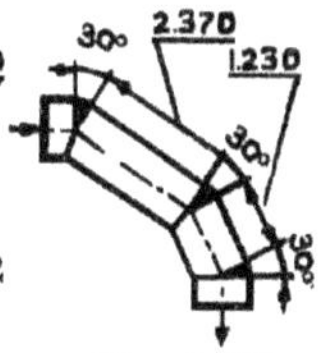

$K_1 = 0{,}202$
$K_r = 0{,}323$

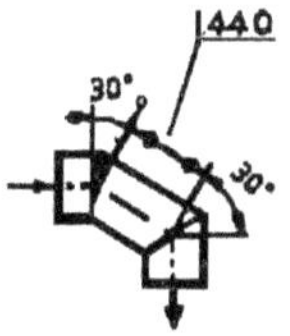

$K_1 = 0{,}400$
$K_r = 0{,}534$

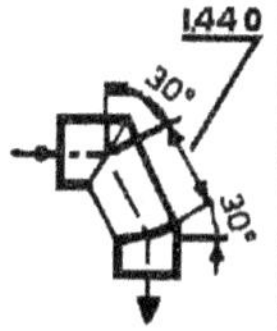

$K_1 = 0{,}400$
$K_r = 0{,}601$

(1) D'après les expériences de *Werner Schubert*. Citées par [**17**].
(2) Pour des valeurs plus élevées de a/D, K_1 et K_r varient très peu. Pour $a/D = 6{,}28$, $K_1 = 0{,}399$ et $K_r = 0{,}444$.

74 - Pertes de charge dans les branchements sans concordance

D'après [**41**]

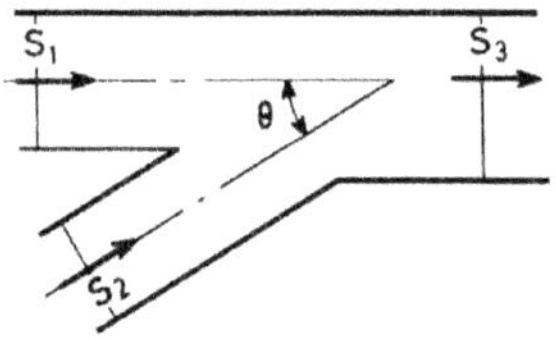

$$\Delta H_{1.3} = K_{1.3} \frac{U_3^2}{2g} \; ; \; \Delta H_{2.3} = K_{2.3} \frac{U_3^2}{2g}$$

Valeurs de $K_{1.3}$ et $K_{2.3}$, (formules 4.50 et 4.50a)

1. *Angle de branchement* $\theta = 30°$ $(2 \cos \theta = 1{,}73)$

1.1 – $S_3 = S_1$ $a = 0$; $A = 1$; $b = 0$

Q_2 / Q_3	0,0		0,1		0,2		0,4		0,8		1,0	
S_2 / S_3	$K_{1.3}$	$K_{2.3}$	$K_{1.3}$	$K_{2.3}$	$K_{1.3}$	$K_{2.3}$	$K_{1.3}$	$K_{2.3}$	$K_{1.3}$	$K_{2.3}$	$K_{1.3}$	$K_{2.3}$
0,1	0	– 1,00	0,02	+ 0,21	– 0,33	+ 3,10	– 2,15	13,5	– 10,1	53,8	– 16,3	83,7
0,2	0	– 1,00	0,11	– 0,46	+ 0,01	+ 0,37	– 0,75	2,95	– 4,61	11,5	– 7,70	17,3
0,3	0	– 1,00	0,13	– 0,57	0,13	– 0,06	– 0,30	1,15	– 2,74	4,22	– 4,75	6,33
0,4	0	– 1,00	0,15	– 0,60	0,19	– 0,20	– 0,05	0,59	– 1,82	2,14	– 3,35	2,92
0,6	0	– 1,00	0,16	– 0,62	0,24	– 0,28	+ 0,17	0,26	– 0,90	0,85	– 1,90	0,89
0,8	0	– 1,00	0,17	– 0,63	0,27	– 0,30	0,26	0,18	– 0,43	0,53	– 1,17	0,39
1,0	0	– 1,00	0,17	– 0,63	0,29	– 0,35	0,36	0,16	– 0,15	0,45	– 0,75	0,27

1.2 – $S_3 = S_1 + S_2$ $A = 1$ $S_1/S_2 = 0$ 0,33 0,50

$b = 0$ $a = 0$ 0,17 0,40

Q_2 / Q_3	0		0,1		0,2		0,4		0,8		1,0	
S_2 / S_3	$K_{1.3}$	$K_{2.3}$	$K_{1.3}$	$K_{2.3}$	$K_{1.3}$	$K_{2.3}$	$K_{1.3}$	$K_{2.3}$	$K_{1.3}$	$K_{2.3}$	$K_{1.3}$	$K_{2.3}$
0,06	0	– 1,13	– 0,10	+ 1,82	– 0,81	+ 10,1	– 4,07	+ 41,5	–	–	–	–
0,10	0,01	– 1,22	+ 0,04	+ 0,02	– 0,33	+ 2,88	– 2,14	+ 13,4	–	–	–	–
0,20	0,06	– 1,50	+ 0,16	– 0,84	+ 0,06	+ 0,05	– 0,73	+ 2,70	– 3,59	11,4	– 8,64	17,3
0,33	0,42	– 2,00	+ 0,51	– 1,40	+ 0,52	– 0,72	+ 0,07	+ 0,52	– 2,19	3,30	– 4,00	4,80
0,50	1,40	– 3,00	+ 1,36	– 2,24	+ 1,26	– 1,44	+ 0,86	– 0,36	– 0,82	1,18	– 2,07	1,53

2. *Angle de branchement* $\theta = 45°$ $(2 \cos \theta = 1{,}41)$
2.1 – $S_3 = S_1$ $a = 0$; $A = 2$; $b = 0$

Q_2 / Q_3	0,0		0,1		0,2		0,4		0,8		1,0	
S_2 / S_3	$K_{1.3}$	$K_{2.3}$	$K_{1.3}$	$K_{2.3}$	$K_{1.3}$	$K_{2.3}$	$K_{1.3}$	$K_{2.3}$	$K_{1.3}$	$K_{2.3}$	$K_{1.3}$	$K_{2.3}$
0,1	0	– 1,00	0,05	+ 0,24	– 0,20	+ 3,15	– 1,65	14,0	– 8,10	55,9	– 13,2	86,9
0,2	0	– 1,00	0,12	– 0,45	+ 0,17	+ 0,54	– 0,50	3,15	– 3,56	12,4	– 6,10	18,9
0,3	0	– 1,00	0,14	– 0,56	+ 0,22	– 0,02	– 0,12	1,30	– 2,10	4,90	– 3,70	7,40
0,4	0	– 1,00	0,16	– 0,59	+ 0,27	– 0,17	+ 0,08	0,72	– 1,30	2,66	– 2,55	3,71
0,6	0	– 1,00	0,17	– 0,61	+ 0,27	– 0,26	+ 0,26	0,35	– 0,55	1,20	– 1,35	1,42
0,8	0	– 1,00	0,17	– 0,62	+ 0,29	– 0,28	+ 0,36	0,25	– 0,17	0,79	– 0,77	0,80
1,0	0	– 1,00	0,17	– 0,62	+ 0,31	– 0,29	+ 0,41	0,21	+ 0,06	0,66	– 0,42	0,59

74 - (Suite)

2.2 – $S_3 = S_1 + S_2$ $A = 1$ $S_1/S_2 = 0{,}10$ 0,20 0,33 0,50

$b = 0$ $a = 0{,}05$ 0,14 0,14 0,30

Q_2/Q_3	0,0		0,1		0,2		0,4		0,8		1,0	
S_2/S_3	$K_{1.3}$	$K_{2.3}$	$K_{1.3}$	$K_{2.3}$	$K_{1.3}$	$K_{2.3}$	$K_{1.3}$	$K_{2.3}$	$K_{1.3}$	$K_{2.3}$	$K_{1.3}$	$K_{2.3}$
0,06	0,00	− 1,12	− 0,05	+ 1,82	− 0,59	+ 10,3	− 3,21	42,4	–	–	–	–
0,10	0,06	− 1,22	+ 0,11	+ 0,06	− 0,15	+ 3,00	− 1,55	13,9	–	–	–	–
0,20	0,20	− 1,50	+ 0,30	− 0,85	+ 0,26	+ 0,12	− 0,33	3,00	− 3,42	12,4	–	–
0,33	0,37	− 2,00	+ 0,48	− 1,38	+ 0,50	− 0,66	+ 0,20	0,70	− 1,60	3,95	− 3,10	5,76
0,50	1,30	− 3,00	+ 1,27	− 2,24	+ 1,20	− 1,50	+ 0,90	− 0,24	− 0,68	1,60	− 1,52	2,18

Exemple : $Q_2 / Q_3 = 0{,}2$; $S_2 / S_3 = 0{,}1$

Donc $K_{1.3} = -0{,}15$; $K_{2.3} = +3{,}00$

3. *Angle de branchement* $\theta = 60°$ ($2 \cos \theta = 1$)

3.1 – $S_3 = S_1$ $a = 0$; $A = 1$; $b = 0$

Q_2/Q_3	0,0		0,1		0,2		0,4		0,8		1,0	
S_2/S_3	$K_{1.3}$	$K_{2.3}$	$K_{1.3}$	$K_{2.3}$	$K_{1.3}$	$K_{2.3}$	$K_{1.3}$	$K_{2.3}$	$K_{1.3}$	$K_{2.3}$	$K_{1.3}$	$K_{2.3}$
0,1	0	− 1,00	0,09	+ 0,26	+ 0,00	3,35	− 1,00	14,7	− 5,44	58,5	− 9,00	91,0
0,2	0	− 1,00	0,14	− 0,42	+ 0,16	0,55	− 0,16	3,50	− 2,24	13,7	− 4,00	21,0
0,3	0	− 1,00	0,16	− 0,54	+ 0,23	− 0,03	+ 0,11	1,55	− 1,17	5,80	− 2,30	9,70
0,4	0	− 1,00	0,17	− 0,58	+ 0,26	− 0,13	+ 0,24	0,92	− 0,64	3,32	− 1,50	4,70
0,6	0	− 1,00	0,17	− 0,61	+ 0,29	− 0,23	+ 0,37	0,45	− 0,11	1,64	− 0,68	2,11
0,8	0	− 1,00	0,18	− 0,62	+ 0,31	− 0,26	+ 0,44	0,35	+ 0,16	1,12	− 0,28	1,35
1,0	0	− 1,00	0,18	− 0,62	− 0,32	− 0,26	+ 0,48	0,28	+ 0,32	0,92	+ 0,00	1,00

3.2 – $S_3 = S_1 + S_2$ $a = 1$; $S_1/S_3 = 0–0{,}2$ 0,33 0,50

$b = 0$ $a = 0$ 0,10 0,25

Q_2/Q_3	0,0		0,1		0,2		0,4		0,8		1,0	
S_2/S_3	$K_{1.3}$	$K_{2.3}$	$K_{1.3}$	$K_{2.3}$	$K_{1.3}$	$K_{2.3}$	$K_{1.3}$	$K_{2.3}$	$K_{1.3}$	$K_{2.3}$	$K_{1.3}$	$K_{2.3}$
0,06	0,00	− 1,12	− 0,03	+ 2,00	− 0,32	+ 10,6	− 2,03	+ 43,5	–	–	–	–
0,10	0,01	− 1,22	+ 0,10	+ 0,10	− 0,03	+ 3,18	− 0,96	+ 14,6	–	–	–	–
0,20	0,06	− 1,50	0,19	− 0,83	+ 0,20	+ 0,20	− 0,14	+ 3,30	− 2,20	13,7	–	–
0,33	0,33	− 2,00	0,45	− 1,37	+ 0,49	− 0,67	+ 0,34	+ 0,91	− 0,85	4,70	− 1,90	6,60
0,50	1,25	− 3,00	1,23	− 2,13	+ 1,17	− 1,38	+ 0,90	− 0,02	− 0,05	2,22	− 0,78	3,10

74 - (suite)

4. *Angle de branchement* $\theta = 90°$ ($2 \cos \theta = 0$)

4.1 – $S_3 = S_1$

$a = 0$	$S_2/S_3 =$	0-0,2	0,3-0,4	0,6	0,8	1,0
$b = 0$	$A =$	1,00	0,75	0,70	0,65	0,60

a) Valeurs de $K_{2,3}$

S_2 / S_3	Q_2 / Q_3					
	0	0,1	0,2	0,4	0,8	1,0
	$K_{2.3}$	$K_{2.3}$	$K_{2.3}$	$K_{2.3}$	$K_{2.3}$	$K_{2.3}$
0,1	– 1,00	0,40	3,80	16,3	64,9	101
0,2	– 1,00	– 0,37	0,72	4,30	16,9	26,0
0,3	– 0,75	– 0,38	0,13	1,55	5,94	8,93
0,4	– 0,75	– 0,41	– 0,02	0,98	3,69	5,44
0,6	– 0,70	– 0,41	– 0,12	0,53	1,89	2,66
0,8	– 0,65	– 0,39	– 0,14	0,36	1,25	1,67
1,0	– 0,60	– 0,37	– 0,18	0,26	0,94	1,20

b) Valeurs de $K_{1,3}$

Q_2 / Q_3	0	0,1	0,2	0,4	0,8	1,0
$K_{1.3}$	0	0,16	0,27	0,46	0,60	0,55

4.2 – $S_3 = S_1 + S_2$

$A = 1$

$a = 0$

S_1 / S_3	0,06	0,10	0,20	0,33	0,50
b	0	0	0,10	0,20	0,25

Q_2 / Q_3	0,0		0,1		0,2		0,4		0,8		1,0	
S_2 / S_3	$K_{1.3}$	$K_{2.3}$	$K_{1.3}$	$K_{2.3}$	$K_{1.3}$	$K_{2.3}$	$K_{1.3}$	$K_{2.3}$	$K_{1.3}$	$K_{2.3}$	$K_{1.3}$	$K_{2.3}$
0,06	0,02	– 1,12	0,20	+ 2,06	–	+ 11,2	–	46,2	–	–	–	–
0,10	0,04	– 1,22	0,20	+ 0,20	–	+ 3,58	–	16,2	–	–	–	–
0,20	0,08	– 1,40	0,25	– 0,68	0,34	+ 0,50	–	4,20	–	17,0	–	–
0,33	0,45	– 1,80	0,59	– 1,20	0,66	– 0,45	0,62	1,59	–	6,98	–	10,4
0,50	1,00	– 2,75	1,16	– 1,96	1,25	– 1,15	1,22	0,42	–	3,65	–	5,25

75 - Pertes de charge dans les branchements avec concordance et avec $S_1 = S_3$

D'après [41]

$$\Delta H_{1.3} = K_{1.3}\frac{U_3^2}{2g}\ ;\ \Delta H_{2.3} = K_{2.3}\frac{U_3^2}{2g}$$

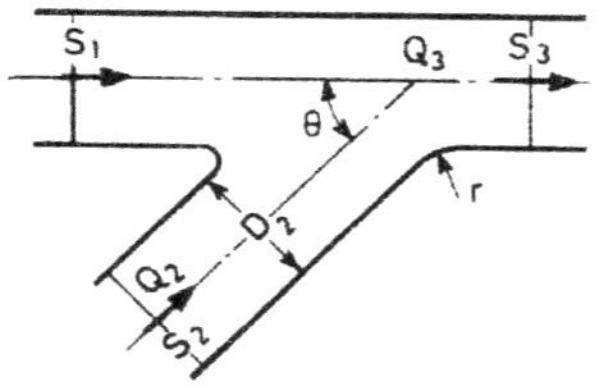

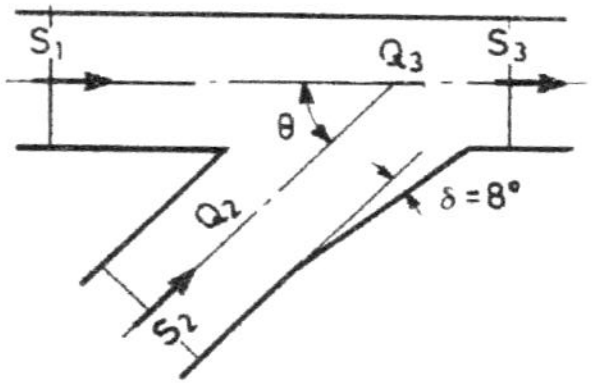

Valeurs de $K_{1.3}$ et $K_{2.3}$

θ = 45°		Q₂ / Q₃											
Configuration de la concordance	S_2/S_3 ↓	**0,1**		**0,2**		**0,3**		**0,4**		**0,6**		**1,0**	
		$K_{1.3}$	$K_{2.3}$	$K_{1.3}$	$K_{2.3}$	$K_{1.3}$	$K_{2.3}$	$K_{1.3}$	$K_{2.3}$	$K_{1.3}$	$K_{2.3}$	$K_{1.3}$	$K_{2.3}$
a) $\frac{r}{D_2} = 0,1$	0,122	0,10	0,00	− 0,15	1,70	− 0,50	4,30	0,90	− 8,00	− 3,20	19,5	− 9,70	53,7
	0,34	0,10	− 0,47	+ 0,07	− 0,02	0,00	0,30	− 0,14	0,80	− 0,66	2,10	− 2,90	5,40
	1,0	0,14	0,62	0,17	− 0,40	0,19	− 0,17	+ 0,16	0,00	+ 0,06	0,22	− 0,58	0,38
b) $\frac{r}{D_2} = 0,2$	1,0	0,14	− 0,62	0,18	− 0,40	0,18	− 0,17	0,18	0,00	0,03	0,22	− 0,61	0,50
c) $\delta = 8°$	0,122	0,10	− 0,04	− 0,10	+ 0,50	0,36	+ 1,80	− 0,71	3,70	2,20	0,50	− 7,10	21,1
	0,34	0,10	− 0,58	+ 0,11	− 0,03	0,09	0,00	+ 0,01	0,30	0,40	0,90	− 1,95	2,10

75 - (Suite)

θ = 60°		Q_2 / Q_3											
Configuration de la concordance	S_2/S_3	0,1		0,2		0,3		0,4		0,6		1,0	
		$K_{1.3}$	$K_{2.3}$	$K_{1.3}$	$K_{2.3}$	$K_{1.3}$	$K_{2.3}$	$K_{1.3}$	$K_{2.3}$	$K_{1.3}$	$K_{2.3}$	$K_{1.3}$	$K_{2.3}$
a) $\frac{r}{D_2} = 0,1$	0,122	0,10	0,00	0,04	2,17	− 0,10	5,50	− 0,44	10,2	− 1,45	21,9	− 6,14	60,0
	0,34	0,15	− 0,43	0,20	0,00	+ 0,19	0,42	+ 0,11	1,00	− 0,25	2,30	− 1,65	6,18
	1,0	0,13	− 0,60	0,19	− 0,40	0,23	− 0,14	0,23	0,01	+ 0,14	0,30	− 0,30	0,53
b) $\frac{r}{D_2} = 0,2$	1,0	0,13	− 0,60	0,19	− 0,40	0,23	− 0,16	0,23	0,01	0,13	0,26	− 0,35	0,50
c) δ = 8°	0,122	0,15	− 0,50	0,10	0,35	0,00	+ 1,40	− 0,16	3,10	− 0,78	7,50	− 3,10	21,1
	0,34	0,15	− 0,56	0,23	− 0,30	0,25	0,00	+ 0,21	1,00	0,00	0,87	− 0,75	2,00

θ = 90°		Q_2 / Q_3											
Configuration de la concordance	S_2/S_3	0,1		0,2		0,3		0,4		0,6		1,0	
		$K_{2.3}$	$K_{2.3}$	$K_{1.3}$	$K_{2.3}$	$K_{1.3}$	$K_{2.3}$	$K_{1.3}$	$K_{2.3}$	$K_{1.3}$	$K_{2.3}$	$K_{1.3}$	$K_{2.3}$
a) $\frac{r}{D_2} = 0,1$	0,122	–	− 0,50	–	1,35	–	4,60	–	8,40	–	23,6	–	–
	0,34	–	− 0,36	–	0,10	–	0,54	–	1,10	–	2,62	–	7,11
	1,0	0,12	− 0,60	0,23	− 0,35	0,29	− 0,10	0,32	0,10	0,36	0,43	0,35	0,87
b) $\frac{r}{D_2} = 0,2$	1,0	0,08	− 0,64	0,16	− 0,45	0,21	− 0,15	0,24	0,00	0,25	0,31	0,17	0,71
c) δ = 8°	0,122	–	− 0,50	–	1,00	–	+ 3,24	–	6,90	–	19,2	–	62,0
	0,34	–	− 0,43	–	0,00	–	0,49	–	1,00	–	2,20	–	5,38

76 - Pertes de charge en dérivations sans concordances

D'après [**41**]

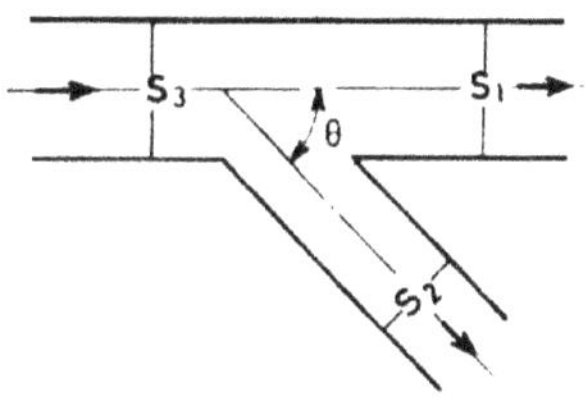

$$\Delta H_{3.1} = K_{3.1} \frac{U_3^2}{2g} \; ; \; \Delta h_{3.2} = K_{3.2} \frac{U_3^2}{2g}$$

Valeurs de $K_{3.1}$ et $K_{3.2}$ (formules 4.50b et 4.50c)

1. $S_1 = S_3$ $C = 0$; $B = 1$ pour $U_2 / U_3 < 0{,}8$;

$B = 0{,}9$ pour $U_2 / U_3 > 0{,}8$;

U_2 / U_3 / [θ]	0,0	0,2	0,4	0,6	0,8	1,0	1,5	2,0	3,0
	Valeurs de $K_{3.2}$								
15°	1,0	0,65	0,38	0,20	0,09	0,07	0,22	1,10	7,20
30°	1,0	0,70	0,46	0,31	0,25	0,27	0,59	1,52	7,40
45°	1,0	0,75	0,60	0,50	0,51	0,58	1,00	2,16	7,80
60°	1,0	0,84	0,76	0,65	0,80	1,00	1,60	3,00	8,10
90°(1)	1,0	1,04	1,16	1,35	1,64	2,00	3,10	4,60	9,00
90°(2)	1,0	1,01	1,05	1,15	1,32	1,45	1,85	2,45	–
θ	Valeurs de $K_{3.1}$								
15 – 90°	0,40	0,26	0,15	0,06	0,02	0,00	–	–	–

(1) Valeurs pour $h_2 / h_3 < 2/3$ avec h_2 et h_3 hauteurs dans les sections S_2 et S_3

(2) Valeurs pour $h_2 / h_3 = 1$, avec h_2 et h_3 hauteurs dans les sections S_2 et S_3

			θ = 15°	30°	45°	60°	90°
2. $S_3 = S_1 + S_2$		$B = 1$	$C = 0{,}04$	0,16	0,36	0,64	1

θ	U_2/U_3	0,1	0,4	0,6	0,8	1,0	1,2	1,4	1,6	2,0
		Valeurs de $K_{3.2}$								
15°		0,81	0,38	0,19	0,06	0,03	0,06	0,13	0,35	0,98
30°		0,84	0,44	0,26	0,16	0,11	0,13	0,23	0,37	0,89
45°		0,87	0,54	0,38	0,28	0,23	0,22	0,28	0,38	0,73
60°		0,90	0,66	0,53	0,43	0,36	0,32	0,31	0,33	0,44
90°		1,00	1,00	1,00	1,00	1,00	1,00	1,00	1,00	1,00
θ		Valeurs de $K_{3.1}$								
15° – 60°		0,81	0,36	0,16	0,04	0,00	0,07	0,39	0,90	3,2
θ = 90°	S_1 / S_3 0 – 0,4	0,81	0,36	0,16	0,04	0,00	0,07	0,39	0,90	3,2
θ = 90°	0,5	0,81	0,40	0,23	0,16	0,20	0,36	0,78	1,36	4,0
θ = 90°	0,6	0,81	0,38	0,20	0,12	0,10	0,21	0,59	1,15	–
θ = 90°	≥ 0,8	0,81	0,36	0,16	0,04	0,00	0,07	–	–	–

77 - Pertes de charge en dérivations avec concordances et avec $S_1 = S_3$

D'après [41]

Voir figure de la table 75 inversant les sens de l'écoulement

$$\Delta H_{3.1} = K_{3.1} \frac{U_3^2}{2g} \; ; \; \Delta h_{3.2} = K_{3.2} \frac{U_3^2}{2g}$$

1. *Valeurs de* $K_{3.2}$

Configuration de la concordance	θ	45°				60°				90°			
	Q_1/Q_3 ; S_1/S_3	0,1	0,3	0,6	1,0	0,1	0,3	0,6	1,0	0,1	0,3	0,6	1,0
a) $\frac{r}{D_2} = 0{,}1$	0,122	0,40	1,90	9,60	30,6	0,90	2,70	12,0	36,7	1,20	4,00	17,8	–
	0,34	0,62	0,35	0,90	3,35	0,77	0,60	1,10	3,16	1,15	1,42	2,65	6,30
	1,0	0,77	0,56	0,32	0,32	0,84	0,67	0,53	0,62	0,85	0,77	0,78	1,00
b) $\frac{r}{D_2} = 0{,}2$	1,0	0,77	0,56	0,32	0,32	0,84	0,67	0,53	0,62	0,85	0,74	0,69	0,91
c) $\delta = 8°$	0,122	0,40	0,90	5,40	17,4	0,70	1,30	5,40	16,6	0,90	3,40	17,3	–
	0,34	0,62	0,35	0,60	2,0	0,67	0,44	0,68	1,85	1,10	1,30	2,17	5,20

2. *Valeurs de* $K_{3.1}$

Prendre les valeurs de $K_{1.3}$ de la table 75.

78 - Pertes de charge en branchement symétriques de 3 veines

D'après [41]

Valeurs des coefficients de la formule 4.50d.

θ	15°	30°	45°
A	7,3	6,6	5,6
B	0,07	0,25	0,50
C	3,7	3,0	2
D	2,64	2,30	1,80

79 - Pertes de charge dans les rainures

D'après [**39**]

$$\Delta H = KU^2 / 2g$$

a) $\lambda < 6$

pour $\lambda < 4 : \eta = \dfrac{S + 0{,}25.\,lb}{S}$; pour $4 \leq \lambda \leq 6 : \eta = \dfrac{S + p\,b}{S}$

Valeurs de K (formule 4.52)

η \ θ	7°	10°	15°	20°	30°	45°	60°	90°
1,1	0,0006	0,0008	0,0012	0,0016	0,0024	0,0034	0,0042	0,0048
1,2	0,002	0,003	0,004	0,006	0,009	0,012	0,015	0,017
1,4	0,006	0,009	0,014	0,018	0,026	0,037	0,046	0,053
1,6	0,011	0,016	0,024	0,032	0,047	0,067	0,092	0,094
1,8	0,016	0,023	0,035	0,046	0,067	0,095	0,117	0,135
2,0	0,021	0,030	0,045	0,059	0,086	0,122	0,149	0,172
2,5	0,030	0,043	0,064	0,085	0,124	0,175	0,215	0,248
3,0	0,037	0,052	0,078	0,103	0,151	0,213	0,261	0,302
4,0	0,045	0,064	0,095	0,126	0,184	0,260	0,319	0,368
6,0	0,052	0,074	0,110	0,146	0,213	0,302	0,370	0,427
8,0	0,055	0,078	0,117	0,154	0,226	0,319	0,391	0,451
10,0	0,056	0,080	0,120	0,158	0,232	0,328	0,401	0,463
20,0	0,059	0,084	0,125	0,165	0,241	0,341	0,417	0,482
40,0	0,059	0,085	0,126	0,167	0,243	0,344	0,422	0,487
100,0	0,060	0,085	0,126	0,167	0,244	0,345	0,423	0,489

b) $\lambda > 6 : K = K_1 + K_2$; avec $\eta = \dfrac{S + pb}{S}$

K_1 égale à la valeur de K du tableau antérieur
K_2, formule 4.52c

Valeurs de K_2 (formule 4.52)

η \ θ	6,1	6,3	6,5	7	8	9	10	≥ 15
1,1	0,0004	0,001	0,002	0,003	0,005	0,006	0,007	0,008
1,2	0,001	0,004	0,006	0,011	0,018	0,022	0,024	0,027
1,4	0,004	0,011	0,018	0,032	0,052	0,063	0,071	0,081
1,6	0,007	0,020	0,032	0,056	0,089	0,109	0,122	0,139
1,8	0,010	0,028	0,044	0,078	0,125	0,154	0,171	0,195
2,0	0,013	0,036	0,056	0,099	0,158	0,194	0,216	0,247
2,5	0,019	0,051	0,081	0,143	0,228	0,280	0,311	0,356
3,0	0,023	0,064	0,100	0,176	0,282	0,346	0,385	0,440
4,0	0,029	0,080	0,126	0,223	0,356	0,438	0,487	0,556
6,0	0,037	0,099	0,156	0,275	0,440	0,540	0,601	0,687
8,0	0,040	0,109	0,172	0,303	0,485	0,596	0,662	0,757
10,0	0,043	0,116	0,182	0,321	0,513	0,630	0,701	0,801
20,0	0,048	0,129	0,203	0,357	0,572	0,702	0,781	0,893
40,0	0,050	0,136	0,213	0,376	0,602	0,739	0,823	0,940
100,0	0,052	0,140	0,220	0,388	0,621	0,762	0,848	0,969

80 - Pertes de charge singulières. Longueur équivalente de conduite

Les valeurs inférieures de K sont recommandées pour les accessoires à bride, notamment pour les diamètres dépassant 100 mm

Accessoires	Nom	K valeurs limites	Longueur équivalente L de la conduite en mètres, pour $K_S = 75$ et pour les valeurs suivantes du diamètre D en millimètres. Pour $K_S \neq 75$, voir la T. 65 d														
			12,5	25	50	75	100	125	150	175	200	250	300	350	400	450	500
	Robinet à soupape	5,2 10,0	0,66 1,3	1,72 3,3	4,32 8,3	7,33 14,1	10,9 21,0	14,9 28,7	18,7 36,0	22,9 44,1	27,5 52,8	37,0 71,1	47,2 90,7	–	–	–	–
	Vanne à passage direct	0,05 0,19	0,005 0,02	0,02 0,06	0,04 0,15	0,07 0,27	0,11 0,40	0,14 0,54	0,18 0,68	0,22 0,84	0,26 1,00	0,35 1,35	0,45 1,72	0,56 2,12	0,67 2,53	0,78 2,96	0,90 3,40
	Clapet anti-retour	0,6 2,3	0,00 0,29	0,02 0,76	0,05 1,90	0,08 3,24	0,13 4,83	0,17 6,60	0,22 8,30	0,26 10,1	0,32 12,1	0,43 16,4	0,54 20,9	0,67 25,6	0,80 30,4	0,93 35,8	1,07 41,2
	Clapet de non-retour à poussée horizontale	8 12	1,04 1,56	2,64 3,96	6,60 9,96	11,3 16,9	16,8 25,2	23,0 34,4	28,8 43,2	35,3 52,9	42,2 63,3	56,9 85,3	72,9 109	89,1 134	106 160	124 187	143 215
	Clapet anti-retour à soupape	65 70	8,45 9,10	21,4 23,1	53,9 58,1	91,7 98,7	136 147	187 201	234 252	287 309	343 370	462 498	590 635	724 780	866 932	1011 1089	1164 1254

80 - (Suite)

Accessoires	Nom	K valeurs limites	Longueur équivalente L de la conduite en mètres, pour $K_S = 75$ et pour les valeurs suivantes du diamètre D en millimètres. Pour $K_S \neq 75$, voir la T. 65 d.														
			12,5	25	50	75	100	125	150	175	200	250	300	350	400	450	500
	Vanne d'angle	2,0 5,0	0,26 0,65	0,66 1,65	1,66 4,15	2,82 7,05	4,20 10,5	5,74 14,4	7,20 18,0	8,82 22,0	10,68 26,4	14,2 35,5	18,1 45,4	22,2 55,7	26,6 66,6	31,1 77,8	35,8 89,6
	Vanne en "Y"	≈ 3,0	0,39	0,99	2,49	4,23	6,30	8,61	10,8	13,2	15,8	21,3	27,1	33,3	39,9	46,6	53,7
	Clapet de pied	≈ 15	1,95	4,95	12,5	21,2	31,5	43,0	54,0	66,1	79,2	107	136	167	200	233	269
	Raccord vissé	0,02 0,07	0,00 0,00	0,01 0,03	0,02 0,06	0,03 0,10	0,04 0,15	0,06 0,20	0,07 0,25	0,09 0,31	0,10 0,37	0,14 0,50	0,18 0,64	0,22 0,78	0,27 0,93	0,31 1,09	0,36 1,25
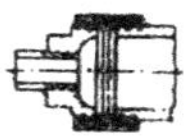	Réduction vissée	0,05 (*a*) 2,0	0,00 0,26	0,02 0,66	0,04 1,66	0,07 2,82	0,11 4,20	0,14 5,74	0,18 7,20	0,22 8,82	0,26 10,6	0,35 14,2	0,45 18,1	0,56 22,2	0,67 26,6	0,78 31,1	0,90 35,8

(a) Ces pertes sont applicables quand cet accessoire est utilisé en réducteur de section. Si l'on en fait emploi pour augmenter la section, les pertes sont 1,4 fois environ supérieures à celles provoquées par un élargissement brusque.

80 - (Suite)

Accessoire	Nom	K valeurs limites	Longueur équivalente L de la conduite en mètres, pour $K_S = 75$ et pour les valeurs suivantes du diamètre D en millimètres. Pour $K_S \neq 75$, voir la T. 65 d.														
			12,5	25	50	75	100	125	150	175	200	250	300	350	400	450	500
	Coude au 1 / 4 (90°) normal, vissé	0,6 0,9	0,08 0,12	0,20 0,30	0,50 0,75	0,85 1,27	1,26 1,89	1,72 2,58	2,16 3,24	2,65 3,97	3,17 4,75	4,27 6,40	5,44 8,16	6,68 10,0	7,99 12,0	9,34 14,0	10,8 16,1
	Coude au 1 / 4 (90°) à grand rayon vissé	0,22 0,60	0,03 0,08	0,07 0,20	0,18 0,50	0,31 0,85	0,46 1,26	0,63 1,72	0,79 2,16	0,97 2,65	1,16 3,17	1,56 4,27	2,00 5,44	2,45 6,68	2,93 7,99	3,42 9,34	3,95 10,8
	Coude au 1 / 4 (90°) normal à bride	0,22 0,30	0,03 0,04	0,07 0,10	0,18 0,25	0,31 0,48	0,46 0,63	0,63 0,86	0,79 1,08	0,97 1,33	1,16 1,59	1,56 2,14	2,00 2,72	2,45 3,34	2,93 4,00	3,42 4,67	3,95 5,40
	Coude au 1 / 4 (90°) à grand rayon à bride	0,14 0,23	0,02 0,03	0,05 0,08	0,12 0,19	0,20 0,32	0,29 0,48	0,40 0,66	0,50 0,83	0,62 1,01	0,74 1,21	1,00 1,64	1,27 2,09	1,56 2,56	1,86 3,06	2,18 3,58	2,51 4,12
	Coude au 1 / 8 (45°) normal vissé	0,30 0,42	0,04 0,05	0,10 0,14	0,25 0,35	0,48 0,59	0,63 0,88	0,86 1,20	1,08 1,51	1,33 1,85	1,59 2,22	2,14 2,99	2,72 3,81	3,34 4,68	4,00 5,59	4,67 6,54	5,40 7,52

80 - (Suite)

Accessoire	Nom	K valeurs limites	Longueur équivalente L de la conduite en mètres, pour $K_s = 75$ et pour les valeurs suivantes du diamètre D en millimètres. Pour $K_s \neq 75$, voir la T. 65 d.														
			12,5	25	50	75	100	125	150	175	200	250	300	350	400	450	500
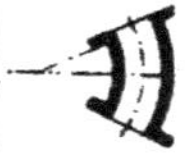	Coude au 1 / 8 (45°), à grand rayon, à bride	0,18 0,20	0,02 0,03	0,06 0,07	0,15 0,17	0,25 0,28	0,38 0,42	0,52 0,57	0,65 0,72	0,79 0,88	0,95 1,07	1,28 1,42	1,63 1,81	2,00 2,22	2,40 2,66	2,80 3,11	3,22 3,58
	Coude double normal	0,75 2,2	0,10 0,29	0,25 0,73	0,62 1,83	1,06 3,10	1,58 4,60	2,15 6,31	2,70 7,92	3,31 9,70	3,96 11,6	5,33 15,6	6,80 20,0	8,36 24,5	9,99 29,3	11,67 34,2	13,43 39,5
	Coude double composé par 2 coudes au 1 / 4	0,38(1) 0,25(2)	0,04 0,03	0,12 0,08	0,30 0,21	0,54 0,35	0,80 0,53	1,08 0,72	1,76 0,90	1,68 1,10	2,00 1,32	2,70 1,78	3,44 2,27	4,24 2,79	5,06 3,33	5,92 3,89	6,80 4,48
	Entrée arrondie	0,04 0,05	0,00 0,00	0,02 0,02	0,04 0,04	0,06 0,07	0,08 0,11	0,12 0,14	0,14 0,18	0,18 0,22	0,20 0,26	0,28 0,35	0,36 0,45	0,44 0,56	0,54 0,67	0,62 0,78	0,72 0,90
	Entrée à arêtes vives	0,47 0,56	0,06 0,07	0,16 0,18	0,39 0,46	0,66 0,79	0,99 1,18	1,35 1,61	1,69 2,02	2,07 2,47	2,48 2,96	3,34 3,98	4,26 5,08	5,24 6,24	6,26 7,46	7,31 8,71	8,42 10,03

(1) Coudes au 1/4, normaux
(2) Coudes au 1/4, à grand rayon

80 - (Suite)

Accessoire	Nom	K valeurs limites	Longueur équivalente L de la conduite en mètres, pour $K_S = 75$ et pour les valeurs suivantes du diamètre D en millimètres. Pour $K_S \neq 75$, voir la T. 65 d.														
			12,5	25	50	75	100	125	150	175	200	250	300	350	400	450	500
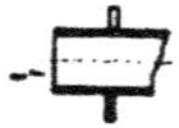	Entrée saillante	0,62 (1) 1,0	0,08 0,13	0,20 0,33	0,51 0,83	0,87 1,41	1,30 2,10	1,78 2,87	2,23 3,60	2,73 4,41	3,27 5,28	4,08 7,11	5,6 9,07	6,91 11,1	8,26 13,3	9,65 15,5	11,1 17,9
 Té, normal vissé	De la conduite principale vers le branchement	0,85 1,3	0,11 0,17	0,28 0,43	0,71 1,08	1,20 1,83	1,78 2,73	2,44 3,73	3,06 4,68	3,75 5,77	4,49 6,86	6,04 9,24	7,71 11,8	9,47 14,5	11,3 17,3	13,2 20,3	15,2 23,3
Té, normal vissé	Du branchement vers la conduite principale	0,92 2,15	0,12 0,28	0,30 0,71	0,76 1,78	1,29 3,03	1,93 4,51	2,64 6,17	3,31 7,74	4,06 9,48	4,86 11,4	6,54 15,3	7,34 19,5	10,2 24,0	12,3 28,6	14,3 33,5	16,5 38,5
 Té, à grand rayon, vissé	De la conduite principale vers le branchement	0,37 0,80	0,05 0,10	0,12 0,26	0,31 0,66	0,52 1,13	0,78 1,68	1,06 2,30	1,33 2,88	1,63 3,53	1,95 4,22	2,63 5,69	3,36 7,26	4,12 8,91	4,93 10,6	5,76 12,4	6,63 14,3
Té, à grand rayon, vissé	Du branchement vers la conduite principale	0,50 0,52	0,07 0,07	0,17 0,17	0,42 0,43	0,71 0,73	1,05 1,09	1,44 1,49	1,80 1,87	2,20 2,29	2,64 2,75	3,55 3,70	4,54 4,72	5,57 5,79	6,66 6,93	7,78 8,09	8,96 9,31

(1) K diminue lorsque l'épaisseur de la paroi augmente et que les bouts deviennent arrondis.

81 - Pertes de charge dans les grilles perpendiculaires au courant

$$\Delta H = K\, U^2 / 2\, g.$$

U — Vitesse du courant en supposant toute la surface libre.

(voir fig. 4.14)

$$K = K_d .\, K_f . p^{1.6} .\, f\,(b / a).\ \sin \varphi$$

K_d — Coefficients de dépots (reste de détritus) sur la grille.

1,1 à 1,2 pour dégriller automatique moderne

1,5 pour dégriller ancien

2 à 4 et plus, aussitôt après dégrillage à la main, en fonction du débit de charriage du cours d'eau

K_f — Coefficient de forme du barreau

0,51 pour section rectangulaire allongée

0,35 pour section circulaire

0,32 pour section allongée avec demi-cercles aux deux extrémités.

p — Rapport des *pleins* sur la surface totale.

Le rapport est compris généralement entre 6 % et 16 % ; toutefois la valeur de p, qui tient compte de toute la structure de la grille, peut atteindre les valeurs de 22 % à 38 % ([3]).

$f\,(b / a) = 8 + 2{,}3\,(b / a) + 2{,}4\,(a / b)$

b — dimension de la section des barreaux dans la direction normale à l'écoulement (épaisseur)

a — distance entre les barreaux

φ — angle de la grille avec l'horizontale

p	**0,05**	**0,10**	**0,15**	**0,20**	**0,25**	**0,30**	**0,35**	**0,40**	**0,45**	**0,50**
$p^{1.6}$	0,008	0,025	0,048	0,076	0,109	0,146	0,186	0,231	0,279	0,330

(1) BEREZINSKY, A — Pertes de charge dans les grilles « Construction Hydrotechnique » n.°5, Moscou, 1958.
(2) LEVIN, L — Formulaire des conduites forcées oléoducs et conduits d'aération. Dunod, Paris, 1968.
(3) NOVIKOV, A — Pertes de charges en grilles « Construction Hydrotechnique ». n° 10, Moscou, 1957.

82 - Pertes de charge dans les grilles obliques par rapport au courant

D'après Spander (1928) rapporté par [**41**]

$\Delta H = K\,U^2 / 2\,g$ — Valeurs de K.

U — Vitesse du courant en supposant toute la surface libre.
Les coefficients de pertes de charge en grilles avec barreaux, en supposant un certain angle, θ, sont donnés par :

$$K = K_1 \,.\, K_2$$

suivant K_1 une fonction de la forme du barreau et de l'angle θ, et K_2 fonction de la relation a / a_o et de l'angle θ.

Formes des barreaux

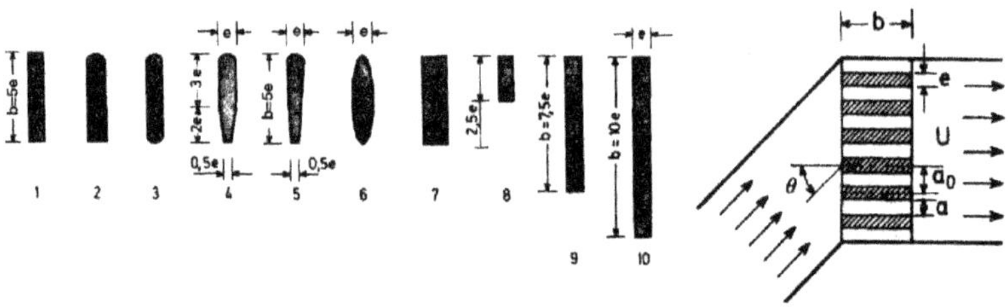

1. *Valeurs de K_1*

N° du barreau	θ									
	0°	**5°**	**10°**	**15°**	**20°**	**25°**	**30°**	**40°**	**50°**	**60°**
1	1,00	1,00	1,00	1,00	1,00	1,00	1,00	1,00	1,00	1,00
2	0,76	0,65	0,58	0,54	0,52	0,51	0,52	0,58	0,63	0,62
3	0,76	0,60	0,55	0,51	0,49	0,48	0,49	0,57	0,64	0,66
4	0,43	0,37	0,34	0,32	0,30	0,29	0,30	0,36	0,47	0,52
5	0,37	0,37	0,38	0,40	0,42	0,44	0,47	0,56	0,67	0,72
6	0,30	0,24	0,20	0,17	0,16	0,15	0,16	0,25	0,37	0,43
7	1,00	1,08	1,13	1,18	1,22	1,25	1,28	1,33	1,31	1,20
8	1,00	1,06	1,10	1,15	1,18	1,22	1,25	1,30	1,22	1,00
9	1,00	1,00	1,00	1,01	1,02	1,03	1,05	1,10	1,04	0,82
10	1,00	1,04	1,07	1,09	1,10	1,11	1,10	1,07	1,00	0,92

2. *Valeurs de K_2*

a / a.	θ									
	0°	**5°**	**10°**	**15°**	**20°**	**25°**	**30°**	**40°**	**50°**	**60°**
0,50	2,34	2,40	2,48	2,57	2,68	2,80	2,95	3,65	4,00	4,70
0,55	1,75	1,80	1,85	1,90	2,00	2,10	2,25	2,68	3,55	4,50
0,60	1,35	1,38	1,42	1,48	1,55	1,65	1,79	2,19	3,00	4,35
0,65	1,00	1,05	1,08	1,12	1,20	1,30	1,40	1,77	2,56	4,25
0,70	0,78	0,80	0,85	0,89	0,95	1,05	1,17	1,52	2,30	4,10
0,75	0,60	0,62	0,65	0,70	0,75	0,85	0,95	1,30	2,05	3,90
0,80	0,37	0,40	0,45	0,50	0,55	0,64	0,75	1,06	1,75	3,70
0,85	0,24	0,25	0,30	0,36	0,42	0,50	0,60	0,88	1,40	3,50

83 - Stabilité des grilles

D'après [**39**]

a. Nombre de Strouhal, $\mathbf{S}_t$*, en fonction de la forme du barreau en coupe*

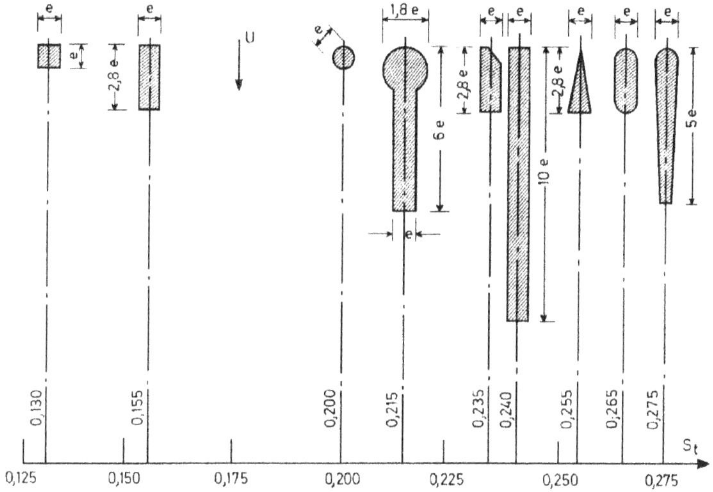

b. Coefficient de majoration, c, en fonction de la relation (a + e) / e

$\frac{a+e}{e}$	**1,5**	**2,0**	**2,5**	**3,0**	**3,5**	**4,0**	**4,5**	**5,0**	
c	2,15	1,7	1,4	1,2	1,1	1,05	1,03	1,01	1,0

84 - Ecoulements à surface libre. Régime uniforme. Résumé

a) Formules du type Chézy : $U = \sqrt{CRi}$; $Q = C\,S\,\sqrt{Ri}$

Bazin	$C = \dfrac{87 \times \sqrt{R}}{K_B + \sqrt{R}}$	Tables auxiliaires : valeurs de K_B . . . . T. 85
Kutter	$C = \dfrac{100 \times \sqrt{R}}{K_K + \sqrt{R}}$	Tables auxiliaires : valeurs de K_K . . . . T. 86

b) Formule de Strickler

$U = K_s R^{2/3} i^{1/2} = C_s C'_k$ $\qquad Q = K_s S R^{2/3} i^{1/2} = C_s C_k$

$C_s = K_s i^{1/2}$ $\qquad C'_k = R^{2/3}$ $\qquad C_k = S R^{2/3}$

Tables et abaques *auxiliaires* :

Valeurs du coefficient de rugosité K_s .... T. 87, 88, 89
Valeurs de $U = K_s R^{2/3} i^{1/2}$ .... T. 90

c) Éléments de la Section Transversale

Selon circulaire :
Partiellement pleine .... T. 92, 93
Entièrement pleine .... T. 94, 95
Spécialement adapté au calcul des réseaux d'égoûts....... A. 95

Section ovoïde normale :
Partiellement pleine .... T. 98 et A. 99
Entièrement pleine .... T. 100 et A. 101
Spécialement adapté au calcul des réseaux d'égoûts...... A. 101

Section voûtée à radier triangulaire :
Partiellement pleine .... T. 102 et A. 103
Entièrement pleine .... T. 104 et A. 105
Spécialement adapté au calcul des réseaux d'égouts....... A. 105

Section ovoïde à cuvette rétrécie .... T. 106
Section circulaire avec banquettes .... T. 107
Sections fermées diverses .... T. 108
Section pentagonale ouverte ou fermée .... T. 109
Section rectangulaire ouverte ou fermée .... T. 110
Section trapézoïdale :
Éléments géométriques .... T. 111, 112
Valeurs R2/3 .... A. 113 à 117

d) Sections de débit maximum .... T. 118

e) Stabilité des canaux
Force tractrice .... T. 121, 123 et A. 122
Vitesses d'entraînement .... T. 119 et A. 120
Pente des berges .... T. 125
Canaux revêtus de végétation .... T. 125

85 - Valeur du K_B de la formule de Bazin : $C = \dfrac{87\sqrt{R}}{K_B + \sqrt{R}}$

Caractéristiques		Valeurs de K_B $m^{1/2}$
1.	Canaux en béton bien lissé ; canaux en bois raboté, avec la plus grande dimension des planches selon la direction du courant ; parois métalliques sans rouille et décrochements dans les joints......	0,06[1]
	(Le plan du canal doit être constitué par des tronçons longs raccordés par des courbes à grand rayon ; l'eau doit être claire).	
2.	Canaux en béton, revêtus, mais non complètement lissés et avec des décrochements peu importants dans les joints. Canaux en bois raboté avec des joints réguliers, mais sans décrochements dans les joints. Canaux en maçonnerie régulière de pierre de taille........................	0,16
3.	Canaux en béton, partiellement revêtus, avec des joints saillants, où coule de l'eau peu claire avec végétation et mousse. Canaux revêtus en pierres sèches........................	0,46
4.	Canaux en terre de section régulière, végétation peu haute sur le fond, sans végétation et courbes amples. canaux en maçonnerie régulière, avec le fond lisse par suite du dépôt de la vase........................	0,85
5.	Canaux en terre de section régulière, végétation peu haute sur le fond, végétation courte sur les berges. Cours d'eau naturels d'allure régulière, sans végétation ni grands dépôts sur le fond	1,30
6.	Canaux en terre mal entretenus, avec de la végétation sur le fond et les berges. Canaux en terre, exécutés par des excavateurs mécaniques, mal entretenus........................	1,75

86 - Valeur du K_K de la formule de Kutter : $C = \dfrac{100\sqrt{R}}{K_K + \sqrt{R}}$

Caractéristiques		Valeurs de K_K $m^{1/2}$
1.	Parois en béton bien lissé, section demi circulaire	0,12[1]
2.	Idem, section rectangulaire........................	0,15
3.	Parois en bois raboté, section rectangulaire	0,20
4.	Parois en bois non raboté, section trapézoïdale ou rectangulaire ; maçonnerie très régulière avec des pierres de taille........................	0,25
5.	Parois en maçonnerie ordinaire, construction soignée........................	0,35
6.	Parois en maçonnerie ayant déjà subi des réparations	0,45
7.	Parois revêtues en pierres ordinaires	0,55
8.	Parois en maçonnerie ordinaire, fond vaseux	0,75
9.	Parois en maçonnerie, à l'abandon	1,00
10.	Petits canaux creusés dans le rocher ; canaux en terre bien réguliers, sans végétation	1,25 à 1,50
11.	Canaux en terre, mal entretenus avec de la végétation ; cours d'eau naturels, avec lit en terre	1,75 à 2,00
12.	Canaux en terre complètement à l'abandon ; cours d'eau naturels avec lit en galets	2,50

(1) Pour des canaux exceptionnellement lisses, et surtout à dimensions considérables, les coefficients K_B et K_K peuvent prendre des valeurs négatives. Dans ce cas, on conseille d'utiliser plutôt la formule de Stricler.

87 - Valeurs du coefficient de rugosité K_s de la formule de Manning-Strickler

$$U = K_s R^{2/3} i^{1/2}$$

Caractéristiques	K_s $m^{1/3} s^{-1}$	$n = 1/K_s$ $m^{-1/3} s$
Parois très lisses :		
Revêtements en mortier de ciment et sable, très lisses ; planches rabotées ; tôle métallique sans soudures saillantes	100 à 90	0,010 à 0,0111
Mortier lissé	85	0,0119
Parois lisses :		
Planches avec des joints mal soignés ; enduit ordinaire ; grès	80	0,0125
Béton lisse, canaux en béton avec des joints nombreux	75	0,0134
Maçonnerie ordinaire ; *cement gum* ; terre exceptionnellement régulière	70	0,0142
Parois rugueuses :		
Terre irrégulière ; béton rugueux ou vieux ; maçonnerie vieille ou mal soignée	60	0,0167
Parois très rugueuses :		
Terre très irrégulière avec des herbes ; rivières régulières en lit rocheux	50	0,0200
Terre en mauvais état ; rivière en lit de cailloux	40	0,0250
Terre complètement à l'abandon ; torrents transportant de gros blocs	20 à 15	0,05 à 0,0667

88 - Valeurs du coefficient de rugosité, $n = 1/K_s$, en cours d'eau naturels

D'après Cowan(1)

$$n = \frac{1}{K_s} = a(n_0 + n_1 + n_2 + n_3 + n_4) \text{ s/m}^{1/3}$$

Les valeurs de ces divers coefficients sont explicitées ci-après :

Influence de la méandrisation	a	Matériau du lit	n_0
Modérée : L / c = 1 à 1,2	1	Terre	0,020
Appréciable : L / c = 1,2 à 1,5	1,15	Rocher	0,025
Importante : L / c > 1,5	1,3	Gravier fin	0,024
		Gravier grossier	0,028

L – longueur du méandre

c – longueur du segment de droite joignant les deux extrémités du bief considéré.

88 - (Suite)

Irrégularités de surface du fond et des bermes	n_1	Variation de forme et de dimensions de la section mouillée	n_2	Obstructions	n_3
Lisses	0,0	Progressives	0,0	Négligeable	0
Légères	0,005	Brusques occasionnelles	0,005	Faibles	0,010-0,015
Modérées	0,010	Brusques fréquentes	0,010-0,015	Appréciables	0,020-0,03
Importantes	0,020			Importantes	0,040-0,06

Végétation	n_4
Faible : Pousses denses d'herbes dont la hauteur moyenne est de l'ordre de 1/2 de la profondeur ; jeunes plantations arbustives souples dont la hauteur moyenne est de 1/3 à 1/4 de la profondeur............	0,005-0,010
Modérée : Herbes dont la hauteur moyenne est de l'ordre de la profondeur ; herbes résistantes ou plantations arbustives à feuillage peu épais dont la hauteur moyenne est de l'ordre de 1/2 ou 1/3 de la profondeur..............	0,010-0,025
Importante : Herbes dont la hauteur moyenne est de l'ordre de la profondeur	0,025-0,050
Très importante : Herbes dont la hauteur moyenne dépasse le double de la profondeur..............	0,050-0,10

(1) Rapporté par [**43**] et par [**44**].

89 - Valeurs du coefficient de rugosité K_s, dans les cours d'eau naturels

D'après PARDÉ(1) – K_s – $m^{1/3}/s$

1 – Petits cours d'eau de montagne à fond très irrégulier, largeur de l'ordre de 10 à 30 m : – $K_s = 23 - 26$

2 – Cours d'eau de montagne larges de 30 à 50 m, avec pentes supérieures à 0,002 et fond de gros graviers (par exemple 10 à 20 cm de diamètre) : – $K_s = 27 - 29$

3 – Rivières de largeur comparable ou supérieure à pente comprise entre 0,0008 à 0,002 avec fond de graviers dont le diamètre extrême ne dépasse pas 8 à 10 cm : – $K_s = 30 - 33$

4 – Pente comprise entre 0,0006 et 0,0008, graviers de 4 à 8 cm de diamètre : – $K_s = 34 - 37$

5 – Même pente mais cailloux plus petits : – $K_s = 38 - 40$

6 – Pente inférieur à 0,0006 et supérieure à 0,00025, cailloux très petits ou sable : – $K_s = 41 - 42$

7 – Cours d'eau peu turbulents, avec pentes de 0,00012 à 0,00025, fond de sable et de boue : – $K_s = 43 - 45$

8 – Très gros cours d'eau à très faible pente (moins de 0,00012) et fond très lisse :

(1) Rapporté par [**44**].

90 - Abaque pour l'utilisation de la formule de Manning-Strickler

$$U = K_s R^{2/3} i^{1/2} = \frac{1}{n} R^{2/3} i^{1/2}$$

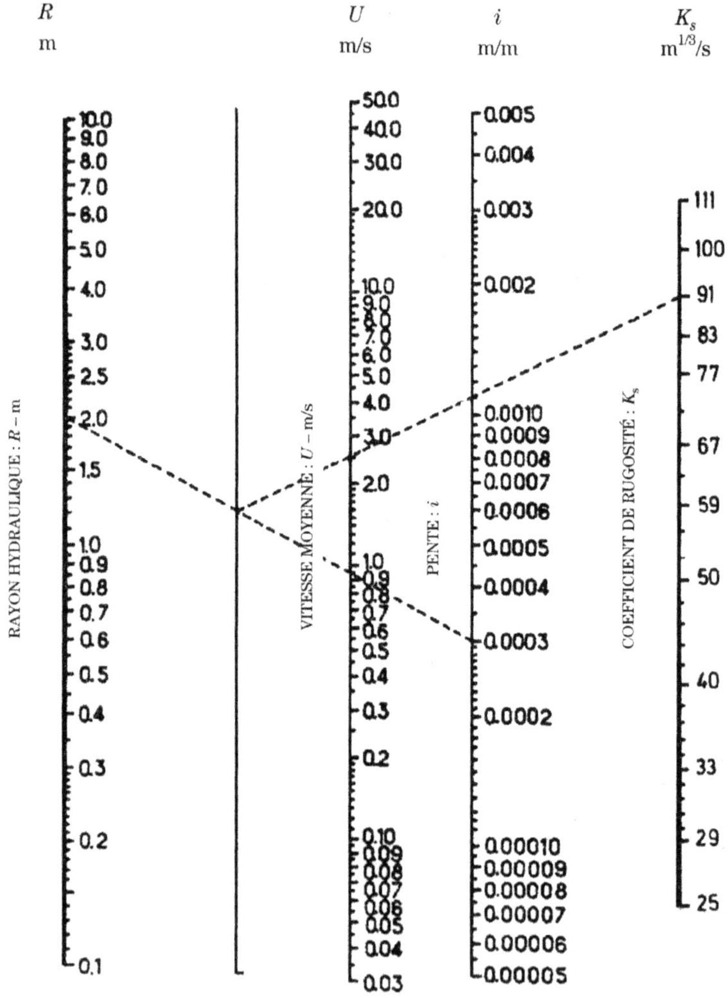

Exemple : $R = 2{,}0$ m ; $i = 0{,}0003$; $n = 0{,}011$. L'abaque donne : $U = 2{,}5$ m/s.

91 - Sections ouvertes diverses. Éléments géométriques

D'après [43]

FORME	Section S	Périmètre mouillé P	Rayon hydraulique R	Largeur en surface L	Profondeur moyenne h_m
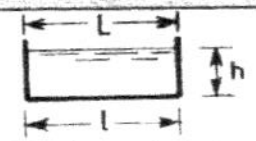 *Rectangulaire*	lh	$l + 2h$	$\dfrac{lh}{l + 2h}$	l	h
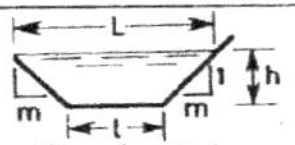 *Trapézoïdal*	$(l + mh)h$	$l + 2h\sqrt{1 + m^2}$	$\dfrac{(l + mh)h}{l + 2h\sqrt{1 + m^2}}$	$l + 2mh$	$\dfrac{(l + mh)h}{l + 2mh}$
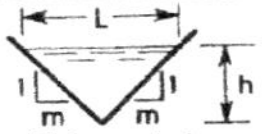 *Triangulaire*	mh^2	$2h\sqrt{1 + m^2}$	$\dfrac{mh}{2\sqrt{1+m^2}}$	$2mh$	$1/2\ h$
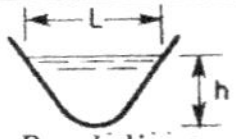 *Parabolique*	$2/3 \times Lh$	$L + \dfrac{8}{3}\dfrac{h^2}{L}$ (1)	$\dfrac{2L^2h}{3L^28h^2}$ (1)	$\dfrac{3}{2}\dfrac{S}{h}$	$2/3\ h$
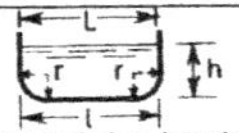 *Rectangulaire à coins arrondis*	$\left(\dfrac{\pi}{2} - 2\right)r^2 + (l + 2r)h$	$(\pi - 2)\,r + l + 2h$	$\dfrac{(\pi/2 - 2)r^2 + (l + 2r)h}{(\pi - 2)r + l + 2h}$	$l + 2r$	$\dfrac{(\pi/2 - 2)r^2}{l + 2r} + h$
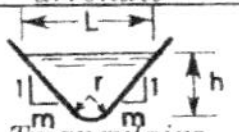 *Triangulaire fond arrondi*	$\dfrac{L^2}{4m} - \dfrac{r^2}{m}\left(1 - m \operatorname{arc\,tg} m\right)$	$\dfrac{L}{m}\sqrt{1 + m^2} - \dfrac{2r}{m}$	$\dfrac{S}{P}$	$2\left[m(h - r) + r\sqrt{l + m^2}\right]$	$\dfrac{S}{L}$
 *Circulaire*	$1/8\left(\theta - \sin\theta\right)d^2$	$\dfrac{1}{2}\theta\, d$	$\dfrac{1}{4}\left(1 - \dfrac{\sin\theta}{\theta}\right)d$	$(\sin 1\backslash 2\ \theta)d$ ou $2\sqrt{h(d - h)}$	$\dfrac{1}{8}\left(\dfrac{\theta - \sin\theta}{\sin\frac{1}{2}\theta}\right)d$

(1) Prenant $x = 4h/L$, cette formule donne des valeurs satisfaisantes de P pour $0 < x \le 1$. Si $x > 1$, on doit employer l'expression exacte $P = (L/2)\left[\sqrt{1 + x^2} + \dfrac{1}{x}\cdot\ln(x + \sqrt{1 + x^2})\right]$.

92 - Section circulaire partiellement pleine. Éléments géométriques

d – diamètre ; h – tirant d'eau

a) Valeurs de la surface du périmètre mouillé et du rayon hydraulique

$\frac{h}{d}$	$\frac{S}{d^2}$	$\frac{P}{d}$	$\frac{R}{d}$	$\frac{h}{d}$	$\frac{S}{d^2}$	$\frac{P}{d}$	$\frac{R}{d}$
0,01	0,0013	0,2003	0,0066	0,51	0,4027	1,5908	0,2531
0,02	0,0037	0,2838	0,0132	0,52	0,4127	1,6108	0,2562
0,03	0,0069	0,3482	0,0197	0,53	0,4227	1,6308	0,2592
0,04	0,0105	0,4027	0,0262	0,54	0,4327	1,6509	0,2621
0,05	0,0147	0,4510	0,0326	0,55	0,4426	1,6710	0,2649
0,06	0,0192	0,4949	0,0389	0,56	0,4526	1,6911	0,2676
0,07	0,0242	0,5355	0,0451	0,57	0,4626	1,7113	0,2703
0,08	0,0294	0,5735	0,0513	0,58	0,4724	1,7315	0,2728
0,09	0,0350	0,6094	0,0574	0,59	0,4822	1,7518	0,2753
0,10	0,0409	0,6435	0,0635	0,60	0,4920	1,7722	0,2776
0,11	0,0470	0,6761	0,0695	0,61	0,5018	1,7926	0,2799
0,12	0,0534	0,7075	0,0755	0,62	0,5115	1,8132	0,2821
0,13	0,0600	0,7377	0,0813	0,63	0,5212	1,8338	0,2842
0,14	0,0668	0,7670	0,0871	0,64	0,5308	1,8546	0,2862
0,15	0,0739	0,7954	0,0929	0,65	0,5404	1,8755	0,2881
0,16	0,0811	0,8230	0,0986	0,66	0,5499	1,8965	0,2999
0,17	0,0885	0,8500	0,1042	0,67	0,5594	1,9177	0,2917
0,18	0,0961	0,8763	0,1097	0,68	0,5687	1,9391	0,2933
0,19	0,1039	0,9020	0,1152	0,69	0,8780	1,9606	0,2948
0,20	0,1118	0,9273	0,1206	0,70	0,5872	1,9823	0,2962
0,21	0,1199	0,9521	0,1259	0,71	0,5964	2,0042	0,2975
0,22	0,1281	0,9764	0,1312	0,72	0,6054	2,0264	0,2987
0,23	0,1365	1,0004	0,1364	0,73	0,6143	2,0488	0,2998
0,24	0,1449	1,0239	0,1416	0,74	0,6231	2,0714	0,3008
0,25	0,1535	1,0472	0,1466	0,75	0,6318	2,0944	0,3017
0,26	0,1623	1,0701	0,1516	0,76	0,6404	2,1176	0,3024
0,27	0,1711	1,0928	0,1566	0,77	0,6489	2,1412	0,3031
0,28	0,1800	1,1152	0,1614	0,78	0,6573	2,1652	0,3036
0,29	0,1890	1,1373	0,1662	0,79	0,6655	2,1895	0,3039
0,30	0,1982	1,1593	0,1709	0,80	0,6736	2,2143	0,3042
0,31	0,2074	1,1810	0,1756	0,81	0,6815	2,2395	0,3043
0,32	0,2167	1,2025	0,1802	0,82	0,6893	2,2653	0,3043
0,33	0,2260	1,2239	0,1847	0,83	0,6969	2,2916	0,3041
0,34	0,2355	1,2451	0,1891	0,84	0,7043	2,3186	0,3038
0,35	0,2450	1,2661	0,1935	0,85	0,7115	2,3462	0,3033
0,36	0,2546	1,2870	0,1978	0,86	0,7186	2,3746	0,3026
0,37	0,2642	1,3078	0,2020	0,87	0,7254	2,4039	0,3018
0,38	0,2739	1,3284	0,2061	0,88	0,7320	2,4341	0,3007
0,39	0,2836	1,3490	0,2002	0,89	0,7384	2,4655	0,2995
0,40	0,2934	1,3694	0,2142	0,90	0,7445	2,4981	0,2980
0,41	0,3032	1,3898	0,2181	0,91	0,7504	2,5322	0,2963
0,42	0,3130	1,4101	0,2220	0,92	0,7560	2,5681	0,2944
0,43	0,3229	1,4303	0,2258	0,93	0,7612	2,6061	0,2922
0,44	0,3328	1,4505	0,2295	0,94	0,7662	2,6467	0,2895
0,45	0,3428	1,4706	0,2331	0,95	0,7707	2,6906	0,2865
0,46	0,3527	1,4907	0,2366	0,96	0,7749	2,7389	0,2829
0,47	0,3627	1,5108	0,2401	0,97	0,7785	2,7934	0,2787
0,48	0,3727	1,5308	0,2435	0,98	0,7816	2,8578	0,2735
0,49	0,3827	1,5508	0,2468	0,99	0,7841	2,9413	0,2666
0,50	0,3927	1,5708	0,2500	1,00	0,7854	3,1416	0,2500

92 - (Suite)

d - diamètre ; h – tirant d'eau ; K – valeur donnée par la table

b) Détermination de k, largeur superficielle L

$L = K\,d$

$\frac{h}{d}$	0	1	2	3	4	5	6	7	8	9
0,0	0,000	0,199	0,280	0,341	0,392	0,436	0,475	0,510	0,543	0,572
0,1	0,600	626	650	673	694	714	733	751	768	785
0,2	0,800	815	828	842	854	866	877	888	898	908
0,3	0,917	925	933	940	947	954	960	966	971	975
0,4	0,980	984	987	990	993	995	997	998	999	1,000
0,5	1,000	1,000	0,999	0,998	0,997	0,995	0,993	0,990	0,987	0,984
0,6	1,980	975	971	966	960	954	947	940	933	925
0,7	1,917	908	898	888	877	866	854	842	828	815
0,8	1,800	785	768	751	733	714	694	673	650	626
0,9	1,600	572	543	510	475	436	392	341	280	199

Exemple : $h/d = 0,13$; du tableau $K = 0,673$

c) détermination de la profondeur moyenne h_m

$h_m = K\,d$

$\frac{h}{d}$	0	1	2	3	4	5	6	7	8	9
0,0	0,000	0,007	0,013	0,020	0,027	0,034	0,041	0,047	0,054	0,061
1	068	075	082	089	096	103	111	118	125	132
2	140	147	155	162	170	177	185	193	200	208
3	216	224	232	240	249	257	265	274	282	291
4	299	308	317	326	335	345	354	363	373	383
0,5	0,393	0,403	0,413	0,423	0,434	0,445	0,456	0,467	0,479	0,490
6	502	514	527	540	553	567	580	595	610	625
7	641	657	674	692	710	730	750	771	793	817
8	842	869	897	928	961	996	1,035	1,078	1,126	1,180
9	1,241	1,311	1,393	1,492	1,613	1,768	1,977	2,282	2,792	3,940

Exemple : $h/d = 0,62$; du tableau $K = 0,527$

d) détermination de la profondeur y, du centre de gravité

$y = K\,d$

$\frac{h}{d}$	0	1	2	3	4	5	6	7	8	9
0,0	0,000	0,004	0,008	0,012	0,016	0,020	0,024	0,028	0,032	0,036
1	040	044	049	053	057	061	065	069	073	077
2	082	086	090	094	098	103	107	111	115	119
3	124	128	132	137	141	145	150	154	158	163
4	167	172	176	181	185	189	194	199	203	208
0,5	0,212	0,217	0,221	0,226	0,231	0,235	0,240	0,245	0,250	0,254
6	259	264	269	274	279	284	289	294	299	304
7	309	314	320	325	330	336	341	347	352	358
8	363	369	375	381	387	393	399	405	411	418
9	424	431	438	445	452	459	466	474	482	491

Exemple : $h/d = 0,86$; du tableau $K = 0,399$

93 - Section circulaire partiellement pleine - Valeurs de U et Q

U_h et Q_h – Vitesse et débit pour une profondeur d'eau h

U_d et Q_d – Vitesse et débit correspondant à la section pleine (T. 94)

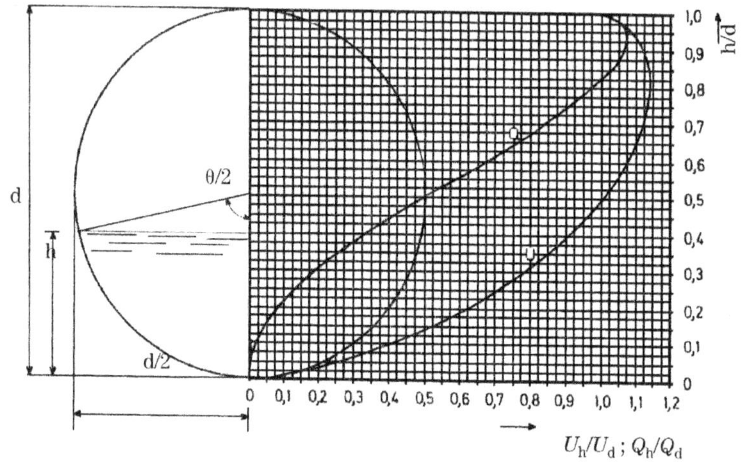

$\frac{h}{d}$	$\frac{U_h}{U_d}$ (A. 94)	$\frac{Q_h}{Q_d}$ (A. 94)	$\frac{h}{d}$	$\frac{U_h}{U_d}$	$\frac{Q_h}{Q_d}$	$\frac{h}{d}$	$\frac{U_h}{U_d}$	$\frac{Q_h}{Q_d}$
0,025	0,163	0,0011	0,300	0,776	0,1958	0,775	1,138	0,9460
050	257	0048	350	843	2629	800	140	9775
075	334	0114	400	902	3370	825	140	1,0058
100	401	0209	450	954	4165	850	137	0304
125	462	0333	500	1,000	5000	875	132	0507
0,150	0,514	0,486	0,550	1,039	0,5857	0,900	1,124	1,0658
175	568	0,667	600	072	6728	925	112	0744
200	615	0,879	650	099	7564	950	095	0745
225	659	1,113	700	120	8372	975	069	0617
250	701	1,370	750	133	9119	1,000	000	0000

Exemple : dans un collecteur à section circulaire, de diamètre d = 3,0 m, et pente I = 0,005 s'écoule une lame liquide de hauteur h = 2,10 m.

Déterminer la vitesse moyenne U et le débit Q ($K_s = 75\ m^{1/3}/s$).

Pour $h/d = 2{,}1/3{,}0 = 0{,}7$; de la table $U_h = 1{,}121\ U_d$ et $Q_h = 0{,}838\ Q_d$.

de la table 94 : $U_d = 61{,}88\sqrt{I} = 61{,}88\sqrt{0{,}005} = 4{,}38$ m/s

et $Q_d = 437{,}37\sqrt{I} = 437{,}37\sqrt{0{,}005} = 30{,}93\ m^3/s$

Donc $U_h = 4{,}90$ m/s et $Q_h = 25{,}92\ m^3/s$

94 - Section circulaire entièrement pleine

(Voir aussi l'Abaque 95)

$S = \pi \frac{D^2}{4} = 0{,}7854\, D^2$ $\qquad P = \pi D = 3{,}1416\, D$ $\qquad R = 0{,}25\, D$

$D = H$	$D^{2/3}$	$D^{8/3}$	S	P	R	$R^{2/3}$	$SR^{2/3}$	$K_s = 75$	
								$\frac{U}{\sqrt{i}}$	$\frac{Q}{\sqrt{i}}$
m	$m^{2/3}$	$m^{8/3}$	m^2	m	m	$m^{2/3}$	$m^{8/3}$		
0,20	0,342	0,0137	0,0314	0,628	0,050	0,136	0,0043	10,18	0,323
0,25	0,397	0,0248	0,0491	0,785	0,063	0,157	0,0077	11,81	0,580
0,30	0,448	0,0403	0,0707	0,942	0,075	0,177	0,0126	13,34	0,943
0,35	0,497	0,0608	0,0962	1,100	0,088	0,197	0,0190	14,78	1,422
0,40	0,543	0,0869	0,1257	1,257	0,100	0,215	0,0271	16,16	2,031
	0,630	0,1575	0,1963	1,571	0,125	0,250	0,0491	18,75	3,682
0,60	0,711	0,2561	0,2827	1,885	0,150	0,282	0,0798	21,15	5,987
0,70	0,788	0,3863	0,3848	2,199	0,175	0,131	0,1204	23,46	9,030
0,80	0,862	0,5515	0,5027	2,513	0,200	0,342	0,1719	25,65	12,893
0,90	0,932	0,7551	0,6362	2,827	0,225	0,370	0,2353	27,74	17,651
1,00	1,000	1,0000	0,7854	3,142	0,250	0,397	0,3117	29,76	23,376
1,10	1,066	1,2894	0,9503	3,456	0,275	0,423	0,4019	31,72	30,141
1,20	1,129	1,6261	1,1310	3,770	0,300	0,448	0,5068	33,61	38,013
1,30	1,191	2,0130	1,3273	4,084	0,325	0,473	0,6274	35,45	47,057
1,40	1,251	2,4529	1,5394	4,398	0,350	0,497	0,7645	37,25	57,339
1,50	1,310	2,9483	1,7671	4,712	0,375	0,520	0,9190	39,00	68,921
1,60	1,368	3,5020	2,0106	5,027	0,400	0,543	1,0915	40,72	81,865
1,70	1,424	4,1165	2,2698	5,341	0,425	0,565	1,2839	42,40	96,230
1,80	1,480	4,7943	2,5547	5,655	0,450	0,587	1,4943	44,04	112,07
1,90	1,534	5,5379	2,8353	5,969	0,475	0,609	1,7261	45,66	129,47
2,00	1,587	6,3496	3,1416	6,283	0,500	0,630	1,9791	47,25	148,44
2,20	1,692	8,1870	3,8013	6,912	0,550	0,671	2,5518	50,35	191,33
2,40	1,793	10,3252	4,5239	7,540	0,600	0,711	3,2182	53,35	241,36
2,60	1,891	12,7819	5,3093	8,168	0,650	0,750	3,9839	56,28	298,79
2,80	1,987	15,5748	6,1575	8,796	0,700	0,788	4,8544	59,13	364,08
3,00	2,080	18,7208	7,0686	9,425	0,750	0,825	5,8350	61,91	437,62
3,20	2,172	22,2365	8,0425	10,053	0,800	0,862	6,9308	64,63	519,81
3,40	2,261	26,1383	9,0792	10,681	0,850	0,897	8,1469	67,30	611,02
3,60	2,349	30,4420	10,1790	11,310	0,900	0,932	9,4883	69,91	711,62
3,80	2,435	35,1633	11,3410	11,938	0,950	0,966	10,960	72,48	822,00

Exemple : $D = 3{,}0$ m ; $i = 0{,}005$. Déterminer Q et U correspondant à la section pleine $K = 60\ m^{1/3}/s$.

La table donne pour $D = 3{,}0$ m, $U/\sqrt{i} = 61{,}88$ et $Q/\sqrt{i} = 437{,}37$; pour $K_s = 75$, on obtient $U = 4{,}38$ m/s et $Q = 30{,}9\ m^3/s$. Pour $K_s = 60$ on obtient $U = 4{,}38 \times 60/75 = 3{,}5$ m/s et $Q = 30{,}9 \times 60/75 = 24{,}7\ m^3/s$

95 - Section circulaire entièrement pleine

Abaque spécialement adapté aux calculs des réseaux d'égout.

Dans un réseau d'égout unitaire, on doit dimensionner les collecteurs pour le débit maximum Q_M , somme du débit dû aux eaux pluviales Q_P et du débit dû aux eaux résiduaires Q_r.

$$Q_M = Q_P + Q_r$$

Ordinairement, le terme Q_r est très petit vis-à-vis de Q_P, et on a pratiquement $Q_M \approx Q_P$. Dans un réseau unitaire ou d'eaux usées, il faudra toujours vérifier si chaque collecteur est susceptible d'auto-curage avec le seul débit des eaux usées Q_r ; on admet, d'habitude, qu'il faut une vitesse de 0,3 m/s en réseaux séparatifs et de 0,6 m/s en réseaux unitaires ; on admet aussi qu'il faut une profondeur d'eau $h \geq 0{,}02$ m. Lorsqu'il n'est pas ainsi, on augmente la pente des collecteurs, si possible, ou on prévoit des dispositifs automatiques de chasse.

Remarques sur la construction de l'abaque

1) *On a admis* $K_s = 75$, valable pour des collecteurs bien entretenus. Pour des collecteurs de grand diamètre, avec des parois très lisses et des bons raccordements, les débits pourront être augmentés de 5%. Pour des collecteurs mal entretenus, cette valeur pourra être diminuée de 10 à 20 % ou même davantage (voir la T. 86).

2) Le *maximum recommandé* a été établi de telle façon que, pour chaque pente, le débit écoulé en régime critique est égal à la moitié du débit correspondant à la section pleine.

3) Le *maximum exceptionnel* est limité par la pente ($I \geq 40$‰) et par la vitesse ($U \leq 5$ m/s).

4) Le *minimum recommandé* est limité par la vitesse ($U \geq 0{,}6$ m/s) et par la pente ($I \geq 0{,}5$ ‰).

5) Le *minimum exceptionnel* est limité par la vitesse ($U \geq 0{,}5$ m/s).

Exemple : $Q = 1000$ l/s ; $I = 6$‰. L'abaque donne $D = 0{,}80$ m ; $U = 2{,}0$ m/s. Dans la table annexe, on obtient : $Q_r = 1{,}6$ l/s (afin d'assurer, lorsqu'il ne pleut pas, une vitesse minimum égale à 0,3 m/s) ; ou $Q_r = 11{,}8$ l/s (afin d'assurer, lorsqu'il ne pleut pas, une vitesse minimum égale à 0,6 m/s).

Débits minimaux d'eau résiduaire (1)
Q_s : l/s

a) Afin d'assurer une vitesse moyenne égale à 0,30 m/s et une profondeur d'eau h > 0,02 m.

I (m/km) \ D (m)	0,20	0,25	0,30	0,35	0,40	0,45	0,50	0,60	0,70	0,80	0,90	1,00
0,5			14,8	14,6	13,4	12,7	14,3	15,4	16,5	17,6	18,8	19,6
1,0	5,7	5,7	5,9	6,1	6,3	6,5	6,8	7,5	7,9	8,9	9,4	10,2
2,0	2,5	2,5	2,7	2,9	3,1	3,3	3,5	3,8	4,1	4,5	4,9	5,2
4,0	1,2	1,2	1,4	1,4	1,6	1,6	1,8	2,0	2,1	2,4	2,6	2,8
6,0	0,7	0,8	0,9	1,0	1,0	1,1	1,2	1,3	1,5	1,6	1,7	1,9
8,0	0,6	0,6	0,7	0,7	0,8	0,9	0,9	1,0	1,1	1,2	1,3	1,5
10,0	0,5	0,6	0,7	0,7	0,7	0,8	0,8	0,9	0,9	1,0	1,1	1,3
12,0	0,6	0,6	0,7	0,8	0,8	0,9	0,9	1,0	1,0	1,1	1,2	1,3
14,0	0,6	0,7	0,8	0,8	0,9	0,9	1,0	1,1	1,1	1,2	1,3	1,4
16,0	0,7	0,7	0,8	0,9	0,9	1,0	1,1	1,1	1,2	1,2	1,4	1,5
20,0	0,7	0,8	0,9	1,0	1,0	1,1	1,2	1,3	1,3	1,4	1,5	1,7
25,0	0,8	0,9	1,0	1,1	1,2	1,3	1,3	1,4	1,5	1,6	1,7	
30,0	0,9	1,0	1,1	1,2	1,3	1,4	1,5	1,5	1,6	1,7	1,9	
35,0	1,0	1,1	1,2	1,3	1,4	1,5	1,6	1,7	1,7			
40,0	1,0	1,2	1,3	1,4	1,5	1,6	1,7	1,8	1,8			

b) Pour assurer une vitesse moyenne égale à 0,60 m/s et une profondeur d'eau h > 0,02 m.

I (m/km) \ D (m)	0,20	0,25	0,30	0,35	0,40	0,45	0,50	0,60	0,70	0,80	0,90	1,00
0,5										186	184	182
1,0						82,4	72,8	72,4	72,1	77,4	81,7	82,5
2,0			29,6	27,4	27,8	28,9	30,4	31,7	32,9	35,3	37,3	39,1
4,0	12,2	11,4	11,8	12,2	12,9	13,0	13,9	14,6	16,4	17,2	18,9	20,0
6,0	6,8	7,1	7,4	7,7	8,2	8,5	9,0	10,0	10,9	11,8	12,6	13,4
8,0	5,0	5,2	5,5	5,7	6,1	6,5	6,9	7,5	8,2	8,8	9,8	10,3
10,0	3,9	4,0	4,3	4,6	4,9	5,2	5,5	6,0	6,5	7,3	7,9	8,6
12,0	3,2	3,3	3,5	3,9	4,1	4,3	4,6	5,0	5,7	6,1	6,7	7,4
14,0	2,7	2,8	3,0	3,3	3,5	3,8	4,0	4,4	4,9	5,4	5,8	6,4
16,0	2,3	2,4	2,7	2,9	3,1	3,3	3,4	3,9	4,3	4,8	5,3	5,6
20,0	1,8	2,0	2,1	2,3	2,4	2,7	2,9	3,2	3,5	3,9	4,2	4,4
25,0	1,4	1,6	1,7	1,9	2,0	2,2	2,3	2,6	3,0	3,1	3,4	
30,0	1,2	1,3	1,4	1,6	1,7	1,8	2,0	2,2	2,4	2,5	2,8	
35,0	1,0	1,2	1,3	1,4	1,5	1,6	1,8	1,9	2,1			
40,0	1,0	1,2	1,3	1,4	1,5	1,6	1,7	1,8	1,8			

Remarques : les numéros au-dessus du trait horizontal sont déterminées par la condition de vitesse ; les numéros au-dessous du trait horizontal sont déterminés par la condition de profondeur d'eau.

(1) Valeurs extraites de « Tabelas Téchnicas ». Editions d'A.E.I.S.T.

95

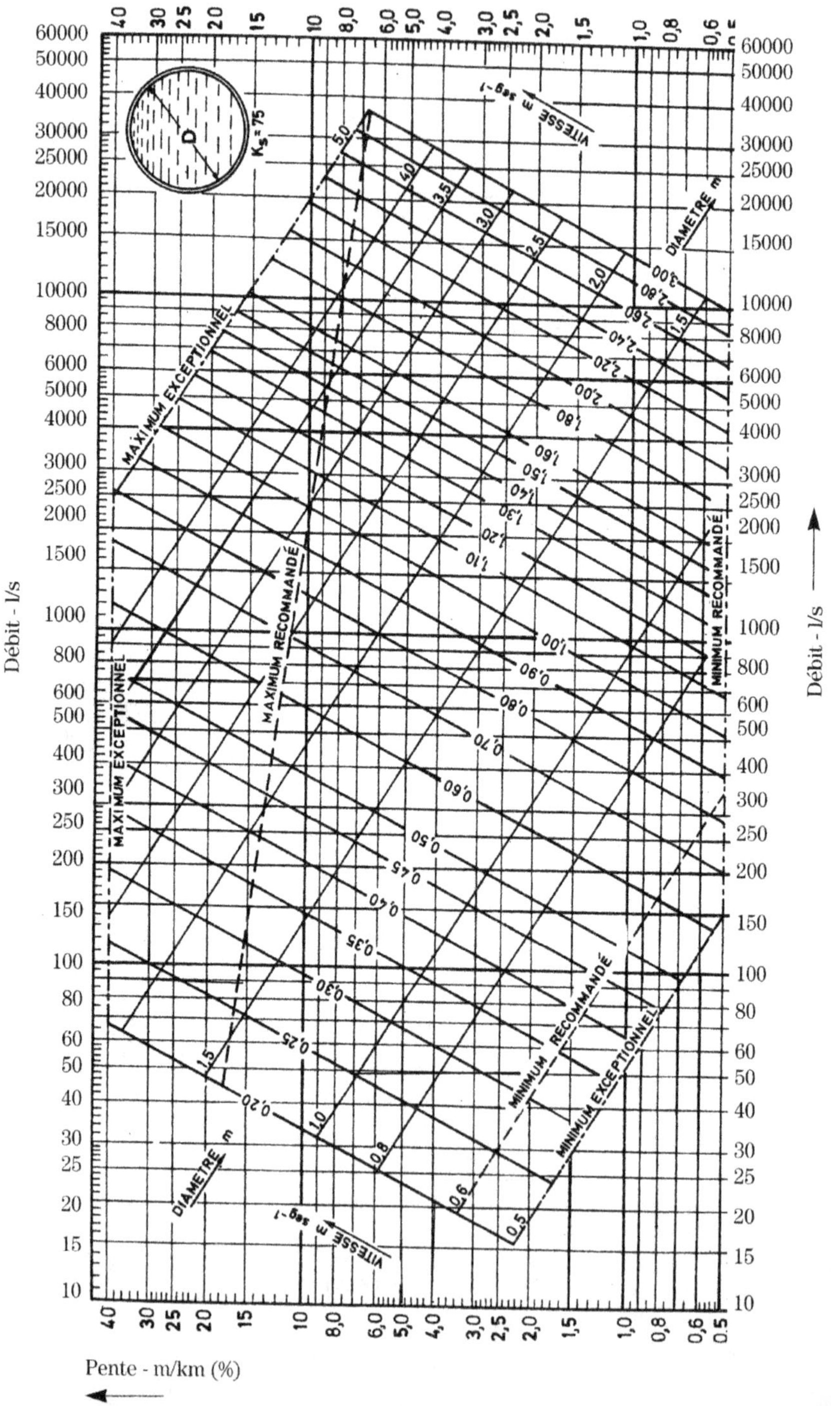
D
$K_s = 75$
Débit - l/s
Pente - m/km (‰)
VITESSE m seg⁻¹
DIAMETRE m
MAXIMUM EXCEPTIONNEL
MAXIMUM RECOMMANDÉ
MINIMUM RECOMMANDÉ
MINIMUM EXCEPTIONNEL

96 - Section en fer à cheval, partiellement pleine

Éléments géométriques

h / d	*S / d*²	*P / d*	*R / d*	*h / d*	*S / d*²	*P / d*	*R / d*
0,01	0,0019	0,2831	0,0067	0,51	0,4466	1,7161	0,2603
0,02	0,0053	0,4007	0,0133	0,52	0,4566	1,7361	0,2630
0,03	0,0098	0,4911	0,0199	0,53	0,4666	1,7562	0,2657
0,04	0,0150	0,5676	0,0264	0,54	0,4766	1,7762	0,2683
0,05	0,0209	0,6351	0,0329	0,55	0,4865	1,7963	0,2709
0,06	0,0275	0,6963	0,0394	0,56	0,4965	1,8164	0,2733
0,07	0,0346	0,7528	0,0459	0,57	0,5064	1,8366	0,2757
0,08	0,0422	0,8054	0,0523	0,58	0,5163	1,8568	0,2780
0,0886	0,0490	0,8481	0,0578	0,59	0,5261	1,8771	0,2803
0,09	0,0502	0,8512	0,0590	0,60	0,5360	1,8975	0,2825
0,10	0,0585	0,8731	0,0670				
0,11	0,0669	0,8949	0,0747	0,61	0,5457	1,9179	0,2845
0,12	0,0753	0,9165	0,0822	0,62	0,5555	1,9385	0,2865
0,13	0,0839	0,9381	0,0894	0,63	0,5651	1,9591	0,2885
0,14	0,0925	0,9596	0,0964	0,64	0,5748	1,9800	0,2903
0,15	0,1012	0,9810	0,1032	0,65	0,5843	2,0008	0,2921
0,16	0,1100	1,0023	0,1097	0,66	0,5939	2,0219	0,2937
0,17	0,1188	1,0235	0,1161	0,67	0,6033	2,0430	0,2953
0,18	0,1277	1,0447	0,1223	0,68	0,6127	2,0644	0,2968
0,19	0,1367	1,0657	0,1283	0,69	0,6219	2,0859	0,2981
0,20	0,1457	1,0867	0,1341	0,70	0,6312	2,1076	0,2995
0,21	0,1549	1,1077	0,1398	0,71	0,6403	2,1296	0,3007
0,22	0,1640	1,1285	0,1453	0,72	0,6493	2,1517	0,3018
0,23	0,1733	1,1493	0,1507	0,73	0,6582	2,1741	0,3028
0,24	0,1825	1,1702	0,1560	0,74	0,6671	2,1968	0,3037
0,25	0,1919	1,1908	0,1611	0,75	0,6758	2,2197	0,3044
0,26	0,2013	1,2114	0,1662	0,76	0,6844	2,2430	0,3051
0,27	0,2107	1,2320	0,1710	0,77	0,6929	2,2666	0,3057
0,28	0,2202	1,2525	0,1758	0,78	0,7012	2,2905	0,3061
0,29	0,2297	1,2730	0,1805	0,79	0,7094	2,3149	0,3065
0,30	0,2393	1,2934	0,1850	0,80	0,7175	2,3396	0,3067
0,31	0,2489	1,3138	0,1895	0,81	0,7254	2,3649	0,3068
0,32	0,2586	1,3342	0,1932	0,82	0,7332	2,3906	0,3067
0,33	0,2683	1,3545	0,1981	0,83	0,7408	2,4169	0,3065
0,34	0,2780	1,3747	0,2022	0,84	0,7482	2,4439	0,3062
0,35	0,2878	1,3950	0,2063	0,85	0,7554	2,4715	0,3057
0,36	0,2975	1,4152	0,2102	0,86	0,7625	2,5000	0,3050
0,37	0,3074	1,4354	0,2141	0,87	0,7693	2,5292	0,3042
0,38	0,3172	1,4555	0,2179	0,88	0,7759	2,5594	0,3032
0,39	0,3271	1,4757	0,2216	0,89	0,7823	2,5908	0,3020
0,40	0,3370	1,4958	0,2253	0,90	0,7884	2,6234	0,3005
0,41	0,3469	1,5159	0,2288	0,91	0,7943	2,6575	0,2989
0,42	0,3568	1,5360	0,2323	0,92	0,7999	2,6934	0,2970
0,44	0,3767	1,5761	0,2390	0,94	0,8101	2,7720	0,2922
0,45	0,3867	1,5961	0,2423	0,95	0,8146	2,8159	0,2893
0,16	0,3966	1,6161	0,2454	0,96	0,8188	2,8642	0,2859
0,47	0,4066	1,6361	0,2485	0,97	0,8225	2,9188	0,2818
0,48	0,4166	1,6561	0,2516	0,98	0,8256	2,9831	0,2767
0,49	0,4266	1,6761	0,2545	0,99	0,8280	3,0666	0,2700
0,50	0,4366	1,6961	0,2574	1,00	0,8293	6,2669	0,2539

97 - Section en fer à cheval partiellement pleine. Valeurs de U_h et Q_h

U_h et Q_h – Vitesse moyenne et débit pour une profondeur d'eau h

U_d et Q_d – Vitesse moyenne et débit correspondant à la section pleine.

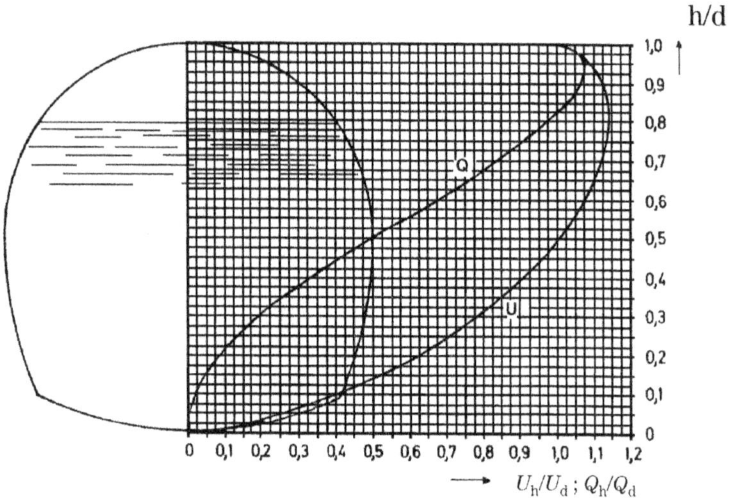

$\frac{h}{d}$	$\frac{U_h}{U_d}$	$\frac{Q_h}{Q_d}$	$\frac{h}{d}$	$\frac{U_h}{U_d}$	$\frac{Q_h}{Q_d}$	$\frac{h}{d}$	$\frac{U_h}{U_d}$	$\frac{Q_h}{Q_d}$
0,02	0,1398	0,0009	0,32	0,8353	0,2605	0,72	1,1221	0,8786
0,04	2212	0040	0,34	8593	2880	0,74	1268	9064
0,06	2890	0096	0,36	8819	3164	0,76	1305	9329
0,08	3490	0177	0,38	9033	3455	0,78	1330	9580
0,10	4115	0290	0,40	9235	3752	0,80	1343	9814
0,12	1,4715	0,0428	0,44	0,9606	0,4363	0,82	1,1343	1,0029
0,14	5244	0585	0,48	9940	4993	0,84	1330	0222
0,16	5716	0758	0,50	1,0094	5314	0,86	1302	0361
0,18	6144	0946	0,54	0376	5963	0,88	1256	0532
0,20	6535	1149	0,58	0626	6615	0,90	1191	0640
0,22	0,6895	0,1364	0,60	1,0738	0,6939	0,92	1,1103	1,0709
0,24	7228	1591	0,64	0936	7579	0,94	0984	0729
0,26	7538	1830	0,66	1021	7892	0,96	0824	0686
0,28	7828	2078	0,68	1098	8198	0,98	0593	0545
0,30	8099	2337	0,70	1164	8497	1,00	0000	0000

98 - Section ovoïde normale (H = 1,5 D) partiellement pleine

U_h et Q_h – Vitesse moyenne et débit pour une profondeur d'eau h
U_H et Q_H – Vitesse moyenne et débit correspondants à la section pleine

$\frac{h}{H}$	$\frac{S}{D^2}$	$\frac{R}{D}$	$\frac{R^{2/3}}{D^{2/3}}$	$\frac{SR^{2/3}}{D^{8/3}}$	$\frac{U_h}{U_H}$	$\frac{Q_h}{Q_H}$
0,0167	0,0037	0,016	0,064	0,0002	0,147	0,0005
0333	0102	032	100	0010	229	0020
0500	0185	046	129	0024	295	0050
0667	0280	060	154	0043	351	0085
0833	0384	073	175	0069	399	0134
0,1000	0,0498	0,085	0,193	0,0094	0,441	0,0191
1333	0750	106	224	0168	512	0335
1667	1035	126	251	0262	573	0516
2000	1348	144	274	0369	627	0735
2333	1687	161	296	0498	674	0992
0,2667	0,2051	0,177	0,315	0,0644	0,720	0,1285
3000	2436	192	333	0808	761	1613
3333	2841	207	350	0997	708	1975
3667	3264	221	365	1194	834	2369
4000	3702	234	379	1403	867	2792
0,4500	0,4385	0,252	0,399	0,1750	0,912	0,381
5000	5093	269	417	2124	952	4223
6000	6561	299	447	2932	1,021	5834
6500	7308	312	460	3362	050	6683
7000	8057	323	471	3795	075	7544
0,7333	0,8552	0,329	0,447	0,4080	1,090	0,8113
7667	9036	335	482	4355	101	8664
8000	9504	339	486	4618	110	9184
8333	9950	341	488	4856	115	9659
8667	1,0367	341	488	5058	116	1,0069
0,9000	1,0747	0,339	0,486	0,5225	1,111	1,0392
9333	1077	333	481	5327	098	0594
9667	1338	323	470	5334	075	0608
9833	1432	313	461	5275	054	0491
1,0000	1485	290	438	5028	000	0000

Exemple : dans une section ovoïde de dimentions $D \times H$ = 1,40 m × 2,10 m avec une pente I = 0,003, s'écoule un débit Q = 170 l/s. Déterminer la vitesse moyenne de l'écoulement (K_s = 75).

De la table 100 la vitesse correspondante la section pleine et $U_H = 41{,}1\sqrt{I}$ $= 41{,}1\ \sqrt{0{,}003} = 2{,}25$ m/s et $Q_H = 92{,}52\ \sqrt{I} = 5{,}07$ m3/s.

Donc $Q_h/Q_H = 0{,}170/5{,}07 = 0{,}0335$ à qui correspond (table 98) $h/H = 0{,}1333$ et U_h/U_H $= 0{,}509$.

Le débit de 170 l/s s'écoule avec une profondeur d'eau $h = 0{,}1333\ H = 0{,}1333 \times 2{,}10 =$ 0,28 m et avec une vitesse $U_h = 0{,}509\ U_H = 0{,}509 \times 2{,}25 = 1{,}15$ m/s.

99 - Section ovoïde normale (H = 1,5 D), partiellement pleine

U_h et Q_h – Vitesse moyenne et débit pour une profondeur d'eau h
U_H et Q_H – Vitesse moyenne et débit correspondants à la section pleine

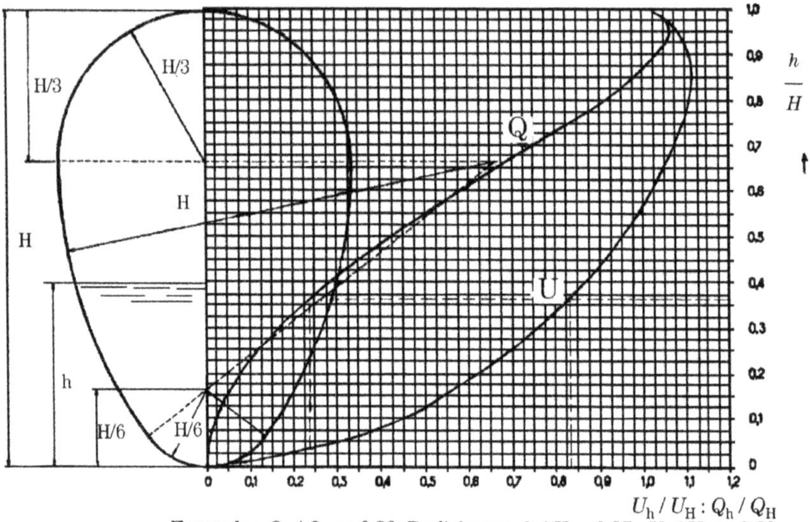

Exemple : Q_h / Q_H = 0,23. De l'abaque, h / H = 0,37 ; U_h / U_H = 0,83

100 - Section ovoïde normale (H = 1,5 D), entièrement pleine

$D \times H$	$D^{2/3}$	$D^{8/3}$	S	P	R	$R^{2/3}$	$SR^{2/3}$	$K_s = 75$	
m × m	$m^{2/3}$	$m^{8/3}$	m^2	m	m	$m^{2/3}$	$m^{8/3}$	$\frac{U}{\sqrt{i}}$	$\frac{Q}{\sqrt{i}}$
0,40 × 0,60	0,543	0,087	0,1838	1,586	0,116	0,238	0,0437	17,850	3,276
0,50 × 0,75	0,630	0,157	0,2871	1,982	0,145	0,276	0,0792	20,700	5,939
0,60 × 0,90	0,711	0,256	0,4135	2,379	0,174	0,311	0,1288	23,400	9,675
0,70 × 1,05	0,788	0,386	0,5628	2,775	0,203	0,345	0,1942	25,875	14,565
0,80 × 1,20	0,862	0,552	0,7351	3,172	0,232	0,377	0,2773	28,350	20,835
0,90 × 1,35	0,932	0,755	0,9303	3,568	0,261	0,408	0,3797	30,600	28,470
1,00 × 1,50	1,000	1,000	1,1485	3,965	0,290	0,438	0,5037	32,850	37,712
1,10 × 1,65	1,066	1,289	1,3897	4,361	0,319	0,467	0,6483	35,025	48,625
1,20 × 1,80	1,129	1,626	1,6538	4,757	0,348	0,495	0,8186	37,075	61,323
1,30 × 1,95	1,191	2,013	1,9410	5,154	0,377	0,521	1,0113	39,111	75,914
1,40 × 2,10	1,251	2,453	2,2511	5,550	0,406	0,548	1,2336	41,100	92,502
1,50 × 2,25	1,310	2,948	2,5841	5,947	0,435	0,574	1,4825	43,025	111,19
1,60 × 2,40	1,368	3,502	2,9402	6,342	0,464	0,599	1,7610	44,925	132,07
1,80 × 2,70	1,480	4,795	3,7211	7,136	0,521	0,648	2,4113	48,600	180,85
2,00 × 3,00	1,587	6,348	4,5940	7,929	0,579	0,695	3,1928	52,125	239,45
2,20 × 0,60	1,691	8,184	5,559	8,722	0,637	0,740	4,1137	55,550	308,75
2,40 × 0,75	1,792	10,322	6,615	9,515	0,695	0,785	5,1928	58,875	389,38
2,60 × 0,90	1,891	12,783	7,764	10,308	0,753	0,828	6,4286	62,100	482,02
2,80 × 1,05	1,987	15,578	9,004	11,101	0,811	0,869	7,8245	65,225	587,35
3,00 × 1,20	2,080	18,720	10,336	11,894	0,869	0,911	9,4161	68,300	706,00

101 - Section ovoïde normale ($H = 1{,}5\ D$) entièrement pleine

(Spécialement adapté au calcul des réseaux d'égouts)

Remarque : Les maximum et minimum recommandés et exceptionnels avec la section pleine ont été fixés par comparaison avec les collecteurs circulaires. Voir les remarques annexes à l'Abaque 91.

Débits minimums d'eaux usées [1]

Q_s (en l/s)

Afin d'assurer la vitesse moyenne de 0,60 m/s et une profondeur d'eau $h \geq 0{,}02$ m.

I (°/₀₀) \ D (m)	0,40	0,50	0,60	0,70	0,80	0,90	1,00	1,20	1,40	1,60	1,80	2,00
0,5	–	–	–	211,1	210,1	198,5	200,5	200,8	206,1	207,0	217,7	227,2
1,0	–	77,1	78,2	76,7	77,9	76,7	77,4	82,0	88,0	91,6	96,3	101,5
2,0	29,7	31,9	29,2	30,4	31,0	32,6	33,3	36,6	39,2	42,9	46,0	50,2
4,0	11,5	12,2	12,6	13,4	14,1	14,5	15,7	17,8	20,5	22,2	24,7	27,3
6,0	7,1	7,4	8,0	8,6	9,3	10,0	11,0	12,5	14,1	15,9	17,3	18,6
8,0	5,0	5,4	5,9	6,5	7,1	7,6	8,4	9,6	11,0	12,1	13,0	14,2
10,0	3,9	4,3	4,8	5,3	5,8	6,3	6,9	7,8	8,9	9,7	10,7	12,0
12,0	3,2	3,6	4,0	4,4	4,8	5,4	5,9	6,6				
14,0	2,7	3,1	3,5	4,0	4,3	4,8	5,0	5,8				
16,0	2,4	2,7	3,1	3,6	3,8	4,2	4,5	5,1				
20,0	1,9	2,3	2,6	2,9	3,1	3,4	3,7	4,2				
25,0	1,6	1,8	2,1	2,3	2,5	2,7						
30,0	1,3	1,6	1,8	2,0	2,1	2,3						
35,0	1,2	1,3	1,6	1,7								
40,0	1,1	1,2	1,4	1,4								

(1) Valeurs extraites de « Tabelas Técnicas » Édition de A.E.I.S.T.

101

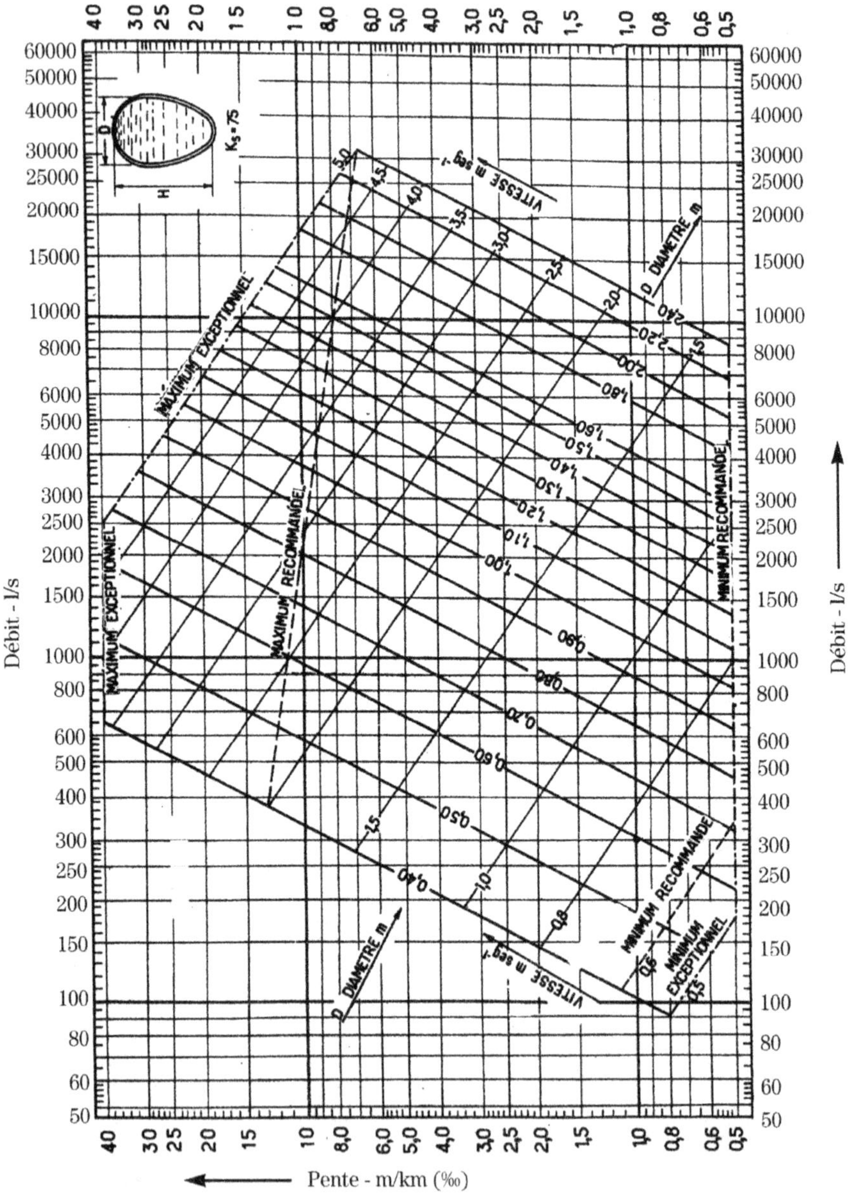

Débit - l/s
Pente - m/km (‰)
60000
50000
40000
30000
25000
20000
15000
10000
8000
6000
5000
4000
3000
2500
2000
1500
1000
800
600
500
400
300
250
200
150
100
80
60
50
40
30
25
20
15
10
8,0
6,0
5,0
4,0
3,0
2,5
2,0
1,5
1,0
0,8
0,6
0,5
D
H
$K_s = 75$
VITESSE m seg.⁻¹
D DIAMETRE m
MAXIMUM EXCEPTIONNEL
MAXIMUM RECOMMANDE
MINIMUM RECOMMANDE
MINIMUM EXCEPTIONNEL
2,40
2,20
2,00
1,80
1,60
1,50
1,40
1,30
1,20
1,10
1,00
0,90
0,80
0,70
0,60
0,50
0,40

102 - Section voûtée à radier partiellement pleine

U_h et Q_h – Vitesse moyenne et débit pour une profondeur d'eau h
U_d et Q_d – Vitesse moyenne et débit correspondant à la réaction pleine.

$\frac{h}{H}$	$\frac{S}{D^2}$	$\frac{R}{D}$	$\frac{R^{2/3}}{D^{2/3}}$	$\frac{SR^{2/3}}{D^{8/3}}$	$\frac{U_h}{U_H}$	$\frac{Q_h}{Q_H}$
0,01	0,0002	0,004	0,0273	0,00001	0,070	0,00003
02	0008	009	043	00003	111	0001
03	0018	013	056	0001	146	0003
04	0032	018	068	0002	177	0007
05	0050	022	079	0004	205	0013
0,06	0,0072	0,027	0,090	0,0006	0,232	0,0022
07	0098	031	099	0010	257	0033
08	0128	036	109	0014	281	0047
09	0162	040	117	0019	303	0064
10	0200	045	126	0025	326	0085
0,15	0,0450	0,067	0,165	0,0074	0,427	0,0250
20	0800	089	200	0160	517	0539
25	1250	112	232	0290	600	0976
30	1750	144	274	0480	709	1616
35	2250	171	308	0692	795	2331
0,40	0,2750	0,194	0,335	0,0921	0,866	0,3100
45	3250	214	358	1163	925	3915
50	3750	232	377	1415	975	4762
55	4249	247	394	1674	018	5635
60	4753	261	408	1936	055	6516
0,65	0,5227	0,272	0,420	0,2194	1,084	0,7384
70	5695	281	429	2441	108	8217
75	6142	287	435	2671	124	8989
80	6559	290	438	2874	132	9672
825	6754	290	439	2962	133	9969
0,850	0,6938	0,290	0,438	03039	1,132	1,0229
900	7268	286	434	3152	121	0609
950	7530	275	423	3185	093	0720
1,000	7677	241	387	2971	000	0000

103 - Section voûtée à radier triangulaire, entièrement pleine

(Adaptée pour le calcul des réseaux d'égoût)

Remarque : Les maximums et minimums recommandés et exceptionnels avec la section pleine ont été fixés par comparaison avec les collecteurs circulaires. Voir les remarques annexes à l'Abaque 95.

Débits minimums d'eaux usées

Q_r (en l/s)

Afin d'assurer une vitesse minimum de 0,6 m/s et une profondeur d'eau $h \geq 0{,}02$ m.

Valeurs valables pour $h < \frac{D}{4}$

i ‰	Q l/s	i ‰	Q l/s	i ‰	Q l/s
0,5	–	8,0	4,3	20,0	1,1
1,0	97,2	10,0	3,1	25,0	0,8
2,0	34,4	12,0	2,3	30,0	0,6
4,0	12,1	14,0	1,9	35,0	0,6
6,0	6,6	16,0	1,5	40,0	0,6

104 - Section voûtée à radier triangulaire, entièrement pleine

U_h et Q_h – Vitesse moyenne et débit pour une profondeur d'eau h

U_d et Q_d – Vitesse moyenne et débit correspondant à la réaction pleine.

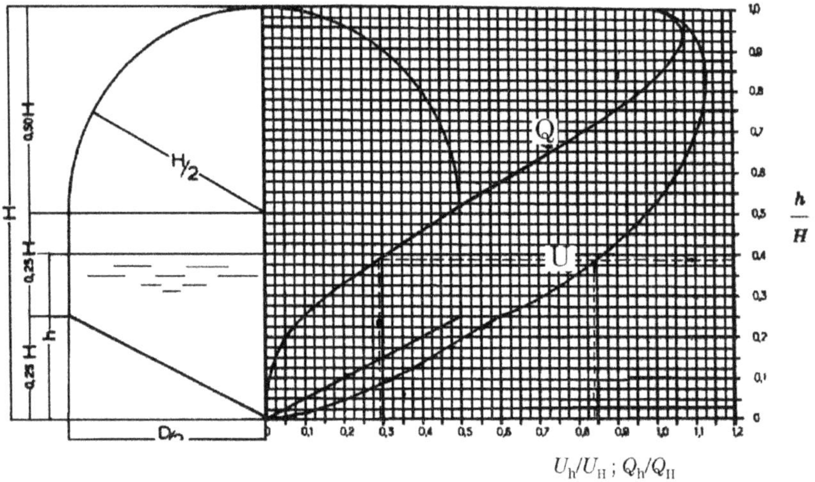

105 - Section voûtée à radier triangulaire, entièrement pleine

$D \times H$	$D^{2/3}$	$D^{8/3}$	S	P	R	$R^{2/3}$	$SR^{2/3}$	$K_s = 75$	
m × m	$m^{2/3}$	$m^{8/3}$	m^2	m	m	$m^{2/3}$	$m^{8/3}$	$\frac{U}{\sqrt{i}}$	$\frac{Q}{\sqrt{i}}$
0,40 × 0,40	0,543	0,087	0,1228	1,276	0,096	0,210	0,0258	15,750	1,9350
0,50 × 0,50	0,630	0,157	0,1919	1,594	0,120	0,244	0,0468	18,275	3,5100
0,60 × 0,60	0,711	0,256	0,2764	1,913	0,144	0,275	0,0760	20,650	5,7050
0,70 × 0,70	0,788	0,386	0,3762	2,232	0,169	0,305	0,1148	22,875	8,6075
0,80 × 0,80	0,862	0,552	0,4913	2,551	0,193	0,334	0,1639	25,000	12,2900
0,90 × 0,90	0,932	0,755	0,6218	2,870	0,217	0,361	0,2243	27,075	16,8250
1,00 × 1,00	1,000	1,000	0,7677	3,189	0,241	0,387	0,2971	29,025	22,2825
1,10 × 1,10	1,066	1,29	0,9289	3,508	0,265	0,412	0,3831	30,925	28,7300
1,20 × 1,20	1,129	1,63	1,1055	3,827	0,289	0,437	0,4831	32,775	36,2325
1,30 × 1,30	1,191	2,01	1,2974	4,145	0,313	0,461	0,5981	34,575	44,8550
1,40 × 1,40	1,251	2,45	1,5047	4,464	0,337	0,484	0,7287	36,325	54,6550
1,50 × 1,50	1,310	2,95	1,7273	4,783	0,361	0,507	0,8759	37,025	65,6950
1,60 × 1,60	1,368	3,50	1,9653	5,102	0,385	0,529	1,0404	39,700	778,0325
1,80 × 1,80	1,480	4,79	2,4873	5,740	0,433	0,573	1,4244	42,950	106,8275
2,00 × 2,00	1,587	6,35	3,0708	6,378	0,481	0,614	1,8864	46,075	141,4825
2,20 × 2,20	1,692	8,19	3,7157	7,015	0,530	0,655	2,4323	49,100	182,4250
2,40 × 2,40	1,793	10,32	4,4219	7,653	0,578	0,694	3,0670	52,025	230,0675
2,60 × 2,60	1,891	12,8	5,1806	8,291	0,626	0,732	3,7975	54,900	284,8100
2,80 × 2,80	1,987	15,6	6,0188	8,929	0,674	0,769	4,6272	57,675	347,0400
3,00 × 3,00	2,080	18,7	6,9093	9,566	0,722	0,805	5,5610	60,375	417,1400

106 - Section ovoïde (H = 1.5 D) à canette rétrécie

S – Section P – périmètre mouillé $R = \frac{S}{P}$ – Rayon hydraulique

U et Q – Vitesse moyenne et débit de la section pleine

U_1 et Q_1 – Vitesse moyenne et débit d'une section circulaire pleine, avec le même diamètre D, pour une pente déterminée (voir l'Abaque 95).

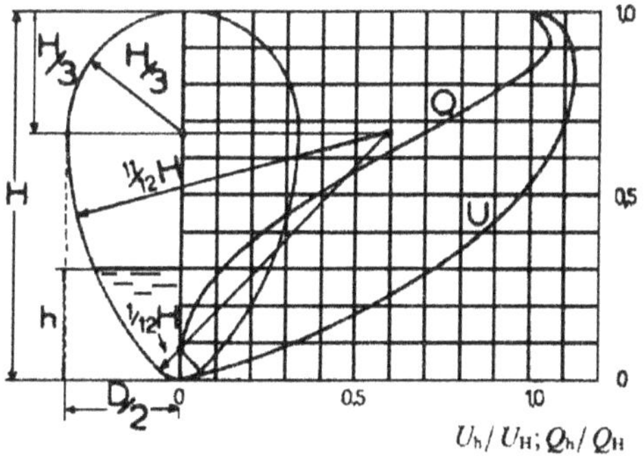

$D = 0{,}667\ H$

$H = 1{,}5\ D$

$S = 1{,}115\ D^2 = 0{,}496\ H^2$

$P = 3{,}920\ D = 2{,}613\ H$

$R = 0{,}284\ D = 0{,}189\ H$

$U = 1{,}091\ U_1$

$U_1 = 0{,}917\ U$

$Q = 1{,}548\ Q_1$

$Q_1 = 0{,}646$ Q

$\frac{h}{H}$	$\frac{S}{D^2}$	$\frac{R}{D}$	$\frac{SR^{2/3}}{D^{8/3}}$
0,05	0,0128	0,042	0,0015
0,10	0,0373	0,074	0,0066
0,15	0,0705	0,102	0,0154
0,20	0,1120	0,128	0,0284
0,25	0,1615	0,154	0,0464
0,30	0,2153	0,177	0,0678
0,40	0,3388	0,221	0,1240
0,50	0,4763	0,258	0,1929
0,60	0,6225	0,290	0,2727
0,70	0,7723	0,316	0,3583
0,75	0,8473	0,325	0,4008
0,80	0,9168	0,332	0,4391
0,85	0,9828	0,335	0,4737
0,90	1,0410	0,332	0,4986
0,95	1,0883	0,324	0,5137
1,00	1,1150	0,285	0,4828

H	S	R	$SR^{2/3}$	K_s = 75	
				$\frac{U}{\sqrt{i}}$	$\frac{Q}{\sqrt{i}}$
m	m²	m	m$^{8/3}$		
0,50	0,124	0,095	0,0258	15,60	1,935
0,60	0,178	0,114	0,0418	17,63	3,135
0,70	0,243	0,133	0,0634	19,58	4,755
0,80	0,317	0,152	0,0903	21,38	6,773
0,90	0,401	0,171	0,1235	23,10	9,263
1,00	0,495	0,190	0,1638	24,83	12,285
1,20	0,713	0,228	0,2659	27,98	19,943
1,40	0,970	0,266	0,4016	31,05	30,120
1,60	1,267	0,304	0,5727	33,90	42,953
1,80	1,604	0,342	0,7844	36,68	58,830
2,00	1,980	0,380	1,0395	39,38	77,963
2,20	2,396	0,418	1,3394	41,93	100,46
2,40	2,851	0,456	1,6878	44,45	126,59
2,60	3,346	0,494	2,0913	46,48	156,85
2,80	3,881	0,532	2,5498	49,28	191,24
3,00	4,455	0,570	3,0606	51,53	229,55

107 - Section circulaire avec banquettes

S – Section

P – perimètre mouillée

$R = \dfrac{S}{P}$ – Rayon hydraulique

U et Q – Vitesse moyenne et débit de la section pleine

U_1 et Q_1 – Vitesse moyenne et débit d'une section pleine, avec le même diamètre D, pour une pente déterminée (voir l'Abaque 95)

$D = H$

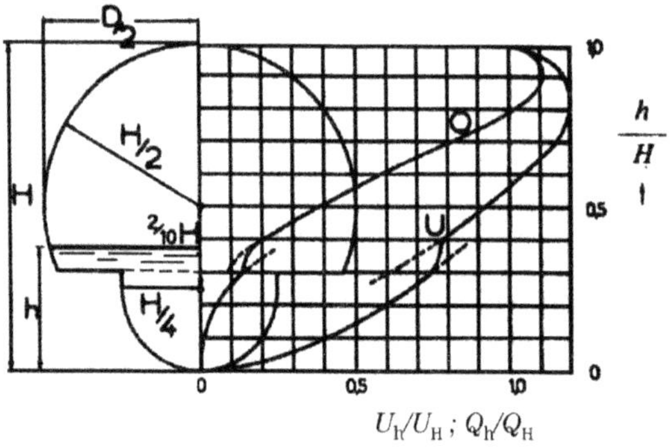

$S = 0{,}711\,D^2$

$P = 3{,}284\,D$

$R = 0{,}216\,D$

$U = 0{,}901\,U_1$

$U_1 = 1{,}110\,U$

$Q = 0{,}816\,Q_1$

$Q_1 = 1{,}225\,Q$

$\dfrac{h}{H}$	$\dfrac{S}{D^2}$	$\dfrac{R}{D}$	$\dfrac{SR^{2/3}}{D^{8/3}}$
0,10	0,0280	0,061	0,0043
0,20	0,0733	0,107	0,0165
0,30	0,1233	0,139	0,0330
0,325	0,1463	0,108	0,0332
0,40	0,2185	0,145	0,0603
0,50	0,3178	0,186	0,1036
0,60	0,4170	0,218	0,1510
0,70	0,5153	0,241	0,1983
0,80	0,5985	0,254	0,2400
0,90	0,6695	0,254	0,2685
1,00	0,7105	0,217	0,2565

H	S	R	$SR^{2/3}$	$K_s = 75$	
m	m^2	m	$m^{8/3}$	$\dfrac{U}{\sqrt{i}}$	$\dfrac{Q}{\sqrt{i}}$
2,00	2,844	0,432	0,6239	42,83	121,79
2,20	3,441	0,475	2,0957	45,68	157,18
2,40	4,095	0,518	2,6413	48,38	198,10
2,60	4,806	0,562	3,2729	51,08	245,47
2,80	5,574	0,605	3,9854	53,63	298,91
3,00	6,399	0,648	4,7928	56,18	359,46
3,20	7,281	0,691	5,6937	58,65	427,03
3,40	8,219	0,734	6,6903	61,05	501,77
3,60	9,215	0,778	7,7959	63,45	584,69
3,80	10,267	0,821	9,0042	65,78	675,32
4,00	11,376	0,864	10,3180	67,03	773,85

108 - Sections fermées diverses

S – Section P – Périmètre mouillée $R = \frac{S}{P}$ – Rayon hydraulique

U et Q – Vitesse moyenne et débit de la section pleine

U_1 et Q_1 – Vitesse moyenne et débit d'une section circulaire, pleine, avec le même diamètre D, pour une pente déterminée (Voir l'Abaque 95).

1. Ovoïde normale renversée

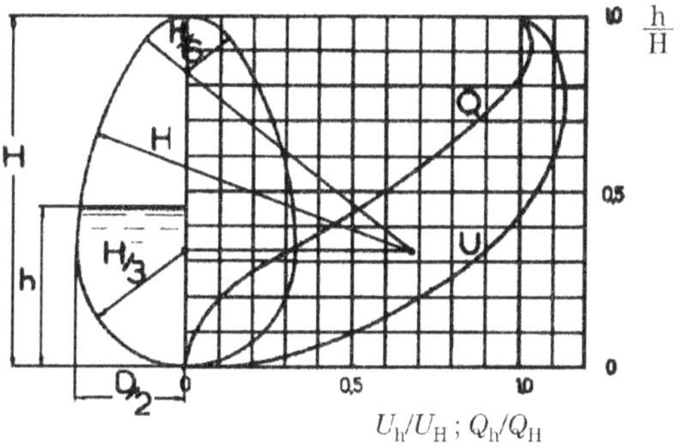

$D = 0{,}667\,H$
$H = 1{,}5\,D$

$S = 1{,}149\,D^2 = 0{,}511\,H^2$
$P = 3{,}965\,D = 2{,}643\,H$
$R = 0{,}216\,D = 0{,}193\,H$

$U = 1{,}1\,U_1$
$U_1 = 0{,}91\,U$
$U = 1{,}61\,Q_1$
$Q_1 = 0{,}62\,Q$

2. Ellipsoïdale placée verticalement

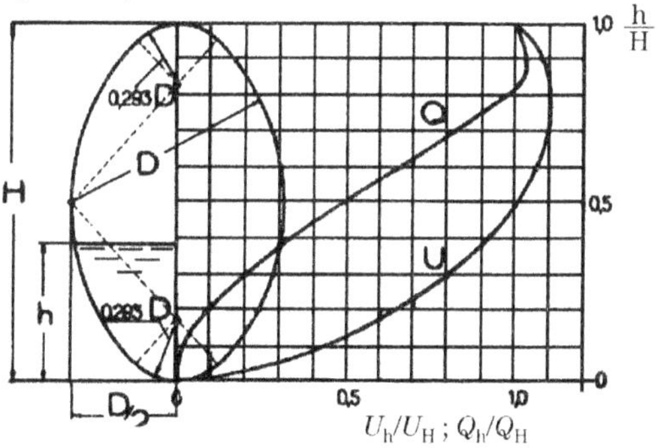

$D = 0{,}63\,H$
$H = 1{,}58\,D$

$S = 1{,}205\,D^2 = 0{,}478\,H^2$
$P = 4{,}062\,D = 2{,}559\,H$
$R = 0{,}297\,D = 0{,}187\,H$

$U = 1{,}12\,U_1$
$Q_1 = 1{,}72\,Q_1$
$U_1 = 0{,}89\,U_1$
$Q_1 = 0{,}58\,Q$

3. Ovoïde à radier aplati

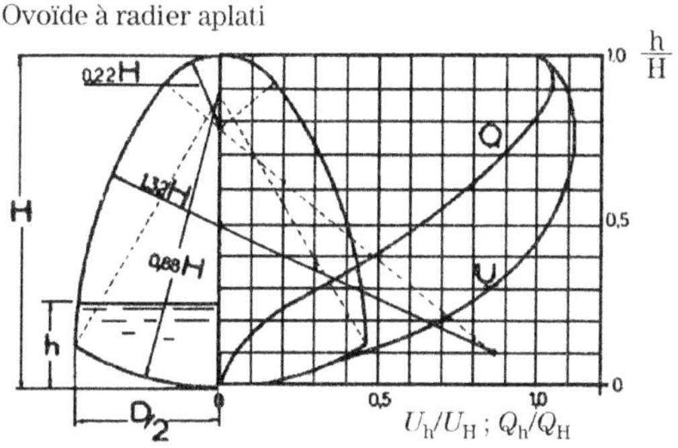

$D = 0{,}88\,H$
$H = 1{,}13\,D$

$S = 0{,}847\,D^2 = 0{,}656\,H^2$
$P = 3{,}441\,D = 3{,}028\,H$
$R = 0{,}246\,D = 0{,}217\,H$

$U = 0{,}99\,U_1$
$Q = 1{,}06\,Q_1$
$U_1 = 1{,}01\,U$
$Q_1 = 0{,}94\,Q$

108 - (Suite)

4. En arc de cercle à voûte exhaussée

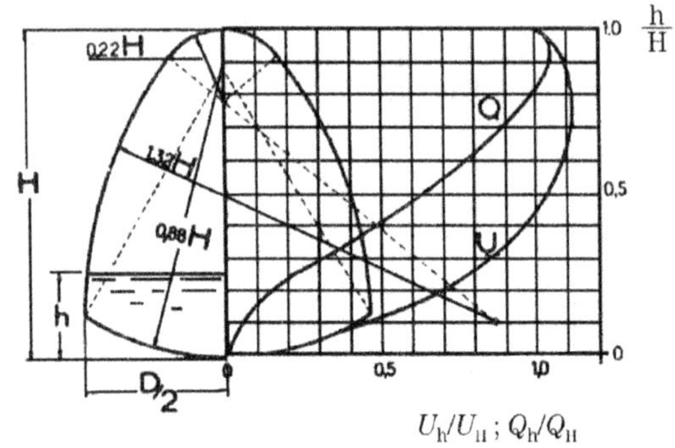

$D = 1,13\,H$
$H = 0,88\,D$

$S = 0,847\,D^2 = 0,656\,H^2$
$P = 3,441\,D = 3,028\,H$
$R = 0,246\,D = 0,216\,H$

$U = 0,99\,U_1$
$Q = 1,06\,Q_1$
$U_1 = 1,01\,U$
$Q_1 = 0,94\,Q$

5. En arc de cercle écrasé

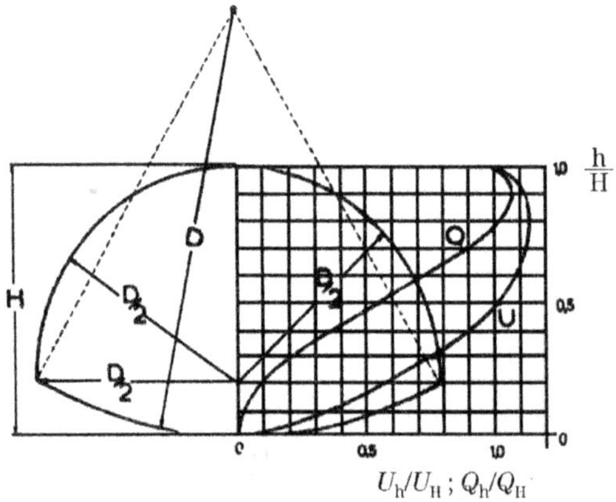

$D = 1,58\,H$
$H = 0,63\,D$

$S = 0,484\,D^2 = 1,210\,H^2$
$P = 2,618\,D = 4,136\,H$
$R = 0,185\,D = 0,293\,H$

$U = 0,81\,U_1$
$U_1 = 1,50\,U$
$U = 1,23\,Q_1$
$Q_1 = 2,00\,Q$

Exemples : 1) Déterminer la vitesse moyenne et le débit, d'une section ovoïde à radier aplati, de 1,5 m de diamètre avec une pente de 1‰.

De l'Abaque 95, pour un cercle, et la même pente, on obtient : $Q_1 = 2,2$ m^3/s ; $U_1 = 1,3$ m/s. Donc $U = 0,99\,U_1 = 1,3$ m/s ; $Q = 1,06\,Q_1 = 2,3$ m^3/s.

2) Déterminer les dimensions d'un collecteur en arc de cercle écrasé, qui peut évacuer un débit de 5 m^3/s avec une pente de 0,001 ; déterminer la vitesse moyenne de l'écoulement.

Un collecteur circulaire avec le même diamètre doit pouvoir évoluer un débit $Q_1 = 2Q = 10$ m^3/s. De l'Abaque 95, on obtient $D_1 = 2,65$ m et $U_1 = 1,80$ m/s. Donc $U = 0,81\,U_1 = 1,5$ m/s. Le collecteur doit avoir un diamètre $D = 2,65$ m.

109 - Section Pentagonale

$Q = K\,Q_1$ $\qquad\qquad$ $U = K\,U_1$

Q_1 et U_1 représentent le débit et la vitesse dans une section circulaire avec la même pente et le diamètre D (Voir l'Abaque 95).

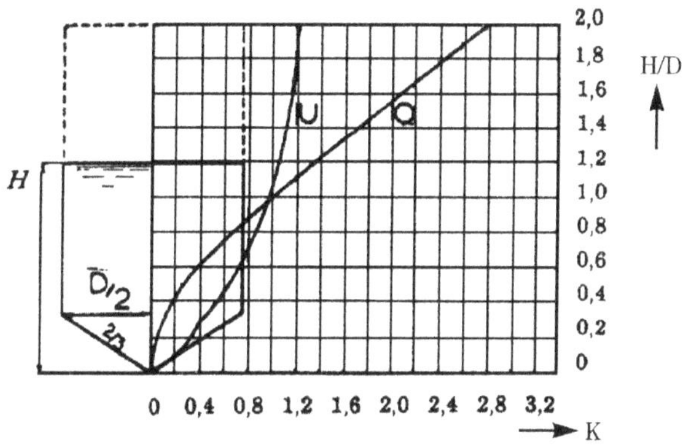

Exemple : Déterminer Q et U pour $i = 0{,}002$, $D = 2{,}0$ m et $H = 1{,}2\,D$. De l'Abaque 95, pour une section circulaire avec $D = 2{,}0$ m et $i = 0{,}002$, on déduit $Q_1 = 6{,}6$ m^3/s et $U_1 = 2{,}1$ m/s.

Pour $H = 1{,}2\,D$, on obtient $K = 1{,}35$ pour le débit et $K = 1{,}05$ pour la vitesse.

Il en résulte : $Q = 1{,}35\,Q_1 = 8{,}9$ m^3/s ; $U = 1{,}05\,U_1 = 2{,}2$ m/s.

b) Section partiellement pleine

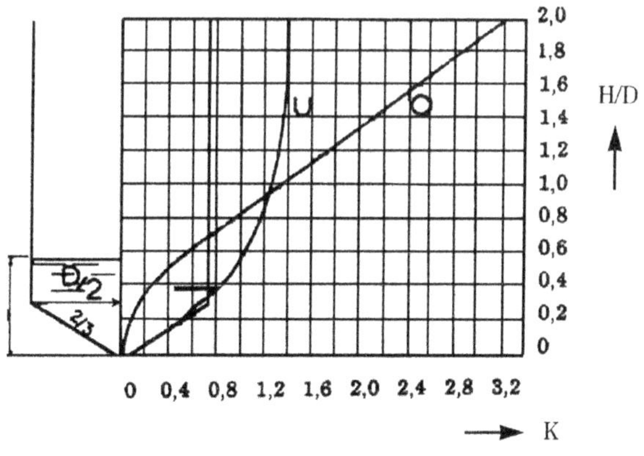

Exemple : Déterminer Q et U pour $i = 0{,}002$, $D = 2{,}00$ m et $h = 1{,}2\,D = 2{,}4$ m. De l'Abaque 95 on déduit $Q_1 = 6{,}6$ m^3/s et $U_1 = 2{,}1$ m/s.

Pour $h = 1{,}2 = D$, on obtient $K = 1{,}7$ pour le débit et $K = 1{,}3$ pour la vitesse.

Il en résulte : $Q = 1{,}7\,Q_1 = 11{,}2$ m^3/s ; $U = 1{,}3\,U_1 = 2{,}75$ m/s.

110 - Section rectangulaire

$$Q = K\, Q_1 \qquad U = K\, U_1$$

Q_1 et U_1 représentent le débit et la vitesse dans une section circulaire avec la même pente et le diamètre D. (Voir l'Abaque 95).

a) Section entièrement pleine

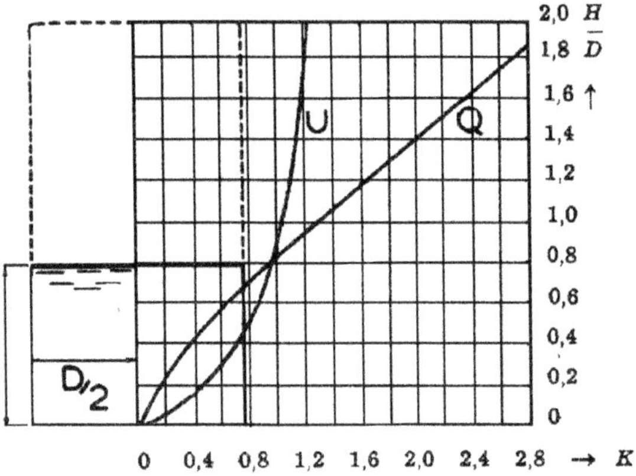

Exemple : Déterminer Q et U pour $D = 2{,}00$ m ; $H = 1{,}60$ m et $i = 0{,}002$. De l'Abaque 95, on déduit $Q_1 = 6{,}6$ m³/s et $U_1 = 2{,}1$ m/s. On a aussi $H = 0{,}8\, D$.

Il en résulte : $Q = K\, Q_1 = 0{,}95\, Q_1 = 6{,}3$ m³/s ; $U = K\, U_1 = 0{,}95\, U_1 = 2{,}0$ m/s.

b) Section partiellement pleine

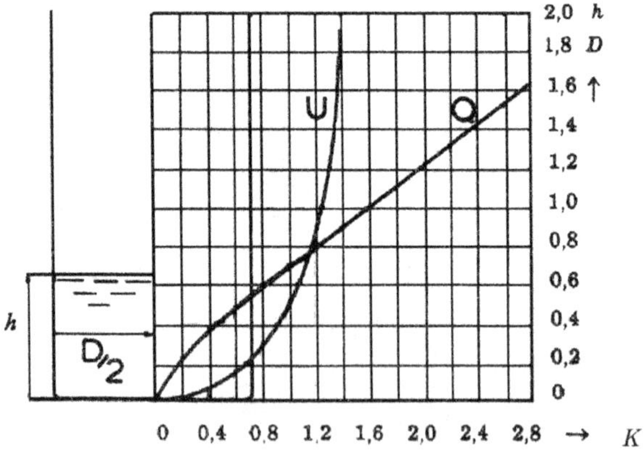

Exemple : Déterminer Q et U pour $D = 2{,}00$ m, $h = 1{,}6$ m et $i = 0{,}002$. De l'Abaque 95, on déduit $Q_1 = 6{,}6$ m³/s et $U_1 = 2{,}1$ m/s. On a aussi $H = 0{,}8\, D$.

Il en résulte : $Q = K\, Q_1 = 1{,}25\, Q_1 = 8{,}2$ m³/s ; $U = K\, U_1 = 1{,}15\, U_1 = 2{,}4$ m/s.

111 - Canaux trapézoïdaux
Détermination du rayon hydraulique, R

h = tirant d'eau ; l = largeur du fond
m = pente des berges horizontal sur vertical
K = valeur donné par la table

$$R = Kh$$

m / $\frac{h}{l}$	Vertical 0	0,25	0,50	0,75	1,00	1,50	2,00	2,50	3,00	4,00
0,00	1,000	1,000	1,000	1,000	1,000	1,000	1,000	1,000	1,000	1,000
0,05	0,909	0,918	0,922	0,922	0,920	0,911	0,899	0,886	0,874	0,850
0,10	0,833	0,850	0,858	0,860	0,858	0,845	0,829	0,812	0,797	0,767
0,15	0,769	0,793	0,805	0,809	0,807	0,795	0,778	0,761	0,744	0,715
0,20	0,714	0,743	0,760	0,767	0,766	0,755	0,739	0,722	0,706	0,679
0,25	0,667	0,701	0,722	0,730	0,732	0,723	0,708	0,693	0,678	0,653
0,30	0,625	0,664	0,688	0,700	0,703	0,697	0,683	0,669	0,656	0,633
0,35	0,588	0,632	0,659	0,673	0,678	0,674	0,663	0,650	0,638	0,618
0,40	0,556	0,603	0,633	0,650	0,657	0,655	0,645	0,634	0,623	0,605
0,45	0,526	0,577	0,611	0,629	0,638	0,639	0,631	0,621	0,611	0,549
0,50	0,500	0,554	0,590	0,611	0,621	0,624	0,618	0,609	0,601	0,586
0,55	0,476	0,533	0,572	0,595	0,607	0,612	0,607	0,600	0,592	0,578
0,60	0,455	0,514	0,555	0,580	0,593	0,601	0,597	0,591	0,584	0,572
0,65	0,435	0,497	0,540	0,567	0,581	0,591	0,589	0,583	0,577	0,566
0,70	0,417	0,481	0,526	0,555	0,571	0,582	0,581	0,577	0,567	0,561
0,75	0,400	0,467	0,514	0,544	0,561	0,573	0,574	0,570	0,566	0,557
0,80	0,385	0,453	0,502	0,533	0,552	0,566	0,568	0,565	0,561	0,553
0,85	0,370	0,441	0,491	0,524	0,544	0,560	0,562	0,560	0,557	0,549
0,90	0,357	0,429	0,481	0,515	0,536	0,554	0,557	0,556	0,553	0,546
0,95	0,345	0,418	0,472	0,507	0,529	0,548	0,553	0,552	0,549	0,543
1,00	0,333	0,408	0,464	0,500	0,522	0,543	0,548	0,548	0,546	0,541
1,05	0,323	0,399	0,456	0,493	0,516	0,538	0,544	0,545	0,543	0,538
1,10	0,312	0,390	0,448	0,487	0,511	0,534	0,541	0,542	0,540	0,536
1,15	0,303	0,382	0,441	0,481	0,506	0,529	0,537	0,539	0,538	0,534
1,20	0,294	0,374	0,434	0,475	0,501	0,526	0,534	0,536	0,536	0,532
∞	0,000	0,121	0,224	0,300	0,354	0,416	0,447	0,464	0,474	0,485

$$S = h\,(1 + mh) \qquad\qquad P = l + 2h\sqrt{1 + m^2}$$

112 - Canaux trapézoïdaux : détermination de la profondeur moyenne, h_m et profondeur, y du centre de gravité

h – tirant d'eau ; l – largeur du fond ;

m – pente des berges horizontal sur vertical ; K – valeur donnée par la table

a) Détermination de la profondeur moyenne (hauteur de la section rectangulaire avec une largeur superficielle égale.) $h_m = Kh$

h/l \ m	0,125	0,25	0,50	0,75	1,0	1,5	2,0	2,5	3,0	4,0
0,05	0,994	0,988	0,976	0,965	0,955	0,935	0,917	0,900	0,885	0,857
10	988	976	955	935	917	885	857	833	813	778
15	928	965	935	908	885	845	813	786	763	727
20	976	955	917	885	857	813	778	750	727	692
25	971	944	900	864	833	786	750	722	700	667
0,30	0,965	0,935	0,885	0,845	0,813	0,763	0,727	0,700	0,679	0,647
35	960	926	870	828	749	744	708	682	661	632
40	955	917	857	813	778	727	692	667	647	619
45	949	908	845	799	763	713	679	654	635	609
50	944	900	833	786	750	700	667	643	625	600
0,6	0,935	0,885	0,813	0,763	0,727	0,679	0,647	0,625	0,609	0,586
7	926	870	794	744	708	661	632	611	596	576
8	917	857	778	727	692	647	619	600	586	568
9	908	845	763	713	679	635	609	591	578	561
1,0	900	833	750	700	667	625	600	583	571	556
1,1	0,892	0,823	0,738	0,689	0,656	0,616	0,593	0,577	0,566	0,551
2	885	813	727	679	647	609	586	571	561	547
3	877	803	717	669	639	602	581	567	557	544
4	870	794	708	661	632	596	576	563	553	541
5	864	786	700	654	625	591	571	559	550	538

b) Détermination du profondeur, y, du centre de gravité

h/l \ m	0,125	0,25	0,50	0,75	1,0	1,5	2,0	2,5	3,0	4,0
0,05	0,499	0,498	0,496	0,494	0,492	0,488	0,485	0,481	0,478	0,472
10	498	496	492	488	485	478	472	467	462	452
15	497	494	488	483	478	469	462	455	448	438
20	496	492	485	478	472	462	452	444	438	426
25	495	490	481	474	467	455	444	436	429	417
0,30	0,494	0,488	0,478	0,469	0,462	0,448	0,438	0,429	0,421	0,409
35	493	487	475	465	457	443	431	422	415	403
40	492	485	472	462	452	438	426	417	409	397
45	491	483	469	458	448	433	421	412	404	389
50	490	481	467	455	444	429	417	407	400	
0,6	0,488	0,478	0,462	0,448	0,438	0,421	0,409	0,400	0,393	0,382
7	487	475	457	443	0,431	415	408	394	387	377
8	485	472	452	438	426	409	397	389	382	373
9	483	469	448	433	421	404	393	385	378	370
1,0	481	467	444	429	417	400	389	381	375	367
1,1	0,480	0,464	0,441	0,425	0,413	0,396	0,385	0,378	0,372	0,364
2	478	462	438	421	409	393	382	375	370	362
3	477	459	434	418	406	390	380	373	367	360
4	475	457	431	415	403	397	377	370	365	359
5	474	455	429	412	400	385	375	368	364	357

113 - Canaux trapézoïdaux avec les berges à 1/1

Valeurs de $SR^{2/3}$

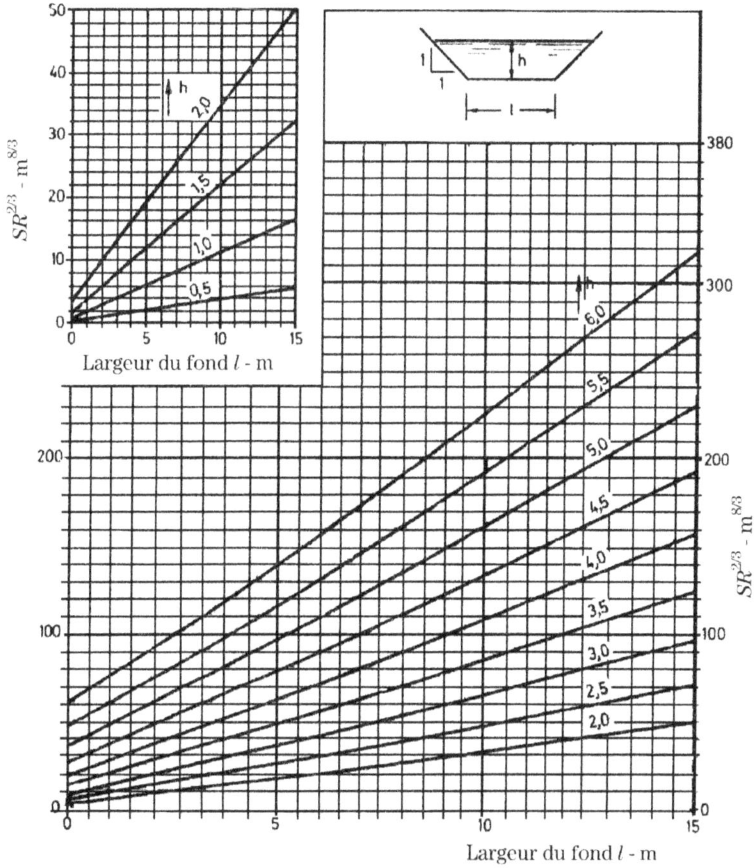

114 - Canaux trapézoïdaux avec les berges à 1/1,5

Valeurs de $SR^{2/3}$

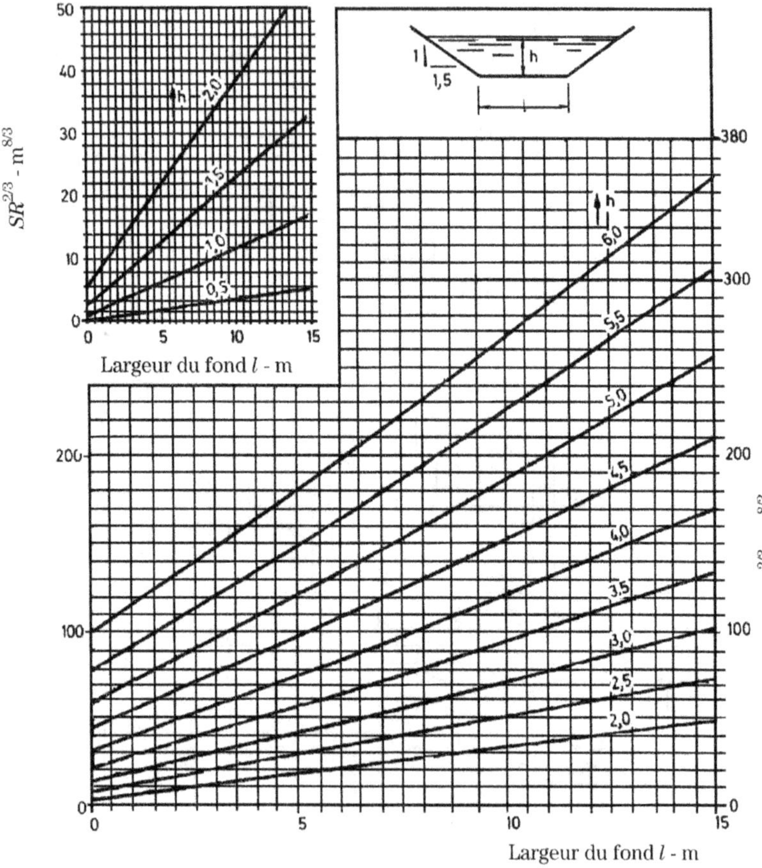

115 - Canaux trapézoïdaux avec les berges à 1/2

Valeurs de $SR^{2/3}$

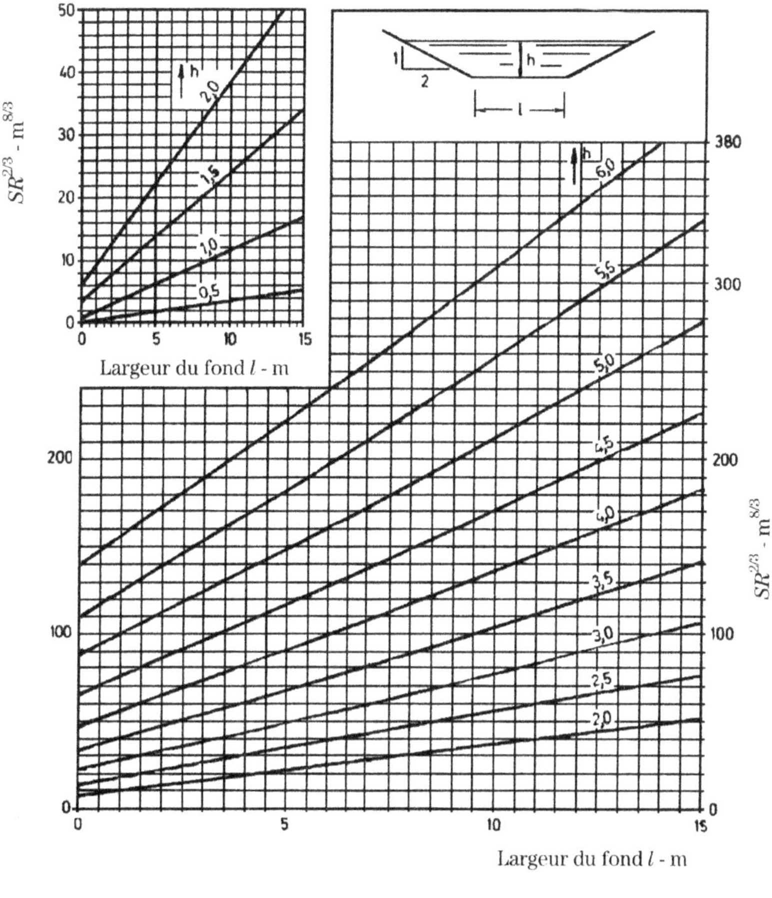

116 - Canaux trapézoïdaux avec les berges à 1/2,5

Valeurs de $SR^{2/3}$

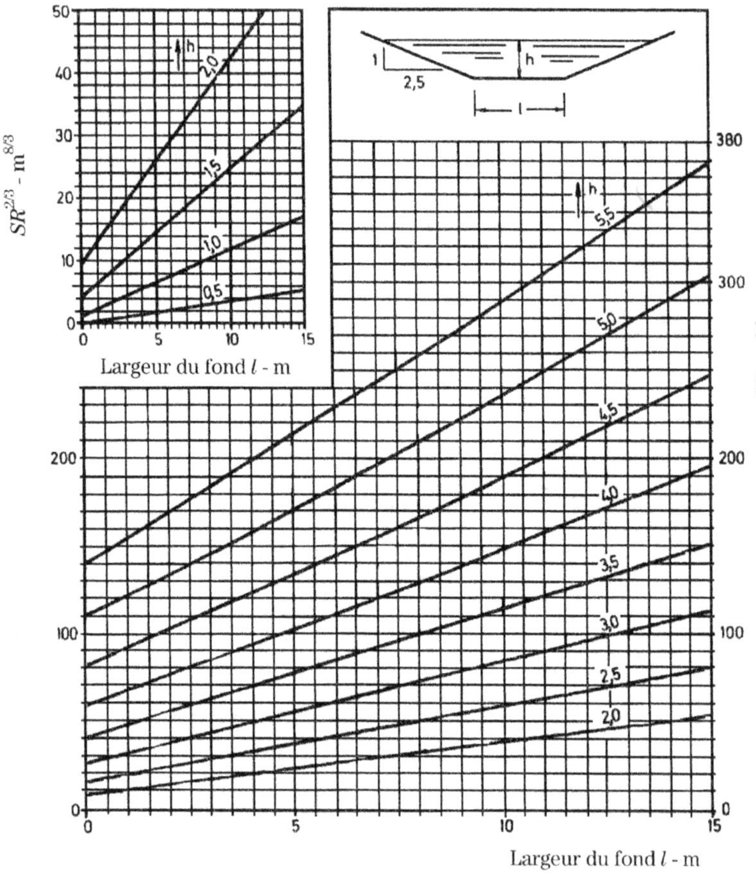

117 - Canaux trapézoïdaux avec les berges à 1/3

Valeurs de $SR^{2/3}$

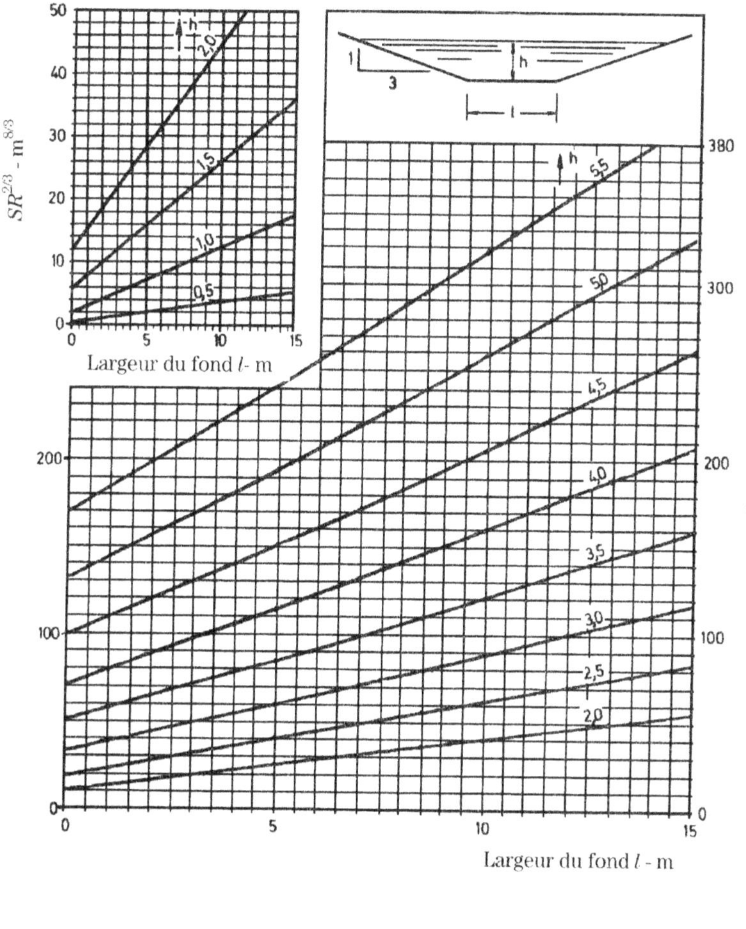

118 - Sections de débit maximum

(voir n° 5 - 6)

a) *Section circulaire* : - La surface libre coïncide avec le diamètre horizontal. En désignant par r le rayon du cercle, on obtient : $h = r$; $R = \frac{h}{2}$; $S = \pi\frac{h^2}{2}$

b) Section trapézoïdale : - Pour un profil trapézoïdal quelconque

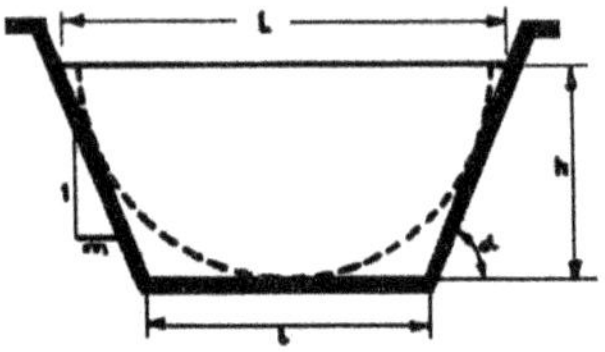

Section mouillée $S = h\,(l + mh)$

Périmètre mouillé $P = l + 2h\sqrt{1 + m^2}$

Rayon hydraulique $R = \dfrac{h(l + mh)}{l + 2h\sqrt{1 + m^2}}$

Pour l'étude de la section trapézoïdale correspondant au débit maximum, on définit le paramètre

$$M = 2\sqrt{1 + m^2} - m$$

Les relations suivantes sont valables :

Section mouillée $S = h^2 M$

Profondeur $h = \dfrac{\sqrt{S}}{\sqrt{M}}$

Périmètre mouillé $P = 2\,h\,M = 2\sqrt{S}\sqrt{M}$

Rayon moyen $R = \dfrac{h}{2} = \dfrac{\sqrt{S}}{2\sqrt{M}}$

Largeur du fond $l = h\,(M - m) = \sqrt{S}\left(\sqrt{M} - \dfrac{m}{\sqrt{M}}\right)$

Largeur superficielle $L = h(M + m) = \sqrt{S}\left(\sqrt{M} + \dfrac{m}{\sqrt{M}}\right)$

m	**3,0**	**2,5**	**2,0**	**1,75**	**1,50**	**1,25**	**1,00**	**0,75**	**0,50**	**0,25**	**0,00 Section rectangulaire**
M	3,32	2,88	2,47	2,28	2,10	1,95	1,82	1,75	1,74	1,81	2,0
$\sqrt{M}$	1,82	1,696	1,57	1,51	1,45	1,396	1,35	1,323	1,32	1,345	1,415
$1/\sqrt{M}$	0,549	0,589	0,637	0,662	0,689	0,716	0,740	0,755	0,757	0,743	0,706
$M - m$	0,32	0,38	0,47	0,53	0,60	0,70	0,82	1,00	1,24	1,56	2,0
$M + m$	6,32	5,38	4,47	4,03	3,60	3,20	2,82	2,50	2,24	2,06	2,0
$1/2\sqrt{M}$	0,275	0,295	0,318	0,331	0,345	0,358	0,370	0,378	0,379	0,372	0,353
$\sqrt{M} - m/\sqrt{M}$	0,175	0,223	0,295	0,351	0,416	0,501	0,610	0,756	0,941	1,159	1,415
$\sqrt{M} + m/\sqrt{M}$	3,465	3,169	2,845	2,669	2,484	2,291	2,090	1,890	1,699	1,531	1,415

Exemple : $Q = 10m^3/s$; $m = 1,0$; $\gamma = 0,16$; $h = 2$m. Déterminer i, de façon à obtenir en régime uniforme une section de débit maximum, c'est-à-dire, une section minimum.

Résolution : $S = Mh^2 = 1,82 \times 4 = 7,28\ \text{m}^2$; $R = \frac{h}{2} = 1,0$ m ; $C = 75$; $i = \dfrac{Q^2}{C^2S^2R} = 2,4‰$.

119 - Vitesses limites d'entraînement : données pratiques[1]

a) Profondeurs d'eau $h = 1$m. Canaux rectilignes

1 - *Matériaux non-cohérents*

Matériau	Diamètre mm	Vitesse moyenne m / s	Matériau	Diamètre mm	Vitesse moyenne m / s
	0,005	0,15			
Vase	0,050	0,20	Cailloux fins........	15,0	1,20
Sable fin	0,250	0,30	Cailloux moyens.	25,0	1,40
Sable moyen	1,000	0,55	Gros cailloux	40,0	1,80
Sable gros	2,500	0,65	Gros cailloux	75,0	2,40
Gravier fin	5,000	0,80	Gros cailloux	100,0	2,70
Gravier moyen ...	10,000	1,00	Gros cailloux	150,0	3,50
Gravier gros	15,000	1,20	Gros cailloux	200,0	3,90

2 - *Matériaux cohérents : U en m/s*

Nature du lit / Matériau cohérent du lit	Très peu compacté avec un indice de vide de 2,0 à 1,2	Peu compacté avec un indice de vide de 1,2 à 0,6	Compacté avec un indice de vide de 0,6 à 0,3	Très compacté avec un indice de vide de 0,3 à 0,2
Argiles sableuses (pourcentage de sable inférieur à 50 %)	0,45	0,90	1,30	1,80
Sols avec beaucoup d'argiles................................	0,40	0,85	1,25	1,70
Argiles	0,35	0,80	1,20	1,65
Argiles très fines	0,32	0,70	1,05	1,35

b) Facteur de correction pour des profondeurs d'eau $h \neq 1$m

Profondeur moyenne - m	0,3	0,5	0,75	1,0	1,5	2,0	2,5	3,0
Facteur de correction	0,8	0,9	0,95	1,0	1,1	~1,1	1,2	~ 1,2

c) Facteur de correction pour canaux avec des courbes

Sinuosité	Rectiligne	Peu sinueux	Moyennement sinueux	Très sinueux
Facteur de correction	1,00	0,95	0,87	0,78

(1) Extrait de [**23**]

120 - Vitesses limites d'entraînement

D'après Hjulström (1935)

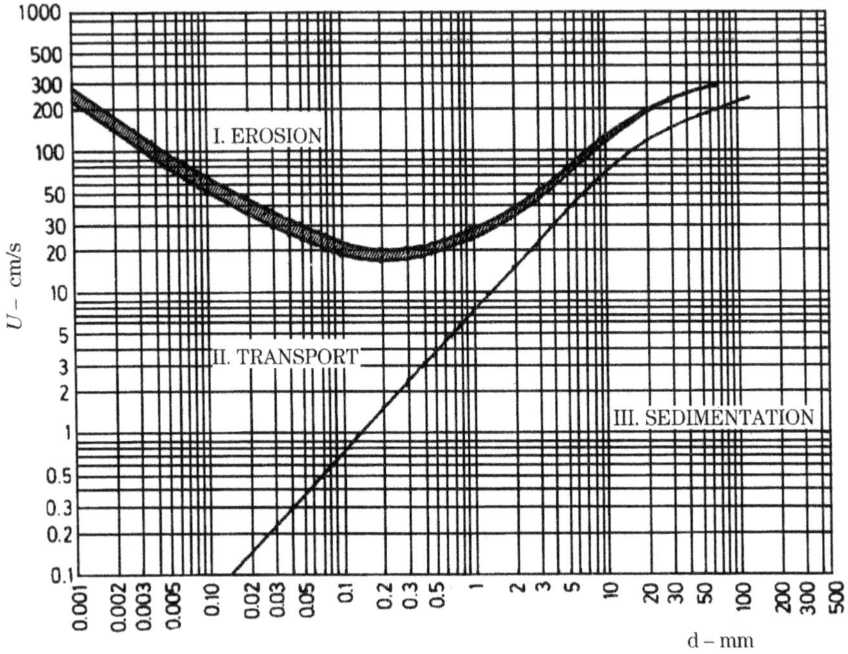

Zone I – Érosion – Les particules plus facilement soumises à l'érosion auront des diamètres entre 1,0 et 0,1 mm. Pour des valeurs inférieurses, il y a une certaine cohésion qui difficulte l'érosion ; pour des valeurs supérieures, le poids de la particule assure sa stabilité.

Zone II – Transport – Dans cette zone, les particules mises en suspension sont transportées.

Zone III – Sédimentation – Pour des vitesses inférieures à la ligne de séparation des zones II et III, les particules en suspension commencent à se déposer.

Exemple : Une particule de 0,2 mm de diamètre commencera à être érodée, pour U ≃ 18 cm/s et commencera à se déposer, pour une vitesse U ≃ 1,5 cm/s.

Note : Voir aussi la formule de Neill (eq. 5.20).

121 - Distribution de la force tractrice(1)

τ – kg/m^2 : Force tractrice
ω – kg/m^3 : Poids spécifique du liquide
h – m : Profondeur d'eau
i – (adim.) : Pente du canal

a) Distribution de la force tractrice :
1 – *Canal infiniment large*
Dans un canal infiniment large, la force tractrice au fond est $\tau = \varpi h i$

2 – *Canal trapézoïdal*

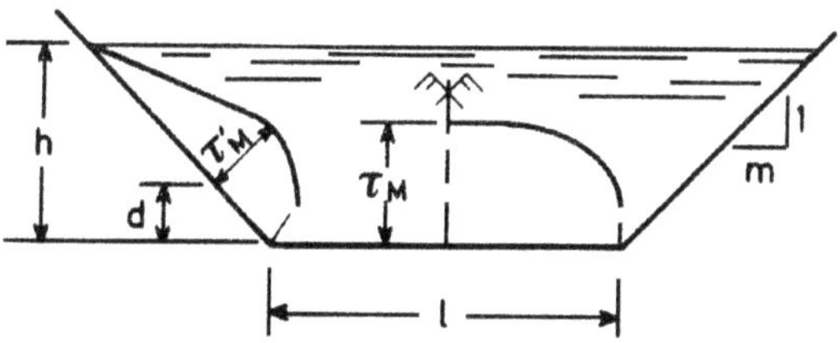

Dans un canal trapézoïdal la distribution de la force tractrice à l'allure indiquée dans la figure.

Force maximum au fond :

$\tau_M = K_M \varpi h i$

Force maximum dans les côtes :

$\tau'_M = K'_M \varpi h i$

Sur le fond, τ_M se produit au milieu ; sur les côtés, τ_M est placée à une distance du fond $d = K_d h$.

m	2			1,5			0 (rectangulaire)		
l/h	K_M	K'_M	K_d	K_M	K'_M	K_d	K_M	K'_M	K_d
0*	0	0,650	0,3	0	0,565	0,3	0	0	—
1	0,780	0,730	—	0,780	0,695	—	0,372	0,468	1,0
2	0,890	0,760	0,2	0,890	0,735	0,2	0,686	0,686	1,0
3	0,940	0,760	—	0,940	0,743	—	0,870	0,740	1,0
4	0,970	0,770	0,2	0,970	0,755	0,2	0,936	0,744	1,0
5	0,980	0,770	—	0,980	0,770	—	—	—	
6	0,990	0,770	0,2	0,990	0,760	0,2	—	—	—
8									

* Section triangulaire

3 – *Canal triangulaire* (voir la figure, pour $l = 0$)

m	2	1,5	1	0,667	0,5
K'_M	0,650	0,565	0,480	0,375	0,325
K_d	0,3	0,3	0,5	0,7	0,7

(1) Extrait de [**23**]

122 - Force tractrice d'entraînement, d'après Shields

a) Courbe de Shields[1] $\tau_* = f(\mathbf{R}_{e*})$

$$\tau_* = \frac{\tau_o}{(\varpi_s - \varpi)d} \qquad \mathbf{R}_{e_*} = \frac{u_* d}{\nu} \qquad u_* = \sqrt{\tau/\rho_o}$$

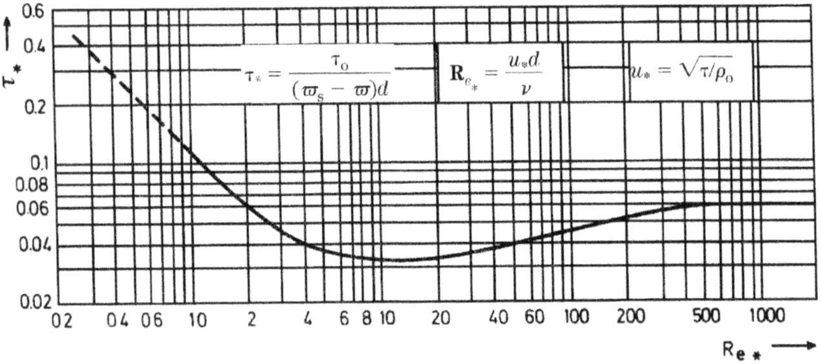

b) Force tractrice d'entraînement[2]

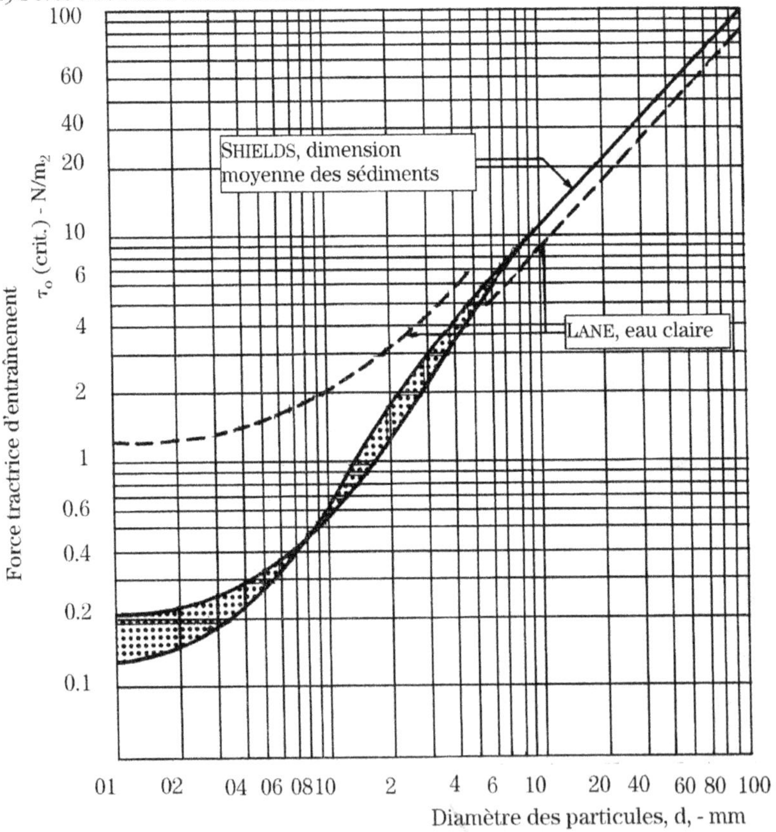

---

(1) Shields (1936)

(2) Shields (1936). Lane (1955).

123 - Force critique d'entraînement dans eaux claires d'après LANE (1)

Les valeurs ci-dessous concernent des canaux rectilignes. Pour des canaux avec *peu de courbes* (terrain faiblement accidenté) on doit prendre 0,90 des valeurs indiquées ; pour une *quantité moyenne de courbes* (terrain moyennement accidenté) on prend 0,75 ; pour des canaux avec *beaucoup de courbes* (terrain très accidenté) on prend 0,60.

1 – Matériaux non-cohérents gros

Au fond, on prend comme valeur pour le projet $\tau_{0\,(crit.)}(N/m^2) = 8d_{75}$ (cm) (d_{75} est le diamètre auquel correspond, dans la courbe de composition granulométrique, 75 % en poids, de matériaux de diamètre inférieur).

Sur les côtés on prend $\tau'_{0\,(crit.)} = K\,\tau_{0\,(crit.)}$ (K est fonction de l'angle de repos θ du matériau et de l'angle des côtés avec l'horizontale).

2 – *Matériaux non-cohérents fins* : $\tau_{0(crit.)}$ – N/m²

Diamètre moyen d_{50} en mm	**0,1**	**0,2**	**0,5**	**1,0**	**2,0**	**5,0**
Eau claire	1,2	1,3	0,15	2,0	2,9	6,8
Eau avec peu de sédiments fins	2,4	2,5	0,27	2,9	3,9	8,1
Eau avec beaucoup de sédiments fins	3,8	3,8	0,41	4,4	5,4	9,0

3 – *Matériaux cohérents* : $\tau_{0\,(crit)}$ – N/m²

Nature du lit / **Matériau cohérent du lit**	**Très peu compacté avec un indice de vide de 2,0 à 1,2**	**Peu compacté avec un indice de vide de 1,2 à 0,6**	**Compacté avec un indice de vide de 0,6 à 0,3**	**Très compacté avec un indice de vide de 0,3 à 0,2**
Argiles sableuses (pourcentage de sable inférieur à 50 %	2,0	7,7	16,0	30,8
Sols avec beaucoup	1,5	6,9	14,9	27,5
d'argiles.................................	1,2	6,1	13,7	25,9
Argiles	1,0	4,7	10,4	17,3

124 - Stabilité des canaux

a) Pente des berges

Horizontal sur vertical

Nature des berges	Pente	Nature des berges	Pente
Roche dure maçonnerie ordinaire, béton	0 à 1/4	Alluvions compactes	1/1
Roche fissurée, maçonnerie sèche	1/2	Gros cailloux	3/2
Argile dure	3/4	Terre ordinaire, sable gros	2/1
		Terre remaniée, sable normal	2,5/1 à 3/1

b) Angle de repos, ψ

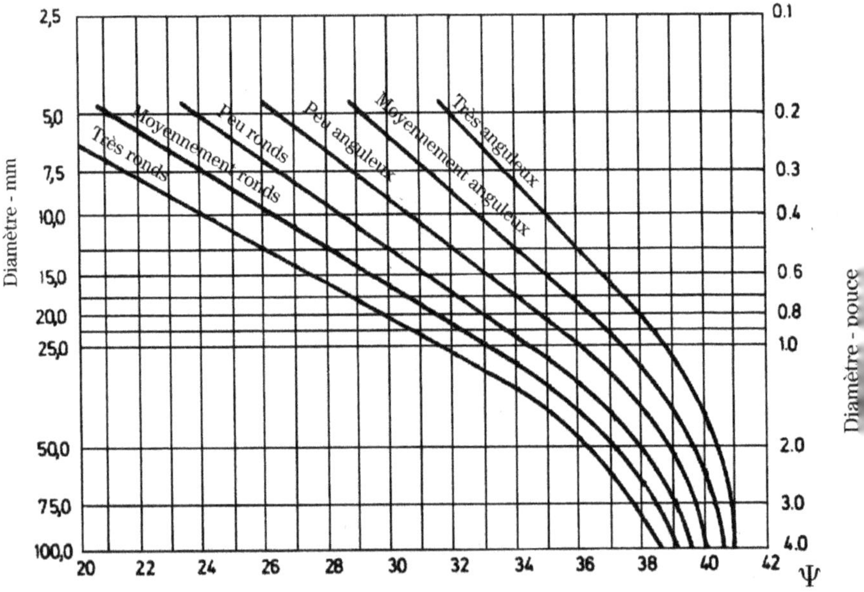

c) Valeurs de $K = \cos\phi\sqrt{1 - \dfrac{tg^2\phi}{tg^2\psi}}$

ψ – angle de repos
ϕ – angle des côtes avec l'horizontal
m – pente des berges

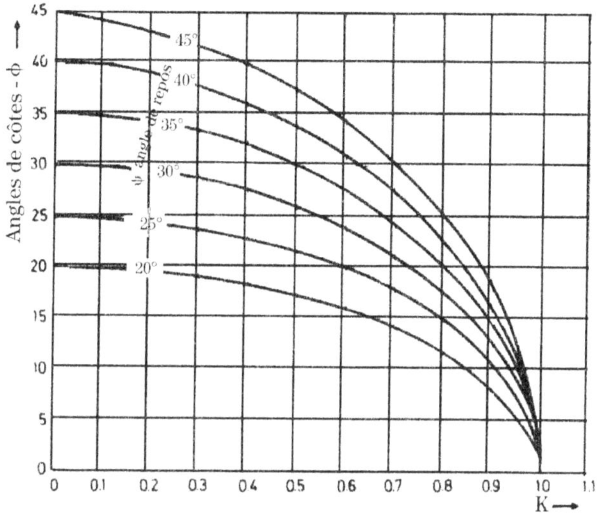

125 - Canaux protégés par végétation. Critère de dimensionnement (1)

a) Caractéristique de la végétation

Hauteur de la végétation (cm)		< 5	5-15	15-25	30-60	> 75
Densité de couverture	Bonne	*E*	*D*	*C*	*B*	*A*
	Régulière	*E*	*D*	*D*	*C*	*B*

b) Valeurs de UR(m²/s) *en fonction de* K_s (m^1/3/s)

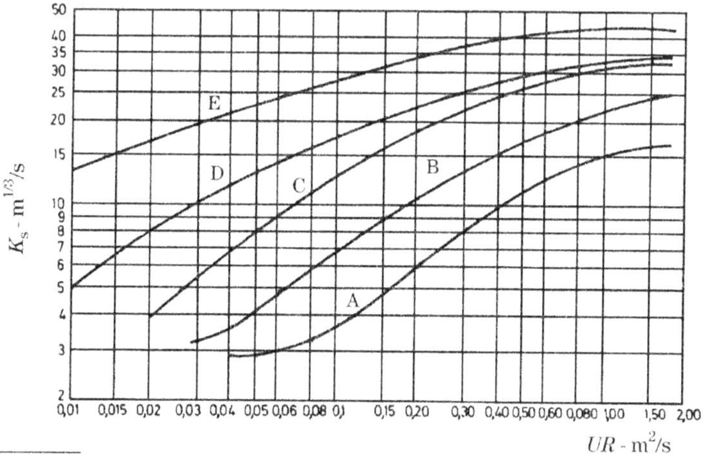

(1) U.S. *Soil Conservation Service*

125 - (Suite)

c) Vitesse admissible

Couverture végétale G – Graminée L – Légumineuse	Pente du canal %	Vitesse admissible Seuil résistant	Vitesse admissible Seuil érodible
1. – *Cynodon Dactylon.* Gazon de “Bermuda” – G	0 – 5 5 –10 > 10	2,5 2,1 1,8	1,8 1,5 1,2
2. – *Brachiara mutica.* Gazon “Buffalo” – G *Poa Pratensis.* Grama azul – G *Bromus* – G	0 – 5 5 –10 > 10	2,1 1,8 1,5	1,5 1,2 1,8
3. – Gazon mixte	0 – 5 5 –10 > 10	1,5 1,2 pas utilisé	1,2 1,8
4. – “*Lespedeza sericea*” – L “*Ischaenum*”. *Pueraria lobata* (Kudzu) – L *Medreago sativa* (luzerne) – L *Digitaria sanguinals* – G	0 – 5 > 5 > 5 > 5 > 5	1,0 pas utilisé pas utilisé pas utilisé pas utilisé	0,75
5. – Annuel (utilisé en pente faible jusqu'à ce que la couverture permanente soit établie) “*Lespeza vulg*” *Sorgum sudonense*	0 – 5 > 5 > 5	1,0 non recommandé non recommandé	0,75

Les valeurs indiquées se rapportent à la qualité de couverture avec une certaine uniformité.

Les vitesses supérieures à 1,5 m/s pourront être utilisées seulement quand une bonne couverture est possible et avec un bon entretien.

126 - Écoulements à surface libre. Régime permanent. Résumé

127 - Éléments du régime critique. Formules

Forme de section	Profondeur critique h_c	Vitesse critique U_c	Débit critique Q_c	Énergie critique H_c	Pente critique I_c
Quelconque (formules générales)	Satisfait à $\frac{Q}{\sqrt{g}} = S\sqrt{\frac{S}{L}} = S\sqrt{h_m}$ c'est à dire $0{,}319\,Q = S\sqrt{h_m}$	$U_c = \sqrt{g\,h_{mc}}$ $U_c = 3{,}132\sqrt{h_{mc}}$	Satisfait à $\frac{Q}{\sqrt{g}} = S\sqrt{h_m}$ c'est à dire $0{,}319\,Q = S\sqrt{h_m}$	$H_c = h_c + \frac{h_{mc}}{2}$	$I_c = \frac{g\,h_{mc}}{C_c^2 R_c}$ $I_c = \frac{g\,h_{mc}}{K_S^2 R_c^{4/3}}$
Rectangulaire	$h_c = \sqrt[3]{\frac{Q_c^2}{g\,L_c^2}}$ $= \sqrt[3]{\frac{q^2{}_c}{g}} = 0{,}468\,q_c^{2/3}$	$U_c = \sqrt{g\,h_c}$ $U_c = 3{,}132\sqrt{h_c}$	$Q_c = L\sqrt{g}\,h_c^{3/2}$ $Q_c = 3{,}132\,L\,h_c^{3/2}$	$H_c = \frac{3}{2}\,h_c = 1{,}5\,h_c$	Pour une largeur infinie : $I_c = \frac{g}{C_c^2}$ $I_c = \frac{g}{K_S^2\,h_c^{1/3}}$
Triangulaire isocèle	$h_c = \sqrt[5]{\frac{2}{mg}\,Q_c^2}$ $h_c = 0{,}727\sqrt[5]{\frac{Q_c^2}{m}}$	$U_c = \sqrt{g\,\frac{h_c}{2}}$ $U_c = 2{,}215\sqrt{h_c}$	$Q_c = \sqrt{\frac{gm^2}{2}}\,h_c^{5/2} =$ $2{,}215\,m\,h_c^{5/2}$	$H_c = \frac{5}{4}\,h_c$ $H_c = 1{,}25\,h_c$	$I_c = \frac{g\sqrt{m^2+1}}{m\,C_c^2}$
Trapé-zoïdale	Les formules générales sont applicables. Voir l'abaque 128				

Note : Les formules simplifiées à coefficients numériques doivent être utilisées avec le m, le m/s, etc..., comme unités.

128 - Canaux trapézoïdaux. Détermination de la profondeur critique (1)

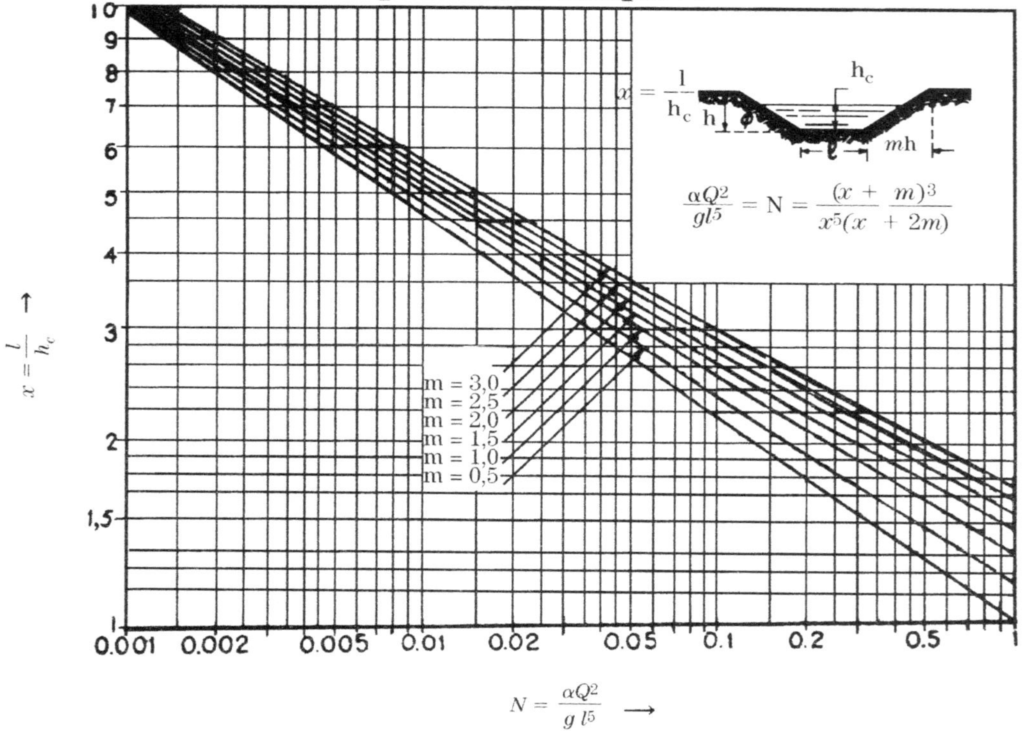

Exemple : Un débit de 100 m³/s s'écoule dans un canal trapézoïdal, dont les pentes des côtés sont $m = 2$ et la largeur du fond $l = 10$ m. Déterminer la profondeur critique h_c. On admet que le coefficient de *Coriolis*, α, est égal à l'unité.

On a :

$$N = \frac{\alpha Q^2}{g\,l^5} = \frac{100}{9{,}8 \times 10^5} = 0{,}01$$

De l'abaque, pour $N = 0{,}01$ et $m = 2$, on déduit

$$x = 5{,}3$$

Donc

$$x = \frac{l}{h_c} = 5{,}3$$

et par conséquent

$$h_c = \frac{l}{x} = \frac{10}{5{,}3} = 1{,}89 \text{ m}$$

(1) Kolupaila, S. - *Civil Engineering*. Décembre, 1950.

129 - Canaux circulaires. Détermination de la profondeur critique

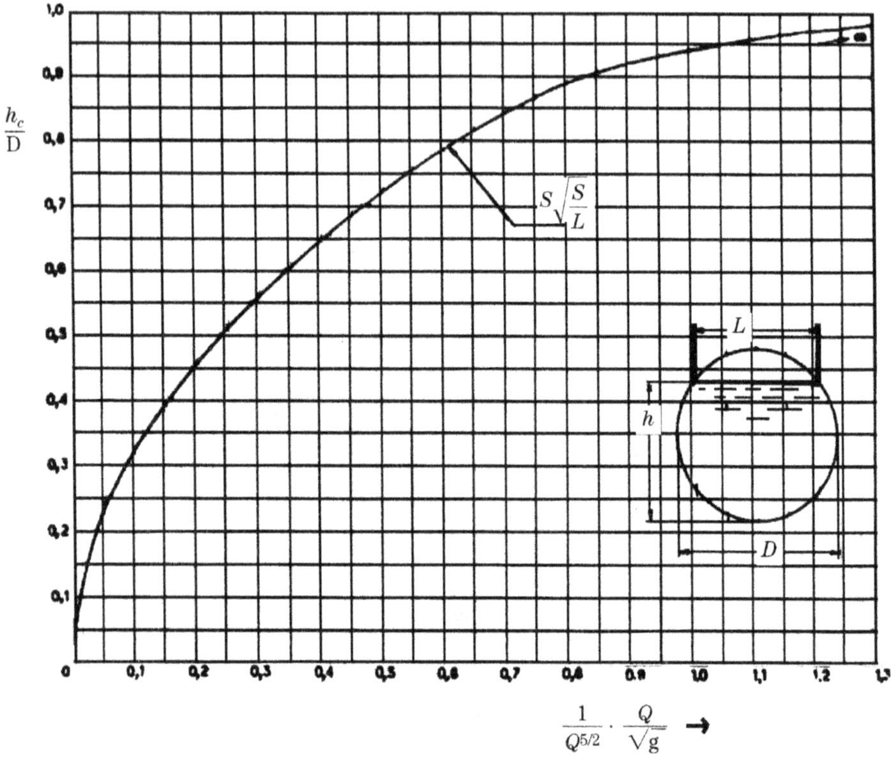

Exemple : Un débit de 600 m³/s s'écoule dans une galerie circulaire de 10 m de diamètre. Déterminer la profondeur critique.

On a $\frac{Q}{\sqrt{g}} = 191{,}6\ m^{5/2}$; $\frac{1}{D^{5/2}} = \frac{1}{316{,}23}$

$$\frac{Q}{\sqrt{g}} \times \frac{1}{D^{5/2}} = 0{,}61$$

L'abaque donne : $\frac{h_c}{D} = 0{,}79$. Par conséquent $h_c = 0{,}79\,D = 7{,}9$ m.

130 - Canaux rectangulaires : profondeurs conjuguées h' et h'' de même énergie H (pour un débit donné)

$q = \dfrac{Q}{L}$ – Débit par unité de largeur du canal

K', K'' – Valeurs du tableau   On a : $h' = K'H$; $h'' = K''H$

$A = \dfrac{q^2}{2gH^3}$	0	1	2	3	4	5	6	7	8	9
0,00	0,000	0,032	0,046	0,056	0,065	0,073	0,081	0,088	0,094	0,100
	1,000	999	998	997	996	995	994	993	992	991
01	0,106	111	117	122	127	131	136	141	145	150
	990	989	988	987	986	984	983	982	981	980
02	154	158	162	166	170	174	178	182	185	189
	979	978	977	976	975	974	973	971	970	969
03	193	196	200	204	207	211	214	217	221	224
	968	967	966	965	963	962	961	960	959	957
04	228	231	234	237	241	244	247	250	254	257
	956	955	954	953	951	950	949	948	946	945
0,05	0,260	0,263	0,266	0,269	0,272	0,276	0,279	0,282	0,285	0,288
	944	943	941	940	939	937	936	935	933	932
06	291	294	297	300	303	306	309	312	315	318
	931	929	928	927	925	924	922	921	920	918
07	321	324	327	330	333	336	339	342	345	348
	917	915	914	912	911	909	908	906	905	903
08	351	354	357	360	363	366	369	372	375	378
	902	900	898	897	895	894	892	890	889	887
09	381	385	388	391	394	397	400	403	406	409
	885	883	882	880	878	876	874	873	871	869
0,10	0,413	0,416	0,419	0,422	0,425	0,429	0,432	0,435	0,439	0,442
	867	865	863	861	859	857	855	853	851	849
11	445	449	452	456	459	463	466	470	473	477
	846	844	842	840	837	835	833	830	828	825
12	481	484	488	492	496	500	504	508	512	517
	823	820	817	815	812	809	806	803	800	797
13	521	525	530	535	539	544	549	555	560	566
	794	790	787	783	779	775	771	767	763	758
14	572	578	585	592	600	609	619	632	654	
	753	748	742	736	729	721	712	700	679	(1)

(1) Le régime critique se produit pour la valeur $x = 0{,}14815$, à laquelle corresponde $K' = K'' = 0{,}667$.

Exemple : $Q = 100$ m³/s ; $L = 10$ m ; $H = 10$ m. On a $q = \dfrac{Q}{L} = \dfrac{100}{10} = 10$ m²/s ; $A = \dfrac{q^2}{2g\,H^3} = \dfrac{100}{19600} = 0{,}051$

La table donne $K' = 0{,}263$ et $K'' = 0{,}943$. C'est-à-dire que le débit donné peut s'écouler avec l'énergie donnée, sous deux profondeurs : $h' = 0{,}263\ H = 2{,}63$ m ; $h'' = 0{,}943\ H = 9{,}43$ m. La première correspond au régime torrentiel, la seconde au régime tranquille.

131 – Canaux triangulaires : profondeurs conjuguées h' et h'' de même énergie H (pour un débit donné)

Q – débit ; m – pente des côtés (horizontal sur vertical) ;
K' et K'' – valeurs du tableau On a : $h' = K'H$; $h'' = K''H$

$A = \frac{Q^2}{2gm^2H^5}$	0	1	2	3	4	5	6	7	8	9
0,00	0,000 1,000	0,184 999	0,225 998	0,252 997	0,272 996	0,290 995	0,305 994	0,318 993	0,331 992	0,342 991
0,01	0,352 990	0,362 998	0,372 987	0,381 986	0,389 985	0,397 984	0,405 983	0,412 982	0,420 981	0,427 979
0,02	0,433 978	0,440 977	0,446 976	0,453 974	0,459 973	0,465 972	0,471 971	0,476 969	0,482 968	488 967
0,03	0,493 965	0,499 964	0,504 963	0,509 961	0,514 960	0,520 958	0,525 957	0,530 956	0,535 954	0,539 953
0,04	0,544 951	0,549 950	0,554 948	0,559 946	0,563 945	0,568 943	0,573 941	0,578 940	0,582 938	0,587 936
0,05	0,591 934	0,596 932	0,601 931	0,605 929	0,610 927	0,614 925	0,619 923	0,624 921	0,629 918	0,633 916
0,06	0,638 914	0,643 912	0,648 909	0,653 907	0,657 904	0,662 902	0,667 899	0,673 896	0,678 893	0,683 890
0,07	0,689 887	0,694 883	0,700 880	0,706 876	0,712 872	0,718 868	0,725 863	0,733 858	0,740 852	0,749 845
0,08	0,759 837	0,773 825	$\frac{Q^2}{2gmH^5}$ = 0,0819 – $k' = K''$ = 0,800 (Régime critique)							

Exemples :

1) $Q = 10$ m3/s ; $m = 2$; $H = 3$ m. On a : $A = \frac{Q^2}{2gm^2H^5} = \frac{100}{19{,}071} = 0{,}00524$

De la table, par interpolation, on déduit $K' = 0{,}294$ et $K'' = 0{,}995$.
On obtient : $h' = K'H = 0{,}88$ mètres (régime torrentiel) ;
$h'' = K''\ H = 2{,}99\ m$ (régime tranquille).

2) Déterminer la profondeur critique, pour $Q = 10$ m³/s et $m = 2$.

Le régime critique est tel que $\frac{Q^2}{2gm^2H^5} = 0{,}0819$; par conséquent

$$H = 5\sqrt{\frac{Q^2}{2gm^2 \text{ x } 0{,}0819}} = 5\sqrt{15.56} = 1.73$$

Donc : $h_c = 0{,}8\ H = 1{,}38$ m

132 - Canaux trapézoïdaux : profondeurs conjuguées, *h*' et *h*" de même énergie *H* (pour un débit donné)

Q – débit ; l – largeur du fond ;
m – pente des côtés (horizontal sur vertical)

$$B = \frac{Q^2}{2gH^3l^2} \qquad C = \frac{mH}{l}$$

K', K'' – valeurs du tableau

On a : $h' = K'H$; $h'' = K''H$

B = 0,1		**B = 0,3**		**B = 0,5**		**B = 1**		**B = 2**		**B = 4**		**B = 6**	
C	**K' K"**	**C**	**K' K"**	**C**	**K' K"**	**C**	**K' K"**	**C**	**K' K"**	**C**	**K' K"**	**C**	**K' K"**
0,01	0,10 99	0,01	0,10 99	0,01	0,10 1,00	0,01	0,10 1,00	0,01	0,09 1,00	0,01	0,08 1,00	0,01	0,07 1,00
0,02	0,15 98	0,02	0,15 99	0,02	0,14 99	0,02	0,13 99	0,05	0,18 99	0,05	0,15 1,00	0,05	0,13 1,00
0,03	0,19 97	0,03	0,18 98	0,03	0,18 99	0,04	0,19 99	0,10	0,24 99	0,10	0,20 1,00	0,10	0,17 1,00
0,04	0,22 96	0,04	0,21 97	0,04	0,20 98	0,06	0,23 98	0,15	0,29 98	0,20	0,26 99	0,30	0,25 99
0,05	0,25 95	0,05	0,24 97	0,05	0,23 98	0,09	0,28 98	0,20	0,33 98	0,30	0,30 99	0,60	0,32 99
0,06	0,28 94	0,06	0,26 96	0,06	0,25 97	0,12	0,32 97	0,25	0,36 97	0,40	0,33 98	0,90	0,37 98
0,07	0,31 93	0,07	0,29 95	0,08	0,29 96	0,15	0,36 96	0,30	0,39 96	0,60	0,39 97	1,2	0,41 97
0,08	0,34 92	0,08	0,31 95	0,10	0,33 95	0,18	0,39 95	0,35	0,42 95	0,80	0,43 96	1,5	0,45 96
0,09	0,36 91	0,10	0,36 93	0,12	0,37 94	0,21	0,42 94	0,40	0,45 95	1,0	0,48 95	1,8	0,48 96
0,10	0,39 89	0,12	0,40 91	0,14	0,40 92	0,24	0,46 92	0,45	0,47 94	1,2	0,51 94	2,1	0,51 95
0,11	0,42 88	0,14	0,44 89	0,16	0,44 91	0,27	0,49 91	0,50	0,50 93	1,4	0,55 93	2,4	0,54 94
0,12	0,45 86	0,16	0,48 87	0,18	0,47 89	0,30	0,52 90	0,60	0,55 91	1,6	0,59 91	2,7	0,57 93
0,13	0,48 84	0,17	0,51 85	0,20	0,51 87	0,33	0,55 88	0,65	0,58 90	1,8	0,63 89	3,0	0,60 91
0,14	0,51 82	0,18	0,54 84	0,22	0,55 85	0,36	0,59 86	0,70	0,60 88	1,9	0,65 88	3,3	0,63 90
0,15	0,55 79	0,19	0,57 81	0,24	0,59 82	0,38	0,62 84	0,75	0,63 87	2,0	0,67 87	3,6	0,66 88
0,16	0,59 76	0,20	0,60 79	0,25	0,62 80	0,40	0,65 82	0,80	0,66 85	2,1	0,69 85	3,9	0,69 86
0,165	0,62 73	0,21	0,64 75	0,26	0,65 78	0,42	0,69 79	0,85	0,70 81	2,2	0,73 82	4,2	0,74 83
0,169	0,68 68	0,215	0,70 70	0,269	0,72 72	0,431	0,74 77	0,880	0,76 76	2,27	0,78 78	4,32	0,78 78

133 - Courbes de remous - Méthode de Bakhmeteff

Valeurs de *B* (η)

η > I											
η	*n* = 2,8	*n* = 3,0	*n* = 3,2	*n* = 3,4	*n* = 3,6	*n* = 3,8	*n* = 4,0	*n* = 4,2	*n* = 4,6	*n* = 5,0	*n* = 5,4
1,001	2,399	2,184	2,008	1,856	1,725	0,610	1,508	1,417	1,264	1,138	1,033
005	1,818	1,649	1,506	384	279	188	107	036	0,915	0,817	0,737
010	572	419	291	182	089	007	0,936	1,873	766	681	610
015	428	286	166	065	0,978	0,902	836	778	680	602	537
020	327	191	078	0,982	900	828	166	711	620	546	486
1,03	1,186	1,060	0,955	0,866	0,790	0,725	0,668	0,618	0,535	0,469	0,415
04	086	0,967	868	785	714	653	600	554	477	415	365
05	010	896	802	723	656	598	548	504	432	374	328
06	0948	838	748	672	608	553	506	464	396	342	298
07	896	790	703	630	569	516	471	431	366	315	273
1,08	0,851	0,749	0,665	0,595	0,535	0,485	0,441	0,403	0,341	0,292	0,252
09	812	713	631	563	506	457	415	379	319	272	234
10	777	681	601	536	480	433	392	357	299	254	218
11	746	652	575	511	457	411	372	338	282	239	204
12	718	626	551	488	436	392	354	321	267	225	192
1,13	0,692	0,602	0,529	0,468	0,417	0,374	0,337	0,305	0,253	0,212	0,181
14	669	581	509	450	400	358	322	291	240	201	170
15	647	561	490	432	384	343	308	278	229	191	161
16	627	542	473	417	369	329	295	266	218	181	153
17	608	525	458	402	350	317	283	255	208	173	145
1,18	0,591	0,590	0,443	0,388	0,343	0,305	0,272	0,244	0,199	0,165	0,138
19	574	494	429	375	331	294	262	235	191	157	131
20	559	480	416	363	320	283	252	226	183	150	125
22	531	454	392	341	299	264	235	209	168	138	114
24	505	431	371	322	281	248	219	195	156	127	104
1,26	0,482	0,410	0,351	0,304	0,265	0,233	0,205	0,182	0,145	0,117	0,095
28	461	391	334	288	250	219	193	170	135	108	088
30	442	373	318	274	237	207	181	160	126	100	081
32	424	357	304	260	225	196	171	150	118	093	175
34	408	342	290	248	214	185	162	142	110	087	069
1,36	0,393	0,329	0,278	0,237	0,204	0,176	0,153	0,134	0,103	0,081	0,064
38	378	316	266	226	194	167	145	127	097	076	060
40	365	304	256	217	185	159	138	120	092	071	056
42	353	293	246	208	177	152	131	114	087	067	052
44	341	282	236	199	169	145	125	108	082	063	049
1,46	0,330	0,273	0,227	0,191	0,162	0,139	0,119	0,103	0,077	0,059	0,046
48	320	263	219	184	156	133	113	098	073	056	043
50	310	255	211	177	149	127	108	093	069	053	040
55	288	235	194	161	135	114	097	083	061	046	035
60	269	218	179	148	123	103	087	074	054	040	030
1,65	0,251	0,203	0,165	0,136	0,113	0,094	0,079	0,067	0,048	0,035	0,026
70	236	189	153	125	103	086	072	060	043	031	023
75	212	177	143	116	095	079	065	054	038	027	020
80	209	166	133	108	088	072	060	049	034	024	017
85	198	156	125	100	082	067	055	045	031	022	015

133b - (Suite)

η > I											
η	*n* = 2,8	*n* = 3,0	*n* = 3,2	*n* = 3,4	*n* = 3,6	*n* = 3,8	*n* = 4,0	*n* = 4,2	*n* = 4,6	*n* = 5,0	*n* = 5,4
1,85	0,198	0,156	0,125	0,100	0,082	0,067	0,055	0,045	0,031	0,022	0,015
90	188	147	117	094	076	062	050	041	028	020	014
95	178	139	110	088	070	057	046	038	026	018	012
2,00	169	132	104	082	066	053	043	035	023	016	011
2,10	154	119	092	073	058	046	037	030	019	013	009
2,2	0,141	0,107	0,083	0,065	0,031	0,040	0,032	0,025	0,016	0,011	0,007
3	119	098	075	058	045	035	028	022	014	009	006
4	119	089	068	052	040	031	024	019	012	008	005
5	110	082	062	047	036	028	022	017	010	006	004
6	102	076	057	043	033	025	019	015	009	005	003
2,7	0,095	0,070	0,052	0,039	0,029	0,022	0,017	0,013	0,008	0,005	0,003
2,8	089	065	048	036	027	020	015	012	007	004	002
2,9	083	060	044	033	024	018	014	010	006	004	002
3,0	078	056	041	030	022	017	012	009	005	003	002
3,5	059	041	029	021	015	011	008	006	003	002	001
4,0	0,046	0,031	0,022	0,015	0,010	0,007	0,005	0,004	0,002	0,001	0,000
4,5	037	025	017	011	008	005	004	003	001	001	000
5,0	031	020	013	009	006	004	003	002	001	000	000
6,0	022	014	009	006	004	002	002	001	000	000	000
7,0	017	010	006	004	002	002	001	001			
8,0	0,013	0,008	0,005	0,003	0,002	0,001	0,001	0,000			
9,0	011	006	004	002	001	001	000	000			
10,0	009	005	003	002	001	001	000	000			
20,0	113	002	001	001	000	000	000	000			

η < I											
η	*n* = 2,8	*n* = 3,0	*n* = 3,2	*n* = 3,4	*n* = 3,6	*n* = 3,8	*n* = 4,0	*n* = 4,2	*n* = 4,6	*n* = 5,0	*n* = 5,4
0,00	0,000	0,000	0,000	0,000	0,000	0,000	0,000	0,000	0,000	0,000	0,000
02	020	020	020	020	020	020	020	020	020	020	020
04	040	040	040	040	040	040	040	040	040	040	040
06	060	060	060	060	060	060	060	060	060	060	060
08	080	080	080	080	080	080	080	080	080	080	080
0,10	0,100	0,100	0,100	0,100	0,100	0,100	0,100	0,100	0,100	0,100	0,100
12	120	120	120	120	120	120	120	120	120	120	120
14	140	140	140	140	140	140	140	140	140	140	140
16	160	160	160	160	160	160	160	160	160	160	160
18	180	180	180	180	180	180	180	180	180	180	180
0,20	0,201	0,200	0,200	0,200	0,200	0,200	0,200	0,200	0,200	0,200	0,200
22	221	221	220	220	220	220	220	220	220	220	220
24	241	241	240	240	240	240	240	240	240	240	240
26	261	261	260	261	260	260	260	260	260	260	260
28	282	282	281	281	281	280	280	280	280	280	280

133c - (Suite)

η < I											
η	n = 2,8	n = 3,0	n = 3,2	n = 3,4	n = 3,6	n = 3,8	n = 4,0	n = 4,2	n = 4,6	n = 5,0	n = 5,4
0,28	0,282	0,282	0,281	0,281	0,281	0,280	0,280	0,280	0,280	0,280	0,280
30	303	302	302	301	301	301	300	300	300	300	300
32	324	323	322	322	321	321	321	321	320	320	320
34	344	343	343	342	342	341	341	341	340	340	340
36	366	364	363	363	362	362	361	361	361	360	360
0,38	0,387	0,385	0,384	0,383	0,383	0,382	0,382	0,381	0,381	0,381	0,380
40	408	407	405	404	403	403	402	402	401	401	400
42	430	428	426	425	424	423	423	422	421	421	421
44	452	450	448	446	445	444	443	443	442	441	441
46	475	472	470	468	466	465	464	463	462	462	461
0,48	0,497	0,494	0,492	0,489	0,488	0,486	0,485	0,484	0,483	0,482	0,481
50	521	517	514	511	509	508	506	505	504	503	502
52	524	540	536	534	531	529	528	527	525	523	522
54	568	563	559	556	554	551	550	548	546	544	543
56	593	587	583	579	576	574	572	570	567	565	564
0,58	0,618	0,612	0,607	0,603	0,599	0,596	0,594	0,592	0,589	0,587	0,585
60	644	637	631	627	623	620	617	614	611	608	606
61	657	650	644	639	635	631	628	626	622	619	617
62	671	663	657	651	647	643	640	637	633	630	628
63	684	676	669	664	659	655	652	649	644	641	638
0,64	0,698	0,690	0,683	0,677	0,672	0,667	0,664	0,661	0,656	0,652	0,649
65	712	703	696	689	684	680	676	673	667	663	660
66	727	717	709	703	697	692	688	685	679	675	672
67	742	731	723	716	710	705	701	697	691	686	683
68	757	746	737	729	723	718	713	709	703	698	694
0,69	0,772	0,761	0,751	0,743	0,737	0,731	0,726	0,722	0,715	0,710	0,706
70	787	776	766	757	750	744	739	735	727	722	717
71	804	791	781	772	764	758	752	748	740	734	729
72	820	807	796	786	779	772	766	761	752	746	741
73	837	823	811	802	793	786	780	774	765	759	753
0,74	0,854	0,840	0,827	0,817	0,808	0,800	0,794	0,788	0,779	0,771	0,766
75	872	857	844	833	823	815	808	802	792	784	778
76	890	874	861	849	839	830	823	817	806	798	791
77	909	892	878	866	855	846	838	831	820	811	804
78	929	911	896	883	872	862	854	847	834	825	817
0,79	0,949	0,930	0,914	0,901	0,889	0,879	0,870	0,862	0,849	0,839	0,831
80	970	950	934	919	907	896	887	878	865	854	845
81	992	971	954	938	925	914	904	895	881	869	860
82	1,015	993	974	958	945	932	922	913	897	885	875
83	039	1,016	996	979	965	952	940	931	914	901	890
0,84	1,064	1,040	1,019	0,001	0,985	0,972	0,960	0,949	0,932	0,918	0,906
85	091	065	043	024	1,007	993	980	969	950	935	923
86	119	092	068	048	031	1,015	1,002	990	970	954	940
87	149	120	095	074	055	039	025	1,012	990	973	959
88	181	151	124	101	081	064	049	035	1,012	994	978

133d - (Suite)

$\eta < 1$											
η	$n =$ 2,8	$n =$ 3,0	$n =$ 3,2	$n =$ 3,4	$n =$ 3,6	$n =$ 3,8	$n =$ 4,0	$n =$ 4,2	$n =$ 4,6	$n =$ 5,0	$n =$ 5,4
0,88	1,181	1,151	1,124	1,101	1,081	1,064	1,049	1,035	1,012	0,994	0,978
0,89	1,216	1,183	1,155	1,131	1,110	1,091	1,075	1,060	1,035	1,015	0,999
90	253	218	189	163	140	120	103	087	060	039	1,021
91	294	257	225	197	173	152	133	116	088	064	045
92	340	300	266	236	210	187	166	148	117	092	072
93	391	348	311	279	251	226	204	184	151	123	101
0,94	1,449	1,403	1,363	1,328	1,297	1,270	1,246	1,225	1,188	1,158	1,134
95	518	467	423	385	352	322	296	272	232	199	172
96	601	545	497	454	417	385	355	329	285	248	217
97	707	644	590	543	501	464	431	402	351	310	275
0,975	773	707	649	598	554	514	479	447	393	348	311
0,980	1,855	1,783	1,720	1,666	1,617	1,575	1,536	1,502	1,443	1,395	1,354
985	959	880	812	752	699	652	610	573	508	454	409
990	2,106	2,017	940	873	814	761	714	671	598	537	487
995	355	250	2,159	2,079	2,008	945	889	838	751	678	617
999	931	788	663	554	457	2,370	2,293	2,223	2,102	2,002	917

Exemple : Un débit Q = 1,13 m³/s par m de largeur s'écoule dans un canal rectangulaire très large, de pente I = 4°/∞ et de coefficient de rugosité K_s = 40. Une surélévation du seuil fait s'écouler le débit par la section 0 sous la profondeur h_0 = 3,05 m. Déterminer la distance l à partir de 0, où est placée la section 1 telle que h_1 = 2,45 m.

1 – On a déterminé la profondeur normale h_n = 1,22 m et la profondeur critique h_c = 0,51 m. Comme $h_n > h_c$, le canal est à pente faible et la courbe de remous est du type M ; comme $h_0 > h_n$, la branche correspondant est du type M_1.

2 – L'exposant hydraulique (Tableau 135) vaut n = 3,4.

3 – La pente critique en 0 est I_c = 55,6 °/∞, et on obtient $\beta = \frac{I}{I_c}$ = 0,096 et $1 - \beta$ = 0,904. Cette valeur peut être considérée constante jusqu'à la section I.

4 – Donc $\eta_0 = \frac{h_0}{h_n}$ = 2,50 et $\eta_1 = \frac{h_1}{h_n}$ = 2,01, et on obtient $\eta_1 - \eta_0 = -$ 0,49.

5 – Le tableau 128 donne $B(\eta_0)$ = 0,047 et $B(\eta_1)$ = 0,083, par conséquent $B(\eta_1) - B(\eta_0)$ = 0,036.

On a donc :

$$l = \frac{h_n}{I}\left\{(\eta_1 - \eta_0) - (1 - \beta)\,[B(\eta_1) - B(\eta_0)]\right\}$$

$$= \frac{1{,}22}{0{,}004}\,(-0{,}49 - 0{,}096 \times 0{,}036) = -162 \text{ m}$$

La section I est située à 162 m à l'amont.

134 - Courbe de remous – Méthode approchée de Bakhmeteff

Valeurs de ∅ (η)

η	n = 2,8	n = 3,0	n = 3,2	n = 3,4	n = 3,6	n = 3,8	n = 4,0	n = 4,2
1,001	— 1,398	— 1,183	— 1,007	— 0,855	— 0,724	— 0,609	— 0,507	— 0,416
005	0,813	0,644	0,501	379	274	183	102	031
1,010	0,562	0,409	0,281	0,172	0,079	+ 0,03	+ 0,074	+ 0,137
1,015	0,413	0,271	0,151	0,050	+ 0,037	0,113	0,179	0,237
1,02	0,307	0,171	0,058	+ 0,038	0,120	0,192	0,254	0,309
1,03	0,156	0,030	+ 0,075	0,164	0,240	0,305	0,362	0,412
1,04	0,046	+ 0,073	0,172	0,255	0,326	0,387	0,440	0,486
1,05	+ 0,040	0,154	0,248	0,327	0,394	0,452	0,502	0,546
06	112	222	312	388	452	507	554	596
07	174	280	367	440	501	554	599	639
08	229	331	415	485	545	595	639	677
09	278	377	459	527	584	633	675	711
1,10	0,323	0,419	0,499	0,564	0,620	0,667	0,708	0,743
11	364	458	535	599	953	699	738	772
12	402	494	569	632	684	728	766	799
13	438	528	601	662	713	756	793	825
14	471	559	631	690	740	782	818	849
1,15	0,503	0,589	0,660	0,718	0766	0,807	0,842	0,872
16	533	618	687	743	791	831	865	894
17	562	645	712	768	814	853	887	915
18	589	671	737	792	837	875	908	936
19	616	696	761	815	859	896	928	955
1,20	0,641	0,720	0,784	0,837	0,880	0,917	0,948	0,974
22	689	766	828	879	921	956	985	1,011
24	735	809	869	918	959	992	1,021	045
26	778	850	909	956	995	1,027	055	078
28	819	889	946	992	1,030	061	087	110
1,30	0,858	0,927	0,982	1,026	1,063	1,093	1,119	1,140
32	896	963	1,016	060	095	124	149	170
34	932	998	050	092	126	155	178	198
36	967	1,031	082	123	156	184	207	226
38	1,002	064	114	154	186	213	235	253
1,40	1,035	1,096	1,144	1,183	1,215	1,241	1,262	1,280
42	067	127	174	212	243	268	289	306
44	099	158	204	241	271	295	315	332
46	130	187	233	259	298	321	341	357
48	160	217	261	296	324	347	367	382

134 - (Suite)

η	n = 2,8	n = 3,0	n = 3,2	n = 3,4	n = 3,6	n = 3,8	n = 4,0	n = 4,2
1,50	1,190	1,245	1,289	1,323	1,351	1,373	1,392	1,407
55	262	315	356	389	415	436	453	467
60	331	382	421	452	477	497	513	526
65	399	447	485	514	537	556	571	583
70	464	511	547	575	597	614	628	640
1,75	1,538	1,573	1,607	1,634	1,655	1,671	1,685	1,696
80	591	634	667	692	712	728	740	751
85	652	694	725	750	768	783	795	805
90	712	753	783	806	824	838	850	859
95	772	811	840	862	880	893	904	912
2,00	831	868	896	918	934	947	957	965
1	946	981	2,008	2,027	2,042	2,054	2,063	2,070
2	2,059	2,093	117	135	149	160	168	175
3	171	202	225	242	255	265	272	278
2,4	2,281	2,311	2,332	2,348	2,360	2,369	2,376	2,381
5	390	418	438	453	464	472	478	483
6	498	524	543	557	567	575	581	585
7	605	630	648	661	671	678	683	687
8	711	735	752	764	773	780	785	788
2,9	2,817	2,840	2,856	2,865	2,876	2,882	2,886	2,890
3,0	922	944	959	970	978	983	988	991
5	3,441	3,459	3,471	3,479	3,485	3,489	3,492	3,494
4,0	954	969	978	985	990	993	995	996
5	4,463	4,475	4,483	4,489	4,492	4,495	4,496	4,497
5,0	4,969	4,980	4,987	4,991	4,994	4,996	4,997	4,998
6,0	5,978	5,986	5,991	5,994	5,996	5,998	5,998	5,999
7,0	6,983	6,990	6,994	6,996	6,998	6,998	6,999	6,999
8,0	7,987	7,992	7,995	7,997	7,998	7,999	7,999	
9,0	8,989	8,994	8,996	8,998	8,999	8,999		
10,00	9,991	9,995	9,997	9,998	9,999	9,999		

Exemple : Appliquer la formule simplifiée ($\beta = 0$), au cas de l'exemple précédent.

1 – De même, $h_u = 1{,}22$ m ; $h_c = 0{,}51$ m ; $n = 3{,}4$; $\eta_0 = 2{,}50$; $\eta_1 = 2{,}00$.

2 – Le tableau 129 donne $\varnothing(\eta_0) = 2{,}453$; $\varnothing(\eta_1) = 1{,}929$; par conséquent, $\varnothing(\eta_1) - \varnothing(\eta_0) = -0{,}524$.

Donc :

$$l = \frac{h_n}{I}[\varnothing(\eta_0) - \varnothing(\eta_1)] = -\frac{1{,}22}{0{,}004} \times 0{,}524 = -160 \text{ m}$$

On voit que le résultat coïncide pratiquement avec le précédent.

135 - Courbes de remous – Méthode de Bakhmeteff

Valeurs de l'exposant hydraulique *n*

h - Tirant d'eau

l - Largeur du fond en sections trapézoïdales

D – Diamètre en sections circulaires

$\frac{h}{l}$ *ou* $\frac{h}{D}$	Forme de la section							
	Rectangulaire	Trapézoïdale avec des côtés à pentes (hor./vert.)						Circulaire
		$^1/_2$	$^1/_1$	$^{1,5}/_1$	$^2/_1$	$^{2,5}/_1$	$^3/_1$	
0,000 - 0,020	3,4							
0,020 - 0,030	3,4	3,3	3,4	3,4	3,4	3,4	3,4	4,3
0,030 - 0,040	3,3	3,3	3,4	3,4	3,4	3,4	3,4	4,3
0,040 - 0,050	3,2	3,3	3,4	3,4	3,4	3,4	3,4	4,3
0,050 - 0,060	3,2	3,3	3,4	3,4	3,4	3,4	3,5	4,3
0,060 - 0,080	3,2	3,3	3,4	3,5	3,5	3,6	3,6	4,3
0,080 - 0,100	3,1	3,3	3,4	3,5	3,5	3,6	3,7	4,2
0,10 - 0,15	3,0	3,3	3,4	3,5	3,6	3,7	3,8	4,2
0,15 - 0,20	2,9	3,3	3,4	3,6	3,7	3,8	3,9	4,2
0,20 - 0,30	2,85	3,3	3,5	3,7	3,8	3,9	4,0	4,0
0,30 - 0,40	2,8	3,3	3,5	3,8	3,9	4,0	4,1	3,8
0,40 - 0,50	2,8	3,3	3,6	3,9	4,0	4,1	4,2	3,6
0,50 - 0,60	2,7	3,3	3,7	4,0	4,1	4,2	4,3	3,3
0,60 - 0,80	2,6	3,4	3,8	4,1	4,2	4,3	4,4	(1)
0,80 - 1,00	2,5	3,45	3,9	4,3	4,4	4,4	4,5	
1,00 - 1,50	2,4	3,65	4,2	4,4	4,6	4,6	4,7	
1,50 - 2,00	2,3	3,9	4,4	4,6	4,8	4,8	4,9	
2,00 - 3,00	2,25	4,1	4,5	4,7	5,0	5,0	5,0	
3,00 - 4,00	2,2	4,4	4,6	4,9	5,2	5,2	5,2	
4,00 - 5,00	2,2	4,5	4,7	5,0	5,4	5,4	5,4	
5,00 - 6,00	2,2	4,5	4,8	—	—	—	—	
6,00 - 8,00	2,2	4,6	4,9	—	—	—	—	
8,00 - 10,00	2,2	4,7	5,0	—	—	—	—	

(1) $\frac{h}{D} = 0{,}06$ à $0{,}07$ – $n = 2{,}9$; $\frac{h}{D} = 0{,}07$ à $0{,}08$ – $n = 2{,}2$

136 - Profondeurs conjuguées du ressaut

D'après [**46**]

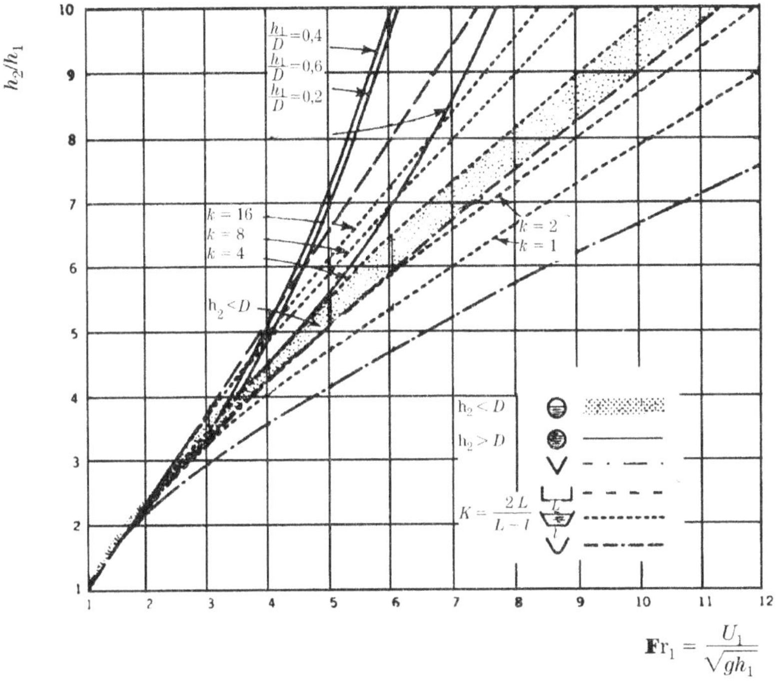

137 – Perte de charge dans le ressaut

D'après [**46**]

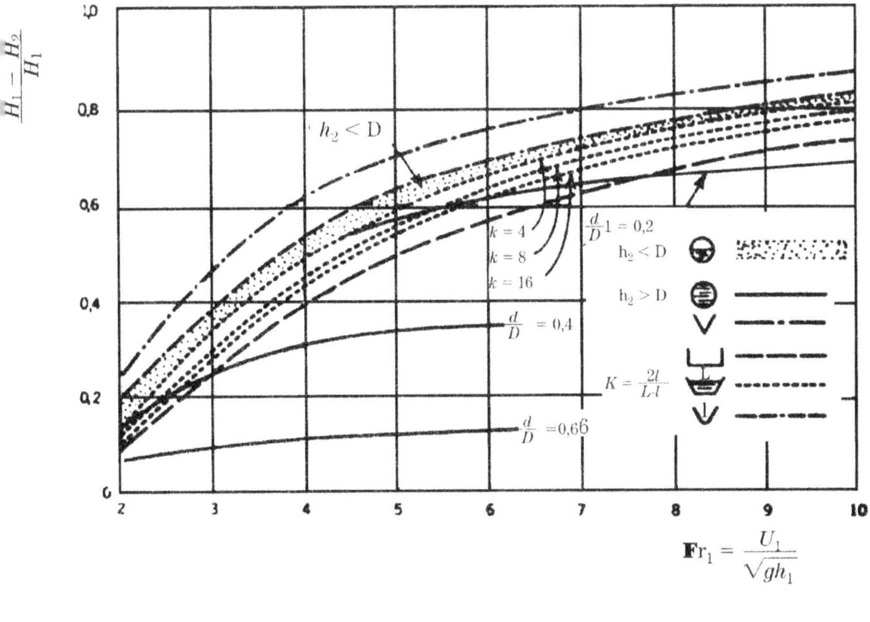

138 - Ressaut dans un canal rectangulaire

a) Longueur du ressaut hydraulique

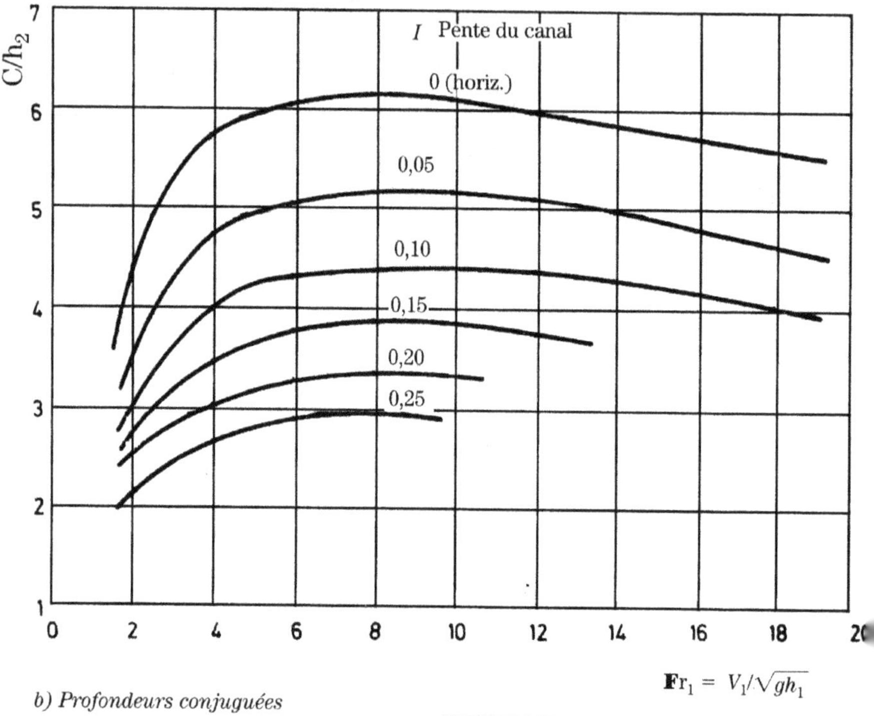

b) Profondeurs conjuguées

$$\frac{h_2}{h_1} = \frac{1}{2\cos\theta}\sqrt{\frac{8\mathbf{F}^2_{r1}\cos^3\theta}{1\text{-}2K\mathrm{tg}\theta}}$$

θ – angle du canal avec l'horizontal

Valeurs de K

$I = tg\ \theta$	0,04	0,08	0,12	0,16	0,20	0,24	0,28	0,30
K	3,2	2,7	2,3	2,0	1,80	1,60	1,40	1,35

138 - (Suite)

c) variantes réduites (fond horizontal)

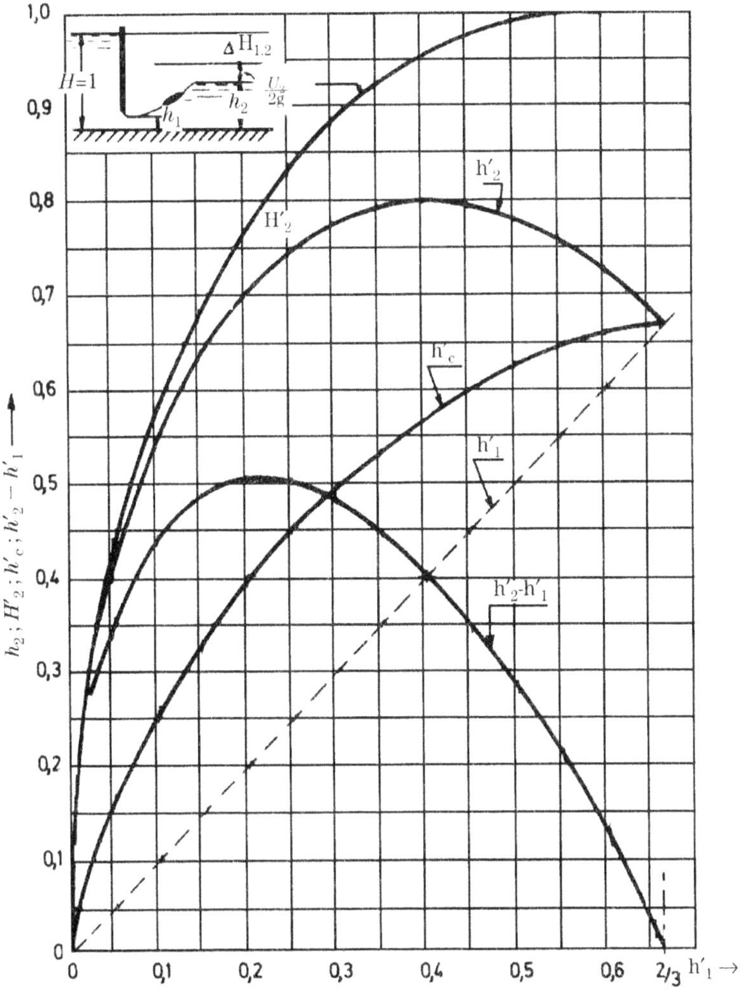

$$h'_1 = \frac{h_1}{H_1} ; h'_2 = \frac{h_2}{H_1} ; H'_2 = \frac{H_2}{H_1} ; h'_c = \frac{h_c}{H_1} ; q' = \frac{q}{H_1^{3/2}}$$

Remarque : On admet dans le croquis, que les pertes de charges dues au passage sous la vanne sont nulles. Si l'on veut tenir compte de ces pertes, on doit prendre H_1 égal à la valeur de l'énergie immédiatement en aval de la vanne.

Exemple : $H_1 = 10$ m ; $h_1 = 2$ m. Donc : $h'_1 = 0{,}2$. De l'abaque : $H'_2 = 0{,}76$; $h'_2 = 0{,}7$. Par conséquent : $H_2 = 7{,}6$ m et $h_2 = 7$ m.

(1) [**8**], page 248

139 - Coefficients de débit dans les rétrécissements

U.S. Geological Survey

D'après [**43**]

(Valeurs des coefficients de la formule 6.53a)

$$C = C' \cdot K_F \cdot K_W \cdot K_r \cdot K_\varnothing$$

a) Talus du remblais verticaux ; parois de la culée verticale $\mathbf{F}_{r_3} = 0{,}2$ à $0{,}7$; $e = 1$; $K_e = 1$

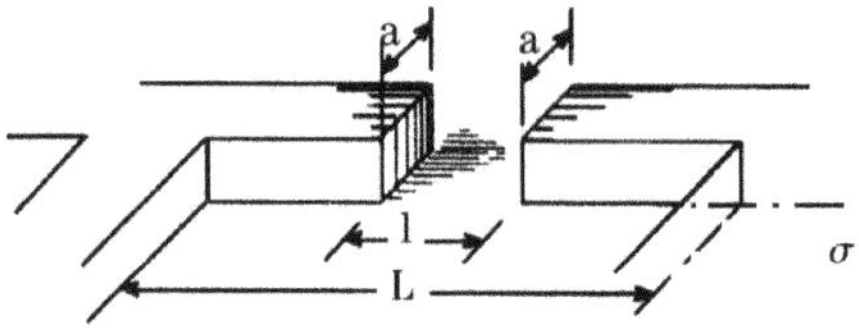

$\sigma = (L - l)/L$

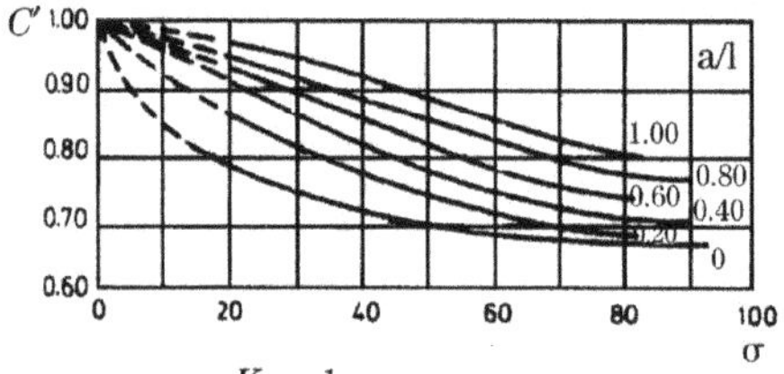

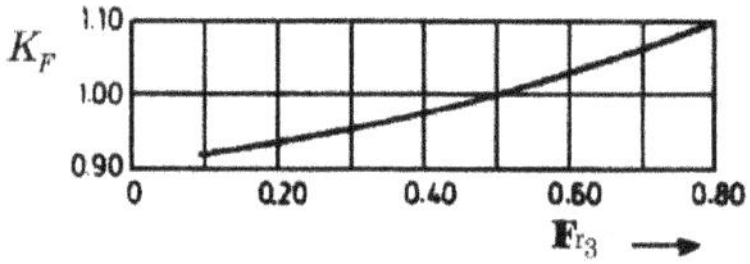

$K_r = 1$

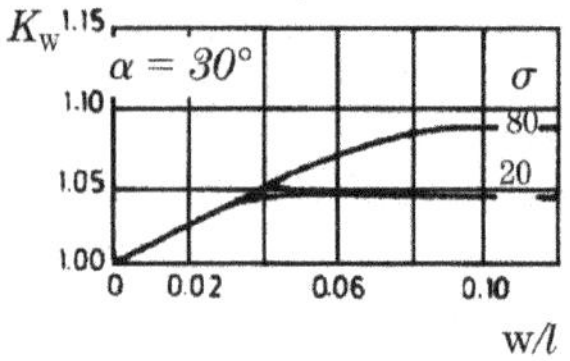

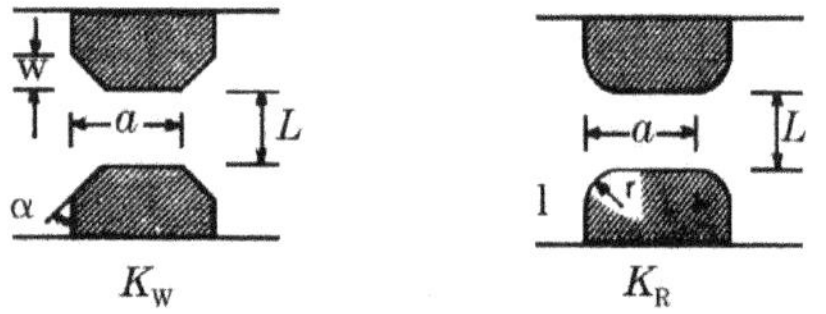

$K_r = 1$

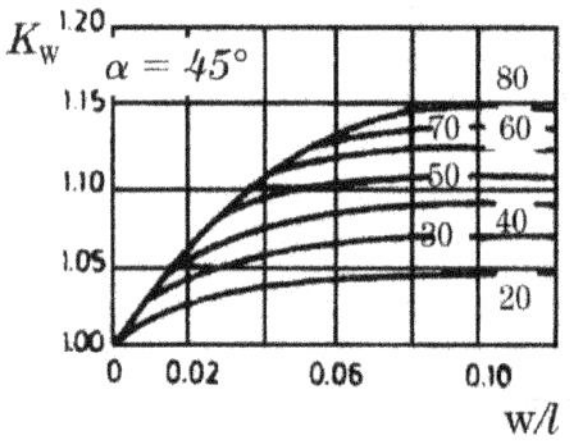

$K_w = 1$

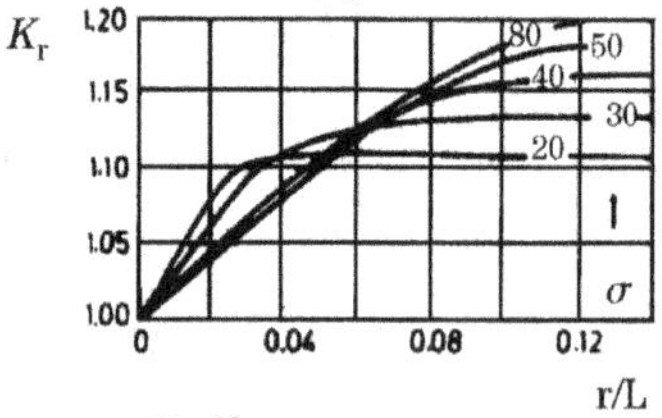

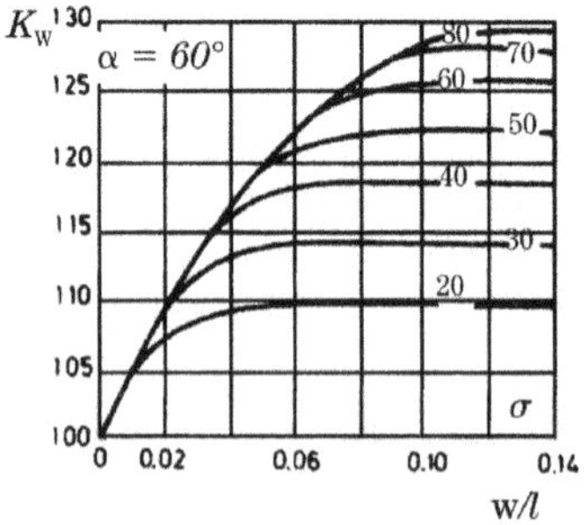

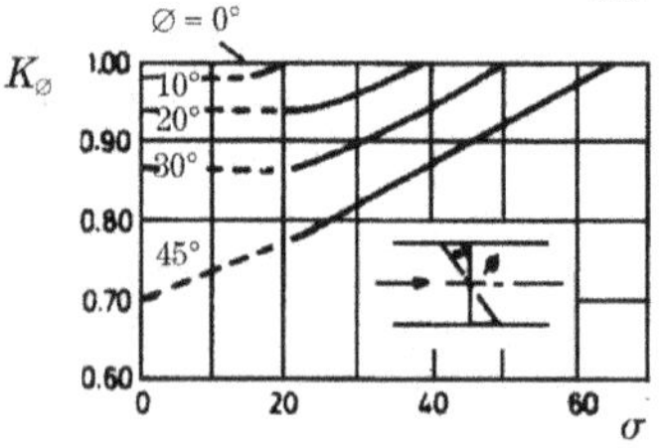

139 - (Suite)

$C = C' \cdot K_F \cdot K_y \cdot K_\varnothing$

b) Talus du remblais inclinés ; parois de la culée verticale $\mathbf{F}_{r3} = 0{,}2$ à $0{,}7$; $e = 1$; $K_y = 1$

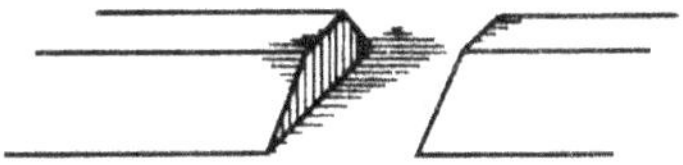

Côtés du canal à 1/1

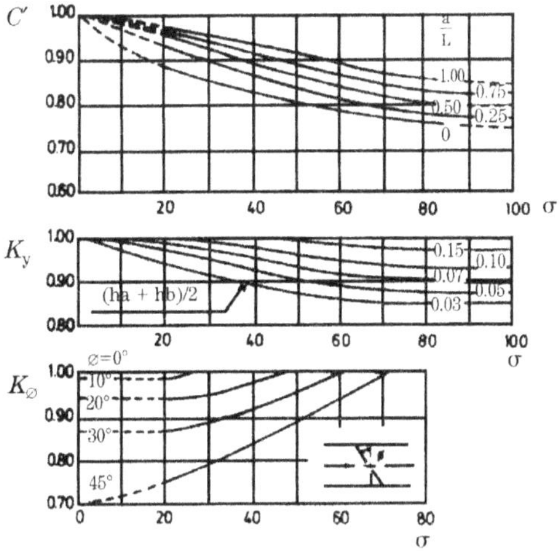

Côtés du canal à 2/1 (*h/v*)

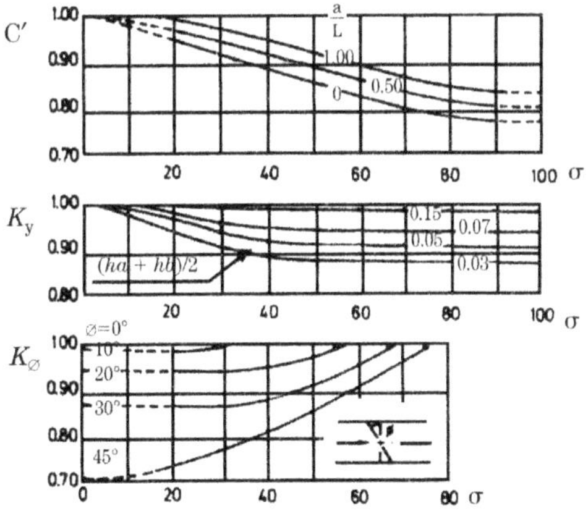

139 - (Suite)

$C = C' \cdot K_F \cdot K_{\varnothing} \cdot K_X$

c) Talus du remblais inclinés ; parois de la culée inclinée $\mathbf{F}_{r_3} = 0{,}2$ à $0{,}7$; $e = 1$; $K_e = 1$

Talus à rencontres 1/1

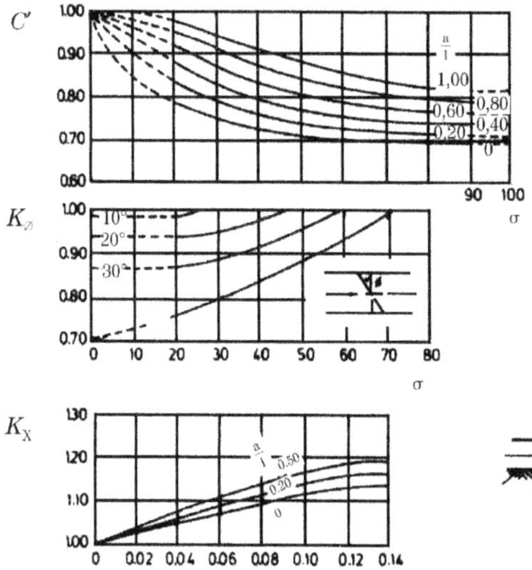

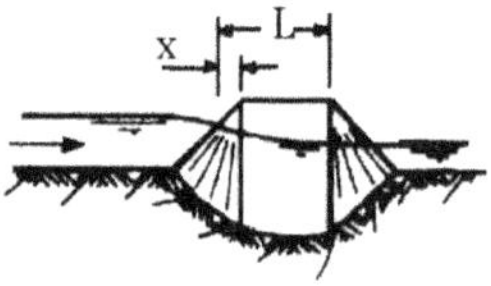

Talus à rencontres 2/1(hor./vert.)

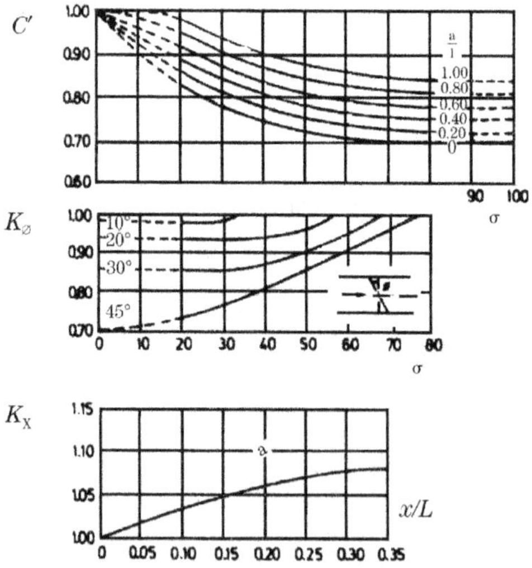

140 - Pertes d'énergie dans les piles de ponts : formule de Rehbock-Yarnell

$\epsilon \approx 4$; piles placées parallèlement au courant

a) Zone de validité

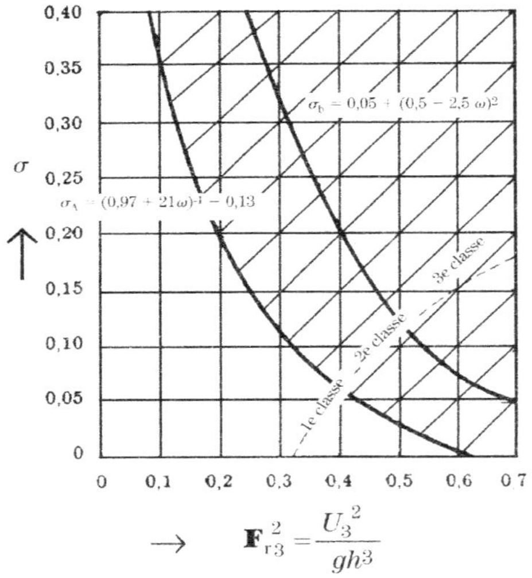

b) Valeurs de δ : – – – Tête rectangulaire ; —— Tête circulaire

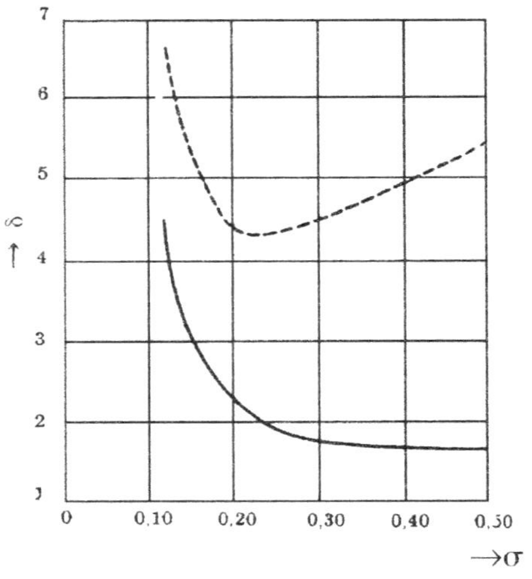

Exemple : Par rapport à la fig. 6.25, soit : $U_3 = 2$ m/s ; $h_3 = 4$ m ; $l_1 = 10$ m ; $l_2 = 8$ m ; piles avec des têtes arrondies en amont et en aval. Calculer la surélévation ΔH.

On a : $F_{r3} = \frac{U_3^2}{g\,h_3} = \frac{4}{4 \times 9,8} = 0,1$; $\sigma = \frac{l_1 - l_2}{l_1} = \frac{10 - 8}{10} = 0,2$. On voit dans la figure que l'écoulement se place dans la première classe de Rehbock (écoulement noyé) et par conséquent la formule (6.54) est applicable.

Par conséquent (abaque b) : $\delta = 2,23$; $\Delta h = (2,23 - 0,2 \times 1,23)(0,4 \times 0,2 + 0,2^2 + 9 \times 0,2^4) \times (1 + 0,1)\,\frac{4}{2 \times 9,8} = 0,060$ m

141 - Perte de charge introduite par une courbe

(Formule 6.55)

1) *Valeur de* K_o, *pour* $\boldsymbol{R}_{e0} = 31500$; $\theta_o = 90°$

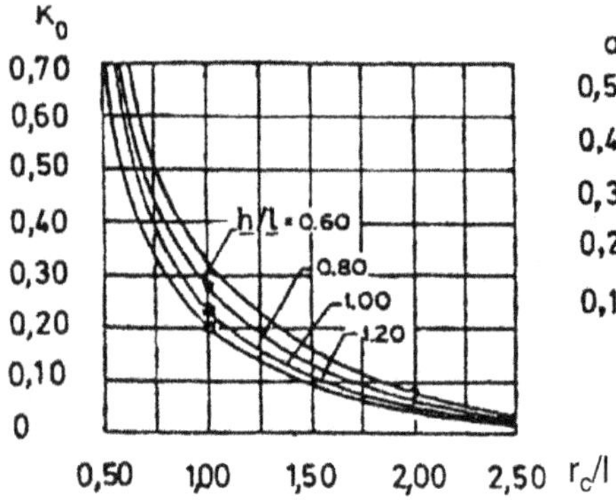

2) *Influence de l'angle* θ. Valeurs de a e a_o pour $\boldsymbol{R}_{e0} = 31500$; $r_c/l = 1{,}0$

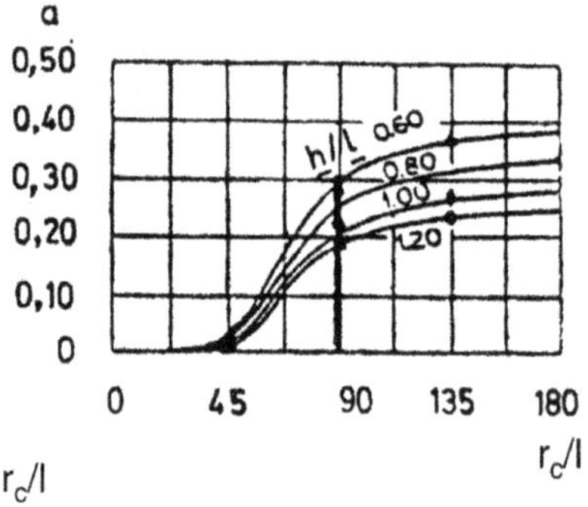

3) *Influence du nombre de Reynolds.* $\boldsymbol{R}_e$.

Valeurs de b et b_e pour $h/l = 1{,}0$; $\theta = 90°$

$$K = K_o \frac{a}{a_o} \cdot \frac{b}{b_o}$$

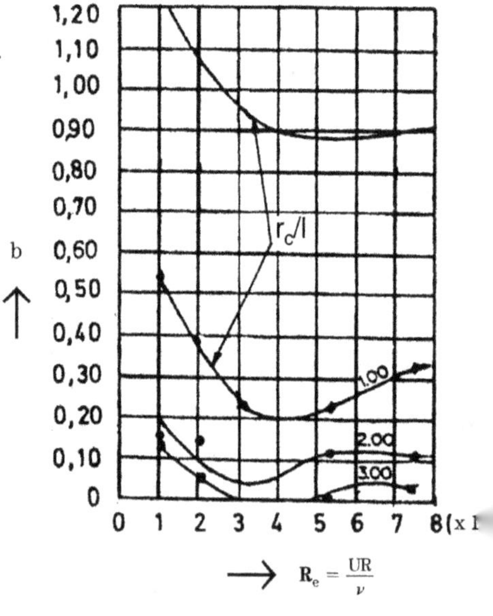

(1) D'après Shukry, A : *Flow Around Bends in an Open Flume. Transactions ASCE*, VM 115, 1950.

142 - Seuils épais type WES

Extrait de [**34**]

a) *Définition géométrique*

m	n	K	r_1/H_d	r_2/H_d	r_3/H_d	d_1/H_d	d_2/H_d	d_3/H_d
0	1,850	2,000	0,500	0,200	0,040	0,1750	0,2760	0,2818
1/3	1,836	1,936	0,680	0,210	0	0,1390	0,2570	0,2570
2/3	1,810	1,939	0,480	0,220	0	0,1150	0,2140	0,2140
3/3	1,780	1,852	Courbe à rayon variable*					0,200

*Éléments pour définir la courbe à rayon variable

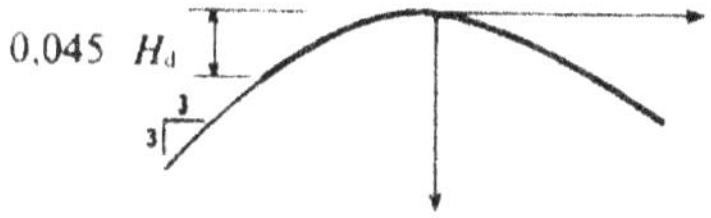

x_1/H_d	y_1/H_d	x_1/H_d	y_1/H_d
0,000	0,0000	— 0,150	0,0239
— 0,040	0,0016	— 0,160	0,0275
— 0,080	0,0065	— 0,170	0,0313
— 0,110	0,0125	— 0,180	0,0354
— 0,130	0,0177	— 0,190	0,0399
— 0,140	0,0207	— 0,200	0,0450

b) *Coefficients de débit*, μ

D'après [**48**]

m \ H/H_d	**0,2**	**0,4**	**0,6**	**0,8**	**1,0**	**1,2**	**1,4**
0	0,400	0,433	0,460	0,482	0,500	0,519	0,532
1/3	0,390	0,432	0,466	0,491	0,512	0,529	0,542
2/3	0,392	0,443	0,473	0,497	0,517	0,535	0,551
3/3	0,398	0,440	0,471	0,495	0,516	0,535	0,550

c) *Variation de μ/μ_o, en fonction de Q/Q_o et de d/H_d*

D'après [**47**]

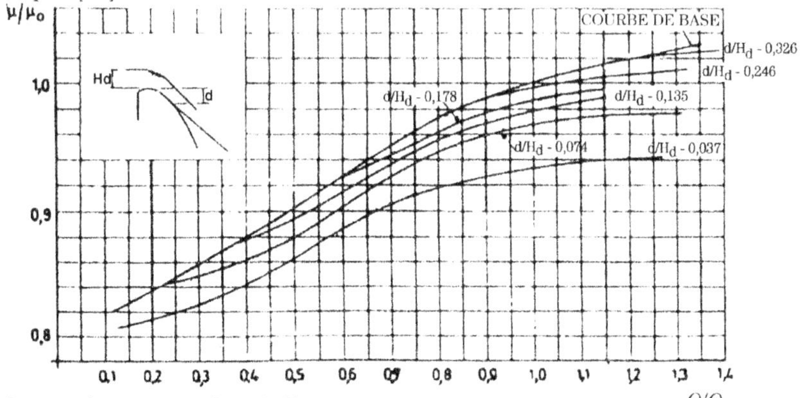

Q_o – courbe correspondante à H_d

142 - (Suite)

d) *Forme de la surface livré* (1)

$H/H_d = 0{,}50$		$H/H_d = 1{,}00$		$H/H_d = 1{,}33$	
x/H_d	y/H_d	x/H_d	y/H_d	x/H_d	y/H_d
— 1,0	— 0,490	— 1,0	— 0,933	— 1,0	— 1,210
— 0,8	— 0,484	— 0,8	— 0,915	— 0,8	— 1,185
— 0,6	— 0,475	— 0,6	— 0,893	— 0,6	— 1,151
— 0,4	— 0,460	— 0,4	— 0,865	— 0,4	— 1,110
— 0,2	— 0,425	— 0,2	— 0,821	— 0,2	— 1,060
0,0	— 0,371	0,0	— 0,755	0,0	— 1,000
0,2	— 0,300	0,2	— 0,681	0,2	— 0,919
0,4	— 0,200	0,4	— 0,586	0,4	— 0,821
0,6	— 0,075	0,6	— 0,465	0,6	— 0,705
0,8	0,075	0,8	— 0,320	0,8	— 0,569
1,0	0,258	1,0	— 0,145	1,0	— 0,411
1,2	0,470	1,2	0,055	1,2	— 0,220
1,4	0,705	1,4	0,294	1,4	— 0,002
1,6	0,972	1,6	0,563	1,6	0,243
1,8	1,269	1,8	0,857	1,8	0,531

e) *Cavitation. Valeur minimum de* $P\omega^{-1}H_d^{-1}$ (2)

m \ $\frac{H}{H_d}$	**1,0**	**1,1**	**1,2**	**1,3**	**1,4**
0		— 0,16	— 0,32	— 0,48	— 0,64
1/3	— 0,35	— 0,60	— 0,86	— 1,14	— 1,49
2/3	— 0,19	— 0,37	— 0,55	— 0,74	— 0,92
3/3	— 0,08	— 0,23	— 0,38	— 0,54	— 0,69

f) *Séparation. Valeurs maximales de* H/H_d

m	$\frac{H}{H_d}$	**OBS**
0	1,40	—
1/3	1,25	Petite réparation en amont de la crête pour $1{,}10 \leq \frac{H}{H_d}$ $\frac{H}{H_d} \leq 1{,}25$
2/3	1,25	*idem*
3/3	1,40	—

(1) D'après [**34**]

(2) Extraits de [**48**]

143 - Seuils rectilignes bas

a) Définition géométrique (1)

m	$\frac{H_s}{H_d}$	n	K	$\frac{r_1}{H_d}$	$\frac{r_2}{H_d}$	$\frac{d}{H_d}$	$\frac{c}{H_d}$
0	0,04	1,851	1,969	0,510	0,212	0,263	0,110
	0,08	1,838	1,953	0,486	0,203	0,242	0,092
	0,12	1,831	1,976	0,458	0,199	0,219	0,075
	0,16	1,830	2,041	0,423	0,196	0,194	0,061
	0,20	1,836	2,146	0,374	0,196	0,165	0,048
1/3	0,04	1,832	1,969	0,552	0,173	0,238	0,085
	0,08	1,818	1,953	0,559	0,190	0,228	0,076
	0,12	1,812	1,976	0,535	0,194	0,212	0,067
	0,16	1,811	2,041	0,476	0,196	0,190	0,056
	0,20	1,817	2,146	0,374	0,196	0,163	0,042
2/3	0,04	1,778	1,881	0,489	0,258	0,213	0,063
	0,08	1,766	1,887	0,499	0,303	0,209	0,058
	0,12	1,762	1,916	0,478	0,357	0,200	0,052
	0,16	1,766	1,970	0,299	∞	0,185	0,045
	0,20	1,773	2,062	0,340	∞	0,162	0,036
3/3	0,04	1,762	1,857	0,460	∞	0,198	0,044
	0,08	1,760	1,869	0,465	∞	0,195	0,042
	0,12	1,747	1,905	0,461	∞	0,190	0,039
	0,16	1,752	1,962	0,446	∞	0,180	0,035
	0,20	1,761	2,060	0,423	∞	0,160	0,028

b) Coefficients de débit (1)

m	$\frac{a}{H_d}$ \ $\frac{H}{H_d}$	**0,2**	**0,4**	**0,6**	**0,8**	**1,0**	**1,2**	**1,4**
0	0,2	0,380	0,401	0,419	0,434	0,446	0,457	0,468
	0,4	0,401	0,423	0,442	0,457	0,470	0,482	0,493
	0,6	0,408	0,430	0,449	0,465	0,478	0,490	0,502
	0,8	0,412	0,435	0,454	0,469	0,483	0,495	0,507
	1,0	0,415	0,438	0,458	0,473	0,487	0,499	0,511
1/3	0,2	0,383	0,404	0,423	0,438	0,450	0,461	0,472
	0,4	0,404	0,426	0,445	0,460	0,473	0,485	0,496
	0,6	0,410	0,432	0,451	0,467	0,480	0,492	0,504
	0,8	0,413	0,436	0,455	0,470	0,484	0,497	0,508
	1,0	0,416	0,439	0,459	0,474	0,485	0,500	0,512
2/3	0,2	0,390	0,412	0,430	0,446	0,458	0,469	0,481
	0,4	0,408	0,431	0,450	0,465	0,478	0,491	0,502
	0,6	0,413	0,436	0,455	0,471	0,484	0,496	0,509
	0,8	0,416	0,439	0,458	0,474	0,488	0,500	0,512
	1,0	0,418	0,441	0,461	0,476	0,491	0,503	0,515
3/3	0,2	0,393	0,415	0,434	0,449	0,462	0,473	0,484
	0,4	0,408	0,431	0,450	0,465	0,478	0,491	0,502
	0,6	0,411	0,433	0,453	0,469	0,482	0,494	0,506
	0,8	0,413	0,436	0,455	0,470	0,484	0,496	0,508
	1,0	0,414	0,437	0,457	0,472	0,486	0,498	0,510

(1) Valeurs extraits de [**49**]

144 - Seuils normaux noyés en aval (1)

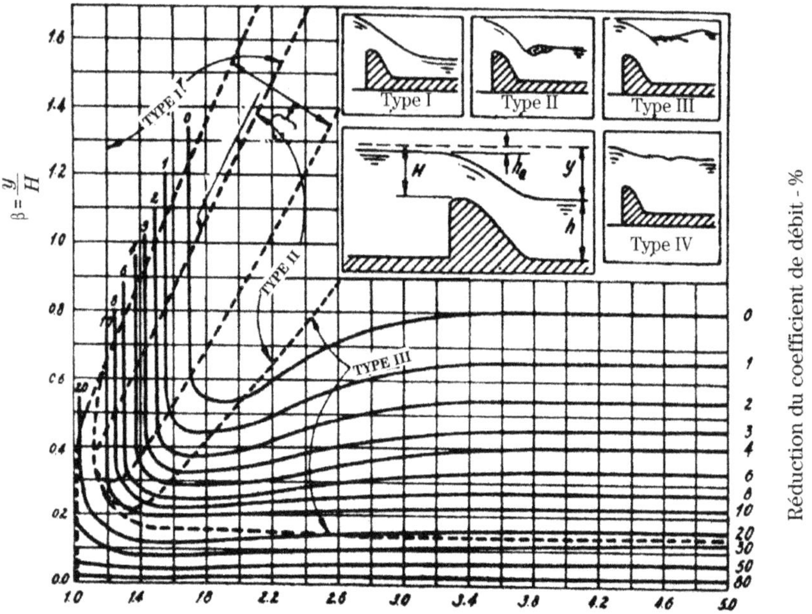

Exemples :

1) $h = 2$ m ; $y = 1$ m ; $H = 1{,}5$ m.

$\alpha = 2$ et $\beta = 0{,}67$. L'écoulement est du type II et le coefficient de débit ne subit aucune réduction.

2) $h = 2{,}5$ m ; $y = 0{,}5$ m ; $H = 1{,}5$ m.

$\alpha = 2$, $\beta = 0{,}33$. L'écoulement est du type III et le coefficient de débit subit une réduction de 3 %.

145 - Impulsion sur le parement d'amont

h_a/h_s — Parement d'amont	0	0,02	0,04	0,05	0,06	0,07	0,08	0,09	0,10	0,14
Valeurs de $\Delta p/H_s^2$										
Vert.(2)	0,087	0,071	0,059	0,055	0,051	0,050	0,048	0,046	0,045	—
1/3	0,113	0,101	0,088	0,083	0,079	0,072	0,067	0,062	0,058	—
2/3	0,130	0,116	0,102	0,097	0,090	0,084	0,079	0,073	0,069	0,051
3/3	0,149	0,138	0,129	0,123	0,118	0,113	0,110	0,105	0,100	0,080
Valeurs de d/H_s										
Vert.(2)	0,210	0,230	0,245	0,250	0,245	0,240	0,225	0,195	0,150	—
1/3	0,230	0,215	0,185	0,175	0,155	0,135	0,110	0,080	0,040	—
2/3	0,250	0,235	0,220	0,215	0,205	0,190	0,180	0,170	0,155	0,075
3/3	0,290	0,280	0,270	0,265	0,260	0,250	0,240	0,230	0,215	0,120

(1) Extrait de [**34**].

(2) Valide aussi pour seuils avec *offset* et *raiser*

146 - Déversoirs en puits. Valeurs de H_s/H_d (1)

a/r	H_d/r								
	0,2	**0,3**	**0,4**	**0,5**	**0,6**	**0,7**	**0,8**	**0,9**	**1,0**
2,00(*)	1,101	1,086	1,072	1,059	1,048	1,038	1,030	1,025	1,022
0,30	1,093	1,077	1,063	1,051	1,039	1,031	1,025	1,021	1,018
0,15	1,072	1,061	1,049	1,038	1,026	1,021	1,017	1,015	1,013

(*) Vitesse d'approximation négligeable

147 - Déversoirs en puits. Coefficients de débit (1)

a) Valeurs de μ pour les charges de dimensionnement (μ_d)

a/r	H_d/r								
	0,2	**0,3**	**0,4**	**0,5**	**0,6**	**0,7**	**0,8**	**0,9**	**1,0**
2,00(*)	0,484	0,466	0,444	0,418	0,386	0,346	0,307	0,277	0,253
0,30	0,499	0,481	0,461	0,434	0,404	0,363	0,321	0,290	0,264
0,15	0,495	0,481	0,463	0,441	0,414	0,376	0,333	0,299	0,274

(*) Vitesse d'aproximation négligeable

b) Valeurs de μ pour des charges différentes de celles de dimensionnement

H/r	0,05	0,10	0,15	0,20	0,25	0,30	0,35	0,40
μ/μ_d	0,88	0,93	0,96	0,98	1,00	1,00	0,99	0,98

(1) Valeurs extraites de [**49**].

148 - Déversoirs en puits. Coordonnées de la face inférieure de la veine liquide (2)

	Vitesse d'amenée négligeable					a/r = 0,15				
H_s/r \ x/H_s	0,20	0,25	0,30	0,40	0,50	0,20	0,25	0,30	0,40	0,50
	Valeurs de y/Hs dans le tronçon OAB, au dessous de OX (Voir la fig. 6.36)									
0,000	0,0000	0,0000	0,0000	0,0000	0,0000	0,0000	0,0000	0,0000	0,0000	0,0000
010	0133	0130	0128	0122	0116	0120	0120	0115	0110	0105
020	0250	0243	0236	0225	0213	0210	0200	0165	0185	0170
030	0350	0337	0327	0308	0289	0285	0270	0265	0250	0225
040	0435	0417	0403	0377	0351	0345	0335	0325	0300	0265
0,050	0,0506	0,0487	0,0471	0,0436	0,0402	0,0405	0,0385	0,0375	0,0345	0,0300
060	0570	0550	0530	0489	0448	0450	0430	0420	0380	0330
070	0627	0605	0584	0537	0487	0495	0470	0455	0410	0350
080	0677	0655	0630	0578	0521	0525	0500	0485	0435	0365
090	0722	0696	0670	0613	0549	0560	0530	0510	0455	0370
0,100	0,0762	0,0734	0,0705	0,0642	0,0570	0,0590	0,0560	0,0535	0,0465	0,0375
120	0826	0790	0758	0683	0596	0630	0600	0570	0480	0365
140	0872	0829	0792	0705	0599	0660	0620	0585	0475	0345
160	0905	0855	0812	0710	0585	0670	0635	0590	0460	0305
180	0927	0872	0820	0705	0559	0675	0635	0580	0435	0260
0,200	0,0938	0,0877	0,0819	0,0688	0,0521	0,0670	0,0625	0,0560	0,0395	0,0200
250	0926	0850	0773	0596	0380	0615	0560	0470	0265	0015
300	0850	0764	0668	0446	0174	0520	0440	0330	0100	
350	0750	0650	0540	0280		0380	0285	0165		
400	0620	0500	0365	0060		0210	0090			
	Valeurs de X/Hs dans le tronçon BD, au-dessous de OX (voir la fig. 6.36)									
0,000	0,554	0,520	0,487	0,413	0,334	0,454	0,422	0,392	0,325	0,253
- 0,020	592	560	526	452	369	499	467	437	369	292
040	627	596	563	487	400	540	509	478	407	328
060	660	630	596	519	428	579	547	516	443	358
060	692	662	628	549	454	615	583	550	476	386
- 0,100	0,722	0,692	0,657	0,577	0,478	0,650	0,616	0,584	0,506	0,412
150	793	762	725	641	531	726	691	660	577	468
200	880	826	790	698	575	795	760	729	639	516
250	919	883	847	750	613	862	827	790	692	557
300	976	941	900	797	648	922	883	843	741	594
- 0,400	1,079	1,041	1,000	0,880	0,706	1,029	0,988	0,947	0,828	0,656
500	172	131	087	951	753	128	1,086	1,040	902	710
600	260	215	167	1,012	793	220	177	129	967	753
800	422	369	312	112	854	380	337	285	1,080	827
-1,000	564	508	440	189	899	525	481	420	164	878
- 1,200	1,691	1,635	1,553	1,248	0,933	1,659	1,610	1,537	1,228	0,917
400	808	748	653	293	963	780	731	639	276	949
600	918	855	742	330	988	897	843	729	316	973
800	2,024	957	821	358	1,008	2003	947	809	347	997
- 2,000	126	2,053	891	381	025	104	2,042	879	372	1,013

(2) Extrait de [**38**].

149 - Déversoirs en puits. Coordonnées de la face supérieure de la veine liquide[1]

	Vitesse d'amenée négligeable					a/r = 0,15				
H_o/r →	**0,20**	**0,25**	**0,30**	**0,40**	**0,50**	**0,20**	**0,25**	**0,30**	**0,40**	**0,50**
x/H_s		Valeurs de y/H_s								
-0,40	0,955	0,956	0,959	0,961	0,968	0,957	0,962	0,968	0,978	0,987
-0,20	925	927	929	935	942	917	924	934	949	960
0,00	0,880	0,886	0,892	0,900	0,920	0,870	0,875	0,887	0,909	0,922
20	820	829	838	851	870	800	810	823	850	871
40	740	753	763	787	815	715	727	745	776	807
60	640	658	669	702	748	610	629	648	686	735
80	518	540	556	600		490	511	533	582	
1,00	0,372	0,402	0,420	0,475		0,352	0,377	0,398	0,465	
20	205	240	265	328		187	216	240	337	
40	013	051	081			-0,007	028	055		
60	-0,205	0,160	-0,122			235	-0,190	-0,155		
80	457	400	357			498	437	388		
2,00	0,748	-0,678	-0,613			-0,795	-0,710	-0,648		
20	-1,072	981	895			1,118	-1,023	903		
40	440	-1,315	-1,198			448	350			
60	845	670				800	683			
80	2,268					-2,148	-2,035			
Point où la face supérieur rencontre le "Boil"										
x/H_s			2,410	1,208	0,725			2,222	1,260	0,732
y/Y_s			-1,210	0,320	0,696			0,932	0,295	0,681
Point le plus haut du "Boil"										
x/H_s				2,545	2,043				2,531	2,009
y/H_s				0,438	0,783				0,458	0,815

(1) Extrait de [**38**]

150 - Coefficients de contraction de piles(1)

H/H₀ \ TYPE	1	2	3	4
0,2	0,05	0,09	0,08	0,01
3	04	08	06	00
4	03	06	05	00
5	03	05	04	-0,01
0,6	0,03	0,04	0,03	-0,02
7	03	03	02	02
8	03	03	01	02
9	02	02	00	02
1,0	0,02	0,02	0,00	-0,02
1	01	01	-0,01	02
2	01	00	0,01	03
3	0	-0,01	0,01	03

(1) D'après [**35**]

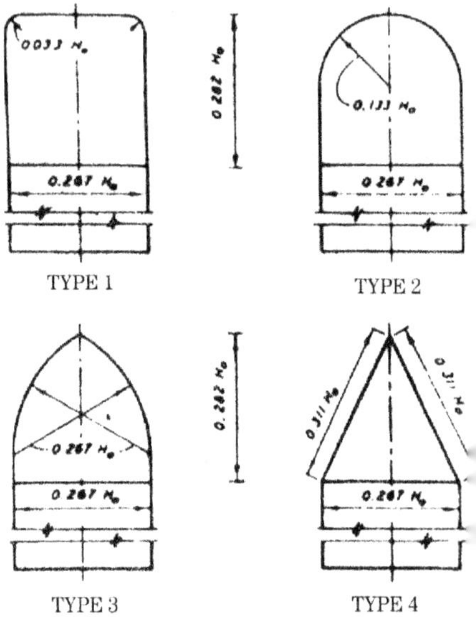

151 - Forme supérieure de la veine liquide, avec des piles(1)

Valeurs de Y1/H0 avec un parement amont vertical et piles type 2
(Vitesse d'amenée négligeable)

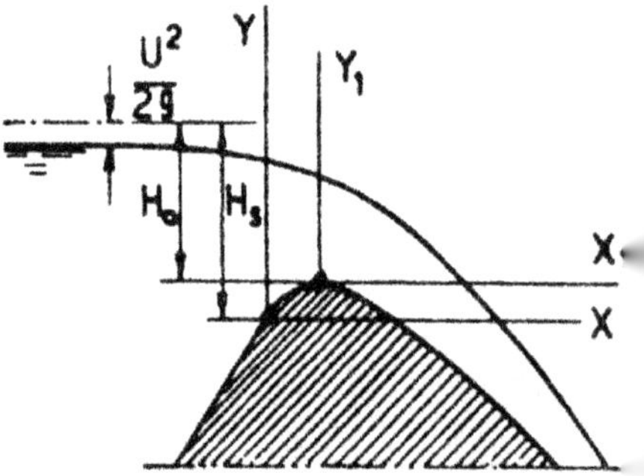

H/H_0 →	0,5		1,00		1,53	
— X_1/H	A mi-portée	Près de la pile	A mi-portée	Près de la pile	A mi-portée	Près de la pile
-1,0	-0,482	-0,495	-0,941	-0,950	-1,230	-1,235
0,8	480	492	932	940	215	221
0,6	472	490	913	929	194	209
0,4	457	482	890	930	165	218
0,2	431	440	855	925	122	244
0,0	-0,384	-0,383	-0,805	-0,779	-1,071	-1,103
2	313	266	735	651	015	-0,950
4	220	185	647	545	-0,944	821
6	088	076	539	425	847	689
8	0,075	0,060	389	285	725	549
1,0	0,257	0,240	-0,202	-0,121	-0, 564	-0,389
2	462	445	0,015	0,067	356	215
4	705	675	266	286	102	0,011
6	977	925	521	521	0,172	208
8	1,278	1,177	860	779	465	438

(1) Extrait de [**35**]

152 - Dimensionnement des blocs de chute pour bassins type III USBR

(n° 6.38a.2)

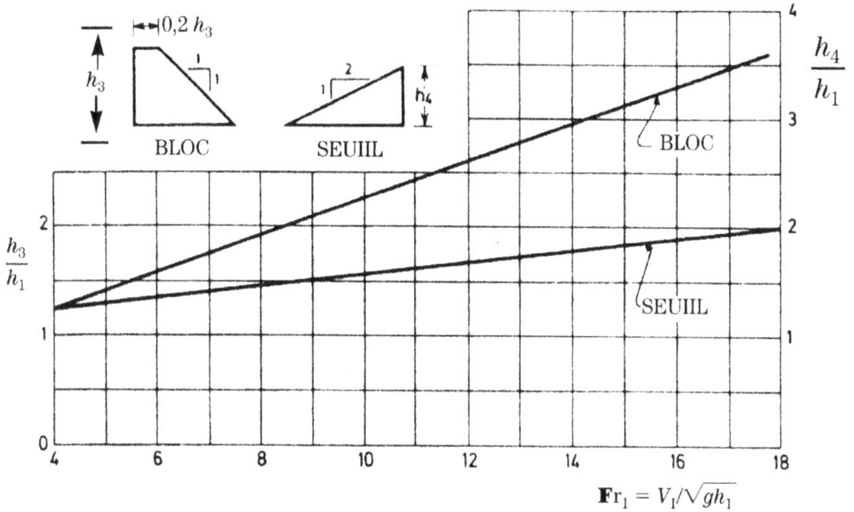

153 - Bassins de dissipation d'impact

a) Dimensionnement (voir fig. 6.41)

$\mathbf{F}_{r1} = \frac{\mathbf{V}}{\sqrt{gD}}$	l/D (valeur minimums)	$\mathbf{F}_{r1} = \frac{\mathbf{V}}{\sqrt{gD}}$	l/D (valeurs minimums)
0,91	3,1	5,0	7,2
1,5	3,7	5,5	7,6
2,0	4,3	6,0	8,0
2,5	4,9	6,5	8,4
3,0	5,4	7,0	8,8
3,5	5,9	7,5	9,1
4,0	6,3	8,0	9,4
4,5	6,9	9,0	10,0

b) Diamètre de l'enrochement de protection ovale (fig. 6.42).

Diamètre de la conduite (m)	Diamètre de l'enrochement (m)
0,45	0,10
0,60	0,18
0,75	0,20
0,90	0,23
1,05	0,24
1,20	0,26
1,35	0,30
1,50	0,33
1,80	0,35

154 - Dimensionnement des bassins de dissipation par rouleau [1]

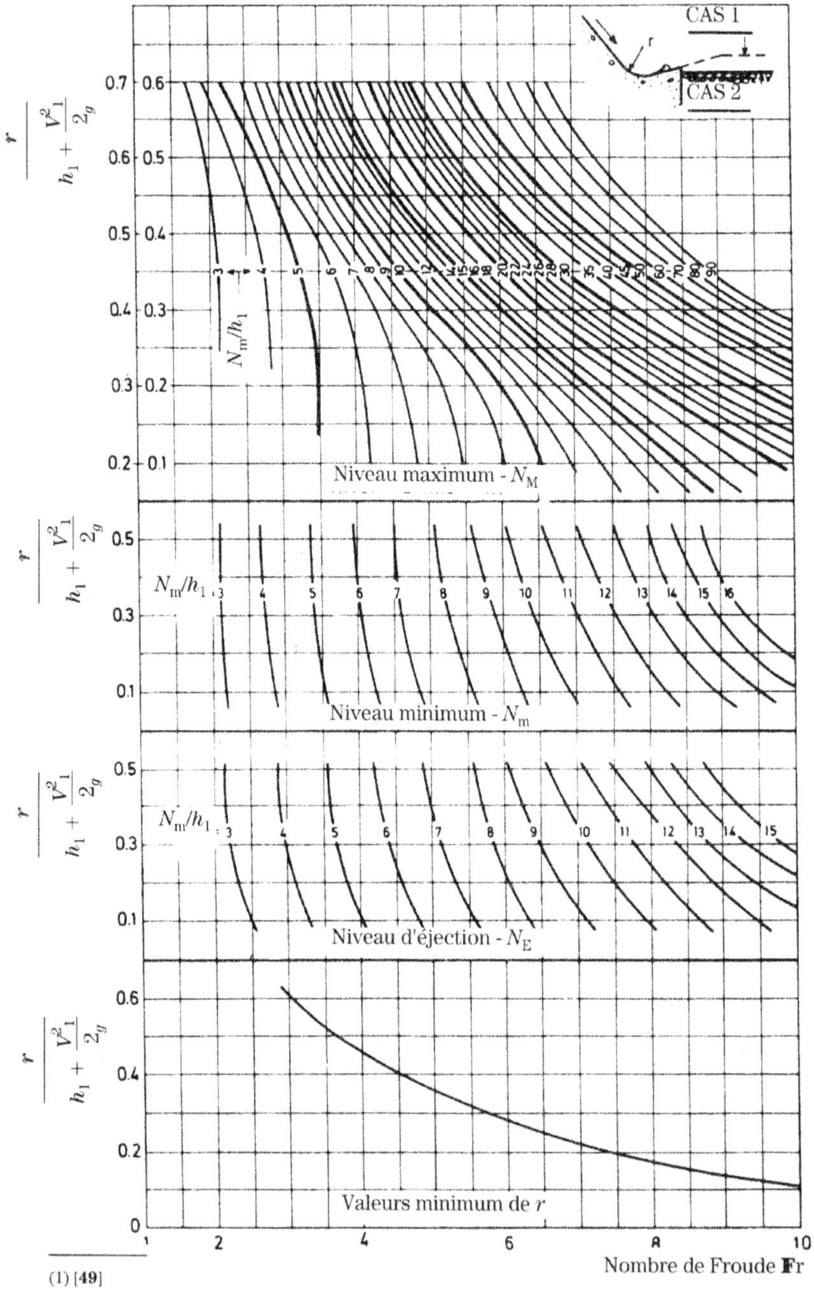

(1) [**49**]

155 - Écoulement en milieu poreux (résumé)

156 - Classification des sols selon la dimension des particules

Matériel		**Diamètre équivalent d_{10} (mm)**
Argile		0,002
Silt :	fin	0,002 - 0,005
	moyen	0,005 - 0,02
	gros	0,02 - 0,05
Sable:	fin	0,05 - 0,2
	moyen	0,2 - 0,5
	gros	0,5 - 2,0
Sablon		2 - 5
Gravier		5 - 15
Caillou		15 - 60
Pierre		60 - 250
Bloc		>250

157 - Valeurs de la porosité relative n, et porosité effective n_e, pour quelques roches et sols

Extraits de [**51**]

Matériel		Porosité relative n (%)					Porosité effective n_e (%)			Observ.
Type	Description	Moyenne	Normal		Extraordi-naire		Moyenne	Max.	Min.	
			Max.	Min.	Max.	Min.				
Roches compactes	Granite	0,3	4	0,2	9	0,05	<0,2	0,5	0,0	A
	Calcaire compacte	8	15	0,5	20		<0,5	1	0,0	B
	Dolomie	5	10	2			<0,5	1	0,0	B
Roches métamorphiques		0,5	5	0,2			<0,5	2	0,0	A
Roches volcaniques	Pyroclastiques et tufs	30	50	10	60	5	< 5	20	0,0	C,E
	Scories	25	80	10			20	50	1	C,E
	"Pormitos"	85	90	50			< 5	20	0,0	D
	Basaltes compacts	2	5	0,1			< 1	2	0,1	A
	Basaltes vacuolaires	12	30	5			5	10	1	C
Roches sédimentaires consolidées (voir roches compactes)	Argilite	5	15	2	30	0,5	< 2	5	0,0	E
	Grès	15	25	3	30	0,5	10	20	0,0	F
	Grès mou	20	50	10			1	5	0,2	B
	Calcaire détritique	10	30	1,5			3	20	0,5	
Sols	Alluvions	25	40	20	45	15	15	35	5	E
	Dunes	35	40	30			20	30	10	
	Ballastière	30	40	25	40	20	25	35	15	
	Loess	45	55	40			<5	10	0,1	E
	Sables	35	45	20			25	35	10	
	Dépôts glaciaires	25	35	15			15	30	5	
	Silts	40	50	35			10	20	2	E
	Argiles peu consolidées	45	60	40	85	30	2	10	0,0	E
	Sols superficiels	50	60	30			10	20	1	E

A - n et n_e augmentent avec la météorisation
B - n et n_e augmentent à cause des phénomènes de dissolution
C - n et n_e diminuent avec le temps
D - n peut diminuer et n_e peut augmenter avec le temps
E - n_e varie beaucoup compte tenu des circonstances
F - variable selon le degré de cimentation et de solutilité

158 - Valeurs de la porosité relative *n*, pour quelques sols(1)

$$n = \frac{\text{Volume des pores}}{\text{Volume total}} = \frac{V_p}{V_t}$$

Sols à leur état naturel, selon leur capacité donnée par l'essai Standard de pénétration dynamique (SPT) mesuré par le nombre de coups ou par l'essai de pénétration statique (CPT), mesuré par N/cm^2.

Description des sols	Porosité (n) %
Sable uniforme, lâche (SPT de 4 à 10 ; CPT de 200 à 400)	46
Sable non uniforme, lâche (idem)	40
Sable uniforme, dense (SPT de 30 à 50 ; CPT de 1200 à 2000)	34
Sable non uniforme, dense (idem)	30
Argile glaciaire molle (SPT de 4 à 8 ; CPT de 70 à 150)	55
Argile glaciaire dure (SPT de 15 à 30 ; CPT de 300 à 600)	37
Argile molle avec un faible taux de matière organique	66
Argile molle avec un taux élevé de matière organique	75

159 - Valeurs de la conductivité hydraulique (perméabilité), *K*, de quelques sols typiques, en ce qui concerne l'eau à la température de 20° C.

Type de sols	Conductivité hydraulique K	
	m / s	m / jour (valeur approx.)
Argile	$\leq 10^{-8}$	$\leq 10^{-3}$
Silt	10^{-7} a 5×10^{-6}	10^{-2} a 0,5
Sable de silt	10^{-6} a 2×10^{-5}	0,1 a 2
Sable fin	10^{-5} a 5×10^{-4}	1 a 50
Sable mélangé	5×10^{-5} a 10^{-4}	5 a 10
Sable gros	10^{-4} a 10^{-2}	10 a 10^{3}
Pierraille net	$\geq 10^{-2}$	$\geq 10^{3}$

(1) - D'après Terzaghi et Peck (1967)

160 - Valeurs de la fonction $F(\delta, \epsilon) = F(\delta, -\epsilon)$ pour le calcul de l'abaissement dans les puits à pénétration partielle (1)

δ \ ±ε	0,00	0,05	0,10	0,15	0,20	0,25	0,30	0,35	0,40	0,45
0,1	4,298	4,297	4,294	4,287	4,276	4,259	4,232	4,184	4,084	3,605
0,2	3,809	3,806	3,797	3,781	3,756	3,716	3,650	3,525	3,116	
0,3	3,586	3,581	3,566	3,537	3,490	3,425	3,276	2,893		
0,4	3,479	3,471	3,445	3,395	3,312	3,165	2,786			
0,5	3,447	3,433	3,388	3,302	3,145	2,754				
0,6	3,479	3,455	3,374	3,208	2,786					
0,7	3,586	3,538	3,370	2,893						
0,8	3,809	3,688	3,116							
0,9	4,298	3,605								

161 - Valeurs de la fonction du puits $W_u = \int_u^{\infty} \frac{e^{-u}}{u}$

Extraits de [**51**]

u	10^{-15}	10^{-14}	10^{-13}	10^{-12}	10^{-11}	10^{-10}	10^{-9}	10^{-8}
1	33,9616	31,6590	29,3564	27,0538	24,7512	22,4486	20,1460	17,8435
2	33,2684	30,9658	28,6632	26,3607	24,0581	21,7555	19,4529	17,1503
3	32,8629	30,5604	28,2578	25,9552	23,6526	21,3500	19,0474	16,7449
4	32,5753	30,2727	27,9701	25,6675	23,3649	21,0623	18,7598	16,4572
5	32,3521	30,0495	27,7470	25,4444	23,1418	20,8392	18,5366	16,2340
6	32,1698	29,8672	27,5646	25,2620	22,9595	20,6569	18,3543	16,0517
7	32,0156	29,7131	27,4105	25,1079	22,8053	20,5027	18,2001	15,8976
8	31,8821	29,5795	27,2769	24,9744	22,6718	20,3692	18,0666	15,7640
9	31,7643	29,4618	27,1592	24,8566	22,5540	20,2514	17,9488	15,6462

u	10^{-7}	10^{-6}	10^{-5}	10^{-4}	10^{-3}	10^{-2}	10^{-1}	1
1	15,5409	13,2383	10,9357	8,6332	6,3315	4,0379	1,8229	0,2194
2	14,8477	12,5451	10,2426	7,9402	5,6394	3,3547	1,2227	0,0489
3	14,4423	12,1397	9,8371	7,5348	5,2349	2,9591	0,9057	0,0131
4	14,1546	11,8520	9,5495	7,2472	4,9482	2,6813	0,7024	0,0038
5	13,9314	11,6289	9,3263	7,0242	4,7261	2,4679	0,5598	0,0011
6	13,7491	11,4465	9,1440	6,8420	4,5448	2,2953	0,4544	0,0004
7	13,5950	11,2924	8,9899	6,6879	4,3916	2,1508	0,3738	0,0001
8	13,4614	11,1589	8,8563	6,5545	4,2591	2,0269	0,3106	0,0000
9	13,3437	11,0411	8,7386	6,4368	4,1423	1,9187	0,2602	0,0000

(1) TNO, 1963, cité par [**51**]

162 - Équation de Kirkham(1)

$$s = \frac{jL}{K_2} \frac{l}{l - j/K_1} F_K$$

a) *Valeurs de* F_K(1)

L/h_v \ h_v/d	100	50	25	12,5	6,25	3,125	1,5625	0,78125
8192	-	-	-	-	-	-	-	2,654
4096	-	-	-	-	-	-	2,65	2,43
2048	-	-	-	-	-	2,66	2,43	2,21
1024	-	-	-	-	2,84	2,45	2,21	1,99
512	-	-	-	3,40	2,63	2,23	1,99	1,76
256	-	-	4,76	3,19	2,40	2,01	1,76	1,54
128	-	7,64	4,53	2,96	2,19	1,78	1,54	1,32
64	13,67	7,43	4,31	2,74	1,96	1,57	1,32	1,10
32	13,47	7,21	4,09	2,52	1,74	1,35	1,10	0,88
16	13,27	6,99	3,86	2,30	1,52	1,13	0,88	0,66
8	13,02	6,76	3,64	2,08	1,30	0,90	0,66	0,44
4	12,79	6,54	3,42	1,86	1,08	0,68	0,44	-
2	12,57	6,32	3,20	1,63	0,85	0,46	-	-
1	12,33	6,08	2,95	1,40	0,62	-	-	-
0,5	12,03	5,77	2,66	1,11	-	-	-	-
0,25	11,25	5,29	2,20	-	-	-	-	-

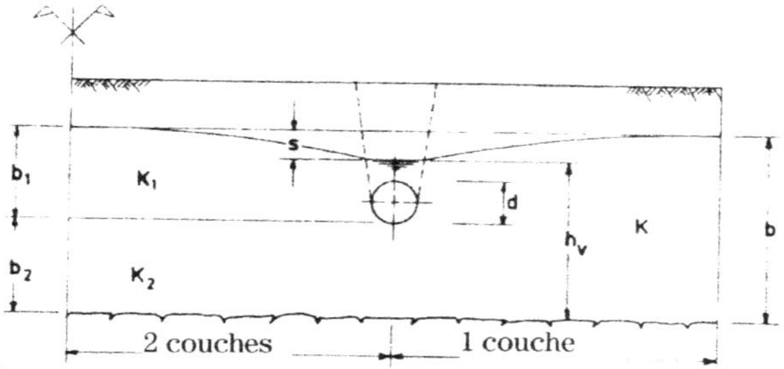

b) *Calcul de L*

$$\frac{s}{h_v}\left(\frac{K_2}{j} - \frac{K_2}{K_1}\right) = \Psi$$

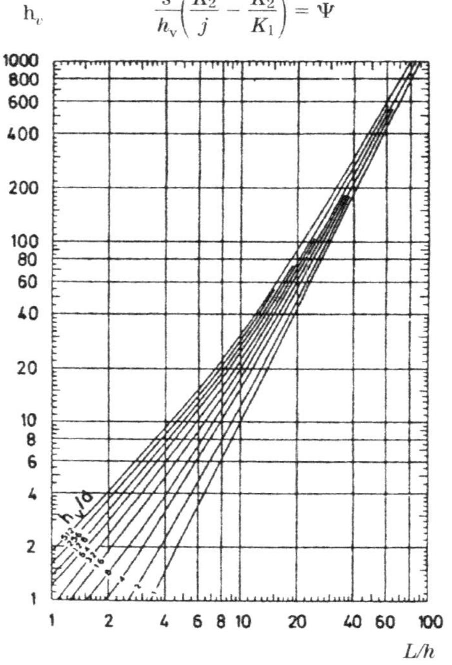

(1) D'après Toksös et Kirkham (1961) cité par [52].

163 - Valeurs de *a* pour la détermination de la résistance radiale. Formule de Ernest

Extrait de [**52**]

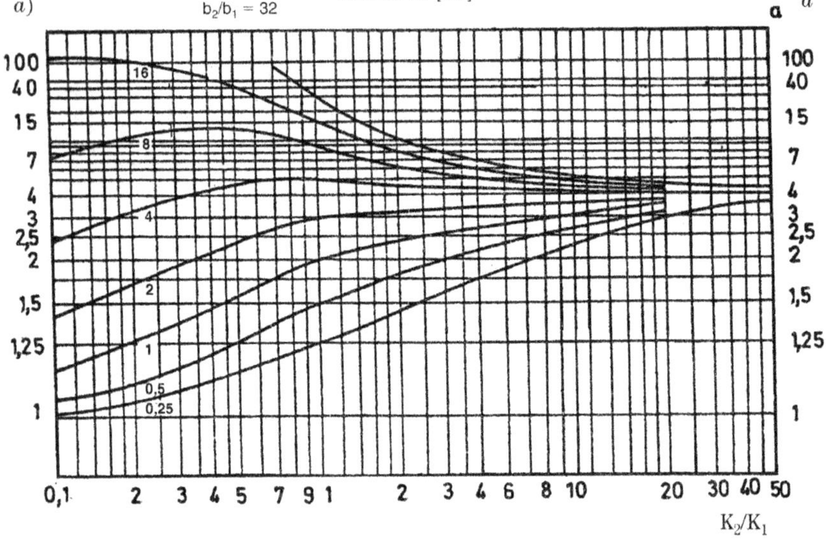

164 - Valeurs de *A* de la formule 7.96 pour la détermination de la conductivité hydraulique (perméabilité)

Extraits de [**53**]

d cm / *H–a* cm	2	3	4	5	6	8	10	12
5	19,2	24,2	28,0	31,2	35,4	42,0	48,0	-
10	28,6	33,8	38,4	43,7	48,0	56,3	63,0	70,0
15	37,5	43,0	48,0	52,5	58,0	68,0	76,0	84,0
20	45,5	52,0	57,0	62,5	67,0	77,0	87,0	96,0
25	53,0	60,0	66,0	71,0	76,0	86,0	96,0	106,0
30	60,0	68,0	75,0	80,0	85,0	95,0	105,0	115,0
40	74,0	83,0	91,0	97,0	104,0	114,0	124,0	134,0
50	87,0	97,0	106,0	114,0	120,0	132,0	143,0	153,0
60	99,0	111,0	120,0	129,0	136,0	129,0	161,0	171,0
70	111,0	125,0	133,0	144,0	151,0	166,0	179,0	189,0
80	122,0	138,0	146,0	157,0	166,0	182,0	196,0	206,0
90	132,0	150,0	160,0	170,0	179,0	197,0	213,0	223,0
100	142,0	160,0	174,0	183,0	193,0	212,0	228,0	240,0

165- Mesures Hydrauliques. Résumé

a) Mesure des débits en pression

b) Mesure des débits par orifices et similaires

c) Mesures des débits par déversoirs en mince paroi

d) Mesure des débits par deversoirs à seuil épais

166 - Liquides manométriques (1)

Liquide	Poids spécifique ϖ $10^4 N/m^3$	Liquide	Poids spécifique ϖ $10^4 N/m^3$
Mercure	13,33	Eau	0,981
Tetrabromure d'acétylène	2,92	Benzol	0,857
Bromoforme	2,84	Toluène	0,850
Tetrachlorure de carbone	1,57	Pétrole lampant	0,795
Sulfure de carbone	1,24	Essence	0,726
Chlorocétate d'éthyle	1,14	Alcool éthylique	0,774

(1) Les valeurs indiquées correspondent à des substances chimiquement pures. Lorsqu'on désire une plus grande rigueur, il convient de déterminer directement $\bar{\varpi}$ de tenir compte de sa variation avec la température.

167 - Valeurs de la détente critique pour un gaz parfait

$$x_c = \frac{p_1 - p_2}{p_1}$$

Calculé à partir de : $(1 - x_c)^{\frac{1-K}{K}} + \frac{K-1}{2} \sigma^2 (1 - x_c)^{2/K} = \frac{K+1}{2}$

K \ σ^2	0,00	0,05	0,10	0,15	0,20	0,25	0,30	0,35	0,40	0,45	0,50
1,25	0,445	0,439	0,432	0,425	0,419	0,411	0,403	0,395	0,385	0,375	0,365
1,30	0,454	0,448	0,441	0,434	0,427	0,420	0,412	0,403	0,393	0,383	0,372
1,35	0,463	0,457	0,450	0,443	0,436	0,428	0,420	0,411	0,401	0,391	0,379
1,40	0,472	0,465	0,458	0,452	0,444	0,437	0,428	0,419	0,409	0,399	0,387
1,45	0,480	0,473	0,466	0,460	0,452	0,445	0,436	0,427	0,417	0,406	0,395

168 - Valeurs de α pour les diaphragmes ISA 1932 (1)

σ →	0,05	0,10	0,15	0,20	0,25	0,30	0,35	0,40	0,45	0,50	0,55	0,60	0,65	0,70
Valeurs élevées du nombre de Reynolds ; orifice à arête vive ; tuyaux lisses														
α →	0,598	0,602	0,608	0,615	0,624	0,634	0,648	0,661	0,677	0,696	0,717	0,742	0,770	0,806
D ↓ mm	**Majoration de α en %, due à la non-acuité de l'arête**													
50	2,25	2,0	1,8	1,7	1,6	1,5	1,45	1,40	1,3	1,25	1,2	1,15	1,10	1,05
100	1,75	1,4	1,2	1,0	0,9	0,8	0,70	0,65	0,6	0,55	0,5	0,45	0,4	0,35
200	1,05	0,7	0,5	0,4	0,3	0,2	0,10	0,05	0	0	0	0	0	0
300	0,55	0,3	0,2	0,1	0,0	0	0	0	0	0	0	0	0	0
D ↓ mm	**Majoration de α en %, pour les tuyaux rugueux**													
50	0,20	0,3	0,45	0,6	0,75	0,85	1,00	1,15	1,30	1,45	1,60	1,75	1,9	2,05
100	0,15	0,2	0,30	0,4	0,50	0,60	0,70	0,80	0,90	1,05	1,15	1,25	1,4	1,50
200	0,10	0,1	0,15	0,2	0,25	0,30	0,35	0,40	0,45	0,50	0,50	0,55	0,60	0,65
300	0	0	0	0	0	0	0	0	0	0	0	0	0	0

169 - Valeurs de α pour les Tuyères ISA 1932 (1)

σ	0,05	0,10	0,15	0,20	0,25	0,30	0,35	0,40	0,45	0,50	0,55	0,60	0,65
Valeurs élevées du nombre de Reynolds ; tuyaux lisses													
α	0,987	0,989	0,993	0,999	1,006	1,016	1,028	1,041	1,059	1,081	1,108	1,142	1,183
D mm	**Majoration de α en % pour les tuyaux rugueux**												
50	0	0	0	0	0	0	0,1	0,25	0,50	0,75	1,00	1,35	1,70
100	0	0	0	0	0	0	0	0,10	0,25	0,45	0,65	0,90	1,15
200	0	0	0	0	0	0	0	0	0,10	0,20	0,35	0,50	0,65

170 - Valeurs de α pour les Tubes Venturi

(Voir la fig. 8.12)

σ	0,05	0,10	0,20	0,30	0,35	0,40	0,45	0,50	0,60
α	0,986	0,989	1,001	1,020	1,032	1,048	1,067	1,092	1,155

171 - Mesure des débits dans les coudes (2)

Valeurs de μ et de *K* (Voir le n° 8.17)

R/D	1,0	1,25	1,50	1,75	2,00	2,25	2,50	2,75	3,00
μ	1,23	1,10	1,07	1,05	1,04	1,03	1,03	1,02	1,02
K	0,570	0,697	0,794	0,880	0,954	1,02	1,08	1,14	1,20

(1) Tables extraites de [**20**] et [**33**]
(2) Extraite de [**2**].

172 - Valeurs de ε pour les Diaphragmes et Tuyères ISA 1932

a) Vapeur surchauffée (K = 1.31)

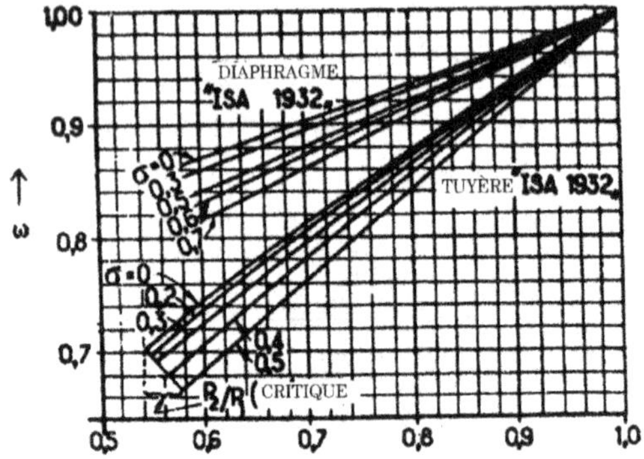

b) Gaz parfait diatomique (K = 1,41)

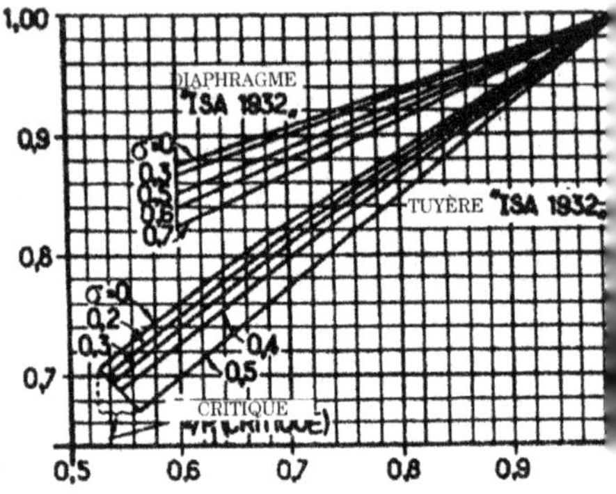

p_2/p_1 →

c) Autres gaz (K variable)

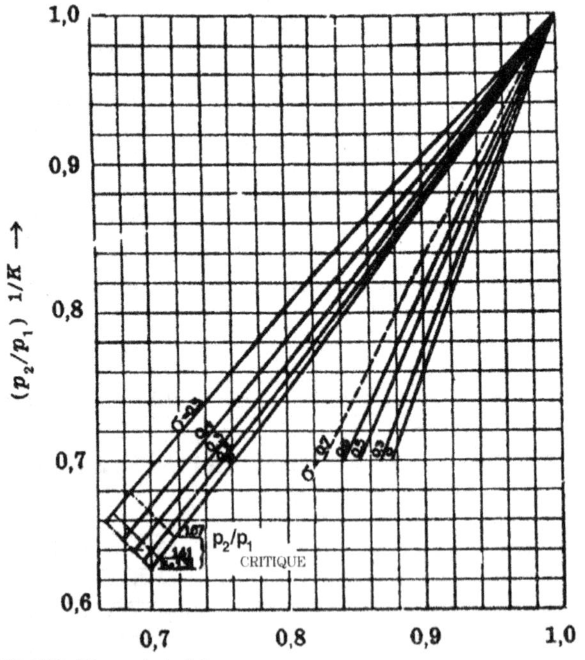

[Diaphragmes ISA 1932 - faisceau de droite]
[Tuyères ISA 1932 - faisceau de gauche]

173 - Coefficients de débit d'orifices verticaux circulaires avec contraction complète (1)

La charge *h* est la profondeur du centre de l'orifice

h m	Diamètre en mm												
	6	**9**	**12**	**15**	**21**	**30**	**36**	**45**	**60**	**120**	**180**	**240**	**300**
0,12			0,637	0,631	0,624	0,618	0,612	0,606					
0,15		0,643	0,633	0,627	0,621	0,615	0,610	0,605	0,600	0,596	0,592		
0,30	0,644	0,631	0,623	0,617	0,612	0,608	0,605	0,603	0,600	0,598	0,595	0,593	0,591
0,60	0,632	0,621	0,614	0,610	0,607	0,604	0,601	0,600	0,599	0,599	0,597	0,596	0,595
0,90	0,627	0,617	0,611	0,606	0,604	0,603	0,601	0,600	0,599	0,599	0,598	0,597	0,597
1,20	0,623	0,614	0,609	0,605	0,603	0,602	0,600	0,599	0,599	0,598	0,597	0,597	0,596
1,50	0,621	0,613	0,608	0,605	0,603	0,601	0,599	0,599	0,598	0,598	0,597	0,596	0,596
3,00	0,611	0,606	0,603	0,601	0,599	0,598	0,598	0,597	0,597	0,597	0,596	0,596	0,595
6,00	0,601	0,600	0,599	0,598	0,597	0,596	0,596	0,596	0,596	0,596	0,596	0,595	0,594
15,00	0,596	0,596	0,595	0,595	0,594	0,594	0,594	0,594	0,594	0,594	0,594	0,593	0,593

(1) SMITH cité par [**22**]

174 - Coefficients de débit d'orifices verticaux rectangulaires de 0,30 m de large avec contraction complète (1)

La charge *h* est la profondeur du centre de l'orifice

h m	Hauteur de l'orifice en mm							
	38	**76**	**150**	**228**	**300**	**450**	**600**	**1200**
0,12	0,625	0,619						
0,15	0,624	0,618	0,615					
0,30	0,622	0,616	0,611	0,608	0,605	0,608		
0,60	0,619	0,614	0,609	0,606	0,604	0,606	0,609	
0,90	0,616	0,612	0,608	0,605	0,603	0,605	0,607	0,609
1,20	0,614	0,610	0,607	0,604	0,603	0,604	0,606	0,608
1,50	0,612	0,609	0,605	0,603	0,602	0,604	0,605	0,606
3,00	0,606	0,604	0,602	0,601	0,601	0,601	0,602	0,603
6,00	0,607	0,604	0,602	0,601	0,601	0,601	0,602	0,603
15,00	0,614	0,607	0,605	0,604	0,602	0,603	0,606	0,609

(1) FANNING, cité par [**22**]

175 - Coefficients de débit d'orifices verticaux rectangulaires de 0,60 m de large, pratiquée dans une paroi en bois de 0,05 m d'épaisseur, avec contraction complète (1)

La charge indiquée sur bord supérieur de l'orifice : cependant, la valeur de h à considérer dans la formule $Q = \mu S\sqrt{2gh}$ doit être prise par rapport au centre de gravité de l'orifice

Charge sur le bord supérieur m	**Hauteur de l'orifice en mm**			
	80	**50**	**200**	**400**
0,01	0,657	0,627	—	—
0,02	0,664	0,634	—	—
0,01	0,675	0,646	0,641	—
0,06	0,684	0,656	0,648	0,627
0,08	0,690	0,665	0,654	0,631
0,10	0,695	0,672	0,658	0,635
0,20	0,707	0,691	0,671	0,648
0,30	0,710	0,695	0,677	0,654
0,40	0,711	0,696	0,679	0,654
0,50	0,711	0,696	0,678	0,653
1,00	0,706	0,695	0,676	0,636
1,50	0,700	0,694	0,675	0,624
2,00	0,697	0,694	0,674	0,617
3,00	0,693	0,694	0,673	0,617

(1) LESBROS, cité par [**4**]

176 - Coefficients de débit d'orifices verticaux carrés avec contraction complète (1)

La charge h est la profondeur du centre de l'orifice

***h* m**	**Côté du carré en mm**												
	6	**9**	**12**	**15**	**21**	**30**	**36**	**45**	**60**	**120**	**180**	**240**	**300**
0,12			0,643	0,637	0,628	0,621	0,616	0,611					
15		0,648	0,639	0,633	0,625	0,619	0,614	0,610	0,605	0,601	0,597		
30	0,648	0,636	0,628	0,622	0,618	0,613	0,610	0,608	0,605	0,603	0,601	0,600	0,599
60	0,637	0,626	0,619	0,615	0,612	0,608	0,606	0,606	0,605	0,605	0,604	0,602	0,602
90	0,632	0,622	0,616	0,612	0,609	0,607	0,606	0,606	0,605	0,605	0,604	0,603	0,603
1,20	0,628	0,619	0,614	0,610	0,608	0,606	0,606	0,605	0,605	0,605	0,603	0,603	0,602
1,50	0,626	0,617	0,613	0,610	0,607	0,606	0,605	0,605	0,604	0,604	0,603	0,602	0,602
3,00	0,616	0,611	0,608	0,606	0,605	0,604	0,604	0,603	0,603	0,603	0,602	0,602	0,601
6,00	0,606	0,605	0,604	0,603	0,602	0,602	0,602	0,602	0,602	0,601	0,601	0,601	0,600
15,00	0,602	0,601	0,601	0,601	0,601	0,600	0,600	0,600	0,600	0,600	0,599	0,599	0,599

(1) SMITH, cité par [**22**]

177 - Coefficients de débit d'orifices avec contraction incomplète

a) Contraction partielle : le contour de l'orifice n'est pas tout entier à arête vive.

L'expression suivante est alors valable :

$$\frac{\mu'}{\mu} = 1 + K\frac{l}{L}$$

où :

μ' = coefficient de débit réel correspondant à la contraction partielle

μ = coefficient de débit qui correspondrait à la contraction complète

K = constante qui prend les valeurs suivantes :

Orifices circulaires (1) 0,128 Orifices rectangulaires (2) (0,20 × 0,10) 0,157

Orifices carrés (1) 0,152 Orifices rectangulaires petits (2) 0,134

l = contour de l'orifice en paroi arrondie

L = contour total de l'orifice

b) Contraction partiellement supprimée : les parois du récipient sont très proches de l'orifice.

En représentant par A la section du récipient et par S la section de l'orifice, on aura les valeurs suivantes de $\frac{\mu'}{\mu}$ (2).

	$\frac{S}{A}$	**0,1**	**0,2**	**0,3**	**0,4**	**0,5**	**0,6**	**0,7**	**0,8**	**0,9**	**1,0**
$\frac{\mu'}{\mu}$	Orifices circulaires	1,014	1,034	1,059	1,092	1,134	1,189	1,260	1,351	1,471	1,631
	Orifices rectangulaires	1,019	1,042	1,071	1,107	1,152	1,208	1,278	1,365	1,473	1,608

c) *Contraction supprimée d'un côté* : de ce côté, l'orifice s'appuie sur la paroi du récipient.

Les indications données en a sont valables. En outre, pour des orifices rectangulaires de 0,75 m de large et 0,05 à 0,10 m de haut, avec des charges variant de 0,30 à 0,75 m, on donne les valeurs moyennes suivantes (3).

- Contraction complète au-dessus et supprimée au-dessous et sur les côtés .... μ=0,607
- Bord supérieur arrondi et contraction supprimée au-dessous et sur les côtés .... μ=0,776
- Contraction complète au-dessus, supprimée sur un des côtés et au fond, et partiellement supprimée sur l'autre côté (en arète vive, éloigné de 15 cm de la paroi du canal) .... μ=0,611
- Orifice du cas précédent, avec le bord supérieur arrondi .... μ=0,755

D'autres cas particuliers de contraction supprimée sont indiqués sur la Table 178

(1) BIDONE, cité par [**28**]
(2) WEISBACH, cité par [**28**]
(3) WILLIAMS, cité par [**22**]

178 - Coefficients de débit d'orifices rectangulaires avec divers types de contraction(1)

Type de la contraction	Dimensions de l'orifice mm	Charge m		
		0,30	0,90	1,50
	Hor. × Vert.			
Contraction complète	200 × 200	0,598	0,604	0,603
	200 × 100	616	615	611
	200 × 50	631	627	620
	200 × 30	632	628	623
	200 × 10	652	634	620
Contraction supprimée au fond (α)	200 × 200	0,620	0,624	0,625
	200 × 100	649	647	643
	200 × 50	671	668	666
	200 × 30	680	677	677
	200 × 10	710	705	696
Contraction supprimée sur les deux côtés verticaux	200 × 200	0,632	0,628	0,628
	200 × 100	637	630	630
	200 × 50	641	634	635
	200 × 30	653	643	639
	200 × 10	682	667	655
Contraction supprimée au fond et partiellement supprimée sur un des côtés (*b*)	200 × 200	0,633	0,636	0,637
	200 × 100	658	656	654
	200 × 50	676	673	672
	200 × 30	682	683	681
	200 × 10	708	705	695
Contraction supprimée au fond et partiellement supprimée sur les deux côtés	200 × 200	0,678	0,664	0,663
	200 × 100	680	675	672
	200 × 50	687	680	673
	200 × 30	693	688	683
	200 × 10	708	705	698
Contraction supprimée au fond et sur les deux côtés	200 × 200	0,690	0,677	0,672
Contraction totalement supprimée	200 × 200		0,950	

a) Contraction supprimée signifie que les côtés du canal coincident avec l'arête de l'orifice.
b) Contraction partiellement supprimée signifie que la distance entre le côté du canal et l'arête de l'orifice est de 2 cm.

(1) – [**22**]

179 - Coefficients de débit pour quelques cas particuliers (1)

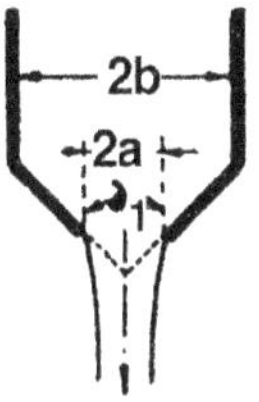

δ_1	$\frac{a_1}{b}$					
	≈ 0	0,1	0,3	0,5	0,7	0,9
45°	0,746	0,747	0,748	0,752	0,765	0,829
90°	0,611	0,612	0,622	0,644	0,687	0,781
125°	0,537	0,546	0,569	0,599	0,652	0,761
180°	0,500	0,513	0,544	0,586	0,646	0,760

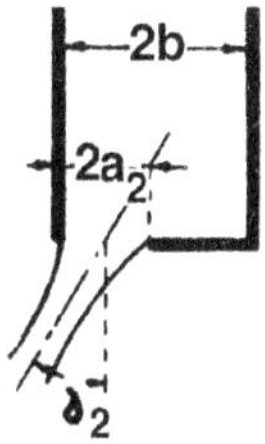

a_2/b	≈ 0	0,1	0,3	0,5	0,7	0,9
δ_2	21°	20°55′	20°5′	19°	16°30′	11°5′
μ	0,673	0,676	0,686	0,702	0,740	0,842

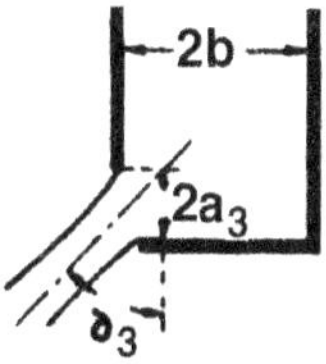

a_3/b	≈ 0	1	2	3	4	5
δ_3	69°	63°59′	57°5′	55°	53°45′	53°20
μ	0,673	0,582	0,438	0,320	0,281	0,200

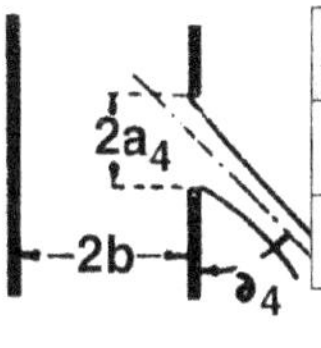

a_4/b	≈ 0	1	2	3	4	5
δ_4	90°	74°13′	65°10′	61°25′	60°24′	60°4′
μ	0,611	0,544	0,420	0,319	0,247	0,200

(1) MISES, cité par [**31**]

180 - Coefficients de débit de vannes verticales (1)

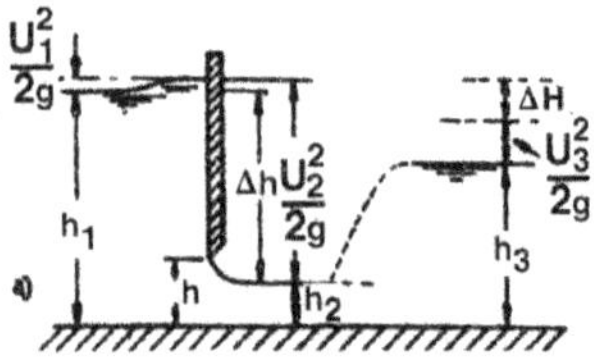

$$Q = \mu\, b\, l \sqrt{2\, g\, h_1}$$

l = largeur de la vanne

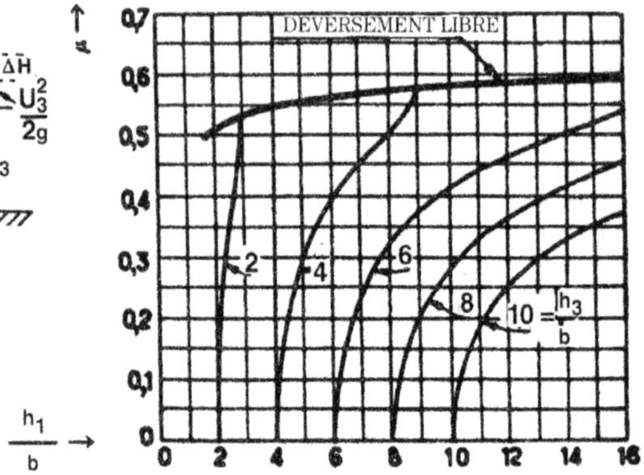

(1) HEARY, H.R. : *Characteristics of Sluice-Gate Discharge*, M.S. Thesis, State University of Iowa, 1949. Cité par [**29**]

181 - Coefficients de débit de vannes à segment(1)

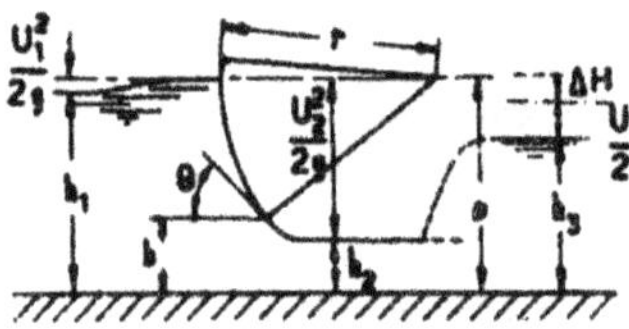

$$Q = \mu\, b\, l \sqrt{2\, g\, h_1}$$

l = largeur de la vanne

$$a = h_3 + \frac{U_3^2}{2g} + \Delta H$$

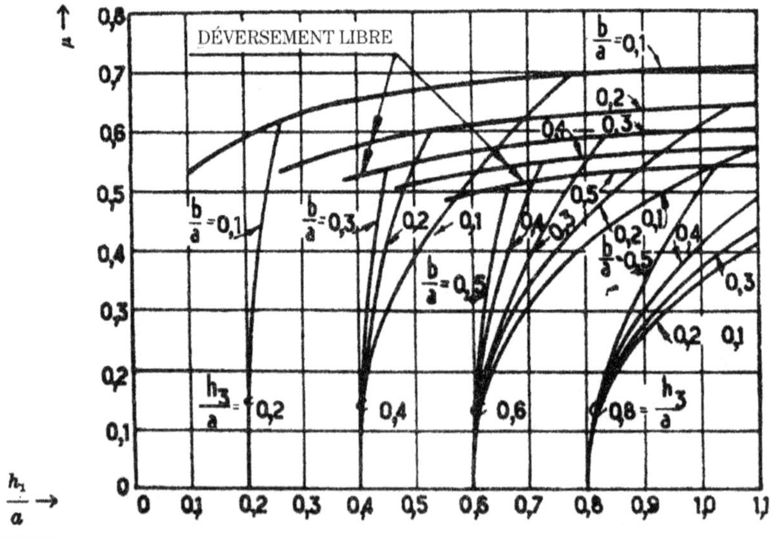

(1) METZIER, D.E. : *A Model Study of Tainter-Gate Operation*. M.S. Thesis, State University of Iowa, 1948. Cité par [**29**]

182 - Coefficients de débit de vannes inclinées

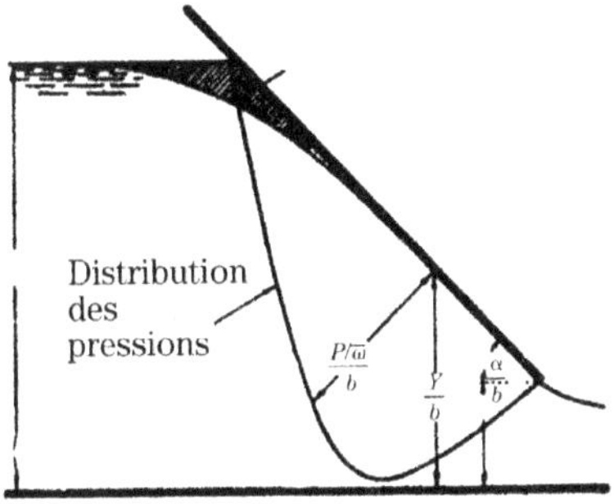

$Q = \mu \, b \, l \sqrt{2 \, gh}$

l = largeur de la vanne

a) Coefficient de débit μ

h\b	Inclinaison α								
	15°	**20°**	**30°**	**40°**	**50°**	**60°**	**70°**	**80°**	**90°**
2	0,720	0,696	0,659	0,628	0,603	0,583	0,568	0,556	0,549
3	0,766	0,745	0,706	0,670	0,639	0,612	0,593	0,577	0,564
4	0,796	0,774	0,731	0,693	0,660	0,632	0,608	0,589	0,574
5	0,814	0,790	0,747	0,708	0,673	0,644	0,619	0,598	0,580
6	0,825	0,802	0,759	0,719	0,683	0,652	0,626	0,604	0,585
7			0,767	0,726	0,690	0,659	0,633	0,610	0,590
8			0,774	0,733	0,696	0,664	0,637	0,614	0,593
9			0,780	0,737	0,700	0,668	0,642	0,618	0,596
10			0,784	0,741	0,703	0,672	0,645	0,621	0,598

b) Distributions des pressions : valeurs de $\frac{P/\varpi}{b}$

$\frac{y}{b}$	Valeurs de $\frac{h}{b}$							
	2,5	**3,0**	**3,5**	**4,0**	**4,5**	**5,0**	**5,5**	**6,0**
14,0	0,794	1,122	1,464	1,840	2,226	2,563	2,938	3,316
16,0	0,778	1,126	1,500	1,896	2,302	2,688	3,082	3,744
18,0	0,674	1,036	1,430	1,850	2,274	2,682	3,086	3,508
20,0	0,516	0,914	1,326	1,752	2,178	2,614	3,034	3,466
22,0	0,332	0,768	1,194	1,628	2,060	2,498	2,938	3,372
24,0	0,114	0,606	1,050	1,492	1,928	2,364	2,816	3,254
26,0		0,428	0,890	1,348	1,786	2,216	2,677	3,112
28,0		0,222	0,716	1,119	1,264	2,060	2,516	2,964
30,0			0,522	1,012	1,456	1,894	2,356	2,806
34,0			0,108	0,640	1,098	1,540	2,018	2,478
38,0				0,230	0,714	1,180	1,664	2,128
42,0					0,308	0,806	1,296	1,768
46,0						0,416	0,906	1,384
50,0							0,510	1,004
54,0							0,112	0,614
58,0								0,200

(1) Extrait de [**16**]

183 - Coefficients de débit d'ajutages

a) Ajutages cylindriques

Ajutage rentrant (Borda)

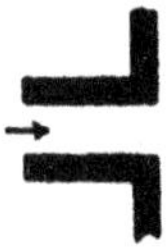

$L = 2D$ à $3D$
$C_c \simeq 0{,}52$; $C_v \simeq 0{,}98$
$\mu \simeq 0{,}51$

Ajutage extérieur

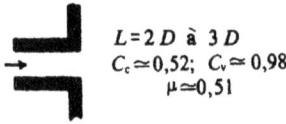

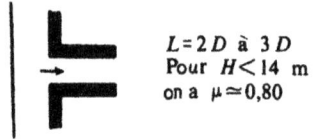

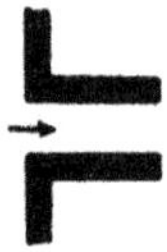

$L = 2D$ à $3D$
Pour $H < 14$ m
on a $\mu \simeq 0{,}80$

b) Ajutages convergents

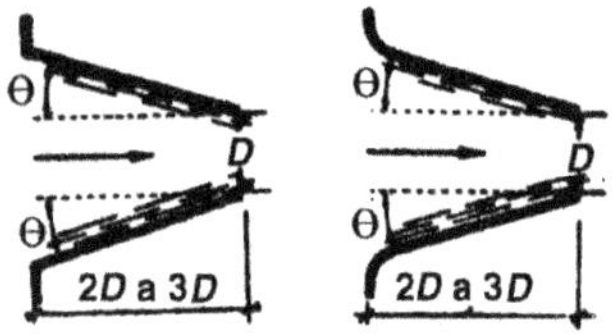

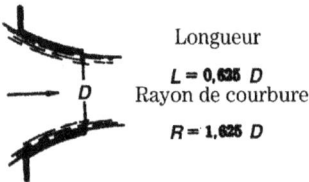

Angle θ	0°	5°45′	11°15′	22°30′	45°
μ pour la figure 7.14	0,97	0,94	0,92	0,85	
μ pour la figure 7.15	0,97	0,95	0,92	0,88	0,75

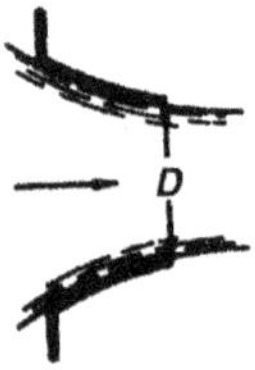

Longueur

$L = 0{,}625\ D$

Rayon de courbure

$R = 1{,}625\ D$

h m	0,02	0,50	3,5	16,7	100
μ	0,959	0,967	0,975	0,994	0,994

c) Ajutages divergents

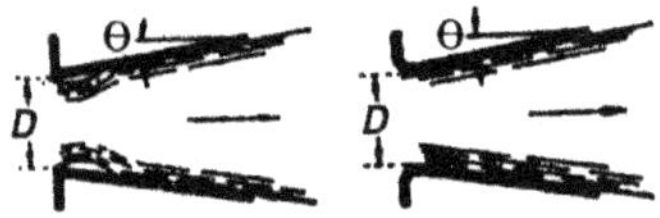

$\mu \simeq 1{,}4$ $\mu \simeq 2{,}0$

L'angle maximum d'ouverture, pour lequel la veine liquide accompagne l'ajutage et les coefficients indiqués sont valables, est $\theta = 8°$. Le débit est maximal pour $L \approx 9D$ *et* $\theta \approx 5°$.

d) Ajutages obliques

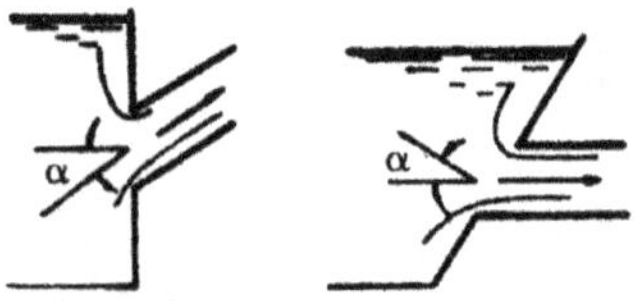

α	0°	10°	20°	30°	40°	50°	60°
μ	0,815	0,799	0,782	0,764	0,747	0,731	0,719

184 - Coefficients de débit d'ajutages noyés (1)

Valables pour les ajutages à section carrée. Probablement variables pour des sections un peu différentes.

L – Longueur de l'ajutage

P – Périmètre mouillé de la section transversale de l'ajutage

$\frac{L}{P}$	Conditions d'entrée				
	Arêtes vives sur tout le périmètre	Contraction supprimée dans le fond	Contraction supprimée dans le fond et sur un des côtés	Contraction supprimée dans le fond et sur les deux côtés	Contraction supprimée dans le fond et au-dessus
0,02	0,61	0,63	0,68	0,77	0,95
0,04	0,62	0,64	0,68	0,77	0,94
0,06	0,63	0,65	0,69	0,76	0,94
0,08	0,65	0,66	0,69	0,74	0,93
0,10	0,66	0,67	0,69	0,73	0,93
0,12	0,67	0,68	0,70	0,72	0,93
0,14	0,69	0,69	0,71	0,72	0,92
0,16	0,71	0,70	0,72	0,72	0,92
0,18	0,72	0,71	0,73	0,72	0,92
0,20	0,74	0,73	0,74	0,73	0,92
0,22	0,75	0,74	0,75	0,75	0,91
0,24	0,77	0,75	0,76	0,78	0,91
0,26	0,78	0,76	0,77	0,81	0,91
0,28	0,78	0,76	0,78	0,82	0,91
0,30	0,79	0,77	0,79	0,83	0,91
0,35	0,79	0,78	0,80	0,84	0,90
0,40	0,80	0,79	0,80	0,84	0,90
0,60	0,80	0,80	0,81	0,84	0,90
0,80	0,80	0,80	0,81	0,85	0,90
1,00	0,80	0,81	0,82	0,85	0,90

(1) STEWART, ROGERS et SMITH, cités dans [**22**]

185 - Coefficients pour la détermination de la hauteur des jets[2]

(Formule 8.22)

Type	$H < 30$ m				$30 \text{ m} < H < 150$ m			
	d	α	β	γ	***d***	α	β	γ
Orifice en mince paroi	10	1,338	0,012233	0,000256	12,5	0,835	0,028167	0,000153
	15	1,137	0,007000	0,000430	15	1,107	0,015500	0,000180
	20	1,012	0,007900	0,000200	20	1,035	0,010300	0,000094
	25	0,016	0,009200	0,000030	25	0,939	0,012386	0,000009
	30	1,210	0,003550	0,000045	30	1,008	0,010213	0,000047
Ajutage conique	10	1,112	0,016733	0,000058	12,5	1,136	0,013850	0,000022
	15	1,197	0,002650	0,000265	15	1,191	0,009950	0,000028
	20	1,036	0,009900	0,000010	20	1,219	0,002444	0,000056
	25	1,034	0,004350	0,000095	25	1,064	0,005000	0,000040
	30	1,036	0,003600	0,000090	30	1,088	0,002705	0,000060
Ajutage conoïdal	10	1,097	0,016533	0,000027	12,5	1,333	0,006383	0,000061
	15	1,197	0,002650	0,000265	15	1,175	0,010783	0,000018
	20	1,010	0,009700	0,000020	20	1,113	0,006012	0,000029
	25	1,021	0,005900	0,000010	25	1,089	0,002146	0,000059
	30	1,002	0,005100	0,000050	30	1,105	0,001994	0,000039

(1) CAPPA, cité par [**28**]

186 - Coefficients de débit d'aqueducs[2]

L – Longueur. *D* – Diamètre

a) Aqueducs constitués par des conduites circulaires en béton, avec entrée arrondie

L \ *D*	**0,15**	**0,30**	**0,45**	**0,60**	**0,75**	**0,90**	**1,05**	**1,20**	**1,50**	**1,80**	**2,10**	**2,40**
3	0,77	0,86	0,89	0,91	0,92	0,92	0,93	0,93	0,94	0,94	0,94	0,94
6	0,66	0,79	0,84	0,87	0,89	0,90	0,91	0,91	0,92	0,93	0,93	0,94
9	0,59	0,73	0,80	0,83	0,86	0,87	0,89	0,89	0,90	0,91	0,92	0,93
12	0,54	0,68	0,76	0,80	0,83	0,85	0,87	0,88	0,89	0,90	0,91	0,92
15	0,49	0,65	0,73	0,77	0,81	0,83	0,85	0,86	0,88	0,89	0,90	0,91
18	0,46	0,61	0,70	0,75	0,79	0,81	0,83	0,85	0,87	0,88	0,89	0,90
21	0,44	0,59	0,67	0,73	0,77	0,79	0,81	0,83	0,85	0,87	0,88	0,89
24	0,41	0,56	0,65	0,71	0,75	0,78	0,80	0,82	0,84	0,86	0,88	0,89
27	0,39	0,54	0,63	0,69	0,73	0,76	0,78	0,80	0,83	0,85	0,87	0,88
30	0,38	0,52	0,61	0,67	0,71	0,74	0,77	0,79	0,82	0,84	0,86	0,87
33	0,36	0,50	0,59	0,65	0,70	0,73	0,76	0,78	0,81	0,83	0,85	0,87
36	0,35	0,49	0,58	0,64	0,68	0,71	0,74	0,77	0,80	0,82	0,84	0,86
39	0,34	0,47	0,56	0,62	0,67	0,70	0,73	0,76	0,79	0,82	0,84	0,85
42	0,33	0,46	0,55	0,61	0,66	0,69	0,72	0,75	0,78	0,81	0,83	0,85
45	0,32	0,45	0,53	0,60	0,65	0,68	0,71	0,74	0,77	0,80	0,82	0,84
48	0,31	0,44	0,52	0,59	0,63	0,67	0,70	0,73	0,77	0,79	0,81	0,83
51	0,30	0,43	0,51	0,58	0,62	0,66	0,69	0,72	0,76	0,79	0,81	0,83
54	0,29	0,42	0,50	0,57	0,61	0,65	0,68	0,71	0,75	0,78	0,80	0,82
57	0,28	0,41	0,49	0,56	0,60	0,64	0,67	0,70	0,74	0,77	0,80	0,81
60	0,28	0,40	0,48	0,55	0,59	0,63	0,67	0,69	0,73	0,77	0,79	0,81

(2) YARNELL, D.L. : *Flow of Water through Culverts*. Univ. Iowa Studies in Engineering, 1926. Cité par [**22**]

186 - (Suite)

b) Aqueducs constitués par des conduites circulaires en béton, avec entrée à arête vive.

L \ D	0,15	0,30	0,45	0,60	0,75	0,90	1,05	1,20	1,50	1,80	2,10	2,10
3	0,74	0,80	0,81	0,80	0,80	0,79	0,78	0,77	0,76	0,75	0,74	0,73
6	0,64	0,74	0,77	0,78	0,78	0,77	0,76	0,75	0,74	0,73	0,72	0,72
9	0,58	0,69	0,73	0,75	0,76	0,76	0,76	0,75	0,74	0,74	0,73	0,72
12	0,53	0,65	0,70	0,73	0,74	0,74	0,74	0,74	0,74	0,73	0,72	0,71
15	0,49	0,62	0,68	0,71	0,72	0,73	0,73	0,73	0,73	0,72	0,72	0,71
18	0,46	0,59	0,65	0,69	0,71	0,72	0,72	0,72	0,72	0,72	0,71	0,71
21	0,43	0,57	0,63	0,67	0,69	0,70	0,71	0,71	0,71	0,71	0,71	0,70
24	0,41	0,54	0,61	0,65	0,68	0,69	0,70	0,70	0,71	0,71	0,70	0,70
27	0,39	0,52	0,60	0,64	0,66	0,68	0,69	0,70	0,70	0,70	0,70	0,70
30	0,37	0,51	0,58	0,62	0,65	0,67	0,68	0,69	0,70	0,70	0,69	0,69
33	0,36	0,49	0,56	0,61	0,64	0,66	0,67	0,68	0,69	0,69	0,69	0,69
36	0,35	0,48	0,55	0,60	0,63	0,65	0,66	0,67	0,68	0,69	0,69	0,69
39	0,33	0,46	0,54	0,59	0,62	0,64	0,65	0,66	0,68	0,68	0,68	0,68
42	0,32	0,45	0,53	0,58	0,61	0,63	0,65	0,66	0,67	0,68	0,68	0,68
45	0,31	0,44	0,51	0,56	0,60	0,62	0,64	0,65	0,67	0,67	0,67	0,67
48	0,30	0,43	0,50	0,56	0,59	0,61	0,63	0,64	0,66	0,67	0,67	0,67
51	0,30	0,42	0,49	0,55	0,58	0,61	0,62	0,64	0,65	0,66	0,67	0,67
54	0,29	0,41	0,48	0,54	0,57	0,60	0,62	0,63	0,65	0,65	0,66	0,66
57	0,28	0,40	0,48	0,53	0,56	0,59	0,61	0,63	0,64	0,65	0,66	0,66
60	0,28	0,39	0,47	0,52	0,56	0,58	0,60	0,62	0,64	0,65	0,66	0,66

c) Aqueducs constitués par des conduites rectangulaires en béton, avec entrée arrondie.

$L_{(m)}$ \ R	0,06	0,09	0,12	0,15	0,18	0,24	0,30	0,36	0,42	0,48	0,54	0,60
3	0,85	0,89	0,92	0,93	0,94	0,95	0,96	0,96	0,96	0,96	0,97	0,97
6	0,76	0,83	0,87	0,89	0,91	0,92	0,94	0,94	0,95	0,95	0,96	0,96
9	0,70	0,78	0,82	0,85	0,88	0,90	0,92	0,93	0,94	0,94	0,95	0,95
12	0,65	0,73	0,79	0,82	0,85	0,88	0,90	0,92	0,93	0,93	0,94	0,94
15	0,60	0,70	0,75	0,79	0,82	0,86	0,89	0,90	0,91	0,92	0,93	0,93
18	0,57	0,66	0,73	0,77	0,80	0,84	0,87	0,89	0,90	0,91	0,92	0,93
21	0,54	0,64	0,70	0,75	0,78	0,83	0,86	0,88	0,89	0,90	0,91	0,92
24	0,52	0,61	0,68	0,72	0,76	0,81	0,84	0,86	0,88	0,89	0,90	0,91
27	0,50	0,59	0,66	0,70	0,74	0,79	0,83	0,85	0,87	0,89	0,90	0,91
30	0,48	0,57	0,64	0,69	0,73	0,78	0,82	0,84	0,86	0,88	0,89	0,90
33	0,46	0,55	0,62	0,67	0,71	0,77	0,80	0,83	0,85	0,87	0,88	0,89
36	0,44	0,54	0,60	0,65	0,69	0,75	0,79	0,82	0,84	0,86	0,87	0,88
39	0,43	0,52	0,59	0,64	0,68	0,74	0,78	0,81	0,84	0,85	0,87	0,88
42	0,42	0,51	0,57	0,63	0,67	0,73	0,77	0,80	0,83	0,85	0,86	0,87
45	0,40	0,49	0,56	0,61	0,66	0,72	0,76	0,79	0,82	0,84	0,85	0,87
48	0,39	0,48	0,55	0,60	0,64	0,71	0,75	0,78	0,81	0,83	0,85	0,86
51	0,38	0,47	0,54	0,59	0,63	0,70	0,74	0,78	0,80	0,82	0,84	0,85
54	0,38	0,46	0,53	0,58	0,62	0,69	0,73	0,77	0,80	0,82	0,83	0,85
57	0,37	0,45	0,52	0,57	0,61	0,68	0,72	0,76	0,79	0,81	0,83	0,84
60	0,36	0,44	0,51	0,56	0,60	0,67	0,72	0,75	0,78	0,80	0,82	0,84

186 - (Suite)

d) Aqueducs constitués par des conduites rectangulaires en béton à arête vive

$L_{(m)}$ \ R	0,06	0,09	0,12	0,15	0,18	0,24	0,30	0,36	0,42	0,48	0,54	0,60
3	0,85	0,89	0,92	0,93	0,94	0,95	0,96	0,96	0,96	0,96	0,97	0,97
6	0,76	0,83	0,87	0,89	0,91	0,92	0,94	0,94	0,95	0,95	0,96	0,96
9	0,70	0,78	0,82	0,85	0,88	0,90	0,92	0,93	0,94	0,94	0,95	0,95
12	0,65	0,73	0,79	0,82	0,85	0,88	0,90	0,92	0,93	0,93	0,94	0,94
15	0,60	0,70	0,75	0,79	0,82	0,86	0,89	0,90	0,91	0,92	0,93	0,93
18	0,57	0,66	0,73	0,77	0,80	0,84	0,87	0,89	0,90	0,91	0,92	0,93
21	0,54	0,64	0,70	0,75	0,78	0,83	0,86	0,88	0,89	0,90	0,91	0,92
24	0,52	0,61	0,68	0,72	0,76	0,81	0,84	0,86	0,88	0,89	0,90	0,91
27	0,50	0,59	0,66	0,70	0,74	0,79	0,83	0,85	0,87	0,89	0,90	0,91
30	0,48	0,57	0,64	0,69	0,73	0,78	0,82	0,84	0,86	0,88	0,89	0,90
33	0,46	0,55	0,62	0,67	0,71	0,77	0,80	0,83	0,85	0,87	0,88	0,89
36	0,44	0,54	0,60	0,65	0,69	0,75	0,79	0,82	0,84	0,86	0,87	0,88
39	0,43	0,52	0,59	0,64	0,68	0,74	0,78	0,81	0,84	0,85	0,87	0,88
42	0,42	0,51	0,57	0,63	0,67	0,73	0,77	0,80	0,83	0,85	0,86	0,87
45	0,40	0,49	0,56	0,61	0,66	0,72	0,76	0,79	0,82	0,84	0,85	0,87
48	0,39	0,48	0,55	0,60	0,64	0,71	0,75	0,78	0,81	0,83	0,85	0,86
51	0,38	0,47	0,54	0,59	0,63	0,70	0,74	0,78	0,80	0,82	0,84	0,85
54	0,38	0,46	0,53	0,58	0,62	0,69	0,73	0,77	0,80	0,82	0,83	0,85
57	0,37	0,45	0,52	0,57	0,61	0,68	0,72	0,76	0,79	0,81	0,83	0,84
60	0,36	0,44	0,51	0,56	0,60	0,67	0,72	0,75	0,78	0,80	0,82	0,84

187 - Mesure approchée des débits à partir de la forme du jet

Extrait de [**46**]

a) Conduite totalement pleine

Valeur du débit (formule 8.26) Erreur 10 à 15%

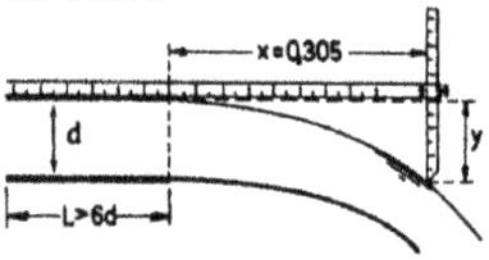

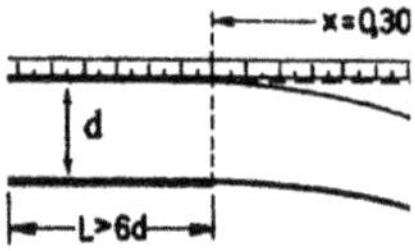

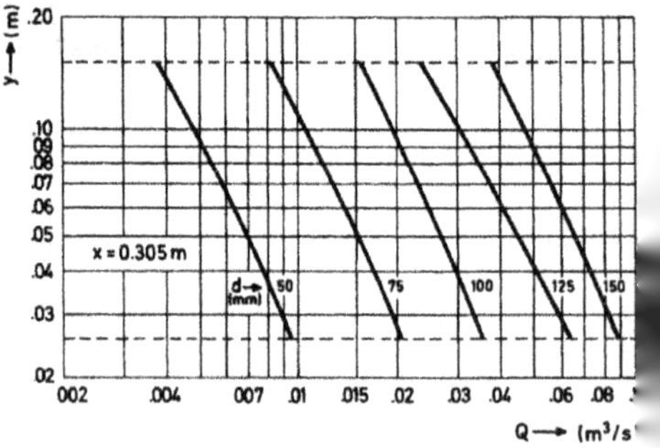

b) Conduite partiellement pleine

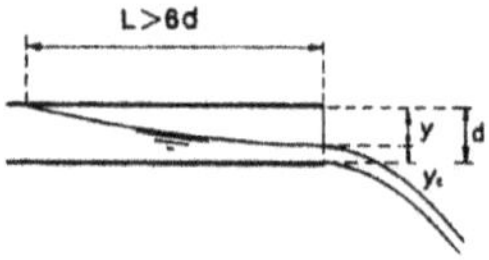

$y_e < 0{,}56\,d$

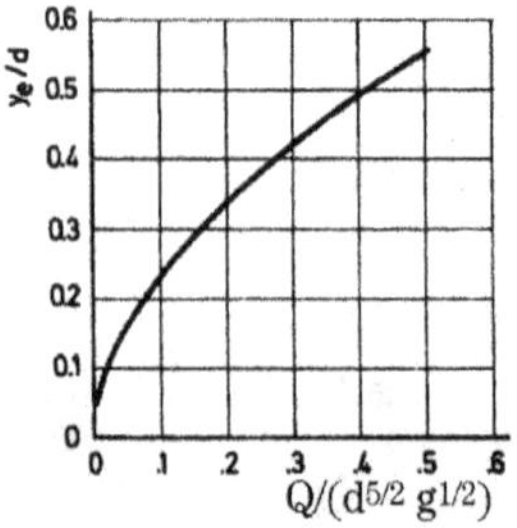

188 - Déversoir rectangulaire sans contraction latérale

a) Valeurs de Q

Longueur du seuil déversant :
$l = 1$ m

Hauteur du seuil : $p = 1$ m

$$Q = \mu \sqrt{2g}\, h^{3/2}$$

Exemple : $h = 0{,}20$; $l = 2{,}5$ m.
Calculer Q. De l'abaque, on obtient $q = 180$ l/s par m de largeur.

Donc : $Q = 2{,}5\,q = 450$ l/s

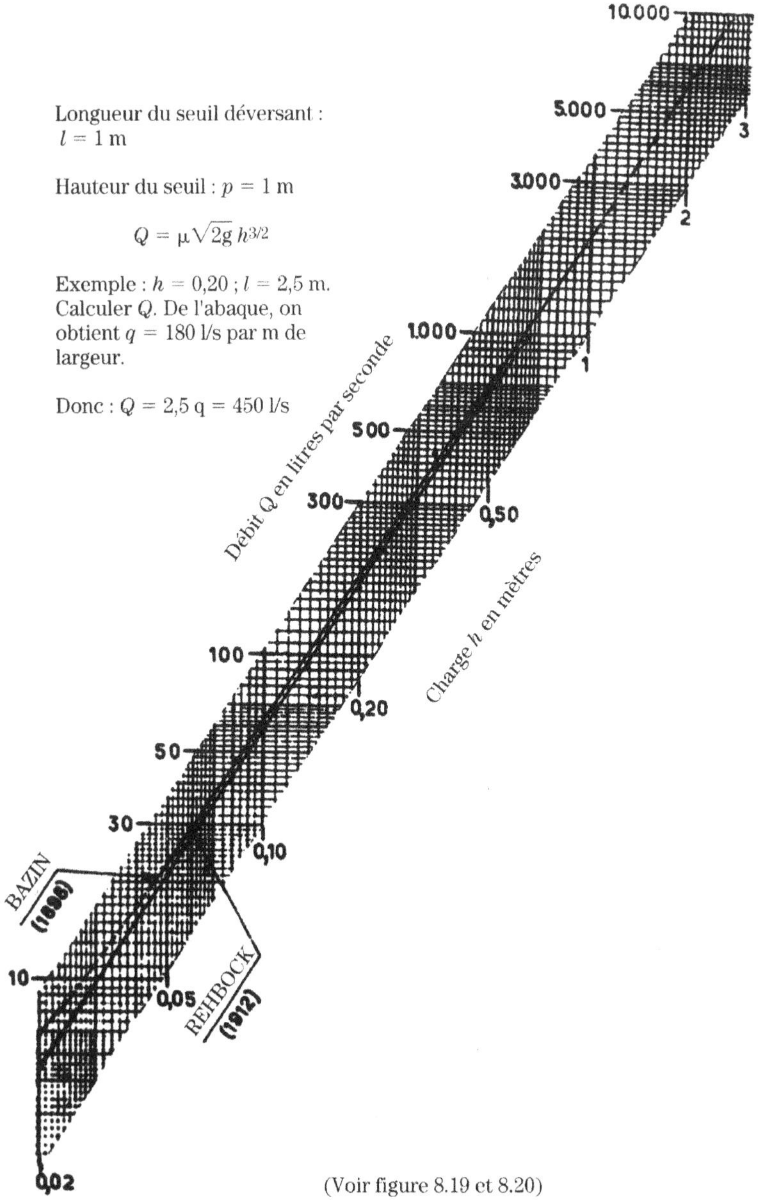

(Voir figure 8.19 et 8.20)

188 - (Suite)

b) Valeurs du coefficient de débit d'après Rehbock (1)

$$\mu = \frac{2}{3}\left(0{,}605 + \frac{1}{1050h - 3} + 0{,}08\,\frac{h}{a}\right)$$

a – (m) / **h** – (m)	**0,1**	**0,2**	**0,3**	**0,4**	**0,6**	**0,8**	**1,0**	**2,0**	**3,0**
0,02	0,451	0,448	0,446	0,445	0,444	0,444	0,443	0,443	0,443
0,04	0,443	0,432	0,428	0,427	0,425	0,424	0,423	0,422	0,422
0,06	0,447	0,430	0,426	0,423	0,420	0,419	0,418	0,417	0,416
0,08	0,455	0,433	0,426	0,423	0,422	0,417	0,416	0,414	0,413
0,10	0,464	0,437	0,428	0,424	0,419	0,417	0,416	0,413	0,412
0,12	0,472	0,441	0,430	0,425	0,419	0,417	0,415	0,412	0,411
0,14	0,483	0,445	0,433	0,427	0,420	0,417	0,416	0,413	0,411
0,16	0,493	0,450	0,436	0,429	0,422	0,418	0,416	0,412	0,410
0,18	0,504	0,456	0,440	0,431	0,423	0,419	0,417	0,412	0,410
0,20	0,513	0,460	0,442	0,433	0,425	0,420	0,416	0,412	0,410
0,22		0,466	0,447	0,436	0,426	0,421	0,417	0,412	0,410
0,24		0,470	0,449	0,439	0,427	0,422	0,419	0,413	0,410
0,26		0,475	0,452	0,439	0,429	0,423	0,420	0,413	0,410
0,28		0,481	0,456	0,443	0,431	0,425	0,421	0,414	0,411
0,30		0,486	0,459	0,446	0,432	0,426	0,422	0,414	0,411
0,32			0,462	0,448	0,434	0,427	0,422	0,414	0,411
0,34			0,466	0,451	0,435	0,428	0,423	0,414	0,411
0,36			0,467	0,453	0,437	0,429	0,424	0,415	0,412
0,38			0,473	0,456	0,439	0,430	0,425	0,415	0,412
0,40			0,476	0,458	0,441	0,432	0,426	0,416	0,412
0,45				0,464	0,445	0,435	0,429	0,417	0,413
0,50				0,471	0,449	0,438	0,431	0,418	0,414
0,55					0,454	0,442	0,434	0,419	0,414
0,60					0,458	0,444	0,436	0,420	0,415
0,65					0,462	0,447	0,439	0,421	0,415
0,70					0,466	0,451	0,442	0,423	0,417
0,75						0,454	0,444	0,424	0,417
0,80						0,457	0,448	0,425	0,418

(1) [**31**]

188 - (Suite)

c) Erreur commise lorsque les déversoirs rectangulaires fonctionnent avec dépression

Charge h (m)	0,061	0,091	0,122	0,183	0,245	0,305	0,61	0,91	1,22
Erreur de 1 % pour une dépression de : (m)	0,003	0,004	0,006	0,009	0,010	0,013	0,02	0,03	0,04
Erreur de 2% pour une dépression de : (m)	0,006	0,009	0,011	0,015	0,020	0,023	0,04	0,05	0,07

189 - Déversoir rectangulaire en mince paroi avec contraction latérale

Formule de Kindsvater et Carter (Voir n° 8.32)

$$Q = \mu\,(2g)^{1/2}\,l_e\,h_e^{3/2}$$

$l_e = l + K_l$ – largeur effective ; $h_e = h + K_h$ – charge effective : $K_h \sim 1$ mm

K_l et K_h tiennent compte de l'influence de la tension superficielle et de la viscosité.

$$\mu = \frac{2}{3}\left(\varphi + \psi\,\frac{h}{a}\right)$$

1 - Valeurs de K_l

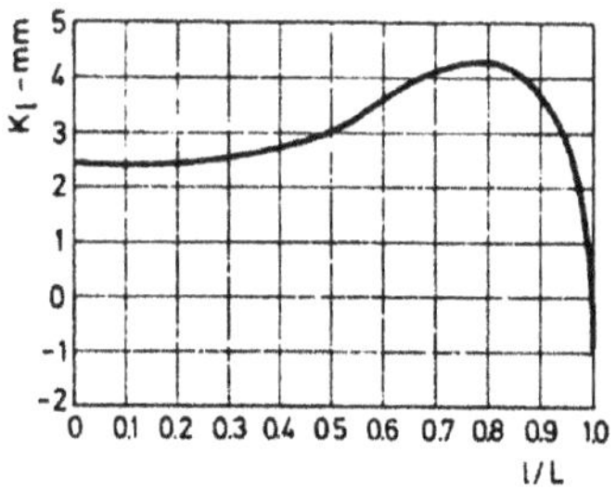

2 - Valeurs de φ et de ψ

l/L	φ	ψ
1,0	0,602	0,075
0,9	0,599	0,064
0,8	0,597	0,045
0,7	0,595	0,030
0,6	0,593	0,018
0,5	0,592	0,011
0,4	0,591	0,0058
0,3	0,590	0,0020
0,2	0,589	-0,0018
0,1	0,588	-0,0021
0	0,587	-0,0023

3 – Limites d'application :

$l \geq 0{,}15$ m ; $h \geq 0{,}03$ m ; $h/a \leq 2$; $a \geq 0{,}10$ m ; $L - l \geq 6h$

Le niveau de l'eau en aval doit se maintenir à 0,05 m, au moins au-dessous de la crête.

4 – Erreur prévisible du coefficient μ inférieure à 1% ;

– Erreur prévisible de K_l et K_h inférieur à 0,3 mm.

190 - Déversoir triangulaire en mince paroi. Formule de Kindsvate et Carter(1).

Voir n° 8.33.

$$Q = \mu \frac{8}{15} \operatorname{tg} \frac{\alpha}{2} \sqrt{2g}\,(h + K_h)^{5/2}$$

K_h tient compte de l'influence de la tension superficielle et de la viscosité.

1 – Valeurs de μ quand la contraction est complète : $h/a < 0{,}4$; $a/L < 0{,}4$

Erreur de 1 %

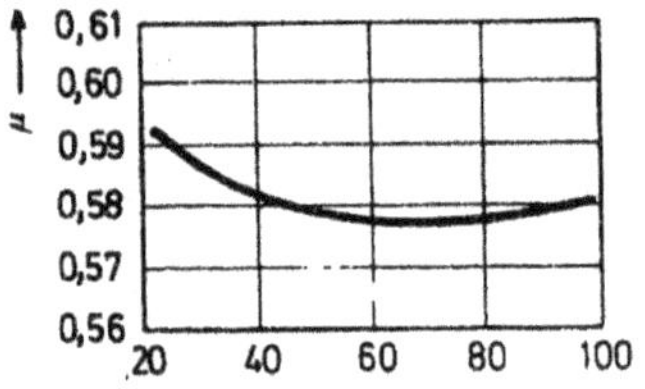

Angle (degrés)

2 – Valeur de μ quand la contraction est incomplète (2) (seulement pour $\alpha = 90°$)

Erreur de 1 % à 2 %

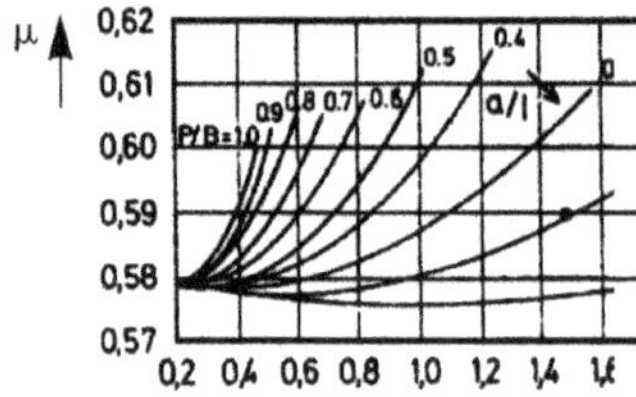

3 – Valeurs K_h (mm)(eau à la température normale)

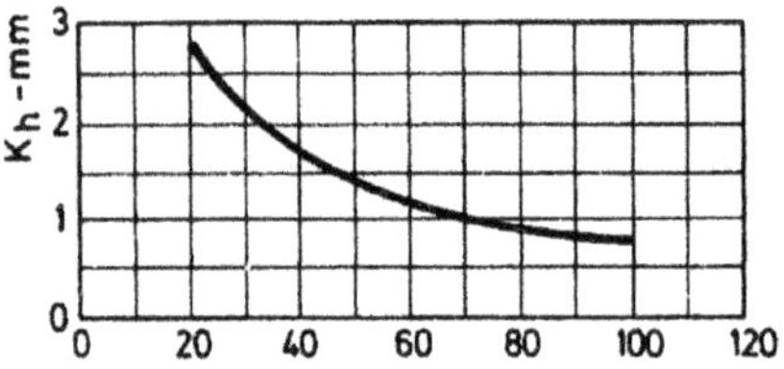

Angle en degrés

4 – Limites d'application

$0{,}05 \text{ m} \leq h \leq 0{,}60 \text{ m}$

$25° < \alpha < 100°$

$a \geq 0{,}1 \text{ m}$; $h/a \leq 1{,}2$; $h/L \leq 0{,}4$

$L > 0{,}60 \text{ m}$

L'eau en aval doit se maintenir en-dessous du sommet du triangle

$L - l \geq 1{,}5\, l$

(1) Cité par [**12**]

(2) British Standard 3680-ISO/TC 113/GT2

191 - Déversoir circulaire en mince paroi

Extrait de [**28**]

$$Q = \mu\varphi\, d^{5/2} \; ; \; \mu = 0{,}555 + \frac{d}{110h} + 0{,}041\,\frac{h}{d}$$

Valeurs de φ en fonction de $\frac{h}{d}$ – d en dm ; Q en dm³

$\frac{h}{d}$	0,05	0,10	0,20	0,30	0,40	0,50	0,60	0,70	0,80	0,90	1,00
φ	0,0272	0,1072	1,4173	0,9119	1,5715	2,3734	3,2939	4,3047	5,3718	6,4511	7,4705

Limites d'application (voir figure 8.25)

– La vitesse d'approche doit être faible : $V^2/2g \approx 0$; $b \geq r$, avec minimum de 0,10 m ; $h/d > 0{,}10\ \delta$; $h > 0{,}03$ m ; l'eau en aval doit maintenir à 0,05 m, au minimum, en dessous de la crête.

192 - Déversoir à équation linéaire - déversoir Sutro

Extrait de [**12**]

1 – Valeurs de y/b et de x/l de l'équation 8.36

y/b	x/l	y/b	x/l	y/b	x/l
0,1	0,805	1,0	0,500	10	0,195
0,2	0,732	2,0	0,392	12	0,179
0,3	0,681	3,0	0,333	14	0,166
0,4	0,641	4,0	0,295	16	0,156
0,5	0,608	5,0	0,268	18	0,147
0,6	0,580	6,0	0,247	20	0,140
0,7	0,556	7,0	0,230	25	0,126
0,8	0,536	8,0	0,216	30	0,115
0,9	0,517	9,0	0,205		
1,0	0,500	10,0	0,195		

2 – Limites d'application

$h \geq 2\,b$ avec un minimum de 0,03 m

$x \geq 0{,}005$ m ; $b > 0{,}005$ m

$l > 0{,}15$ m

$l/a > 1 \,;\, \frac{L}{l} > 3$

$Q = \mu\, l \sqrt{2g}\, b\,(h - \frac{b}{3})$

3 – Coefficient de débit d'un profil symétrique

Erreur < 2%

b (m)	l (m)				
	0,15	**0,23**	**0,30**	**0,38**	**0,46**
0,006	0,608	0,613	0,617	0,6185	0,619
0,015	0,606	0,611	0,615	0,617	0,6175
0,030	0,603	0,608	0,612	0,6135	0,614
0,046	0,601	0,6055	0,610	0,6115	0,612
0,061	0,599	0,604	0,608	0,6095	0,610
0,076	0,598	0,6025	0,6065	0,608	0,6085
0,091	0,597	0,602	0,606	0,6075	0,608

4 – Coefficient de débit d'un profil asymétrique
Erreur < 2°

b (m)	l (m)				
	0,15	**0,23**	**0,30**	**0,38**	**0,46**
0,006	0,614	0,619	0,623	0,6245	0,625
0,015	0,612	0,617	0,621	0,623	0,6235
0,030	0,609	0,614	0,616	0,6195	0,620
0,046	0,607	0,6115	0,616	0,6175	0,618
0,061	0,605	0,610	0,614	0,6155	0,616
0,076	0,604	0,6085	0,6125	0,614	0,6145
0,091	0,603	0,608	0,612	0,6135	0,614

193 - Comparaison des erreurs commises dans les déversoirs type Bazin et triangulaire

Débit l/s	Erreur sur la mesure de la charge cm	Déversoir recommandé et erreur en % sur le débit				
		Type Bazin			Triangulaire avec $\alpha = \pi / 2$	
		Largeur m	Charge approchée cm	Erreur sur le débit en %	Charge approchée cm	Erreur sur le débit en %
1,4	0,03 0,15 0,30				6	1,2 6,1 12,2
2,8	0,03 0,15 0,30				8	0,9 4,6 9,1
14	0,03 0,15 0,30 1,50	0,30	8	0,5 2,7 5,5 27,3	16	0,5 2,4 4,8 23,8
28	0,03 0,15 0,30 1,50	0,60	8	0,5 2,7 5,5 27,3	21	0,4 1,8 3,6 18,0
70	0,03 0,15 0,30 1,50	0,60 (1)	16	0,3 1,5 3,0 14,7	30	0,3 1,2 2,5 12,4
140	0,03 0,15 0,30 1,50	1,5 (2)	13	0,3 1,7 3,4 17,0	40	0,2 0,9 1,9 9,3
280	0,03 0,15 0,30 1,50	1,5 (3)	21	0,2 1,1 2,1 10,6	53	0,1 0,7 1,5 7,3
700	0,03 0,15 0,30 1,50	1,5 (4)	40	0,1 0,6 1,1 5,6	– – – –	– – – –

(1) On recommande aussi un déversoir de 1,5 m de large. La charge sera alors de 8 cm environ. Les erreurs sur le débit seront respectivement 0,5 ; 2,7 ; 5,5 ; 27,3 %.

(2) On recommande aussi un déversoir de 3,0 m de large. La charge sera alors de 8 cm environ. Les erreurs sur le débit seront respectivement 0,5 ; 2,7 ; 5,5 ; 27,3 %.

(3) On recommande aussi un déversoir de 3,0 m de large. La charge approchée sera de 13 cm. Les erreurs sur le débit seront respectivement 0,5 ; 1,7 ; 3,4 ; 17 %.

(4) On recommande aussi un déversoir de 3,0 m de large. La charge approchée est environ 25 cm. Les erreurs sur le débit sont respectivement 0,2 ; 0,9 ; 1,8 et 9,1 %.

194 - Déversoir oblique dans un canal à section rectangulaire

Formule d'Aichel (8.37)

$$q = (1 - \frac{h}{a}\beta)q_n$$

1 – Valeurs de β

δ (°)	β	δ (°)	β	δ (°)	β
15	0,691	35	0,298	60	0,110
20	0,526	40	0,244	65	0,084
25	0,420	45	0,200	70	0,061
30	0,357	50	0,166	75	0,048
		55	0,139	90	0

195 - Déversoir latéral(1)

Formule de Dominguez (1945)

$$Q = \varphi\mu l\sqrt{2g}h_0^{3/2}$$

1– Valeurs de μ

CHARGE MOYENNE (m) $(h_0 + h_l)/2$	0,10	0,15	0,20	0,30	0,50	0,70
Mince paroi (nappe libre)	0,370	0,360	0,355	0,350	0,350	0,350
Crête épaisse (bord arrondi)	0,315	0,320	0,320	0,325	0,325	0,330
Crête épaisse (bord à arêtes vives)	0,270	0,270	0,273	0,275	0,276	0,280

2 – Valeurs de φ

h_0/h_1	φ	h_0/h_1	φ	h_0/h_1	φ
0	0,400	0,50	0,659	∞	0,400
0,05	0,417	0,60	0,722	20	0,417
0,10	0,443	0,70	0,784	10	0,443
0,20	0,491	0,80	0,856	5	0,491
0,30	0,543	0,90	0,924		
0,40	0,598	1,00	1		

(1) DOMINGUEZ, J : *Déversoirs lateraux*. Hydraulica, 1945. Cité par [**44**]

196 - Déversoirs à seuil épais

Valeurs du coefficient de vitesse C_v

(Eq. 8.40. fig. 8.30)

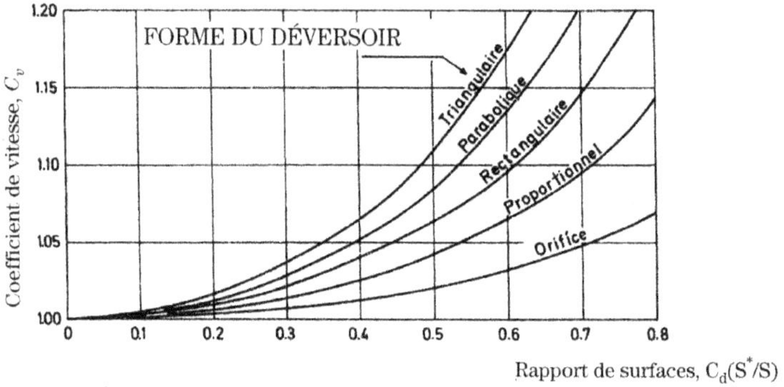

S – surface mouillée dans la section de mesure correspondant à une hauteur d'eau égale à $(h + a)$

S^* – surface mouillée dans la section de contrôle, si l'on y constate une hauteur d'eau égale à h_c

197 - Déversoir rectangulaire à seuil épais sans contraction latérale (BSI 3680, 1969)

$$Q = 1{,}7\ C_d C_v h^{1{,}5}$$

1) Valeurs de C_v : extraites de l'abaque précédent avec $S^*/S = h(h + a)$

2) Valeurs de C_d (1) et erreur de formule (fig. 8.31)

2.1) Arête vive en amont

- Pour : $0{,}08 \leq h/b < 0{,}33$ et $h(h + a) \leq 0{,}35$, prendre $C_d \approx 0{,}848$;
- Pour des valeurs de $h/b > 0{,}33$, multiplier la valeur précédente par la valeur F, extraite de l'abaque ci-dessous, en prenant $C_d = 0{,}848F'$. La partie supérieure est valable pour $h/(h + a) < 0{,}35$; la partie inférieure est valable pour $h(h + a) > 0{,}35$

L'erreur commise sur $\mu = C_d C_v$ est $\epsilon_\mu = \pm h/b(10F - 8)\%$

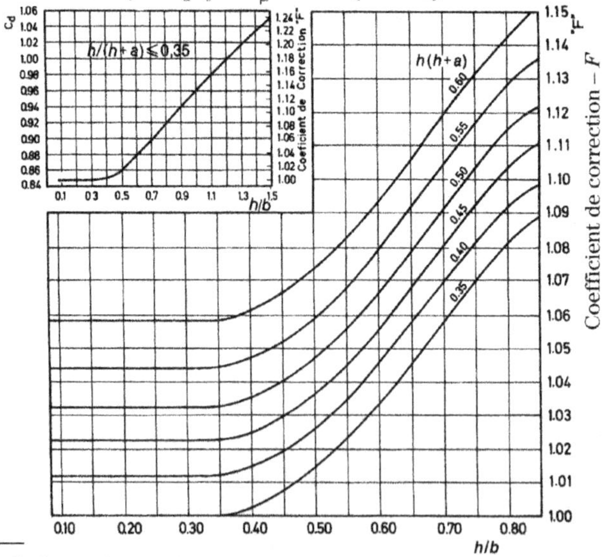

(1) SINGER, J. : *Square-edged broad-crested weir as a flow measuring device. Water and Water Engineering* June 1964. Cité par [**46**]

197 - (Suite)

2.2) Arête arrondie en amont (fig. 8.31)

$C_d = [1 - 2x(b - r)/l][1 - x(b - r)/h]^{3/2}$

x – fonction de la rugosité des parois et du seuil

– pour béton normal (ouvrages sur le terrain), $x \approx 0{,}005$

– pour béton très lisse (ouvrages en laboratoire), $x \approx 0{,}003$

$\epsilon_\mu = \pm 2(21 - 20C_d)\%$

3) Limites d'application :

$h \geq 0{,}06$ m ; $h \geq 5b$; $a \geq 0{,}15$ m ; $h/a \leq 1{,}5$; $0{,}05 < h/b < 0{,}50$; $l \geq 0{,}30$ m ; $> l\ b/5$; $r = 0{,}2\ h$ maximum

Pour que l'écoulement reste critique, et par conséquent, pour que les formules précédentes soient valables, la valeur de h'/h doit être inférieure à celle qui est donnée par l'abaque, en fonction de H/a[1].

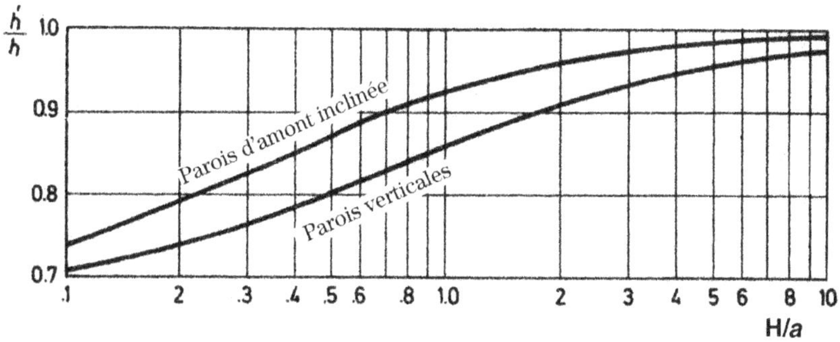

(1) Harrison, A.J.M. : The streamlined broad-arested weir. Procedir of the Institution of Civil Engineers, 1967. Cité par [**12**]

198 - Déversoir triangulaire à seuil épais (1)

1) Valeur de Q et de C_v

– Pour $h_1 \leq 1{,}25\ h_t$ (section triangulaire) $Q = 1{,}27 \times C_d C_v \operatorname{tg} \frac{\alpha}{2}\ h^{2,5}$, C_v est donné par l'abaque 196 en prenant $S^*/S = h^2 \operatorname{tg} \frac{\alpha}{2} / l(h + a)$

– Pour h 1,25 h_t (section complète) $Q = C_d C_v [\frac{2}{3} g]^{0,5}\ l(h - \frac{1}{2} h_t)^{1,5}$, C_v est donné par l'abaque 196 en prenant $S^*/S = (h - \frac{1}{2} h_t)/(h + a)$

2) Valeurs de C_d (1) $S^*/S = (h - \frac{1}{2} h_t)/(h + a)$

h / b	**0,1**	**0,15**	**0,2**	**0,25**	**0,3**	**0,4**	**0,6**	**0,7**
C_d	0,90	0,93	0,95	0,96	0,96	0,97	0,99	1,0

3) Nappe noyée en aval. Facteur de réduction f de C_d(1)

h' / b	**1,00**	**0,99**	**0,98**	**0,96**	**0,95**	**0,93**	**0,89**	**0,86**	**0,80**
f	0	0,2	0,4	0,6	0,7	0,8	0,9	0,95	1,0

4) Limites d'application
$h \geq 0{,}05\ b$, avec un minimum de 0,06 m ; $\alpha \geq 30°$
$h \leq 3{,}0$; a $\geq 0{,}15$ m ; $h/b \leq 0{,}50$;
$l \geq h_{\text{max.}}$; $l \geq b/5$; $l \geq$ 0,30 m

5) Erreur de formule : $\epsilon_\mu = \pm 2\ (2l - 20\ C_d)\%$

(1) Diverses expériences synthétisées par [**12**]

199 - Chute libre avec section de contrôle rectangulaire

D'après [**46**]
(voir n° 8.44b) fig. 8.34

$$Q = C_d C_v \frac{2}{3}\left[\frac{2}{3} g\right]^{0,5} l\, h^{1,5} = K\, l\, h^{1,5}$$

1 – Valeur de K

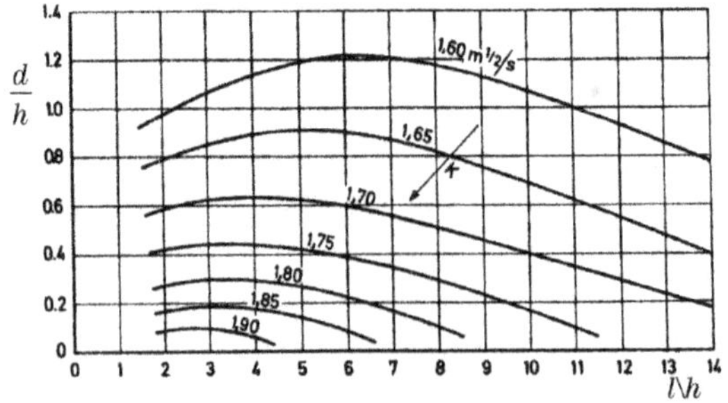

2 – Limites d'application : 0,09m < h < 0,90m ; h'/h < 0,20

200 - Déversoir à seuil court trapézoïdal

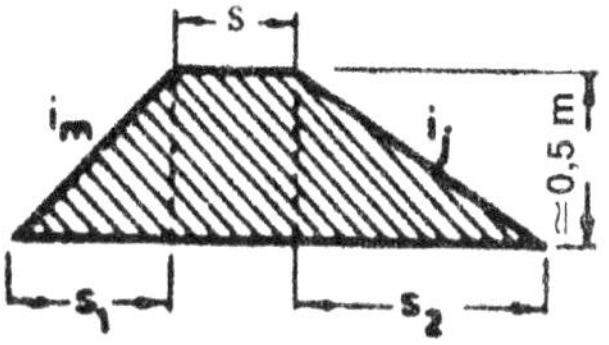

$Q = \mu\, l \sqrt{2\,g}\, h^{3/2}$

l – largeur du canal

i_m – Pente du parement amont (vertical sur horizontal)

i_j – Pente du parement aval (vertical sur horizontal)

s – Largeur de la crête

Valeurs de μ

a) Les deux parements inclinés (charges faibles)(1)

i_m	i_j	s m	Charge h (m)										
			0,06	0,09	0,12	0,15	0,18	0,21	0,24	0,27	0,30	0,36	0,45
2/1	1/1	0,20	0,337	0,352	0,360	0,376	0,390	0,404	0,416	0,429	0,439	0,456	0,476
2/1	1/2	0,20	0,338	0,348	0,353	0,364	0,378	0,391	0,408	0,414	0,421	0,436	0,450
2/1	1/3	0,20	0,337	0,344	0,349	0,363	0,374	0,383	0,391	0,400	0,408	0,420	0,430
2/1	1/4	0,20	0,338	0,342	0,354	0,359	0,371	0,381	0,389	0,395	0,400	0,409	0,418
2/1	1/5	0,20	0,338	0,349	0,356	0,359	0,365	0,376	0,384	0,389	0,395	0,403	0,406
2/1	1/2	0,40	—	0,338	0,345	0,349	0,349	0,354	0,359	0,365	0,371	0,384	0,401
2/1	1/4	0,40	—	0,344	0,349	0,352	0,352	0,355	0,359	0,363	0,366	0,375	0,386
2/1	1/6	0,40	—	—	0,348	0,349	0,352	0,355	0,358	0,361	0,365	0,371	0,384
1/2	1/2	0,20	0,352	0,366	0,379	0,390	0,399	0,406	0,414	0,421	0,428	0,438	0,450
1/1	1/2	0,20	0,340	0,356	0,364	0,376	0,389	0,400	0,410	0,419	0,426	0,440	0,455
3/1	1/2	0,20	0,312	0,327	0,343	0,358	0,373	0,385	0,396	0,408	0,416	0,431	0,443
Vertical	1/2	0,20	0,318	0,322	0,332	0,345	0,361	0,373	0,385	0,396	0,406	0,423	0,438

b) Les deux parements inclinés (fortes charges)(2)

i_m	i_j	s m	Charge h (m)									
			0,48	0,54	0,60	0,75	0,90	1,05	1,20	1,35	1,50	1,65
1/2	1/2	0,20	0,445	0,444	0,444	0,445	0,446	0,449	0,451	0,455	0,459	0,461
1/2	1/5	0,10	0,446	0,444	0,440	0,434	0,429	0,428	0,434	0,441	0,445	0,446

c) Parement amont incliné et parement aval vertical : $i_j = 0$

i_m	s m	Charge h (m)								
		0,30	0,45	0,60	0,75	0,90	1,05	1,20	1,35	1,50
1/2	0,10	0,480	0,476	0,472	0,470	0,467	0,465	0,461	0,457	0,454
1/2	0,20	0,425	0,445	0,455	0,461	0,464	0,464	0,465	0,465	0,465
1/3	0,20	-	-	0,445	0,445	0,445	0,445	0,445	0,445	0,445
1/4	0,20	-	-	0,434	0,434	0,434	0,434	0,434	0,434	0,434
1/5	0,20	-	-	0,423	0,423	0,423	0,423	0,423	0,423	0,423

(1) Expériences de Bazin, citées par [**22**].

(2) Expériences de l'U.S. *Deep Waterway Board*, citées par [**22**].

201 - Déversoir à seuil court triangulaire

$$Q = \mu \, l \, \sqrt{2\,g} \, h^{3/2}$$

i_m – Pente du parement amont (vertical sur horizontal)
i_j – Pente du parement aval (vertical sur horizontal)
l – largeur du canal

Les valeurs indiquées de μ ne sont valables que si la nappe demeure adhérente. Dans le cas contraire, le comportement du déversoir se rapproche de celui d'un déversoir en mince paroi.

Valeurs de μ

a) Les deux parements inclinés (1)

i_m	i_j	Charge *h* (m)										
		0,06	0,09	0,12	0,15	0,18	0,21	0,24	0,27	0,30	0,36	0,45
1/1	1/1		0,531	0,524	0,516	0,512	0,512	0,512	0,511	0,509	0,490	0,467
1/1	1/2	0,476	0,474	0,470	0,470	0,472	0,476	0,479	0,480	0,480	0,480	0,479
1/1	1/3		0,443	0,439	0,434	0,431	0,430	0,431	0,433	0,434	0,433	0,431
1/2	1/2	0,484	0,480	0,477	0,475	0,475	0,477	0,481	0,482	0,482	0,482	0,482
1/1	1/2	0,486	0,475	0,470	0,470	0,471	0,476	0,477	0,479	0,479	0,479	0,479
2/1	1/2	0,466	0,462	0,459	0,460	0,464	0,465	0,465	0,466	0,466	0,465	0,462
3/1	1/2	0,455	0,454	0,454	0,457	0,459	0,460	0,460	0,460	0,460	0,459	0,456
Vertical	1/2	0,444	0,433	0,433	0,438	0,441	0,445	0,446	0,446	0,446	0,447	0,445

b) Parement amont vertical (1)

Pente de la face aval	Hauteur du déver-soir m	Charge *h* (m)										
		0,05	0,09	0,12	0,15	0,18	0,21	0,24	0,27	0,30	0,36	0,45
1/1	0,75	0,484	0,480	0,480	0,480	0,480	0,480	0,480	0,480	0,480	0,480	0,480
1/2	0,75	0,434	0,434	0,435	0,435	0,436	0,436	0,436	0,436	0,436	0,438	0,438
1/2	0,50	0,444	0,433	0,433	0,438	0,441	0,445	0,446	0,446	0,446	0,447	0,445
1/3	0,50		0,361	0,388	0,401	0,406	0,415	0,420	0,424	0,424	0,425	0,425
1/5	0,75		0,384	0,381	0,380	0,380	0,383	0,385	0,389	0,390	0,390	0,390
1/10	0,75		0,352	0,353	0,354	0,356	0,360	0,361	0,363	0,366	0,364	0,365

c) Parement amont vertical (2)

i_j	μ	i_j	μ	i_j	μ
1/1	0,480	1/6	0,383	1/12	0,356
1/2	0,411	1/7	0,376	1/14	0,349
1/3	0,418	1/8	0,371	1/16	0,344
1/4	0,400	1/9	0,366	1/18	0,339
1/5	0,390	1/10	0,364	1/20	0,335

(1) Expériences de Bazin, citées par [**22**]

(2) Extrapolation de King, à partir des expériences de Bazin [**22**]

202 - Déversoirs à seuils courts divers (1)

Rapport μ/μ_o du coefficient de débit des formes indiquées au coefficient de débit d'un déversoir en mince paroi pour la même charge.

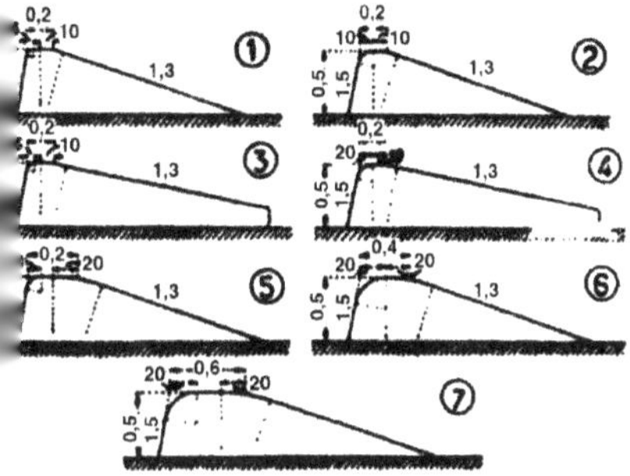

Type	Charge h (m)			
	0,10	0,20	0,30	0,40
1	0,91	0,99	1,04	1,06
2	0,96	1,01	1,06	1,08
3	0,89	0,94	0,98	1,00
4	0,91	0,96	0,99	1,01
5	0,89	0,93	0,96	0,99
6	0,91	0,95	0,99	1,01
7	0,87	0,89	0,91	0,93

Figure 1

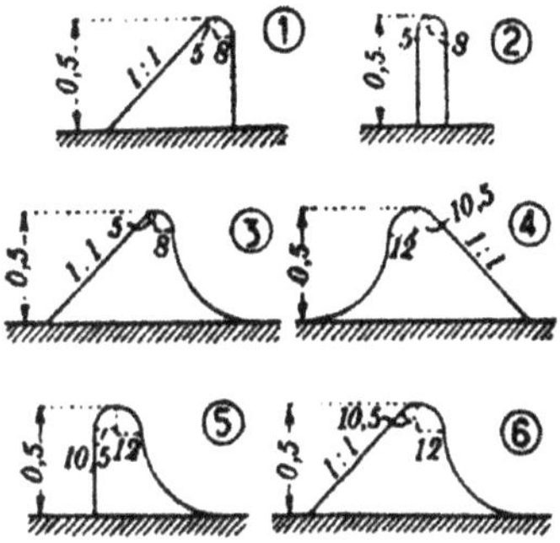

Type	Charge h (m)					
	0,10	0,15	0,20	0,25	0,30	0,35
1	1,13	1,21	1,27	1,28	1,27	1,24
2	1,15	1,24	1,31	1,32	1,29	1,24
3	1,14	1,21	1,25	1,29	1,28	1,24
4	1,06	1,13	1,18	1,23	1,26	1,29
5	1,04	1,13	1,18	1,23	1,26	1,25
6	1,06	1,13	1,18	1,23	1,25	1,24

Figure 2

Exemple : Sur un seuil type 2 s'écoule une nappe liquide, dont la hauteur en amont au-dessus de la crête vaut 0,30 m. La largeur du seuil est l = 1,5 m. Calculer le débit Q.

La profondeur d'eau en amont est a = 0,5 m.

On a μ/μ_o = 1,06. Du tableau 188b pour h = 0,30 m et a = 0,5 m, on déduit μ_o = 0,439 ; on a donc μ = 1,06 μ_o = 0,465. Le débit est donc

$$Q = \mu\, l \sqrt{2g}\, h^{3/2} = 0,465 \times 1,5 \times 4,429 \times 0,30^{3/2} = 0,508 \text{ m}^3\text{/s}$$

(1) **[14]**

203 - Profil triangulaire (Crump – 1952)

$Q = 2{,}95\ C_d\ C_v l h_e^{5/2}$ *(unités S.I.)*

l largeur du canal

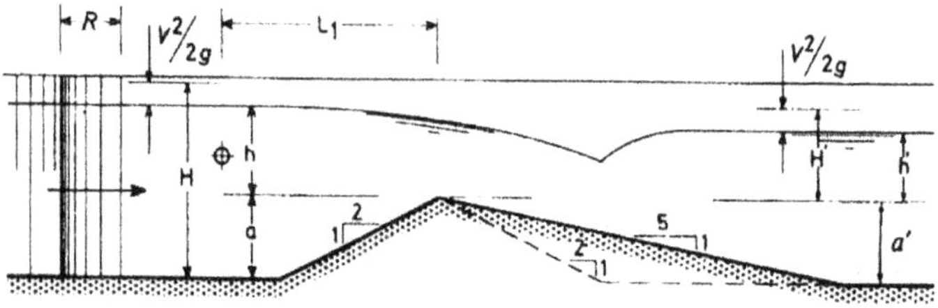

h_e = hauteur équivalente : $h_e = h + K$.
$K = 0{,}0003$ m pour une pente du parement d'aval de 1/5.
$K = 0{,}00025$ pour une pente du parement d'aval de 1/2.

On doit mesurer l'hauteur h à la distance $L_1 = 6a$ dans le déversoir à 1/5 et $L = 4a$ dans le déversoir a 1/2.

1 – Valeurs de C_v – Abaque 196, avec $S^*/S = (\frac{h}{h+a})$

2 –Valeurs de C_d(1)

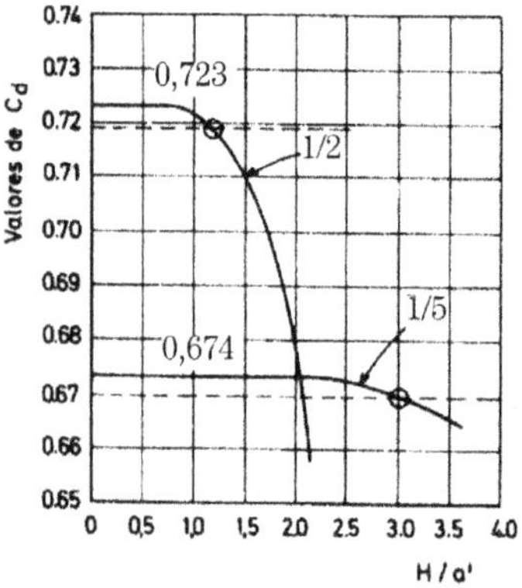

3 – Conditions de submersion

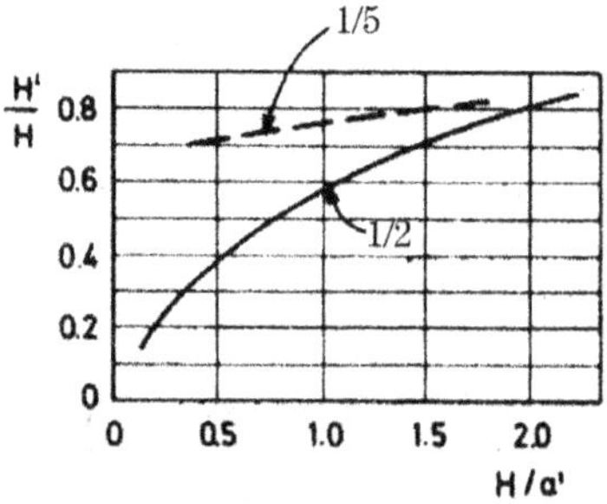

4 – Erreur commise sur $\mu = C_d C_v$ et $\epsilon\mu = \pm\ (10C_v - 9)\%$

5 – Limites d'application

$h \geq 0{,}03$ m pour seuil métallique ; $h \geq 0{,}06$ m pour seuil en béton ou similaire ; $h/a \leq 3{,}0$; $a \geq 0{,}06$ m ; $l \geq 0{,}30$ m ; $l/H \leq 2.0$; $H/a' \leq 1{,}25$ pour un parement d'aval incliné à 1/2 et $H/a' \leq 3{,}0$ pour un parement d'aval incliné à 1/5.

---

(1) WHITE, W.R. : *Triangular profil weir 1/2 upstream and downstreal slope. Hidr. Res. St.* – Washington. 1967

(2) CRUMP (œuvre citée) ; et *Wellington Research Station* : *The Triangular profile crumps weir.* Report EX 518, 1970. Cité par [**46**].

204 - Canaux Venturi longs dans des canaux rectangulaires ou trapézoïdaux)

1 – Valeurs de C_d (section de contrôle rectangulaire ou trapézoïdale)

H / b	0,2	0,3	0,4	0,5	0,6	0,7	0,8	0,9	1,0
C_d	0,93	0,95	0,96	0,96	0,97	0,98	0,98	0,99	1,00

2 – Valeurs de h_c/H (section de contrôle trapézoïdale)

H/l	**Vertical**	**Pentes de côtés (Hor. / vert.)**								
		0,25/1	**0,5/1**	**0,75/1**	**1/1**	**1,5/1**	**2/1**	**2,5/1**	**3/1**	**4/1**
0,00	0,667	0,667	0,667	0,667	0,667	0,667	0,667	0,687	0,667	10,667
02	667	667	668	669	670	671	672	674	675	678
04	667	668	670	671	672	675	677	680	683	687
06	667	669	671	673	675	679	683	686	690	696
08	667	670	672	675	678	683	687	692	696	703
10	667	670	674	677	680	686	692	697	701	709
12	667	671	675	679	684	690	696	701	706	715
14	667	672	676	681	686	693	699	705	711	720
16	667	672	678	683	687	696	703	709	715	725
18	667	673	679	684	690	698	706	713	719	729
0,20	0,667	0,674	0,680	0,686	0,692	0,701	0,709	0,717	0,723	0,733
25	667	675	683	690	697	708	717	724	731	741
0,30	0,667	0,667	0,686	0,694	0,701	0,713	0,723	0,730	0,737	0,747
35	667	678	689	698	705	718	728	736	742	751
0,40	0,667	0,680	0,692	0,701	0,709	0,723	0,733	0,740	0,747	0,756
45	667	681	694	704	712	727	736	744	750	759
0,5	0,667	0,683	0,697	0,708	0,717	0,730	0,740	0,748	0,754	0,762
6	667	686	701	713	723	737	747	754	759	767
7	667	688	706	718	728	742	752	758	764	771
8	667	692	709	723	732	746	756	762	767	774
9	667	694	713	727	737	750	759	766	770	776
1,0	0,667	0,697	0,717	0,730	0,740	0,754	0,762	0,768	0,773	0,778
2,0	667	717	740	754	762	773	778	782	785	788
3,0	667	730	753	766	773	781	785	787	790	792
4,0	667	740	762	773	778	785	788	790	792	794
5,0	667	748	768	777	782	788	791	792	794	795
10,0	667	768	782	788	791	794	795	796	797	798
∞		800	800	800	800	800	800	800	800	800

205 - Mesureurs Parshall. Définition géométrique

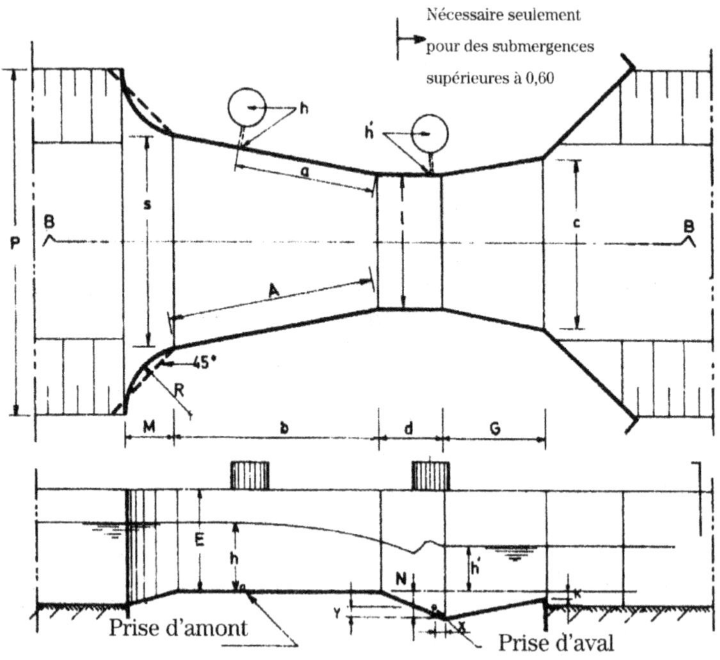

Dimensions – (mm)

"	*l* mm	*A*	*a*	*b*	*c*	*S*	*E*	*d*	*G*	*K*	*M*	*N*	*P*	*R*	*X*	*Y*
1"	25,4	363	242	356	93	167	229	76	203	19	—	29	—	—	8	13
2"	50,8	414	276	406	135	214	254	114	254	22	—	43	—	—	16	25
3"	76,2	467	311	457	178	259	457	152	305	25	—	57	—	—	25	38
6"	152,4	621	414	610	394	397	610	305	610	76	305	114	902	406	51	76
9"	228,6	879	587	864	381	575	762	305	457	76	305	114	1080	406	51	76
1'	304,8	1372	914	1343	610	845	914	610	914	76	381	229	1492	508	51	76
1'6"	457,2	1448	965	1419	762	1026	914	610	914	76	381	229	1676	508	51	76
2'	609,6	1524	1016	1495	916	1206	914	610	914	76	381	229	1854	508	51	76
3'	914,4	1676	1118	1645	1219	1572	914	610	914	76	381	229	2222	508	51	76
4'	1219,2	1829	1219	1794	1524	1937	914	610	914	76	457	229	2711	610	51	76
5'	1524,0	1981	1321	1943	1829	2302	914	610	914	76	457	229	3080	610	51	76
6'	1828,8	2134	1422	2092	2134	2667	914	610	914	76	457	229	3442	610	51	76
7'	2133,6	2286	1524	2242	2438	3032	914	610	914	76	457	229	3810	610	51	76
8'	2438,4	2438	1626	2391	2743	3397	914	610	914	76	457	229	4172	610	51	76
10'	3048	—	1829	4267	3658	4756	1219	914	1829	152	—	343	—	—	305	229
12'	3658	—	2032	4877	4470	5607	1524	914	2438	152	—	343	—	—	305	229
15'	4572	—	2337	7620	5588	7620	1829	1219	3048	229	—	457	—	—	305	229
20'	6096	—	2845	7620	7315	9144	2134	1829	3658	305	—	686	—	—	305	229
25'	7620	—	3353	7620	8941	10668	2134	1829	3962	305	—	686	—	—	305	229
30'	9144	—	3861	7925	10566	12313	2134	1829	4267	305	—	686	—	—	305	229
40'	12192	—	4877	8230	13818	15481	2134	1829	4877	305	—	686	—	—	305	229
50'	15240	—	5893	8230	17272	18529	2134	1829	6096	305	—	686	—	—	305	229

206 - Mesureurs Parshall. Débit

Débit : $Q = Kh^u$

K et u sont donnés par la table ci-dessous

h - niveau mesuré en amont

b		Limite de Q m³/s		Constantes de la formule $Q = Kh^u$		Limite de h (m)		Limite de h'/h
"	(m)	Min.	Max.	K	u	Min.	Max.	
1"	25,4	$0,09 \times 10^{-3}$	$5,4 \times 10^{-3}$	0,0604	1,55	0,015	0,21	0,50
2"	50,8	$0,18 \times 10^{-3}$	13,2	0,1207	1,55	0,015	0,24	0,50
3"	76,2	$0,77 \times 10^{-3}$	32,1	0,1771	1,55	0,03	0,33	0,50
6"	152,4	$1,50 \times 10^{-3}$	111	0,3812	1,58	0,03	0,45	0,60
9	228,6	$2,50 \times 10^{-3}$	251×10^{-3}	0,5354	1,53	0,03	0,61	0,60
1'	304,8	$3,32 \times 10^{-3}$	0,457	0,6909	1,522	0,03	0,76	0,70
1'6"	457,2	$4,80 \times 10^{-3}$	0,695	1,056	1,538	0,03	0,76	0,70
2'	609,6	$12,1 \times 10^{-3}$	0,937	1,428	1,550	0,046	0,76	0,70
3'	914,4	$17,6 \times 10^{-3}$	1,427	2,184	1,566	0,046	0,76	0,70
4'	1 219,2	$35,8 \times 10^{-3}$	1,923	2,953	1,578	0,06	0,76	0,70
5'	1 524,0	$44,1 \times 10^{-3}$	2,424	3,732	1,587	0,06	0,76	0,70
6'	1 828,8	$74,1 \times 10^{-3}$	2,929	4,519	1,595	0,076	0,76	0,70
7'	2 133,6	$85,8 \times 10^{-3}$	3,438	5,312	1,601	0,076	0,76	0,70
8'	2 438,4	$97,2 \times 10^{-3}$	3,949	6,112	1,607	0,076	0,76	0,70
10'	3 048	0,16	8,28	7,463	1,60	0,09	1,07	0,80
12'	3 658	0,19	14,68	8,859	1,60	0,09	1,37	0,80
15'	4 572	0,23	25,04	10,96	1,60	0,09	1,67	0,80
20'	6 096	0,31	37,97	14,45	1,60	0,09	1,83	0,80
25'	7 620	0,38	47,14	17,94	1,60	0,09	1,83	0,80
30'	9 144	0,46	56,33	21,44	1,60	0,09	1,83	0,80
40'	12 192	0,60	74,70	28,43	1,60	0,09	1,83	0,80
50'	15 240	0,75	93,04	35,41	1,60	0,09	1,83	0,80

207 - Mesureurs Parshall. Écoulement noyé

Q - tableau 206 ; $Q' = Q - \Delta Q$;

1 – Parshall de 1"

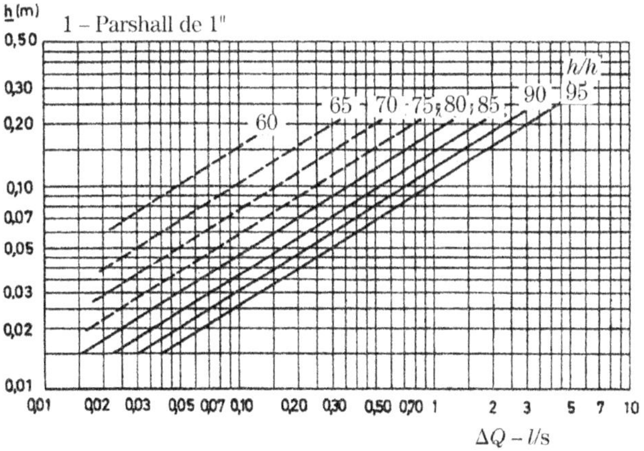

207 - (Suite)

2 – Parshall de 3"

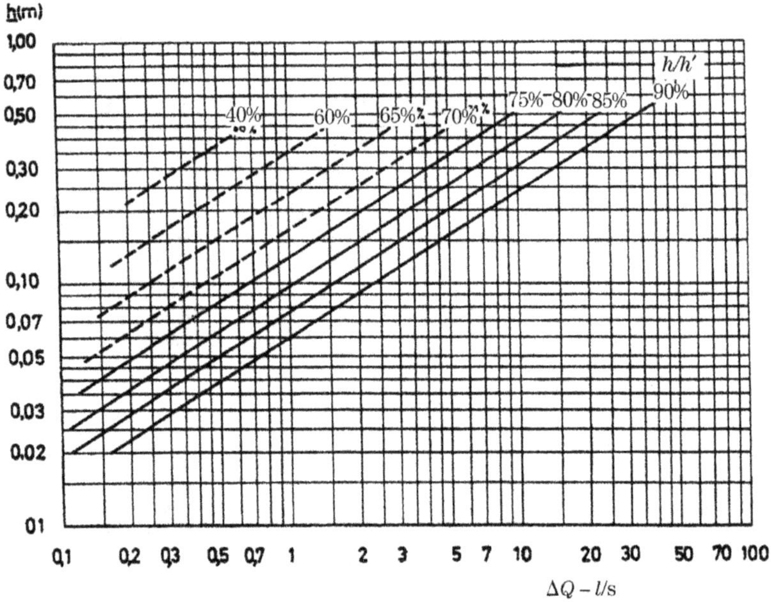

3 – Parshall de 6"

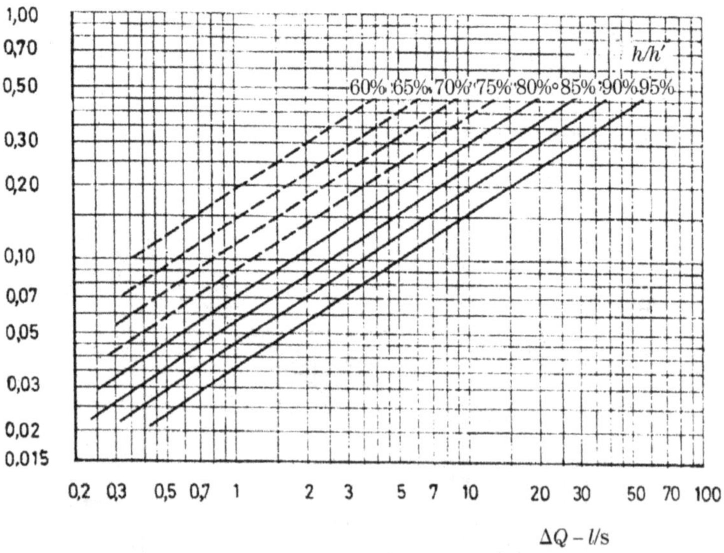

207 - (Suite)

4 – Parshall de 9"

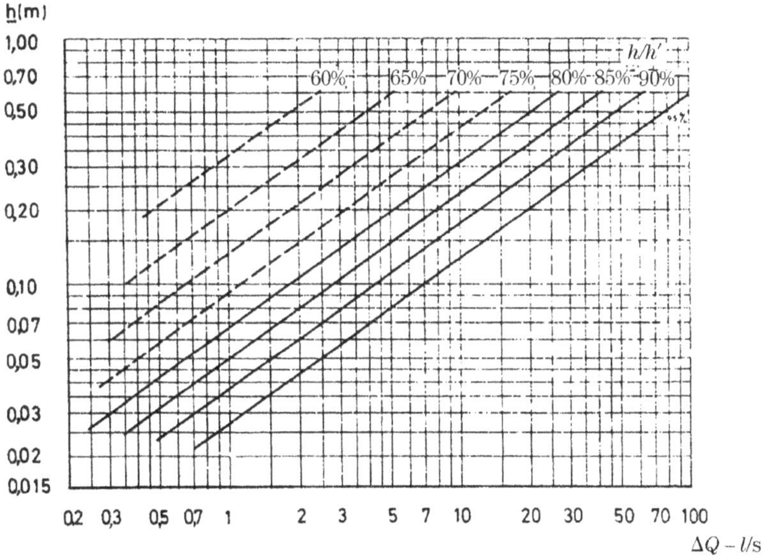

208 - Mesureurs Parshall. Écoulement noyé

1 – Parshall de 1' à 8'

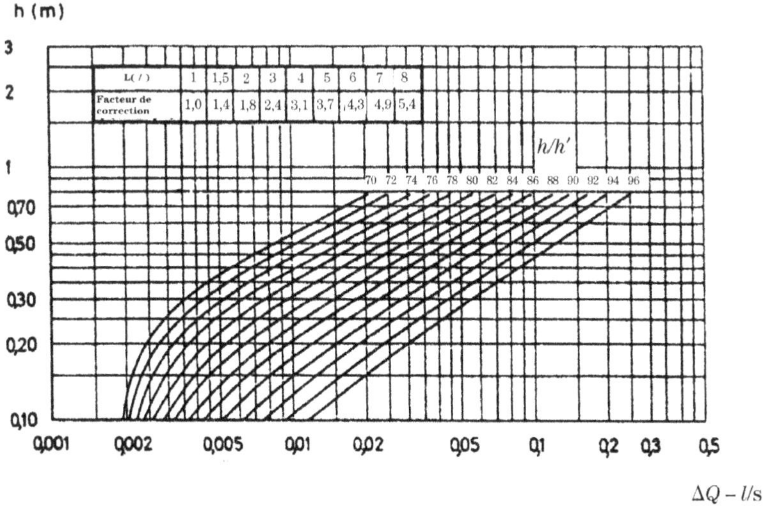

L(')	1	1,5	2	3	4	5	6	7	8
Facteur de correction	1,0	1,4	1,8	2,4	3,1	3,7	4,3	4,9	5,4

208 - (Suite)

2 – Parshall de 10' à 50'

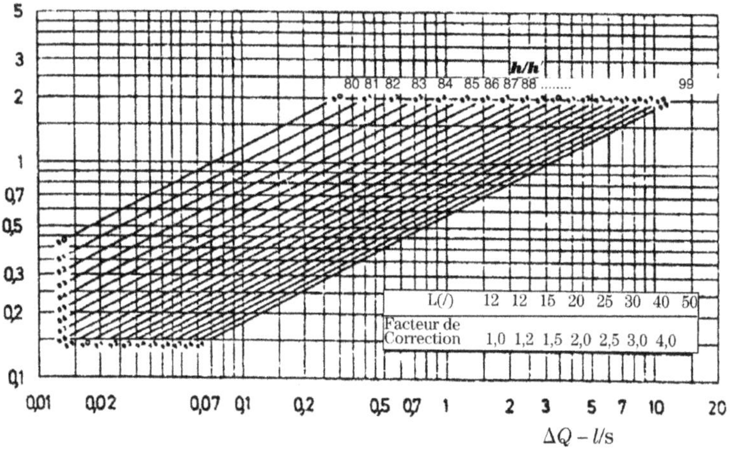

209 - Mesureurs Parshall. Pertes de charge

1 – Parshall de 1' à 8'

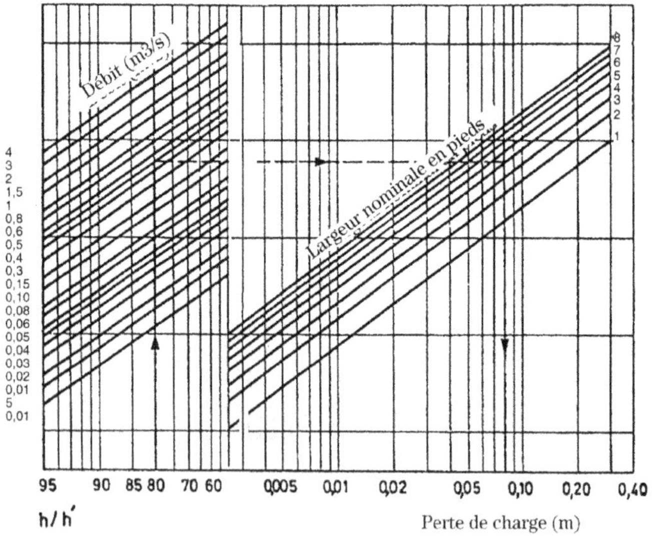

209 - (Suite)

2 – Parshall de 10' à 50'

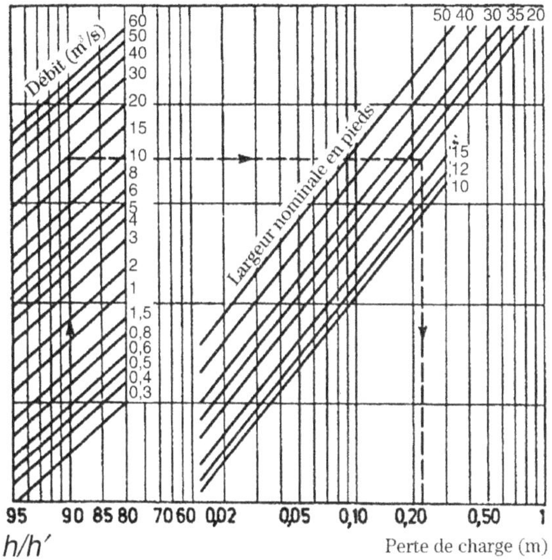

210 — Pompes et protection des conduites élévatoires (résumé)

211 - Valeurs limites de la vitesse spécifique n_s

D'après [**17**]

Remarques :

1) Les valeurs indiquées sont valables pour eau claire à 30°C et à la pression atmosphérique normale. Dans des conditions différentes ou d'autres liquides, il faut calculer H_o (voir n° 9.4) et entrer dans les tables, pas avec la valeur de H_a correspondant au cas à étudier, mais avec une valeur fictive $H_a = H_o - 9{,}9$ m
2) Les valeurs maximales indiquées pour n doivent correspondre aux conditions normales de fonctionnement.

a) Pompes à écoulement radial, à aspiration simple, et à un seul étage ($n_s < 80$)

H_a (m) \ H (m)	**150**	**100**	**75**	**50**	**30**	**20**	**15**	**10**	**7,5**
— 7,5	—	—	—	21	28	36	42	52	63
— 6,0	—	—	21	28	37	43	55	70	81
— 4,5	—	21	25	33	44	56	66	81	—
— 3,0	—	25	29	38	50	65	74	—	—
— 1,5	22	27	32	42	55	72	—	—	—
0	24	30	36	46	61	79	—	—	—
1,5	26	33	38	49	65	—	—	—	—
3,0	27	35	41	53	70	—	—	—	—
4,5	29	37	43	56	74	—	—	—	—

b) Pompes à écoulement radial, à aspiration double et à un seul étage ($n_s < 116$)

H_a (m) \ H (m)	**150**	**100**	**75**	**50**	**30**	**20**	**15**	**10**	**7,5**
— 7,5	—	—	—	30	39	50	59	74	89
— 6,0	—	—	30	39	52	66	78	99	116
— 4,5	—	31	36	47	62	79	93	116	—
— 3,0	—	35	41	54	72	91	106	—	—
— 1,5	31	39	45	60	78	101	—	—	—
0	34	43	50	66	86	110	—	—	—
1,5	36	46	54	70	93	—	—	—	—
3,0	39	49	58	75	100	—	—	—	—
4,5	41	52	61	79	105	—	—	—	—

c) Pompes à aspiration simple et à un seul étage, à écoulement mixte ($n_s < 174$) ou axial ($n_s > 174$)

H	**30**	**15**	**10**	**6**	**4,5**	**4,0**	**3,6**	**3,3**	**3,0**
— 6,0	—	—	—	123	—	—	—	—	—
— 4,5	—	—	97	143	172	—	—	—	—
— 3,0	—	87	118	174	213	234	253	271	290
— 1,5	—	101	135	199	252	273	292	313	335
0	—	114	155	230	281	310	331	358	387
1,5	—	128	172	252	312	344	370	—	—
3,0	83	139	190	281	346	383	—	—	—
4,5	90	153	203	306	373	—	—	—	—

212 - Valeurs du module d'élasticité, *E*

Matériaux de la conduite	$E \times 10^{-10}$(N/m²)
Acier	20,0 – 22,0
Aluminium	6,8 – 7,0
Béton	1,4 – 3,0
Béton pre-contraint	4,8
Cuivre	11,0 – 13,4
Fonte	8,0 – 17,0
Fibrociment	2,4 – 3,0
Plastiques	
PVC rigide	2,0 – 3,0
Poliéthylène	0,1 – 0,2
Nylon	1,0 – 2,0
Polyester	1,8 – 2,5
Plexiglas	0,5
Perspex	0,6
Verre	4,6 – 7,3

213 - Célérité de propagation de l'onde élastique. Influence de la forme dans les conduites en acier(1)

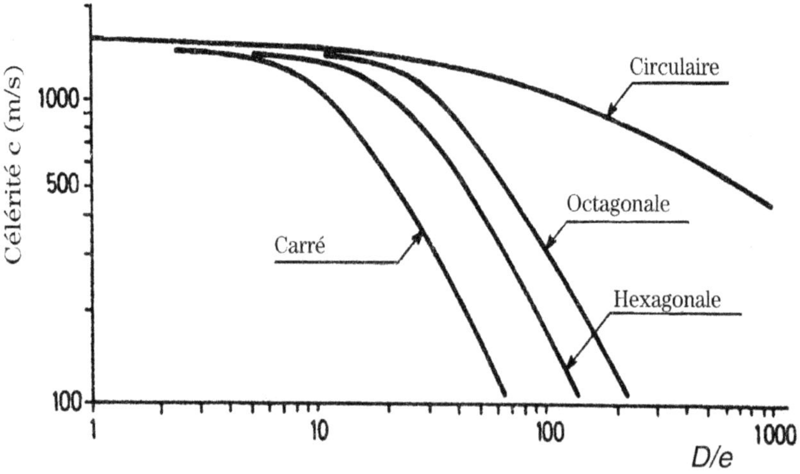

(1) Segundo THORLEY, A.R.D. et Allii – *Control and Supression of Pressure Surges in Pipelines and Tunnels.* – Construction Industry Research and Information Association. – Research Project 242 – CIRIA Report K. 84.

214 - Fermeture de vannes. Mouvement linéaire de l'arbre.

(Pertes de charge, dans la conduite, nulles).

T = temps de fermeture totale de la vanne • Δh_M = surpression maximale •

$$Z/Z_o = (1 - t/T)\ ;\ \theta = \frac{L}{c}\ ;\ \Delta h_1 = cU_o/g$$

a) Robinet à soupape

$$\frac{\sigma}{\sigma_o} = \frac{Z}{Z_o}$$

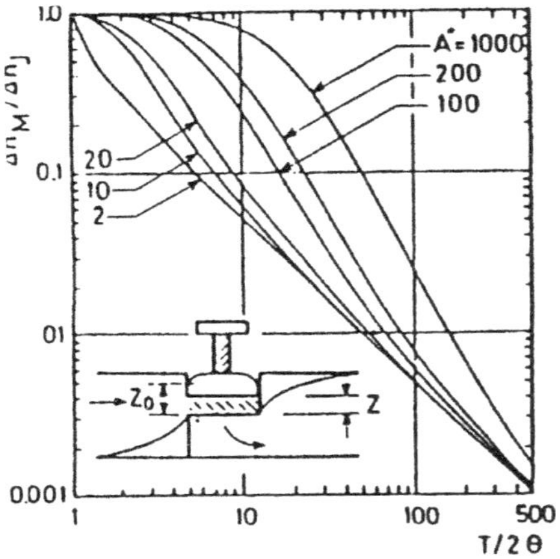

b) Robinet-vanne circulaire

$$\frac{\sigma}{\sigma_\circ} = 1 - \frac{2}{\pi}\left[\arccos\left(\frac{Z}{Z_\circ}\right) - \frac{Z}{Z_\circ}\sqrt{1-\left(\frac{Z}{Z_\circ}\right)^2}\right]$$

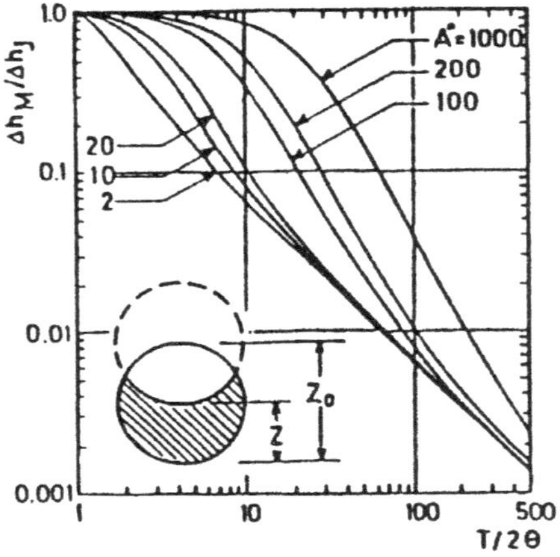

c) Robinet-vanne rectangulaire

$$\frac{\sigma}{\sigma_\circ} = 1 - \frac{1}{\pi}\left[\arccos\left(2\frac{Z}{Z_\circ} - 1\right) - 2\left(\frac{Z}{Z_\circ} - 1\right)\sqrt{1-\left(2\frac{Z}{Z_\circ} - 1\right)^2}\right]$$

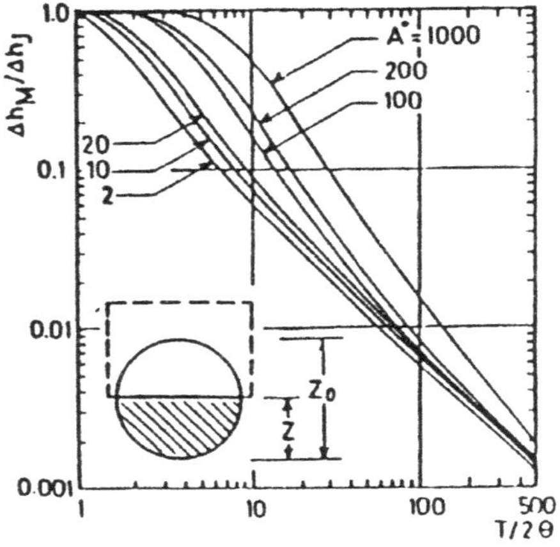

(1) Wood D. J. ; Jones S.E. *Water-Hammer Charts for Various Types of Valves*. Journal of the Hydraulic Division, ASCE Vol. 99 HY1, Jan. 1973, avec l'aimable autorisation de ASCE, que nous remercions.

214 - (Suite)

d) Pointeau-obturateur

$$\frac{\sigma}{\sigma_\circ} = 2\,\frac{Z}{Z_\circ} - \left(\frac{Z}{Z_\circ}\right)^2$$

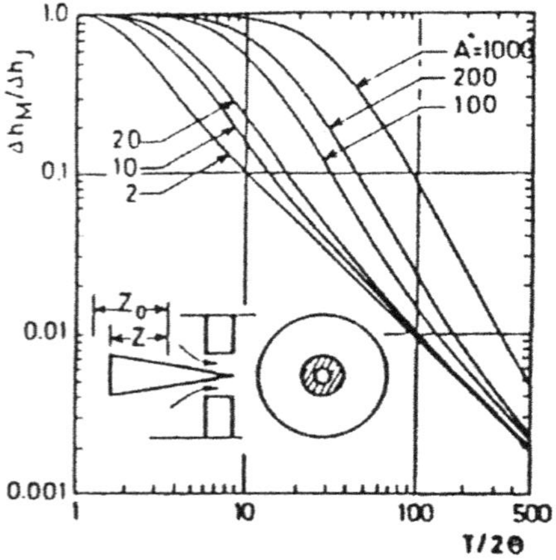

e) Vanne papillon

$$\frac{\sigma}{\sigma_\circ} = 1 - \cos\left(\frac{\pi}{2} - a\right)$$

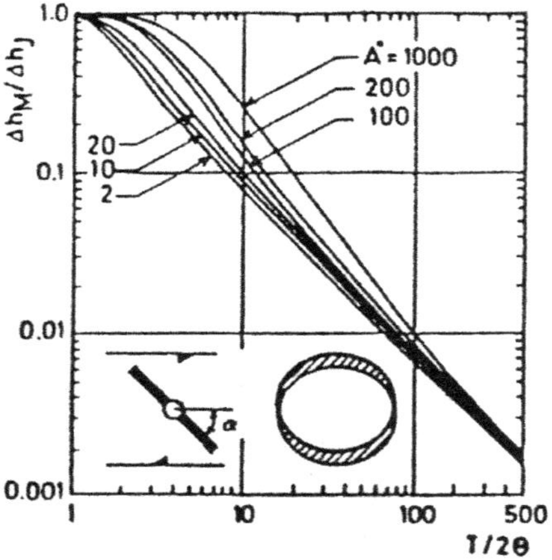

f) Robinet à boisseau

$$\frac{\sigma}{\sigma_o} = \frac{1+\cos\alpha}{2} + \frac{\cos\alpha}{\pi}\Big\{\text{arc sin}\,(-x) +$$

$$0{,}5\,\sin\Big[2\text{arc sin}(-x)\Big\} - \frac{1}{\pi}\Big\{\text{arc sin}\,(x) +$$

$$0{,}5\,\sin\Big[2\,\text{arc sin}\,x\Big]\Big\}\;;\; x = \frac{\sin\alpha\,\sqrt{\left(\frac{B}{b}\right)^2 - 1}}{1 + \cos\alpha}$$

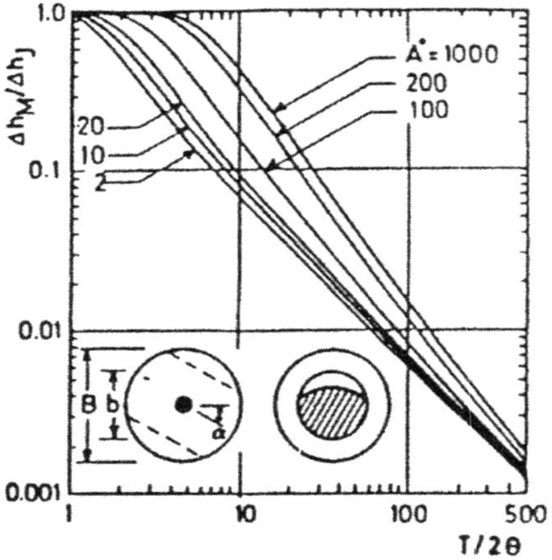

215 - Fermeture de vannes. Mouvement accéléré de l'arbre

Robinet-vanne circulaire
(Pertes de charge, dans la conduite, nulles).

$Z/Z_o = (1 - aZ^2)$

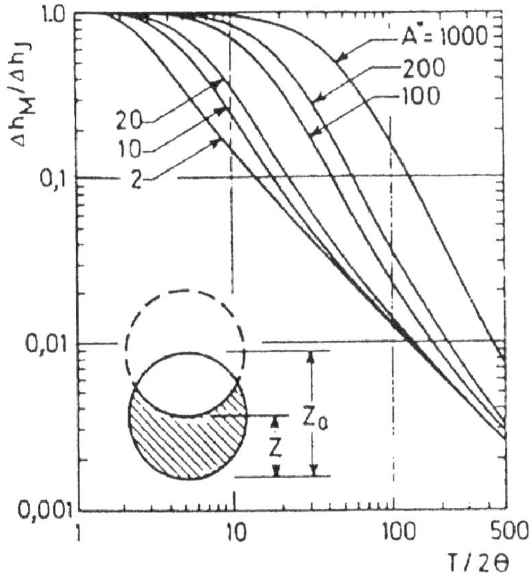

216 - Temps d'annulation du débit dans les conduites élévatoires

D'après [**60**]

a) Valeur de *T* dans le cas de ηλ ≥ 2
(Voir 10.6)

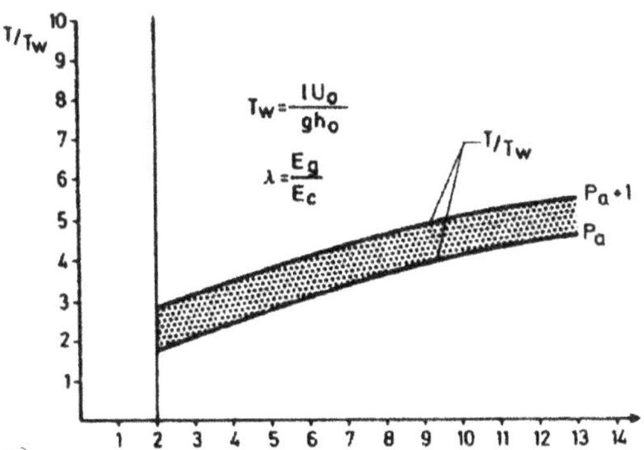

a)

b) Valeur de *T* dans le cas de ηλ < 2
(Voir 10.6)

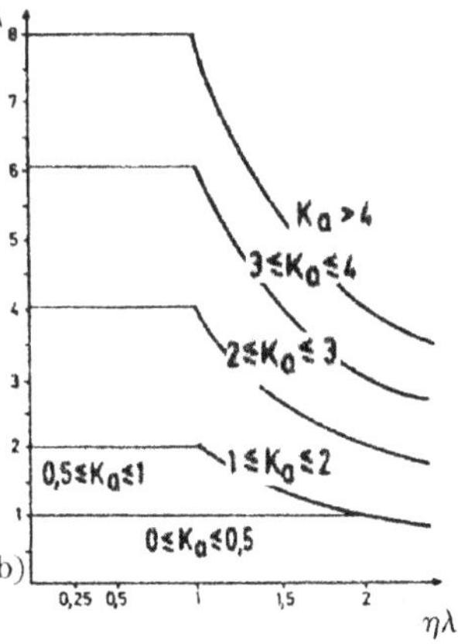

b)

217 - Pression minimale et maximale dans la conduite (compte tenu des pertes de charge dans la conduite) en cas d'arrêt brutal d'une pompe(1)

a) Dépression maximale, Δh_m, au dessous du niveau statique.

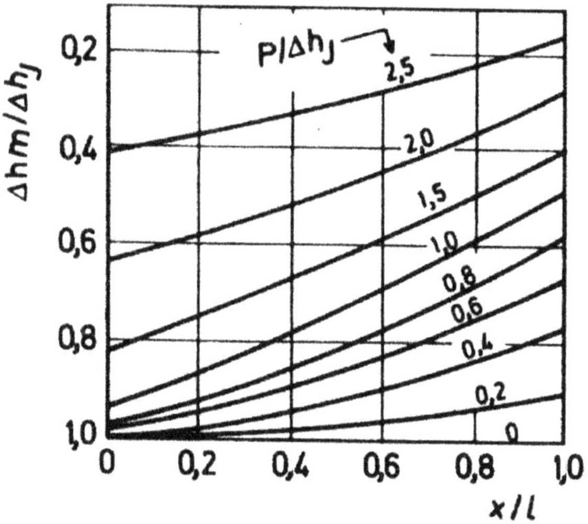

b) Surpression maximale, Δh_m, au dessus du niveau statique.

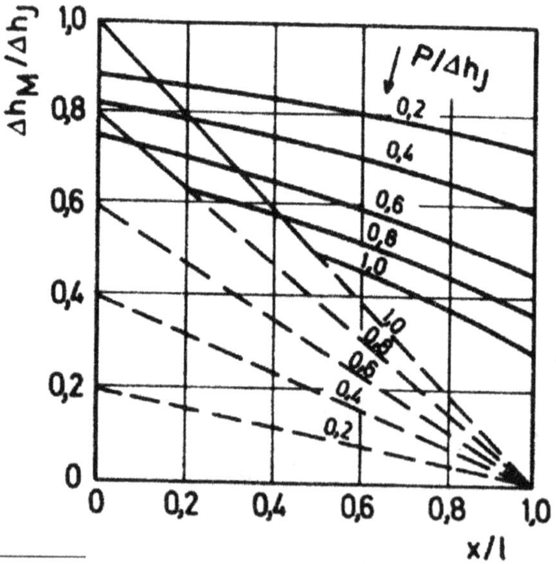

P - Perte de charge dans la conduite.

- - - Pièzométrique initiale en régime permanent.

— Courbe limite des pressions maximales.

(1) STEPHENSON, D. – *Pipeline Design for Water Engineer*. Elsevier, Amsterdam, 1976. Aimablement autorisé par l'auteur et éditeur, que nous remercions.

218 - Influence, sur le coup de bélier, des poches d'air à l'extrémité d'une conduite

D'après **[56]**

(aimable permission de l'auteur et de l'éditeur que nous remercions)

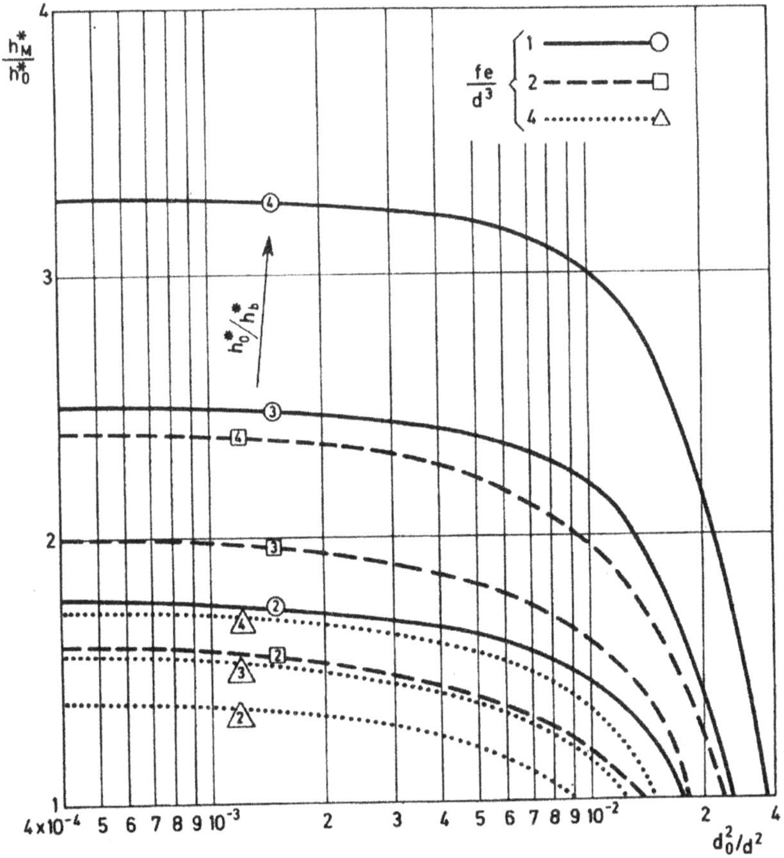

e – volume initial de l'air (fig 10.4)

f – facteur de Darcy

h_a – pression atmosphérique (≈ 10,33 m de colonne d'eau)

h^*_o – charge initiale (charge piézométrique absolue) du réservoir (fig. 10.4)

h^*_b – pression initiale absolue de l'air (éventuellement différente de h^*_o)

h^*_M – pression maximale absolue dans la poche d'air après le commencement de l'écoulement

d – diamètre de la conduite

d_o – diamètre de l'orifice

219 - Transmission de l'onde élastique en aval de la cheminée sans orifice à la base

D'après [57]

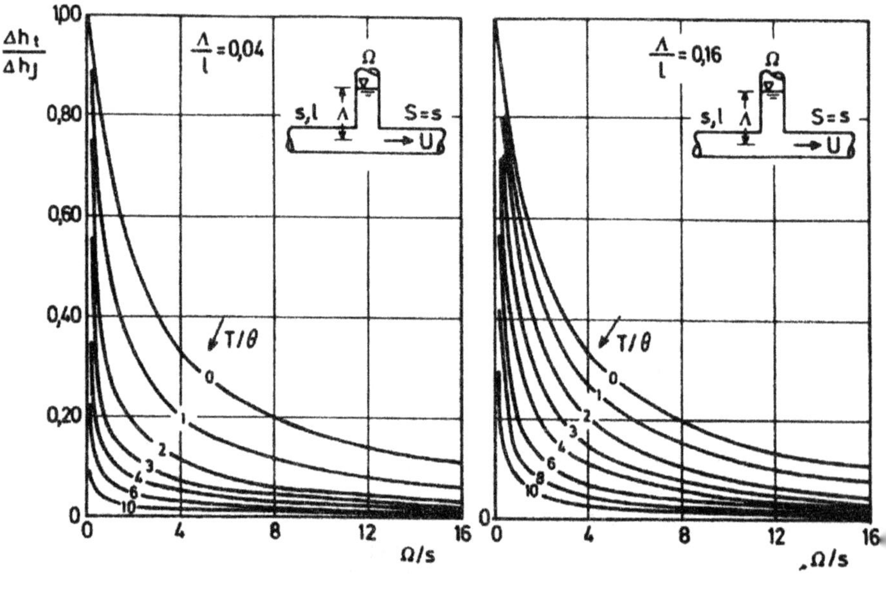

$$\Delta h_J = \frac{c u_0}{g}$$

$$\theta = l/c$$

T – temps de fermeture de l'obturateur.

l – longueur de la conduite connectée directement à l'obturateur (vanne ou pompe, conduite non protégée).

c – célérité des ondes élastiques dans la conduite non protégée.

u_0 – vitesse initiale de l'écoulement dans la conduite non protégée.

Δh_t – portion de l'onde transmise dans la conduite à protéger par la cheminée d'équilibre.

220 - Transmission de l'onde élastique en aval de la cheminée avec un orifice à la base

D'après [57]

a) $\Omega = s$ et $S = s$

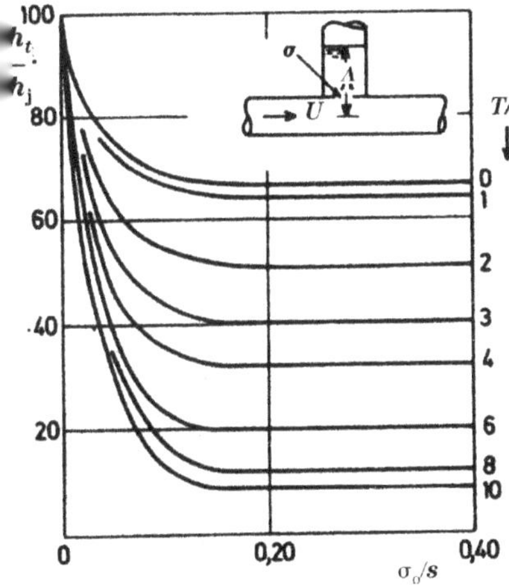

u_o = 0,52 m/s ; Λ/l = 0,140

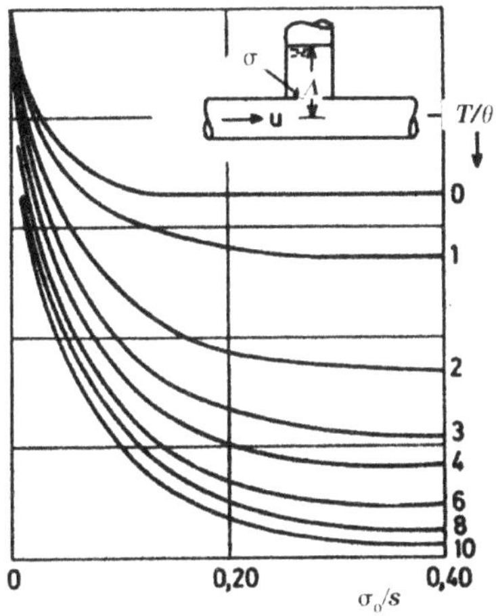

u_o = 1,80 m/s ; Λ/l = 0,044

b) $\Omega = 16s$ et $S = s$

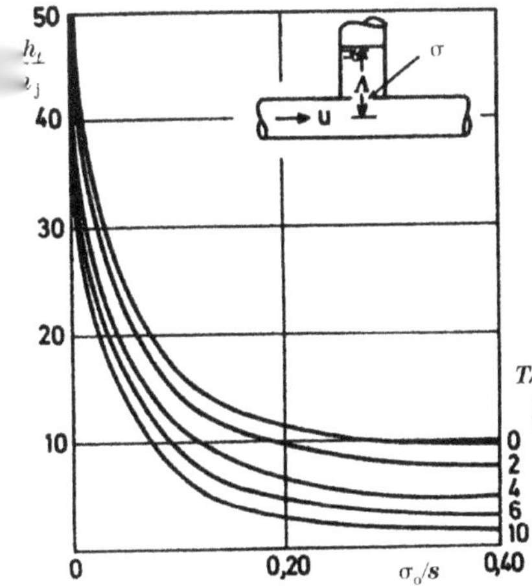

u_o = 0,52 m/s ; Λ/l = 0,140

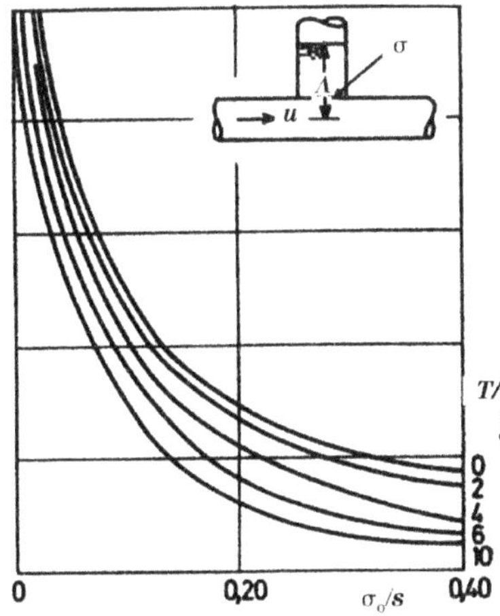

u_o = 1,80 m/s ; l/s = 0,044

221 - Influence de la longueur de la cheminée dans le cas de s = S = Ω

D'après [57]

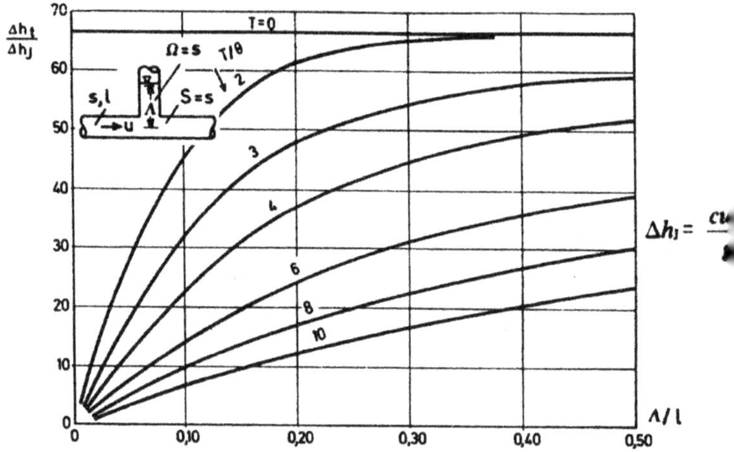

222 - Cheminée d'équilibre à section constante sans étranglement(1)

On considère la cheminée en amont de la conduite à protéger (cas plus général pour les pompes). Dans le cas de la cheminée en aval de la conduite à protéger (cas plus général pour les turbines), les descentes seront montées et réciproquement.

a) Arrêt total instantané

Valeurs de la première descente, Z_m, première montée et deuxième descente

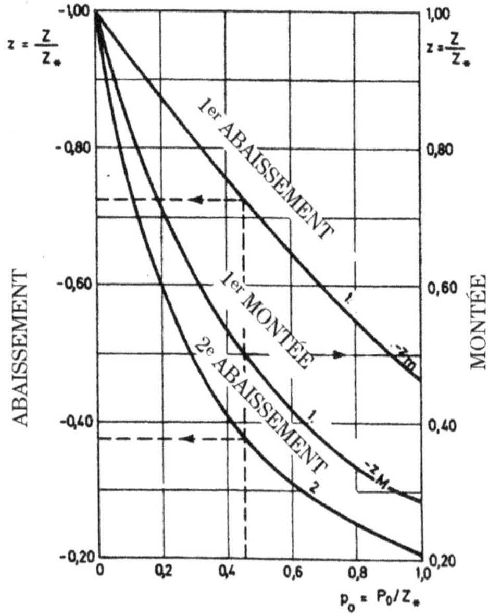

(1) Extrait de Calamé et Gaden. Cité par [58]

222 - (Suite)

b) Démarrage total instantané

Valeurs de la première descente, et de la première montée.

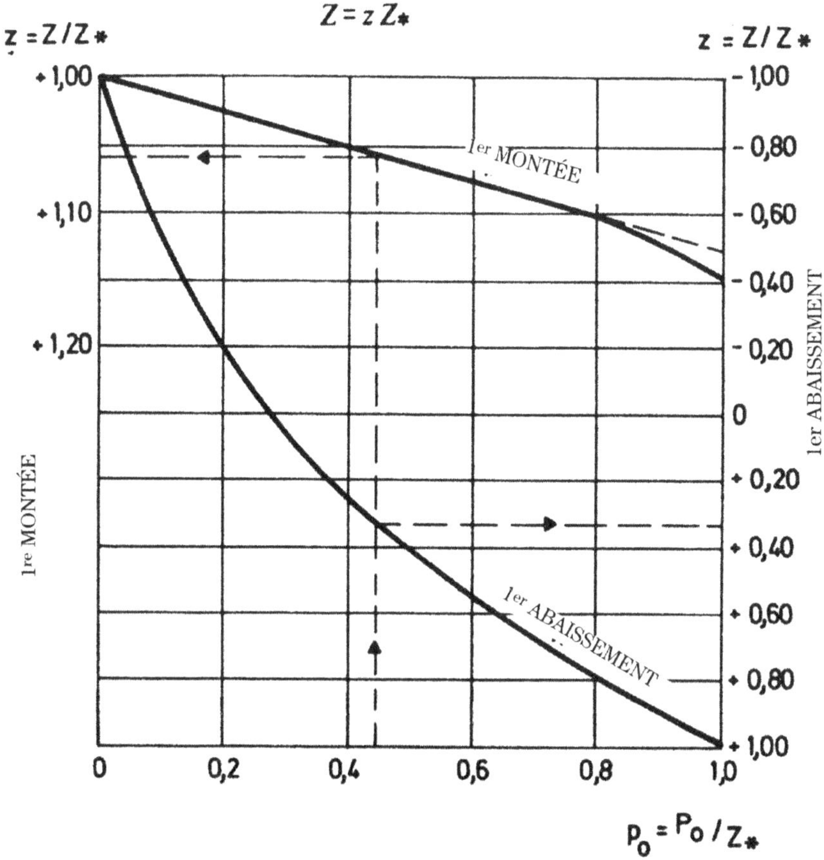

On considère la cheminée en amont de la conduite à protéger (cas plus général pour les pompes). Dans le cas de la cheminée en aval de la conduite à protéger (cas plus général pour les turbines), les descentes seront montées et réciproquement.

222 - (Suite)

c) Démarrage partiel instantané de n % à 100 %.

Valeurs de la montée maximale : $Z_m = z_m Z_*$.

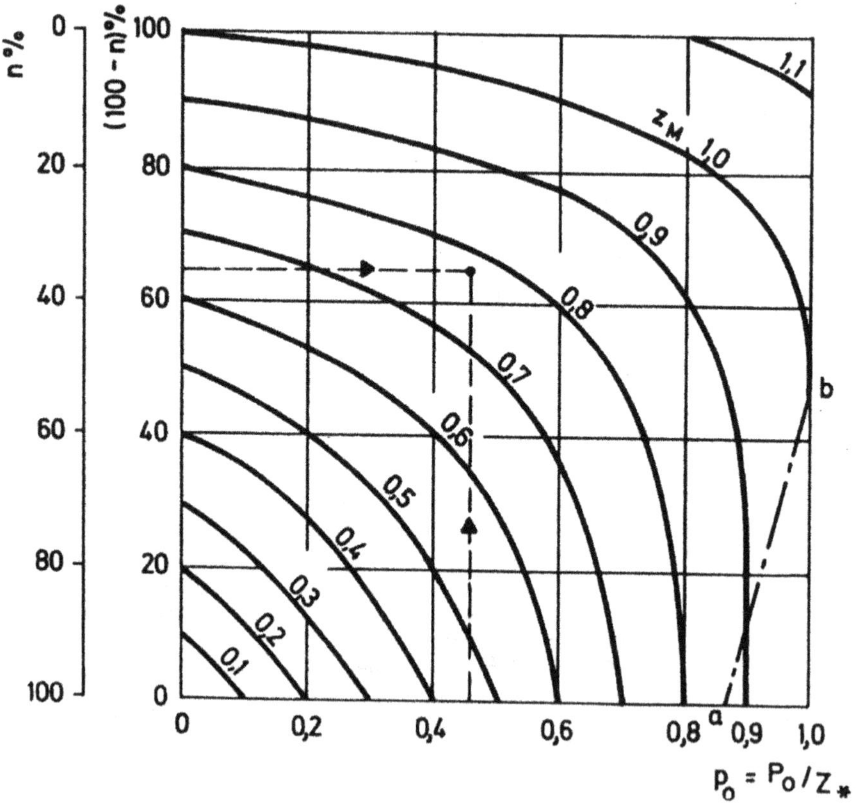

222 - (Suite)

d) Démarrage linéaire dans le temp T

Valeurs de la montée maximale

$Z1 = Z_M Z_*$

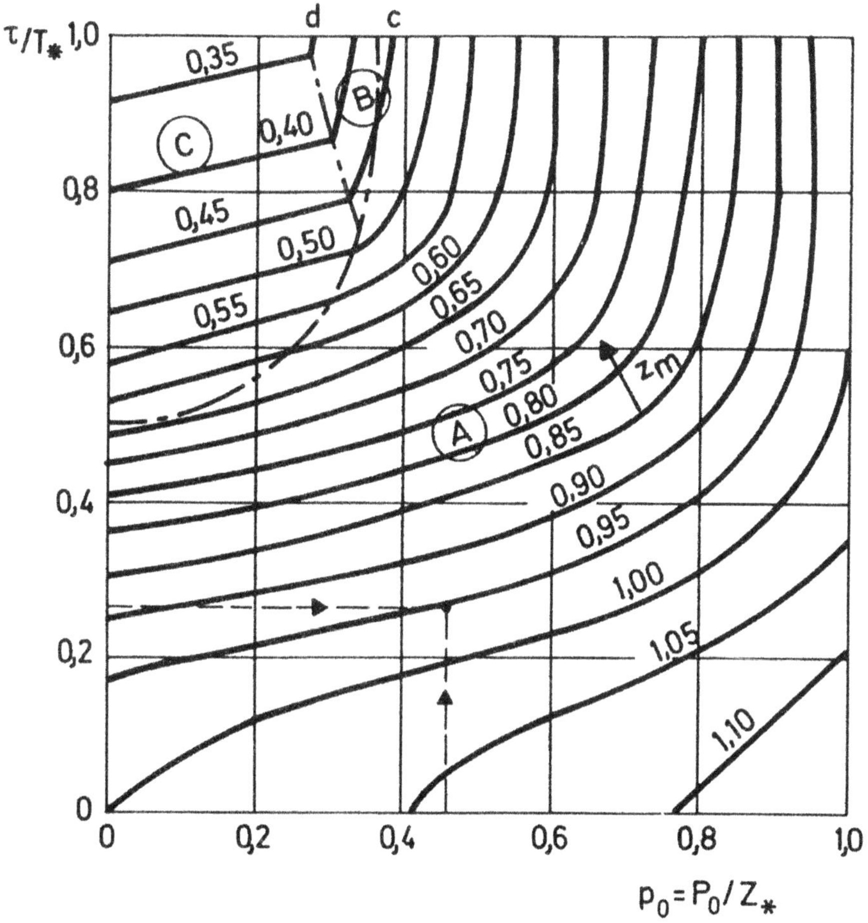

Zone A – La valeur maximale se vérifie après la fin de l'opération ;

Zone B – Il y a deux valeurs maximales, l'une avant et l'autre après la fin de l'opération cette dernière est la plus grande) ;

Zone C – La valeur maximale se vérifie pendant l'opération, il se peut qu'il y en ait une autre après l'opération dont la valeur est plus petite.

223 - Cheminées d'équilibre à section constante avec étranglement(1)

On considère la cheminée en amont de la conduite à protéger. Dans le cas ou la cheminée est en aval de la conduite à protéger, les descentes seront montées et réciproquement

a) Arrêt total instantané

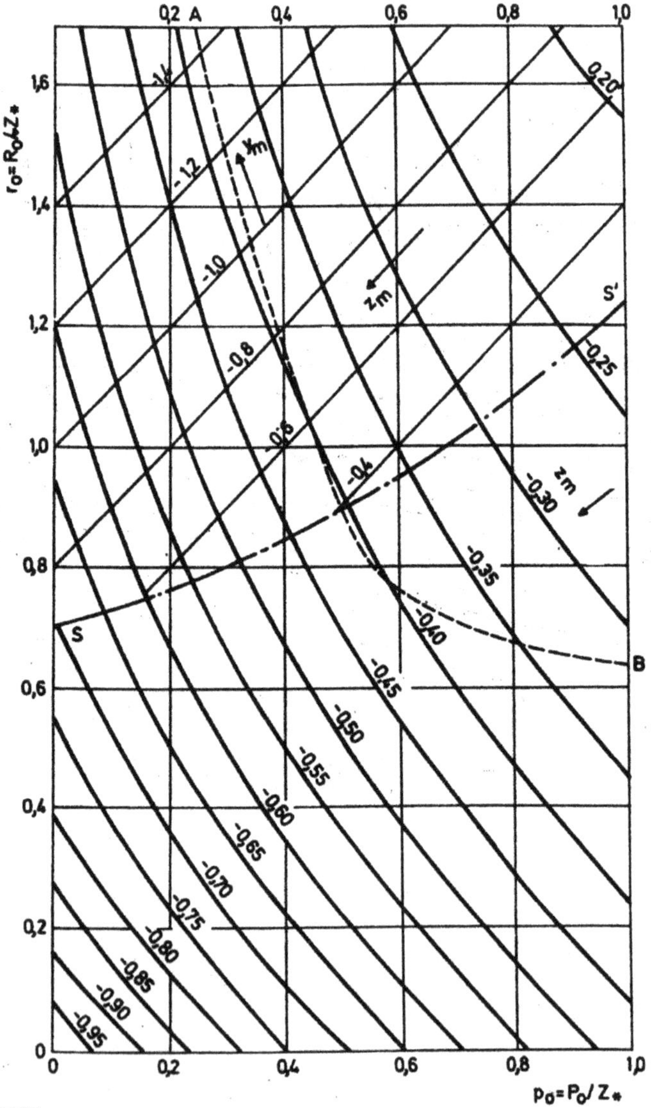

(1) Extrait de Calamé et Gaden. Cité par [58]

223 - (Suite)

On considère la cheminée en amont de la conduite à protéger. Dans le cas ou la cheminée est en aval de la conduite à protéger, les descentes seront montées et réciproquement

b) Démarrage total instantané

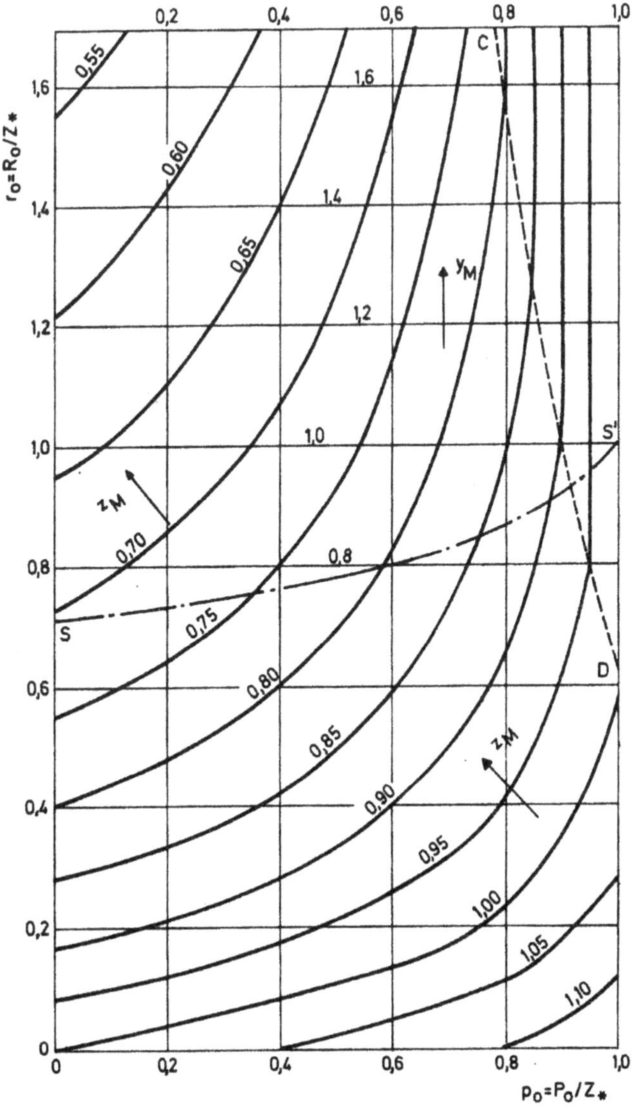

224 - Influence de l'inertie. Variations de pressions extrêmes à la suite d'une interruption du courant éléctrique(1)

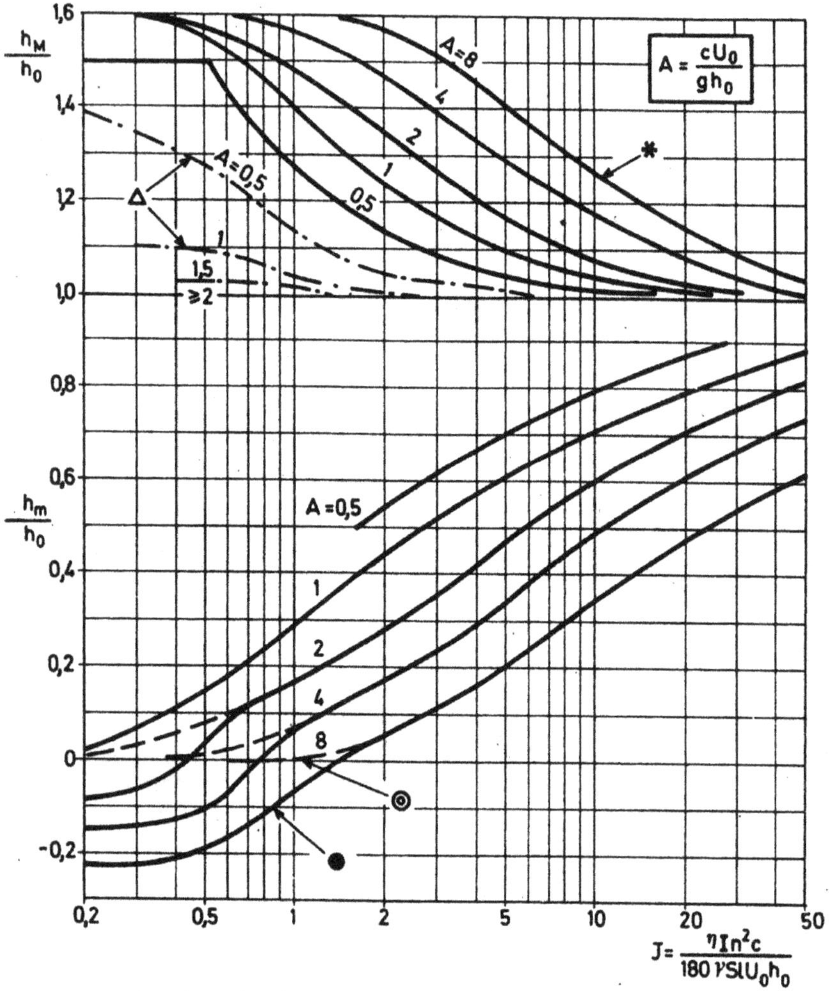

* - – Avec inversion de l'écoulement à travers la pompe

Δ - – Idem, mais sans inversion du sens de rotation de la pompe

◎ - – Au moment de l'inversion de l'écoulement

● - – à l'instant $\frac{2l}{\theta}$

(1) D'après KINNO [62] adapté par STEPHENSON [61] (aimable autorisation de l'auteur et de l'éditeur qu'on remercie)

225 - Réservoirs d'air comprimé(1)

$$A = \frac{cU_0}{g/h_0^*} \qquad\qquad B = \frac{U_0^2}{g/h_0^*}$$

a) Pressions minimales au long de la conduite

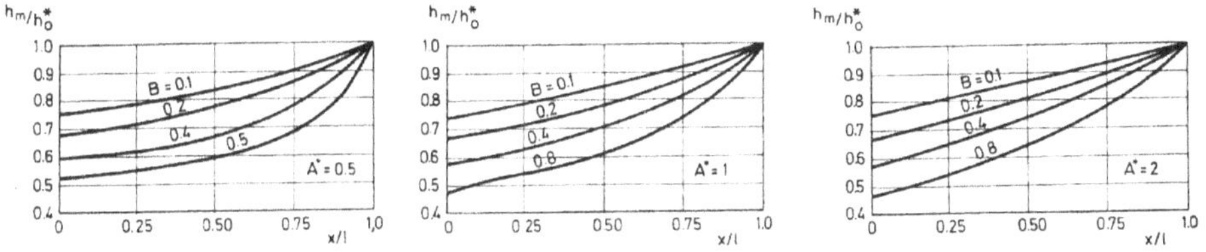

b) Valeur optimale de la valeur de la perte de charge dans l'orifice du départ. Pression maximale, au commencement x/L = 1

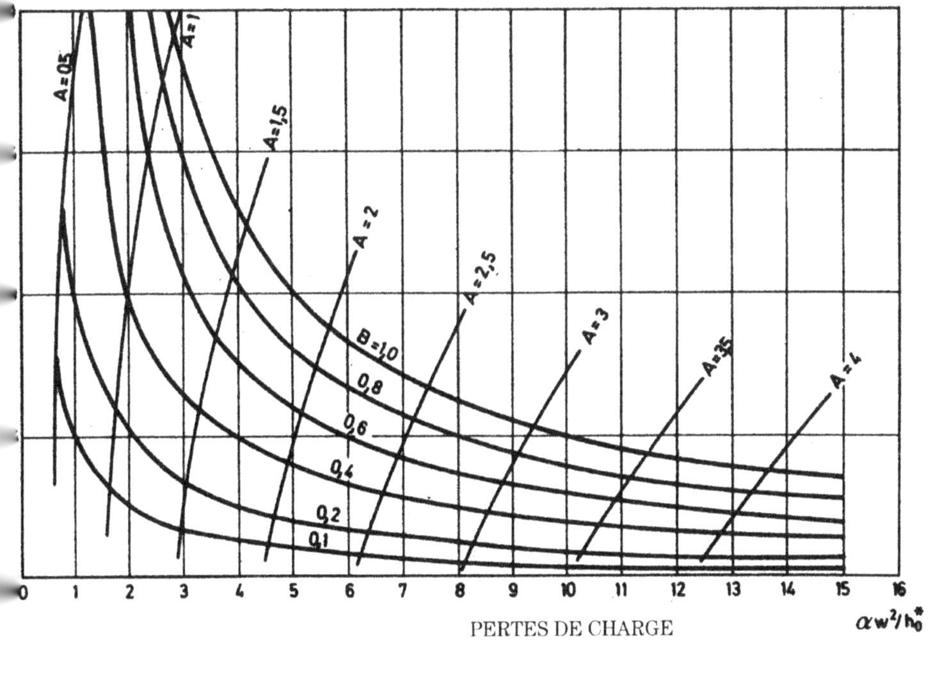

(1) D'après Dubin et Guéneau [**63**]

226 - Vitesse de cavitation dans les orifices à arête mince

D'après [59]

$$U_{ci} \text{ ou } U_{cb} = C(U^*_{ci} \text{ ou } U^*_{cb})\left(\frac{h_m - h_v}{71{,}6}\right)^{0,5}$$

U_{ci} = vitesse de cavitation incipiente (m/s)
U_{cb} = vitesse de cavitation blocante (m/s)
U^*_{ci} = vitesse non corrigée de cavitation incipiente (m/s)
U^*_{cb} = vitesse non corrigée de cavitation blocante (m/s)
h_m = hauteur piézométrique en amont (m)
K = coefficient de perte de charge localisée
h_v = tension de la vapeur
C = facteur de correction

a) Vitesse non corrigées de cavitation

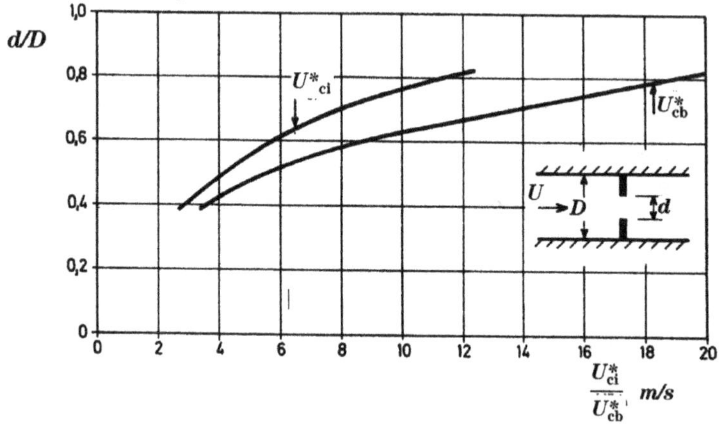

b) Facteur de correction – C

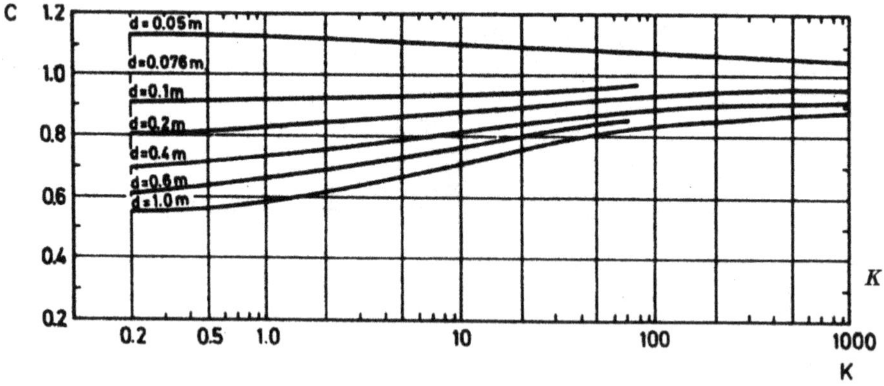

227 - Bassin d'alimentation unique avec vanne-clapet dans la conduite(1)

a) Surpression maximale

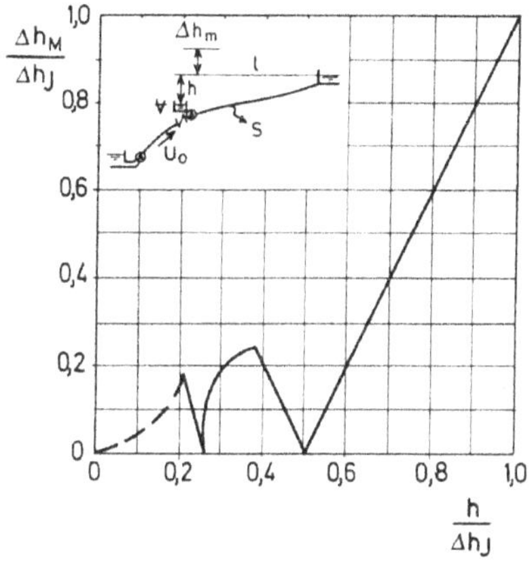

b) Volume minimal nécessaire

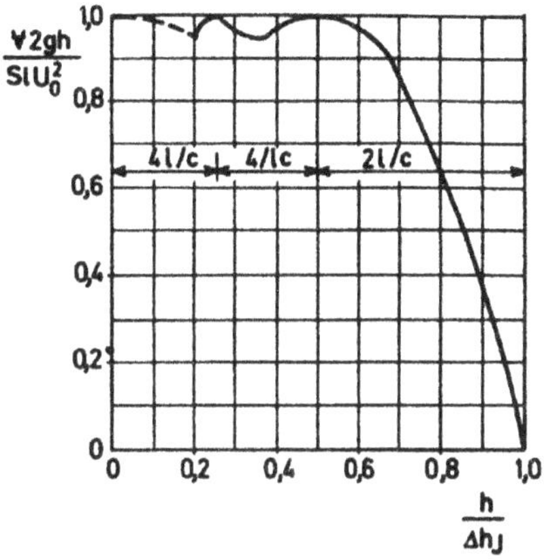

228 - Bassin d'alimentation sans vanne-clapet dans la conduite(1)

a) Surpression maximale

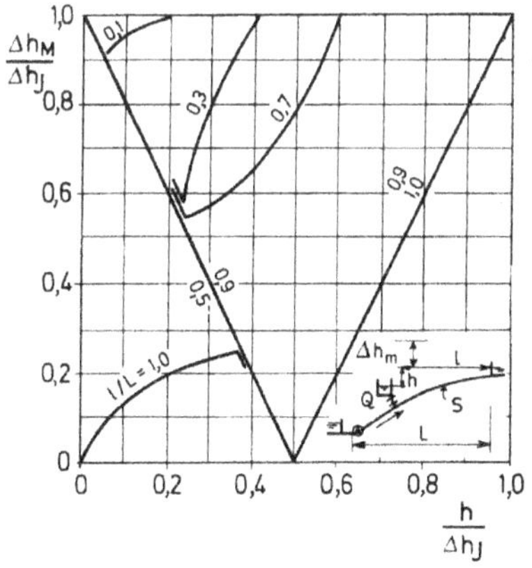

b) Volume minimal nécessaire

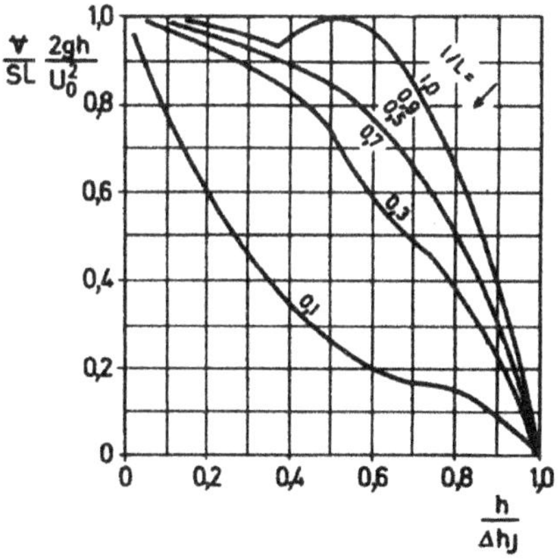

(1) STEPHENSON, D. – *Pipeline Design of Water Engineer.* Elsevier, Amsterdam, 1976.

(Aimable autorisation de l'éditeur, que nous remercions)

229 - Deux bassins d'alimentation[1]

a) Surpression maximale

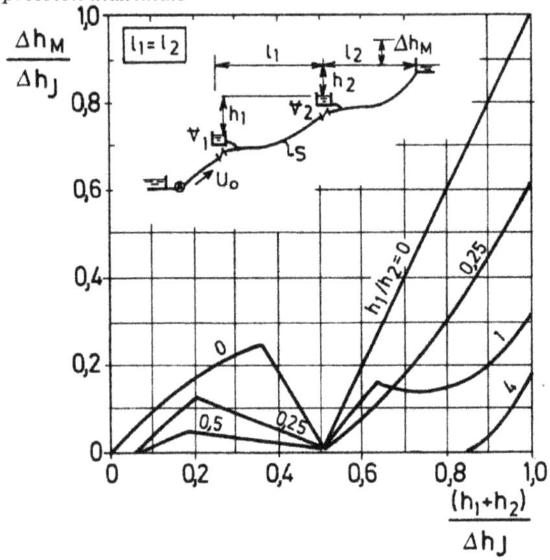

b) Volume minimale nécessaire

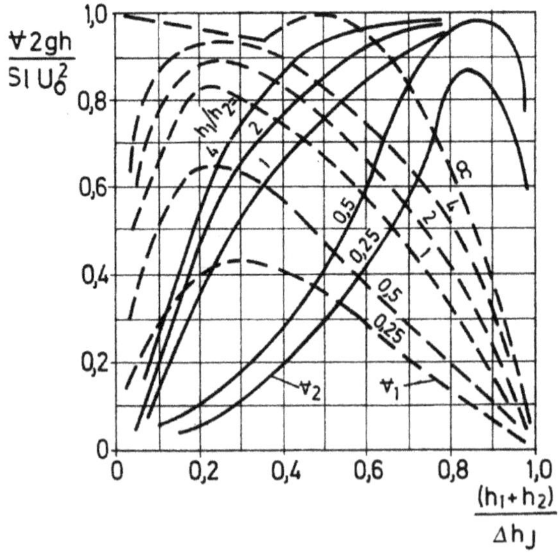

(1) STEPHENSON, D. – *Pipeline Design of Water Engineer*. Elsevier, Amsterdam, 1976.

(Aimable autorisation de l'éditeur, que nous remercions)

RÉFÉRENCES BIBLIOGRAPHIQUES DES TABLES ET ABAQUES

1 – ACEVEDO, M. L. – *Semejanza Mecanica y Experimentacion con Modelos de Buques* – Canal de Experiencias Hidrodinamicas. Madrid, 1943.

2 – ADDISON, H. – *Hydraulic Measurements* – Chapman and Hall Ltd. London, 1949.

3 – ALVAREZ, J.G. – *Cálculo dos Colectores de Esgotos de Secção Circular.* Técnica. Julho, 1939. *Cálculo dos Colectores de Esgotos de Secção Ovóide.* – Técnica, Abril, 1941. *Cálculo dos Colectores de Esgotos de Secção de Valeta com Abóbada.* – Técnica. Lisboa, Julho, 1956.

4 – ALVES COSTA, M. – *Formulário de Hidráulica Geral.* Lisboa, 1916.

5 – A. S. C. E. – *Hydraulic Models.* New-York, 1942.

6 – BALLOFETI-GOTELLI-MEOLI – *Hidráulica.* Ediar, Editores Tucuman, 826. Buenos Aires, 1952.

7 – BAPTISTA JUNIOR – *Perdas de Carga nas Condutas. Fórmulas de Strickler.* Técnica n° 219. Lisboa, Fevereiro de 1952.

8 – BAKHMETEFF, B. A. – Hydraulics of Open Channels. Mc Graw Hill Book Company, New-York, 1932.

9 – BAS L. – *Agenda del Quimico.* Aguilar, Editor. Madrid.

10 – BRADLEY, J. N. et THOMSON, L. R. – *Friction Factors for Large Conduits Flowing Full* – U. S. Department of the Interior Bureau of Reclamation. Engineering Monographs, n° 7, March, 1951.

11 – BONNET, L. – *Traité Pratique des Distributions d'Eau et des Egouts* – Hydraulique. Librairie Polytechnique. Ch. Béranger. Paris, 1942.

12 – CRAUSSE, E. – *Hydraulique des Canaux découverts.* Editions Eyrolles. Paris, 1951.

13 – ESCANDE – *Barrages.* Herman et Cie, Editeurs, Paris, 1937.

14 – FORCHEIMER, PH. – *Tratado de Hydráulica.* Editorial Labor S.A., Buenos Aires, 1939.

15 – FOSDICK, E. R. – *Diversion Losses in Pipe Bends.* – Monthly Bulletin of the State College of Washington. Vol. 20, n° 7. December, 1937.

16 – GENTILINI, B. – *Effluso dalle Luci Soggiacenti alle Paratoie Piane Inclinate e a Settore* – Memorie e Studi dell'Instituto di Idrauliche e Construzioni Idrauliche. Milano, 1941.

17 – Hydraulic Institute U. S. A. – *Standards of Hydraulic Institute*, New-York, 1951.

18 – International Critical Tables – *Mc Graw Hill Book Company.* New-York, 1926.

19 – MARCHETTI, M. – *Efflusso da Lancie e Bocchelli Antincendi* – Memorie e Studi dell'Instituto di Idraulica e Construzioni Idrauliche. Milano, 1947.

20 – I. S. A. – *Rules for Measuring the Flow of Fluids by Means of Nozzles ans Orifice Plates.* Bulletin 9.

21 – I. S. O. – *Proposition de Rédaction d'une Norme Internationale de Mesure de Débit des Fluides au Moyen de Diaphragmes, Tuyères ou Tubes de Venturi*, 1954.

22 – KING, H. W. – *Handbook of Hydraulics.* – Mc Graw Hill Book Company, New-York, 1939.

23 – LANE – *Progress Report on Studies on the Design of Stables Channels by the Bureau of Reclamation.* – Proceedings A. S. C. E. Vol. 70. Separata 280. Setembro, 1953.

24 – LANSFORD, W. – *The Use of an Elbow in a Pipe for Determining the Rate of Flow in the Pipe.* – University of Illinois. Bulletin n° 289. December, 1936.

25 – MANZANARES, A. – *Escoamento em Superficie Livre. Regime Permanente.* Dissertação

de concurso para Professor de Hidráulica do Instituto Superior Técnico. Lisboa, 1947.

26 – DE MARCHI, G. – *Idráulica.* – Editore Ulrico Hoepli. Milano, 1947.

27 – OTTO STRECK – *Problemas de Hidráulica Aplicada.* – Editorial Labor. Barcelona, 1943.

28 – PUPPINI, U. – *Idráulica.* – Nicola Zanichelli, Editore, Bologna, 1947.

29 – ROUSE, H. – *Engineering Hydraulics.* – Chapman and Hall, Limited. London, 1950.

30 – ROUSE, H. et HASSAM, M. M. – *Caviation Free Inlets and Contractions.* Mechanical Engineering. March, 1941.

31 – SCIMEMI, E. – *Compendio di Idráulico.* – Libreria Universitaria de G. Randi, Padova, 1952.

32 – ROARK, R. J. – *Fórmulas de Resistencia de Materiales, Esfuerzos y Deformaciones.* – Aguilar, S. S. de Ediciones. Madrid, 1952.

33 – SCHLAG, A. – *La normalisation des Mesures de Débits de Fluides.* – Sandards n° 7, 1934.

34 – U. S. Département of the Interior Bureau of Reclamation – *Studies of Crests for Overfall Dams.* – Bulletin 3. Denver, Colorado, 1948.

35 – U. S. Corps of Engineers – *Hydraulic Design Criteria.*

36 – VICENTE FERREIRA – *Tabelas Técnicas.* – Técnica, Instituto Superior Técnico. Lisboa, 1956.

37 – VON SEGGEM, M. E. – *Integrating the Equation of Nonuniform Flow.* Proceedings A.S.C.E. Vol. 75, n° 1 January, 1949.

38 – WAGNER, W. E. – *Morning-Glory Shaft Spillways.* – Proceedings A.S.C.E. Separate n° 432. April, 1954.

39 – LEVIN, L. – *Formulaire des Conduites Forcées, Oléoducs et Conduites d'Aération.* Dunod. Paris, 1968.

40 – LAUTRICH, R. – *Tables et Abaques pour le Calcul Hydraulique des Canalisations sous Pression, Egouts et Caniveaux.* Traduit de l'Allemand par COLAS, R. Eyrolles. Paris, 1971.

41 – IDEL'CIK – *Memento des Pertes de Charge.* Traduit du russe par MEURY, M. Eyrolles. Paris, 1969.

42 – QUINTELA, A. – *Perdas de Carga Contínuas no Escoamento de Líquidos Incompressíveis.* Revista de Fomento. Lisboa, 1973.

43 – CHOW, V.-T. – *Hydraulic of Open Channels.*

44 – CARLIER, M. – *Hydraulique Générale et Appliquée.* Eyrolles. Paris, 1972.

45 – DAVIS, C. V. – *Handbook of Applied Hydraulics.* Mc Graw-Hill Book Company. New-York, 1969.

46 – IRLI – *International Institute for Land Reclamation and Improvement-Discharge Measurement Structures.* Wageningem, 1976.

47 – ABECASSIS, F. – *Soleiras Descarregadoras.* LNEC, Memória n° 165. Lisboa, 1961.

48 – LEMOS, F. O. – *Critérios para o Dimensionamento Hidráulico de Barragens Descarregadoras.* Relatório, LNEC. Lisboa, Set. 1978.

49 – USDI – BUREAU OF RECLAMATION – *Design of Small Dams.* U.S., Government Printing Office, Washington, 1973.

50 – SCHENEEBELI, G. – *Hydraulique Souterraine* – Collection du Centre de Recherches et d'Essais de Chatou. Eyrolles. Paris, 1966.

51 – CUSTODIO, E. – *Hidrologia Subterrânea* – Ediciones Omega. Barcelona, 1976.

52 – IRLI (International Institute for Land Réclamation and Improvement). Publication 16 – *Drainage Principles and Applications*. P.O. Box 45 Wageningen. Neherlands, 1973.

53 – HORN, J. W. – *Principes Fondamentaux du Drainage des Terres* – Annual Bulletin of the International Commission on Irrigation and Drainage. 1964.

54 – THORLEY, A.R.D. et Alii – *Control and Suppression of Pressure Surges in Pipelines and Tunnels*. CIRIA, 1979.

55 – WOOD, D. S. – *Water Hammer Charts for Various Types of Valves*. Asce, Vol. 99 HY1, 1973.

56 – MARTIN, C. S. – *Entrapped Air in Pipelines*. Second International Conference on Pressure Surges. London, 1976.

57 – BERNHART, H. M. – *The Dépendence of Pressure Wave Transmission Through Surge Tanks of the Valve Closure Time*. Proc. 2nd. International Conference on Pressure Surges. London, BHRA, 1976.

58 – SIUCKI, M. – *Chambres d'Équilibre* – École Polytechnique de l'Université de Lausanne, 1951.

59 – MILLER, D. S. – *Internal Flows Systems*. BHRA, 1977.

60 – ALMEIDA, A. B. – *Manual de Protecção contra o Golpe de Ariete em Condutas Elevatórias*. LNEC, 1981.

61 – STEPHENSON, D. – *Pipeline Design for Water Engineer*. Elsevier, 1976.

62 – KINNO, H. ; KENNEDY, J. F. – *Water Hammer Charts for Centrifugal Pump Systems*. Journal of the Hydraulics Division. ASCE, Vol. 91, KY3, 1965.

63 – DUBIN, Ch. ; GUÉNAU, A. – *Détermination des Dimensions Caractéristiques d'un Réservoir d'Air sur une Installation Elévatoire*. La Houille Blanche, n° 6, 1955.

64 – LEVIN, L. – *Étude Hydraulique de Huit Revêtements Intérieurs de Conduites Forcées*. La Houille Blanche, n° 4, 1972.

www.ingramcontent.com/pod-product-compliance
Lightning Source LLC
Chambersburg PA
CBHW060417220326
41598CB00021BA/2204
9782212018943